참고 표 목록

NMR 분광학

질량 분석법

참고 표 목록(계속)

진동 분광법

전자 흡수 분광학

Joseph B. Lambert • Scott Gronert • Herbert F. Shurvell • David A. Lightner

Organic Structural Spectroscopy

Second Edition

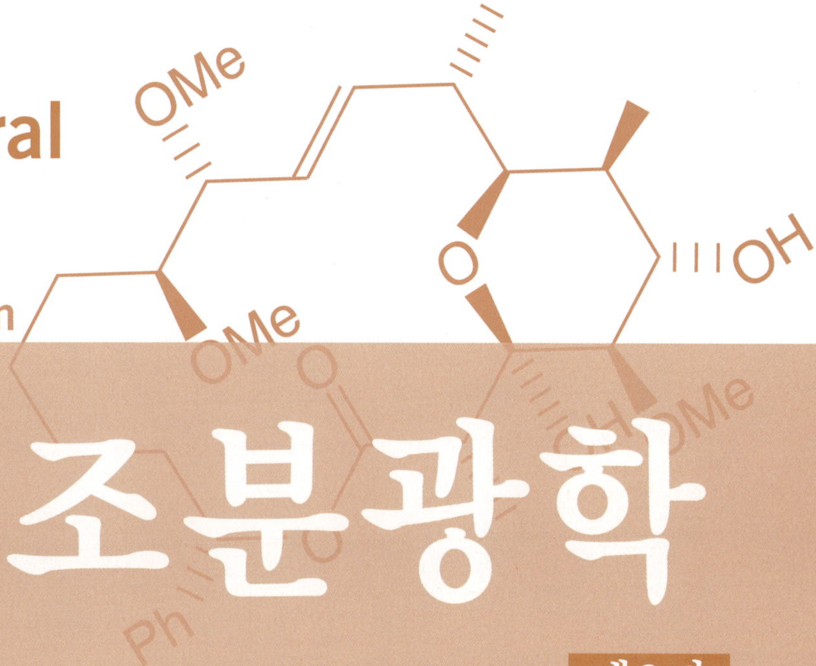

유기구조분광학

제2판

남계춘 · 문석식 · 이상좌 · 이효원 공역

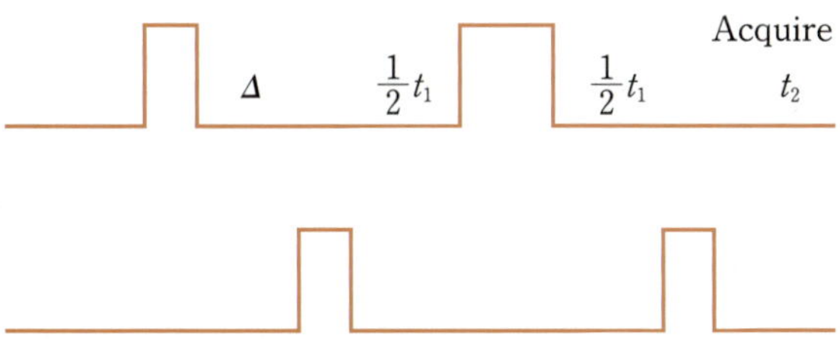

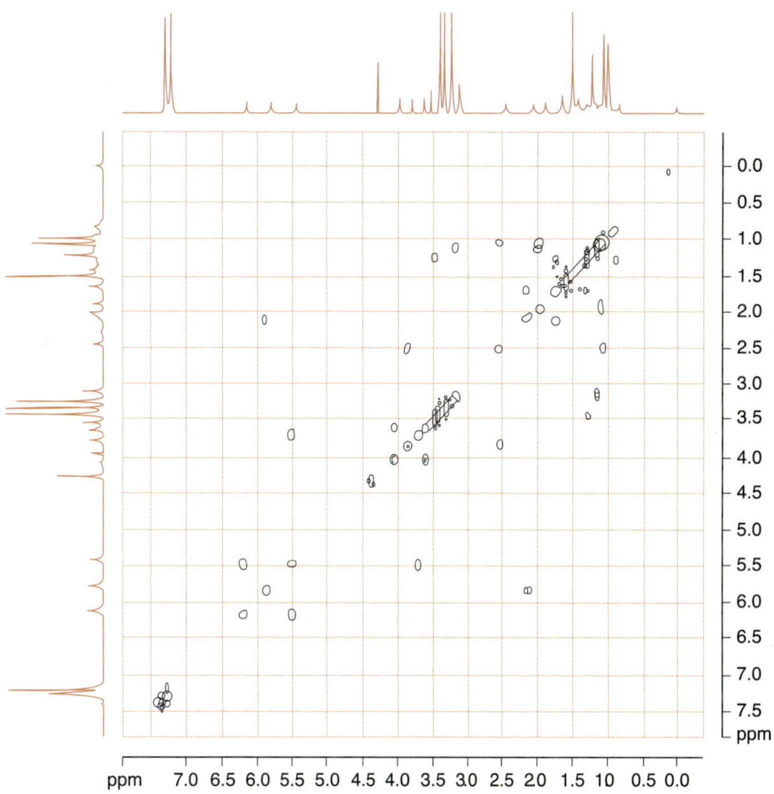

PEARSON 자유아카데미

저자 서문

유기 구조 분광학의 초판 발간 후 12년 간 이 분야에서는 질량 분석법 이외에는 별다른 진전이 없었다. 이러한 변화를 반영하기 위하여 II부를 전적으로 다시 썼으며, 2판에서는 앞쪽으로 위치를 옮겼다. 1, 2판 중간 기간 동안 이 분야는 새로운 기술이 개발됨과 더불어 신속히 발전하였으며, 널리 보급되어 왔다. 새로운 절에는 전자 충격 이온화를 포함하는 질량 분석법의 기초적인 것들을 여전히 포함하고 있다. 또한 현대적 조각내기 접근법과 생고분자 분석 같은 새로운 방법들과 기기장치법을 자세히 기술하였고, 질량 분석법의 정량화 관점에서 하나의 장을 덧붙였다. 마지막으로 이러한 장에 있는 대부분의 문제를 개정하였다. 요약하면, 새로운 질량 분석법 자료는 다음을 포함한다.

- 전자 포획 해리(electron capture dissociation, ECD), 전자 이동 해리(electron transfer dissociation, ETD), 적외선 다중광자 해리(infrared multi-photon dissociation, IRMPD)를 포함하는 새로운 조각내기 기술에 대한 첨가된 설명
- 젤 분리 방법을 포함하는 시료 마련에 대한 첨가된 논의
- 단백체학(proteomics) 응용에 관한 새로운 절
- 동위원소 표지 전략을 포함하는 정량화에 관한 새로운 장

핵자기 공명에 관한 절(I부) 역시 다음을 포함하여 상당히 개정하였다.

- 화학 이동 기초에 대한 확장된 설명
- 용매 효과에 대한 취급
- NMR 스펙트럼, 핵 Overhauser 효과 및 INEPT와 관련된 펄스서열에 관한 반응속도 과정의 영향에 관한 확장된 취급
- 형상 펄스에 관한 새로운 절
- 이종핵 단일양자 상관관계(Heteronuclear Single Quantum Correlation, HSQC), 이종핵 다중결합 상관관계(Heteronuclear Multiple Bond Correlation, HMBC) 및 신속한 구조 결정을 가능하게 해 주는 실험적 응용들을 하나로 묶어 조합한 평행 자료획득 핵자기 공명(Parallel Acquisition Nuclear magnetic resonance All-in-one Combination of Experimental Application, PANACEA)
- 항상 문헌으로부터 직접 뽑은 다수의 새로운 문제

이러한 첨가와 설명을 위하여 적외선과 자외선-가시광선 분광학(III부와 IV부)에 관한 절을 줄였으나, 반면에 모든 근본적인 정보와 광범위한 표는 유지하였다. 이번 판은 오늘날 분광학적 구조 결정의 현재 기술을 반영하고 있다.

Joseph B. Lambert
jlambert@northwestern.edu

Scott Gronert
sgronert@vcu.edu

Herbert F. Shurvell
shurvell@chem.queensu.ca

David A. Lightner
lightner@unr.edu

역자 서문

Lambert 저 "유기 구조 분광학" 2판은 핵자기 공명 분광학, 질량 분석법, 적외선 및 라만 분광학 및 자외선-가시광선 분광학을 유기 화합물 구조 분석에 필요한 중요도에 따라서 각 장의 순서와 분량을 배열하였으며, 각 분광학의 기초부터 최근 발전된 고급 내용까지 상세히 취급을 하고 있다. 또한 문제도 문헌으로부터 출제하여 화학 전공 학생들뿐만 아니라 실험실에서 유기 화합물의 구조를 연구하는 유기 화학자 및 생화학자들에게도 중요한 지침서 역할을 하고 있다.

핵자기 공명 분광학은 유기 구조 확인에 가장 보편적인 방법으로, 본서에서는 1D 스펙트럼의 기초 이론으로부터 2D 스펙트럼까지 취급하고 있다. 오늘날 보편화된 자장 기울기 핵자기 공명에 관해서 간략하게 소개하고 있지만, 앞으로 개정판에서는 많은 내용을 다룰 것으로 생각한다. 질량 분석법은 초판에 비하여 그간의 많은 발전에 따라 상당히 많은 부분을 할애하여 기기장치와 이온 활성화의 다양성에 대하여 설명하고 있다. 적외선과 자외선-가시광선 분광학은 유기 구조 확인에 관한 상대적으로 비중이 낮아짐을 반영하여 간략하게 설명하고 있다.

역자들은 본 원서를 우리말로 번역함에 있어서 대한화학회의 술어에 따라서 원래의 의미를 잘 전달하려고 노력하였지만 독자의 입장에서는 어색하고 생소하게 느낄 부분도 존재할 것으로 생각된다. 이점 양해를 바란다.

역자들은 본 번역판을 번역하는 데 많은 도움을 주신 자유아카데미의 주정희 사장님과 임직원 여러분에게 감사드린다.

역자 대표

차례

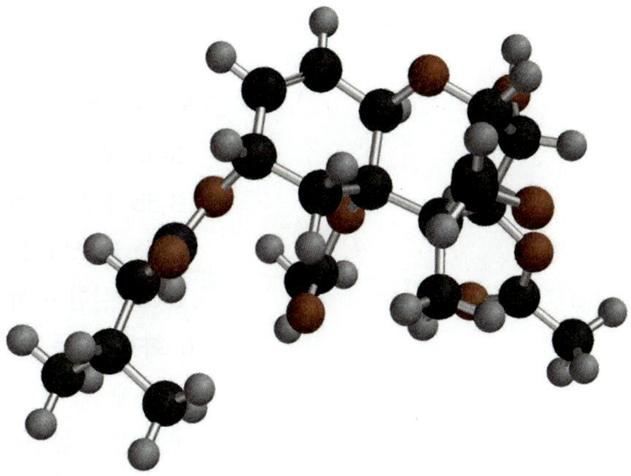

PART IV 전자 흡수 분광학 407

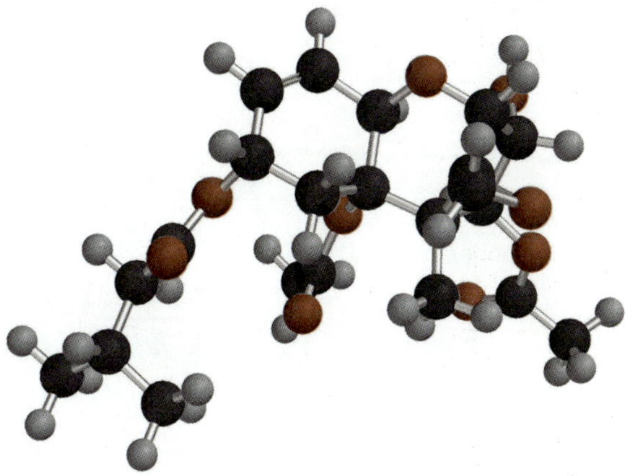

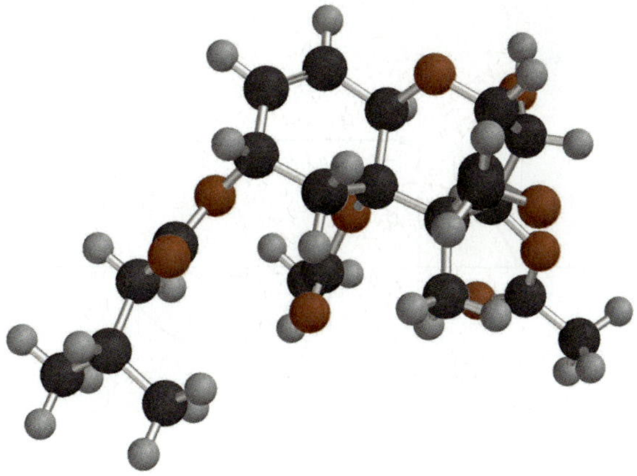

CHAPTER 1

구조 분광학 서론

1-1 구조 확인에 관한 분광학적 접근법

이 미지 물질의 분자 구조를 어떻게 확인할 수 있나요? 이러한 질문은 화학 반응을 수행한 다음 합성 화학자가 묻는다. 또한 이것은 신약을 개발하기 위하여 식물로부터 분자를 추출한 천연물 화학자의 생각에서 선두를 차지한다. 그리고 피의자 혹은 희생자로부터 의약품 혹은 독을 분리한 법의학 화학자도 마찬가지다. 토양과 수계 혹은 대기를 오염시키는 물질의 영향을 연구하는 환경 화학자, 도기에 남아 있는 음식물 찌꺼기로부터 식생활 정보를 추적하는 고고 화학자, 신체 내에의 대사과정을 검토하는 생화학자, 지학적 지층에서 잠재적인 에너지 원천으로 추출하는 분자를 연구하는 지질 화학자도 이와 같다. 고체, 액체 혹은 기체, 결정성, 분말형 혹은 유리상태 물질, 혼합물 혹은 순수한 화합물에 관한 구조적인 정보를 추구하는 것은 모든 유형의 화학자에게는 끊임없는 도전이다.

회절 방법은 흔히 완벽한 해결책을 제공하기 때문에 많은 구조 문제에 이상적인 해답을 준다. 그러나 중성자 혹은 전자 회절의 장치는 널리 사용할 수가 없으며 이러한 방법은 상대적으로 작은 분자에만 사용할 수 있다. 비록 X-선 회절이 흔하지만 이러한 테크닉은 최적의 결과를 위하여서는 보통 결정인 고체 상태의 물질에 제한적으로 사용한다. 결정분석법은 혼합물에 사용할 수가 없다. 이러한 회절 방법 중 어느 것 하나도 합성 화학자가 다음 단계에서 연속적으로 필요로 하거나 혹은 분석 화학자가 변호사, 운동선수 혹은 지리학자에게 특정 분자에 관한 구조에 관하여 보고하는 데 필요로 하는 신속한 구조적 정보를 제공하지 못한다.

결정 분석법은 상당한 시간이 필요하기 때문에 흔히 제시간 내에 많은 양의 결과를 생산하지 못한다. 물질의 모든 상에 관하여 그리고 순수한 화합물과 더불어 혼합물에 관하여서도 많은 형태의 분광학이 가장 신속한 방법으로 구조적 정보를 제공한다. 실험 장치는 상대적으로 저렴한 것(수천 달러)부터 고가(수백만 달러)의 범주를 가진다. 분광학적인 방법에 의하여 구조를 확인하는 과정은 연역적이다. 한 개 이상의 실험을 수행한 다음 그 결과 자료를 분석함에 따라서 구조적 결론에 도달한다. 때로는 분자 전체의 구조가 요구되고 때로는 부분적 구조가 요구된다. 이 교재는 네 개의 가장 흔하고 유용한 방법을 핵자기 공명(NMR) 분광학과 질량 분석법(MS)에 강조를 두며 검토한다. 각 방법은 분자 구조에 응용하는 자신만의 특정한 종류의 자료들을 제공한다.

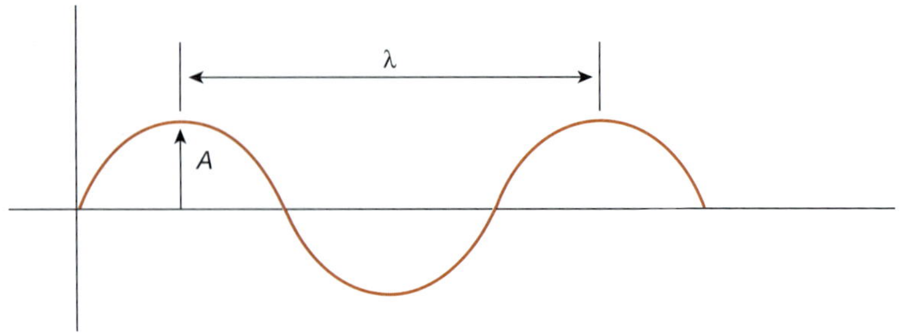

그림 1-1 전자기 복사의 한 개 반 주기

1-2 전자기 스펙트럼

대부분의 분광학적 방법은 전자기파를 이용하여 구조 분석에 관한 정보를 만든다. 공간을 통한 에너지의 전파는 전기적 및 자기적 특성 모두에 의하여 설명할 수 있으며 이러한 현상을 **전자기 복사**(*electromagnetic radiation*) 혹은 적당히 말하자면, **빛**(*light*)이라고 말한다. 그러한 복사는 파동 특성을 가져서 빛의 속도(진공에서 속도 $c = 2.998 \times 10^8$ m s^{-1})로 공간을 이동할 때 시간에 관하여 사인 곡선으로 크기가 동요한다(그림 1-1). 하나의 전체 주기에 해당되는 길이가 파장(λ)이며, 이것은 예를 들면, 그림에서 정상에서 정상으로, 혹은 골에서 골까지의 거리에 해당된다. 어떤 시간의 경과(통상 1초)에 걸쳐 일어나는 전체 주기의 개수를 진동수(ν)라고 부른다. 파장과 진동수는 역관계를 가지며 빛 속도는 비례 상수($\nu = c/\lambda$)이다. 따라서 파장이 길수록 진동수가 짧아진다. 많은 에너지를 가지는 파동들은 공간에서 더 빨리 동요하게 된다는 것은 에너지(ΔE)와 진동수(ν)가 Planck 상수($h = 6.624 \times 10^{-34}$ J·s)로 비례하게 직접 관련되어 있다는 것이다($\Delta E = h\nu$). 영점으로부터 최대의 이탈을 파동의 진폭(그림 1-1에서 A)이 되며 파동의 세기로 생각할 수 있다. 우주선, γ와 X선들은 가장 파장이 짧으며(최고의 에너지), 라디오 주파수의 파는 가장 긴 파장(최저의 에너지)을 가진다. 파장 차이에 따른 일련의 관련 현상이 존재하기 때문에 이러한 전체 계열을 **전자기 스펙트럼**(*electromagnetic spectrum*)이라고 부른다. 그림 1-2와 같이 파장은 왼편에서 오른편으로 증가함에 따라서 진동수와 에너지는 오른쪽에서 왼쪽으로 증가한다.

라디오주파수, 적외선(IR) 및 자외선/가시광선(UV-Vis) 지역에 따른 전자기장의 에너지 흡수에 따라서 각각 NMR 분광학, 진동 분광학 및 전자 분광학이라 한다. 각각의 **흡수 분광학**(*absorption spectroscopy*)은 정상적, 즉 바닥 상태의 분자들이 높은 에너지, 즉 들뜬 상태로 올라가게 한다. NMR에서는 핵의 스핀 상태만이 변한다. 적외선 흡수는 잘 정의된 분자 진동을 초래하고 UV-Vis 흡수에서는 들뜬 전자 상태를 초래한다. 흡수된 에너지(ΔE)는 전자 들뜸에 대략 100 kcal mol^{-1}이고 진동 들뜸에는 10 kcal mol^{-1}이다. 이러한 분광학 각각은 역사적으로 개발된 파장, 진동수 및 에너지에 관한 자체의 단위를 가진다. 질량 분석법은 에너지 흡수보다는 질량수 측정을 포함하며(따라서 질량 분석법에서는 spectro*scopy*라는 용어 대신 spectro*metry*라는 용어를 사용함), 전자기적 스펙트럼 범위와 관련이 없다.

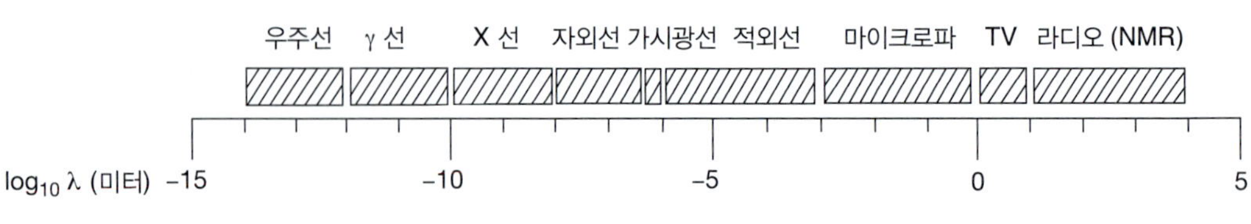

그림 1-2 전자기 스펙트럼의 다양한 영역에 주어진 명칭; 그림는 파장(λ)의 대수 값을 일렬로 나타낸 것이다.

1-3 분자량과 분자식

구조 분석에서 분자량과 분자식을 결정하는 것은 중요한 하나의 단계이다. 이러한 정보를 얻는 전통적이고 비분광학적 과정은 어는점 또는 녹는점 내림, 끓는점 오름과 증기압 변화를 측정하는 것이다. 이러한 전통적인 물리화학 방법의 장치는 고가이거나, 혹은 복잡하지는 않더라도 합성 화학자가 쉽게 사용할 수는 없다. 오늘날 분자량은 더 신뢰성 있으며 용이하게 질량 분석법(II부)에 의하여 얻어진다.

고분해능 질량 분석법은 분자식을 직접 제공할 수 있다. 즉, 분자 내의 각 원자의 종류와 개수를 확인하게 되어, 예를 들면 cyclohexanone의 경우 $C_6H_{10}O$가 됨이 확인된다. 보다 전통적으로 화학자는 정수 인자로 분자식에 관련된 **실험식**(*empirical formula*)(존재하는 원소의 가장 낮은 정수비)을 유도하기 위해 정량적인 원소 분석을 사용한다. 따라서 에테인의 실험식은 CH_3이지만 그것의 분자식은 $(CH_3)_2$, 즉 C_2H_6이다; 사이클로헥세인의 실험식은 충분한 정보를 알려 주지 않는 CH_2이지만 분자식은 $(CH_2)_6$ 또는 C_6H_{12}이다.

합성 화학 연구를 발간하는 거의 모든 학술잡지가 새로운 화합물에 관하여 순도를 증명하기 위하여 정확한 원소 분석을 요구한다. 많은 연구 실험실이 자체의 장비를 가지고 있지만 분석을 위하여 상업적인 실험실에 시료를 보내서 그러한 자료를 얻는다. 이러한 분석은 탄소, 수소, 질소 및 다른 원소(산소는 보통 100%로부터의 차이로 계산함)의 퍼센트로 제공한다. 이러한 원소의 퍼센트는 다음 과정에 의하여 실험식으로 변환한다. 원자 퍼센트를 i번째 원자의 원자량 M_i로 나누어 원자 당량의 상대적인 숫자($E_i = X_i/M_i$)를 각 원소에 대하여 얻는다. 모든 원자에 관한 숫자(E_i)를 가장 작은 E값으로 나누어 가장 간단한 비례값을 얻는다: E_i/E_{min} 이러한 숫자는 최소의 정수 n으로 곱하여 정수비(nE_i/E_{min})를 얻는다. 이 정수는 실험식의 원자 비율이다. 다음에 과정을 예시하였다.

원자	**탄소**	**수소**	**산소**
원소 분석(X_i)	48.57	8.19	43.24
상대적 원자($E_i = X_i/M_i$)	$\frac{48.57}{12.01} = 4.04$	$\frac{8.19}{1.008} = 8.13$	$\frac{43.23}{16.00} = 2.70$
가장 단순한 비 (E/E_{min})	$\frac{4.04}{2.70} = 1.50$	$\frac{8.13}{2.70} = 3.01$	$\frac{2.70}{2.70} = 1.00$
가장 낮은 정수비(nE_i/E_{min})	$2 \times 1.50 = 3$	$2 \times 3.01 \sim 6$	$2 \times 1.00 = 2$
실험식	C_3	H_6	O_2

이러한 계산 결과는 분자식이라기 보다는 실험식이다. 더구나 이 과정은 탄소와 수소에서의 작은 차이를 구별하기 어렵고 퍼센트(특히 산소 값)에서 실험적 오류를 주기 쉬우며 시료의 순도에 매우 민감하다. 이러한 이유로 II부에서 기술하는 바와 같이 자체의 한계가 있음에도 불구하고 고분해능 질량 분석법을 선호하게 된다. 보수적인 방법은 질량 분광학적 자료와 원소 분석 자료 모두를 얻는 것이다.

분자식 그 자체는 단순한 원자 종류 및 개수 확인 그 이상의 중요성을 부여한다. 알케인에 하나의 고리 혹은 이중결합의 도입은 수소 원자 개수가 2개 감소한다. 따라서 알케인 동족체에 관한 분자식은 C_nH_{2n+2}가 되지만 알켄 혹은 단일 고리 알케인의 분자식은 C_nH_{2n}이 되는 것이다. 분자식을 자세히 검토하면 불포화 자리의 개수를 알 수 있다. 각 고리는 1개의 불포화 자리가 되고, 각 이중결합은 1개의 불포화 자리가 되고, 각 삼중결합은 2개의 불포화 자리가 된다.

불포화의 전체 개수는 **불포화도**(*unsaturation number*)[또는 수소 결핍지수(index of hydrogen deficiency, U)]라고 부르며 식 1-1에 주어진다.

$$U = C + 1 - \frac{1}{2}(X - N) \tag{1-1}$$

여기서 C는 4가 원소(탄소, 실리콘 등)이고 X는 1가 원소(수소와 할로젠)이며 N은 3가 원소(질소, 인 등)이다. 이 표현은 불포화도가 0인 알케인 계열에 관한 분자식으로부터 파생한 것이다. 산소와 황 같은 2가의 원소들은 불포화도를 변경시키지 않아서 수식에서 안 보인다. 마지막 항목에서 의미하는 바, 3가의 원소는 결합 하나를 더하고 1가의 원소는 결합 하나를 뺀다. 예를 들면, cyclohexanone ($C_6H_{10}O$)의 불포화도는 $[6+1-\frac{1}{2}(10) = 2]$이며 고리에 대하여 1이고 카보닐기에 대하여 1이 된다.

1-4 구조 이성질체와 입체이성질체

아주 자세히 말하자면, 한 분자의 구조는 각각 원자의 연결, 입체화학과 입체 형태를 정의하는 모든 결합, 결합각과 회전각을 포함한다. 보통 이러한 정보는 결정학 혹은 다차원 NMR 분광학적인 몇 가지 형식으로부터 얻는다.

결합 길이 또는 결합각의 정량적인 정보 없이, 분광학적인 방법은 구성 성분의 확인과 특정 원자들의 상호 연결성을 보여줌과 공간에서의 원자 간 관계를 측정함으로써 구조를 추정하는 것이다. 분광학적 목표는 그러한 정보를 충분히 얻어 구조를 확인하는 것이다.

보통 첫 번째 단계는 분자식을 정하는 것이다. 왜냐하면 그것은 고려 대상의 분자나 이성질체의 가계를 정의하기 때문이다. 이러한 가계는 원자의 연결이 다른 화합물(**구조 이성질체**, *structural isomer*)과 원자의 공간적 관계만이 다른 분자(**입체이성질체**, *stereoiosmer*)로 구성되어 있다. 예를 들면, 분자 **1-1**, **1-2**와 **1-3**은 모두가 분자식 $C_8H_{14}O_2$을 가지지만

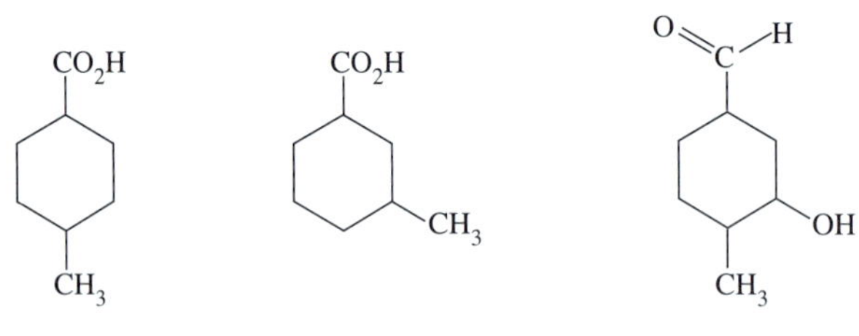

1-1 **1-2** **1-3**

확실히 모두 다 다른 구조를 가진다. 분자 **1-1**과 **1-2**는 카복실기와 메틸기가 위치적 관계만이 달라서 **위치 이성질체**(*positional isomer*)라 부른다. 그러나 분자 **1-3**은 카복실산 대신 알코올과 알데하이드 작용기를 가지기 때문에 **작용기 이성질체**(*functional isomer*)가 된다. 이러한 분자 집단을 구별하기 위하여 분광학은 (1) 다양한 탄소 원자들의 연결성과 (2) 유기 작용기 사이를 구별해야만 한다.

분자 **1-1**을 자세히 검토하면, 투영된 그림 **1-4**와 **1-5**에서 보듯이 메틸기와 카복실기가 육원자 고리의 같은 면과 다른 면에 위치함을 알 수 있다. 이러한 2개의 형태는 다른 분자들이다. 왜냐하면 한 분자에서 다른 분자로 변형하기 위하여서는 결합을 절단하여야 하기 때문이다. 이 분자들은 동일한 연결성, 즉 구성을 가지기 때문에 구조 이성질체는 아니다. 이것들은 원자의 공간 배열이 다르기 때문에 입체이성질체이다. 다른 하나의 입체이성질체는 **1-6**과 **1-7**(락트산의 두 형태)과 같이 겹쳐지지 않는 거울상인 분자 쌍을 포함한다.

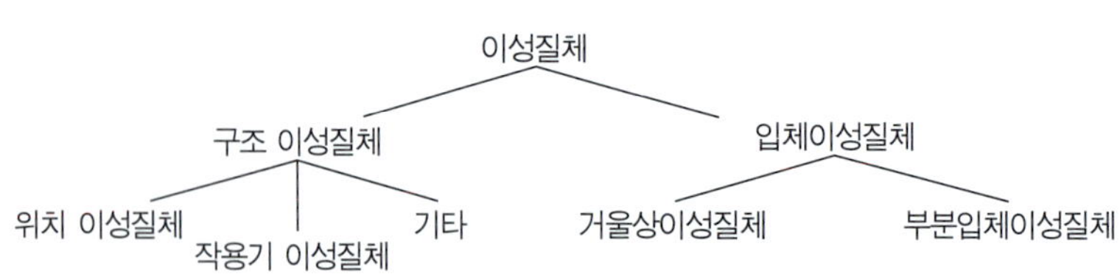

그림 1-3 이성질체 계도

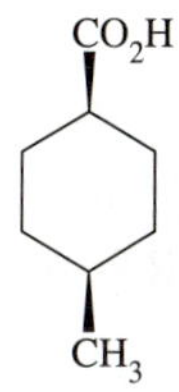
1-4

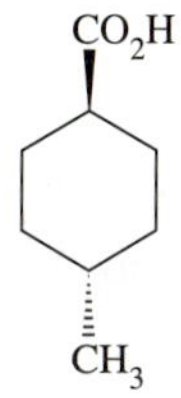
1-5

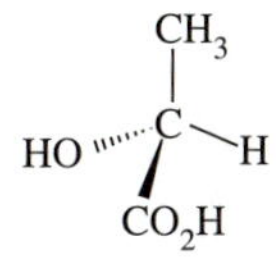
1-6

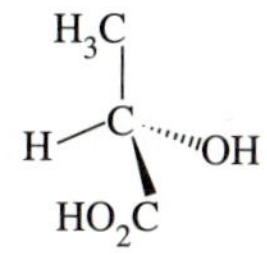
1-7

그러한 분자는 **거울상이성질체**(*enantiomer*)라 부르고 카이랄(chiral)하다고 말한다. **1-4**와 **1-5**와 같이 거울상이성질체가 아닌 입체이성질체를 **부분입체이성질체**(*diastereomer*)라 고 부른다.

1-5의 육원자 고리를 삼차원적으로 표시하였을 때, 그것은 의자 형태(**1-8**)를 택한다. 단일 결합을 중심으로 하는 일련의 회전에 의하여 이 분자는 모든 수직 방향 위치를 수평방향으로 교환할 수 있고 역도 마찬가지가 되어 분자 **1-9**를 생성한다. 이들 분자는 입체이성질체이지만 단일 결합을 중심으로 한 회전에 의하여 상호 변환할 수 있기 때문에 그것들은 **회전배열이성질체**(*conformational isomer* 혹은 *conformer*)라고 부르며, 부분입체이성질체나 거울상이성질체의 특별한 부류를 구성한다.

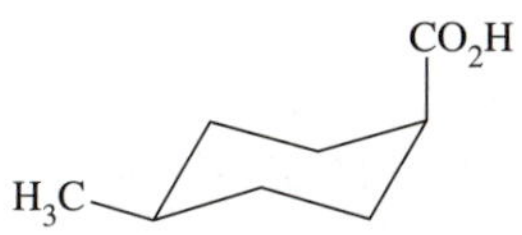
1-8

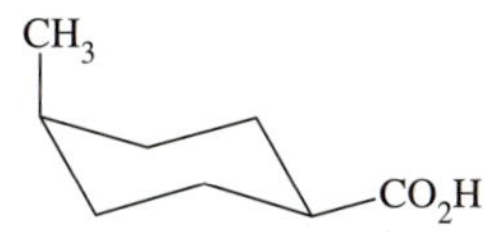
1-9

이 책의 나머지는 이러한 구조 정보, 즉 분자식, 작용기 존재 확인, 원자 연결성 및 공간에서의 원자 배열의 정보를 얻기 위하여 사용하는 분광학적 방법을 기술한다. 성공적인 결과는 원자의 공간 배열을 포함하여 정성적인 분자의 구조로 이끌어 준다.

1-5 분광학의 다른 형태의 기여

1-5a 핵자기 공명 분광학

핵자기 공명 분광학은 특정 원자의 종류, 개수, 연결성 및 원자 간 상호작용에 관한 정보를 제공한다. 따라서 그것은 특정 원자의 개수, 작용기의 종류, 원자 간 관계 및 공간적 배열을 포함하여 전체 구조를 이상적으로 제공한다. 예를 들면, 에탄올, CH_3CH_2OH는 두 종류의 탄소가 1 : 1 비율로 존재하고 세 종류의 수소가 3 : 2 : 1로 존재하며, 메틸기와 메틸렌기가 산소에 의하여 분리되지 않고 함께 연결하고 있음을 보여준다. 이러한 간단한 분자에 관하여 전체 구조를 추정한다. 게다가 NMR 분광학은 하이드록시기의 수소 결합 및 분자 회합에 관한 정보를 제공할 수 있다. NMR 실험은 다른 양자화된 스핀 상태 간의 전이의 들뜸을 통함으로써 스핀의 양자 역학적 특성을 가지는 핵종에만 사용할 수 있다. 가장 많이 검토된 핵종은 수소(흔히 양성자 ^{1}H라 부른다)와 탄소-13(^{13}C)이다. 추가로, 주기율표 상의 많은 원자들이 NMR-활성인 동위원소를 가진다. 유기 분자, 생분자, 유기 금속 및 무기 분자의 수소, 탄소 및 기타 핵종의 스핀 특성을 검토함으로써 화학 이동이라고 부르는 물리적 매개변수(3장 참조)에 따라 각 핵들을 특성으로 기술한다. 화학 이동만으로도 부분적 혹은 전체적인 구조를 알 수 있다. NMR-활성인 핵종 간의 상호 작용은 결합 상수(4장 참조)와 이완 시간(5장 참조)을 측정함으로써 원자간의 연결에 관한 정보를 제공한다. 결합과 이완은 분자 내의 핵간 거리에 좌우되기 때문에 입체화학적 정보도 역시 얻을 수 있다. 더구나 화학적 반응은 핵들을 분자 내에서 한 위치에서 다른 위치로 이동하거나 다른 새로운 분자로 이동하기 때문에 NMR은 많은 종류의 반응의 반응 속도론적 과정을 추적하는 데 사용한다.

NMR 실험은 물질의 어떠한 상에서도 사용할 수는 있지만 통상적으로 액체상으로 수행한다. 양성자 분석을 위하여 NMR 실험은 마이크로그램 양과 탄소 실험에는 밀리그램 양으로도 사용할 수 있다. 시료는 혼합물도 가능하다. 따라서 NMR은 이 책의 I부에서 기술하는 바와 같이 구조 확인에 가장 보편적인 방법이다.

1-5b 질량 분석법

유기화학에서의 질량 분석법의 주된 역할은 미지의 분자에 관한 분자식을 제공하는 것이다. NMR 분광학을 통하여서는 얻을 수 없는 단 하나의 중요한 구조적인 특성이기에 이 두 방법은 서로 상보적이다. 그렇다고 하더라도 질량 분석법(mass spectrometry, MS)는 작용기 정체성과 연결성을 포함하는 광범위한 다른 정보를 제공할 수 있다. 명목상(가장 근접한 정수) 분자량과 정확한(유효 숫자 5개 이상) 분자량 모두 다 얻을 수 있다. 온전한 분자의 이온성 형태와 더불어 조각 이온들이 흔히 생성되고 그것들의 구조가 완전한 분자 구조를 추론하는 데 도움이 된다. MS 실험은 기체상에서 이온 생성하기와 질량 대 전하 비율과 상대적 존재율을 측정하는 것을 포함한다. 동위원소는 질량이 다르기 때문에 그것들은 MS에 의하여 인지될 수 있으며 화합물의 동위원소 구성에 따라 화합물을 분석할 수 있게 해 준다.

질량 스펙트럼은 깨지기 쉽고 열적으로 불안정한 고체를 포함하여 물질의 어느 상태에서도 시료를 택할 수 있다. 질량 분석을 분리와 복합적으로 기초한 기기로 기체 크로마토그래피(GC—MS), 액체 크로마토그래피(LC—MS) 혹은 이단계 질량 분석법(MS—MS)과 함께 혼합물을 검토한다. MS의 감도는 다른 보통의 분광학적 기술로는 상대가 안 된다. 일상적인 일은 마이크로그램 이하($< 10^{-6}$ g) 수준에서 수행하고 펨토 몰(10^{-12} mol) 같이 아주 작은 양도 검출할 수 있다.

MS 실험 도중에 화학 반응이 항상 일어난다. 그 반응의 경로를 추적하는 것과 반응의 열역학적 매개변수를 측정하는 것, 질량 분광기 내에서 새로운 화합물을 합성하는 것이 가능하다. II부에서는 MS를 이용하여 분자량을 얻고 조각 이온을 분석하고 기체상 반응을 추적하는 것을 기술한다.

1-5c 진동 분광학

적외선과 라만 분광학은 특히 분자의 대칭성과 존재하는 작용기를 확인하는데, 분자의 구조에 관하여 풍부한 정보를 제공한다. 이러한 스펙트럼은 자연적으로 일어나지만 예측할 수 있는 분자 내의 진동으로부터 얻어지는 것이다. 적외선 분광학은 높은 감도와 시료 준비의 간편성 때문에 광범위하게 사용하고 있다. 회절발 적외선 분광기는 비싸지 않고 소형이며 매우 간편하여 학부 학생도 몇분의 설명 후에도 스펙트럼을 얻을 수 있게 된다. 비록 라만 분광기는 더 복잡하고 고가이지만 구조 분석에 매우 중요한 정보를 줄 수 있다.

어떠한 화합물도 적외선과 라만 스펙트럼은 특이하여 화합물 확인의 지문으로 사용할 수 있다. 카보닐 같은 많은 작용기의 진동은 그 작용기를 포함하는 분자의 전체 구조와 관계없이 스펙트럼의 특정된 지역에서 특성을 항상 준다. 그 결과 진동 분광학은 III부에서 기술한 바와 같이 작용기를 확인하는 데 특별하게 유용하다.

1-5d 전자 분광학

전자 흡수 분광학은 분자 내에서의 콘쥬게이션에 관한, 예를 들면, 두 개의 이중결합의 콘쥬게이션에, 하나의 이중결합과 하나의 카보닐기의 콘쥬게이션 혹은 방향족 내의 콘쥬게이션에 관한 정보를 제공한다. 게다가 특이한 비콘쥬게이션 작용기(나이트로소, 싸이오카보닐)는 독자적으로 특성화된다. 이 실험은 하나의 분자가 바닥 전자 상태에서 들뜬 전자 상태로 승격하는 에너지와 확률을 측정한다. 들뜸은 하나의 전자가 채워져 있는 분자 오비탈로부터 채워져 있지 않는 높은 오비탈로 이동하는 것이다. 하나의 유기 분자는 전형적으로 몇 가지의 채워져 있는 분자 오비탈과 채워져 있지 않는 분자 오비탈을 가지고 있기 때문에 많은 상이한 전자의 들뜸이 가능하다. 관련 전이 에너지는 전자기 스펙트럼에서 정상적으로 자외선과 가시광선 지역에서 발견된다(1-2절). 대부분의 비콘쥬게이션 작용기에 대한 전이는 일반적으로 이 영역 바깥에 놓여 있어, 특이한 장비 없이는 이러한 기술에 의하여 가시화할 수 없다.

자외선-가시광선 분광학은 IV부에서 기술한 바와 같인 흡수 띠의 위치와 세기에 따라서 콘쥬게이트 작용기를 검출하고 특성화하는 데 정성적이며 정량적으로 사용한다. 자외선-가시광선 실험의 감도가 매우 높아 10^{-9} M까지 검출할 수 있다. 자외선-가시광선 특성의 분석은 콘쥬게이트 케톤과 폴리엔 같은 것에서 발생하는 이웃 작용기 간의 상호 작용을 특성화할 수 있다. 작용기를 변화시키는 화학적 혹은 광화학적 반응을 연구하는 데에도 사용할 수 있다.

문제

1-1 다음 분자의 쌍이 구조 이성질체인지 아니면 입체이성질체인지를 구별하시오.

(a)

(b)

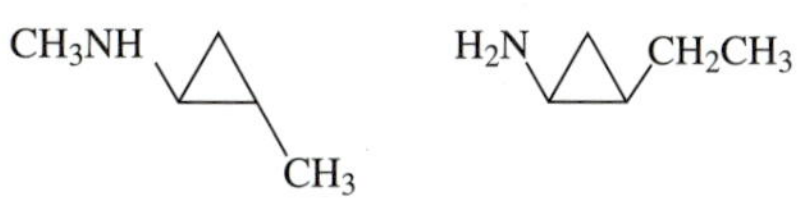

(c)

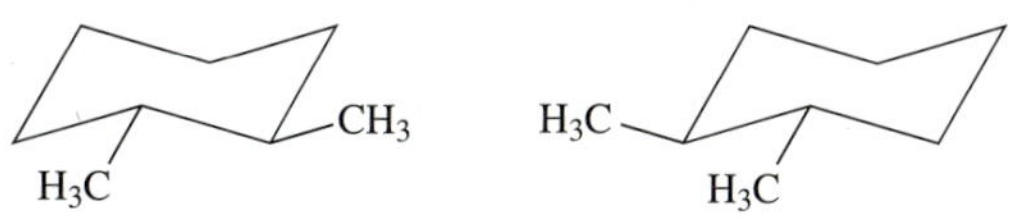

(d)

(e)

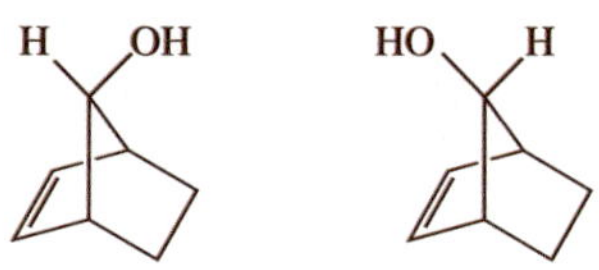

1-2 문제 1-1의 각 분자에 관하여 다음의 사항을 수행하시오.

(a) 분자식을 쓰고 C, H, N 및 O(존재한다면)에 관한 원소 백분율을 계산하시오.

(b) 불포화도를 정하시오.

(c) 어떤 작용기가 존재하는지 말하시오.

1-3 문제 **1-1a**, **1-1d** 및 **1-1e**의 분자에 관하여, 탄소 원자의 개수와 상이한 탄소 종류의 상대적인 비율을 정하시오. 수소에 관해서도 동일하게 정하시오. 원자들은 거울 평면을 통하여 투영되거나 하나의 축을 중심으로 하는 회전 같은 대칭 조작에 의하여 상호 변환이 불가능하면 서로 상이하다고 말한다.

1-4 다음 원소 분석에 따라서 분자의 실험식을 정하시오.

(a) C, 59.89; H, 8.12; O, 31.99

(b) C, 66.02; H, 10.34; N, 10.96; O, 12.68

PART

I

핵자기 공명 분광학

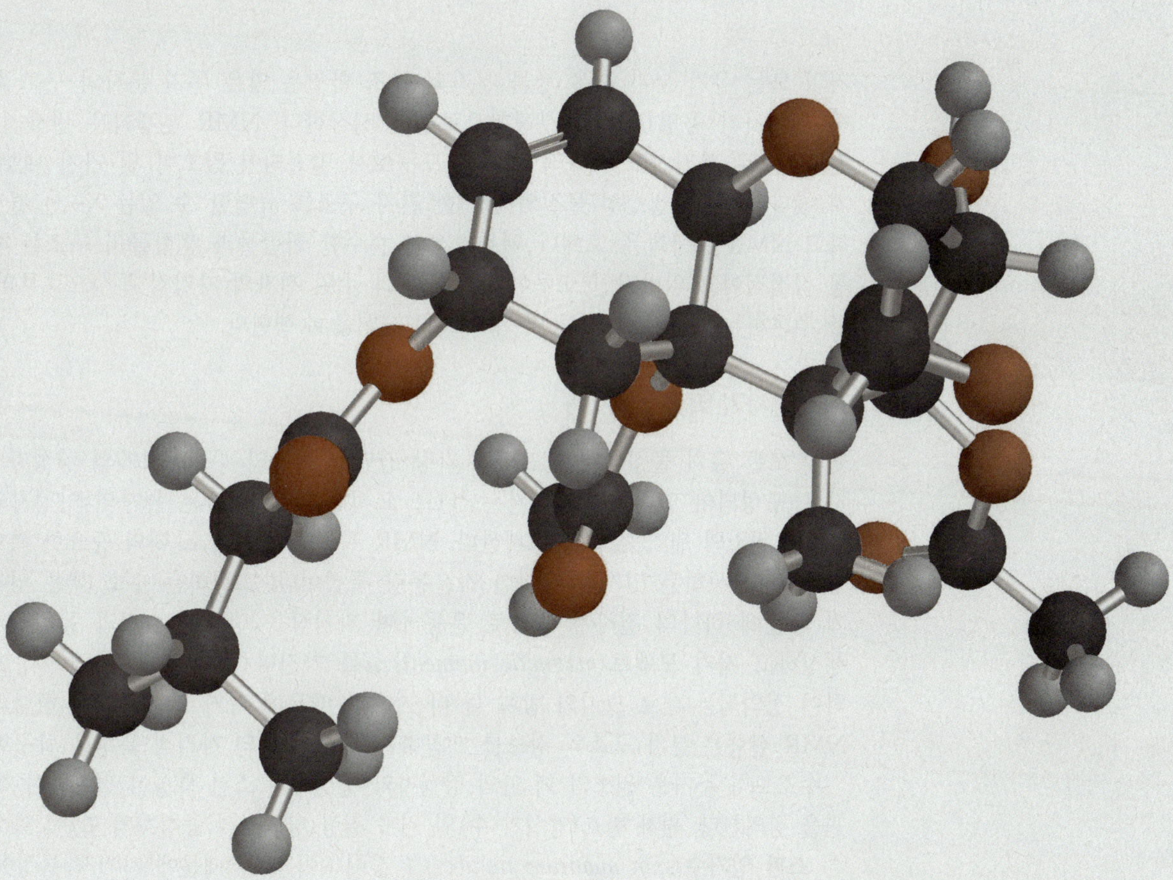

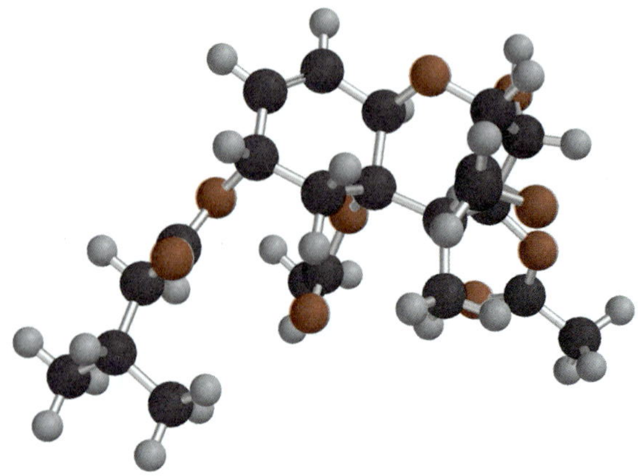

CHAPTER 2

서론

거의 모든 유기 분자 혹은 생물 분자의 구조 확인은 많은 무기 분자의 구조 확인을 포함하여 핵자기 공명(NMR) 분광학으로부터 시작한다. NMR 분광학은 반세기 이상 동안 점차적으로 복잡하고 효율적인 구조 도구로서 발전되어 왔으며 몇 가지 내부 혁신을 거쳐 왔다. 순수한 결정성 물질의 완전한 분자 구조를 규명할 수 있는 X−선 결정학을 제외하고 NMR 분광학은 고체나 액체로서의 순수한 화합물과 혼합물의 구조를 확인하는 가장 직접적이고 일반적인 도구이다. 원자핵과 주위 전자의 자기적 특성으로부터 분자 구조를 추론하는 과정에서 흔히 몇 개 NMR 실험을 수행한다.

2-1 핵자기 특성

거의 모든 유기 물질에서 발견되는 가장 간단한 원자인 수소는 1개의 양성자와 1개의 전자로 구성되어 있다. 수소 원자는 ^{1}H로 표시하며 위 첨자는 원자의 양성자와 중성자의 합, 즉 원소의 원자 질량을 표시한다. NMR 목적상에서 수소 핵의 중요한 측면은 고전적인 스핀 운동하는 입자와 유사한 각운동량 특성이다. 스핀하는 수소 핵은 양전하를 가지기 때문에 하나의 전하가 원으로 운동하여 자기장을 생성하는 것과 동일하게 자기장을 생성하고 **자기 모멘트**(*magnetic moment*) μ를 가진다(그림 2-1). 그림에서 회전축에 의하여 정의되는 대로 크기와 방향 둘 다 가지기 때문에 자기 모멘트 μ는 하나의 벡터이다. NMR 실험은 분자 구조의 정보를 제공하기 위하여 핵의 자기적 특성을 탐구한다.

수소보다 무거운 원소의 핵 안의 양성자와 중성자의 스핀 특성이 결합하여 핵의 전체 스핀을 정의한다. 원자 번호(양성자 수)와 원자 질량(양성자와 중성자의 합)이 짝수인 경우 핵은 **스핀 양자수**(*spin quantum number*) *I* 값이 0이 되기 때문에 자기적 특성이 없다(그림

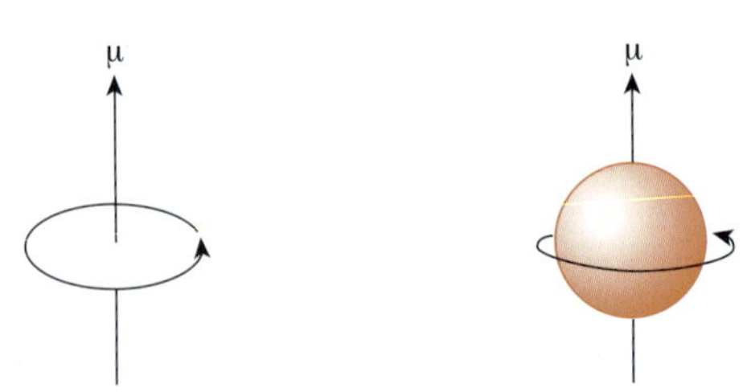

그림 2-1 원형 운동을 하고 있는 전하와 스핀하는 핵 사이의 유사성

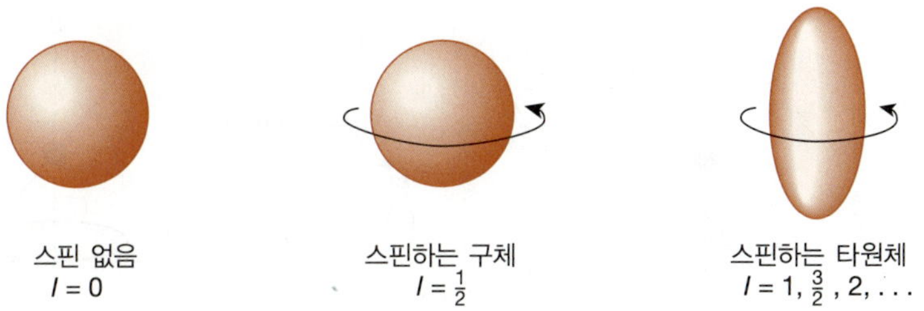

그림 2-2 세 부류의 핵

2-2). 그러한 핵들은 스핀 운동을 한다고 고려하지 않는다. 흔한 비자기적(스핀하지 않는) 핵은 탄소(^{12}C)와 산소(^{16}O)로, 그러한 이유로 NMR 실험에서는 나타나지 않는다. 원자 번호나 원자 질량 둘 중 하나가 홀수이거나 혹은 둘 다 모두 홀수인 경우 핵은 스핀에 해당되는 자기 특성을 가진다. 스핀하는 핵에 관해서는 스핀 양자수가 어떤 값들만 택할 수 있기에 양자화되어 있다고 말한다. 구형의 형태를 가지는 핵들은 $\frac{1}{2}$의 스핀 I를 가지고 비구형 혹은 사중극자 형태는 1 이상($\frac{1}{2}$의 증가 단위로)의 스핀 I를 가진다. 스핀 값 $\frac{1}{2}$을 가지는 흔한 핵들은 ^{1}H, ^{13}C, ^{15}N, ^{19}F, ^{29}Si 및 ^{31}P를 포함한다. 따라서 유기 분자에서 발견되는 가장 흔한 원소(H, C, N, P)는 적어도 $I = \frac{1}{2}$인 하나의 **동위원소**(*isotope*, 비록 산소는 해당되지 않지만)를 가진다. $I = \frac{1}{2}$인 핵의 부류는 가장 간단하게 NMR 실험에 의하여 검토할 수 있다. 사중극자 핵($I > \frac{1}{2}$)은 ^{2}H, ^{11}B, ^{14}N, ^{17}O 및 ^{35}Cl을 포함한다.

스핀하는 핵에 의하여 생성되는 자기 모멘트의 크기는 원자 종류에 따라서 식 $\mu = \gamma\hbar I$에 의하여 변한다. $\hbar$는 플랑크 상수(Planck's constant) h를 2π로 나눈 값이고 γ는 핵의 한 특성으로 **자기회전 비율**(*gyromagnetic* 혹은 *magnetogyric ratio*)이라고 부른다. 자기회전 비율이 크면 클수록 핵의 자기 모멘트 값이 커진다. 같은 수의 양성자를 가지지만 다른 중성자 개수를 가지는 핵들은 동위원소(^{1}H/^{2}H, ^{14}N/^{5}N)라고 부른다. **핵종**(*nuclide*)이라는 용어는 어떠한 원자핵에도 일반적으로 해당된다.

핵자기 특성을 연구하기 위해서는 핵을 테슬라 단위(T)를 가지는 강한 실험실 자장 B_0에 노출시킨다. 이러한 실험실 자기장이 없으면 같은 동위원소의 핵 자석은 같은 자기 에너지를 가진다. B_0 자장이 z축이라고 지정하는 축을 따라 가해지면 시료 내의 핵의 에너지가 영향을 받는다. B_0의 반대 방향($-z$)보다는 일반적인 방향($+z$)을 따라서 자기 모멘트가 움직이는 미미한 경향이 있다(이러한 운동은 곧 보다 확실하게 정의할 예정이다). $\frac{1}{2}$의 스핀을 가지는 핵은 이러한 두 개의 운동 양상을 띤다. 스핀이 특정 집단으로 갈라지는 것은 **제만 효과**(*Zeeman effect*)라고 부른다.

상호작용은 그림 2-3에서 보여 준다. 왼쪽에는 $+z$ 성분의 자기 모멘트가 있고 오른쪽에는 $-z$ 성분의 자기 모멘트가 있다. B_0의 힘은 전자의 경우 $+z$ 방향을 중심으로 원운동을 하고 후자의 경우 $-z$축을 중심으로 원운동을 하게 해 주는데, 이러한 운동을 **세차운동**(*precession*)이라고 부른다. 벡터 분석 용어로 z 방향의 B_0 자장은 μ의 x 성분에 작용하여 y 방향으로 힘을 생성한다(그림 2-3의 중앙 삽입물). 이 힘은 자기 모멘트와 자기장의 벡터곱으로, 즉 $\mathbf{F} = \boldsymbol{\mu} \times \mathbf{B}$가 된다. 그 후 핵 모멘트는 y 방향을 향하여 운동을 시작한다. μ에 대한 B_0 힘은 항상 B_0와 μ에 대하여 수직이 되기 때문에 (벡터곱의 정의에 따라) μ의 운동은 $+z$ 혹은 $-z$ 방향을 축으로 하여 원운동을 하는 것이 된다. 이것은 회전하는 팽이나 자이로스코우프에 존재하는 힘과 유사하다.

양자화 과정이 스핀 $\frac{1}{2}$의 핵에 대하여 단지 두 개의 세차운동 방향만 허용하기 때문에 (그림 2-3) 두 개의 집단 혹은 스핀 상태가 생성되어 자장 $+z$에서의 세차운동에 대하여 $I_z = +\frac{1}{2}$이라고 하고 자장 $-z$에서의 세차운동에 대하여 $I_z = -\frac{1}{2}$이라고 표지한다. 부호

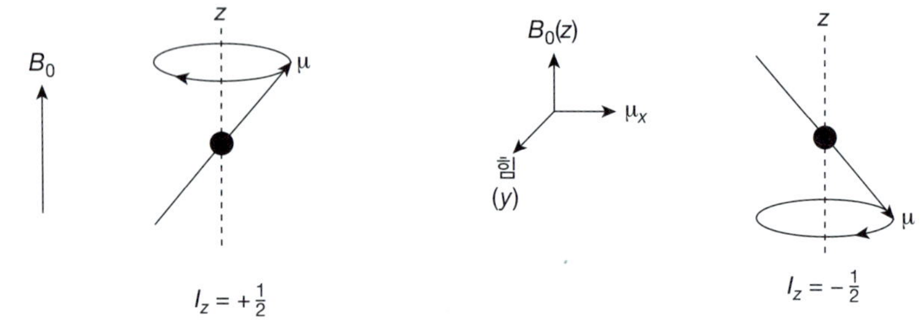

그림 2-3 스핀하고 있는 핵과 외부 자장 B_0 사이의 상호작용

(+ 혹은 −)는 전적으로 임의이다. $I_z = +\frac{1}{2}$ 상태는 약간 에너지가 낮다. B_0가 존재하지 않는 경우 세차운동은 존재하지 않고 모든 핵들은 같은 자기 에너지를 가진다.

B_0 존재하에서는 +z 세차운동을 하는 핵의 비율이 약간 더 많으며 식 2-1의 볼츠만 법칙(Boltzmann's law)에 따라 정의된다.

$$\frac{n\left(+\frac{1}{2}\right)}{n\left(-\frac{1}{2}\right)} = \exp\left(\frac{\Delta E}{kT}\right) \tag{2-1}$$

여기서 n은 스핀 상태의 개체수이고 k는 볼츠만 상수, T는 캘빈(K) 단위의 절대온도, ΔE는 스핀 상태 사이의 에너지 차이이다. 그림 2-4a는 이 두 상태의 에너지와 이것들 사이의 에너지 차이 ΔE를 보여 준다.

B_0 주위의 자기 모멘트의 세차운동은 **라모 주파수**(*Larmor frequency*)라고 부르는 각 주파수 $\omega_0 \propto B_0$를 가진다. 라모 주파수 단위는 초당 라디안(rad s^{-1})이다. B_0가 증가함에 따라서 각 주파수도 증가하여 $\omega_0 \propto B_0$가 된다. ω_0와 B_0 간의 비례 상수는 자기회전 비율 γ가 되어 $\omega_0 = \gamma B_0$가 된다. 본래의 세차운동은 플랑크 관계식 $\Delta E = h\nu_0$ 혹은 각 주파수로 $\Delta E = \hbar\omega_0$ $(\omega_0 = 2\pi\nu_0)$로 일차 주파수로 표현할 수 있다. 이러한 방법으로 스핀 상태 간의 에너지 차이는 식 2-2에 의하여 라모 주파수와 관련되어 있다.

$$\Delta E = h\nu_0 = \hbar\omega_0 = \gamma\hbar B_0 \tag{2-2}$$

따라서 그림 2-4b에서 보듯이 B_0 자장이 증가하면 두 스핀 상태 간의 에너지 차이 ΔE가 증가한다.

앞의 식들은 스핀하고 있는 핵들의 본래 세차운동 주파수$(\omega_0 = \gamma B_0)$가 오로지 자기회전 비율 γ와 실험실-확정값인 자장 B_0에 좌우된다. 자장 B_0 크기 7.05 T에서의 양성자에 관하여 세차운동 주파수가 300 MHz이면 스핀 상태 간의 에너지 차이는 단지 0.0286 cal mol^{-1} (0.120 J mol^{-1})이다. 이 값은 진동 또는 전자 상태 간의 에너지 차이와 비교하여 극히 작다. 높은 자장에서는, 예를 들어 14.1 T의 경우 주파수는 대략 600 MHz로 증가한다.

NMR 실험에서 그림 2-4에서 보여 주는 두 상태는 라디오 주파수(rf) 범위에서 두 번째

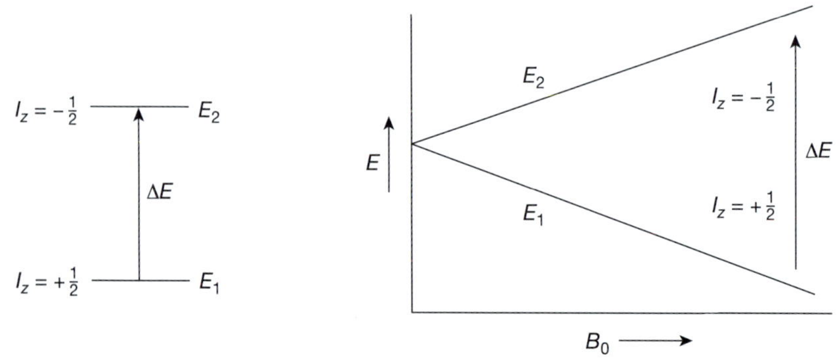

그림 2-4 외부 자장 B_0의 함수로서의 스핀 상태 사이의 에너지 차이(ΔE)

자장 B_1을 가하여 상호 변환시킬 수 있다. B_1 자장의 주파수가 핵의 라모 주파수와 동일할 때, 에너지는 이 새롭게 가한 자장과 핵 사이에 흡수 혹은 방출에 의하여 흐를 수 있다. $+\frac{1}{2}$핵이 $-\frac{1}{2}$핵으로 변함에 따라 에너지 흡수가 일어나고 $-\frac{1}{2}$핵이 $+\frac{1}{2}$핵으로 변함에 따라 에너지 방출이 일어난다. 실험 초기에는 과량의 $+\frac{1}{2}$이 존재하기 때문에 흡수가 방출보다 더 많아져 전체적으로 에너지 흡수가 생긴다. 이러한 과정을 **공명**(*resonance*)이라고 부르고, 흡수는 전자적으로 검출할 수 있으며, 흡수 에너지양 대비 주파수의 그림으로 표시한다. 공명 주파수 ν_0가 핵의 구조적 환경에 매우 좌우되기 때문에 NMR은 화학자들이 선택하는 구조적 도구가 되어 왔다. 그림 2-5는 벤젠의 양성자에 관한 NMR 스펙트럼을 보여 준다. 흡수는 바닥 선으로부터 위로 향하는 하나의 피크로 표시된다.

자기회전 비율은 원소에 따라 변하며 하나의 원소의 동위원소 간에서도 다르기 때문에 공명 주파수도 역시 변한다($\omega_0 = \gamma B_0$). 다른 동위원소 간에는 본질적으로 공명 주파수가 겹치지 않는다. 자장 세기(11.755 T)에서 양성자가 500 MHz에서 공명하면 ^{13}C은 125.8 MHz에서 공명하고, ^{15}N은 50.7 MHz에서 공명한다. 그외의 것들도 이와 같다.

자기회전 비율은 또한 공명 세기에 중요한 영향을 준다. 두 스핀 상태 간의 에너지 차이 $\Delta E = \gamma\hbar B_0$(식 2-2)는 그림 2-4b에서 보듯이 직접 B_0뿐만 아니라 γ에 의해서도 좌우된다. 볼츠만 법칙(식 2-1)으로부터 ΔE가 커지면 두 상태 간의 개체수 차이도 커진다. $I_z = +\frac{1}{2}$ 스핀(E_1 상태)이 크게 과잉이라는 것은 E_2 상태로 더 많은 핵의 스핀이 전도할 수 있게 되어 공명의 세기가 더 커진다는 것을 의미한다. 양성자는 가장 큰 자기 회전 비율을 가지는 것 중 하나로 스핀 상태는 상대적으로 아주 멀리 떨어져 ΔE 값도 특별히 크다. 많은 다른 중요한 핵, ^{13}C나 ^{15}N 같은 것들은 훨씬 작은 자기회전 비율을 가지기 때문에 두 스핀 상태의 에너지 간의 차이가 작다(그림 2-6). 따라서 그것들의 신호는 훨씬 약하다.

스핀 값이 1 이상인 경우 3개 이상의 스핀 상태가 허용된다. ^2H나 ^{14}N 같이 $I = 1$인 핵에 대하여 자기 모멘트는 B_0에 관하여 상대적으로 세 방향으로 세차할 수 있다: 평행($I_z = +1$), 수직(0)과 반대 방향(-1)이다. 일반적으로 $2I + 1$의 스핀 상태가 존재하는데, 예를 들면 $I = \frac{5}{2}$(^{17}O가 이러한 스핀을 가진다.)인 경우 6개의 스핀 상태가 존재한다. I_z 값은 $+I$로부터 $-I$까지 1씩 증가하여 $[+I, (+I\ -1), (+I\ -2) \ldots -I]$이 된다. 따라서 에너지 상태 그림은 구형의 핵보다는 사중극자핵의 경우 더 복잡해진다.

I_z(스핀 $\frac{1}{2}$핵에 대하여 $+\frac{1}{2}$과 $-\frac{1}{2}$)값에 따라 요약하면, NMR 실험은 강한 자장 B_0 내에 잠겨 있는 자기핵으로 구성되어 I_z(스핀 $\frac{1}{2}$ 핵에 대하여 $+\frac{1}{2}$과 $-\frac{1}{2}$) 값에 따라 라모 주파수($\omega_0 = \gamma B_0$)에 해당되는 주파수의 B_1 자장을 가함으로써 핵들을 구별하는 것이다.

그림 2-5 벤젠의 300 MHz ^1H 스펙트럼

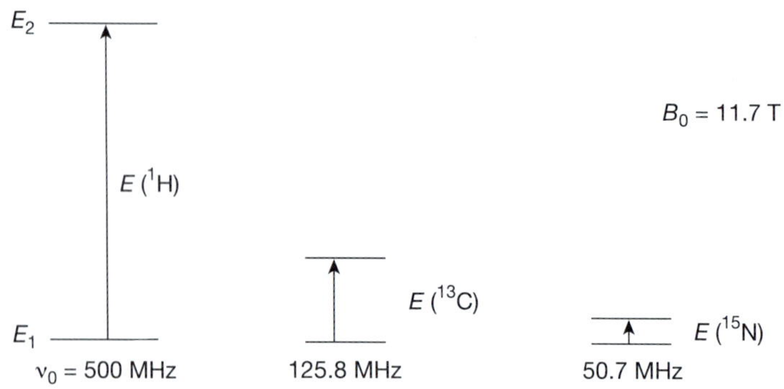

그림 2-6 다양한 상대적 크기의 자기회전 비율을 가지는 세 핵종에 대한 스핀 상태 사이의 에너지 차이: $|\gamma| = 26.75$ (^{1}H), 6.73 (^{13}C) 및 2.71 (^{15}N)

이러한 에너지를 가하면 과량의 $+\frac{1}{2}$핵이 $-\frac{1}{2}$핵으로 변환함에 따라 알짜 흡수가 일어난다. 공명 주파수는 자기회전 비율 γ 값에 따라 핵종에 따라서 다르다. I_z 스핀 상태 간의 에너지 차이 $\Delta E = h\nu$는 B_0 값(그림 2-4)과 핵의 자기회전 비율에 좌우($\Delta E = \gamma\hbar B_0$, 그림 2-6)되며 흡수 강도를 정한다.

2-2 흔히 연구하는 핵종들

어느 핵(이런 맥락에서 핵종)이 화학문제에서 유용한가? 이러한 답은 전공 분야에 달려 있다. 확실히 유기 화학자에게 가장 흔한 원소는 탄소, 수소, 산소, 질소이다. 생화학자에게는 이러한 목록에 인이 첨가될 것이다. 유기 금속 혹은 무기 화학자는 붕소, 실리콘, 규소, 주석, 수은, 백금 혹은 철이나 포타슘 같이 낮은 세기의 몇 가지 같은 잠재적으로 유용한 원소들에 주안점을 둘 것이다. 실험의 성공은 다양한 종류의 핵종에 관한 표 2-1에서 나열되고, 다음에 언급되는 몇 가지 요인에 좌우된다.

스핀. 핵의 전체적인 스핀(표 2-1의 두 번째 열)은 2-1절에서 논의한 대로 양성자와 중성자의 스핀 특성에 의하여 정해진다. 대체로 스핀 $\frac{1}{2}$ 핵은 사중극자핵($I > \frac{1}{2}$)보다 훨씬 좋은 NMR 특성을 보여 준다. 홀수 질량 번호의 핵은 정수를 이분한 스핀($\frac{1}{2}$, $\frac{3}{2}$ 등)을 가지며, 짝수 질량과 홀수 전하를 가지는 핵들은 정수 스핀(1, 2 등)을 가진다. 사중극자핵은 이완에 관하여 특이한 메커니즘을 가져서 극도로 짧은 이완 시간(2-4절)을 초래할 수 있다. 수명(Δt)과 에너지(ΔE) 간의 관계는 Heisenberg의 불확정 원리로 주어져서 이 둘의 곱이 상수가 된다: $\Delta E\ \Delta t \sim \hbar$. 스핀 상태의 수명은 이완 시간으로 측정한 바 매우 짧으며, 에너지의 불확실성이 더 커져(2-4절) NMR 스펙트럼에서 주파수가 큰 띠, 즉 퍼진 신호를 의미한다. 이완 시간과 그로부터의 스펙트럼 선의 퍼짐은 사중극자 모멘트에 의하여 정해지는 핵내의 전하의 분포에 좌우된다. 예를 들면, 비록 ^{14}N이 더 많이 존재하지만 사중극자 퍼짐은 ^{14}N ($I = 1$)을 ^{15}N ($I = \frac{1}{2}$)보다 유용성을 낮게 만든다.

자연 존재량. 자연은 다양한 양(표 2-1의 3번째 열)으로 존재하는 핵종을 제공한다. ^{19}F와 ^{31}P가 100% 존재하고 ^{1}H도 거의 100% 가깝게 존재하는 것에 반하여 ^{13}C는 겨우 1.1% 정도 존재한다. 가장 유용한 질소(^{15}N)와 산소(^{17}O) 핵종은 1% 미만으로 존재한다. 높은 자연 존재량을 가지는 핵종들에 대한 NMR 실험은 당연히 훨씬 쉽다. ^{13}C가 매우 적게 존재하기 때문에 동일한 분자 내에 이웃하는 두 개의 ^{13}C 원자가 존재하는 확률이 매우 낮다($0.011 \times 0.011 = 0.00012$ 혹은 10,000분의 1). 따라서 ^{13}C 스펙트럼에서 두 개의 ^{13}C 간의 J 짝지음(2-6절)은 비록 측정하는 방법이 개발되어 왔지만 관찰하기가 쉽지 않다.

자연감도. 핵종의 감도는 자기회전 비율 γ와 에너지 차이 ΔE ($= \gamma\hbar B_0$)(그림 2-6)에 의하여 정해지며 NMR 실험에서 서로 다른 감도(표 2-1에서 네 번째 열)를 가진다. 에너지

표 2-1 흔한 핵들의 NMR 특성[a]

핵종	스핀	자연 존재량 (N_a) (%)	자연감도 (N_s) (같은 수의 핵에 대해) (vs. ^1H)	감수성 (vs. ^{13}C)	NMR 주파수 (at 7.05 T)	표준 물질
양성자	$\frac{1}{2}$	99.985	1.00	5680	300.00	$Si(CH_3)_4$ 또는 DSS[b]
중수소	1	0.015	0.00965	0.0082	46.05	$Si(CD_3)_4$
리튬-7	$\frac{3}{2}$	92.58	0.293	1540	116.59	LiCl
붕소-10	3	19.58	0.0199	22.1	32.23	$BF_3{\cdot}Et_2O$
붕소-11	$\frac{3}{2}$	80.42	0.165	754	96.25	$BF_3{\cdot}Et_2O$
탄소-13	$\frac{1}{2}$	1.108	0.0159	1.00	75.45	$Si(CH_3)_4$ 또는 DSS[b]
질소-14	1	99.63	0.00101	5.69	21.68	$NH_3(l)$ 또는 CH_3NO_2
질소-15	$\frac{1}{2}$	0.37	0.00104	0.0219	30.41	$NH_3(l)$ 또는 CH_3NO_2
산소-17	$\frac{5}{2}$	0.037	0.0291	0.0611	40.67	D_2O
플루오린-19	$\frac{1}{2}$	100	0.833	4730	282.28	CCl_3F
소듐-23	$\frac{3}{2}$	100	0.0925	525	79.36	$NaCl(aq)$
알루미늄-27	$\frac{5}{2}$	100	0.0206	117	78.17	$Al(NO_3)_3$
규소-29	$\frac{1}{2}$	4.70	0.00784	2.09	59.60	$Si(CH_3)_4$
인-31	$\frac{1}{2}$	100	0.0663	377	121.44	85% H_3PO_4
황-33	$\frac{3}{2}$	0.76	0.00226	0.0973	23.03	CS_2 또는 $(NH_4)_2SO_4$
염소-35	$\frac{3}{2}$	75.53	0.0047	20.2	29.39	$NaCl(aq)$
염소-37	$\frac{3}{2}$	24.47	0.00274	3.8	24.47	$NaCl(aq)$
포타슘-39	$\frac{3}{2}$	93.1	0.000509	2.69	14.00	$KCl(aq)$
칼슘-43	$\frac{7}{2}$	0.145	0.00640	0.0527	20.19	$CaCl_2(aq)$
철-57	$\frac{1}{2}$	2.19	0.0000337	0.0042	9.71	$Fe(CO)_5$
코발트-59	$\frac{7}{2}$	100	0.277	1570	71.18	$K_3Co(CN)_6$
구리-63	$\frac{3}{2}$	69.09	0.0931	365	79.55	$Cu(CH_3CN)_4{}^+BF_4{}^-$
저마늄-73	$\frac{9}{2}$	7.76	0.00140	0.617	10.46	$Ge(CH_3)_4$
셀레늄-77	$\frac{1}{2}$	7.58	0.00693	2.98	57.21	$Se(CH_3)_2$
로듐-103	$\frac{1}{2}$	100	0.0000312	0.177	9.56	$Rh(acac)_3$
카드뮴-113	$\frac{1}{2}$	12.26	0.011	7.6	66.58	$Cd(CH_3)_2$
주석-119	$\frac{1}{2}$	8.58	0.0517	25.2	111.87	$Sn(CH_3)_4$
텔루륨-125	$\frac{1}{2}$	7.0	0.0315	12.5	94.65	$Te(CH_3)$
백금-195	$\frac{1}{2}$	33.8	0.00994	19.1	64.49	$Na_2PtCl_6(aq)$
수은-199	$\frac{1}{2}$	16.84	0.00567	5.42	53.73	$Hg(CH_3)_2$
탈륨-205	$\frac{1}{2}$	70.50	0.192	769	173.05	$Tl(NO_2)_3(aq)$
납-207	$\frac{1}{2}$	22.6	0.00920	11.8	62.76	$Pb(CH_3)_4$

[a]더 완벽한 목록은 J. B. Lambert and F. G. Riddell, *The Multinuclear Approach to NMR Spectroscopy*, Dordrecht, The Netherlands: D. Reidel, 1983.를 참조하시오.

[b]DSS는 2,2-dimethyl-2-silapentane-5-sulfonic acid [역시 3-(trimethylsilyl)-1-propanesulfonic acid으로도 부름]의 소듐염으로서 수용성 매체에서 기준 표준물로 사용함.

차이가 커질수록 핵은 낮은 스핀 상태에 더 많이 존재하여(식 2-1 참조) 더 많은 것들이 에너지를 흡수할 수 있게 된다. 큰 γ값을 가지는 양성자는 가장 감도가 좋은 핵 중의 하나이며 반면에 ^{13}C와 ^{15}N은 불행히도 낮은 감도를 가진다(그림 2-6). 삼중수소(^3H)는 생화학자들에게 방사성 표지물로 유용하다. 그것은 $I = \frac{1}{2}$이어서 매우 감도가 높다. 그것은 0인 자연 존재율을 가지기 때문에 합성적으로 도입해야만 한다. 수소의 표지물로서 중수소는 유용하지만 자연감도가 매우 낮으며 합성에 의하여 도입해야 한다. 무기 화학자가 관심을 가지는 핵은 철과 포타슘 같이 낮은 감도로부터 리튬과 코발트 같이 고감도로 다양하다. 따라서 핵의 자연 감도를 NMR 실험 설계 이전에 잘 알아두는 것이 중요하다.

감수성. 스핀 $\frac{1}{2}$의 핵의 세기는 자연 존재율(합성 표지물 없이)과 핵종의 자연감도 둘 다에 의하여 정해진다. 이 두 요인의 수학적 곱은 특정 핵이 NMR 실험에서 어떻게 행동할 것인가의 좋은 척도가 된다. 화학자들이 ^{13}C 실험에 매우 친숙하기 때문에 자연 존재율과 자연감도의 곱을 ^{13}C의 곱값으로 나누면 감수성이라고 부르는 인자를 얻는다(표 2-1의 제5열). 따라서 ^{13}C에 관한 감수성은 정의에 의하여 1.00이 된다. ^{15}N 실험은 ^{15}N의 감수성이 0.0219가 되어 ^{13}C 실험보다 50배 감도가 낮아진다.

표 2-1은 이러한 인자 이외에 7.05 T에서의 NMR 공명 주파수(제6열)를 포함하고 있다. 마지막 열은 대부분 $\delta = 0$ (2-3절)인 각 핵종에 관한 표준 물질을 포함한다.

2-3 화학 이동

이 장의 나머지 절들은 NMR 스펙트럼의 내용을 측정하는 다양한 인자를 논의한다. 스펙트럼의 가장 위쪽이 공명 위치가 된다. 이것은 소위 공명 주파수 ν_0로서 γ와 B_0와 더불어 분자 환경에 의하여 좌우된다. ν_0의 구조 의존성은 유기 화학에서의 NMR 중요성의 궁극적 이유가 된다.

핵 주위의 전자 구름은 전하, 운동을 가지며, 따라서 자기 모멘트를 가진다. 전자에 의하여 발생하는 자기장은 핵 주위의 미세 환경에서의 B_0 자장을 변경시킨다. 주어진 핵에서 존재하는 실제 자장은 둘러싼 전자의 본성에 좌우된다. 이러한 전자적인 B_0 자장의 변조는 **차폐**(*shielding*)라고 부르며, 그리스 문자 σ로 정량적으로 표시한다. 핵에서의 실제 자장은 B_{local}이 되며, $B_0(1-\sigma)$로 표시할 수 있다. 여기서 양성자에 대하여 전자 차폐 σ는 양의 값을 가진다. 차폐에 의한 공명 주파수의 변화는 **화학 이동**(*chemical shift*)이라고 부른다.

식 2-2-에서 B_0 대신 B_{local}을 대입하여 식 2-3과 같이 차폐로써 공명 주파수를 표시한다.

$$\nu_0 = \frac{\gamma B_0(1 - \sigma)}{2\pi} \qquad \textbf{(2-3)}$$

차폐가 감소하면 σ값이 수식에서 음수가 되기 때문에 B_0 상수에서 높은 공명 주파수를 가지게 된다. 예를 들면, 한 분자에서의 전자 끄는 기가 존재하면 차폐가 감소하여 결과적으로 전자 끄는 기가 존재하지 않는 분자의 경우와 비교하여 높은 공명 주파수가 존재하게 된다. 그래서 플루오로메테인(CH_3F)에서의 양성자는 수소 핵 주위의 전자를 플루오린 원자가 끌기 때문에 메테인보다 높은 주파수에서 공명한다.

그림 2-7은 메틸 아세테이트($CH_3CO_2CH_3$)의 양성자와 탄소에 관한 각각의 스펙트럼을 보여 준다. 자연에 존재하는 탄소의 98.9%가 비자성의 ^{12}C이지만 탄소 NMR은 $I = \frac{1}{2}$인 1.1%의 ^{13}C에 대하여 수행할 수 있다. 전자 차폐의 차이로 ^1H 스펙트럼은 두 개 유형(O—CH_3와 C—CH_3)의 양성자에 대한 분리된 공명을 포함하며, ^{13}C 스펙트럼은 3개 유

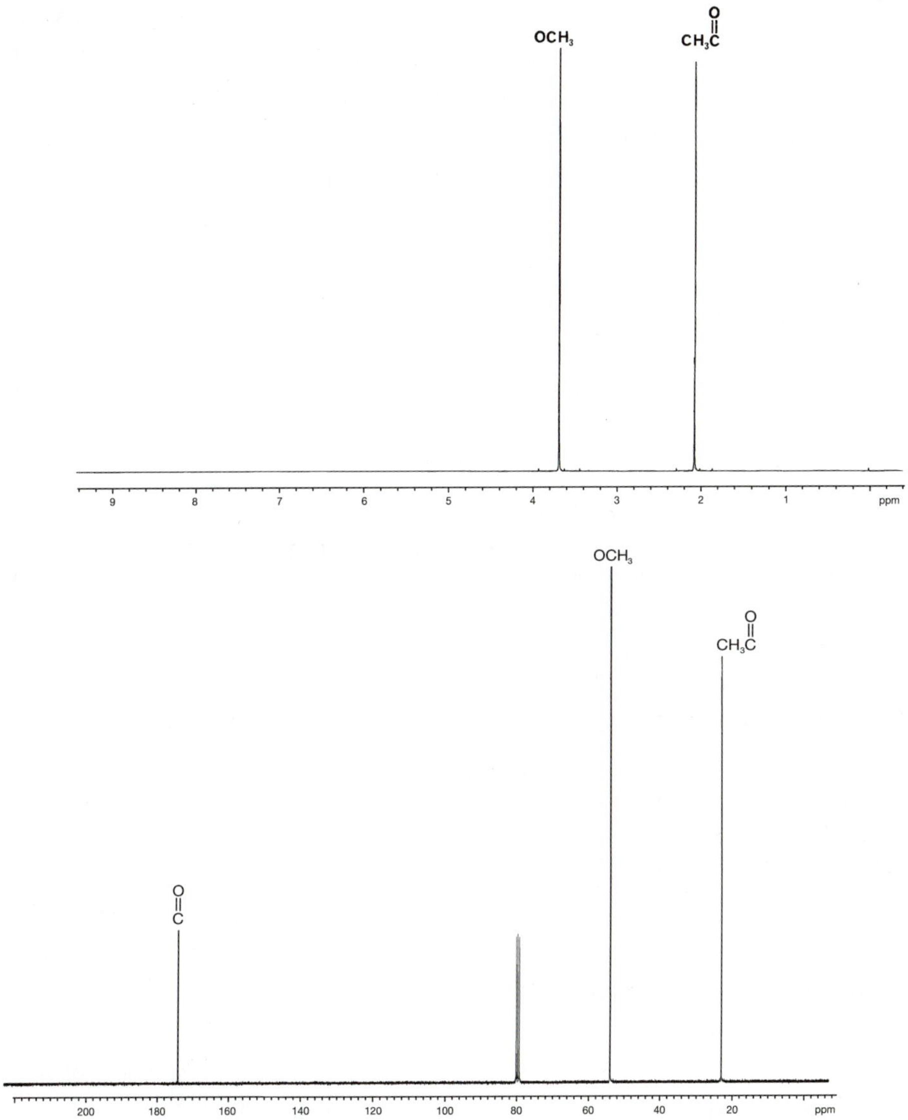

그림 2-7 메틸 아세테이트의 $CDCl_3$에서의 300 MHz ^1H 스펙트럼(위)와 75.45 MHz ^{13}C 스펙트럼(아래). δ 77에 있는 ^{13}C 공명은 용매로부터 왔다. ^{13}C 스펙트럼은 양성자로부터 짝풀림이 되었다.

형(O—CH_3, C—CH_3 및 카보닐)의 탄소에 관한 공명을 포함한다(그림 2-8).

양성자 공명은 이웃 원자들의 전자 끌기 능력, 즉 전기음성도에 기초하여 배정할 수 있다. 에스터의 산소는 카보닐기보다 전자를 더 끌기 때문에 O—CH_3 공명은 C—CH_3 공명보다 더 높은 주파수(더 왼쪽)에서 일어난다. 관례에 따라서 스펙트럼의 주파수는 다른 형태의 스펙트럼과 일치하여 오른쪽에서 왼쪽으로 증가한다. 따라서 차폐는 식 2-3에서의 σ 값이 음수이기에 왼쪽에서 오른쪽으로 증가한다.

그림 2-7에 표시되었고 이 책 전반에서 사용한 단위계는 화학 정보가 흔히 큰 숫자 간의 작은 차이로 표시되는 사실을 극복하기 위하여 개발되었다. 직관적으로 계를 보면 절대적인 주파수, 예를 들면 헤르츠 단위(Hz)일 수도 있다. 예를 들어 공통 자장 7.05 T에서 모든 양성자들은 300 MHz 근처에서 공명한다. 그러나 300.000064 같은 숫자를 포함하는 척도는 거추장스럽다. 게다가 주파수가 하나의 자장 B_0로부터 다른 하나의 자장으로 변할 수도 있다(2-3식). 모든 원소 혹은 동위원소에 대하여 표준 물질이 선택되고 상대적 주파수를 0으로 배정한다. 양성자와 탄소 모두에 관해서는 대부분의 유기 용매에 녹으며 반응성이 없는 테트라메틸실레인 [$(CH_3)_4Si$, 보통 TMS라고 부른다.] 은 그러한 물질로서 강한 신호를 주고 휘발성을 가진다. 덧붙여 실리콘의 낮은 전기음성도는 양성자와 탄소가 상대적으로 높은 밀도의 전자로 둘러싸여 있음을 의미한다. 따라서 그것들은 차폐가 높으

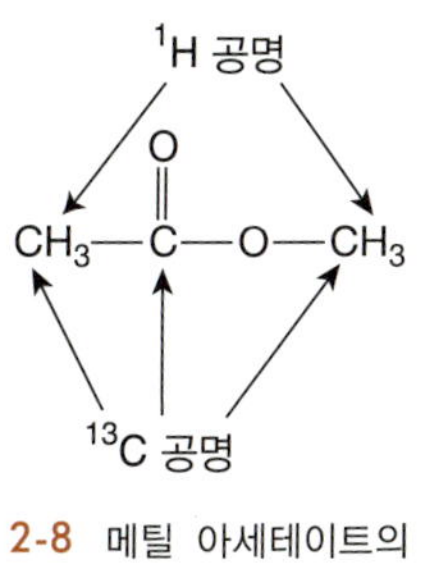

그림 2-8 메틸 아세테이트의 예상 공명

며 공명은 매우 낮은 주파수에서 일어난다. 규소에 의한 차폐는 매우 커서 실제로 TMS의 양성자와 탄소 공명은 스펙트럼의 오른쪽 끝에 위치하여 편리한 스펙트럼의 0값을 제공한다. 그림 2-5와 2-7에서 0 ppm으로 표시한 위치는 가상적인 TMS의 위치이다.

화학 이동은 식 2-3을 두 차례 — 한 번은 임의의 관찰 핵에 대하여 식 2-4a와 같이, 다시 한 번은 식 2-4b의 표준, 즉 TMS에 관하여 — 사용하여 화학 기준 표준으로부터의 거리로 표시할 수 있다.

$$\nu_i = \frac{\gamma B_0(1 - \sigma_i)}{2\pi} \tag{2-4a}$$

$$\nu_r = \frac{\gamma B_0(1 - \sigma_r)}{2\pi} \tag{2-4b}$$

그러면 NMR 주파수 단위(헤르츠, 초당의 주기수와 동일)로의 공명 간의 거리는 식 2-5와 같이 주어진다.

$$\Delta\nu = \nu_i - \nu_r = \frac{\gamma B_0(\sigma_r - \sigma_i)}{2\pi} = \frac{\gamma B_0 \Delta\sigma}{2\pi} \tag{2-5}$$

이러한 주파수 차이에 관한 표현은 아직도 자장 B_0에 좌우된다. 모든 자장 B_0에서 공통적인 단위를 가지기 위하여 핵 i에 관한 화학 이동은 식 2-6에 의하여 정의된다.

$$\delta = \frac{\Delta\nu}{\nu_r} = \frac{\sigma_r - \sigma_i}{1 - \sigma_r} \sim \sigma_r - \sigma_i \tag{2-6}$$

여기서 헤르츠 단위 주파수 차이(식 2-5)는 메가헤르츠 기준 주파수로 나눈다(식 2-4b). 이러한 방식으로 자장 B_0를 포함하는 상수는 상쇄된다. 따라서 δ 척도는 Hz/MHz 단위가 되어, 즉 백만 분의 일(ppm)이 된다. 기준 차폐가 1.0 $[(1-\delta_r)\sim 1]$ 보다 훨씬 작게 선택되었기 때문에 δ는 기준과 핵의 차폐 차이에 해당된다. 따라서 σ_i의 증가는 δ_i가 식 2-6에 따라 감소하는 결과가 된다.

메틸 아세테이트의 ^{1}H 스펙트럼(그림 2-7)에서 보듯이 C—CH_3 양성자에 관한 δ 값은 2.07 ppm(항상 ppm은 빼고 δ 2.07이라고 쓴다. 이 사실은 잘 양해되고 있다.)이고 O—CH_3 양성자에 관한 값은 3.67 ppm이다. 이러한 값들은 어떠한 B_0 자장에서, 예를 들어 현재 사용하는 분광기의 양극단에 해당되는 1.41 T (60 MHz) 혹은 21.2 T (900 MHz)에서 택하여도 동일하다. 그러나 헤르츠로 표시하는 화학 이동은 자장 크기에 따라 다르다. 따라서 60 MHz에서의 TMS의 90 Hz는 300 MHz에서의 450 Hz의 TMS가 되지만, δ 값은 항상 1.50 ppm이다(δ = 90/60 = 450/300 = 1.50). TMS의 오른쪽 공명은 음수 값이 됨을 유의하라. TMS는 물에 녹지 않기 때문에 이러한 용매 (D_2O)에 대해서는 3-(trimethylsilyl)propionic acid의 소듐염 [$(CH_3)_3SiCH_2CH_2CO_2Na$]과 3-(trimethylsilyl)-1-propanesulfonic acid [혹은 2,2-dimethyl-2-silapentane-5-sulfonic acid, DSS]의 소듐염, [$(CH_3)_3Si(CH_2)_3SO_3Na$]을 포함하는 다른 내부 표준물질을 사용한다는 점도 역시 유의하라.

상업적 분광기의 첫 번째 세대에서는 그림 2-5와 2-7 바닥에 있는 척도와 같은 화학 이동 범위는 B_1 자장을 고정시키고 B_0 자장을 변화시켜 얻었으며, 따라서 공명 주파수는 상수이었다. 식 2-3은 차폐(σ)를 증가시키는 ν_0를 상수로 유지하기 위해서는 B_0의 증가의 필요를 의미한다. 높은 차폐를 가지는 핵은 스펙트럼의 오른쪽에서 공명을 일으키기 때문에 이러한 실험에서 B_0 자장은 왼쪽에서 오른쪽으로 증가한다. 따라서 오른쪽 끝은 고자장 혹은 윗자장(upfield) 끝이고 왼쪽 끝은 저자장 혹은 아랫자장(downfield) 끝이라고 알려지게 되었다. 이러한 방법은 **연속파장 쓸기** [*continuous-wave* (CW) *field sweep*]라고

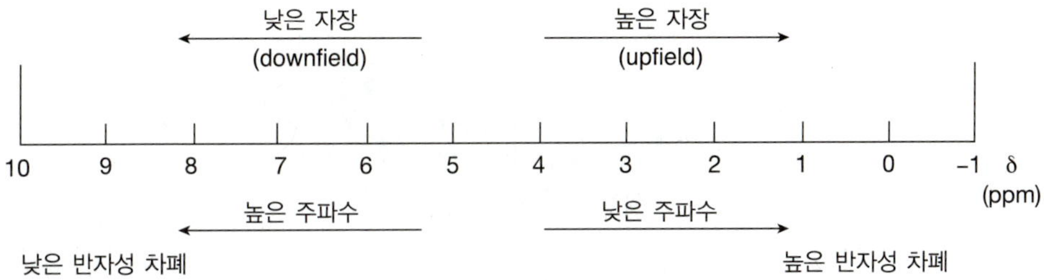

그림 2-9 스펙트럼 관례

부른다. 이 방법은 오늘날 드물게 사용하지만 높은 자장과 낮은 자장 같은 예전의 용어는 NMR 어휘록에 남아 있다.

현대 분광기는 B_0 자장을 상수로 유지하고 대신 B_1을 변화시킨다. 차폐(σ)의 증가는 식 2-3의 우변을 감소시켜 B_0를 상수로 유지하기 위하여 ν_0가 감소하여야 한다. 따라서 스펙트럼의 오른쪽 끝은 앞에서 보듯이 차폐가 큰 핵에 대한 낮은 주파수에 해당된다. 일반적인 결과는 자장이 왼쪽에서 오른쪽으로 증가하는 반면에 주파수는 오른쪽에서 왼쪽으로 증가한다. 그림 2-9는 이를 보여 준다. 스펙트럼의 오른쪽 끝은 그것을 낮은 주파수 혹은 큰 차폐 끝이라 부르는 것이 적절하지만 오래된 장쓸기 실험을 존중하여 아직도 흔히 고자장(highfield) 혹은 높은 자장(upfield) 끝쪽이라고 부른다.

화학 이동은 3장에서 더 고려할 것이다.

2-4 들뜨기와 이완

NMR 실험을 충분히 이해하기 위해서는 그림 2-3을 핵의 집단이라는 관점에서(그림 2-10) 다시 고려하는 것이 유용하다. 평형에서 $I_z = +\frac{1}{2}$ 핵은 $+z$축을 중심으로 세차하고 $-\frac{1}{2}$핵은 $-z$축을 중심으로 세차운동을 한다. 그림에서 이중 원추 표면에 단지 20개의 스핀만 표시하였고 $-\frac{1}{2}$핵에 관한 $+\frac{1}{2}$핵의 과잉은 과장을 하였다(12 대 8). 두 상태의 실제 개체수 비율은 볼츠만 식(식 2-1)으로 주어진다. $B_0 = 7.04$ T에 대한 숫자를 집어 넣으면 결과는 스핀 백만 개당 $-\frac{1}{2}$스핀보다 $+\frac{1}{2}$스핀이 약 50개 더 많이 존재한다. 벡터로 자기 모멘트를 가한다면 $-\frac{1}{2}$스핀보다 $+\frac{1}{2}$스핀이 과잉이 되어 $+z$ 방향으로 알짜 벡터가 존재한다. 모든 개별적 스핀의 합을 **자화**(*Magnetization*, **M**, **굵은체 글자**는 이 맥락에서 벡터 매개변수를 의미한다.)라고 부른다. 그림 2-10에서 $+z$ 방향을 향하고 있는 굵은체 화살표는 결과의 **M**을 대표한다. 스핀들은 z축을 중심으로 임의로 분포(결맞음

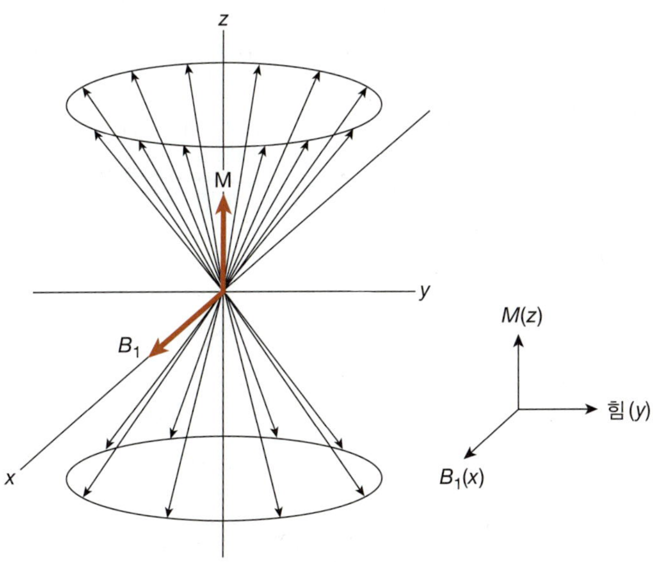

그림 2-10 B_1 자장을 가하기 전에 평형에 있는 스핀 $\frac{1}{2}$핵

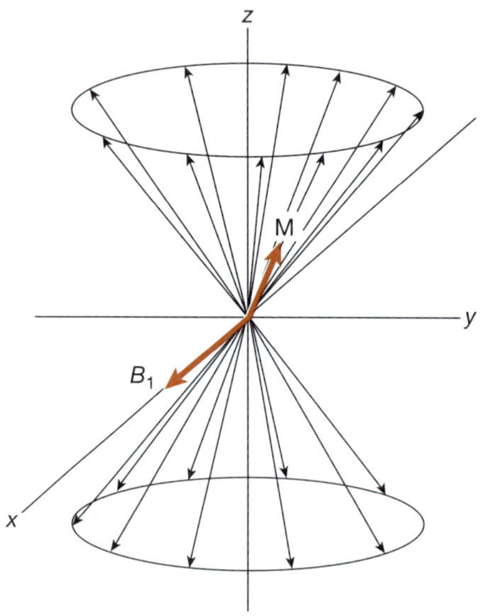

그림 2-11 B_1 자장을 가한 바로 다음의 스핀 $\frac{1}{2}$핵들

없이)하기 때문에 알짜 x 혹은 y 자화가 존재하지 않는다. 즉, $M_x = M_y = 0$이고, 따라서 $\mathbf{M} = M_z$가 된다.

또한 그림 2-10은 x축을 따라 위치한 B_1 자장을 대표하는 벡터를 보여 준다. B_1 주파수가 핵의 라모 주파수와 같을 때, 몇 개의 $+\frac{1}{2}$스핀이 전도되어 $-\frac{1}{2}$스핀으로 변하여 M_z가 약간 감소한다. 벡터 B_1은 $\mathbf{M}$에 이 두 벡터에 수직인 힘을 가한다(그림 2-10의 오른쪽 아래 삽입물; $\mathbf{F} = \mathbf{M} \times \mathbf{B}$의 벡터곱으로부터 힘이 생긴다). 만일 B_1이 매우 짧게 작동하면 자화 벡터 $\mathbf{M}$은 z축에서 벗어나 아주 작게 기울고 y축을 향하여 이동한다. 이러한 것은 상호 직각인 방향을 의미한다. 그림 2-11은 그 결과를 보여 준다.

그림 2-10의 20개 스핀은 $+\frac{1}{2}$스핀 12개와 $-\frac{1}{2}$스핀 8개를 포함한다. 그림 2-11에서는 B_1 자장을 가한 다음 동일한 핵들이 $+\frac{1}{2}$스핀 11개와 $-\frac{1}{2}$스핀 9개를 포함하는 것을 보여 준다. 따라서 단지 한 개의 핵만이 스핀을 바꾼 것이 된다. M_z의 감소는 그림에서 과장되게 표시되었으나 축에서 벗어나 기울어진 것은 확실히 보여 준다. 기울어짐은 스핀의 묶음을 요구하기 때문에 20개 핵의 원 상의 위치 혹은 **위상**(*phases*)은 더 이상 임의적이 아니다. 따라서 이제 스핀의 위상은 약간의 **결맞음**(*coherence*)을 가지며 자화의 x와 y 성분이 존재한다. 자화의 xy 성분은 전자적으로 공명으로 검출되는 신호이다. $+\frac{1}{2}$스핀이 $-\frac{1}{2}$스핀으로 변환함에 따라서 소위 에너지 흡수라는 것이 직접적으로 측정되지 않는다는 것을 이해하는 것이 중요하다.

그림 2-10과 2-11에서의 B_1 자장은 x축을 따라서 앞뒤로 진동한다. 그림 2-12이 z축을 따라 아래로 내려다보면 B_1은 (1) x축을 따라 초당 매우 많은 횟수로(주파수 ν) 일차적으로 진동하거나 (2) 각 주파수 $\omega(= 2\pi\nu)$로 xy 평면상에서 원운동을 한다는 것으로, 이 둘 중 하나로 고려할 수 있다. 이러한 두 표현은 벡터로 보면 동일하다. 라모 주파수로 세차운동을 하는 핵과 주파수와 위상 B_1이 같을 때 공명이 일어난다.

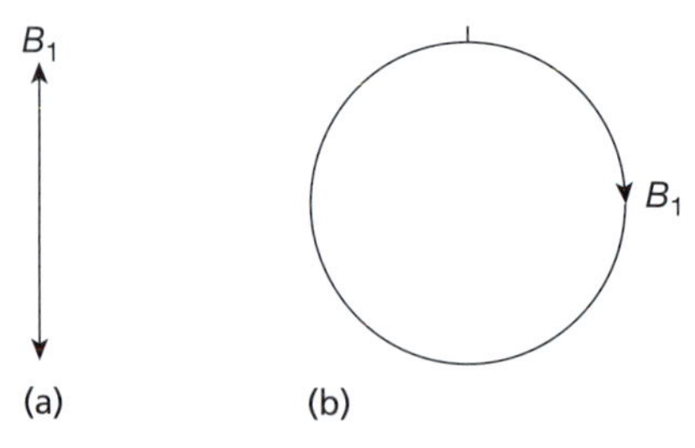

그림 2-12 (a) 선형, (b) 원형으로 진동하는 자장 간의 유사성

그림 2-11은 B_1 벡터와 세차운동 모두 다 동결된, 시간에 대한 스냅 사진을 보여 준다. 각 핵의 벡터는 실시간으로 z축을 중심으로 세차운동을 하고 있어 자화 **M** 역시 이 축을 중심으로 세차운동을 하고 있다. 동결된 틀에서 보는 다른 하나의 방법은 B_1 자장의 주파수로 x와 y축이 회전한다고 고려하는 것이다. 그림 2-12에 있어서 축들은 원운동을 한다. 따라서 B_1은 그림에 나타낸 대로 진동하는 것 대신 x축을 따라서 동결된 것 같이 보인다. 이러한 **회전 좌표계**(*rotating coordinate system*)는 교과서 전체에서 자화 그림을 단순화하기 위하여 사용한다. 회전 틀에서 개별적 핵과 자화 **M**은 그것들이 회전하는 x와 y축의 주파수(B_1)와 같은 라모 주파수를 가지는 한, x축을 중심으로 더 이상 세차운동을 하지 않고 동결된다.

공명 주파수에서의 B_1을 가하면 에너지 흡수($+\frac{1}{2}$핵이 $-\frac{1}{2}$핵으로 변환)와 방출($-\frac{1}{2}$핵이 $+\frac{1}{2}$핵으로 변환) 둘 다 일어난다. 시초에 $+\frac{1}{2}$핵이 $-\frac{1}{2}$핵보다 더 많이 존재하였기에 알짜 효과는 흡수가 된다. 그러나 B_1의 조사를 계속함에 따라 과량의 $+\frac{1}{2}$핵이 사라지게 되어 흡수와 방출의 속도는 결국에는 동일하게 된다. 이러한 조건하에서 시료는 **포화**(*saturation*)에 도달한다고 말하고, 그 실험은 그만 두어야 한다. 그러나 이러한 상황은 포화로부터 핵스핀이 평형에 도달하는 자연 메커니즘에 의하여 개선된다. z 자화가 과량의 $+\frac{1}{2}$ 스핀을 가지는 평형으로 되돌아가는 과정은 **스핀-격자 이완** 혹은 **세로방향 이완**(*spin-lattice* 혹은 *longitudinal relaxation*)이라고 부르고, 보통은 시간 상수 T_1에 관하여 일차 과정이다. 평형에 완전히 되돌아가기 위하여 xy 평면에 생성된 자화를 파괴하기 위하여서는 이완이 역시 필요한다. x와 y 자화를 0의 평형 상태에 되돌리는 모든 과정은 역시 **스핀-스핀 이완** 혹은 **가로방향 이완**(*spin-spin* 혹은 *transverse relaxation*)이라고 부르며, 이것은 시간 상수 T_2에 관하여 보통 일차 과정이다.

스핀-격자 이완(T_1)은 시료 안의 공명 주파수에 맞추어 진동하는 지역적 자장의 존재로부터 파생한다. 이러한 임의의 자장의 주된 원천은 운동하고 있는 다른 자성을 가지는 핵들이다. 하나의 분자가 B_0 자장에서의 용액 내에서 요동하기 때문에 각 핵 자석은 이러한 운동에 의한 자장을 생성한다. 만일 이러한 자장이 Larmor 주파수에 있다면 이웃 스핀들의 과량의 스핀 에너지가 이러한 운동 에너지에 전달되어 $-\frac{1}{2}$핵이 $+\frac{1}{2}$핵으로 변하게 된다. 공명 중인 스핀들은 초기 상태로 되돌아 이완되고 흡수 실험은 신호 평균화를 통하여 되풀이하여 세기를 증가시킬 수 있게 된다.

유효 스핀-격자 이완을 위해서는 요동하는 자성의 핵이 공명하는 핵에 공간적으로 근접하고 있어야 한다. ^{13}C에 관해서는 부착된 양성자(C—H)가 효율적인 스핀-격자 이완을 제공한다. 카보닐(carbonyl) 탄소 혹은 4개의 다른 탄소에 부착된 탄소는 부착 원자가 비자성이기 때문에(^{12}C와 ^{16}O의 비자성 핵의 운동은 이완을 전혀 주지 않는다.) 이완이 매우 느려서 더욱 쉽게 포화된다. 양성자들은 가장 근접한 이웃 양성자에 의하여 이완된다. 따라서 CH_2와 CH_3기는 같은자리 양성자(HCH)에 의하여 이완되지만 CH 양성자는 이웃자리(CH—CH)의 혹은 더 먼 자리의 양성자에 의존해야만 한다.

스핀-격자 이완은 시료를 처음 탐사기(프로브, probe)에 넣을 때 $+\frac{1}{2}$핵의 초기 과잉을 생성하는 원인이 된다. B_0 자장이 없을 때 모든 스핀은 동일한 자기에너지를 가진다. 시료가 B_0 자장 속에 존재할 때는 운동하고 있는 주위의 자성 핵의 상호작용 영향으로 스핀이 전도함에 따라 자화가 조성되기 시작하여 종국에는 $-\frac{1}{2}$스핀에 대한 $+\frac{1}{2}$스핀이 과잉이 되는 평형비율을 생성한다.

x와 y 자화가 0을 향해 감쇠하기 위해서는(스핀-스핀, 혹은 T_2 이완), 핵스핀의 위상이 임의가 되어야만 한다(그림 2-10과 2-11 참조). 이러한 현상에 대한 메커니즘은 상반된 스핀을 가지는 두 개의 핵 간의 상호작용을 포함한다. 한 $+\frac{1}{2}$스핀이 $-\frac{1}{2}$로 변하고,

반면에 다른 하나는 $-\frac{1}{2}$로부터 $+\frac{1}{2}$로 변하는 과정은 z 자화에서 알짜의 변화가 없기 때문에 스핀-격자 이완이 없다. 그림 2-11에서 보듯이 스핀 벡터는 위 원뿔의 표면에서 사라지고 새로운 위상에서 아래 원뿔의 표면에서 다시 나타난다. 그 역도 마찬가지이다. 이러한 과정이 계속됨에 따라서 위상은 z축을 중심으로 임의로 변하고 xy 자화는 사라진다. 동시에 두 핵의 스핀을 교환하는 과정을 때로는 엎침뒷침 메커니즘이라고 부른다.

스핀-스핀 이완 역시 B_0가 완전히 균일하지 않을 때 발생한다. 그림 2-11에서 보듯이 만일 스핀 벡터가 정확하게 동일한 B_0 자장 안에 위치하지 않는다면, 그것들은 라모 주파수로부터 약간 벗어나기 때문에 다른 속도로 z축을 중심으로 세차한다. 상호간에 스핀이 약간 빠르거나 혹은 약간 느리게 운동함에 따라, 결국 그것들의 상대적인 위상은 임의가 된다. 핵이 라모 주파수 범위 밖에서 공명할 때 신호의 선폭은 자연히 증가한다. 스펙트럼의 반높이에서의 선폭과 스핀-스핀 이완 간의 관계는 다음 식에 의한다 $\omega_{1/2} = 1/\pi T_2$. 이 두 메커니즘(엎침뒷침과 자장 불균일) 모두 T_2에 기여할 수 있다. 이 주제에 관해서는 5-1절에서 더 논의하기로 한다.

2-5 펄스파 실험

펄스파 NMR 실험에서는 시료를 강한 B_1 자장으로 매우 짧은 시간으로 공명 주파수에 근접하게 조사한다. 펄스 동안 x축 상(회전 좌표계에서)의 B_1 벡터는 z축 상에 있는 **M** 벡터에 힘을 발휘하여 y축을 향하여 자화를 밀어낸다(그림 2-10의 삽입물 참조). 그림 2-13a와 2-13b는 각각 개별적인 스핀을 제거함으로써 그림 2-10과 2-11을 단순하게 해 준다. 그림 2-13에서는 알짜 자화 벡터만을 보여 준다.

강한 B_1 자장이 남아 있는 한, 자화는 x축 상의 B_1을 중심으로 회전, 즉 세차를 계속한다. B_1 자장의 세기는 다음과 같다. 즉, 자장이 켜지면 약한 B_0 자장의 자연적 방향(z) 중심으로 세차하기 보다는 선호적으로 그것의 방향(x)을 중심으로 세차하게 해 준다. 따라서 핵에 존재하는 일차적 자장은 B_1이 되어 세차 주파수에 관한 표현은 $\omega = \gamma B_1$이 된다. 보다 정확하게 말하자면, 이 식은 공명 주파수 $\omega_0 = \gamma B_0$에서 성립한다. 공명 주파수에서 더욱더 멀리 떨어질수록 B_1의 효과는 더 약화되고 B_0을 중심으로 하는 세차운동은 회복된다. 수학적으로 전부를 취급하는 것은 B_0와 B_1 모두 포함하는 항목을 필요로 하지만, 정성적으로는 공명 주파수에서 혹은 근방에서의 사안에 관하여 우리의 관심이 집중된다.

자화의 회전에 관한 각 θ는 B_1이 존재하는 한 증가한다(그림 2-13). 짧은 펄스는 상대적으로 z축에 관하여 30° 각도가 되도록 할 수 있다(그림 2-13b). 세 배 긴 펄스(90°)는 자화가 y축 상에 놓이게 해 준다(그림 2-13c). 이 기간을 두 배로 한 펄스(180°)는 자화를 $-z$축 상에 위치한다(그림 2-13d). 이것은 정말로 비자연적인 과량의 $-\frac{1}{2}$스핀 혹은 개체수 전도(population invension)가 존재한다는 것을 의미한다. 따라서 펄스에 의하여 생성된 정확한 각 θ는 그것의 존속 시간 t_p에 의하여 정해진다. 그래서 각 θ는 ωt_p가 된다. ω는 B_1 자장 내에서의 세차운동 주파수이다. $\omega = \gamma B_1$이기 때문에 $\theta = \gamma B_1 t_p$가 된다.

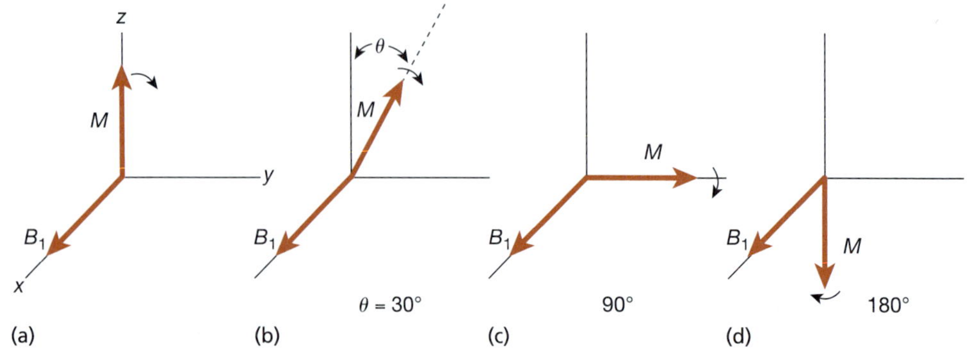

그림 2-13 B_1 자장을 가한 다음의 알짜 자화 M의 시간에 대한 함수

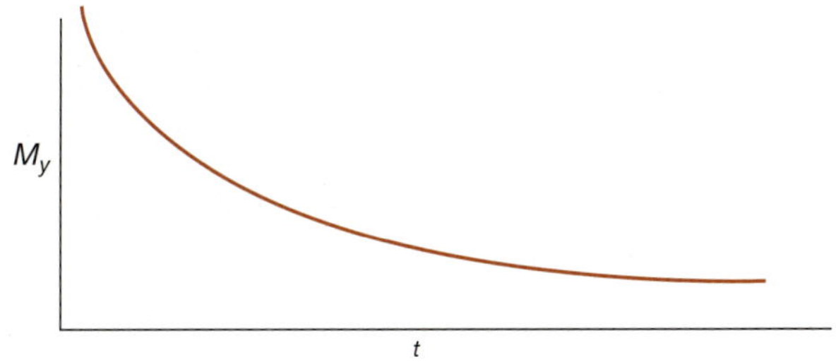

그림 2-14 90° 펄스 다음의 자화 M의 시간 의존성

만일 자화가 y축에 도달하였을 때(90° 펄스) B_1 조사를 중단하고 공명 주파수 시간대에서 y 방향의 자화를 검출한다면 자화가 감쇠하게 됨을 알 수 있다(그림 2-14). y축 상으로 배열된 자화는 비평형 상황이다. 펄스 이후 xy 자화는 스핀-스핀 이완(T_2)에 의하여 감쇠한다. 이와 동시에 z 자화는 스핀-격자 이완(T_1)에 의하여 다시 나타난다. 그림에서 보는 y 자화의 시간에 따른 감소는 **자유유도감쇠**(*Free Induction Decay*, FID)라고 부른다. 이것은 시간 상수 T_2에 관하여 일차인 과정이다.

그림 2-14는 x와 y축의 회전 주파수에 해당되는 γB_0의 공명 주파수에 대한 핵종 한 가지 유형만을 포함하기 때문에 그림은 비현실적이다. 대부분의 시료는 상당히 다른 양성자와 탄소 종류를 가지고 있어 몇 개의 공명 주파수를 가지지만 회전 틀은 단 한 개의 기준 주파수만을 가질 수 있다. 기준 주파수와 다른 공명 주파수를 가지는 핵이 존재하는 경우 무엇이 일어날까? 첫째로, 라모 주파수가 기준 주파수에 해당되는 단일 공명의 경우를 다시 생각해 보자. 90° B_1 펄스가 꺼지는 순간 스핀은 y축 상에 배열한다(그림 2-15a). 그 다음 세차운동 $\omega_0 = \gamma B_0$의 라모 주파수로 z축 상에 다시 돌아온다. 회전 좌표계와 회전 주파수가 일치하기 때문에 공명 주파수 $\omega_0 = \gamma B_0$의 핵은 z축을 중심으로 세차운동을 하지 않고 z축 상에 배열한다(그림 2-15a). 다른 라모 주파수($\omega \neq \omega_0 = \gamma B_0$)를 가지는 두 번째의 핵은 xy 평면에서 y축을 벗어나 이동한다(그림 2-15b). γB_0의 기준 주파수에서 세차운동을 하고 있는 핵들만이 회전 좌표계에서는 정지한 것으로 나타난다. 점차 시간이 갈수록 자화는 xy 평면에서 계속 회전하여 $-y$축에 도달한다(그림 2-15c). 그리고 종국에는 $+y$축으로 되돌아간다(그림 2-15d). 이러한 순환 동안 검출된 y 자화는 처음에는 감소하여 다음에 $y = 0$ 지점을 통과함에 따라 0이 되었다가 다시 $+y$ 지역에서는 음의 값으로 이동한다(그림 2-15c). 그리고 마지막으로 양의 값으로 되돌아간다(그림 2-15d). 그래서 자화의 크기는 코사인 함수와 같이 주기적으로 변한다. $+y$축 상에 다시 배열할 때(그림 2-15d), 자화는 스핀-스핀 이완(T_2) 때문에 처음보다 약간 작아진다. 게다가 자화는 스핀-격자 이완(T_1)을 통하여 z 자화가 되돌아가기 시작함에 따라 xy 평면을 벗어난다(그림에서는 표시하지 않았음). 시간에 따른 코사인 함수와 같이 자화가 변하며 그림 2-15에 표시한 사건의 서열을 계속적으로 통과한다.

그림 2-16a는 기준 주파수 ω_0가 아세톤의 라모 주파수 ω와 다를 때의 아세톤의 양성자에 관한 FID 모양을 보여 준다. 이웃 최댓값 간의 수평 거리는 라모 주파수와 B_1 주파수

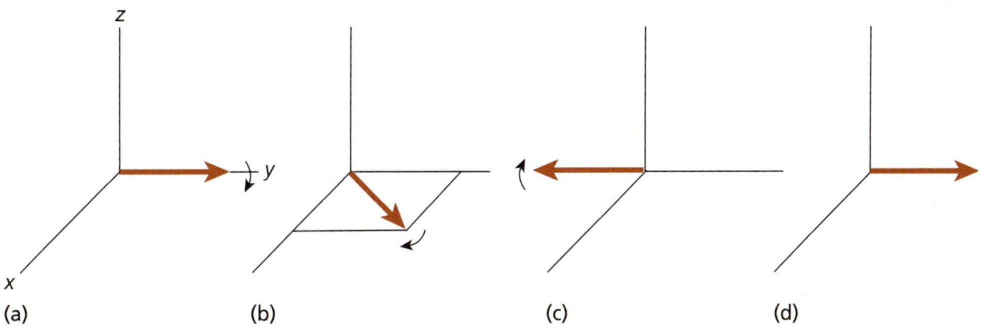

그림 2-15 90° 펄스 다음의 시간 함수인 y축 상에 유발된 자화

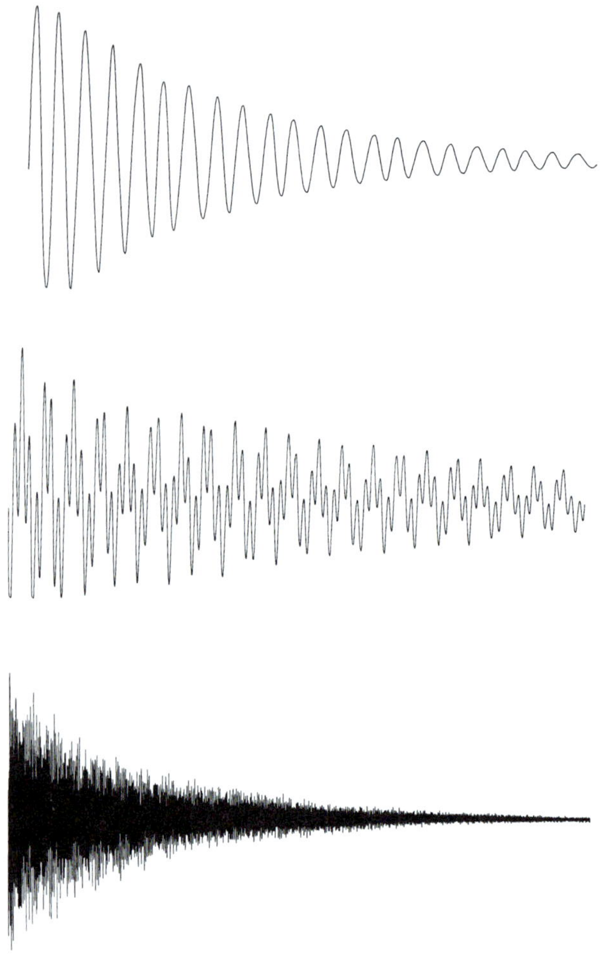

그림 2-16 (a) acetone과 (b) methyl acetate의 ^{1}H 스펙트럼에 대한 유도자기 자발 감쇠. (c) 3-hydroxybutyric acid의 ^{13}C 스펙트럼에 대한 유도자기 자발 감쇠. 모든 시료는 용매가 없다.

간의 차이의 역수이다 [$(\Delta\omega)^{-1} = (\omega - \omega_0)^{-1}$]. 스핀-스핀 이완을 통하여 y 자화를 잃는 것에 따라서 최댓값 세기는 감소한다. 스펙트럼의 선폭이 T_2에 의하여 정해지기 때문에 FID는 스펙트럼을 표시하는 데 필요한 모든 정보를 포함한다. 즉, 전체 세기는 물론 주파수와 선폭의 정보를 포함한다.

이제 각기 기준 주파수와 다른 주파수를 가지는 두 핵의 경우를 고려하자. 그것들의 감쇠는 서로 중첩이 되어 증대 및 간섭하여 메틸 아세테이트 [$CH_3(C{=}O)OCH_3$]의 양성자에 관한 그림 2-16b와 같이 복잡한 FID를 생성한다.

그림 2-16c에서 보듯이 3-hydroxybutyric acid [$CH_3CH(OH)CH_2CO_2H$]의 탄소가 존재하는 경우 주파수를 시각적으로 표시하기가 불가능하다. 푸리에 분석 (Foutier analysis) 이라는 수학적 과정은 FID를 일련의 사인 형태 곡선과 지수 함수로 일치시켜 각 성분의 주파수, 선폭 및 세기들을 얻는다. FID는 시간 단위 도시가 되어 (그림 2-14와 2-16 참조) 실험은 **시간 영역** (*time domain*) 에서 발생한다고 말한다. 어쨌든 실험자는 주파수로 도시하는 것을 원한다. 그래서 스펙트럼은 그림 2-5와 2-7에서 보듯이 **주파수 영역** (*frequency domain*) 으로 변환하여야 한다. 시간 영역에서 주파수 영역으로의 푸리에 변환 (Fourier Transformation, FT) 이 수행된다.

2-6 짝지음 상수

공명의 형식은 다른 개체의 이웃하고 있는 자기 핵의 존재에 의하여 변경될 수 있다. 예를들면 1-chloro-4-nitrobenzene (**2-1**) 에는 각기 나이트로기에 오쏘 (ortho) 이고 클로로기에 오쏘인 A와 X로 표지하는 두 유형의 양성자가 존재한다. 잠정적으로 고리 건너편의

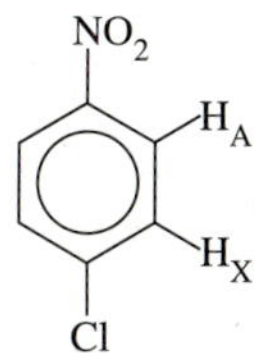

2-1

동일한 A와 X 양성자들로부터의 영향은 무시한다. 각 양성자는 $\frac{1}{2}$스핀 값을 가져 두 개의 개체수가 단지 몇 ppm 차이인 I_z 스핀 상태 $+\frac{1}{2}$과 $-\frac{1}{2}$을 가진다. A 양성자의 거의 반이 $+\frac{1}{2}$X 이웃을 가지고 거의 반이 $-\frac{1}{2}$X 이웃을 가진다. 이 두 유형의 X 양성자들에 의하여 제공되는 자기 분위기는 동일하지 않아서 A 공명은 두 개의 피크로 갈라진다(그림 2-17a와 2-18). 같은 방식으로 A 양성자가 두 개의 상태를 가지기 때문에 X핵은 두 개의 개별적인 자기 환경을 가진다. X 공명 역시 같은 이유로 두 개의 피크로 갈라진다. 분자 **2-1**에서의 염소와 질소 원자 핵 같은 사중극자 핵은 흔히 비자성 같이 행동하기 때문에 이러한 문맥에서 무시할 수 있다. 이러한 현상은 5-1절에서 더 상세히 고려한다.

이웃 스핀의 피크 다중성에 관한 영향은 **스핀-스핀 갈라짐**(*spin-spin splitting*), **간접 짝지음**(*indirect coupling*) 혹은 ***J* 짝지음**(*J coupling*)이라고 부른다. 하나의 핵의 공명이 다른 하나의 핵에 의하여 갈라진 두 피크 간의 거리는 핵 스핀이 서로 얼마나 강한 영향을 주는가의 척도이며, **짝지음 상수 *J***(*coupling constant J*)라고 부르며, 헤르츠 단위로 측정한다. 1-Chloro-4-nitrobenzene(**2-1**)에서 A와 X 사이의 짝지음은 10.0 Hz로서 두 개의 양성자에 관하여 비교적 큰 값을 가진다. 일반적으로 짝지은 계에서 단지 두 개의 핵이 존재하는 경우 결과 스펙트럼은 AX라고 한다. *J* 값은 두 핵 간 상호작용의 척도이며, 두 핵에 관해서는 동일하기 때문에 스펙트럼의 A와 X 두 부분의 갈라짐은 동일하다는 것을 유의하라(그림 2-18). 더구나 상호작용의 크기는 핵 특성에만 좌우되고 자장 같은 외적 양에는 좌우되지 않기 때문에 *J*는 B_0에 관하여 독립적이다. 따라서 1-chloro-4-nitrobenzene(**2-1**)에서 7.05 T(300 MHz, 그림 2-18) 혹은 14.1 T(600 MHz)에서 측정하였을 때 *J* 값은 10.0 Hz이다.

그림 2-17 일차 이-스핀계(AX)의 네 개 피크

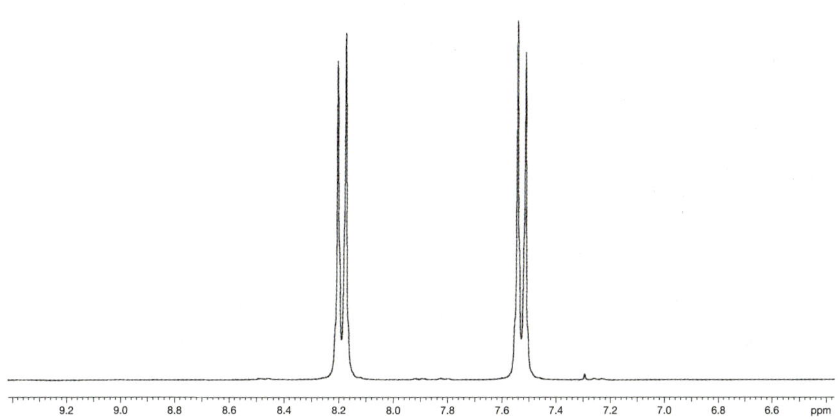

그림 2-18 1-Chloro-4-nitrobenzene의 $CDCl_3$에서의 300 MHz ^1H 스펙트럼

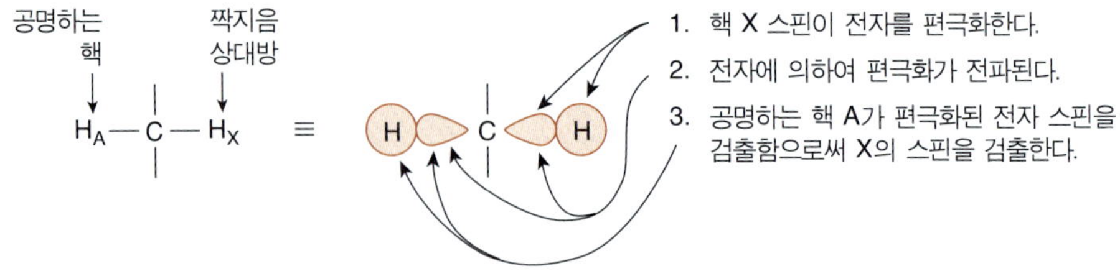

그림 2-19 간접 스핀-스핀 짝지음 메커니즘

두 개 핵을 짝지우기 위해서는 스핀에 관한 두 정보 사이에 이동하는 과정이 있어야만 한다. 가장 흔한 메커니즘은 두 핵 간의 결합 경로를 따른 전자의 상호작용을 포함한다(두 결합에 걸친 짝지음 경로에 관해서는 그림 2-19 참조). 전자는 양성자와 같이 스핀하는 입자로 행동하며 자기 모멘트를 가진다. X 양성자(H_X)는 주위 전자의 스핀에 영향을 주어, 즉 편극화시켜 전자 스핀이 하나의 I_z 스핀 상태를 약간 더 선호하게 된다. 따라서 양성자 스핀 $+\frac{1}{2}$은 전자를 $-\frac{1}{2}$로 편극화시킨다. 교대로 전자는 C—H 결합의 다른 전자를 편극화시켜 이런 방식으로 계속하여 마지막에는 공명하는 A 양성자(H_A)까지 전달된다. 이러한 메커니즘을 4-3절에서 더 논의한다. *J*는 정상적으로 결합을 통한 상호작용을 대표하기 때문에 결합 차수와 입체화학 같은 분자 결합에 관한 결론을 내리는 데 중요한 매개변수이다.

여분의 갈라짐은 공명하는 핵이 2개 이상의 핵에 근접일 때 발생한다. 예를 들면 1,1,2-tricycloethane (**2-2**)는 두 유형의 양성자를 가진다. 우리는 이것들은 H_A (CH_2)와 H_X (CH)라고 표지한다.

$$ClCH_2^A—CH^XCl_2$$

2-2

A 양성자들는 H_X의 $+\frac{1}{2}$과 $-\frac{1}{2}$스핀 상태로부터 두 개의 다른 주위에 노출되어 있다. 따라서 이것들은 그림 2-17과 2-18에서 보여 주는 상황과 유사하게 1 : 1 이중선으로 갈라진다. 그러나 H_A의 스핀은 총체적으로 고려해야 한다: 둘 다 $+\frac{1}{2}$(+ +), 둘 다 $-\frac{1}{2}$(− −) 그리고 하나는 $+\frac{1}{2}$이고 나머지 하나는 $-\frac{1}{2}$인 스핀이다. 3개의 다른 A 환경, 즉(+ +), (+ −) / (− +), (− −)는 1 : 2 : 1 비율로 3개의 X 피크를 생성한다(그림 2-20). 따라서 2-2의 스펙트럼은 하나의 이중선(doublet)과 하나의 삼중선(triplet)을 포함하여 A_2X라고 한다(혹은 만일 표지가 바뀐다면 AX_2, 그림 2-21). *J* 값은 스펙트럼에서 다중선의 두 개 이웃한 피크 간 세 개 간격으로 발견된다(그림 2-20과 2-21).

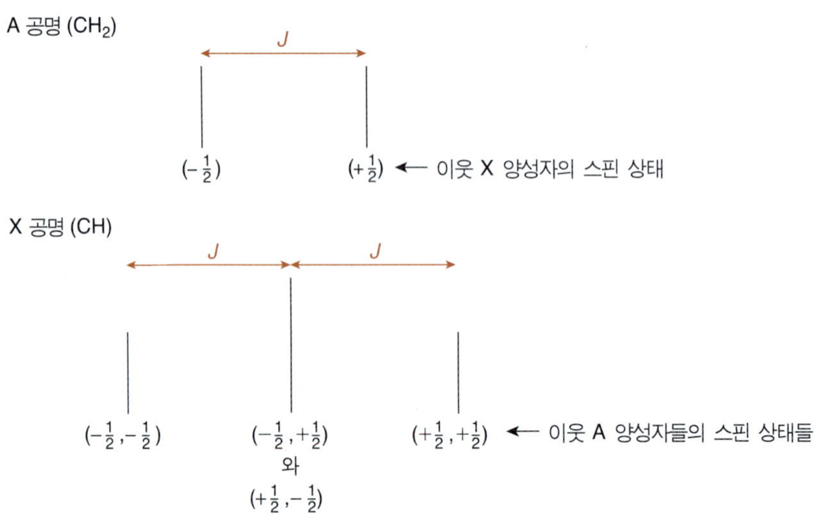

그림 2-20 일차 삼-스핀계 (A_2X)의 다섯 개 피크

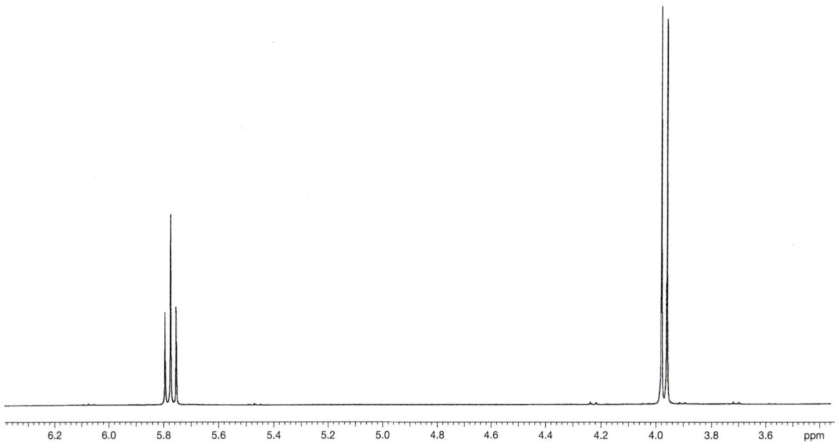

그림 2-21 1,1,2-trichloroethane의 $CDCl_3$에서의 300 MHz ^1H 스펙트럼

이웃한 스핀의 개수가 증가함에 따라 스펙트럼의 복잡성도 증가한다. 다이에틸 에터에서의 동일한 에틸기는 A_2X_3 스펙트럼을 형성한다(그림 2-22). 메틸 양성자는 이웃 메틸렌 양성자에 의하여 그림 2-20의 X 공명에서와 같이 1 : 2 : 1 삼중선으로 갈라진다. 메틸렌 양성자가 3개의 메틸 양성자에 의하여 갈라지기 때문에 메틸렌 공명에서 4개 피크가 존재한다. 이웃하는 메틸 양성자는 모두 양의 스핀(+ + +), 두 스핀은 양이고 하나는 음(+ + −, + − +와 − + +의 세 방식으로), 하나의 스핀은 양이고 두 스핀은 음(마찬가지로 + − −, − + − 및 − − +의 세 방식) 혹은 모두 음인 스핀(− − −)일 수 있다. 그 결과는 1 : 3 : 3 : 1 사중선이다(그림 2-23). 그림 2-22에서 보는 삼중선-사중선의 양식은 신뢰할 수 있으며, 에틸기의 존재에 관한 일반적 지표이다.

큰 스핀계에서의 갈라짐 양식은 비슷한 방법으로 유추할 수 있다. 만일 하나의 핵이 $I = \frac{1}{2}$인 n개의 동일한 핵과 결합하고 있다면, 그리고 4장에서 논의할 이차 효과가 없다면 n+1개의 피크가 존재한다. 세기의 비율은 일차 가정 하에서는 두 개의 I_z 상태는 통계학적으로 독립적인 경우이기 때문에 이항 전개에서의 계수에 해당되며 파스칼 삼각형(그림 2-24)으로부터 얻을 수 있다. 파스칼 삼각형은 두 개의 수평 이웃의 정수를 합하여 두 정수 사이의 아래 행에 놓는다. 삼각형 바깥은 0이라고 가정한다. 첫 번째 행(1)은 이웃 스핀이 존재하지 않아 공명 다중성(갈라지지 않은 단일선), 두 번째 행(1 : 1)은 한 개의 이웃 스핀이 있는 다중성이고 이하 등등. 우리는 이미 두 개의 이웃 스핀이 주어지면 1 : 2 : 1 삼중선, 세 개의 이웃 스핀이 주어지면 1 : 3 : 3 : 1의 사중선이라는 것을 살펴보았다. $-CH_2-CHX-CH_2-$(X는 비자성)의 배열에서 CH 양성자에 관하여 4개의 이웃 스핀이 존재하여 CH 공명은 1 : 4 : 6 : 4 : 1의 오중선(AX_4)이다. 아이소프로필기,

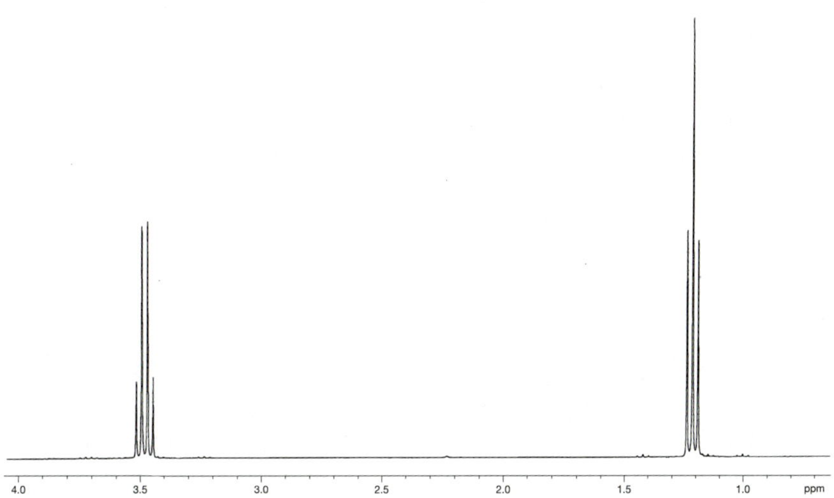

그림 2-22 다이에틸 에터의 $CDCl_3$에서의 300 MHz ^1H 스펙트럼

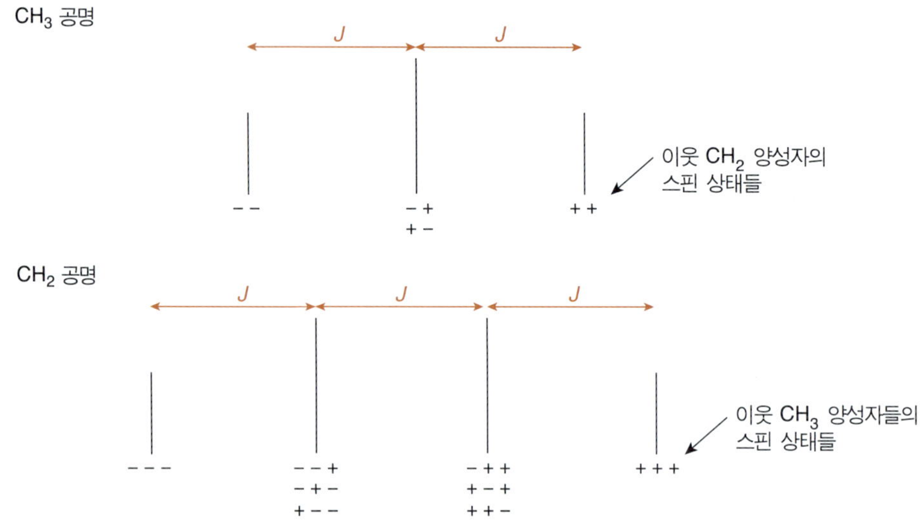

그림 2-23 일차 A_2X_3 스페트럼의 일곱 피크들

1
1 1
1 2 1
1 3 3 1
1 4 6 4 1
1 5 10 10 5 1
1 6 15 20 15 6 1
1 7 21 35 35 21 7 1
1 8 28 56 70 56 28 8 1
1 9 36 84 126 126 84 36 9 1
1 10 45 120 210 252 210 120 45 10 1

그림 2-24 파스칼의 삼각형

—CH(CH_3)$_2$의 CH 공명은 1 : 6 : 15 : 20 : 15 : 6 : 1의 칠중선(AX_6)이다. 몇 개의 흔한 스핀계가 표 2-2에 주어졌다.

이차 스펙트럼의 경우를 제외(4-1절과 4-9절)하고, 같은 화학 이동을 가지는 양성자간의 짝지음은 스펙트럼에서 갈라짐을 주지 않는다. 그림 2-1에서 벤젠의 각 양성자는 두 개의 오쏘 이웃과 결합하지만 이러한 이유에서 벤젠 스펙트럼은 단일선이다. 같은 이유로 메틸기 내의 양성자는 정상적으로 메틸 공명의 갈라짐을 유발하지 않는다. 갈라지지 않은 스펙트럼(단일선)의 예는 아세톤, 사이클로프로페인, 다이클로로메테인의 스펙트럼을 포함한다. 동일한 공명 주파수를 가지는 짝진 핵 간에 갈라짐이 존재하지 않는다는 것은 본래 양자역학적인 것이며 장황한 이론적 설명이 필요하다.

지금까지 주어진 짝지음의 거의 모든 것이 세 결합(H—C—C—H)에 걸친 이웃자리(vicinal) 양성자 사이의 것이다. 네 결합 이상의 짝지음은 보통 작거나 관찰되지 않는다. 같은자리(germinal) 양성자(—CH_2—)가 서로 갈라져서 메틸렌기의 각 양성자가 다른 화학 이동을 가지는 것이 가능하다. 그러한 같은자리 갈라짐(geminal splitting)은 탄소가 한 고리의 부분으로 비대칭적인 치환체를 위와 아래 표면에 가질 때, 분자에 단 한 개의 카이랄 중심이 존재할 때 혹은 알켄이 대칭축을 가지지 않을 때(XYC = CH_2) 가능하다. 이러한 짝지음은 4장에서 더 논의할 것이다.

두 양성자 사이에서만이 아니고 ^{1}H와 ^{13}C 사이에서도 짝지음이 발생할 수 있다. ^{13}C는 자연 존재율이 매우 낮기 때문에(약 1.1%), 이러한 짝지음은 ^{1}H 스펙트럼 분석에서는 중요하지 않다. 100 중 99 경우 양성자는 비자성 ^{12}C에 부착되어 있다. 1.1%의 ^{13}C로부터의 작은 위성 피크는 때로는 ^{1}H 스펙트럼에서 볼 수 있다. ^{13}C 스펙트럼에서는 탄소 핵인

표 2-2 흔한 일차 스핀-스핀 갈라짐 양식

스핀계	분자 구조	A 다중성	X 다중성
AX	$—CH^A—CH^X—$	이중선 (1 : 1)	이중선 (1 : 1)
AX_2	$—CH^A—CH_2^X—$	삼중선 (1 : 2 : 1)	이중선 (1 : 1)
AX_3	$—CH^A—CH_3^X—$	사중선 (1 : 3 : 3 : 1)	이중선 (1 : 1)
AX_4	$—CH_2^X—CH^A—CH_2^X—$	오중선 (1 : 4 : 6 : 4 : 1)	이중선 (1 : 1)
AX_6	$CH_3^X—CH^A—CH_3^X$	칠중선 (1 : 6 : 15 : 20 : 15 : 6 : 1)	이중선 (1 : 1)
A_2X_2	$—CH_2^A—CH_2^X—$	삼중선 (1 : 2 : 1)	삼중선 (1 : 2 : 1)
A_2X_3	$—CH_2^A—CH_3^X—$	사중선 (1 : 3 : 3 : 1)	삼중선 (1 : 2 : 1)
A_2X_4	$—CH_2^X—CH_2^A—CH_2^X—$	오중선 (1 : 4 : 6 : 4 : 1)	삼중선 (1 : 2 : 1)

이웃 양성자와 짝지음을 한다. 탄소 핵은 이웃 양성자가 탄소에 직접적으로 부착된 경우 커다란 짝지음이 발생한다. 따라서 한 개 메틸 탄소의 ^{13}C 공명은 사중선으로 갈라지고 한 개의 메틸렌 탄소 (CH_2)는 삼중선으로, 메타인 탄소 (CH)는 이중선으로 갈라진다. 사차탄소는 일결합 짝지음으로 갈라지지 않는다. 그림 2-25 (상단)는 3-hydroxybutyric acid $[CH_3CH(OH)CH_2CO_2H]$의 ^{13}C 스펙트럼을 보여 준다. 이 스펙트럼은 각 유형의 다중성을 가지는 탄소 공명을 포함한다. 오른쪽에서 왼쪽으로 사중선 (CH_3), 삼중선 (CH_2), 이중선 (CH), 단일선 (CO_2H)을 보여 준다. 그래서 ^{13}C 스펙트럼에서의 갈라짐 양식은 분자 내 이러한 유형의 원자단 각각에 대한 탁월한 지표가 된다.

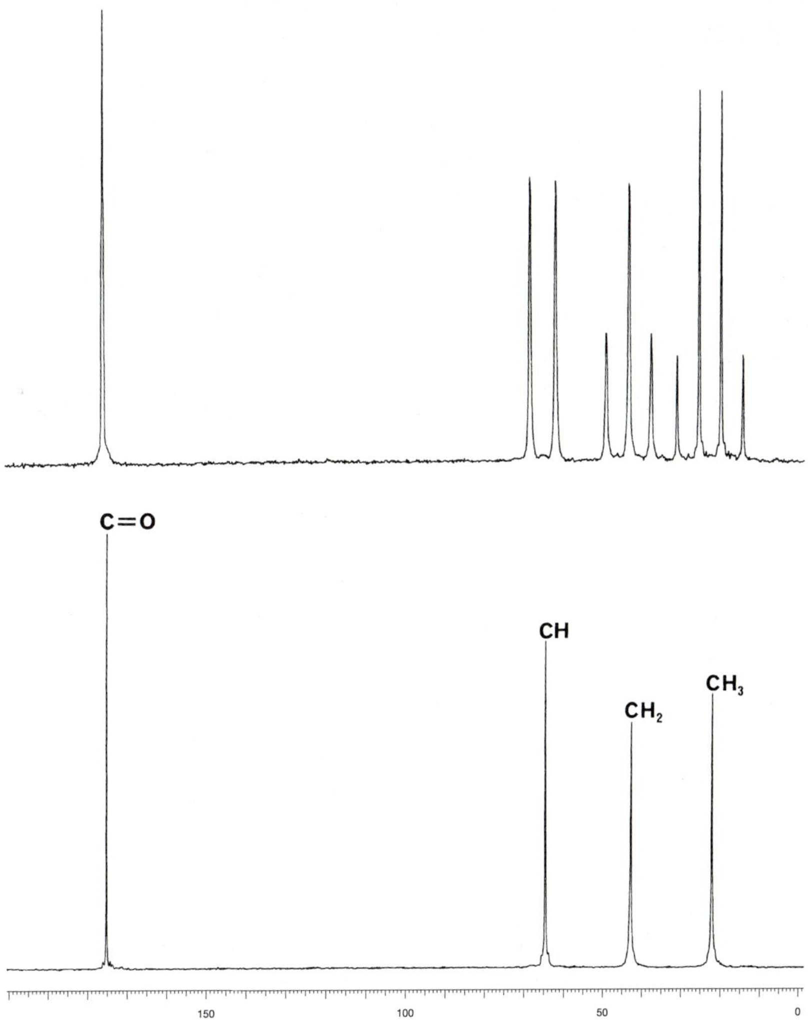

그림 2-25 위: 3-Hydroxybutyric, $CH_3CH(OH)CH_2CO_2H$의 22.6 MHz ^{13}C 스펙트럼

스핀-스핀 갈라짐을 제거하는 **짝풀림**(*decoupling*)이라는 기기 조작 과정을 사용할 수 있다. 이러한 방법은 5-3절에서 논의되는 바 한 핵을 부수적 자장(B_2)으로 조사하고 B_1 자장에서 공명하는 다른 핵을 관찰하는 것이다. 두 번째 자장을 시료에 가하기 때문에 이 실험을 **이중 공명**(*double resonance*)이라고 부른다. 이러한 과정은 그림 2-7(하단)에서 메틸 아세테이트의 ^{13}C 스펙트럼과 그림 2-25 아래쪽의 3-hydroxybutyric acid의 ^{13}C 스펙트럼을 얻는데 사용되었다. 짝풀림과 짝지음 ^{13}C 스펙트럼 모두를 측정하면 전자의 경우에서 탄소의 개수와 종류에 관한 단순한 그림을, 후자의 경우에서는 부착된 양성자의 개수에 대한 단순한 그림(그림 2-25)을 얻는다. 짝지음은 4장에서 자세히 취급한다.

2-7 정량화와 복잡한 갈라짐

존재하는 스핀의 개수에 직접 비례할 때 신호를 검출한다. 따라서 메틸기(CH_3)의 양성자는 메타인 양성자(CH) 신호의 세 배를 생성한다. 이러한 세기의 차이는 전자적 적분을 통하여 측정이 가능하고 분자 구조를 규명하는 데 사용된다. 그림 2-26은 ethyl *trans*-crotonate [$CH_3CH{=}CH(CO)OCH_2CH_3$]에 관한 전자적 적분을 설명한다. 각 공명의 상부 혹은 관통한 연속선의 수직 변위는 피크 면적의 측정치를 제공한다. δ 5.84에서의 이중선, δ 4.19에서의 사중선 및 δ 1.28에서의 삼중선 각각의 수직 변위는 1 : 2 : 3의 비율을 보여 준다. 적분은 단지 상대적인 세기 자료만을 제공하기 때문에 실험자는 알려지거나 혹은 짐작이 가는 양성자 개수의 공명을 선택하여 나머지 적분을 이에 맞추어 정상화하여야 한다. 적분값은 분광기에 의하여 숫자로 제공된다.

그림 2-26에서 설명하는 ethyl crotonate의 ^1H 스펙트럼에서 각 피크는 적분값과 갈라짐 양식을 검토하여 배정할 수 있다. 가장 낮은 주파수(가장 높은 자장, δ 1.28)에서의 삼중선은 상대적 적분값 3을 가지기에 에틸기의 메틸 부분에서 유래함이 틀림없다. 그것의 J 값은 적분값이 2로, 스펙트럼의 중간인 δ 4.19에서의 사중선의 값에 해당된다. 이러한 후자의 다중선은 메틸렌기로부터 유래해야만 한다. 상호 짝진 메틸 삼중선과 메틸렌 사중선은 산소에 부착한 에틸기($-OCH_2CH_3$)의 공명을 형성한다. CH_3보다 전자를 끄는 산소에 근접한 CH_2 때문에 메틸기보다 높은 주파수에서 메틸렌 공명이 위치한다.

스펙트럼의 나머지 공명은 두 종류 이상의 양성자와 짝진 양성자로부터 유래한다. 그 다음 짝지음 양식은 그림 2-26의 세 개의 스펙트럼 확대에서 보듯이 더 복잡하다. 가장 높은 주파수(가장 낮은 자장) 공명(δ 6.98)은 하나의 세기를 가지고 있으며, 두 개의 알켄성($-CH{=}$) 양성자로부터 유래한다. 이러한 공명은 다른 알켄성 양성자에 의하여 이

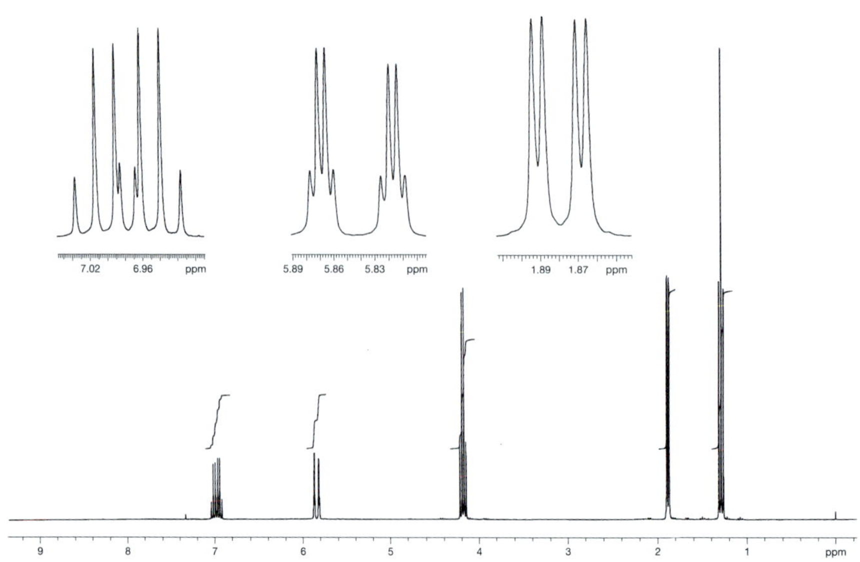

그림 2-26 Ethyl *trans*-crotonate의 $CDCl_3$에서의 ^1H 스펙트럼. 위의 다중선은 세 개의 공명에 대한 확대이다.

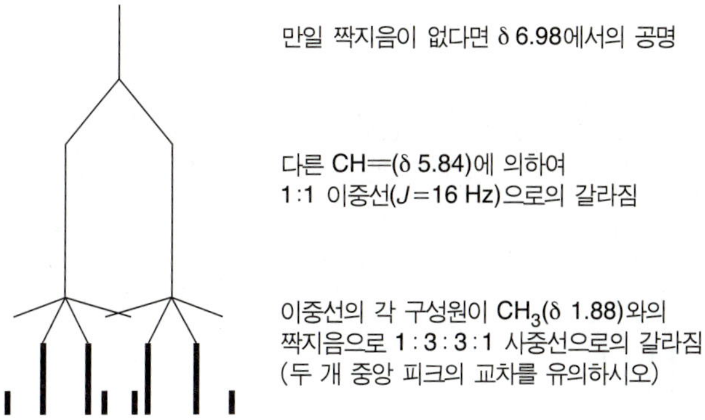

그림 2-27 핵들이 동일하지 않게 한 세트 이상의 다른 스핀들과 짝질 때, δ 6.98에서의 공명에 대한 중첩된 피크들

중선(J = 16 Hz)으로 갈라지고 다시 이러한 이중선의 각 구성원은 다시 탄소에 부착한 메틸기와 짝져 사중선(J = 7 Hz)으로 다시 갈라져 안쪽의 두 피크가 교차한다. 막대 도표(stick diagram) [흔히 계보(tree)라 부른다]는 그림 2-27에서의 δ 6.98의 공명과 같이 복잡한 다중선을 분석하는 데 유용하다.

δ 5.84에서의 한 단위의 적분은 다른 알켄성 양성자로부터 유래하고, δ 6.98 양성자에 의하여 이중선(J = 16 Hz)으로 갈라진다. 작은 짝지음(1 Hz)은 네 결합에 걸친 메틸기와의 짝지음이고, 사중선을 초래한다(그림 2-28). 짝지음 크기에서의 이러한 차이의 중요성은 4장에서 논의한다. δ 6.98에서의 공명은 메틸기에 근접한 양성자로부터 유래하는 것으로 인지할 수 있다. 따라서 J 값은 네 결합이 아니라 세 결합에 걸쳐 있기 때문에 크다.

δ 1.88에서의 공명은 적분값이 3이다. 따라서 이중결합에 부착한 나머지 메틸기로부터 유래한다. 그것은 알켄성 양성자 모두로부터 갈라지지만 동일하지 않은 짝지음(7과 1 Hz)을 가지기 때문에 네 개의 피크를 생성한다(그림 2-29). 이러한 집단을 이중선의 이중선(doublet of doublets, dd)이라고 부른다. **사중선**(*quartet*)이라는 용어는 보통 1 : 3 : 3 : 1 다중선에 사용한다. δ 1.88 공명에서의 동등하지 않는 두 개의 짝지음은 각각 알켄성 양성자에서 발견되는 사중선 갈라짐에서 정확히 대응된다. 최종적인 배정은 다음과 같다.

$$\begin{array}{l} \delta \quad 1.9 \quad 7.0 \qquad 5.8 \qquad 4.2 \quad 1.3 \\ CH_3CH{=}CHCO_2CH_2CH_3 \end{array}$$

적분 역시 혼합물에서의 상대적인 성분량을 측정하는 데 사용할 수 있다. 이 경우에 집단 내의 양성자 개수에 관하여 규격화한 다음 성분의 비례를 다른 분자의 양성자에 관한 상대적인 적분으로부터 구할 수 있다. 알려진 농도의 내부 표준 물질을 포함할 수도 있다. 그 다음 표준 물질의 공명을 다른 공명과 비교한다면 절대 농도의 척도를 제공할 수 있다.

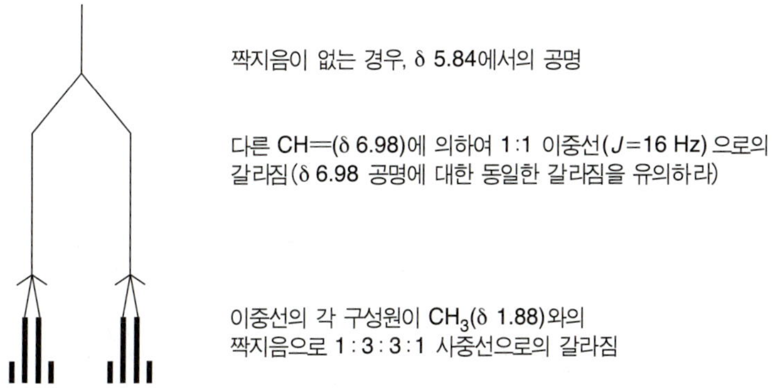

그림 2-28 δ 5.84 공명에 대한 중첩 피크 척도와 다름

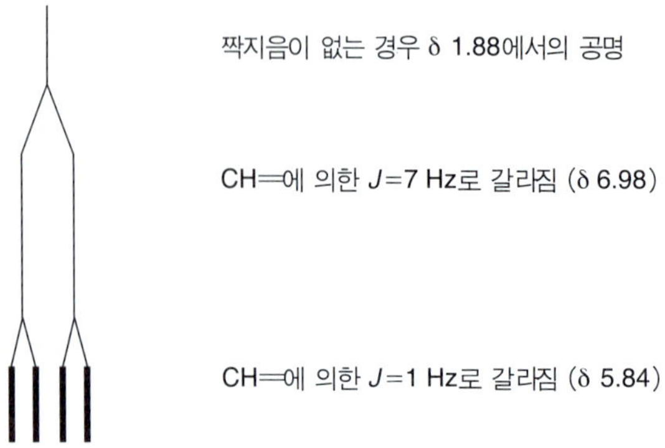

그림 2-29 δ 1.88 공명에 대한 중첩 피크 (척도와 다름)

2-8 동적 효과

앞 절에서 개략화한 원리에 따라서 메탄올(CH_3OH)의 ^1H는 CH_3기에 관하여 적분 3의 이중선(OH와 짝지음)과 OH기에 관한 적분 1의 사중선(CH_3와 짝지음)을 포함해야만 한다. 고순도 혹은 낮은 온도에서는 그러한 스펙트럼이 관찰된다(그림 2-30 아래 부분). 그러나 적은 양의 산성 혹은 염기성 불순물의 존재는 하이드록시 양성자의 분자 간 교환을 촉매할 수 있다. 어느 메커니즘에 의해서든 이러한 양성자는 분자에서 떨어져 나와 이것에 관한 스핀 상태 정보는 나머지 분자에게 더 이상 소용이 없게 된다. 짝지음을 관찰하기 위해서는 교환 속도가 짝지음 크기보다 헤르츠 단위로 훨씬 느려야 한다. 따라서 하나의 양성자가 초당 몇 번 교환한다면 짝지음은 유지될 수 있다. 만일 교환 속도가 J보다 빨라지면 하이드록시 양성자와 메틸 양성자 간의 짝지음이 관찰되지 않는다. 따라서 높은

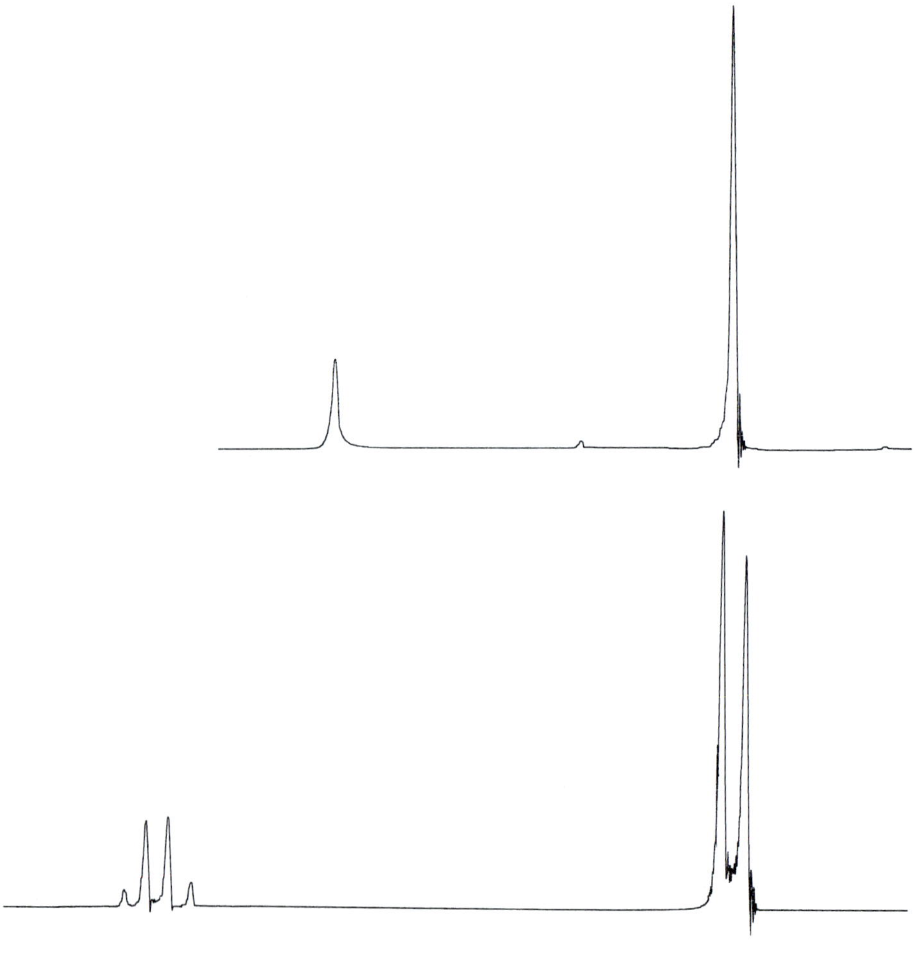

그림 2-30 +50°C (위)와 −30°C에서 (아래)의 CH_3OH의 60 MHz ^1H 스펙트럼

온도(그림 2-30 윗부분)에서는 메탄올의 ^{1}H 스펙트럼은 단지 두 개의 단일선만을 포함한다. 만일 온도를 낮추거나 산성 혹은 염기성 촉매의 양이 감소하면 교환 속도는 느려진다. 짝지음 상수는 계속 없다가 교환 속도가 극한점에 도달하여 양성자가 충분히 오래 산소에 머물게 되면 메틸기의 스핀 상태를 검출할 수 있다. 그림에서 보는 것과 같이 **빠른 교환**(*fast exchange*, 위)으로부터의 **느린 교환**(*slow exchange*, 아래)으로의 전이는 메탄올의 경우 80°C의 온도 범위에서 이루어질 수 있다. 대부분의 스펙트럼의 조건에서는 적은 양의 산과 염기 불순물이 존재하여 하이드록시 양성자는 보통 다른 핵과의 짝지음을 보여 주지 않는다. 촉매량이 작기 때문에 OH기에 관하여 적분값은 여전히 1이다. 때로는 교환이 빠른 교환과 느린 교환의 중간 정도가 되어 광폭의 피크가 관찰된다. 아미노 양성자(NH 혹은 NH_2)도 비슷한 양상을 보여 준다.

짝지음 상수를 평균화하는 과정은 화학 이동도 평균화할 수 있다. 아세트산과 벤조산의 혼합물은 두 분자로부터의 CO_2H에 관한 단지 하나만의 ^{1}H 공명을 포함할 수 있다. 분자 간의 키복실 양성자 교환이 매우 빨라서 스펙트럼은 두 개의 평균만 보여 준다. 더구나 만일 용매가 물인 경우에는 카복실산 혹은 알코올의 OH 같이 교환할 수 있는 양성자는 분리된 공명을 주지 않는다. 따라서 물속 아세트산(CH_3CO_2H)의 ^{1}H 스펙트럼은 세 개가 아니라 두 개의 피크를 보여 준다. 물과 카복실 양성자는 하나의 공명으로 나타나고

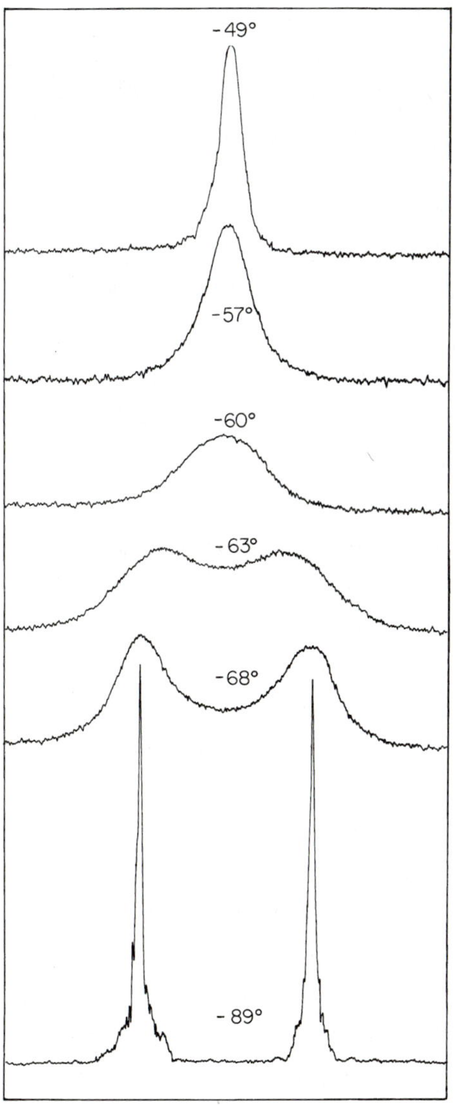

그림 2-31 온도 함수로서의 cyclohexane-d_{11}의 60 MHz ^{1}H 스펙트럼 (출처: F. A. Bovey, F. P. Hood III, E. W. Anderson, and R. L. Kornegay. *J. Chem. Phys.*, **41**, 2042 [1964].)

화학 이동은 순수한 물질의 화학 이동값의 중량 평균으로 된다. 만일 $-CO_2H$와 물의 교환 속도가 충분히 느려지면 분리된 공명들을 관찰할 수 있다.

분자 내 반응(일분자 반응)은 만일 속도가 화학 이동과 비교할 만하다면 NMR 스펙트럼의 외양에 영향을 줄 수 있다. 예를 들어, 사이클로헥세인 분자는 분별이 가능한 수직 방향과 수평 방향 양성자를 포함한다. 그러나 스펙트럼은 실온에서 단지 하나의 예리한 단일선만을 보여 준다. 모든 양성자가 같은 평균 화학 이동을 가지기 때문에 갈라짐이 없다. 고리가 뒤집어져 수직 방향과 수평 방향 위치가 서로 바뀐다. 이러한 과정의 속도(s^{-1} 단위)가 수직 방향과 수평 방향 양성자 간의 화학 이동 차이(헤르츠 단위로 s^{-1} 단위)보다 크다면 NMR 실험은 두 유형의 양성자를 구별하지 않아 단지 하나의 피크만 관찰된다. 이러한 상황을 **빠른 교환**(*fast exchange*)이라고 부른다. 그러나 낮은 온도에서는 고리 뒤집힘의 과정이 훨씬 느려진다. −100°C에서 NMR 실험은 이 두 유형의 양성자를 구별할 수 있어 두 개의 공명이 관찰된다(**느린 교환** *slow exchange*). 중간 온도에서는 광폭화된 피크가 관찰되어 빠른 교환에서 느린 교환으로의 전이를 반영한다. 그림 2-31은 사이클로헥세인에 관하여 스펙트럼 교환을 온도의 함수로 설명한다. 여기서는 이웃자리 양성자-양성자 짝지음을 제거하여 스펙트럼을 단순화하기 위하여 하나를 제외한 모든 양성자를 중성자로 치환하였다(**2-3**).

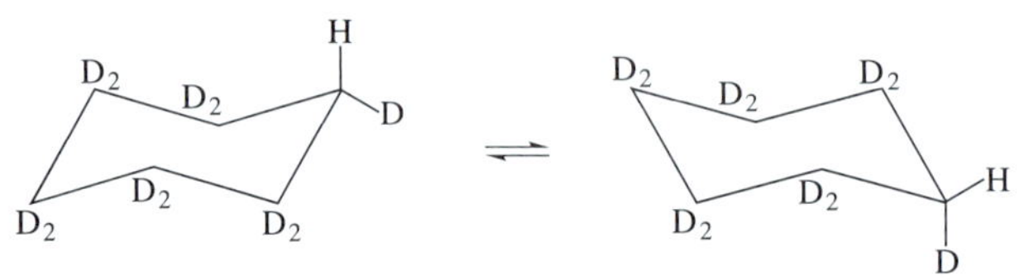

2-3

이러한 과정들은 산촉매 분자 간 교환이나 혹은 일분자 재조직화에 의해서 가역적으로 스펙트럼의 특성을 평균화하는 것을 초래한다. NMR은 계가 평형에 있을 때 반응 속도의 영향을 검토하는 몇 가지 안 되는 방법 중 하나이다. 대부분의 반응 속도적 방법은 한 물질이 비가역적으로 다른 하나의 물질로 변환하는 것을 요구한다. 화학 이동이나 짝지음 상수를 평균화하는 역학적 효과는 초당 몇 번의 상태에서 일어나는 과정을 들여다보는 거의 유일무이한 창구를 제공한다. 이러한 주제는 5-2절에서 더 검토한다.

2-9 고체의 스펙트럼

지금까지 설명한 예와 스펙트럼 모드는 액체 시료에 관한 것들이었다. 확실히 고체의 NMR 스펙트럼을 택하는 것이 유용하다는 것이 밝혀졌다면 왜 우리가 고체 시료를 피할 이유가 있을까? 액체에 관하여 사용한 정상적인 조건하에서 고체의 스펙트럼은 퍼져 있고 분해능이 낮으며 단지 적은 양의 정보만 제공할 뿐이다. 고체 시료의 낮은 분해능에 관하여 두 가지 주요 이유가 있다. 결합을 통하여 핵 간에 일어나는 간접적인 스핀-스핀(J) 상호작용에 덧붙여 핵 자석은 또한 핵 쌍극자의 직접적인 상호작용을 통하여 짝지을 수 있다. 이러한 **쌍극자-쌍극자**(*dipole-dipole*) 혹은 **직접**(*direct*), **짝지음**(*coupling*)은 결합을 통하기 보다는 공간을 통하여 일어난다. 그 결과의 짝지음은 문자 D로 표시하며, J 짝지음보다 훨씬 크다.

용액에서는 쌍극자는 분자 뒤집힘을 통하여 그 자신을 지속적으로 재배향한다. 두 개의 막대 자석이 모든 상호 간 배향을 평균화할 때 알짜 상호작용이 없는 것과 같이 두 개의 핵 자석은 뒤집힘의 임의적인 효과로 인하여 알짜 쌍극자 상호작용이 없다. 따라서 D 짝지음은 용액 내에서는 정상적으로 0으로 평균화한다. 뒤집힘은 결합을 통하여 일어나는 상호작용을 0으로 평균화할 수 없기 때문에 간접적인 J 짝지음은 평균화하여도 0이 아니다. 그러나 고체 상에서는 핵 쌍극자가 고정적으로 위치를 차지하여 D 짝지음은 0으로 평균되지 않는다. 고체에서의 핵 간의 주요 상호작용은 사실상 짝지음으로 수백에서 수천 헤르츠의 차수를 가진다. 이 상호작용의 크기는 쌍극자 간의 각도에 좌우된다. 각 쌍극자는고체에서 어떠한 상대적인 각도도 취할 수 있어 쌍극자 짝지음의 실제 값들은 0부터 최적 배열에서의 최댓값까지 변한다. 그러한 상호작용이 J 짝지음과 대부분의 화학 이동보다도 훨씬 크기 때문에 큰 광폭의 신호가 생성된다.

J 짝지음과 마찬가지로 D 짝지음은 강한 B_2 자장을 가하여 제거할 수 있다. D를 제거하기 위한 동력 수준은 D가 J보다 백배 내지 천배 크기 때문에 J 짝풀림보다 훨씬 높다. 고출력 짝풀림을 일상적으로 사용하여 고체 스펙트럼의 선폭을 감소시킨다. 실제로는 ^{1}H 짝풀림으로 ^{13}C를 관찰할 때와 같이 다른 스핀 $-\frac{1}{2}$핵 사이에서 쌍극자 짝풀림을 초래할 수 있다. 관찰하는 핵과 조사하는 핵이 같은 주파수 영역을 가지기 때문에 유사한 모든 양성자 실험은 더욱 어렵다. 따라서 고체상 ^{13}C 스펙트럼의 자료획득은 ^{1}H 스펙트럼보다 간단하다. ^{27}Al 같은 사중극자 핵은 역시 관찰하기에 더 어렵다.

고체에 대한 선폭의 광폭화에 기여하는 두 번째 요인은 화학 이동 혹은 **화학적 차폐 비등방성**(*chemical shielding anisotropy*)이다. 용액에서 관찰된 화학 이동은 분자 뒹굴기의 결과로 공간의 모든 배향에 걸친 핵의 차폐에 관한 평균값이다. 고체에서 하나의 분자 내의 한 특정 핵의 차폐는 B_0 자장에 관련된 분자의 배향에 좌우된다. 아세톤의 카보닐 탄소를 고려해 보자. B_0 자장이 C═O 결합에 평형일 때, 핵은 B_0 자장이 C═O 결합에 수직일 때와 달리 차폐를 경험한다(그림 2-32). 전자가 순환하고 차폐를 초래하는 능력은 공간에서의 결합의 배열에 따라 변한다. 그림에서 보여 준 세 개의 배열은 모든 중간 배열에서도 마찬가지로 순환하는 전자의 능력 차이가 차폐 범위와 이에 따른 공명 주파수 범위를 발생시킨다.

이중 조사는 그 효과가 전적으로 기하학적이기 때문에 차폐 비등방성을 평균화하지는 않는다. 뒹굴기의 과정을 모사하기 위하여 시료를 스핀시켜 그 문제를 대부분 해소한다. B_0 자장 방향에 관하여 54°44′ 각도로 스핀 축을 고정하여 스핀 효과를 최적화한다. 이 각도는 정육면체의 가장자리와 이웃한 고체 대각선 간의 각도이다. 이러한 대각선을 따라서 정육면체를 스핀시키면 용액에서의 뒹굴기와 똑같이 x, y, z축을 서로 변환하여 각 데카르트 좌표를 평균화한다. 시료를 자장에 관하여 그 각도로 스핀시키면 그림 2-32의 다양한 배열이 평균화되고 차폐는 등방성 화학 이동으로 감소된다. 이러한 기술을 따라서 **요술 각회전**(*Magic-Angle Spinning*, MAS)이라고 부른다. 차폐 비등성은 일반적으로 몇 백에서 몇 천 헤르츠이기 때문에 회전 속도는 모든 배향을 평균화하기 위하여 이러한 범위를 벗어나야 한다. 전형적인 최소 회전 속도는 2~5 kHz이나 50 kHz까지의 속도도 가능하다.

쌍극자 짝지음을 제거하기 위한 강한 조사와 차폐 비등방성을 제거하기 위한 MAS의 결합은 액체 ^{13}C 스펙트럼에서의 분해능과 거의 같은 고분해능인 고체의 ^{13}C 스펙트럼을 초래한다. 고체에서의 양성자 혹은 사중극자 핵의 스펙트럼을 얻을 수 있지만 더욱 복잡

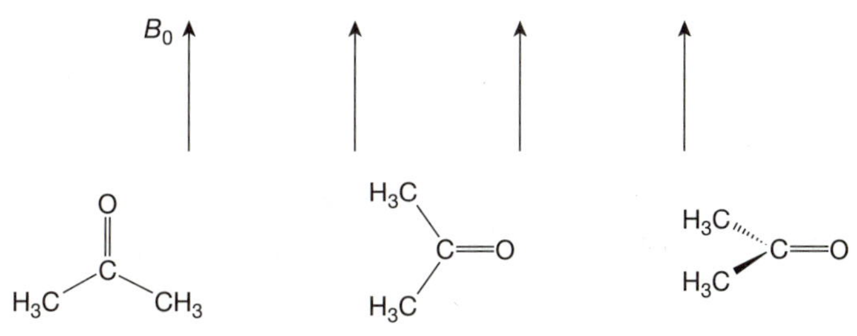

그림 2-32 고체 상태에서의 가림의 비등방성

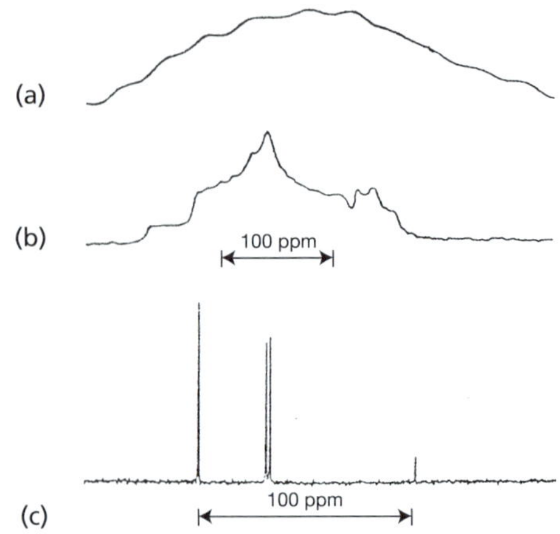

그림 2-33 다결정성 β-quinolmethanol clathrate의 ^{13}C 스펙트럼. (a) 쌍극자 짝풀림 없음, (b) 짝풀림, (c) 짝풀림과 요술각 회전 모두 다 (출처: T. Terao, *JEOL News*, **19**, 12 [1983])

한 실험을 요구한다. 그림 2-33은 다결정성 β-quinolmethanol clathrate의 ^{13}C 스펙트럼을 보여 준다. 상부에 광폭으로 특징이 거의 없는 스펙트럼은 전형적 고체 스펙트럼이다. 강한 이중 조사(그림 2-33b)는 쌍극자 짝지음을 제거하고 약간의 특성을 발생시킨다. 짝풀림에 덧붙여 MAS는 고분해능 스펙트럼을 생성한다(그림 2-33c).

스핀-격자 이완에 필요한 핵의 운동이 느리거나 혹은 결핍되어 있기 때문에 고체에 대한 이완 시간은 극도로 길다. 고체의 탄소-13 스펙트럼은 핵이 이완하는 데 몇 분 간 펄스 사이에 허용해야만 하기 때문에 기록하는 데 아주 긴 시간을 소모한다. 이 문제는 탄소에 결합한 양성자의 더 선호되는 특성을 이용하여 해결된다. J와 D 짝지음을 제거하는 같은 이중 조사 과정을 사용하여 양성자의 높은 자화와 빠른 이완을 탄소 원자에 이동하기 위하여 사용한다. 이러한 과정은 **교차 편극화**(*C*ross *p*olarization, *CP*)라고 부르며, ^{13}C의 대부분 고체상 스펙트럼의 표준이다.

양성자를 90° 펄스에 의하여 y축으로 이동한 다음 그 축을 중심으로 세차하는 자화를 유지하기 위하여 지속적으로 y 자장을 가한다. 이 과정을 **스핀 고정**(*spin locking*)이라고 부른다. 이 자장($\gamma_H B_H$)의 주파수는 기기 운영자에 의하여 조절된다. ^{13}C 채널이 열리면 그것의 주파수($\gamma_C B_C$)를 ^1H 주파수와 같게 해 줄 수 있다(**Hartmann－Hahn 조건**, $\gamma_H B_H = \gamma_C B_C$). 그러면 양성자와 탄소 모두 같은 주파수에서 세차운동을 하게 되어 같은 알짜 자화를 가지게 된다. 이 자화는 탄소에 관해서는 정상 펄스 실험에서 사용된 것보다 증가한 것이다. 따라서 탄소 공명은 세기가 증대되고 더 빠른(양성자와 유사하게) 이완을 가진다. 탄소가 최대 세기를 가질 때 B_C를 꺼버리고(**접촉 시간**, *contact time*을 종료시킴), 쌍극자 짝풀림을 위하여 B_H를 유지한 채로 탄소 자화를 얻는다.

CP/MAS 실험으로 얻은 높은 분해능과 감도는 NMR의 광범위한 새로운 분야를 개척하였다. 불용성 무기 물질과 유기 물질들을 NMR 분석을 할 수 있게 된 것이다. 합성 고분자와 석탄은 우선적으로 검토한 두 개의 첫 번째 물질들이었다. 목재, 흙산, 생체막 같은 생물학과 지질학적 재료들이 NMR 연구를 위한 일반 대상이 되었다. 고체 상태에만 유일한 문제, 예를 들면 고체와 액체 간의 구조와 회전 배열 차이점을 역시 연구할 수 있게 되었다.

2-10 실험 방법

2-10a 분광기와 시료

비록 매우 다양한 NMR 기기화가 있지만 B_0 자장을 공급하는 자석, B_1 펄스를 생성하는 장치와 결과로 생성되는 NMR 신호를 검출하는 장치, 자석 내에 시료를 위치하는 프로브, B_0 자장을 안정화시키고 신호를 최적화하는 하드웨어 및 대부분의 조작을 조절하고 신호를 처리하는 컴퓨터를 포함하는 어떤 성분들은 모두에게 공통적이다.

초기 NMR 기계는 전자석에 의존하였다. 한 세대의 화학자들이 그것들을 사용하였지만 그 자석은 낮은 감도와 불안정성을 가졌다. 현재 대부분의 연구 수준 기기는 초전도 자석을 사용하고, 3.5-21.1 T의 자장(양성자에 대하여 150~900 MHz)에서 작동시킨다. 이러한 자석은 고감도와 안정성을 제공한다. 또한, 화학 이동과 그에 따른 화학 이동 차이는 자장 세기에 따라 증가하기 때문에 초전도 자석에 의하여 생성되는 높은 자장은 공명의 좋은 분리를 초래한다. 초전도 자석은 중앙 수직 구멍을 가지는 고형 원통과 비슷하다. B_0 자장 방향(z)은 이중 Dewar 재킷으로 구성된 원통의 축과 줄 맞춘다. 바깥쪽 재킷은 액체 질소로 채워져 있고 내부는 액체 헬륨으로 채워져 있어 자석 코일을 대략 4.2 K로 유지한다. 중앙의 구멍은 53~89 mm 직경이며, 실온에서 유지된다(혹은 가변 온도 실험에서는 조절된다). 액체용 시료관은 초전도 원통의 z축에 따라 배열한다. 반면에 고체 시료는 요술각에서 빠르게 회전한다. **저온 프로브**(*cryoprobes*)에서는 수신 코일과 전치증폭기를 27 K 정도의 낮은 온도에서 유지하여 잡음을 최소화하고 스펙트럼의 감도를 증가시킨다.

다른 구성 성분은 포함하지 않고 자석과 분리하여 다양한 자장(B_1, B_2, 등등)을 가할 수 있는 발신기를 포함하는 콘솔이 있다. 펄스 실험에서 발신기의 B_1 자장은 1~40 mT이다. 몇 가지 핵종의 공명을 기록하도록 설계된 분광기(다중핵 분광기)에서는 B_1은 넓은 범위의 주파수에서 가변 동조가 필수적이다. 콘솔은 광대역 수신기, 본래 약한 NMR 신호를 증대시켜 주는 전치증폭기, B_0 자장을 보정하는 보정 코일(shim coil)에 관한 동력 공급 장치, 아날로그-디지털 변환기, 성형 펄스를 생성하기 위한 펄스파 자장 발생기와 가능하다면 가변 온도 조절기 등을 포함한다.

시료는 조절이 되는 프로브를 사용하여 자장의 가장 균일한 지역에 위치시킨다. 프로브는 시료 걸이(sample holder), 가해진 자장을 공급하는 발신자 코일, 수신기 코일 및 B_0 자장을 안정화시켜 주는 자장/주파수 고정을 위한 코일을 포함하여 이미 언급한 바가 있는 많은 구성 성분을 포함한다. 프로브의 크기는 액체 시료용으로 흔히 5 mm이지만 10 mm를 넘을 수도 있는 NMR관의 허용 직경을 정해 준다. 일반적으로 액체에 관하여 500~650 μl 부피의 시료를 사용하지만 시료가 충분하지 않은 경우에는 매우 적은 부피를 요구하는 마이크로관을 사용할 수 있다. 큰 직경의 관은 낮은 감도의 핵들과 낮은 용해도로 인한 묽은 농도의 시료 등에 사용한다. 실제에 있어서 ^{1}H 스펙트럼은 분자량과 B_0 자장 및 다른 요인에 결과가 좌우되지만 1 μg 이하의 용해 물질에 대하여도 얻을 수 있다. ^{13}C 스펙트럼에 관해서는 밀리그램 시료가 가능하다. 현재 ^{1}H와 ^{13}C 스펙트럼에 관한 한계는 각각 나노그램과 마이크로그램 범위로 작아지고 있다.

액체에 관하여 시료는 용매에 잘 녹아야만 하고 용매는 관심 지역에 공명이 없어야 한다. 양성자의 경우 $CDCl_3$, D_2O, DMSO-d_5와 아세톤-d_6가 전통적인 NMR 용매이다. 만일 스펙트럼을 실온보다 높거나 낮은 온도에서 얻고자 하면 용매는 그 실험 동안 비등하지 않거나 얼지 말아야 한다. 양질의 NMR관만을 사용해야 한다. 관을 채울 때 너무 과량을 넣거나 너무 적게 넣지 말아야 한다. 과량을 넣으면 감도가 떨어지고 반면에 너무 적게 넣으면 시료에 대한 자장의 균일성에 영향을 주는 부작용이 생긴다. 시료는 고체 입자가 없어야 한다. 이러한 입자는 피펫 끝에 유리 솜이나 티슈를 삽입하여 이런 충전물을 통해 여과하여 제거할 수 있다. 시료의 기체 제거는 아주 높은 분해능이나 스핀-격자 이완 시간 측정에 필요하다.

2-10b 신호 최적화

NMR 실험은 감도와 분해능의 두 가지 문제로 골치가 아프다. 0.5 Hz 미만의 피크(분리) 분해능이 필요하여 B_0 자장은 고도로 균일하여야 한다(500 MHz에서 0.5 Hz의 분리를 위해서는 자장의 균일성이 10^9 중 1보다 좋아야 한다). 자장의 불균일성을 **보정 코일**(*shim coil*)을 사용하여 B_0에서의 작은 기울기에 대하여 작게 수정해 준다. 예를 들면, z 방향의 자장은 한 지점이 다른 지점보다 약간 높을 수 있다. 이러한 기울기는 프로브에 내장된 코일을 통하여 작은 전류를 가하여 보정할 수 있다. 보정 코일은 모든 3개의 데카르트 좌표에서의 기울기에 대하여 사용하며 마찬가지로 고차 기울기(z^2, x^3, 등등)와 조합 기울기[xz, ($x^2 - y^2$) 등등] 등에도 사용할 수 있다.

신호 최적화는 프로브에 시료관을 적절한 위치에 놓는 것을 요구한다. 너무 멀리 혹은 충분한 거리가 안 되게 시료를 삽입하면 최적의 관 위치 바로 아래에 위치한 구성 성분을 망가뜨릴 수 있다. 어떤 기기에서는 관 내의 균일성을 개선하기 위하여 공기 흐름으로 20~40 Hz 속도로 시료를 통의 축을 따라서 회전시킨다. 원형 경로에 걸쳐 평균화되는 자장을 관 내의 특정한 위치에 있는 하나의 핵이 경험하기 때문에 회전은 분해능을 개선한다. 초전도 자석 내에서 관의 축은 z 방향(전자석에서는 y 방향에서 회전)이다. 회전은 통의 축을 따라 기울기를 평균화하지 않아서 초전도 자석에 관해서는 주로 z 기울기 혹은 전자석의 경우는 y 기울기에 대하여 보정이 필요하다. 오늘날 많은 양질의 자석은 시료 회전을 더 이상 필요로 하지 않는다.

모든 자석은 자장 표류에 취약하다. 이것은 시료에 포함된 물질의 공명에 자장을 전자적으로 고정하여 최소화할 수 있다. 이러한 목적을 위하여 흔히 중수소화된 용매를 사용하기 때문에 ^{1}H와 ^{13}C 스펙트럼 모두에 대하여 정상적으로 중수소 주파수에서 **내부 고정**(*internal lock*)한다. 몇몇 기기에서는 프로브의 다른 곳에 영구히 위치한 분리된 관에 포함된 시료에 자장을 고정한다. 이러한 **외부 고정**(*external lock*)은 고체만의 스펙트럼을 택하는 것과 같이 매우 특정한 용도로 설계된 분광기에서만 발견할 수 있다. 중수소 고정 신호는 본질적으로 ^{2}H 주파수에 발신자와 수신자 모두가 있는 평행 NMR계이다. 중수소화 용매의 주파수와 일치되도록 고정 발신자의 주파수를 바꾸어 고정이 성립된다. 고정 신호의 안정도는 시료 내의 떠돌아다니는 입자의 존재에 예민하기 때문에 이 입자를 여과에 의하여 제거한다.

백만 개당 단지 약 50개 스핀 $-\frac{1}{2}$핵이 과량으로 존재하기 때문에 NMR 실험은 본질적으로 감도가 떨어진다. 주어진 실험의 감도는 관찰 핵(자기 모멘트와 자기회전 비율에 관련됨)의 자연 존재율과 자연감도에 좌우된다. 실험자는 이러한 요인을 제어할 수 없다. 큰 직경의 용기를 사용하여 시료 크기를 증가할 수 있고 자장의 세기는 증가시킬 수 있다(B_0의 $\frac{3}{2}$제곱에 따라 감도는 증가한다). 짝풀림에 의한 피크의 붕괴는 효율적으로 감도를 증대시킨다. 그 이유는, 예를 들어 그림 2-25에서 보듯이 다중선의 몇 개 선이 한 개의 주파수에서 집중되기 때문이다(아래 부분의 짝풀림 스펙트럼에서 바탕선은 확실히 잡음이 적다). 짝풀림은 또한 핵 Overhauser 효과(5-4절 참조)로 인하여 감도 증대를 초래한다. 펄스의 복잡한 조작은 5-6절에서 논의하는 바와 같이 감도를 올려준다. 저온 프로브의 사용은 전자 장치를 매우 낮은 온도로 유지하는 장점을 통하여 감도를 상당히 증대시킨다.

신호 대 잡음의 일상적인 개선은 다중 스캔 혹은 신호 평균화를 통하여 성취된다. 이러한 목적에서 디지털화된 NMR 스펙트럼은 컴퓨터 메모리에 저장한다. 스펙트럼은 여러 번 기록되고 같은 장소에서 저장된다. 존재하는 어떤 신호라도 증대되지만 잡음은 상쇄되는 경향이 있다. 만일 n번 스캔을 수행하고 디지털로 합쳐진다면 임의 과정 이론에서 신호 크기는 n에 비례하고 잡음은 $\sqrt{n}$에 비례한다. 따라서 신호 대 잡음비(S/N)는 $\frac{n}{\sqrt{n}}$, 즉 $\sqrt{n}$에 의하여 증가한다. 따라서 64번 스캔을 함께 합치면 이론적으로 S/N을 약 8배 증대시킨다. 다중 스캔은 대부분의 핵에 대하여 일상적이며 ^{13}C 및 ^{15}N를 포함한 많은 핵들에 대해서는 의무적이다. ^{1}H 스펙트럼에 대해서는 스캔 수는 대부분 4의 배수이다. 왜냐하면 이것은 구적법(quadrature) 신호 검출로부터의 불완전성을 최소화하는 데 사용하는

CYCLOPS 위상 순환의 길이이기 때문이다(5-8절). 보통 4에서 128 스캔이 좋은 ^{1}H 신호를 얻는 데 충분하다. 32 혹은 64의 블록 크기는 낮은 감도를 가지는 ^{13}C와 다른 핵들에 대하여 흔히 사용한다.

2-10c 스펙트럼 매개변수

펄스파 실험에서 스펙트럼의 분해능은 신호획득에 사용하는 시간의 길이에 의하여 직접적으로 제어된다. $\Delta\nu$로 분리된 두 개의 신호를 구별하기 위하여서는 자료획득은 적어도 $1/\Delta\nu$ (헤르츠 단위) 초 동안 지속되어야 한다. 예를 들면, ^{13}C 스펙트럼에서 원하는 0.5 Hz의 분해능은 자료획득 시간(t_a)이 $1/0.5$, 즉 2초가 되길 요구한다. 보다 긴 시간의 자료 수집이 분해능을 개선할 것이다. 예를 들면, 4.0초의 자료획득은 0.25 Hz의 분해능을 제공한다. 따라서 보다 긴 자료획득 시간이 좁은 선을 생성하는 데 필요하다. FID의 꼬리 부분은 대부분 좁은 선으로부터의 신호와 혼합된 잡음을 포함한다. 만일 감도가 주요 관심이라면 짧은 획득 시간을 사용하든지 혹은 FID의 뒷부분을 가중 함수를 사용하여 인공적으로 감소시켜야 한다. 이러한 방법으로 잡음은 감소되나 그 희생으로 낮은 분해능을 얻을 가능성도 있다. 그림 2-34는 이러한 문제를 보여 준다. 긴 시간으로부터의 자료의 증가된 가중성은(그림의 바닥에서 윗부분으로) 낮은 분해능과 광폭 피크를 초래한다.

자료획득 다음에는 핵들을 신호 평균화 목적에서 다시 검토하기 전에 핵의 이완을 허용하는 **지연 시간**(*delay time*)이 필요하다. 최적의 결과를 얻기 위한 지연 시간은 스핀-격자 이완 시간의 3배에서 5배 정도 수준이다. 따라서 전형적인 10초의 ^{13}C 이완 시간에 대하여 하나의 전체 순환은 50초를 필요로 한다. 그러나 그러한 순환 시간은 과잉이 되어 90°보다 작은 펄스각 θ를 사용하여 감소할 수 있다(그림 2-13 참조, 그러나 보통 α라고 부름). 스핀을 작은 각도로 이동할 때 수직 방향 이완이 더 빨리 일어나서 지연 시간을 짧게 할 수 있다. α의 선택은 흔히 알려지지 않은 T_1이 좌우한다. ^{1}H 실험을 위하여 α 값은 60~90°인 것이 보통이다. ^{13}C에 관해서는 양성자가 붙은 탄소에 대하여 40~45° 값을 사용한다. 사차 탄소 관찰을 확실하게 하기 위해서는 30° 같이 낮은 값들을 사용한다. α와 t_a 사이의 적절한 균형은(분해능을 최적화하기 위하여) 본질적으로 지연 시간이 없이 다음 펄스 사이클 자료획득 후 곧장 시작할 수 있는 결과를 초래할 수 있다.

검출한 주파수 범위(**스펙트럼 폭,** *spectral width*)는 FID의 값을 검출기가 얼마나 자주 택하는가, 즉 표본추출 속도(**샘플링 속도**, *sampling rate*)에 의하여 정해진다. FID는 사인곡선 신호의 집합으로 구성되어 있다(그림 2-16 참조). 단 하나의 특정 신호는 주파수를

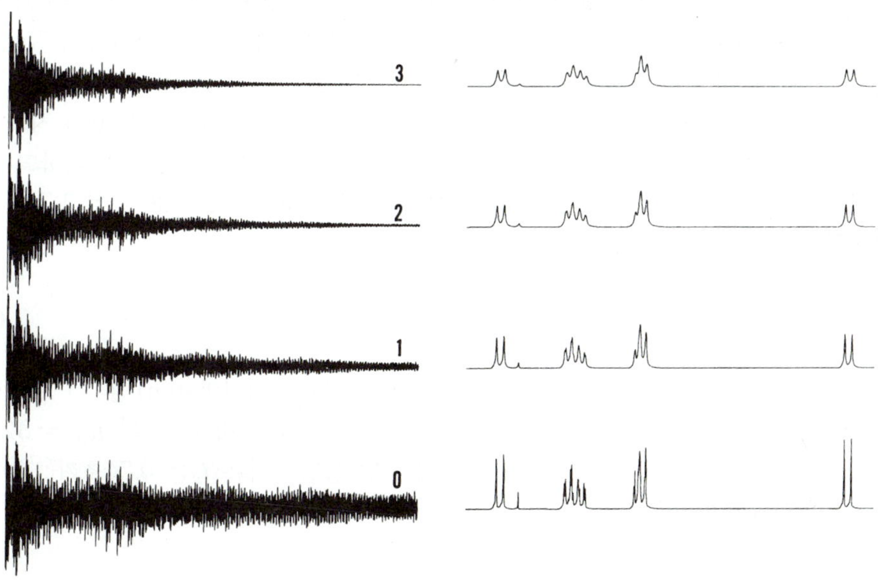

그림 2-34 선 광폭 인자 3, 2, 1과 0 Hz를 사용하여 FID를 곱한 효과(출처: J. W. Cooper and R. D. Johnson, *FT NMR Techniques for Organic Chemists*, IBM Instruments Inc., 1986.)

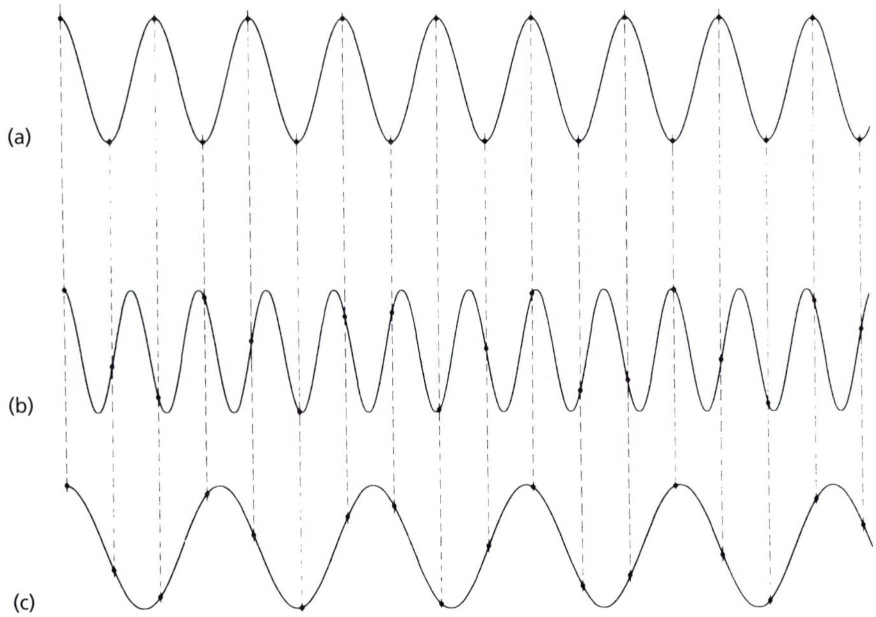

그림 2-35 (a) 사인 파동의 샘플링은 정확히 한 사이클당 두 번이다. (b) 사인 파동의 샘플링은 정확히 한 사이클당 두 번 미만이다. (c) 낮은 주파수 사인 파동은 (b)와 같은 점들을 포함하고 있고 사이클 당 두 번 이상으로 샘플링을 하였다. (b)의 주파수는 검출되지는 않았지만 (c) 주파수에서 에일리아스 피크로 나타난다.

정하기 위하여서는 하나의 사인 곡선 사이클 내에서 두 번 표본 샘플링을 하여야 한다. N 값의 주파수까지 신호를 수집하기 위해서는 FID는 $2N$ Hz의 속도로 샘플링을 해야 한다. 예를 들면, 20,000 Hz (100 MHz에서 200 ppm)의 ^{13}C 스펙트럼 폭에 대해서는 초당 40,000번 샘플링을 하여야 한다. 그림 2-35는 이러한 상황을 설명한다. 위에 있는 신호(a)는 정확히 사이클당 두 번씩으로 샘플링을 하였다. (b)에 있는 높은 주파수 신호는 같은 속도로 샘플링을 하지만 흔히는 아니지만 주파수를 결정하기에는 충분하지 않을 수도 있다. 사실 (c)에서의 낮은 주파수는 (b)에서와 같이 정확하게 동일한 점들의 수집을 제공한다. (b)에서의 진짜 신호는 (c)에서의 주파수에서 **에일리아스** 혹은 **접혀겹친 신호**(*aliased* 혹은 *foldover signal*)와 구별할 수 없게 된다. 예를 들면, 만일 10,000 Hz (75 MHz에서 100 ppm)의 스펙트럼 폭에 대하여 단지 초당 20,000번 샘플링한 ^{13}C 스펙트럼은 150 ppm (15,000 Hz)에서의 신호가 0~100 ppm 지역에서 뒤틀리고 접힌 피크로 나타난다. 에일리아스 피크의 위치는 검출 양식에 좌우된다(5-8절). 간단히 스펙트럼의 폭(sw)을 증가시키면 추정되는 에일리아스 신호의 위치를 변화시켜 확인할 수 있게 해 준다.

만일 한 신호를 초당 20,000번 샘플링하였다면 각 점에 대하여 검출기는 5.0 μs를 소비한다. 샘플링 속도의 역수를 **체류 시간**(*dwell time*)이라고 하며, 이것은 샘플링 사이의 시간을 표시한다. 체류 시간을 감소하는 것은 더 많은 시간을 같은 시간대에서 수집한다는 것을 의미한다. 만일 자료획득 시간이 4.0 s이고(0.25 Hz의 분해능을 위하여) 샘플링 속도가 초당 20,000번이라면(10,000 Hz의 스펙트럼 폭에 관하여) 컴퓨터는 80,000 자료점을 보관하여야만 한다. 오늘날의 컴퓨터는 충분히 위력적이어서 컴퓨터 능력에 의하여 스펙트럼 폭과 분해능이 제한되지는 않는다. 자료점의 개수 n_p와 주사폭 sw는 식 2-7에 의하여 자료획득 시간 t_a와 연계되어 있다.

$$t_a = \frac{n_p}{2(\mathrm{sw})} \tag{2-7}$$

n_p = 32 k (32,768을 의미함)와 sw = 4000 Hz (400 MHz에서 10 ppm)인 ^{1}H 실험에서는 t_a는 4.1초가 되어 약 0.25 Hz ($1/t_a$)의 분해능을 허용한다. n_p = 32 k와 sw = 22,000 Hz (100 MHz에서 220 ppm)인 ^{13}C 실험에서는 t_a는 0.74초가 되어 약 1.3 Hz의 분해능을 허용한다.

문제

다음 문제에서는 모든 단일결합을 중심으로 하는 빠른 회전을 가정하시오.

2-1 다음 분자들에서 화학적으로 다른 수소 원자의 개수와 그것들의 상대적인 비율을 정하시오. 탄소 원자에 대하여 마찬가지로 하시오.

(a) 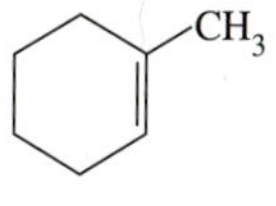

(b) 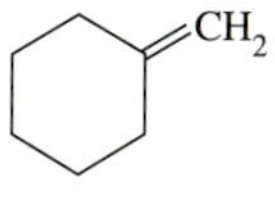

(c) $C_6H_5CH_2O\overset{O}{\overset{\|}{C}}CH_3$

(d) 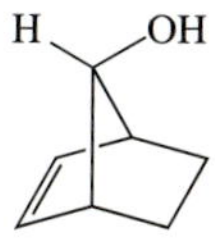

2-2 다음 분자의 각 양성자 공명에 관하여 예상하는 다중성을 정하시오.

(a) $ClCH_2CH_2CH_2Cl$ **(b)** $BrCH(CH_3)_2$ **(c)** $C_6H_5O\overset{O}{\overset{\|}{C}}CH_2CH_3$ **(d)** 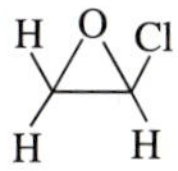

2-3 다음 각 화합물에 대하여 짝풀림이 결여된 ^{1}H와 ^{13}C 공명에 대한 다중성을 예측하시오. ^{13}C에 대하여서는 부착한 양성자와의 짝지음이 초래한 다중성만 말하시오. ^{1}H 스펙트럼에 대해서는 이웃 양성자들(HCCH)과의 짝지음이 초래한 다중성만 말하시오.

(a) $CH_3CH_2CH_2O\overset{O}{\overset{\|}{C}}CH_3$ **(b)** 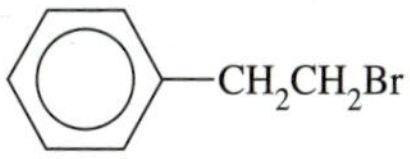

(c) 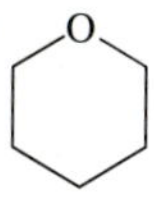

(d) $N(CH_2CH_3)_3$ **(e)** 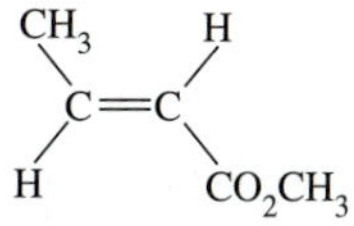

2-4 다음 300 MHz ^{1}H 스펙트럼 각각에 대하여 다음의 작업을 수행하시오. (i) 원소 화학식으로부터 불포화도 U를 계산하시오(식1-1). (ii) 각 양성자 집단에 대한 상대적인 적분값을 계산하시오. 그 다음 한 집단을 알려진 적분값으로 택하여 적분값을 절대수로 변환하시오. (iii) 각 화합물에 대한 구조를 배정하시오. 당신의 구조가 모든 점, 다른 양성자 집단의 개수, 적분값과 갈라짐 양식에서 스펙트럼과 일치한다는 것을 확신하시오.

(a) C_4H_9Br

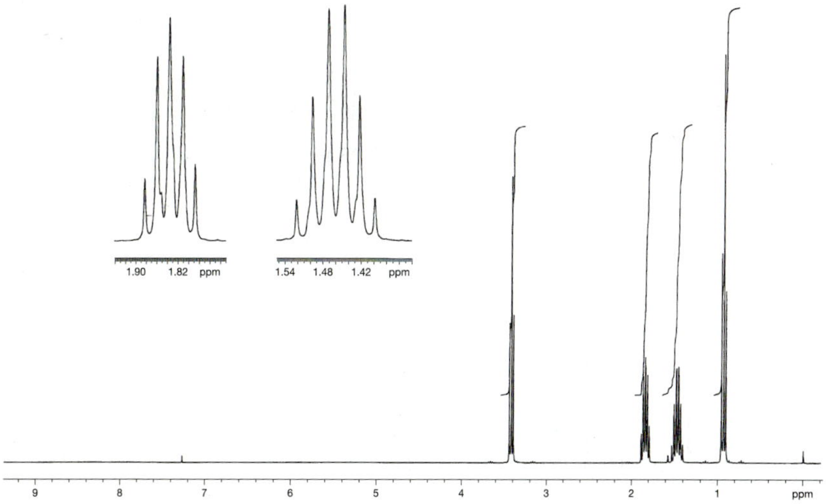

(b) $C_7H_{16}O_3$ (δ 1.2에서의 공명은 1 : 2 : 1 삼중선이고, δ 3.6에서의 공명은 1 : 3 : 3 : 1 사중선)

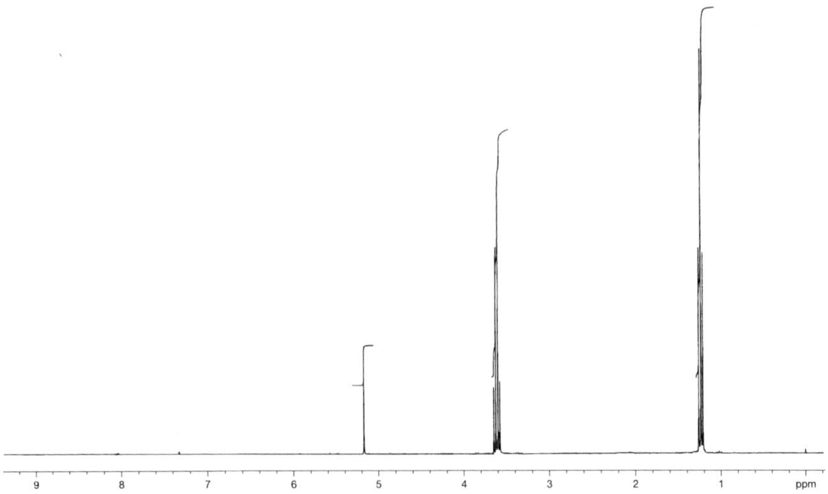

(c) $C_5H_8O_2$ (이 단계에서는 입체화학은 무시할 것)

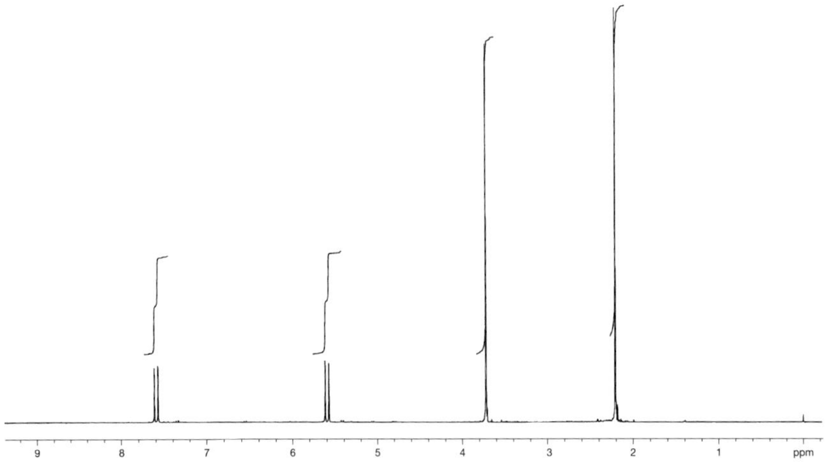

(d) $C_9H_{11}O_2N$ (힌트: 가장 높은 주파수 공명 (δ 6.6~7.8) 은 파라-이치환된 페닐 고리로부터 생긴다. 그것들은 이중선이다. δ 4.3에서의 공명은 사중선이고 δ 1.4에서의 공명은 삼중선이다.)

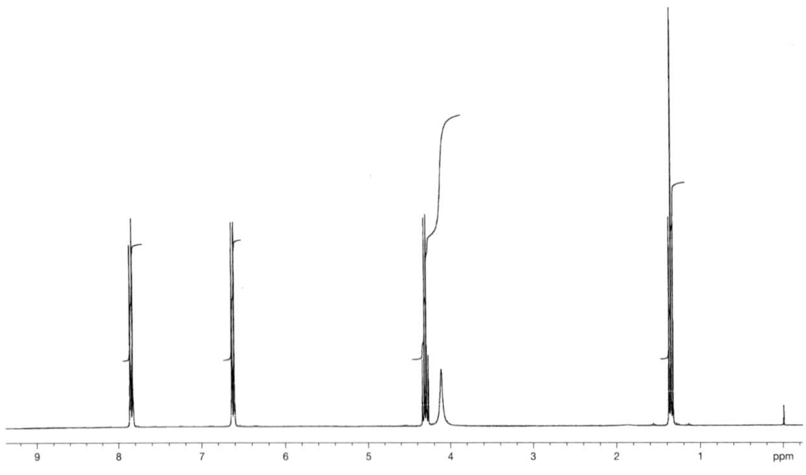

(e) C_9H_9ON (δ 1.2와 2.6에서의 공명은 삼중선들이다.)

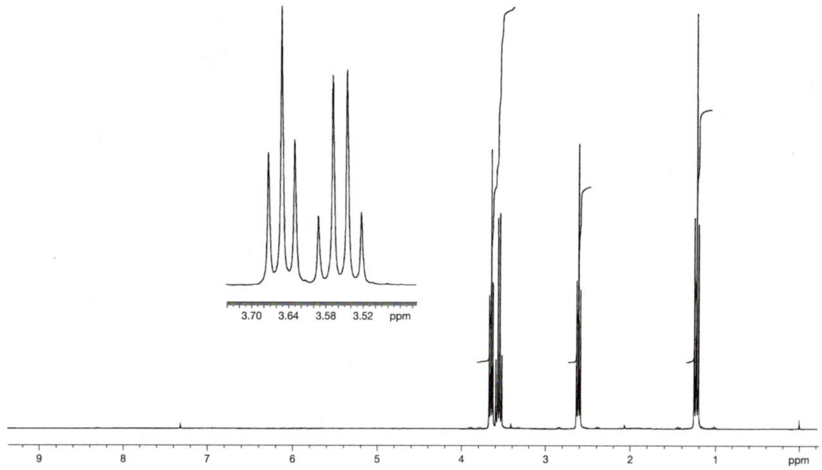

NMR 문제 풀이 비결

비결을 먼저 보는 자에 대한 경계: 이러한 비결의 몇 가지는 앞으로의 문제 풀이에 직접적으로 사용할 수 있으며, 따라서 문제를 끝낼 때까지 모든 노력을 다 한 다음 이 비결을 공부해야 한다. 이러한 비결의 많은 것은 3장과 4장에서 취급할 자료를 미리 고려한 것이다.

1. 한 분자의 원소 화학식은 1장에서 언급한 바 원소분석에 의하여 얻는 것은 흔하지 않다. 보통 고분해능 질량분석 실험(2부)으로부터 얻는다. 흔히 이 정보는 얻을 수 없어 NMR 스펙트럼으로부터 유추해야 한다. 예를 들면, ^{13}C 스펙트럼은 모든 탄소 원자의 합리적인 개수를 제공한다. 탄소 작용기들은 NMR 스펙트럼으로부터 유추되기 때문에 나중에 그것의 구성성분으로부터 전체 분자를 조립하기 위하여 기록해야 한다. 질량 분석과 화학 이동 분석으로부터 헤테로 원자에 대한 증거를 얻는다.

2. 만일 원소 화학식이 주어진다면 첫 단계는 식 1-1로부터 불포화도를 계산하는 것이다. 불포화도는 NMR 스펙트럼 분석 중 유추되기 때문에 계수하여 모든 것이 설명될 때까지 불포화도와 비교하여야 한다.

3. 문제를 다 풀고 나서 모든 화학 이동, 짝지음 상수 및 적분이 결론된 구조와 일치하는지 재검한다.

4. ^1H 스펙트럼을 첫 번째로 대략 보아서 방향족, 알켄 및 포화된 작용기(전자 끌기 작용기의 유무)가 존재하는지를 결정한다. ^{13}C 스펙트럼도 비슷하게 대략 보아서 카보닐기가 존재하는지 아닌지를 확인해야 한다.

5. ^1H와 ^{13}C 스펙트럼 모두에서, 주어진 유형의 치환 X에 대하여 메틸기(CH_3-X)는 가장 낮은 주파수(가장 높은 자장)이고 다음에 메틸렌기($-CH_2-X$)와 메타인기($>CH-X$)가 따라 온다.

6. 에틸기는 공통의 짝지음 상수를 가지는 하나의 1:2:1 삼중선과 하나의 1:3:3:1 사중선에 의하여 암시된다. 아이소프로필기는 하나의 1:1 이중선과 하나의 1:6:15:20:15:6:1 칠중선(때로는 칠중선의 가장 작은 피크는 관찰하기에 너무 작을 수도 있어 얼른 보아서 공명은 오중선와 비슷하다.)에 의하여 암시된다.

7. NO_2, Cl, Br, OH, NH_2, C=O 및 C=C 같은 전자 끌기 원자단은 포화된 ^1H 와 ^{13}C 공명을 각기의 전기음성도에 따라서 이동시킨다. 그 효과는 거리가 멀어지면 급격히 감소하기 때문에 1-bromopropane ($BrCH_2CH_2CH_3$)에서는 그 효과가 첫 번째 수소 혹은 탄소에 가장 크고 그 뒤에는 감소한다.

8. 이중결합과 방향족 고리에 부착한 불포화된 치환체[NO_2, (C=O)R, CN] 혹은 고립 전자쌍을 가지는 치환체(R_2N:, RO:, Cl:)는 알켄성 및 방향성 공명을 공명에 의한 전자 끌기 혹은 전자 주기 효과에 따라서 높은 혹은 낮은 주파수로 공명을 이동시킨다.

9. 일차 에터(CH_2-OR)와 알코올(CH_2-OH)은 전형적으로 δ 3.7 근처에서 발견된다. 이차의 경우에는($CH-O$) 더 높은 주파수에서 그리고 메틸기(CH_3-O) 경우에는 보다 낮은 주파수에서 발견된다. 일차 아민(CH_2-N)은 전형적으로 δ 2.7에서, 이차와 메틸 경우에는 적절한 변화로 발견된다. 카보닐기 옆의 메틸기는 δ 2.1 근처에서, 단지 탄화수소 치환기만을 가지는 이중결합 옆의 메틸기는 δ 1.7 근처에서 발견된다.

10. Cyclopropene methylene 양성자($C-CH_2-C$)는 어떠한 탄화수소보다도 낮은 주파수로 보통 δ 0.2 근처에서 발견된다.

11. 에스터의 메틸렌기[$(C=O)-O-CH_2$]는 해당 에터 혹은 알코올의 메틸렌기(약 δ 3.7)보다 높은 주파수(약 δ 4.2)에서 발견된다. 그 이유는 에스터의 산소가 더 전자를 끌기 때문이다. 카보닐기에 의한 공명 전자 끌기는 에스터 산소에 명목

양전하를 준다 [(C—O^-)=O^+—CH_2].

12. 알데하이드 양성자 [H (C=O)]는 거의 유일한 위치로 δ 9.8 근처에서 공명한다.

13. 카복실 양성자 [HO (C=O)] 는 매우 높은 주파수 범위로 δ 12~14에서 공명한다. 따라서 그 공명은 관찰 범위 밖으로 벗어날 수도 있다. 만일 의심된다면 스펙트럼의 폭을 그에 따라서 조정해야 한다.

14. 아민이나 알코올(OH, NH, NH_2)의 질소나 산소 위의 양성자는 보통 클로로폼 용액에서는 교환 현상 때문에 넓고 갈라지지 않은 피크로 δ 1~4 범위에서 발견된다.

15. 교환 가능한 양성자는 한 방울의 D_2O를 클로로폼 용액에 가하여 확인할 수 있다. NMR관을 흔들면 OH와 NH 양성자들이 D_2O와 교환하여 OD와 ND가 되어 스펙트럼에서 관찰되지 않는다. 따라서 스펙트럼은 D_2O 한 방울을 가하기 전과 후로 기록한다. 교환 가능의 양성자의 공명은 사라진다. 위에 있는 물층은 수신 코일로부터 벗어나 검출되지 않는다.

16. 이웃 양성자 작용기들의 다중성을 확인하는 $n + 1$ 법칙은 제한적인 용법을 가진다. 현재로 탄소 연결성은 이차원 COSY 실험(6장)에 의하여 결정하고, 탄소 치환 양식(CH_3 대 CH_2 대 CH 대 C)은 DEPT 실험(5장)에 의하여 결정하는 추세이다.

참고 문헌

2.1 L. M. Jackman and S. Sternhell, *Applications of Nuclear Magnetic Resonance Spectroscopy in Organic Chemistry*, 2nd ed., Oxford, UK: Pergamon Press, 1969.

2.2 C. Brevard and P. Granger, *Handbook of High Resolution Multinuclear NMR*, New York: John Wiley & Sons, 1981.

2.3 R. K. Harris, *Nuclear Magnetic Resonance Spectroscopy*, London: Pitman Publishing, Ltd., 1983.

2.4 C. A. Fyfe, *Solid State NMR for Chemists*, Guelph, Ontario: C. F. C. Press, 1983.

2.5 A. E. Derome, *Modern NMR Techniques*, Oxford, UK: Pergamon Press, 1987.

2.6 R. Freeman, *A Handbook of Nuclear Magnetic Resonance*, New York: Longman Scientific & Technical, 1988.

2.7 F. A. Bovey, L. W. Jelinski, and P. A. Mirau, *Nuclear Magnetic Resonance Spectroscopy*, 2nd ed., San Diego: Academic Press, 1988.

2.8 W. S. Brey (ed.), *Pulse Methods in 1D and 2D Liquid-Phase NMR*, New York: Academic Press, 1988.

2.9 T. C. Farrar, *Pulse Nuclear Magnetic Resonance Spectroscopy*, 2nd ed., Chicago: Farragut Press, 1989.

2.10 L. D. Field and S. Sternhell (eds.), *Analytical NMR*, Chichester, UK: John Wiley & Sons, Ltd., 1989.

2.11 H. Duddeck and W. Dietrich, *Structure Elucidation by Modern NMR*, Darmstadt, Germany: Steinkopf Verlag, 1989.

2.12 R. J. Abraham, J. Fisher, and P. Loftus, *Introduction to NMR Spectroscopy*, New York: John Wiley & Sons, 1992.

2.13 E. Breitmaier, *Structure Elucidation by NMR in Organic Chemistry*, Chichester, UK: John Wiley & Sons Ltd., 1993.

2.14 J. K. M. Sanders and B. K. Hunter, *Modern NMR Spectroscopy*, 2nd ed., Oxford, UK: Oxford University Press, 1993.

2.15 H. Günther, *NMR Spectroscopy*, 2nd ed., Chichester, UK: John Wiley & Sons, Ltd., 1995.

2.16 T. D. W. Claridge, *High-Resolution NMR Techniques in Organic Chemistry*, Amsterdam: Pergamon, 1999.

2.17 S. Braun, H.-O. Kalinowski, and S. Berger, *100 and More Basic NMR Experiments*, New York: Wiley-VCH, 1999.

2.18 E. D. Becker, *High Resolution NMR*, 3rd ed., New York: Academic Press, 2000.

2.19 D. D. Laws, H.-M. L. Bitter, and A. Jerschow, *Angew. Chem., Int. Ed. Engl.*, **41**, 3096–3129 (2002).

2.20 J. B. Lambert and E. P. Mazzola, *Nuclear Magnetic Resonance Spectroscopy: An Approach to Principles, Applications, and Experimental Methods*, Upper Saddle River, NJ: Pearson Prentice Hall, 2004.

2.21 Y.-C. Ning and R. R. Ernst, *Structural Identification of Organic Compounds with Spectroscopic Techniques*, Weinheim, Germany: Wiley-VCH, 2005.

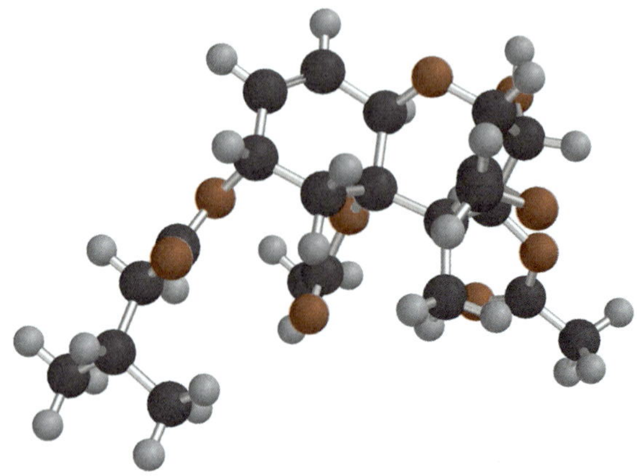

CHAPTER 3

화학 이동

3-1 양성자 이동에 영향을 주는 요인

^{1}H NMR 스펙트럼에서 공명 위치를 구조적 관점에서 해석하는 것은 몇 가지 기여하는 요인의 이해를 요구한다. 다른 핵들이 주위의 전자와 더 멀리 떨어진 전자에 의하여 생성하는 자기장에 의하여 다른 가리움을 경험하기 때문에 화학 이동은 구조에 따라 변한다. 하나의 핵에서 자기장은 전자에 의해 B_0로부터 $B_0(1-\sigma)$값으로 변한다. 여기서 σ 양은 **가리움**(*shielding*)이라 부른다(그림 3-1a와 b). 전자에 의해 유도되는 자장($-B_0\sigma$)이 정적인 자기장 B_0에 반대할 때 그 효과를 **반자기성**(*diamagnetic*) (σ^{d})이라고 부른다.

국부 자장. 공명하고 있는 핵 주위의 전자에 의한 가리움은 **국부 자장**(*local fields*)으로부터 생긴다고 한다. 이것은 전자 밀도를 고려함으로써 평가할 수 있다. 양성자에 대해서는 물리유기화학의 전자 효과(전기음성도와 짝지음)로 편리하게 구조의 역할을 전자 밀도로 관련하여 설명한다. 이러한 방법으로 양성자에 부착된 원자와 더 멀리 떨어진 원자 둘다 양성자에서의 전자 밀도를 변조할 수 있어 가리움 효과를 변경한다.

전기음성도의 효과는 흔히 극성 혹은 유발 효과(전적으로 같은 용어는 아니지만 여기서는 그렇게 취급함)는 다음의 양식에서 두각을 보인다. 부착된 혹은 이웃한 —OH나 —CN 같은 전자 끌기 원자나 원자단은 전자 밀도를 감소함으로써 반자기성 가리움을 감소시키고 부착된 양성자의 공명을 차트의 왼쪽(높은 주파수 혹은 낮은장; 그림 2-9)으로 이동시킨다. 대조적으로 전자를 주는 원자나 원자단은 반자기성 가리움을 증가시키고 공명을 차트의 오른쪽(낮은 주파수 혹은 높은장)으로 이동시킨다. 비록 화학 이동에 대한 가리움 효과는 주파수 용어로 서술하는 것이 더욱 타당하지만 부적절한 자장 용어를 더

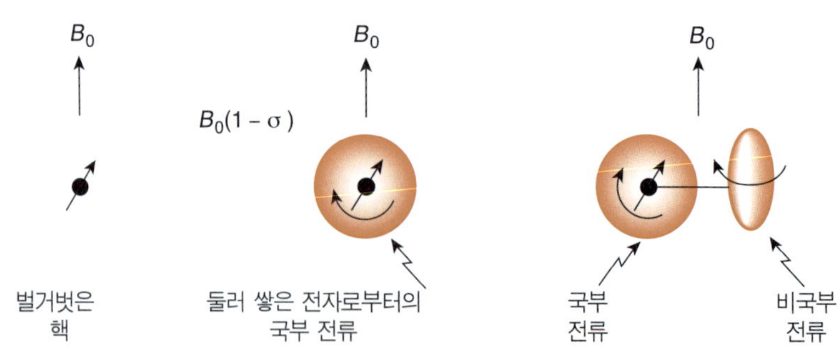

그림 3-1 국부 (b)와 비국부 (c) 전류에 의한 가리움

많이 사용하는 까닭에 자장 용어를 괄호에 포함한다.

메테인에서 점차적으로 수소를 염소로 치환하면 남아 있는 수소의 전자 밀도를 제거하는 염소의 능력에 의해 화학 이동은 높은 주파수(낮은장)로 이동한다: CH_4에 대하여 δ 0.23, CH_3Cl에 대하여 3.05, CH_2Cl_2에 대하여 5.30과 $CHCl_3$에 대하여 7.27 일련의 메틸 공명에 대한 경향은 흔히 극성 효과로 마찬가지로 설명한다. CH_3X 계열에 대한 화학 이동값은 X가 각각 F, HO, H_2N, H, Me_3Si, 및 Li이면 δ 4.26, 3.38, 2.47, 0.23, 0.00 (TMS, 표준값)과 −0.4이다(이 마지막 값은 용매에 의존한다. − 부호는 TMS보다 낮은 주파수를 의미한다). 이러한 경향은 CH_3에 부착한 원자의 전기음성도에 따른다.

전자 밀도는 극성 효과 이외 알켄이나 방향족의 불포화 분자에서 보듯이 콘쥬게이션(공명, 혹은 메조메리)에 의하여 영향을 받는다. 하나의 메톡시기에 의하여 공명을 통하여 전자를 주어서 바이닐 에터(**3-1**)의 β 위치에서의 전자 밀도와 아니솔($C_6H_5OCH_3$)의 파라 위치에서 전자 밀도를 증가시킨다.

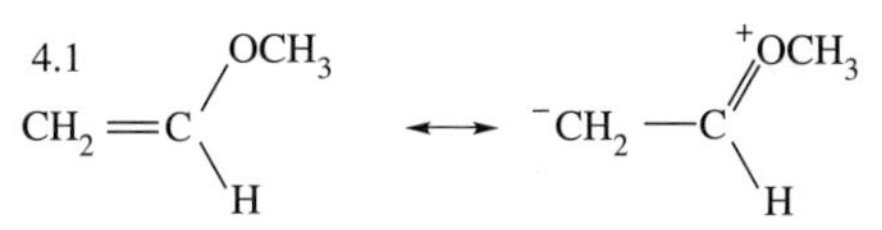

3-1

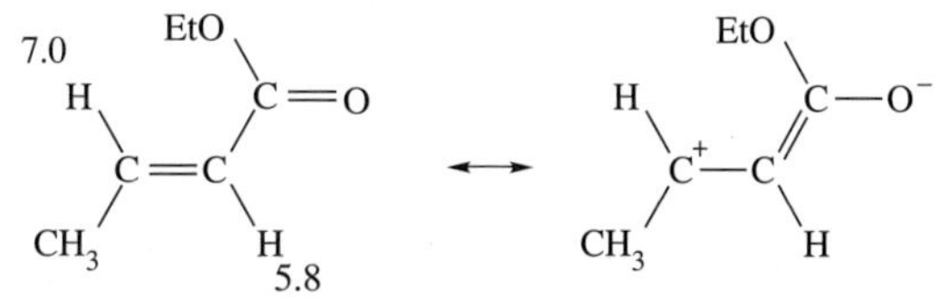

3-2

따라서 **3-1**에서 β 양성자의 화학 이동은 에텐에서의 δ 5.28과 비교하면 δ 4.1에 위치한다. 공명 주파수는 전자 주기로부터 가리움이 증가하는 것을 예측하는 바에 따라서 감소한다. CH_3O의 전자 끌기 극성 효과는 공명 효과에 의하여 효력이 상쇄된다. 나이트로, 사이아노 및 아실 같은 원자단은 공명과 유발 효과 모두에 의하여 전자를 끌어 그것들은 높은 주파수(낮은장)으로 상당한 이동을 초래한다. Ethyl *trans*-crontonate(**3-2**; 2-7절)는 이러한 효과를 보여 준다. 전자 끌기 원자단은 에텐에서보다 β 양성자가 강하게 높은 주파수(δ 7.0)로 이동시킨다. 비록 α 양성자는 이러한 강한 공명 효과를 덜 받지만 극성 효과로 전자를 끄는 카보에톡시기와 근접하여 높은 주파수(δ 5.8)로 약간 이동한다. 양성자가 부착한 탄소의 혼성화 또한 전자 밀도에 영향을 준다. s 특성의 비율이 sp^3에서 sp^2 및 sp 오비탈로 차례로 증가함에 따라서 결합 전자는 탄소에 접근하고 양성자로부터 멀어져 **벗김**(*deshielding*)이 된다. 이러한 이유에서 에테인은 δ 0.86에서 공명하지만 에텐은 δ 5.28에서 공명한다. 에타인(아세틸렌)은 이런 면에서 예외가 되며 곧 알게 될 것이다. 예를 들어 혼성화가 sp^3와 sp^2 중간에 있는 사이클로뷰테인(δ 1.98)과 큐베인(cubane)(δ 4.00) 같은 무리한 분자 내에서의 혼성화는 화학 이동에 기여한다.

비국부 자장. 유발, 공명 및 혼성화는 양성자를 바로 감싸는 전자 밀도를 핵 주위의 국부적인 전자 흐름으로 변조한다(그림 3-1b). 전자 밀도의 변화가 없이, 치환체의 순수한 자기 효과는 원자단이 비구형 형태를 가질 때에 한해서, 양성자 가리움에 역시 중요한 영향을 줄 수 있다. 그림 3-1c는 국부 자장과 비국부 자장의 복합된 효과를 설명한다. 비국부 자장을 일으키는 원자단은, 예를 들면 메틸, 페닐 혹은 카보닐이 될 수 있으며, 공명하는 핵이 직접적으로 그러한 원자단에 부착될 필요가 없다. 구형 혹은 등방성(모든 방향에 대하여 동등한) 원자(단)이 비국부적 효과를 전혀 기여하지 못하는 이유를 알기 위하여 그러한 원자(단), 예로 염소에 부착된 양성자를 고려하자. 공명하는 양성자 주위의 전자로부터 국부적 효과가 일어난다. 양성자 주위에 있지 않은 치환체 내의 전자들은 가한 자장에서 마찬가지로 세차운동을 한다(그림 3-1c). 그것들은 B_0에 반대하여 분자 내에 자장을 유발한다. 그리고 양성자의 위치에서 영이 아닌 값을 가진다. 비국부적인 유발 효과는 그림 3-2에서 자력선으로 표시하였다.

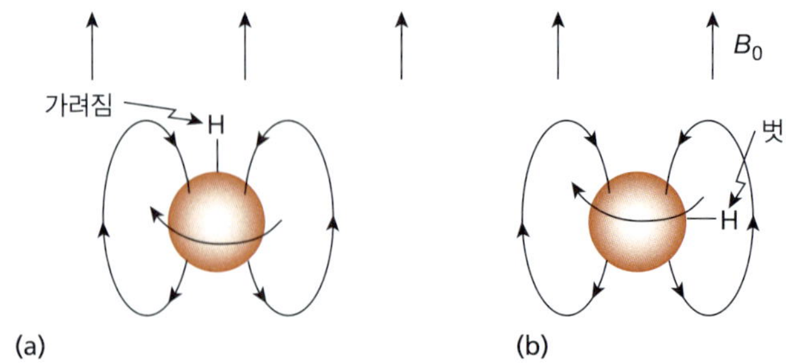

그림 3-2 구형(등방성) 집단에 의한 가리움

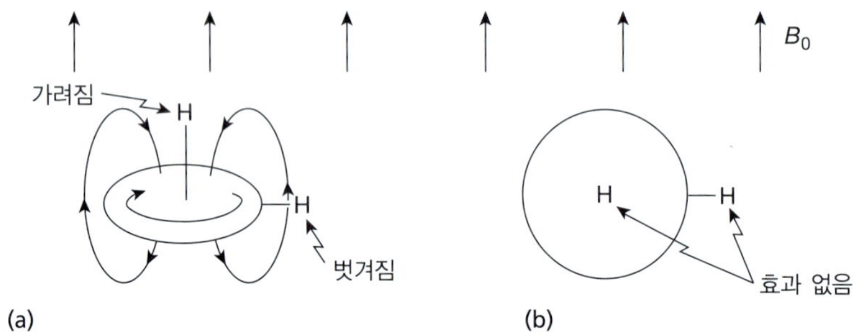

그림 3-3 방향족 고리의 모델인 납작 타원체에 의한 가리움

그림 3-2a와 같이 공명하고 있는 양성자에 부착한 구형 치환체로부터의 결합이 B_0 방향과 평행이면 유도 자장의 자력선이 양성자에서 B_0와 반대하게 되어 양성자를 가린다. 만일 그림 3-2b와 같이 양성자에 부착한 치환체로부터의 결합이 B_0에 수직인 경우에는 유발 자력선인 B_0를 증대시켜 양성자의 자장을 벗겨준다. 원자단이 등방성이기 때문에 두 개의 배열 가능성은 동일하다. 분자가 용액 내에서 뒹글어짐에 따라서 유도 자장의 효과는 상쇄된다. 비슷한 방식으로 다른 배향도 서로 상쇄한다. 결국에 등방성 치환체는 유발 혹은 공명으로부터 국부적 전자 흐름에 제공한 것에는 어떠한 효과도 없는 것이다.

그러나 대부분의 치환체는 구형이 아니다. 예를 들면 벤젠 고리의 납작한 형태는 납작 타원체(oblate ellipsoid)와 닮았으며 단일결합 혹은 삼중결합의 길죽한 형태는 뾰죽 타원체(prolate ellipsoid)와 닮았다. 벤젠 고리 같이 납작 타원체의 가장자리에 위치한 양성자에 관해 두 개의 극단적인 것이 존재한다(그림 3-3). 납작한 부분이 정적인 자장에 직각일 때(그림 3-3a) 유발 자력선이 B_0 자장을 증대시키기 때문에 가장자리에 있는 양성자는 자장이 벗겨져 있다. 같은 기하학적 모양에 대하여 타원의 중앙 위에 위치한 양성자는 유발 자력선이 B_0에 대하여 반대하기 때문에 가리워져 있다. 그러나 고리가 B_0에 평행일 때(그림 3-3b), 유발 전류 혹은 자장은 한 고리 표면에서 다른 표면으로 이동해야만 한다. 이러한 배향에서는 기하학적 형태에서 유발되는 전류나 자장이 거의 존재하지 않는다. 용액 내 분자가 뒹글면서 구형 치환체에서 보았던 상쇄는 방향족 고리에서는 일어나지 않는다. 공간에서 다른 배향으로부터 B_0에 의하여 다른 전류가 유발된 원자단은 **반자기성 비등방성**(*diamagnetic anisotropy*)을 가진다고 말한다. 납작 타원체는 그림 3-3a에서 보여준 기하 구조에 대한 큰 영향을 주기 때문에 방향족 고리 가장자리에 있는 양성자는 자장이 벗겨지고 중앙 혹은 중앙 위에 위치한 양성자는 가리워진다. 이러한 이유로 벤젠은 알켄(예: 에텐, δ 5.28)에 비해 그렇게 높은 주파수(낮은 자장, δ 7.27)에서 공명하는 것이다.

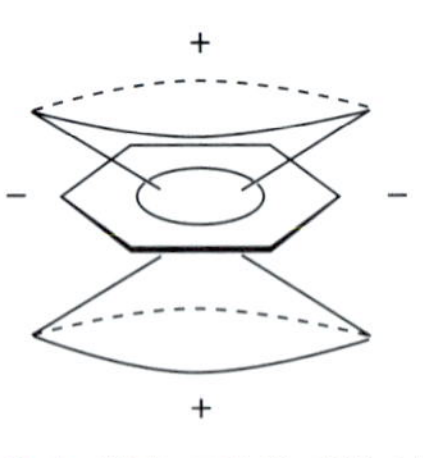

그림 3-4 벤젠 고리에 대한 가리움 기하 구조

국부적 효과가 가리움(전자 주기로부터)이나 혹은 벗김(전자 끌기로부터)의 결과를 가져오는 것과 같이 비국부적 효과도 비국부 자장이 정적 자장을 증대시키거나 감소시킴에 따라서 어느 부호 중 하나를 가질 수 있는 것이다. 그림 3-4는 벤젠의 반자기성 효과가 고리의 위와 아래에서 가리지만(+), 가장자리를 따라서 벗기는 (−) 양태를 보여 준다. 이러한 효과는 양성자가 머무는 공간에서의 한 지점 상에서 자기 모멘트의 영향에 대하여 McConnell에 의하여 정성적으로 모델화되었다. 극좌표(r, θ)로 공간의 임의 지점에

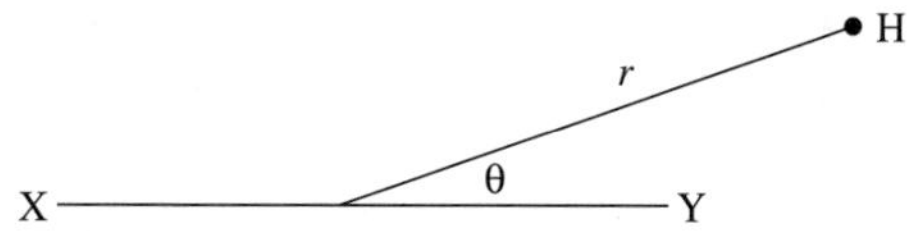

서의 수소 원자의 비등방성 원자단(쌍극자 X—Y로 표시)에 의한 가리움 σ_A에 대하여 그는 식 3-1의 공식을 유도하였다.

$$\sigma_A(r, \theta) = \frac{(\chi_L - \chi_T)(3\cos^2\theta - 1)}{3r^3} \tag{3-1}$$

이 식에서 r는 X—Y의 중간점에서부터 지점(r, θ)까지의 거리이고 θ는 원자 X와 Y를 연결하는 선분과 X—Y의 중간점에서부터 지점(r, θ)까지의 선분 사이의 각도이고 χ_L과 χ_T는 예를 들어 그림 3-3a와 3-3b 각각에 해당되는 원자단의 수직 방향과 수평 방향에 따르는 **반자기화율**(*diamagnetic susceptibility*)이다. 이 효과는 각도가 54°44′, $(3\cos^2\theta - 1)$의 표현이 영이 되는 각도로 소위 요술각이라 부르는 각도인 영 지시점(null point)에서 부호가 변한다.

비록 벤젠의 양성자들이 원추의 벗김 부분에 머물지라도 분자는 전체 범위에서 이러한 영향을 받도록 구축되었다. 메타노[10]아눌렌(**3-3**)의 메틸렌 양성자는 방향족 10π 전자

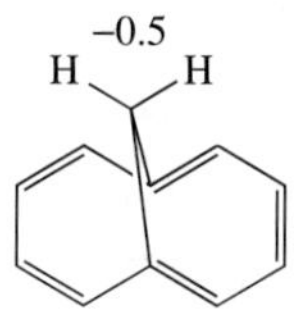

3-3

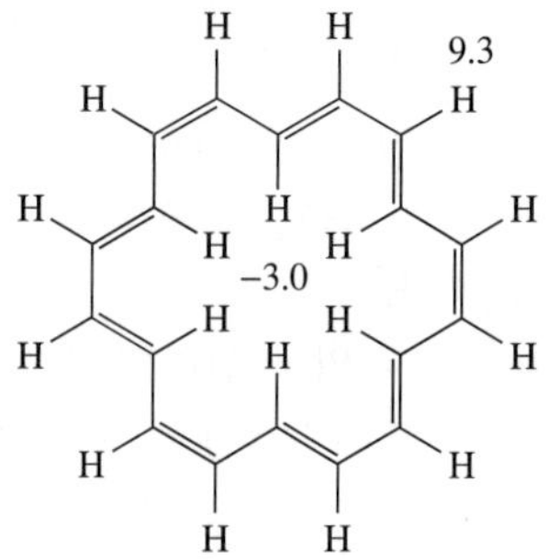

3-4

위의 위치에 구속되어 있어 그 결과 TMS보다도 낮은 주파수(높은장)에서의 위치(δ −0.5)로 가려져 있다. [18]아눌렌(**3-4**)은 δ 9.3의 벗겨진 위치에서 공명하는 방향족 고리 가장자리를 둘러싼 한 세트의 양성자와 δ −3.0의 가려진 위치에서 공명하는 고리 중심을 향하여 위치한 두 번째 세트의 양성자를 가진다.

$(4n + 2)$ π 전자는 전자의 반자기성 순환의 존재에 대한 필요 조건이다. Pople은 외부의 자장이 반대, 즉 상자기성 순환을 $4n$ π 전자계에서 유발할 수 있다는 것을 보여 주었다. 그러한 환경 하에서는 그림 3-3a의 위치 배열로부터 얻은 결론은 뒤집어진다. 즉, 바깥쪽 양성자는 가려지고 안쪽 양성자는 벗겨진다는 것이다. [16]아눌렌의 스펙트럼은 이러한 해석(안쪽 양성자는 δ 10.3이고 바깥쪽은 δ 5.2)과 일치한다. 가장 극적인 예는 [12]아눌렌 **3-5**이다. 브로민 원자는 안쪽과 바깥쪽 양성자가 회전배열 상 상호 변환하는 것을 방지하기 위하여 포함되었다. $4n$ 전자를 가지는 **3-5**의 표시된 안쪽 양성자는 $(4n + 2)$ 전자를 가지는 [18]아눌렌(**3-4**)의 안쪽 양성자에 대하여 δ −3.0인 것에 비해 δ 16.4에서 공명한다.

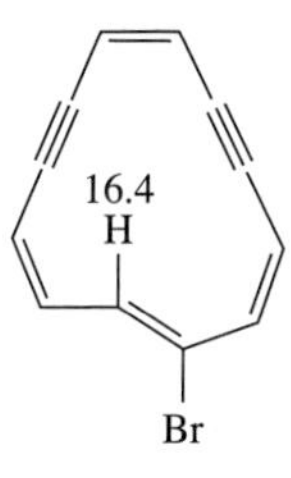

3-5

화학 결합에 대한 모델로 사용한 뾰족 타원체의 두 개 배열은 비슷한 양식으로 생각할 수 있다(그림 3-5). 이러한 경우 어떤 배열이 보다 강한 유도 전류(혹은 높은 반자기화율 χ)를 가지는가는 항상 확실하지는 않다. 아세틸렌(에타인)의 π 전자는 하나의 명쾌한 예를 제공한다. 분자의 축이 B_0 자장과 평행할 때(그림 3-5a와 같이), π 전자들은 원통 주위의 순환이 특히 잘 일어난다. 그림 3-5b에서 다른 하나의 배열은 아세틸렌에서 비효율적이고 따라서 상쇄 효과를 제공하지 않는다. 아세틸렌성 양성자는 전자 배열의 끝에 부

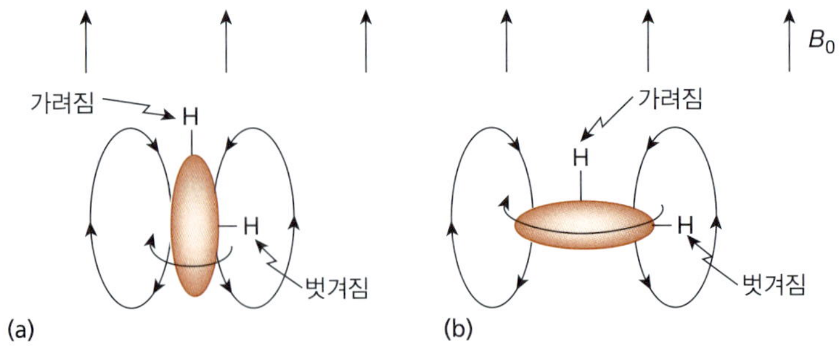

그림 3-5 화학 결합의 모델인 뾰죽 타원체에 의한 가리움

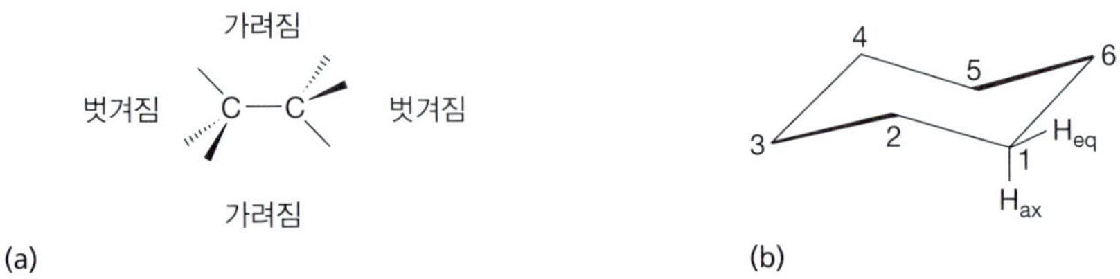

그림 3-6 (a) 탄소-탄소 단일결합 주위의 가리움 지역 (b) 사이클로헥세인의 기하 구조

착되었기에 가려진다. 이러한 이유로 아세틸렌의 공명 (δ 2.88)은 에테인 (δ 0.86)과 에텐 (δ 5.28) 사이에 위치한다. 혼성화의 효과는 따라서 반자성 비등방성의 C≡C 효과에 의하여 대체되었다. McConnell 식 (식 3-1)의 항목에서 수직 방향 감수율 (longitudinal susceptibility)은 수평 방향 감수율 (transverse susceptibility)보다 훨씬 크다. 즉 $\chi_L > \chi_T$이다. 따라서 가리움은 결합의 한 끝에서 ($\theta = 0°$) 양이 되어 이동이 낮은 주파수 (높은 자장)를 초래한다.

탄소-탄소 단일결합 주위의 전하의 순환이 삼중결합보다 강하지 않으며 결합 축이 B_0에 수직일 때 (그림 3-5b와 같이) 큰 전류가 발생한다. 즉 $\chi_L > \chi_T$이다. 따라서 단일결합의 측면에 있는 양성자가 결합 방향의 끝에 위치한 양성자보다 더 많이 가려진다 (그림 3-6a). 경직된 사이클로헥세인의 수직 방향과 수평 방향 양성자는 이러한 배열의 예가 된다 (그림 3-6b). 도시된 두 개의 양성자는 1,2와 6,1 결합에 대하여 동등하게 위치하고 있어 효과의 차이가 없다. 그러나 1-수직 방향 수소 (H_{ax})는 멀리 떨어진 2,3와 5,6 결합 (어둡게 표시)의 가리움 지역에 위치한다. 그 반면에 1-수평 방향 양성자 (H_{eq})는 벗김 지역에 위치하고 있다. 일반적으로 수직 방향 양성자는 더 많이 가려져 있어 수평 방향 양성자보다 더 낮은 주파수 (높은 자장)에서, 전형적으로 약 0.5 ppm 정도로 공명을 일으킨다.

한 개의 X 원자단을 가지는 메틸렌 (CH_2) 양성자와 비교한 메타인 (CH)의 양성자와 메틸 (CH_3) 양성자와 비교한 메틸렌 양성자의 높은 주파수 위치 [$(CH_3)_2CHX$ 대 CH_3CH_2X 대 CH_3X]는 비록 혼성화의 변화도 기여할 수는 있지만, 부수적인 C—C 결합들 (그림 3-7)의 비등방성에 기인한다.

사이클로프로페인 공명의 높은 가리움 위치 (δ 0.22 대 사이클로헥세인의 1.43)는 유사 방향족 전류나 삼각고리의 CH_2 기에 마주보는 C—C 결합의 비등방성, 둘 중 하나에 기인한다. 그 효과는 표시된 1.2 ppm (1.4 − 0.2)보다는 훨씬 크다. 그 이유는 양성자에 부착한 sp^2 사이클로프로페인 탄소 오비탈이 (사이클로헥세인의 sp^3 오비탈과 비교하여) 양성

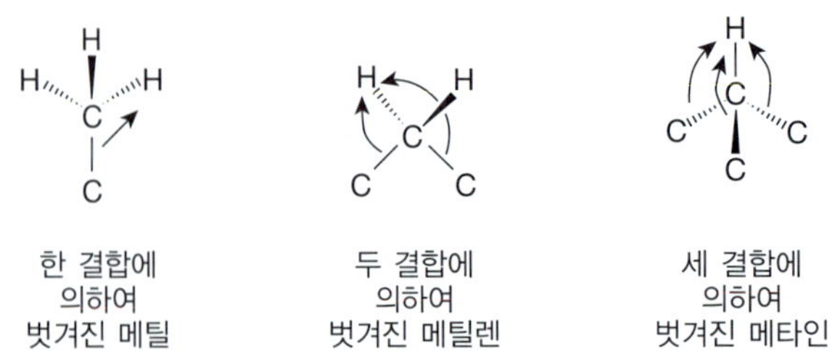

그림 3-7 메틸, 메틸렌과 메타인기의 가리움 특성

자를 벗기기 때문이다. 사이클로프로페인 고리 역시 멀리 떨어진 수소를 가릴 수 있다. 스파이로 [2.5] 옥테인 (**3-6**) 에서 표시된 수평 방향 양성자는 수직 방향 양성자보다 1.2 ppm 낮은 주파수(높은 자장)에서 공명을 한다. H_{ax}는 정상적으로 H_{eq}보다 0.5 ppm 정도 낮은 주파수에서 공명하기 때문에 차이 효과는 1.7 ppm이다. **3-6**에서 H_{eq}는 사이클로프로페인 고리의 가리움 지역 위에 위치하고 있기에 그것은 낮은 주파수(높은 자장)으로의 매우 강한 이동을 겪는 것이다.

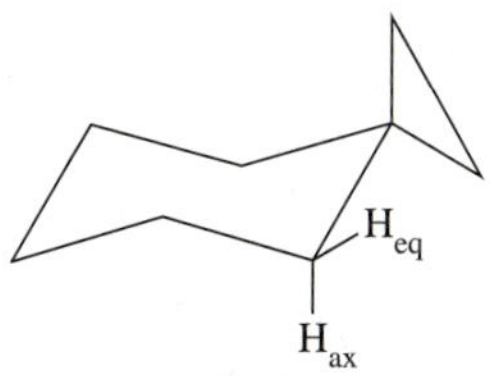

3-6

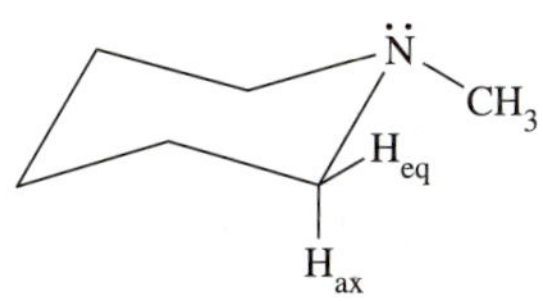

3-7

가장 흔한 단일결합(C—O, C—N)은 C—C 결합과 평행인 가리움 특성을 가진다. 그러나 C—S 결합에 있어서는 반대가 된다. 이러한 모든 헤테로 원자의 경우 기하학적 구조는 C—C 결합의 기하학적 구조보다 더 복잡하다. 몇 가지 경우에서는 고립 전자쌍이 특별한 효과를 가진다. *N*-Methylpiperidine (**3-7**) 에서 수직 방향의 고립 전자쌍은 H_{eq}에는 전혀 영향없이 $n \rightarrow \sigma^*$ 상호작용에 의하여 이웃자리의 H_{ax}를 가린다. 그 결과 $\Delta\delta_{ae}$는 1.0 ppm 이상 정도로 증가한다.

이중결합의 비등방성은 평가하기가 더욱 어렵다. 그 이유는 이중결합은 세 개의 동등하지 않은 축을 가지기 때문이다. 따라서 단지 두 개의 축을 사용하는 McConnell 식은 사용할 수 없다. 일반적으로 이중결합 위에 위치하는 양성자는 평면 상에 있는 알케인(그림 3-8a)과 카보닐기(그림 3-8b) 둘다의 양성자보다 더 가리워져 있다(그림 3-8). 노보넨(norbornene) (**3-8**) 의 메틸렌 양성자의 위치는 신(*syn*)과 엔도(*endo*) 양성자 각각이

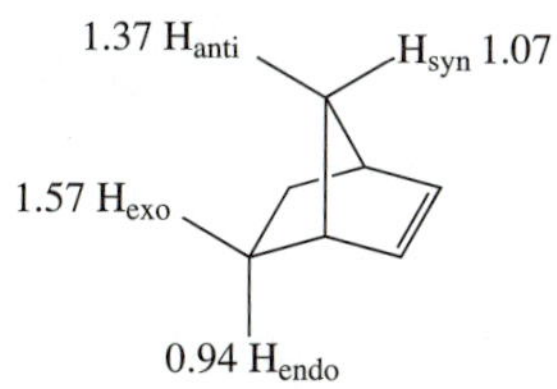

3-8

안티(*anti*)와 엑소(*exo*) 양성자에 관하여 가려져 있기 때문에 이러한 방식으로 설명할 수 있다. 알데하이드(δ 약 9.8)의 높은 벗겨진 위치는 카보닐기의 강한 극성 효과와 반자기 비등방성의 조합 때문이다.

고립 전자쌍의 비구형 배열은 비록 달리 국부 전류의 섭동으로 그 효과를 고려할 수도 있지만, 비자기 비등방성을 보여 줄 수가 있다. 고립 전자쌍에 수소 결합을 하는 양성자는 항상 벗겨져 있다. 따라서 CCl_4 같은 수소 결합을 하지 않는 용매에서의 묽은 용질로서의 에탄올의 하이드록시 양성자는 δ 0.7에서 공명하지만 순수한 에탄올에서는 광범위한 수소 결합을 하여 δ 5.3에서 공명한다. 카복실 양성자(CO_2H)는 모든 양성자가 이량체 혹은 높은 회합체 내에서 수소 결합을 하기 때문에 극도로 높은 주파수(낮은 자장, δ

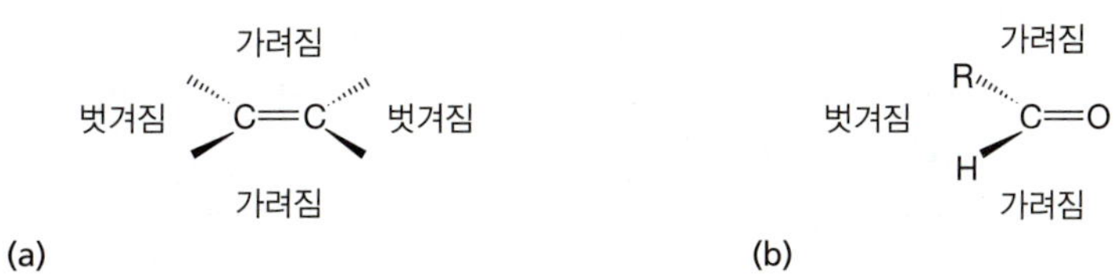

그림 3-8 (a) C=C 이중결합과 (b) C=O 이중결합의 가리움 특성

11~14)에서 공명한다. 고립 전자쌍 비등방성 역시 에틸기(CH_3CH_2X)의 경향을 설명하는 데 사용되어 왔다. X에 부착한 CH_2의 공명 위치는 극성 효과 [X=F (δ 4.36), Cl (3.47), Br (3.37), I (3.16)]로 설명하지만 멀리 떨어진 메틸기에 대한 경향(같은 순서로 δ 1.24, 1.33, 1.65와 1.86)은 반대가 된다. X의 크기가 증가함에 따라 고립 전자쌍의 메틸기에 접근하게 되어 더 강하게 벗겨진다.

요약하건대, 양성자 화학 이동에 관한 작용기 효과는 다음 두 개의 일반적 효과로 주로 설명할 수 있다. (1) 유발(혼성화를 포함하여)에 의한 전자 끌림과 주기는 전자 밀도를 변하게 하여 공명하는 양성자 주위의 자장을 변하게 한다. 높은 전자 밀도는 양성자를 가리고 공명 위치를 낮은 주파수(높은 자장)로 이동시킨다. (2) 비구형 치환체의 반자기 비등방성은 방향족, 아세틸렌, 알데하이드, 사이클로프로페인, 사이클로헥세인, 알켄 및 아마도 수소 결합하는 화학종의 공명 위치에 주로 기여한다.

두 개의 다른 일반적이 아닌 반자기 효과가 또한 화학 이동에 영향을 준다. 앞서 논의한 바대로 치환체는 이웃 양성자를 벗겨줄 수 있다. 즉, 극성 전자 끌기로 σ^d를 감소시킨다. 만일 충분한 결합 개수로 멀리 떨어지면 그 효과는 무시할 만하다. 경직된 치환 원자가 공명 핵에서의 거리가 반데르발스(van der Waals) 반경의 합보다 작다면 원자는 공명하고 있는 원자의 근방으로부터 전자를 밀어낸다. 따라서 그 알짜 효과는 σ^d의 감소이다. 그 핵은 벗겨져 공명은 낮은 자장으로 이동한다. 그 현상은 유도 쌍극자(van der Waals, London 혹은 분산력에 의한)의 상호 척력으로부터 일어난다. 서로 2.5 Å 이내로 접근하지 않으면 한 양성자가 다른 양성자에 의해 벗겨지지 않는다. 반데르발스 효과의 크기는 핵 간 거리가 증가함에 따라 급격히 감소하고 핵의 크기와 편극화에 심각하게 의존한다. 브로민 원자는 훨씬 먼 거리로부터 양성자를 벗길 수 있고 플루오린은 중간 정도이다.

Ortho-di-*tert*-butylbenzene의 *t*-뷰틸 양성자가 메타와 파라 이성질체의 *t*-뷰틸 공명의 위치로부터 0.2 ppm 낮은장으로 이동하는 것은 반데르발스 효과 때문이다. 매우 극적인 예는 부분적 바구니 화합물 **3-9**에서 볼 수 있다. 여기서 H_b와 H_c의 화학 이동이 각각

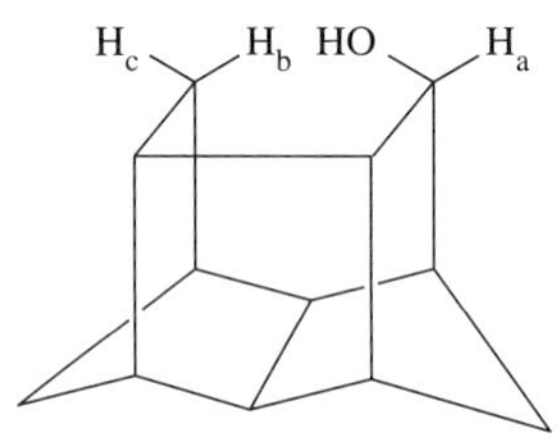

3-9

δ 3.55와 0.88이다. 반면에 사이클로헥세인의 메틸렌 양성자는 약 δ 1.4에서 공명한다. 따라서 산소 원자는 H_b를 2 ppm 이상 벗긴 것이다. 흥미롭게도 H_b에서 밀려난 전자 밀도는 일부 H_c로 이동하여 0.5 ppm 정도로 가려진다.

분자 내의 극성 결합은 근처에서 공명하는 핵의 위치에서 상당한 값으로 전기장을 발생시킨다. 이러한 전기장은 핵 주위의 전자적 구조를 왜곡시켜 σ^d를 감소시킴으로써 벗김을 초래한다. 유도 효과와는 다르게 전기장 효과는 공명하는 핵과 다수 결합으로 떨어진 극성 원자단으로부터 파생할 수 있다. 상당한 효과를 주기 위해서 극성 결합은 핵에 상당히 접근해야 하지만 반데르발스 접촉은 벗어나야 한다.

전기장 가리움의 많은 예는 플루오린 핵의 큰 이동이 이러한 효과를 확대하기 때문에 ^{19}F 스펙트럼에서 본다. 1-Chloro-2-fluorobenzene (**3-10**)의 ^{19}F 공명은 단순한 극성 효과로 설명하기에는 20 ppm 이상의 높은 주파수이다. 이러한 큰 부수적 이동은 C—Cl 결합의 전기장 효과에 기인한다는 해석은 계산에 의하여 입증이 되었다. 과플루오로사이클로헥세인(perfluorocyclohexane)(**3-11**)의 수직 방향과 수평 방향 플루오린 사이의 18 ppm

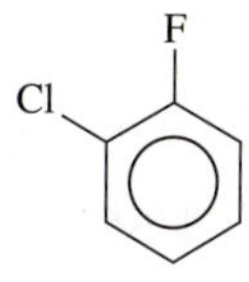

3-10

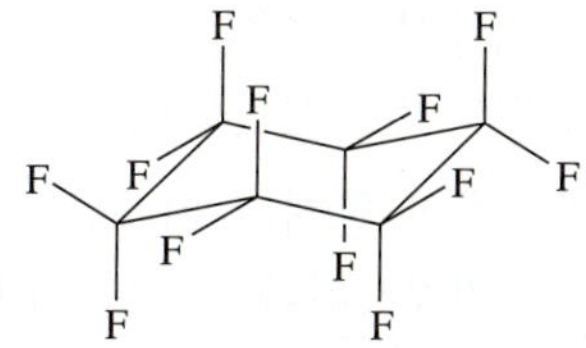

3-11

화학 이동은 사이클로헥세인에서의 해당 양성자 간의 0.5 ppm 차이와 비교된다. 이러한 큰 ^{19}F 분리를 설명하기 위해서는 반자기 비등방성의 효과는 충분하지 않다. **3-11**에서의 수직 방향과 수평 방향 플루오린 원자에서의 전기장은 분자 내의 다른 극성 결합에서의 전기장과 다르다. 이 두 원자 모두 핵들이 상당히 접근하고 있기 때문에 반데르발스 기여가 존재할 수 있다. ^{19}F 이동의 분석은 이 두 효과를 고려하지 않는다면 완전할 수가 없다.

3-2 양성자 화학 이동과 구조

NMR 스펙트럼을 기초로 한 구조 배정은 화학 이동과 작용기 간의 관계에 대한 지식을 요구한다. 정상적으로는 양성자 및 탄소 스펙트럼 둘 다 기록하고 분석한다. 그림 3-9는 흔한 양성자 작용기들에 관한 공명 범위를 요약한다.

3-2a 포화 지방족

알케인(alkane). 간단한 탄화수소들 가운데 사이클로프로페인은 고리 전류나 탄소-탄소 결합의 비등방성 때문에 가장 낮은 주파수 위치(δ 0.22)를 가진다. 치환되지 않은 메테인도 본질적으로 같은 화학 이동(δ 0.23)을 가진다. 메테인에 점차적인 포화 탄소-탄소 결합을 도입하면 화학 이동은 높은 주파수(낮은 자장)로 이동하는 결과를 초래한다. 그 예는 다음 계열의 에테인(CH_3CH_3, δ 0.86), 프로페인($CH_3\mathbf{CH_2}CH_3$, δ 1.33), 아이소뷰테인[$(CH_3)_3\mathbf{CH}$, δ 1.56](그림 3-7)과 같다. 사이클로뷰테인의 공명 위치는 탄소 오비탈의 낮은 s 특성으로 인하여 비정상적으로 높은 위치(δ 1.98)에 있다. 사이클로프로페인과 사이클로뷰테인과 다른 고리 구조들은 열린 사슬계와 비슷한 공명 위치를 가진다. 예를 들면 사이클로헥세인은 δ 1.43을 가진다. 스테로이드 혹은 알칼로이드 같은 복잡한 천연물

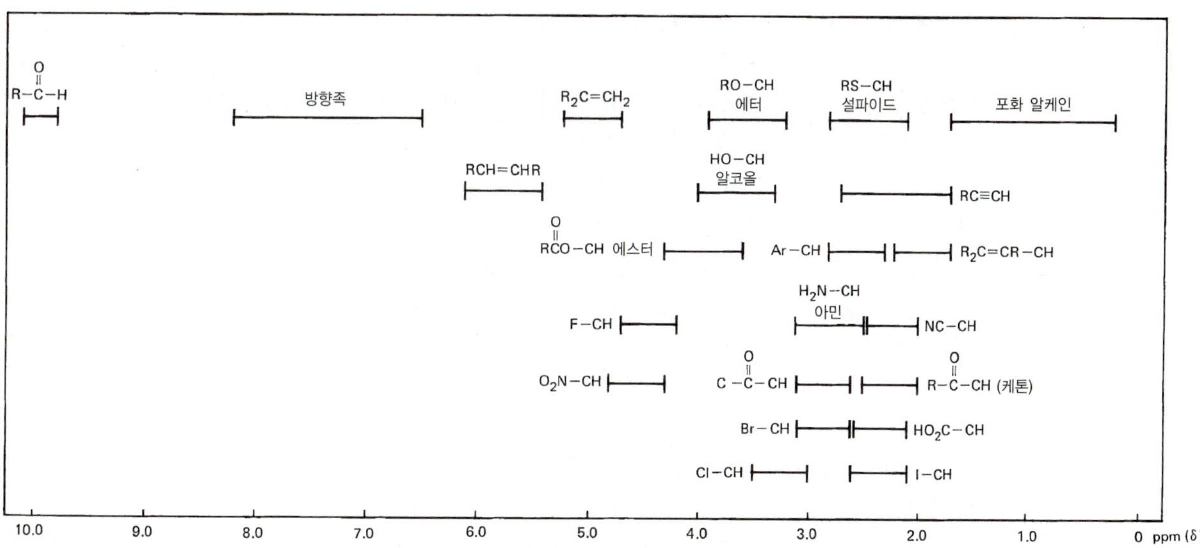

그림 3-9 흔한 구조 단위에 관한 양성자 화학 이동 범위. 기호 C—H는 메틸, 메틸렌 또는 메타인을 의미하고 R은 하나의 포화 알킬기를 의미한다. —CO_2H와 다른 강한 수소 결합의 양성자들에 관한 범위는 왼편으로 척도를 벗어나고 있다. 표시한 범위는 흔한 보기에 관한 것이며 실제 범위는 더 클 수도 있다.

에서는 δ 0.8~2.0 지역에서 구조적으로 비슷한 많은 수의 알케인 양성자가 중첩되는 공명을 주어 분석을 하려면 아주 높은 자장을 요구한다.

작용기화된 알케인. 작용기의 존재는 원자단의 극성 효과와 비자성 등방성에 따라서 이웃 양성자의 공명 위치를 변경시킨다. 에테인(δ 0.86)은 메틸기에 대한 유용한 기준점이 된다. 에테인의 한 메틸기를 하이드록실기로 치환하면 메탄올(CH_3OH)을 얻는다. 이것의 공명 위치는 δ 3.38이다. 산소 원자의 전자 끌기 효과는 높은 주파수(낮은 자장)로의 큰 이동에 대한 주원인이다. 작용기화가 안 된 알케인의 경우와 동일하게 메틸렌기($CH_3\mathbf{CH_2}OH$, δ 3.56)와 메타인기[$(CH_3)_2\mathbf{CH}OH$, δ 3.85]는 점차적으로 높은 주파수에서 발견된다. 일반적으로 메틸렌과 메타인 양성자는 각각 유사한 메틸기보다 약 0.3과 0.6 ppm 높은 주파수에서 공명한다($\mathbf{CH_3}X$ 대 $-\mathbf{CH_2}X$ 대 $\mathbf{CH}X$). 구조의 나머지 부분에 좌우되어 경우에 따라서 상당한 변화가 있어서 주어진 작용기에 대한 공명은 약 1 ppm의 범위를 가진다. 에터 공명은 알코올 공명과 유사하다(CH_3OCH_3, δ 3.24). 그러나 에스터 알콕시기는 부착한 산소가 에스터 공명(**3-12**)의 결과로 전자 끌기가 증가하여 보통 더 높은 주파수에서 공명한다[$CH_3O(CO)CH_3$, δ 3.67].

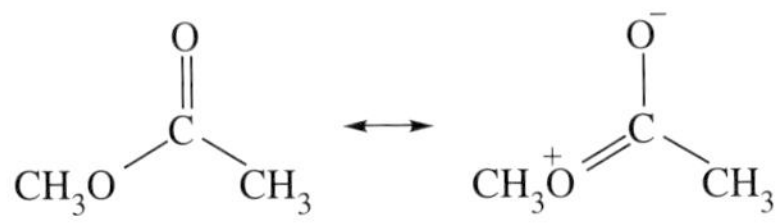
3-12

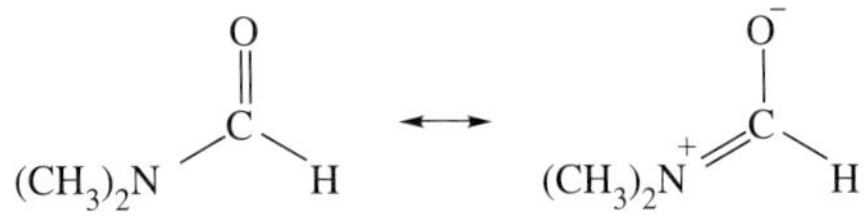
3-13

질소는 산소만큼 전자를 끌지 않기 때문에 아민은 에터보다 약간 낮은 주파수(높은 자장)에서 공명한다: 메틸아민(CH_3NH_2 수용액 내에서) δ 2.42. 사차화를 통한 양전하의 도입은 전자 끌기를 증가시켜 좀 더 높은 주파수로의 이동을 초래한다. 예를 들면 $(CH_3)_3N$ (δ 2.22)와 비교하여 $(CH_3)_4N^+$ (δ 3.33). *N,N*-dimethyformamide (**3-13**, δ 2.88)와 같이 공명을 통한 아마이드에서 생성하는 중간 전하는 중간 이동을 초래한다.

황의 낮은 전기음성도는 황화 물질이 낮은 주파수(높은 자장)에 있다는 것을 의미한다: 다이메틸 설파이드(CH_3SCH_3)에 대하여 δ 2.12이다. 할로젠은 공명을 원자의 전기음성도에 따라서 높은 주파수로 이동시킨다: CH_3I에 대해 2.15, CH_3Br에 대해 2.69, CH_3Cl에 대해 3.06이며 CH_3F에 대해 4.27이다. 이러한 모든 경우에서 이동은 C—X 결합의 비등방성에 의하여 영향을 입을 수도 있지만 이러한 요인은 평가하기가 어렵고 열린 사슬계에서는 자유 회전에 의하여 어느 정도 감소한다. 다른 전자 끌기 치환체 역시 높은 주파수로의 이동을 초래한다. 그 예로 아세토나이트릴(CH_3CN, δ 2.00)의 사이아노기와 나이트로메테인(CH_3NO_2, δ 4.33)의 나이트로기가 있다. TMS (δ 0.00)에서의 실리콘같이 전자주기 원자는 낮은 주파수(높은 자장)으로의 이동을 초래한다.

아이소뷰틸렌[$(\mathbf{CH_3})_2C{=}CH_2$, δ 1.70], 메틸아세틸렌($\mathbf{CH_3}C{\equiv}CH$, δ 1.80)에서의 프로파질성 양성자와 톨루엔($C_6H_5\mathbf{CH_3}$, δ 2.31)에서의 벤질성 양성자 같이 탄소–탄소 이중결합과 삼중결합에 부착한 메틸기는 통상적으로 δ 1.7~2.5 지역에서 발견할 수 있다. 아세톤 [$\mathbf{CH_3}(CO)\mathbf{CH_3}$, δ 2.07], 아세트산 ($\mathbf{CH_3}CO_2H$, δ 2.10), 아세트알데하이드 ($\mathbf{CH_3}CHO$, δ 2.20), 및 아세틸 클로라이드($\mathbf{CH_3}COC1$, δ 2.67)와 같이 탄소–산소 이중결합에 부착된 메틸기는 δ 2.0~2.7 지역에서 발견할 수 있다. 이러한 작용기들은 더 이상의 치환에 의한 상당한 범위를 보여 준다.

구조와 양성자 화학 이동 간의 실험적 상관관계가 흔한 구조 단위에 대하여 개발되었다(3-2e절). 아주 초기에 Shoolery 법칙(식 3-2)이라고 부르는 것은 메테인의 화학 이동에 치환 매개변수 Δ_i를 더하여 $Y{-}CH_2{-}X$ 원자단의 양성자들의 화학 이동을 제공한다.

$$\delta = 0.23 + \Delta_X + \Delta_Y \tag{3-2}$$

그 계산은 CH_2XY에 대하여 상당히 성공적이지만 $CHCl_3$ 같은 많은 CHXYZ 경우의 원자단 간의 상호작용으로 인하여 가산법이 실패한다.

3-2b 불포화 지방족

알카인(alkyne). 삼중결합의 비등방성은 sp-혼성화된 탄소에 부착한 양성자에 대하여 상당히 낮은 주파수(높은 자장) 위치를 초래한다. 아세틸렌(에타인) 자체에 대해서는 화학 이동이 δ 2.88이고 범위는 δ 1.8~2.9이다.

알켄(alkene). sp^2 탄소의 증가된 전기음성도와 탄소-탄소 이중결합의 적당한 비등방성은 알켄 탄소에 부착한 양성자에 대하여 높은 주파수(낮은 자장)에서의 위치를 초래한다. 정확한 공명의 위치가 이중결합에 치환된 치환체의 본성에 좌우되지만 이러한 범위는 상당히 크다(δ 4.5~7.7). 에텐의 값은 δ 5.28이다. 1,1-이치환된 탄화수소 알켄(바이닐리덴)은 고리에 부착된 엑소메틸렌기($=CH_2$)를 포함하여, 아이소뷰틸렌 [$(CH_3)_2C=\mathbf{CH_2}$, δ 4.73]과 같이 약간 낮은 주파수에서 공명한다.

바이닐기, $-CH=\mathbf{CH_2}$의 CH_2 부분 역시 보통 δ 5.0보다 낮은 주파수에 위치한다. 내향고리 이중결합($-CH=CH-$)과 삼치환 이중결합에서 보는 1,2-이치환알켄에서는 *trans*-2-뷰텐($CH_3\mathbf{CH}=CHCH_3$, δ 5.46)의 경우와 같이 일반적으로 δ 5.0보다 훨씬 큰 주파수에서 공명한다. 이중결합의 각무리(angle strain)는 노보넨(norbornene, **3-14**,

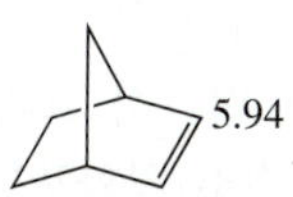

3-14

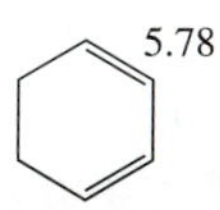

3-15

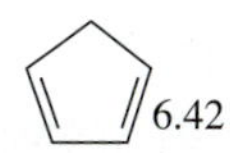

3-16

δ 5.94) 경우와 같이 공명 위치를 더욱 더 큰 주파수로 이동시킨다. 콘쥬게이션은 1,3-cyclohexa-diene(**3-15**, δ 5.78) 경우와 같이 보통 공명 위치를 높은 주파수로 이동시킨다. 1,3-Cyclo-pentadiene(**3-16**)의 이중결합은 양쪽으로 무리가 되고 콘쥬게이트가 되어 있어서 화학 이동은 더 높은 주파수 δ 6.42에 위치한다. 스타이렌($C_6H_5CH=CH_2$)의 페닐 고리는 극성 효과로 이중결합에서 전자를 끌기 때문에 근접한 CH(α)양성자 위치가 높은 주파수 δ 6.66에 위치한다. 더 멀리 떨어진 CH_2(β)양성자는 동등하지 않으며 δ 5.15와 δ 5.63에서 공명한다. 방향족 고리의 비등방성이 β 양성자 간의 차이에 주로 원인이 된다. 보다 가까운 시스 양성자가 더 높은 주파수로 이동한다. 스타이렌의 비방향성 부분, $-CH=CH_2$은 **바이닐기**(*vinyl*)이고 이러한 용어는 그러한 구조에만 한정되어야 한다. 바이닐이 아니고 **알켄**(*alkenic*)이라는 용어는 이중결합의 양성자에 대한 총칭으로 사용해야 한다.

카보닐기는 유발과 공명에 의해 강하게 전자를 끈다. 따라서 3-불포화 에스터 *trans*-$CH_3CH_2O_2CCH=CHCO_2CH_2CH_3$의 δ 6.83 경우와 같이 카보닐기와 콘쥬게이트된 이중결합의 양성자는 매우 높은 주파수(낮은 자장) 공명을 가진다. 화합물 **3-17**과 **3-18**

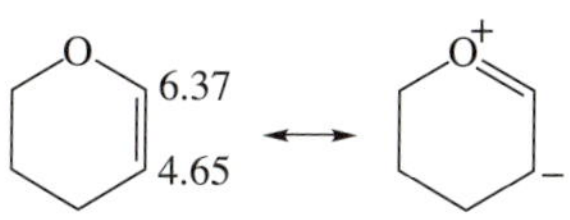

3-17

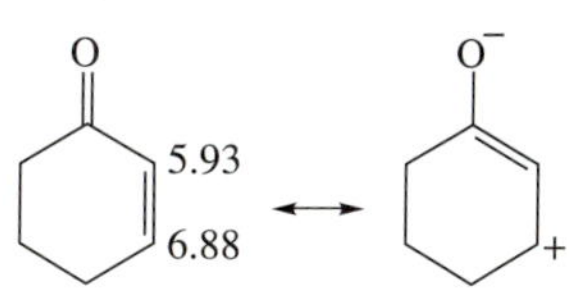

3-18

은 알켄 화학 이동에서의 콘쥬게이션의 효과를 보여 준다. 사이클로헥센의 알켄성 양성자가 정상적인 δ 5.59에서 공명하는 반면에 불포화 에터 **3-17**의 산소 원자는 공명에 의하여 β 위치에 전자를 주고 β 양성자를 낮은 주파수(δ 4.65)로 이동시킨다. 산소는 α 위치로부터 유발적으로 전자를 끌어 α 위치의 양성자 공명은 높은 주파수로 이동한다(δ 6.37). 이와 대조적으로 불포화 케톤 **3-18**에서 카보닐기는 β 위치에서 공명에 의하여 전자를 끌어 β 양성자를 높은 주파수로 이동시킨다(δ 6.88). 이 경우 카보닐기의 극성 효과는 α 위치의 양성자에 대하여 약간 높은 주파수로 이동시킨다(δ 5.93).

이러한 효과는 Tobey의 실험적 접근과 식 3-3을 사용하여 이중결합에 부착된 양성자의 화학 이동을 계산한 Pascual, Meier, Simon의 실험적 접근에 의하여 독창적으로 정량화되었다(3-2e절).

$$\delta = 5.28 + Z_{gem} + Z_{cis} + Z_{trans} \quad \textbf{(3-3)}$$

고려 중인 양성자에 대하여 같은자리, 시스 혹은 트랜스인 원자단에 대한 치환상수 Z_i을 에텐의 화학 이동에 더한다. Z_i 값은 참고 문헌 3.5와 3.6에서 찾을 수 있으며 참고 문헌 3.19에서 열거한 프로그램으로 예증할 수 있다. 비록 매개변수 Z_i가 유발과 공명 효과를 포함하였지만 입체 효과는 관찰된 위치로부터의 이탈을 초래할 수 있다.

알데하이드(aldehyde). 알데하이드성 양성자는 카보닐기의 유발과 반자기성 비등방성에 의하여 매우 높은 주파수(낮은 자장)로 이동할 수 있다. 아세트알데하이드(CH_3CHO)에 대하여 그 값은 δ 9.80이고 범위는 상대적으로 작아서 일반적으로 δ 10 ± 0.3이다.

3-2c 방향족

벤젠 고리의 반자기성 비등방성은 이미 sp^2 탄소 원자의 벗김 영향을 증대시켜 벤젠에 대하여 매우 높은 주파수(낮은 자장) 위치를 제공한다(δ 7.27). 치환체의 극성과 공명 효과는 알켄과 비슷하다. 톨루엔($C_6H_5CH_3$)에 대해서 메틸기의 전자적 효과는 작고 모든 다섯 개의 방향족 양성자는 약 δ 7.2에서 공명한다. 포화 탄화수소 치환체를 가지는 방향족 고리(아렌, arene)에 대해서는 좁은 범위가 전형적이다. 그러나 콘쥬게이트 치환체는 방향족 공명에서와 스핀-스핀 갈라짐으로부터의 스펙트럼 다중성에서 많이 퍼지게 해준다. 나이트로벤젠(그림 3-10)에 대하여 나이트로기(**3-19**)의 극성 효과는 모든 공명을 벤

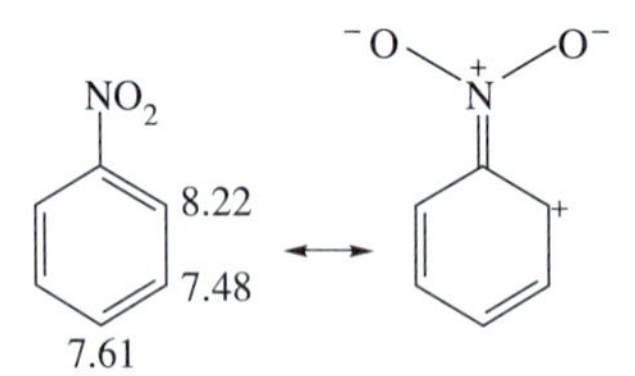

3-19

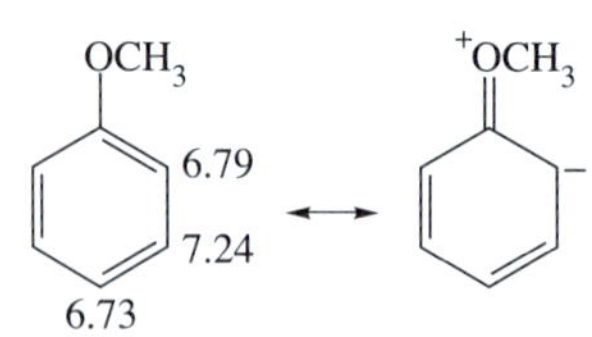

3-20

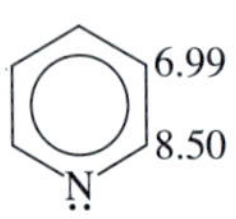

3-21

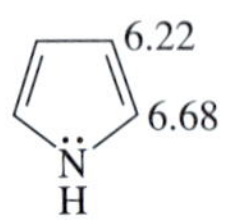

3-22

젠이나 톨루엔에 관하여 보다 높은 주파수로 이동시키지만 오쏘와 파라 양성자는 공명을 통하여 전자 끌기에 의하여 더 많이 이동한다. 대조적으로 아니솔(**3-20**)의 메톡시기는 공명에 의하여 전자를 줌으로써 오쏘와 파라 위치는 벤젠의 것들보다 낮은 주파수에 위치한다. 헤테로고리의 α 양성자는 피리딘(pyridine, **3-21**)과 피롤(pyrrole, **3-22**)에서와

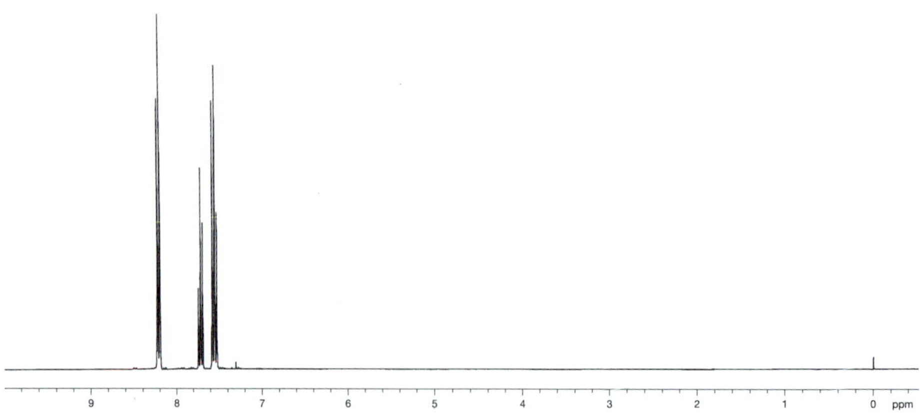

그림 3-10 $CDCl_3$에서의 나이트로벤젠의 300 MHz ^1H 스펙트럼

표 3-1 방향족 양성자 이동에 관한 치환체 매개변수

치환체	$S_{오쏘}$	$S_{메타}$	$S_{파라}$
CH_3	−0.17	−0.09	−0.18
CH_2CH_3	−0.15	−0.06	−0.18
NO_2	0.95	0.17	0.33
Cl	0.02	−0.06	−0.04
BR	0.22	−0.13	−0.03
I	0.40	−0.26	−0.03
CHO	0.58	0.21	0.27
OH	−0.50	−0.14	−0.40
NH_2	−0.75	−0.24	−0.63
CN	0.27	0.11	0.30
CO_2H	0.80	0.14	0.20
CO_2CH_3	0.74	0.07	0.20
$COCH_3$	0.64	0.09	0.30
OCH_3	−0.43	−0.09	−0.37
$OCOCH_3$	−0.21	−0.02	−0.13
$N(CH_3)_2$	−0.60	−0.10	−0.62
SCH_3	0.37	0.20	0.10

같이 주로 헤테로원자의 극성 효과로 인하여 일반적으로 높은 주파수로 이동한다.

방향족 양성자 화학 이동은 두 개 치환이 오쏘(입체 효과를 생성함)가 아닌 경우 역시 실험적으로 취급할 수 있다. 특정 양성자의 이동은 식 3-4와 표 3-1 (Jackman과 Sternhell에 의하여 많은 원천에서 수집하였음)과 같이 벤젠의 이동값에 치환체 매개변수를 합하여 얻는다.

$$\delta = 7.27 + \Sigma S_i \qquad \textbf{(3-4)}$$

예를 들면, 4-chlorobenzaldehyde의 스펙트럼(**3-23**)은 δ 7.75와 7.50에 중심을 둔 두 개의 이중선을 포함한다. H_a에 관하여 계산한 위치는 7.79 (7.27 + 0.58 − 0.06)이고 H_b에 대해서는 7.50 (7.27 + 0.02 + 0.21)이다. 유사하게 4-methoxybenzoic acid (**3-24**)의 관찰된 공명은 δ 8.08과 6.98이고 계산된 위치는 H_a는 7.98이고 H_b는 6.98이다.

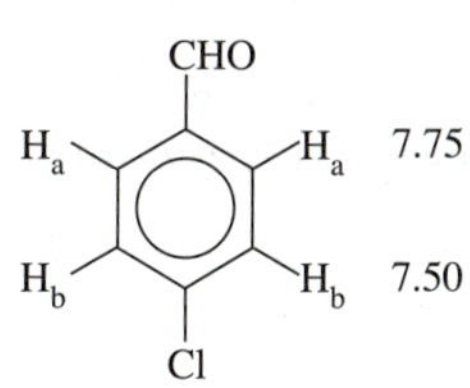

3-23

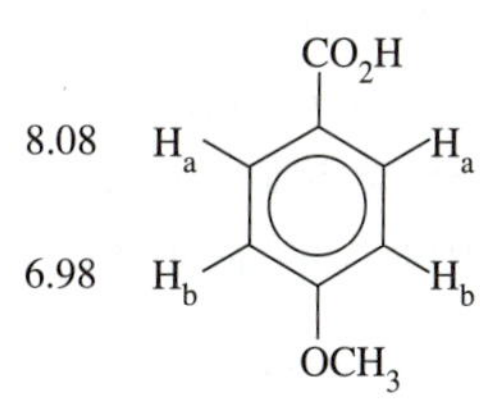

3-24

따라서 방향족 스펙트럼의 배정은 흔히 확신을 가지고 만들 수 있다. 치환체의 종류는 알지만 상대적인 위치를 알 수 없는 다중으로 치환된 방향족 고리에 대해서는 모든 가능한 치환 자리에 대한 화학 이동 계산과 관찰된 위치의 비교는 참고 문헌 3.20의 예시와 같이 구조적 배정을 생성할 수 있다.

3-2d 산소와 질소에 부착한 양성자

산소나 질소 같이 전기음성도가 매우 큰 원자에 부착된 양성자의 NMR 특성은 매체의 산성, 염기성 및 수소 결합 특성에 강하게 영향을 받는다. 하이드록시 양성자의 경우 아주 작은 산성 혹은 염기성 불순물은 그림 2-30과 같이 빠른 교환을 초래한다. 그러면 그러한 양성자는 용매를 포함하여 같은 분자 내에 있거나 다른 분자 내에 있는 다른 교환 가능한 양성자와 함께 평균화된다. 가중 평균 위치에서 모든 교환 가능한 양성자에 대하여 단 하나만의 공명이 관찰된다. 게다가 분자 내의 다른 양성자와의 짝지음은 전혀 관찰되지 않는다. 공명은 교환 속도에 따라 매우 날카로운 것으로부터 특징적으로 약간 넓어진 형태로 변할 수 있다. $CDCl_3$ 같은 유기 용매에서의 하이드록시 공명을 확인하는 편리한 실험 과정은 한 두 방울의 D_2O를 NMR관에 가하는 것이다. 관을 잠시 흔들면 몰 과잉으로 존재하는 중수소와 OH 양성자의 교환이 발생한다. 물 층은 보통 할로젠화된 용매 위로 분리되어 수신 코일 위에 위치하게 된다. 따라서 원래 스펙트럼에서의 OH 공명은 두 상의 경우에서 사라지는 것으로(대부분 OD로 변환됨) 확인할 수 있다. 다이메틸 설폭사이드 같은 고도로 순수한 염기성 용매에서는 교환이 느리고 OH와 이웃한 양성자 간의 짝지음을 관찰할 수 있다.

CCl_4에서 무한히 묽은 농도(수소 결합이 없는)에서는 알코올의 OH 공명은 약 δ 0.5에서 발견할 수 있다. 5%~20% 용액인 보다 정상적인 조건에서 수소 결합은 δ 2~4 범위에서의 공명을 초래한다. 보다 산성인 페놀(ArOH)은 높은 주파수(낮은 자장) δ 4~8에서 공명한다. 만일 페놀성 하이드록실기가 오쏘기와 충분히 수소 결합을 할 수 있다면 위치는 δ 10 이상으로 이동한다. 대부분의 카복실산(RCO_2H)은 수소 결합 이량체나 소중합체로 아주 묽은 용액이라도 존재한다. 본질적으로 모든 OH 양성자는 수소 결합을 하고 있어 산의 양성자는 δ 11~14 아주 높은 주파수 범위[아세트산(CH_3CO_2H)에 대하여 δ 11.37]에서 공명한다. 설폰산(RSO_3H) 혹은 엔올성 아세틸아세톤의 OH 양성자 같은 고도의 수소 결합한 다른 양성자도 이러한 범위에서 발견할 수 있다. 물을 포함하여 하이드록시 공명의 변하는 위치와 외양 때문에 이 원자단의 스펙트럼 배정에 대해서는 매우 유의해야 한다.

질소에 부착한 양성자는 유사한 특성을 가지면 질소의 약간 낮은 전기음성도는 유사한 OH 양성자보다는 약간 낮은 주파수(높은 자장)에서 공명을 초래한다: 지방족 아민에 대해서는 δ 0.5~3.5, 방향성 아민(아닐린계)에 대해서는 δ 3~5, 아마이드, 피롤 및 인돌에 대해서는 δ 4-8이고, 암모늄염에 대해서는 δ 6~8.5이다. 질소의 가장 흔한 핵종은 ^{14}N이며 이것은 사중극자이고 1의 스핀을 가진다(2-2와 5-1절). 결과의 3개 스핀 상태는 부착된 양성자의 공명을 1 : 1 : 1 삼중선으로 상당히 갈라놓지만 그러한 양식은 매우 대칭적인 경우, 예를 들면 NH_4^+ 혹은 NMe_4^+에서만 보인다. 그 밖에는 사중극자 핵의 빠른 이완은 스핀 상태를 평균화한다. 질소 위의 양성자 공명은 이완 속도에 따라서 삼중선으로부터 날카로운 단일선까지 변할 수 있지만 대부분 흔한 결과는 불충분한 평균을 반영한 광폭의 공명이다. 몇 경우에서는 넓어진 NH 공명은 거의 분간하기가 어렵다. 게다가 아미노 양성자는 용매나 다른 교환 가능한 양성자와 빠르게 교환하여 평균 위치를 획득한다.

3-2e 실험적 계산에 대한 프로그램

표 3-1은 방향족 화학 이동에 관한 실험적 계산을 만들 수 있는 자료를 포함한다. 그러나 주로 입체 효과에 의하여 발생하는 비가산성을 피하기 위하여 보정을 해야만 한다. 따라서 포화된 하나의 탄소 원자에 부착된 3개의 원자단, 하나의 이중결합에 시스로 부착한 두 개의 큰 원자단 혹은 어떠한 두 개의 오쏘 방향족 원자단은 표준 매개변수로부터 이탈을 초래한다. 실험적 계산은 어떠한 구조적 단위에 대해서도 가능하다. 그래서 사이클로뷰테인계의 가리움 무리(eclipsing strain), 사이클로펜탄온계에서의 다양한 입체 상호작용 혹은 노보네인계의 각 무리(angle strain)의 변형들을 고려해야 한다.

이러한 계산을 수행하는 상업적 소프트웨어는 이 장의 끝에 있는 참고 문헌에 열거하였으며 이러한 소프트웨어는 데이터베이스 안의 수십만 개의 화학 이동에 기초하였으며 널리 사용할 수 있다. 과정은 연구 대상의 화합물 구조를 그림으로써 시작한다. 그러면 프로그램은 연구 대상의 화합물과 유사한 구조적 환경을 가지는 양성자를 가지는 분자들을 데이터베이스에서 찾는다. 얻을 수 있는 자료로부터 프로그램은 예상되는 양성자 스펙트럼을 계산하고 디스플레이해 준다. 프로그램으로부터 얻은 실험적 자료의 분량은 대부분의 실험자 마음 속에 있는 양 혹은 출간된 수집된 양보다도 훨씬 많기 때문에 그러한 정보는 매우 값지다.

그러나 그 접근법은 네 가지 한계를 가진다. (1) 특정 골격이나 작용기가 데이터베이스에 존재하지 않을 수 있다. (2) 데이터베이스가 입체 효과에 관한 충분한 정보를 포함하지 않아서 사용할 수 있는 계열 내에서 비가산성을 줄 수 있다. (3) 용매 효과(3-3절)는 충분히 고려되어 있지 않다. (4) 짝지음 상수는 Karplus 식(4-6절)같은 간단한 관계로부터 계산된다. 보통 프로그램은 화학 이동을 계산하는 데 사용하는 화합물의 목록표를 제공하여 실험자는 그것들의 신뢰성을 판단할 수 있다. 때로는 연구 대상 화합물이 실제로는 데이터베이스에 포함되어 있어 실제 스펙트럼이 재생된다. 만일 그렇지 않다면 실험자는 항상 계산에 사용되는 화합물의 구조를 재검토해야 하고 계산을 믿을 수 있을 정도로 충분히 그것들이 유사한가를 정해야 한다. 이 분야에서의 상당한 진전에도 불구하고 이러한 계산은 아직도 정확하게(모든 선들이 관찰 위치로부터 <0.1 ppm 이내로) 대부분의 양성자 스펙트럼을 재생하지 못한다. 스펙트럼의 준실험(semiemprical)과 *ab initio* 계산은 이러한 단점의 대부분으로부터 곤란을 겪지 않는다. Bagno(참고 문헌 3.21)는 특히 밀도범함수 이론(density functiona theory, DFT)을 어느 정도 성공적으로 사용하였다.

3-3 매체와 동위원소 효과

매체 효과(Medium Effect). 특이한 핵에 대하여 관찰된 가리움은 분자 내 가리움 성분 σ_{intra}(이미 3-1절에서 양성자에 관하여 논의된)와 분자 간 가리움 성분 σ_{inter}로 구성되어 있다.

$$\sigma = \sigma_{\text{intra}} + \sigma_{\text{inter}} \quad \textbf{(3-5)}$$

$$\sigma_{\text{inter}} = \sigma_{\text{B}} + \sigma_{\text{W}} + \sigma_{\text{E}} + \sigma_{\text{A}} + \sigma_{\text{S}} \quad \textbf{(3-6)}$$

우리는 차례로 각 기여를 고려할 것이고 그 후에 매체의 효과에 관하여 몇 가지 설명을 할 것이다.

용매는 시료 용기의 형태에 지배되는 벌크 반자기화율을 가진다. 따라서 구형 용기 내의 용매는 원통형 용기 내의 용매와 약간 다르게 용매를 가린다. 그 차이는 식 3-7로 표현된다.

$$\sigma_{\text{B}} = \left(\frac{4}{3}\pi - \alpha\right)\chi_{\text{V}} \quad \textbf{(3-7)}$$

여기서 α는 기하학적 매개변수이고 χ_{V}는 용매의 부피 자기화율이다. 구형에 관하여 $\alpha = 4\pi/3$가 되어 전혀 영향이 없다. 원통형에 대해서는($\alpha = 2\pi/3$) 이 효과가 사라지지 않는다. 여기서 σ_{B}는 $2\pi\chi_{\text{V}}/3$이다. 정상적으로는 용매와 표준(TMS)는 동일한 용액 내에 존재한다. 이러한 상황 하에서는 그것들은 평행 벌크 효과를 경험하고 상대적 이동에 대한 σ_{B}를 보정할 필요가 없다. 내부 표준 사용이 흔하기 때문에 벌크 자기화율 효과는 대부분 무시하였다. 다른 형태를 가진 용기에 대하여, 예를 들면 정상적인 원통관, 구형 마이크로관 혹은 다른 부피 자기화율을 가지는 용매에 대하여 내부 표준 없이 얻은 자료에 대하여 화학 이동을 비교하는 경우에서만 보정이 필요하다.

용질과 용매의 근접한 접근은 양성자 근처의 전자 구름의 형태를 왜곡시킬 수 있으며 양성자를 벗긴다. 이것은 용매와 용질 모두 비극성일 때도 일어난다. 그러한 현상은(식 3-6에서 σ_{W}) 화학 이동에 대한 반데르발스 효과와 유사하다. 크기는 겨우 0.3 ppm보다 크지 않다. 만일 화학 이동을 내부 표준 공명으로부터 측정하였다면 σ_W로부터의 기여는 용매와 표준에 유사하게 영향을 줄 것이다. 이렇게 측정한 화학 이동은 σ_W로부터 주로 독립적일 것이다.

극성 용매 혹은 극성 원자단을 가지는 비극성 분자 조차도 주위의 유전 매질 내에 전기장을 유발한다. 이러한 감응 전기장은 $(\epsilon - 1) / (\epsilon + 1)$($\epsilon$은 유전상수)에 비례하며 분자 내 다른 장소의 양성자를 가리는 데 영향을 줄 수 있다. 일반적으로 그 효과(σ_E)는 극성 원자단에 근접한 양성자에 대하여 가장 크다. 각도에 좌우되어 부호는 양이거나 음이 될 수 있다. 그러나 더 자주 그것은 음이다(벗김을 의미). 이러한 효과는 내부 표준을 사용하여 상쇄할 수 없다. 용질 분자 내 조차도 다른 양성자에 대하여 이 효과는 매우 다양하다. 높은 유전상수를 가지는 용매의 극성 분자에 대하여 σ_E는 1 ppm까지의 범위를 가질 수 있다. 이러한 효과는 작은 유전상수를 가지는 용매를 사용하여 최소화할 수 있다.

비등방성 용매는 용질에 대하여 완벽하게 임으로 그 자신을 배향하지 않는다. 따라서 메테인 같은 비극성 분자 조차도 벤젠의 가림 표면 혹은 아세토나이트릴의 벗김 측면에 선호적으로 노출된다. 일반적으로 방향족(접시 모양) 용매는 낮은 주파수(높은 자장)로 이동을 유발(σ_A)하고 막대모양 용매(아세틸렌계, 나이트릴계 및 CS_2)는 높은 주파수로 이동을 유발한다. 어떠한 특별한 용질-용매 상호작용(σ_S) (전하 이동, 쌍극자-쌍극자 혹은 수소 결합)이 없는 내부 표준과 용질은 유사한 비등방성 이동을 보여 주어 σ_A가 δ 값에서 상쇄된다. 그러나 흔하지는 않지만 용매와 용질 분자의 극성 원자단 간의 특별한 상호작용이 존재한다. 그 결과 비등방성 용매는 다른 양성자에 대해서는 다른 효과를 가지고 용질은 내부 표준에 대하여 0.5 ppm까지 실제 이동할 수 있다. 몇 가지 경우에서는 단지 작용기 근처의 어떤 양성자들만이 영향을 입는다. 이러한 양상은 예를 들어 우연히 중첩된 경우를 바꾸어 스펙트럼을 분석하는 데 유용하다. 접시 모양과 막대 모양 용매는 서로 다른 방향으로 이동을 일으키기 때문에 연구자는 공명의 상대적 이동에 대한 약간의 제어를 가진다.

방향족 분자에 의하여 야기된 화학 이동의 변경은 **방향족 용매유발이동**(*Aromatic Solvent-Induced Shift*)이라 부르며 ASIS라는 약자를 쓴다. $CDCl_3$에서의 공명 위치에 대한 방향족 용매에서의 화학 이동은 식 3-8을 사용하여 비교한다.

$$\Delta_{C_6H_6}^{CDCl_3} = \delta_{CDCl_3} - \delta_{C_6H_6} \qquad \textbf{(3-8)}$$

이동은 보통 낮은 주파수(높은 자장)로 일어나기 때문에 Δ는 보통 양이다. 흔히 극성 원자단에 가까울수록 비등방성 이동이 가장 크지만 용매의 유전상수에 지배되는 전기장 효과와 차별할 수 있다.

수소 결합 같은 용매와 용질 간의 특수한 상호작용은 매우 큰 효과를 줄 수 있다(σ_S). 그것이 극성 작용기 주위의 용매 분자의 시간 평균된 뭉치(cluster)에 의하여 초래한 ASIS인지 혹은 1:1 용질-용매 전하이동 복합체에 의한 것인지는 알려져 있지 않다. 후자의 경우 ASIS는 σ_A보다는 σ_s로 분류하는 것이 더 타당하다.

Buckingham, Schaefer 및 Schneider는 용매 이동의 초기 연구에서 용질 메테인에 관하여 검토하였다. 이 분자에 대해서 σ_E와 σ_S는 영이고 σ_B는 계산을 하거나 혹은 내부 표준을 사용하여 상쇄할 수 있다. 따라서 단지 σ_W와 σ_A만이 용질 화학 이동에 영향을 줄

표 3-2 용매 함수로서의 메틸 화학 이동 (δ)

용매	ϵ	v_{10}	v_8	v_{13}
사이클로헥센	2.02	0.855	1.01	1.12
CH_2Cl_2	9.1	0.852	1.07	1.20

것이다. 저자들은 주어진 용매에서의 화학 이동과 기체 상태에서의 화학 이동 차이 대 비등점에서의 용매의 기화열을 도시하였다. 후자의 양은 반데르발스 상호작용에 대한 척도로 택하였다. 네오펜테인, 사이클로펜테인, 헥세인, 사이클로헥세인, 2-뷰텐 계열, 에틸 에터, 아세톤, $SiCl_4$ 및 $SnCl_4$를 포함하여 12개 이상의 용매는 작은 음의 기울기를 가지는 직선 상에 놓였다. 기체 상태의 메테인으로부터 높은 주파수(낮은 자장)로의 이동은 주로 원자 편극성의 함수로 0.13(네오펜테인)에서 0.32 ppm ($SnCl_4$)까지의 범위에 달하였다. ΔH_v의 일차적 관계는 이러한 이동이 단독적으로 σ_W에만 기인한다는 것을 의미한다. 이러한 선 위에는 접시 모양의 방향족 분자, 벤젠, 톨루엔, 클로로벤젠이 있으며 마찬가지로 나이트로기가 비등방성 납작 타원체로 작용하는 나이트로메테인과 나이트로에테인이 존재한다. 선 아래는 막대 모양 분자, 아세토나이트릴, 메틸아세틸렌, 다이메틸아세틸렌, 뷰타다이아인 및 이황화 탄소가 존재한다. $\Delta\nu$-vs.-ΔH_v 선으로부터의 이탈은 비극성 등방성 메테인 분자가 용매와 직접적인 σ_S 상호작용을 가지지 않기 때문에 진짜 비등방성 이동(σ_A)에 의한 것이다. 선으로부터 가장 큰 위 방향 변위는 나이트로벤젠(0.72 ppm)이고 가장 큰 아래 방향 변위는 NC—C=C—CN (0.53 ppm)이었다.

분자 **3-25**는 전기장 효과의 흥미있는 예를 제공한다. 표 3-2는 사이클로헥세인(ϵ =

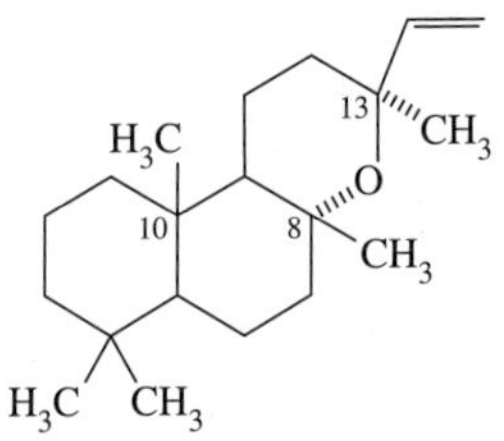

3-25

2.02)과 다이클로로메테인($\epsilon = 9.1$)에서의 C-8, C-10 및 C-13 위치에 있는 메틸기들의 공명 위치를 포함한다. 이러한 용매는 낮은 σ_A 효과에 대하여 선택하였고 σ_W와 σ_B는 내부 표준을 사용하여 효과를 감소시켰다. 에터 연결에 근접한 메틸기들은(C-8, C-13) 전기장 효과에 의하여 0.07 ppm 높은 주파수로 이동하였다. 전기장이 거리에 따라 급격히 감소하기 때문에 C-10 메틸기의 공명은 이동이 없거나 혹은 거의 없었다.

N,*N*-Dimethylformaldehyde (**3-26**)의 동등하지 않은 메틸기들의 상대적인 화학적

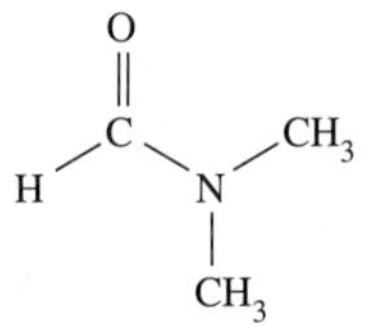

3-26

이동에서 큰 ASIS가 나타난다. 두 메틸 피크 간의 거리는 $CHCl_3$를 벤젠으로 바꿈으로써 1.7 ppm까지로 증가한다. 흥미롭게도 낮은 주파수 피크가 거의 모든 이동을 초래한다. 이러한 관찰은 하나의 메틸기가 벤젠 고리 위에 위치하고 나머지 하나의 메틸기는 고리로부터 멀어지는 방향으로 위치하는 짧은 수명의 1:1 용매-용질 착물의 용어로 설명한다. 사이클로헥산온과 벤젠 간의 1:1 착물의 모델은 2,6-수직 방향 양성자(벤젠 고리 위에 위치함)의 낮은 주파수로 2,6-수평 방향 양성자(효과가 없는 각도 $\theta = 55°44'$ 지역 근처에 있는)의 무시할 만한 이동을 정당화하기 위하여 사용되었다. 이러한 이동은 역시 시간 평균화된 용매 뭉치라는 용어로 설명되었었다. 이것은 짧은 수명의 1:1 착물을 이용하지 않고도 같은 효과를 생성한다.

동위원소 효과(Isotope Effect). 분자 내의 동위원소 교환은 이웃 핵의 화학 이동을 변하게 해줄 수 있다. 톨루엔의 메틸기는 톨루엔-α-d_1 해당 양성자보다 0.015 ± 0.002 ppm 높은 주파수를 가진다. 사이클로헥세인의 양성자는 사이클로헥세인-d_{11}의 단 하나의 양성자보다 0.057 ppm 높은 주파수이다. 이 효과는 ^{19}F 같은 다른 핵에 대해서는 크지만 거리에 따라 급격히 감소한다. 동위원소 이동은 H와 D계 사이의 영점 진동에너지 차이로부터 발생한다. 1,4-Dioxane의 고리 전도를 연구하는 데 차별 동위원소 효과가 사용되었다(식 3-9).

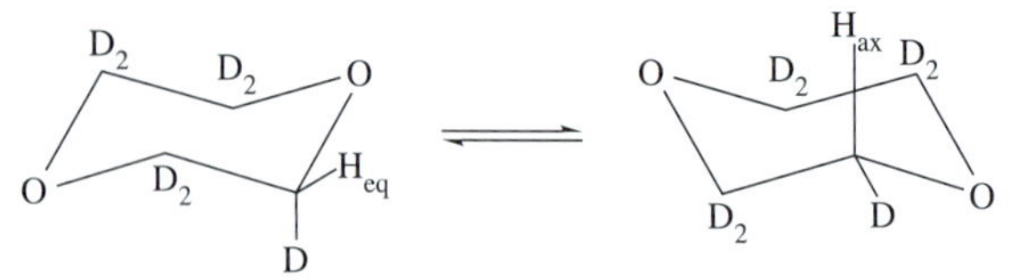

(3-9)

중수소화가 되지 않은 다이옥세인(dioxane)에서 H_{eq}와 H_{ax}는 우연하게도 같은 화학 이동(연구한 자장에서)을 가져 저온(2-8절과 5-2절)에서도 구별할 수가 없다. 1,4-Dioxane-d_7에서(판매용 1,4-dioxane-d_8의 불순물) H_{ax}와 H_{eq}는 낮은 주파수로 동위원소 이동을 보여 준다. 그러나 H_{ax}는 약간 더 이동한다. 그 결과로 수직 방향과 수평 방향 양성자는 비중수소화된 물질에 비하여 낮은 온도에서 분리된 공명을 준다. 염소 동위원소 효과 때문에 클로로폼은 내부 고정용 혹은 약 9.4 T 이상의 자장에서 분해능 표준물질로서는 형편없는 물질이다. 높은 분해능에서는 클로로폼 양성자 공명은 CH(^{35}Cl)(^{37}Cl)$_2$, CH(^{35}Cl)$_2$(^{37}Cl), CH(^{35}Cl)$_3$와 CH(^{37}Cl)$_3$로 인하여 사이가 촘촘한 몇 개의 피크로 나타난다.

3-4 탄소 이동에 영향을 주는 요인

유기 화합물에서 탄소는 정의에 필요한 원소이지만 그것의 주요 핵종(^{12}C)은 영의 스핀을 가진다. 1960년 후반의 펄스파 푸리에 변환의 등장은 낮은 존재율 핵종 ^{13}C (1.11%)의 검토를 실제적인 분광학적 기술로 만들어 주었다. 단 하나의 분자 내에서 두 개의 이웃한 ^{13}C 핵종이 존재하는 낮은 확률[$(0.0111)^2 = 0.0001$, 즉 0.01%]은 탄소-탄소 짝지음으로부터의 복잡성을 제거해 준다. 짝풀림 기술에 의해 탄소-수소 짝지음이 제거될 때, 스펙트럼은 스핀-스핀 짝지음이 본질적으로 없어지고 각 개별적 유형의 탄소에 대하여 하나의 단일선이 생성된다. 분석은 ^{1}H 스펙트럼보다 ^{13}C 스펙트럼이 더 간단하다. 그러나 양성자보다 탄소는 훨씬 큰 범위의 이완시간을 가지는 이유와 짝풀림 자장이 세기와 섭동하는 이유로 적분은 덜 신뢰가 간다(5장). ^{13}C 화학 이동에 관한 해석은 그럼에도 불구하고 수월하고 자주 양성자 이동보다 유용하다.

그림 3-1b에서 보듯이 핵 주위의 전자구름의 순환으로 발생하는 비자기성 가림(σ^d)은 양성자 화학 이동의 원인이 된다. 자유전자 순환에 대한 방해는 **상자기성 가리움**(*paramagnetic shielding*)(σ^P)이라 부르는 부수적 메커니즘을 생성한다. 비록 s 전자는 자유스럽게 순환하지만 2p 전자는 자유순환을 방해할 수 있는 각운동량을 가진다. σ^P가 σ^d를 감소시키기는 역할을 하기 때문에 이 두 메커니즘은 반대 부호를 가진다. 양성자는 s 전자(각운동량이 없는)로만 둘러싸고 있고 그 결과 반자기성 가리움만을 보여 준다. 탄소 핵(마찬가지로 다른 핵종의 대부분도)은 부수적으로 p 전자가 둘러싸고 있어서 두 형태 모두의 가리움을 보여 준다. 이러한 맥락에서 **상자기성**(*paramagnetic*)이라는 용어는 짝짓지 않은 전자를 가지는 분자를 서술하는 데 통상 사용하는 것과 혼동하지 말아야 한다. 몇 저자들은 닫힌 껍질 분자 내의 p 전자에 의한 핵종의 가리움을 **이차 상자기성 효과**(*second-order paramagnetic effect*)라 불러 짝짓지 않은 전자와 연관된 현상에 먼저 자리를 양보한다.

상자기성 성분은 매우 클 수가 있다. 양성자에 대한 화학 이동 범위는 몇 ppm 정도뿐인 반면에 상자기성 이동은 다른 핵종에서는 수백 혹은 더 나가서 수천 ppm의 범위로 확장할 수 있다. 정성적으로 각운동량은 들뜬 전자 상태의 π 결합으로부터 생길 수 있다. 핵 주위의 전자 밀도가 증가할 때 그 효과는 더 크다. Ramsay, Karplus와 Pople에 의하여 완성된 간단한 실험 관계식 3-10에 이러한 세 가지 고려할 점을 모았다.

$$\sigma^{\mathrm{p}} \propto -\frac{1}{\Delta E} < r^{-3} > \Sigma Q_{ij} \qquad \textbf{(3-10)}$$

ΔE는 많은 ^{13}C와 ^{15}N 핵에 대한 $n \rightarrow \pi^*$ 전이 같은 어떤 전자 전이의 평균 들뜸 에너지이다. 반경 항목 $<r^{-3}>$은 2p 전자(탄소 같은 2주기 원소들의)의 핵으로부터의 평균 거리를 포함한다. 이 항목은 전자 밀도의 척도 역할을 한다. 마지막으로 $\sum Q_{ij}$는 탄소의 π 결합을 대표한다. 식에서의 음의 부호는 상자기성 가리움이 σ^{d}로부터의 반대 방향에 있음을 의미한다.

구조 변화는 식의 세 성분 모두에 영향을 줄 수 있다. 식 3-10에서 ΔE의 양은 바닥 상태와 어떤 들뜬 상태 간의 가중 평균 에너지 차이를 대표한다. 대칭의 고려 때문에 $\pi \rightarrow \pi^*$ 전이는 흔히 제외된다. 낮은 자리 들뜬 상태(작은 ΔE)는 ΔE가 분모에 있기 때문에 가장 큰 기여를 한다. 알케인 같은 포화 분자는 전형적으로 낮은 자리의 들뜬 상태를 가지지 않기(따라서 큰 ΔE를 가짐) 때문에 σ^{P}는 작고 알케인 탄소 공명은 매우 낮은 주파수(높은 자장)에서 발견된다(상자기성 가리움은 높은 주파수로 이동시키고 반면 반자기성 가리움은 낮은 주파수를 초래한다는 점을 유의하라). 비슷하게 지방족 아민에서의 질소 원자와 지방족 에터에서의 산소 원자는 낮은 자리의 들뜬 상태를 가지지 않아서 그들의 ^{15}N과 ^{17}O 공명 역시 낮은 주파수에서 발견된다. 카보닐 탄소, C$=$O는 상자기성 흐름을 발생시키는 산소 고립 전자쌍으로부터 반결합 π 오비탈로의 이동을 포함하는 낮은 자리 들뜸 상태를 가진다. 이러한 $n \rightarrow \pi^*$ 전이는 높은 주파수로의 큰 이동을 초래하여 TMS의 영으로부터 크게 220 ppm으로의 이동이 카보닐기의 특징이 된다. 탄소양이온 R_3C^+에 대하여 높은 주파수로 더 큰 이동, 즉 δ 335가 관찰되었다.

식 3-10에서의 반경 항목은 양성자 화학 이동에 대한 극성 효과에 필적하는 전자 밀도에 관련된 효과를 초래한다. 상자기성 가리움은 p 전자가 핵에 근접할 때 커진다. 따라서 전자를 주거나 끄는 치환체는 상자기성 이동에 영향을 준다. 전자 주기는 전자 간의 척력을 증가시켜 r의 증가로 완화시킨다. 그러면 상자기성 가리움은 감소하여 낮은 주파수(높은 자장)로의 이동을 초래한다. 비슷하게 전자의 끌림은 전자가 핵에 근접하게 이동하는 것을 허용하여 상자기성 가리움을 증가시키고 높은 주파수로의 이동을 초래한다. 그래서 전자를 끄는 원자를 탄소 원자에 부착함으로써 다음 계열에서와 같이 점차 높은 주파수 이동을 초래한다. CH_3Cl(δ 25), CH_2Cl_2(δ 54), $CHCl_3$(δ 78), 및 CCl_4(δ 97). 이러한 상황은 정성적으로 양성자의 경우와 비슷하지만 이동이 상자기성 항목에서 오기 때문에 숫자는 훨씬 크다. 그러나 치환 효과는 이 두 경우 모두에서 일반적으로 탄소에 부착한 원자단의 전기음성도를 따른다.

전기음성도는 핵의 전자를 끄는 능력에 대한 척도이다. 산소 같은 높은 전기음성도를 가지는 원소는 탄소보다 p 전자를 더 끌어 r 값을 감소시킨다. 따라서 ^{17}O 이동은 ^{13}C 이동보다 더 크다. 지방족 에터의 ^{17}O 이동 대 동족계열 알케인의 ^{13}C 이동을 도시하면 약 3의 기울기로 직선이 된다. 이러한 직선관계는 산소와 탄소 화학 이동은 같은 구조 요인에 대하여 예민하고 기울기는 산소의 2p 전자가 핵에 더 근접하기 때문에 산소가 이러한 요인에 더 예민하다는 것을 의미한다.

식 3-10에서의 세 번째 요인인 $\sum Q_{ij}$는 전하 밀도와 결합 차수와 관련되어 있으며 다중결합의 척도로 고려할 수 있다. 다중결합의 정도가 클수록 높은 주파수(낮은 자장)로의 이동이 더 커진다. 이러한 항목은 다음 계열에 대한 이론적 근거를 공급한다. 에테인(δ 6), 에텐(δ 123)과 알렌의 중앙에 위치한 sp 혼성 탄소(δ 214). 아렌(arene) 이동은 알케인기(벤젠, δ 129)와 유사하다. 탄소 화학 이동에 대한 반자기 비등방성의 효과는 양성자에 대한 효과의 크기에서 비슷하지만 탄소 이동 범위와 관련해서는 작다. 알카인의 화학 이동은 이러한 양식을 따르지 않고 중간적인 위치를(아세틸렌의 경우 δ 72) 차지한다. 그 이유는 직선 구조가 C≡C 축을 중심으로 영의 각운동량을 가지기 때문이다. 수소 이외의 대부분 원소의 화학 이동에 관한 해석은 식 3-10의 세 가지 요소를 분석함으로써 성취한다: 어떤 들뜸 상태의 접근성, p 전자의 거리, 다중결합. 탄소에 대해서는 알케인, 알켄, 아렌, 알카인 및 카보닐기의 이동과 전자 주기와 전자 끄는 원자단의 효과는 이러한 방식으로 해석할 수 있다. 예외는 있다. 즉, 중원자 효과는 가장 특출하다. 계열 CH_3Br(δ 10), CH_2Br_2(δ 22), $CHBr_3$(δ 12) 및 CBr_4(δ −29)는 염소의 유사한 계열과 달리 전기음성도에 기초한 어떤 설명도 가능하지 않다. 아이오딘의 같은 계열은 단조적으로 낮은 주파수 방향이 되어(CI_4에 대하여 δ −290) 염소의 계열과 반대가 된다. 이러한 소위 중원자 효과는 **스핀-궤도 짝지음**(*spin-orbit coupling*)으로부터의 각운동량이라는 새로운 원천에 기인한다. 이러한 비정상적인 낮은 주파수(높은 자장)로의 이동은 수소 이외의 핵이 중원자 치환체를 가질 때 예측할 수 있다.

3-5 탄소 화학 이동과 구조

그림 3-11은 ^{13}C 화학 이동의 일반적인 범위를 보여 준다.

3-5a 포화 지방족

비고리 알케인. 낮은 자리 들뜬 상태와 π 결합의 결핍은 상자기성 가림을 최소화하고 알케인 화학 이동을 매우 낮은 주파수(높은 자장)에 위치하게 한다. 메테인 그 자체는 δ −2.5에서 공명한다. 에테인(CH_3CH_3), 프로페인($CH_3CH_2CH_3$)과 아이소뷰테인[$(CH_3)_3CH$] 계열은 메틸, 메틸렌, 메타인 계열에서의 양성자 이동 경향과 비슷하게 한결 같은 경향으로 높은 주파수로 이동한다(δ 5.7, 16.1, 25.2). H를 CH_3로 치환하면 부착된 탄소의 화학 이동에 약 9 ppm을 더해 준다. 이 효과는 포화된 CH_2, CH 혹은 C에 의한 치환에 대해서도 비슷하다. 더해진 메틸기가 직접적으로 공명하는 탄소에 부착되었기 때문에 이동은 **α 효과**(α *effect*) (**3-27**)라고 부른다. 이 효과는 H를 탄소로 치환한 것으로 제한되

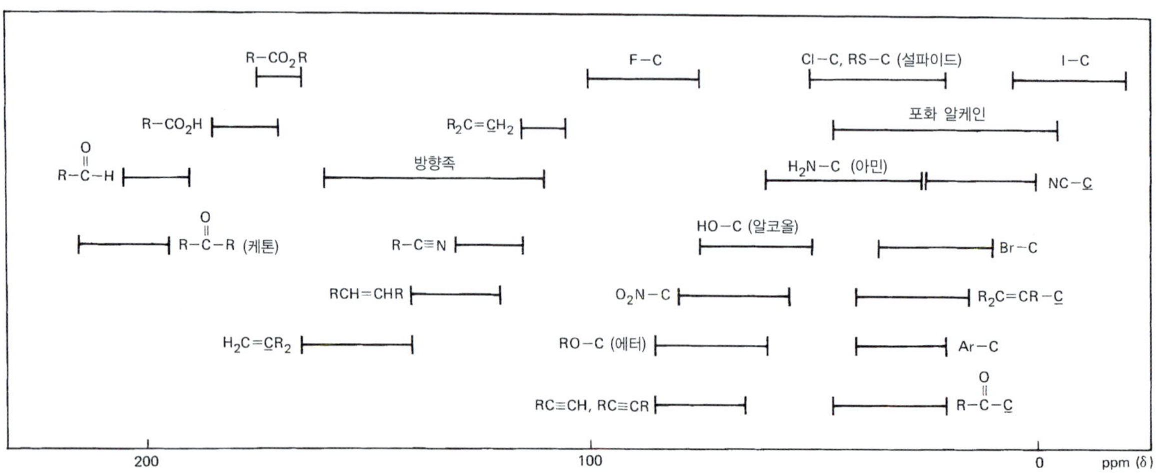

그림 3-11 흔한 구조 단위에 대한 탄소 화학 이동 범위. C 기호는 메틸, 메틸렌, 메타인 혹은 사차 탄소를 표시하고, R는 포화된 알킬기를 표시한다. 표시된 범위는 공통 예들에 대한 것이다. 실제 범위는 더 클 수가 있다.

α 효과

3-27

β 효과

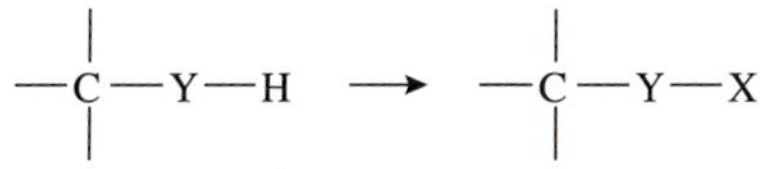

3-28

지 않는다. 공명하고 있는 탄소 원자의 수소를 치환하는 어떠한 원자단 X는 X의 전기음성도에 주로 의존하는 상당히 일정한 이동을 초래한다.

β 위치(**3-28**)에서 수소를 CH_3로 치환하면(혹은 CH_2, CH, 혹은 C로 치환) 약 + 9 ppm의 일정한 이동을 초래한다. 따라서 펜테인의 중앙 탄소는 두 개의 메틸렌기의 α

γ 효과

3-29

효과와 두 개의 메틸기의 β 효과(**3-28**)에 의하여 δ 34.7로 이동한다. γ 수소를 (**3-29**)에서 CH_3로 치환하면(혹은 CH_2, CH, 혹은 C로 치환) 약 −2.5 ppm의 이동(낮은 주파수로 이동 혹은 높은 장으로 이동)을 초래한다. α와 β 효과와 달리 이러한 **γ 효과**(*γ effect*)는 중요한 입체화학적 성분을 가진다. α, β와 γ 효과 때문에 알케인 화학 이동 범위는 비교적 크다. 알케인에서의 메틸 공명은 β 치환체 개수에 따라 전형적으로 δ 5~20에서 발견할 수 있다. 메틸렌은 δ 15-35에서, 메타인은 δ 25~45에서 발견할 수 있다.

탄소-13 화학 이동은 이동을 쉽게 측정할 수 있고 잘 정의된 치환체 효과를 가지는 경향 때문에 탄소-13 화학 이동 그 자체를 편안히 실험적 분석에 의존할 수 있다. 포화된 비고리 탄화수소에 대해 Grant는 식 3-11을 화학 이동의 실험적 척도로 개발하였다.

$$\delta = -2.5 + \Sigma A_i n_i \qquad \textbf{(3-11)}$$

어떠한 공명하는 탄소에 대해서도 분자 내의 서로 다른 탄소에 관한 치환 매개변수 A_i를 다섯 결합 거리까지는 메테인의 화학 이동값(δ −2.5)에 더해 준다. 탄소(CH_3, CH_2, CH와 C 어느 것이라도)에 대한 상이한 치환체 매개변수로 공명하는 탄소에 α(9.1), β(9.4), γ(-2.5), δ(0.3), ϵ(0.1)가 존재한다. 처음 세 숫자에 대해서는 이미 언급하였다. 만일 2개 이상의 α 탄소가 존재한다면 치환체 매개변수를 적절한 숫자 n_i로 곱하고 다른 위치에서의 다중 치환에 대해서도 비슷한 인자를 적용한다. 그림 3-12는 펜테인의 각 탄소에 대한 결과를 보여 준다. 메틸 화학 이동은 메테인의 이동값(−2.5)에 단일 α, β, γ 및 δ 탄소로부터의 기여값을 더하여 계산한다. 따라서 2-탄소의 이동은 두 개의 α 탄소, 한 개의 β 탄소, 한 개의 γ 탄소의 기여값을 더하여 계산한다. 스펙트럼 배정에 대한 신뢰성이 있는 방법으로서 보통 관찰된 이동은 0.3 ppm 이내로 계산된다.

그러나 곤란한 문제가 존재한다. 식 3-11은 곧은 사슬에 대해서만 엄격히 적용되기 때문에 만일 곁가지가 존재한다면 수정을 가해야만 한다. 메틸기에 이웃한 삼차 탄소(CH)가 존재한다면 −1.1을 더하고 이웃한 사차 탄소에 대해서 −3.4를 더하여 메틸기의 공명

α β γ δ
C$H_3CH_2CH_2CH_2CH_3$ $\delta = -2.5 + 9.1 + 9.4 - 2.5 + 0.3 = 13.8$ (관찰값 13.9)

α α β γ
CH_3**C**$H_2CH_2CH_2CH_3$ $\delta = -2.5 + (9.1 \times 2) + 9.4 - 2.5 = 22.6$ (관찰값 22.8)

β α α β
CH_3CH_2**C**$H_2CH_2CH_3$ $\delta = -2.5 + (9.1 \times 2) + (9.4 \times 2) = 34.5$ (관찰값 34.7)

그림 3-12 펜테인의 ^{13}C 화학 이동의 계산

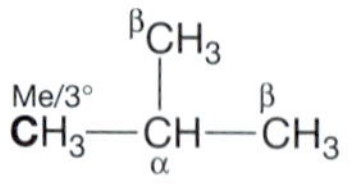

$\delta = -2.5 + 9.1 + (9.4 \times 2) - 1.1 = 24.3$ (관찰값 24.3)

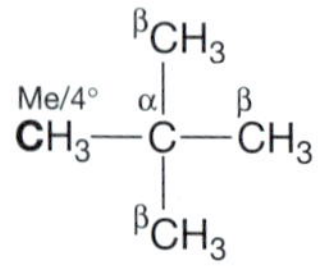

$\delta = -2.5 + 9.1 + (9.4 \times 3) - 3.4 = 31.4$ (관찰값 31.7)

그림 3-13 2-Methylpropane(아이소뷰테인)과 2,2-dimethylpropane(네오펜테인)에서 표시한 탄소의 ^{13}C 화학 이동의 계산

위치를 수정한다. 메틸렌 탄소는 이웃한 삼차와 사차 탄소들에 대하여 각각 −2.5와 −7.2의 수정값을 가진다. 메타인 탄소는 이웃한 이차, 삼차, 사차 탄소에 대하여 각각 −3.7, −9.5 및 −1.5의 수정값을 가진다. 마지막으로 사차 탄소는 이웃한 일차와 이차 탄소에 대하여 각각 −1.5와 −8.4의 수정값을 가진다. 이웃한 삼차와 사차 탄소에 관한 수정은 의심할 바 없이 심각하지만 정확하게 알려져 있지 않다. 예를 들면 아이소뷰테인(그림 3-13의 첫 번째 계산)은 사차 탄소에 이웃하고 있다. 한 개 α 탄소, 두 개 β 탄소의 기여값에 메틸기가 삼차 중심에 이웃하기 때문에 −1.1의 수정값을 더하여 계산한다. 그림 3-13(네오펜테인에 대하여)의 두 번째 계산에서는 메틸기가 사차 중심에 이웃하고 있다. 탄소 치환체의 γ 효과가 음의 값(−2.5)이라는 점은 주목할 만하다. γ 탄소는 회전하는 탄소에 대하여 고우시(gauche) 형태이거나 안티(anti)일 수가 있으며 회전이성질체의 비율은 분자에 따라서 변한다. −2.5의 값은 열린 사슬 회전이성질체의 가중 평균값이고 모든 상황에서 정확한 구실을 하지는 않는다. 순수한 **γ-안티 효과**(*γ-anti effect*)에 대해서는 이동은 약 +1이고 순수한 **γ 고우시 효과**(*γ-gauche effect*)에서는 이동이 약 −6이 된다. 따라서 Grant에 의하여 측정된 평균값 −2.5는 이 두 회전이성질체의 혼합을 확실하게 의미한다. 평균 혼합값으로부터 비정상적으로 큰 편차를 가지는 탄화수소에 대해서는 식 3-11은 매우 벗어난 결과를 초래한다. α와 β 효과는 고정된 기하 구조에 의하여 정해졌으며 입체화학 성분을 전혀 가지고 있지 않다.

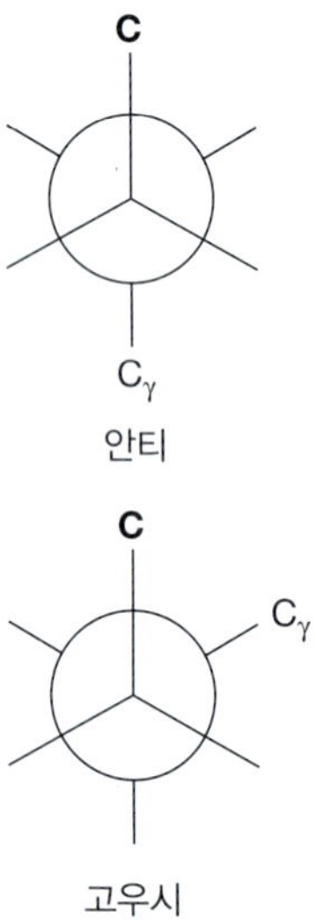

그림 3-14 뷰테인 조각에서의 안티와 고우시 기하 구조

고리형 알케인. δ −2.6의 공명 위치로 사이클로프로페인은 탄화수소 중 가장 낮은 주파수를 가진다. 사이클로뷰테인은 δ 23.3에서 공명을 하고, 나머지 사이클로알케인은 일반적으로 사이클로헥세인의 δ 27.7 값에 대하여 2 ppm 이내에서 공명한다. 사이클로헥세인의 고정된 입체화학은 공명하는 탄소로부터의 거리를 포함하여 치환체의 수직 방향과 수평 방향 본성에 좌우되는 새로운 세트의 실험적 매개변수를 필요로 한다. 표 3-3은 사이클로헥세인의 값(δ 27.7)에 더해지는 메틸기 치환에 대한 Grant의 매개변수를 열거한다. γ-수직 방향의 메틸에 대한 치환체 매개변수는 큰 음수(−5.4)로서 섭동하는 탄소와 공명하는 탄소 간의 순수한 고우시 입체화학을 반영한다. γ-수평 방향 원자단은 γ-안티 효과를 대표하고 있으며 이 경우에는 섭동이 거의 없다. 곁가지에 대해서는 다시 수정이 필요하다. 두 개의 α-메틸이 같은자리이면(둘 다 공명하는 탄소에 부착되면) 수정값은 −3.4이고, 두 개 β-메틸이 같은자리이며 수정값은 −1.2이다. 1,1,3-Trimethylcyclohexane(**3-30**)의 C_2에 대한 계산된 공명 위치는 $27.7 + 5.2 + (8.9 \times 2) - 1.2 = 49.5$이다(관찰된 값은 49.9). 이웃한 한 쌍의 두 수평 방향의 메틸기는 공명하는 탄소에 대하여 각각 α와 β가 되어 수정값 −2.3을 필요로 하고 비슷한 수직 방향 수평 방향 이웃자리 메틸기는 −3.1의 수정값을 요구한다.

표 3-3 사이클로헥세인의 메틸 치환에 대한 치환체 매개변수

입체화학	α	β	γ	δ
수평 방향	5.6	8.9	0.0	−0.3
수직 방향	1.1	5.2	−5.4	−0.1

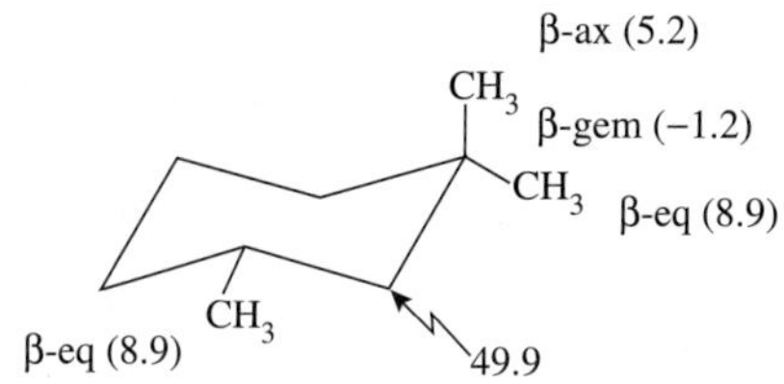

3-30

작용기화된 알케인. 탄소에 부착된 하나의 수소 원자를 헤테로원자나 하나의 불포화된 원자단으로 치환하면 반경 항목에 대한 극성 효과 때문에 보통 높은 주파수(낮은 자장)로의 이동이 초래된다. 이 효과는 ^{1}H 화학 이동에 대한 구조적 변화와 같이 유사하지만 다른 메커니즘으로부터 파생한다. 강하게 전자를 끄는 원자단은 큰 양수의 α 효과를 가진다. 할로젠 계열 CH_3X에서는 메틸 화학 이동은 X=플루오린에 대하여 δ 75.4, 염소에 대해서는 25.1, 브로민에 대해서는 10.2이고 아이오딘에 대해서는 −20.6이다. 다중 치환은 더 큰 효과를 초래하여 $CHCl_3$에 대해서는 δ 77.7이 된다. 아이오딘 혹은 브로민 같은 중원소의 α 효과가 스핀-궤도 메커니즘에 의하여 영향을 받아 따라서 단순한 전기음성도 순서를 따르지 않는다는 점을 상기하라. 탄화수소에서의 α 할로젠 효과에 대한 일반적인 범위는 단순한 CH_3X 계에 대하여 앞서 주어진 값들로부터 CH_2X와 CHX 계에 대해서는 약 25 ppm 정도 높은 주파수(낮은 자장)로 확장한다. 이유는 불특정의 탄화수소 조각들의 α와 β 효과가 높은 주파수로의 이동에 기여하기 때문이다.

메탄올(CH_3OH)은 δ 49.2에서 공명하고 하이드록시 치환된 탄소의 범위는 δ 49~75가 된다. 다이메틸 에터[$(CH_3)_2O$]는 δ 59.5에서 공명하고 알콕시 치환된 탄소의 범위는 δ 59~80이다. 에터 범위는 각 에터는 유사한 알코올보다 한 개의 여분인 β 효과를 가지기 때문에 알코올로부터 높은 주파수(낮은 자장)로 몇 ppm 이동한다.

질소의 낮은 전기음성도는 아민의 범위를 어느 정도 낮은 주파수(낮은 자장)로 이동시킨다. 메틸아민은 수용액에서 δ 28.3에서 공명하고 아민의 범위는 약 30 ppm 높은 주파수로 확대한다. 아민 범위는 질소가 세 개까지의 치환체를 가질 수 있어 가능한 더 많은 α와 β 효과로 인하여 알코올 범위보다 크다. 다이메틸 설파이드는 δ 19.5에서 공명하고 아세토나이트릴은 δ 1.8에서, 나이트로메테인은 δ 62.2에서 공명하여 싸이오알콕시, 사이아노 및 나이트로 치환의 각각 범위를 약 25 ppm 높은 주파수로 확장한다. 사이아노 치환체에 대한 비정상적인 낮은 주파수 위치는 이 원자단의 원통형 모양과 감소된 각운동량에 관련되어 있다.

하나의 부착된 이중결합은 메틸기에 대하여 단지 작은 효과를 가진다. 트랜스-2-뷰텐(*trans*-$\mathbf{CH_3}$CH═CHCH_3)의 메틸기에 대한 위치는 δ 17.3이고 톨루엔($C_6H_5\mathbf{CH_3}$)의 메틸에 대한 공명 위치는 δ 21.3이다. 이중결합에 부착된 탄소에 대한 범위는 약 15~40이다. 카보닐에 부착된 메틸기는 약간 높은 주파수(낮은 자장)에 있다: 아세톤에 대하여 δ 30.8, 아세트알데하이드에 대하여 δ 31.2가 되어 범위는 δ 30~45가 된다.

알케인 사슬에 헤테로원자 혹은 불포화 도입은 치환체, 공명하는 탄소로부터의 거리(α, β, γ)와 치환체가 말단(**3-31**) 혹은 내부(**3-32**)(표 3-4)에 있는가에 좌우되는 전적으로 새

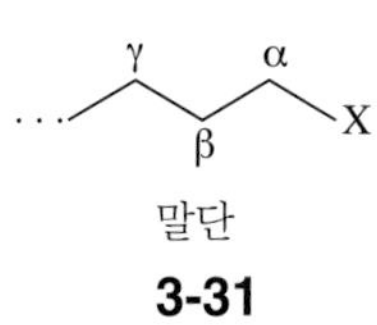

말단

3-31

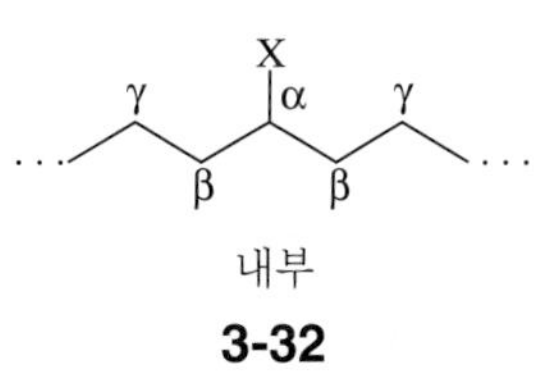

내부

3-32

로운 매개변수 세트를 요구한다. 이러한 숫자는 각각의 위치에서 수소 원자 하나를 원자단 X로 치환한 공명 탄소에 대한 효과를 대표한다. 사이아노, 아세틸레노와 중원자 아이

표 3-4 작용기에 대한 탄소 치환체 매개변수

	말단 X (3-31)			내부 X (3-32)		
X	α	β	γ	α	β	γ
F	68	9	−4	63	6	−4
Cl	31	11	−4	32	10	−4
Br	20	11	−3	25	10	−3
I	−6	11	−1	4	12	−1
OH	48	10	−5	41	8	−5
OR	58	8	−4	51	5	−4
OAc	51	6	−3	45	5	−3
NH_2	29	11	−5	24	10	−5
NR_2	42	6	−3			−3
CN	4	3	−3	1	3	−3
NO_2	63	4		57	4	
$CH{=}CH_2$	20	6	−0.5			−0.5
C_6H_5	23	9	−2	17	7	−2
$C{\equiv}CH$	4.5	5.5	−3.5			−3.5
(C=O)R	30	1	−2	24	1	−2
(C=O)OH	21	3	−2	16	2	−2
(C=O)OR	20	3	−2	17	2	−2
$(C{=}O)NH_2$	22		−0.5	2.5		−0.5

출처: F. W. Wehrli, A. P. Marchand, and S. Wehrli, *Interpretation of Carbon-13 NMR Spectra*, 2nd ed., Chichester, UK: John Wiley & Sons, Ltd., 1988.

오딘을 예외로 하고 α 효과는 주로 치환체의 전기음성도에 의해 정해진다. β 효과가 모두 양이고 일반적으로 작은 크기(6에서 11 ppm)라는 점과 γ 효과가 모두 음이고 일반적으로 작은 크기(−2~−5 ppm)라는 점이 흥미롭다. 비록 상세한 점이 완전히 이해되지는 않지만 단순한 극성 이유가 β와 γ 효과를 지배하지 않는다는 것은 확실하다.

표 3-4에서 주어진 치환 매개변수를 사용하기 위해서는 치환되지 않은 탄화수소의 탄소의 화학 이동에 적당한 값들을 더하여 가장 가까운 ppm 값으로 맞춘다. 그림 3-15에서 보듯이 1,3-dichloropropane의 1-탄소의 화학 이동은 프로페인의 메틸 탄소에 대한 값(16)과 표 3-4에 있는 숫자로부터의 값으로 계산할 수 있다. 사이클로펜탄올의 β 탄소의 화학 이동은 유사하게 사이클로펜테인의 값(27)으로부터 계산할 수 있다.

3-5b 불포화 화합물

하나의 탄소와 하나의 양성자에 대한 반자기성 비등방성의 효과는 비슷한 크기를 가진다. 그러나 더 큰 상자기성 가리움은 탄소에 대하여 이 현상을 상대적으로 중요하지 않게 만든다. 따라서 벤젠(δ 128.4)과 사이클로헥센의 알켄성 탄소(δ 127.3)는 양성자의 경우와 달리 거의 같은 탄소 공명 위치를 가진다. 알켄과 방향족 공명의 전체 범위는 δ 100~170이다.

알켄(alkene). 치환체가 없는 알켄성 탄소($=CH_2$)는 낮은 주파수(높은 자장)에서 공명하

$\overset{\alpha}{Cl}$—**C**$H_2CH_2CH_2$—$\overset{\gamma}{Cl}$ δ = 16 + 31 − 4 = 43 (관찰값 42)

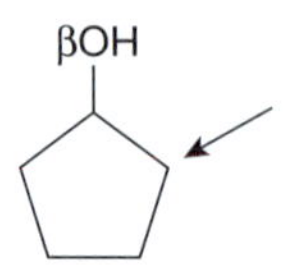

δ = 27 + 8 = 35 (관찰값 34)

그림 3-15 1,3-Dichloropropane과 사이클로펜탄올의 표시된 탄소의 ^{13}C 화학 이동의 계산

여 예를 들면 아이소뷰틸렌 [$(CH_3)_2C{=}CH_2$]은 δ 107.7에서 공명하며 탄화수소에 대하여 δ 104~115의 범위를 가진다. 하나의 치환체를 가지는 알켄성 탄소(=CHR)는 *trans*-2-butene(δ 123.3)의 위치와 같이 δ 120~140 범위에서 공명한다. 마지막으로 이치환 알켄성 탄소(=CRR′)는 아이소뷰틸렌(δ 146.4)에서의 위치와 같이 가장 높은 주파수(δ 140~165)의 범위에서 공명한다. 이중결합의 극성 치환체는 특히 이중결합과 콘쥬게이션을 가지는 것은 공명 위치를 상당히 변하게 할 수 있다. **3-33**과 **3-34** 같은 불포화 케톤은 낮은

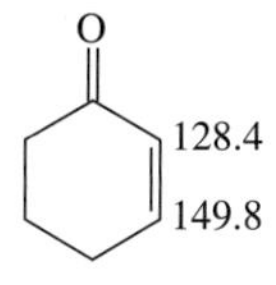

3-33

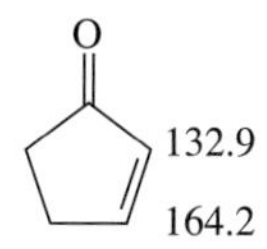

3-34

주파수의 α 공명과 높은 주파수의 β 공명을 가진다. 비고리 분자에서는 이러한 효과가 감소된다. 엔올 에터 같은 것에서의 전자 주기는 이 효과를 반전시킨다. $CH_2{=}CHOCH_3$[δ(α)153.2, δ(β)84.2]. 전자 주기와 끌기는 공명을 통하여 반경 항목을 변하게 한다. 알켄 화학 이동은 에텐(δ 123.3)에 대한 화학 이동에 치환체 매개변수를 가하여 추정할 수 있다. 공명하는 탄소와 같은 이중결합 끝자리에 있는 α, β 및 γ 탄소에 대하여 각각 10.6, 7.2와 −1.5의 증가값을 더한다. 공명하는 탄소와 반대인 이중결합 끝자리에 있는 α′, β′ 및 γ′ 탄소에 대하여 각각 −7.9, −1.8, −1.5의 증대값을 더한다. 만일 두 개의 치환체가 서로 시스이면 −1.1의 증대값을 더한다. 1-뷰텐($CH_3CH_2CH{=}CH_2$)에서의 치환되지 않은 알켄성 탄소의 화학 이동은 123.3 − 7.9 − 1.8 = 113.6으로 계산된다(관찰값 δ 113.3). 그리고 치환된 탄소($CH_3CH_2CH{=}CH_2$)의 화학 이동은 123.3 + 10.6 + 7.2 = 141.1(관찰값, δ 140.2)이다.

알카인(alkyne)과 나이트릴(nitrile). 하나의 수소 치환체를 가지는 하나의 알카인 탄소(≡CH)는 일반적으로 좁은 범위 δ 67~70에서 공명한다. 하나의 탄소 치환체를 가지는 알카인 탄소(≡CR)는 R로부터의 α와 β 효과 때문에 약간 높은 주파수(δ 74~85)에서 공명한다. 콘쥬게이션, 극성 치환체는 전체 범위를 δ 20~90으로 확장한다. 나이트릴은 δ 117~130 범위에서 공명한다(아세토나이트릴은 δ 116.9에서). $n \rightarrow \pi^*$ 전이는 범위를 높은 주파수로 밀어낸다.

방향족(aromatic). 톨루엔(**3-35**)에서와 같이 알킬 치환은 큰 (α) 효과를 입소(ipso) 탄소에 준다. 이 탄소는 부착한 수소가 없기 때문에 그것의 이완 시간은 다른 탄소보다 훨씬 길고 그것의 세기는 보통 낮다. 나이트로(**3-36**) 같은 콘쥬게이션 치환체는 방향족 공명

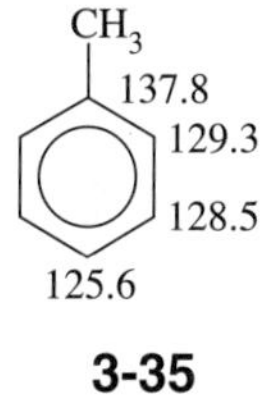

3-35

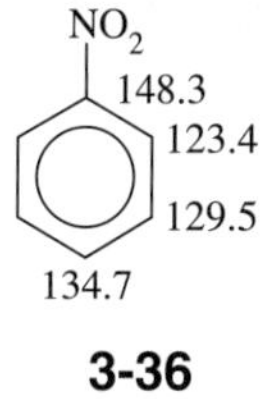

3-36

위치에 강한 섭동을 가져 전통적인 α, β, γ 효과의 복합과 비편재화(**3-19**, **3-20**)를 통한 전자 밀도의 변화로 결과를 준다. 유사한 효과들의 상호작용은 피리딘(**3-37**)과 피롤(**3-38**)의 공명 위치에서 볼 수 있다.

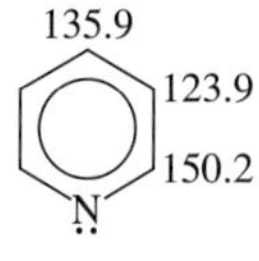

3-37

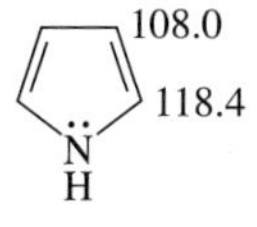

3-38

표 3-5 방향족계에 대한 탄소 치환체 매개변수

X	입소	오쏘	메타	파라
CH_3	8.9	0.7	−0.1	−2.9
CH_2OH	13.3	−0.8	−0.6	−0.4
$CH{=}CH_2$	9.5	−2.0	0.2	−0.5
CN	−19.0	1.4	−1.5	1.4
CO_2CH_3	1.3	−0.5	−0.5	3.5
CHO	9.0	1.2	1.2	6.0
$CO{-}CH_3$	7.9	−0.3	−0.3	2.9
F	35.1	−14.1	1.6	−4.4
Cl	6.4	0.2	1.0	−2.0
Br	−5.4	3.3	2.2	−1.0
I	−32.0	10.2	2.9	1.0
NH_2	19.2	−12.4	1.3	−9.5
OH	26.9	−12.6	1.8	−7.9
OCH_3	30.2	−15.5	0.0	−8.9
SCH_3	10.2	−1.8	0.4	−3.6
NO_2	19.6	−5.3	0.8	6.0

출처: J. B. Stothers, *Carbon*-13 *NMR Spectroscopy*, New York: Academic Press, 1973.

방향족 공명은 벤젠 화학 이동 값(δ 128.4)에 공명하는 탄소에 대한 입소, 오쏘, 메타, 파라인 각 치환체에 대한 증대값을 더하여 실험적으로 계산할 수 있다(표 3-5).

3-5c 카보닐기

카보닐기는 양성자 NMR에서는 직접적으로 표시를 할 수 없기에 탄소 NMR는 이것의 분석에 대한 유일한 정보를 제공한다. 전체 카보닐 화학 이동 범위는 δ 166~220이 되어 $n \rightarrow \pi^*$ 전이의 상자기성 이동 크기에 대한 영향으로 거의 대부분 작용기로부터 멀리 떨어진 높은 주파수의 범위를 가진다. 방향족 입소 탄소와 나이트릴과 같이 알데하이드의 탄소 이외의 카보닐 탄소는 부착된 수소가 없어 이완이 느리고 작은 세기를 가지는 경향이 있다.

알데하이드는 카보닐 범위의 중간 약 δ 190~205에서 공명하여 아세트알데하이드(CH_3CHO)는 δ 199.6에서 공명한다. 카보닐기는 이중결합이다. 페닐 고리와 콘쥬게이션이 된 불포화 알데하이드는 낮은 주파수(높은 자장)로 이동하여 벤즈알데하이드(C_6H_5CHO)는 δ 192.4에서 아크롤레인($CH_2{=}CHCHO$)은 δ 192.2에서 공명한다. 케톤에 대한 치환체의 α, β와 γ 영향은 카보닐 화학 이동에 더해져서 카보닐 범위의 높은 주파수 끝쪽에서 공명를 발견한다. 그것들의 전체 범위는 δ 195~220이며 아세톤에 대해서는 δ 205.1이고 사이클로헥산온(cyclohexanone)에 대해서는 δ 208.8이다. 다시 이웃한 불포화는 공명을 낮은 주파수로 이동시킨다.

카복실 유도체는 범위 δ 155~185에 들어간다. 카복실레이트(CO_2^-), 카복실(CO_2H)과 에스터(CO_2R) 계열에 대해서는 흔히 잘 정의되어 아세트산 소듐(δ 181.5), 아세트산(δ 177.3)과 아세트산 메틸(δ 170.7)의 공명을 가진다. 에스터에 대한 범위는 δ 165~175이고 산에 대한 범위는 δ 170~185이다. 산 염화물은 약간 낮은 주파수(높은 자장) δ 160~170에서 공명하여 염화 아세틸[$CH_3(CO)Cl$]에 대하여 δ 168.6이다. 산 무수물도 유사한 범위를 가진다: δ 165~175가 되어 아세트산 무수물[$CH_3(CO)O(CO)CH_3$]에 대하여 δ 167.7이 된다. 락톤은 에스터 범위와 겹쳐지며 육각고리 락톤은 δ 176.5가 된다. 아마이드도 유사한 범위를 가져 δ 160~175이며, 아세트아마이드[$CH_3(CO)NH_2$]에 대하여

δ 172.7이 된다. 옥심은 δ 145~165의 큰 범위를 가진다. 알렌($R_2C=C=CR_2$)의 중심 탄소는 케톤 범위 내로 들어와서 δ 200~215가 된다. 그러나 바깥쪽 탄소는 훨씬 낮은 주파수 δ 75~95가 된다.

3-5d 실험적 계산을 위한 프로그램

탄소에 대한 실험적 계산의 편이성과 정확성이 일반적인 ^{13}C 화학 이동값을 예측하기 위한 상용 컴퓨터 프로그램을 통하여 추구되어 왔었다.(이 장의 끝에 있는 참고 문헌을 참조) ^1H 계산(3-2e절)과 마찬가지로 결과는 프로그램을 만들 때 사용한 자료만큼만 좋다. 특별한 수정을 감안하지 않은 한 프로그램은 다중 치환의 효과가 가산성이 있다고 가정한다. 회전 입체와 다른 입체 효과 같은 고려하지 않은 혹은 비가산성의 현상은 관찰한 화학 이동값과 계산한 값 사이의 예상치 못한 편차를 초래할 수 있다.

3-6 화학 이동표

이 장의 끝에 있는 참고 문헌으로부터 얻은 대표적 화학 이동이 표 3-6에서 3-10까지 주어져 있다.

표 3-6 메틸과 메틸렌기

	$\delta(^1H)$		$\delta(^{13}C)$			$\delta(^1H)$		$\delta(^{13}C)$	
	CH_2	CH_3	CH_2	CH_3		CH_2	CH_3	CH_2	CH_3
CH_3Li		−0.4		−13.2	$(CH_3)_2NCHO$		2.88		36.0
CH_3CH_3		0.86		5.7			2.97		30.9
$(CH_3)_3CH$		0.89		25.2	CH_3Cl		3.06		25.1
$(CH_3)_4C$		0.94		31.7	$(CH_3)_2O$		3.24		59.5
$(CH_3)_3COH$		1.22		29.4	$(CH_3)_4N^+$		3.33		55.6
$CH_3CH=CH_2$		1.72		18.7	CH_3OH		3.38		49.2
$CH_3C\equiv CH$		1.80		−1.9	$CH_3CO_2CH_3$		3.67		51.0
$(CH_3)_3P=O$		1.93		18.6	$CH_3OC_6H_5$		3.73		54.8
CH_3CN		2.00		0.3	CH_3F		4.27		75.4
$CH_3CO_2CH_3$		2.01		18.7	CH_3NO_2		4.33		57.3
$CH_3(CO)CH_3$		2.07		30.2	$(CH_3CH_2)_2S$	2.49	1.25	26.5	15.8
CH_3CO_2H		2.10		18.6	$CH_3CH_2NH_2$	2.74	1.10	36.9	19.0
$(CH_3)_2S$		2.12		19.5	$CH_3CH_2C_6H_5$	2.92	1.18	29.3	16.8
CH_3I		2.15		−20.6	CH_3CH_2I	3.16	1.86	0.2	23.1
CH_3CHO		2.20		31.2	CH_3CH_2Br	3.37	1.65	28.3	20.3
$(CH_3)_3N$		2.22		47.3	CH_3CH_2Cl	3.47	1.33	39.9	18.7
$CH_3C_6H_5$		2.31		21.3	$(CH_3CH_2)_2O$	3.48	1.20	67.4	17.1
CH_3NH_2		2.42		30.4	CH_3CH_2OH	3.56	1.24	57.3	15.9
$CH_3(SO)CH_3$		2.50		40.1	CH_3CH_2F	4.36	1.24	79.3	14.6
$CH_3(CO)Cl$		2.67		32.7	$CH_3CH_2NO_2$	4.37	1.58	70.4	10.6
CH_3Br		2.69		10.2	$BrCH_3CH_2Br$	3.63		32.4	
$(CH_3)_4P^+$		2.74		11.3	$HOCH_2CH_2OH$	3.72		63.4	
$CH_3(SO_2)CH_3$		2.84		42.6	$ClCH_2CH_2Cl$	3.73		51.7	

표 3-7 포화된 고리계

		^1H	^{13}C			^1H	^{13}C
Cyclopropane		0.22	−2.6	Oxane	(α)	3.52	68.0
Cyclobutane		1.98	23.3	(tetrahydropyran)	(β)	1.51	26.6
Cyclopentane		1.51	26.5		(γ)		23.6
Cyclohexane		1.43	27.7	Pyrrolidine	(α)	2.75	47.4
Cycloheptane		1.53	29.4		(β)	1.59	25.8
Cyclopentanone	(α)	2.06	37.0	Piperidine	(α)	2.74	47.5
	(β)	2.02	22.3		(β)	1.50	27.2
Cyclohexanone	(α)	2.22	40.7		(γ)	1.50	25.5
	(β)	1.8	26.8	Thiirane		2.27	18.9
	(γ)	1.8	24.1	Tetrahydrothiophene	(α)	2.82	31.7
Oxirane		2.54	40.5		(β)	1.93	31.2
Tetrahydrofuran	(α)	3.75	69.1	Sulfolane	(α)	3.00	51.1
	(β)	1.85	26.2		(β)	2.23	22.7
				1,4-Dioxane		3.70	66.5

표 3-8 알켄

		^1H	^{13}C
$CH_2{=}CHCN$	(α)	{5.5~6.4}	107.7
	(β)		137.8
$CH_2{=}CHC_6H_5$	(α)	6.66	112.3
	(β)	5.15, 5.63	135.8
$CH_2{=}CHBr$	(α)	6.4	115.6
	(β)	5.7~6.1	122.1
$CH_2{=}CHCO_2H$	(α)	6.5	128.0
	(β)	5.9~6.5	131.9
$CH_2{=}CH(CO)CH_3$	(α)	{5.8~6.4}	138.5
	(β)		129.3
$CH_2{=}CHO(CO)CH_3$	(α)	7.28	141.7
	(β)	4.56, 4.88	96.4
$CH_2{=}CHOCH_2CH_3$	(α)	6.45	152.9
	(β)	3.6~4.3	84.9
$CH_3{}^4CH{=}{}^3CCH_3{=}{}^2CH{=}{}^1CH_2$	(1)	5.02	
	(2)	6.40	
	(4)	5.70	
$(CH_3)_2C{=}CHCO_2CH_3$	(α)	—	114.8
	(β)	5.62	155.9
Cyclopentene		5.60	130.6
Cyclohexene		5.59	127.2
1,3-Cyclopentadiene		6.42	132.2, 132.8
1,3-Cyclohexadiene		5.78	124.6, 126.1
2-Cyclopentenone	(α)	6.10	132.9
	(β)	7.71	164.2
2-Cyclohexenone	(α)	5.93	128.4
	(β)	6.88	149.8
exo-Methylenecyclohexane	($=CH_2$)	4.55	106.5
	($C=$)	—	149.7
Allene	($=CH_2$)	4.67	74.0
	($=C=$)	—	213.0

표 3-9 방향족

	^1H			^{13}C			
	o	*m*	*p*	*i*	*o*	*m*	*p*
$C_6H_5CH_3$	7.16	7.16	7.16	137.8	129.3	128.5	125.6
$C_6H_5CH{=}CH_2$	7.24	7.24	7.24	138.2	126.7	128.9	128.2
$C_6H_5SCH_3$	7.23	7.23	7.23	138.7	126.7	128.9	124.9
C_6H_5F	6.97	7.25	7.05	163.8	114.6	130.3	124.3
C_6H_5Cl	7.29	7.21	7.23	135.1	128.9	129.7	126.7
C_6H_5Br	7.49	7.14	7.24	123.3	132.0	130.9	127.7
C_6H_5OH	6.77	7.13	6.87	155.6	116.1	130.5	120.8
$C_6H_5OCH_3$	6.84	7.18	6.90	158.9	113.2	128.7	119.8
$C_6H_5O(CO)CH_3$	7.06	7.25	7.25	151.7	122.3	130.0	126.4
$C_6H_5(CO)CH_3$	7.91	7.45	7.45	136.6	128.4	128.4	131.6
$C_6H_5CO_2H$	8.07	7.41	7.47	130.6	130.0	128.5	133.6
$C_6H_5(CO)Cl$	8.10	7.43	7.57	134.5	131.3	129.9	136.1
C_6H_5CN	7.54	7.38	7.57	109.7	130.1	127.2	130.1
$C_6H_5NH_2$	6.52	7.03	7.63	147.9	116.3	130.0	119.2
$C_6H_5NO_2$	8.22	7.48	7.61	148.3	123.4	129.5	134.7

	^1H			^{13}C		
	α	β	기타	α	β	기타
Naphthalene	7.81	7.46	—	128.3	126.1	—
Anthracene	7.91	7.39	8.31	130.3	125.7	132.8
Furan	7.40	6.30	—	142.8	109.8	—
Thiophene	7.19	7.04	—	125.6	127.4	—
Pyrrole	6.68	6.05	—	118.4	108.0	—
Pyridine	8.50	7.06	7.46	150.2	123.9	139.5

표 3-10 카보닐 화합물

	$^1H(CH_3)$	^1H(기타)	$^{13}C(C{=}O)$
$H(CO)OCH_3$	3.79	8.05(HCO)	160.9
$CH_3(CO)Cl$	2.67	–	168.6
$CH_3(CO)OCH_2CH_3$	2.02(CH_3CO)	4.11 (CH_2), 1.24 (CH_3C)	169.5
$CH_3(CO)N(CH_3)_2$	2.10(CH_3CO)	2.98(CH_3N)	169.6
CH_3CO_2H	2.10	1.37(HO)	177.3
$CH_3CO_2^-Na^+$	–	–	181.5
$CH_3(CO)C_6H_5$	2.62	–	196.0
$CH_3(CO)CH{=}CH_2$	2.32	5.8~6.4 ($CH{=}CH_2$)	197.2
$H(CO)CH_3$	2.20	9.80(HCO)	199.6
$CH_3(CO)CH_3$	2.07	–	205.1
2-Cyclohexenone	–	5.93, 6.88 ($CH_\alpha{=}CH_\beta$)	197.1
2-Cyclopentenone	–	6.10, 7.71 ($CH_\alpha{=}CH_\beta$)	208.1
Cyclohexanone	–	1.7~2.5	208.8
Cyclopentanone	–	1.9~2.3	218.1

문제

3-1 하나의 브로민과 두 개의 메톡시 치환체를 가지고 있는 삼치환 벤젠이 3개의 방향족 공명을 δ 6.40, 6.46, 7.41에서 가지고 있다. 어떻게 치환이 되었는가?

3-2 정팔면체 코발트 착물 CoL_6는 3개의 채워져 있는 t_{2g}와 2개의 비어 있는 e_g 분자 오비탈을 가진다. 몇 가지 그러한 착물들의 ^{59}Co 화학 이동은 자외선/가시광선 스펙트럼에서의 첫 번째 흡수 파장(가장 긴 파장)에 대하여 직선이다. 이러한 직선 성질을 가리움에 대한 Ramsey 식으로 해석하시오.

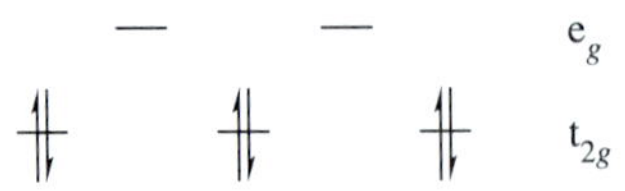

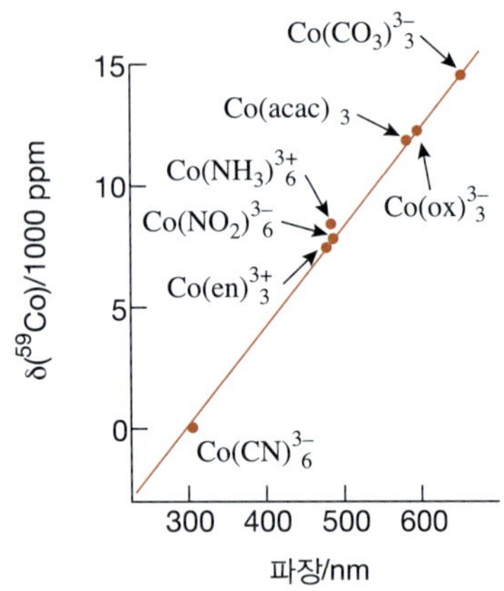

3-3 다음 분자에서의 모든 탄소 원자에 대한 예상되는 ^{13}C 공명 위치를 계산하시오. α와 β 효과는 무시하시오.

(a) $CH_3CH_2CH(CH_3)CH(CH_3)_2$ **(b)** $ICH_2CH_2CH_2Br$
(c) $CH_3CH_2CH(NO_2)CH_3$ **(d)** $(CH_3)_3CCN$

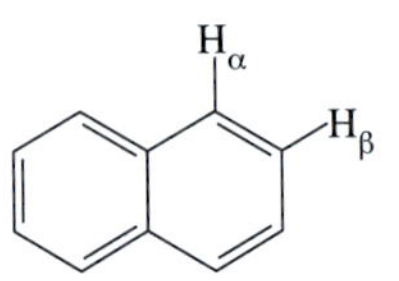

3-4 나프탈렌의 α와 β 양성자 중 어느 것이 높은 주파수에서 공명할까? 그 이유는 무엇일까? 두 공명 위치를 벤젠의 위치와 비교하시오.

3-5 $CDCl_3$에서 묽은 페놀의 —OH 양성자 공명은 δ 5.80에서 발견된다. $CDCl_3$에서 묽은 2-나이트로페놀은 δ 10.67에서 발견된다. 설명하시오.

3-6 **(a)**~**(g)** 부분에서 보여 주는 ^1H (300 MHz) 스펙트럼과 ^{13}C (75 MHz) 스펙트럼을 보여 주는 화합물의 구조를 구하시오. ^{13}C 스펙트럼에서의 δ 78 위치의 1 : 1 : 1 삼중선은 용매 $CDCl_3$ [(f) 이외 모든 경우에 사용됨]로부터 유래한다.

(a) $C_4H_6O_2$

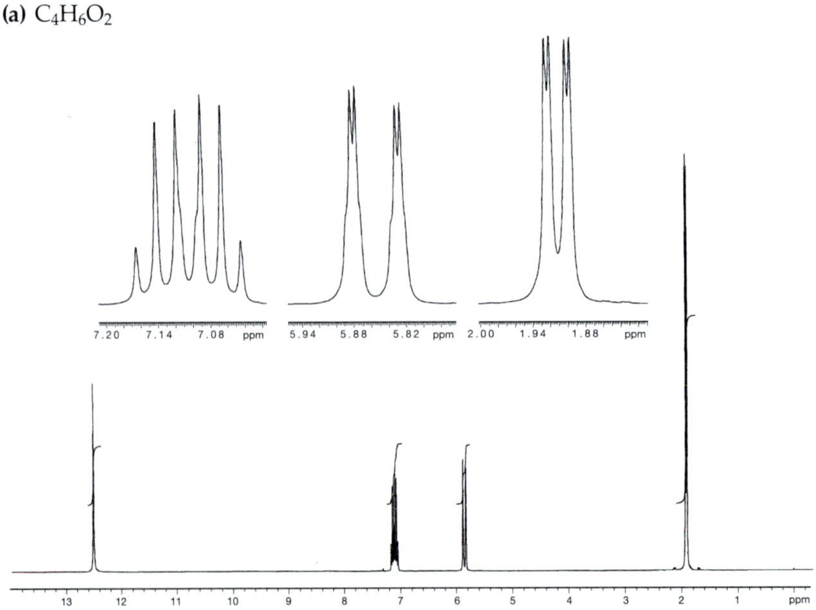

(계속)

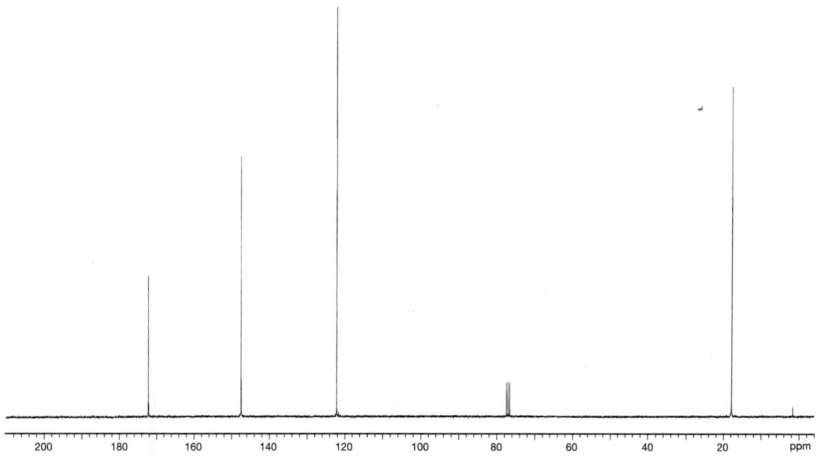
200
180
160
140
120
100
80
60
40
20
ppm

(b) $C_4H_8Cl_2$

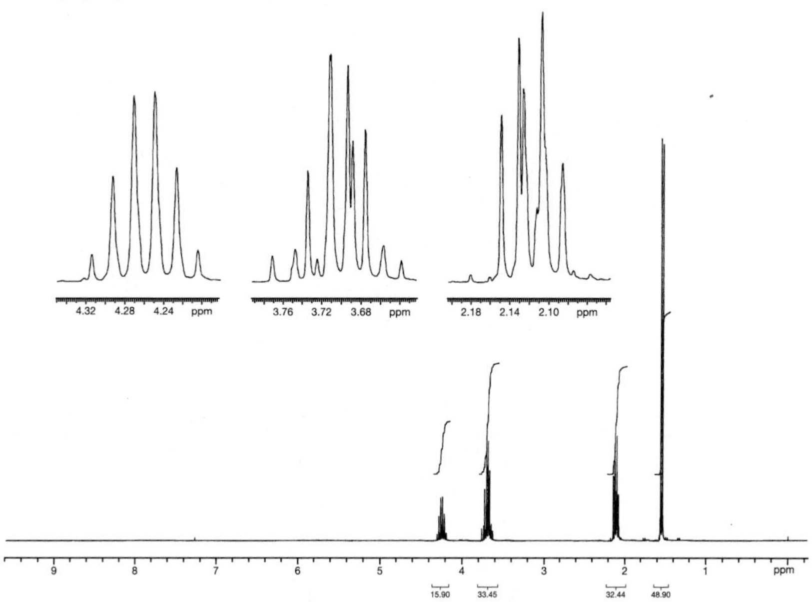
4.32 4.28 4.24 ppm
3.76 3.72 3.68 ppm
2.18 2.14 2.10 ppm
9
8
7
6
5
4
3
2
1
ppm
15.90
33.45
32.44
48.90

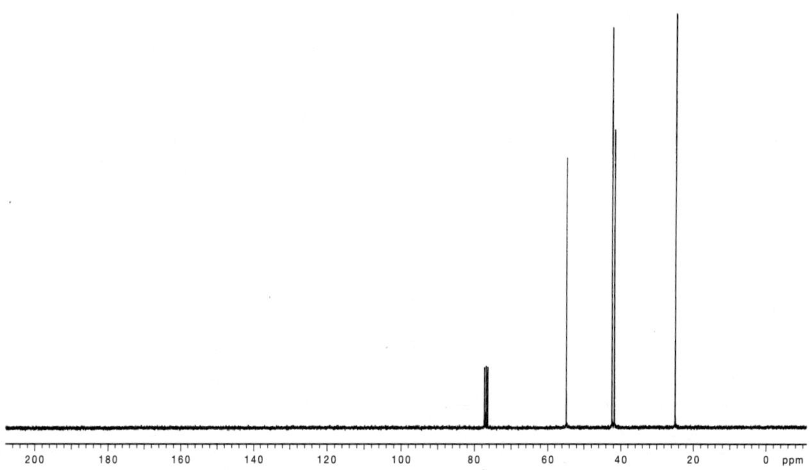
200
180
160
140
120
100
80
60
40
20
0 ppm

(c) C_5H_9OCl

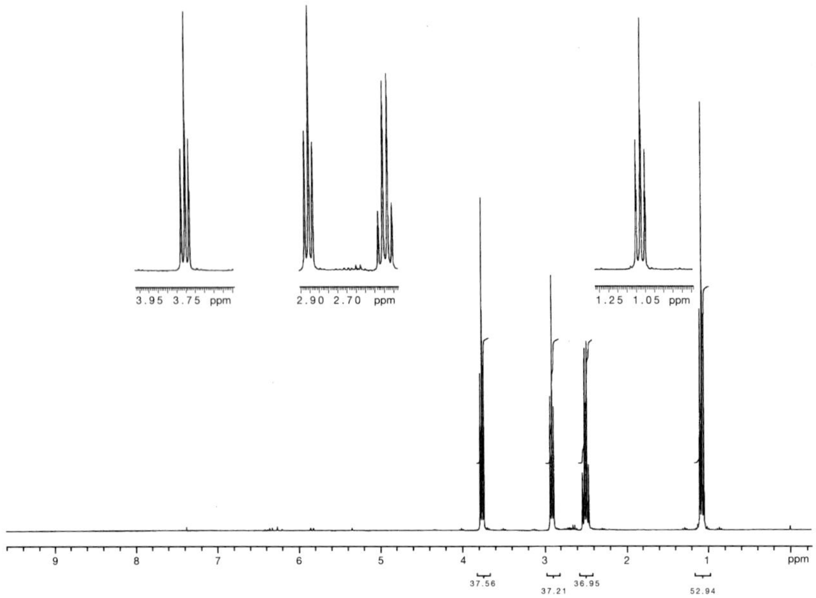

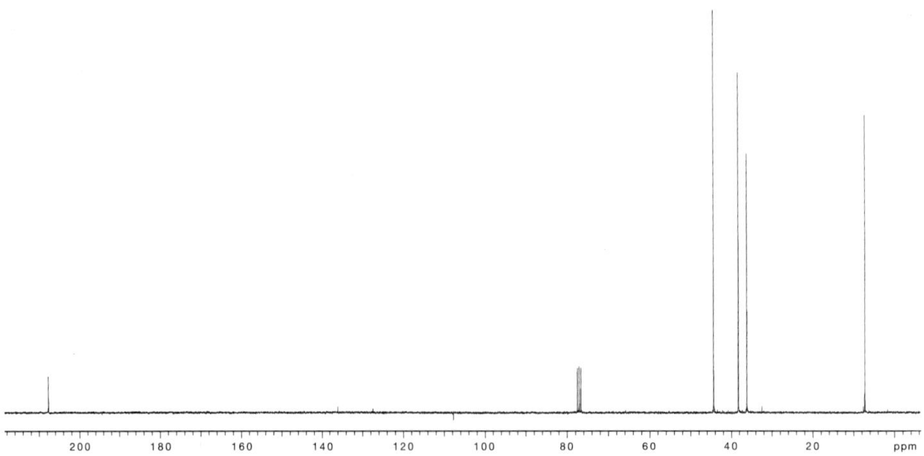

(d) $C_4H_8O_2$

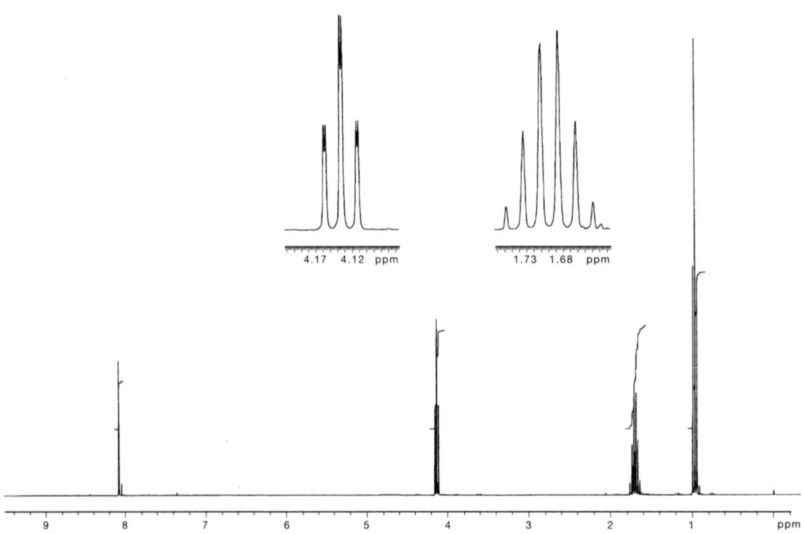

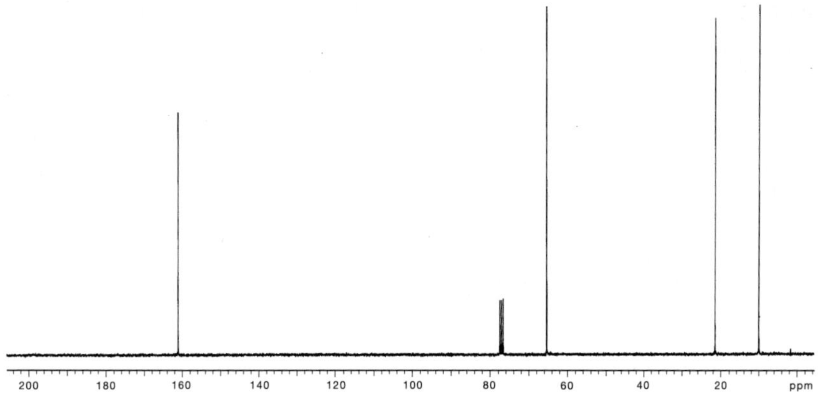

(e) $C_{10}H_{12}O_3$ (δ 6.87에 있는 피크는 D_2O를 가하고 흔들자 사라졌다.)

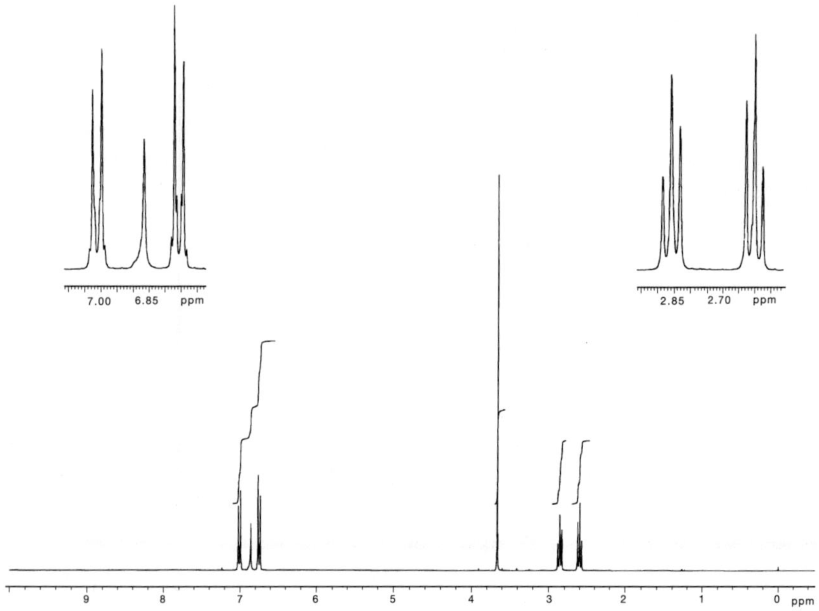

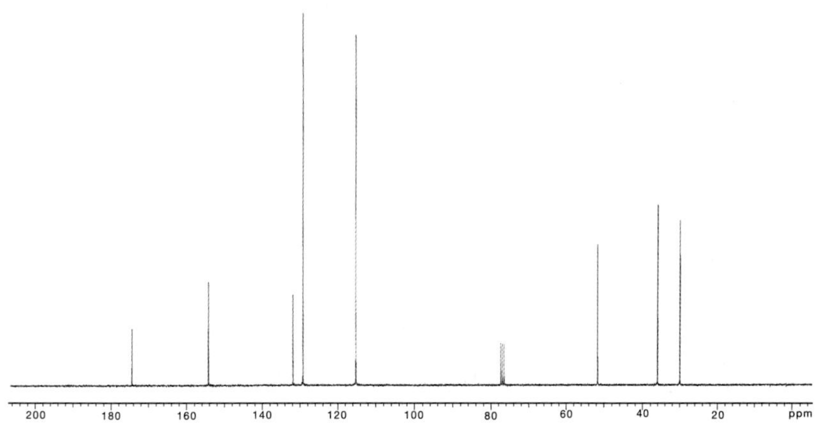

(계속)

(f) $C_8H_7BrO_3$ (적분값 1인 δ 12에서의 ^1H 공명은 보여 주지 않았다. δ 2.05에서의 ^1H 신호와 δ 30에서의 ^{13}C 신호는 용매 아세톤-d_5로부터 온 것이다.)

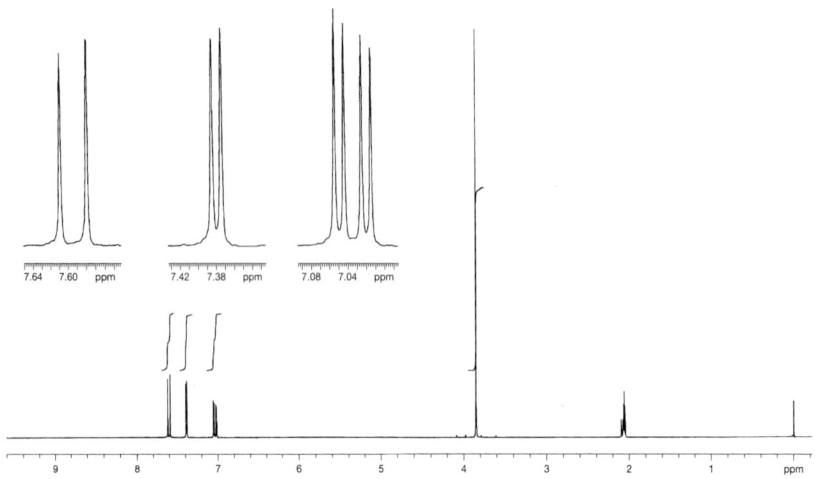

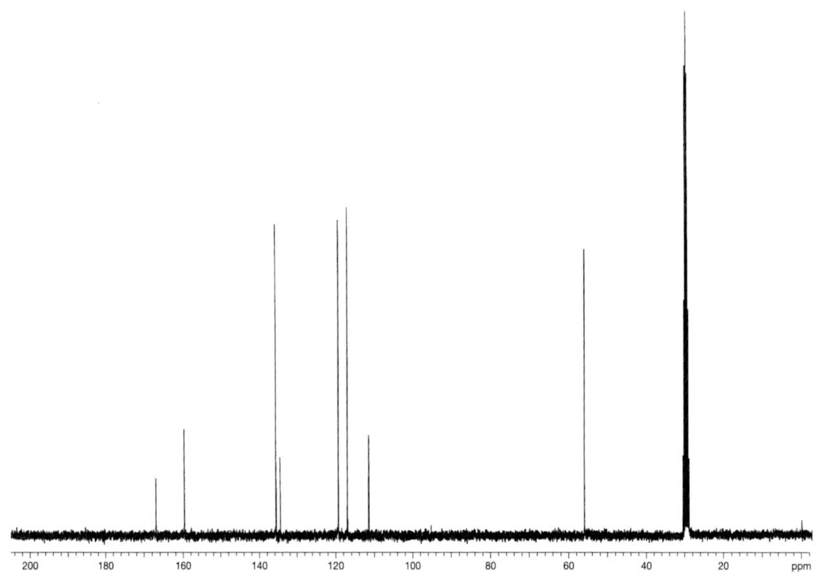

(g) C_6H_7NO

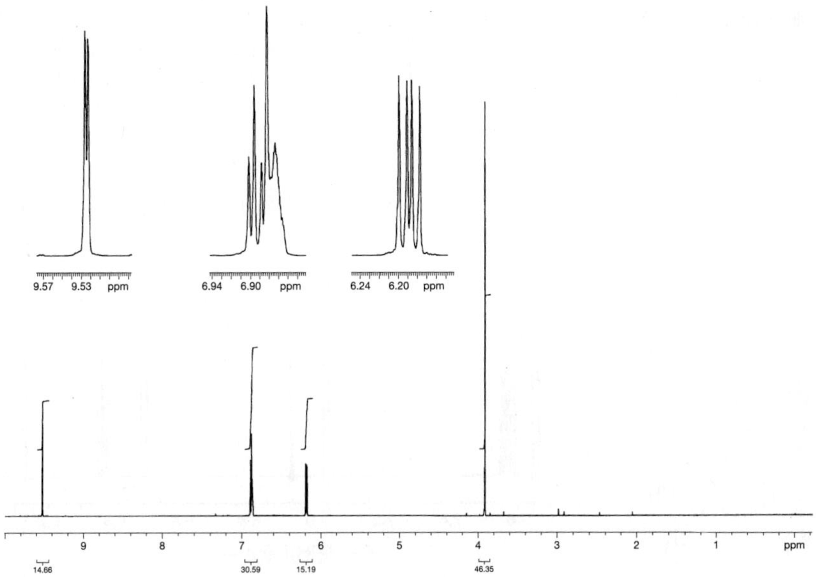
9.57 9.53 ppm
6.94 6.90 ppm
6.24 6.20 ppm
9 8 7 6 5 4 3 2 1 ppm
14.66
30.59
15.19
46.35

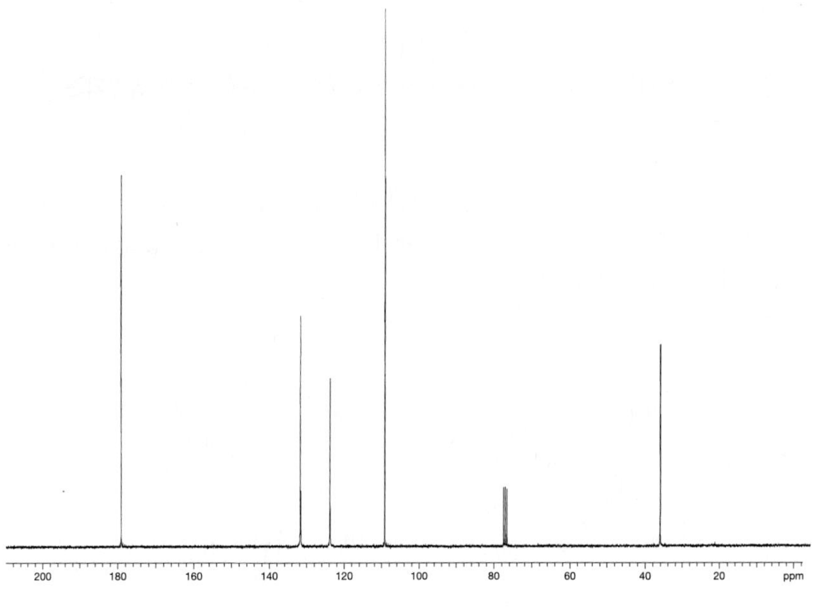
200 180 160 140 120 100 80 60 40 20 ppm

3-7 포타슘 통로 활성제 bimakalin의 방향성 및 알켄성 부분의 500 Hz ^{1}H 스펙트럼이 분자 구조와 함께 아래에 주어졌다.

출처: K. G. R. Pachler, *Magn. Reson. Chem.*, **36**, 437 (1998).

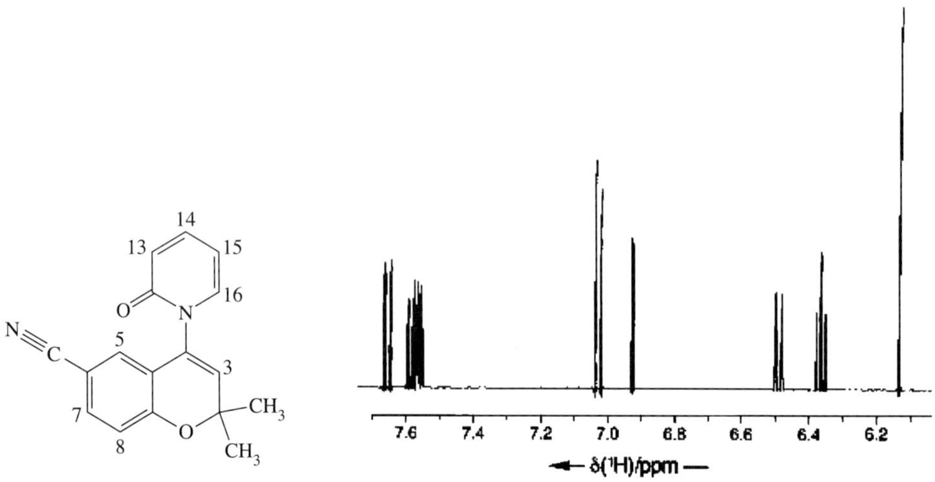

(a) 엄격히 짝지음 양식에 의하여 이러한 여덟 개의 공명을 적당한 양성자들로 배정하시오. 배정을 논의하시오.

(b) δ 7.6 근처에 뭉쳐 있는 세 개의 공명의 위치를 설명하시오.

(c) δ 7.6에서의 화학 이동을 가지는 양성자가 왜 이렇게 낮은 주파수에서 발견되는가?

3-8 Gugul 나무라 부르는 *Commiphora mukul*로부터 나무 껍질 수지는 콜레스테롤과 지방 섭취를 낮춘다고 생각된다. 주요 활성 성분은 셈브렌(cembrene)이라 부르는 화합물 종류에 속하는 아래의 다섯 가지 분자들로 발견되었다.

출처: S. Bai and M. Jain, *Magn. Reson. Chem.*, **46**, 792-793 (2008).

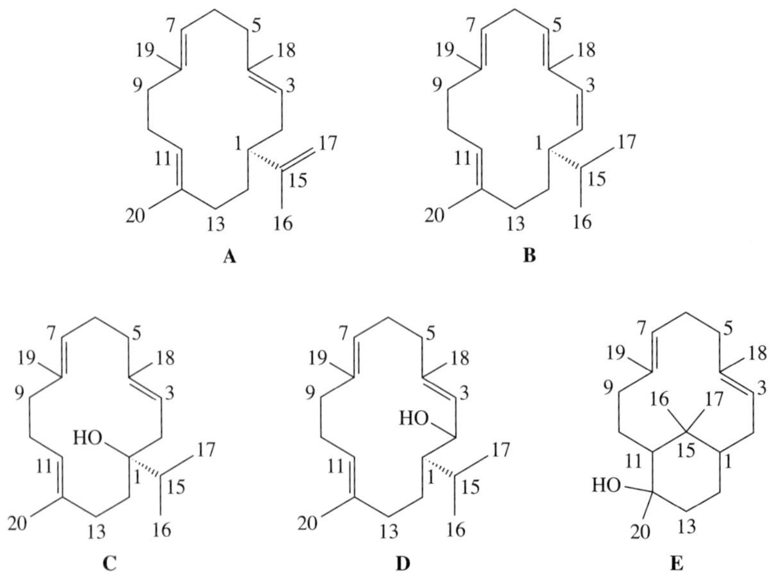

이러한 화합물들에 대한 이미 배정한 ^{1}H 화학 이동의 다음 표로부터 구조 A-E를 NMR 스펙트럼에 배정하시오. 표에서는 각 양성자에 대한 화학 이동이 δ 단위로 그 다음 다중성과 마지막으로 짝지음 상수가 Hz 단위로 하여 주어졌다. 또한 이 문제를 피크 배정 사전 지식없이 풀어보시오.

양성자	Cpd1	Cpd2	Cpd3	Cpd4	Cpd5
1	2.06 m	1.63 m	n/a	1.28 m	1.45 m
2	2.02 m	5.19 dd 15.5,	2.22 m	4.58 d	2.72 m
	1.98 m	9.8	2.18 m	8.7	
3	5.22 t 7.6	6.09 d 15.5	5.27 t 7.4	5.33 d 8.7	5.69 d 12.5
4	n/a	n/a	n/a	n/a	n/a
5	2.14 m	5.55 t 7.6	2.22 m	2.17 m	2.09 m
	2.19 m			2.20 m	2.23 m
6	2.19 m	2.44 dd 3.4, 1.5	2.12 m	2.12 m	2.05 m
	2.29 m	3.07 br s	2.31 m	2.20 m	2.42 m
7	5.00 t 6.2	5.13 d 10.6	4.91 t 6.8	5.04 t 5.8	4.91 d 10.5
8	n/a	n/a	n/a	n/a	n/a
9	2.08 m	2.06 m	1.95 m	1.94 m	2.11 m
		2.23 m	2.14 m	2.13 m	2.26 m
10	2.14 m	2.03 m	2.10 m	2.07 m	1.33 m
		2.32 m		2.18 m	1.49 m
11	5.08 t 6.2	4.90 d 6.8	5.01 t 7.4	4.94 dd 7.9, 7.2	2.27 m
12	n/a	n/a	n/a	n/a	n/a
13	1.96 m	2.02 m	1.94 m	2.05 m	1.86 m
14	1.69 s	1.69 m	1.65 m	1.69 m	2.00 m
15	n/a	1.51 m	1.72 m	1.79 m	n/a
16	1.68 s	0.88 d 6.8	0.96 d 6.8	0.99 d 6.8	0.81 s
17	4.68 s	0.84 d 6.8	0.94 d 6.8	0.96 d 6.8	0.74 s
	4.74 s				
18	1.59 s	1.82 s	1.56 s	1.60 s	1.56 s
19	1.62 s	1.62 s	1.59 s	1.59 s	1.53 s
20	1.57 s	1.54 s	1.61 s	1.56 s	1.28 s

NMR 문제 풀이 비결

2장의 NMR 문제 풀이 비결에서 비결 먼저 보는 자에 대한 경계 참조

1. 실험적 상관관계는 피크 배정에 유용한 지침을 제공한다. 그러나 완전히 믿을 수는 없다고 해석해야 한다. 비가산성의 문제는 화학 이동 계산에서 일반적으로 무시하였던 상호작용 인자를 도입함으로써 비로소 해결할 수 있다. 양성자에 대하여 가장 신뢰성이 가는 것은 아마도 어느 두 개의 치환체도 서로 오쏘가 아닌 조건 하에서 방향족 화학 이동의 계산(문제 3.1 참조)이다. ^{13}C에 대한 실험적 상관관계가 더 성공적(문제 3.3)이고 많은 상호작용의 예가 도입되었다. 스펙트럼의 실험적 계산에 대한 상업적 프로그램의 결과는 그것들이 기초된 모델보다 절대로 더 정확하게 될 수가 없다. 그 결과 계산이 기초된 모델 분자에 대한 직접적인 평가를 항상 포함해야 한다.

2. 사중선들의 이중선(doblet of quartets, dq)은 CH_3**CH**—CH 혹은 CH_3**CH**=CH와 같이 CH_n기가 메틸과 메타인기 둘 다에 짝질 때 관찰될 수 있다. 그 결과의 양식은 J(CH—CH_3)와 J(CH—CH)의 상대적인 값에 따라서 네 개로부터 여덟 개 피크로 변할 수 있다. 만일 이중선 짝지음이 영이라면 그 결과의 양식은 사중선이다. 그러한 경우는 만일 CH—CH 이면각이 90°에 근접하면(Karplus 관계, 4-6절)에 발생한다. 만일 알켄성 양성자 간 트랜스 배열인 CH_3**CH**=CH에서 발생하듯이 이중선 짝지음이 사중선 짝지음보다 크게 된다면(다시 4-6절 참조), 최대인 여덟 개의 피크가 관찰될 것이다. 두 짝지음이 비슷할 때, 정확한 상대값에 따라서, 다섯에서 여덟 중 어느 것

이라도 발생할 수 있다. 문제 3-6a에서의 예에 대하여 중앙에 있는 피크 중 네 개가 중첩되어 그 양식을 여섯 피크로 감소시킨다. 이러한 종류의 상황은 2-6절에서 기술한 막대 도표 혹은 계보를 이용하는 것이 좋으며 참고 4.3에서 철저하게 취급한다.

3. 문제 3-6a에서의 양성자 적분과 탄소 피크 세기는 전자의 신뢰도와 후자의 신뢰할 수 없음을 보여 준다. 비록 각 탄소 피크는 한 개의 탄소를 대표하지만 세기는 인수 2보다 더 크게 변한다. CO_2H의 카보닐 탄소는 부착한 양성자가 없어 더 느리게 이완하고 가장 작은 세기를 가진다. 양성자를 가지는 탄소의 세기는 부착한 양성자와 이웃 양성자의 개수와 지연 시간 t_d 같은 스펙트럼 매개변수(2-10c절)에 따라서 변한다.

4. $CDCl_3$에서 측정한 탄소-13 스펙트럼 보통 δ 78 근처에서 용매로부터의 피크를 포함한다. 이 공명은 탄소가 세 개의 동일한 개체수인 스핀 상태(+1, 0, −1)로 존재하는 중수소와 짝지어 1 : 1 : 1 삼중선이다.

5. 한 쌍의 1 : 2 : 1 삼중선을 흔히 고립된 비스메틸렌기 ($—CH_2CH_2—$)에 대한 진단이 된다. 일차 조건으로부터의 이탈은 삼중선의 안쪽과 바깥쪽 세기를 왜곡시킨다(4-2절).

6. H(C═O)기(폼일)은 보통 알데하이드와 연관되어 있어 δ 9.8에서 날카로운 단일선을 보여 준다. 그러나 포메이트는 같은 원자단을 포함한다: $H(C{=}O)OCH_3$ (메틸 포메이트). 포메이트 폼일 양성자는 알데하이드 양성자보다 낮은 주파수(높은 자장)에서 발견되어 전형적으로 날카로운 단일선으로 δ 8.0 근처에서 발견된다(문제 3-6d).

7. 산소를 포함하는 분자에서 알킬기의 상대적인 위치는 흔히 갈라짐 양식으로부터 명확하지 않다. (문제 3-6e) 에터/에스터 ($CH_3O—$)작용기와 카보닐 [$CH_3(C{=}O)—$] 작용기 사이에 구별은 그어져야 한다. 이것들은 δ 2.1에서의 관찰값을 기준으로 하여 메틸 에터에 대한 δ 약 3.2에서와 메틸 에스터에 대한 δ 3.7에서 구별할 수 있다. 탄소 위에 있는 더 많은 치환에 따라, 예를 들면 $RCH_2O—$ 혹은 $RCH_2(C{=}O)—$에서, 높은 주파수가 관찰된다.

8. 에스터, 산, 아마이드 및 그 일족으로부터 케톤과 알데하이드를 구별하기 위하여 δ 190이 어느 정도의 경계선이 된다고 기억하는 것이 도움이 된다. 케톤과 알데하이드는 보통 190보다 높은 주파수에 있고 카복실산 계열은 보통 190보다 낮은 주파수에 있다. 문제 3-6a, c, d, e와 f는 예를 제공한다.

9. 이치환된 방향족(문제 3-6e)은 오쏘, 메타 혹은 파라 양식으로 발생할 수 있다.

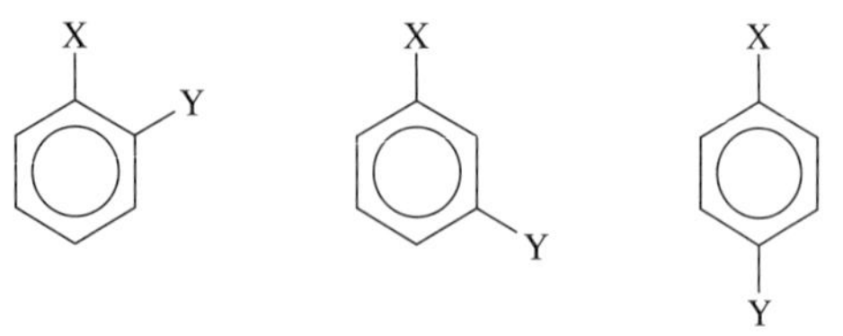

이것들은 J(오쏘) > J(메타) > J(파라)의 지식으로 구별할 수 있다. 이러한 순서는 결합의 개수(각각 세 개, 네 개, 다섯 개)를 따르지만 더 복잡한 실제 상황은 4-5, 4-6 및 4-7절에서 논의한다. 다섯 결합을 걸친 파라 짝지음은 거의 무시할 만하다. 파라-치환된 경우에서 메타 짝지음(HCCCH)은 작고 동등한 양성자 사이에 있기에 스펙트럼은 큰 오쏘 짝지음(HCCH)에 의해 지배된다. 스펙트럼은 보통 네 개 피크의 단순한 이-스핀 AX 스펙트럼으로 감소되고(2-6절과 그림 2-18) 때로는 자기적 비동등성(4-2절)으로부터 복잡하게 된다. 만일 파라 X와 Y 치환체가 동일하다면 스펙트럼은 물론 단일선으로 된다. 메타-치환의 경우는 흔히 치환체 사이의 양성자에 대하여 하나의 단일선 혹은 하나의 근접 간격인 삼중선(작은 갈라짐은 두 개의 메타 양성자 간의 짝지음으로부터 온다.)을 보여 준다. 남아 있는 세 개의 양성자에 대한 스펙트럼은 X와 Y 치환체가 동일한가 아닌가에 따라 AMX 스펙트럼(두 개 이중선과 한 개의 삼중선) 혹은 A_2X 스펙트럼(한 개 이중선과 한 개 삼중선) 중 하나가 된다. 바깥쪽 양성자로부터의 이중선은 다시 메타 짝지음에 의하여 더 갈라질 수가 있다. 오쏘 치환된 경우는 가장 복잡하여 X와 Y가 다를 때에는 AGRX 스펙트럼이고 X와 Y가 같을 때에는 AA′XX′ 스펙트럼이 된다. AA′XX′ 스펙트럼은 이차 효과의 한 예로 4-2절에서 논의되었고, 그림 4-3의 1,2-dichlorobenzene에 의해 예를 보여 준다.

10. 삼치환 방향족(문제 3-6f)은 1,2,3, 1,2,4 혹은 1,3,5 양식으로 발생할 수 있다.

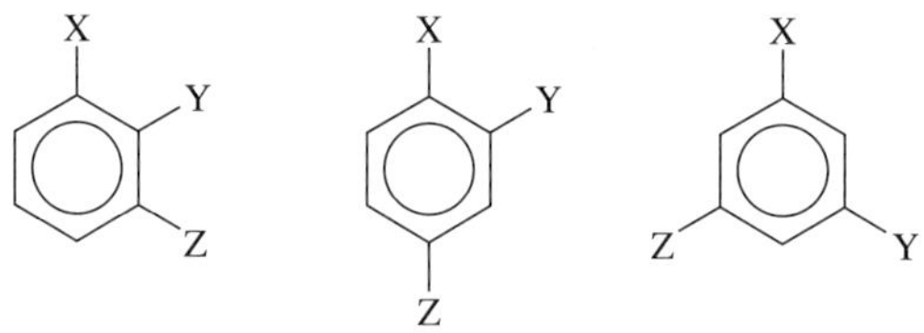

이러한 스펙트럼들에서의 외양에 커다란 변화성이 존재하고 우리는 세 치환체 모두가 다른 경우만을 고려할 것이다. 세 치환체 모두가 같거나 두 개만이 같을 때에서 똑같이 쉽게 작업할 수 있다. 1,3,5 치환에 대하여 스펙트럼은 세 개의 단일선들 혹은 근접 간격인 이중선들(메타 짝지음으로부터)을 포함한다. 1,2,3 치환에 대해서는 AMX 스펙트럼은 X와 Z에 이웃한 양성자에 대하여 두 개의 넓은 간격인 이중선들(혹은 이중선이 메타 짝지음으로부터 근접 간격 이중선으로 갈라진)을 포함한다. 중간 양성자(Y에 대하여 파라)는 보통 두 개의 동등한 메타 짝지음으로부터 하나의 1 : 2 : 1 삼중선이다. 1,2,4 스펙트럼의 외양은 이러한 치환 양식에 대하여 매우 진단적이다. Y와 Z 사이의 피크는 하나의 단일선 혹은 메타 짝지음으로부터의 하나의 근접 간격 이중선이다. Z의 옆에 있는 양성자는 오쏘 짝지음으로부터 넓은 간격인 이중선이고 보통 메타 짝지음에 의하여 근접 간격 이중선들로 갈라진다(즉, dd). X 옆의 양성자는 오쏘 짝지음으로부터의 단순한 이중선이고 더 이상의 짝지음은 없다. 문제 2-6f에서의 스펙트럼은 이러한 특징적인 넓은 간격 이중선, 좁은 간격 이중선 및 이중선의 이중선을 보여 준다. 이러한 세 치환 양식 모두 몇 개의 구조적 이성질체를 제공한다. X, Y와 Z 원자단의 상대적 위치는 짝지음 상수 분석으로 배정할 수는 없지만 때로는 실험적 화학 이동 상관이 이러한 과업을 수행할 수 있다(문제 3-1).

11. 문제 3-6e는 광폭의 공명을 변하는 위치에서 보여 줄 수 있는 OH와 NH 양성자를 취급하는 데 어려움을 보여 준다. ^{14}N 원자(문제 3-6g) 역시 고리 위 α 양성자 공명을 광폭하게 해 준다. 따라서 광폭 공명는 자동적으로 OH나 NH 작용기에서 온다고 배정하면 안 되고 $CDCl_3$에서 D_2O 시험에 의하여 배정해야 한다.

12. 비록 $N-CH_3$ 양성자들이 약 δ 2.4에서 보통 공명하지만 이것은 오로지 아민의 경우이다. 질소의 전하 혹은 혼성화를 바꾸면 화학 이동도 변한다. 따라서 암모늄염의 메틸기 $[(R_3N-CH_3)^+]$는 약 δ 3.3에서 공명하고 피롤의 메틸기는 문제 3-6g에서와 같이 δ 약 3.7에서 공명한다. $N-CH_3$의 ^{13}C 화학 이동도 유사한 변화를 보여 준다.

참고 문헌

Chemical Shift Conventions

3.1 R. K. Harris, E. D. Becker, S. M. Cabral de Menezes, P. Granger, R. E. Hoffman, and K. W. Zilm, *Magn. Reson. Chem.*, **46**, 582–596 (2008).

Diamagnetic Anisotropy

3.2 R. C. Haddon, *Fortsch. Chem. Forsch.*, **16**, 105 (1971).
3.3 C. W. Haigh and R. B. Mallion, *Progr. NMR Spectrosc.*, **13**, 303 (1979).

Van der Waals Shielding

3.4 F. H. A. Rummens, *NMR Basic Princ. Progr.*, **101** (1975).

Empirical Correlations

See also references in Chapter 2.
3.5 C. Pascual, J. Meier, and W. Simon, *Helv. Chim. Acta*, **49**, 164 (1966).
3.6 S. W. Tobey, *J. Org. Chem.*, **34**, 1281 (1969).
3.7 G. J. Martin and M. L. Martin, *Progr. NMR Spectrosc.*, **8**, 163 (1972).
3.8 D. J. Craik, *Ann. Rep. NMR Spectrosc.*, **15**, 1 (1983).
3.9 E. C. Friedrich and K. G. Runkle, *J. Chem. Educ.*, **61**, 830 (1984).
3.10 D. W. Brown, *J. Chem. Educ.*, **62**, 209–212 (1985).
3.11 P. S. Beauchamp and R. Marquez, *J. Chem. Educ.*, **74**, 1483–1485 (1997).
3.12 L. J. Tilley, S. J. Prevoir, and D. A. Forsyth, *J. Chem. Educ.*, **79**, 593–600 (2002).
3.13 H. J. Shine and P. Rangappa, *Magn. Reson. Chem.*, **45**, 971–979 (2007).

Programs for Empirical Calculations

3.14 ACD NMR Predictor: https://www.acdlabs.com/solutions/clue.html
3.15 ChemNMR: http://www.cambridgesoft.com/software/details/?ds=7
3.16 ChemWindow: http://www.bio-rad.com/prd/en/US/adirect/biorad?ts=1&cmd= BRCatgProductDetail&vertical=INF&catID=203371
3.17 gNMR: http://www.adeptscience.co.uk/products/lab/gnmr/
3.18 NMRPen: http://chempensoftware.com/nmrpen.htm
3.19 Alkenes: http://webcampus.stthomas.edu/chem/nmr/Calculator/olefin/index.html
3.20 Aromatics: http://www.stolaf.edu/depts/chemistry/courses/toolkits/380/js/nmr1/

DFT Spectral Calculations

3.21 A. Bagno, *Chem. European J.*, **7**, 1652–1661 (2001).

Solvent Chemical Shifts

3.22 H. E. Gottlieb, V. Kotlyar, and A. Nudelman, *J. Org. Chem.*, **62**, 7512–7515 (1997).

Solvent Effects

3.23 P. Laszlo, *Progr. NMR Spectrosc.*, **3**, 231 (1967).
3.24 J. Ronayne and D. H. Williams, *Ann. Rev. NMR Spectrosc.*, **2**, 83 (1969).
3.25 J. Homer, *Appl. Spectrosc. Rev.*, **9**, 1 (1975).

Isotope Effects

3.26 H. Batiz-Hernandez and R. A. Bernheim, *Progr. NMR Spectrosc.*, **3**, 63 (1967).
3.27 S. Berger, *NMR Basic Princ. Progr.*, **22**, 1 (1990).

Carbon-13 Spectra

3.28 J. B. Stothers, *Carbon-13 NMR Spectroscopy*, New York: Academic Press, 1973.
3.29 G. C. Levy, R. L. Lichter, and G. L. Nelson, *Carbon-13 Nuclear Magnetic Resonance Spectroscopy*, 2nd ed., New York: Wiley-Interscience, 1980.
3.30 W. Bremser, B. Franke, and H. Wagner, *Chemical Shift Ranges in ^{13}C NMR*, Weinheim, Germany: Verlag Chemie, 1982.
3.31 E. Breitmaier and W. Völter, *Carbon-13 NMR Spectroscopy*, 3rd ed., Weinheim, Germany: VCH, 1987.
3.32 H.-D. Kalinowski, S. Berger, and S. Braun, *Carbon-13 Spectroscopy*, Chichester, UK: John Wiley & Sons, Ltd., 1988.
3.33 F. W. Wehrli, A. P. Marchand, and S. Wehrli, *Interpretation of Carbon-13 NMR Spectra*, 2nd ed., Chichester, UK: John Wiley & Sons, Ltd., 1988.
3.34 K. Pihlaja and E. Kleinpeter, *Carbon-13 NMR Chemical Shifts in Structural and Stereochemical Analysis*, New York: John Wiley & Sons, 1994.

Other Nuclei (General)

3.35 R. K. Harris and B. E. Mann, *NMR and the Periodic Table*, London: Academic Press, 1978.
3.36 J. B. Lambert and F. G. Riddell (eds.), *The Multinuclear Approach to NMR Spectroscopy*, Dordrecht, The Netherlands: D. Reidel, 1983.

3.37 P. Laszlo (ed.), *NMR of Newly Accessible Nuclei*, New York: Academic Press, 1983.

3.38 J. Mason (ed.), *Multinuclear NMR*, New York: Plenum Press, 1987; B. E. Mann, *Ann. Rev. NMR Spectrosc.*, **23**, 141–207 (1991).

Other Nuclei (Specific)

3.39 *Deuterium*. H. H. Mantsch, H. Saitô, and I. C. P. Smith, *Progr. NMR Spectrosc.*, **11**, 211 (1977).

3.40 *Tritium*. J. A. Elvidge, in *Isotopes: Essential Chemistry and Applications*, J. A. Elvidge and J. R. Jones (eds.), London: The Chemical Society, 1980, p. 152.

3.41 *Boron-10,11*. W. L. Smith, *J. Educ. Chem.*, **54**, 469 (1977). B. Wrackmeyer, *Ann. Rep. NMR Spectrosc.*, **20**, 61 (1981).

3.42 *Nitrogen-14,15*. M. Witanowski and G. A. Webb (eds.), *Nitrogen NMR*, London: Plenum Press, 1973. G. C. Levy and Lichter, *Nitrogen-15 Nuclear Magnetic Resonance Spectroscopy*, New York: John Wiley & Sons, 1979. W. von Philipsborn and R. Müller, *Angew. Chem., Int. Ed. Engl.*, **25**, 383 (1986). M. Witanowski, L. Stefaniak, and G. A. Webb, *Ann. Rep. NMR Spectrosc.*, **25**, 1 (1993).

3.43 *Oxygen-17*. *Oxygen-17 NMR Spectroscopy in Organic Chemistry*, D. W. Boykin (ed.), Boca Raton, FL: CRC Press, Inc., 1990.

3.44 *Fluorine-19*. R. G. Mooney, *An Introduction to ^{19}F NMR Spectroscopy*, London: Heyden and Son, 1970. C. H. Dungan and J. R. Van Wazer, *Compilation of Reported Fluorine-19 Chemical Shifts*, New York: Wiley-Interscience, 1970. V. Wray, *Ann. Rep. NMR Spectrosc.*, **14**, 1 (1983).

3.45 *Sodium-23*. P. Laszlo, *Angew. Chem., Int. Ed. Engl.*, **17**, 254 (1978).

3.46 *Magnesium-25 and calcium-47*. S. Forsén and B. Lindman, *Ann. Rep. NMR Spectrosc.*, **11A**, 183 (1981).

3.47 *Aluminum-27*. J. W. Akitt, *Ann. Rep. NMR Spectrosc.*, **21**, 1 (1988).

3.48 *Silicon-29*. H. C. Marsmann, *NMR Basic Princ. Progr.*, **17**, 65 (1981). E. A. Williams, *Ann. Rep. NMR Spectrosc.*, **15**, 235 (1983). E. A. Williams, in *The Chemistry of Silicon Compounds*, S. Patai and Z. Rappoport (eds.), Chichester, UK: John Wiley & Sons, Ltd., 1989, Chapter 8; 2nd ed., 1998, Chapter 6.

3.49 *Phosphorus-31*. D. G. Gorenstein, *Phosphrus-31: Principles and Applications*, New York: Academic Press, 1984. *Phosphorus-31 NMR Spectroscopy in Stereochemical Analysis*, J. G. Verkade and L. D. Quin, (eds.), Deerfield Beach, FL: VCH, 1987.

3.50 *Sulfur-33*. G. Barbarella, *Progr. NMR Spectrosc.*, **25**, 317 (1993).

3.51 *Halogens*. B. Lindman and S. Forsén, *NMR Basic Princ. Progr.*, **12**, 1 (1976).

3.52 *Germanium-73*. Y. Takeuchi and T. Takayama, *Ann. Rep. NMR Spectrosc.*, **54**, 155–200 (2005).

3.53 *Selenium-77 and Tellurium-123,125*. M. Mauvin, in *Proceedings of the 4th International Conference on the Organic Chemistry of Selenium and Tellurium*, 1983, p. 406.

3.54 *Cadmium-113*. P. D. Ellis, *Science*, **221**, 1141 (1983).

3.55 *Tin-117,119*. B. Wrackmeyer, *Ann. Rep. NMR Spectrosc.*, **16**, 285 (1986).

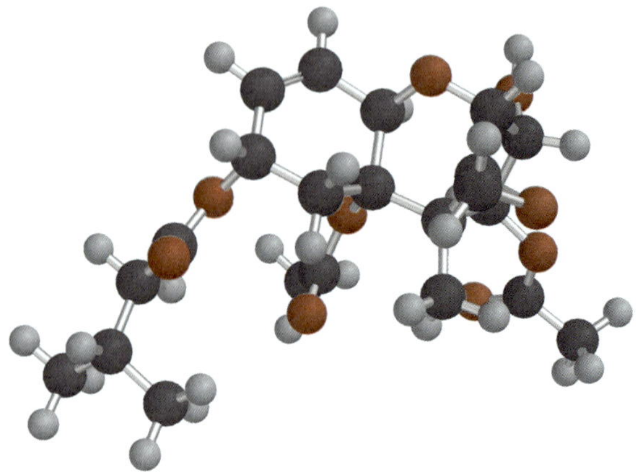

CHAPTER

4

짝지음 상수

4-1 일차 스펙트럼

지금까지 보여준 대부분의 스펙트럼은 **일차**(*first order*)라고 말한다. 스펙트럼이 일차가 되려면 어떤 주어진 핵의 쌍에서 화학 이동의 주파수 차이 $\Delta\nu$가 그들 사이의 짝지음 상수 J보다 훨씬 커야 하며 대략적으로 $\Delta\nu/J > 10$이다. 덧붙여 다음 장에서 논의하는 중요한 대칭 조건이 만족되어야만 한다. 일차 스펙트럼은 몇 가지 유용하고 단순한 특징을 보여 준다.

- 스핀-스핀 다중선은 공명 주파수의 중심에 위치한다.
- 스핀-스핀 다중선의 이웃 성분 간의 간격은 짝지음 상수 J로 동일하다.
- $I = \frac{1}{2}$인 핵(일반적으로 $2nI+1$)에 대하여 짝지음으로 생기는 다중선은 $n+1$ 법칙을 정확히 반영한다. 따라서 두 개의 동일한 이웃 양성자는 공명하는 핵을 3개 피크로 가른다.
- 스핀-스핀 다중선의 세기는 스핀 $\frac{1}{2}$핵에 대한 파스칼(Pascal)의 삼각형(그림 2-24 참조)으로 주어진 이항 전개의 계수에 해당된다.
- 동일한 화학 이동을 가지는 핵들은 이들 사이의 짝지음 상수가 영이 아닐지라도 서로 가르지 않는다

화학 이동 차이가 J의 10배보다 작을 때($\Delta\nu/J \leq 10$) 이중항 전개로부터의 세기의 편차와 앞서 특징으로부터의 다른 예외를 포함하여 **이차**(*second order*) 효과가 스펙트럼에 나타난다. 포플 표기법(Pople notation)에 따라서 일차 관계를 가지는 핵들은 알파벳에서 멀리 떨어진 문자(AX)로 표시하고 이차 관계를 가지는 핵들은 이웃한 문자(AB)로 표시한다. 그림 4-1은 두 스핀이 AB에서 거의 AX로의 진보를 보여 준다. $\Delta\nu/J$가 0.4일 때 스펙트럼은 실제로 단일선이다. 세기의 왜곡이 피크 높이를 다중선의 중심을 향하여 증대시킨다. 이차 다중선은 전형적으로 짝지음 파트너의 공명을 향하여 기울어져 있다. 다중선 안에서의 피크 세기는 $\Delta\nu/J$가 15일 때 조차도 동일하지 않다. 따라서 보통 인용하는 일차 기준인 $\Delta\nu/J > 10$은 항상 적절한 것은 아니다. 300 MHz와 그 이상의 양성자 주파수의 넓은 상용화로 일차 스펙트럼이 흔해졌지만 결코 보편적인 것은 아니다.

4-2 화학적 동등성과 자기적 동등성

화학 이동 차이와 짝지음 상수 간의 비교 조건을 만족시키는 것 이외에 일차 스펙트럼은

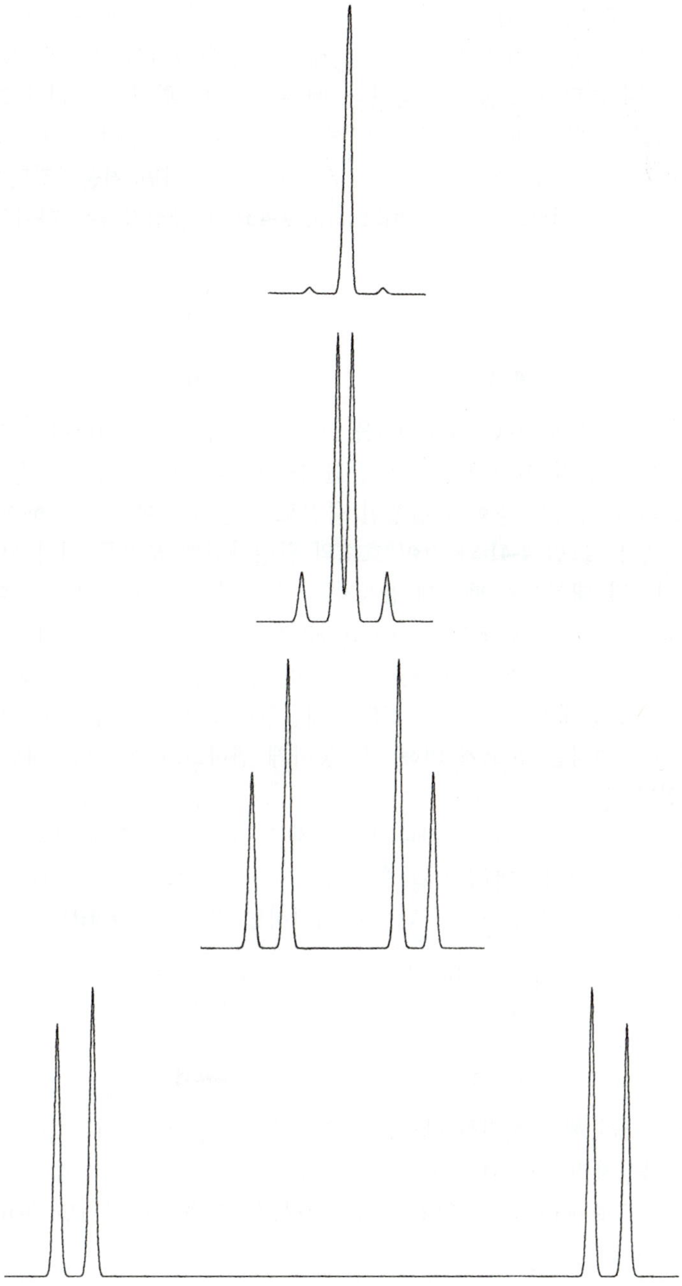

그림 4-1 $\Delta\nu/J$ 값이 0.4 (위), 1.0, 4.0 및 15.0인 두 스핀 스펙트럼

대칭 검증을 통과해야 한다. **어떤 두 개의 화학적 동등한 핵들은 어떠한 다른 핵과도 같은 짝지음 상수를 가져야만 한다.** 이러한 검증을 실패하는 핵 쌍들은 **자기적으로 비동등하다**고 말하고 그 스펙트럼은 이차로 나타난다. 이러한 검증을 적용하기 위해서는 NMR 스펙트럼의 대칭성 역할을 이해하는 것이 유용하다.

분자의 대칭 조작에 의한 핵들의 상호 교환이 가능하면 핵은 **화학적으로 동등하다**. 따라서 1,1-difluoroethene (**4-1**) 혹은 difluoroethene (**4-2**) 에서 두 개의 양성자는 180° 회전에 의해 상호 교환이 가능하다. 회전 대칭에 의해 교환이 가능한 핵은 **대칭교환자리**

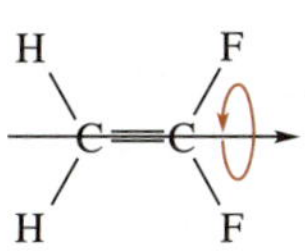

4-1

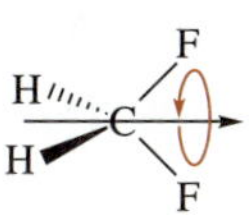

4-2

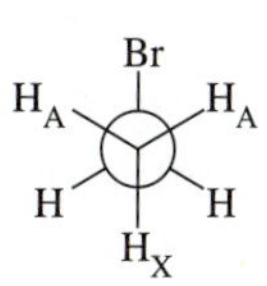

4-3

(*homotopic*)라고 한다. 탄소-탄소 단일결합 중심으로의 회전은 매우 빨라서 화학자들은 CH_3CH_2Br에서의 세 개의 메틸 양성자를 실제로 대칭(**4-3**에서 핵 A와 X를 비교하라.)에 의하여 동등하지 않다고 드물게 생각한다. 빠른 C — C 회전은 그러나 그것들이 동등한 평균 환경을 초래한다. 역학적 효과는 5-2절에서 더 자세히 고려할 것이다.

대칭면으로 관련된 핵들은 회전 대칭축이 존재하는 조건이면 **거울상자리**(*enantiotopic*)라고 부른다. 예를 들면, bromochloromethane(**4-4a**)의 양성자들은 화학적으로 동등하

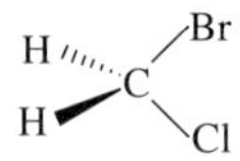

4-4a

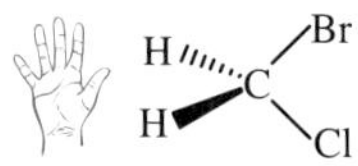

4-4b

고 거울상자리이다. 왜냐하면 C, Br과 Cl을 포함하는 대칭면에 의하여 양성자들이 관련되어 있기 때문이다. 만일 이 분자를 카이랄인 환경에 놓으면 이러한 서술은 더 이상 사실이 아니다. 그러한 환경은 광학적 활성인 물질로 구성된 용매를 사용하거나 작은 손을 한 편에 가지고 있는 그림 **4-4b**와 같이 효소의 활성자리에 분자를 위치함으로써 창조할 수 있다. 손은 카이랄 대상이기 때문에 양성자는 더 이상 동등하지 않다. 카이랄 환경에서는 대칭면이 사라졌기 때문에 핵들은 거울상자리가 아니다. 그것들은 화학적으로도 비동등하게 되었다(대칭 조작이 상호 교환을 할 수 없다). 거울상자리 핵은 화학적으로 비동등하게 되고 광활성 용매에서 차별된 공명을 제공한다고 예상할 수 있다. 생물학적 맥락에서 거울상자리 양성자는 효소에 의해 비동등하게 변하고 산성 같은 차별된 화학 특성을 보여줄 수 있다.

거울상자리라는 용어는 한 쌍 중 하나의 양성자를 다른 원자 혹은 원자단 예를 들면 중수소로 치환하면 거울이성질체(겹쳐질 수 없는 거울상, **4-4c**)를 생성한다. 거울이성질체는 다른 하나의 양성자를 동일한 원자단으로 치환하면 얻어진다(**4-4d**).

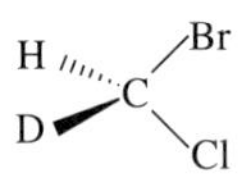

4-4c

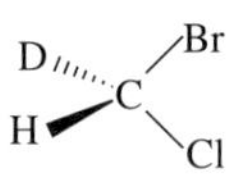

4-4d

한 쌍의 대칭교환자리 핵도 이러한 방식으로 취급하면 동일한 분자(중첩이 가능한 거울상)를 생성한다. 거울상자리 혹은 대칭교환자리 양성자는 같은 탄소 원자에 있을 필요가 없다. 따라서 사이클로프로펜(**4-5**)의 알켄성 양성자들은 교환자리이지만 3-methylcyclo-

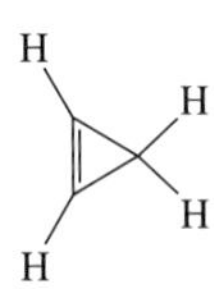

4-5

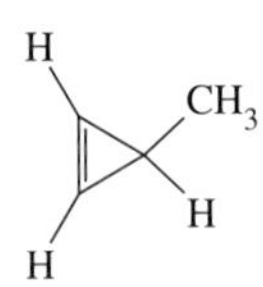

4-6

propene(**4-6**)의 알켄성 양성자들은 거울상자리이다. 화학적으로 동등한 핵(대칭교환자리이든지 거울상자리이든지 관계없이 포플의 스펙트럼 표기법에서는 같은 문자로 표시한다. 사이클로프로펜(**4-5**)은 A_2X_2이고 마찬가지로 다이플루오로메테인(difluoromethane)(**4-2**)도 두 개의 플루오린 원자가 스핀을 가지기 때문에 A_2X_2가 된다. 3-Methylcyclopropene(**4-6**)의 고리 양성자들은 AX_2를 구성한다.

자기적으로 동등(*magnetically equivalent*)하기 위해서는 두 개의 핵은 화학적으로 동일해야 하고 다른 어떠한 핵들과도 같은 짝지음 상수를 가져야 한다. 후자의 검증은 화학적 동등성보다 더 엄격하다. 왜냐하면 분자의 전체 대칭만이 아니라 그 이상을 고려하는 것이 필요하기 때문이다. 이 장 앞에서 논의한 처음 두 분자는 대조적인 결과를 준다. 다

이플루오로메테인(**4-2**)에서는 두 개의 수소 각각이 특정 하나의 플루오린 원자와 같은 공간 관계를 가지기 때문에 이 플루오린과 같은 짝지음을 가진다. 따라서 이 양성자들은 자기적으로 동등하다. 같은 방법으로 두 개의 플루오린 원자도 역시 양성자 중 어느 하나에 대한 짝지음에 있어서 자기적으로 동등하고 스핀계는 A_2X_2라고 표기한다.

그러나 1,1-difluoroethene(**4-1**)에서는 두 개의 양성자는 주어진 플루오린에 관한 동일한 공간적 관계를 가지지 않는다. 따라서 그것들은 서로 다른 짝지음[J(HCCF)], 즉 하나는 J_{cis}이고 다른 하나는 J_{trans}(**4-7**)로서 자기적으로 동등하지 않다고 말한다.

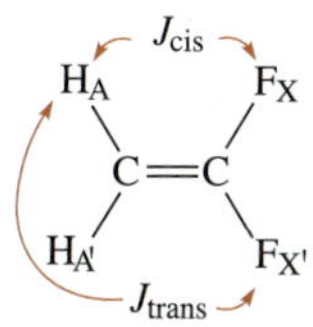

4-7

그 스핀 집단은 포플 표기법 AA′XX′로 표시되어 두 개의 차별되는 짝지음은 J_{AX}와 $J_{AX'}$로 표시한다. 이와 대조적으로 다이플루오로메테인(**4-2**) 혹은 사이클로프로펜(**4-5**) 같은 A_2X_2계에서는 단지 하나의 짝지음 J_{AX}만을 가진다. AA′XX′계에서는 J_{AX}와 $J_{A'X'}$이 동일하고 $J_{AX'}$와 $J_{A'X}$도 마찬가지로 동일하다. 화학적으로는 동일하지만 자기적으로 동일하지 않은 핵들을 포함하는 스핀계 모두가 정의에 의해 이차이다. 더구나 자장 세기를 올리는 것은 핵 간의 기본적 구조 관계를 변경할 수 없기 때문에 얻을 수 있는 최고의 자장 세기에서도 스펙트럼은 연전히 이차이다. 같은 화학 이동을 가지지 않는 핵[**비동시성**, *anisochronous*(다른 주파수를 가지는 의미)]은 다른 공명 주파수에서 공명하기 때문에, 즉 소위 말하는 **화학 이동 판단 기준**(*chemical shift criterion*)에서 자기적으로 동등하지 않다. 자기적으로 동등하지 않은 **동시성**(*isochronous*) 핵들은 다른 하나의 핵에 대하여 동등하지 않은 짝지음을 가짐으로 짝지음 판단 기준에서 실패하였다고 말한다.

AA′XX′ 표기는 다음과 같이 설명할 수도 있다. A와 X 핵의 화학 이동은 서로 아주 멀리 떨어져 있다(알파벳의 서로 반대 끝). A와 A′ 핵은 화학적으로 동등하지만(같은 문자로 표시되었음), 자기적으로는 비동등(프라임으로 표시되었음)하고 X와 X′도 이와 같다. 그림 4-2는 1,1-difluoroethene의 스펙트럼에서 10개 피크가 보이는 양성자 AA′ 부분을

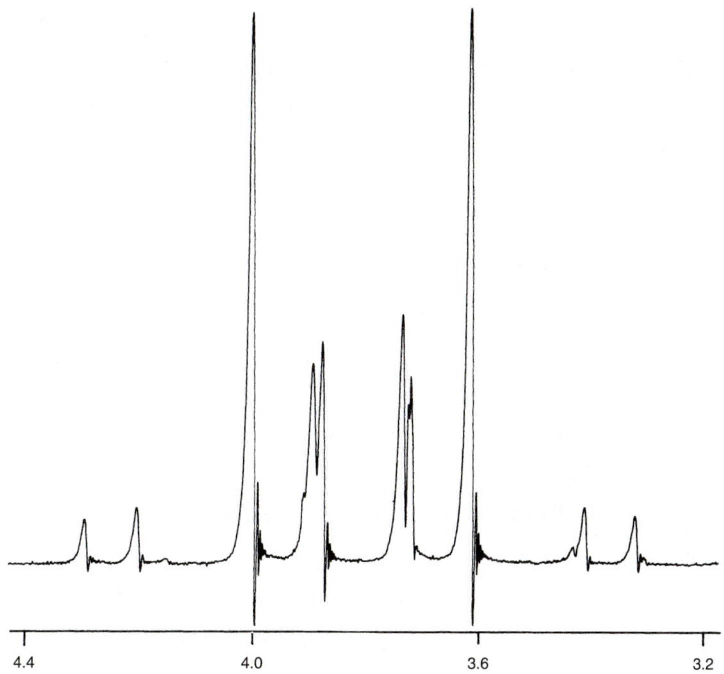

그림 4-2 1,1-Difluoroethene의 $CDCl_3$에서의 90 MHz ^{1}H 스펙트럼

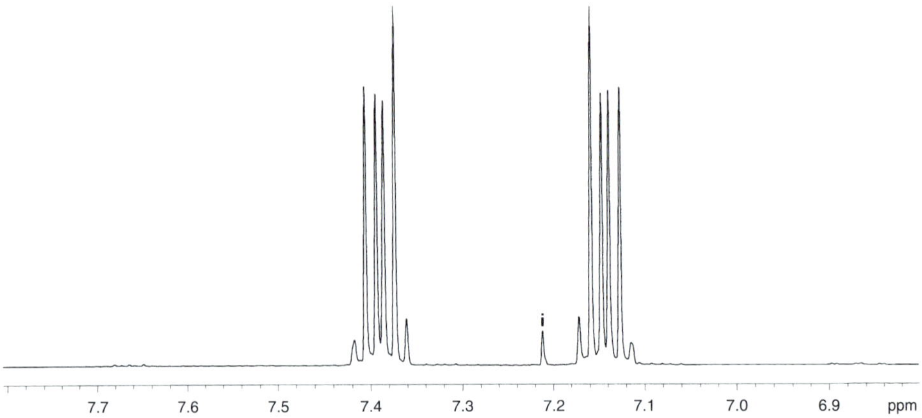

그림 4-3 1,2-Dichlorobenzene의 $CDCl_3$에서의 300 MHz ^1H 스펙트럼. 불순물은 문자 *i*로 표시하였다.

보여 준다. 이러한 외양은 일차 스펙트럼에서 예상되는 간단한 1 : 2 : 1 삼중선(예를 들면 그림 2-22에서의 메틸 삼중선)과 아주 다르다. 그림 4-2의 피크의 다중성은 동등한 양성자 간의 짝지음인 $J_{AA'}$ 값 조차도 측정할 수 있게 해 준다. 이러한 측정은 일차계에서는 불가능하다. 이차 스펙트럼에서 동등한 핵 사이의 갈림의 존재는 그러한 짝지음이 존재하지만 일차 스펙트럼에서는 나타나지 않는다는 점을 강조한다.

동시성 핵에 대해서는 자기적 비동등성은 귀한 것은 아니다. 파라와 오쏘-이치환 벤젠의 스핀계는 공식적으로 AA′XX′이다(혹은 화학 이동이 근접하면 AA′BB′). 그림 4-3은 AA′XX′이고 상당히 복잡한 1,2-dichlorobenzene(**4-8**, H_X에 대하여 H_A와 $H_{A'}$가 다

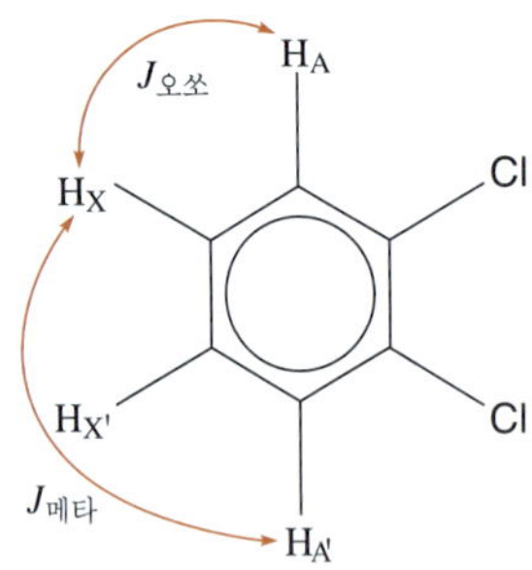

4-8

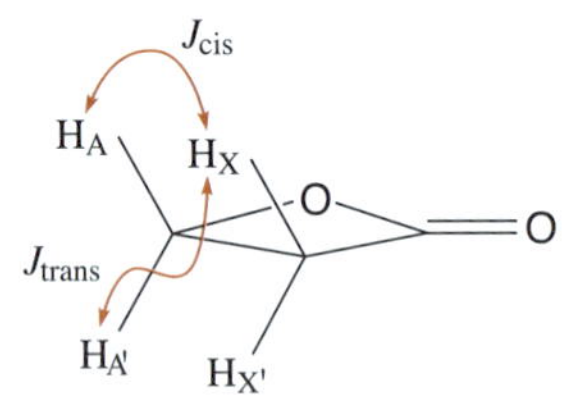

4-9

른 짝지음을 가짐)의 양성자 스펙트럼을 보여 준다. 고리의 구속은 자주 자기적 비동등성을 전달하여 예를 들면 propiolactone(**4-9**, H_A와 $H_{A'}$ 역시 H_X와 다른 짝지음을 가진다.)과 같다. 2-Chloroethanol($ClCH_2CH_2OH$, 그림 4-4)은 자기적으로 동등하지 않은 스핀계들을 포함한다. 이것들은 기여하는 회전이성질체(rotamer)를 검토해야만 이해할 수 있다(아래 두 단락과 장의 끝에 있는 문제 참조). Propiolactone, chloroethanol 및 *o*-와 *p*-dichlorobenzene은 모두 AA′XX′(혹은 AA′BB′) 스펙트럼을 준다(알코올에서 하이드록시 양성자를 무시한다면).

그림 4-4에서 스펙트럼의 이차 특성은 두 가지 방식에 있어서 확연하다. 첫째, 피크들이 이항 세기 관계를 가지지 않는다. 따라서 각 공명의 안쪽 피크는 바깥쪽 피크보다 크다. 일차 스펙트럼은 두 개의 1 : 2 : 1 삼중선을 포함한다. 그러나 더 주의하여 살피면 $n + 1$ 법칙이 실패함을 보여 준다. 각 공명에서 세 개의 피크 대신 네 개가 존재한다. 네 번째 피크는 스펙트럼 확대를 요구한다. 그러나 높은 주파수(낮은 자장)공명의 중앙 피크의 바로 오른쪽에서 쉽게 관찰할 수 있고 낮은 주파수 공명의 중앙 피크의 왼쪽에서는 약간 덜 확실하게 관찰할 수 있다.

양성자들이 다른 탄소들에 부착되어 있을 때, 대칭을 근거로 그것들이 화학적으로 동등한가를 결정하는 것은 보통은 간단한 일이다. 같은자리 양성자(같은 탄소에 부착한 양성

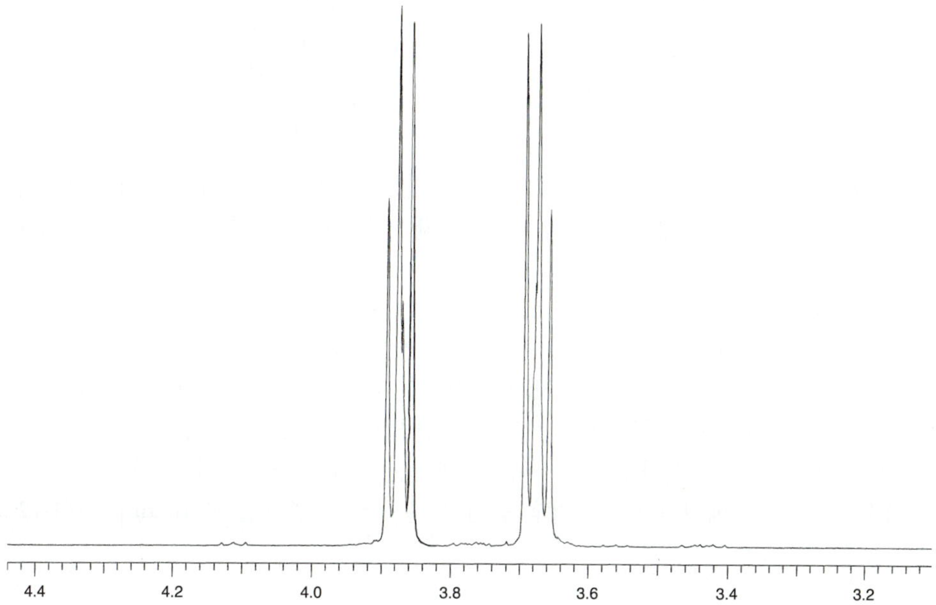

그림 4-4 Chloroethanol의 $CDCl_3$에서의 300 MHz ^1H 스펙트럼 (메틸렌 공명만 표시)

자, CH_2)는 더 모호할 수 있다. 에틸벤젠($C_6H_5CH_2CH_3$)과 β-브로모-β-클로로 유도체($C_6H_5CH_2CHClBr$)를 고려해 보자. 포화 C—C 결합 중심으로 한 회전은 각 분자에 대하여 세 개의 회전이성질체를 생성하여 뉴먼 투시법(Newman projection)에 의하여 **4-10**과 **4-11**로 표시할 수 있다. **4-10**에서는 3개의 회전이성질체는 동등하다. 회전이성질체 **4-10a**에서 H_A와 $H_{A'}$는 대칭면을 이유로 화학적으로 동등하고 거울상자리이다.

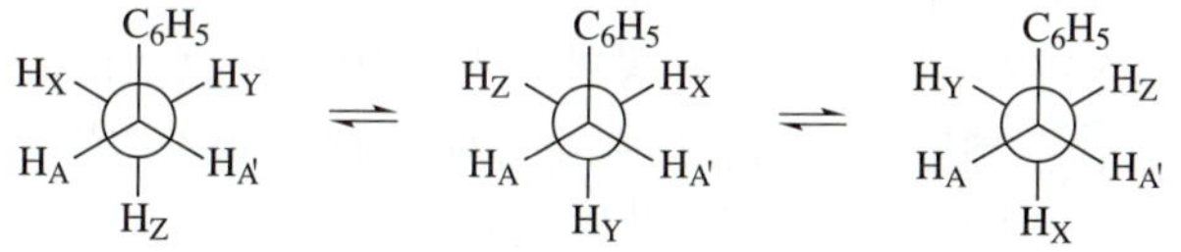

4-10a **4-10b** **4-10c**

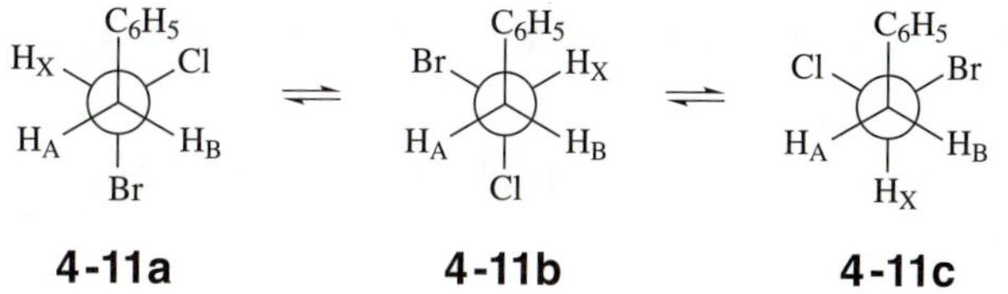

4-11a **4-11b** **4-11c**

메틸 회전이 느릴 때, H_A와 $H_{A'}$ 각각은 H_X 혹은 H_Y에 대하여 동일하지 않게 짝지우기 때문에 H_A와 $H_{A'}$는 자기적으로 동등하지 않다. 대칭면은 H_Y가 H_X로 표지하는 것을 요구하지만 메틸 회전의 효과를 설명하기 위하여 구별되는 문자를 계속 유지한다. 따라서 동결된 구조 **4-10a**는 AA′XX′Z 스펙트럼을 보여 줄 것이다. 빠른 메틸 회전은 X, Y(X′) 및 Z 환경을 평균화하여 세 개의 메틸 양성자는 평균하여 화학적으로 동등하다. 그 다음 A와 A′ 양성자는 모든 메틸 양성자와 같은 짝지음을 가져서 자기적으로 동등하게 된다. 평균하여 단지 한 개의 짝지음 상수만이 존재하여 평균화된 스펙트럼은 방향족 양성자를 무시할 때 A_2X_3이 된다.

분자 **4-11**은 메틸기 대신 카이랄 중심, 즉 입체발생(stereogenic) 중심을 포함하여 세 개의 회전이성질체(**4-11a-c**)가 이제는 구별이 된다. 더구나 그것들 중 어느 하나에 대한 대칭 조작이 H_A를 H_B와 관련시키지 않는다. 따라서 매우 빠른 C—C 회전에도 불구하고 H_A와 H_B는 다른 화학 이동을 가지고 상호 간 짝지음 상수를 보여 준다. 이 스핀계는 ABX(만일 화학 이동 차이가 크다면 AMX)가 된다. **4-11**에서의 AB 양성자는 **부분입체자리**

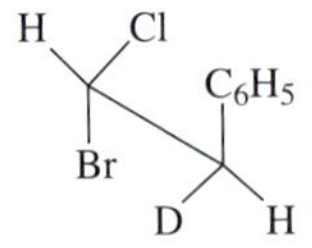

4-11d

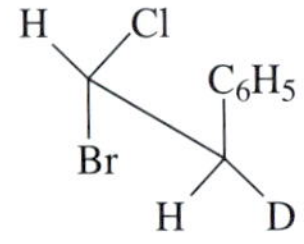

4-11e

(*diastereotopic*)라고 부르는 화학적으로 동등하지 않은 특이한 유형의 예시이다. 부분입체이성질체는 거울상이성질체가 아닌 입체이성질체이다. H_A를 중수소로 치환하면 **4-11d**, 즉 H_B를 중수소로 치환할 때 형성되는 **4-11e**의 부분입체이성질체를 생성한다. 중수소화된 유도체는 두 개의 입체발생 중심을 가진다. 일반적으로 포화 메틸렌기의 양성자들은 분자의 다른 곳에 입체발생 중심이 있으면 이 두 양성자를 대칭 조작으로 관련시킬 수 없기에 부분입체이성질 자리가 된다. 4-4b의 양성자는 손이 입체발생 중심을 제공하므로 부분입체이성질체이다. 화학 이동 차이가 작거나 관찰할 수 없을 때 우발적인 축퇴가 발생하여 부분입체이성질 자리 양성자가 스펙트럼에서 동등하게 나타날 수 있다.

아이소프로필기의 메틸기는 입체발생 중심이 분자 내에 존재할 때 α-thujene (**4-12**)에

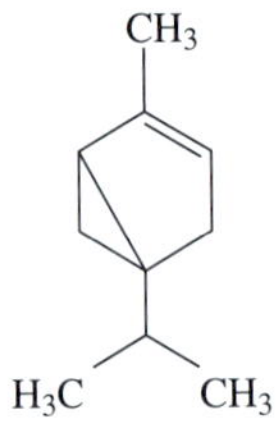

4-12

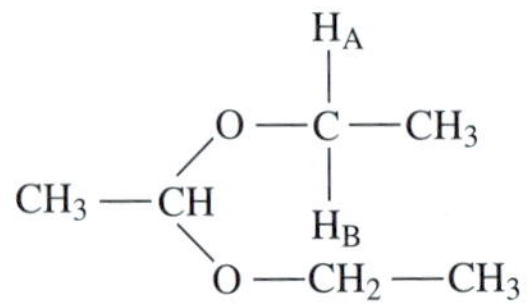

4-13

서와 같이 부분입체이성질 자리가 될 수 있다. 그러면 양성자 공명은 이중선의 한 쌍으로 나타나고(메타인 양성자와 짝지어) 탄소 공명은 두 개의 단일선(양성자 짝풀린)으로 나타난다. 입체발생 중심은 메틸렌 양성자가 부분입체이성질자리가 되는 데 필요한 것은 아니다. 아세트알데하이드의 다이에틸 아세탈(**4-13**)은 부분입체이성질 자리 양성자를 포함한다. 분자의 대칭축인 CH_2 양성자에 대하여 대칭축이 아니기 때문이다. 이러한 상황은 회전이성질체를 검토하거나 H_A를 중수소로 치환함으로써 이해할 수 있다. 후자의 조작은 두 개의 입체발생 중심, —OCHD(CH_3)와 —OCH (CH_3)O—을 발생시켜 그 결과의 분자는 H_B를 중수소로 치환한 분자의 부분입체이성질체가 된다. *cis*-1,2-Dichlorocyclopropane (**4-14a**)의 메틸렌 양성자는 **4-14b**와 **4-14c**가 부분입체이성질체가 되기 때문에 부분입체이성질자리가 된다.

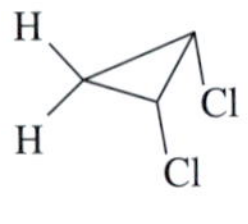

4-14a

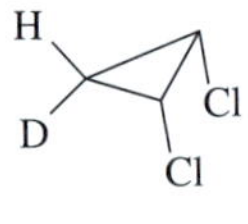

4-14b

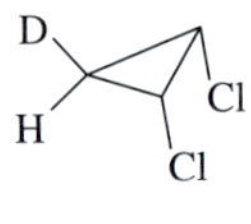

4-14c

고리동결 사이클로헥세인에서 단 한 개의 탄소에 부착된 수직 방향과 수평 방향 양성자는 부분입체이성질 자리이다. 사이클로헥세인-수직 방향-*d*와 사이클로헥세인-수평 방향-*d*가 부분입체이성질체이기 때문이다. NMR 시간 척도에서 고리 뒤집힘이 빠를 때 같은자리 양성자는 평균하여 동등하게 된다. 따라서 양성자의 부분입체이성질 자리 본성은 분자의 상호변화 속도에 의해 지배된다.

4-3 부호와 메커니즘

스핀-스핀 짝지음은 핵 스핀의 정보가 핵에서 핵으로 전자를 통하여 이동하기 때문에 발생한다. 정확하게 이러한 과정이 어떻게 일어나는가? 몇 가지 메커니즘이 고려되었지만 가장

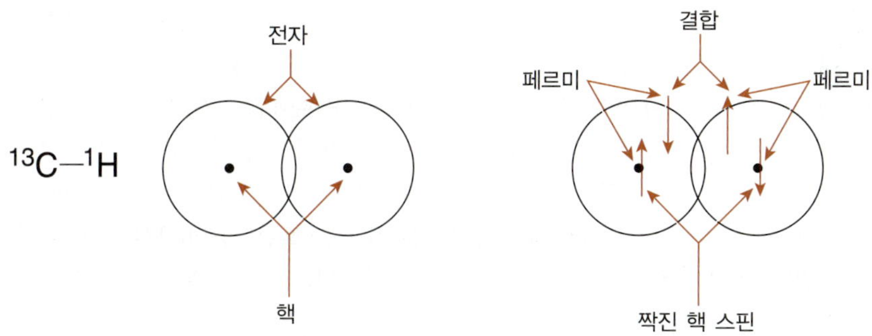

그림 4-5 두 스핀의 간접 짝지음에 대한 페르미 접촉 메커니즘의 그림

중요한 것은 **페르미 접촉 상호작용**(*Fermi contact interaction*)이다. 핵과 전자 둘 다 모두 자기 쌍극자이고 상호 간의 작용은 예를 들면 McConnell의 반자기 비등방성 분석(식 3-1)의 예에서 사용한 바와 같이 보통 점-쌍극자 가정으로 서술된다. 페르미는 이러한 가정이 쌍극자가 서로 매우 근접(양성자의 반경에 비교되어)할 때 성립하지 않는다는 것을 발견하였다. 이러한 상황 하에서 핵과 전자는 본질적으로 접촉하고 있으며 그것들의 상호작용은 페르미 접촉이라고 부르는 새로운 메커니즘으로 서술된다. 상호작용의 에너지는 핵과 전자의 자기회전 비율, 그것들의 스핀 스칼라곱(**I**는 핵에 대하여, **S**는 전자에 대하여) 및 핵에서 전자가 존재할 확률(전자파 함수를 핵에서 영인 거리에서의 값의 제곱)에 비례한다: $\mathbf{E}_{FC} \propto -\gamma_n\gamma_e\mathbf{I}\cdot\mathbf{S}\psi^2(0)$. 핵과 전자의 자기회전 비율이 반대 부호($\gamma_{H,\,C} > 0$, $\gamma_e < 0$)를 가지기 때문에 핵과 전자의 안정된 배열은 역평행(짝진 스핀)일 때이다.

이러한 모델에 따라서 X와 Y 모두 자기적인 결합 X—Y에서의 전자는 공간에서 핵 X와 동일한 지점에서 한정된 시간을 보낸다. 만일 핵 X가 $I_z = +\frac{1}{2}$의 스핀을 가진다면 페르미 접촉 메커니즘에 의하여 전자에 대하여 반대 스핀$(-\frac{1}{2})$이 선호된다. 이러한 방식으로 핵 스핀은 전자 스핀을 편극화한다(한 스핀 상태가 더 많은 개체수를 가지게 해 준다). 한 전자는 교대로 X—Y 결합에서 다른 전자와 오비탈을 공유하면 파울리 배타 원리(Pauli exclusion principle)에 의하여 먼저 전자의 스핀이 $-\frac{1}{2}$이면 $+\frac{1}{2}$의 스핀값을 가져야만 한다. 이러한 두 번째 $(+\frac{1}{2})$ 전자는 페르미 메커니즘에 의하여 Y핵이 $-\frac{1}{2}$ 스핀을 선호하게 편극화한다. 두 개의 페르미 상호작용에 의하여 짝지음 상호작용의 에너지는 $\gamma_A\gamma_X\gamma_e^2(\mathbf{I}_A\cdot\mathbf{S}_A)\psi_A^2(0)(\mathbf{I}_X\cdot\mathbf{S}_X)\psi_X^2$에 비례한다. 모든 상수가 J라고 지정한 비례상수 안으로 이동한다. J 그 자체는 두 개의 핵 자기회전 비율의 곱, $\gamma_A\gamma_X$에 비례한다. 따라서 X가 $+\frac{1}{2}$의 스핀값을 가질 때마다 Y에서는 $-\frac{1}{2}$ 스핀이 약간 선호된다. 이러한 예로 그림 4-5에서는 $^{13}C-^{1}H$ 짝지음을 보여 준다(위를 향한 화살표는 $+\frac{1}{2}$의 스핀을 표시하고, 아래를 향한 스핀은 $-\frac{1}{2}$스핀을 표시한다). 스핀 정보를 전달하기 위하여 결합 전자를 사용하였기 때문에 접촉 항목은 분자 뒹굴기에 의하여 영으로 평균화되지 않는다.

X—Y에 걸친 짝지음에 대한 앞의 모델과 같이 한 스핀이 다른 스핀을 반대로 약간 편극화할 때, 스핀 사이의 짝지음 상수 J는 관례에 따라 반대 부호를 가진다라고 말한다. 같은 방향(평행 방향)에서 스핀이 서로 상대를 편극화할 때 음의 짝지음이 발생한다. 그림 4-5에서 보여 주는 것과 유사한 정성적 모델은 H—C—H 같은 두 결합 건너의 짝지음은 음수이고 반면에 H—C—C—H 같은 세 결합 건너의 짝지음은 양수이다. 이러한 정성적 모델에 대한 수많은 예외가 있지만 J가 크기와 더불어 부호를 가지고 있다는 점을 이해하는 것이 유용하다.

고분해능 NMR 스펙트럼은 정상적으로 짝지음 상수의 절대 부호에 좌우되지 않는다. 스핀계에서의 모든 짝지음 상수의 부호를 동시에 역으로 바꾸어도 동일한 스펙트럼의 결과를 얻는다. 그러나 많은 스펙트럼은 성분 짝지음의 상대적 부호에 좌우된다. 예를 들면, 일반적인 ABX 스펙트럼은 세 개의 짝지음, J_{AB}, J_{AX}와 J_{BX}에 의하여 (4-8절) 부분적으로 결정되어진다. J_{AB}, J_{AX}와 J_{BX}가 같은 부호(모두 양이거나 모두 음)일 때와 그것들이 반대 부호(하나는 양, 나머지는 음)일 때 크기가 같다고 할지라도 다른 스펙트럼을 얻을 수 있다.

보통 짝지음 상수를 언급하는 관례는 짝지은 핵 사이의 결합의 개수를 문자 J의 왼편에 상첨자로 표시하고 그 외 다른 표기자는 오른편 아래 첨자로 혹은 괄호 안에 표시한다. 그러면 양성자 간의 이-결합(같은자리) 짝지음은 $^2J_{HCH}$ 혹은 ^2J(HCH)이고 양성자와 탄소 간의 세-결합(이웃자리) 짝지음은 $^3J_{HCCC}$ 혹은 ^3J(HCCC)가 된다. 세 결합을 넘으면 양성자 간의 짝지음은 **장거리**(*long range*)라 부른다.

4-4 일-결합 건너서의 짝지음

탄소-13과 양성자 간의 일-결합 짝지음은 짝풀림 장치를 껐을 때 ^{13}C 스펙트럼으로부터 용이하게 측정된다. 비록 보통은 짝풀림 때문에 관찰하지는 않지만 이러한 짝지음은 유용한 정보를 제공할 수 있으며 몇 가지 중요한 원리를 예시한다. p 오비탈이 핵에서 마디점을 가지기 때문에 s 오비탈에 있는 전자만이 페르미 짝지음 메커니즘에 기여할 수 있다(핵에서 s 오비탈은 전자 밀도가 최대가 된다). 양성자에 대하여 모든 전자는 1s 오비탈에 머물지만 다른 핵에 대해서는 s 특성을 가지는 오비탈 부분만이 짝지음에 기여할 수 있다. 양성자가 sp^3 탄소 원자(25% s 특성)에 부착되어 있을 때 $^1J(^{13}C-^1H)$는 sp 탄소(50% s 특성)에 부착한 양성자에 대한 값의 약 반 정도 크기가 된다. 알켄성 CH(sp^2, 33% s 특성) 짝지음은 중간 정도이다. 메테인(sp^3), 에텐(sp^2), 벤젠(sp^2)과 에타인(sp)에 대한 ^1J 값은 각각 125, 157, 159 및 249 Hz이다. 이러한 숫자는 탄소 오비탈의 s 특성과 일-결합 짝지음 간의 일차 관계를 정의한다(식 4-1).

$$\%s(C-H) = 0.2J(^{13}C-^1H) \tag{4-1}$$

이 식에서 영의 값을 얻으면 이것은 s 특성이 영일 때 짝지음이 없다는 것으로 페르미 접촉 모델과 일치한다.

일-결합 CH 짝지음은 100에서 320 Hz의 범위를 가지며 이러한 변이는 식 4-1의 J-s 관계의 관점에서 해석할 수 있다. 사이클로프로페인(162 Hz)의 짝지음 상수는 수소에 대한 탄소 오비탈이 대략 sp^2 혼성화되어 있다는 것을 보여 준다. 탄화수소에서의 중간 값들은 분률의 혼성화로 해석할 수 있다. 트라이사이클로펜테인(**4-15**)에서 표시한 CH 결합에 대한 144 Hz 짝지음은 29% s 특성($sp^{2.4}$)에 해당되고 큐베인(cubane, **4-16**)에서의 160 Hz는 32% s 특성(sp^2), 그리고 쿼드리사이클레인(quadricyclane, **4-17**)에서의 179 Hz는 36% s 특성($sp^{1.8}$)에 해당된다. J-s 관계가 탄화수소에서는 잘 작동하지만 극성 분자에 대한 응용성에는 약간의 문제가 있다. 혼성화 효과에 덧붙여 유효 핵전하에서의 변이는 짝지음 상수를 바꿀 수 있다.

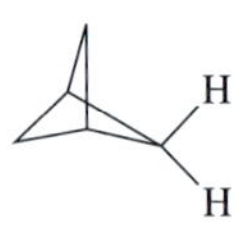

4-15

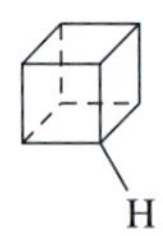

4-16

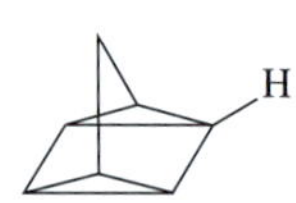

4-17

핵의 공명 주파수가 그것의 자기회전 비율 γ에 비례하는 것과 동일하게 두 핵 간의 짝지음 상수는 앞에서 보듯이 두 자기회전 비율의 곱에 비례한다: $J(X-Y) \propto \gamma_X\gamma_Y$. ^{15}N 같이 매우 작은 자기회전 비율을 가지는 핵은 따라서 작은 짝지음을 가지는 경향이 있다. 더구나 이 경우, $\gamma(^{15}N)$는 음의 부호를 가진다. 반면에 $\gamma(^{13}C)$와 $\gamma(^1H)$는 양이다. 그 결과 질소-15와 수소 간의 일-결합 짝지음은 음의 부호를 가진다. 이러한 부호는 앞서 서술한 페르미 모델(그림 4-5)의 예외를 대표하지는 않지만 자기회전 비율의 음의 부호를 반영한다.

일-결합 짝지음은 이 장의 끝에 있는 참고 문헌에 서술한 바와 같이 많은 다른 핵에 대하여 연구되어 왔다. 어느 핵도 ^{1}H일 때 짝지음 상수는 결합을 형성하는 두 핵으로부터의 오비탈의 s 특성의 곱에 좌우된다. 이러한 미지수의 증가한 개수는 예를 들면 $^{1}J(^{13}C—^{13}C)$ 혹은 $^{1}J(^{13}C—^{19}F)$를 혼성화 관점에서 해석하는 것을 더욱더 어렵게 해 준다. 두 개의 탄소 간의 일-결합 짝지음은 INADEQUATE(5-7절)라고 알려진 기술에 의하여 쉽게 측정하고 복잡한 분자 내의 탄소 연결성을 맵핑하는 데 아주 유용하다. 일-결합 짝지음의 더 많은 예는 표 4-1에 주어졌다.

4-5 같은자리 짝지음

두 양성자 간의 같은자리(H—C—H) 짝지음은 짝진 핵들이 화학적으로 동등하지 않을 때 스펙트럼, 예를 들면 ABX, AMX, ABX_3 등의 스펙트럼의 AB 혹은 AM 부분으로부터 직접적으로 측정할 수 있다. 만일 관계가 일차(AM)이면 짝지음은 그냥 보아서 측정할 수 있다. 이차의 경우(AB), 스펙트럼은 두 스핀이 분리되어(**이-스핀계**, *two-spin system*) (4-8절) 있지 않는 한 컴퓨터로 시뮬레이션을 해야 한다. 핵들이 화학적으로 동등하지만 자기적으로 동등하지 않아 AA′XX′ 스펙트럼의 AA′ 부분에서와 같이 그것들의 짝지음 상수는 구할 수 있다. 그러한 경우 $J_{AA'}$를 측정하기 위하여 컴퓨터 계산이 보통 필요하다.

자기적으로 동등한 짝진 핵 사이에서는 갈림을 관찰할 수는 없지만 핵 중 하나를 중수소로 치환하면 짝지음 상수를 측정할 수도 있다. 예를 들면, 다이클로로메테인-*d*($CHDCl_2$)에서 같은자리 H—C—D 짝지음은 1 : 1 : 1 삼중선(중수소의 스핀은 1)의 성분 간의 간격으로 나타난다. 짝지음 상수가 짝진 핵의 자기회전 비율의 곱에 비례하기 때문에 *J*(HCH)는 다음 4-2식에 보인 바와 같이 *J*(HCD)로부터 계산할 수 있다.

$$J(\mathrm{HH}) = \frac{\gamma_\mathrm{H}}{\gamma_\mathrm{D}} J(\mathrm{HD}) = 6.51 J(\mathrm{HD}) \tag{4-2}$$

같은자리 짝지음은 세 개의 원자에 의하여 형성된 각(H—C—H)에 강하게 의존하여 예를 들면 고리형 탄화수소 계열[사이클로헥세인(−12.6 Hz), 사이클로펜테인(−10.5 Hz), 사이클로뷰테인(−9 Hz), 사이클로프로페인(−4.3 Hz)] 혹은 비고리 알케인(메테인, 12.4 Hz)에 대조적으로 비고리 알켄(에텐, +2.3 Hz)이 된다. 짝지음 상수의 부호가 중요하다는 것을 유의하라. 대부분의 같은자리 짝지음이 음이지만 sp^2 탄소의 많은 짝지음상수가 양이다.

알케인에 관한 전형적인 범위는 −5에서 −20 Hz이고 알켄에 대해서는 +3에서 −3 Hz이다(혹은 부호를 무시한다면 0~3 Hz). Pople과 Bothner-By에 의하여 지적한 바와 같이 유발에 의한 전자 끌림은 짝지음 상수를 더 양으로 만드는 경향이 있다. 알케인에 대한 음의 짝지음은 따라서 절댓값에서 감소하여(작은 음수가 되어) 메테인에 대한 −12.4 Hz로부터 CH_3OH에 대한 −10.8 Hz, CH_3I에 대하여 −9.2 Hz, CH_2Br_2에 대한 −5.5 Hz가 된다. 전자 주기는 짝지음을 더 크게 음으로(더 큰 절댓값으로) 만들어 주어 예를 들면 TMS(Me_4Si)에 대하여 −14.1 Hz가 된다. sp^2 탄소에 대한 유사한 치환은 $H_2C{=}X$ 구조에서의 전자 끌림 효과를 보듯이 짝지음을 크게 변화시켜 X가 CH_2일 때(에텐) +2.3 Hz, X가 *N*-(*tert*-뷰틸) (이민)일 때 +17 Hz, X가 O(폼알데하이드)일 때 +40 Hz가 된다. 이러한 (양의 값) 짝지음은 더욱 양의 값이 되어 음의 짝지음에 대해서는 덜 음수가 되는 변화와 평행을 이룬다.

σ 결합을 통하여 전자를 끌거나 주는 효과(유발 효과)는 하이퍼콘쥬게이션 같은 π 효과에 의하여 증대되거나 감소될 수 있다. Pople과 Bothner-By는 고립 전자쌍은 전자를 주어 *J*를 더 양으로 만들고, 반면에 이중결합 혹은 삼중결합의 π 오비탈은 전자를 끌어 *J*

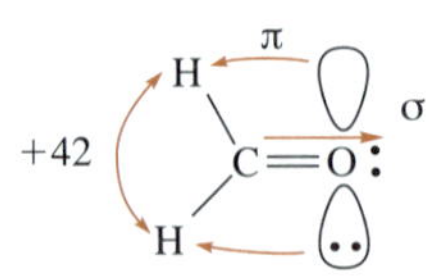

4-18

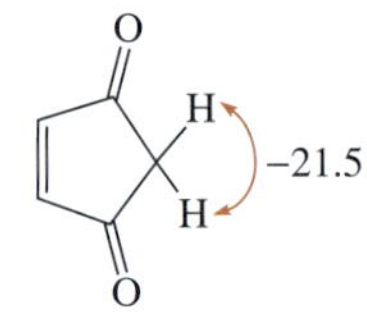

4-19

를 덜 양의 값(혹은 더 음으로)을 만든다는 것을 발견하였다. 앞서 언급한 바 에텐과 비교하여 이민 혹은 폼알데하이드가 같은자리 짝지음에서 크게 증가함은 σ 끌림과 π 주기 효과의 보강의 결과로 구조 **4-18**에 보여 준다. π 끌기 효과는 카보닐 나이트릴과 방향족에서 발생하여 아세톤(−14.9 Hz), 아세토나이트릴(−16.9 Hz) 및 다이사이아노메테인(−20.4 Hz)의 값을 준다. π 효과는 열린 사슬계에서는 자유 회전에 의하여 어느 정도 감소하여 **4-19** 및 **4-20**과 더불어 사이클로펜탄온과 사이클로헥산온의 α 양성자에서 보는 바, 고리의 구속

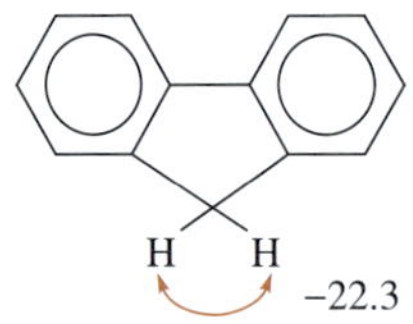

4-20

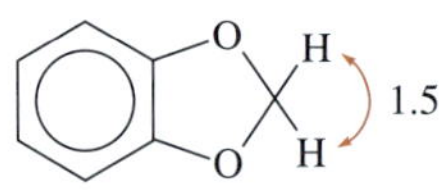

4-21

으로부터 특이하게 큰 효과가 발생한다. 구조 **4-21**은 고립 전자쌍에 의하여 어떻게 π 주기가 *J*를 더욱 양으로 만들어 주는가의 한 예시가 된다. 이러한 효과는 세 원자 고리의 같은자리 짝지음의 차이를 역시 설명해 준다: 사이클로프로페인[$(CH_2)_3$, −4.3 Hz]와 옥시레인[$(CH_2)_2O$, +5.5 Hz]. 비록 짝지음 상수의 절댓값 차이는 1.2 Hz이지만 부호를 고려하면 차이는 거의 9 Hz나 된다.

양성자와 다른 핵 사이의 같은자리 짝지음 역시 연구가 되었다. H—C—^{13}C 짝지음은 H—C—H 짝지음과 거의 같은 방법으로 치환체에 대응한다. ^{13}C의 더 작은 자기회전 비율 때문에 HCC 짝지음은 더 작다. 알케인에서의 전형적인 값은 **H**—CH_2—**CH_3**에서 −4.8 Hz이고 **H**—CCl_2—**$CHCl_2$**에서 +1.2 Hz이다. 수소로부터 sp^2 탄소(**H**—CH_2—**C**═)까지의 짝지음은 전형적으로 −4에서 −7 Hz이고 아세톤의 예에서는 [5.9 Hz, **H**—CH_2—**C**(═O)CH_3]이다. 중간체 탄소가 sp^2[**H**—(C═X)—**C**]일 때, 짝지음은 더 커지고 양이 되어 알데하이드에서는 +26.7 Hz[**H**—(C═O)—**CH_3**]이지만 알켄[(**H**—(C═**C**R_2)—]에서는 5~10 Hz가 된다.

양성자-양성자 경우와 달리, 양성자-탄소 같은자리 짝지음 경로는 이중결합(**H**—C═**C**)을 포함할 수가 있어 Pople와 Bothner-By에 의하여 고려하지 않은 이 인자가 중요해진다. sp^2 탄소에 대하여 이러한 짝지음은 흔히 작다(에텐, **H**—CH═**CH_2**에 대하여 −2.4 Hz). 그러나 적절한 치환으로 입체화학적 차이를 관찰할 수 있어 *cis*-dichloroethene(**4-22**, 16.0 Hz)과 *trans*-dichloroethene(**4-23**, 0.8 Hz)이 한 예가 된다.

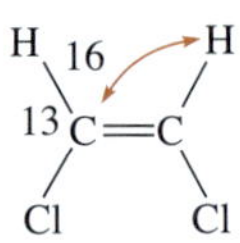

4-22

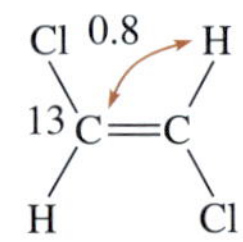

4-23

그러한 알켄 입체이성질체 사이의 차이는 흔하게 있으며 입체화학을 증명하는 데 사용할 수 있다. 방향족(**H**—C═**C**)에서의 같은자리 짝지음은 4~8 Hz이다. sp 탄소에 대하여 짝지음은 상당히 커서 에타인(**H**—C≡**C**H)에서는 49.3 Hz이고 에타인일옥시벤젠(**H**—C≡**C**—OPh)에서는 61.0 Hz이다.

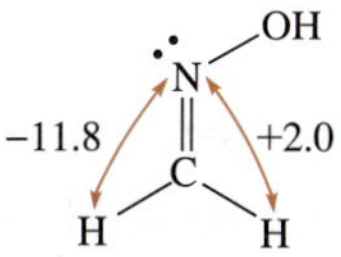

4-24

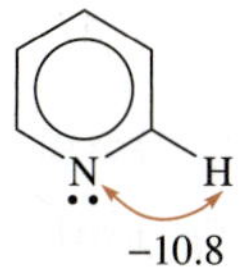

4-25

수소와 질소-15 사이의 이-결합 짝지음은 질소 고리 전자쌍의 존재와 배향에 좌우된다. 이민에서의 H—C—^{15}N 짝지음은 **4-24**와 같이 양성자가 고립 전자쌍에 시스이면 크고 음수이다. 그러나 양성자가 고립 전자쌍에 트랜스이면 작고 양수이다. 따라서 ^2J(HCN)은 이민, 옥심과 관련 화합물에서의 신-안티(syn-anti) 이성질을 구조적으로 진단하는 데 유용하다. 그러나 빠른 결합 회전을 가지는 포화된 아민에서 값들은 전형적으로 매우 작고 음이다(메틸아민, CH_3NH_2에 대하여 −1.0 Hz). 또한 피리딘(**4-25**) 같은 헤테로고리에서 질소 고립 전자쌍과 수소 사이의 시스 관계를 볼 수 있는데 여기서 짝지음 상수는 −10.8 Hz이다.

^{15}N와 ^{13}C 사이의 이-결합 짝지음은 유사한 양식을 따르고 또한 구조와 입체화학 배정을 하는 데 사용할 수 있다. 이민의 고립 전자쌍과 같은 측면 상의 탄소는 크고 음인 짝지음(**4-26**에서 −11.6 Hz)을 가진다. **4-26**의 이성질체, 메틸이 하이드록시에 신(syn) (고립

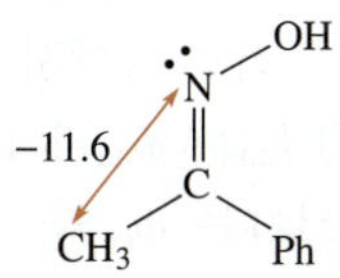

4-26

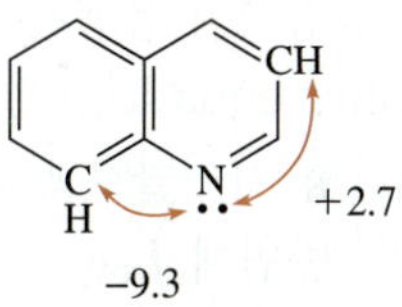

4-27

전자쌍에 안티, anti)인 이성질체는 ^2J(CCN)가 단지 1.0 Hz이다. 퀴놀린(**4-27**)의 두 개의 표시된 탄소의 짝지음은 각각 −9.3과 2.7 Hz이며 질소의 고립 전자쌍에 하나는 신이고 다른 하나는 안티이다.

^{31}P와 수소 사이의 짝지음 역시 입체화학적으로 사용되었다. H—C 결합과 인의 고립 전자쌍이 가려질 때(신, syn) 최댓값의 ^2J(HCP)가 관찰되고 그것들이 수직이거나 안티일 때 최고의 음수 값의 ^2J(HCP)가 관찰된다. 상황은 수소와 ^{15}N 사이의 짝지음과 유사하지만 ^{15}N와 ^{31}P의 자기회전 비율의 반대 부호의 결과로 부호는 역으로 된다. 헤테로고리 **4-28**은 ^{31}P와 H_a(신) 사이의 짝지음이 +25 Hz이고 ^{31}P와 H_b(안티) 사이의 짝지음이 −6 Hz임을 보여 준다. 짝지음은 역시 구조적으로 지배되어 P(III)이 P(V)보다 크다: $(CH_3)_3P$에 대하여 27 Hz이고 $(CH_3)_3P{=}O$에 대하여 13.4 Hz이다.

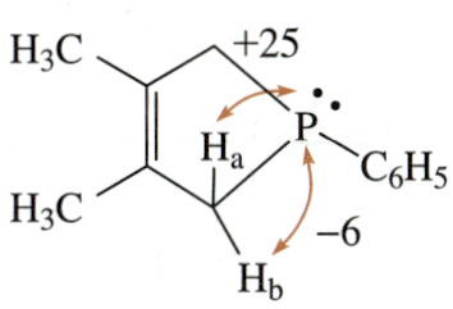

4-28

같은자리 H—C—F 짝지음은 sp^3 탄소에 대하여(CH_3**CH_2F**에 대하여 47.5 Hz) 보통 +50 Hz에 근접하고, sp^2 탄소에 대하여($CH_2{=}$**CHF**에 대하여 84.7 Hz) +80 Hz에 근접한다. 같은자리 H—C—F 짝지음은 보통 sp^3 탄소에 대하여(1,1-difluorocyclohexane에 대하여 240 Hz) 매우 크지만(+150~250 Hz) 불포화 탄소에 대하여($CH_2{=}CF_2$에 대하여 35.6 Hz) 100 Hz보다 작다.

4-6 이웃자리 짝지음

세 결합에 걸쳐진 양성자 사이의 짝지음 상수는 가장 중요한 초기의 NMR 분광학의 입체화학적 응용을 제공한다. 1961년 Karplus는 ^3J(HCCH)와 H—C—C—H 이면각 사이의 수학적 관계를 유도하였다. 가장 간단한 형태의 식 4-3은 그림 4-6에서 도식화되었으며 화학자들에게 일반적이고 쉽게 적용하는 정성적 도구를 제공한다. 코사인제곱 관계는 오비탈들이 평형일 때의 강한 짝지음으로부터 생긴다. 그 오비탈들은 신페리평면(synperiplanar) (ϕ = 0°~30°) 혹은 안티페리평면(antiperiplanar) (ϕ = 150°~180°) 기하구조에서 중첩할 수 있다. 오비탈이 엇갈리거나 직각인 경우(ϕ = 60°~120°), 짝지음은 약하다.

$$^3J = \begin{cases} A\cos^2\phi + C & (\phi = 0°-90°) \\ A'\cos^2\phi + C' & (\phi = 90°-180°) \end{cases} \quad \textbf{(4-3)}$$

가산적인 상수 C와 C′는 0.3 Hz보다 작다고 생각되어 보통 무시한다. 상수 A와 A′ 값이 계산이 가능할 때 정량이 가능한다. A와 A′의 비등식($A < A'$)은 그림 4-6에서 왼쪽의 신(syn) 최대치와 오른쪽의 안티(anti) 최대치에서 J가 다르다는 것을 의미한다. 불행하게도 이러한 곱셈 상수는 계와 계에 따라서 8~14 Hz(알켄에 대하여 큰)의 범위로 변한다. 이러한 변화로 정량적인 응용은 한 구조에서 다른 구조로 쉽게 이동할 수 없다.

카플러스 식(Karplus equation)은 몇 가지 매우 근본적인 계에서의 유용한 정성적인 해석을 제공한다. 의자형 사이클로헥세인에서(그림 4-7) J_{aa}는 ϕ_{aa}가 180°에 근접하기 때문에 크다(8~13 Hz). 반면에 J_{ee}(0~5 Hz)와 J_{ae}(1~6 Hz)는 ϕ_{ee}와 ϕ_{ae}가 60°에 가깝기 때문에 작다. 수직 방향 양성자와 이웃하는 수직 방향 양성자는 그것의 큰 J_{aa}로 쉽게 확인할 수 있다. 사이클로헥세인 고리가 두 개의 의자형 사이에서 뒤엎어진다면 J_{aa}는 J_{ee}와

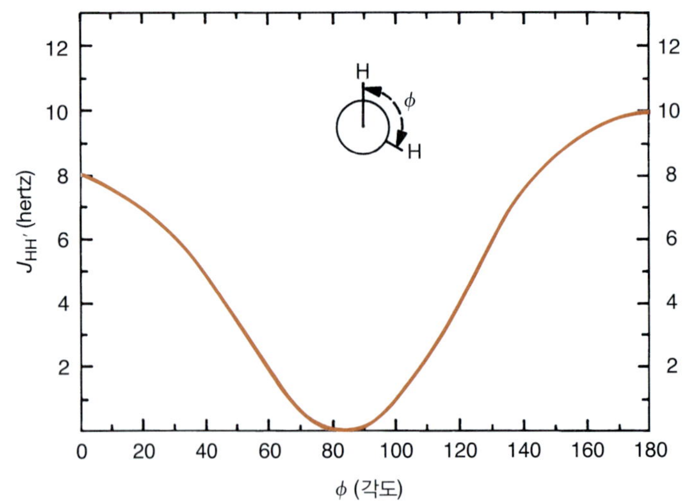

그림 4-6 이면각 ϕ의 함수로 표시한 이웃자리 H—C—C—H 짝지음 상수

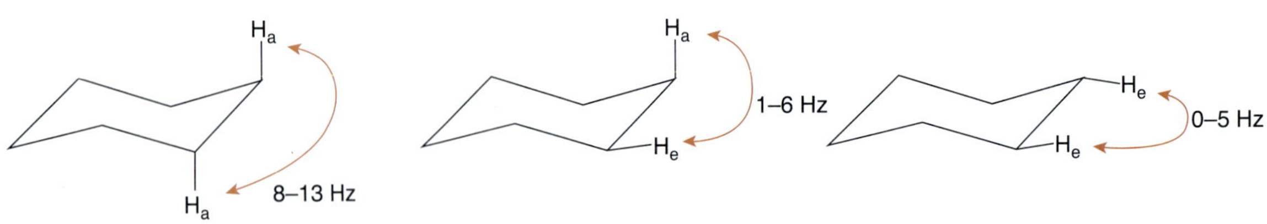

그림 4-7 의자형 육원자 고리에서의 이웃자리 양성자 사이의 짝지음의 크기

평균되어 4~9 Hz 범위의 J_{trans} 값을 주고 J_{ae}는 J_{ea}와 평균되어 더 작은 J_{cis}를 준다. 복잡한 스핀계에서는 수직 방향 양성자 공명은 때로는 그것들의 수평 방향 양성자보다 넓은 선폭 혹은 전체적인 퍼짐에 의하여 인식할 수 있다. 그 이유는 J_{aa}는 J_{ae}보다 선폭을 증가시키거나 더 많이 퍼지게 하기 때문이다.

삼원자 고리(**4-29**)에서는 그림 4-6의 카플러스 도시를 얼핏 보면 알 수 있는 바 J_{cis} (ϕ = 0°)는 항상 J_{trans} (ϕ = 120°) 보다 크다.

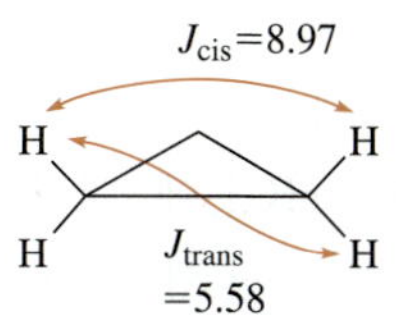

4-29

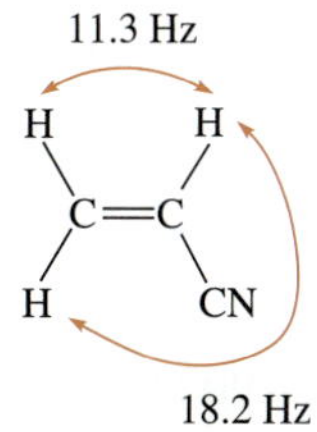

4-30

어미 사이클로프로페인에 대하여 J_{cis} = 8.97 Hz이고 J_{trans} = 5.58 Hz이다. 사원자 고리에서 시스 짝지음은 보통 트랜스 짝지음보다 크다. 그러나 두 양은 너무 근접하여 모호하다. 오원자 고리에서는 J_{cis} 혹은 J_{trans} 어느 하나가 클 수 있다. 이면각이 카플러스 곡선의 중앙을 향하기 때문이다.

알켄에서 예를 들면 아크릴로나이트릴(**4-30**)에서의 18.2 Hz와 11.3 Hz와 같이 J_{trans} (ϕ = 180°)는 항상 J_{cis}(ϕ = 0°)보다 크다. 이 화합물의 스펙트럼은 그림 4-8에 표시하였다. 자장 세기에 따라서 AMX, ABX 혹은 ABC 스펙트럼을 포함하는 바이닐 공명은 세 개의 소집단으로 구성되어 있다. 세 개의 짝지음(J_{AM}, J_{AX} 및 J_{MX})은 $^3J_{trnas} > {}^3J_{cis} > {}^2J_{gem}$이 된다는 지식을 가지고 검토하여 배정할 수 있다. 그림 4-8로부터 **4-30**에 대한 측정치를 수행해보라. 12개의 피크는 δ 5.647, 5.684, 5.708, 5.744, 6.090, 6.093, 6.128, 6.132, 6.211, 6.215, 6.273, 6.278에 위치한다. 마지막으로 방향족에서의 오쏘 양성자는 0°의 이면각을 가지고 있어 $^3J_{오쏘}$는 일반적으로 크기 때문에(6~10 Hz) 보다 작은 $J_{메타}$와 $J_{파라}$로부터 구별할 수 있다.

이면각 문제에 대한 카플러스 식의 좋은 일반적인 응용성에도 불구하고 정량적인 한계가 존재한다. 이웃자리 H—C—C—H 짝지음 상수가 H—C—C—H 이면각과 더불어 C—C 결합 길이 혹은 결합 차수, H—C—C 원자가 각도, 탄소 원자의 치환체의 전기음성도, 이러한 치환체의 배향에 좌우된다. 이러한 다른 모든 요인이 곱셈 상수 A와 A′에 기여한다. 적절한 조절 하에서 교정한 계열의 분자는 경직(단일 회전배열 이성질체)되어야 하고 변하지 않는 결합 길이와 원자가 각도를 가져야 한다. 몇 가지 접근법이 이제

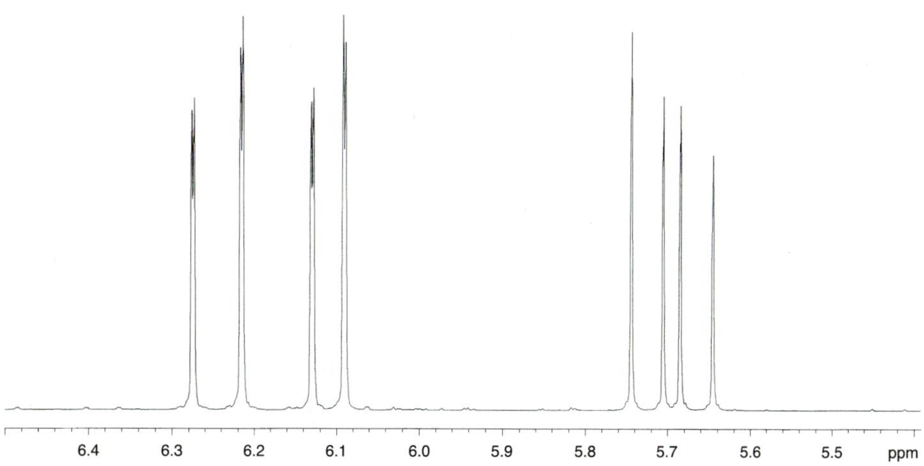

그림 4-8 아크릴로나이트릴 (CH_2=CHCN) 의 $CDCl_3$에서의 300 MHz ^1H 스펙트럼

유일하게 남아 있는 요인, 치환체 전기음성도를 고려하기 위하여 개발되었다. 한 방법은 전기음성도에 지배되는 ^3J의 수학적 의존성을 유도하는 것이다. 다른 한 방법은 ^3J와 비슷한 양식으로 전기음성도에 지배되는 화학 이동을 실험적으로 사용하는 것이다. 세 번째 방법은 같은 혹은 관련된 이면각에 대응하는 ^3J 짝지음 상수와 치환체 전기음성도에 대한 같은 곱셈 의존성인 ^3J 짝지음 상수, 이 두 개 ^3J 짝지음 상수를 나누어 얻은 R의 비율(R값)을 사용하여 문제를 제거하는 것이다. 이들의 보다 정교한 카플러스 방법의 변형판은 믿을 수 있는 정성적 결과를 성공적으로 얻는 데 사용되었다.

이면각을 제외한 다른 요인의 존재는 구조적으로 유사한 계에 있어서 조차도 일정한 ϕ에서도 이웃자리 짝지음 상수의 범위를 가지게 결과를 얻는다. 포화 탄화수소 사슬(**H**—C—C—**H**)은 치환체 전기음성도와 회전이성질체의 혼합체에 좌우되어 3~9 Hz 범위에서의 이웃자리 짝지음을 보여 준다($Cl_2CHCHCl_2$에 대하여 J = 3.06 Hz이고 CH_3CH_2Li에 대하여 8.90 Hz). 높은 치환체 전기음성도는 항상 이웃자리 짝지음 상수값을 낮추어 준다. 작은 고리에서 변화는 거의 전적으로 치환체의 전기음성도의 결과이어서 사이클로프로페인 계열에서 시스는 7~13 Hz 범위이고 트랜스는 4~10 Hz 범위가 된다. 옥시레인[oxirane(에폭사이드)] 계열에서의 짝지음 상수는 산소 원자의 전기음성도 효과로 작다. 이중결합 건너의 짝지음(**H**—C═C—**H**)은 다른 두 개 치환체의 전기음성도와 마찬가지로 원자가 각도(valence angle)에 강하게 의존한다. 사이클로알켄에서 값은 모두 다 $\phi = 0°$를 가지는 사이클로프로펜의 1.3 Hz로부터 사이클로헥센의 8.8 Hz까지로 변한다. 비고리형 알켄에서 J_{trans}는 10~24 Hz의 범위를 가지고 J_{cis}는 2~19 Hz의 범위를 가진다. 범위가 겹치기 때문에 시스와 트랜스 이성질체의 구별은 두 이성질체를 모두 가지고 있을 때만 충분히 신뢰할 수 있다. 결합이 단일결합과 이중결합 중간이라면 ^3J는 전체 결합 차수와 비례하여 나프탈렌에서 $^3J_{12}$ = 8.6 Hz와 $^3J_{23}$ = 6.0 Hz가 된다.

벤젠 유도체에서의 오쏘 짝지음은 비교적 작은 범위 6.7~8.5 Hz가 되며 치환체의 공명과 극성 효과에 좌우된다. 고리 안에 있는 헤테로원자의 존재는 전기음성도 효과(피리딘)와 작은 고리(퓨란, 피롤)의 효과 때문에 범위를 낮은 쪽 끝으로 2 Hz로 확장한다.

한 탄소가 sp^3이고 하나가 sp^2일 때[H—C—C(═X)—H] 범위는 자유롭게 회전하는 비고리형 탄화수소(X═CR_2)에 대하여 5~8 Hz이고 알데하이드(X═O)에 대하여 1~5 Hz이다. 탄화수소 고리에서의 값은 사이클로뷰텐의 −0.8 Hz로부터 사이클로헥센에서 +3.1 Hz와 사이클로헵텐에서의 +5.7 Hz에 걸쳐서 변한다. 다이엔의 중앙 결합(**H**—C(═X)—C(═Y)—**H**)에서, 트랜스유사형(transoid)계(X, Y═CR_2)에 대한 범위는 10~12 Hz이다. 고리로 구속되었을 때 경로는 시스유사형(cisoid)이고 짝지음은 사이클로펜타다이엔(cyclopentadiene)에서는 1.9 Hz이고 1,3-cyclohexadiene에서는 5.1 Hz이다. α,β-불포화 알데하이드(X═O, Y═CR_2)에서는 트랜스유사형인 경우 짝지음 상수는 8 Hz이고 시스유사형인 경우에는 3 Hz이다.

H—C—X—H(X = O, N, S, Si 등), H—C—C—C, H—C—C—F, H—C—N—F와 C—C—C—C 짝지음도 역시 카플러스 유사관계를 따른다. ^3J(H—C—O—P) 짝지음은 뉴클레오타이드의 골격 회전배열 형태를 정하는 데 유용하다. ^3J(C—C—C—C) 짝지음은 두 결합 경우[^2J(C—C—C) 범위는 1~10 Hz]보다 큰 범위값(3~15 Hz)을 가진다. F—C—C—F와 H—C—C—P 짝지음은 카플러스 양식을 따르지 않는 것으로 보인다.

4-7 장거리 짝지음

네 결합 이상에 걸쳐서 양성자 사이의 짝지음은 **장거리**(*long range*)라고 말한다. 때로는 두 결합 이상에 걸친 ^{13}C와 양성자 사이의 결합을 장거리라고 말하지만 이 용어는 ^2J(CCH)와 ^3J(CCCH)에 대해서는 적절한 용어가 아니다. 양성자 간의 장거리 짝지음 상수는 통상 1 Hz보다 작으며 자주 관찰할 수 없을 정도로 작다. 그러나 적어도 2개의 구조적 환경에서 그러한 짝지음은 통상적으로 의미가 있게 된다.

***σ*-*π* 중첩**. 짝지음 경로를 따라 이중결합과 삼중결합의 π 전자와 방향족 고리와의 C—H (σ) 결합과의 상호작용은 흔히 짝지음 상수의 크기를 증가시킨다. 그런 경우의 하나는 네 결합 **알릴성 짝지음**(*allylic coupling*) **HC—C=CH**으로 약 +1 Hz에서 −3 Hz의 범위를 가지며 전형적인 값은 −1 Hz에 근접한다. C—H_a 결합이 π 오비탈(**4-31**)과 평형일 때 큰 값이 관찰된다. 이러한 σ-π 중첩은 짝지음이 더 효율적으로 전달되는 것을 가능하게 해 준다. C—H_a 결합이 π 오비탈에 수직인 경우 σ-π 중첩 효과가 없으며 짝지음은 작다(< 1 Hz). 비고리계에서는 이면각이 선호와 비선호 배열 모두에 걸쳐 평균화되어 2-methylacryloin (**4-32**, $|^4J| = 1.45$ Hz)에서와 같이 평균 ^4J가 발견된다. 고리 구속은 인덴(indene)과 같이 (**4-33**, $^4J = -2.0$ Hz) 결합을 선호되는 배열로 동결시킬 수 있다.

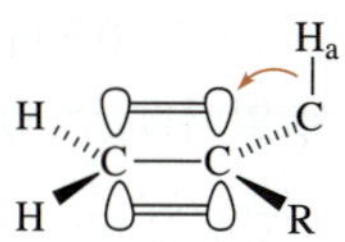

4-31

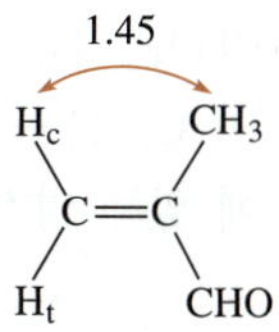

4-32

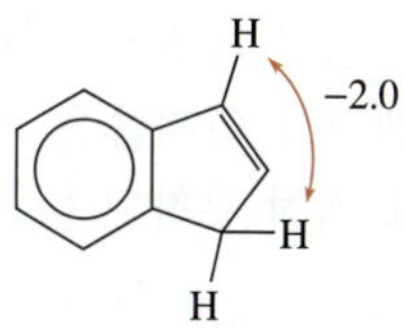

4-33

다섯-결합 이중적 알릴성 짝지음(Five-bond doubly allylic coupling) [또한 **호모알릴성**(*homoallylic*)이라고도 부름], **HC—C=C—CH**은 두 개의 C—H 결합의 π 오비탈에 대한 배향에 좌우된다. 2-뷰텐 같은 비고리계에 대하여 ^5J는 전형적으로 2 Hz로 범위는 0~3 Hz가 된다. 두 개 양성자 모두 잘 정렬되면 짝지음은 상당히 클 수가 있어 평면의 1,4-cyclohexadiene (**4-34**)의 경우 시스 짝지음은 9.63 Hz이고 트랜스 짝지음은 8.04 Hz이다.

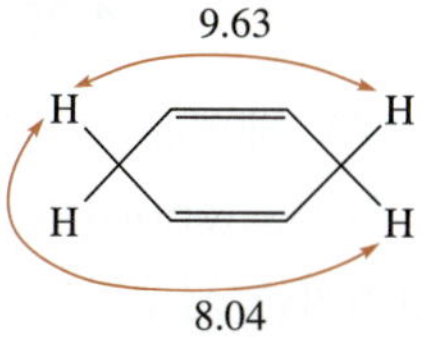

4-34

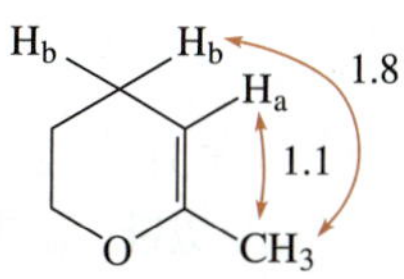

4-35

이러한 짝지음은 적절한 중수소 표지로 측정할 수 있다. 다섯-결합 이중적 알릴성 짝지음은 **4-35**[$^4J(CH_3\text{-}H_a) = 1.1$ Hz, $^5J = 1.8$ Hz]와 같이 알릴성보다 큰 것이 생소한 것은 아니다.

σ-π 중첩이 매우 효율적일 수 있는 알카인성과 알렌성 화합물에서는 짝지음 상수가 특이하게 크다. 알렌 그 자체($CH_2=C=CH_2$)는 ^4J가 −7 Hz이다. 1,1-Dimethylallene에서는 ^5J가 감소하여 3 Hz가 된다. 알렌 입체화학은 CH_2기로부터 **4-36**의 π 오비탈에 향한 한 쌍의 화살표가 보여 주듯이 σ-π 중첩에 대한 선호적인 배열로 고정이 되어 있다.

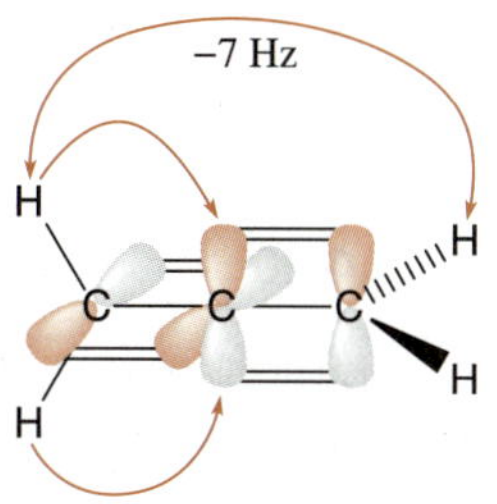

4-36

프로파인(메틸아세틸렌, $^4J = -7$ Hz)과 2-뷰타인(다이메틸아세틸렌 $^5J = 2.7$ Hz) 모두 삼중결합이 σ-π 중첩에 대하여 입체적 제한을 가하지 않기 때문에 장거리 짝지음 상수는 증대되었다.

상당히 큰 장거리 짝지음이 폴리알카인에서 일곱 결합까지 걸쳐서 관찰되었다. 콘쥬게이션 이중결합은 더욱 복잡한 상황을 제공한다. 뷰타다이엔에는 두 개의 사-결합(-0.86, -0.83 Hz)과 세 개의 오-결합($+0.60$, $+1.30$, $+0.69$ Hz) 짝지음이 존재한다. 방향족 고리에서는 메타 짝지음이 ^4J(1~3 Hz)이고 파라 짝지음이 ^5J (0~1 Hz)이다. 벤젠 그 자체에는 $^3J_{오쏘}$는 7.54 Hz, $^4J_{메타}$는 1.37 Hz이고 $^5J_{파라}$는 0.69 Hz이다. 뷰타다이엔(butadiene)과 벤젠에서의 이러한 짝지음의 어느 것도 σ-π 중첩을 포함하지 않는다. 그 이유는 이러한 것들이 평면 내에서 발생하기 때문이다. 방향족 고리에 부착된 포화 탄소 원자에 있는 양성자(CH_3—C_6H_5)는 고리의 세 유형의 양성자와 짝진다. 이러한 벤질성 짝지음(benzylic coupling)은 알릴성 짝지음과 아주 비슷하게, 치환체 C—H 결합과 방향족 π 전자 사이의 σ-π 중첩에 좌우된다($^4J_{오쏘} = 0.6$~0.9 Hz, $^5J_{메타} = 0.3$~0.4 Hz, $^6J_{파라} = 0.5$~0.6 Hz). 이중적인 벤질성 짝지음은 자일렌(CH_3—C_6H_4—CH_3, $^5J_{오쏘} = 0.3$~0.5 Hz)과 같이 벤젠 고리에 직접 부착된 다른 포화 탄소에 있는 양성자 사이에서 일어날 수 있다.

지그재그 경로. 장거리 짝지음의 두 번째 주요한 범주에서 증대한 값들을 평면의 W 혹은 지그재그 경로로 관련되는 양성자 사이에서 관찰할 수 있다. 이러한 기하학적 구조는 예를 들면 육원자 고리(**4-37**, $^4J = 1.7$ Hz)에서의 양성자 사이의 1,3-이수평 방향 배열에서

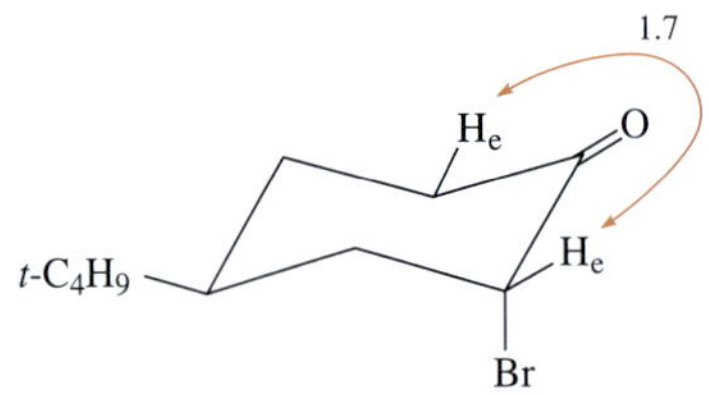

4-37

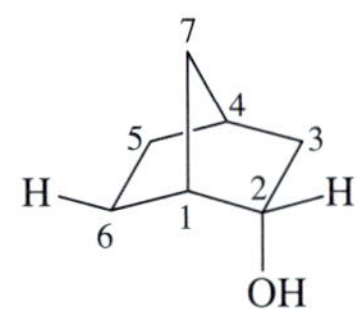

4-38

본다. 노보네인(norbornane) 골격(**4-38**)은 몇 가지의 W 배열을 표시된 2와 6 엑소 양성자 사이뿐만 아니라 교두점 양성자 사이(1과 4) 및 3-엔도(endo)와 7-안티 양성자 사이 것을 포함하여 가지고 있다. 평면의 지그재그 배열에서는 평행하는 C—H와 C—C 결합 사이에 선호적인 중첩이 있다. 이것은 $\phi = 180°$에 있는 최적의 이웃자리 짝지음과 유사하다. 지그재그 경로는 전적으로 골격 내에 있지만 벤젠의 메타 짝지음(**4-39**, 벤젠에서의 큰 $^4J = 1.37$ Hz)과 같이 많은 π 계에서도 중요하다. 오-결합 지그재그 경로도 비슷하게 증대된 장거리 짝지음을 줄 수 있다. 예를 들면, 1,3-butadiene(**4-40**)에서 $^5J = +1.3$ Hz이고 퀴놀린(quinoline, **4-41**)에서 표시한 양성자 사이의 $^5J = 0.9$ Hz이다. 여섯 결합까지에도 걸치는 지그재그 경로가 짝지음을 보여 주는 것이 발견되었다.

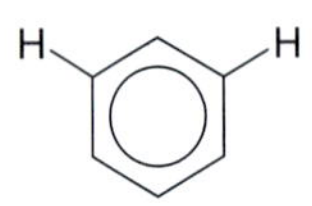

4-39

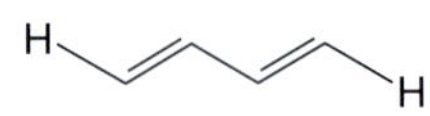

4-40

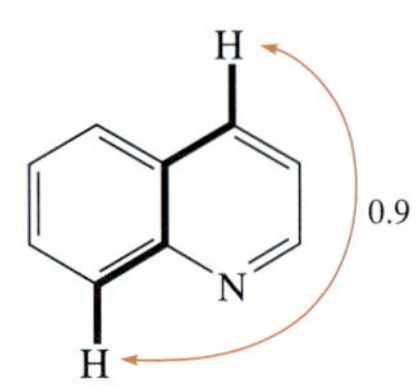

4-41

공간 통과 짝지음. 짝지음 정보는 항상 전자매개 경로를 통하여 전달되지만 σ-π 중첩을 가지는 알릴성(4-31)과 벤질성 짝지음 같은 몇 가지 경우에는 결합 통과 경로의 부분은 건너 뛴다. 공간에서 반데르발스 접촉 내에 두 개의 핵이 존재한다면 만일 적어도 한 개의 핵이 고립 전자쌍을 가진다면 어떠한 개수의 결합에 걸쳐서라도 스핀 정보가 교환된다.

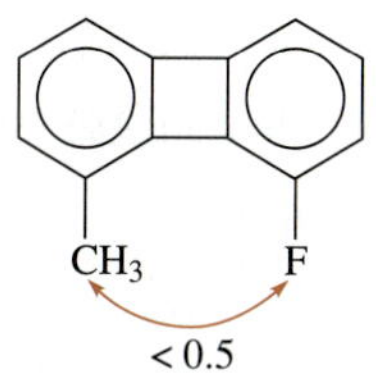

4-42

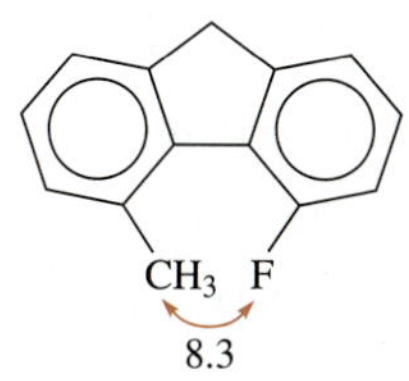

4-43

이러한 소위 공간 통과 짝지음은 가장 흔하게 그러나 배타적은 아니게 H—F와 F—F 쌍에서 발견된다. 육-결합 CH_3—F 짝지음은 **4-42**에서는 무시할 만하지만(H—F 거리는 2.84 Å), **4-43**(H—F 거리는 1.44 Å)에서는 8.3 Hz이다(H와 F의 반데르발스 반경의 합은 2.55 Å이다). 후자의 경우에서 짝지음 정보는 아마도 고립 전자쌍을 통하여 양성자로부터 플루오린 원자로 전달되었을 것이다. 그러한 정보는 비정상으로 큰, 같은자리 F—C—F 짝지음에서 중요할 것이다. ^2J(FCF) 값은, 작은 사면체 각이 플루오린 원자들을 근접하게 만들기 때문에 sp^2 CF_2(약 50 Hz)보다는 sp^3 CF_2(약 200 Hz)에서 크다.

4-8 스펙트럼 분석

우리는 여태까지 짝지음 상수를 어떻게 스펙트럼에서 추출하였는가에 대하여 말하지 않았다. 스펙트럼이 일차일 때, 화학 이동이 공명 다중선의 중심에 해당되기 때문에 측정은 매우 단순하다. 다른 한 스핀과 짝진 이중선의 성분 사이의 중간점은 두 개 다른 스핀과의 짝진 삼중선의 중간점과 다름이 없고 이런 점은 계속된다. 공명 다중선에서의 이웃하는 피크 간의 거리는 짝지음 상수에 해당된다. 이러한 이상적인 특성은 이차 스펙트럼에서는 통하지 않을 수 있다. 양성자 이외의 대부분의 핵이 매우 넓은 화학 이동 범위를 가지는 이유와 이러한 핵들은 흔히 자연 존재율이 낮아서 서로 짝지음을 보여 주지 않는 이유로 이차 분석은 주로 양성자 스펙트럼을 단독으로 고려한다. 양성자에 관하여 500 MHz 이상에서 측정한 스펙트럼은 보통 $\Delta\nu/J$ 판단 기준으로부터 일차이다. 그러나 자기적 비동등성(4-2절)은 자기장에 대하여 독립적이고 가장 고가의 초전도 자석을 사용하더라도 AA′XX′ 같은 이차 스펙트럼을 생성한다.

AX 스펙트럼은 두 개의 이중선을 포함하고 모든 성분은 같은 세기를 가진다(그림 2-18의 스펙트럼과 그림 4-1 바닥쪽 스펙트럼은 일차에 매우 근접한다). 이중선 간격은 J_{AX}이고 이중선의 중간점은 ν_A와 ν_X이다. 이차(second order) 이-스핀(AB)계 역시 네 개의 선을 포함하지만 안쪽 피크는 항상 바깥쪽 피크보다 세기가 더 크다(그림 4-1과 4-9 참조). 짝지음 상수(J_{AB})는 이중선 간격으로부터 직접적이고 정확하게 얻을 수 있지만 어떠한 특정 피크 위치나 단순한 평균값이 화학 이동에 해당되지는 않는다. A 화학 이동(ν_A)은 두 개의 A 피크의 가중평균 위치에서 발생한다(ν_B도 유사하다). 화학 이동 차이 $\Delta\nu_{AB}(\nu_A - \nu_B)$는 식 4-4로부터 쉽게 계산할 수 있다.

$$\Delta\nu_{AB} = (4C^2 - J^2)^{\frac{1}{2}} \quad \textbf{(4-4)}$$

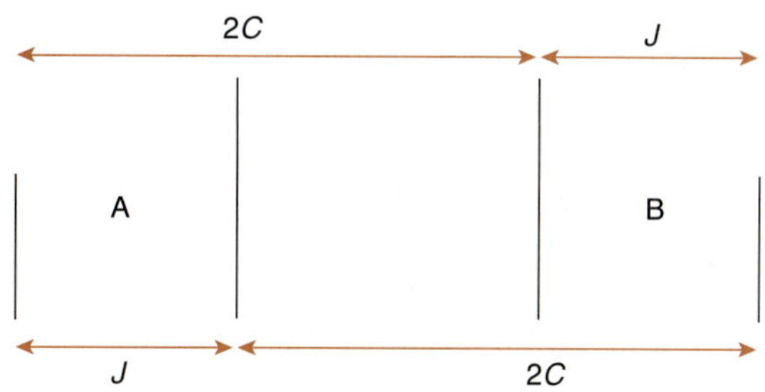

그림 4-9 이차 이-스핀계(AB)에서의 간격에 대한 표기

여기서 2C는 다른 피크 간의 간격이다(그림 4-9 참조). ν_A와 ν_B 값은 사중선의 중앙점으로부터 $\frac{1}{2}\Delta\nu_{AB}$ 값을 더하고 빼서 금방 구할 수 있다. 큰 안쪽 피크와 작은 바깥쪽 피크 간의 세기 비율은 $(1 + J/2C) / (1 - J/2C)$ 표현으로 주어진다.

삼-스핀계는 AX_2와 AMX 일차 경우에서만 육안 검사에 의하여 쉽게 분석할 수 있다. 이차 AB_2 스펙트럼은 최대 아홉 개 피크를 포함할 수 있어 A 양성자 단독으로부터의 스핀 뒤업기로부터 4개, B 양성자 단독으로부터의 스핀 뒤업기로부터 4개와 A와 B 양성자 모두의 동시 스핀 뒤업기로부터 1개가 된다. 아홉 번째 피크는 **복합선**(*combination line*)이라 부르고 보통은 금지되어 낮은 세기를 가진다. 그러나 이러한 양식은 육안 검사로 분석을 할 수도 있지만 정상적으로는 컴퓨터 사용에 의존한다. 다른 이차 삼-스핀계는 (ABB′, AXX′, ABX와 ABC)와 사-스핀계의 이차계(AA′BB′, AA′XX′, ABXY 등)와 그 이상의 이차계의 대부분은 육안 검사로 드물게 분석할 수 있으며 컴퓨터 방법을 사용한다.

대부분의 분광기는 오늘날 일곱 스핀까지 스펙트럼 계산에 관한 소프트웨어를 제공한다. 컴퓨터 시뮬레이션을 통해 관찰한 스펙트럼과 일치시키기 위한 첫 단계는 화학 이동과 짝지음 상수를 근접하는 시행착오 과정이다. 화학 이동은 관찰한 다중선과 계산한 다중선의 폭과 위치가 대략적으로 일치하게 변화시킨다. 다음에 짝지음 상수 혹은 그것들의 합과 차이를 상당히 일치될 때까지 체계적으로 변화시킨다. 이 방법은 세 혹은 네 스핀에 대하여 상당히 성공적이지만 큰 계에 대해서는 어렵거나 불가능하다.

직접 계산 혹은 이러한 시행착오에 대한 정밀화는 반복 과정의 컴퓨터 프로그램을 사용한다. Castellano와 Brother-By의 프로그램(LAOCN-5)은 피크 위치에 대하여 반복하지만 특정 스핀 뒤엎기에 대한 피크 배정을 요구한다. Stephenson과 Binsch의 프로그램(DAVINS)은 배정하지 않은 피크를 직접적으로 작업한다.

4-9 이차 스펙트럼

이차 스펙트럼은 짝지음 상수에 해당되지 않는 피크 간격, 비이항 상수, 공명 중간점에 있지 않는 화학 이동 혹은 $n+1$ 법칙(그림 4-1, 4-2 및 4-3 참조)을 따르지 않는 공명 다중선에 의하여 특징을 가진다. 스펙트럼이 일차같이 보이는 외양을 가진 경우조차도 이차일 수 있다. 스펙트럼이 실제 스펙트럼 매개변수와 일치하게 보이는 더 단순한 모습을 가지는 방식에서 선들은 우연히 겹칠 수 있다[이 경우를 **기만적 단순성**(*deceptive simplicity*)이라 부른다]. 예를 들면 ABX 스펙트럼에서 X핵은 근접하게 짝진($\Delta\nu_{AB}/J \ll 10$) 두 개의 핵(A와 B)과 짝진다. 이러한 환경에서 A와 B 스핀 상태는 마치 $J_{AX} = J_{BX}$인 A_2X 스펙트럼과 유사하다. 그림 4-10은 이러한 상황을 나타낸다. $\Delta\nu_{AB} = 3.0$ Hz(그림 4-10a)일 때, 계산한 예는 $J_{AX} \neq J_{BX}$임에도 불구하고 한 개의 짝지음 상수를 가지는 일차 A_2X 같이 보인다. $\Delta\nu_{AB} = 8.0$ Hz(그림 4-10b)일 때 전형적인 ABX 스펙트럼이 얻어진다. 기만적 단순성은 때로는 항상은 아니지만 높은 자장을 사용하여 제거할 수 있다. 스펙트럼이 기만적으로 단순할 때, 짝지음 상수의 합만 혹은 평균값만 측정할 수 있다. 실제 짝지음 상수는 얻는 것이 불가능하다.

AA′XX′ 스펙트럼은 A_2X_2와 유사하게 흔히 기만적으로 간단한 삼중선의 쌍으로 관찰된다. 이 경우 근접하게 짝지어 있는 것은 A와 A′이다($\Delta\nu_{AA'} = 0$ Hz이고 $J_{AA'}$는 크다). 그런 기만적 단순성은 A와 A′이 화학적으로 동등하여 높은 자장을 사용하여도 제거되지 않는다. 화학자는 분자 구조가 AA′XX′를 암시할 때 삼중선 쌍이 기만적으로 자기적 동등함(A_2X_2)과 동등한 짝지음($J_{AX} = J_{AX'}$)을 암시한다는 것에 유의해야 한다. 때로는 A와 X의 짝지음은 낮은 자장을 사용하여 AA′XX′ 스펙트럼을 더 많은 수의 피크를 가지는 AA′BB′로 변하게 하여 완전히 분석함으로써 관찰할 수 있다.

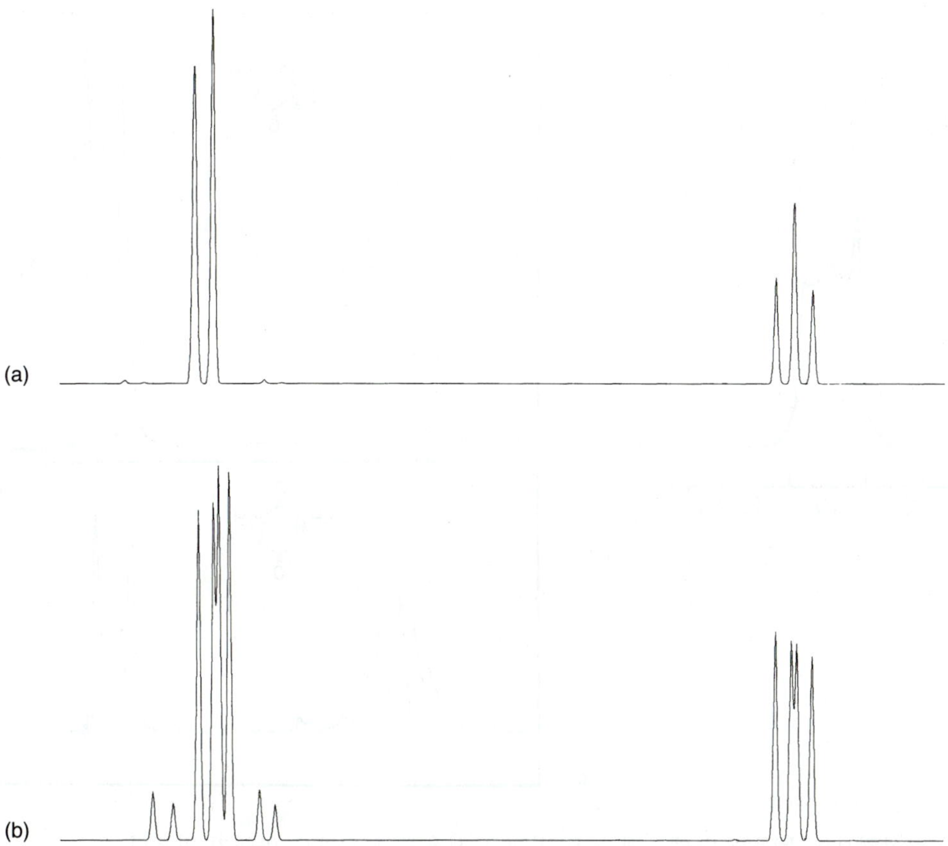

그림 4-10 (a) 기만적으로 단순한 ABX 스펙트럼: $\nu_A = 0.0$ Hz, $\nu_B = 3.0$ Hz, $\nu_X = 130.0$ Hz; $J_{AB} = 15.0$ Hz, $J_{AX} = 5.0$ Hz, $J_{BX} = 3.0$ Hz. (b) $\nu_B = 8.0$ Hz 이외 다른 매개변수는 동일하다. $\Delta\nu_{AB}$의 큰 값은 기만적 단순성을 제거하고 전형적인 ABX 스펙트럼을 생성한다.

이차 복잡성의 특별히 모호한 예는 A와 B가 아주 근접하게 짝짓고 J_{AX}가 크고 J_{BX}가 영일 때, ABX 스펙트럼(혹은 더 일반적으로 $A_xB_yX_z$)에서 발생한다. B에 대한 짝지음이 없이 X 스펙트럼은 A와 짝지어 단순한 이중선이어야 한다. 그러나 A와 B는 근접하게 짝지었기 때문에 A와 B의 스핀 상태는 혼합되었으며 X 스펙트럼은 B 스핀에 의하여 섭동되었다[**가상 짝지음**(*virtual coupling*)이라고 부르는 현상은 잘못된 이름이다. 왜냐하면 B는 X에 짝짓지 않았기 때문이다]. 약간 크지만 유사한 스핀계에서의 한 예로 β-methylglutaric acid(**4-44**)의 CH와 CH_2 양성자는 근접하게 짝지었다. 비록 CH_3 기가

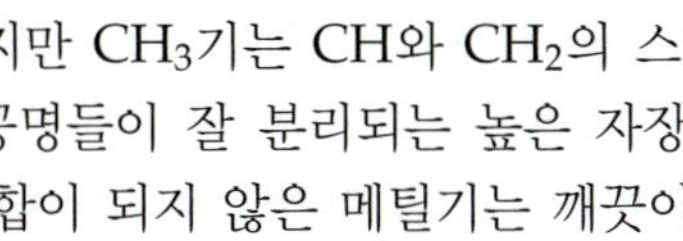

4-44

CH 양성자에만 짝지었지만 그것의 공명은 단순한 이중선보다 훨씬 복잡하다(그림 4-11a). CH와 CH_2 양성자는 근접하게 짝지어 그것들의 스핀 상태가 혼합되었다. 비록 CH_3와 CH_2 사이에 $J = 0$이지만 CH_3기는 CH와 CH_2의 스핀 상태 혼합물과 상호작용한다. 이 문제는 CH와 CH_2 공명들이 잘 분리되는 높은 자장을 사용하여 제거할 수 있다. 그러면 CH_2 스핀 상태와 혼합이 되지 않은 메틸기는 깨끗이 CH와 짝진다.

다이메틸벤조퀴논(dimethylbenzoquinone)은 가상 짝지음의 하나 예를 더 제공한다. 2,5-다이메틸 이성질체의 양성자 스펙트럼(**4-45**, 그림 4-11b)은 일차 메틸 이중선과 알켄 사중선을 포함한다. 2,6-이성질체(**4-46**, 그림 4-11c)는 훨씬 복잡하다. 이 두 분자의 알켄성 양성자는 동등하다(AA′). **4-45**에서 그것들은 지그재그 경로 때문에 서로 짝진다. 메틸 공명의 다중성은 이웃한 알켄성 양성자뿐만 아니라 고리의 반대쪽 양성자에 의해서도 섭동된다. 달리 표현하면 **4-45**는 $(AX_3)_2$이지만 **4-46**은 $AA'X_3X'_3$이다. 이 효과는 A와 A′

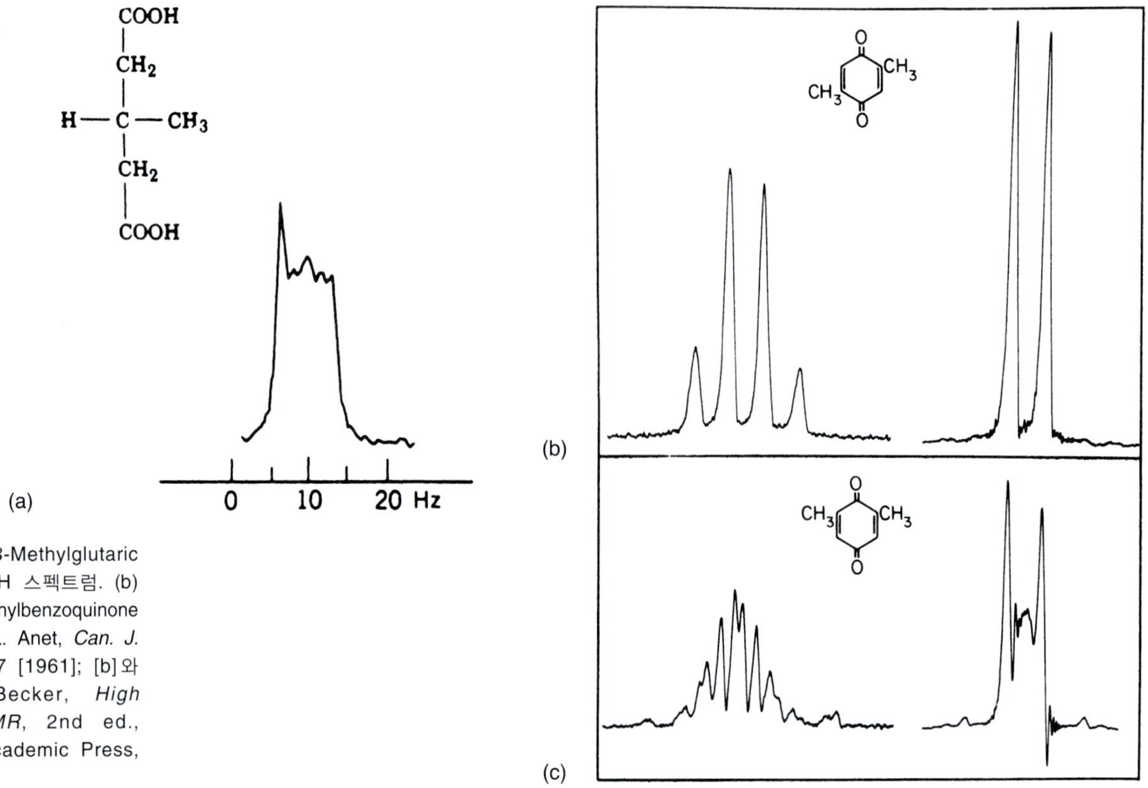

그림 4-11 (a) β-Methylglutaric acid의 60 MHz ^{1}H 스펙트럼. (b) 2,5- 및 2,6-dimethylbenzoquinone (출처: [a] F. A. L. Anet, *Can. J. Chem.*, **39**, 2267 [1961]; [b]와 [c]: E. D. Becker, *High Resolution NMR*, 2nd ed., Orlando, FL: Academic Press, 1980, p. 166.)

가 화학적으로 동등하기 때문에 높은 자장을 사용한다고 해도 바뀌지 않는다.

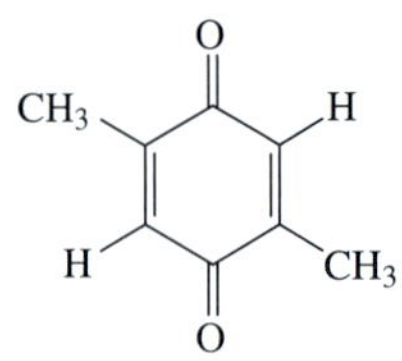

4-45

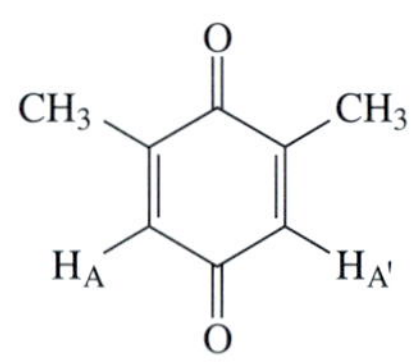

4-46

때로는 양성자 스펙트럼은 500 MHz 혹은 그 이상에서도 이차이다(AA′ 경우는 제쳐 놓아도). 게다가 몇 연구소는 대부분 이차 양성자 스펙트럼을 생성하는 아직도 철심을 가지는 60 MHz 분광기만을 사용할 수 있다. 이러한 스펙트럼은 **상자기 이동시약**(*paramagnetic shift reagent*)을 사용하여 어느 정도 문제를 해결할 수 있다. 이러한 분자는 짝짓지 않은 스핀을 포함하며, 녹은 기질과 루이스 산-염기 착물(Lewis acid-base complex)을 형성한다. 짝짓지 않은 스핀은 근접한 핵에 대하여 강한 상자기 가리움 효과를 발휘한다. 거리가 멀면 이 효과는 급속히 떨어지기 때문에 산-염기 결합 자리에 가장 근접한 기질의 핵이 더 많이 영향을 받는다. 따라서 높은 주파수로의 이동은 기질을 통하여 변하여 피크가 더 잘 분리되게 해준다. 두 개의 흔한 이동시약은 란타나이드를 포함한다: 트리스(다이비팔로메타나토)유로퓸(III)·2(피리딘)[피리딘 없이 Eu(dpm)$_3$라고 부른다.]과 1,1,1,2,2,3,3-heptafluoro-7,7-dimethyloctanedionatoeuropium(III)[혹은 Eu(fod)$_3$]. 이동시약은 다른 원소와 더불어 많은 희토류에서 얻을 수 있다. 루이스 염기인 거의 모든 유기 작용기가 이러한 시약과 작용함이 알려졌다. 이동시약이 카이랄일 때, 이것은 거울이성질체와 착물을 형성하여 거울이성질적 비율을 얻을 수 있는 분리된 공명을 제공한다.

스펙트럼 분석은 분자 내에 존재하는 희석된 스핀을 이용하여 쉽게 할 수 있다. 이 장 초기에서 사이클로프로펜(**4-5**)을 A_2X_2 스펙트럼의 한 예로 언급하였으며 4-6절에서는

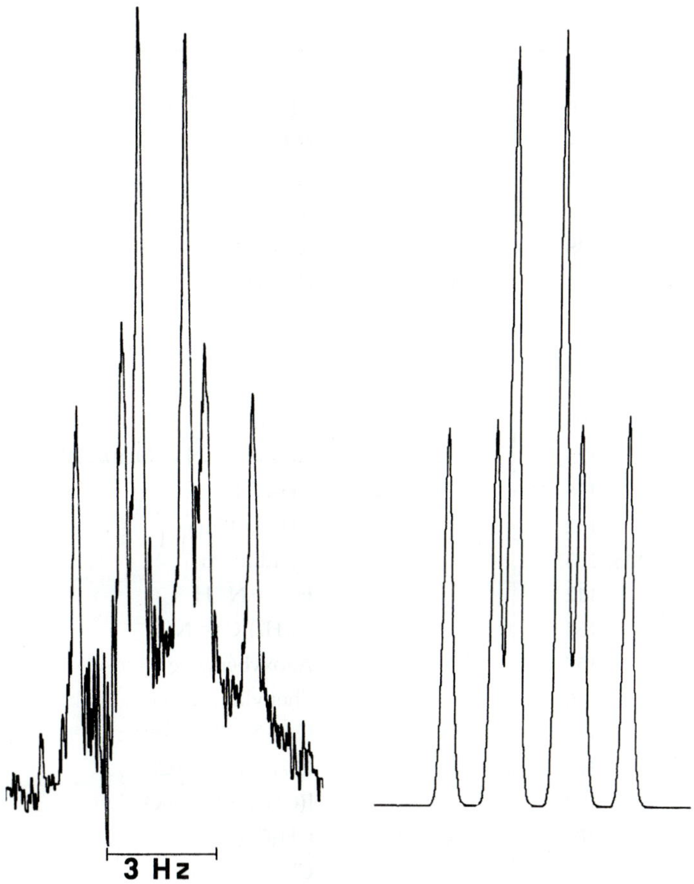

그림 4-12 알켄성 양성자의 관찰된 높은 주파수 ^{13}C 위성피크(왼쪽)와 계산한 피크(오른쪽)를 보여주는 사이클로프로펜의 90 MHz ^{1}H 스펙트럼(출처: J. B. Lambert, A. P. Jovanovich, and W. L. Oliver, *Jr.*, *J. Phys. Chem.* **74**, 2221 [1970]. Copyright 1970 American Chemical Society.)

이중결합 간의 이웃자리 짝지음(J_{AA})을 1.3 Hz로 인용을 하였다. 화학적으로 동등한 양성자 간의 짝지음 상수를 어떻게 측정하였는가? 그것의 작은 값은 J_{HD}가 사이클로프로펜에 대하여 단지 0.2 Hz이기 때문에 중수소의 사용이 허락되지 않는다. 분자의 1.1%에 대하여 이중결합 스핀계는 $H—^{12}C=^{13}C—H$이다. ^{12}C에 붙은 양성자는 ^{13}C가 없는 분자와 거의 같은 위치에서 공명한다. 큰 일-결합 $^{13}C—^{1}H$ 짝지음은 **위성**(*satellite*)이라고 부르는 다중선을 중앙띠 양쪽 옆에서 생성하며 위성은 중앙띠로부터 $\frac{1}{2}J(CH)$로 분리되어 있다. 작은 동위원소 효과는 위성의 중심을 이동시킬 수 있다. 중앙띠로부터의 각 위성의 분리는 효율적인 화학 이동 차이 역할을 함으로써 $H—^{12}C$와 $H—^{13}C$ 사이의 $H—H$ 짝지음이 위성 안에 존재한다. 그림 4-12는 사이클로프로펜의 알켄성 양성자의 위성 스펙트럼을 보여 준다. 위성은 ^{13}C 상의 알켄성 양성자가 다른 알켄성 양성자에 결합하고 또 두 개의 메틸렌 양성자와 결합하기 때문에 삼중선의 이중선(dt)이다. 이러한 방법으로 $^{3}J(HC=CH)$는 정상적으로 동등한 수소 사이에서 측정할 수 있다. 양성자 스펙트럼에서 흔히 관찰되는 위성 스펙트럼을 생성하는 다른 희석(dilute) 스핀은 ^{15}N, ^{29}Si, ^{77}Se, ^{111}Cd, ^{113}Cd, ^{117}Sn, ^{119}Sn, ^{125}Te, ^{195}Pt과 ^{199}Hg을 포함한다.

복잡한 양성자 스펙트럼을 해석하는 데 가장 일반적이고 효율적인 방법은 6장에서 기술한 이차원 방법이다. 그러나 이러한 방법도 이차 관계의 존재에 의하여 부과된 한계를 가진다.

4-10 짝지음 상수표

표 4-1에서 4-5까지는 이 장의 끝에 있는 참고 문헌에서 발췌한 구조 종류에 따르는 짝지음 상수값을 요약한다. 더 많은 예는 이러한 참고 문헌을 검토하여 얻을 수 있을 것이다.

표 4-1 일-결합 짝지음(Hz 단위)

$^{13}C-^{1}H$	CH_3CH_3	125
	$(CH_3)_4Si$	118
	CH_3Li	98
	$(CH_3)_3N$	132
	CH_3CN	136
	$(CH_3)_2S$	138
	CH_3OH	142
	CH_3F	149
	CH_3Cl	150
	CH_2Cl_2	177
	$CHCl_3$	208
	Cyclohexane	125
	Cyclobutane	136
	Cyclopropane	162
	Tetrahydrofuran(α, β)	145, 133
	Norbornane(C1)	142
	Bicyclo[1.1.1] pentane(C1)	164
	Cyclohexene(C1)	157
	Cyclopropene(C1)	226
	Benzene	159
	1,3-Cyclopentadiene(C2)	170
	$\mathbf{CH_2}=CHBr$	197
	Acetaldehyde(CHO)	172
	Pyridine(α, β, γ)	177, 157, 160
	Allene	168
	$CH_3C\equiv\mathbf{CH}$	248
	$(CH_3)_2\mathbf{C}^+\mathbf{H}$	164
	$HC\equiv N$	269
	Formaldehyde	222
	Formamide	191
$^{13}C-^{19}F$	CH_2F_2	235
	CF_3I	345
	C_6F_6	362
$^{13}C-^{31}P$	CH_3PH_2	9.3
	$(CH_3)_3P$	−13.6
	$(CH_3)_4P^+I^-$	56
$^{13}C-^{15}N$	CH_3NH_2	−4.5
	$C_6H_5NH_2$	−11.4
	$CH_3(CO)NH_2$	−14.8
	$CH_3C\equiv N$	−17.5
	Pyridine	+0.62
	$CH_3HC=N-OH(E,\ Z)$	−4.0, −2.3
$^{15}N-^{1}H$	CH_3NH_2	−64.5
	$CH_3(CO)NH_2$	−89
	Pyridinium	−90.5
	$HC\equiv N^+H$	−134
	$(C_6H_5)_2C=NH$	−51.2
$^{15}N-^{15}N$	Azoxybenzene	12.5
	Phenylhydrazine	6.7
$^{15}N-^{31}P$	$C_6H_5NHP(CH_3)_2$	53.0
	$C_6H_5NH(PO)(CH_3)_2$	−0.5
	$[(CH_3)_2N]_3P=O$	−26.9
$^{13}C-^{13}C$	CH_3CH_3	35
	$CH_3(CO)CH_3$	40
	CH_3CO_2H	57
	$CH_2=CH_2$	68
	$CH\equiv CH$	171
$^{31}P-^{1}H$	$C_6H_5(C_6H_5CH_2)(PO)H$	474
$^{31}P-^{31}P$	$(CH_3)_2P-P(CH_3)_2$	−179.7
	$(CH_3)_2(PS)(PS)(CH_3)_2$	18.7

표 4-2 같은자리 양성자-양성자(H—C—H) 짝지음(Hz 단위)

CH_4	−12.4
$(CH_3)_4Si$	−14.1
$C_6H_5CH_3$	−14.4
$CH_3(CO)CH_3$	−14.9
CH_3CN	−16.9
$CH_2(CN)_2$	−20.4
CH_3OH	−10.8
CH_3Cl	−10.8
CH_3Br	−10.2
CH_3F	−9.6
CH_3I	−9.2
CH_2Cl_2	−7.5
Cyclohexane	−12.6
Cyclopropane	−4.3
Aziridine	+1.5
Oxirane	+5.5
$CH_2=CH_2$	+2.3
$CH_2=O$	+40.22
$CH_2=NOH$	9.95
$CH_2=CHF$	−3.2
$CH_2=CHNO_2$	−2.0
$CH_2=CHOCH_3$	−2.0
$CH_2=CHBr$	−1.8
$CH_2=CHCl$	−1.4
$CH_2=CHCH_3$	2.08
$CH_2=CHCO_2H$	1.7
$CH_2=CHC_6H_5$	1.08
$CH_2=CHCN$	0.91
$CH_2=CHLi$	7.1
$CH_2=C=C(CH_3)_2$	−9.0

표 4-3 이웃자리 양성자-양성자 (H—C—C—H) 짝지음 (Hz 단위)

CH_3CH_3	8.0	$CH_2{=}CH_2$(cis, trans)	11.5. 19.0
$CH_3CH_2C_6H_5$	7.62	$CH_2{=}CHLi$(cis, trans)	19.3, 23.9
CH_3CH_2CN	7.60	$CH_2{=}CHCN$(cis, trans)	11.75, 17.92
CH_3CH_2Cl	7.23	$CH_2{=}CHC_6H_5$(cis, trans)	11.48, 18.59
$(CH_3CH_2)_3N$	7.13	$CH_2{=}CHCO_2H$(cis, trans)	10.2, 17.2
CH_3CH_2OAc	7.12	$CH_2{=}CHCH_3$(cis, trans)	10.02, 16.81
$(CH_3CH_2)_2O$	6.97	$CH_2{=}CHCl$(cis, trans)	7.4, 14.8
CH_3CH_2Li	8.90	$CH_2{=}CHOCH_3$(cis, trans)	7.0, 14.1
$(CH_3)_2CHCl$	6.4	$ClHC{=}CHCl$(cis, trans)	5.2, 12.2
$ClCH_2CH_2Cl$(순물질)	5.9	Cyclopropene(1-2)	1.3
$Cl_2CHCHCl_2$(순물질)	3.06	Cyclobutene(1-2)	2.85
Cyclopropane(cis, trans)	8.97, 5.58	Cyclopentene(1-2)	5.3
Oxirane(cis, trans)	4.45, 3.10	Cyclohexene(1-2)	8.8
Aziridine(cis, trans)	6.0, 3.1	Benzene	7.54
Cyclobutane(cis, trans)	10.4, 4.9	C_6H_5Li(2-3)	6.73
Cyclopentane(cis, trans)	7.9, 6.3	$C_6H_5CH_3$(2-3)	7.64
Tetrahydrofuran(α-β: cis, trans)	7.94, 6.14	$C_6H_5CO_2CH_3$(2-3)	7.86
Cyclopenene(3-4: cis, trans)	9.36, 5.72	C_6H_5Cl(2-3)	8.05
Cyclohexane(av.: cis, trans)	3.73, 8.07	$C_6H_5OCH_3$(2-3)	8.30
Cyclohexane(ax-ax)	12.5	$C_6H_5NO_2$(2-3)	8.36
Cyclohexane(eq-eq and ax-eq)	3.7	$C_6H_5N(CH_3)_2$(2-3)	8.40
Piperidine(av. α-β: cis, trans)	3.77, 7.88	Naphthalene(1-2, 2-3)	8.28, 6.85
Oxane(av. α-β: cis, trans)	3.87, 7.41	Furan(2-3, 3-4)	1.75, 3.3
Cyclohexanone(av. α-β: cis, trans)	5.01, 8.61	Pyrrole(2-3, 3-4)	2.6, 3.4
Cyclohexene(3-4: cis, trans)	2.95, 8.94	Pyridine(2-3, 3-4)	4.88, 7.67

표 4-4 $^1J(^{13}C—^1H)$를 제외한 탄소 짝지음 (Hz 단위)

CH_3CH_3	−4.8	CH_3CH_3	34.6
CH_3CH_2Cl	2.6	CH_3CH_2OH	37.7
$Cl_2CH—CHCl_2$	+1.2	CH_3CHO	39.4
Cyclopropane(^2J)	−2.6	$CH_3C{\equiv}N$	56.5
$(CH_3)_2CHCH_2CH(CH_3)_2$	5.	$CH_3CO_2C_2H_5$	58.8
$(CH_3)_2C{=}O$	5.9	$CH_2{=}CH_2$	67.2
$CH_3(CO)H$	26.7	$CH_2{=}CHCN$	74.1
$CH_3CH{=}C(CH_3)_2$	4.8	C_6H_5CN(ipso)	80.3
$CH_2{=}CH_2$	−2.4	$C_6H_5NO_2$(1,2)	55.4
$CHCl{=}CHCl$(cis, trans)	16.0, 0.8	$HC{\equiv}CH$	170.6
$CH_2{=}CHBR$(cis, trans)	−8.5, +7.5	$(CH_3CH_2)_3P$	+14.1
Benzene [^2J(CH), ^3J(CH)]	+1.0, +7.4	$(CH_3CH_2)_4P^+Br^-$	−4.3
$CH_3C{\equiv}CH(CH_3{\equiv}CH)$	−10.6, +50.8	$(CH_3O)_3P$	+10.05
CF_3CF_3	46.0	$(CH_3O)_3P{=}O$	−5.8
$CH_3(CO)F$	59.7	$(CH_3)_3P{=}S$	+56.1
$Cl_2C{=}CF_2$	44.2	$CH_3(CH_3O)_2P{=}O$	+142.2

표 4-5 일-결합보다 긴 결합의 질소-15 짝지음(Hz 단위)

CH_3NH_2	−1.0	$CH_3CH_2CH_2NH_2$	1.2
Pyrrole(HNCH)	−4.52	CH_3CONH_2	9.5
Pyridine(NCH)	−10.76	$CH_3C\equiv N$	3.0
Pyridinium(HNCH)	−3.01	Pyridine(NCC)	+2.53
$(CH_3)_2NCHO(CH_3,\ CHO)$	+1.1, −15.6	Pyridinium(HNCC)	+2.01
$H-C\equiv N$	8.7	Aniline(NCC)	−2.68
$H_2N(CO)CH_3$	1.3	Pyrrole(HNCC)	−3.92
Pyrrole(HNCCH)	−5.39	$CH_3CH_2CH_2NH_2$	1.4
Pyridine(NCCH)	−1.53	Pyridine(NCCC)	−3.85
Pyridinium(HNCCH)	−3.98	Pyridinium(HNCCC)	−5.30
$CH_3-C\equiv N$	−1.7	Aniline(NCCC)	−1.29

문제

4-1 표시된 양성자들을 (1) 대칭교환자리, 거울상자리 혹은 부분입체이성질 자리와 (2) 자기적 동등 혹은 비동등인가를 구별하시오.

(a)
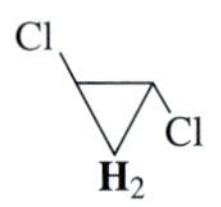

(b)
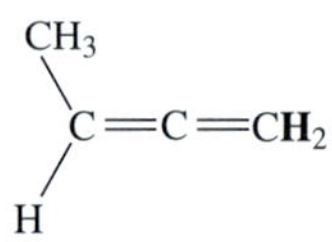

(c)
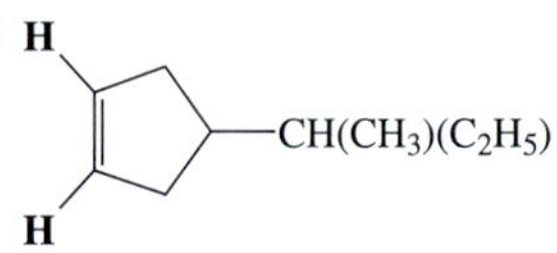

(d)
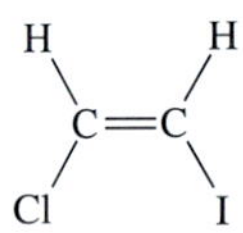

(e)
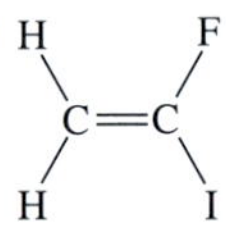

(f)
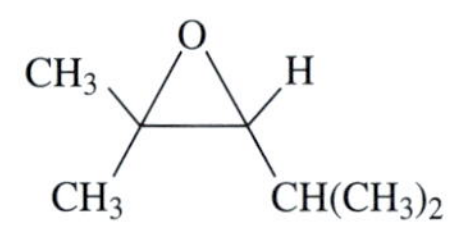

(두 개의 답 - 메틸기의 같은자리 쌍의 각각에 대하여 하나씩)

(g)
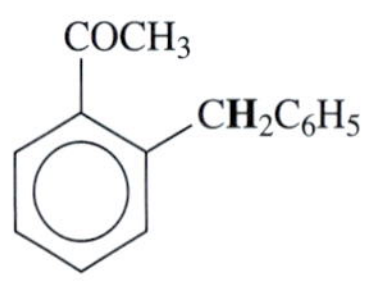

(h)
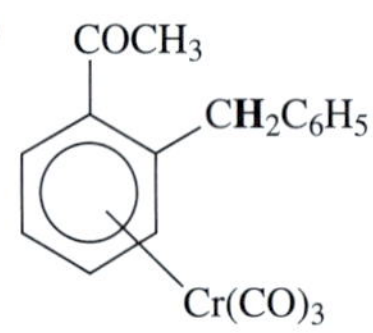

(i)
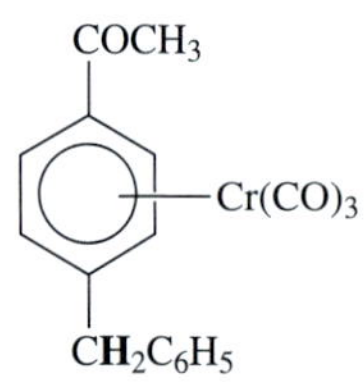

4-2 **(a)** 다음 분자에서 이중결합에 있는 양성자들이 대칭교환자리, 거울상자리 혹은 부분입체이성질 자리인가? 설명하시오.

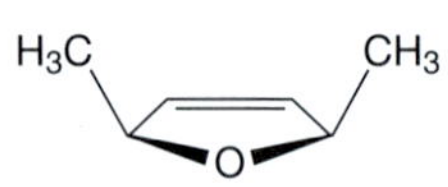

(b) 다음 화합물에 대해서도 **(a)**와 같이 답하시오.

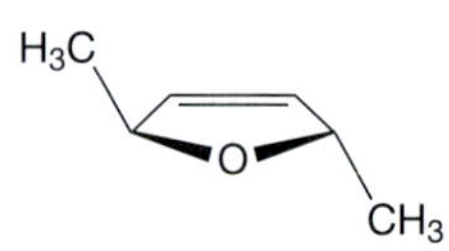

(c) **(a)**와 **(b)**의 분자들의 포플 표기는 무엇인가?

4-3 다음 주어진 indene 이중체의 3′ 양성자는 다음의 600 MHz 스펙트럼을 보여 준다. 이 양성자에 대한 계보 그림을 구축하시오. 근사값의 짝지음 상수를 측정하고 구조에 있는 양성자 쌍으로 그것들을 배정하고 구조와 입체적인 관점에서의 크기를 합리화하시오.

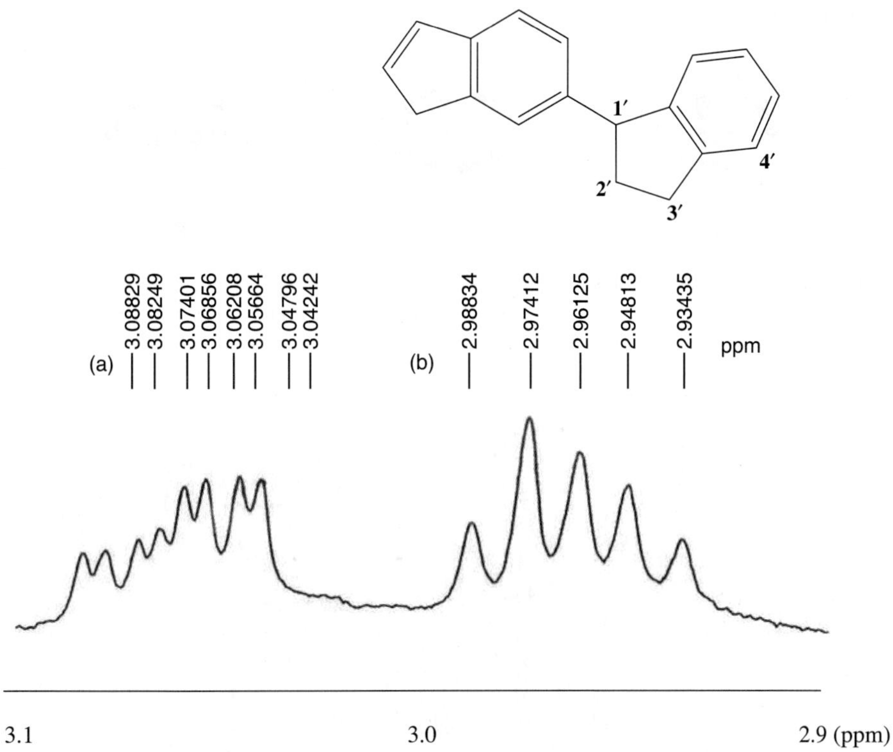

출처: P. Spiteller, M. Spiteller, and J. Jovanovich, *Magn. Reson. Chem.*, **40**, 372 (2002).

4-4 다음 화합물 각각에 대한 스핀 표기식(AX, AMX, AA′XX′, 등등)은 무엇인가? 중요한 동위원소만 고려하시오.

(a) 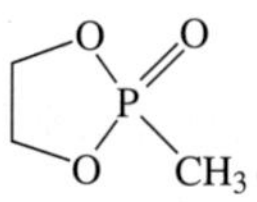

(b) Ph(CH_3)P —P(CH_3)Ph
(방향족 양성자는 무시하시오.)

(c) 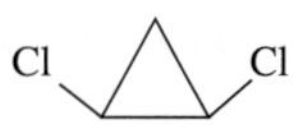

(d) 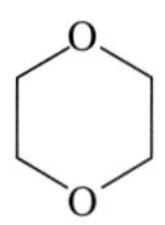 (느린 고리 반전을 가정하시오.)

(e) 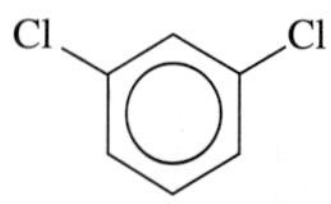

4-5 2-클로로에탄올($ClCH_2CH_2OH$)의 회전이성질체 구조를 쓰시오. 각 느린 회전과 평균화되는 빠른 회전을 가지는 회전이성질체 각각에 대한 스핀 표기법은 무엇인가?

4-6 다음과 같은 구조를 가지는 백금 착물의 ^{1}H-짝풀린 ^{31}P 스펙트럼을 고려하시오(음이온의 공명은 생략). 모든 피크를 설명하고 스핀 표기법을 쓰시오. ^{195}Pt 스펙트럼이 어떻게 보일 것인가?

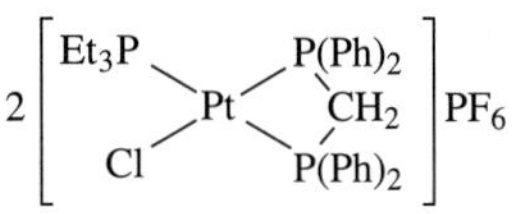

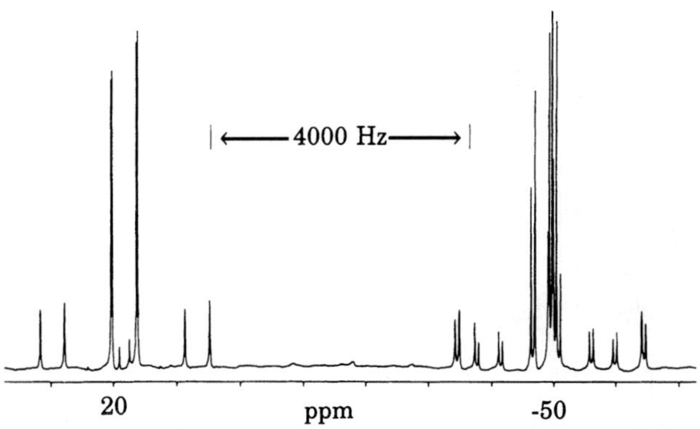

출처: D. E. Berry, *J. Chem. Educ.*, **71**, 899-902 (1994).

4-7 인과 황 사이의 이성분(binary) 구조들이 아래에 보여 준 세 개를 포함하여 몇 가지가 가능하다.

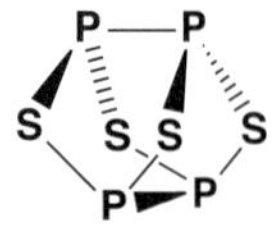

P_4S_4

P_4S_4

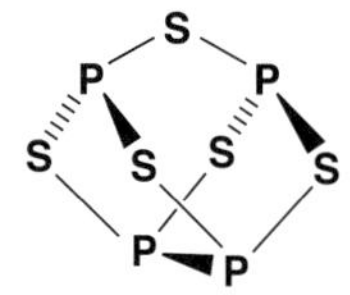

P_4S_5

(a) 이 분자들에 대한 스핀계는 무엇인가?

(b) 이 세 분자들에 대한 ^{31}P 스펙트럼이 아래에 주어졌다. 어느 것인가? 모든 갈라짐을 설명하시오.

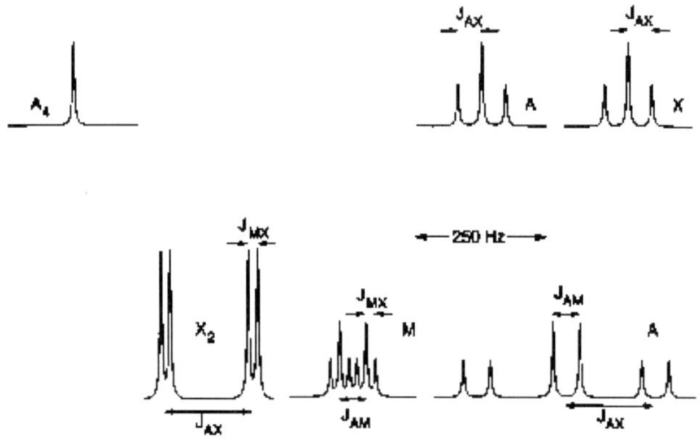

출처: P. J. Hore, *Nuclear Magnetic Resonance*, Oxford, UK: Oxford University Press, 1993, p. 30.

4-8 $^3J(CH-CH_3) = 6$ Hz와 $^3J(CH-CH_2) = 7$Hz (둘 중 하나의 메틸렌기에 대하여)가 되는 분자 $BrCH_2CHCH_3CH_2OH$의 CH 공명에 대한 막대 그림을 그리시오.

4-9 다음은 **(a)** 90와 **(b)** 750 MHz에서의 1,2-dichlorobenzene의 ^{1}H 스펙트럼이다. 각 스펙트럼을 각각 검토하시오. 그것은 일차인가 혹은 이차인가? 높은 자장은 스펙트럼의 구조에 어떤 효과를 가지는가?

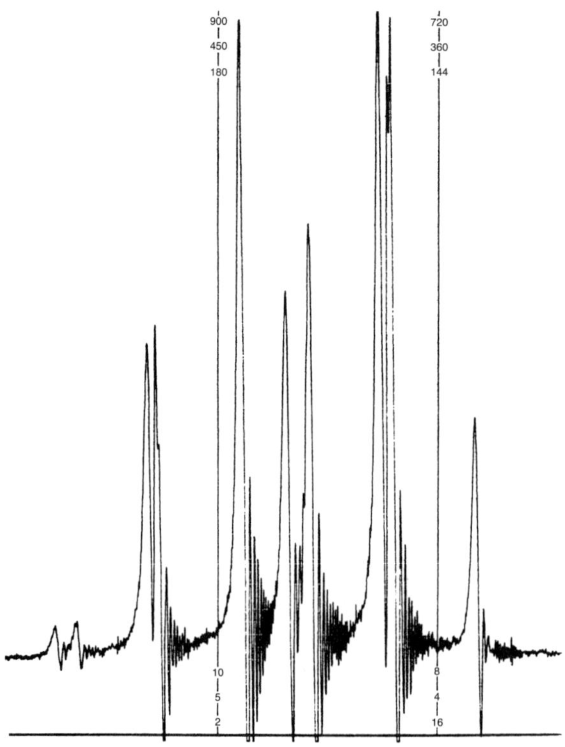

(a)

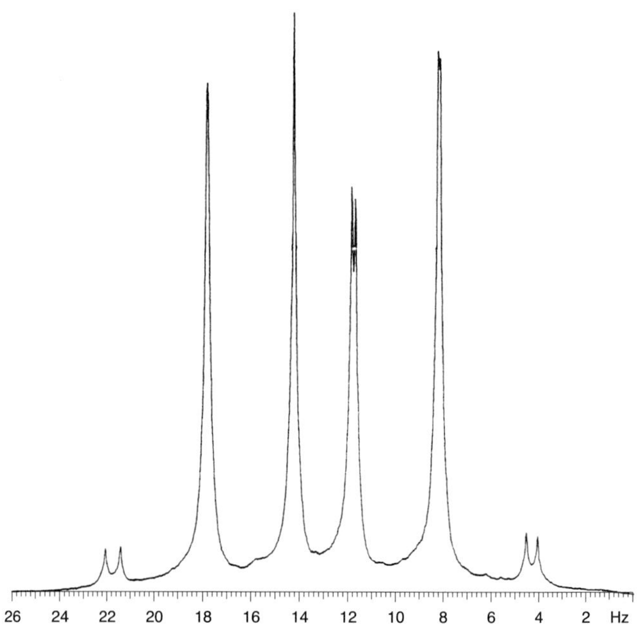

(b)

4-10 아래 분자에서 4몰의 HBr을 이탈시키면 표시한 사이클로프로페인 화합물이 생성될 것이다. 분리한 생성물의 다리 CH_2 기에 대한 $^1J(^{13}C-^1H)$가 142 Hz로 측정되었다. 생성물 구조 관점에서 설명하시오.

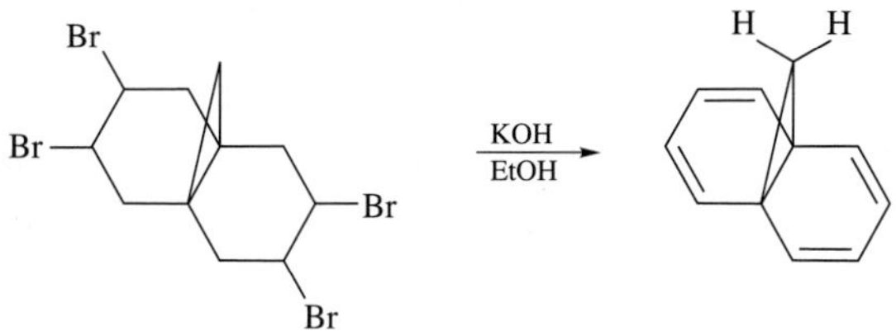

4-11 싸이에인 1-옥사이드(thiane 1-oxide)의 이성질체 두 개의 **(a)**와 **(b)**가 있다. 양성자 사이의 관찰한 같은자리 짝지음 상수는 한 이성질체에서는 −13.7 Hz이고 다른 이성질체에서는 −11.7 Hz이다. 어느 짝지음 상수가 어느 이성질체에 속하는가? 그 이유는?

(a)

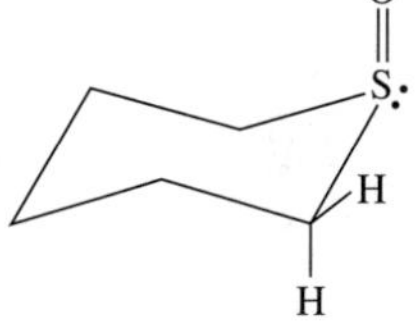

(b)

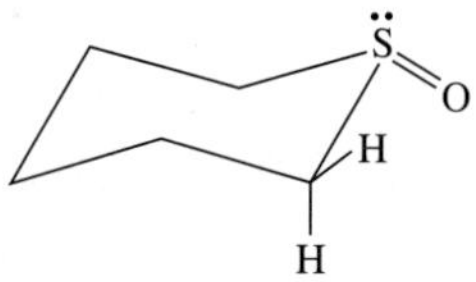

4-12 느린 고리 전도에 있는 1,3-dioxane(아래 구조)은 다음의 같은자리 짝지음: −6.1, −11.2와 −12.9 Hz의 세 개의 다중선을 포함한다. 어떠한 화학 이동 자료를 참조하지 않고 공명을 배정하시오.

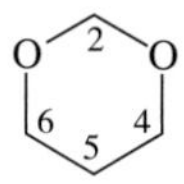

4-13 *trans*-Decalin **(a)** 혹은 *cis*-decalin의 각진(angular) 메틸기 중 어느 것이 큰 선폭을 가지는가? 설명하시오.

(a)

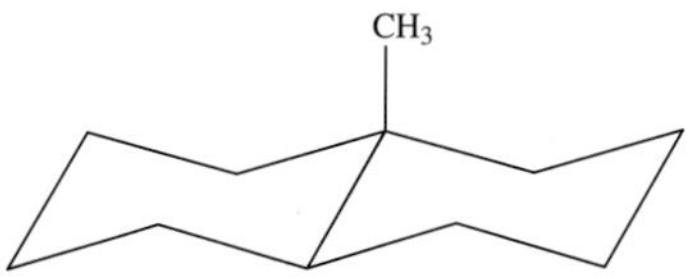

(b)

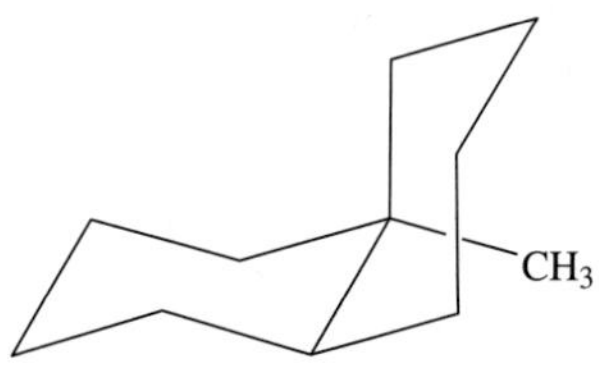

4-14 Cycloheptatriene **(a)**에서 J_{23}가 5.3 Hz이다. 반면에 그것의 bistrifluoromethyl 유도체 **(b)**는 J_{23}가 6.9 Hz이다. 설명하시오.

(a)

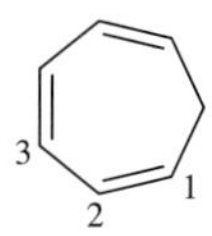

(b)

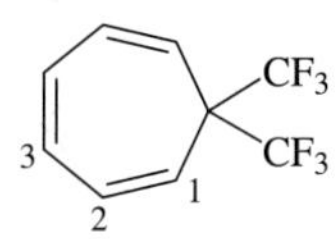

4-15 다음 짝지음을 구조와 메커니즘 관점에서 설명하시오.

(a)

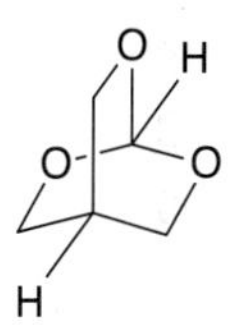

$^5J = 1.7$ Hz

(b)

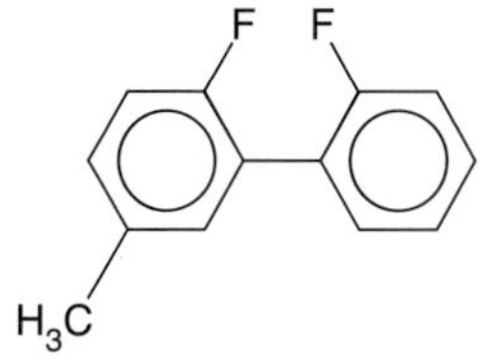

$^5J = 16.5$ Hz

(c)

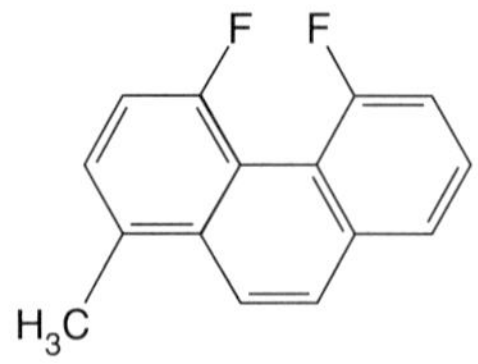

$^5J = 170$ Hz

(d)

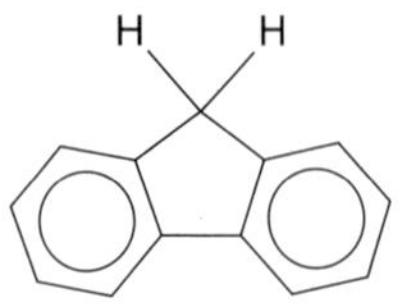

$^2J = -22.3$ Hz

4-16 다음의 4개 300 MHz ^{1}H 스펙트럼은 lutidine (dimethylpyridine) 계의 스펙트럼이다. 화학 이동과 짝지음 양식으로부터 각 화합물의 메틸 위치를 유추하시오. 피크는 일차로 가정하시오.

(a)

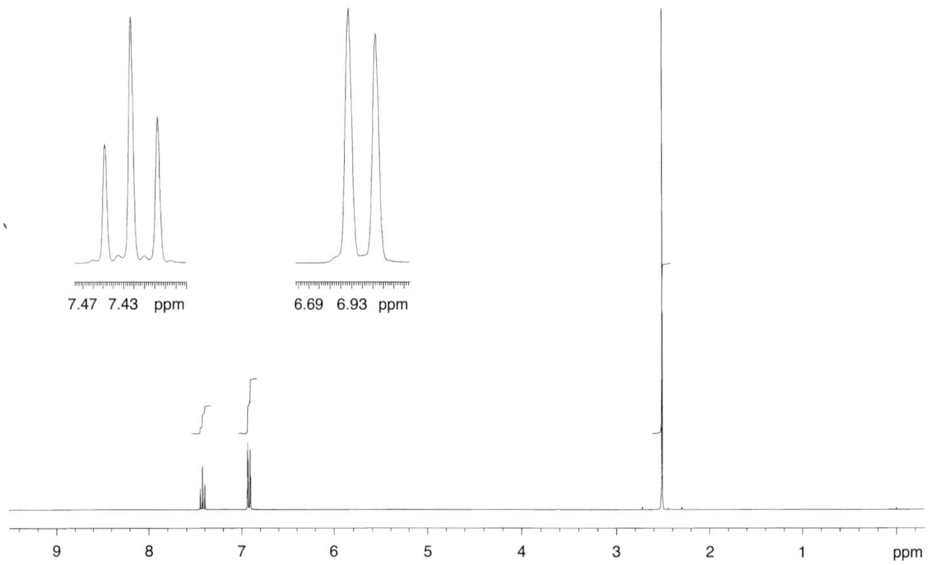

(b)

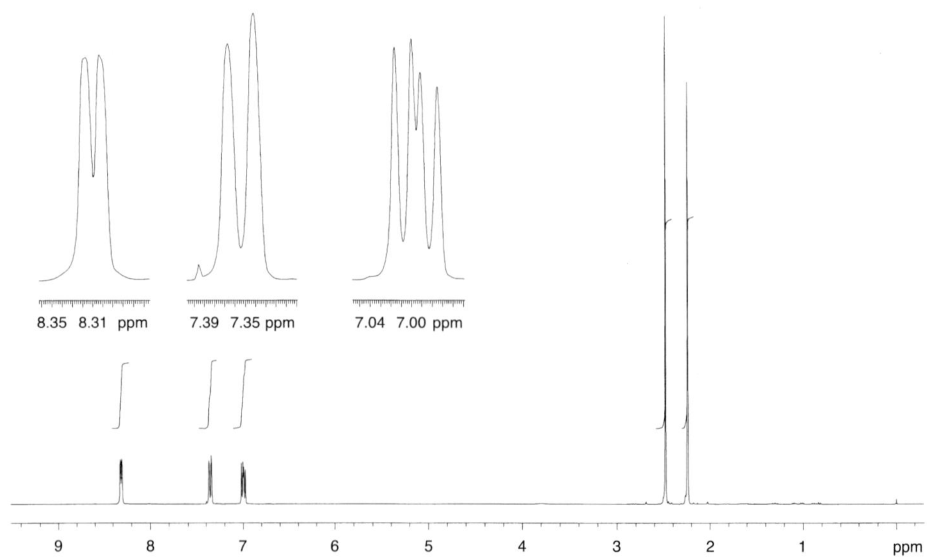

(c)

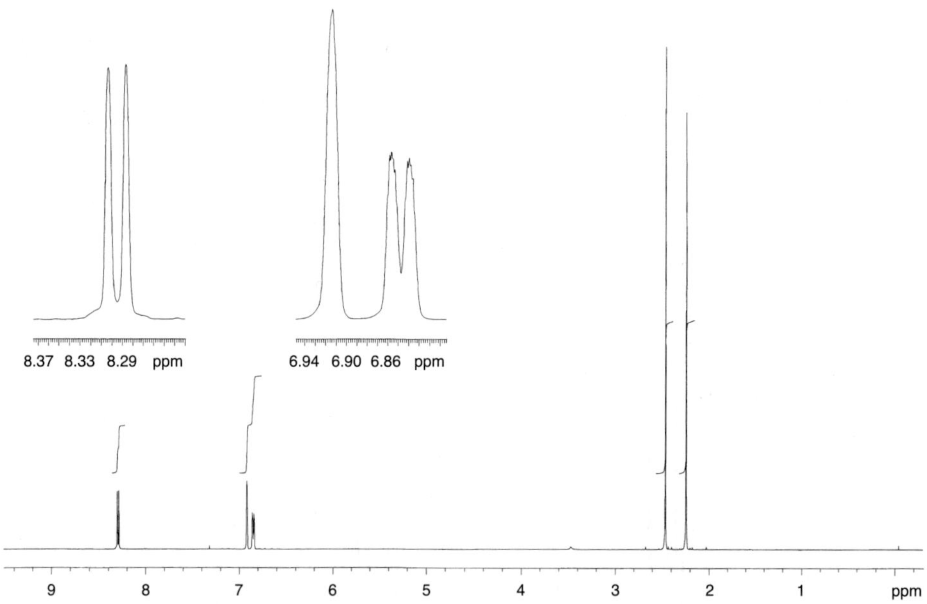

(d)

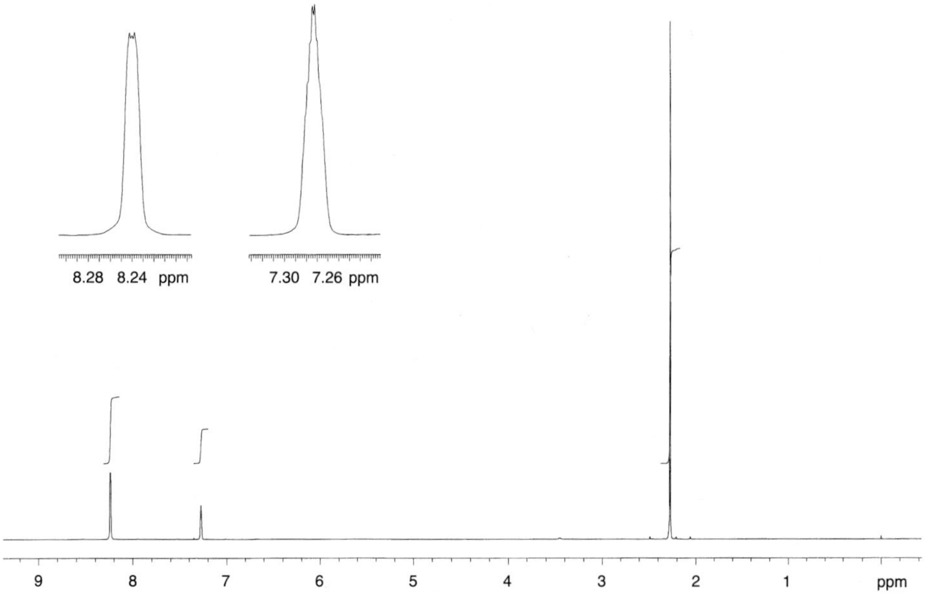

4-17 다음 4개의 다이클로로페놀계의 300 MHz ^{1}H 스펙트럼에 대해서도 문제 4-16과 같이 작업하시오.

(a)

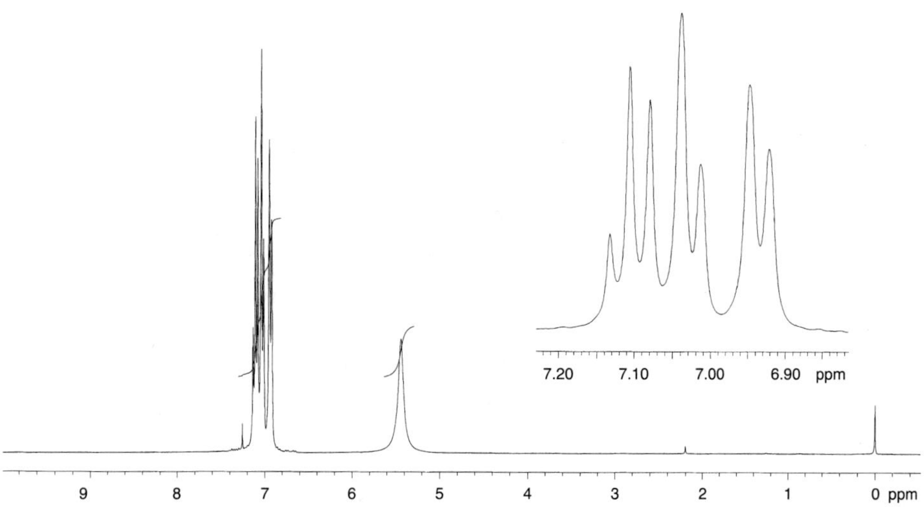

(계속)

(b)

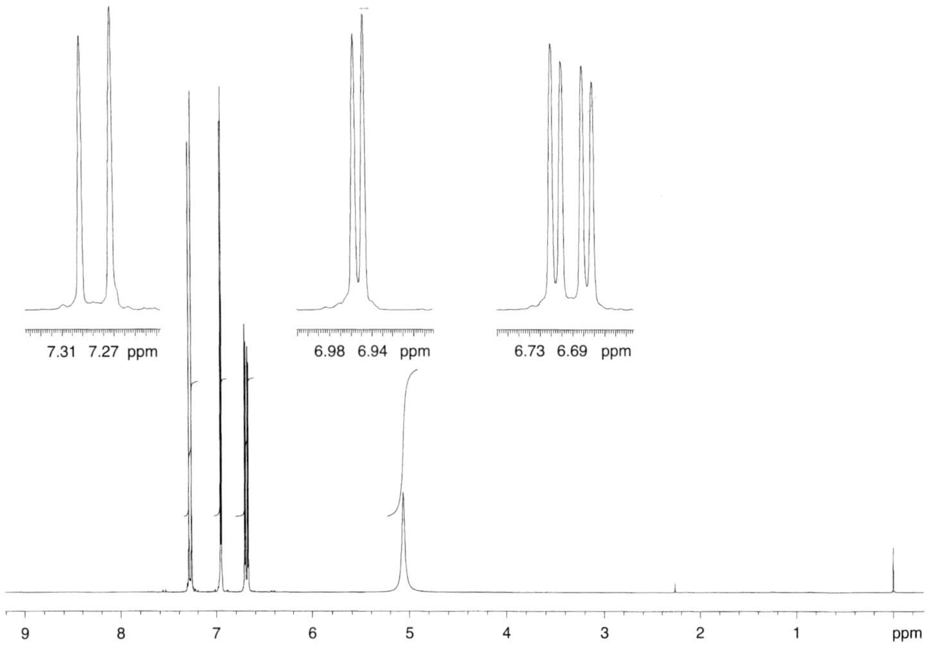
7.31 7.27 ppm
6.98 6.94 ppm
6.73 6.69 ppm
9 8 7 6 5 4 3 2 1 ppm

(c)

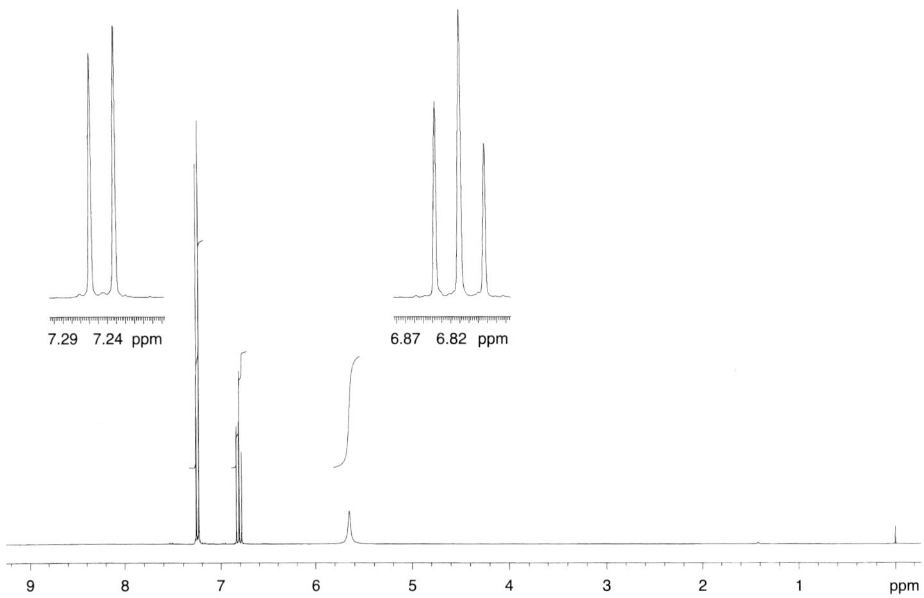
7.29 7.24 ppm
6.87 6.82 ppm
9 8 7 6 5 4 3 2 1 ppm

(d)

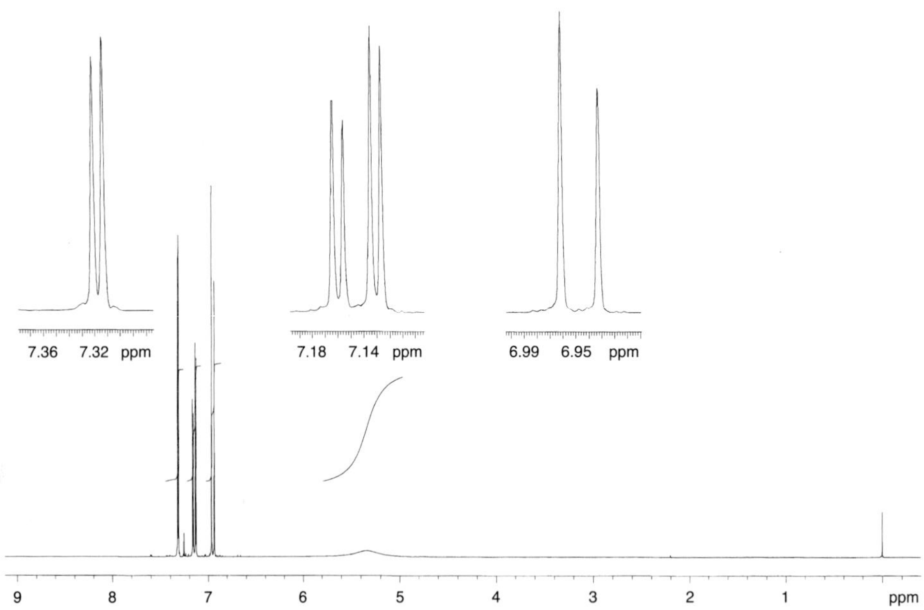
7.36 7.32 ppm
7.18 7.14 ppm
6.99 6.95 ppm
9 8 7 6 5 4 3 2 1 ppm

4-18 아래의 400 MHz ^{1}H 스펙트럼이 dimethyl 1,2-cyclopropanedicarboxylate의 시스 혹은 트랜스 이성질체인가? 설명하시오. 조건: $CDCl_3$, 25°C, 400 MHz.

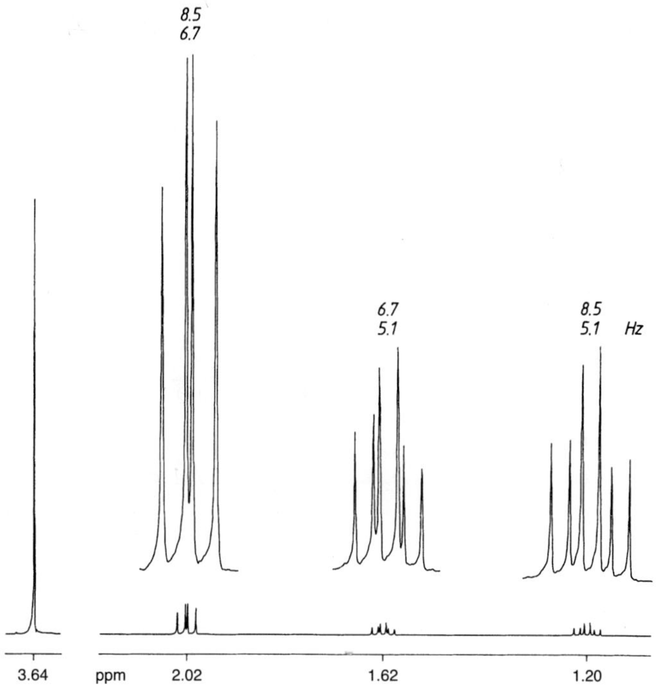

출처: E. Breitmaier, *Structure Elucidation by NMR in Organic Chemistry*, Chichester, UK: John Wiley & Sons Ltd., 1993, p. 71.

4-19 2-Hydroxy-5-isopropyl-2-methylcyclohexanone의 ^{1}H 스펙트럼은 벤젠-d_6에서는 $^3J_{56}$ = 3 Hz를 가지지만 CD_3OD에서는 11 Hz를 가진다. 설명하시오

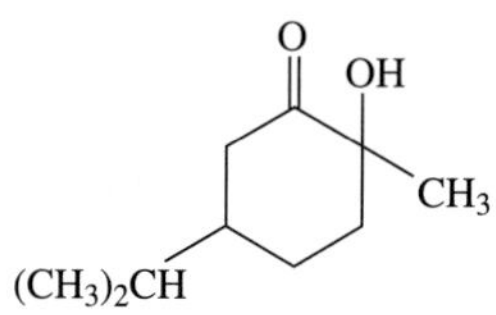

4-20 다음에 보여준 thujic ester의 ^{1}H 스펙트럼을 분석하시오. CH_3 공명은 보이지 않는다. 특정 양성자들에 대한 공명을 배정하고 대략의 짝지음 상수를 주시오. 화학 이동 배정을 설명하시오.

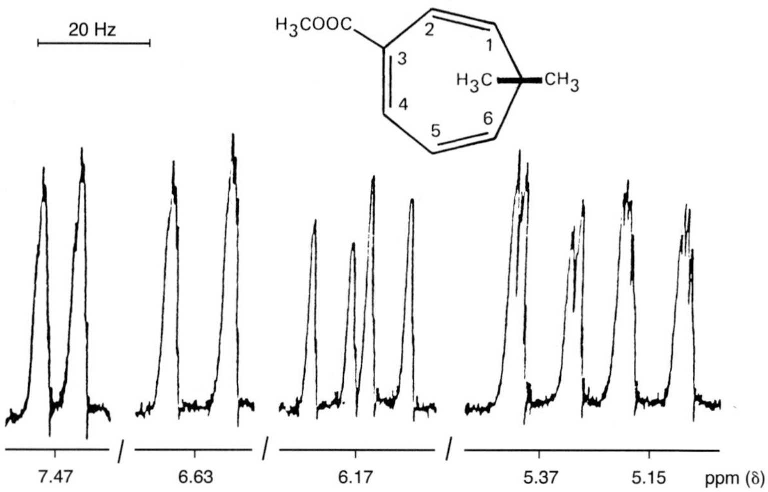

출처: H. Günther, et al., *Org. Magn. Reson.*, **6**, 388 (1974).

4-21 다음의 D_2O에서의 300 MHz ^{1}H NMR 스펙트럼 [δ 2.9에서의 피크는 기준인 3-(trimethylsilyl) propionic acid으로부터 온 것임]을 가지는 화합물 $C_6H_{12}O_6$의 구조(상대적 입체화학을 포함

하여)를 유추하시오. 하이드록시 공명은 안 보인다. δ 4.04에서의 삼중선(**a**)은 적분 1과 J = 2.8 Hz를 가진다. δ 3.61에서의 이차 삼중선(**b**)은 적분 2와 J = 9.6 Hz를 가진다. δ 3.52에 있는 이차 이중선의 이중선(**c**)은 적분 2와 J = 2.8, 9.6 Hz를 가진다. δ 3.26에 있는 삼중선(**d**)은 적분 1과 J = 9.6 Hz를 가진다. ^{13}C 스펙트럼은 4개의 공명 모두를 δ 71과 75 사이에서 보여 준다.

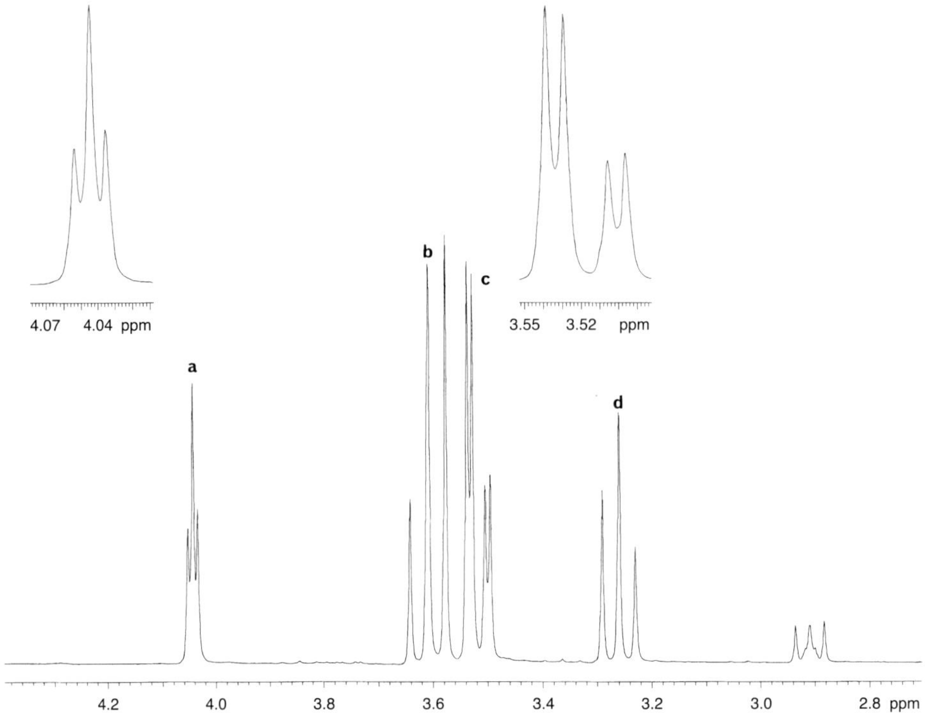

4-22 유기리튬 화합물들의 공유성과 올리고머적 성질이 ^{13}C와 ^{6}Li으로 완전히 표지한 화합물의 스펙트럼을 검토하여 밝혀졌다.

(a) 표시된 $[Li^{13}CMe_3]_x$의 $^{7}Li\{^{1}H\}$ 스펙트럼*은 $^{1}J\,(^{7}Li\text{-}^{13}C)$ = 14.3 Hz인 1 : 3 : 3 : 1의 사중선이다. 용액 내의 리튬에 대한 가장 가까운 *t*-뷰틸기의 개수에 대하여 어떤 결론을 내릴 수 있는가? 설명하시오.

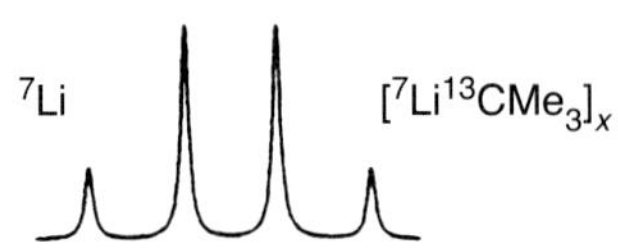

(b) −88°C의 사이클로펜텐에서$[^{6}Li^{13}CMe_3]_x$의 $^{13}C\{^{1}H\}$ 스펙트럼은 $^{1}J\,(^{6}Li\text{-}^{13}C)$ = 5.4 Hz인 1 : 3 : 6 : 7 : 6 : 3 : 1 칠중선이다(^{6}Li은 스핀 1을 가진다). 가장 가까운 이웃 리튬이 있는가? 설명하시오.

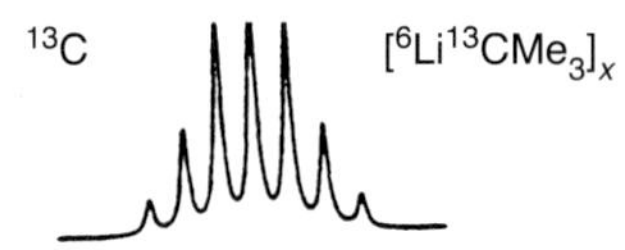

(c) 이 조건 하에서의 *tert*-BuLi의 구조를 제안하시오. 설명하시오.

(d) −5°C 이상에서는 칠중선이 ^{1}J = 4.1 Hz인 구중선으로 대체된다. 구조적인 관점에서 설명하시오.

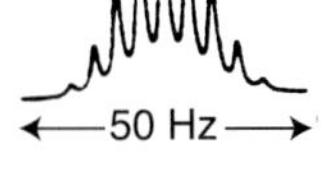

*출처: R. D. Thomas, M. I. Clarke, R. M. Jensen, and T. C. Young, *Organometallics*, **5**, 1851 (1986).

참고 문헌

Coupling (general)

4.1 I. Ando and G. A. Webb, *Theory of NMR Parameters,* London: Academic Press, 1983.
4.2 *Nuclear Magnetic Resonance,* A Specialist Periodical Report, London: The Chemical Society, reviewed in each issue.

First-Order Spectral Analysis

4.3 T. R. Hoye, P. R. Hanson, and J. R. Vyvyan, *J. Org. Chem.,* **59**, 4096–4103 (1994).

Magnetic Equivalence

4.4 K. Mislow and M. Raban, *Top. Stereochem.,* **1**, 1 (1966).
4.5 W. B. Jennings, *Chem. Rev.,* **75**, 307 (1975).
4.6 W. H. Pirkle and D. J. Hoover, *Top. Stereochem.,* **13**, 263 (1982).

One-Bond Couplings

4.7 W. McFarlane, *Quart. Rev.,* **23**, 187 (1969).
4.8 C. J. Jameson and H. S. Gutowsky, *J. Chem. Phys.,* **51**, 2790 (1969).
4.9 J. H. Goldstein, V. S. Watts, and L. S. Rattet, *Progr. NMR Spectrosc.,* **8**, 103 (1971).

Geminal, Vicinal, and Long-Range ^{1}H—^{1}H Couplings

4.10 S. Sternhell, *Rev. Pure Appl. Chem.,* **14**, 15 (1964).
4.11 A. A. Bothner-By, *Advan. Magn. Reson.,* **1**, 195 (1965).
4.12 M. Barfield and B. Charkrabarti, *Chem. Rev.,* **69**, 757 (1969).
4.13 S. Sternhell, *Quart. Rev.,* **23**, 236 (1969).
4.14 V. F. Bystrov, *Russ. Chem. Rev.,* **41**, 281 (1972).
4.15 J. Hilton and L. H. Sutcliffe, *Progr. NMR Spectrosc.,* **10**, 27 (1975).
4.16 M. Barfield, R. J. Spear, and S. Sternhell, *Chem. Rev.,* **76**, 593 (1976).

Carbon-13 Couplings

4.17 J. B. Stothers, *Carbon-13 NMR Spectroscopy,* New York: Academic Press, 1973.
4.18 J. L. Marshall, D. E. Müller, S. A. Conn, R. Seiwell, and A. M. Ihrig, *Acc. Chem. Res.,* **7**, 333 (1974).
4.19 D. F. Ewing, *Ann. Rep. NMR Spectrosc.,* **6A**, 389 (1975).
4.20 R. E. Wasylishen, *Ann. Rep. NMR Spectrosc.,* **7**, 118 (1977).
4.21 P. E. Hansen, *Org. Magn. Reson.,* **11**, 215 (1978).
4.22 V. Wray, *Progr. NMR Spectrosc.,* **13**, 177 (1979).
4.23 G. C. Levy, R. L. Lichter, and G. L. Nelson, *Carbon-13 Nuclear Magnetic Resonance Spectroscopy,* 2nd ed., New York: Wiley–Interscience, 1980.
4.24 P. E. Hansen, *Ann. Rep. NMR Spectrosc.,* **11A**, 65 (1981).
4.25 P. E. Hansen, *Org. Magn. Reson.,* **15**, 102 (1981).
4.26 P. E. Hansen, *Progr. NMR Spectrosc.,* **14**, 175 (1981).
4.27 W. H. Pirkle and D. J. Hoover, *Top. Stereochem.,* **13**, 263 (1982).
4.28 J. L. Marshall, *Carbon–Carbon and Carbon–Proton NMR Couplings,* Deerfield Beach, FL: Verlag Chemie, 1983.
4.29 L. B. Krivdin and E. W. Della, *Progr. NMR Spectrosc.,* **23**, 301 (1991).

Fluorine-19 Couplings

4.30 J. M. Emsley, L. Phillips, and V. Wray, *Progr. NMR Spectrosc.,* **10**, 82 (1977).

Phosphorus-31 Couplings

4.31 E. G. Finer and R. K. Harris, *Progr. NMR Spectrosc.,* **6**, 61 (1970).

Coupling to Quadrupolar Nuclei

4.32 V. Mlynárik, *Progr. NMR Spectrosc.,* **18**, 277 (1986).

Spectral Analysis

4.33 J. D. Roberts, *An Introduction to the Analysis of Spin–Spin Splitting in High-Resolution Nuclear Magnetic Resonance Spectra,* New York: W.A. Benjamin, 1961.
4.34 K. B. Wiberg and B. J. Nist, *The Interpretation of NMR Spectra,* New York: W.A. Benjamin, 1962.
4.35 R. J. Abraham, *The Analysis of High Resolution NMR Spectra,* Amsterdam: Elsevier Science Inc., 1971.
4.36 R. A. Hoffman, S. Forsén, and B. Gestblom, *NMR Basic Princ. Progr.,* **5**, 1 (1971).
4.37 C. W. Haigh, *Ann. Rep. NMR Spectrosc.,* **4**, 311 (1971).
4.38 P. Diehl, H. Kellerhals, and E. Lustig, *NMR Basic Princ. Progr.,* **6**, 1 (1972).
4.39 J. B. Lambert and E. P. Mazzola, *Nuclear Magnetic Resonance Spectroscopy,* Upper Saddle River, NJ: Pearson Prentice Hall, 2004, Appendices 3 and 4.

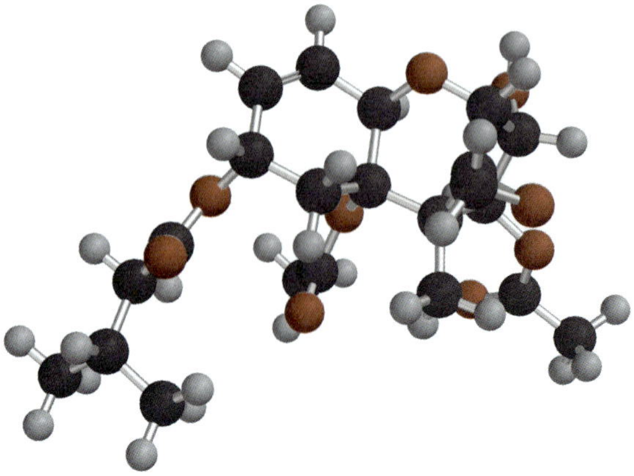

CHAPTER 5

일차원 NMR의 기타 주제

화학 이동과 짝지음 상수는 NMR 분광학에서 두 가지 기본적 측정 양이지만 단일 NMR 시간 차원에서 몇 가지 다른 현상을 공부해야 한다. 이 장에서는 첫째로 계가 스핀 평형(2-4절)으로 계가 이동하는 스핀-격자와 스핀-스핀 이완에 대하여 먼저 검토한다. 이완 시간과 속도는 구조와 역학적 요인 모두에 관련되는 다른 하나의 중요한 측정 양이다. 둘째로, 매우 자세하게 NMR 시간 척도에서 일어나는 구조적 변화를 검토한다(2-8절). 화학 이동과 짝지음 상수의 시간 의존은 선 형태와 세기 모두에 영향을 주고 반응의 속도 상수를 생성하는 데 사용할 수 있다. 셋째로, 두 번째 조사 주파수 B_2를 이용하는 실험 집단을 서술한다. 이중 조사는 스펙트럼을 단순화할 수 있으며, 세기를 섭동하고, 구조와 속도 과정에 대한 정보를 제공한다. 마지막으로 감도를 개선하고 스펙트럼 양식을 단순화하고 이완 시간과 짝지음 상수를 측정하고 구조적 결론을 내리고 펄스 시간 조절과 정의의 정확도를 개선하기 위하여, 단 하나의 90° 펄스보다는 차라리 변화된 시간대를 자주 사용하고, 때로는 특정 시간대로 분리하고, 비직선형인 다중 펄스를 사용하는 기술을 확장한다.

5-1 스핀-격자와 스핀-스핀 이완

공명 주파수에 있는 B_1 자장을 가하는 것은 에너지 흡수와 약간의 $+\frac{1}{2}$ 스핀을 $-\frac{1}{2}$ 스핀으로의 변환을 초래하여 z 방향의 자화(M_z)가 감소한다. 스핀-격자 혹은 수직 방향 이완은 계가 z축을 따라서 시간 상수 T_1과 반응 속도 상수 $R_1 (= 1/T_1)$으로 평형에 도달하게 되돌려준다. 라모(Larmor) 주파수에서 요동하는 시료 내의 자연적 자장의 존재 때문에 그러한 이완이 생긴다. 주파수 일치로 인하여 과량의 스핀 에너지는 때로는 격자라 부르는 분자 주위로 흘러들어 갈 수 있고, $-\frac{1}{2}$ 스핀은 $+\frac{1}{2}$ 상태로 되돌아갈 수 있다.

이완의 원인. 자장의 주요 원천은 운동 중인 자기성 핵이다. 원운동을 하는 전하의 고전적 모델과 같이 운동 중인 자기 쌍극자는 자장을 만든다. 자장의 주파수는 운동 속도와 쌍극자의 자기적 모멘트에 좌우된다. 이러한 매개변수의 적절한 값에 대하여 생성된 자장은 관심 핵의 공명 주파수(라모 주파수)와 동일한 주파수에서 요동을 할 수 있어 에너지가 들뜬 스핀으로부터 격자로 흘러가게 허용한다. 이러한 과정은 **쌍극자-쌍극자 이완** [*dipole-dipole relaxation*, T_1(DD)]이라고 부른다. 결과의 이완 시간은 공명하는 핵과 운동하는 핵, 두 개 모두의 특성, 핵 간의 거리 및 운동 중인 핵의 운동 속도에 좌우된다. 수학적으로 이러한 요인에 따른 이완의 의존성은 운동 중인 양성자에 의해 이완된 ^{13}C에 대해서는 식 5-1a의 형태를 취한다.

$$R_1(\mathrm{DD}) = \frac{1}{T_1(\mathrm{DD})} = n\gamma_C^2\gamma_H^2\hbar^2 r_{CH}^{-6}\tau_c \quad \textbf{(5-1a)}$$

양성자에 의해 이완된 양성자에 대해서는 식 5-1b의 형태를 취한다.

$$\frac{1}{T_1(\mathrm{DD})} = \frac{3}{2}n\gamma_H^4\hbar^2 r_{HH}^{-6}\tau_c \quad \textbf{(5-1b)}$$

평상시와 같이 핵의 특성은 자기회전 비율로 표시하였다. 기호 n은 공명하고 있는 핵에서 가장 가까워 그 핵을 이완시키는 데 가장 효율적인 양성자 개수를 의미한다. 거리에 따라 급격히 감소한다는 것은 가장 가까운 수소까지의 거리 r_{CH} (r_{HH})의 육제곱의 역에 의해 표시된다. 수소의 운동 특성은 분자가 1라디안 회전하는 데 필요한 시간이며, 용액 내의 유기 분자에 대하여 전형적으로 나노 초에서 피코 초 범위를 가지는 유효 상관관계 시간 τ_c에 의해 서술된다.

따라서 부착된 양성자가 더 많을수록, 분자간 C—H 거리가 짧을수록, 용액 내에서의 회전이 감소할수록, 탄소의 이완은 더 빨라진다(이완 시간이 더 짧아진다). 사차 탄소는 부착한 양성자가 없는 이유와 다른 양성자에 대한 거리 r_{CH}가 큰 이유로 긴 이완 시간을 가진다. 메타인 대 메틸렌 대 메틸의 탄소 이완 시간 비율은 다른 조건이 같다면 부착된 양성자 숫자에서의 차이로 인하여 6 : 3 : 2 (1 : $\frac{1}{2}$: $\frac{1}{3}$과 동등)가 된다. 용액 내 분자 뒤엎기 속도가 분자 크기 증가에 따라 느려지기 때문에 큰 분자는 더욱 빨리 이완한다. 따라서 cholesteryl chloride는 phenanthrene보다 빠르게 이완하고 phenanthrene은 벤젠보다 빠르게 이완한다. 식 5-1은 좀더 완벽한 식에 대한 근사식이고 보다 작은 분자에 대한 **극단적 좁은 범위**(*extreme narrowing limit*)를 대표한다. 움직이는 핵 자석의 운동 주파수가 들뜬 핵 자석의 공명 주파수와 일치해야 하기 때문에 쌍극자 이완은 빠르게 움직이는 작은 분자와 느리게 움직이는 큰 분자 모두에게 효과가 없게 된다. 생화학자의 관심을 가지는 많은 분자들이 식 5-1을 적용할 수 없는 후자에 속한다. 빠른 내부 회전을 하고 있는 작은 분자의 메틸기는 역시 쌍극자-쌍극자 이완의 효율성을 감소시킬 수 있다. 쌍극자 이완에 대한 최적의 상관관계 시간(τ_c)은 10^{-7}에서 10^{-11}s (공명 주파수의 역값) 범위에 있다. 공명 주파수가 B_0 값에 좌우되기 때문에 이러한 범위 역시 B_0에 좌우된다.

쌍극자 이완이 느릴 때, 이완의 다른 메커니즘이 중요하게 된다. 요동하는 자장 역시 다음으로부터 발생할 수 있다. (1) 빠르게 뒤엎는 작은 분자와 분자 내 빠르게 회전하는 원자단의 간섭, (2) 높은 자장에서 비등방성 화학적 가림을 가지는 분자의 뒤엎기, (3) 화학적 교환을 통하거나 혹은 사중극자 상호작용을 통해 요동하는 스칼라 짝지음 상수, (4) 상자기성 분자(짝짓지 않은 전자는 매우 큰 자기 쌍극자를 가지고 있다.)의 요동과 (5) 사중극자 핵의 뒤엎기이다. 메틸기와 트라이플루오로메틸기의 탄소의 이완은 스핀 회전에 의해 중요한 예외가 된다. 높은 온도에서는 쌍극자 상호작용에 의한 이완이 비효율적이 되지만 스핀 회전에 의한 이완은 좀 더 효율적이 되어 이러한 메커니즘들은 복수의 온도에서 T_1을 측정하여 구별할 수 있다.

이완 시간 측정. 계가 평형으로 다시 돌아오기 위하여 펄스 사이에 얼마나 기다려야 하는가(지연 시간)를 정하기 위해서는 T_1의 실제 값은 적어도 대략 값을 알고 있어야 한다. 이에 덧붙여 T_1(DD)는 r_{CH}에 대한 그것의 의존성에 기인한 구조적 정보와 τ_c의 의존성에 기인한 동적 정보를 제공한다. 이러한 이유로 T_1을 측정하는 데 편리한 방법들이 개발되어 왔고 그중 가장 흔한 것은 **반전 회복**(*inversion recovery*)이라 부른다. 스핀의 비평형적 분포를 생성하고 다음에 그것들이 일차 반응 속도 과정으로서 평형으로의 회복을 추적하는 것이 전략이다. 스핀을 180° 펄스를 가하여 반전하면 평형으로부터 최대의 이탈

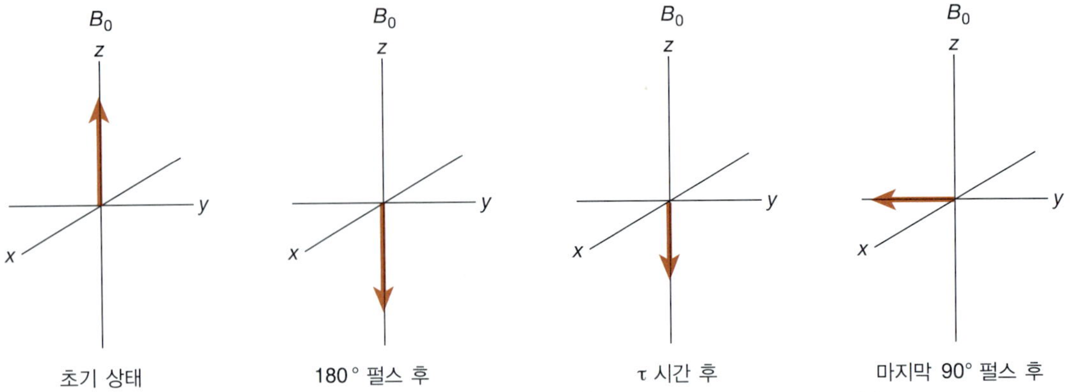

그림 5-1 반전 회복 실험 (a) (b) (c) (d)

을 생성한다(그림 5-1b). 만일 매우 짧은 시간 τ가 경과되도록 허용하고(그림 5-1c) 스핀이 xy 평면으로 이동하여 관찰할 수 있게 90° 펄스를 가한다면, 핵 자석은 $-y$축을 따라서 정렬하여(그림 5-1d) 하나의 반전된 피크를 얻는다. 시간 τ 동안 약간의 T_1 이완이 발생한다(그림 5-1b 및 c). 시간 τ 끝에서 z 자화는(그림 5-1c) 처음의 것(그림 5-1b)보다 작아진다. 따라서 90° 펄스 다음에 생성된 펄스는 180°와 90° 펄스를 합쳐서 270° 펄스로 만든 초기 것보다, 즉 $\tau = 0$일 때보다 작다. 반전 회복 펄스서열은 $180° - \tau - 90°$ – 자료획득으로 요약되고, 단순한 다중 펄스서열의 한 예이다.

점증적으로 긴 τ 값을 사용하는 많은 그런 실험은 80°와 90° 펄스 사이의 더 큰 이완을 초래한다. 90° 펄스 다음(그림 5-1d) 결과의 피크는 τ가 증가함에 따라서 τ가 충분히 길어 완전한 이완이 일어날 때까지 음으로부터 0을 지나 양으로 전개한다. 그림 5-2는 클로로벤젠(chlorobenzene)의 탄소에 대한 그런 실험의 적층을 보여 준다. 염소에 입소(ipso)인 탄소(C-1)가 직접 부착된 양성자를 가지지 않기 때문에 더 긴 값의 τ가 전도된 피크가 전환하는 데 필요하다. C-1에 대한 이완은 $\tau = 80$ s 조차에도 완결되지 않는다. 일련의 시간 τ에서 측정한 세기 I는 일차 반응 속도의 식 5-2에 따라 지수적 붕괴를 따른다.

$$I = I_0(1 - 2e^{-\tau/T_1}) \tag{5-2}$$

여기서 I_0는 평형 세기(예를 들면, 초기에 측정하거나 매우 긴 값의 τ 다음에 측정한 세기)이고, 2라는 인자는 자화 회복이 완전히 반전된 조건 하에서 시작되기 때문에 발생한다. τ에 대한 자연 대수의 도시는 기울기 $-1/T_1$을 가진 직선을 준다. 스핀-격자 이완 시

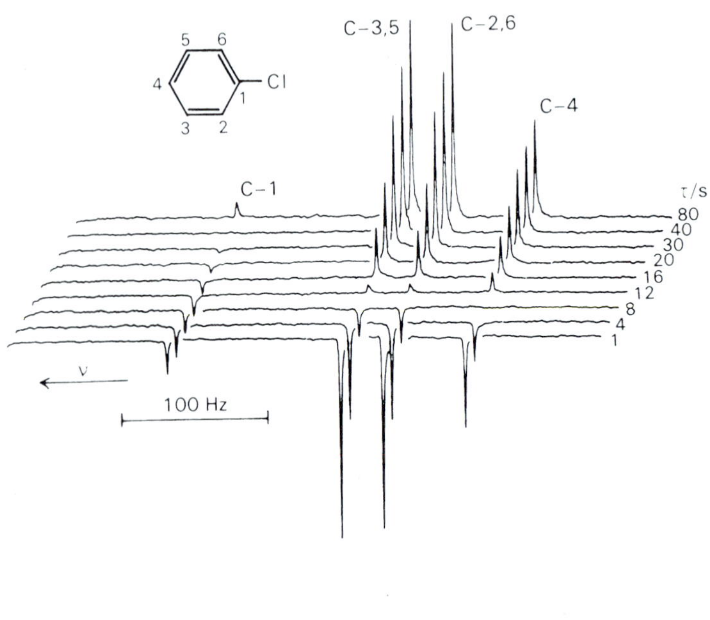

그림 5-2 25 MHz에서의 클로로벤젠의 ^{13}C 공명에 대한 뒤집기 회복 실험의 적층 그림. $180° - \tau - 90°$ 서열에서의 시간 τ는 오른쪽의 초단위로 주어졌다. (출처: R. K. Harris, *Nuclear Magnetic Resonance Spectroscopy*, London: Pitman Publishing, Ltd., 1983, p. 82. Reproduced with permission of Addison Wesley Longman, Ltd.)

간에 대한 추정값은 영점(null)을 경과하는 세기에서의 시간 τ로부터 얻을 수 있다[그림 5-2에서 C-4에 대하여 τ(영점) = 8s]. 이 시간에 $I = 0$이기에 T_1은 τ(영점)/ln 2 혹은 1.443τ(영점)에 해당된다. 그러한 추정은, 예를 들어 되풀이되는 펄스 사이에 얼마나 오래 기다려야 하는 것을 정하는 데 유용할 수도 있지만, T_1에 대한 엄밀한 측정치로 간주하지 말아야 한다.

가로 방향 이완. xy 평면에서의 이완, 즉 스핀-스핀(가로 방향) 이완(T_2)은 T_1과 동일할 것으로 예상할 수도 있다. 왜냐하면 xy 평면으로부터 z축으로 되돌아가는 자화 이동은 xy 자화를 고갈시키는 것과 같은 속도를 가지기 때문이다. 그러나 z 자화에 영향을 주지 않는 다른 xy 자화의 다른 메커니즘들이 존재한다. 2-4절에서 이미 B_0 자장의 불균일성이 위상을 xy 평면에서 임의로 만들어 xy 이완을 재촉한다는 점을 이미 보았다. 결과적으로 T_2는 T_1보다 짧은 것으로 예상된다. 또한 두 개의 핵이 상호적으로 그들의 스핀을 교환하여 하나는 $+\frac{1}{2}$에서 $-\frac{1}{2}$로, 다른 하나는 $-\frac{1}{2}$에서 $+\frac{1}{2}$로 교환할 때 $xy(T_2)$ 이완이 발생할 수 있다. 이러한 스핀-스핀 이중뒤얽기, 혹은 **엎침-뒤침**(*flip-flop*) 메커니즘은 큰 분자에서 가장 심각하다. 이러한 과정은 **스핀 확산**(*spin diffusion*)을 초래한다. 특정한 양성자의 들뜸은 엎침-뒤침 상호작용이 분자 전체로 퍼짐에 따라 주위 양성자의 자화를 변하게 한다. 단백질 같은 큰 분자의 스펙트럼 해석은 그러한 과정을 고려해야 한다.

구조적 파급효과. 양성자 스핀-격자 이완 시간은 공명하고 있는 핵과 근접한 이웃 양성자 간의 거리에 좌우된다. 이웃이 더 가까울수록 이완은 더욱더 빠르고 T_1도 더 짧아진다. 두 개의 이성질체 5-1a와 5-1b [Bz≡Ph(C═O)]는 그것들의 양성자 이완 시간으로 구별할 수 있다. 5-1a에서 H_1은 수직 방향이고 3-과 5-수직 방향 양성자와 최근접하여 T_1이 2.0 s가 된다. 5-1b에서는 H_1은 수평 방향이고 더 먼 최근접 이웃을 가져 T_1 값이 4.1 s가 된다. 이러한 방법으로 이러한 아노머들의 구조를 구별할 수 있다. T_1의 나머지 값들은 비슷한 방법으로 해석한다. 예를 들면, 이성질체 **5-1a**에서의 H_2는 최근접 이웃으로 단지 H_4 수직 방향 양성자를 가져 그것의 T_1은 상당히 길어 3.6 s가 된다. **5-1b**에서는 H_2는 수직 방향인 H_4뿐만 아니라 이웃자리 H_1도 최접근 이웃으로 가져 T_1은 짧은 2.1 s가 된다.

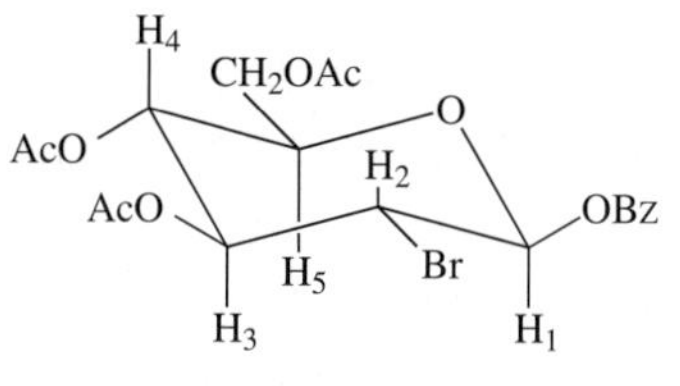

5-1a

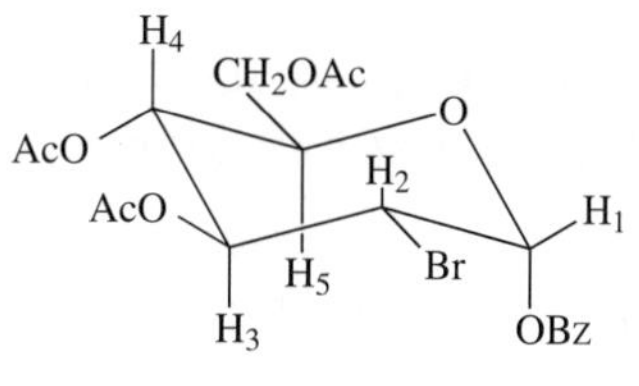

5-1b

비등방성 운동. 분자가 경직되고 어느 방향에서도 같게(등방성으로) 잘 회전할 때 모든 탄소 이완 시간(부착된 양성자 개수에 대하여 수정한 후)이 거의 같아야 한다. 그러나 분자의 비구형 형태는 자주 용액 내에서 한 개 이상의 축을 중심으로 선호하는 회전(비등방성 회전)으로 이끈다. 예를 들면, 톨루엔은 메틸, 입소 및 파라 탄소를 포함하는 긴 축을 중심으로 회전하는 것을 선호하여 적은 질량이 운동하게 된다. 평균하여 이러한 탄소들(부착된 양성자들과 합체)은 회전축 상에 있는 원자는 회전 중에 고정적으로 남아있기 때문에 오쏘와 메타 탄소보다 용액 내에서 덜 움직인다. 더 빨리 움직이는 오쏘와 메타 탄소들은 짧은 유효 상관 시간 τ_c를 가지게 되어 식 5-1에 따라서 긴 T_1을 가진다. 실제 값들은 구조 **5-2**에 표시하였다. 입소 탄소는 직접 부착된 양성자가 없고, 식 5-1에서 r_{CH}값이 매우 크기 때문에 가장 긴 값을 가진다.

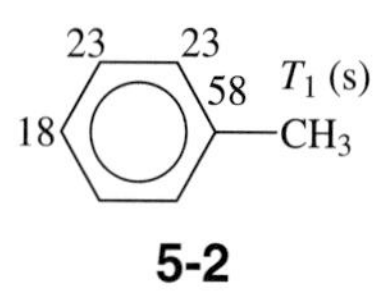

5-2

분절 운동. 분자가 경직되지 않은 경우 더 빨리 움직이는 부분은 τ_c가 짧기 때문에 더 느리게 이완한다. 따라서 데케인(**5-3**)에서 메틸 탄소는 가장 느리게 이완하고, 그 다음에 에

$CH_3CH_2CH_2CH_2CH_2CH_2CH_2CH_2CH_2CH_3$

nT_1 26.1 13.2 11.4 10.0 8.8

5-3

틸 탄소가 따르고 사슬 중앙에 있는 다섯 번째 탄소까지 계속 그렇게 된다. 구조 **5-3**에 nT_1 값이 주어져 어떠한 치환 양식을 고려하지 않고 모든 탄소에 대하여 수치를 비교할 수 있다. 이러한 값들은 각 탄소의 상대적인 운동 속도를 반영한다.

부분 이완 스펙트럼. T_1을 측정하는 데 사용한 반전 회복 실험 또한 스펙트럼을 단순화하기 위하여 사용할 수 있다. 그림 5-2에서 τ = 40s에 대한 스펙트럼은 입소 탄소(C-1)에 대한 공명이 없다. 유사하게 10s가 되는 τ에 대하여 모든 다른 고리 탄소 값은 영점화되었고 단지 C-1에 대한 음의 피크만 얻었다. 그러한 **부분 이완 스펙트럼**(*partially relaxed spectra*)은 이러한 방식으로 일부 스펙트럼만 얻을 뿐만 아니라 특정 피크를 제거하기 위하여 사용할 수 있다. 중수소화된 물(D_2O)을 용매로 사용할 때 잔여 HOD 피크는 원하지 않는다. 반전 회복 실험을 물 피크를 영점화하는 τ 값을 줄 수 있다. 나머지 양성자는 그 τ 값에서 물보다 더 빠르게 혹은 느리게 이완하는가에 좌우되어 양의 세기 혹은 음의 세기를 가진다. 180° 펄스를 선택적으로 물의 공명 위치에서만 가하여 이 실험은 정교하게 할 수 있다. 그래서 이러한 피크를 영점화하는 데 τ의 선택은 물의 피크는 없지만 달리 나머지 공명에 대해서는 아주 정상인 스펙트럼을 생성한다. 이러한 과정은 **피크 억제**(*peak suppression*) 혹은 **용매 억제**(*solvent suppression*)의 한 예이다.

사중극자 이완. $\frac{1}{2}$보다 큰 스핀을 가지는 핵의 주요 스핀-격자 이완은 그러한 핵의 사중극자 성질로부터 초래한다. 이러한 핵들은 구형보다는 타원형을 가진다고 고려한다. ^{14}N이나 ^{2}H 같이 I = 1일 때, 자장에 세 개의 가능한 배향이 있다: 그림 5-3에서 보여주는 평행, 직각과 역평행. 이러한 타원형 핵이 용액 내에서 분자의 비대칭 전자 구름 안에서 뒤엎기를 할 때 핵들은 이완을 초래할 수 있는 요동하는 전기장을 생성한다.

두 가지 방식에서 이 메커니즘은 쌍극자-쌍극자 이완과 다르다. 첫째 그것은 두 번째 핵이 운동 중일 것을 필요로 하지 않는다. 사중극자 핵은 비대칭 전자 구름 속에서 운동을 함으로써 자기자신의 요동하는 자기장을 생성한다. 둘째로 핵의 사중극자 모멘트가 클 때 이 메커니즘이 극도록 효율적이기 때문에 T_1은 매우 짧아진다(밀리 초 혹은 그 이하). 이러한 경우에서 ΔE(스핀 상태의 에너지의 퍼짐으로 선폭 $\Delta\nu$에 의하여 측정)과 Δt(스핀 상태의 수명으로 이완 시간으로 측정)의 곱이 상수로 유지되어야 한다는 ($\Delta E \Delta t \sim \hbar$) 불확정 원리를 적용한다. 따라서 이완 시간이 아주 짧으면 선폭은 매우 커진다. 큰 사중극자 모멘트를 가지는 핵은 흔히 매우 큰 선폭을 보여 주어, 예를 들면 CCl_4에서 ^{35}Cl 공명에 대하여 약 20,000 Hz의 선폭을 가진다. 흔한 핵종인 ^{17}O와 ^{14}N는 작은 사중극자 모멘트를 가져서 전형적으로 수십 헤르츠의 선명한 공명을 보여 준다. 중수소의 작은 사중극자 모멘트는 일 혹은 수 헤르츠의 매우 선명한 피크를 초래한다. 선폭은 또한 전자 구름의 비대칭 정도를 조절하는 분자의 대칭성에 좌우된다. π 전자를 가지는 계는 더 비대칭적이고 넓은 선(^{14}N에 대하여 아마이드와 피리딘에서)을 준다. 구형이나 정사면체 계에서는 전자 구름이 대칭적이라서 사중극자 이완을 가지지 않는다. 스핀 $\frac{1}{2}$ 핵들과 같이 그러한 계들은 매우 선명한 선폭을 보여 준다(NH_4^+의 ^{14}N, Li^+의 ^{6}Li 혹은 ^{7}Li, $^{-}BH_4$의 ^{10}B,

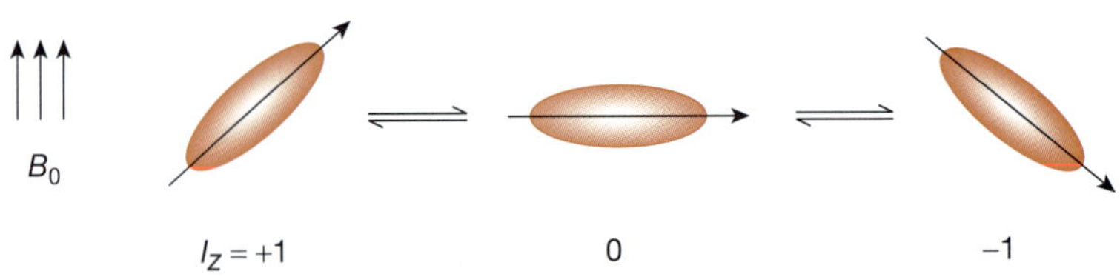

그림 5-3 I = 1인 핵의 스핀 상태

Cl^- 혹은 $^-ClO_4$의 ^{35}Cl 및 SO_4^{2-}의 ^{33}S).

유기 화학자에게 아주 중요한 것은 이웃 양성자의 공명에 대한 사중극자 핵의 영향이다. 사중극자 이완이 극도로 빠를 때 이웃 핵은 사중극자 핵의 평균 스핀 환경만을 경험하게 되어 스핀 짝지음이 관찰되지 않는다. 그래서 ^{35}Cl과 ^{37}Cl이 스핀 $\frac{3}{2}$을 가지고 있으며 네 개의 스핀 상태로 존재할지라도 클로로메테인(chloromethane)의 양성자는 선명한 단일선을 보여 준다. 화학자는 비록 할로젠(플루오린을 제외한 다른 할로젠)이 그럴지라도 그것들의 빠른 사중극자 이완의 이유 하나만으로 할로젠을 비자기성으로 생각하게 되었다. 다른 극단적 경우에서 중수소는 약한 사중극자 모멘트와 단지 s 전자만을 소유하기 때문에 이웃 양성자는 ^2H와 정상적인 짝지음을 보여 준다. 따라서 하나의 중수소를 가지는 나이트로메테인(nitromethane, CH_2DNO_2)은 1:1:1 삼중선 한 개를 보여 준다. 이유는 양성자가 중수소의 세 스핀 상태(+1, 0, −1)에(그림 5-3과 유사하게) 의하여 영향을 받기 때문이다. 두 개의 중수소를 가지는 나이트로메테인(CHD_2NO_2)은 세 스핀 상태의 다양한 조합(+ + ; +0,0+ ; + −,00,− + ; −0,0− ; − −)에 따른 짝지음으로 1:2:3:2:1 오중선을 보여 준다. 이러한 오중선은 흔히 중수소화된 용매인 아세톤-d_6, 아세토나이트릴-d_3 혹은 나이트로메테인-d_3 등에서 관찰된다. 그 이유는 불완전한 중수소화 반응은 CHD_2 기를 가지는 불순물을 초래하기 때문이다.

^{14}N 핵은 이 두 극단 사이에 놓이게 된다. Biuret, $NH_2(CO)NH(CO)NH_2$에서의 내부 질소 같이 매우 비대칭인 경우, 사중극자 이완은 부착한 양성자에 대하여 평균 단일선을 생성할 정도로 빠르다. 이완이 중간 속도인 경우, 세 개의 광폭 피크, 하나의 광폭 평균 피크 혹은 알아볼 수 없을 정도로 광폭화를 관찰하는 것이 가능하다. ^{14}N 주파수에서의 조사는 양성자의 $^{14}N-^1H$ 짝지음 상호작용(5-3절)을 제거하여 ^{14}N가 외관상으로 비자성으로 보이게 된다. 그림 5-4는 아래에 CH 양성자로부터 AA′BB′ 스핀만을 보여 주는 피롤의 정상적인 스펙트럼을 보여 주며, 선이 극도로 광폭하여서 NH 공명은 알아볼 수 없다. ^{14}N 주파수에서의 조사는 ^{14}N으로부터 NH 양성자를 짝풀리게 하여 네 개의 CH 양성자에 대한 짝지음으로부터 기만적으로 단순한 오중선 NH 공명을 초래한다.

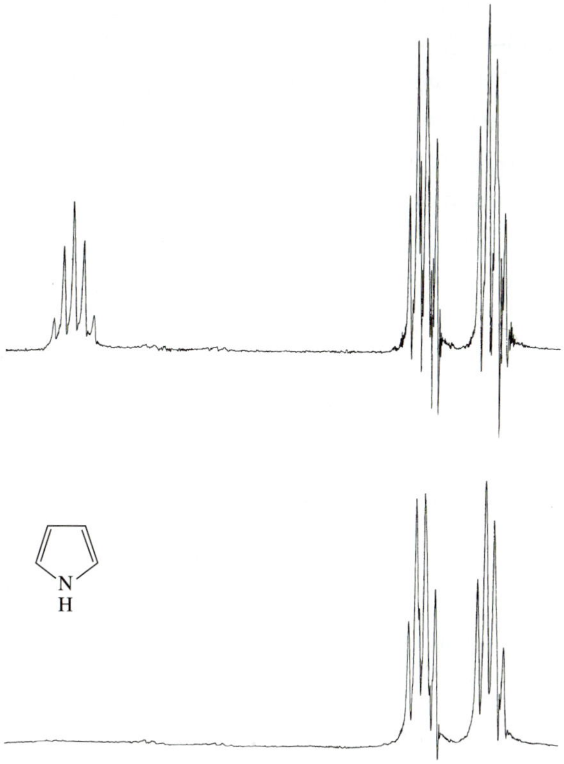

그림 5-4 ^{14}N 짝풀림을 가지는 피롤(위)과 가지지 않는 피롤(아래)의 90 MHz 양성자 스펙트럼

5-2 NMR 시간 척도 상의 반응

NMR은 수분에서 수시간 시간대에 걸쳐 피크의 사라짐과 나타남을 통하여 비가역적 반응에 대한 반응 과정을 추적하는 우수한 도구이다. 특정 시간 간격으로 스펙트럼을 되풀이하여 기록하고, 반응 속도 상수를 피크 세기의 변화로부터 계산한다. 따라서 과정은 실험 실시간 척도에서 이루어지는 고전적 반응 속도론적 방법이다. 시간 척도 상에서 일어나는 분자 변화는 NMR 실험의 펄스나 자료획득 시간보다 훨씬 길다. 더욱 중요한 것은 보통 4.5에서 25 kcal mol^{-1}의 범위의 활성화 에너지(2-8절)를 가져 10^0에서 $10^4\,s^{-1}$의 범위에 있는 반응 속도에 해당되는 범위에서, 평형 하에서 일어나는 반응과 선 형태에 영향을 주는 반응에 대한 반응 과정을 연구하는 특이한 능력을 가졌다. 이러한 **NMR 시간 척도**(*NMR time scale*)는 교환하고 있는 핵 사이에서의 주파수 간격과 s^{-1} 단위인 반응 속도와 대략적으로 동등하다고 말한다.

Cyclohexane-d_{11}에서의 수직 방향과 수평 방향의 양성자의 상호 변환에 대한 온도 함수로서의 일련의 스펙트럼은 그림 2-31에 표시하였다. 두 개의 그러한 화학적 환경에서의 상호 변환이 두 자리의 주파수 차이보다 훨씬 빠르게 일어날 때, 결과는 평균 환경을 반영하여(**빠른 교환**, *fast exchange*) 한 개의 피크가 된다. 이러한 변환이 가역적으로 일어난다는 점과 계는 평형에 머물러 있다는 점을 잊지 마라. 교환이 주파수 차이보다 느릴 때 NMR 결과는 두 개의 뚜렷한 피크이다(**느린 교환**, *slow exchange*). 이 상호 변환이 주파수 차이와 비슷할 때 전형적으로 광폭 피크가 발생한다. 그러면 반응은 NMR 시간 척도에서 일어난다고 말한다. 빠르고 느린 교환 모두 때로는 실험 온도를 변화시켜 얻을 수 있다. 메탄올의 하이드록시 양성자의 경우(그림 2-30)에서와 같이 산 촉매 하의 양성자 상호 교환 같은 분자 간 반응들도 역시 연구할 수 있다. 다음의 예들은 분자 내 반응이다.

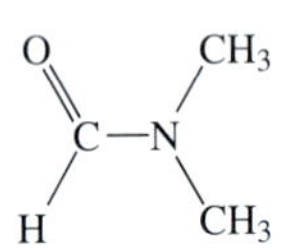

5-4

부자유 회전. 정상적으로 단일결합을 중심으로 하는 회전은 5 kcal mol^{-1}보다 낮은 장벽을 가지고 NMR 시간 척도보다 빠르게 발생한다. 한편, 알켄의 이중결합을 중심으로 하는 회전은 정상적으로 50 kcal mol^{-1} 이상의 장벽을 가져 NMR 시간 척도보다 느리다. 회전이 NMR 시간 척도 이내에서 발생하는 중간 결합 차수를 가지는 예가 많다. *N,N*-Dimethylformamide(**5-4**) 같은 아마이드에서의 C—N 결합을 중심으로 하는 부자유 회전은 자리 교환의 고전적인 예를 제공한다. 실온에서는 교환은 느리고 두 개의 메틸 공명이 관찰된다. 반면에 100 ℃ 이상에서는 교환이 빠르고 단 한 개의 공명이 관찰된다. 측정한 장벽은 약 22 kcal mol^{-1}이 된다.

카바메이트, 싸이오아마이드, 엔아민, 나이트로소아민, 알킬나이트릴, 다이아조케톤, 아미노보레인 및 방향족 알데하이드를 포함하는 부분적 이중결합을 가지는 수많은 다른 계에 대하여 NMR 시간 척도에서 부자유 회전이 발생한다. 형식적 이중결합은 대안의 공명 구조들이 부분적인 단일결합을 제안할 때 자유 회전을 보여 줄 수 있다. 칼리센(Calicene, **5-5**)은 한 예로서 중앙 결합을 중심으로 단지 20 kcal mol^{-1}의 회전 장벽을 가진다.

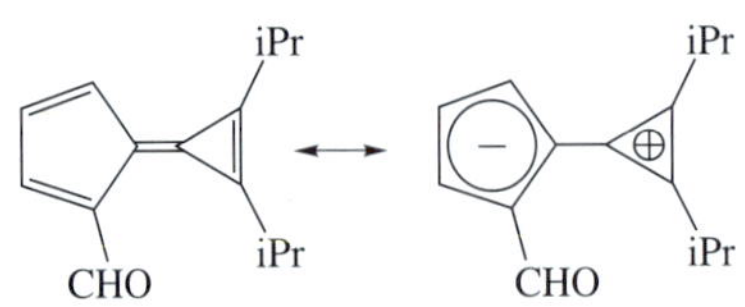

5-5

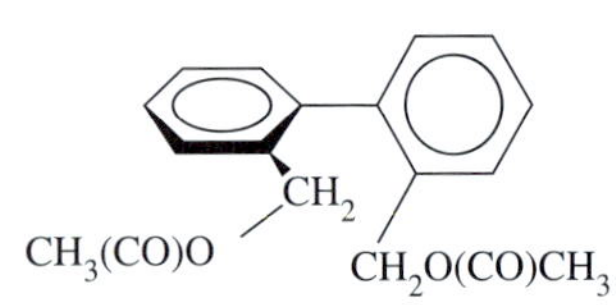

5-6

입체과밀은 단일결합 주위에 장벽을 증가시켜 NMR 범위에 들도록 만들어 준다. 바이페닐 **5-6**에서 단일결합 주위의 회전은 동적탐사침으로서 13 kcal mol^{-1} 측정 가능한 메틸렌 양성자로 격상되었다. sp^3-sp^3 결합을 중심으로 하는 부자유 회전은 때때로 적어도 하나의 탄소가 사차일 때 관찰할 수 있다. 그래서 *tert*-butylcyclopentane (**5-7**) 에서의 *t*-뷰틸기는 −150°C에서 두 개의 메틸기가 세 번째 메틸기 (**5-7a**) 와 다르기 때문에 2 : 1의 비율로 두 개의 공명을 준다.

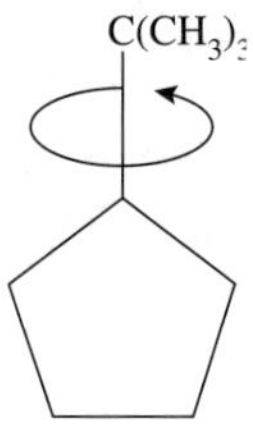

5-7

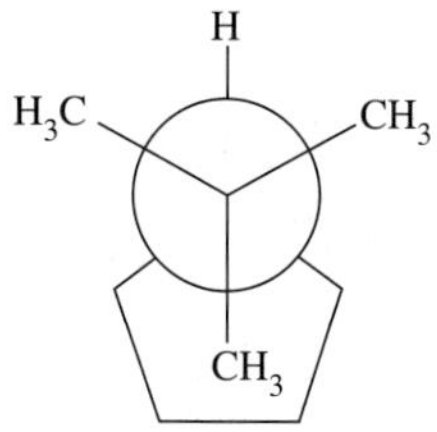

5-7a

부자유 회전은 흔히 할로젠화된 알케인에서 관찰된다. 증가된 장벽은 아마도 입체 및 정전기적 상호작용으로부터 생긴다. 2,2,3,3-tetrachlorobutane (**5-8**) 은 −40 °C 이하에서 NMR 시간 척도에서 천천히 회전하는 안티와 고우시 회전이성질체로부터의 2 : 1 이중선을 보여 준다.

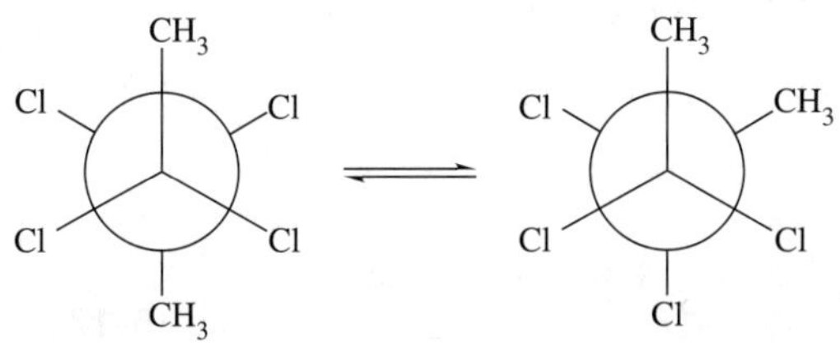

5-8

단일결합을 구성하는 두 개의 원자가 비결합 전자쌍을 가질 때, 장벽은 흔히 관찰 범위 내에 있다. 비전자쌍 간의 상호작용 혹은 반발로 높은 장벽이 생긴다. 예를 들면, dibenzyl disulfide ($C_6H_5CH_2S—SCH_2C_6H_5$) 에서의 황-황 결합을 중심으로 하는 회전 장벽은 7 kcal mol^{-1}이다. 비슷한 높은 장벽이 하이드라진 (N — N), 설펜아마이드 (S — N) 및 아미노포스핀 (N — P) 에서 관찰되었다.

고리 반전. 고리 반전을 통한 수직 방향-수평 방향 상호 변환은 사이클로헥세인에 덧붙여 피페리딘 (**5-9**) 같은 헤테로 고리, 사이클로헥센 (cyclohexene, **5-10**) 같은 불포화 고리, *cis*-decalin (**5-11**) 같은 접합 고리와 cycloheptatriene (**5-12**) 같은 육원소 고리 이외의 고리 등 매우 다양한 계에서 연구되어 왔다.

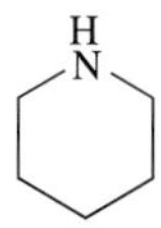

5-9

5-10

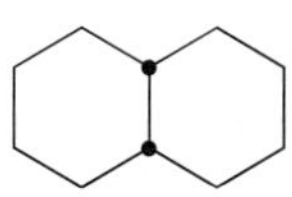

5-11

5-12

사이클로옥테인 (Cyclooctane) 과 다른 팔원자 고리들도 광범위하게 검토되었다. 어미 화합물의 펜타데카이중수소화 유도체는 −100 °C에서 7.7 kcal mol^{-1}의 활성화 자유 에너지를 가지는 동적 행동을 보여 준다. 주된 회전배열 이성질체는 보트-의자 (**5-13**) 로 나타난다. Cyclooctatetraene (**5-14**) 은 보트-보트 고리 반전을 겪는다. 곁가지의 메틸기는 부분이성질자리 탐침을 제공하고 장애가 14.7 kcal mol^{-1}임을 보여 준다. 선호되는 전이 상태는 교대하는 단일과 이중결합을 가지는 평면 형태이다.

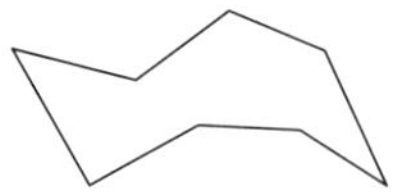

5-13

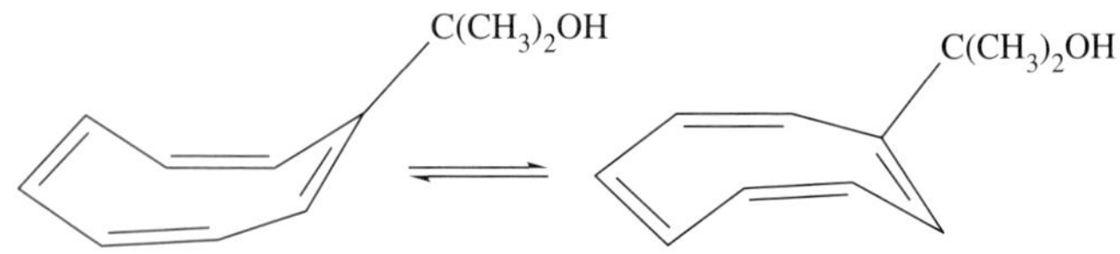

5-14

원자 뒤집힘. 아민 같이 고립 전자쌍을 가지는 삼치환 원자는 NMR 시간 척도에서 피라미드형(사각뿔형) 원자 뒤집힘의 과정을 겪을 수 있다. Aziridine (**5-15**) 의 두 개의 메틸기의

5-15

공명은 높은 온도에서는 빠른 질소의 뒤집힘을 통하여 동등해진다. 이러한 장벽은 삼원자 고리에서의 각무리, 바닥 상태보다 전이 상태에서 더 높은 각무리 때문에 특별히 높다 (18 kcal mol^{-1}). 이 효과는 아제티딘 (**5-16**, 9 kcal mol^{-1}) 과 **5-17** (10 kcal mol^{-1}) 같은 무리가 있는 이고리 계에서 더 적은 정도로 관찰된다.

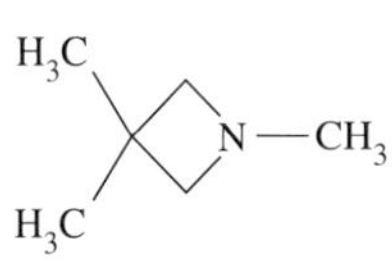

5-16

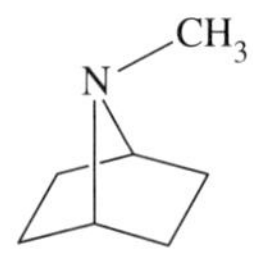

5-17

질소가 매우 큰 전기음성도를 가지는 원소에 부착되었을 때 뒤집힘 장벽이 증가된다. 이러한 치환은 바닥 상태 고립 전자쌍의 s 특성을 증가시킨다. 전이 상태 고립 전자쌍은 p-혼성화를 유지해야 하기 때문에 *N*-chloropyrrodine (**5-18**) 에서와 같이 장벽이 커진다.

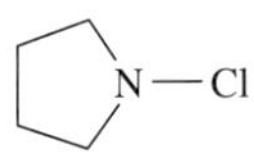

5-18

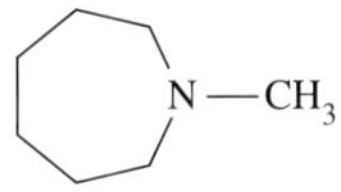

5-19

고리 무리 혹은 전기음성적 치환체 두 개 다 존재하지 않을 때에는 장벽은 낮으나 여전히 흔히 측정할 수는 있다. 그 예는 *N*-methylazacycloheptane (**5-19**, 7 kcal mol^{-1}) 과 2-(diethylamino) propane [$(CH_3CH_2)_2NCH(CH_3)_2$, 6.4 kcal mol^{-1}] 이다. 후자의 경우, 장벽은 질소 뒤집힘과 C—N 결합 회전의 혼합으로 간주한다.

주기율표에서 낮은 주기에 있는 원소에 대한 뒤집힘 장벽은 일반적으로 NMR 범위에 있다. 따라서 카이랄 포스핀과 설폭사이드는 분리가 가능하다. 장벽은 전기 양성적인 원소로 치환하여 관찰할 수 있는 NMR 범위 안으로 가져와야 한다. 그 예로, diphosphine [$CH_3(C_6H_5)P$-$P(C_6H_5)CH_3$]의 장벽은 26 kcal mol^{-1}로서 $CH_3(C_6H_5)(C_6H_5CH_2)$ P의 32 kcal mol^{-1}과 비교된다. Phosphole (**5-20**) 은 전이 상태가 방향성이기 때문에 장벽이 낮다. 그것의 16 kcal mol^{-1}의 장벽은 포화된 유사체 **5-21**의 36 kcal mol^{-1}과 비교가 된다.

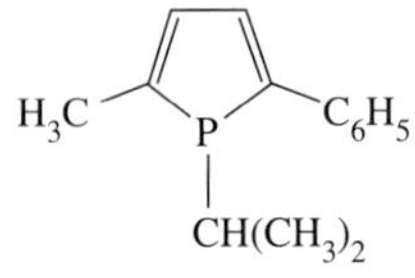

5-20

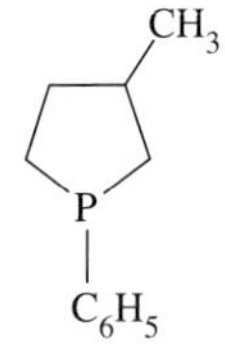

5-21

원자가 토토머화와 결합이동. 많은 원자가 토토머화에 대한 장벽이 NMR 범위 내에 들어온다. 한 고전적인 예는 3,4-homotropilidine(**5-22**)의 코프 자리옮김(Cope rearrangement)

5-22

반응이다. 낮은 온도에서 스펙트럼은 다섯 개의 작용기적으로 구별되는 유형의 양성자(부분이성질자리 차이는 무시하고)에 대하여 예상되는 특징를 가진다. 높은 온도에서는 코프 자리옮김 반응은 NMR 시간 척도에서 빠르게 되어 단지 세 개 유형의 공명만 관찰된다(1,3,5,7-tetramethyl 유도체에 대하여 14 kcal mol^{-1}). Barbaralone(**5-23**)에서와 같이 세

5-23 **5-24**

번째 다리를 첨가할 때 자리옮김에 대한 입체화학적 요구가 개선되어 장애는 9.6 kcal mol^{-1}로 낮아진다. 세 번째 다리가 에틸렌기일 때, 분자는 bullvalene(**5-24**)이다. 모든 세 개의 다리가 동일하고 코프 자리옮김 반응의 배열은 모든 양성자(혹은 탄소)를 동등하게 만든다. 정말로 실온에서의 복잡한 스펙트럼은 180 °C(12.8 kcal mol^{-1}) 이상에서는 단일선으로 변한다. 빠른 원자가 토토머화를 가지는 분자들을 흔히 **유동성**(*fluxional*) 분자라고 한다.

Cyclooctatetraene은 유동성 행동의 다른 한 예를 제공한다. 5-14에서 보여 주는 보트-보트 고리 반전과 구별되는 작동에서 단일결합과 이중결합은 반방향족 상전이 상태를 통하여 교환된다(고리 반전에 대한 전이 상태(**5-14**)는 교대하는 단일결합과 이중결합을 가진다). 결합 이동 이성질체 **5-25a**와 **5-25c**에서의 치환체에 이웃한 양성자는 다르다. 결합 교환에 대한 장벽은 양성자 공명이 두 개의 피크가 한 개로 변환하는 것으로부터 측정한다(17.1 kcal mol^{-1}). 결합 교환에 대한 장벽은 동등한 결합 길이를 가지는 전이 상태 **5-25b**에 존재하는 반방향족 불안정화 때문에 고리 뒤집힘보다 높다.

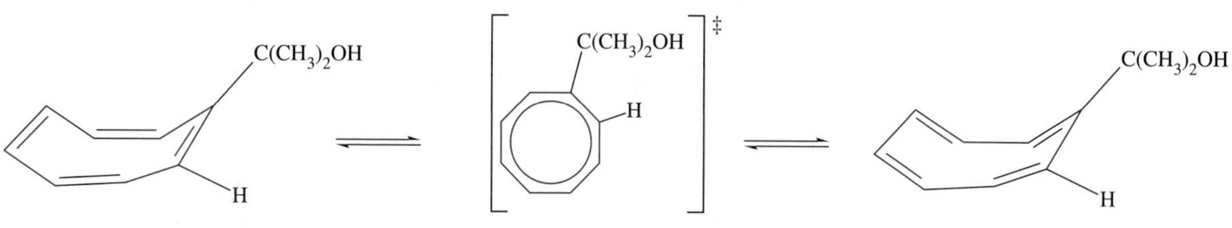

5-25a **5-25b** **5-25c**

탄소양이온의 자리옮김은 역시 NMR 방법에 의해 연구할 수 있다. 노보닐(norbornyl) 양이온(**5-26**)은 바그너-메르바인 자리옮김[Wagner-Meerwein (W-M) rearrangement]과

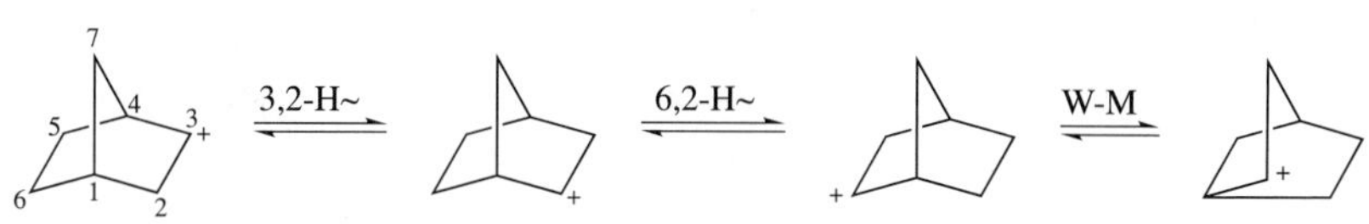

5-26

마찬가지로 3,2-와 6,2-수소음이온 이동을 겪을 수 있다. 이러한 과정의 합은 모든 양성자들을 동등하게 만들어 주어 −80 °C 이하의 복잡한 스펙트럼이 실온에서 단일선 하나로

된다. 느린 과정은 장벽이 11 kcal mol^{-1}로 측정된 3,2-수소음이온 이동으로 보인다.

많은 유동성 유기금속 화학종의 예가 연구되었다. Tetra-methylalleneiron tetracarbonyl (**5-27**)은 확실한 세 개의 메틸 공명을 −60 °C에서 1 : 1 : 2의 비율로 표시

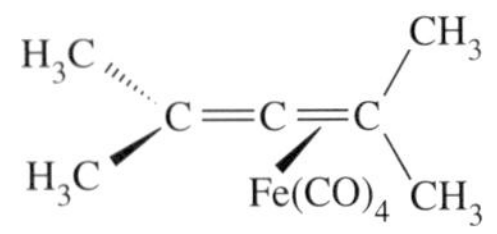

5-27

한 구조와 일치하게 보여 준다. $Fe(CO)_4$ 단위가 하나의 알렌성 단위로부터 다른 알렌성 단위로 직각이 되어 이동함으로써 π 전자 구조 주위를 순환함에 따라 실온 이상에서는 스펙트럼이 하나의 단일선으로 된다 (9 kcal mol^{-1}).

Cyclooctatetreneiron tricarbonyl (**5-28**)에서, −150 °C 이하에서 스펙트럼은 표시한 η^4 구조와 일치하여 철에 결합한 탄소 위의 네 개 양성자와 철에 결합하지 않은 탄소 위의 네 개 양성자를 의미한다. −100 °C 이상에서는 모든 양성자가 철 원자가 보는 바와 같이 고리 주위를 이동하기 때문에 하나의 단일선을 수렴한다. 철 원자가 45°씩 이동할 때마다 한 결합 이동이 일어난다. 여덟 개의 그러한 작동은 고리 양성자 혹은 탄소에 대한 완전한 평균화를 초래한다.

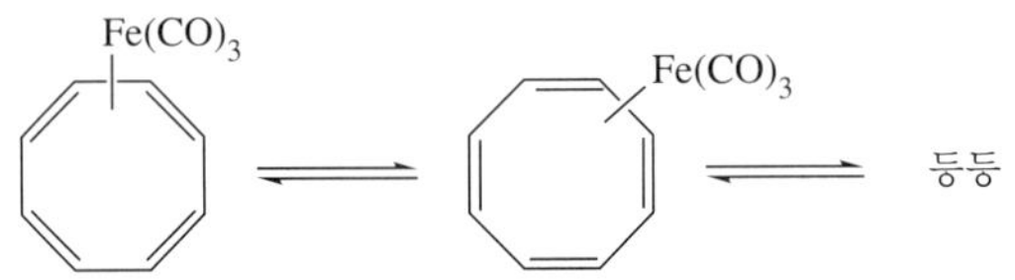

5-28

Triphenyl- (7-cycloheptatrienyl) tin (**5-29**)에서 일련의 1,5-시그마결합 자리옮김이 일어난다. 0 °C에서 스펙트럼은 NMR 시간 척도에서 결합 이동이 느리다는 것을 의미하지만 100 °C에서는 고리 양성자 모두가 동등하다. 그러한 이동은 3이나 4 위치로의 1,5 이동 (1,2 혹은 1,3 이동이 아니고)이라는 것이 이중 조사 실험 (포화 이동, 곧 알게 됨)에 의하여 실증이 되었다.

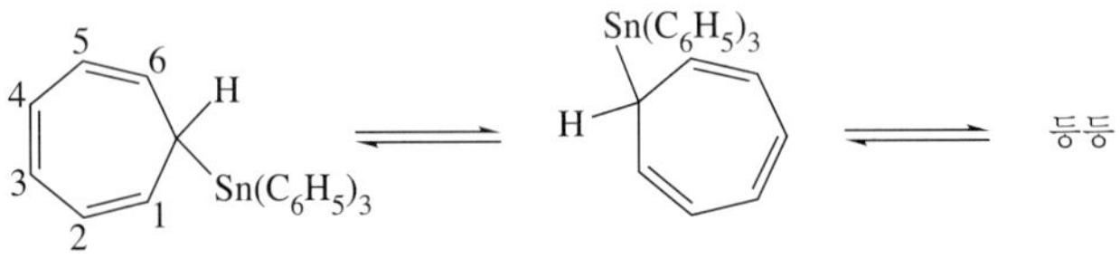

5-29

정량화. 짝지음을 가지지 않는 두 개의 동일한 개체수를 가지는 자리에 대한 단순한 예에서 (그림 2-31에서의 cyclohexane-d_{11}과 아마이드 (**5-4**) 같은) 최대 피크 광폭화 지점 (그림 2-31에서 합체 온도, T_c는 대략 −60°C이다)에서의 반응 속도 계수 (k_c)는 $\pi\Delta\nu/\sqrt{2}$ 이고 $\Delta\nu$는 느린 교환에 있는 두 개 피크 간의 거리로 헤르츠 단위를 가진다. 그러면 활성화 자유 에너지는 $\Delta G_c^{\ddagger} = 2.3RT_c[10.32 + \log(T_c/k_c)]$로 계산할 수 있다. 이러한 결과는 극도로 정확하며, 확실하게 얻기가 용이하지만, 그 응용에서 이 식은 한계가 있다. 짝진 핵 사이의 두-자리 교환에 대하여 T_c에서의 반응 속도 상수는 $\pi(\Delta\nu^2 + 6J^2)^{1/2}/\sqrt{2}$ 이다.

동등하지 않은 개체수, 더욱 복잡한 짝지음 양식과 세 개 이상의 교환 자리를 포함하기 위해서는 몇 개의 온도에서 전체 선 형태를 시뮬레이트할 수 있는 DMMR3 같은 컴퓨터 프로그램을 사용하는 것이 필요하다. 그러한 과정은 활성화 매개변수로 엔탈피와 엔트로피를 얻을 수 있는 아레니우스 (Arrhenius) 도시를 생성한다. 과정은 더 정교하고 더 포괄적이지만 합체 온도 방법보다 본태적인 선폭과 피크 간격을 포함하는 계통적인 오차에

보다 민감하다. 따라서 가능하다면 내부 대조로 선 형태 맞춤과 합체 온도 방법 둘 다 사용하는 것이 좋은 생각이다.

k_c와 $\Delta\nu(k_c = \pi\Delta\nu/\sqrt{2})$ 사이의 비례성은 반응 속도 상수가 자장의 세기(B_0)에 좌우된다는 것을 의미한다. 따라서 300에서 600 MHz으로의 자장 변화는 T_c에서의 반응 속도 상수를 변하게 한다. 실제적 결과는 T_c가 변한다는 것이다. 600 MHz에서는 느린 교환 피크가 더 멀리 떨어지기 때문에 합체를 얻으려면 300 MHz에서 보다 높은 온도가 필요하다. 주어진 자장 세기에서는 ^1H와 ^{13}C 같은 두 개의 핵종은 유사한 작용성에서 다른 값의 $\Delta\nu$를 가지고 다른 온도에서 합체를 성취한다. 비록 단일 반응 속도 과정이 포함되어 있지만 $\Delta\nu$가 보통 ^1H보다 ^{13}C에 대하여 크기 때문에, 예를 들면 *N*,*N*-dimethylformamide (**5-4**)의 메틸 탄소와 수소에 대하여 ^{13}C 합체 온도는 흔히 ^1H 합체 온도보다 훨씬 높다.

자화 이동과 스핀 고정. 피크 합체를 필요로 하지 않는 다른 하나의 과정이 NMR 분광학의 반응 속도 동역학 범위를 확장하기 위하여 개발되었다. 많은 경우에 합체와 빠른 교환을 절대로 얻을 수 없다. 계는 가능한 높은 온도(분광기의 온도 범위, 용매의 휘발성 혹은 시료의 안정성에 의해 정해지는 바)에서 NMR 시간 척도에서 너무 느리게 교환한다. 하나의 대안인 기술은 **포화 이동**(*saturation transfer*) 혹은 **자화 이동**(*magnetication transfer*)으로 부르며, 느린 교환 한계에 있어 피크 합체 없이 반응 속도 상수를 제공할 수 있다. 하나의 느린 교환 피크를 연속적이고 선택적으로 조사는 부분적으로 다른 피크를 포화시킬 수 있다. 첫 자리로부터의 핵 중 일부는 교환 과정에 의하여 두 번째 유형의 핵으로 변할 수 있다. 따라서 두 번째 피크의 세기는 새로이 변환된 핵이 이미 그전 상태에서 포화되었기 때문에 감소한다. 이러한 세기의 감소는 상호 변환의 반응 속도 상수와 이완 시간에 관련되어 있다. 포화 이동은 10^{-3}에서 $10^1\ s^{-1}$의 범위에 잇는 반응 속도에 대하여 관찰된다. 이것은 선 형태 합체에 기초한 NMR 범위(10^0에서 $10^4\ s^{-1}$) 끝을 약 세 자릿수의 크기로 확장하는 것이다. NMR 반응 과정의 동적 범위를 확장하는 것에 추가하여 이러한 방법은 교환 상대자를 쉽게 확인하게 허용한다. 예를 들면, cycloheptatrienyl tin (**5-29**)에서 $-10°C$(합체 온도 이하)에 있는 7 양성자 공명(주석과 같은자리 위치)의 포화가 3,4 양성자 공명의 세기에 있어서의 감소를 초래한다. 이것은 1,5 이동을 의미한다. 1,2 이동은 1,6 공명을 포화시키고 1,3 이동은 2,5 공명을 포화시킬 수도 있다. 이 실험의 이차원 번안을 EXSY라고 부르고, 6장에서 논의한다.

NMR 선 형태 시간 척도에서 빠른 반응 속도(높은 온도에서 피크가 합체 분리가 안 될 때), 때로는 다른 공명 주파수에서 관찰함으로써 측정할 수 있다. 보통 핵은 라모 주파수로 B_0 자장에서 스핀을 한다. x축 방향에서의 평상의 90° 펄스를 가하면 스핀을 y축 상에 따라서 xy 평면에 위치시킨다(그림 2-15a). y축을 따라서 계속적인 B_1 조사(펄스가 아님)하면 그 축을 중심으로 자화가 강제로 세차한다(2-9절의 교차 극성화 실험에서와 같이 **스핀 고정**, *spin locking*이라고 부른다). 그러한 스핀은 y축 상에 고정되었다고 말한다. 이 스핀들은 낮은 주파수에서(γB_0이 아니고 γB_1) 세차하기 때문에 그것들은 다른 범위 10^2에서 $10^6\ s^{-1}$에 해당되는 반응 속도 과정에 예민하여 빠른 교환의 NMR 범위를 자릿수 2개 정도로 확장해 준다. 계가 스핀 고정($T_{1\rho}$)되었을 때의 이완 시간을 평상시의 스핀-격자 이완 시간(T_1)과 비교하고 차이점을 분석함으로써 반응 속도를 구한다.

선-형태, 포화 이동과 스핀 고정 방법을 통하여 NMR로 접근할 수 있는 반응 속도의 전체 범위는 약 10^{-3}에서 $10^6\ s^{-1}$이다. 따라서 매우 넓은 동적 범위를 가지는 평형 하의 반응의 과정을 연구하는 데 NMR는 중요한 방법이 되어 왔다.

5-3 다중 공명

관찰 주파수에 부가적으로 라디오 주파수 에너지의 원천을 이용하여 특별한 효과를 일상적으로 또한 정교하게 창조할 수 있다($\nu_1 = \gamma B_1$, $\gamma = \gamma/2\pi$). 이러한 기술은 **다중 조사**(*multiple irradiation*) 혹은 **다중 공명**(*multiple resonance*)이라고 부르고, 새로운 조사 주파수 $\nu_2 = \gamma B_2$를 공급하기 위한 시료 프로브 안에 두 번째의 발신기 코일의 존재를 요구한다. 두 번째 주파수가 가해질 때, 실험은 오늘날의 분광기에서는 널리 사용되는 **이중 공명**(*double resonance*) 혹은 **이중 조사**(*double irradiation*)라고 말한다. 자주는 아니지만 세 번째 주파수 $\nu_3 = \gamma B_3$가 **삼중 공명**(*triple resonance*) 실험을 위하여 제공된다. ^{13}C로부터 양성자 짝지음의 제거(그림 2-25), 피크 억제에 의한 용매 피크 제거(5-1절), ^{14}N의 조사로 NH 공명의 선명화(그림 5-4) 및 포화 이동에 의한 반응 과정 연구를 포함하는 이중 조사 실험의 몇 가지 예를 우리는 이미 보았었다.

스핀 짝풀림. 가장 오래되었고 가장 일반적으로 사용하는 이중 공명 실험의 하나는 하나의 양성자 공명(H_X)을 조사하고 다른 하나의 양성자 공명(H_A)에 존재하는 AX 짝지음(J_{AX})에 대한 효과를 관찰하는 것이다. 결과로 얻는 스펙트럼의 단순화에 대한 전통적이고 직관적인 설명은 **스핀 짝풀림**(*spin decoupling*)이라고 하며, 조사가 X 양성자를 $+\frac{1}{2}$과 $-\frac{1}{2}$ 스핀 상태로 매우 빠르게 왕복하게 하여 A 공명이 더 이상 구별할 수 있는 독립적인 존재를 가질 수 없게 된다. 그 결과로 A 공명은 하나의 단일선으로 붕괴된다. 그러나 이러한 설명은 약한 짝풀림 자장에서의 현상(스핀 간지럼, spin tickling)과 매우 센 짝풀림 자장에서의 몇 현상 조차에서도 설명하지 못하는 점에서 부적절하다.

실제 실험은 짝진 핵들이 직각이 되는 축들을 중심으로 세차하게 만든다. 두 스핀 사이의 짝지음 상호작용의 크기는 그들의 자기 모멘트 간의 스칼라 곱으로 표시되어 다음 식에 비례한다. $J\boldsymbol{\mu_1}\cdot\boldsymbol{\mu_2} = J\mu_1\mu_2\cos\phi$, ϕ는 벡터(핵의 세차 축) 간의 각도이다. 두 세트의 핵이 같은 (z)축을 중심으로 세차하는 한 ϕ는 0이고 $\cos 0° = 1$이 되어 최대의 짝지음이 관찰된다. 스핀들의 기하학적 관계는 그것들 중 하나를 B_2 자장에 노출시킴으로써 변경할 수 있다. 주파수 B_1에서 z축을 중심으로 세차운동을 하고 있을 때 ^{13}C를 관찰한다고 상상해 보자. 부착된 양성자가 x축을 따라 강한 B_2 자장에 노출되었을 때 양성자들은 그 축을 중심으로 세차운동을 할 것이다. 그 다음 ^{13}C와 ^{1}H 핵 벡터는 각각 z축과 x축을 중심으

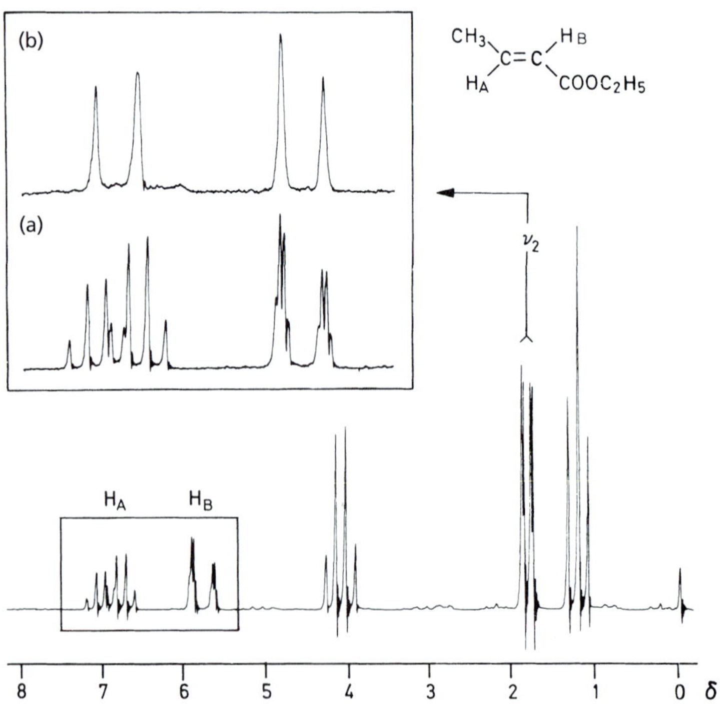

그림 5-5 Ethyl *trans*-crotonate의 ^{1}H 스펙트럼. 내삽물은 (a) δ 1.8에서의 짝풀림을 가지는 알켄성 범위의 확대, (b) 짝풀림에 없는 알켄성 범위의 확대(출처: H. Günther, *NMR Spectroscopy*, 2nd ed.,Chichester, UK: John Wiley & Sons, Ltd., 1992, p. 46.)

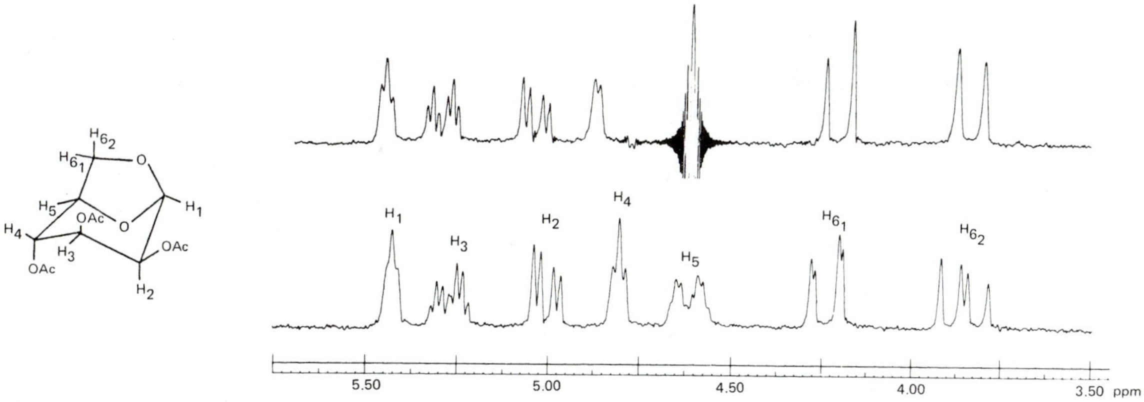

그림 5-6 $CDCl_3$에서의 mannosan triacetate의 100 MHz의 ^1H 스펙트럼: δ 4.62에서의 짝풀림 없음(아래), δ 4.62에서의 짝풀림 있음(위) (출처: Varian Associates)

로 세차를 하기 때문에 벡터 간의 ϕ는 90°가 된다. 그 결과로 스칼라 곱이 0이기 때문에 ($\cos 90° = 0$), 스핀-스핀 상호작용은 0이 된다. 그때 이 핵들은 짝풀림이 되었다고 말한다.

스핀 짝풀림은 핵의 짝진 쌍을 확인하는 데 유용하다. 그림 5-5는 분자 ethyl *trans*-crotonate(ethyl *trans*-but-2-enolate)에 대한 하나의 예를 제공한다. 알켄성 양성자는 서로 갈려 주고, 모두 알릴성 메틸기에 의하여 갈려서 ABX_3 스핀계를 형성한다. 메틸 공명 주파수에서의 조사는 알켄성 양성자에 대한 삽입물의 위쪽 스펙트럼을 생성한다. 이 스펙트럼은 단순한 AB 사중선이 된다.

하나의 더 복잡한 예는 그림 5-6에 도시되었다. 바이사이클로(bicyclo) 당인 mannosan triacetate 구조는 그림 왼쪽에 주어졌으며, 수많은 짝지음 상대방들을 가지는 거의 일차에 가까운 스펙트럼을 가진다. H_5(δ 4.62)의 조사는 이웃자리 상대자들 H_4, $H_{6/1}$ 및 $H_{6/2}$와 더불어 그것의 장거리 지그재그 상대방 H_3의 단순화된 공명을 생성한다.

차이 짝풀림. 복잡한 분자들에서는 짝진 스펙트럼과 짝풀린 스펙트럼 간의 차이를 기록하는 것이 유용하다. 짝풀림에 의하여 영향을 받지 않는 특징들은 삭감되어 나타나지 않는다. 그림 5-7은 1-dehydrotestosterone의 ^1H 스펙트럼을 보여 준다. δ 0.9와 1.1 사이의 복잡한 지역은 네 양성자의 공명을 포함한다. 짝진 스펙트럼(그림 5-7a 삽입물)과 6α 공명의 조사로부터의 짝풀림 스펙트럼(그림 5-7b)의 비교는 이중 조사의 결과로 별로 변화가 없음을 보여 준다. 차이 짝풀림 스펙트럼(그림 5-7c)은 (b)로부터 (a)를 뺀 결과이다. 영향을 받지 않은 중첩 피크들은 사라졌다. 영향 받은 양성자의 원래 공명은 짝지음을 가

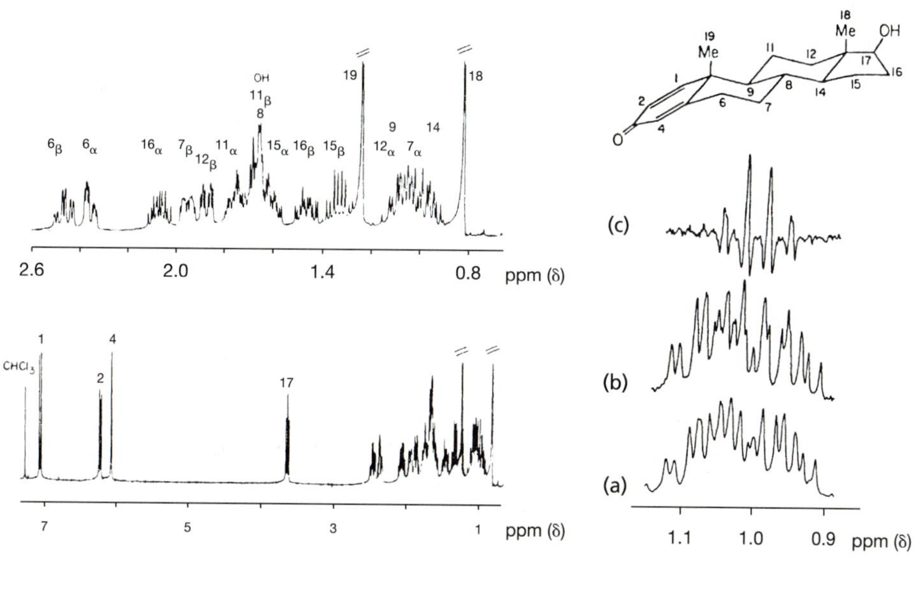

그림 5-7 1-Dehydrotestosterone의 400 MHz ^1H 스펙트럼. 왼쪽에 완전한 스펙트럼과 낮은 주파수 지역의 확대가 주어졌다. 오른쪽에는 (a) δ 0.9-1.1 지역에 대한 짝지음 스펙트럼, (b) 같은 지역으로 6α 양성자로부터 짝풀림 스펙트럼, (c) (a)로부터 (b)를 빼서 얻은 차이 스펙트럼[출처: L. D. Hall and J. K. M.Sanders, *J. Am. Chem. Soc.*, **102**, 5703 (1980).]

지는 음의 피크로 관찰되고, 같은 양성자의 단순한 짝풀린 공명들은 양의 피크들로 존재한다. 이 공명들은 7α 양성자들에 기인함이 틀림없다. 이 과정은 스펙트럼의 중첩이 심각한 문제가 될 때 짝지음 관계를 제공한다. 이런 저런 단순한 스핀 짝풀림 실험은 2차원 실험에 의하여 전적으로 대체되었다(6장).

다중 공명 실험의 종류. 조사되고 관찰되는 핵들 모두가 양성자인 실험은 **동핵 이중 공명**(*homonuclear double-resonance*) 실험이라고 부르며, ^{1}H{^{1}H}로 표기한다. 조사된 핵은 중괄호로 표시한다. 양성자 짝풀림 ^{13}C 스펙트럼과 같이, 관찰된 핵과 조사된 핵이 다른 핵종이면, **이핵 이중 공명**(*heteronuclear double-resonance*) 실험이며, 예를 들면 ^{13}C{^{1}H} 혹은 삼중 공명 실험에 대해서는 ^{13}C{^{1}H}{^{31}P}로 표시한다. 이중 공명 실험은 또한 조사하는 주파수의 세기 혹은 띠너비에 따라 분류한다. 만일 조사가 공명 주파수의 단지 일부만 포함하는 것으로 의도되었다면 이 기술은 **선택적 조사**(*selective irradiation*) 혹은 **선택적 짝풀림**(*selective decouplig*)이라고 알려져 있다. 그림 5-5와 5-6에서 보여 준 짝풀림, 5-1절에서 서술한 피크 억제 및 5-2절에서 논의한 자화 이동은 선택적 이중 조사에 대한 세 개의 예이다. 두 개의 짝풀림 실험에서 선택적으로 조사된 양성자에 대한 짝지음만 제거된다. 조사되지 않은 공명은 **Bloch-Siegert 이동**이라고 부르는 주파수에서의 작은 이동을 보여 줄 수 있다. 이 이동은 B_2 자장의 세기와 관찰된 주파수와 조사된 주파수 간의 차이에 관련되어 있다. 그림 5-6의 위쪽과 아래쪽 스펙트럼에서 상대적인 공명 위치를 비교하여 찾아서 검토하면 그림 5-6이 몇 가지 그러한 이동을 보여 준다는 것을 안다. 특정 핵종의 모든 주파수를 조사할 때 실험은 **비선택적 조사**(*nonselective irradiation*) 혹은 **광대역 짝풀림**(*broadband decoupling*)이라고 말한다. 그림 2-25는 3-hydroxybutyric acid의 광대역 양성자 이중 조사를 한 것과 하지 않은 것의 ^{13}C 스펙트럼을 보여 준다. 이러한 기술의 발명은 ^{13}C NMR 분광학이 일상적 도구로 개발하는 데 힘이 되었다. 모든 ^{1}H의 주파수를 망라하기 위하여 B_2는 백색(모든 주파수) 잡음으로 변조되어 이 기술은 흔히 **잡음 짝풀림**(*noise decoupling*)이라 부른다.

공명비킴 짝풀림. 광대역 짝풀림 실험은 주어진 탄소 원자에 부착한 양성자 개수를 표시할 수 있는 짝지음 양식을 제거한다. **공명비킴 짝풀림**(*off-resonance decoupling*) 방법은 이러한 정보를 유지하고 여전히 짝풀림 실험의 장점을 제공한다. ^{1}H 주파수의 10 ppm 범위의 위나 아래에서 조사하는 것은 다음 공식에 $J_{\text{res}} = 2\pi J(\Delta\nu)/\gamma B_2$에 의하여 주어진 잔여분의 짝지음을 남겨준다. 이 식에서 J는 정상적인 짝지음 상수이고, γ는 조사된 핵의 자기회전 비율이며, $\Delta\nu$는 짝풀림기(decoupler)의 주파수와 특정 탄소에 짝진 양성자의 공명 주파수 사이의 차이이다. 탄소 다중성은 그대로 남아있기 때문에 이러한 기술은 최소한의 피크 중첩을 가지고 탄소가 메틸 사중선, 메틸렌 삼중선, 메타인 이중선 혹은 사차 단일선인가를 정하는 데 유용하다. 만일 메틸렌 양성자가 부분이성자리성이면 메틸렌 탄소는 두 개의 이중선으로 나타난다. 비킴공명 짝풀린 삼중선과 사중선의 바깥쪽 피크들은 보통 이중항 계수로부터 예상하는 것보다 약하다. 그러한 결과로 이중선과 사중선은 때로는 구별하기 어렵다. 그림 5-8은 vinyl acetate의 전범위 짝풀림과 공명비킴 짝풀림 스펙트럼을 보여 준다. 복잡한 분자에서는 피크 중첩과 사차에 대한 모호성으로 이러한 기술을 이용하여 배정하는 것을 흔히 어렵게 해 준다. 따라서 이 기술은 5-5절에서 서술한 편집 실험에 의하여 대체되었다.

초기 스핀 짝풀림 실험에서 실험자가 공명하는 핵들을 관찰하는 동안 조사 주파수를 연속적으로 켜 놓았다. 이러한 방법에서 두 가지 심각한 문제가 있다. 첫째, 짝풀림 주파수에서의 rf 에너지를 가하면 열이 발생한다. B_0 자장이 60에서 900 MHz로 증가함에 따라서 높은 짝풀림 세기가 요구되었다. 그 결과의 가열은 생화학적 시료와 많은 불안정한 유기 시료나 무기 시료에 대하여 사용할 수 없었다. 둘째로, 높은 자장 세기 B_2로 ^{1}H 주

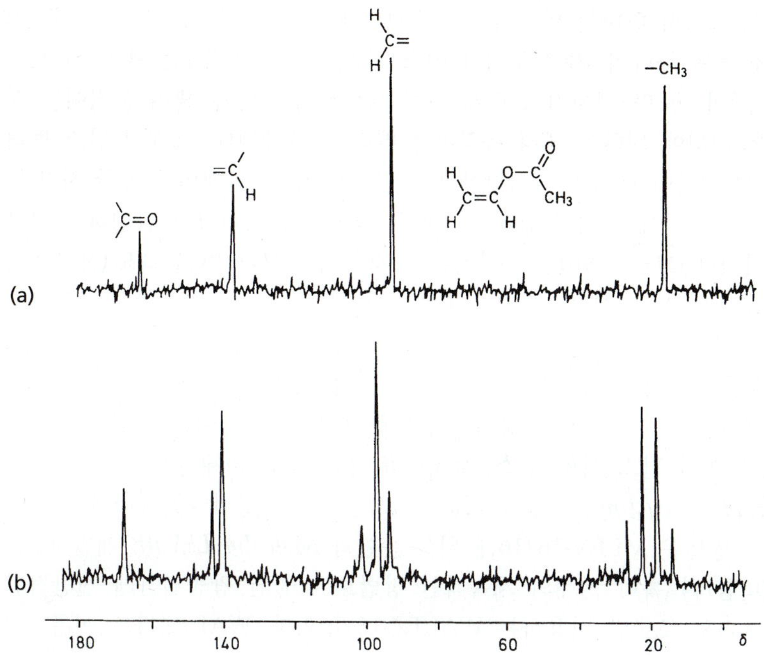

그림 5-8 바이닐 아세테이트의 ^{13}C 스펙트럼. (a) 양성자의 완전 짝풀림 스펙트럼, (b) 양성자의 공명비킴 짝풀림 스펙트럼. (출처: H. Gunther, *NMR Spectroscopy*, 2nd ed., Chichester, UK: John Wiley & Sons, Ltd., 1992, p. 270.)

파수 전영역, 60 MHz에서는 약 600 Hz이었지만, 500 MHz에서는 5000 Hz로 증가하는 영역을 담당하기에는 점차 어려워졌었다.

이종핵 짝풀림(heteronuclear decoupling)의 이러한 문제를 극복하기 위하여 일련의 펄스로 짝지음 효과를 제거하는 이종핵 짝풀림이라는 현대적 방법으로 계속적인 조사 방법을 대체하였다. $^{13}C\{^1H\}$ 실험에서(두 스핀에 대한 그림 5-9, $^{13}C-{}^1H$), 90° B_1 펄스를 관찰되는 ^{13}C 핵에 x축에 따라서 가하여 빠른 스핀이나 느린 스핀(α) 양성자 중 하나에 짝진 탄소의 자화를 y축을 따라 xy 평면으로 이동시킨다[(그림 5-9a) → (그림 5-9b)]. 기준 주파수는 y축에서 같이 위치하고 빠른 스핀(β)와 느린 스핀(α) 양성자와 관련된 탄소들 주파수의 중간에 위치한다고 고려한다. 그 다음 이 두 탄소 벡터는 90° 펄스 다음에

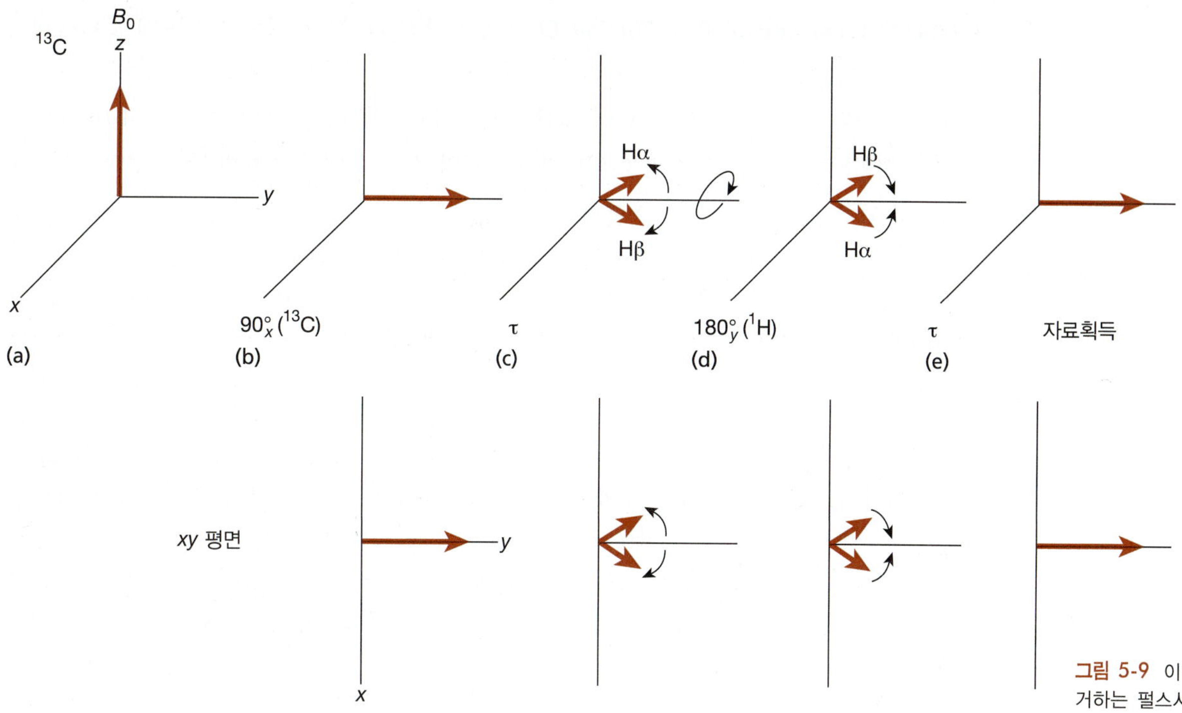

그림 5-9 이핵 짝지음을 제거하는 펄스서열

xy 평면에서 갈려져 하나는 반송파 주파수보다 빠르고 다른 하나는 느리게 된다(그림 5-9c). 시간 τ 후에 하나의 180° 양성자 펄스(짝풀림 실험의 B_2)는 벡터 위치를 교환해 준다. 반송파 주파수보다 뒤쳐져 느리게 움직이는 벡터는 이제 빨리 움직이는 벡터로(느리게 움직이는 벡터에 의하여 빨리 움직이는 벡터를) 대체된다. 그래서 탄소 벡터들 모두가 y축을 향하여 되돌아 움직이기 시작한다(그림 5-9d). 두 번째의 동일한 시간대 τ 이후 두 개의 벡터는 y축 상에서 겹쳐 단지 한 개의 주파수 혹은 피크만 발생하고 양성자와의 짝지음은 사라진다.(그림 5-9e). 이 과정은 짝지음 상수보다 빠른 속도(헤르츠 단위)에 있는 자료획득 동안 되풀이되어 짝지음의 효과가 제거된다. 이러한 방법으로 짝풀림은 전체 실험 동안 연속적으로 높은 세기의 자장을 사용하기보다는 자료획득 시간 동안 짧은 펄스들을 사용하여 수행할 수 있다. 실제로 이 방법은 한계가 있다. 그 이유는 180° 펄스는 매우 정확해야 하고, 또한 B_2 자장이 불균일하기 때문이다. 이러한 실험의 정밀화는 180° 펄스를 여러 개의 펄스(**복합 펄스**, *composite pulse*)로 대체하고 펄스 순서를 순환시켜(**위상 순환**, *phase cycling*) 부정확성을 상쇄시킴으로써 성취하였다(5-8절). 몇 가지 성공적인 그러한 방법은 MLEV-16(16개 위상 순환과 ***M****alcolm* ***LEV****itt*, 개발자들 중 한 사람 이름을 의미함)와 특히 원래의 계속적인 방법보다 훨씬 광범위하게 전반적인 짝풀림을 성취하고 동력도 조금만 사용하는 WALTZ-16가 있다. WALTZ라는 이름의 원천은 5-8절에 주어져 있다.

5-4 핵 OVERHAUSER 효과

쌍극자-쌍극자 이완은 두 개의 핵이 근접하게 위치하고 적당한 상대 속도로 움직일 때 발생한다.(5-1절) B_2 자장으로 이러한 핵 중 하나에 조사하면 다른 핵의 볼츠만(Boltzmann) 개체수 분포를 변경시키고, 따라서 그것의 공명 세 개를 섭동한다. J 짝지음의 핵 사이에 존재할 필요가 없다. 원래의 현상은 Overhauser에 의하여 발견되었으나 핵과 비공유 전자 사이에서 발견되었다. 두 스핀이 핵의 스핀일 때의 Overhauser 효과는 처음으로 Anet와 Bourne에 의하여 관찰되었으며, 이 현상은 화학자가 더 관심을 가진다. 그것은 구조적인 유용성이 크다. 그 이유는 이완에 대한 쌍극자-쌍극자 메커니즘이 두 스핀의 거리에 좌우되기 때문이다(식 5-1).

발생원. **핵 Overhauser 효과**(***N****uclear* ***O****verhaure* ***E****ffect*, NOE)는 그림 5-10에 나타내었다. 왼쪽에는 이중 조사가 없는 두 스핀(A와 X)에 대한 상태가 있다. J의 영향은 부적절하고 무시한다. 이 그림은 한 스핀에 대한 그림 2-4a의 확대를 표시한다. 여기서 β는 $+\frac{1}{2}$ 스핀을 의미하고 α는 $-\frac{1}{2}$ 스핀을 의미한다. 4개의 스핀 상태가 존재한다: 두 스핀 모두 β, 첫 스핀(A)은 β이고 두 번째 스핀(X)은 α, 첫 스핀은 α, 둘째 스핀은 β, 두 스핀 모두 α. 두 개의 A-유형 전이가 존재하며(A 스핀이 β로부터 α로 뒤엎을 때)—예를 들면, $\beta\beta$에서 $\alpha\beta$로—두 개의 X-유형 전이가 존재하여(X 스핀이 β에서 α로 뒤엎을 때)—예를 들면, $\alpha\beta$에서부터 $\alpha\alpha$로의 전이가 존재한다. $J=0$일 때, 두 개의 A 전이는 겹친다. 마찬가지로 두 개의 X 전이도 겹친다. 화학 이동은 라모 주파수에 비하여 매우 작기 때문에 $\alpha\beta$와 $\beta\alpha$는 거의 축퇴되었다. 그것들의 차이는 다른 화학 이동을 강조하기 위하여 과장되었다.

A와 X 공명의 정상적인 세기는 스핀 전이에서, 예를 들면 하나의 X 전이에서 $\alpha\beta$와 $\alpha\alpha$ 사이의 전이, 위쪽 스핀 상태와 아래쪽 스핀 상태의 개체수 차이에 의하여 정해진다. NOE 실험에서는 한 공명 주파수(A)를 이중으로 조사하면 세기 섭동을 다른 공명 주파수(X)에서 관찰한다. A 공명을 조사하였을 때 그림 5-10의 오른쪽의 다중평행선으로 표시한 바와 같이 A 전이를 연결하는 스핀 상태 간의 개체수 차이가 부분적 포화를 통하여 감소한다. 왼쪽의 정상적인 상황과 비교하여 $\alpha\alpha$와 $\alpha\beta$의 개체수가 증가하였으며, 반면에 $\beta\alpha$와 $\beta\beta$의 개체수는 감소하였다. $\alpha\alpha$로부터 $\beta\beta$로의 쌍극자 이완은 그림에서 W_2로 표지

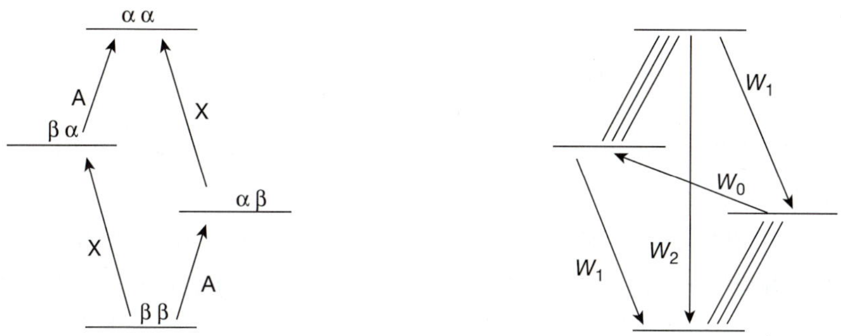

화살표는 스핀 들뜸을 의미한다. 화살표는 스핀 이완을 의미한다.

그림 5-10 왼편: 정상 이-스핀계(AX)에 대한 스핀 상태. 오른편: A의 주파수가 이중 조사되었을 때 AX 계의 스핀 상태

되어 계가 평형으로 회복하는 것을 도와준다. A 조사로 존재하는 새로운 평형은 그리하여 $\beta\alpha$를 고갈시키고 $\alpha\beta$를 증대시키면서 $\beta\alpha \rightarrow \alpha\alpha \rightarrow \beta\beta \rightarrow \alpha\beta$ 경로를 따라서 스핀을 운반한다. $\beta\alpha$의 고갈은 하나의 X 전이$(\beta\beta \rightarrow \beta\alpha)$에 대한 개체수 차이를 증대시킨다. 반면에 증대한 $\alpha\beta$는 다른 X 전이$(\alpha\beta \rightarrow \alpha\alpha)$에 대한 개체수 차이를 증대시킨다. 핵 스핀 상태의 이러한 증대된 편극화는 A 조사 동안 새로운 평형에서 X 세기가 더 크다는 것을 의미한다. 대략적으로 $\alpha\alpha$와 $\beta\beta$의 개체수는 일정하다. 왜냐하면 개체수가 하나의 전이에 의해서는 증가하고 동시에 다른 전이에 의하서는 고갈되었기 때문이다. X 핵들의 정상적인 이완, 그림에서 W_1이라 표지한$(\alpha\alpha \rightarrow \alpha\beta$ 혹은 $\beta\alpha \rightarrow \beta\beta)$은 X 세기를 변하게 하지 않는다. 이러한 과정들은 왼쪽 그림으로부터 변하지 않는다.

$\alpha\beta$로부터 $\beta\alpha$로의 이완(그림 5-10에서 W_0라 부름)은 역시 조사된 계가 평형을 향하여 되돌아가게 해 줄 수 있다. 그러나 이러한 이완 메커니즘은 $\alpha\beta$와 $\beta\alpha$는 일정하게 $\beta\beta$는 고갈시키고 $\alpha\alpha$를 증가시키기 때문에$(\beta\beta \rightarrow \alpha\beta \rightarrow \beta\alpha \rightarrow \alpha\alpha)$ X 세기를 감소시키는 결과를 준다. 액체와 상대적으로 작은 분자에 대해서는 $W_0 \ll W_2$가 되어 증가된 세기가 예상된다. W_2의 주파수는 MHz 범위(그림에서 $\beta\beta$와 $\alpha\alpha$의 큰 거리에 의하여 표시된 반면에 W_0의 주파수는 훨씬 작아 kHz 혹은 Hz 범위에 있다($\alpha\beta$와 $\beta\alpha$ 사이의 작지만 과장되게 표현된 거리로 표시됨). 용액 내에서 뒤집기를 하는 작은 분자는 MHz 범위에서 자장을 생성하여 W_2 이완을 제공할 수 있다. 한편 Hz 혹은 kHz 범위에서 뒤집기를 하는 큰 분자는 W_0 이완을 제공할 수 있다.

관찰. 1000~3000 dalton의 분자량을 가지는 분자에서 만일 두 핵이 근접하여(5 Å보다 작게) W_2 이완이 지배하게 해 준다면 A의 이중 조사는 X 세기를 증대시킨다. 이러한 환경은 앞에서 극도로 좁은 한계라 부른 것에 해당된다. 보다 큰 분자에 대하여 — 확실히 분자량이 5000이 넘는 분자에 대하여 — W_0가 지배하고 피크 세기 감소 혹은 역피크가 발생한다. 중간 정도 크기(1000~3000)에서는 이 효과는 지배 간의 교차가 발생하여 사라진다. 따라서 세기 변화(그리스 문자 η(eta)로 표시)는 전체 이완 속도에 비교한 W_2와 W_0 간의 이완 속도 차이에 좌우되어 식 5-3으로 주어진다.

$$\eta = \frac{\gamma_{irr}}{\gamma_{obs}}\left(\frac{W_2 - W_0}{W_0 + 2W_1 + W_2}\right) \tag{5-3}$$

(두 개 모드로, W_1은 두 배가 됨) 이 효과는 이중 조사에 의한 세기 I를 이중 조사하지 않은 것의 세기 I_0를 비교한 식 5-4를 통하여 관찰된다.

$$\eta = \frac{(I - I_0)}{I_0} \tag{5-4}$$

작은 분자(극도로 좁은 범위)에 대하여 세기의 최대 증가값 η_{max}는 $\gamma_{irr}/2\,\gamma_{obs}$가 되어 시초의 단위 세기$(I_0 = 1.0)$이$(1 + \eta_{max})$까지 증가한다[우리의 예에서는 A는 조사되었고("irr") X는 관찰되었다("obs")]. 식 5-4를 정리하여 얻은 최대 증가 세기는 식 5-5에

주어졌다.

$$I_{max}(\text{NOE}) = I_0\left(1 + \frac{\gamma_{irr}}{2\gamma_{obs}}\right) \tag{5-5}$$

비쌍극자 이완 메커니즘이 존재하는 이유와 조사된 핵 이외 다른 핵에 의하여 관찰된 핵이 이완되는 이유로 증가값은 거의 항상 최댓값보다 작다.

두 개의 핵이 같은 핵종일 때마다, 예를 들면 두 개 모두 양성자일 때 식 5-5의 자기회전 비율은 상쇄되어 η_{max}는 0.5가 되고 최대 세기 증대$(1+\eta_{max})$는 인자로 1.5가 된다. 즉, 50% 증대된다. 광대역 ^1H 조사 같은 흔한 경우에서는 ^{13}C의 관찰, $[^{13}C\{^1H\}]$, η_{max}는 1.988이 되어 증대값 인자는 2.988이 되어 약 200% 증대한다. Overhauser 증대 인자$(1+\eta_{max})$는 $^{31}P\{^1H\}$에 대하여 2.24, $^{195}Pt\{^1H\}$에 대하여 3.33 및 $^{207}Pb\{^1H\}$에 대한 3.39를 포함한다.

어떤 핵들은 음의 자기회전 비율을 가져 극도의 좁은 범위에서 η_{max}는 음이 되고, 음의 피크를 초래할 수 있다. ^1H를 조사하고 ^{15}N의 관찰 $^{15}N\{^1H\}$에 대해서는 η_{max}는 -4.94이다. 그래서 최대 음의 세기는 원래 피크의 3.94배가 되어 294% $[(3.94-1.00)\times 100]$ 증가하였지만 역피크가 된다. 만일 쌍극자 이완이 단지 부분적이면 $^{15}N\{^1H\}$ NOE는 감소한 세기를 초래하거나 완전히 영점화된 공명을 초래한다. 규소-29는 역시 음의 자기회전 비율을 가져 비슷한 복잡성을 초래한다. $^{29}Si\{^1H\}$ 실험에 대하여 $\eta_{max} = -2.52$이다. 따라서 최대 증대 인자$(1+\eta_{max})$는 -1.52가 되어 결과는 비조사한 경우에 비하여 52% 증가로 전도된 세기가 된다. $^{119}Sn\{^1H\}$ $(\eta_{max} = -1.34)$에 대하여 실제로 세기의 알짜 손실이 존재한다. 최대 증대 인자는 -0.34로 비조사된 위치의 피크에 비교하여 음의 피크의 세기에서 66%의 손실을 의미한다. NOE는 스핀 짝풀림을 통한 스핀 다중선의 붕괴로부터 생기는 스펙트럼 변화에 전적으로 독립적이다. NOE는 단지 그것들이 쌍극자 메커니즘에 의하여 이완하는 것만 요구할 뿐이다. 핵 A와 X의 스핀 짝지음을 요구하지 않는다.

분자량이 3000~5000보다도 큰 분자, 예를 들면 단백질 혹은 핵산은 W_0 이완이 지배한다. 식 5-3에서 다른 항목(W_2와 W_1)이 작기 때문에 η_{max} 값은 동핵 양성자의 경우 -1이 된다. 그러한 상황은 신호 손실을 초래한다. 따라서 큰 분자에서는 정류상태 NOE보다는 과도기 NOE를 흔히 연구한다. 예를 들면, NOE부터의 신호 증대(혹은 손실)는 양성자 간의 거리를 제공할 수 있다. 많은 그러한 관례를 관찰함으로써 큰 생분자의 구조를 정량적으로 결정할 수 있다. 이 과정은 X-선 결정법과 경쟁자이지만 액체 상태로 응용이 된다(2002년 노벨상).

극도로 좁은 범위와 큰 분자 범위 사이의 교차점에서 W_2와 W_0가 크기에 비교할 정도가 되어 식 5-3에 의하여 0이 된다. 분광학자는 τ_c를 변경하기 위하여 용매 혹은 온도를 변경하여 어느 정도 이러한 상황을 개선할 수 있다. 분자 크기에 덧붙여 점도는 뒤집기 속도에 영향을 줌으로써 쌍극자 이완 속도에 영향을 줄 수 있다. 따라서 점도가 큰 매체는 핵 Overhauser 증대를 낮출 수 있다.

전통적인 NOE 실험에서 스펙트럼은 NOE 있는 것과 없는 것으로 두 번 기록한다. 그림 5-11은 이러한 두 실험을 수행하기 위하여 이종핵 경우로 ^{13}C 펄스(B_1), ^1H 이중 조사 자장(B_2) 및 ^{13}C의 자료획득(척도에 맞지 않음)의 상대적인 타이밍을 보여 준다. 계속적 광대역 짝풀림(그림 5-11a)의 원래의 실험에서는 B_2 자장은 켠 다음 켜진 채로 놓아둔다. 그것은 짝풀림을 확실하게 하기 위하여 자료획득 동안만이 아니라 이완이 발생하고 NOE가 조성되는 회복 시간 동안에도 켜져 있어야 한다. 자료획득 시간 이외의 시간에 동력을 낮출수 있다(**동력게이트 짝풀림**, *power-gated decoupling*). 이러한 실험은 짝풀림과 Overhauser 효과 모두 다 초래하여 식 5-4에서의 I의 값을 제공한다. 조사 없이는 회복 시간대 동안 NOE 조성하기에는 불충분한 시간이 있으며, 섭동되지 않은 세기가 얻어진다. 실제에서는 이중 공명 주파수는 정말로 끄지는 않고 공명을 멀리 비껴 이동시킨다. 실

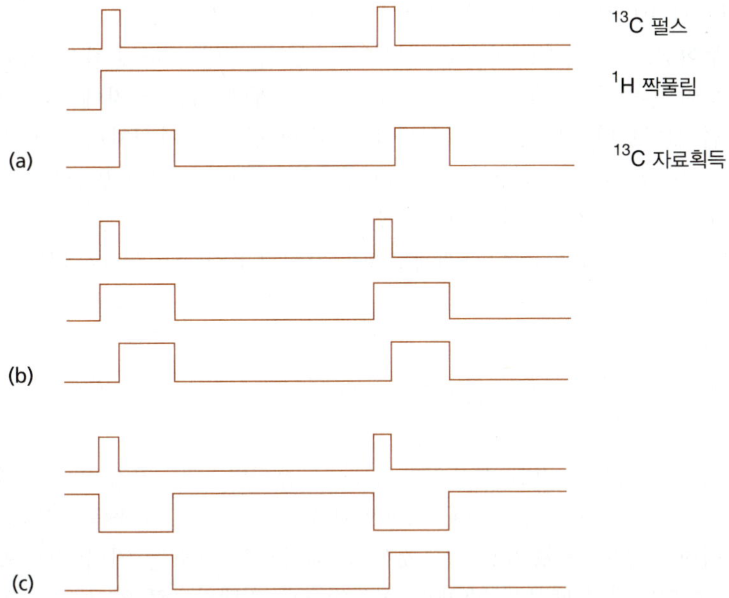

그림 5-11 (a) 연속적인 ^{1}H 이중 조사와 함께 ^{13}C 관찰 (짝풀림과 NOE), (b) 자료획득 동안 이중 조사를 가함. 그러나 대기 시간대에는 게이트를 끔 (짝풀림, NOE 없음), (c) 대기 시간대에만 이중 조사 가함 (NOE, 짝풀림 없음). 펄스 폭은 척도에 맞지 않음. 그림은 두 사이클에 대해서만 보여 줌.

험 (a)에서의 세기 I와 실험 (b)에서의 세기 I_0의 비교는 식 5-4를 통한 NOE를 제공한다. 그림 5-11c는 하나의 대안 과정으로 B_2 자장을 자료획득 동안 게이트를 닫지만 회복 시간대 동안은 게이트를 열어준다. 그러한 실험을 짝풀림은 제공하지 않지만 NOE를 발생시켜 증대된 세기로 ^{1}H—^{13}C 짝지음을 측정하는 데 유용하다.

차이 NOE. 그림 5-11의 실험 (a)와 (b)와 평행하는 동핵 양성자 NOE 실험 (^{1}H{^{1}H})에 대하여 실험적으로 유효하다는 것으로 받아들이기 위해서는 NOE (%로 100 η)가 약 5%를 넘어야만 한다고 전통적으로 제안되어 왔었다. 그러나 **차이 NOE 실험** (*difference NOE experiment*)은 신뢰성을 가지고 1% 미만의 증대값을 측정할 수 있다. 이러한 과정에서 그림 5-11a와 b에서의 과정과 유사한 방법에 의하여 교대로 기록하고 빼준다. 영향이 없는 공명은 사라지고 NOE는 남아 있는 피크에 의해 표시된다.

그림 5-12는 progesterone (**5-30**)의 일부 ^{1}H 스펙트럼에 대한 차이 NOE 스펙트럼을

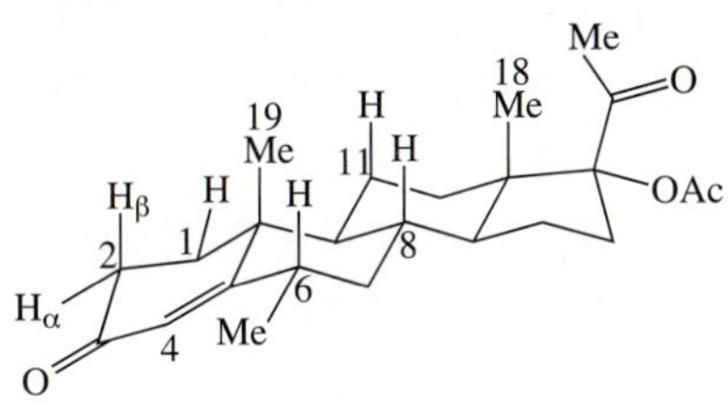

5-30

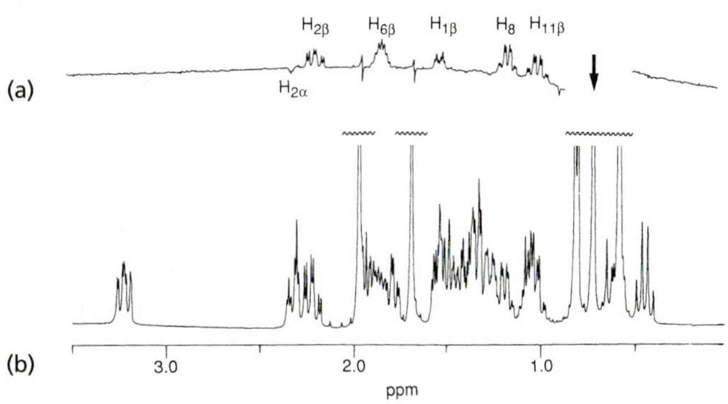

그림 5-12 Progesterone의 400 MHz ^{1}H 스펙트럼 (일부). (a) 이중 조사 없음, (b) CH_3-19 공명에 조사한 차이 스펙트럼. (출처: J. K. M.Sanders and B. K. Hunter, *ModernNMR Spectroscopy*, 2nd ed.,Oxford, UK: Oxford University Press, 1993, p. 191.)

보여 준다. 여기서 19 메틸기에 대한 공명이 조사되었다(화살표). 조사하지 않은 스펙트럼은 아래에 주어졌고, 차이 스펙트럼은 위에 주어졌다. 증대는 다섯 개의 이웃 양성자에 대한 차이로 보여 주었다. 일반적으로 극도로 좁은 한계에 있는 분자에 대하여 NOE 차이 실험이 직접 실험보다 선호된다. 양성자 $H_{2\alpha}$(수평 방향 2 양성자)는 19 메틸기에 근접하지 않지만 그것의 공명은 작은 음의 NOE를 보여 준다. 이러한 발견은 세-스핀 효과(A가 B에 의하여 그리고 B는 C에 의한)의 결과이다.

A에서의 조사는 B에 대한 볼츠만 개체수를 증가시켜 B의 세기를 증대시킨다. 스핀 확산(5-1절)에 의하여 이러한 증대된 B의 세기는 *C*에 대하여 반대 효과를 주어 볼츠만 개체수와 세기를 감소시킨다. 그 결과 *C*는 차이 NOE 스펙트럼에서 음의 피크로 나타난다. 이 실험에서 A는 Me-19이고, B는 $H_{2\beta}$이고, *C*는 $H_{2\alpha}$이다. 이러한 과정은 매우 큰 분자에서 가장 흔하게 발생한다.

응용. NOE 실험은 3개의 뚜렷한 사용처가 있다. 이종핵의 예로 가장 많은 사용은 각 탄소에 대한 단일선으로 구성된 표준 ^{13}C 스펙트럼을 공급하기 위한 짝풀림을 통한 다중선의 붕괴와 조합하여 감도를 증가시키는 것이다. 대부분의 탄소는 거의 전적으로 부착된 양성자에 의하여 이완되기 때문에 NOE는 공통적으로 최댓값으로 약 200% 정도 얻는다. 사차 탄소는 더욱 멀리 근접 이웃을 가지고 있어 이러한 큰 증대값을 가지지 못한다.

둘째로 ^{13}C 스핀-격자 이완을 해석하는 데는 일상적인 쌍극자 성분 T_1(DD)에 대한 정량적인 추정을 요구한다. NOE가 쌍극자 이완으로부터 발생하기 때문에 그것의 크기는 전반적 이완의 쌍극자 퍼센트에 관련되어 있다. 만일 최대 혹은 한도껏 $^{13}C\{^1H\}$에 대한 200% NOE가 관찰되면 $T_1(\text{obs}) = T_1(\text{DD})$가 된다. ^{13}C 이완에 다른 이완 메커니즘이 기여할 때 증대는 200%보다 작다. $^{13}C\{^1H\}$에 대한 쌍극자 이완은 식 $T_1(\text{DD}) = \eta T_1(\text{obs})/1.988$에 의해 계산할 수 있다. 여기서 η는 관찰된 NOE이고, 1.988은 최대 NOE (η_{max}) 값이다. 그러면 식 5-1에 따라서 구조적인 관점에서 T_1(DD)를 논의하는 것이 가능하다.

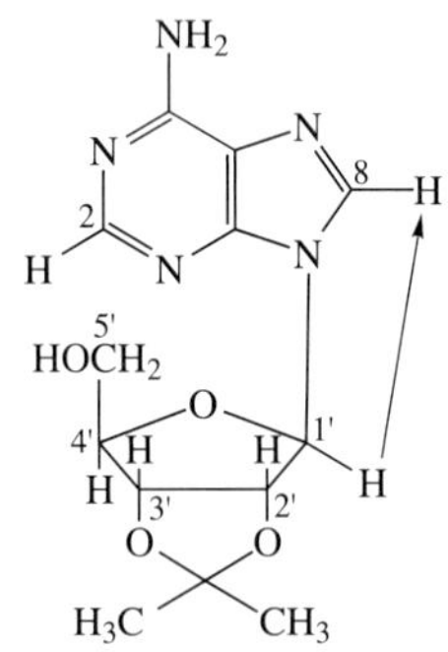

5-31

셋째 응용에서, 핵 사이의 거리에 대한 NOE 의존은 구조, 입체화학 및 회전이성질을 정하는 데 사용할 수 있다. 핵들이 근접할 때 증대가 예상된다. 아데닌 유도체(**5-31**, 2′,3′-isopropylidene adenosine)는 퓨린 고리가 당 고리 위(syn)에 위치하거나 혹은 펼쳐진 형태로 C8이 당 고리 위에 위치(안티)한 회전이성질로 존재할 수 있다. H1′의 공명의 포화는 H8 공명에는 23% 증대를 초래하고, H2′의 포화는 H8 공명에 5% 혹은 이보다 작게 증대를 생성한다. 따라서 H8은 H1′에 보여 준 대로 신(syn) 형태로 가장 근접하게 위치한다. 구조적이고 입체화학적 구별은 흔히 양성자의 상대적인 배향을 정하여 가능하게 된다. 합성 페니실린 유도체 (**5-32**)는 스피로 황 헤테로고리로(a)에서 보여 준 배향이거나 (b)와 같이 황 원자와 $(CH)_{10}$이 서로 교환된 배향 중 하나로 배향한다. 메틸 양성자의 조사는 H10과 H3의 증대를 초래하여 **5-32a**에서 보여 주는 입체화학을 증명한다.

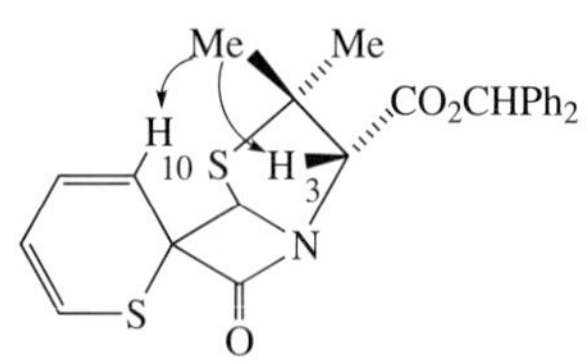

5-32a

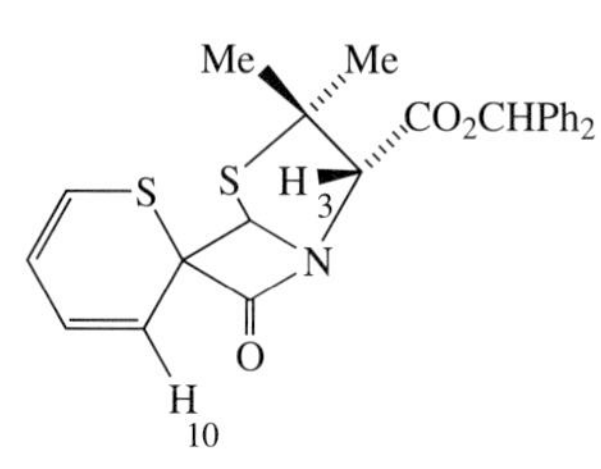

5-32b

한계. NOE 실험의 상당한 장점들에도 불구하고 그 한계는 알아야 한다. 첫째 세-스핀 효과 혹은 스핀 확산은 세 번째 스핀이 조사된 핵에 근접하지 않을 때(그림 5-12에서 $H_{2\alpha}$) 잘못된 세기 섭동을 초래할 수 있다. 둘째, 분자의 크기는 양, 음 그리고 영의 NOE 효과를 초래할 수 있다. 셋째로 음의 자기회전 비율을 가지는 핵은 감소한 양의 피크, 없어진 피크 혹은 감소하였거나 증대한 세기로 음의 피크를 초래할 수 있다. 넷째로 화학 교환은 세-스핀 효과와 비슷한 세기 섭동을 초래할 수 있다. 한 개 핵의 조사는 결합회전 혹은 원자가 토토머화 반응 같은 동적 교환을 통하여 화학적 동질성을 변경시켜 다른 한 개 핵의 세기 변화를 초래할 수 있다. 다섯째로 의도하지 않은 상자기성 불순물은 분자간 쌍극자-쌍극자 이완에 의하여 NOE를 변하게 할 수 있다. NOE 실험을 해석하는데 이러한 모든 점을 고려해야 한다. 이러한 한계에도 불구하고 NOE는 세기를 증대시키는 것과 구조 해석에 매우 중요한 도구이다.

5-5 스펙트럼 편집

유기 분자의 구조를 추론하는 데 가장 유용한 정보 중 하나는 모든 탄소의 치환 양식을 수집하는 것으로, 즉 어떤 탄소가 메틸, 메틸렌, 메타인 혹은 사차인가의 통계조사이다. 우리는 이미 공명비킴 짝풀림 과정이 비록 이상적인 결과보다는 덜하지만, 그러한 정보를 준다는 것(그림 5-8)을 이미 보았다. 적절한 펄스와 타이밍 선택을 통하여 화학자는 스펙트럼으로부터의 약간의 공명을 제거하거나 혹은 편극화를 변경함으로써 같은 과제를 완수할 수 있다. 그러한 실험은 **스펙트럼 편집**(*spectral editing*)이라 부르는데, 예를 들면 용매 억제를 포함한다.

스핀-메아리 실험. 가장 많은 스펙트럼 편집 과정은 주로 스핀-스핀 이완 시간(T_2)을 측정하기 위하여 Hahn, Carr, Purcell, Meiboom 및 Gill이 1950년대에 고안한 **스핀-메아리**(*spin-echo*) 실험에 기초한다. 이 실험의 한 예는 그림 5-9에 주어져 180° 펄스가 스핀-스핀 상호작용으로부터의 벡터를 y축 상으로 메아리로 함께 되돌린다. 그러한 과정은 자기적 불균일에 의하여 야기된 화학 이동에서의 분산을 다음과 같은 양식으로 재초점을 맞춘다. 그림 5-13에서처럼 J가 없는 경우 하나의 공명(그림 5-13b)은 주어진 유형의 모든 핵이 불균일 자장에서 정확히 똑같은 공명 주파수를 가지지 않은 이유로 주파수의 한 범위에 걸쳐 펼쳐 퍼진다. 그림 5-13e와 같이 시간 2τ 후에 180° 펄스가 모든 자화를 y축 상 위로 재초점을 맞추어 다시 모은다. 이러한 방식으로 화학 이동 차이도 역시 제거할 수 있다. 2τ마다 180° 펄스를 반복하면 세기가 T_2 시간 상수로 소멸해 가는 피크의 행렬이 얻어진다. 이러한 이완 시간은 자장의 불균일의 일상적 지배 효과를 받지 않고 스핀-스핀 상호작용 단독으로의 측정값을 제공한다. 불균일 영향을 포함하는 가로 방향 이완을 표시하기 위하여 때로는 $T_2{}^*$ 표기를 사용한다.

부착 양성자 검사. 비록 T_2를 측정하기 위하여 개발되었지만 이러한 펄스서열은 분해능을

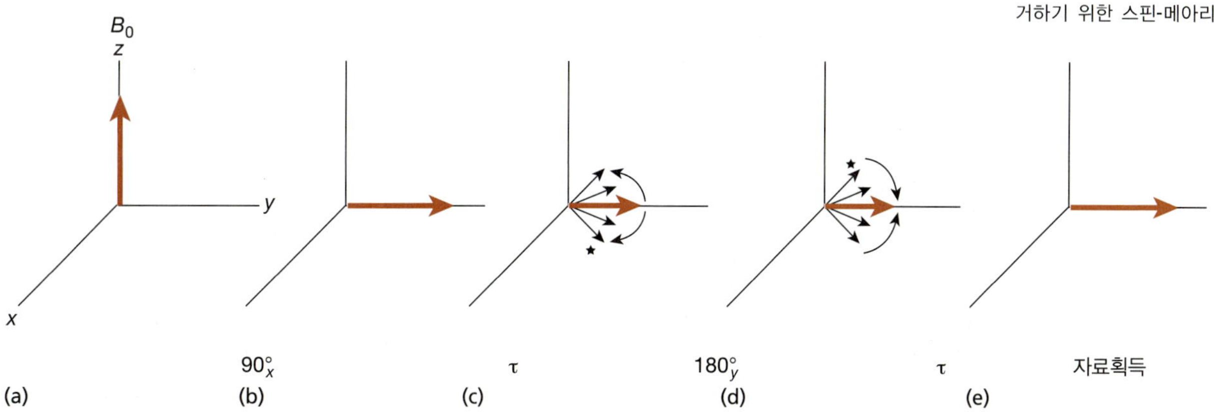

그림 5-13 B_1 불균일성 효과를 제거하기 위한 스핀-메아리 실험

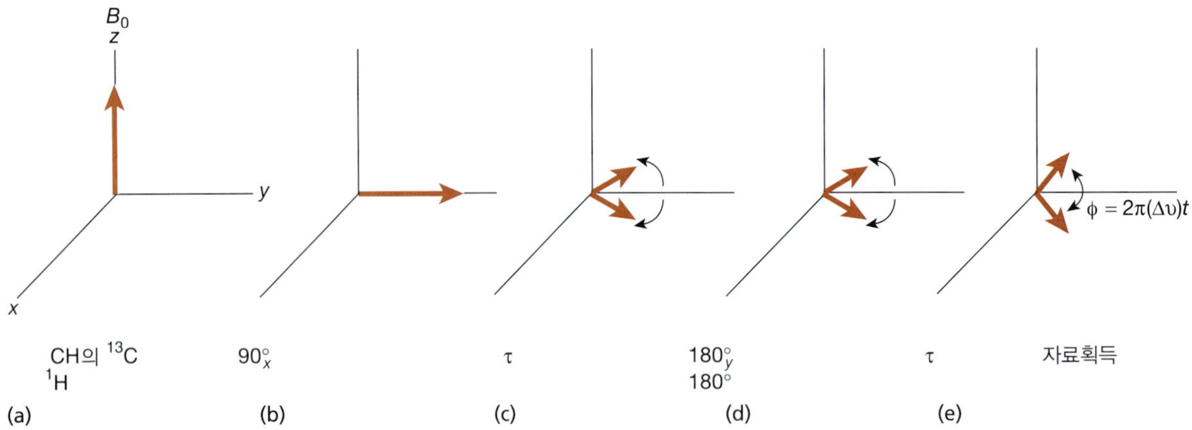

그림 5-14 스핀 벡터를 임의의 주파수 분리 ϕ로 전개하게 해 주는 펄스서열

개선하거나 한 번 순환 뒤의 짝지음 상수 혹은 화학 이동을 제거하는 것이 가능하다. 더구나 그것은 다른 효과를 얻기 위하여 수정할 수도 있다. 한 탄소에 몇 개의 양성자가 부착되었는가 하는 정보를 얻기 위하여 짝지음 정보는 그림 5-9와 같이 사용된 방법과 다르게 조작되어야 한다. 이것은 이중 공명 과정으로 펄스를 ^{13}C (B_1)과 ^{1}H (B_2) 주파수 모두에 가해준다(기준 주파수를 ^{13}C 공명에 고정한 메타인기, ^{13}C—^{1}H에 대한 그림 5-14). 탄소들을 그것들의 180° 펄스(B_1)에 노출시킨 것과 동시에 양성자들을 180° 펄스(B_2)에 노출시킨다. 두 개의 펄스는 서로 상쇄하고 스핀-스핀 짝지음으로부터의 벡터는 그림 5-14d와 같이 갈라지기 시작한다. 상쇄는 다음 양식으로 발생한다. (c)와 (d) 사이에서 180° ^{13}C 펄스에 의하여 ^{13}C 스핀이 회전하는 때와 맞추어 ^{1}H 스핀의 부호가 180° ^{1}H 펄스에 의하여 뒤집혀진다. (c) 지점에서 그림 2-10과 같이 $+\frac{1}{2}$ 양성자는 $+z$축을 중심으로 세차하고, $-\frac{1}{2}$ 양성자는 $-z$축을 중심으로 세차하고 있다. 180° ^{1}H 펄스는(x축 혹은 y축 중 하나를 중심으로 한) 이들의 주체성을 교환시킨다. $+z(+\frac{1}{2})$축을 중심으로 세차하고 있던 핵들은 이제 $-z$축$(-\frac{1}{2})$을 중심으로 세차하고 있으며, 역도 마찬가지이다.

따라서 양성자들의 주체성들은 모두 교환되었다. 예를 들어 $+\frac{1}{2}$양성자$(H\beta)$와 관련이 되는 빨리 움직이는 ^{13}C 벡터를 고려해 보자. 180° ^{13}C 회전 후 벡터는 180° ^{1}H 펄스가 존재가 없을 때 y축으로 따라잡기 시작한다(그림 5-9d에서와 같이). 그러나 펄스의 존재하에서 이 벡터는 이제 $-\frac{1}{2}$양성자$(H\alpha)$와 관련되어 그림 5-14d에서 보는 바와 같이 반송파에 뒤쳐지고 있다. 따라서 두 개의 180° 펄스(^{13}C와 ^{1}H)의 짝지음으로부터 파생한 벡터에 대한 영향은 상쇄되지만 불균일에 대한 영향은 상쇄되지 않는다. 알짜 효과는 동시에 스핀-스핀 갈라짐으로부터 생기는 벡터들 간의 벌어진 각을 조절하면서 균일성의 개선을 성취하는 것이다. 두 번째 τ 시간대 이후(전체 시간 $t = 2\tau$) 이러한 벡터들은 임의의 각 ϕ로 더 벌어진다. 이 각도는 그것들의 주파수 차이$(\Delta\nu = J)$와 시초 90° 펄스 이래 전체 시간에 좌우된다. 즉, $\phi = (\Delta\omega)t = 2\pi(\Delta\nu)t = 2\pi J(2\tau) = 4\pi J\tau$.

한편, ^{1}H{^{1}H} 같은 동핵 짝풀림 실험에서 시초 90° 펄스를 시간 τ로 따르는 180° 펄스는 그림 5-14에서 한 쌍의 180° 펄스와 같은 효과를 가진다. 90°-τ-180°- τ-자료획득은 자장 불균일에 대한 재초점 맞추기의 결과를 주지만 두 벡터의 갈라짐을 지속시킨다. 180° 비선택적인 펄스는 그림 5-14c의 방법으로 관찰된 핵에 대한 벡터들의 방향을 회전시킬 뿐만 아니라 xy 평면 위로부터 아래 그리고 그 역으로도 조사된 핵의 스핀 모두를 회전시켜 스핀을 뒤엎는다. 예를 들면, 펄스가 y축을 중심으로 관찰된 핵에 대한 빠른 이동의 벡터를 회전시킨다. 조사된 핵의 스핀의 교환 때문에 그것은 더 느리게 움직이는 벡터가 되

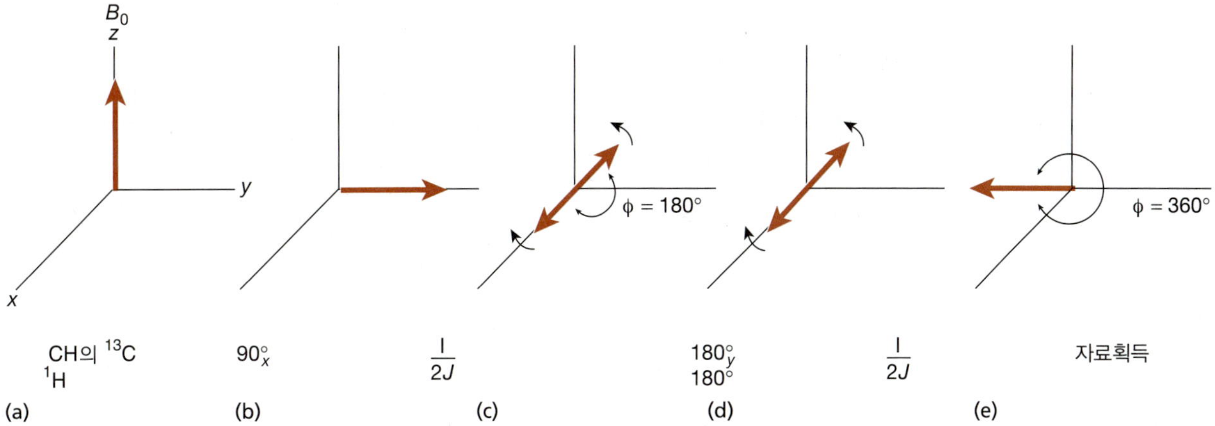

그림 5-15 메타인(CH) 공명의 스펙트럼 편집에 대한 펄스서열

어서 y축으로부터 멀어지게 계속 움직인다. 시간 2τ 이후 벡터 사이의 각 ϕ는 $\phi = 2\pi(\Delta\nu)(2\tau)$가 된다.

그림 5-14에서 시작된 스펙트럼 편집으로 되돌아가 시간 τ를 특수 값인 $[2J(^{13}\text{C}-^{1}\text{H})]^{-1}$로 고정하자. [$J$는 탄소와 메타인기의 수소 간의 짝지음 상수이다(그림 5-15): 벡터는 그림 5-15d와 같이 $\phi = 2\pi J(2J)^{-1} = \pi$이기 때문에 한 τ 시간대 동안 180°까지 벌어진다.] 전체 펄스서열 뒤($\tau = 2\pi$)에는 벡터 사이각은 $4\pi J(2J)^{-1}$, 즉 그림 5-15e와 같이 2π가 된다. 만일 이 시간에 스펙트럼을 샘플링한다면 스핀들이 음의 y 방향에 따라 배열하기 때문에 결과는 음의 단일선이 된다.

만일 같은 실험을 두 개의 양성자가 부착된 하나의 탄소(CH_2, 그림 5-16)에 대하여 수행한다면 삼중선의 중간 피크는 y축 상에 머문다(그림 5-16c의 $+y$ 벡터와 같이 기준 주파수와 겹친다). 그리고 벌어진 피크는 이제 $\Delta\nu = 2J$ 차이(삼중선의 바깥쪽 피크들 사이의 거리)를 가진다. τ 이후의 $\phi = 2\pi(\Delta\nu)t$ 값은 $2\pi(2J)(\tau)$가 되어 $\tau = (2J)^{-1}$에 대하여 각은 $4\pi J(2J)^{-1}$, 즉 2π가 되어 그림 5-16c와 d에서의 $-y$ 벡터와 같이 된다. 2τ, 즉 $\phi = 4\pi$ 이후에 두 벡터 모두 다 그림 5-16e와 같이 양의 y축 상에서 겹친다. 따라서 우리는 메틸렌 탄소에 대해서는 양의 피크를 메타인 탄소에 대해서는 음의 피크를 얻는다. 사차 탄소는 물론 항상 양의 피크를 준다. 그 이유는 그것들은 갈리지 않고 이러한 펄스 내내 양의 y축에 남아 있기 때문이다. 메틸 탄소의 네 개 피크에 관한 $\Delta\nu$ 값은 J(중간 두 피크) 혹은 $3J$(바깥쪽 두 피크) 중 하나이며, 2τ 이후 모든 벡터를 음의 y축 상으로 다시 집결시켜 음의 피크를 생성한 결과를 초래한다.

그림 5-16 메틸렌(CH_2) 공명의 스펙트럼 편집에 대한 펄스서열

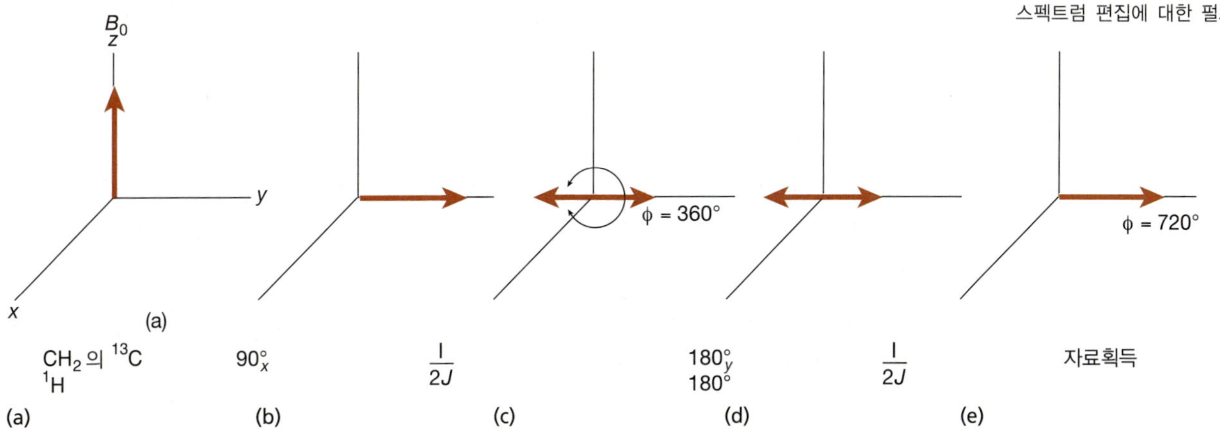

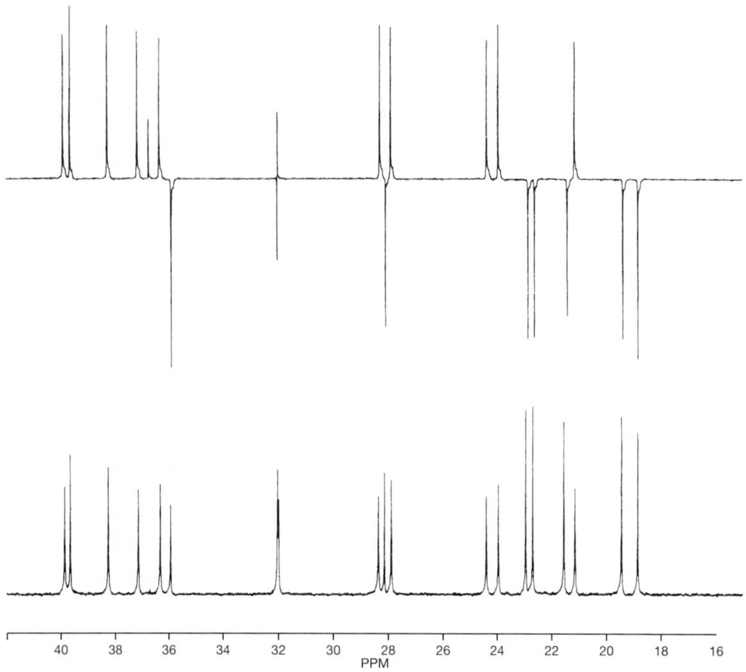

그림 5-17 Cholesteryl acetate의 양성자 짝풀린 정상적 ^{13}C 스펙트럼. 위: 부착 양성자 검사(APT), CH_2와 사차 탄소는 양으로, CH와 CH_3는 음으로 위상을 조절함. (출처: A. E. Derome, *Modern NMR Techniques for Chemical Research*, Oxford, UK:Pergamon Press, 1987, p. 261.)

그림 5-17은 cholesteryl acetate의 완전한 편집 실험의 결과를 보여 준다. 여기서 CH와 CH_3 공명에 대한 음의 피크와 C와 CH_2의 공명에 대한 양의 피크를 보여 준다. 자료 획득 동안 양성자를 조사하면 짝풀림을 제공한다. 이러한 실험은 모든 탄소의 치환양식을 시각적으로 확인할 수 있게 해 주며, **J변조**(*J modulation*) 혹은 **부착 양성자 검사**(*Attached Proton Test*, APT)라 부른다. 많은 그것의 변형이 존재한다.

DEPT 서열. 그림 5-17에 표시한 과정은 메타인과 메틸 탄소를 구별하지 않는다. 그래서 각 치환 양식에 대하여 분리된 스펙트럼을 제공할 수 있는 다른 대안의 편집 과정이 개발되었다. 그림 5-18은 DEPT 펄스서열(다음 절에서 아주 상세하게 정의될)을 사용한 gentamicin의 삼당체의 스펙트럼의 전제 세트를 보여 준다. DEPT 실험은 흔히 교대로 네 개 대신에 세 개로 표시한다: 모든 양의 단일선으로 모든 탄소를 전체적으로 짝풀린 스펙트럼, 단지 CH 탄소만을 양의 단일선으로 표시한 스펙트럼과 CH_3와 CH 탄소는 양으로, CH_2 탄소는 음으로 표시한 스펙트럼(사차 탄소는 전체 스펙트럼으로부터 차이로 확인함). 다양한 DEPT 실험은 아마도 오늘날 탄소 치환 양식을 확인하는 데 가장 흔하게 사용하는 실험이다. 그 이유는 (1) 앞서 언급한 APT 실험보다 정확한 *J* 값에 덜 의존하고, (2) 신호증대를 제공(5-6절)하고, (3) CH와 CH_3 원자단을 쉽게 구별하기 때문이다. 편집한 ^{13}C 스펙트럼은 복잡한 유기 분자의 구조 분석의 표준이고, 때로는 필수이다.

5-6 감도 증대

^{13}C와 ^{15}N을 포함하여 몇 가지 중요한 핵들은 낮은 자연 존재율과 낮은 감도를 가진다. 이러한 핵들이 감도가 높은, 보통 양성자의 다른 하나의 핵에 짝지었을 때 이러한 핵의 관찰을 개선하기 위하여 펄스서열이 고안되어 왔었다. 감도가 좋은 핵 S의 선호되는 개체수를 감도 낮은 핵 I에 이동시키는 방법으로 펄스를 가한다.

INEPT 서열. 상기 목적을 위하여 Freeman에 의하여 개발된 통상의 서열은 INEPT(**편극화 이동에 의한 저감도 핵 증대**, *I*nsensitive *N*uclei *E*nhanced by *P*olarization *T*ransfer)라 부르며, 다음과 같다.

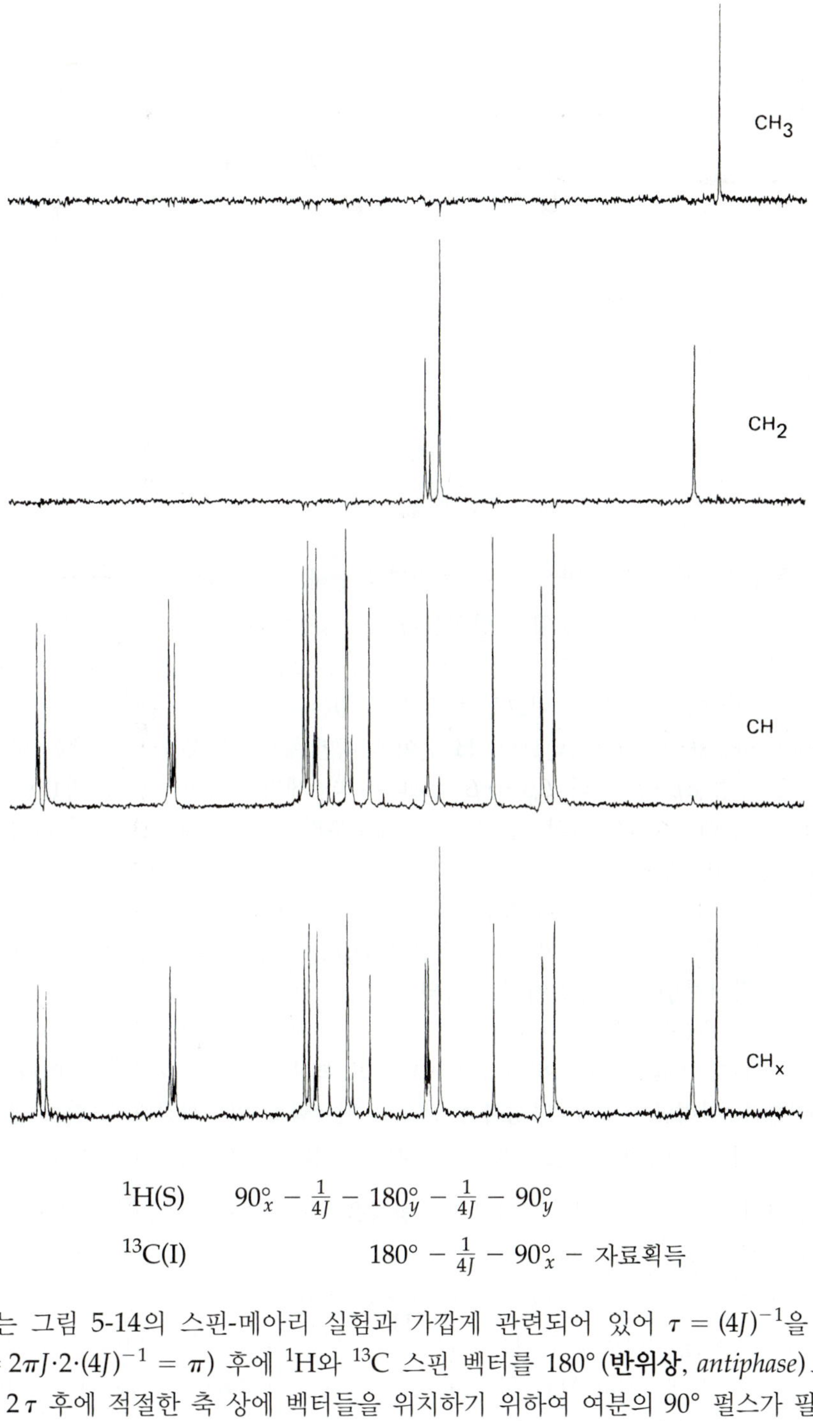

그림 5-18 Gentamicin 삼당체의 75.6 MHz ^{13}C 스펙트럼의 DEPT 서열에 의한 스펙트럼 편집. 바닥은 모든 탄소의 공명을 포함하는 스펙트럼. 위로 올라가면서 스펙트럼은 각각 메타인, 메틸렌과 메틸 탄소에 대한 스펙트럼이다. (출처: Bruker Instruments, Inc.)

$$^{1}\mathrm{H(S)} \qquad 90^\circ_x - \tfrac{1}{4J} - 180^\circ_y - \tfrac{1}{4J} - 90^\circ_y$$

$$^{13}\mathrm{C(I)} \qquad 180^\circ - \tfrac{1}{4J} - 90^\circ_x - \text{자료획득}$$

펄스는 그림 5-14의 스핀-메아리 실험과 가깝게 관련되어 있어 $\tau = (4J)^{-1}$을 택하여 2τ ($\phi = 2\pi J \cdot 2 \cdot (4J)^{-1} = \pi$) 후에 ^{1}H와 ^{13}C 스핀 벡터를 180° (**반위상**, *antiphase*)로 벌려 놓는다. 2τ 후에 적절한 축 상에 벡터들을 위치하기 위하여 여분의 90° 펄스가 필요하다. 펄스의 결과는 두 스핀, 예를 들면 ^{13}C—^{1}H의 경우에 대하여 그림 5-19에 표시하였다. 반위상 배열로 만들기 위하여 감도가 높은 핵(^{1}H)에 첫 번째 세트의 펄스를 가하였다. 처음의 90° 펄스가 양성자 자화를 xy 평면으로 이동시킨다(그림 5-19b). 양성자와 탄소 핵 모두에 대한 동시성의 180° 펄스는 불균일성 효과를 제거하지만 그림 5-14와 같이 양성자 벡터는 계속 진로에서 벗어나게 한다. $\tau = (4J)^{-1}$ 이후에 양성자들은 90° 벌어져 있고(그림 5-19c), 두 번째 $(4J)^{-1}$ 시간대 이후에 양성자들은 180° 떨어져 있다(그림 5-19d). y축을 따른 90° 펄스는 양성자 벡터들을 다시 z 축 상으로 회전시킨다(그림 5-19e). (a)에서 탄소의 위 스핀과 아래 스핀 모두와 연관된 양성자들을 $+z$ 방향으로 향하고 있고, (b)에서는 탄소 스핀 $+\frac{1}{2}$, 즉 β 스핀과 연관된 양성자들은 $+z$ 방향으로 향하지만, 탄소 스

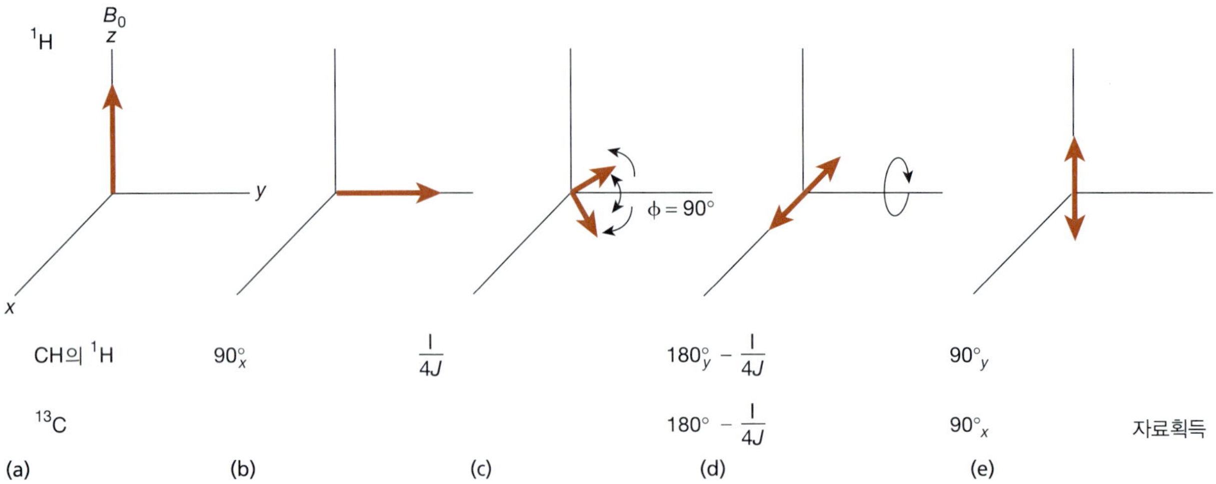

그림 5-19 INEPT 실험에 대한 펄스서열로 ^{1}H 스핀 벡터에 대한 영향을 보여 준다.

핀 $-\frac{1}{2}$, 즉 α 스핀과 관련된 양성자는 $-z$ 방향을 향하고 있다(혹은 ^{13}C—^{1}H의 짝지음 상수에 따라서 역으로). 후자의 상황을 **반위상**(*antiphase*)이라 부른다.

이러한 양성자 펄스들 이후의 스핀 에너지 그림을 그림 5-20에 있는 서열 초기에 있는 정상인 이-스핀계에 대한 것과 비교한다. 왼쪽에 있는 정상적인 그림은 ^{13}C 전이에 대한 전이에 대한 화살표의 수직 거리보다 ^{1}H 전이에 대한 것이 큰 것을 보여 주는 바, 볼츠만 분포가 ^{13}C 공명($\alpha\beta \rightarrow \alpha\alpha$와 $\beta\beta \rightarrow \beta\alpha$)보다는 더 세기가 강한 ^{1}H 공명($\beta\alpha \rightarrow \alpha\alpha$와 $\beta\beta \rightarrow \alpha\beta$)을 초래한다. 각 화살표는 낮은 상태로부터 높은 상태로 향하여 따라서 흡수(양의 피크)를 의미한다.

그림 5-20의 오른쪽에 있는 ^{1}H 스핀 벡터의 반위상 INEPT 배열은 두 개의 ^{1}H 에너지 수준($\alpha\alpha$와 $\beta\alpha$)가 서로 교환하여 ^{1}H가 뒤집어져($\beta\alpha \rightarrow \alpha\alpha$) 음의 피크를 주고 반면에 다른 스핀이 뒤집어져($\beta\beta \rightarrow \alpha\beta$) 여전히 양의 피크를 준다. 따라서 하나의 ^{1}H 신호는 양이고 다른 하나는 음(반위상)이 된다. INEPT의 그림에서의 탄소 전이의 검토는 볼츠만 분포가 양성자 유사 비율(표시는 비례적이 아니지만 화살표의 수직 거리를 보아라)로 증가함을 의미한다. 이러한 식으로 양성자는 탄소로 편극화를 이동시킨다. 그림 오른쪽에 있는 스핀 에너지 그림에 따라 탄소 벡터는 역시 반위상이다. 그 이유로 양성자 스핀 $+\frac{1}{2}$, 즉 β와 연관된 탄소 전이는 흡수적이고 $+z$ 방향을 향해야 하고, 반면에 양성자 스핀$-\frac{1}{2}$, 즉 α와 연관된 탄소 전이는 방출적이고 $-z$ 방향을 향해야 하기 때문이다. 탄소에 대한 상황은 그림 5-19e에 있는 양성자에 대한 상황이 동일하다. 마지막 x축을 따라서 90°인 탄소 펄스는 관찰을 위하여 y축 상으로 반위상 벡터를 위치한다. 반위상 관계 때문에 하나의 탄소 전이($\beta\beta$에서 $\beta\alpha$로)는 양(흡수)이고, 다른 하나($\alpha\beta$에서 $\alpha\alpha$로)는 음(방출)이 된다.

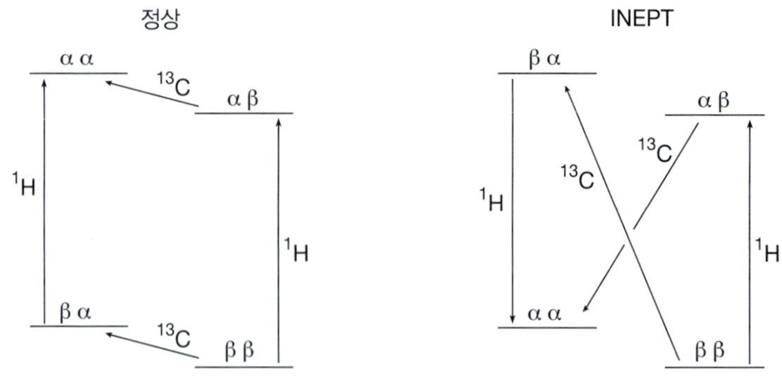

그림 5-20 이-스핀계(^{13}C—^{1}H)에 대한 스핀 상태. 정상(왼쪽)과 INEPT 펄스서열 다음 상태(오른쪽)

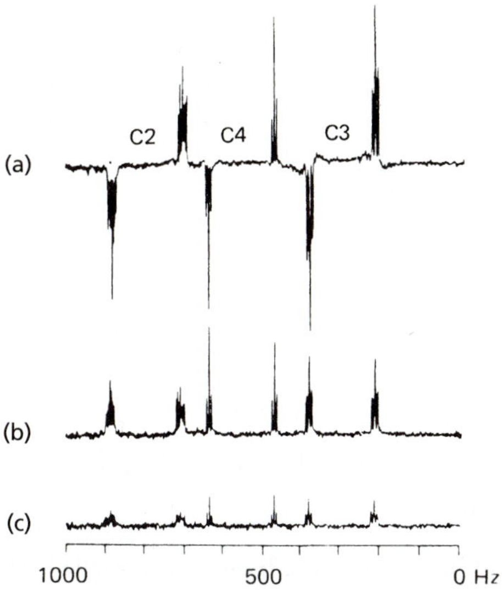

그림 5-21 피리딘의 양성자 짝진 ^{13}C 스펙트럼, (a) INEPT (b) NOE만 (c) 증대 없음, 모든 것은 같은 척도 하에 있음. (출처: G. A. Morris and R. Freeman, *J. Am. Chem.* Soc.,101, 760 (1979).)

INEPT 서열은 저감도 I 핵에 대한 증대한 신호를 초래하고 그림 5-21 위쪽의 피리딘(pyridine) 같은 CH 기에 대하여 반은 음이고 반은 양인 피크들을 준다. 비교를 위하여 그림은 아래쪽에 정상적인 스펙트럼을 중간에 짝풀림 없이 NOE를 얻기 위한 게이트 조사된 스펙트럼을 포함한다. INEPT 스펙트럼은 확실히 NOE 단독으로 생성한 것보다 더 큰 증대를 성취한다. 세기의 최대 증가값은 INEPT에서는 $(1+|\gamma_S/\gamma_I|)$가 되지만 NOE에서는 $(1 + \eta_{max})$가 단지 $(1+\gamma_S/2\gamma_I)$가 되고(식 5-5) 양이나 음일 수 있다. INEPT 실험에서 얻을 수 있는 최대 증대 세기는 NOE 실험에 대한 식 5-5에서 얻은 것과 유사하게 식 5-6으로 주어졌다.

$$I_{max}(\text{INEPT}) = I_0\left|\frac{\gamma_{irr}}{\gamma_{obs}}\right| \tag{5-6}$$

$^{13}C\{^1H\}$에 대해서 최고로 증가한 세기 $(I/I_0 = 1 + \eta_{max})$는 INEPT에서는 3.98이고, NOE에 대해서는 2.99이다. 저감도 핵에서의 자기회전 비율이 음일 때 NOE 표현에는 삭감하는 인자가 존재하기 때문에 INEPT는 더 큰 장점까지 가진다. $^{15}N\{^1H\}$에 대하여 INEPT와 NOE 인자는 각각 9.87과 −3.94이다. $^{29}Si\{^1H\}$에 대해서는 5.03과 −1.52이고, $^{119}Sn\{^1H\}$에 대해서는 2.68과 −0.34가 된다. 각 경우에서 확실히 INEPT는 상당히 효율적이고 항상 양이다.

재초점 INEPT. INEPT 실험에는 하나의 뚜렷한 단점이 있다. 각 CH 공명에 대한 −1 : 1 양식의 짝풀림은 정확히 상쇄됨으로써 영점의 신호를 준다. 메틸렌 삼중선이 −1 : 0 : 1 INEPT 세기를 주고 메틸 사중선은 −1 : −1 : 1 : 1 세기를 주기 때문에 둘 다 역시 짝풀림에 영점 신호를 줄 것이다. **재초점 INEPT** (*refocused* INEPT) 펄스서열은 이러한 문제를 돌아가서 고안되었으며, 다음 양식에 따라서 INEPT 펄스를 두 번째로 되풀이하여 짝풀림을 허용한다.

$$\begin{array}{ll} ^1\text{H(S)} & 90^\circ_x - \frac{1}{4J} - 180^\circ_y - \frac{1}{4J} - 90^\circ_y - \frac{1}{4J} - 180^\circ - \frac{1}{4J} - \text{짝풀림} \\ ^{13}\text{C(I)} & \qquad\qquad 180^\circ - \frac{1}{4J} - 90^\circ_x - \frac{1}{4J} - 180^\circ_y - \frac{1}{4J} - \text{자료획득} \end{array}$$

두 번째 재초점 시간대는 다시 180°에 의하여 화학 이동에 대하여 초점을 맞추는 스핀 메아리이다. 그러나 스핀의 역할은 두 번째 세트에서는 역으로 바뀌어, CH 경우에는 I 자화가 두 개의 양의 피크로 돌아가게 다시 초점을 맞춘다. 따라서 탄소 자료획득 동안 양

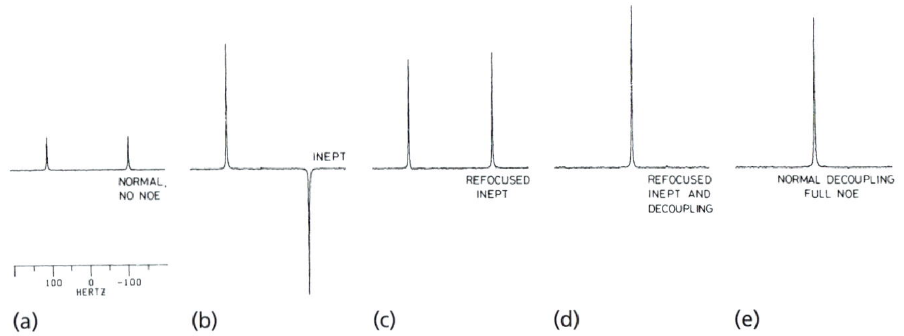

그림 5-22 Chloroform의 ^{13}C 스펙트럼 (a) 이중 조사 없음, (b) INEPT 증대를 얻기 위한 ^1H 조사, (c) 재초점 INEPT 증대를 얻기 위한 ^1H 조사, (d) 재초점 INEPT 증대와 짝풀림을 얻기 위한 ^1H 조사, (e) NOE만을 얻기 위한 정상 짝풀림. (출처: *A. E.* Derome, *Modern NMR Techniques for Chemistry Research*, Oxford, UK:Pergamon Press, 1987, p. 137.)

성자의 짝풀림은 어떠한 피크의 상쇄를 초래하지 않는다. 이렇게 얻은 스펙트럼은 증대한 세기를 가지는 짝풀린 피크들을 포함한다. 그림 5-22는 클로로폼(chloroform)에 대한 다양한 실험을 비교하고 있다.

재초점 INEPT 스펙트럼 편집. 마지막 펄스와 자료획득 사이의 전체 시간대에 대한 $(2J)^{-1}$ 값은(첫 번째와 두 번째 90°를 구별하기 위하여 시간대 Δ_1 혹은 2τ에 대하여 때로는 Δ_2라 부른다.) 단지 메타인 조각 CH에만 대하여 적절하다. 메틸렌(CH_2)기와 메틸(CH_3)기에 대해서는 벡터들은 재초점을 맞추지 않기에 짝풀림은 여전히 상쇄된 신호로 결과가 된다. Δ_2의 대안 값으로 개선된 재초점을 가져올 수 있으며, 임의의 CH_n 구조 단위에 대한 Δ_2는 식 5-7에 주어졌다.

$$\Delta_2 = (1/\pi J)\sin^{-1}\left(\frac{1}{\sqrt{n}}\right) \quad \textbf{(5-7)}$$

CH, CH_2 및 CH_3에 대한 각각의 Δ_2 최적값은 $(2J)^{-1}$, $(4J)^{-1}$ 및 $(\approx 5J)^{-1}$이 된다. 따라서 $(\approx 3.3J)^{-1}$은 짝풀림 조건 하에서 모든 치환 양식에 대하여 증대를 시키지만 최적값이 아닌 타협 값을 대표한다. 짝풀림이 없는 경우에는 CH, CH_2 및 CH_3 공명 집단 내에서의 위상 차이가 피크 왜곡으로 나타난다.

짝풀림 재초점 INEPT 실험에서의 $\Delta_2 = (2J)^{-1}$의 선택이 완전히 재초점화된 이중선과 더불어 반위상 삼중선과 사중선을 주기 때문에 짝풀림을 가지는 이러한 특수 실험은 메타인 공명만 포함하는 하위 스펙트럼을 생성한다. Δ_2 값은 또한 메틸렌과 메틸 공명의 세기를 최적화하기 위하여 선택할 수 있다. 이러한 생각은 가상의 각 $\theta = \pi J\Delta_2$를 정의하여

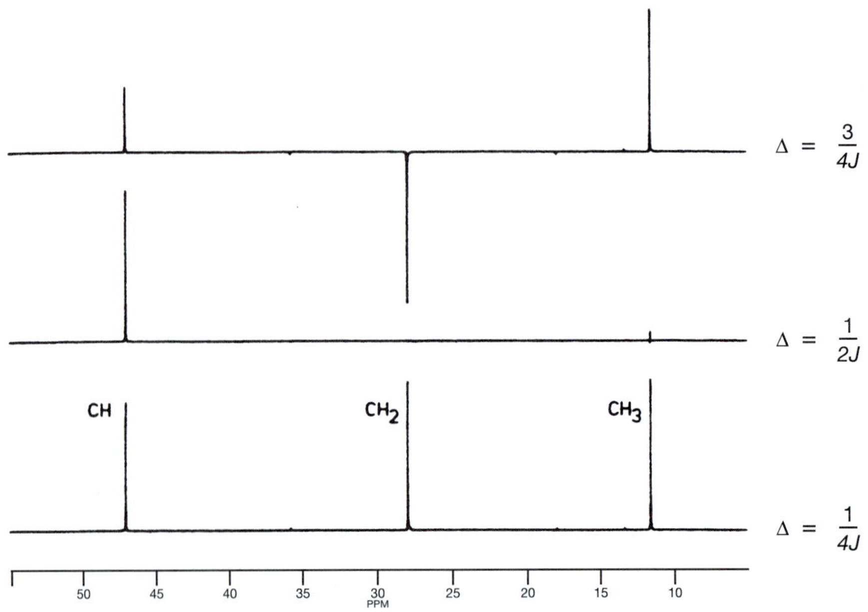

그림 5-23 재초점 INEPT 실험에서 Δ_2 값을 변화시킨 하나의 CH, 하나의 CH_2 및 하나의 CH_3를 포함하는 상상의 분자의 탄소 공명 세기 (출처 A. E. Derome, *Modern NMR Techniques for Chemistry Research*, Oxford, UK:Pergamon Press, 1987, p. 143.)

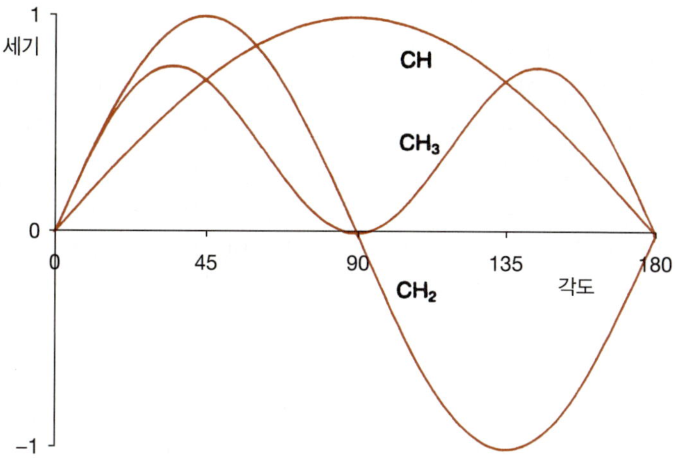

그림 5-24 재초점 INEPT 실험에서의 CH, CH_2와 CH_3의 $\theta = \pi/\Delta_2$의 함수로서의 신호 세기의 변화 (출처: T. D. W. Claridge, *High-Resolution NMR Techniques in Organic Chemistry*, Amsterdam: Pergamon Press,1999, p. 138.)

그래프로 표시할 수 있다. 그러면 신호 세기는 CH에 대해서는 $\sin\theta$, CH_2에 대해서는 $\sin(2\theta)$ (혹은 $2\sin\theta\cos\theta$), CH_3에 대해서는 $3\sin\theta\cos^2\theta$에 비례한다는 것을 알 수 있다. 따라서 $\theta = \pi/2$[그리고 $\Delta_2 = (2J)^{-1}$] 일 때 CH 신호가 최적화되고, 다른 신호는 영으로 된다. 모든 다른 θ값에 대하여 스펙트럼은 모든 치환 유형의 변하는 부분을 포함한다. 그림 5-23은 $\Delta_2 = 3(4J)^{-1}$, $(2J)^{-1}$, $(4J)^{-1}$에 해당되는 세 개의 θ값($\pi/4$, $\pi/2$ 와 $3\pi/4$)에 대한 실험을 보여 준다.

이러한 스펙트럼의 일차적인 조합은 단지 메틸렌 혹은 메틸 공명만을 포함하는 편집된 스펙트럼을 줄 수 있다. 그림 5-24는 세 유형의 탄소에 대해 신호의 세기를 각 $\theta = \pi J\Delta_2$의 함수로 도시한 것이다. 보여 준 스펙트럼들은 $\theta = 135°$, $90°$, $45°$에서의 단면으로 택한 것들이다.

DEPT의 재고. 앞서 세 개의 INEPT 스펙트럼의 비교로 모든 양성자가 부착한 탄소 공명의 다중성을 결정하는 것을 허용한다. 그러나 세기는 최적화가 되어 있지 않았다. 5-5절은 CH와 CH_3를 구별하지 않는 APT를 설명한다. DEPT 서열은 편집하는 기술을 제공한다. 이 기술은 이러한 다른 방법에 의하여 고생을 하지 않고 더구나 J 값을 추출하는 것 같은 실험의 불완전성에도 덜 예민하다. 스펙트럼 편집에서 선택되는 방법으로 이미 언급하였는 바, DEPT(**편극화 이동에 의한 왜곡없는 증대**, *Distortionless Enhancement by Polarization Transfer*)는 재초점 INEPT와 비슷하다. 존재하는 한 쌍의 τ 시간대[$=(2J)^{-1}$]에 양성자 채널에서 단 하나의 가변 펄스 θ가 뒤따른다. θ는 앞서 정의한 것에 해당되는 각도($\pi J\Delta_2$로 Δ_2는 두 개의 τ 시간대에 해당)이다.

$$\text{S} \quad 90^\circ_x - \tfrac{1}{2J} - 180^\circ_y - \tfrac{1}{2J} - \theta_y \quad - \tfrac{1}{2J} - \text{짝풀림}$$
$$\text{I} \qquad\qquad\qquad 90^\circ_x - \tfrac{1}{2J} - 180^\circ_x - \tfrac{1}{2J} - \text{자료획득}$$

DEPT와 재초점 INEPT 서열은 비슷한 양식으로 시적되어 탄소에 짝지음의 영향에서 전개하는 양성자 자화를 발생시키는 $90°$ ^{1}H(S)펄스로 시작한다. 반면에 첫 양성자 펄스와 두 번째 양성자 펄스간의 시간 τ는 재초점 INEPT에서는$(4J)^{-1}$이 되고, DEPT에서는 APT에서와 같이$(2J)^{-1}$가 된다. 두 번째$(180°)$ ^{1}H 펄스는 양성자 화학 이동에 대해 재초점을 한다. 동시의 시초 $90°$ ^{13}C 펄스는 탄소 자화를 생성하고, 이 교재 전반에서 사용해 왔던 벡터 모델에 의하여 설명할 수 없는 상황을 초래한다. 두 양성자와 탄소 자화는 C—H 짝지음으로 연결되어 함께 전개하여 이 현상을 **다중양자 결맞음**(*Multiple Quantum Coherence*, MQC) 혹은 더 상세하게 **이종핵 다중양자 결맞음**(*Heteronuclear Multiple Quantum Coherence*, HMQC)이라고 부른다. 본질적으로 양성자와 탄소 자화는 합동으로 존재하게 된 것이다. MQC는 두 번째 시간대 $(2J)^{-1}$ 동안 전개를 계속한다. 마지막 양성자 펄스는 θ 시간 동안 MQC를 단일양자 탄소 결맞음으로 변환한다(다중양자 결맞음을 관찰할 수 없다. 검출 코일에 어떠한 신호도 유발하지 않기 때문에 **단일양자 결맞음**(*single quantum coherence*)으로 변화시켜야 한다). 마지막 $(2J)^{-1}$ 시간대는 θ에 의하여 정해지는 부착한 양성자의 개수(CH, CH_2 및 CH_3)에 대한 지배성을 가지고 탄소 자화의 전개를 허용한다. 재초점 INEPT와 마찬가지로 θ의 변조, 펄스 길이는 그림 5-18과 같이 일련의 편집된 스펙트럼을 생성한다. 실험에서 사용하는 각들의 가장 흔한 세트는 45°, 90° 및 135°이다. DEPT-45 스펙트럼은 사차 탄소 이외 모든 유형의 공명을 포함한다. DEPT-90은 단지 CH만을, DEPT-135는 CH/CH_3는 양으로, CH_2는 음으로 포함하여 그림 5-24 그림과 유사하여 치환의 각 유형에 대한 배정을 쉽게 허용한다. 그림 5-18에서 보여 주는 총체적 편집 스펙트럼을 얻기 위해서는 약간의 신호 손실을 가지는 스펙트럼의 공제가 필요하다. 펄스의 처음 세트(처음 2τ까지)가 양과 음의 피크들의 조합을 초래하지 않고 오히려 짝풀림이 없이 양의 1 : 1 이중성, 1 : 2 : 1의 삼중선 및 1 : 3 : 3 : 1 사중선을 초래하기 때문에 "왜곡없는"이라는 용어를 적용한 것이다.

INEPT와 DEPT 서열은 I와 S 핵 사이의 짝지음이 지배적이라는 가정을 하여 다른 짝지음은 무시할 만큼 작아야 한다. 일-결합(one-bond) $^{13}C—^{1}H$ 짝지음에 대해서는 모든 $^{1}H—^{1}H$ 짝지음이 훨씬 작기 때문에 이러한 가정이 성립한다. 만일 극성화가 이-또는 삼-결합 $^{13}C—^{1}H$ 짝지음으로부터 이동한다면 동핵 짝지음은 더 이상 비교하여 작지 않다. 이러한 상환은 양성자로부터 규소, 질소, 인으로 편극화를 이동을 시도할 때 발생할 가능성이 높다. Si—H, N—H 및 P—H 결합이 상대적으로 흔하지 않아(C—H에 비하여) 원거리 짝지음을 측정하는 데 수반하는 어려움을 감수해야 한다.

5-7 탄소 연결성

일-결합 $^{13}C—^{13}C$ 짝지음은 탄소-탄소 연결을 의미하고 특성화하기 때문에 잠재적으로 풍부한 구조 정보를 포함하고 있다. 불행히도 탄소의 10,000쌍 중에서 1쌍만이 단지 두 개의 ^{13}C 원자를 포함하고 $^{13}C—^{13}C$ 짝지음을 보여 준다. 이러한 공명은 단지 분리된 ^{13}C 원자를 포함하는 분자로부터 파생한 중앙띠의 양쪽에 존재하는 아주 낮은 세기의 위성으로 검출된다. ^{13}C 원자의 결합쌍에 대하여 ^{1}J 값은 약 30~50 Hz가 되고 위성 피크는 중앙띠로부터 반으로 분리되어 있다. 두세 결합에 걸친 짝지음(^{2}J, ^{3}J) 역시 0~15 Hz 범위로 존재할 수 있다. 이러한 위성 피크는 낮은 세기를 가지고 중앙띠에 의해 가려질 수도 있을 뿐만 아니라 역시 덧붙여 회전 곁띠(spinning sideband), 불순물과 방해하는 다른 공명에 의하여 가려질 수도 있다.

INADEQUATE(**엄청난 자연존재율 이중양자 이동 실험**, *Incredible Natural Abundance DoublE QUAntum Transfer Experiment*)라는 펄스서열이 Freeman에 의하여 보통(단일양자) 공명을 억제하고 단지 위성(이중양자) 공명만을 보여 주기 위하여 개발되었다. 펄스 서열은 $90^\circ_x - \tau - 180^\circ_y - \tau - 90^\circ_x - \Delta - 90^\circ_\phi$이다. 동핵 180° 펄스가 자장의 불균일을 재초점화해 주지만 다른 $^{13}C—^{13}C$ 짝지음 배열로부터의 벡터가 계속 벌어지도록 해 준다(5-5절). 만일 반송파 주파수가 탄소 공명의 중앙띠와 겹치게 되면 중앙띠 스핀은 처음 90° 펄스 다음에도 y축 상에 남아 있는다. 지연 시간 τ는 $(4J)^{-1}$로 고정하여 짝진 $^{13}C—^{13}C$ 계로부터 두 개의 위성에 대한 벡터가 $2\tau[=2\pi(\Delta\nu)\tau = 2\pi J(2/4J) = \pi]$ 후에 180°로 벌어져서 각각 $+x$축과 $-x$축 상에 위치하게 해 준다. 두 번째 90° 펄스는 그 후에 중앙띠 스핀을 $-z$축으로 회전하게 하지만 위성 스핀은 x축을 따라 배열하게 놓아 준다. 따라서 중앙띠 신호는 xy 평면에서는 검출할 수 없게 되고 위성이 검출된다.

이러한 펄스서열은 다중양자 결맞음의 하나의 예이다. 두 번째 90° 펄스 다음에 ^{13}C 핵들의 짝지은 쌍들이 함께 전개한다(^{13}C의 자연존재율 때문에 각 ^{13}C 쌍이 분리된 AX 계

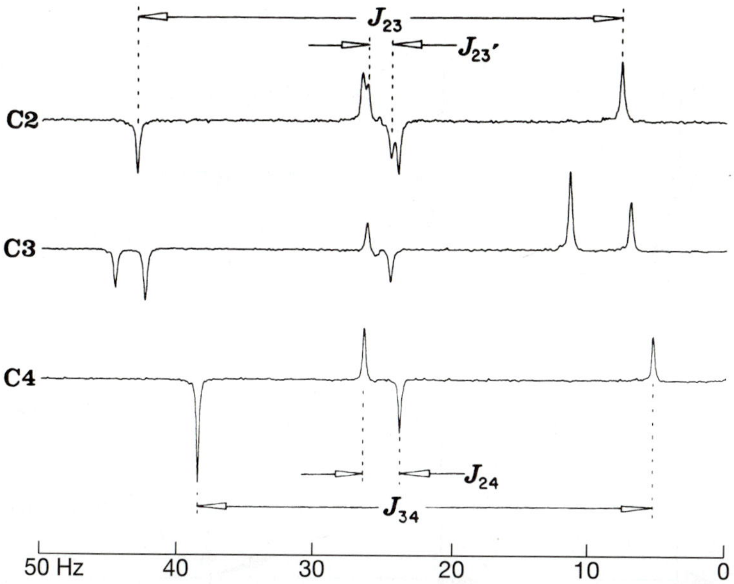

그림 5-25 Piperidine의 탄소에 대한 일차원 INADEQUATE 스펙트럼 (출처: A. Bax, R.Freeman, and S. P. Kempsell, *J.Am. Chem. Soc.*, **102**, 4849 [1980].

라는 점을 유의하라). Δ시간대 동안 동핵 이중양자 결맞음은 두 개 짝진 스핀의 라모 주파수의 합으로 전개한다. 이차원 변형(6장)에서는 상수 시간대 Δ가 변수의 시간대로 변한다. 마지막 90° 펄스는 다중을 관찰할 수 있는 단일양자 결맞음으로 재변환해 준다. 마지막 90° 펄스의 위상($90°_\phi$)은 $\phi(+x,\ +y,\ -x,\ -y)$로 표시되는 일련의 방향을 통하여 순환된다. 이 교재 내내 사용하는 벡터 그림은 단일 핵의 스핀의 결맞음만을 보여 준다. xy 평면에 있는 스핀은 그들 위상들과 질서적인 관계를 가질 때 결맞는다고 말한다. 그래서 스핀 모두가 하나의 축 주위에서 세차운동하고 그 방향의 벡터로 표시할 수 있다. xy 평면에서 임의의 위상으로 회전하고 있는 스핀은 결맞지 않는다고 말한다. INADEQUATE 실험에서 생성된 것과 같은 두 스핀의 동시적인 결맞음은 벡터 그림으로 잘 표시할 수 없어 마지막 ^{13}C 90° 펄스는 잘 표현할 수가 없다.

그림 5-25는 피페리딘(piperidine)의 INADEQUATE 스펙트럼을 포함한다. 이중양자(위성) 피크는 반위상이 되어 각 ^{13}C—^{13}C 짝지음 상수는 한 쌍의 피크, 하나는 위로, 다른 하나는 아래로(+1 : −1) 표시된다. 피페리딘의 C-4 스펙트럼은 따라서 두 개의 그러한 이중선: $^1J_{34}$에 대한 큰 이중선과 $^2J_{24}$에 대한 작은 이중선을 포함한다. C-3에 대하여 두 개의 큰 이중선이 존재한다. 왜냐하면 이웃 탄소들에 대한 일-결합 짝지음 $^1J_{23}$과 $^1J_{34}$가 약간 다르기 때문이다. C-2와 이웃이 아닌 C-3 사이에 작은 $^3J_{23'}$이 역시 존재한다. C-2에 대한 스펙트럼은 $^1J_{23}$, $^2J_{24}$ 및 $^3J_{23'}$을 보여 준다.

비록 더 먼 짝지음도 관찰할 수 있지만 가장 중요한 것은 일결합 짝지음이며, 이것은 모든 탄소-탄소 결합에 따라 약간씩 다르다. 따라서 어떤 두 개의 탄소에 대한 ^1J (^{13}C—^{13}C)의 일치는 그것들이 서로 결합하고 있다는 것을 강하게 암시하고 있다. 복잡한 분자 내 조차에서도 짝지음의 충분한 변이성이 존재하여 탄소 골격이 헤테로 원자로 분리되지 않는 한, 탄소 골격의 완전한 연결성을 상세히 기록하기 위하여 INADEQUATE 를 사용할 수 있다. INADEQUATE 실험의 중요한 단점은 극도로 낮은 감도이다. 왜냐하면 그것은 분자의 0.01%만을 사용하기 때문이다. 이차원 변안은 6-4절에서 논의한다.

5-8 위상 순환, 복합 펄스파, 성형 펄스파

우리는 90°와 180° 펄스를 다양한 실험을 수행하기 위하여 광범위하게 사용해왔다. 각 경우에서 펄스의 길이가 원하는 회전각을 정확하게 제공한다는 점이 중요하다. 여러 가지 인공물이 펄스의 불완전성 때문에 발생할 수 있다. 그림 5-26은 T_1을 측정하기 위하여 사

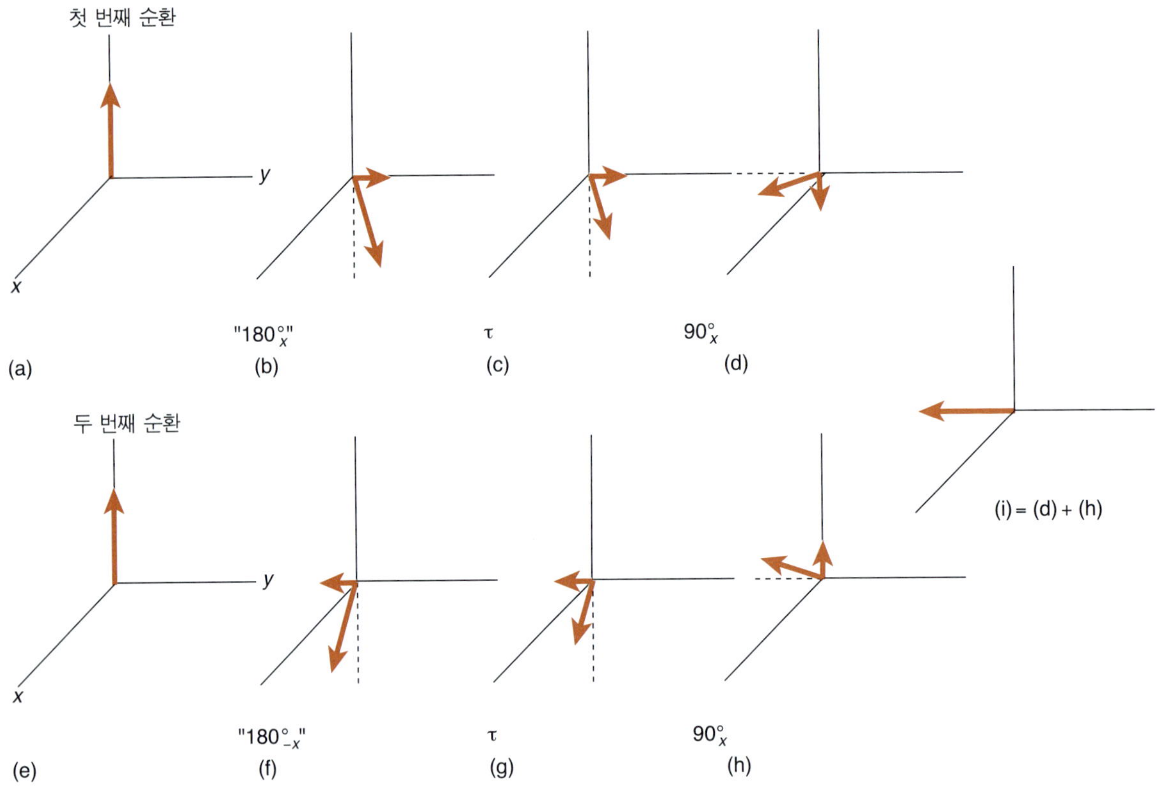

그림 5-26 뒤집기 회복 실험에서 위상 순환

용한 뒤집기 회복 실험($180^\circ_x - \tau - 90^\circ_x$, 그림 5-1)에서 정확히 180°가 안 되는 시초의 전도 펄스를 사용하였을 실험에 대한 영향을 보여 준다. 이 펄스 다음에 자화는 약간 z축을 벗어나(그림 5-26b), τ 시간대 시작에서 약산의 수평 방향(xy) 자화가 존재한다. 단지 y 성분은 그림 5-26b에 나타난다. τ 시간대 이후 z 자화는 T_1 이완에 의하여 감소하고 펄스 불완전성에 의하여 초래된 xy 평면에 있는 자화 성분은 남아 있다(그림 5-26c). 마지막 90° 펄스를 뒤따라 z 자화는 검출하기 위하여 xy 평면으로 이동하였다(그림 5-26d). 그림에서의 펄스 불완전성은 세기에서 감소를 초래한다. 그러나 스펙트럼의 위상 역시 변경될 수 있다. 거의 확실히 90° 펄스에서도 마찬가지로 오류가 있을 수 있지만, 여기서는 고려하지 않았다.

그러한 오류는 180° 펄스의 상대적인 위상을 변경하여 많이 제거할 수 있다. 180° 회전을 x축을 중심으로 시계 방향 대신 시계 반대 방향으로($-x$ 혹은 -180°) 수행한 뒤집기의 결과는 그림 5-26f에서 보여 준다. 이제 원하지 않는 자화가 $-y$축 상에 나타난다. 시간 τ(그림 5-26g)와 마지막 90° 펄스(그림 5-26h) 다음에 불완전성은 여전히 존재하지만 그림 5-26d에 있는 것으로부터 z 자화에 대하여 이제 반대 영향을 가진다. 두 결과가 합쳐지면 그림 5-26i와 같이 불완전에 대한 효과가 서로 상쇄된다. 따라서 펄스는 x와 $-x$ 사이를 반복한다. 그러한 과정을 **위상 순환**(*phase cycling*)이라 부르며, 근대 NMR 분광학에 널리 퍼진 하나의 기술이다.

위상 순환은 광대역이 핵 짝풀림에 대한 과정을 개선하였다. 5-3절에서 서술하였듯이 근대적 방법은 연속적인 조사보다는 차라리 반복된 180° 펄스를 사용한다. 180° 펄스의 불완전성은 축적이 되고, 이 방법을 작동하지 않게 만든다. 따라서 불완전성을 상쇄하기 위하여 상순환 과정이 개발되었다. 오늘날 가장 성공적인 것은 Freeman의 WALTZ 방법으로, 180° 펄스 대신 서열 90°_x, 180°_{-x}, 270°_x를 사용하여($90-180+270=180$) 불완전성을 상당히 상쇄한다. 확장된 WALTZ-16 서열는 간단한 펄스의 다양한 배열을 통하여 순환하고 매우 효율적인 짝풀림 결과를 성취한다. 90°, −180°, 270° 서열은 간단한 표기 1 $\bar{2}$ 3으로 주어진다(1은 90°, $\bar{2}$는 −180°로 막대표는 음의 방향을 표시하고, 3은 270°를 표시한다). 이 서열의 함축된 리듬은 이것의 이름을 암시한다.

위상순환의 세 번째 예는 기준 주파수를 스펙트럼을 벗어나는 한편에 위치하는 대신 스펙트럼의 중앙에 위치하는 데 사용한다. 이전에 언급한 바 있는 NMR 실험은 신호와 기준 주파수 간 차이인 $\Delta\omega$ 차이에 민감도를 가진다. 이러한 상황은 모든 공명의 한쪽으로 기준 주파수를 위치하게 요구함으로써 두 신호가 각각 기준 주파수보다 정확한 양으로 위 주파수에서와 아래 주파수에서($+\Delta\omega$와 $-\Delta\omega$) 위치하게 하여 혼란을 없앴다. 그러한 곁띠(sideband) 검출은 하여튼 항상 신호가 없는 기준 쪽의 잡음으로부터의 신호를 포함한다. 스펙트럼의 중앙에 기준을 위치하면 이러한 불필요한 잡음을 피하지만 $+\Delta\omega$의 신호와 $-\Delta\omega$의 신호를 구별하는 방법을 필요로 한다. **구적법 검출**(*quadrature detection*)이 같은 주파수이지만 90° 위상을 벗어난 기준 신호들을 사용하여 신호를 둘로 가르고 그것을 두 번 검출하여 이러한 과업을 수행한다. $\Delta\omega$의 같은 절댓값을 가지지만 반대 부호인 신호들이 이 실험에서 구별이 된다(90° 위상이 벗어난 $\sin\theta$와 $\cos\theta$ 모두를 앎으로써 θ를 얻는 방법으로). 체계적인 오차는 만일 두 기준 주파수가 정확히 90° 위상이 벗어나지 않는다면 발생할 수 있다. 결과의 신호 인공물(artifacts)은 **쿼드 상**(*quad image*)이라 부르고, 낮은 세기 피크로 나타날 수 있다. **CYCLOPS**(*CYCLically Ordered Phase Selection*) 서열은 90° 펄스와 검출 축을 $+x$로부터 $+y$로, $-x$로, $-y$로 이동시키는 네 단계를 포함하고, 두 개 수신기 채널이 가해진 방법을 변하게 하여 위상 차이에 있는 불완전성을 상쇄하는 결과를 준다.

위상 순환은 펄스 혹은 위상 불완전성으로부터의 인공물을 제거할 수 있을 뿐만 아니라 결맞음 경로 선택을 도와줄 수 있다. 뒤집기 회복 실험은 이러한 과정을 설명하는 데 약간 다른 어휘로 설명할 수 있다. 스핀이 전적으로 z축을 따라서 배열할 때 결맞음 차수는 영이다(xy 평면 주위의 위상이 임의적이다). 하나의 정확한 90° 펄스는 스핀을 따라, 예를 들면 y 방향으로 줄세움으로써 최대의 단일양자 결맞음을 생성한다. 뒤집기 회복 실험(그림 5-26)에서의 위상 순환은 원하지 않는 단일양자 결맞음(수평 방향 혹은 xy 자화)을 제거하고 τ 시간대 끝까지 영차 결맞음을 유지한다. 이 시간대 끝에서 마지막 90° 펄스가 단일양자 결맞음을 생성한다. 이러한 방법으로 위상순환은 원하는 정도의 결맞음을 선택한다. 두 개 스핀의 관계를 포함하는 이중양자 결맞음은 이러한 벡터 그림으로는 잘 설명할 수 없다. INADEQUATE 실험은 부분적으로 마지막 90° 펄스에서의 위상순환을 통하여 단일양자 결맞음보다는 이중양자 결맞음의 선택(중앙띠의 제거와 위성의 보전)을 포함한다. 이 펄스의 아래첨자 ϕ는 다른 위상의 펄스서열을 말한다.

복합 펄스. 펄스의 불완전성은 단일 펄스 대신 복합 펄스를 사용하여 역시 수정할 수 있다. T_1을 측정하거나 다른 목적을 위한 수직 방향 자화를 뒤집는 180° 펄스는 일련의 90°_x, 180°_y, $90^\circ_{x'}$로 대체할 수 있어 동일한 180° 펄스 각과 같은 결과를 가지지만 20% 정도의 오차를 1%로 감소시킬 수 있다. 그림 5-27에서 보듯이, 180° 펄스는 90° 펄스에 존재하

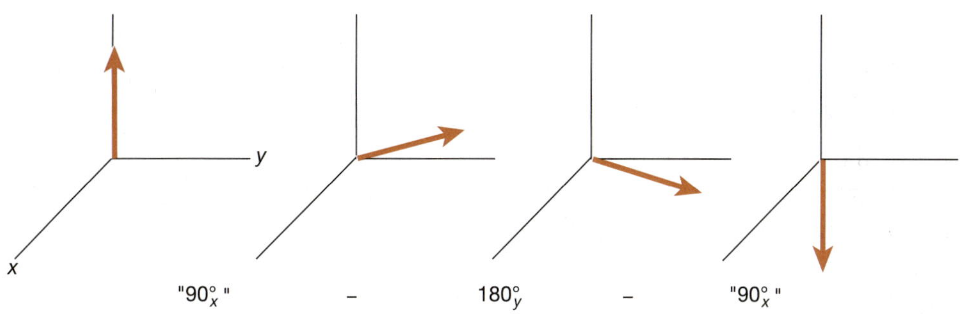

그림 5-27 하나의 180° 펄스와 동등한 복합 펄스

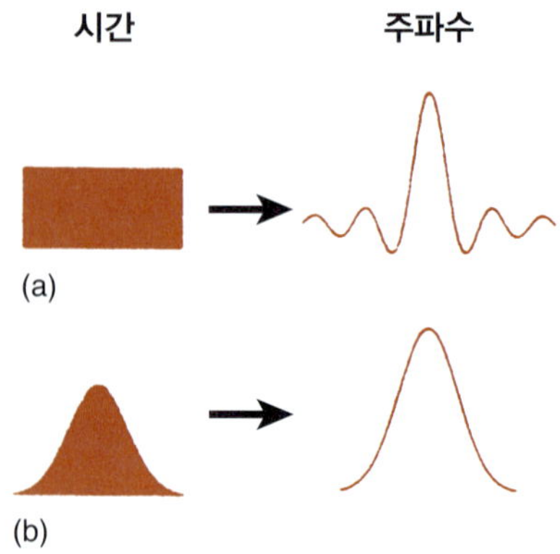

그림 5-28 (a) 저동력 직사각형 펄스의 푸리에 변환 결과. (b) 성형 가우스 펄스에 대한 결과(출처: T. D. W.Claridge, *High-Resolution NMRT echniques in Organic Chemistry*, Amsterdam: Pergamon Press,1999, p. 349.)

는 어떠한 불완전성도 보상한다. 정상적으로 180°는 최적화된 90° 펄스를 두 배로 택한 것이다. 그래서 다른 쪽에 존재하는 오차가 한쪽에도 존재한다. WALTZ-16 방법의 세 성분(90°_x, 180°_{-x}, 270°_x) 역시 180°_x 펄스에 대한 복합 펄스를 구성한다.

성형 펄스. 대부분 펄스는 마이크로초 단위의 짧은 시간 동안 전체 주파수 대역에 걸쳐 동일하게 rf 에너지를 가하여 발생시킨다. 그러한 들뜸은 때로는 선택적인 들뜸, 즉 제한적 주파수 범위에 걸친 들뜸을 요구하는 펄스와 구별하여 **경질 펄스**(*hard pulse*)라고 부른다. 선택적인 들뜸은 몇 번의 기회에서 언급한 바가 있다. 그것은 예를 들면 포화 이동 실험(5-2절)과 특정의 원하지 않는 피크 억제(5-1절)에서 유용하다. 이차원 스펙트럼 내의 주파수 선택(6장)은 차원성의 감소를 초래하여 단일 주파수에서의 영향을 자세히 검토할 수 있다(이차원 스펙트럼의 일차원적 단면은 감소된 실험 시간과 감소된 저장 요구면에서 쌍둥이 장점을 제공한다). 선택적인 펄스를 생산하는 과정은 rf 동력(B_1)을 감소시켜 유효 주파수 범위를 역시 감소시키는 것이다. 동력의 감소를 대응하고 여전히 원하는 기울기 각도를 성취하기 위하여 펄스의 지속 시간을 증가시켜 전형적으로 밀리초 범위로 한다. 가장 간단한 그러한 **연질 펄스**(*soft pulse*)는 직사각형 형태를 가진다. 즉, 밀리초 시간대 동안에 0의 세기로부터 즉시 충분한 세기로 되었다가 그 후에는 0의 세기로 되돌아가, 벡터 그림의 경질 펄스와 형태가 유사하다. 불행하게도 그러한 형태는 신호에 작은 파동[wiggle 혹은 feet(발바닥)]을 생성한다.(그림 5-28a) **밑다듬기**(*apodizaiton*, 뜻은 발바닥 없애기)라는 과정에 의하여 이러한 작은 파동을 피크의 가장자리를 부드럽게 함으로써 제거할 수 있다(그림 5-28b).

그러한 들뜸을 **성형 펄스**(*shaped pulse*)라고 부르고, 그러한 형태를 최적화하기 위하여 상당한 노력이 소모되었다. 단순한 가우스(Gaussian) 형태는 직사각형 펄스보다 상당한 개선을 주지만 최적 피크 형태를 성취하는 데 전적으로 효율적이지는 않다. 비록 세기에서 손실이 증가하지만, 더 정교한 수학적 함수의 사용은 신호 형태를 개선한다. **BURP** (***B**and selective*, ***U**niform **R**esponse*, ***P**ure phase*) 계열은 지수적으로 지배되는 가우스(Gaussian)의 사인 형태 계열을 사용하여 다양한 상황에서 상당한 성공을 가진다.(90°에 대해서는 EBURP, 180°에 대해서는 REBURP). 연질 펄스에 대한 초기의 대안은 DANTE(***D**elays **Al**ternating with **N**utationfor **T**ailored **E**xcitation*) 실험으로 그것은 짧고 $\alpha = 90°$에 각도의 경질 펄스의 서열 다음에 선택적 들뜸을 성취하기 위한 고정된 지체 시간 τ를 사용한다[따라서 펄스서열은$(\alpha - \tau)_n$이다]. 공명에 있는 핵은 종국에는 y축으로 내몰려서 선택되며 반면에 주파수 범위로부터 더 멀리 떨어진 핵들은 영향을 받지 않는다. 경질 펄스의 서열은 연질 펄스와 비슷한 결과를 주며, 더 나아가 펄스 길이의 시간을 변조하여 성형할 수도 있지만 DANTE 펄스는 연질 펄스가 생성하는 원하지 않는 곁띠 같은 스펙트럼 인공물을 초래하지 않는다.

문제

5-1 다음의 치환된 에테인에 대한 스펙트럼 표기(AB, ABX 등)를 말하시오. 처음에는 C—C 회전이 느린 경우와 다음에 빠른 회전인 경우로 나누어 답하시오. 모든 안정한 회전배열 이성질체를 그리시오. 각 동결된 형태에 대한 표기법은 느린-회전에 대한 답을 준다. 그 다음 C—C를 중심으로 하는 자유 회전을 상상하시오. 어떤 양성자의 본체성은 빠른 회전 답의 평균일 수 있다.

(a) CH_3CCl_3

(b) CH_3CHCl_2

(c) CH_3CH_2Cl

(d) $CHCl_2CH_2Cl$

5-2 7-Methoxy-7,12-dihydropleiadene(주어진 그림 참조)에서의 고리 뒤집힘은 −20°C에서 동결할 수 있다. 두 개의 회전배열 이성질체가 2 : 1 비율로 관찰된다. 소수의 이성질체에서 12-CH_2 AB 사중선의 높은 주파수 (낮은 자장) 부분을 이중으로 조사하였을 때, 7-메타인 양성자의 세기가 27% 증대하였다. 다수 이성질체의 같은 양성자의 이중 조사는 스펙트럼에 어떠한 영향도 없었다. 두 회전배열 이성질체의 구조는 무엇이고, 어느 것이 더 많이 존재하는가?

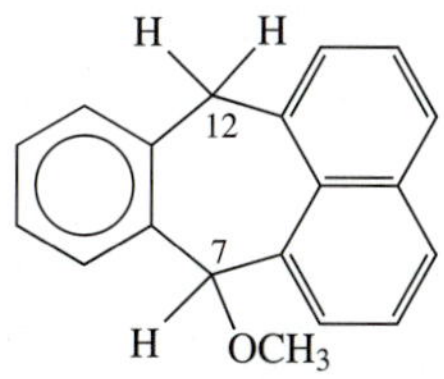

5-3 Permethyltitanocene은 과량의 질소와 −10°C에서 반응하여 1 : 1 착물을 형성한다.

$$[C_5(CH_3)_5]_2Ti + N_2 \rightleftharpoons [C_5(CH_3)_5]_2TiN_2$$

이 착물의 메틸 공명은 −50°C 이상에서는 깨끗한 단일선이다. −72°C 이하에서는 공명은 가역적으로 같은 세기가 다른 두 개의 피크로 갈라진다. 만일 질소 분자가 ^{15}N으로 이중 표지되었다면 ^1H 짝풀림, ^{15}N 스펙트럼은 낮은 온도에서 전체 세기가 동일하지 않은 하나의 단일선과 하나의 AX 사중선 [$J(^{15}N-^{15}N) = 7\,Hz$]을 포함한다. 이러한 관찰을 구조적인 면에서 설명하시오.

5-4 **(a)** $CDCl_3$내의 $C_6H_5CH_2SCHClC_6H_5$의 메틸렌 양성자의 공명은 실온에서 AB 사중선이다. 이유는?

(b) 높은 온도에서 AB 스펙트럼이 A_2 단일선으로 합체되어 $\Delta G^‡$가 15.5 kcal mol^{-1}이 된다. 0.0190~0.267 M 범위에서 반응 속도는 농도와 관련없다. 메커니즘 관점에서 설명하시오.

5-5 다음 분자의 ^1H 스펙트럼은 실온에서 두 개의 이성질체로부터의 공명을 포함한다.

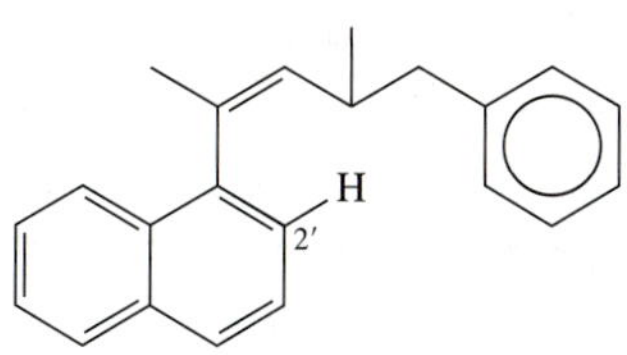

(a) 이성질체 A의 스펙트럼은 δ 6.42에서 H2′ 공명을 포함하고, 이성질체 B의 스펙트럼은 δ 7~8 지역에서 같은 공명을 포함한다. A와 B의 회전배열 이성질체에 대하여 무엇을 말할 수 있는가?

(b) 시료는 오로지 이성질체 A로 결정화한다. 그러나 이러한 결정을 녹이면 A와 B 이성질체 모두의 스펙트럼을 생성한다. 다음 평형 A $\rightleftharpoons$ B의 장벽에 관하여 무엇을 말할 수 있는가? 이중결합에 부착하고 있는 CH_3를 CMe_2OH로 치환하였을 때, 결정화는 여전히 A만 생성한다. 그러나 결정을 재용해하면 역시 A만 생성하고 B는 전혀 생성하지 않는다. 이 화합물의 A $\rightleftharpoons$ B의 장벽에 관하여 무엇을 말할 수 있는가?

5-6 Acetonitrile ($CH_3-C\equiv N$)의 CH_3와 ^{14}N 사이에는 짝지음이 없다. 그러나 해당 isonitrile ($CH_3N\equiv C$)에는 짝지음이 존재한다. 설명하시오. 이것은 거리 효과가 아니다. 이러한 현상은 nitrile과 isonitrile에 대하여 일반적이다.

5-7 다음 ^{14}N의 선폭에 대하여 언급하시오.

$^{+}NMe_4$	<0.5 Hz	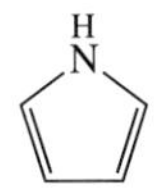	172
$MeNO_2$	14		
Me_3N	77	Aniline ($C_6H_5NH_2$)	1300

5-8 *m*-Xylene의 방향성 탄소의 뒤집기 회복 ($180° - \tau - 90°$)의 스펙트럼 적층이 아래 주어졌다. 공명을 배정하고, T_1의 순서를 설명하시오 (영점들을 보시오.)

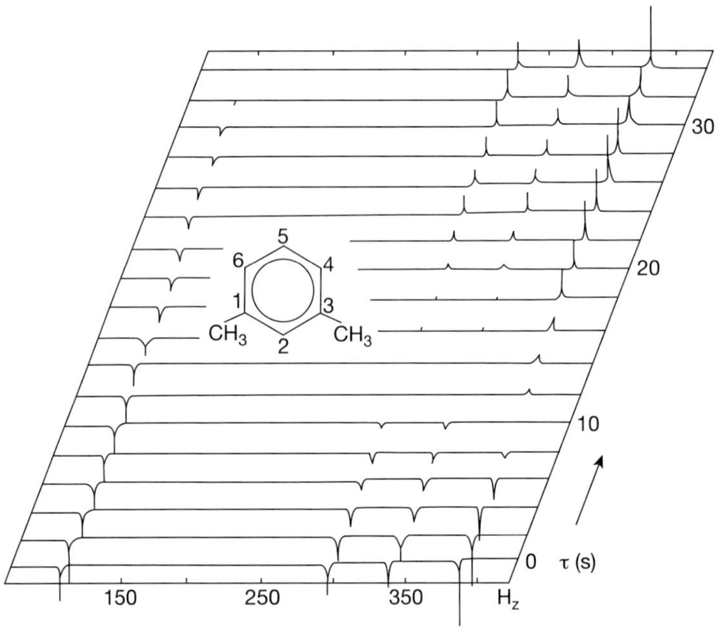

출처: W. Bremser, H. D. W. Hill, and R. Freeman, *Messtechnik.*, **79**, 14 (1971).

5-9 Decanol은 다음의 탄소 T_1 값 (초 단위)을 가진다. 그 순서를 설명하시오.

$$\underset{3.1}{CH_3}-\underset{2.2}{CH_2}-\underset{1.6}{CH_2}-\underset{1.1}{CH_2}-\underset{0.8\text{-}0.83}{(CH_2)_5}-\underset{0.65}{CH_2}-OH$$

5-10 Ribo-*C*-nucleoside에서 염기가 탄소 C1′에 부착하고 있다. α와 β형 (C1′ 에피머)은 T_1 연구로 구별할 수 있다.

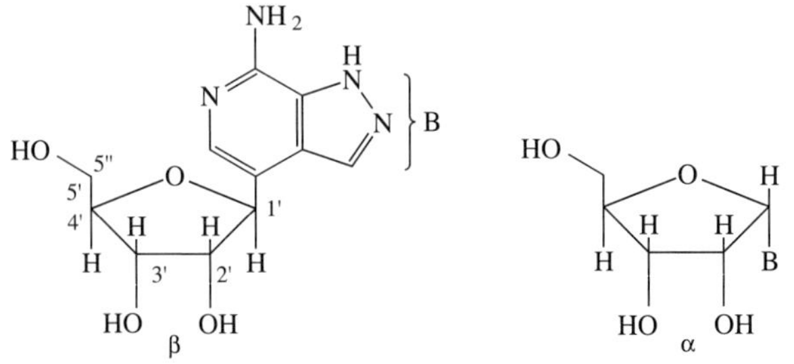

(a) 다음 양성자 T_1 자료를 고려하시오.

	H1′	H3′	H5′	H5″
이성질체 1	1.60	1.31	0.45	0.45
이성질체 2	3.33	1.37	0.40	0.40

어떤 이성질체(1 또는 2)가 α이고 어느 것이 β인가? H1′에 대한 T_1 값이 이성질체 1과 2에서 다르지만 H3′, H5′ 및 H5″에서는 거의 같은 이유는 무엇인가? 쌍극자 이완에 대한 식(식 5-1)을 추론에서 사용하시오.

(b) α와 β형을 구별하는 T_1이 아닌 다른 NMR 방법을 제안하시오.

5-11 **(a)** 다음 모든 C—C 결합 중심으로 회전이 빠른 분자 **A**를 고려하시오. R=R′일 때의 스핀계는 무엇인가? 단, 한 개의 메틸렌기 안의 양성자는 같은자리, 거울성자리, 부분이성질자리 혹은 자기적으로 비동등인가? 두 부류 이상도 사용할 수 있다.

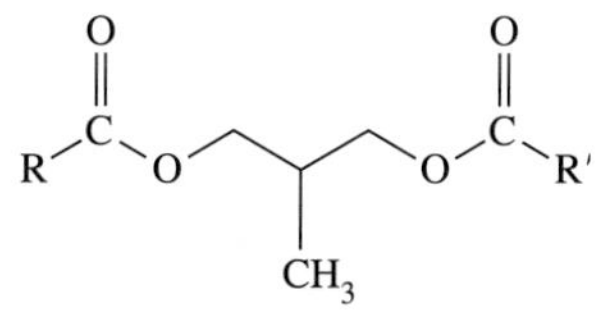

A

(b) R≠R′일 때 같은 문제로 하여 답하시오.

(c) R과 R′을 주개(D, 9-anthracyl) 혹은 받개(A, 3,5-dinitrophenyl)로 선택하였다. R과 R′모두 D(D—D), 둘다 A(A—A)와 R=D 이고 R′=A(D—A)의 세 분자를 구축할 수 있다. 이러한 세 분자에 대한 ^{1}H 스펙트럼은 단 한 개의 A만 혹은 D만을 포함하는 모델 화합물의 스펙트럼과 동일한 D—D와 A—A를 동량 포함하는 용매의 스펙트럼과 더불어 주어졌다. 스펙트럼 (b)에서 A—A 분자와 스펙트럼 (d)에서 D—D 분자의 갈라짐 양식을 설명하시오. 모든 스펙트럼은 C_6D_6에서 측정하였다.

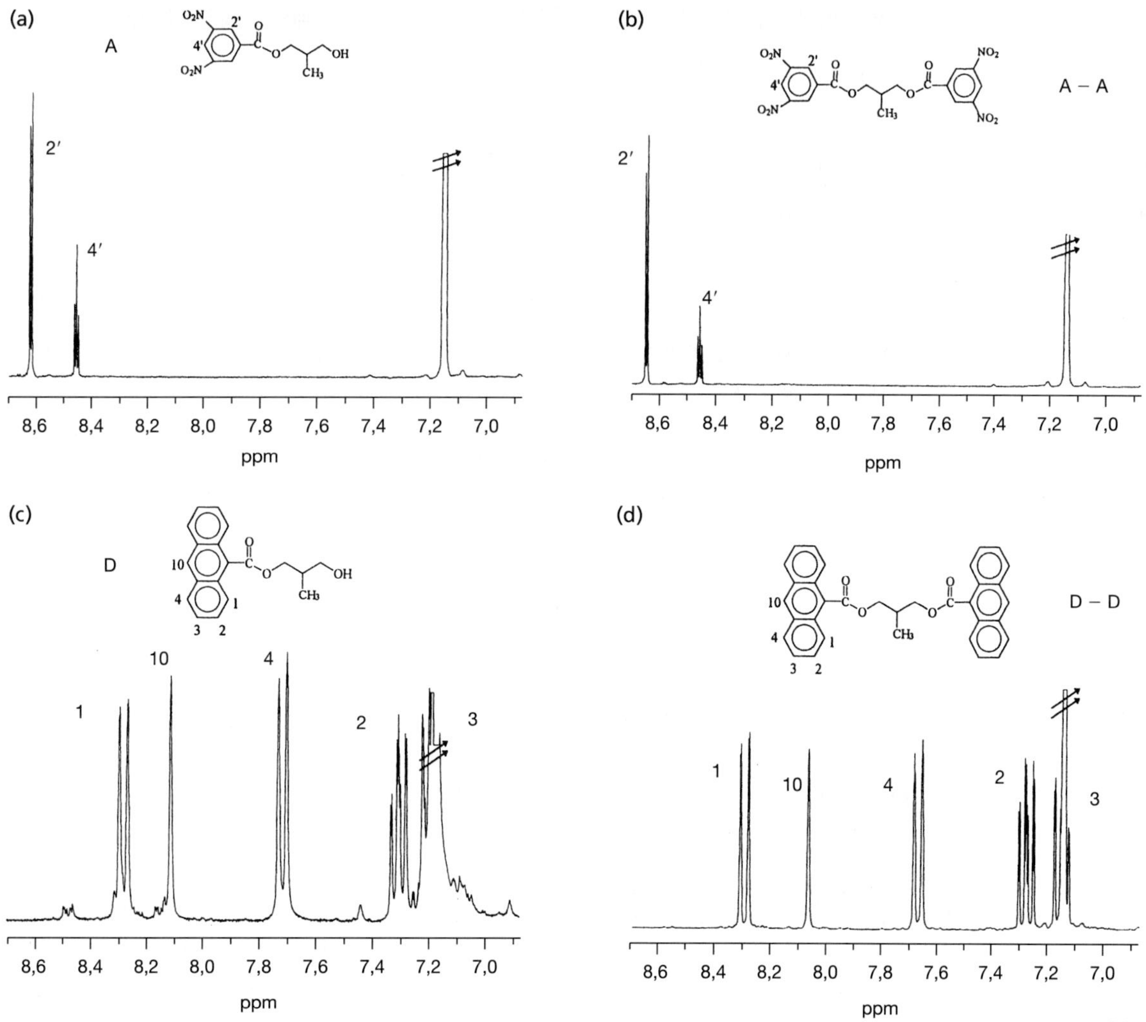

(계속)

(e)

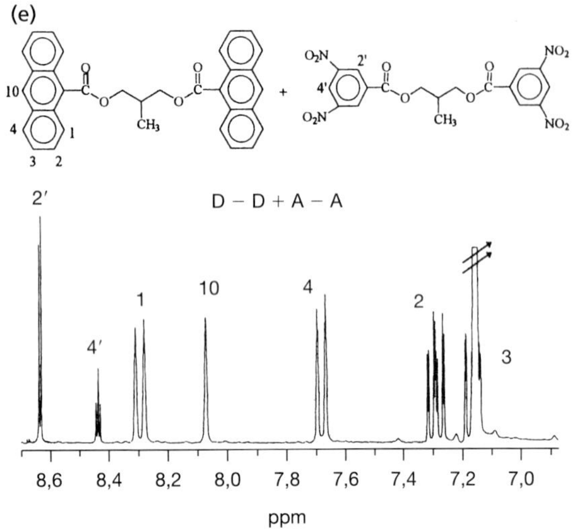

(f)

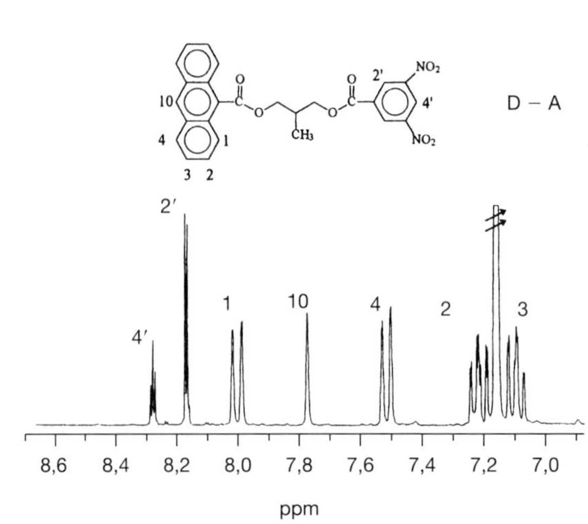

출처: N.J. Heaton, P. Bello, B. Herradón, A. del Campo, and J. Jiménez-Barbero, *J. Am. Chem. Soc.*, **120**, 9636 [1998].

(d) **(a)** 에서 A—A와 A의 방향족 공명 사이에 차이가 없으며, 또한 **(c)** 에서 D—D와 D 사이에서도 차이가 없는 이유를 설명하시오.

(e) (f) 에서 D—A의 스펙트럼이 A—A, D—D, A 및 D의 스펙트럼과 매우 다른 이유를 설명하시오. 스펙트럼 (e) 의 목적은 무엇인가? 이러한 관찰로부터 D와 A 부분에서 어떠한 메커니즘이 배제되는가?

(f) C—C 결합 주위의 회전배열에서 하나의 트랜스(안티) **(B)** 와 두 개의 고우시 **(C, D)** 가 존재한다. 두 개의 C—C 결합에 대하여 트랜스-트랜스와 다양한 고우시-트랜스 및 고우시-고우시 배열이 존재할 수 있다. 예를 들면, 트랜스-트랜스 회전배열 이성질체는 E와 유사하다.

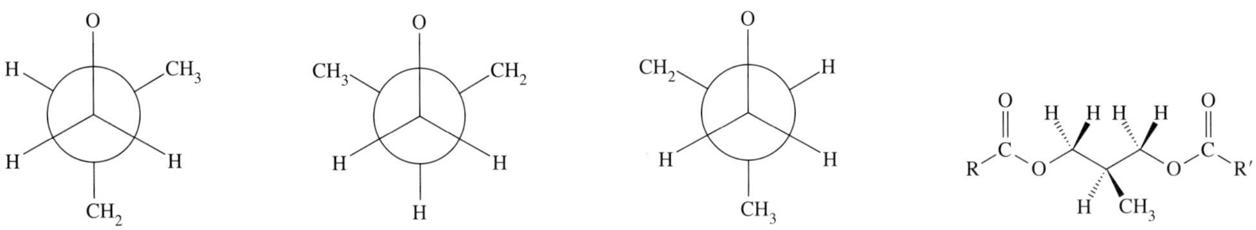

B **C** **D** **E**

다음 표에서 1과 2로 표지된 결합은 D—A에 대해서는 다르지만 A—A 혹은 D—D에 대해서는 동일하다.

	J(AX), Hz	*J*(BX), Hz
A-A	6.52	5.62
D-D	6.46	5.55
(A-D)-1	3.60	8.21
(A-D)-2	4.09	8.23

NMR의 시간 척도에서 회전은 빠르다. 298 K의 C_6D_6에서, CHMe (H_X) 와 CH_2 (H_A와 H_B) 사이의 짝지음을 측정하였다. 이러한 숫자로부터 어떠한 회전배열 입체의 결론을 내릴 수 있는가? 설명하시오.

(g) D—A에 대한 NOE 실험이 수행되었다. H10의 조사 [**(c)** 에서의 스펙트럼 참조]는 H4, H2′와 H4′의 공명을 증대시킨다. H4′의 조사는 H1, H4과 H10 공명을 증대시킨다. 설명하시오.

5-12 **(a)** *N*-(Triisopropylsilyl)indole (구조식 참조) 의 트라이메틸실릴화 반응은 네 개의 이중선과 한 개의 이중선의 이중선(장거리 짝지음 무시)을 포함하는 ^{1}H 스펙트럼을 가지는 단 하나의 생성물을 준다. 이러한 관찰과 합치되는 구조와 합치되지 않는 구조는 어떤 것인가? 설명하시오.

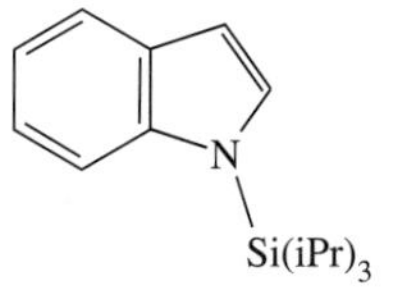

(b) 트라이메틸실릴 ^{1}H 공명의 이중 조사는 이중선 두 개의 세기를 증가시켰다. 아이소프로필 칠중선의 조사는 다른 두 개의 이중선의 세기를 증가시켰다. 생성물의 구조는 무엇인가? 설명하시오.

5-13 약물 *N*-propyl-3,4-methylenedioxyamphetamine hydrochloride의 75 MHz ^{13}C 스펙트럼이 다음에 WALTZ-16 짝풀림(아래)과 부착 양성자 시험(APT, 위)와 함께 주어졌다. 전체 스펙트럼에서 탄소들을 편집 스펙트럼과 α, β 및 γ 치환 효과에 대한 지식을 사용하여 배정하시오.

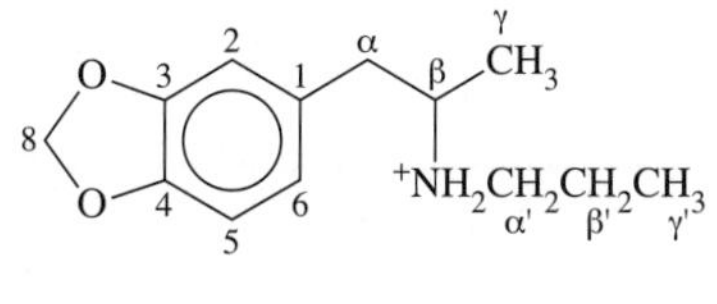

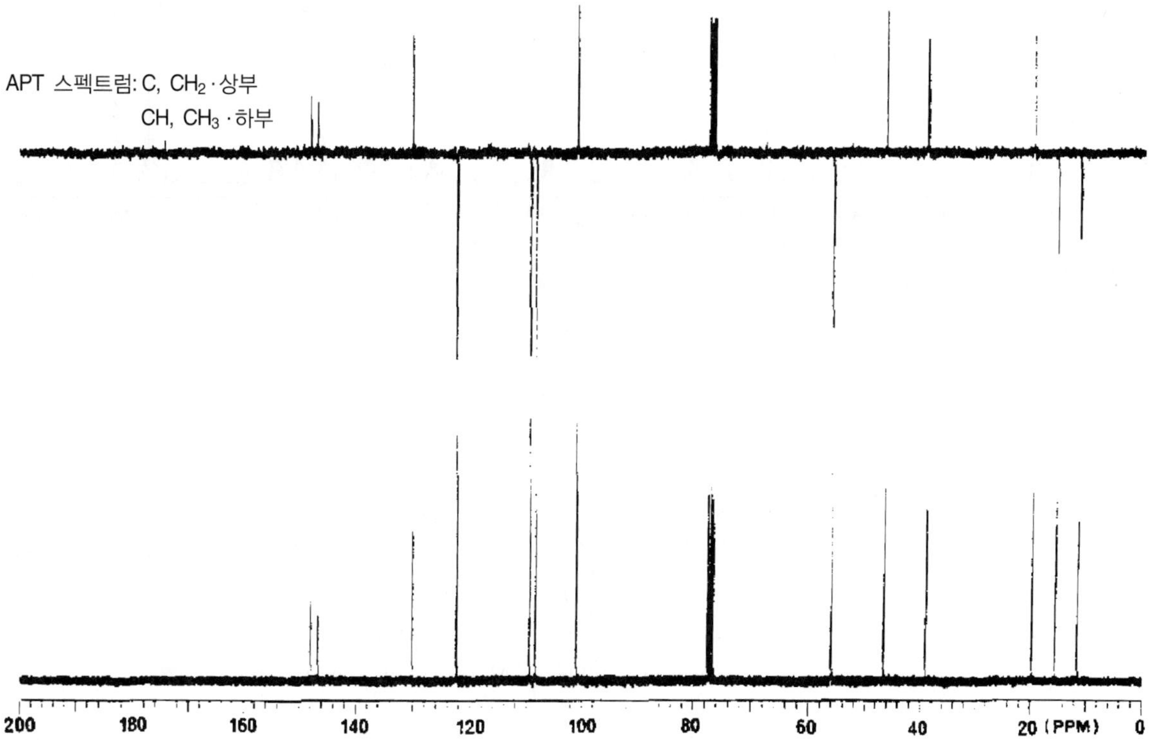

5-14 Myrtenol **(A)** 의 수소폼일화 반응은 알데하이드 **B**를 줄 것으로 예상하였지만 그대신 분자의 이고리 부분이 온전한 상태로 다른 하나의 생성물을 생성하였다. 400 MHz ^{1}H와 400 MHz 다양한 차이 NOE 스펙트럼이 아래에 주어졌고 이고리에서 양성자 공명은 $H7_{eq}$와 H4a로부터의 δ 2.2로 배정되었다. ^{13}C 스펙트럼은 δ 20~45 지역에서 9개 피크와 δ 70.06과 δ 105.31에서의 여분의 피크를 포함한다. 번호 매기기 체계에 대해서는 구조 **D**를 참조하시오. NOE 조사의 목표는 각 스펙트럼에서 깊은 골짜기로 표시가 된다. 양성자 4b는 δ 5.4에서의 양성자 조사로 강한 NOE를 역시 보여 주고 있다. 모든 이러한 정보를 이용하여 생성물의 구조를 입체화학을 포함하여 증명하시오.

출처: T. A Dal Cason, J. A Meyers, and D. C. Lankin, *Forensic Science International*, **86**, 19 (1997).

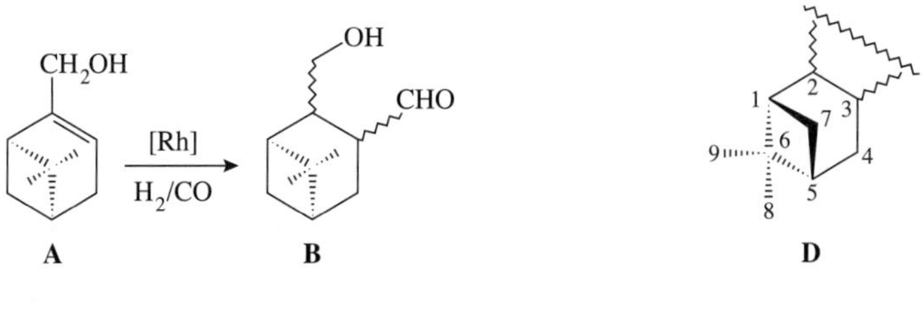

A **B** **D**

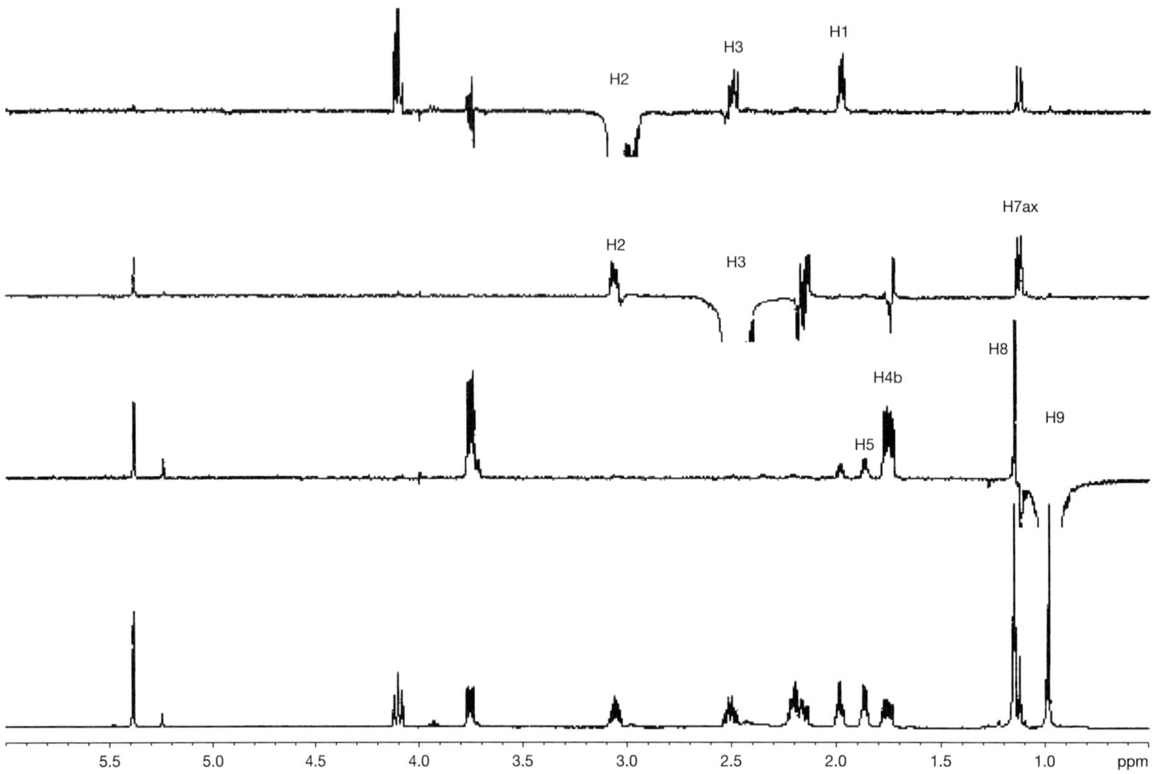

출처: Q. W. Shi, F. Sauriol, Y. Park, V. H. Smith, Jr., G. Lord, and L. O. Zamir, *Magn. Reson. Chem.*, **37**, 127 (1999).

5-15 다음의 500 MHz ^{1}H 스펙트럼은 아래에 표시한 taxane 구조(A)의 스펙트럼이다. 다음의 중요한 스펙트럼 특성을 유의하시오.

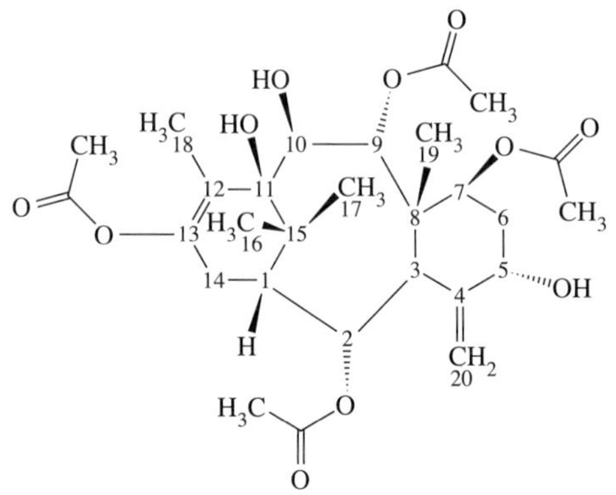

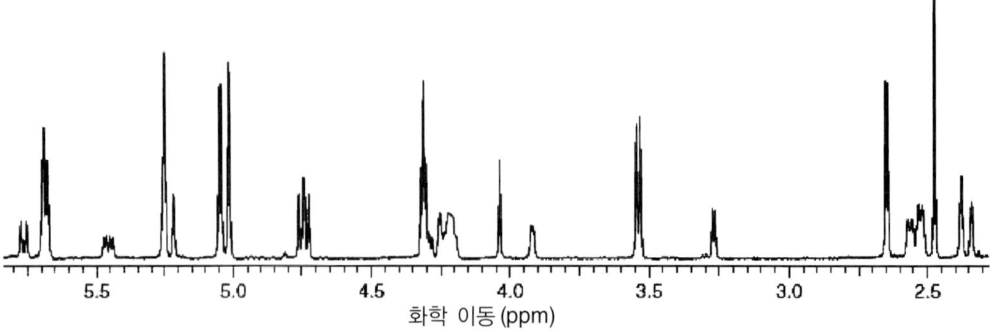

출처: S. Sirol, J.-P. Gorricon, P. Kalck, P. M. Nieto, and G. Commenges, *Magn. Reson. Chem.*, **43**, 799 (2005)

1. 메틸 공명과 H1과 H6의 공명은 낮은 주파수로 척도를 벗어났다.
2. 가운데 고리는 팔원자 고리이다. 사이클헥세인 같은 짝지음을 기대하지 마시오.
3. δ 2.47과 2.65에서의 OH 양성자는 NMR 시간 척도상에서 느리게 교환한다. 따라서 이웃자리 짝지음을 예상할 수 있다.

4. H1은 δ 1.89에서 공명한다. 스핀 짝풀림에 의하여 그것은 δ 5.68에 있는 양성자와 결합하고 있다.

5. δ 2.36과 2.55에 있는 양성자들은 서로 짝지고 있다 (J = 19Hz).

6. 위치 5에 있는 OH 양성자는 낮은 주파수로 척도를 벗어난 이중선이다.

H2, H3, H5, H7, H9, H10, H14 (두 개 양성자), H20 (두 개 양성자), 10 위치에 있는 OH 및 위치 11에 있는 OH의 피크들을 배정하시오.

5-16 Glycidol은 다음의 300 MHz ^{1}H 스펙트럼을 가진다.

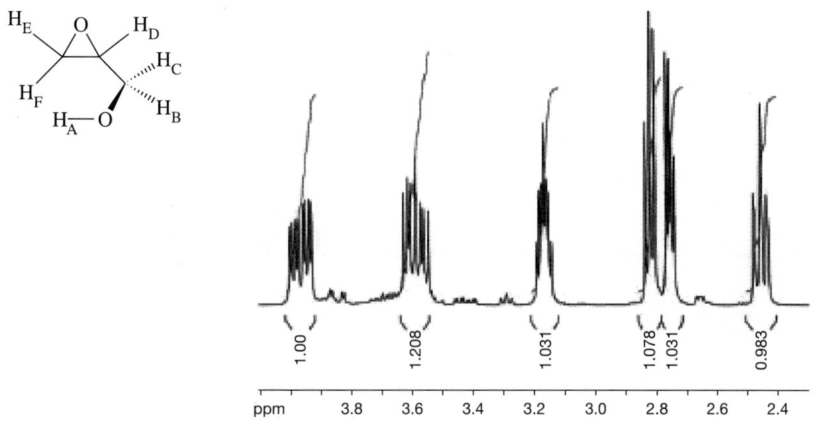

출처: E. Helms, N. Arpaia, and M. Widener, *J. Educ. Chem.*, **84**, 1329 (2007).

^{1}H 공명의 위치는 다음과 같다: δ 2.53, 2.76, 2.82, 3.16, 3.60, 3.95. ^{13}C 스펙트럼은 δ 44.9, 52.8와 62.5에서의 피크를 포함한다. 이 실험은 극도로 건조한 $CDCl_3$ 속에서 수행되었다. 그래서 하이드록시 양성자 HA가 스펙트럼에서 보인다 (빠른 교환이나 광폭화가 없음). 다음 관찰로부터 모든 ^{1}H와 ^{13}C 피크를 배정하시오.

(a) δ 2.53에 있는 피크는 시료를 D_2O와 함께 흔들자 사라졌고 δ 3.60와 3.95에 있는 피크들이 넓어졌다.

(b) DEPT 실험은 δ 52.8에 있는 탄소가 메타인 종류인 것을 보여 주었다.

(c) δ 52.8에 있는 ^{13}C의 공명의 이종핵 ^{1}H{^{13}C} (실제로 2D HETCOR, 6장) 이중 조사는 δ 3.16에 있는 양성자를 짝풀어 주었다.

(d) δ 2.53에 있는 ^{1}H의 공명의 동종핵 ^{1}H{^{1}H} (실제로 2D COSY, 6장) 이중 조사는 δ 3.60과 3.95에 있는 피크를 짝풀어 주었다.

(e) δ 62.5에 있는 ^{13}C의 공명의 이종핵 ^{1}H{^{13}C} (실제로 2D HETCOR, 6장) 이중 조사는 δ 3.60과 3.95에 있는 양성자를 짝풀어 주었다.

(f) δ 2.82에 있는 공명은 J = 5.0 Hz인 삼중선이다.

(g) δ 2.76에 있는 공명은 J = 2.7과 5.0 Hz인 이중선의 이중선이다.

(h) δ 3.60과 3.95에 있는 공명은 12.7 Hz의 짝지음을 공유한다.

(i) 이론적 계산에서 선호되는 회전배열은 위에 보이는 것과 같다.

(j) δ 3.60과 3.95 (δ 2.53에서의 광폭 삼중선으로부터인지는 확실하지 않음) 에 중심인 ddd 간격으로부터 측정한 바 δ 3.60에서의 공명은 δ 2.53의 공명과 δ 3.95에서의 공명보다는 약간 큰 짝지음을 가진다.

답에서 5.0과 12.7 Hz의 짝지음을 해석하시오. 만일 어떠한 양성자라도 거울상자리 혹은 부분입체자리가 된다면 그것들을 확인하고 이유를 설명하시오.

5-17 모든 천연물의 약 10%로 발견되는 작용기인 γ-뷰티로락톤의 두 화합물 **A**와 **B**의 500 MHz ^{1}H 스펙트럼과 선택적 핵 Overhauser 실험이 아래에 주어졌다. 부착한 고리에 대하여 락톤 고리는 시스 아니면 트랜스로 접합되어 있을 것이다. 스펙트럼에서 그리스 문자 α는 양성자가 아래에 있다는 것을, β는 위에 있다는 것을 의미한다. 스펙트럼 각 세트는 완전하게 배정한 ^{1}H 스펙트럼과 그 뒤를 따르는 1D 차이 NOE 실험을 포함한다. 각 분자의 입체화학을 배정하시오.

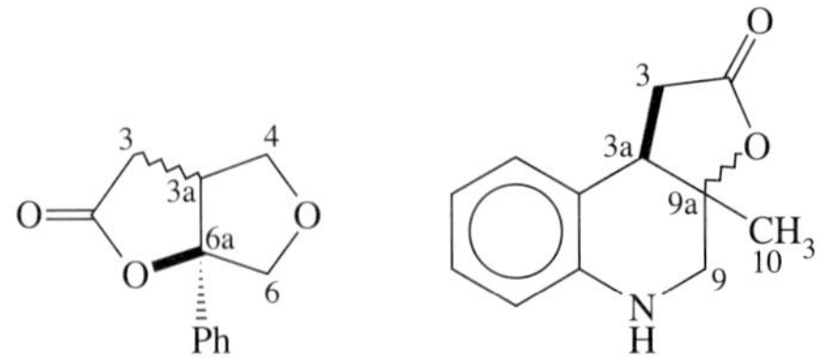

A B

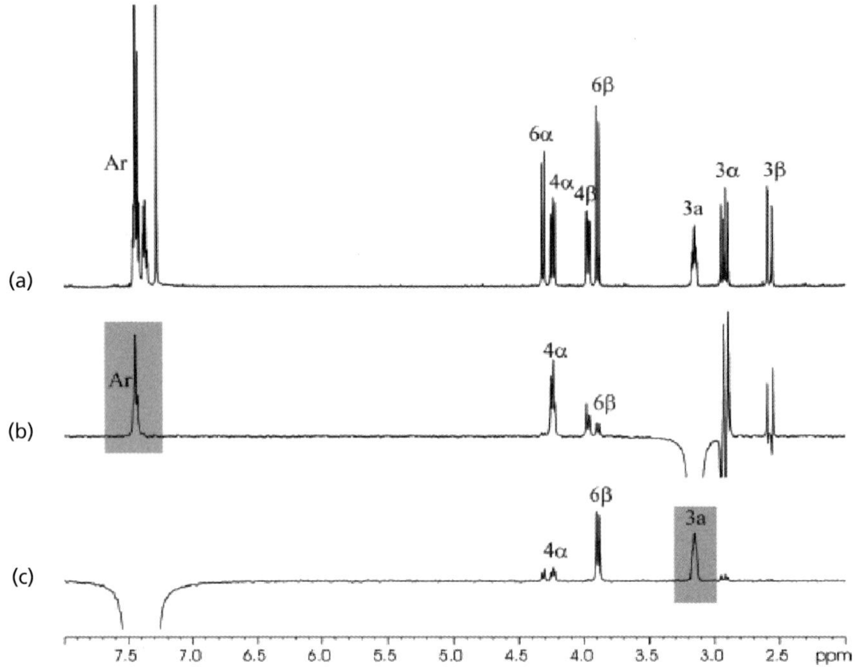

A의 선택적 NOE: (a) 정상적인 ^{1}H 스펙트럼, (b) H3α의 조사, (c) 방향족 양성자의 조사

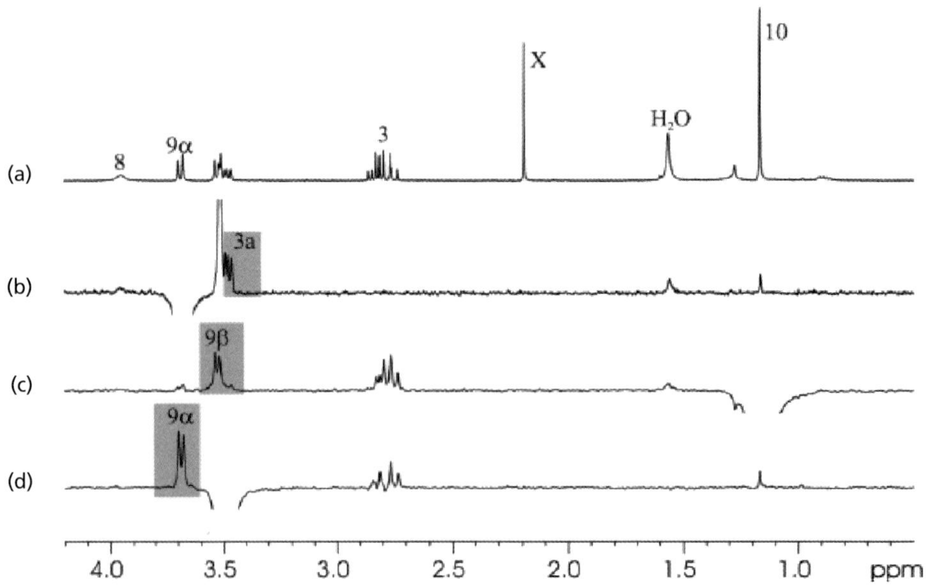

B의 선택적 NOE: (a) 정상적인 ^{1}H 스펙트럼, (b) H9α의 조사, (c) H10의 조사, (c) H3α의 조사

출처: X. Xie, S. Tschan, and F. Glorius, *Magn. Reson. Chem.*, **45**, 384-385 (2007).

5-18 초콜릿에 적은 양이 존재한다고 알려진 cannabinoid 수용체는 마리화나에게 그것의 심리약리 특성을 주면서 또한 분자 anadamide (산스크리트 어로 "축복"이라는 의미) 에 대한 수용체로서도 작용한다. 아래에 주어진 ^{13}C 스펙트럼으로부터 가능한 많은 피크를 배정하시오. δ 40의 큰 피크는 용매 DMSO-d_6에 기인한다. 그리고 δ 25에 있는 피크는 네 개 피크의 중첩이다. 이완

시간 (T_1, 초 단위) 은 포화 탄소에 대하여 측정되었다 (δ 25에 있는 네 개의 중첩 피크는 예외로 하고): δ 60.8 (0.74 s), 42.3 (0.65), 35.7 (0.58), 31.8 (1.8), 29.6 (1.5), 27.5 (1.5), 27.1 (0.68), 22.9 (2.6), 14.8 (3.5). 이러한 값들은 C16-C20을 구별하는 데 유용할 것이다.

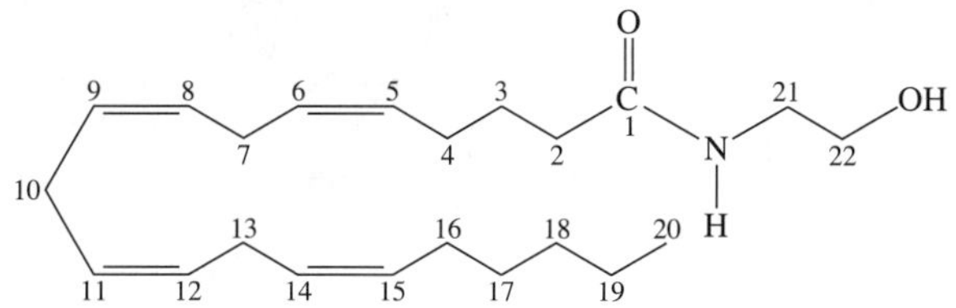

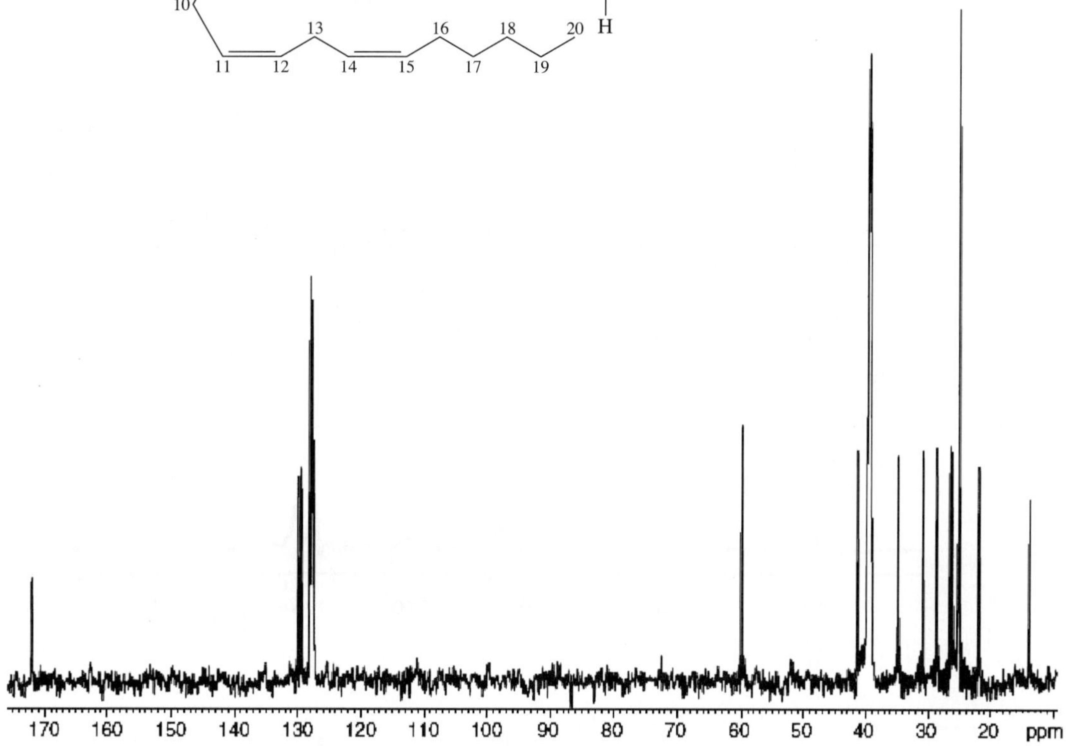

출처: G. Bonechi, A. Brizzi, V. Brizzi, M. Francioli, A. Donati, and C. Rossi, *Magn. Reson. Chem.*, **39**, 433-535 (2001).

5-19 아래에 있는 두 개의 이성질체는 합성 프로젝트에서 합성되었다. 표지 (a) (방향족 지역만) 를 가지는 두 개의 이성질체에 대한 300 MHz ^{1}H 스펙트럼이 아래에 주어졌다. R 원자단은 지방족이고 척도 밖이다. NH 공명도 마찬가지로 척도 밖이다. (b) 로 표지된 스펙트럼은 두 이성질체의 차이 NOE 스펙트럼이다. 이성질체들을 배정하시오. 화학 이동과 짝지음 상수와 더불어 NOE에 대하여 언급하시오. 과정에선 삼치환 고리에서의 H2, H3 H5, H6 공명과 단일 치환된 페닐기에서의 오쏘, 메타, 파라 공명을 배정하시오.

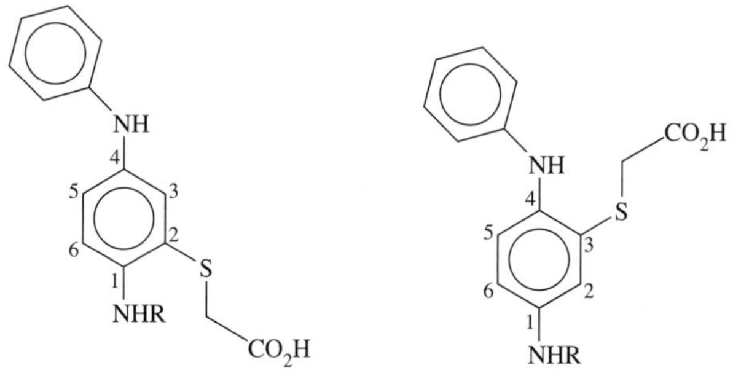

(계속)

이성질체 **A**

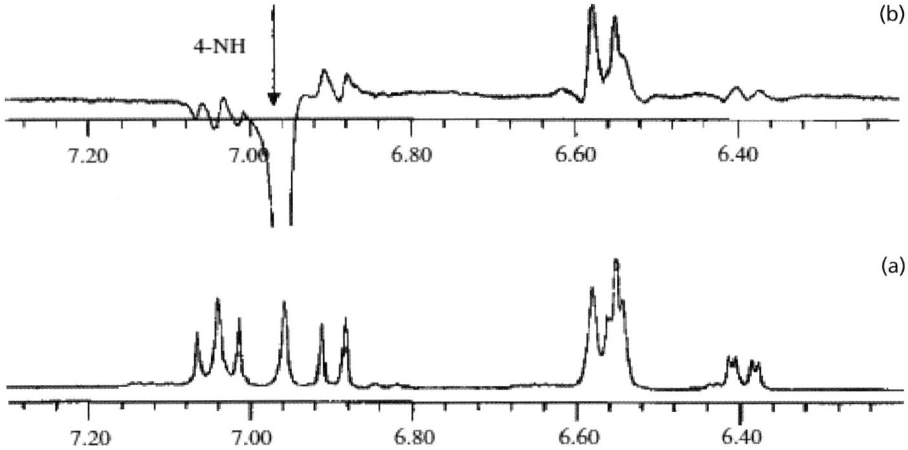

이성질체 **B**

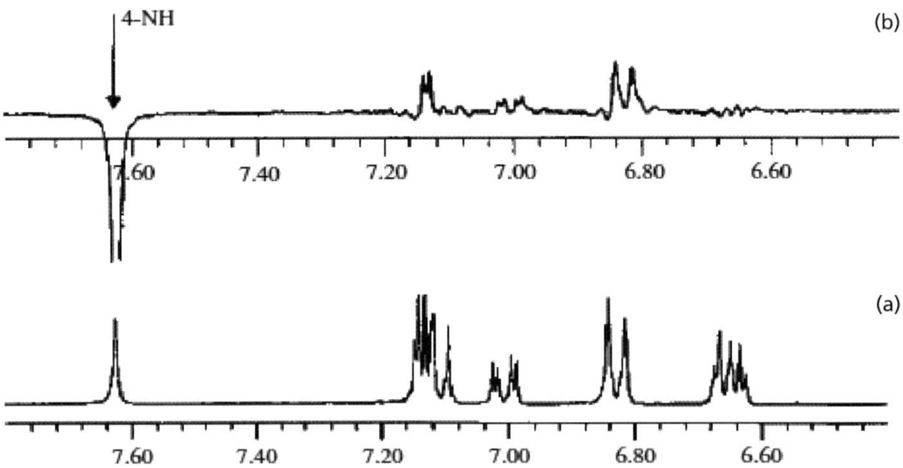

출처: A. R. Katritzky, N. G. Akhmedov, M. Wang, C. J. Rostek, and P. J. Steel, *Magn. Reson. Chem.*, **42**, 652 (2004).

5-20 다음 펄스서열에 있어서 각 단계에 대한 회전 좌표계에서의 스핀 벡터를 그리시오.
$90^\circ_x - \left(\frac{1}{4J}\right) - 180^\circ_x - \left(\frac{1}{4J}\right) -$ 자료획득 (모든 펄스는 관찰된 핵에 가해졌다.) 관찰된 탄소의 라모 주파수에 기준 주파수가 고정되었고, ^{13}C가 두 개의 양성자에 부착되어 있다고 상상하시오. 펄스서열 끝에서 관찰된 피크의 모양에 대하여 어떠한 결론을 내릴 수 있는가? 그림을 그리기 위해 비어 있는 좌표계가 주어졌다.

평형 상태

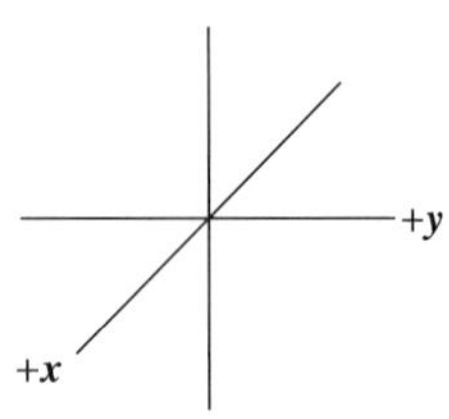

90°_x 펄스 다음

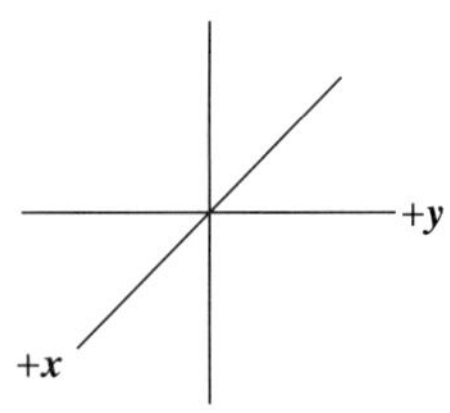

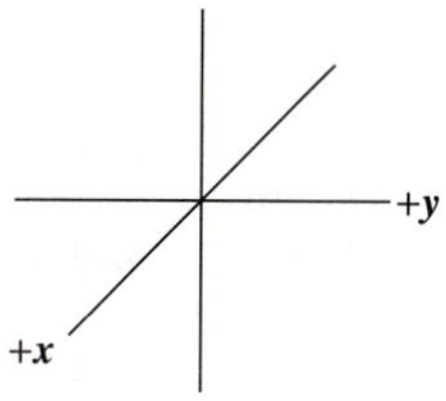

$\frac{1}{4J}$ 고정된 지체 다음

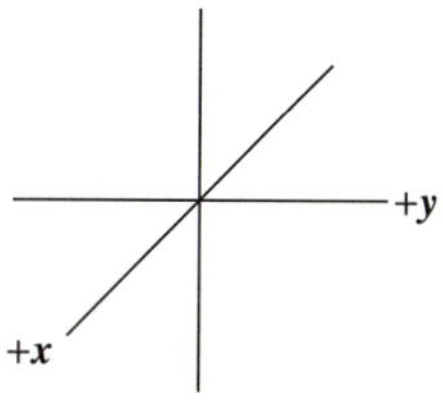

180°_x 다음

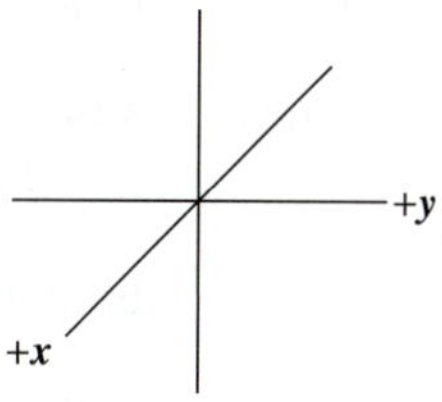

두 번째 $\frac{1}{4J}$ 고정된 지체 다음

참고 문헌

Relaxation Phenomena

General

5.1 D. A. Wright, D. E. Axelson, and G. C. Levy, *Magn. Reson. Rev.*, **3**, 103 (1979).
5.2 G. H. Weiss and J. A. Ferretti, *Progr. NMR Spectrosc.*, **20**, 317 (1988).
5.3 D. J. Wink, *J. Chem. Educ.*, **66**, 810 (1989).

Carbon-13 Relaxation

5.4 J. R. Lyerla, Jr., and G. C. Levy, *Top. Carbon-13 Spectrosc.*, **1**, 79 (1974).
5.5 F. W. Wehrli, *Top. Carbon-13 Spectrosc.*, **2**, 343 (1976).
5.6 D. J. Craik and G. C. Levy, *Top. Carbon-13 Spectrosc.*, **4**, 241 (1983).

Nuclear Overhauser Effect

5.7 J. H. Noggle and R. E. Schirmer, *The Nuclear Overhauser Effect*, New York: Academic Press, 1971.
5.8 R. A. Bell and J. K. Saunders, *Top. Stereochem.*, **7**, 1 (1973).
5.9 J. K. Saunders and J. W. Easton, *Determ. Org. Struct. Phys. Meth.*, **6**, 271 (1976).
5.10 K. E. Kövér and G. Batta, *Progr. NMR Spectrosc.*, **19**, 223 (1987).
5.11 D. Neuhaus and M. P. Williamson, *The Nuclear Overhauser Effect in Structural and Conformational Analysis*, 2nd ed., New York: Wiley-VCH, 2000.

Reactions on the NMR Time Scale

General

5.12 G. Binsch, *Top. Stereochem.*, **3**, 97 (1968).
5.13 L. M. Jackman and F. A. Cotton (eds.), *Dynamic Nuclear Magnetic Resonance Spectroscopy*, New York: Academic Press, 1975.
5.14 A. Steigel, *NMR Basic Princ. Progr.*, **15**, 1 (1978).
5.15 J. I. Kaplan and G. Fraenkel, *NMR of Chemically Exchanging Systems*, New York: Academic Press, 1980.
5.16 G. Binsch and H. Kessler, *Angew. Chem., Int. Ed. Engl.*, **19**, 411 (1980).
5.17 J. Sändstrom, *Dynamic NMR Spectroscopy*. London: Academic Press, 1982.
5.18 M. Ōki (ed.), *Applications of Dynamic NMR Spectroscopy to Organic Chemistry*, Deerfield Beach, FL: VCH, 1985.

Carbon-13 Applications

5.19 *Progr. NMR Spectrosc.*, **11**, 95 (1977).

Hindered Rotation

5.20 H. Kessler, *Angew. Chem., Int. Ed. Engl.*, **9**, 219 (1970).
5.21 W. E. Stewart and T. H. Siddall, *Chem. Rev.*, **70**, 517 (1970).
5.22 M. Ōki, *Top. Stereochem.*, **14**, 1 (1983).
5.23 M. L. Martin, X. Y. Sun, and G. J. Martin, *Ann. Rep. NMR Spectrosc.*, **16**, 187 (1985).

5.24 C. H. Bushweller in J. B. Lambert and Y. Takeuchi (eds.), in *Acyclic Organonitrogen Stereodynamics,* New York: VCH, 1992, pp. 1–55.

5.25 M. Raban and D. Kost, in J. B. Lambert and Y. Takeuchi (eds.), *Acyclic Organonitrogen Stereodynamics,* New York: VCH, 1992, pp. 57–88.

5.26 S. F. Nelsen, in J. B. Lambert and Y. Takeuchi (eds.), *Acyclic Organonitrogen Stereodynamics,* New York: VCH, 1992, pp. 89–121.

5.27 B. M. Pinto, in J. B. Lambert and Y. Takeuchi (eds.), *Acyclic Organonitrogen Stereodynamics,* New York: VCH, 1992, pp. 149–175.

Ring Reversal and Cyclic Systems

5.28 H. Booth, *Progr. NMR Spectrosc.,* **5**, 149 (1969).

5.29 J. B. Lambert and S. I. Featherman, *Chem. Rev.,* **75**, 611 (1975).

5.30 H. Günther and G. Jikeli, *Angew. Chem., Int. Ed. Engl.,* **16**, 599 (1977).

5.31 E. L. Eliel and K. M. Pietrusiewicz, *Top. Carbon-13 Spectrosc.,* **3**, 171 (1979).

5.32 F. G. Riddell, *The Conformational Analysis of Heterocyclic Compounds,* London: Academic Press, 1980.

5.33 A. P. Marchand, *Stereochemical Applications of NMR Studies in Rigid Bicyclic Systems,* Deerfield Beach, FL: VCH, 1982.

Atomic Inversion

5.34 J. B. Lambert, *Top. Stereochem.,* **6**, 19 (1971).

5.35 A. Rauk, L. C. Allen, and K. Mislow, *Angew. Chem., Int. Ed. Engl.,* **9**, 400 (1970).

5.36 W. B. Jennings and D. R. Boyd, in J. B. Lambert and Y. Takeuchi (eds.), *Cyclic Organonitrogen Stereodynamics,* New York: VCH, 1992, pp. 105–158.

5.37 J. J. Delpuech, in J. B. Lambert and Y. Takeuchi (eds.), *Cyclic Organonitrogen Stereodynamics,* New York: VCH, 1992, pp. 169–252.

Organometallics

5.38 K. Vrieze and P. W. N. M. Vanleeuwen, *Progr. Inorg. Chem.,* **14**, 1 (1971).

5.39 B. E. Mann, *Ann. Rep. NMR Spectrosc.,* **12**, 263 (1982).

5.40 K. G. Orrell and V. Šik, *Ann. Rep. NMR Spectrosc.,* **19**, 79 (1987).

Rates from Relaxation Times

5.41 J. B. Lambert, R. J. Nienhuis, and J. W. Keepers, *Angew. Chem., Int. Ed. Engl.,* **20**, 487 (1981).

Multiple Irradiation

General

5.42 R. A. Hoffman and S. Forsén, *Progr. NMR Spectrosc.,* (1966).

5.43 V. J. Kowalewski, *Progr. NMR Spectrosc.,* **5**, 1 (1969).

5.44 W. McFarlane, *Determ. Org. Struct. Phys. Meth.,* **4**, (1971).

5.45 W. von Philipsborn, *Angew. Chem., Int. Ed. Engl.,* **10**, (1971).

5.46 R. L. Micher, *Magn. Reson. Rev.,* **1**, 225 (1972).

5.47 L. R. Dalton, *Magn. Reson. Rev.,* **1**, 301 (1972).

5.48 W. McFarlane and D. S. Rycroft, *Ann. Rep. NMR Spect* **16**, 293 (1985).

Difference Spectroscopy

5.49 J. K. M. Sanders and J. D. Merck, *Progr. NMR Spect* **15**, 353 (1982).

Broadband Decoupling

5.50 M. H. Levitt, R. Freeman, and T. Frenkiel, *Advan. M Reson.,* **11**, 47 (1983).

5.51 A. J. Shaka and J. Keeler, *Progr. NMR Spectrosc.,* **1** (1987).

One-Dimensional Multipulse Methods

General

5.52 R. Benn and H. Günther, *Angew. Chem., Int. Ed. E* **22**, 350 (1983).

5.53 C. J. Turner, *Progr. NMR Spectrosc.,* **16**, 311 (1984).

5.54 G. A. Morris, *Magn. Reson. Chem.,* **24**, 371 (1986).

5.55 D. L. Turner, *Ann. Rep. NMR Spectrosc.,* **21**, 161 (1989).

5.56 K. Nakanishi, *One-Dimensional and Two-Dimensional N Spectra by Modern Pulse Techniques,* Mill Valley, University Science Books, 1990.

5.57 R. R. Ernst and G. Bodenhausen, *Principles of Nu Magnetic Resonance in One and Two Dimensions,* Oxf UK: Oxford University Press, 1990.

Composite Pulses

5.58 M. H. Levitt, *Progr. NMR Spectrosc.,* **18**, 61 (1986).

Multiple Quantum Methods

5.59 G. Bodenhausen, *Progr. NMR Spectrosc.,* **14**, 137 (1986).

5.60 T. J. Norwood, *Progr. NMR Spectrosc.,* **24**, 295 (1992).

CHAPTER 6

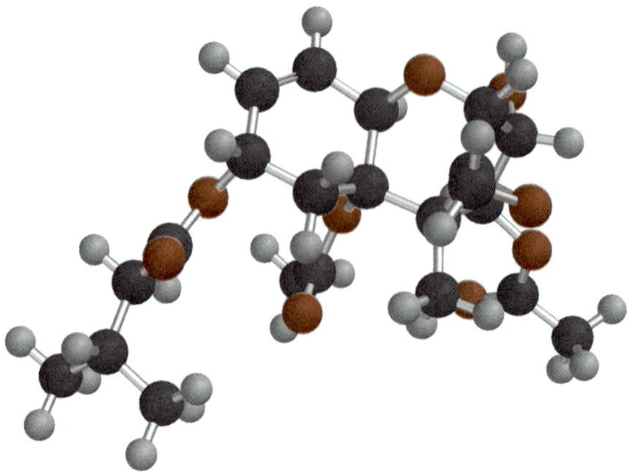

이차원 NMR 분광학

NMR 분광학은 항상 다차원적이었다. 표준 일차원(1D) 스펙트럼의 좌표로 역할하는 주파수와 세기에 더불어 반응 속도와 이완 시간은 더 많은 차원을 제공하며 흔히 적층그림(stacked plot) 형태로 표시한다(그림 2-31, 5-2). 그러나 현대 NMR 분광학의 이차원은 하나 여분의 주파수 축을 가진다. 이러한 개념은 1971년 Jean Jeener의 강연에서 제안되었으며 기기장치화가 이론을 따라잡게 된 1980년대에 광범위하게 응용하게 되었다. 보통 첫 번째 주파수 차원은 화학 이동과 짝지음 상수로 핵의 전통적 특성화로 생각할 수 있다. 두 번째 주파수 차원을 도입함으로써 구조 연결성, 공간적 접근성 혹은 반응 속도적 상호 교환을 통한 핵 간의 자기적 상호작용을 검토할 것이다.

6-1 *J* 짝지음을 통한 양성자–양성자 상관관계

지금 시점까지 고려하였던 단일 펄스 실험에서는 하나의 90° 펄스 다음에 자유유도감쇠(free-induction decay)를 얻는 기간이 뒤따른다(그림 6-1a). 시간 의존성 자기적 정보에 관한 푸리에 변환에 의한 주파수 차원은 δ 값의 친근한 스펙트럼을 제공한다. 따라서 이것을 1D 스펙트럼이라고 부른다.

만일 다른 하나의 90° 펄스(그림 6-1b)가 90° 자료획득 펄스(acquisition pulse)를 선행한다면 스핀 간의 유용한 상관관계가 발생할 수 있다. 그림 6-2는 자화 벡터로 어떤 일이 일어나는가를 보여 준다. 다른 짝지음 파트너가 전혀 없는 단 한 종류의 핵을 포함하는 시료를, 예를 들면 chloroform 혹은 tetramethylsilane의 ^{1}H 스펙트럼을 고려해 보자. 이러한 특정 실험의 최종 결과는 보잘 것 없거나 의미가 없어 보일 수도 있지만 다른

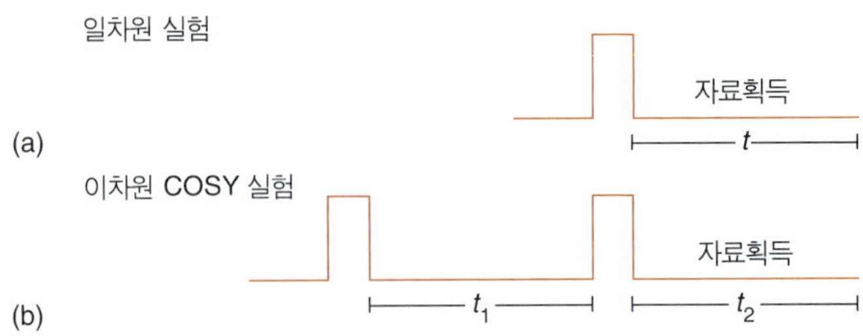

그림 6-1 단 하나의 주기에 관한 1차원 (1D) NMR 분광학의 펄스 서열(위)과 2차원 (2D) NMR 상관 분광학(COSY)(아래). 이 그림에서 각 펄스는 90°이다. 1D 실험에서는 자료를 *t* 시간 동안 얻으며 2D 실험에서는 t_2 시간 동안 얻는다.

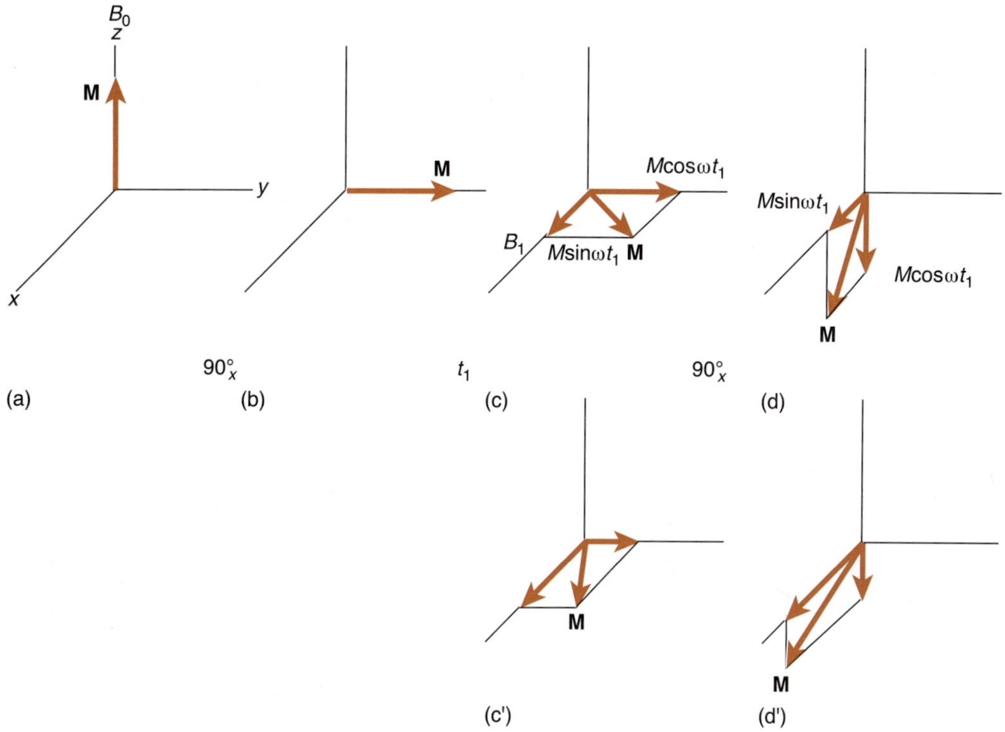

그림 6-2 COSY 실험에 대한 펄스서열. 자화 **M**이 (d')을 생성하는 마지막 90°_x 펄스를 가해 주기 전에 (c)의 경우에서보다 (c')에 대하여 (b)로부터 더 긴 시간으로 전개하게 허용해 준다.

핵과의 관계를 도입할 때는 보다 큰 의미를 가질 것이다. 그림 6-2의 고립된 원자핵은 z축을 따라 정렬된 알짜 자화 **M**을 새로 생성하기 시작한다(그림 6-2a). 90° 펄스를 가한 다음 자화는 y축을 따라서 자리옮긴다(그림 6-2b). 만일 좌표계가 기준 주파수로 회전하고 핵이 약간 높은 주파수에서 공명한다면, 스핀 벡터 그림이 전개되기 시작한다. 짧은 시간 후 벡터 **M**은 그림 6-2c의 예와 같이 xy 평면 상의 새로운 위치로 이동한다. 그림을 단순화하기 위하여 세로 방향 이완(T_1)은 무시한다. 전개하는 자화 벡터는 기하학적으로 y 성분($M_y = M\cos\omega t_1$)과 x 성분($M_x = M\sin\omega t_1$)으로 나눌 수 있다. 여기서 ω는 기준과 회전하는 핵의 주파수 간의 차이이며 t_1은 90° 펄스 이후 경과한 시간이다.

만일 이 지점에서 그림 6-1b에서의 다음 두 번째 펄스를 x축을 따라서 가한다면 그림 6-2d에서 두 개 자화 성분의 결과가 달라진다. x 성분은 변화가 없지만 y 성분은 음의 z축으로 이동한다. 자화를 xy 평면에서 검출한다면 단지 M_x만 남는다. 이차 펄스 다음의 t_2 시간 동안 이러한 양은 자유유도감쇠(FID)로 나타난다. t_2의 함수로 FID를 푸리에 변환하면 하나의 신호가 주파수 ν_A에서 발생한다. 이 신호의 세기는 t_1 시간의 길이 ($M\sin\omega t_1$)에 의하여 정해진다. 아래 첨자는 전개 시간대 t_1을 자료획득 시간대 t_2로부터 구별하기 위하여 필요하다(그림 6-1b). 만일 t_1이 상당히 짧다면 $M_x(= M\sin\omega t_1)$가 작아서 x 자화는 별로 전개되지 않으며(그림 6-2d) 그 결과로 피크는 작다. 약간 긴 t_1 값은 $M\sin\omega t_1$이 커짐에 따라 보다 큰 x 성분을 준다(그림 6-2c'과 d'). 그림 6-2d와 d'에서 스핀 개체수(z 자화 혹은 세로 방향 자화)가 역전되었음을 유의하라.

그림 6-3은 그런 실험의 전체 계열에서 t_1이 증가함에 따라 $M_x(= M\sin\omega t_1)$가 증대하여 스핀 벡터가 x축 상에 따라 배열할 때 최고에 도달하는 결과를 보여 준다. 벡터가 x축의 왼쪽으로 이동함에 따라 피크의 높이는 감소하며 음의 y축 선상에 위치할 때 0의 세기에 도달한다. 벡터가 y축 뒤쪽으로 통과함에 따라서 세기는 음수가 되며 벡터가 $-x$축에 놓일 때 음수의 최저값이 된다. 이러한 최고의 음수값은 T_2 이완으로 인하여 처음의 최고값보다 절대 크기가 약간 작아진다. 그림을 보면 이러한 계열의 실험은 M_x를 t_1의 함수로 도시하면 사인(sine) 곡선을 생성함이 명확해진다. 그림에서는 단지 한 개 반 주기만을 표시하였다. 주기(t_2를 푸리에 변환하여 얻은 ν_2)는 수평 방향에 놓여지고 시간 t_1은

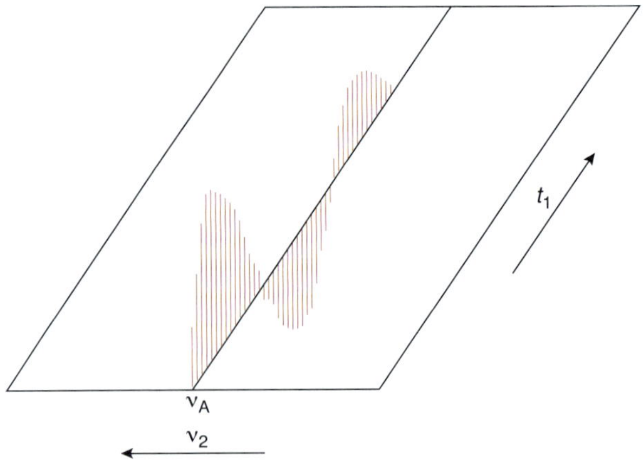

그림 6-3 일련의 t_1에 관한 COSY 펄스서열에 따라서 수평축 상 주파수 ν_A에서 위를 향하여 기울어진 실선은 chloroform에 관한 일련의 ^{1}H 스펙트럼들의 바탕선(baseline)으로 역할한다. 각 피크는 90° − t_1 − 90° 주기 하나에 뒤따르는 t_2 동안(그림 6-1)의 푸리에 변환에 의하여 ν_2(t_2 시간 영역에 해당)로 표지되는 축 상에 ν_A 주파수 값을 준다. 시간 t_1은 각 주기가 지난 후에 경사를 만든다. t_1 영역에서의 푸리에 변환은 수행하지 않았다.

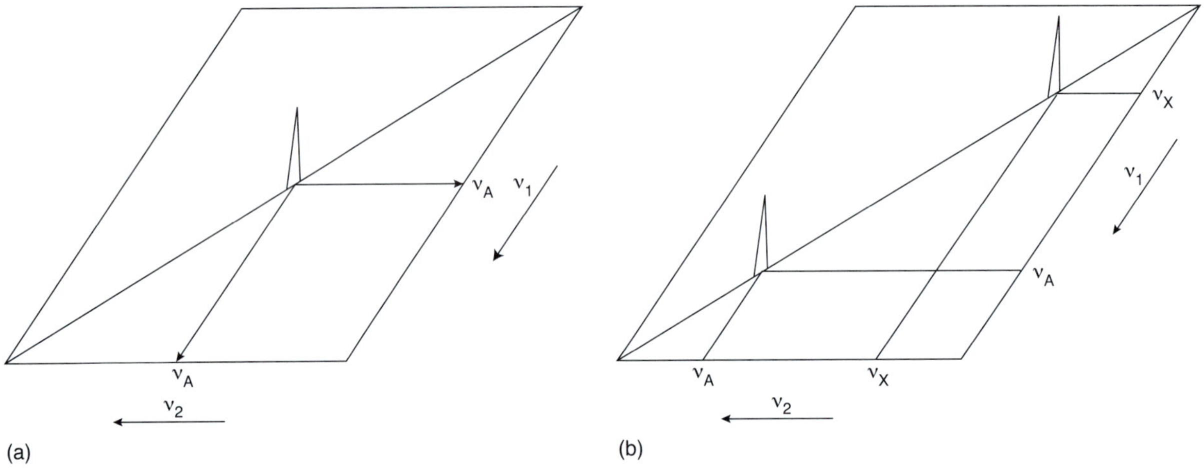

그림 6-4 (a) 그림 6-3에서와 같은 한 개의 고립된 핵에 대하여 이중 푸리에 변환한 다음의 COSY 실험 결과. (b) 두 개의 짝지지 않은 핵에 대한 COSY 실험 결과

수직 방향에 놓여진다. 이러한 방식으로 t_1을 단계적으로 증가시켜 얻은 일련의 자료는 실제 하나의 FID를 구성하여 푸리에 변환도 실행할 수 있게 된다. t_1으로 사인 곡선을 나타내는 주파수 ω는 t_2의 초기 푸리에 변환과 동일하기 때문에 두 번째 푸리에 변환을 두 주파수 차원에 나타내면 좌표(ν_A, ν_A)에서 하나의 피크가 된다(그림 6-4a). 이것이 앞서 암시한 대로 평이한 결과인 것이다.

이 실험의 유용성은 두 개의 짝지어진 핵을 앞의 방식으로 처리하였을 때 명확해진다. 두 개의 짝짓지 않은 핵은 평이한 결과로 그림 6-4b에서 보듯이 각각 (ν_A, ν_A)와 (ν_X, ν_X)에서 두 개 피크를 준다. 이 피크들은 2차원(2D) 표시에서 필연적으로 대각선 상에 위치한다. 두 개 핵이 짝지어진 경우에는 심각하게 복잡해진다. 그림 6-5는 핵 A와 X, 예를 들면 β-chloroacrylic acid, $ClCH{=}CHCO_2H$의 가능한 스핀 상태를 표시하고 있다. 1D AX 스펙트럼은 스칼라(J) 짝지음으로 인하여 4개의 피크를 포함하고 있다. 그림은 가장 높은 주파수(A1)부터 가장 낮은 주파수(X2)까지의 4개의 다른 주파수를 표시하고 있다. 옛 양식의 1D 선택성-짝풀림 CW 실험에서의 **개체수 섭동**(*population perturbation*)을 먼저 고려하는 것이 쓸모가 있다. 예를 들면 A1 전이만 조사(irradiation)하면 X1와 X2 상태가 개체수에서 근접하게 되는 경향이 있다. 그 결과 연결된 전이 X1과 X2의 세기에 직접적 영향이 있게 되어 A2 전이 세기에 이차적 효과가 파급된다. A1과 관련하여서 X2를 **점진전이**(*progressive transition*)(높은 스핀 상태로 가는 전이), X1은 **퇴진전이**(*regressive transition*), A2는 **평행전이**(*parallel transition*)라고 부른다.

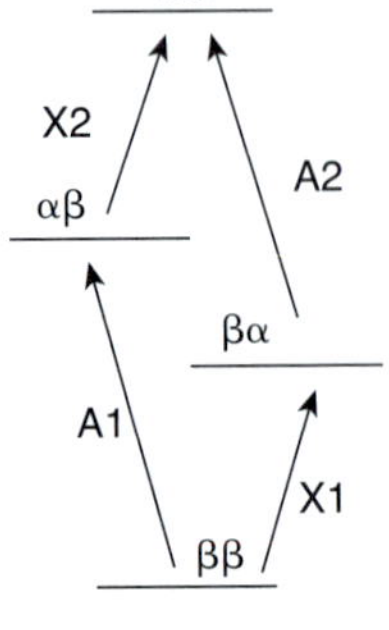

그림 6-5 AX 스핀계에 대한 에너지

펄스 실험에서 파장수 A1에서의 에너지 흡수는 유사한 효과를 가져 자화 혹은 개체수 이동을 초래한다. 첫 번째 90° 펄스는 t_1 시간 동안 1D 주파수로 모든 자화를 A1, A2,

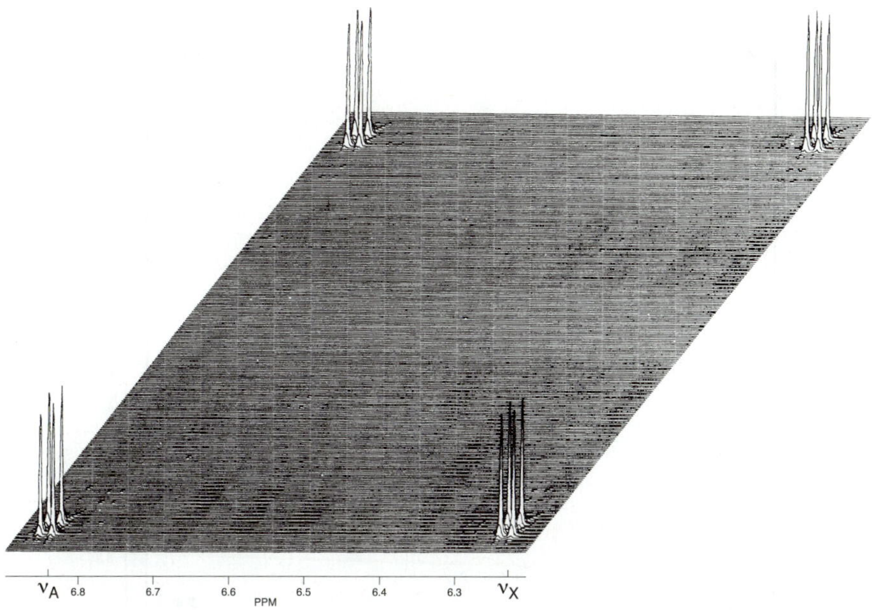

그림 6-6 β-Chloroacrylic acid의 두 개의 짝진 핵에 대한 COSY 실험의 적층 표기(출처: A. E. Derome, Modern *NMR Techniques for Chemistry Research,* Oxford, UK: Pergamon Press, 1987, p. 189.)

X1 및 X2로 표지하는 역할을 한다. 그림 6-2d와 d′는 그림 6-1b의 두 번째 90° 펄스를 가하는 시작점을 표시한다. 주파수 A1을 기준회전 틀의 주파수라고 정하자. 그림 6-2에서의 자화와 유사한 자화는 t_1 시간 동안 A1 주파수를 가진다. 두 번째 90° 펄스는 xy 평면 내에서의 자화를 전달하여 허용된 주파수 A1, A2, X1 혹은 X2 어느 주파수에서도 세차운동을 할 수 있게 된다. 따라서 t_1 시간 동안 A1 주파수를 가지는 자화는 t_2 시간 동안 A2, X1 혹은 X2로 전달되며 두 번째 시간 동안 약간의 자화는 A1에 머문다. 두 개의 시간대 동안에 A1 주파수를 가지는 자화는 그림 6-4b와 유사하게 2D 표기에서 대각선 상 (A1, A1) 위치에 나타난다. 어쨌든 전달된 자화는 대각선을 벗어난(A1, A2), (A1, Xl), (Al, X2) 위치에 **교차피크**(*cross peak*)로 나타난다. 그림 6-5에서의 4개 공명 각각은 유사한 작업을 통하여 대각선피크 3개 더(A2, A2), (X1, X1) 및 (X2, X2)에서 그리고 예를 들면 (A2, X1)와 (X2, A1) 등의 9개 더 많은 대각선이탈(off-diagonal) 피크를 생성한다.

β-Chloroacrylic acid(카복실 공명은 생략)에 관한 2차원 실험으로부터 16개 피크(대각선 상의 4개와 대각선을 벗어난 12개)를 그림 6-6에서 표시하였다. **적층 표시법**(*stacked representation*)은 1D 실험 몇백 개를 포함하며 각각은 다른 t_1 값을 대표한다. 근접하게 밀집한 수평선들은 구별하기가 어렵다. 자화 이동이 없는 공명, 즉 t_1과 t_2에서 동일한 주파수 (A1, A1)가 되는 공명에 의하여 직접 생성되는 4개의 피크가 왼쪽 아래로부터 오른쪽 위를 향하는 대각선 상에 위치한다(그림 6-4).

모든 대각선이탈 피크는 스칼라 짝지음(J)에 의한 자화 이동을 대표한다. 예를 들면 A1과 A2 평행전이 간의 이동은 왼쪽 아래의 대각선 상하에서 대칭적인 피크로 발견된다. 한 피크는 A1으로부터 A2로의 전달을 표시하며 다른 피크는 A2에서 A1으로의 이동을 표시한다. 이러한 상호 간의 관계로 모든 대각선이탈 피크는 대각선을 지나 반영된 쌍으로 나타난다. 정상적으로 평행전이 간의 대각선이탈 피크는 유용하기보다는 성가신 존재로 보며 특수한 기술로 축소시키거나 제거할 수도 있다. 그림 6-6에서 왼쪽 위와 오른쪽 아래에 피크가 몰려 있으며 A와 X 핵 사이의 모든 가능한 이동을 나타내어 핵 A와 X 사이의 자화 이동으로부터 중요한 정보를 얻는다. 이 이동은 A1으로부터 X1으로, X2로부터 A1으로 등등 모두 8개가 되며 대각선 양쪽의 어느 한 편에 거울상쌍(A로부터 X로, 그리고 X로부터 A로)을 포함한다.

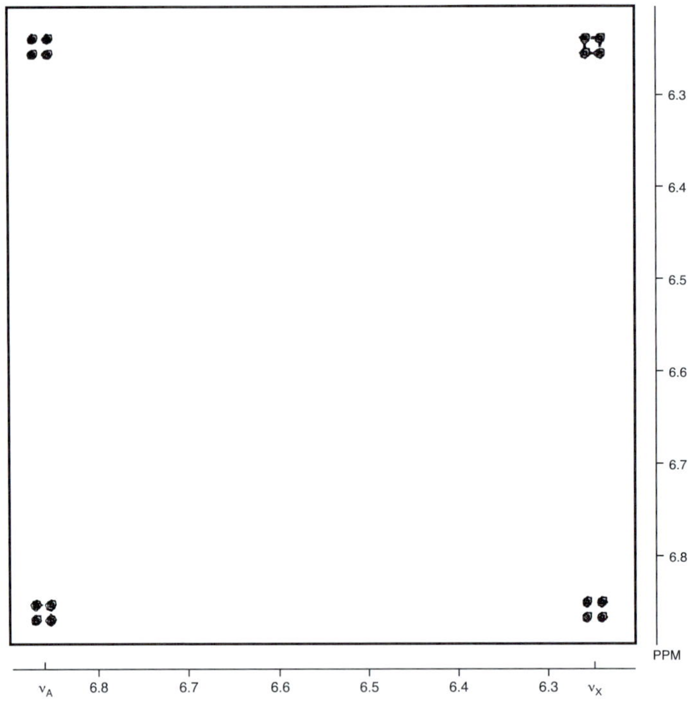

그림 6-7 β-Chloroacrylic acid의 두 개의 짝진 핵에 대한 COSY 실험의 등고선 표기(출처: A. E. Derome, *Modern NMR Techniques for Chemistry Research*, Oxford, UK: Pergamon Press, 1987, p. 191.)

그림 6-7은 같은 자료에서 달리 택하는 **등고선 표기법**(*contour representation*)이며 거추장스러운 바닥선을 제거하고 단지 피크 바닥만 남겨서 구경꾼이 마치 스펙트럼을 직접 그 위에서 내려다보는 것 같다. 관례에 따라서 원래의 대각선은 왼쪽 아래로부터 오른쪽 위로 향한다. 보통 Jeener 실험은 약자로 COSY(상관 분광법, ***CO****rrelaton* ***S****pectroscop****Y***)라고 한다. 대부분의 2D 실험은 스펙트럼 상관관계를 포함하여 이름이 쉽지 않다. 90° COSY, COSY90, H,H-COSY, 혹은 동핵 HCOSY 같은 다른 용어들은 대중들이 사용하는 일반 용어 COSY로부터 벗어났다. 이 실험 자체는 복잡한 양성자 스펙트럼을 분석하는 하나의 필수가 되었다.

그림 6-8은 표시한 아눌렌(annulene)의 COSY 실험이다. 1D 스펙트럼은 수평과 수직 축 상에 보여 주고 있으며 공명은 α, β 및 A-F로 표지하였다. 접합 고리에 관하여 오쏘와 메타 위치인 방향족 양성자들은 고립된 스핀계가 되고 그들의 짝지음은 α, β로 표지된 교차피크로 표시된다. 교차피크의 존재는 통상 대각선상에서 연결된 공명을 주는 양성자들이 같은자리에서(^2J) 혹은 이웃에서(^3J) 짝지어짐을 의미한다. 장거리 짝지음은 보통 충분한 교차피크를 주지 못한다. 그러나 장거리 짝지음이 클 수도 있기 때문에(4-7절) 예외를 예상할 수 있다.

그림 6-8에서의 스펙트럼의 나머지 부분에 관한 COSY 분석은 피크 배정을 제공하고 구조를 확인해 준다. 오로지 양성자 A와 F가 이웃 하나에만 이중선을 주도록 갈라진다. A와 B의 트랜스 짝지음은 E와 F 간의 시스 짝지음보다 커야만 한다. 그러면 두 개의 이중선은 δ 6.1에서 F(작은 짝지음)와 δ 5.2에서 A(큰 짝지음)라고 배정할 수 있다. COSY 분석에서 통상적으로 전통적인 화학 이동과 짝지음 상수(3장과 4장)를 고려하여 초기 배정을 가능하게 하는 것이 중요하다. 그런 다음 COSY 분석에서는 이렇게 알려진 대각선 피크를 교차피크로 옮긴다. 오로지 A와 F만이 단 하나의 교차피크(한 개 짝지음 상대방)를 가진다. 큰 고리의 나머지 공명은 두 개의 교차피크(두 개의 짝지음 상대방)을 가져 배정 방법을 제공한다. 확인은 A 혹은 F로부터 시작할 수 있다. A로부터 내려가면 교차피크 A,B에 도달하고 나서 왼쪽 수평으로 이동하여 대각선피크를 얻으면 양성자 B를 배정하게 된다. 이러한 수평 경로는 다른 하나의 교차피크를 지나는데 이것은 B와 다른 짝지음 상대인 C 사이에 생긴 피크가 된다. B,C로부터 위로 이동하면 대각선피크에 도달하

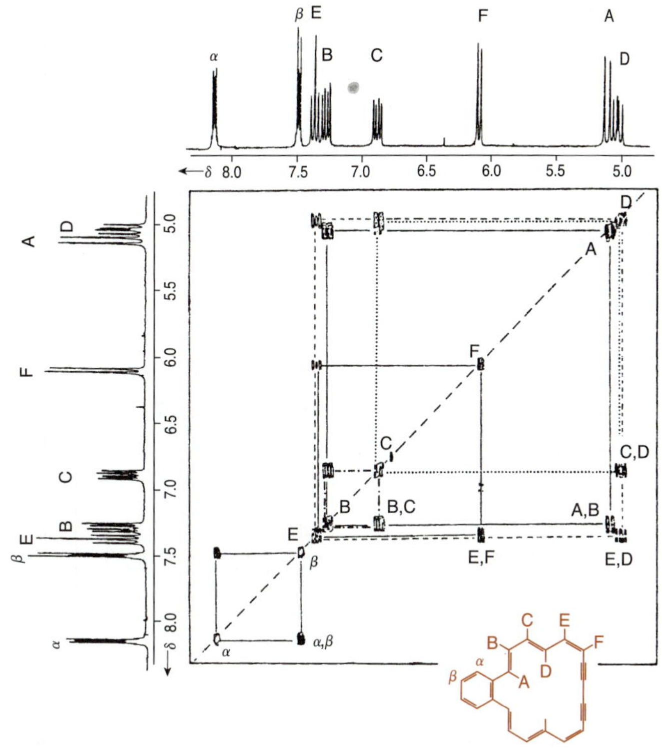

그림 6-8 구조가 주어진 annulene의 COSY 실험 (출처: R. Benn and H. Gunther, *Angew. Chem., Int. Ed. Engl.*, 22, 350 [1983].)

여 양성자 C를 배정하게 된다. 오른쪽 수평 방향으로 이동하면 교차피크 C,D에 도달하고 다시 위로 이동하여 대각선 상 양성자 D를 배정하게 된다. D로부터 다시 아래로 내려오면 C,D를 통과하여 D로부터의 다른 교차피크 E,D를 얻는다. 왼쪽 대각선으로 돌아오면 양성자 E를 배정하고 E로부터의 다른 교차피크 E,F를 얻는다. E,F로부터 위 대각선으로 돌아오면 양성자 F를 얻어 완결이 된다.

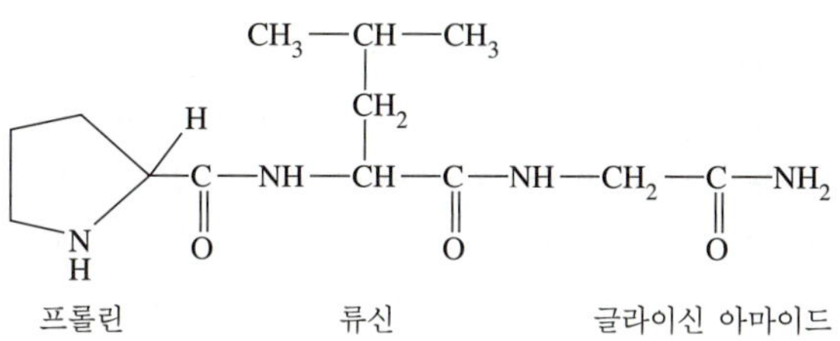

6-1

IBM의 연구팀은 트라이펩타이드 Pro-Leu-Gly (**6-1**) 에 관련한 복잡한 COSY 분석의 유용한 보기를 제공한다. 3개의 카보닐기는 이웃 연결성을 중단시켜 이 분자는 4개의 독립적인 스핀계인 프롤린 (proline), 류신 (leucine), 글라이신 (glycine) 과 말단 아마이드로 구성된다. 그림 6-9 위쪽에 1D ^{1}H 스펙트럼이 어떤 배정없이 주어져 있다. δ 7.0~8.3의 고주파수 (낮은 자장) 피크는 방향족 수소가 존재하지 않기 때문에 질소에서의 양성자로부터 얻어지고 δ 3.3에서의 광폭 피크는 용매 HOD로부터 얻어진다. 그림 6-9의 하단 부분은 아마이드 공명에 관하여 연결이 그려진 COSY 스펙트럼을 포함하고 있다. 동등하지 않은 말단의 NH_2 공명은 외부 연결이 없어 자신의 교차피크 이외는 다른 교차피크가 없기 때문에 즉시 δ 7.0과 7.2로 배정되었다. Gly NH 양성자는 삼중선 (CH_2에 이웃함) 이 δ 3.6에서의 CH_2기와 단지 하나의 연결성을 가지기 때문에 δ 8.2로 배정하였다 (스펙트럼의 Gly 부분이 완성되었다). 남은 δ 8.1에서의 NH 공명은 Leu으로부터 얻어지며 이중선 (CH에 이웃함) 이며 δ 4.3의 교차피크를 가지며 이것은 또다른 연결을 가진다. 3번째 NH 공명이 없기 때문에 Pro NH는 사중극자로 폭이 넓어졌거나 HOD와 교환반응을

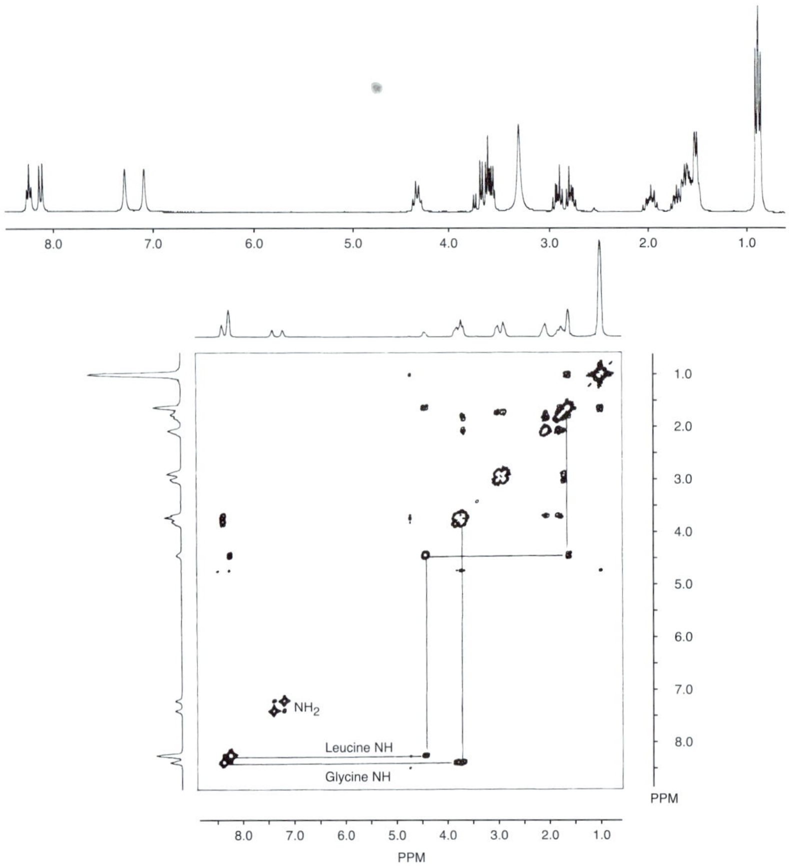

그림 6-9 위: 트라이펩타이드 Pro-Leu-Gly의 300 MHz ^{1}H 스펙트럼. 아래: NH 양성자의 연결성을 가지는 Pro-Leu-Gly의 COSY 스펙트럼(출처: IBM Instruments, Inc.)

일으켰을 것이다.

그림 6-10의 상단 스펙트럼은 Leu 부분의 COSY 분석을 완성하고 δ 8.1에서의 NH 공명이 Pro보다는 Leu 부분이라는 사실을 확인하여 준다. 예상되는 Leu의 연결성은 $NH \rightarrow CH \rightarrow CH_2 \rightarrow CH \rightarrow CH_3$이다. (NH로부터 시작하는) 후속 연결성을 가지는 교차피크가 관찰된다: δ 8.1 (d)$\rightarrow$4.3 (q 혹은 dd)$\rightarrow$1.5 (m)$\rightarrow$0.9 (dd). 확실히 양성자 공명의 두 개가 겹치며 아마도 CH_2와 아이소프로필 CH일 것 같다. CH_3 공명은 예상되는 대로 가장 낮은 주파수를 가지며 어떠한 Pro기로부터도 생기지 않는다. 그것의 높은 다중성(dd, 그림 6-9 상단)은 두 개의 메틸기가 뷰틸기가 부착된 카이랄 중심으로 인해 부분이성질성을 가지기 때문에 생긴다.

그림 6-10의 하단의 스펙트럼은 Pro 연결성을 보여 준다. 높은 주파수 공명(δ 3.7)은 카보닐기에 이웃(α)인 CH 기로부터 기인한다. δ 3.7에서의 전체적인 공명은 이러한 Pro CH(높은 주파수 부분)와 Gly CH_2(낮은 주파수 부분)의 겹침이다. Pro CH는 상호 짝지어졌으며 그들 자신의 교차피크를 가지는 부분이성질성 β 양성자로 두 개의 교차피크를 δ 1.7과 1.9에서 가진다. 불행히도 γ 양성자 근처에(δ 1.6) 있지만 δ 2.8에서의 δ 양성자는 스펙트럼의 배정을 완결시킨다. 확실하게 배정한 1D 스펙트럼과 구조가 그림 6-11에 주어졌다.

COSY 실험에서는 몇 가지 이유로 가짜 피크와 대각선 주위의 대칭 결핍이 발생할 수 있다. 첫째로 t_1과 t_2 기간 동안의 디지털 분해능의 차이는 완벽한 대칭을 저해한다. 둘째로 부정확한 펄스 길이 혹은 셋째로 지연 시간 동안의 불완전한 가로 방향 이완은 가짜 교차피크를 생성할 수 있다. 넷째로 세로 방향 이완으로부터의 영향이 있을 수 있다. Z 방향의 어떠한 자화도 t_1 동안은 세차하지 않는다. 따라서 두 번째 90° 펄스에 의하여 $\nu_1 = 0$인 위치(기준 주파수 위치)로 회전된다. 공명에 관련되어 $\nu_1 = 0$과 어느 ν_2 값에서 발생하는 신호는 위치에 좌우되는 **축상 피크**(*axial peaks*) 혹은 **t_1 잡음**(t_1 *noise*)이라고

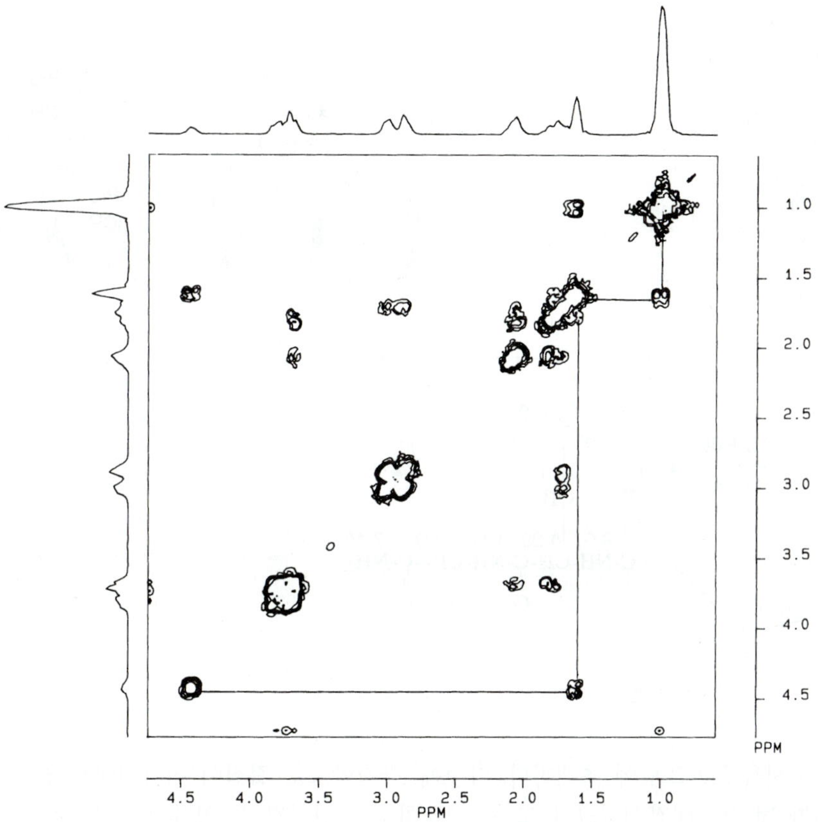

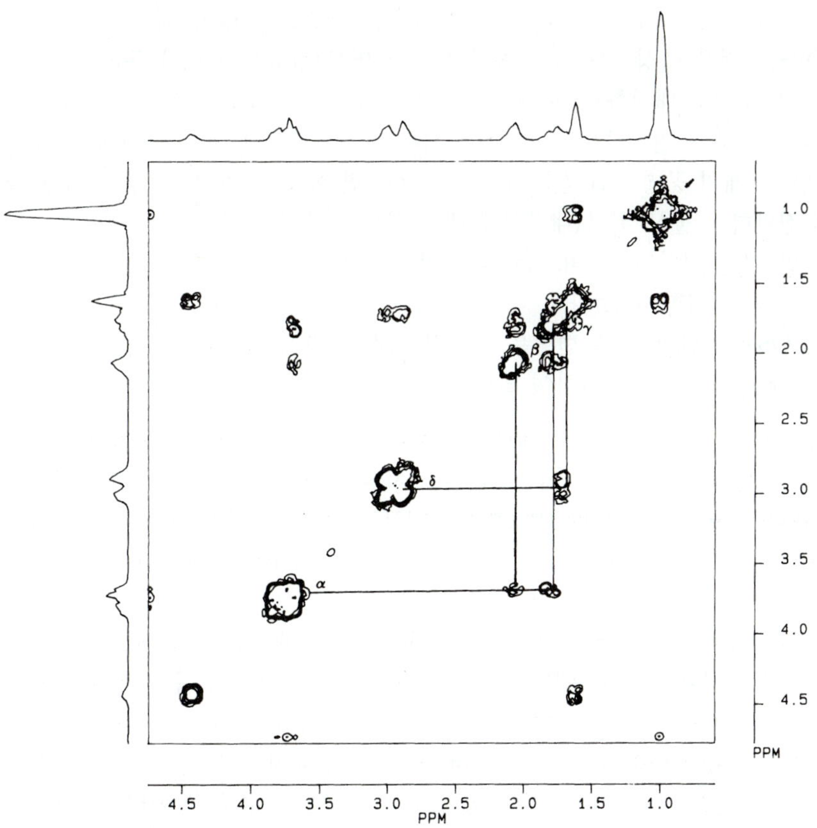

그림 6-10 위: COSY에 의한 Pro-Leu-Gly의 류신 부분 내의 연결성 아래: COSY에 의한 Pro-Leu-Gly의 프롤린 부분 내의 연결성(출처: IBM Instruments, Inc.)

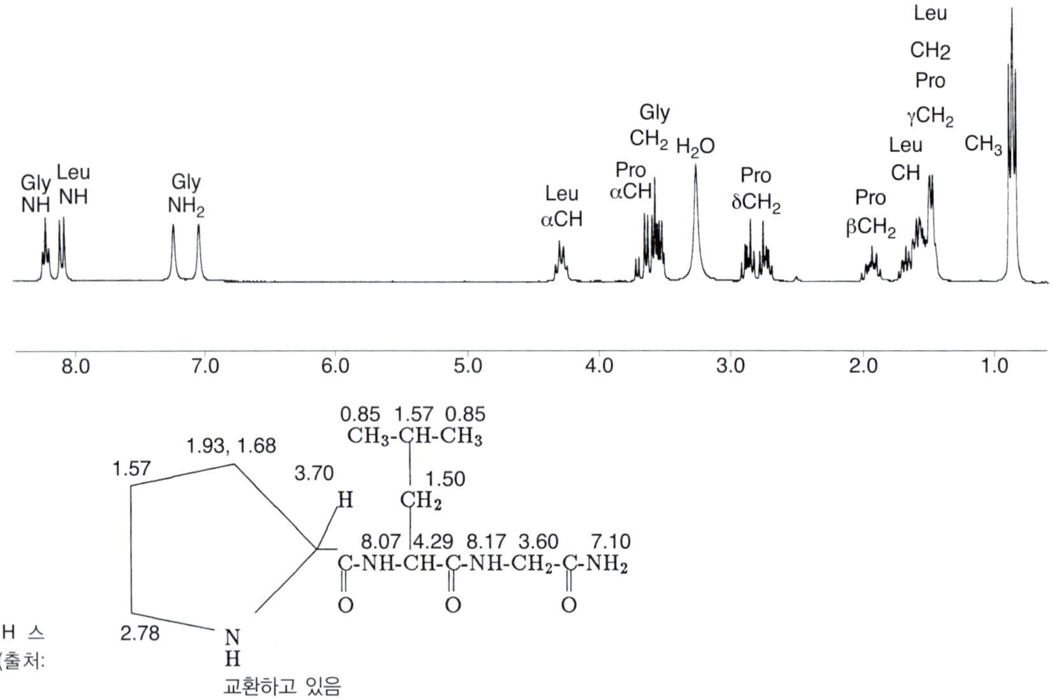

그림 6-11 Pro-Leu-Gly의 ^{1}H 스펙트럼에 대한 완전한 배정 (출처: IBM Instruments, Inc.)

부르는 줄선을 2D 그림에 초래한다. 다섯째, 마지막으로 접힘이 이차원에서 일어날 수 있어 위치가 벗어난 대각선피크와 교차피크조차도 발생시킬 수 있다. 이러한 모든 인공물들은 펄스 길이를 최적화하고 가로 방향 이완에 관하여 충분한 시간을 허용하고 상순환(phase cycling) 혹은 대칭화를 통하여 최소화할 수 있다. 축상 피크들은 이차 펄스에서 $+90°$와 $-90°$를 교대로 사용하여 z 자화를 제거함으로써 많이 제거할 수 있다. 복잡한 CYCLOPS 과정은 축상 피크를 억제하고 직교 영상(quad image) (5-8절) 같은 다른 인공물들을 제거한다. **대칭화**(*symmetrization*)는 대각선을 중심으로 좌우 대칭을 부여하는 과정이다. 대부분의 인공물은 이 과정에 의하여 제거되지만 모두 제거되는 것은 아니다. 예를 들면 두 개의 공명이 t_1 잡음의 줄선을 가지면 한 줄선 상의 한 점이 다른 줄선 상의 한 점과 정확히 거울상 위치(대각선에 관하여)에서 발생할 수 있다. 비록 줄선은 대부분 제거되지만 대칭 위치의 두 피크는 남아 있어 멋있는 교차피크로 보인다. 보통 상식으로 이러한 것들을 제거할 수 있다.

표준 COSY 실험의 많은 변형은 기본적 목적을 개선하거나 새로운 정보를 제공한다. 앞으로 상세한 펄스서열에 관하여 별로 유의하지 않고 몇 가지를 고려할 것이다.

COSY45. 커다란 대각선피크는 때로는 이웃한 교차피크의 중요성을 이해하는 데 장애가 될 수 있다. 이 문제는 평행 전이로부터의 교차피크(그림 6-5)로 인하여 더 악화될 수 있다. COSY45 실험은 대각선피크와 평행 전이로부터의 교차피크 모두 다 세기를 감소시킨다. 그림 6-12는 2,3-dibromopropionic acid ($CH_2BrCHBrCO_2H$)의 COSY90과 COSY45 실험을 비교하고 있다. COSY45 실험은 대각선에 근접하여 어지러운 지역을 정리하여 주며 역시 짝지음 상수의 부호에 관한 정보를 제공한다. 그 이름은 두 번째 펄스 길이의 변형으로부터 유래하였다: $90° - t_1 - 45° - t_2$(자료획득). 작은 기울기 각도는 핵 간의 자화 이동을 제한하지만 멀리 연결된 점진적과 퇴진적인 전이보다 직접적으로 연결된 평행 전이에 대해서 그 효과가 더 크다. 평행 교차피크의 억제로 대각선피크가 명확해지지만 필연적으로 신호 손실이 있다. 60° 기울기 각(COSY60)은 하나의 타협책으로 사용하지만 대각선의 명확성을 잃어버리는 대가로 감도가 증가한다.

그림 6-12에서 COSY45의 교차피크를 검토해 보면 전체적인 외양이 정상적인 COSY

스펙트럼과 다르다. 보통 정사각형 혹은 직사각형 형태보다는 많은 교차피크가 확실히 기울어져 있다. 기울기 방향은 짝지음 상수의 상대적인 부호와 관련되어 있다. 예를 들어 AMX 계에서 A,M 대각선이탈 피크는 **능동적 짝지음**(*active coupling*)이라고 하는 J_{AM}을 통한 자화 이동에 의하여 생긴다. 그것의 기울기는 A와 M이 3번째 핵종인 X와의 짝지음이 같은 부호인지 다른 부호인지에 따라 좌우된다. 예를 들어, 두 개의 **피동적 짝지음**(*passive coupling*) J_{AX}와 J_{MX}가 같은 부호를 가진다면, 양의 기울기(대각선과 평행)가 얻어진다. 만일 그것들이 다른 부호를 가지는 경우에는 음의 기울기(대각선에 대하여 직각)가 얻어진다.

COSY 교차피크는 주로 같은자리(HCH) 혹은 이웃자리(HCCH) 짝지음에 의하여 발생한다. 연결성 간섭은 주로 이웃자리 짝지음에 기초를 두기 때문에 이 두 경우를 구별하는 것이 유용하다. 4장에서 서술한 바와 같이 이웃자리 짝지음은 보통 양의 값이고 같은자리 짝지음은 (적어도 포화 탄화수소에서) 음의 값이 된다. 따라서 두 경우 원칙적으로 그림 6-12에서 보듯이 COSY45의 기울기 경사에 의하여 구별할 수 있다. 이 스펙트럼은 AMX보다는 ABX에 근접하지만 그럼에도 불구하고 예상되는 대각선이탈 COSY 피크를 보여 준다. 부분이성질성 CH_2 양성자의 공명은 δ 3.67과 3.89에서 발견할 수 있으며 메타인 양성자의 공명은 탄소에 두 개의 전자를 끌어당기는 치환체(Br과 CO_2H)에 의하여 δ 4.49로 높은 주파수(낮은 자장)로 이동하였다. 메틸렌의 하나의 양성자와 메타인 양성

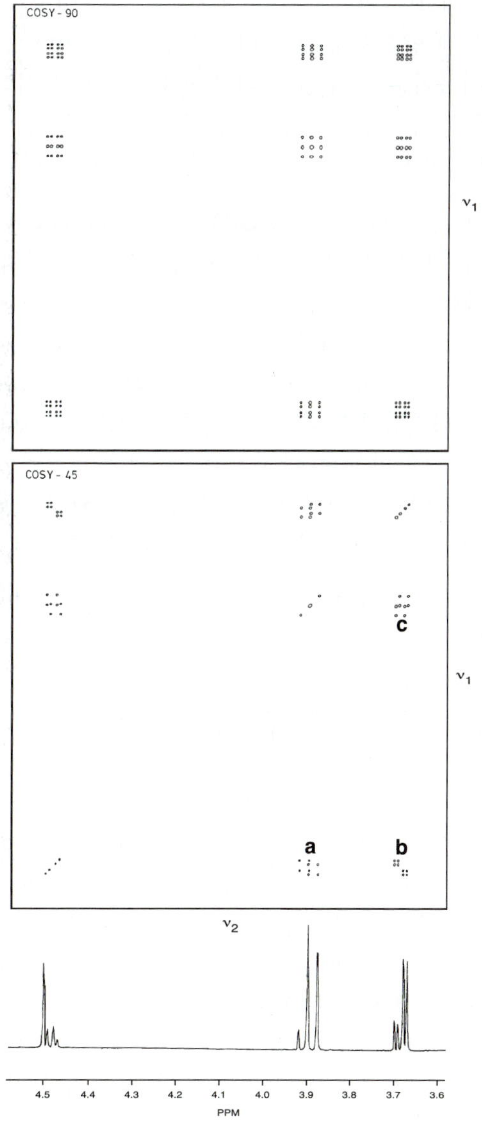

그림 6-12 2,3-Dibromopropionic acid의 COSY90 (위)과 COSY45 (아래) 스펙트럼. 아래의 1D 스펙트럼은 COSY45 스펙트럼의 절편이다. (출처: A. E. Derome, *Modern NMR Techniques for Chemistry Research*, Oxford, UK: Pergamon Press, 1987, p. 228.)

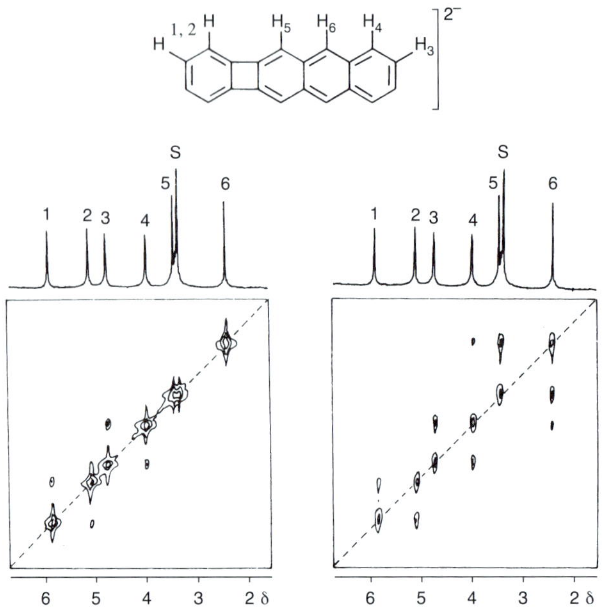

그림 6-13 나프토바이페닐렌(naphthobiphenylene) 이가 음이온의 400MH COSY(왼쪽) 와LRCOSY(오른쪽) 스펙트럼(신호 S는 용매로부터 왔다.) (출처: H. Günther, *NMR Spectroscopy* 2nd ed., Chichester, UK: John Wiley & Sons, Ltd., 1995, p. 300.)

자 간의 능동적 짝지음-양의 이웃자리 짝지음-의 결과인 대각선이탈 피크를 **a**와 **b**라고 표지하였다. 이러한 교차피크에 관한 수동적 짝지음은 부분이성질성 상대방에 관한 같은자리 짝지음과 다른 메틸렌 양성자에 관한 이웃자리 짝지음이다. 이러한 짝지음은 상반된 부호를 가지기 때문에 기울기는 음의 값이 된다. **c**라고 표지된 대각선이탈 피크는 부분이성질성 메틸렌 양성자들에 의하여 생긴다. 이 둘의 수동적 짝지음이 양의 값을 가져 기울기는 양의 값이 된다. 이러한 양식으로 **c**는 같은자리 양성자 간의 교차피크로 확인된다.

장거리 COSY(Long-Range COSY, LRCOSY 혹은 Delayed COSY). COSY 실험에서의 정상적인 가정은 두 개 혹은 세 개 결합(같은자리 혹은 이웃) 짝지음이 교차피크를 생성할 수 있는 주요 자화를 제공한다는 것이다. 그래도 장거리 짝지음으로부터의 정보 또한 유용할 수 있다. 고정된 지연 Δ를 전개와 검출 시간대에 삽입[$90° - t_1 - \Delta - 90° - \Delta - t_2$(자료획득)] 하는 것은 큰 짝지음을 희생시키고 작은 짝지음으로부터의 자화 이동을 강화시킨다. 그림 6-13은 다핵방향족 화합물에 대한 COSY와 LRCOSY를 비교하고 있다. COSY 스펙트럼에서는 교차피크는 단지 오쏘 이웃들(1,2와 3,4) 간에만 일어난다. LRCOSY 스펙트럼에서는 여분의 교차피크가 변방 이웃(5,6과 4,6) 간에 발생한다. 따라서 접합방향족 고리 간의 연결성에 관한 정보는 LRCOSY 경우 얻을 수 있게 된다.

위상감별 COSY(Phase-Sensitive COSY, *ϕ*-COSY). 푸리에 변환은 사인과 코사인 곡선의 합으로부터의 신호를 증대시킨다. 스펙트럼의 모든 점들은 서로 90° 상이 벗어난 사인과 코사인의 기여를 가진다. 이러한 기여는 가끔 각자 허수와 진수 부분으로 부르고 수학적으로는 **분산형**(*dispersion-mode*)과 **흡수형**(*absorption-mode*) 스펙트럼이 된다. 위상맞음 혹은 흡수 신호는 익숙한 형태인 양의 피크를 가진다. 분산 신호는 흔히 전자 스핀 공명 분광학에서 사용되며 S를 뉘어 놓은 형태로 일부는 바닥선의 아래, 일부는 위에 위치한다. 그러한 신호는 주어진 피크에 관하여 음과 양 둘의 최고 최저를 생성하며 부호가 변함에 따라 변곡점에서 공명 주파수 0의 값을 가진다. 정상적인 NMR 실험은 상 조절 과정에 의하여 흡수형으로 동조시키지만 두 신호 역시 수학적으로 합쳐서 소위 **진폭** 혹은 **절댓값 스펙트럼**(*magnitude or absolute-value spectrum*)을 만들 수도 있다.

우리가 지금까지 검토하였던 많은 COSY 실험은 다양한 피크 간의 상 차이를 한 가지 형태만 사용한 진폭 표기법이었다. 전달되지 않은 자화(따라서 대각선 상에서 나타남)와 평행 전이로 전달한 자화 양쪽 모두 상의 이동이 없다. 그러나 다른 교차피크는 상 이동

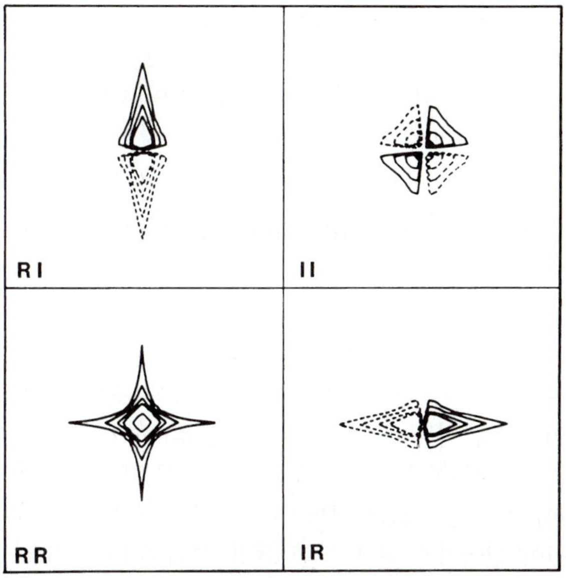

그림 6-14 2D 위상 상한의 네 유형으로 실수-실수 (RR), 허수-실수 (IR), 실수-허수 (RI), 허수-허수 (II) 의 주파수 모드에 해당함 (출처: A. E. Derome, *Modern NMR Techniques for Chemistry Research*, Oxford, UK: Pergamon Press, 1987, p. 207.)

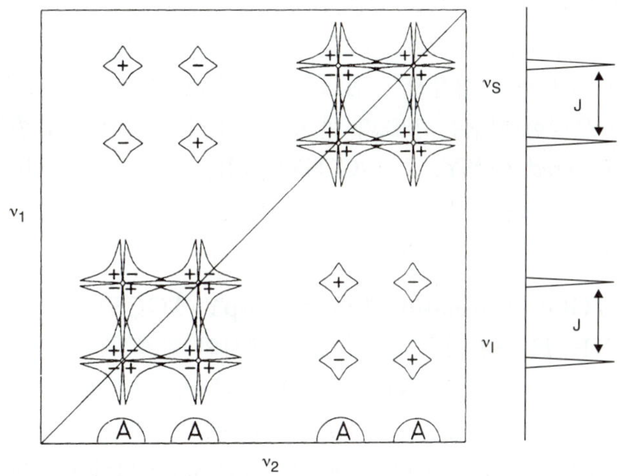

그림 6-15 대각선피크는 분산 모드이고 교차피크는 반대 위상 흡수 모드인 두 스핀에 대한 위상감별 COSY 그림. ID 스펙트럼은 오른쪽 (출처: F. J. M. van de Ven, *Multi-dimensional NMR in Liquids*, New York: VCH, 1995, p. 171.)

을 보여 준다. 점진적 전이 간의 이동(그림 6-5에서 A1에서 X2로)은 상을 −90° 이동시키며 퇴진전이(A1에서 X1으로)는 상을 +90° 이동시킨다. 흡수와 분산형은 90° 차이가 나기 때문에 대각선피크를 흡수로 상 조절을 하면 분산형 교차피크를 발생하게 하며 역방향도 성립된다. 점진전이와 퇴진전이의 교차피크들의 상은 항상 180° 어긋난다(하나의 교차피크가 양의 흡수를 대표한다면 다른 피크는 음의 흡수를 대표한다; 만일 하나의 교차피크가 분산 신호를 음으로 시작한다면 다른 하나는 양으로 시작한다). 진폭 혹은 절댓값형은 모든 상 차이를 제거하여 흡수 유사 피크를 생성한다. 그 결과 얻어지는 피크는 넓어지고 흔히 뒤틀린다. 작은 피크가 겹치는 작은 분자에서는 진폭 스펙트럼을 사용하는 데에는 문제가 없을 수 있지만 단백질 다당체 혹은 폴리뉴클레오타이드 같은 큰 분자에서는 용납할 수 없는 겹침을 생성할 수가 있다. 위상감별 COSY 실험은 교차피크를 순수한 흡수(실수) 형태로 동조할 수 있다. 이러한 실험은 증가된 분해능을 제공하며 또한 자료를 높은 수준으로 디지털화하면 교차피크로부터 짝지음 상수를 보다 용이하게 읽게 해 줄 수 있다.

2D 방법은 두 개의 시간 영역을 포함하기 때문에 t_1과 t_2에서의 변환은 실수와 허수 성분을 생성한다. 그 결과 위상감별 2D 신호는 2개가 아니라 4개의 행태를 가진다. 이러한 상행태, 즉 상한은 둘 다 실수이거나 둘 다 허수 혹은 하나는 실수, 다른 하나는 허수가 되는 주파수 신호에 해당된다. 그림 6-14는 이러한 4개의 행태를 보여 준다. 실수-실수

(RR) 행태는 바닥에서 4꼭지점 별 같은 등고선 모양을 가지는 친근한 피크를 준다. 그림 6-15는 두 개의 스핀에 관한 대각선과 평행 성분을 분산적(둘 다 허수)으로 동조하였을 때와 점진적과 퇴진적인 교차피크를 절대적(둘 다 RR이지만 180° 상이 어긋남)으로 동조하였을 때의 모양을 보여 준다. 이러한 공통적인 위상감별 표기식은 짝지음으로부터 파생하는 교차피크를 직접적으로 확인하게 해 주며 *J* 값을 측정하게 해 준다.

다중양자 여과(Multiple Quantum Filtration). lD INADEQUATE 펄스서열은 위성 피크로부터 $^{13}C—^{13}C$ 짝지음상수를 측정하기 위하여 단일선의 중심부를 억제한다(5-7절). 이 과정은 이중양자 결맞음을 포함한다(5-8절). 2D ^1H 스펙트럼에서도 유사한 과정으로 단일양자 결맞음인 단일선을 억제한다. 이러한 단일선은 용매나 짝지음이 없는 메틸 공명으로부터 생기며 이들 모두 복잡한 스펙트럼에서 고도로 분할된 공명을 찾아내는 데 주요한 방해물이 된다. **이중양자 여과 COSY**(*Double Quatum Filtered* ***COSY***, DQF-COSY) 실험에서는 두 번째 90° COSY 펄스에 여분의 하나 90° 펄스를 가하고 상순환을 시켜 다중양자 결맞음을 관찰 가능한 자화로 변환한다. 그 결과 얻어지는 2D 스펙트럼에서 대각선 상의 모든 단일선이 없어지게 된다. 예를 들면, 그림 6-16의 왼쪽에서 라이신(lysine), $^+NH_3CH(CH_2CH_2CH_2CH_2NH_2)CO_2^-$은 단일양자 결맞음으로 억제하여 용매(HOD) 피크가 없다. 위상감별 DQF-COSY 실험의 중요한 특징은 이중양자 여과로 대각선피크와 교차피크 모두 순수한 흡수형으로 동조하게 해 준다는 것이다. 이러한 특징은 모든 대각선피크의 크기를 감소시켜 대각선 근접인 교차피크를 관찰할 수 있게 해 준다는 것이다. DQF-COSY의 유일한 단점은 감도가 반으로 감소하는 것이다. **삼중양자 여과 COSY**(*Triple Quatum Filtered* ***COSY***, TQF-COSY) 실험은 단일선 및 AB 혹은 AX 사중선 모두 제거함으로써 스펙트럼을 보다 더 단순화한다. 부수적으로 더 증가된 감도의 손실을 가져오기 때문에 이 실험은 잘 사용하지 않는다.

총체적 상관분광법(TOtal Correlation SpectroscopY, TOCSY). 표준 COSY 실험에서 뷰틸기($CH_3CH_2CH_2CH_2—$) 같은 전체 스핀계에서의 연결성은 양성자로부터 양성자로 일련의 교차피크들을 거쳐 하나씩 찾아내어야만 한다. 두 번째 COSY 펄스 동안 양성자들을 스핀 고정함으로써 모든 양성자들의 화학 이동을 본질적으로 동등한 값으로 만들어 준다. 고체에서 양성자와 탄소의 공명 주파수가 Hartmann-Hahn 조건(2-9절)을 성취함으로써 교차 편극화를 통하여 동등해짐을 상기해 보자. 이 실험의 2D 변형에서는 처음의 90° 펄스와 t_1 시간대가 보통과 같지만 두 번째 펄스가 y축 상의 자화를 고정시켜 상호간에 매우 근접하게 짝지게 함으로써 모든 양성자가 스핀 고정 주파수를 가진다. 따라서 하나의 스핀계에서의 모든 짝지음 스핀은 근접하게 상호 짝지어지고 *J* 짝지음이 없을 경

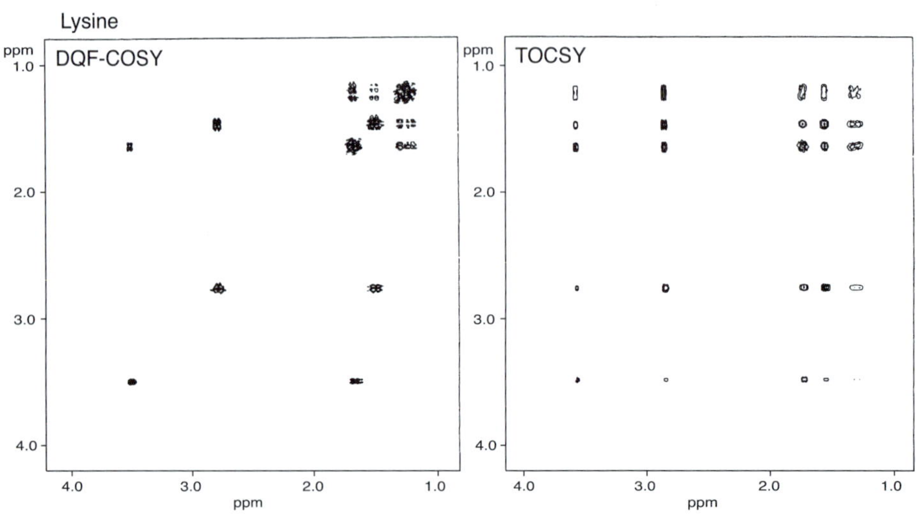

그림 6-16 Lysine의 DQF-COSY 및 TOCSY 스펙트럼(출처: J. N. S. Evans, *Biomolecular NMR Spectroscopy* Oxford, UK: Oxford University Press, 1995, p. 428.)

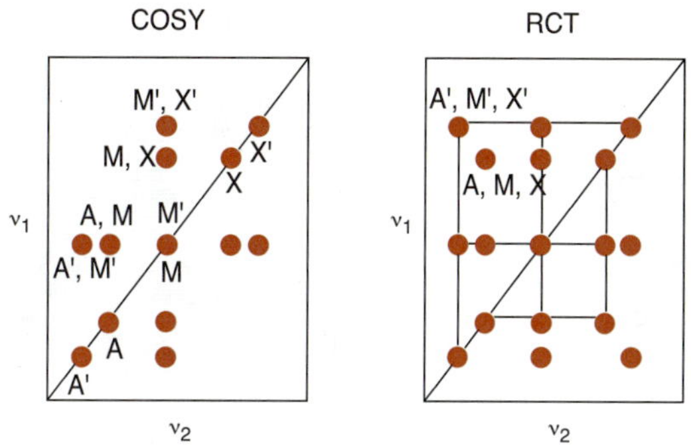

그림 6-17 두 개의 세-스핀계(AMX와 A′M′X′, M과 M′은 겹침)의 COSY와 중계 결맞음 이동(RCT) 실험 그림 (출처: F. J. M. van de Ven, *Multidimensional NMR in Liquids*, New York: VCH, 1995, p. 233.)

우조차도 서로 다른 모든 구성원에게 자화가 전달된다. 그림 6-16은 라이신에 관한 TOCSY 실험을 보여 준다. 가장 낮은 주파수(오른쪽 위의 모서리 부분)의 메틸렌기는 4개의 TOCSY 교차피크, 즉 하나의 메틸렌이 다른 3개의 메틸렌기 각각과 한 개의 메타인 양성자와의 피크를 보여 준다. TOCSY 실험은 ***HO****monuclear* ***HA****rtmann*-***HA****hn* 혹은 HOHAHA 실험의 한 변형이며 큰 분자에서 감도 증가 및 필요에 따라 대각선과 교차피크를 흡수 형태로 상 조절을 할 수 있는 특별한 장점이 있다. 특정 아미노산 혹은 뉴클레오타이드 잔기에서 공명을 확인하는 과정이 이 실험에 의하여 상당히 단순화될 수 있다. 각 잔기는 다른 잔기의 양성자에 대해서는 아무것도 주지 않으며, 그들만의 모든 양성자 간의 교차피크를 준다고 예상할 수 있다.

중계 COSY(Relayed COSY). 연장된 수준에서의 연결성을 보여 주는 다른 하나의 방법은 일반적이 아닌 방법으로 **중계된 결맞음 이동**(*Relayed Coherence Transfer, RCT*)에 의하여 제공된다. $J_{AX} = 0$인 AMX계에 관한 전형적인 COSY 실험은 A와 M의 교차피크와 M과 X 간의 교차피크를 생성한다. M에 관한 중요한 대각선피크가 다른 스핀계의 하나의 공명과 같은자리에서 겹치는 것은 특별한 것이 아니어서 연결성 경로를 따르는 어려움이 생긴다(예를 들어, 그림 6-10에서 Pro-Leu-Gly의 COSY 스펙트럼에서 Leu 부분을 상기하라). RCT 실험은 A,M과 M,X 교차피크 간에 하나의 교차피크를 생성함으로써 모호성을 제거한다. 그림 6-17에서 M과 M′ 공명이 같은자리에서 일어나는 AMX와 A′M′X′ 계에 관한 결과가 극적으로 나타남을 보여 준다. COSY 실험에서는 예상되는 4개의 교차피크를 보여 준다. RCT 실험은 개별적인 스핀계의 교차피크를 연결해 주는 두 개의 여분의 교차피크를 포함한다. 두 개의 새로운 교차피크는(A, M, X)와 (A′, M′, X′)라고 표지한다. 그러면 AMX와 A′M′X′의 연결성은 명확하게 된다.

***J*-분해 분광법(*J*-Resolved spectroscopy)**. 5장에서 스핀-메아리 실험이 어떻게 화학 이동 혹은 짝지음 상수를 분리하거나 제거할 수 있는가를 보았다. 스핀 메아리는 2차원인 경우 한 주파수 차원에서는 화학 이동을 발생하고, 다른 하나의 주파수 차원에서는 짝지음 상수를 표시하는 데 사용할 수 있다. 순서 $90° - \frac{1}{2}t_1 - 180° - \frac{1}{2}t_1 - t_2$는 예를 들면 t_1 동안 180° 펄스를 재초점에 사용한다. Glucose 유도체에 관한 결과는 그림 6-18에 표시하였다. 수평선 축 상에(δ 단위 ν_2) 보통의 1D 스펙트럼을 상단(그림 6-18a)에서 볼 수 있다. 수직축 (“f_1” $= \nu_1$)은 모든 다중선이 각각 영의 주파수 점에 중심이 되는, 즉 동일하게 $\nu_1 = 0$에서 위치하는 단지 양성자-양성자 짝지음 다중선만을 포함한다. 따라서 H-3으로부터의 가장 높은 주파수(가장 낮은 자장)에서의 다중선은 사중선이지만 수직축으로 보았을 때 더욱더 갈라짐을 볼 수 있다. 하나의 각도(45°)에서의 투영을 택하여 다중성의 구성원들을 수평축에서 보게 중첩시키면 바닥 (b)와 같이 도시가 얻어지며 이것은 본질적으로 양성자-양성자풀림 양성자 스펙트럼이다. 어떠한 짝지음도 없는 공명이 각 주파수에 존재한다. 이러한 투영은 비록 어떠한 연결성도 보여 주지 않는 이유로 많이 사용하지는 않지만 ^{1}H 스펙트럼을 검토하는 새로운 방법이다.

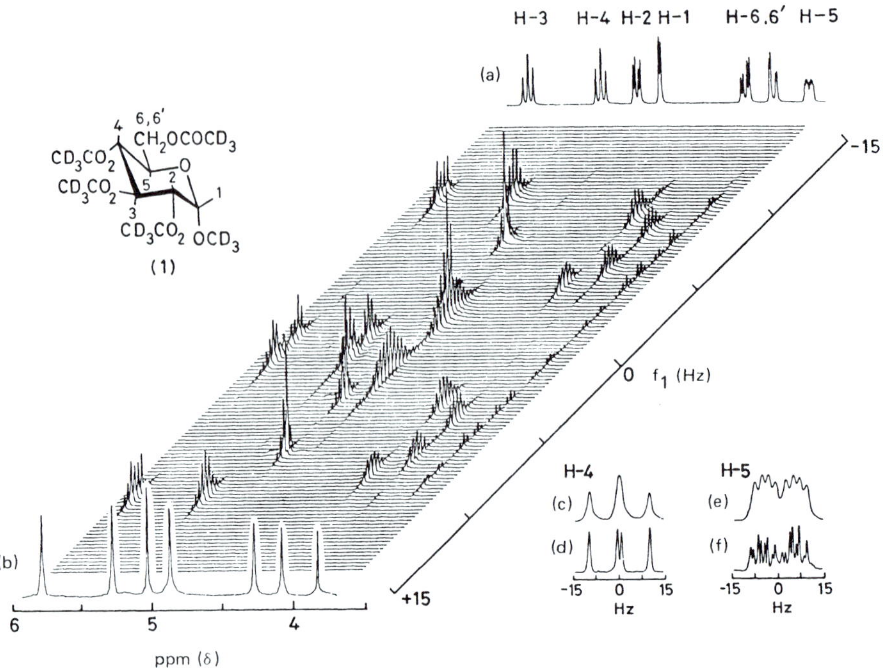

그림 6-18 2,3,4,6-tetrakis-*O*-trideuteroacetyl-α-D-glucopyranoside의 270 MHZ 2D *J*-분해 ^{1}H 스펙트럼 (출처: L. D. Hall, S. Sukumar, and G. R. Sullivan, *J. Chem. Soc., Chem. Commun.*, 292 [1979].)

스핀-메아리 실험의 하나의 변형으로 펄스서열은 자장의 불균일성에 기인한 주파수의 퍼짐을 다시 재초점함으로써 분해능의 개선을 약간 얻을 수 있다. 그림 6-18의 오른쪽 아래의 삽입 그림은 H4와 H5의 1D 스펙트럼(그림 6-18c와 e)을 위에 보여 주고 아래에 투영한 스펙트럼(그림 16-8a)으로부터 추출한 회전하지 않은 2D *J*-분해 스펙트럼(그림 6-18d와 f)을 보여 준다. 2D 공명의 고분해능이 확실하게 증명된다. 따라서 이 과정은 특히 1D 스펙트럼에서 *J*의 분해능이 나쁜 경우에 *J* 값을 정확하게 측정하는 데 효율적이다. 이 실험은 근접하게 짝진 핵(이차 스펙트럼)의 경우에는 사용할 수 없다.

1D 스펙트럼에서 존재하지 않을 작은 짝지음을 분해하는 것에 덧붙여 *J*-분해 과정은 이핵종 짝지음으로부터 동핵종 짝지음을 구별하는 데 사용할 수 있다. 그림에서의 수직축은 180° 펄스에 의하여 영향을 받는 스핀 사이의 짝지음을 표시한다. 따라서 ^{1}H—^{1}H 짝지음만이 축 상에 나타난다. 이핵종에 관한 짝지음은 상변조(phase modulated)가 되지 않아서 그 결과 수평축 상에 멀리 떨어져 나타난다. 이러한 방법으로 그림의 아래 (b)에 나타낸 것과 같이 회전된 스펙트럼에서 ^{1}H—^{19}F와 ^{1}H—^{31}P 짝지음을 제거함으로써 ^{1}H—^{1}H 짝지음과 구별할 수 있다.

다른 핵종을 위한 COSY. 기본적 COSY 실험은 존재율 100%인 스핀 $\frac{1}{2}$인 핵종 어느 것에 관해서도 수행할 수 있다. ^{1}H—^{1}H 이외에도 이 실험은 유기플루오린이나 유기인 화합물에서의 ^{19}F—^{19}F (F,F-COSY)과 ^{31}P—^{31}P (P,P-COSY) 각각에도 적용할 수 있다. 핵종이 100% 이하로 존재하는 경우, 예를 들어 Li,Li-COSY 같은 경우에는 짝지음 위성으로부터 짝짓지 않은 중앙띠를 보통 2D INADEQUARE 과정(6-4절)을 사용하여 분리해야 한다.

6-2 양성자-이종핵 상관관계

표준 COSY 실험에서의 교차피크는 양성자 간의 스칼라(*J*) 짝지음으로부터 생긴 자화 이동을 통하여 발생한다. 하나의 양성자로부터 다른 핵종, 예를 들면 탄소-13에 대한 짝지음은 유사한 감응을 일으킨다. 유사한 교차피크가 어떤 탄소가 어떤 수소와 결합하였는지에 관한 유용한 정보를 제공한다. 따라서 양성자 공명의 배정은 자동적으로 결합된 탄소 공명을 배정한다. 그 반대도 마찬가지이다. 이러한 분야는 최근에 상당히 발전하여 왔으며 지금은 양성자와 탄소 혹은 다른 이종핵 간의 연결성을 연구하는 데 몇 가지 펄스서열이 사용된다.

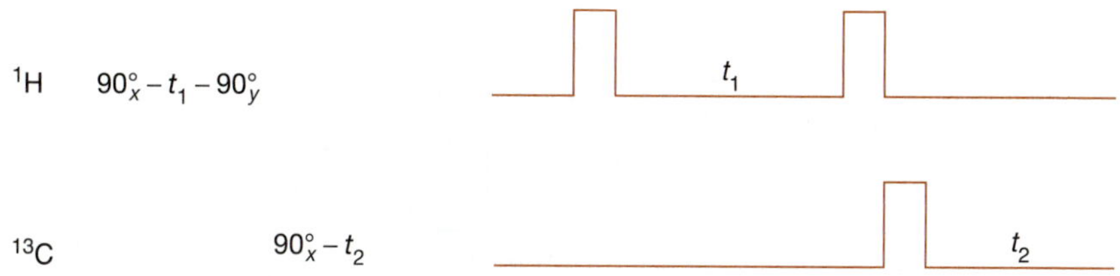

그림 6-19 HETCOR 실험에서의 펄스서열

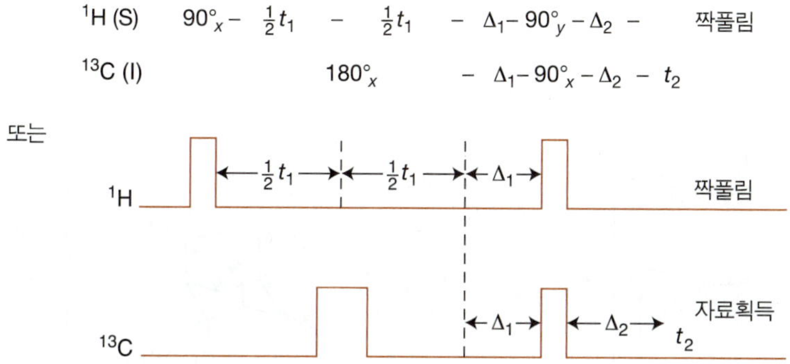

그림 6-20 짝풀림 HETCOR 실험에 대한 펄스서열

HETCOR. 양성자로부터 탄소로의 자화 이동을 포함하는 가장 간단한 2D 서열은 그림 6-19에 주어진 형태를 가진다. 펄스서열은 1D INEPT 서열을 연상시킨다. 자화에 관한 조작은 그림 5-19와 180° 펄스를 빼면 거의 같다. 처음의 90° ^1H 펄스는 y 자화를 발생한다. 가장 간단한 경우, 탄소 하나가 한 개의 양성자와 결합한 경우($CHCl_3$ 같은) ^1H 자화는 그것의 라모 주파수에 따라 t_1 시간대 동안에 전개한다. 두 개의 ^1H 벡터는 ^{13}C와의 짝지음으로 갈라진다. 두 번째 90° ^1H 펄스는 비평형 z 자화를 발생시켜 그림 5-19의 INEPT 실험 방식대로 ^{13}C에 전달한다. 다음 한 개의 90° ^{13}C 펄스는 t 시간대에 획득하는 ^{13}C 자유유도감쇠를 제공한다. 그 후 2D 스펙트럼은 하나의 축을 ^1H 주파수(ν_1)와 다른 축 하나를 ^{13}C 주파수(ν_2)로 가진다.

단순한 이종핵 AX의 경우 2D 스펙트럼은 ^1H 축이나 ^{13}C 축에 투영하였을 때(AX 스펙트럼의 A와 B 부분 각각), INEPT 실험과 마찬가지로 2개의 피크를 포함한다. 따라서 검출된 ^1H 공명은 보통의 ^1H 스펙트럼의 ^{13}C 위성에 해당되는 것이다. 게다가 짝풀림이 없는 INEPT 스펙트럼은 하나의 피크가 위를 향하면 다른 하나는 아래를 향하기 때문에 각 핵종에 대하여 피크는 반대 위상(antiphase)이 된다. 짝풀림은 피크를 합쳐서 대수적으로 0을 초래한다.

짝풀림을 일으키기 위해서는 다른 하나의 펄스와 두 개의 고정된 시간대가 첨가된다. (그림 6-20). 첫 번째(90°_x) ^1H 펄스는 화학 이동과 짝지음 상수가 t_1 동안 전개되게 해 준다. 180° ^{13}C 펄스는 H—C 짝지음 상수가 ^1H 차원에서 재초점을 가지게 해 주어 ^{13}C로부터 ^1H가 짝풀리게 된다. 고정시간 Δ_1은 ^1H 벡터가 그림 5-19d에서 설명한 반대 상관계를(180° 상벗어남) 얻게 된다. 두 번째(90°_y) 펄스는 반대상 관계인 벡터를 z축 상으로 이동시켜 역시 반대상 관계를 가지고 편극화가 ^{13}C로 이동이 가능하게 해 준다. 90° ^{13}C 펄스는 관찰을 위한 것이다. 두 번째 고정된 시간 Δ_2는 상 배열을 회복시키고 ^{13}C 자료획득 동안 ^1H로부터 ^{13}C가 짝풀리게 해 준다.

그림 6-21은 아다만테인(adamantane) 유도체에 관한 이러한 실험을 보여 준다. 수직축 상에 ^1H 주파수가 위치하고 수평축 상에 ^{13}C 주파수가 위치한다. 각각의 1D 스펙트럼은 왼쪽과 위쪽에 나타냈다. 2D 스펙트럼은 단지 교차피크만으로 구성되어 있어 각 피크가 하나의 탄소를 직접 결합한 양성자(들)와 상관관계를 가진다. 주파수 차원에서 두 개의 다른 핵종이 존재하기 때문에 대각선피크는 존재하지 않는다(그리고 대각선에 연관된 거울상 대칭이 없다). 고정된 시간대 Δ_1과 Δ_2가 정상적으로 일-결합(one-bond) 짝지음에 관한

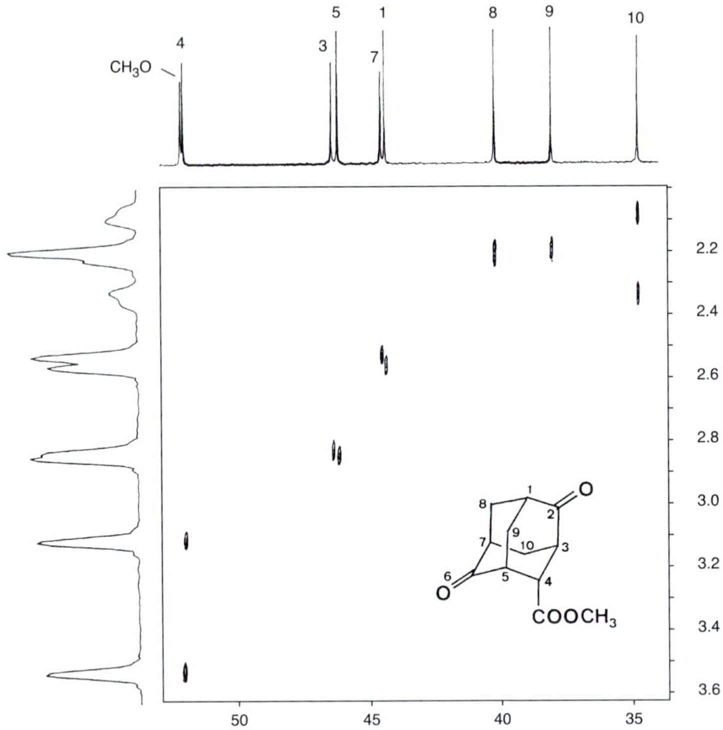

그림 6-21 4-(methoxycarbonyl) adamantane-2,6-dione의 HETCOR 스펙트럼 (출처: H. Duddeck and W. Dietrich, *Structure Elucidation by Modern NMR*, Darmstadt, Germany: Steinkopff Verlag, 1989, p. 22.)

값으로 고정하였기 때문에 사차 탄소는 이 기술에서는 나타나지 않는다. 이 실험은 흔히 ^{1}H와 ^{13}C 공명의 완전한 배정에 필요한 구성 성분이다. 이것을 **이종핵 화학 이동 상관관계**(***HET****eronuclear chemical-shift* ***COR****relation*)라고 하고 약자로 HETCOR라고 한다. 예를 들면 이종핵 이동 상관(HSC *Heteronuclear Shift Correlation*)과 H,C-COSY도 다른 약자로 사용한다. 이 방법은 양성자와 다른 많은 핵종, ^{13}C는 물론 ^{15}N, ^{29}Si 및 ^{31}P과 짝지워진 양성자에 응용한다.

그림 6-21은 HETCOR 실험의 두 가지 장점을 보여 준다: (1) 양성자와 탄소 간의 상호 관계는 한 핵종에 관한 스펙트럼 배정이 자동적으로 다른 핵종에 관한 스펙트럼 배정이 된다. ^{13}C 배정은 ^{1}H 배정에 도움이 되며 그 반대도 마찬가지이다. (2) 겹치는 양성자 공명은 흔히 탄소 차원에서는 분산할 수 있다. 높은 자장에서 조차에서도 양성자 공명은 겹칠 수 있다. 예를 들어 그림에서 δ 2.2의 같은 위치에서 나타나는 H8과 H9의 공명을 고려해 보자. C8 (δ 40)과 C9 (δ 38)로부터의 교차피크의 존재는 양성자 차원에서의 스펙트럼의 겹침을 보여 준다. 이와 비슷하게 H3과 H5를 고려할 수 있다.

COSY 교차피크는 같은자리(HCH) 혹은 이웃자리(HCCH) 연결성 중 하나에서 발생할 수 있어 모호성이 존재한다. 같은자리에서 관련된 양성자는 부분이성질성이고 하나의 공통 탄소에 부착되어 HETCORE 연결성이 하나의 ^{13}C 주파수로 되며 반면에 이웃으로 관련된 양성자는 다른 탄소에 부착됨으로써 HETCOR 연결성은 두 개의 다른 ^{13}C 주파수가 된다. 이러한 장점은 그림에는 나타나지 않지만 COSY 스펙트럼에서 같은자리 관계를 이웃자리 관계로부터 구별하는 데 유용하다.

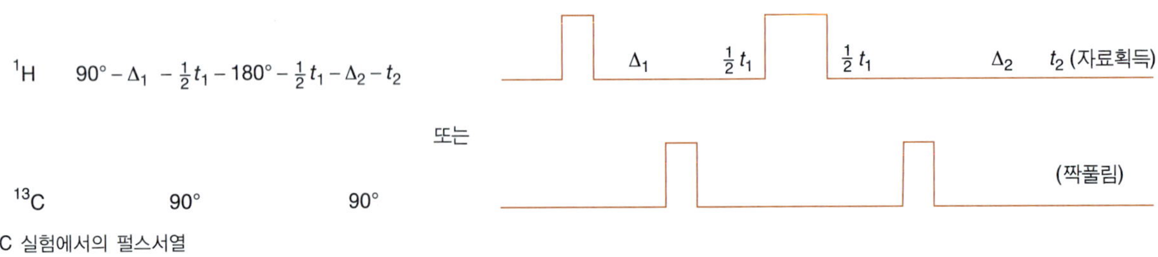

그림 6-22 HMQC 실험에서의 펄스서열

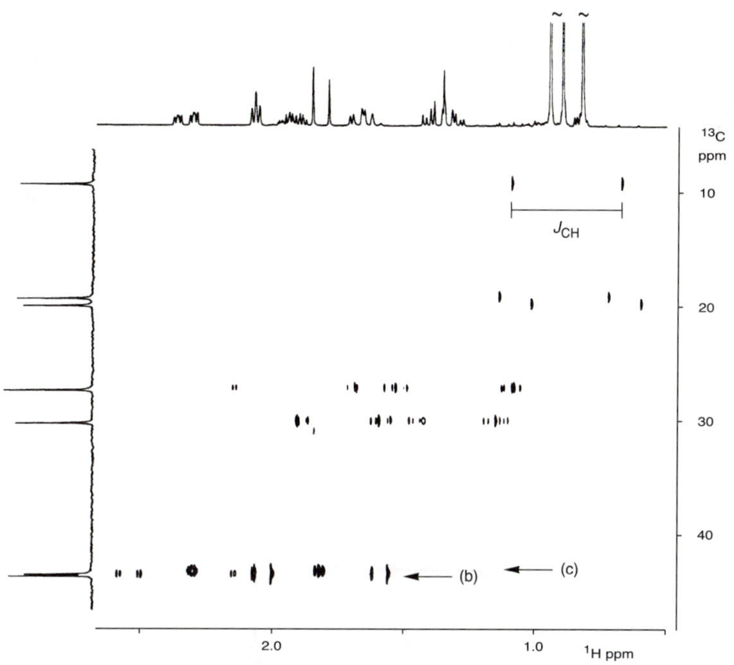

그림 6-23 ^{1}H-^{13}C 짝지음의 ^{1}H 차원에서는 유지된 캄포의 HMQC 스펙트럼 (출처: J. K. M. Sanders and B. K. Hunter, *Modern NMR Spectroscopy,* 2nd ed., Oxford, UK: Oxford University Press, 1993, p. 111.)

HMQC. HETCOR 실험의 주요 단점은 X핵(보통 ^{13}C)을 검출하는 데 낮은 감도를 초래한다는 것이다. HMQC (**다중양자 결맞음을 통한 이종핵 상관관계**, ***H****eteronuclear correlation through* ***M****ultiple* ***Q****uantum* ***C****oherence*) 실험은 ^{13}C 감응을 ^{1}H 스펙트럼에서 관찰하는 **역검출** (*inverse detection*)을 사용한다. 펄스서열은 그림 6-22에 나타나 있으며 편극화보다는 결맞음 이동을 표시한다. 처음의 90° 펄스로부터 ^{1}H 자화는 고정 시간대 Δ_1 동안 ^{1}H—^{13}C 짝지음 상수를 통하여 반대상이 된다. 그 다음 처음의 ^{13}C 펄스에 의하여 다중양자 결맞음이 발생한다. 서열의 나머지는 5-7절에 있는 1D INADEQUATE 실험과 유사한 단일양자 결맞음(^{1}H 중앙띠로부터)보다 이중 이상의 다중양자 결맞음(^{1}H 스펙트럼에서 ^{13}C 위성으로부터)을 선택하기 위하여 설계되었다. 그림 6-23에서 보듯이 캄포(camphor)에 관한 2D 표기법은 비록 ^{1}H t_2 자료획득 시간대 동안 짝풀림을 제공하기 위하여 ^{13}C 조사가 가능하지만 ^{1}H 차원에 ^{1}H—^{13}C 짝지음 정보를 여전히 포함한다. HETCOR와 HMQC 간의 중요한 차이는 전자실험에서는 자료획득 시간대 t_2가 ^{13}C 주파수에 있지만(그림 6-20) 후자에서는 ^{1}H 주파수에 있다는(그림 6-22) 점이다. HETCOR와 마찬가지로 HMQC는 ^{13}C 이외의 이핵에 대하여 사용할 수 있으며 이핵 중 ^{15}N을 포함하는 실험이 가장 흔하다.

BIRD-HMQC. HMQC 실험을 공고히 해 주는 가장 어려운 점은 ^{13}C에 부착한 양성자(위성 혹은 이중양자 결맞음)를 선호하기 위하여 ^{12}C에 부착한 양성자(중앙띠 혹은 단일양자 결맞음)로부터의 신호를 억제하는 것이다. 펄스 자장 기울기(pulsed field gradients)(6-6절)는 가장 효율적인 기술이지만 이것을 생성하는 데 필요한 하드웨어가 아직은 많은 분광기를 가지고 있지 않다. 그러나 다행히도 BIRD (**쌍일차 회전 짝풀림**, ***BI****linear* ***R****otation* ***D****ecoupling*) 서열이라는 수단에 의하여 중앙띠를 억제하는 데 효율적인 하나의 대안이 있다. 이것은 그림 6-24에서 벡터 표기로 나타내었다. 두 벌의 벡터가 있는데 하나는 ^{12}C에 부착된 양성자에 관한 것이고 다른 하나는 ^{13}C에 부착된 양성자에 관한 것이다. x 방향에서의 처음 90° 양성자 펄스(그림 6-24a와 a′)는 모든 자화를 y축 상으로 이동시킨다(그림 6-24b와 b′). (결국 역검출 HMQC 펄스가 가해져 양성자 채널에서 최종 검출이 됨을 잊지 마라.) ^{12}C에 부착된 양성자는 갈라지지 않아 그것들의 자화는 벡터 도해의 상부에서 표시한 것으로 전개된다. 지체된 시간대 $(2J)^{-1}$ 이후 그것들의 벡터들은 개별적인 라모 주파수에 따라 y축에 대하여 임의의 각도(그림 6-24c)에 도달한다(이 중 하나의

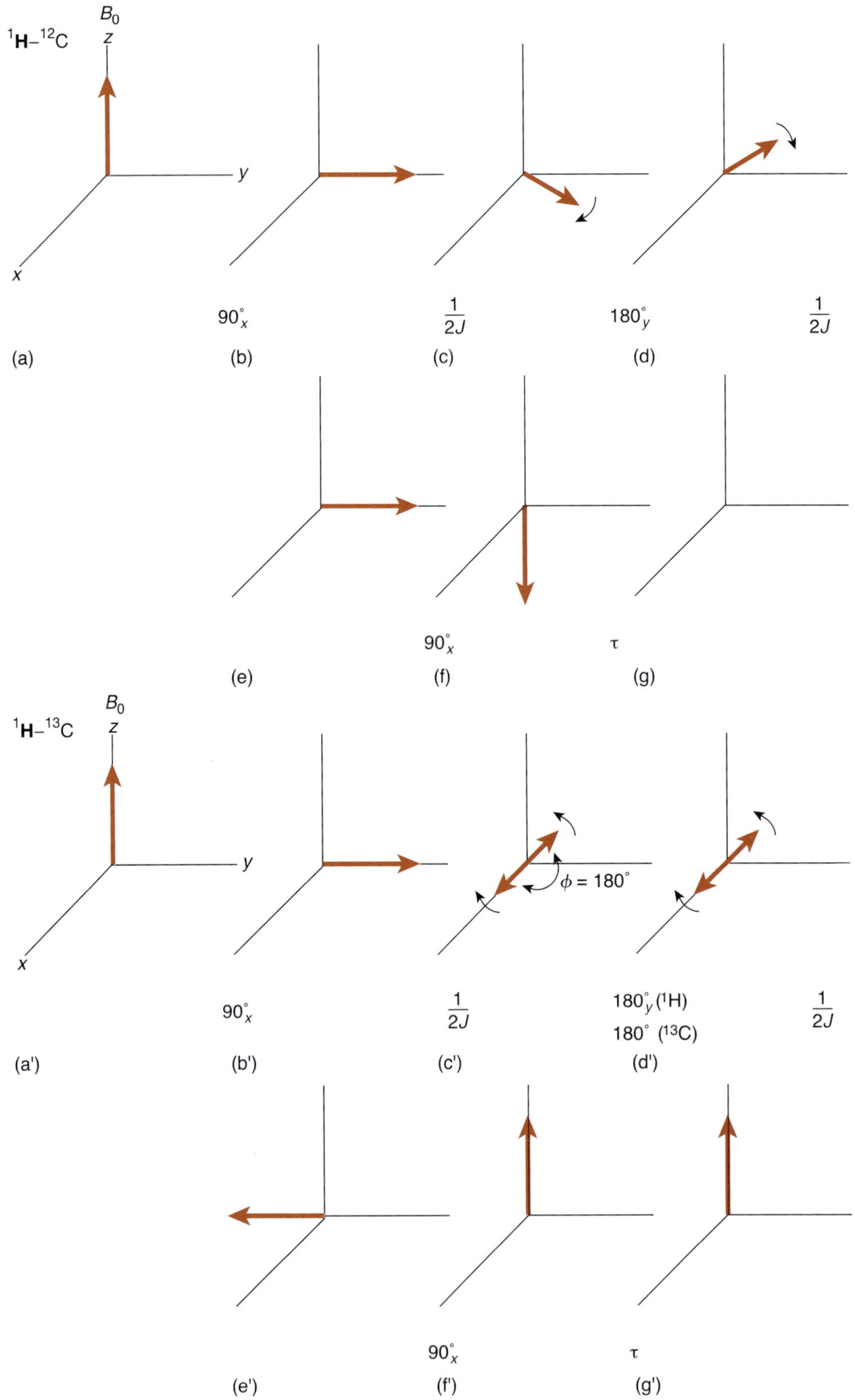

그림 6-24 ^{12}C에 부착한 양성자로부터의 신호보다는 ^{13}C에 부착한 양성자로부터의 신호를 선택한 BIRD 서열

주파수만 보여 주고 있다). 이와 반대로 ^{13}C에 부착된 양성자는 두 개의 벡터로 전개되어 일-결합 결합상수의 주파수로 분리되어 ($\Delta\omega = 2\pi\Delta\nu = 2\pi J$) 벡터 도해의 하단에 표시되었다 (도해의 중앙은 보기 간단하게 y축 상에 유지하고 있지만 벡터의 화학 이동은 그것들의 라모 주파수에 따라서 전개한다). 지연 시간 $(2J)^{-1}$ 후에 이러한 벡터는 180° 각도로 분리된다 (그림 6-24c′, 5-5절, $\phi = 2\pi(\Delta\nu)t = 2\pi J(2J)^{-1} = \pi$). 이때 하나의 180° 펄스를 ^{1}H 채널에 y축을 따라서 가하고 다른 하나의 180° 펄스를 ^{13}C 채널에 가한다. y축을

중심으로 ^{12}C에 부착된 양성자에 관한 벡터를 ^1H 펄스가 회전시킴으로써(그림 6-24d) 다른 하나의 시간대 $(2J)^{-1}$ 이후 벡터가 y축 상에 수렴하게 되어 스핀-메아리를 발생시킨다(그림 6-24e). 그러나 동시에 ^{13}C 펄스는 ^{13}C에 부착된 양성자에 대한 짝지운 상대편의 스핀 본체를 전환함으로써 그림 5-14에서 논의한 대로 벡터가 발산한다. 두 번째 시간대 $(2J)^{-1}$ 이후 이 벡터들은 y축 상으로 수렴한다(그림 6-24e′, $\phi = 360°$). x축 상에 두 번째 90° 펄스를 가하면 모든 양성자 자화가 z축으로 이동한다. 그림 6-24e와 e′에서 양성자들은 반대의 상을 가지기 때문에 ^{12}C에 부착된 양성자는 이제 $-z$축 상에서 배향하고(그림 6-24f) 반면에 ^{13}C에 부착한 양성자들은 $+z$축을 따라 배향한다(그림 6-24f′). 그 후 이 실험은 이완에 필요한 지연 시간 τ를 필요로 한다. ^{13}C에 부착한 양성자는 이미 평형이 있기 때문에 영향을 받지 않지만(그림 6-24g′), ^{12}C에 부착한 양성자들은 뒤집혀져 평형을 향하여 다시 이완하기 시작한다. 시간 τ 이후에 가해진 HMQC 펄스는 ^{12}C에 부착한 양성자들에 대한 자화를 정확하게 0으로 만들어 준다(그림 6-24g). 이 시점에서 BIRD는 단일양자 결맞음($^{12}C—^1H$, 그림 6-24g)을 억제하고 다중양자 결맞음($^{13}C—^1H$, 그림 6-24g′)을 선택하였다.

따라서 전체적인 실험은 BIRD-τ-HMQC-DT가 되었으며, 여기서 τ는 단일양자 결맞음을 0으로 하게 선택되었으며 DT는 펄스 반복 간의 정상적인 지연 시간이다. DT는 이완을 통하여 신호가 재발생한 재순환 시간과 마찬가지로, 신호를 얻는 데 사용된 시간을 포함한다. 상세한 실험은 이완 시간 T_1과 적절한 간격 τ와 DT에 관한 약간의 지식을 필요로 한다. 최적화된 결과는 작은 분자에 대하여 원하지 않는 신호를 효과적으로 억제한다. 그러나 큰 분자는 도치된 신호로부터 감도의 손실과 더불어 음의 핵 Overhauser 효과(6-3절)를 겪을 수 있다.

HSQC 이핵종 단일양자 상관관계(***H****eteronuclear* ***S****ingle* ***Q****uantum Correlation*, HSQC). 실험은 HMQC에 관한 다른 대안으로 비슷한 목적을 달성한다. 이 실험은 INEPT 서열을 통하여 단일양자 ^{13}C(혹은 ^{15}N) 결맞음이 전개되어 두 번째 역순인 INEPT 서열에 의하여 양성자 주파수로 이동된다. HMQC 결과와의 주요한 차이점은 HSQC 스펙트럼은 $^1H—^1H$ 짝지음이 $^{13}C(\nu_1)$ 차원에 포함되지 않는다. 그 결과 HSQC 교차피크는 유사한 HMQC 교차피크보다 개선된 해상도를 가진다. 상당한 스펙트럼 상의 중첩이 있는 경우 HSQC를 선호하게 된다.

COLOC. 장거리 H—C 짝지음에 주안점을 두기 위하여 HETCOR의 고정 시간 Δ_1과 Δ_2를 연장할 수 있다. 그러면 가로 방향 이완에 의한 자화 손실은 감도를 상당히 감소시킨다. COLOC 펄스서열(**장거리 짝지음을 통한 상관관계 분광학**, ***CO****rrelation spectroscopyvia* ***LO****ng-range* ***C****oupling*)은 Δ_1 지연 시간대 안에 ^1H 전개시간대 t_1을 병합함으로 이러한 문제를 피하였다. 그림 6-25는 vaniline의 COLOC 스펙트럼을 보여 준다. 원을 친 교차피크는 일-결합 짝지음으로부터의 잔유물이다. 메톡시기의 유일한 장거리 짝지음은 C-3이며 메톡시기가 이 점에서 연결되었음을 보여 준다. 다른 장거리 짝지음은 그래도 역시 C-1과 H-5, C-3와 H-5 및 C-2와 H-7에서 예를 볼 수 있다.

COLOC 서열의 주요한 단점은 전개시간대의 고정된 본질에 있다. 그러한 펄스서열에서는 이-결합과 삼-결합 $^1H—^{13}C$ 짝지음이 분자 단위 내의 $^1H—^1H$ 짝지음과 유사한 크기가 될 때 C—H 상관관계가 작아지거나 없어지기도 한다. 이러한 상황은 매우 흔하게 일어난다(4장). FLOCK 서열(3개의 BIRD 서열을 포함하여 붙여진 이름으로 새무리라는 뜻)은 가변의 전개시간을 포함하여 t_1이 점차적으로 커져서 C—H 상관관계의 상당한 손실을 피한다. 비록 이 실험이 탄소를 검출하지만 ^1H 스펙트럼에서 신호의 중첩이 있는 경우 매우 유용하다.

HMBC. 장거리 H—C 짝지음을 통한 상관관계는 적어도 두 개의 큰 장점이 있다. (1) 부

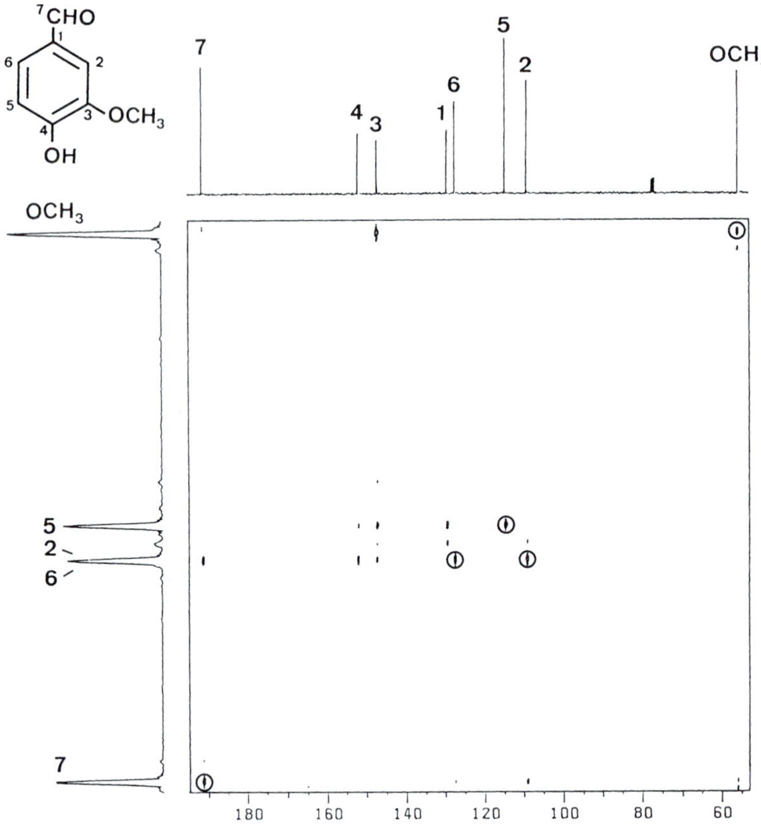

그림 6-25 바닐린의 COLOC 스펙트럼(출처: H. Duddeck and W. Dietrich, *Structure Elucidation by Modern NMR*, Darmstadt, Germany: Steinkopff Verlag, 1989, p. 24.)

착한 양성자가 없는 이종핵은 HETCOR/HMQC/HSQC 계열 실험에서는 보이지 않는다. 따라서 카보닐 탄소와 4치환 탄소를 연구할 수 없다. 그러나 그러한 탄소는 두 개 이상 결합이 떨어진 양성자와의 짝지음을 보여 줄 가능성이 있다. (2) 단 한 개의 탄소는 몇 개의 이웃한 양성자와 상관관계를 가질 수 있다. 따라서 헤테로 원자 혹은 카보닐기는 원자의 큰 집단을 정의하는 데 도움을 줄 수 있으므로 COSY로부터의 정보를 보완하게 된다. 그러나 COLOC과 FLOCK 서열은 HETCOR와 같은 단점, 즉 낮은 자기회전 비율을 가지는 하나의 핵종(^{13}C, ^{15}N 등등)으로부터 생기는 낮은 감도의 문제가 있다.

양성자 검출 이종핵 다중결합 상관관계(*Proton-detected* ***H****eteronuclear* ***M****ultiple* ***B****ond* ***C****orrelation, HMBC*)는 양성자와 탄소나 질소 같은 이종핵 간의 상관관계를 HMQC에서 사용한 유사한 펄스서열(그림 6-26)에 의하여 제공한다. 두 번째 지연 시간(Δ_2)은 H—C 짝지음을 제거할 의향이 없기 때문에 더 이상 필요가 없다. HMQC와의 주요한 차이는 두 개 이상의 결합을 거치는 작은 짝지음을 위하여 선택하기 위하여 첫 번째 지연 시간 Δ_1의 경과를 연장시킨 것이다. 이러한 짝지음은 보통 0~15 Hz 범위에 존재한다 [^2J (HCC)에 관하여 4-5절 그리고 ^3J(HCCC)에 관해서는 4-6절]. 전형적인 지연 시간 Δ, $(^2J)^{-1}$은 HMQC에서 24 ms인 것과 대조적으로, 60~200 ms (J = 2.5~8.3 Hz)의 범위를 가진다. 짧은 지연 시간은 감도를 개선하지만(이완에 의한 신호 손실이 작다), 긴 시간은 작은 분자에 대하여 전적으로 허용이 된다. 긴 지연 시간은 때로는 ^4J(HCCCC 같은 네

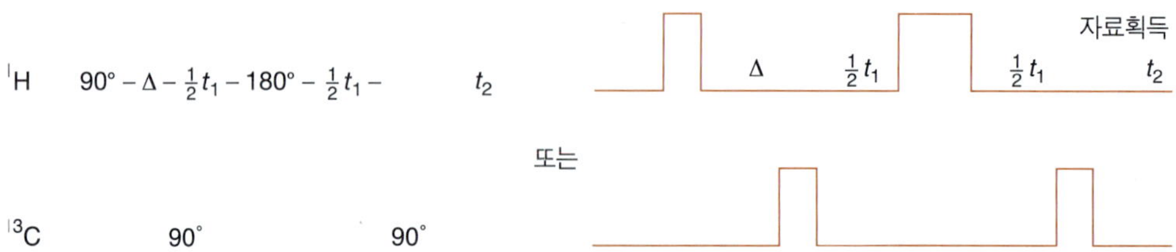

그림 6-26 HMBC 실험에 대한 펄스서열

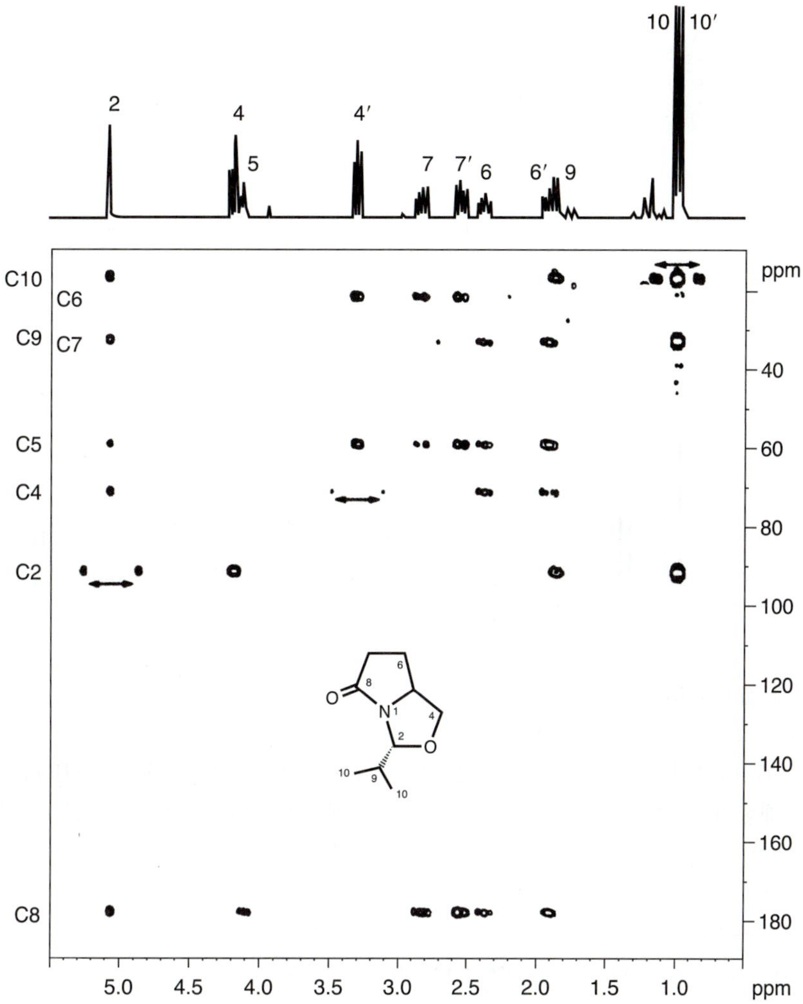

그림 6-27 그려진 헤테로 고리의 HMBC 스펙트럼. 위에 1D ^1H 스펙트럼이 주어졌다. 수직축은 ^{13}C 주파수에 해당하고 수평축은 ^1H 주파수에 해당된다. 일-결합 상관관계는 양쪽 화살표로 연결된 피크로 표시되었다. (출처: T. D. W. Claridge, *High-Resolution NMR Techniques in Organic Chemistry,* Oxford, UK: Pergamon Press, 1999, p. 245.)

결합 짝지음을 통한 연결성 혹은 다섯 결합 짝지음(4~7절)을 통한 연결성 조차도 관찰할 수 있게 허용한다. 두 결합으로부터 다섯 결합에 걸친 H—C 짝지음의 크기를 해석하는 것은 H—H 짝지음을 유사하게 해석하는 치밀성을 수반하고 상당한 유발 효과, 지그재그 경로, π 결합, Karplus 입체적 고려 등을 고려해야 한다. 메틸기는 3개 양성자에 의한 동시적 검출에 대한 증식된 효과와 짝지음을 감소시킬 수 있는 입체적 제한이 자유회전에 의하여 거의 없는 이유로 흔히 가장 강한 HMBC 상관관계를 보여 준다.

그림 6-27은 헤테로고리의 HMBC 스펙트럼을 제공한다. HETCOR와 마찬가지로 스펙트럼은 단지 교차피크만을 포함한다. 카보닐 탄소 C8은 확실히 H2, H5, H6, H6′, H7, H7′ 모두와 교차피크를 보여 줌으로써 이들 모두와 짝짓고 있어 모든 가능한 두 결합과 세 결합 짝지음을 보여 준다. 세 개의 더 많은 점이 유의할 가치가 있다. 첫째, C4, C6 및 C7의 양성자쌍들은 부분이성질성이다. 예를 들면 C8-H7 및 C8-H7′ 같이 분리된 피크들은 그러한 연결성 각각에 관하여 관찰된다. 둘째, 일-결합 짝지음 일부는 우연한 상겹침으로 선택 과정에서 빠져나간다. 그러한 짝지음은 이중선을 보여 주며(HMBC가 t_2 동안 탄소 조사(irradiation)를 포함하지 않기 때문에 일-결합 H—C 짝지음이 살아남는다.) 스펙트럼에서 양쪽 화살표로 표시되어 있다. 교차피크는 $^1J(^{13}C—^1H)$가 크고 C2/H2 같은 CH 단위에 관한 C와 H 화학 이동과 겹치게 보이기 때문에 뚜렷이 보인다. 이러한 것들은 보다 복잡한 펄스 계획에 의하여 여과할 수 있다. 셋째, 단일 결맞음($^1H—^{12}C$)을 억제하는 것이 이 실험의 일차적 과제이고 그 과정은 펄스 자장 기울기(6-6절)에 의하여 상당히 증대가 된다.

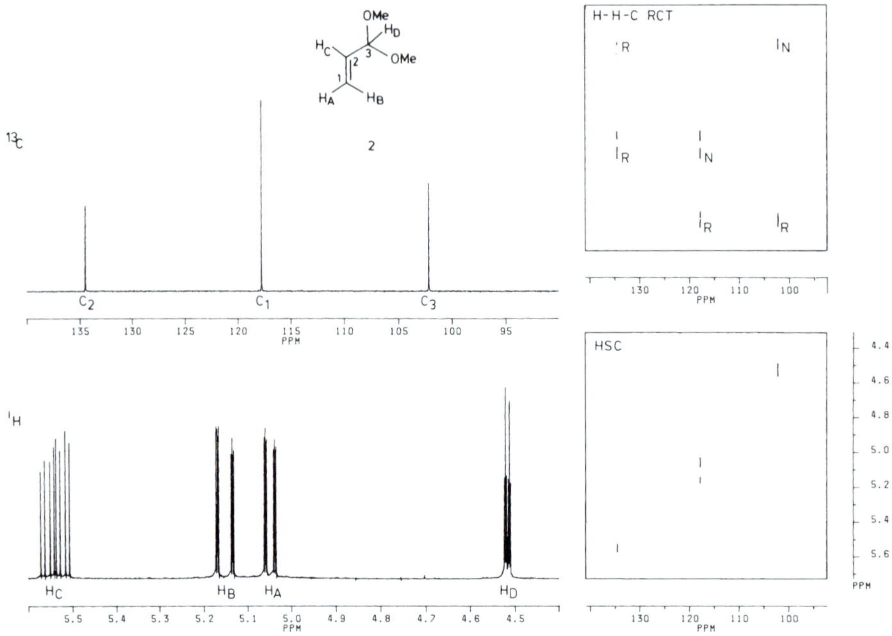

그림 6-28 왼쪽: Acrolein의 dimethyl acetal의 ^{13}C와 ^{1}H 스펙트럼. 오른쪽: 같은 분자에 대한 정상적인 HETCOR (아래에 HSC라 표지함) 과 H—H—C 중계 결맞음 이동 (위) 실험 (출처: A. E. Derome, *Modern NMR Techniques for Chemistry Research*, Oxford, UK: Pergamon Press, 1987, p. 257.)

이종핵 중계 결맞음 이동. 중계 COSY 실험(RCT)은 HETCOR 배경에 적응시킨 것이라고 볼 수 있다. 그림 6-28에서 acrolein의 아세탈에 관하여 정상적인 HETCOR 실험 (그림에서 "HSC")과 더불어 그러한 실험 결과를 보여 준다. HSC에서는 다음의 HETCOR 교차피크가 존재한다: 왼쪽 바닥에 있는 H_C/C_2, 중간에 있는 H_B/C_1와 H_A/C_1 그리고 오른쪽 위에 있는 H_D/C_3. 이 실험은 H_D에 C_3가 결합하고 있고 C_2가 Hc에 결합하고 C_1이 H_A와 H_B 모두에게 결합하고 있음을 보여 준다. H—H—C 중계 결맞음 이동 실험은 오른쪽 위에 나타냈다.

일반적인 구조 조각 H_X—C_X—C_Y—H_Y에서는 H_X—C_X와 H_Y—C_Y 부분을 정의하는 H_X/C_X와 H_Y/C_Y 각각에 대한 HETCOR 피크가 발생한다. RCT 실험에서는 큰 H_X—C_X—C_Y—H_Y 부분을 정의하는 H_X/C_Y와 H_Y/C_X에 관한 부수적인 피크가 발생한다. 정상적인 HETCOR 교차피크는 N이라고 표지(H_C/C_2가 없다는 뜻)하고 주어진 CH 조각들 간에 중계된 연결성으로부터의 부수적인 교차피크를 R라고 표기한다. 따라서 왼쪽 위에 있는 중계된 (R) 피크는 H_D/C_3와 H_C/C_2 쌍이 연결되었다(H_D—C_3—C_2—H_C)는 것을 의미한다. 왼쪽 중앙에 있는 중계된 피크는 $H_{A/B}/C_1$과 H_C/C_2 쌍이 연결되었다 ($H_{A/B}$—C_1—C_2—H_C). R로 표지한 다른 두 개의 피크(가운데와 오른쪽 아래)는 중계가 대칭적으로 일어나기 때문에 대각선 건너의 앞서 중계된 피크의 거울상이다 ($H_D/C_3 \rightarrow H_C/C_2$는 $H_C/C_2 \rightarrow H_D/C_3$와 동일하다). 이 특이한 실험은 펄스가 ^{1}H 신호를 두 번 그리고 ^{13}C 신호를 한 번 차례로 포함하기 때문에 H—H—C RCT라고 부른다. 다른 헤테로원자 중계 실험은 다른 순서(H—C—H) 혹은 다른 핵종(H—H—N)을 포함할 수 있다.

6-3 공간 혹은 화학적 교환을 통한 양성자-양성자 상호관계

그림 6-2에서의 2D 실험에 관한 원래의 서술에서 자화 벡터는 t_1 동안 사인과 코사인 성분으로 나누어진다. 사인 성분은 뒤따르는 두 번째 90° 펄스를 통하여 t_2 영역으로 들어가서 COSY 서열을 만든다. 두 번째 90° 펄스 뒤의 $-z$축 상에 위치하는 코사인 성분은 관찰되지 않기 때문에 무시한다. 이동 자화에 관해서는 스칼라 짝지음 이외의 메커니즘이 존재한다. 이러한 방법은 z 자화와 코사인 성분도 영향을 줄 수 있게 된다. 하나의 양성자의 주파수에서의 조사는 자화를 쌍극자 상호작용을 통하여 이웃 양성자로 이동시킬 수 있다

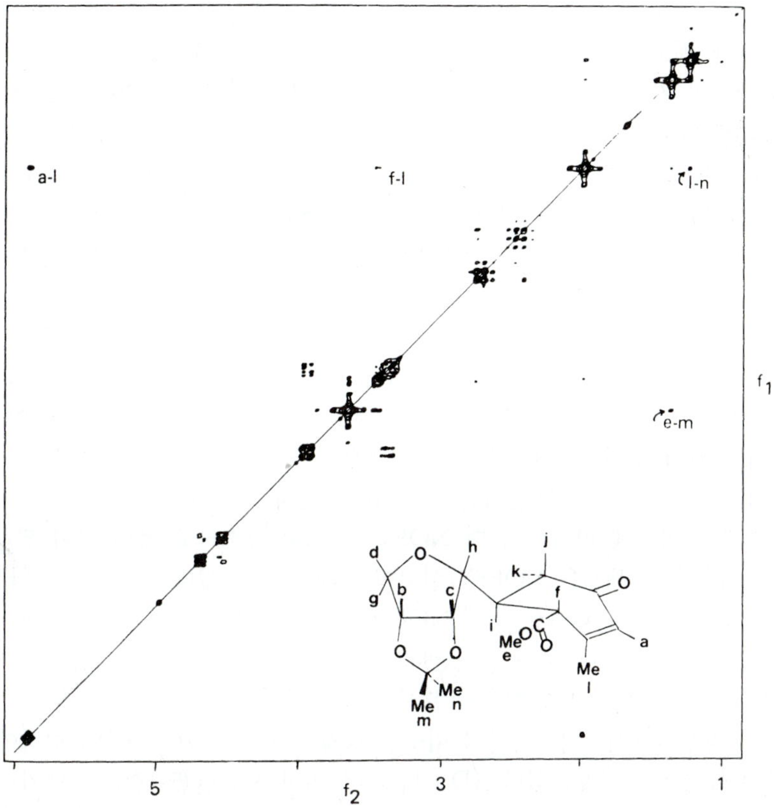

그림 6-29 표시한 화합물에 대한 ¹H NOESY 스펙트럼 (출처: Bruker Instruments사)

(NOE, 핵 Overhauser 효과). z 자화에 관한 이러한 기술의 명확한 효과는 일차원에서의 스펙트럼 세기 섭동(perturbation)에 반영된다(5-4절). 화학교환을 통하여 핵의 화학적 동일성을 개조하는 것은 비슷하게 z 자화에 영향을 준다(5-2절). 따라서 개체수(z 자화)는 첫 주파수에서 감소하고 두 번째 주파수에서는 증가한다.

그림 6-2d에서 두 번째 90° 펄스 다음에 NOE와 화학교환 메커니즘 모두 z축 상 자화의 코사인 성분을 변조할 수 있다. 변조 주파수는 쌍극자 이완이거나 화학적 교환 중 하나로부터의 자화 이동 상대방의 주파수이다. 이러한 변조가 최적화되는 적절한 고정시간대(τ_m, 혼합시간대) 이후 코사인 성분은 세 번째 90° 펄스에 의하여 xy 평면으로 이동하고 t_2 자료획득 시간 동안 y축 상에서 검출할 수 있다. 따라서 전체 실험은 $90°-t_1-90°-\tau_m-90°-t_2$(자료획득)이다. 어떤 핵들은 t_1 동안의 자화 주파수가 τ_m 시간 동안 다른 하나의 값으로 이동하여 t_2 동안에 새로운 주파수에서 관찰이 되기 때문에 이러한 실험의 2D 표시에서는 교차피크로 표시된다. 쌍극자 이완에 의한 자화 이동으로부터 교차피크가 파생한 경우 2D는 NOESY(**NOE 분광법**, ***NOE** Spectroscop**Y***)라고 부른다. 이것이 화학적 교환에 의하여 파생한 경우 EXSY(**교환분광법**, ***EX**change Spectroscop**Y***)라고 부른다.

고정 τ_m의 길이는 이완 시간 t_1, 화학적 교환속도, NOE 증대 속도에 좌우된다. NOESY 실험의 경우 분자 내의 다양한 양성자 간의 거리에 관한 값진 정보를 확정할 수 있다. 그림 6-29는 복잡한 헤테로고리에 관한 NOESY 스펙트럼을 보여 준다. COSY 경우과 같이 대각선 상에서 1D 스펙트럼이 발견된다. 두 개의 양성자가 서로 근접한 경우 교차피크가 발생한다. 따라서 메틸기 **l**은 예상되는 이웃 알켄성 양성자 **a**(왼쪽 위)와의 교차피크를 보여 준다. 메틸기 **l**의 추가 피크들은 메틸 양성자 **f**와 아세탈 메틸기 **n**의 근접을 의미한다. 에스터 메틸기 **e**는 다른 아세탈 메틸기 **m**과 근접하고 있다. NOESY 실험은 구조 및 입체 형태 정보 모두 다 제공할 수 있다. 실제로 교차피크는 양성자-양성자 간의 거리가 5 Å이 넘으면 관찰할 수 없게 된다.

적어도 3개의 요인이 NOESY 스펙트럼 분석을 복잡하게 만든다. 첫째, COSY 신호는 스칼라 짝지음으로부터 생길 수 있으며 양성자 간의 거리에만 전적으로 기초한 해석을 방해할 수 있다. 예로 이웃자리 짝지음이 안티페리 평면의 기하구조에서 일어나는 경우와 같이 짝진 핵들이 가장 멀리 떨어졌을 때 가장 큰 값을 가진다. COSY 신호는 상순환을 통하거나 τ_m의 통계학적 변화에 의하여 약 20% 감소시킬 수 있다(NOESY 신호는 단조적으로 커지지만 COSY 신호는 사인 곡선 형태로 서로 상쇄될 수 있다). 위상감별 NOESY 실험에서는 양의 값의 NOE에 의한 NOESY 교차피크는 상반되는 위상을 가지기 때문에 COSY 교차피크와 구별할 수 있다. 그러나 약한 NOESY 교차피크는 이 실험에서 우연히 거의 크기가 같은 획기적인 COSY 교차피크가 발생하면 서로 상쇄될 수도 있다. 또한, 음수의 NOE로 인한 NOESY 신호는 COSY 신호와 구별이 안 된다.

둘째로 작은 분자에서는 NOE가 천천히 조성이 되어 이미 1D 문맥에서 주목한 바(5-4절)와 같이 이론적으로 최댓값이 단지 50%가 된다. 하나만의 양성자는 몇몇 이웃한 양성자에 의하여 이완될 수 있기 때문에 실제 최댓값은 일반적으로 50%보다 훨씬 작다(물론 같은 문제가 1D NOE 실험에 존재한다). 더구나 분자 크기가 증가함에 따라 극도로 좁은 한계로부터 벗어남에 따라서 최대 NOE는 영으로 감소하고 음의 값이 된다. 따라서 중간 크기의 분자에 관해서는 NOESY 실험이 실패할 수도 있다. 이완이 W_0 항목에 의하여 지배되는 큰 분자의 경우에는 최대 NOE는 +50%가 아니라 −100%가 될 뿐만 아니라 역시 NOE 조성도 매우 빨리 일어난다. NOESY 실험은 단백질과 폴리뉴클레오타이드 같이 큰 분자의 구조와 입체 형태의 분석에 특히 유용하다.

셋째로, 한 양성자에서 다른 하나의 이웃 양성자로의 직접적인 이동에 더하여 스핀 확산에 의해 자화가 이동할 수 있다. 1D 실험에서 이미 서술한(5-4절) 이 메커니즘에서는 하나의 스핀이 근접한 두 번째 하나의 스핀으로 자화가 이동하고 다음 첫 번째 스핀과 근접할 필요가 없는 두 번째로부터 근접한 세 번째 스핀으로 이동한다. 이러한 다단계 이동은 근접하지 않은 양성자 간의 NOESY 교차피크를 생성할 수 있다. 스핀 확산은 2개 이상의 스핀을 통하여 일어날 수 있지만 이 과정은 점차 효율적이지 못하게 된다. 직접적인 자화 이동과 스핀 확산에 의한 이동은 때로는 그림 6-30과 같이 NOE 조성 속도를 비교하여 구별할 수 있다. 이러한 NOE 세기를 D—A-B-C 계의 혼합시간 τ_m의 함수로 가상적으로 표시한 그림에서, AA는 대각선피크의 세기이고 다른 선들은 교차피크의 세기를 표시한다. 두 개의 근접 양성자 간의 NOE(모델에서 2 Å 떨어진 A와 B)는 매우 빠르게 증가한다. 양성자 A와 D는 4 Å 떨어져 있으며 매우 작은 NOE를 보여 준다. 양성자 A와 C는 마찬가지로 4 Å 떨어져 있지만(A과 B 사이에 2 Å이고, B와 C 사이에 다른 하나의 2 Å 거리), AC 교차피크의 세기는 중간 B를 통한 스핀 확산으로 교차피크가 점진적으로 증가한다. 모델은 4 Å 거리에 관하여 AC 교차피크에 대하여 스핀 확산이 주로 기여하지만 AB 교차피크에 관해서는 직접적인 이동보다는 스핀 확산의 조성이 느리다는 점을 보여 준다.

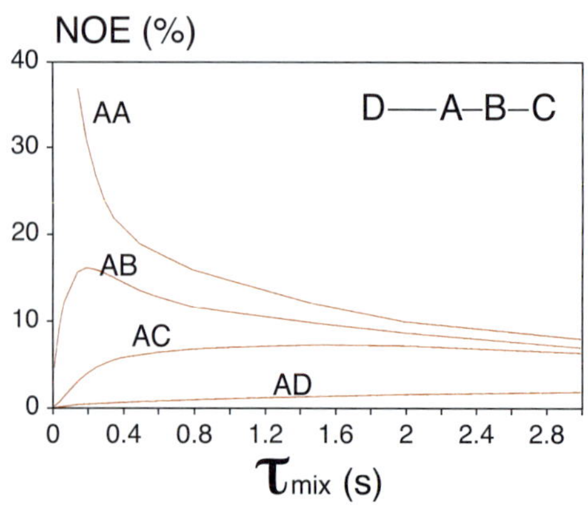

그림 6-30 A와 B로부터 4 Å 거리의 D, A와 C로부터 2 Å 거리인 B가되는 D—A–B–C 네 핵을 포함하는 가상적 NOESY 실험에 대한 계산 피크 세기. AA로 표지된 곡선은 대각선피크이고 나머지 곡선은 다양한 교차피크에 대한 것이다. (출처 : F. J. M. van de Ven, *Multidimensional NMR in Liquids*, New York: VCH, 1995, p. 188.)

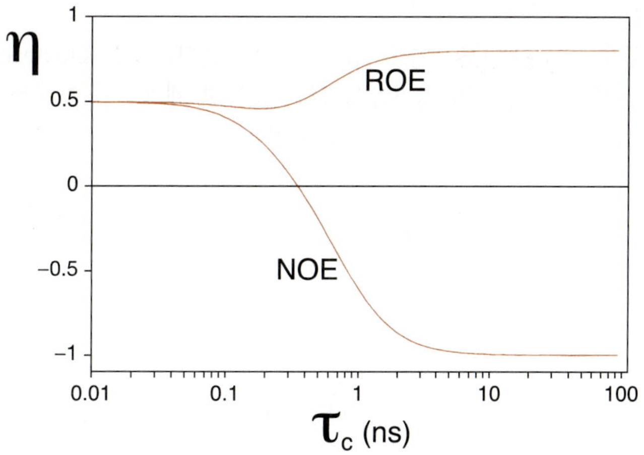

그림 6-31 표준핵 Overhauser 실험(NOE)과 스핀-고정 혹은 회전좌표변종(ROE)에 대한 유효 상관관계 시간 τ_C의 함수로 표시한 증대 인자 η. 곡선은 양성자 간 거리 2 Å와 500 MHz 분광기 주파수에 대하여 계산된 것이다. (출처: F. J. M. van de Ven, *Multidimensional NMR in Liquids*, New York: VCH, 1995, p. 251.)

회전-틀(rotating-frame) NOESY 실험(ROESY)은 큰 분자와 더불어 작거나 중간 크기의 분자에 관하여 약간의 장점을 제공한다. 스핀 고정의 시간대를 NOE를 통하여(쌍극자 상호작용을 통하여) 자화 이동을 최적화하도록 선택하였지만 ROESY에 관한 펄스서열(이전에는 CAMELSPIN이라 불렀다.)은 TOCSY 혹은 HOHAHA와 비슷하다. 분자 회전에 관한 평균 상관시간 τ_c가 증가함에 따라 NOE는 0으로 감소하여 음으로 되는 반면에, 회전틀에서는 최대 NOE(ROE)가 양으로 유지되고 50%에서 67.5%로 증가된다(그림 6-31). 신호 증대에 덧붙여 ROESY 실험은 스핀 확산을 감소시켜 큰 분자에 장점을 제공한다. COSY와 마찬가지로 인공물의 NOESY 스펙트럼에서 존재할 수 있고 또 하나 ROESY 스펙트럼에서 TOCSY 인공물이 존재할 수 있다. T-ROESY 변형과 같이 이러한 인공물을 제거하기 위하여 조치를 택하여야 한다. 약한 정적인 스핀-고정 펄스는 TOCSY 피크를 감소할 수 있다. 양의 ROESY 교차피크는 위상감별 ROESY 실험에서 음의 TOCSY 피크와 쉽게 구별할 수 있다. COSY/NOESY와 마찬가지로 원하는 ROESY 피크의 세기와 TOCSY 인공물의 비슷한 세기를 가진다면 신호를 상쇄할 가능성이 있다.

자화가 EXCY 실험에서 화학 교환에 의하여 이동되는 경우 대략 $1/k$ 값인 τ_m의 값을 최적화하기 위한 몇 가지 사전 실험을 수행하는 것이 필요하다. 그림 6-32는 대각선피크가 비통상적으로 왼쪽 위로부터 오른쪽 아래로 위치한 Ernst의 초기 예로부터의 EXSY 실험을 설명한다. 빠른 교환에 의하여 헵타메틸벤제늄(heptamethylbenzenium) 이온의 1D ^{1}H 스펙트럼은 메틸기가 고리 주위를 이동함에 따라 단 한 개의 메틸기 공명을 보여준다. 느린 교환에서는 그림 왼쪽에 표지한 4가지 메틸기에 관한 차별화된 공명이 존재한다. 1,2, 1,3 혹은 1,4 이동을 상상할 수 있지만 EXSY 실험은 1,2 메커니즘에만 일치된다. 대각선을 벗어난 피크는 두 개의 대각선피크 간의 자화 이동을 의미한다. 따라서 1-메틸기들은 단지 2-메틸기들과 하나의 교차피크를 가지고 2-메틸기는 1과 3-메틸기와 교환하고 3-메틸기는 2와 4-메틸기와 교환하며 4-메틸기는 단지 3-메틸기와 교환한다. 이것은 1,2 자리

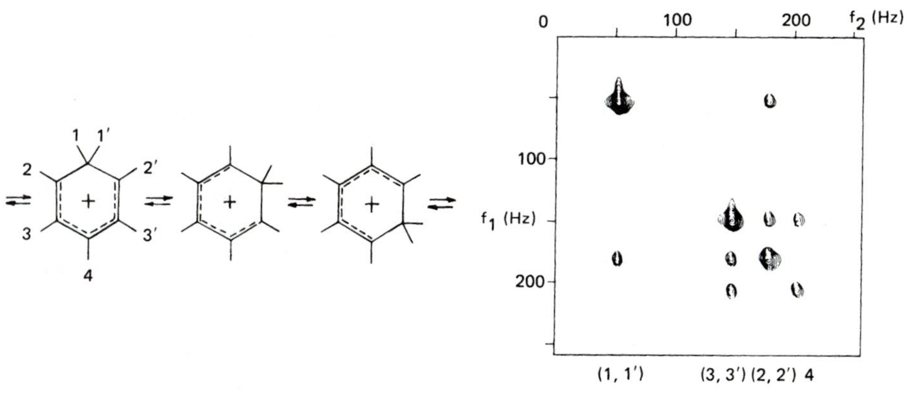

그림 6-32 헵타메틸벤제늄 이온에 대한 ^{1}H EXSY 스펙트럼(출처: R. H. Meier and R. R. Ernst, *J. Am. Chem.* Soc.,**101**, 6441 [1979]. Copyright 1979 American Chemical Society.)

옮김에 관하여 예상하는 양상이다.

교차피크의 세기는 교환 반응 속도 상수에 좌우한다. *N*,*N*-Dimethylformamide [H(CO)N(CH_3)$_2$] 같이 스핀-스핀 짝지음이 없는 동등한 개체수를 가지는 자리 간의 교환의 경우에 반응 속도 상수 k는 혼합시간 τ_m, 교차피크 세기 I_c, 대각선피크 세기 I_d과 식 6-1로 관련되어 있다.

$$\frac{I_d}{I_c} \sim \frac{(1 - k\tau_m)}{k\tau_m} \tag{6-1}$$

이 표현을 대수적으로 자리옮김하면 반응 속도 상수 k에 관한 식 6-2가 된다.

$$k \sim \frac{1}{[\tau_m(I_d/I_c + 1)]} \tag{6-2}$$

EXSY와 NOESY의 펄스서열이 동일하기 때문에 NOESY(혹은 ROESY) 실험에서의 교차피크는 EXSY 교차피크로 오인할 수 있다. 그 역도 마찬가지이다. EXSY와 NOESY/ROESY 피크는 반대 위상을 가지고 있기 때문에 위상감별 실험에서 이것들을 구별할 수 있다.

6-4 탄소-탄소 상관관계

1D INADEQUATE 실험은 $^{13}C—^{13}C$ 짝지음 상수의 측정과 두 탄소 원자에 공통인 짝지음 크기를 확인하여 탄소-탄소 연결성을 측정하는 방법을 제공한다(5~7절). 두 개의 희석된 핵을 검출하는 원천적으로 낮은 감도뿐만 아니라 많은 $^{13}C—^{13}C$ 짝지음의 유사성에 의하여 연결성 문제를 해결하는 데 실제로 이러한 방법을 적용하는 것은 복잡해진다. Duddeck과 Dietrich는 사이클로옥탄올(cyclooctanol)에서 모든 일-결합 탄소-탄소의 모든 짝지음은 37.5 Hz인 C_1-C_2를 제외하고 34.2에서 34.5 Hz의 좁은 범위에 들어간다는 점을 지적한 바 있다. 두 번째 문제는 이차원으로 실험을 바꿈으로써 많이 완화할 수 있다. 원래INADEQUATE 실험(5-7절)은 고정시간 Δ를 t_1 영역에서 증가시켜 이차원으로 직접 개조할 수 있다: $90^\circ_x - 1/4\,J_{CC} - 180^\circ_y - 1/4\,J_{CC} - 90^\circ_\phi - t_1 - 90^\circ_x - t_2$ (자료획득)

시간대 t_1을 이중양자 주파수 영역을 코드화하는 데 사용한다. 그 결과 2D 표시는 수평축은 ν_2로(보통 ^{13}C 주파수), 수직축은 이중양자 영역으로 짝진 ^{13}C 핵의 주파수 합 ($\nu_1 = \nu_A + \nu_X$)으로 표시한다. 후자의 주파수들은 주파수가 0인 주파 송신기에 기준한다.

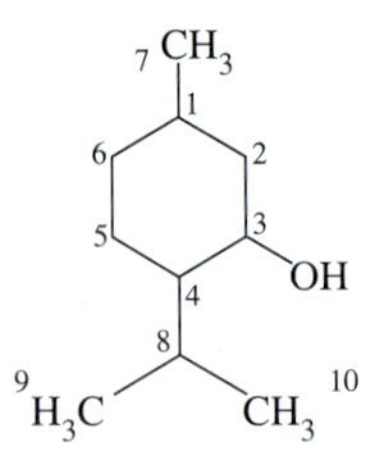

6-2

그림 6-33은 멘톨(menthol, **6-2**)의 2D INADEQUATE 스펙트럼을 보여 준다. 이 실험은 교차피크가 두 탄소 간의 연결을 대표하고 있어 C-C-COSY라고도 부른다. 이 실험은 단일양자 신호를 제거하기 때문에(^{12}C 이웃들과 ^{13}C 간에 발생하는) 대각선피크가 없다. 대각선은 일반적으로 그림과 같다. 정상인 양성자-짝풀림 ^{13}C 스펙트럼은 아래에 표시하였다. 위의 2D 과정은 ν_2 영역의 투영을 통하여 탄소-짝진 ^{13}C 스펙트럼의 회복을 허용한다.

2D INADEQUATE 실험으로부터 연결성을 얻기 위해서는 단일 배정을 하고 나머지 구조는 COSY와 유사하게 지도를 작성한다. 한 헤테로 원자의 존재 C—X—C에 의한 한

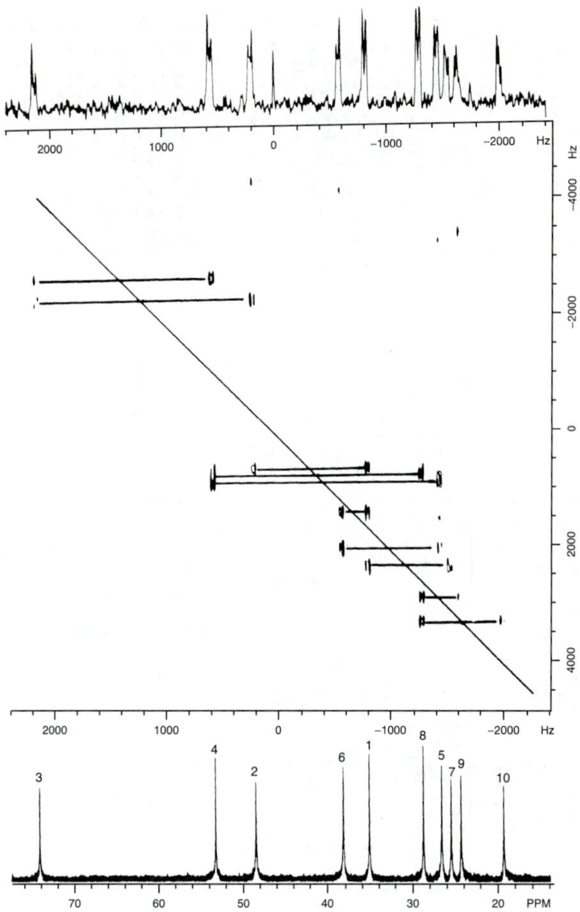

그림 6-33 멘톨에 대한 [1]H-짝풀린 ^{13}C 스펙트럼의 2D INADEQUATE 스펙트럼 (출처: *Two-Dimensional NMR Methods for Establishing Molecular Connectivities*, New York: VCH, 1988, p. 362.)

개의 빈틈은 전체 골격의 조도를 작성하는 것을 막는다. 멘톨의 경우 산소로 치환된 C-3 공명은 높은 주파수(왼쪽 끝)에서 일어나고 출발점으로 돌아간다. 2D 스펙트럼에서 짝진 탄소 간의 수평선을 중간점에서 대각선을 통과하게 그린다. C-3 주파수에 C-2와 C-4에 연결된 두 개의 교차피크가 존재한다. 이들 중 이차 C-2는 낮은 주파수 (높은 자장)에 존재해야 한다. 다음에 연결성은 다음의 양상으로 맵핑할 수 있다. C-2 → C-1 → C-6 (그리고 C-1으로부터 C-7 메틸기로) → C-5 → C-4 → C-8 (그리고 C-4로부터 원래 C-3로) → C-9 및 C-10. 2D INADEQUATE 과정은 또한 유기실리콘, 유기보론 및 유기리튬계 각각의 $^{29}Si/^{29}Si$, $^{11}B/^{11}B$과 $^{6}Li/^{6}Li$ 같은 다른 짝진 희석된 핵종을 동일 사슬화하는 데 응용할 수 있다.

이 실험에서 중요한 결점은 극도로 낮은 감도이다. 한 변종은 양성자 관찰을 사용하고 H—C—C 같은 경로에 관한 펄스 자장 기울기를 사용하는 INEPT-INADEQUATE (때로는 ADEQUATE라고 부른다.)이다. 그 결과 스펙트럼은 2D INADEQUATE와 유사하지만 적어도 짝진 탄소가 한 개가 부착된 양성자를 가질 때만 피크를 포함할 수 있다. 그러한 기술상 개선은 감도 문제를 완화하지만 이런 계열의 실험은 널리 사용하지 않는다.

6-5 고차원 실험

단백질, 폴리뉴클레오타이드 및 다당류 같은 큰 생분자의 엄청난 복잡성은 삼차원(3D)과 사차원(4D) 실험의 개발을 불러왔다. 3개의 분리된 푸리에 변환과 t_3 자료획득 시간대 t_3와 연관되어 두 개의 독립적으로 증식한 전개시간대(t_1과 t_2)는 3개의 주파수 좌표를 가지는 자료로 구성된 정육면체가 얻어진다.

그림 6-34는 van de Ven의 연구로부터 78개의 아미노산으로 구성된 파지(phage)

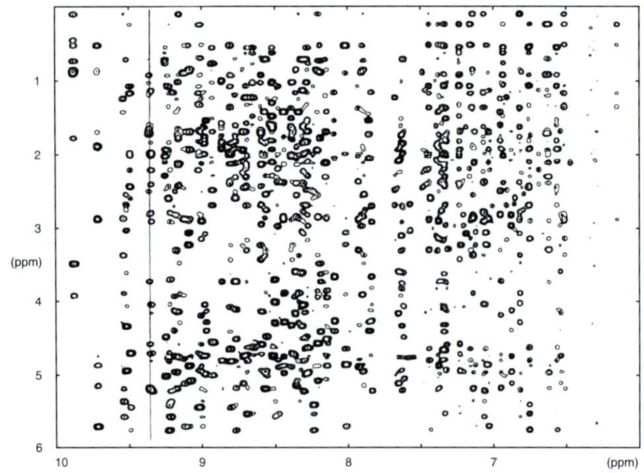

그림 6-34 DNA와 결합하는 파지(phage) Pf3의 단백질의 2D NOESY 스펙트럼의 일부분으로 NH와 지방족 양성자 간의 교차피크를 포함하고 있다. (출처: F. J. M. vande Ven, *Multidimensional NMR in Liquids,* New York: VCH, 1995, p. 296.)

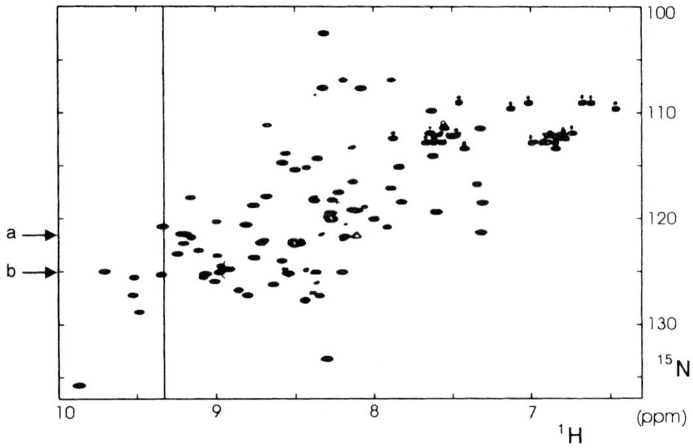

그림 6-35 ^{15}N-표지한 Pf3의 ^{1}H/^{15}N HMQC 스펙트럼. 화살표는 그림 6-38에서 설명함. (출처: F. J. M. vande Ven, *Multidimensional NMR in Liquids,* New York: VCH, 1995, p. 297.)

Pf3의 DNA와 결합하는 단백질의 2D NOESY 스펙트럼의 복잡성을 보여 준다. δ 9.35에서의 수직선은 NH 지역에서의 단 한 개의 공명 위치에서의 문제를 두드러지게 보여 준다. 주어진 펩타이드 단위—CHR′—CO—NH—CHR—CO에서의 NH 양성자는 그 자체의 CHR 양성자와의 한 개 교차피크 그리고 이웃하는 CHR′ 단백질과 다른 하나의 교차점을 가질 수도 있지만 NOESY 스펙트럼은 δ 9.35의 한 주파수에서 한 다스 이상의 많은 교차점을 포함한다. 따라서 한 개 이상의 NH가 이 주파수에서 교차피크를 생성함이 틀림없다.

질소 HMQC 실험은 질소와 질소에 부착한 양성자 간의 연결성에 관한 정보를 제공한다. 단백질에 관해서는 HMQC의 사용은 정상적으로 $^{15}NH_4Cl$ 같은 단일 질소 공급원을 포함하는 배양액에서 미생물을 배양하여 얻는 ^{15}N의 동위원소 농축이 필요하다(유사하게 ^{13}C 농축은 ^{13}C로 표지한 글루코스를 포함하는 배양액으로부터 얻는다). 이 동일한 단백질에 관한 정상적인 2D HMQC 스펙트럼(^{15}N vs. ^{1}H)이 그림 6-35에 주어졌으며 두 개의 연결성을 δ 9.35의 ^{1}H 주파수(수직선)에서 볼 수 있다. 이에 따라 두 개의 NH 공명(혹은 우연한 겹침이 존재한다면 더 많은)이 δ 9.35에 존재한다.

3D 실험은 그림 6-34와 6-35에서의 2D 실험을 부수적인 차원에 포함시킨다. 그림 6-36에 표시한 3D 과정은 NOESY와 HMQC 자료를 결합함으로써 각 NOESY 피크를 HMQC 방법을 통해 ^{15}N으로 표지한다. 펄스와 지연 시간은 세 번째 90° ^{1}H 펄스를 거치는 표준 ^{1}H NOESY 서열을 포함한다. 그 다음 펄스와 지연은 표준 HMQC 서열로 구성되어 끝으로 t_3에서 ^{1}H 주파수에서 ^{15}N을 역으로 검출하게 된다. 그림 6-37에 극적으로 표시한 것과 같이 전체 자료를 표시하는 데 정육면체를 필요로 한다. 이 그림에서 평면차원은 ^{1}H 주파수로 표시한 NOESY 자료이며 수직축은 HMQC로부터 얻은 ^{15}N 주파

^{1}H 90° – t_1 – 90° – τ_m – 90° – 180° – t_3 (Acquire)

^{15}N 180° – Δ – 90° – t_2 – 90° – Δ – Decouple

그림 6-36 3D NOESY/HMQC 실험의 펄스서열

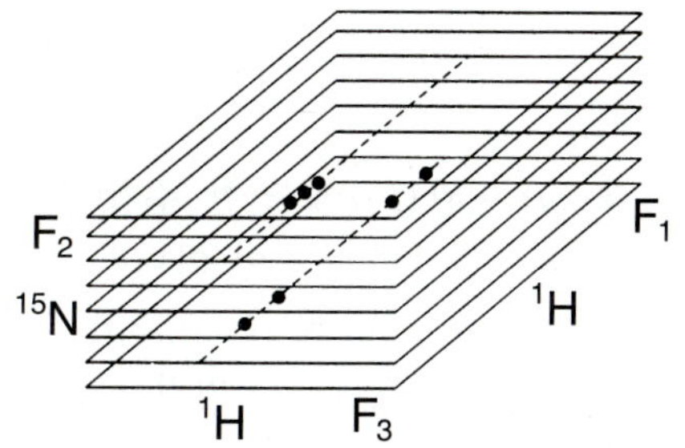

그림 6-37 세 개의 주파수 차원, F_1, F_2와 F_3 (ν_1, ν_2 및 ν_3)에 있는 Pf3의3D NOESY-(^{1}H/^{15}N) HMQC 스펙트럼 그림 (출처: F. J. M. vande Ven, *Multidimensional NMR inLiquids*, New York: VCH, 1995,p. 299.)

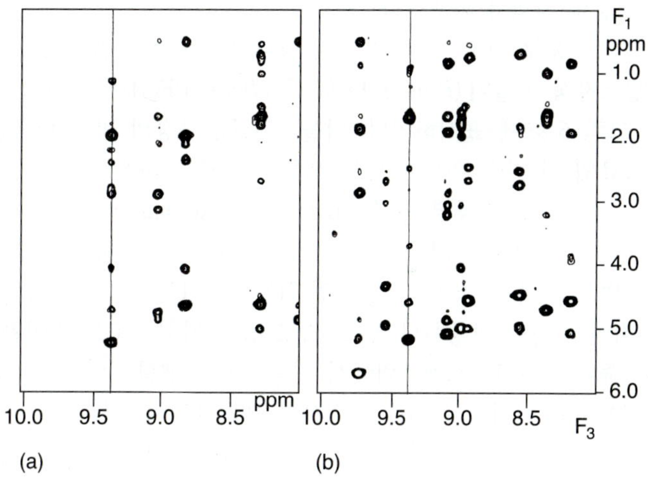

그림 6-38 Pf3의 3D NOESY-(^{1}H/^{15}N) HMQC 스펙트럼으로부터 택한 두 개의 ν_1-ν_3 (F_1-F_3) 평면으로 그림 6-35에서 화살표로 표시한 주파수에 해당됨. (출처: F. J. M. van de Ven, *Multidimensional NMR inLiquids*, New York: VCH, 1995, p. 300.)

수를 제공한다. 실제로는 그림 6-38과 같이 δ 120.7과 124.9의 수평면(그림 6-35에서 a와 b로 표지한 화살표)과 같이 분석을 위하여 수평면(단일 ^{15}N 주파수)들을 선택한다. δ 9.35에서의 각 수직선들은 잔기 사이 혹은 잔기 내의 CHR에 대한 NH NOE들에 관한 두 개의 뚜렷한 교차피크를 보여 준다. 두 개 ^{15}N 주파수 모두 CHR 주파수 δ 5.2에서 δ 9.35의 교차피크를 보여 주어 그림 6-35의 중첩 문제를 해결함을 유의하라.

이런 유형의 헤테로핵 3D 실험을 NOESY-HMQC(그림 6-37, 두 개의 ^{1}H 차원과 한 개의 ^{15}N 차원)라고 부른다. 대부분의 3D 실험 고감도의 방법과 큰 분자에 관하여 특별하게 효과가 있는 표시법을 사용한다. 따라서 COSY는 흔히 사용하지 않으나 TOCSY-HMQC는 ^{1}H-^{1}H 짝지음 연결성을 ^{13}C나 ^{15}N 차원으로 분리하는 데 유용한 방법이다. 동종핵 3D 실험 NOESY-TOCSY에서는 모든 차원이 ^{1}H이 고펄스서열 90° − t_1 − 90° − τ_m − t_2 − (스핀 고정) − t_3 (자료획득)에 의하여 짝지음 연결성을 공간 통과 연결성과 분리한다. 3개의 차원은 각각 ^{1}H/^{13}C/^{15}N과 같이 다른 핵종을 대표하여 3D 변형 HETCOR 실험을 제공한다. 보통 핵종은 생분자의 특이한 연결성을 탐구하기 위하여 선택한다. H—N—CO 실험은 펩타이드 단위 —NH—CHR—CO—의 ^{1}H—^{15}N—(C)—^{13}C=O 연결을 보며 단백질에서의 충분한 감도를 제공하기 위한 ^{15}N와 ^{13}C의 이중 표지를 필요로 한다. 3D 교차피크는 첫 번째 차원에서의 HN 양성자를 연결하고, 두 번째 차원에서는 HN 질소를 연결하고 세 번째 차원에서는 잔기 내의 카보닐 탄소를 연결한다. 유사한 뉴클레오타이드 분석은 H—C—P 실험으로 세 번째 차원은 ^{31}P이다. 이러한 삼중 공명 실험은 수많은 변형들이 존재한다. 특히 복잡한 경우에서는 하나의 네 번째 영역 t_4가 4D 실험을 생성하기 위하여 도입된다.

결합 통과 연결성 실험을 NOESY 교차피크의 증식 속도로부터의 공간 정보를 결합할 때, 양성자-양성자 거리를 알려진 결합 길이와 비교하여 얻을 수 있다. 그 결과는 큰 분자

의 완전한 3D 구조가 될 수 있다. 이러한 용액상 구조는 X-선 결정학으로부터의 고체상 정보를 보완한다. 이러한 방법으로 NMR 분광학은 용액 내에서의 복잡한 분자의 상세한 분자 기하 구조를 얻는 구조적 도구가 되어 왔다.

6-6 펄스 자장 기울기

자장의 불균일성은 가로 방향(xy) 이완(T_2)에 관한 주기여자로 언급되어 왔었다(2-4절, 5-1절). 가로 방향 자화는 제멋대로 발생하는 것이 아니라 각 자장 벡터 상이 결맞게 되어 발생한다(그림 2-11). 완벽히 균일한 자장에서는 이러한 결맞음이 스핀-스핀 상호작용을 통해서만 이완된다. 그러나 불균일 자장에서는 약간 다른 라모 주파수의 존재는 벡터가 평균보다 빠르거나 느리게 움직이게 허용한다. 따라서 상이 임의로 변하고 2-4절에서 설명한 대로 가로 방향 자화를 파괴한다.

가로 방향 자화를 필요로 하지 않는 몇 가지 상황이 있으며 **기울기 펄스**(*gradient pulse*)라고도 부르는 **펄스자장 기울기**(***P****ulsed* ***F****ield* ***G****radient*, PFG)에 의하여 제거할 수 있다. PFG의 한 예를 그림 6-39에 표시하였다. 기울기는 B_0 자장의 방향(z)을 따른다. 하나의 PFG를 가하면 시료의 각 다른 위치에 있는 핵들은 다른 주파수로 공명한다. 그러한 주파수 정보의 공간 부호화는 **자기공명 영상법**(***M****agnetic* ***R****esonance* ***I****maging*, MRI)의 근본적인 원리이다. 현재의 맥락에서 PFG는 스핀 위상의 빠른 엇갈림에 의하여 가로 방향 이완을 유도하는 방법으로 볼 수 있다. 전형적인 2D 펄스서열에서 펄스서열의 되풀이 사이에 이완을 위한 지연 시간이 발생한다. 만일 가로 방향 자화가 0으로 이완하기 전에 되풀이한다면 감도가 줄어들고 2D 스펙트럼에서 인공물이 발생할 수 있다. 따라서 서열의 초기에서 PFG를 적용하면 이러한 문제를 감소시키거나 피할 수 있다.

NOESY 실험에서 다음 펄스서열을 사용할 수 있다. G1 $-$ 90° $-$ t_1 $-$ 90° $-$ τ_m, G2 $-$ 90° $-$ t_2(자료획득). 첫 번째 PFG(G1)는 자장 벡터를 위상이 벗어나게 함으로써 이전 펄스로부터의 잔여 가로 방향 자화를 파괴한다. 두 번째 PFG(G2)는 혼합시간 τ_m 동안 가한다. 이러한 시간대 동안 세로 방향(z) 자화에 관한 영향만이 관심 대상이다. 두 번째 PFG는 앞서 존재하는 가로 방향 자화로부터 생길 수 있는 가짜 교차피크를 제거하는 데 도움이 된다.

PFG는 역시 원하지 않는 공명을 제거하는 데 사용할 수 있다. 용매 억제에 관한 가장 성공적인 방법은 PFG에 의한 것으로 용매 자화를 파괴하지만 서열 G—S—G—t(자료획득)에 의하여 부분 이완을 통하여 용매 억제를 하는 방법(5-1절)을 회상시키는 서열로써 다른 모든 공명을 유지하는 것이다. 이러한 서열(WATERGATE, ***WATER*** *suppression by Gr****A****dient-****T****ailored* ***E****xcitaion*이라고 부른다)에서 S 펄스를 택하여 용매 피크를 제외한 모든 공명을 역전시킨다. 용매 피크는 부분 이완된 스펙트럼에서와 같이 0으로 남겨진다(5-1절). 두 개의 동일한 기울기는 스핀-메아리 과정을 모사하여 첫 번째 PFG의 상벗어남이 두 번째 PFG에 의하여 **재상맞춤**(*rephrasing*)의 과정을 겪는다. 보통 이 결과를 **기울기 메아리**(*gradient echo*)라고 한다. 그러한 메아리는 용매 이외의 모든 공명에서 일어

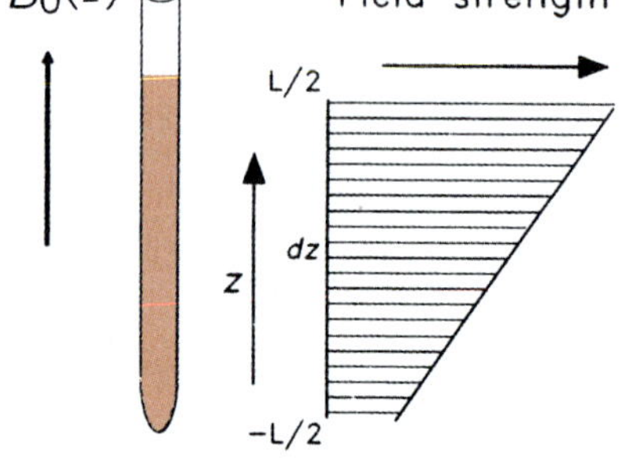

그림 6-39 z 방향에 따른 B_0 자장 기울기 그림(출처: F. J. M. van de Ven, *Multidimensional NMR in Liquids*, New York: VCH, 1995, p. 212.)

난다. 중간 펄스는 용매 자화를 제거하기 때문에 마지막 PFG는 용매 공명의 상을 다시 맞출 수 없다. 모든 다른 공명은 두 번째 기울기 펄스에 의하여 다시 상을 맞춘다.

가로 방향 자화의 상 어긋나기 이외 PFG는 결맞음 차수를 선택하는 데 사용한다. 결맞음 차수를 선택하기 위한 상순환의 사용은 필연적으로 다중스캔을 포함하게 된다. 즉, 펄스서열은, 예를 들면 x, $-x$, y와 $-y$를 교환함으로써 4, 16 혹은 64번 변이를 통하여 이동한다. 따라서 상순환의 전체적인 설명은 시간 소모적이다. 0, 단일 혹은 이중양자 결맞음의 개발은 다양한 상 어긋나기 과정 정도에 좌우된다. 적절한 PFG의 사용은 상순환의 되풀이 없이 결맞음 차수를 선택하게 해 준다. 예를 들면, 역검출 HMQC 실험에서는 ^{13}C(혹은 ^{15}N)에 부착된 양성자에 관한 다중양자 결맞음 신호를 선택하는 동안에 ^{12}C(혹은 ^{14}N)에 부착된 양성자에 관한 단일양자 결맞음 신호는 억제해야만 한다. 상순환을 통하여 두 개의 강한 신호 간의 차이를 측정함으로써 이러한 선택이 이루어진다. PFG 방법은 단일 스캔에서 직접적으로 작은 차이의 신호를 선택하고 측정한다.

5장과 6장에서 논의한 대부분의 1D와 2D 실험을 가능하게 하는 PFG 과정들이 개발되어 왔다. 특히 INADEQUATE, 모든 공통적 2D 실험 및 스펙트럼 편집에 관하여 이러한 PFG 과정을 사용할 수 있다. DEPT와 HMQC의 PFG 조합은 탄소 치환 양식에 따라 양성자 스펙트럼을 편집한다. PFG 기초 다중양자 여과는 이중, 삼중 혹은 사중양자 결맞음을 전개하게 되어 단지 CH, CH_2, CH_3 공명 각각만을 포함하는 양성자 스펙트럼을 제공한다. 광폭띠 짝풀림은 양성자-양성자 짝지음은 남는 반면, ^{13}C 짝지음은 제거한다. 그림 6-40은 브루신(brucine, **6-3**)에 관한 결과를 보여 준다.

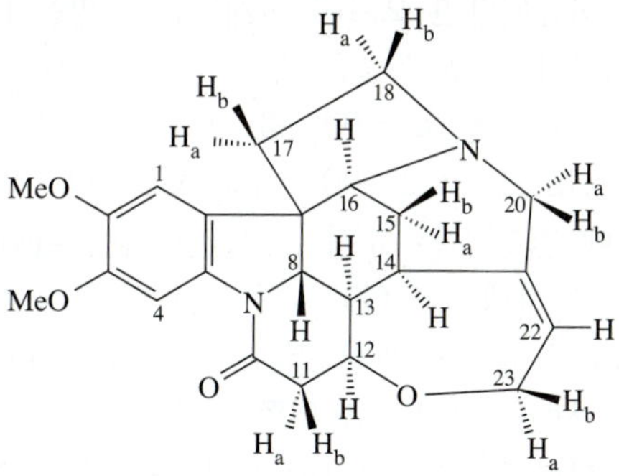

6-3

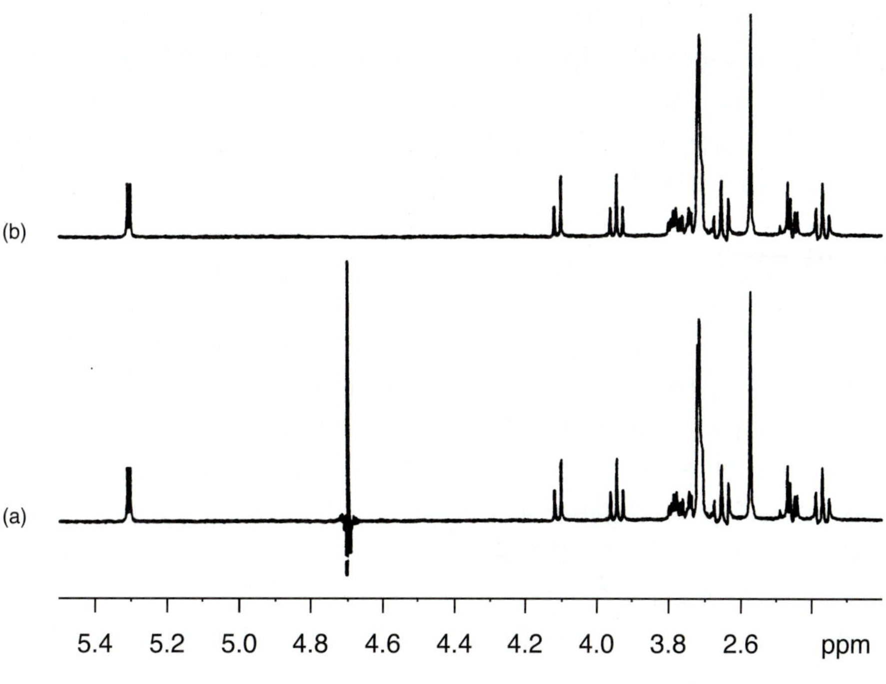

그림 6-40 브루신(6-3)의 ^{1}H 스펙트럼을 CH_3, CH_2 및 CH(위에서 아래로)의 부차 스펙트럼으로의 편집. 완전한 ^{1}H 스펙트럼은 맨아래에 주어졌다. (출처: T. Parella, F. SánchezFerrando, and A. Virgili, *J. Magn. Reson. A*, **117**, 80 [1995].)

PFG는 NOE 실험을 최적화하는 데 사용할 수 있다. 2D NOESY 실험은 단백질 같이 큰 분자에서의 공간적 관계를 분석하는 데 유용하지만 증대가 작은 분자에는 약하다. 1D NOE 실험은 작은 분자에 대하여 더 적합하다. 그러나 5-4절에 서술되어 있는 차이 실험은 ^{1}H NOE를 5%에서 1%로 낮추는 데 중요한 역할을 한다. 그러나 이 실험은 조사한 스펙트럼과 조사하지 않은 스펙트럼 간의 불완전한 공제에 의하여 문제가 일어난다. 이러한 **공제 인공물**(*subtraction artifacts*)은 차이 NOE 방법을 제한한다. PFG 쌍의 사용은 차이 방법을 사용하지 않고 Overhauser 증대를 제공한다. 이러한 과정을 **들뜨기 조각술**(*excitation scupling*)이라고 하며 일반형 G1 – S – G1 – G2 – S – G2의 펄스서열을 포함한다. 여기서 S는 선택적 역전펄스 혹은 펄스서열(예를 들면 NOE를 생성하는)이다. 스핀 선택에 관해서는 동일한 G1 펄스를 반대 방향으로 작용하여 자화를 재초점시켜 기울기 메아리를 생성한다. 선택한 주파수 범위 바깥의 스핀은 축적된 G1 + G2 효과를 흡수하여 충분히 상이 벗어난다. 그래서 하나의 단일 기울기 메아리 다음에 모든 공명이 펄스 S의 선택적 범위 이내의 것들을 예외하고 제거된다. S는 이상적인 상의 특성을 가질 수 없기 때문에 원하지 않는 상이 벗어난 자화를 우연히 재초점하는 것을 피하기 위하여 기울기 메아리는 두 번째 되풀이(G2/G2)된다. 그 결과의 서열은 **이중 PFG 스핀 메아리**(***D****ouble* ***PFG*** ***S****pin* ***E****cho*, *DPFGSE*) 실험이라고 부른다. 실제로 서열은 비선택적인 90° 펄스가 선행한다. 모든 핵은 *xy* 평면에 이동하고 이후 기울기 펄스는 펄스 S가 선택한 것들을 제외하고 모든 공명에 상 어긋나기를 한다.

만일 이중 PFG 뒤에 혼합시간 τ_m이 뒤따른다면, 또 펄스 S에 의하여 조사됨에 따라 발생하는 NOE의 전개가 허용된다면 오로지 전개되는 공명은 NOE로부터 발생한다. 모든 다른 것들은 상이 벗어난다. 그후 서열은 가로 방향 자화를 제거하기 위한 다른 하나의 PFG 없이 계속하여 자료획득을 위한 90° 펄스로 종결을 한다. 따라서 완전한 펄스서열은 90° – G1 – S – G1 – G2 – S – G2 – 90° – τ_m – G3 – 90° – t(자료획득)이며 여기서 모든 90° 펄스는 x축 상에 있고 S는 표적 (조사된) 핵에 관한 선택적 펄스이며 τ_m은 NOE를 최적화하기 위하여 선택하고 G3는 가로 방향 자화를 제거한다. 그림 6-41은 11β-hydroxyprogesterone의 실험에 관한 결과이다(그림 5-12와 비교). 바닥 스펙트럼(a)는 조사하지 않은 스펙트럼을 포함하고 위쪽 스펙트럼들은 일련의 표적 핵들에 관한 DPFGSE NOE 실험을 포함하고 있다. 이러한 스펙트럼들은 차이 기술에 의한 것이 아니라 직접 얻은 것이다. 단지 Overhauser 증대 공명이 얻어진다. 이러한 기술은 ^{1}H NOE의 한계를 0.1%까지 확장하고 0.02% 같이 작은 증대값을 관찰하는 데 사용하여 왔다.

들뜨기 조각술(excitation sculping)도 역시 WATERGATE의 DPFGSE 변형[G1 – S – G1 – G2 – S – G2 – t(자료획득)]으로 용매 억제에 사용할 수 있다. 여기서 S와 모든 기타 공명이 재초점되는 동안 용매 피크가 상 벗어나게 선택된다. 그림 6-42는 2mM 설탕의 9 : 1 H_2O/D_2O 용매 내에서 용매 공명의 제거를 보여 주고 있다.

6-7 확산의존 분광법

확산 특성에 기초한 계열은 앞서 서술한 모든 것들과 전적으로 다르다. 분자의 자성 특성은 운동 특성과 근본적으로 연결되어 있다. 예를 들면 대부분의 이완 메커니즘은 자장의 요동을 발생시키는 회전운동으로부터 발생한다. 기울기 같은 것에 의하여 생성되는 불균일 자장(그림 6-39)에서는 병진운동은 한 분자를 하나의 자장 값으로부터 다른 하나의 자장 값으로 이동시킬 수 있다. 그 결과 한 분자의 확산 상수는 일부분 분자가 어떻게 자장 기울기에 적응하는가를 결정한다. 액체 내에서의 분자의 확산은 정상적으로는 상수인 온도와 점도 같은 주위의 많은 특성에 좌우된다. 따라서 분자 간의 확산 특성의 차이는 주로 분자의 크기와 형태의 함수가 된다. 용액 내의 다중 성분은 다른 속도로 확산할 것이고 기울기에 대하여 다른 양태로 감응한다. 확산 특성에 따라 성분을 분리하는 데

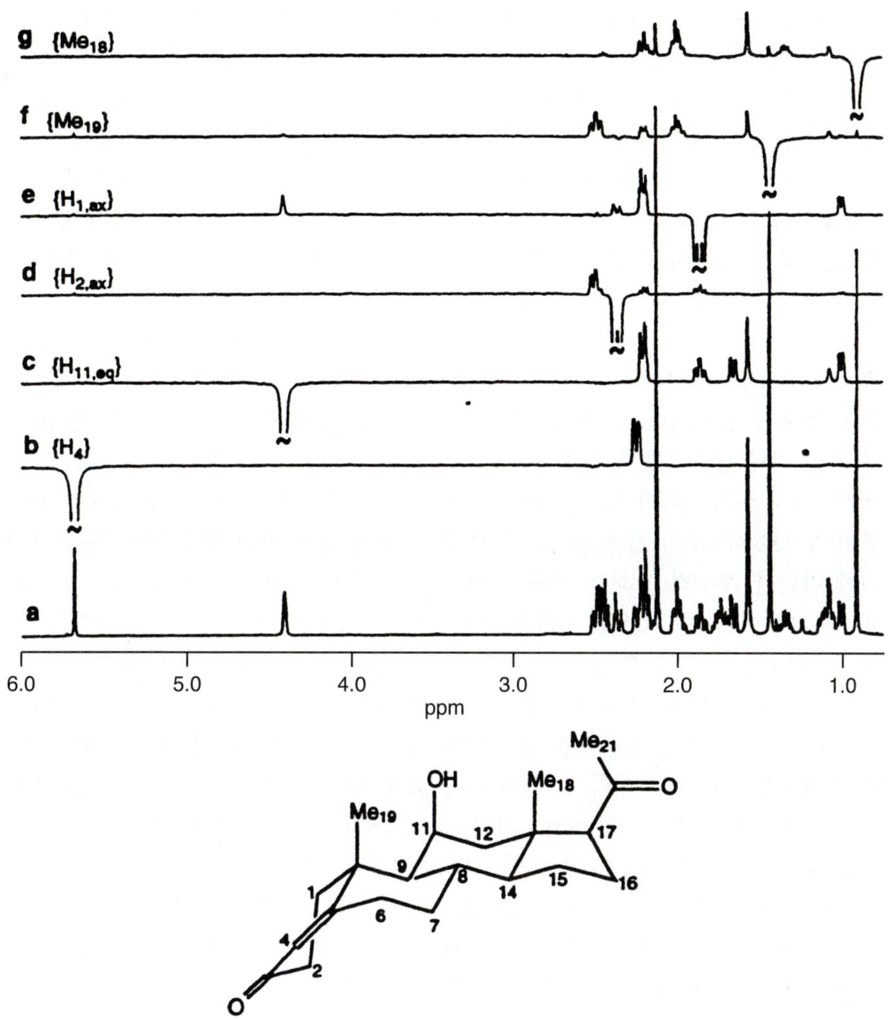

그림 6-41 11β-hydroxyprogesterone의 이중 펄스 자장 기울기 스핀-메아리 (DPFGSE) NOE 실험: (a) 조사하지 않은 스펙트럼: (b)-(g) 선택한 주파수에서 조사한 스펙트럼 (출처: K. Stott, J. Keeler, Q. N. Van, and A. J. Shaka, *J. Magn. Reson. A,* **125**, 322 (1997).)

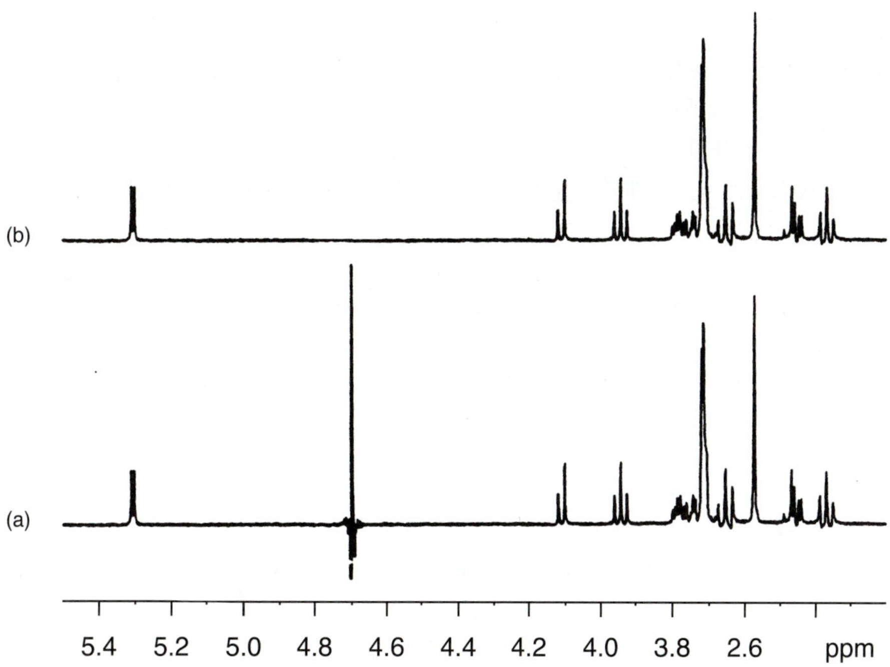

그림 6-42 (a) 2mM 설탕의 9:1 H_2O/D_2O에서 들뜸 조각술에 의한 물 억제. (b) 잔여 용매 피크는 더 작업하여 제거하였음. (출처: T. D. W. Claridge, *High Resolution NMR Techniques in Organic Chemistry,* Amsterdam: Pergamon Press, **1999**, p. 365.)

NMR을 사용하기 위하여 이러한 차이를 이용하는 방법이 개발되었다. 그러한 실험은 하나의 집단으로 **확산의존 분광법** (*D*iff*usion* *O*rdered *S*pectroscop*Y* 혹은 DOSY)이라 부른다.

그러한 혼합물에서 성분 A의 신호 세기 I_A는 식 6-3과 같이 표현할 수 있다.

$$I_A = I_A(0)\exp(-D_A Z) \quad \textbf{(6-3)}$$

여기서 $I_A(0)$는 기울기 0에서의 신호(정상적인 1D 신호) 세기이며 I_A는 기울기식 Z 존재하에서의 신호 세기이고 D_A는 성분 A의 확산 상수이다. 모든 성분이 기울기 Z를 경험하기 때문에 혼합물의 다른 성분의 세기는 확산 상수 D_i의 결과로만 차이가 된다. 많은 DOSY 실험이 존재하며 실험의 기술은 함수 Z에 의존한다. 일련의 실험이 기울기의 크기 변화에 따라 기록된다. 기울기가 강할수록 신호 세기는 더욱 작아진다. FID의 푸리에 변환 후 실험은 기울기 Z 함수로 일련의 피크 세기를 생성한다. 2D 배열은 그림 6-3과 유사하지만 중요한 두 점이 다르다. 첫째, 수평축은 여전히 정상적인 주파수 차원이지만 수직축은 기울기 진폭이다. 둘째, y축을 따라서 사인 곡선 형태의 자료들을 생성하는 대신에 세기는 기하 급수적으로 감소한다. 그림 6-3과 유사한 기록되지 않은 중간 단계는 피크 세트를 가져 x축을 따라 각 성분에 대하여 하나의 세트를 가져서, 세기가 감쇠하여 스펙트럼 바닥으로부터(0의 기울기) 위쪽으로(큰 기울기)값에 따라 매우 작은 값을 가진다.

이러한 간단한 지수적 감쇠는 사인 곡선 형태가 아니기 때문에 마지막 단계는 두 번째 푸리에 변환이 아니고 **DOSY 변환**(*DOSY tranformation*)이라고 부르는 과정이 된다. DOSY 변환에서는 주파수 영역 대신 확산 영역으로 자료가 변환된다. DOSY 변환을 수행하기 위해서는 지수 맞춤, 최대 엔트로피와 다변량 분석 등을 포함하는 수많은 수학적 과정이 존재한다. 그 결과는 전통적인 2D 표시와 유사하여 수평축은 정상적인 ^{1}H 주파수 표시이고 수직축은 확산 상수이다. 그림 6-43은 용매 테트라하이드로퓨란(tetrahydrofuran, THF), 다이옥틸 프탈레이트(dioctyl phthalate, DOP)와 고분자 폴리바이닐 클로라이드(polyvinyl chloride, PVC)를 포함하는 세 성분계의 DOSY 실험 결과를 보여 준다. 정상적인 1D 스펙트럼은 위에 기록되었고 2D 스펙트럼은 수평축의 주파수와 수직축을 따르는 확산에 해당되는 위치에 있는 교차피크를 포함한다. 각 성분은 다른 속도로 확산하며 그 결과 확산 축 상의 다른 수준에서 일련의 교차피크를 제공한다. 빨리 확산하는 성분은 그림 아래쪽에서 발견된다. 분자 크기에서 예상하는 것과 같이 THF가 가장 빨리 확산하고 PVC가 가장 느리게 확산한다는 것을 수직 위치에서 확실히 알 수 있다. 중간에서의 교차피크는 방향성 공명의 존재에 의하여 DOP의 교차피크인 것으로 확인된다. 각 수평 절단부는 수직축 상에 투영하여 각 성분을 혼합물 내의 몰량에 해당되는 세기로써 확산 상수에 따라서 기울기 축 상에 한 개 피크로 표시하여 크로마토그램과 동일한 것을 생성한다. 이상적으로는 각 개개의 성분이 수직축 상에 하나의 분리된 스펙트럼을 생성할

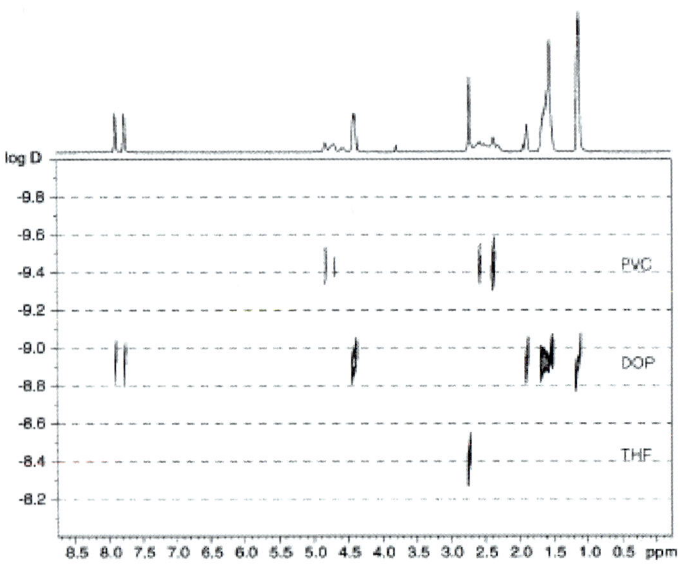

그림 6-43 폴리바이닐 클로라이드(PVC), 다이옥틸 프탈레이트(DOP)와 테트라하이드로퓨란(THF) 혼합물의 DOSY 스펙트럼 (출처: S. Ahn. E.-H. Kim, and C. Lee, *Bull. Korean Chem.* Soc., **26**, 332 [2005].)

것이다. 본질적으로 DOSY는 크로마토그래피와 유사한 분리를 초래한다. 그러나 중요한 차이점은 성분의 물리적 분리가 존재하지 않고 정상적인 NMR 시료 준비 외에는 시료 준비가 필요 없다는 점이다. NMR이 분자 크기에 따라서 성분을 분리하는 능력은 많은 새로운 응용을 불러왔다.

6-8 이차원 방법 요약

오늘날 NMR 분광학에는 당황할 만큼 많은 2D 방법이 있다. 이 장은 그러한 실험 중 가장 널리 사용하는 몇 가지를 서술하였다. 일상적인 구조 배정은 1D ^{1}H와 ^{13}C 스펙트럼을 기록함으로써 시작한다. 많은 공명은 화학 이동과 짝지음 상수에 관한 3장과 4장에서 개략적으로 언급한 원리에 따라서 배정한다. 정상적으로는 2D 방법은 전통적인 접근이 충분하지 않을 때만 사용한다. ^{13}C를 완전히 배정하기 위해서는 DEPT 같이 각 탄소에 부착한 양성자수를 측정하는 스펙트럼 편집이 도움이 된다(5-5절). 그후 HETCOR 혹은 HMQC 실험은 가능하다면 ^{1}H 배정을 완결하며 ^{13}C와 ^{1}H 간의 상관관계를 제공한다.

더 나아가 구조가 가정 혹은 예상 구조에 관한 스펙트럼 배정을 하는 과정에서 확인이 되지 않는다면 2D 실험이 필요하다. COSY 실험은 *J* 짝지음에 기초하여 ^{1}H—^{1}H 연결성을 확인함으로써 골격 구조에 관한 기초 작업을 마련한다. 작은 분자에 관해서는 이웃 혹은 한자리 짝지음의 충분한 정보가 없을 수도 있다. 어느 정도 복잡한 분자에 관해서는 COSY가 이웃 혹은 같은자리 짝지음에 기초한 예상 ^{1}H—^{1}H 연결성을 확인하여 전체 구조를 확인하는 데 충분할 수 있다. 장거리 짝지음에 기초한 유사실험(LRCOSY)은 두 개 고리 간 혹은 하나의 고리 위에 위치하거나 혹은 헤테로 원자나 카보닐기를 건너 존재하는 치환체들로 이웃 양성자가 없는 분자 조각 간의 연결을 배정하는 데 필요할 것이다.

추가된 2D 실험은 커다란 분자에 대해 필요하다. 피크가 대각선을 따라서 쌓이게 됨에 따라 지역을 간단하게 하거나 대각선에 근접한 교차피크를 찾아내는 데 COSY45 혹은 DQF-COSY를 사용한다. 더 큰 분자에 관해서는 TOCSY 혹은 중계 COSY를 필요로 한다. 사차 탄소 주변 구조 영역을 정의하기 위해서는 보다 긴 장거리 짝지음(HMBC)을 통하여 양성자와 탄소 간의 더 많은 연결성을 찾아야 한다. 만일 ^{1}H—^{1}H 짝지음의 측정이 필요하다면 *J* 분해 방법 혹은 DQF-COSY을 수행해야 한다.

NOESY 실험은 양성자 근접 주위에 관한 정보를 제공함으로써 분간하기 어려운 입체화학 차이를 가지는 구조를 분별하는 데 주로 사용한다. 큰 분자에 관해서는 ROESY 실험이 스핀 확산이 낮은 경향을 보여 주기 때문에 약간의 장점을 줄 수 있다. 관련된 EXSY 실험은 일차원으로부터의 정보를 보충하기 위하여 화학적 교환을 연구하는 경우에만 사용된다.

2D INADEQUATE 혹은 INEPT-INADEQUATE 실험은 부차적인 분광기 사용 시간을 필요로 한다. 이것은 예를 들어, 몇 개의 사차 탄소가 존재하여 COSY 분석이 방해가 되는 경우와 같이 특수한 구조가 이러한 기술을 요구하지만 보통은 마지막 수단으로 사용하는 실험이다.

Kupče와 Freeman은 **실험적 응용들을 하나로 묶어 조합한 평행 자료획득 핵자기 공명**(*P*arallel *A*cquisition *N*uclear magnetic resonance *A*ll-in-one *C*ombination of *E*xperimental *A*pplication)의 약자로 PANACEA(만병통치약이라는 의미)에 의한 초월적인 서열을 제공하여 여러 방법을 충족하는 하나의 실험을 개발하였다. 이 하나의 실험은 수백 dalton의 분자량을 가지는 물질 10 mg에 관하여 약 9시간의 실험시간으로 1D ^{13}C, 2D INADEQUATE, HSQC와 HMBC 스펙트럼을 생성한다.

문제

상당히 간단한 2D 스펙트럼에 관해서는 문제 6-1에서 선정한 많은 스펙트럼을 보시오. 나머지 문제들은 어느 것도 3D 방법을 필요로 할 만큼 복잡하지는 않지만 중간에서 고도의 복잡성을 가지는 분자를 포함한다.

6-1 이 문제의 스펙트럼들은 상대적으로 일상적인 문제이다. 다음의 각 이미지의 구조를 300 MHz ^{1}H, 75 MHz ^{13}C, COSY, HETCOR와 어떤 경우에서는 DEPT 스펙트럼으로부터 피크 배정을 하시오. DEPT 스펙트럼에서는 메타인과 메틸 탄소는 양의 피크이며, 메틸렌 탄소는 음의 피크로 위쪽에 존재한다. 중간에는 메타인 탄소만 존재하고 모든 탄소의 전체적인 스펙트럼은 아래에 있다.

(a) $C_{11}H_{16}$

양성자 NMR 스펙트럼 ($CDCl_3$)

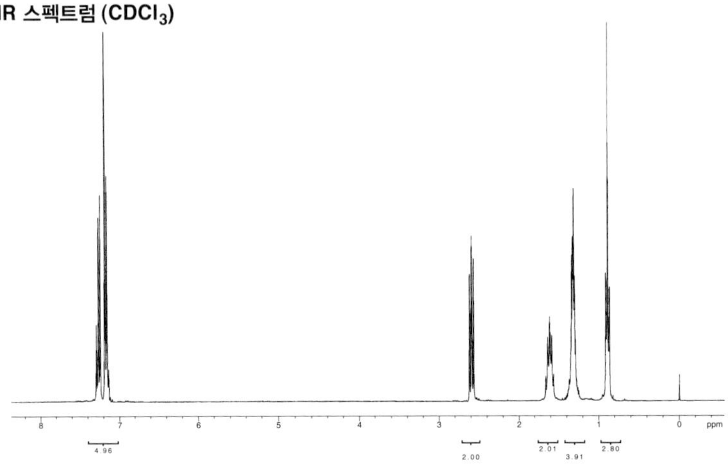

DEPT 스펙트럼

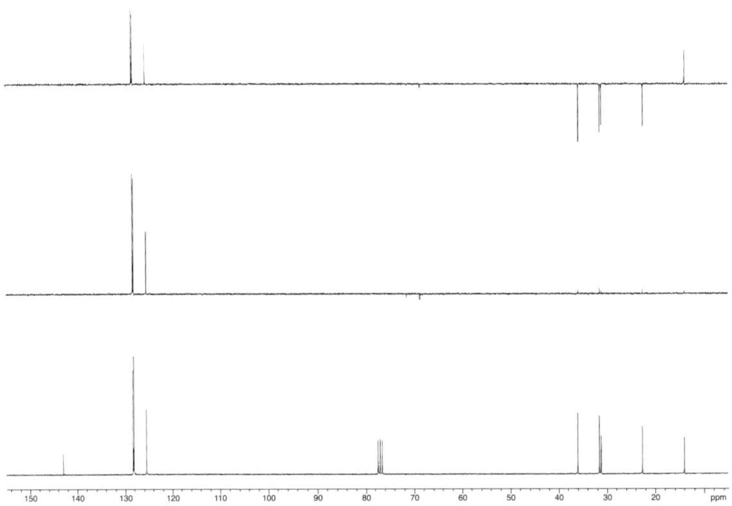

COSY 스펙트럼

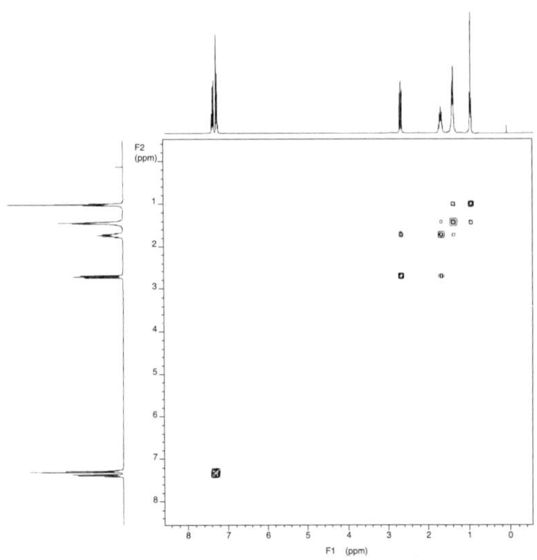

HETCOR 스펙트럼

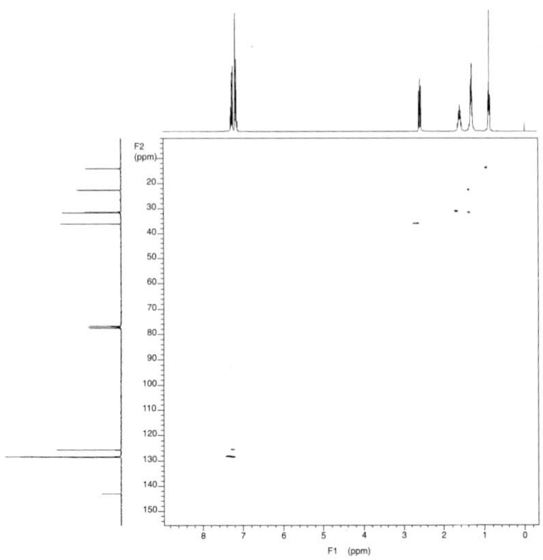

(b) C_8H_{14}

양성자 NMR 스펙트럼 ($CDCl_3$)

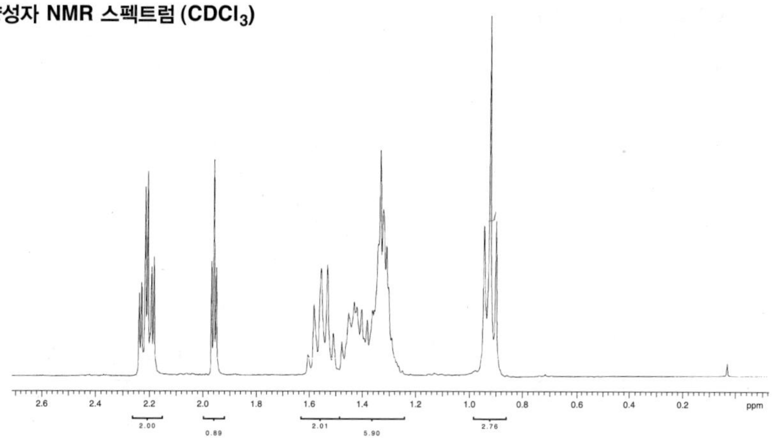

탄소-13 NMR 스펙트럼

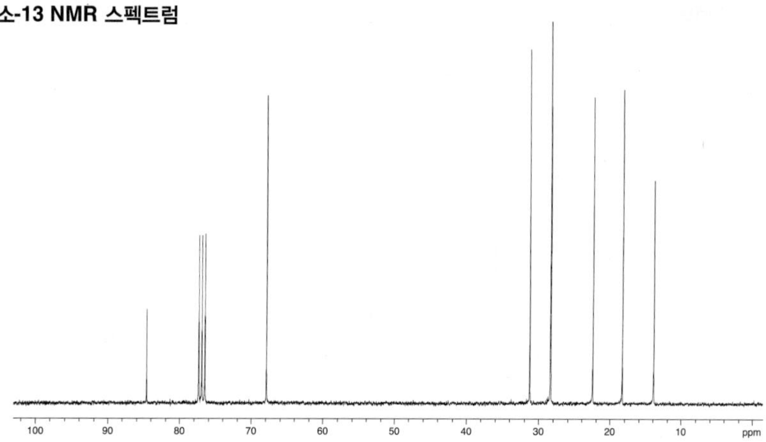

COSY 스펙트럼

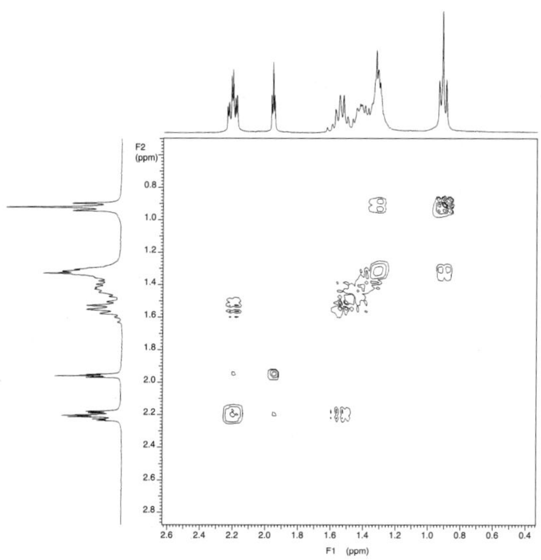

HETCOR 스펙트럼

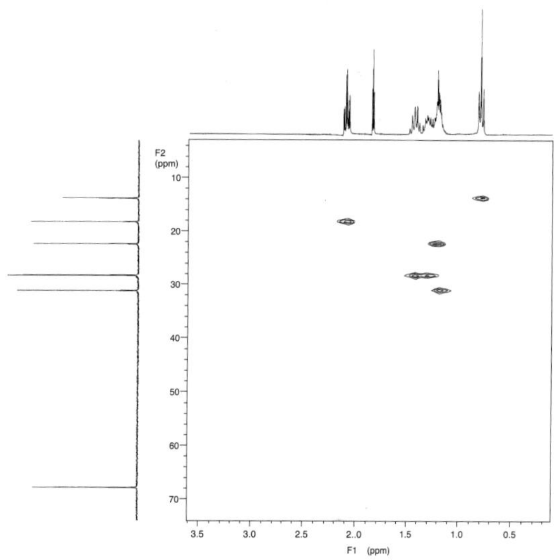

(c) C_5H_9Cl

양성자 NMR 스펙트럼 ($CDCl_3$)

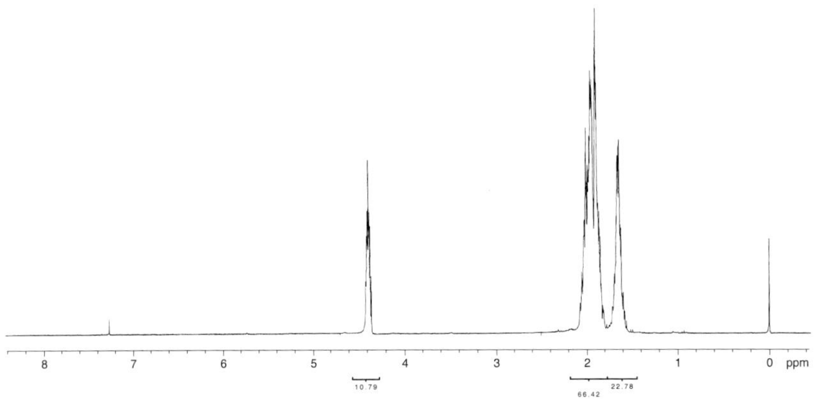

탄소-13 스펙트럼

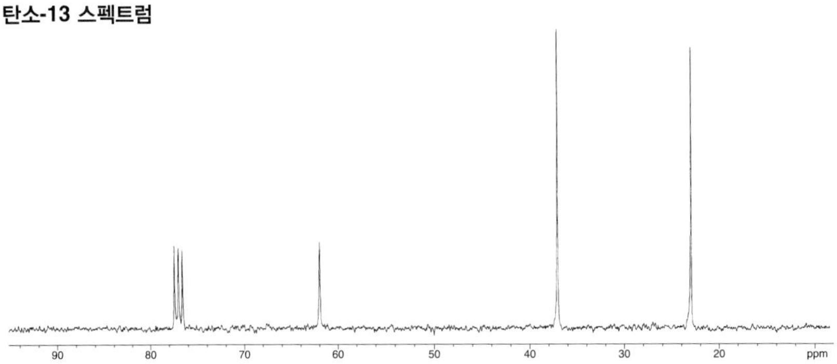

COSY 스펙트럼

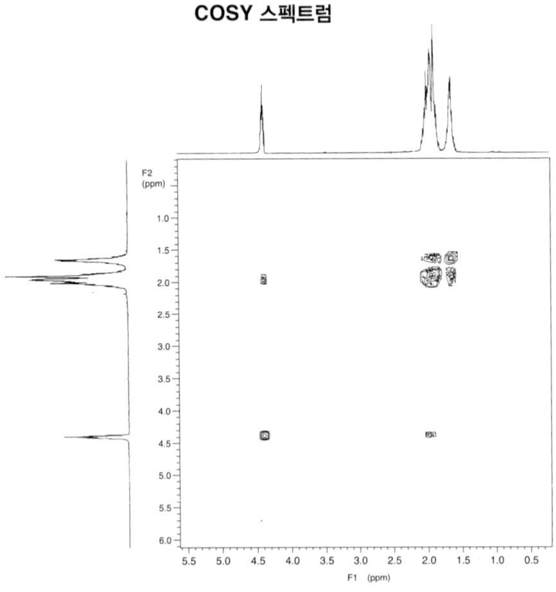

HETCOR 스펙트럼

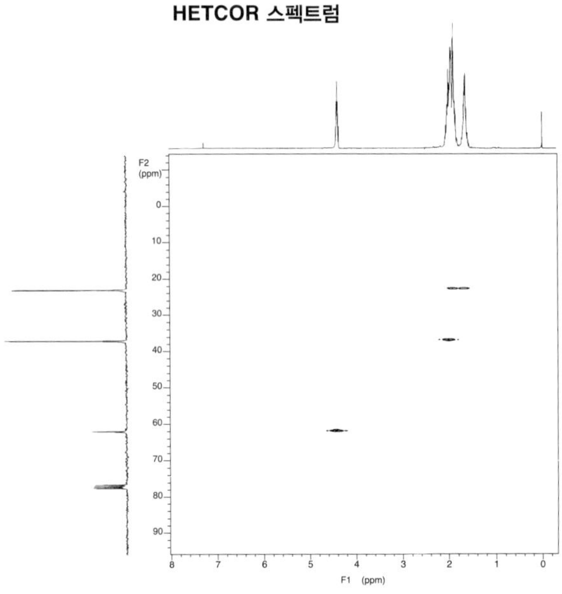

(d) $C_7H_8O_2$

양성자 NMR 스펙트럼 ($CDCl_3$)

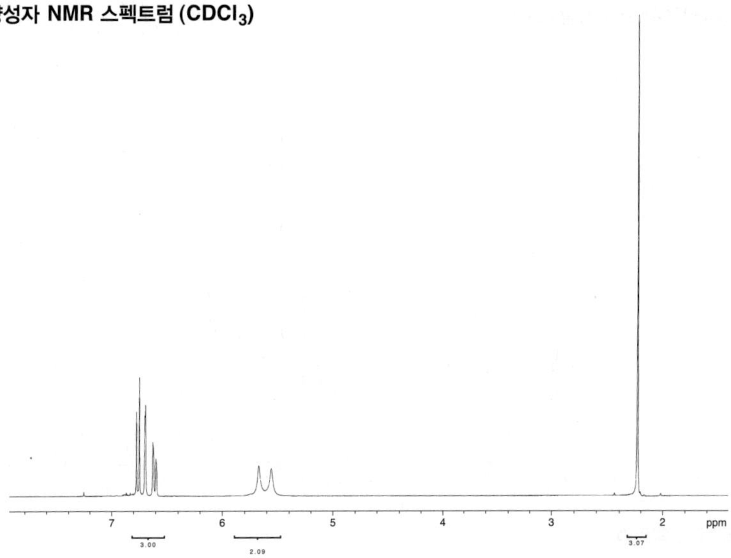

DEPT 스펙트럼

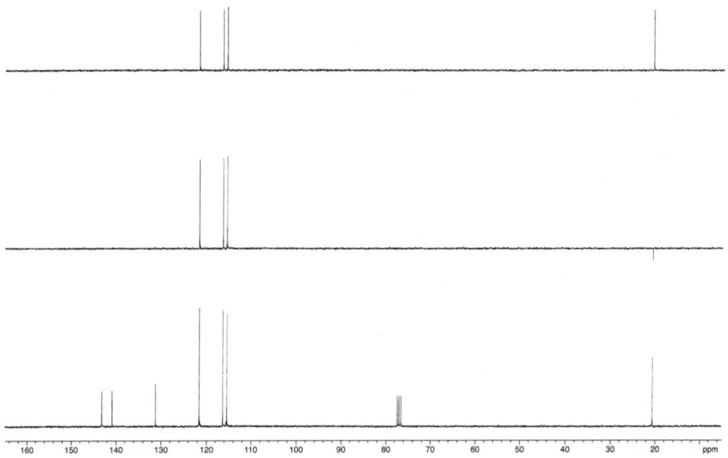

COSY 스펙트럼

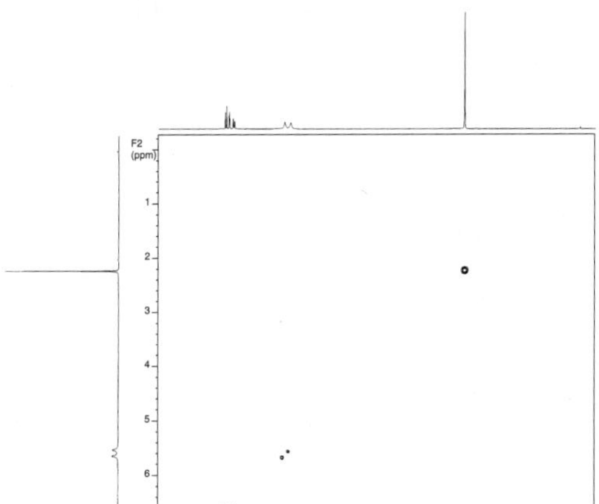

HETCOR 스펙트럼

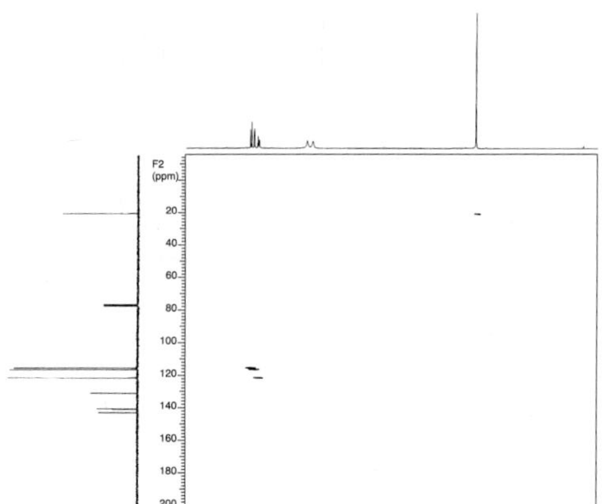

(e) $C_6H_{10}O$

양성자 NMR 스펙트럼 ($CDCl_3$)

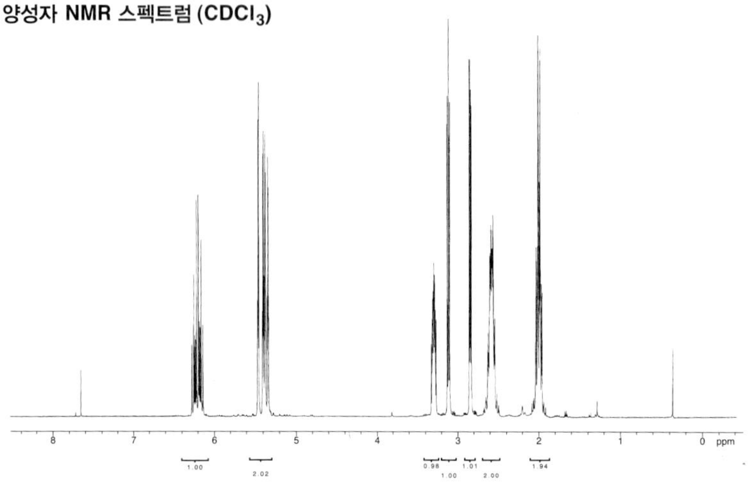

DEPT 스펙트럼

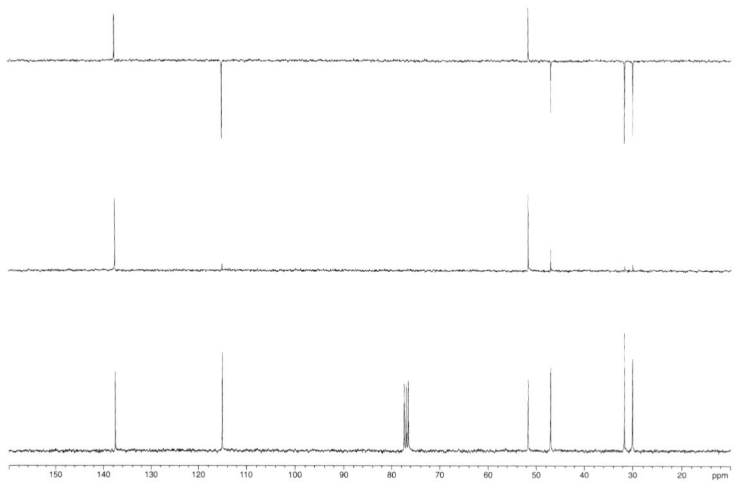

COSY 스펙트럼

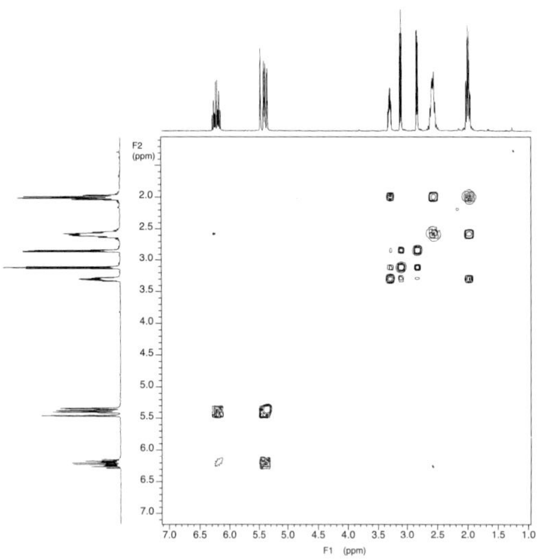

HETCOR 스펙트럼

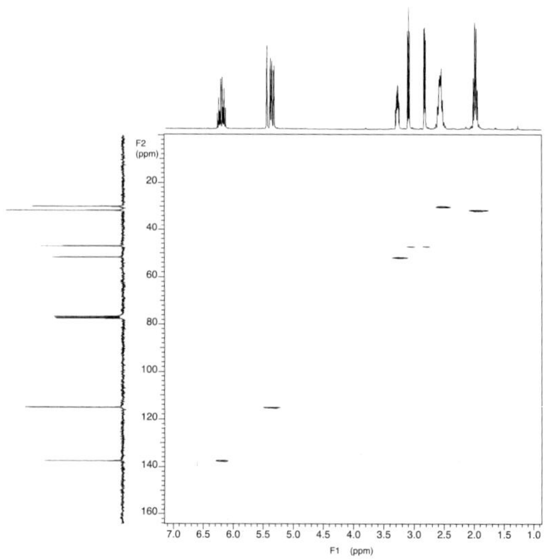

(f) $C_7H_8O_2$

양성자 NMR 스펙트럼 ($CDCl_3$)

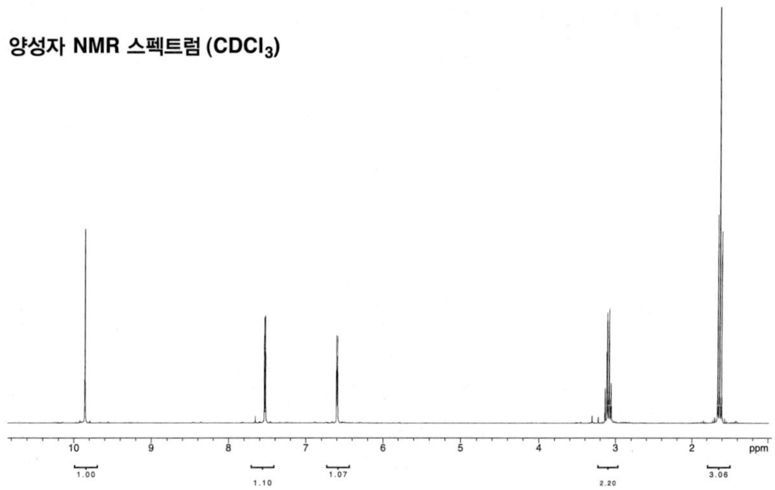

탄소-13 NMR 스펙트럼

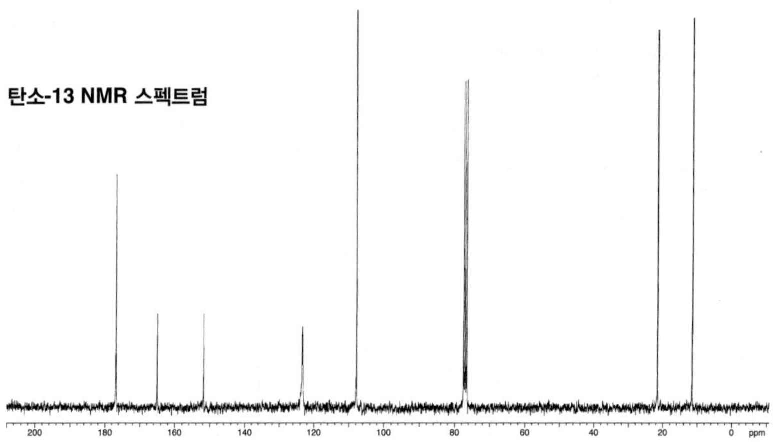

COSY 스펙트럼

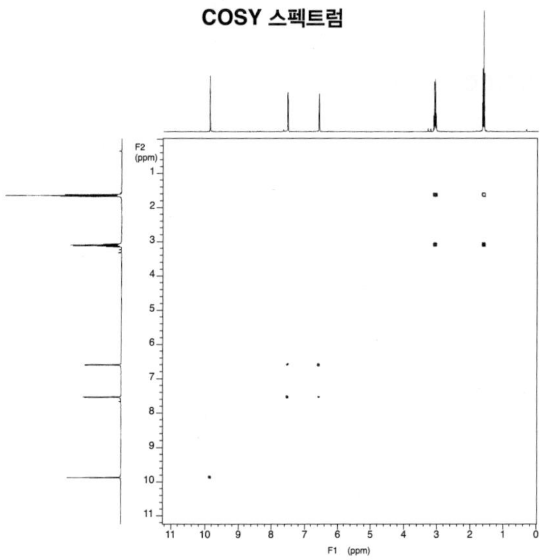

HETCOR 스펙트럼

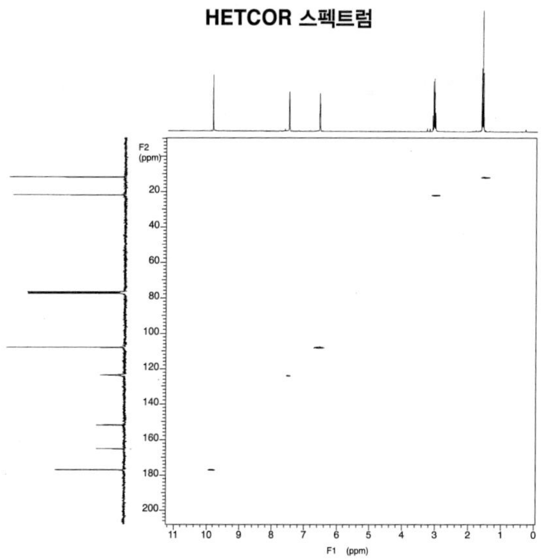

(g) C_6H_7NO

양성자 NMR 스펙트럼 ($CDCl_3$)

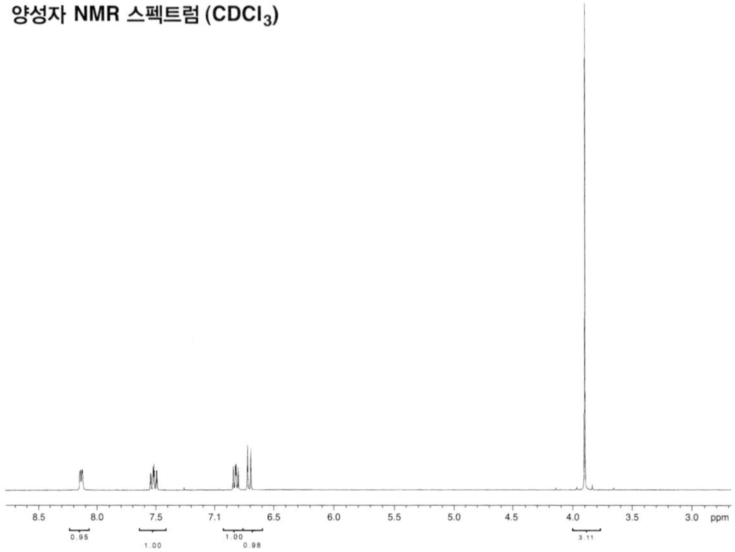

탄소-13 NMR 스펙트럼

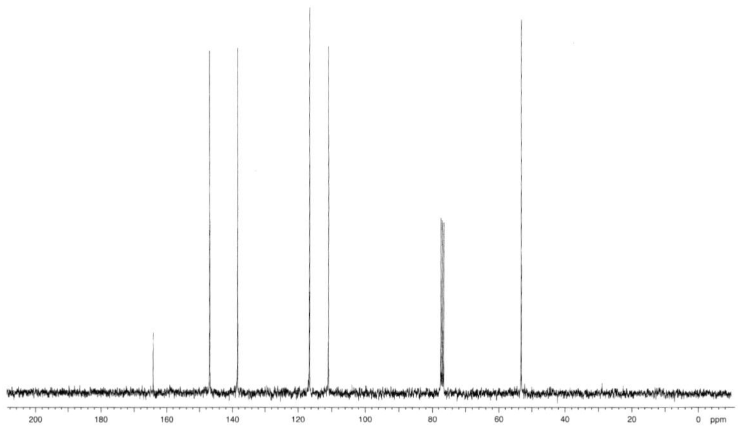

COSY 스펙트럼

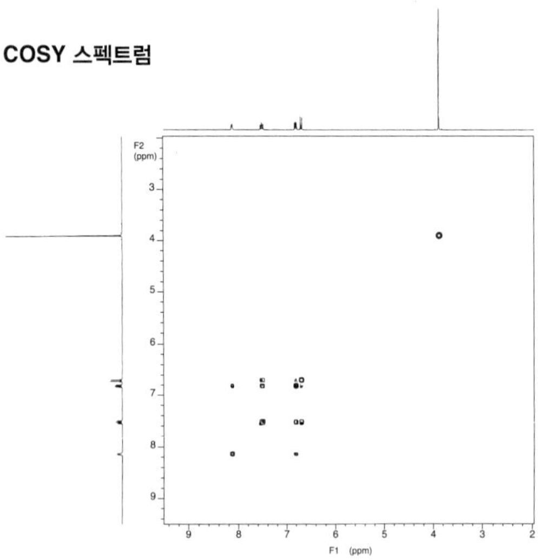

HETCOR 스펙트럼

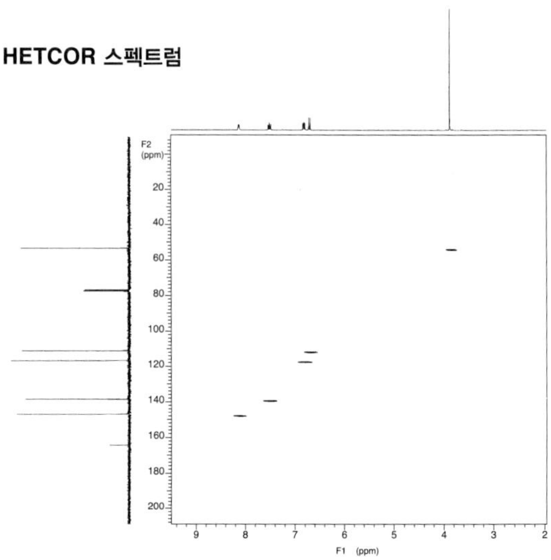

(h) $C_{10}H_{16}O$

양성자 NMR 스펙트럼과 확대 부분 ($CDCl_3$)

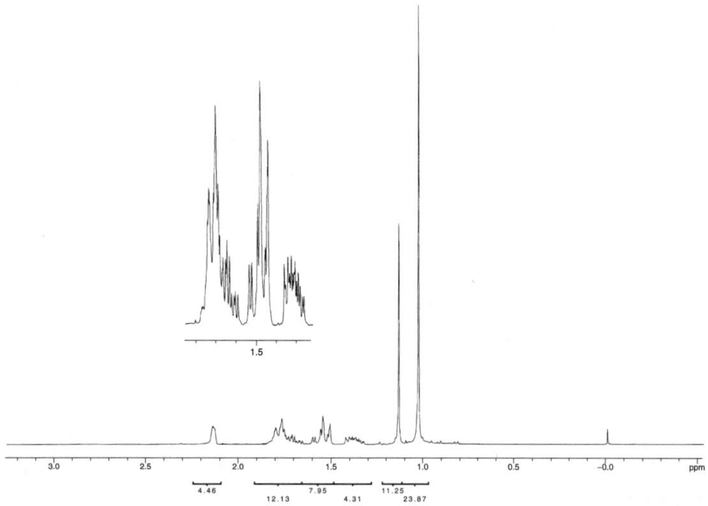

DEPT 스펙트럼

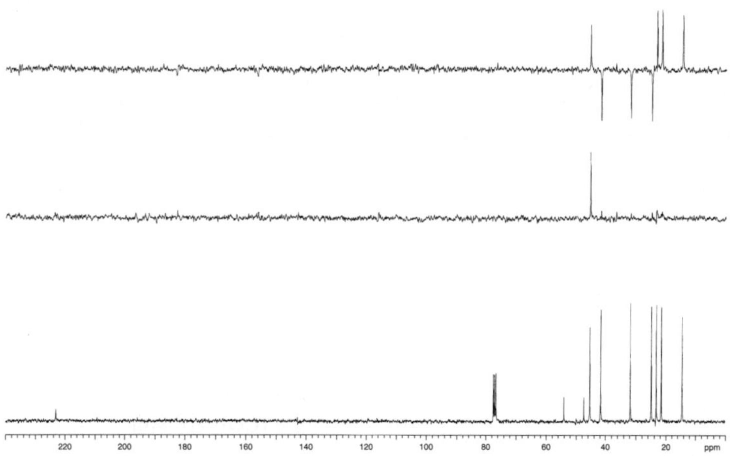

COSY 스펙트럼

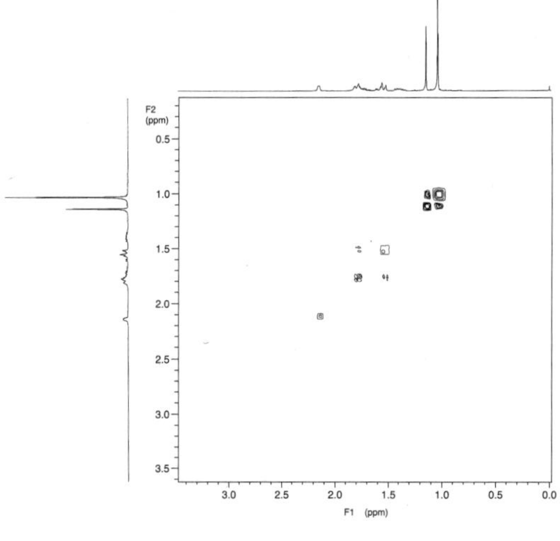

HETCOR 스펙트럼

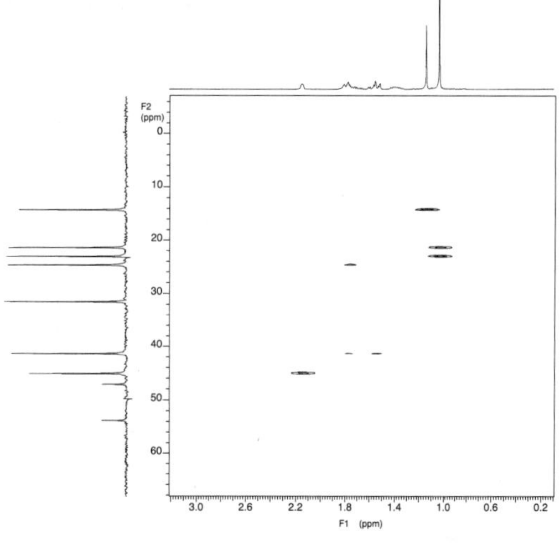

(i) $C_{10}H_{16}O$

양성자 NMR 스펙트럼 ($CDCl_3$)

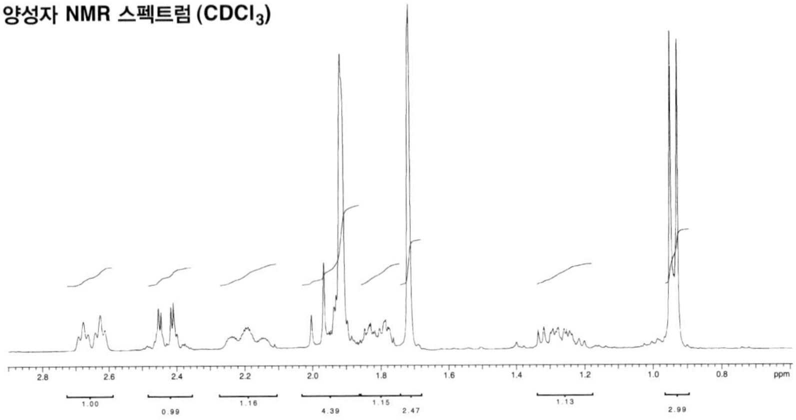

DEPT 스펙트럼

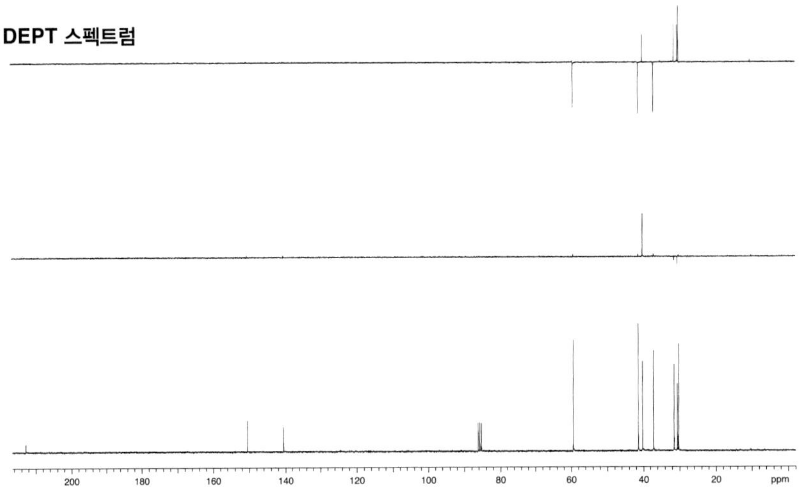

COSY 스펙트럼

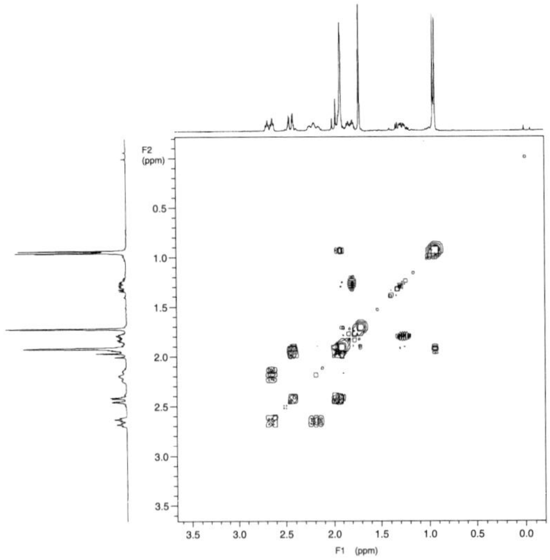

HETCOR 스펙트럼

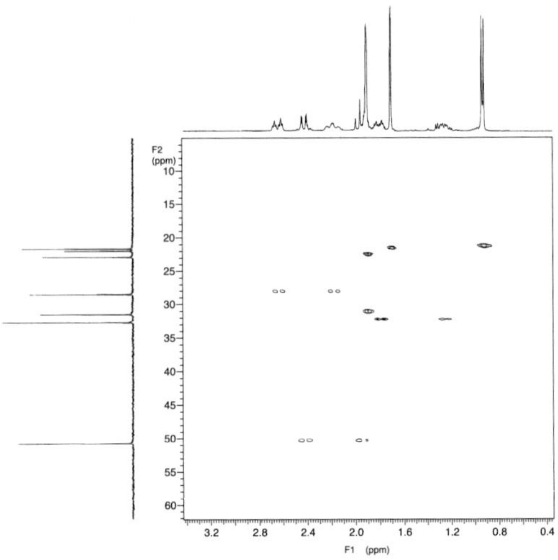

(j) $C_{15}H_{18}$

양성자 NMR 스펙트럼 ($CDCl_3$)

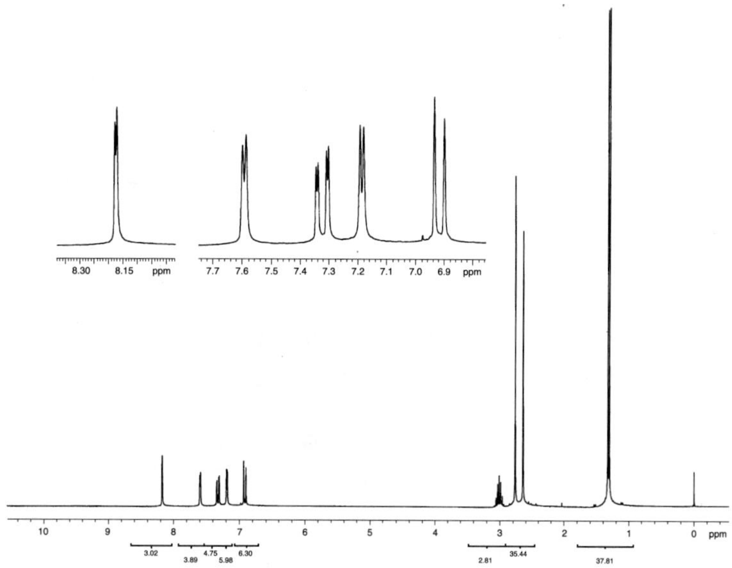

DEPT 스펙트럼

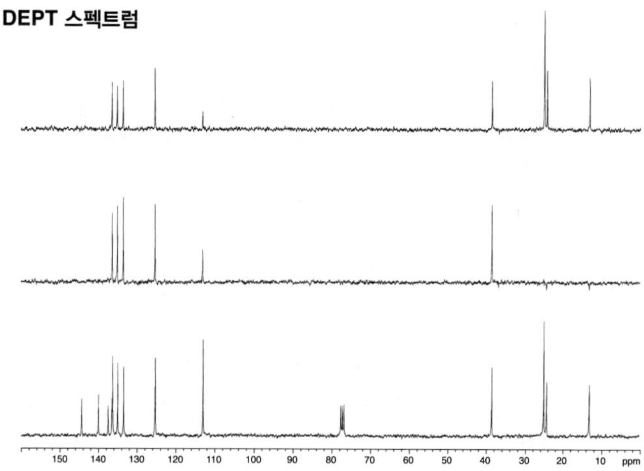

COSY 스펙트럼

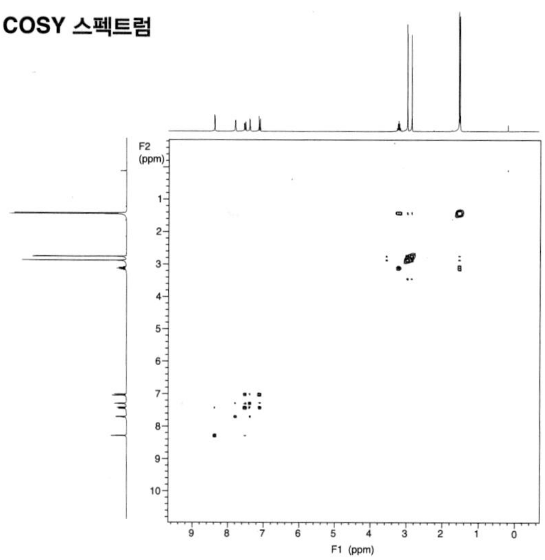

HETCOR 스펙트럼

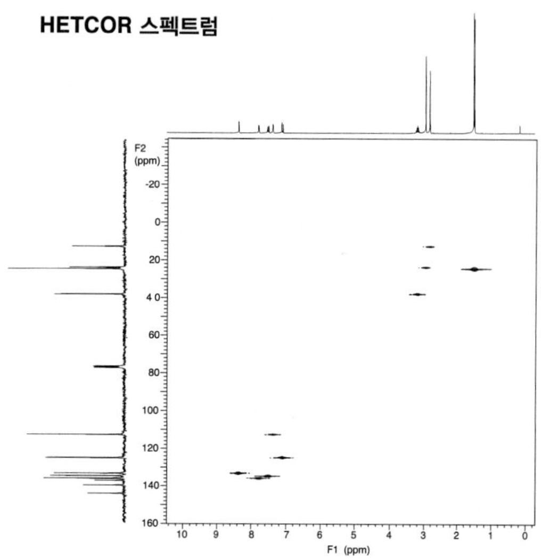

6-2 다음은 분자식이 $C_{14}H_{20}O_2$인 한 분자의 300 MHz COSY스펙트럼이다. 1D 스펙트럼은 양단에 주어졌다. ^{1}H 스펙트럼은 나타나 있는 공명 이외에도 적분 5, δ 7.3에서의 광폭 단일선을 포함한다. 구조는 무엇인가? 이유를 말하시오.

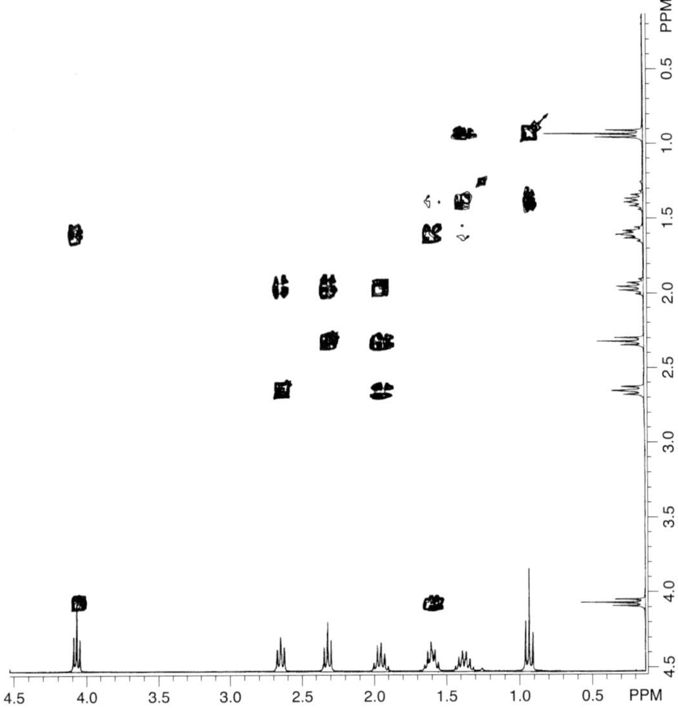

출처: S. E. Branz, R. G. Miele, R. K. Okuda, and D. A. Straus, *J. Chem. Educ.*, **72**, 659-661 (1995).

6-3 다음은 구조가 주어진 퀴놀린 1D ^{1}H와 2D COSY 스펙트럼이다.

(a) 1D 스펙트럼으로부터 당신이 할 수 있는 공명을 배정하시오. 각 배정을 화학 이동과 짝지음 상수로 설명하시오.

(b) 남아 있는 양성자를 COSY 스펙트럼으로부터 배정하고 이것들의 1D 갈림 양식을 설명하시오.

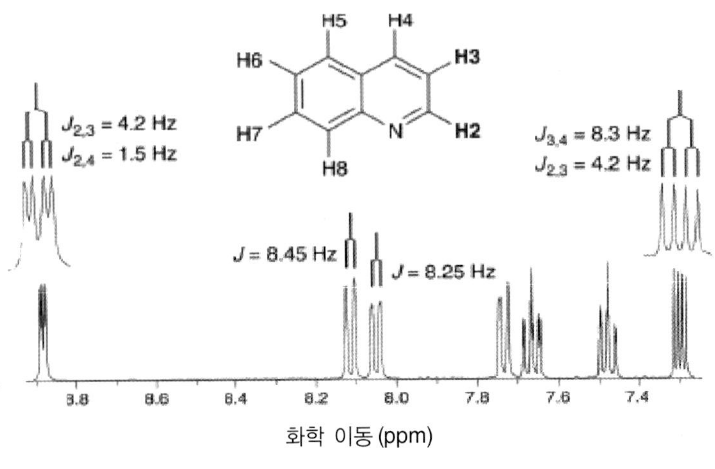

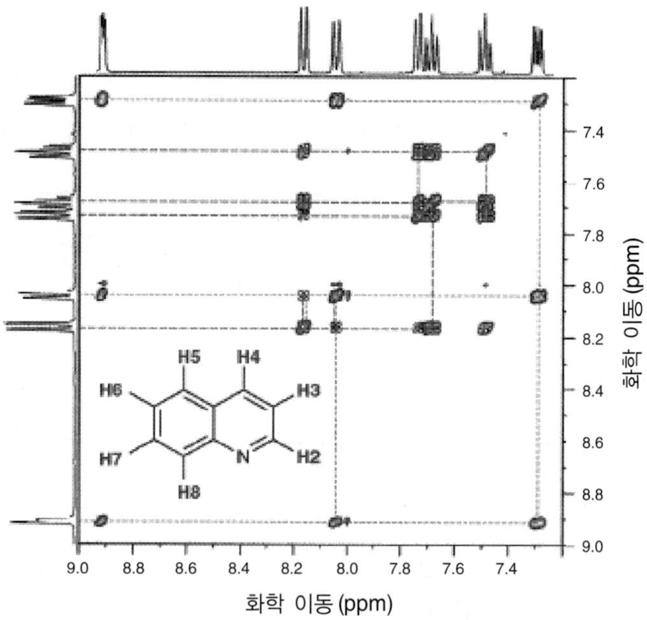

출처: P. J. Seaton, R. T. Williamson, A. Mitra, and A. Assarpour, *J. Chem. Educ.,* **79**, 107 (2002).

6-4 인돌-5-카복실산의 삼량체화 반응은 다음 두 개의 이성질체 중 하나를 생성한다.

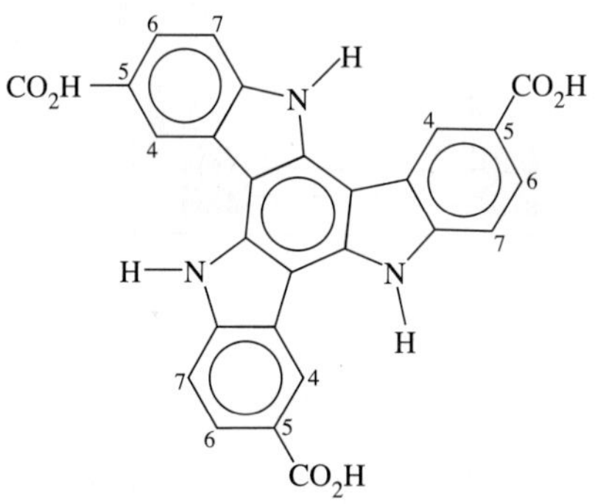

I

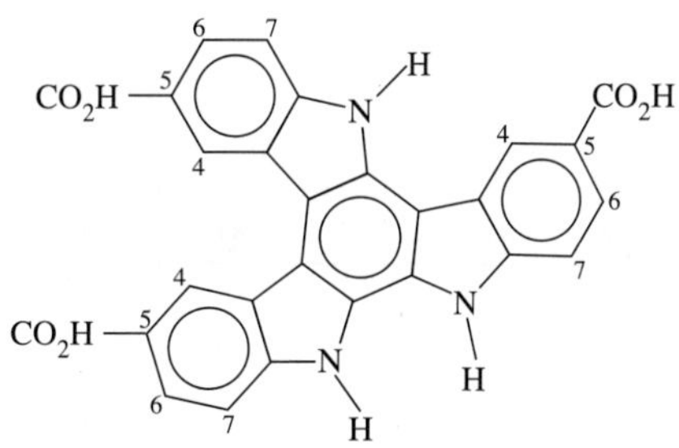

II

다음에 DMSO-d_6에서의 생성물의 360.1 MHz ^{1}H 스펙트럼과 COSY 스펙트럼 (δ 7.8~8.2 지역을 확대함)을 보여 준다. 별표한 신호는 불순물이다. ^{1}H 신호는 A에서 N으로 표지하였다. A에서 D까지의 신호는 D_2O를 가하여 제거하였다. 신호 A는 광폭 피크로 B의 바닥에 위치한다. 1D NOE 실험에서 B를 조사하면 F/G와 N에 영향을 주고, C와 D의 조사는 M과 L에 영향을 주고 F/G의 조사는 B에 영향을 준다.

(a) 스펙트럼 전체적 모양으로부터 삼량체는 I인가 혹은 II인가? 설명하시오.

(b) 피크 다중성, NOE 실험과 COSY 스펙트럼을 사용하여 모든 공명을 배정하시오. 단계별로 이유를 논의하시오. 피크 A부터 N까지의 배점을 특정 양성자로 배정하는 것으로 끝내야 한다.

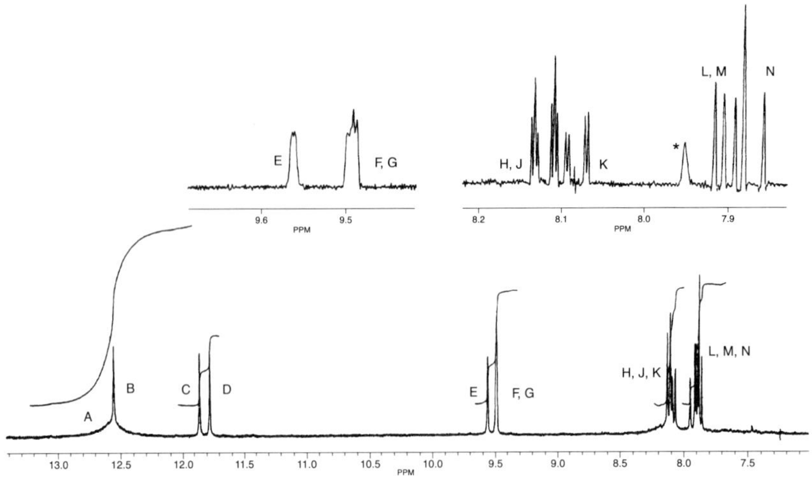

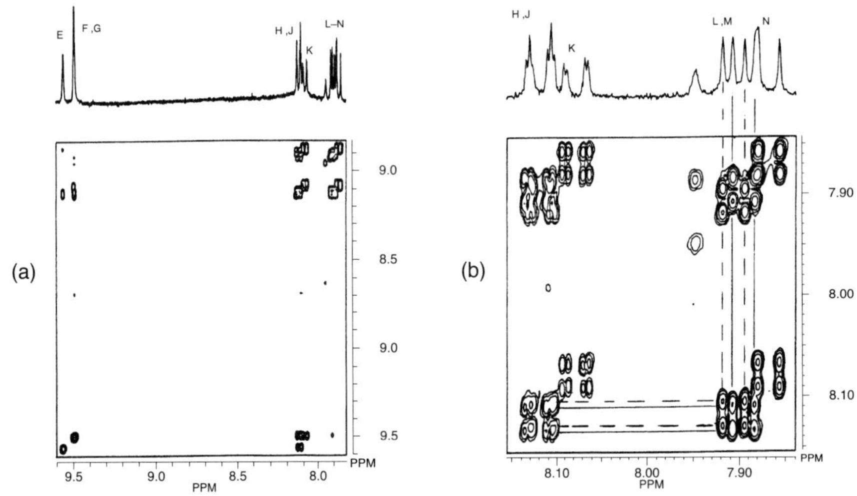

출처: J. G. Mackintosh, A. R. Mount, and D. Reed, *Magn. Reson. Chem.*, **32**, 559-560 (1994)

6-5 다음은 도시한 당류 유도체(콩으로부터 추출한)의 500 MHz ^{1}H 스펙트럼이다. 하이드록시 공명은 생략하였다.

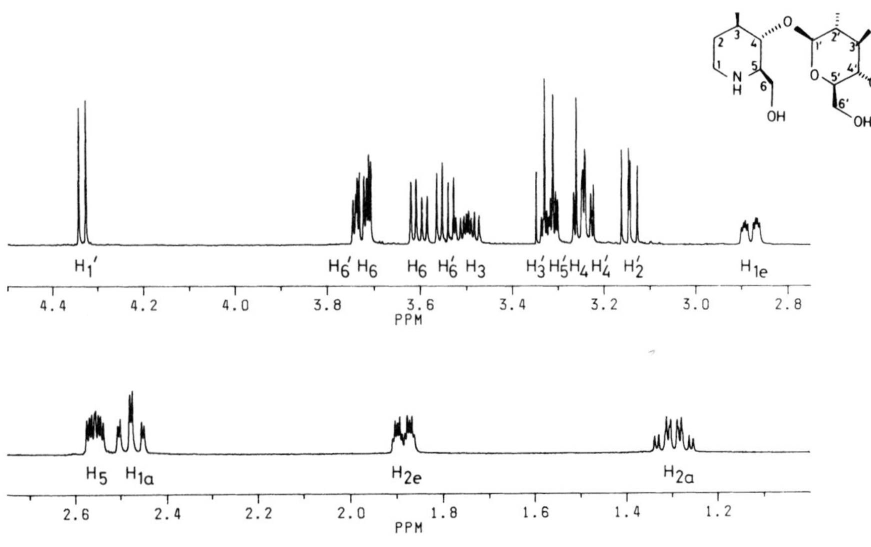

(a) 하나의 공명을 배정한 전체 COSY 스펙트럼은 다음과 같다. 당 고리에서의 양성자의 배정을 완결하시오.

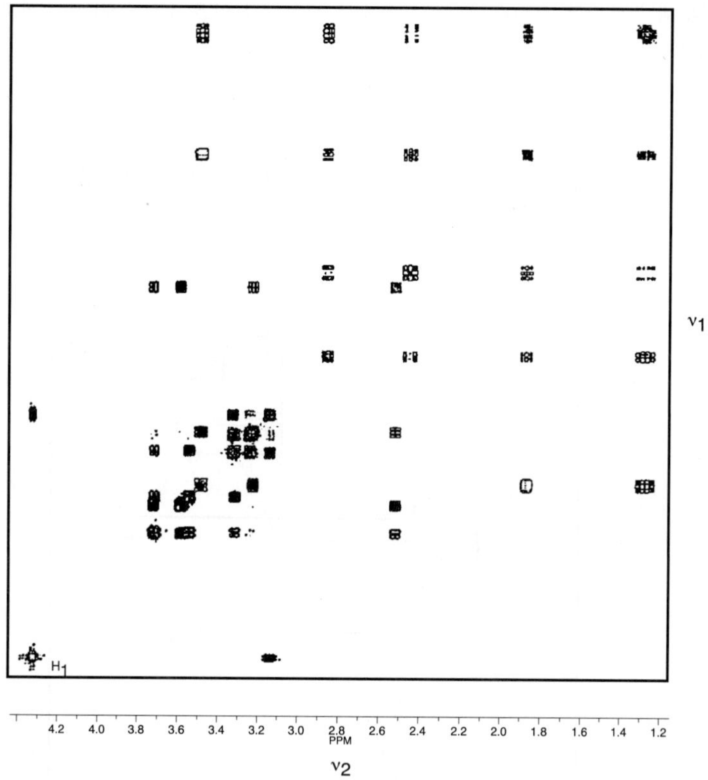

출처: A. E. Derome, *Modern NMR Techniques for Chemistry Research*, Oxford, UK: Pergamon Press, 1987, p. 257.

(b) 다음은 또 하나의 공명 배정을 가진 COSY 스펙트럼의 낮은 주파수 부분을 약간 확대한 스펙트럼이다. 피페리딘 고리의 양성자에 대하여 배정을 완결하시오. 우선, 의자형 회전배열을 그리는 것을 권장한다.

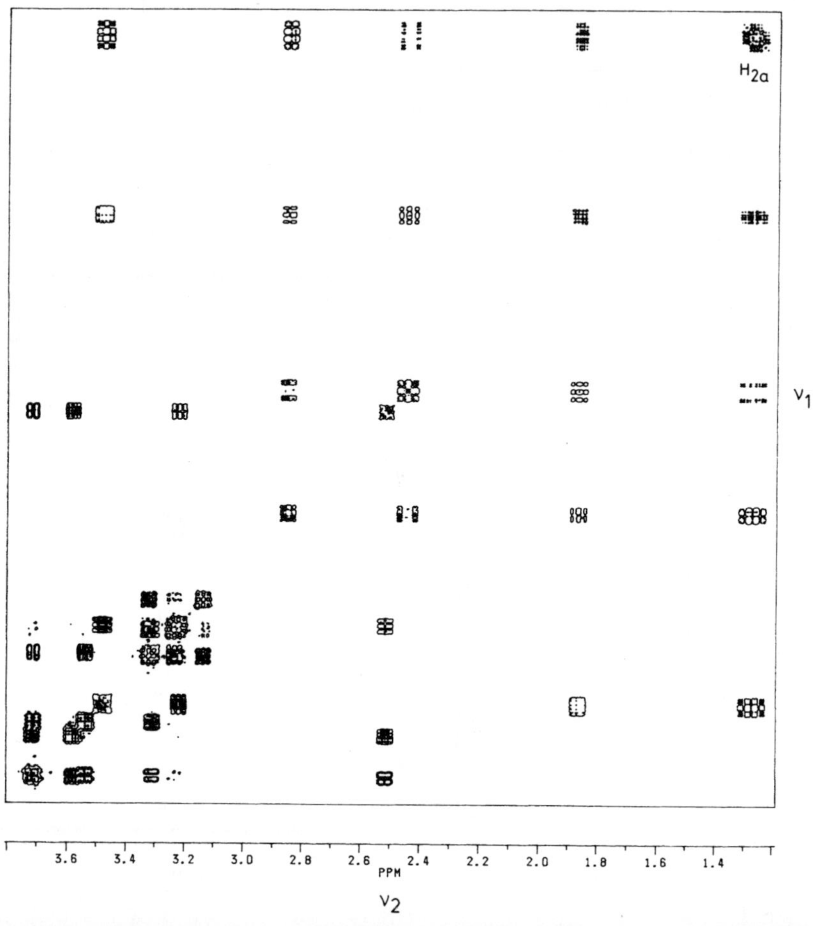

6-6 오로지 다음의 2D INADEQUATE 스펙트럼으로부터 아이소몬타놀라이드의 골격에 대한 구조를 유도하시오. δ 78에 두 개의 겹치는 공명이 존재하기 때문에 그것의 화학 이동에 대한 모호성 문제를 해결해야 한다. 또한 실험에서 정의하지 않은 δ 60~80 범위에서 탄소의 치환체가 존재한다.

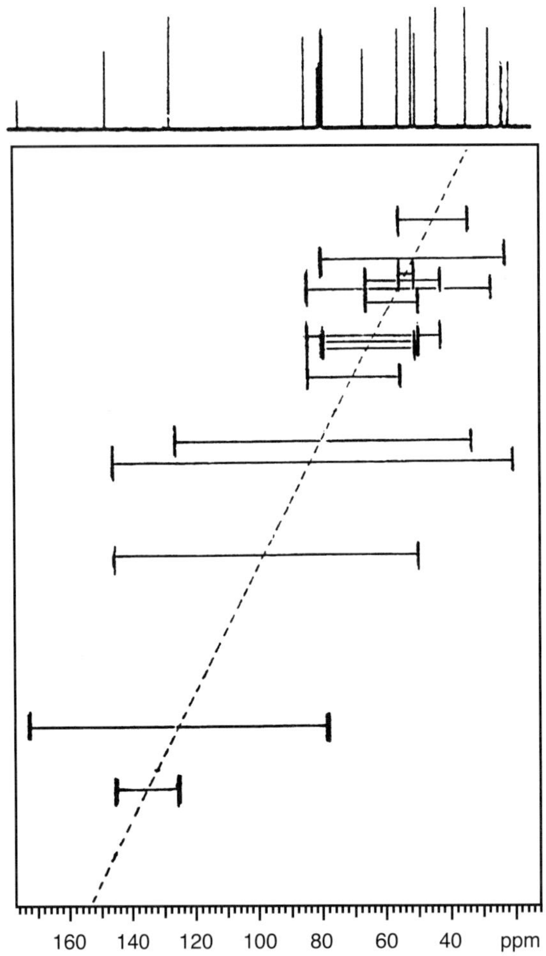

출 처 : M. Budesinsky and D. Saman, *Ann. Rev. NMR Spectrosc.*, **30**, 231-475 (1995).

6-7 구조 A를 가지는 분자는 DMSO-d_6에서 다음의 DQF-COSY (단, 당 부분만)을 준다.

(a) 가능하다면 최대한으로 당의 양성자들을 배정하고 그것들의 위치를 설명하시오.

(b) δ 12.56에서의 ^1H 공명을 배정하고 그것의 높은 주파수 위치를 설명하시오.

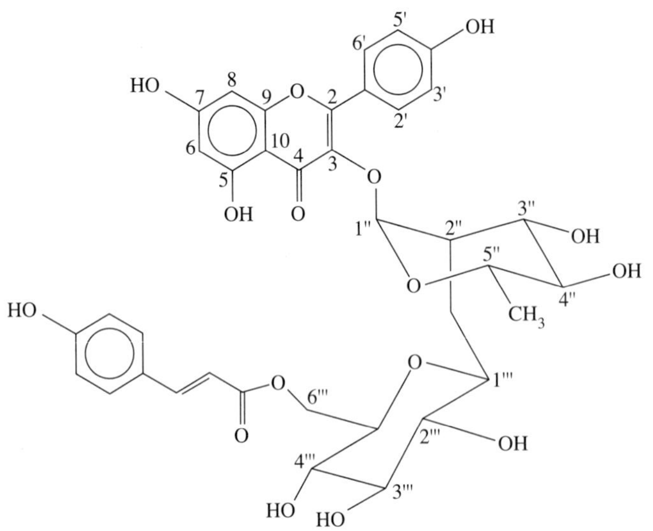

A

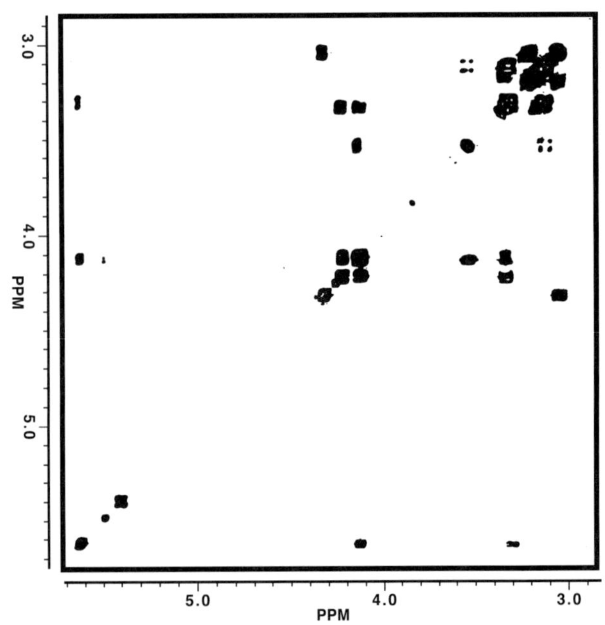

(c) ^{1}H 스펙트럼은 H—O—C(3″)—H에 대한 이웃자리 짝지음 ^3J = 9.4 Hz와 H—O—C(2‴)—H에 대한 이웃자리 짝지음 ^3J = 3.1 Hz를 보여 준다. 매체 효과와 회전배열 관점에서 설명하시오.

6-8 4,5-Cyclopropanocholestan-3-ols A와 B 이성질체는 콜레스테롤 산화효소의 억제제라고 예상한다(β라고 표지한 양성자는 위를 향하고, α라고 표지한 양성자는 아래를 향한다). 그림에 표시하지 않는 나머지 구조는 cholestane의 골격이고 이 문제와는 관련이 없다. 이 두 이성질체의 DFQ-COSY와 NOESY 스펙트럼이 아래에 주어졌다.

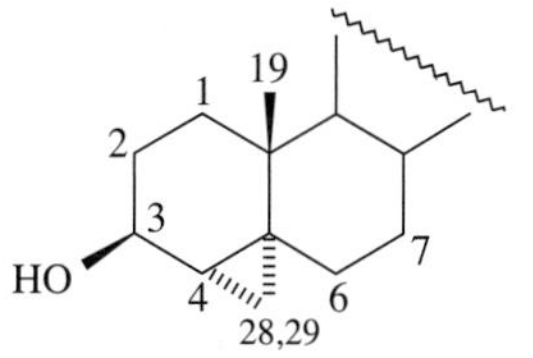

A

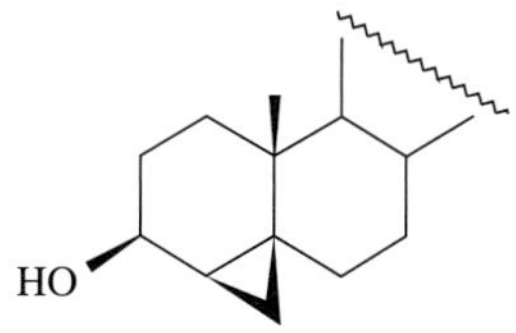

B

DQF-COSY NOESY

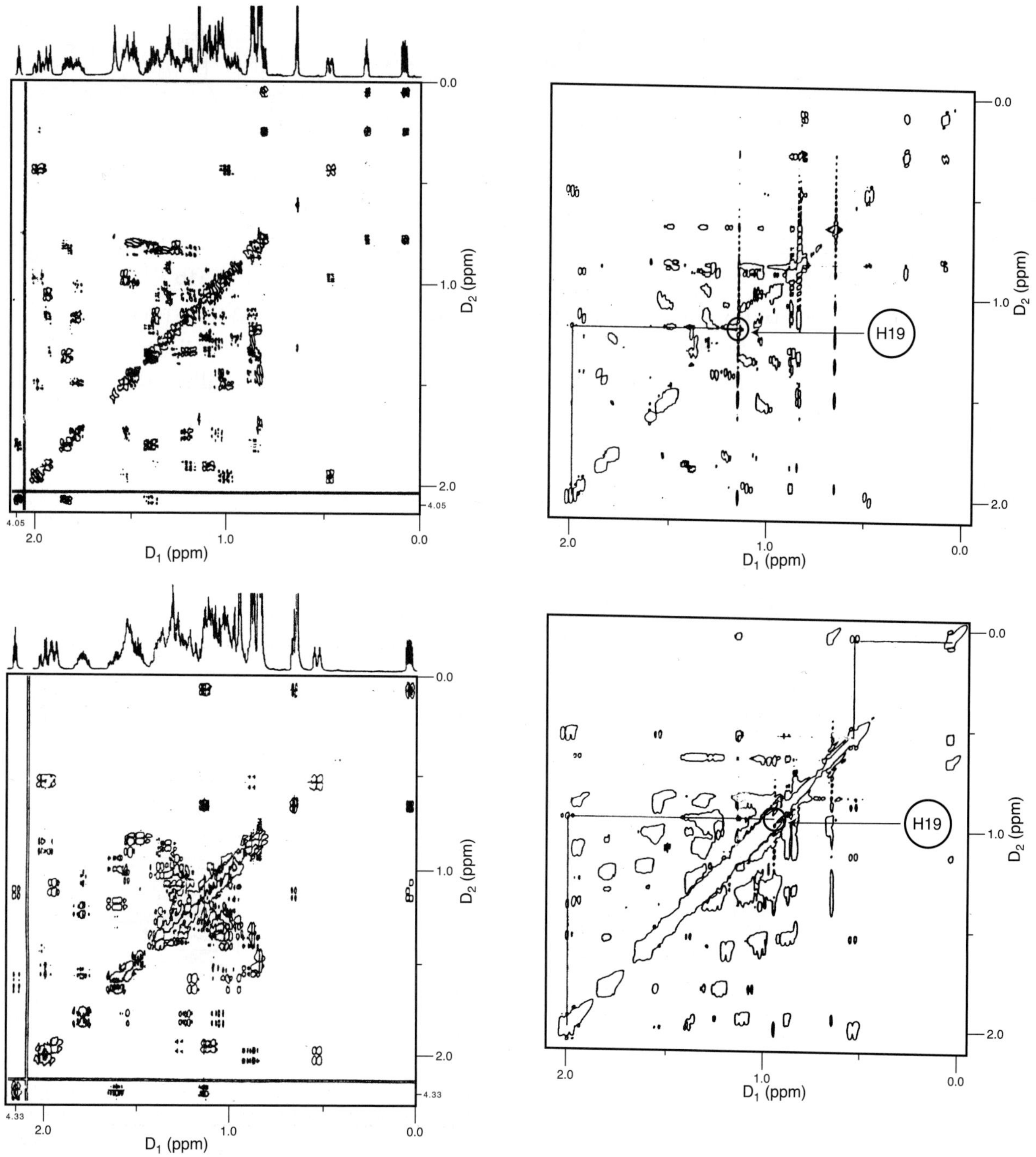

(a) 한 이성질체의 DQF-COSY 스펙트럼의 H(3α)로부터 시작하여 사이클로프로페인의 양성자(H4, H28, H29)를 배정하시오. [이러한 접근법은 단지 하나의 이성질체에만 작용한다, (b) 부분 참조.] δ 2와 4 사이의 DQF-COSY 축에서의 불연속성을 유의하시오. H4/H28, H4/H29 및 H28/H29에 대한 교차피크를 배정하시오.

(b) 이러한 접근법은 다른 하나의 이성질체에서는 실패한다. 그 이유는 무엇인가? 그리고 (a)에서의 배정과 유사하게 사이클로프로페인 공명과 교차피크를 배정하시오.

(c) 두 이성질체 모두에서 사이클로프로페인 공명 이외에 세 번째의 낮은 주파수 피크(δ 0.5)가 존재한다. 그것은 큰 J = 13.5 Hz를 가지고 두 이성질체에서 δ 2에서의 상대자를 가지고 있다. 이 두 이성질체의 J = 13.5 Hz 사이의 DQF-COSY 교차피크를 확인하시오.

(d) 이 두 이성질체에 대한 NOESY 스펙트럼은 H19(메틸기)가 (c)로부터의 δ 2 양성자와 근접하고 있다는 것을 보여 준다. δ 2 양성자가 짝진(J = 13.5 Hz) 양성자는 단지 하나의 이성질체에서 다른 낮은 주파수의 사이클로프로페인 양성자들 중 하나와 NOESY 교차피크를 보여 준다. 스펙트럼에 대하여 이성질체를 배정하시오. 예상되는 회전배열들은 아래에 주어졌다. NOESY 관계를 표시하시오.

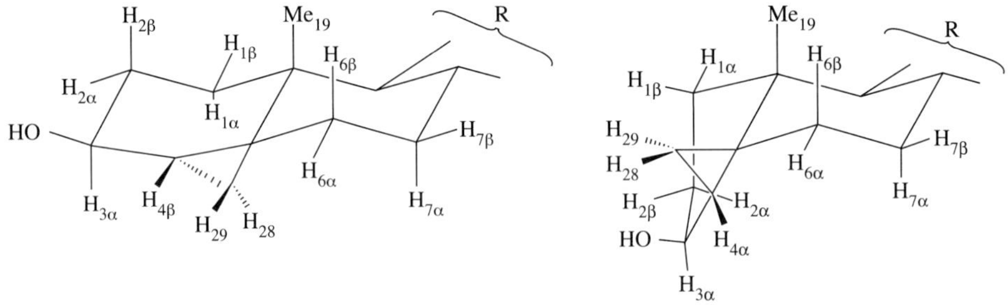

1a **1b**

6.9 **(a)** *trans*-10-Chlorodecal-2-one (A)는 [1]H와 [13]C 스펙트럼은 다음의 HETCOR 스펙트럼으로 주어졌다. 회전배열은 견고하여 각 같은자리 양성자 쌍은 구별된 수직 방향과 수평 방향 공명을 보여 준다. C6, C7및 C8 공명을 하나의 집단으로 확인하고 설명하시오.

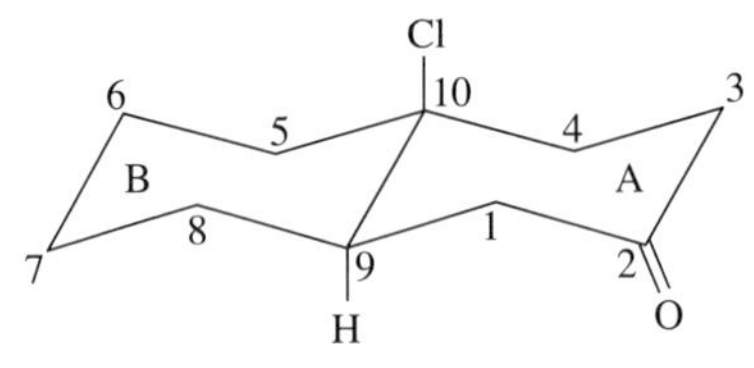

A

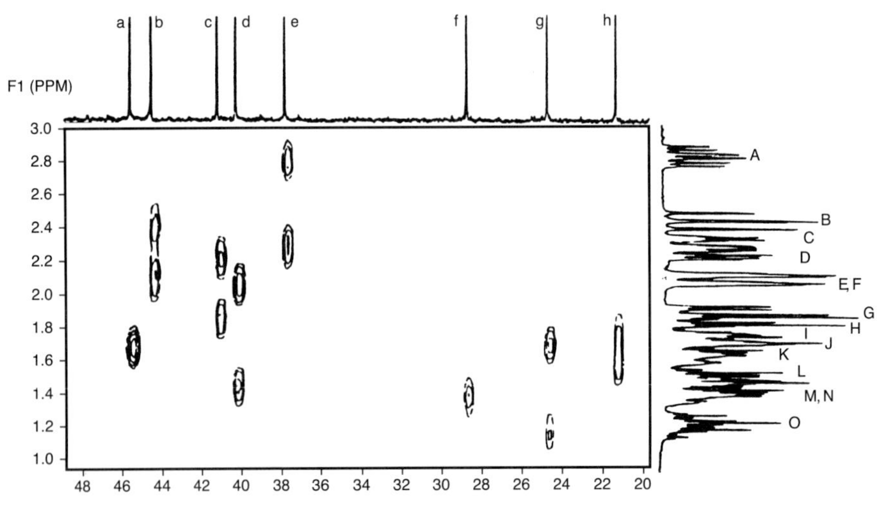

(b) H9과 C9를 배정하시오. 논리적으로 설명하시오.

(c) 어느 [1]H 신호가 가장 높은 주파수(가장 낮은 자장)에서 발생할 것으로 예상하는가? 설명하시오.

(d) 다음의 COSY 스펙트럼과 앞서의 HETCOR 스펙트럼으로부터 A 고리의 모든 양성자와 탄소들을 배정하시오. **주의:** 이 스펙트럼에서 H1a와 H3a가 H1e와 H3e보다 각각 **높은** 주파수에서 발생하는 것으로 보아 정상적인 수직 방향-수평 방향 관계는 반전되었다.

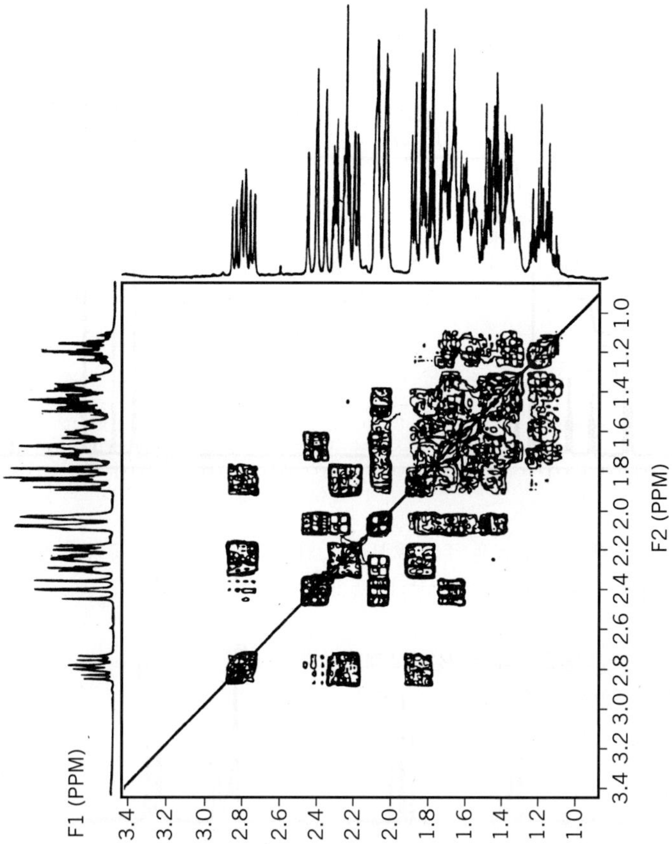

6-10 **(a)** 사용 통제 하에 있는 methaqualone의 분자식은 $C_{16}H_{14}N_{2}O$(MW 250)이다. MW 264를 가지는 관련 유사체는 불법 약물시장에서 대체품으로 등장하기 시작하였다. 그것들의 적외선 스펙트럼으로부터 두 분자 모두 카보닐기(C═O)를 1705 cm^{-1}에서 포함하고 있다. 다음에 주어진 methaqualone과 그 유사체의 300 MHz ^{1}H 스펙트럼으로부터 어떤 구조 조각 단위를 유추할 수 있는가?

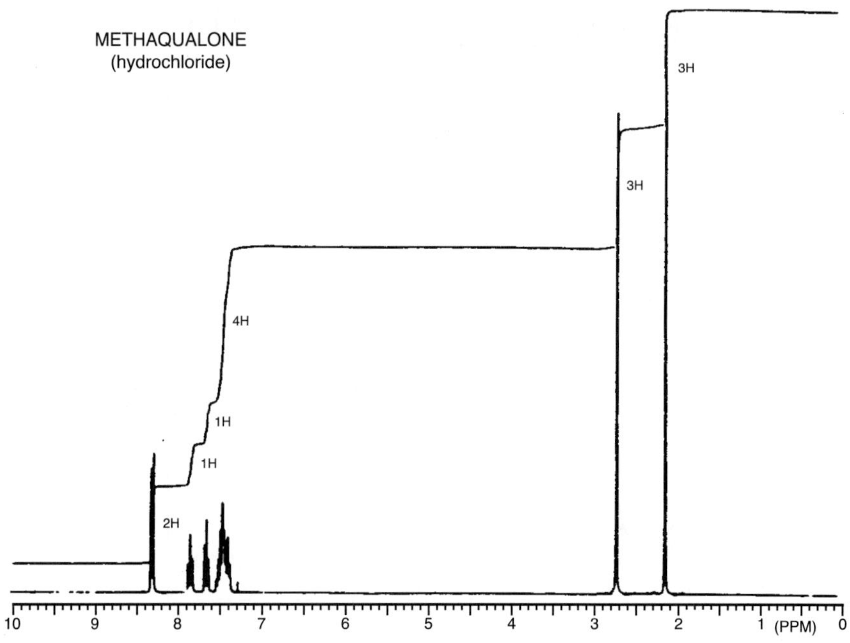

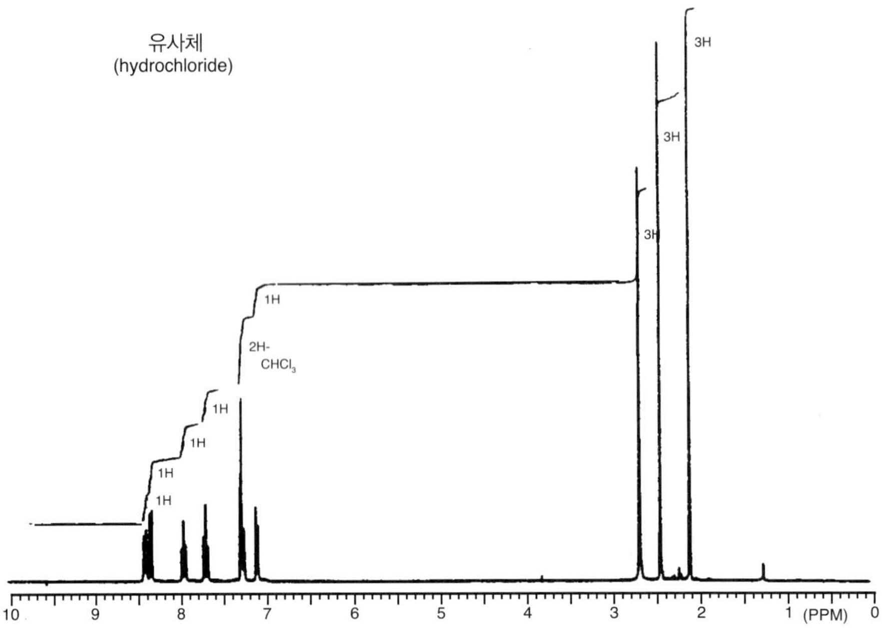

(b) 유사체의 스펙트럼의 높은 주파수 부분의 확대로부터 이러한 공명에 해당하는 구조 부분을 유추하시오.

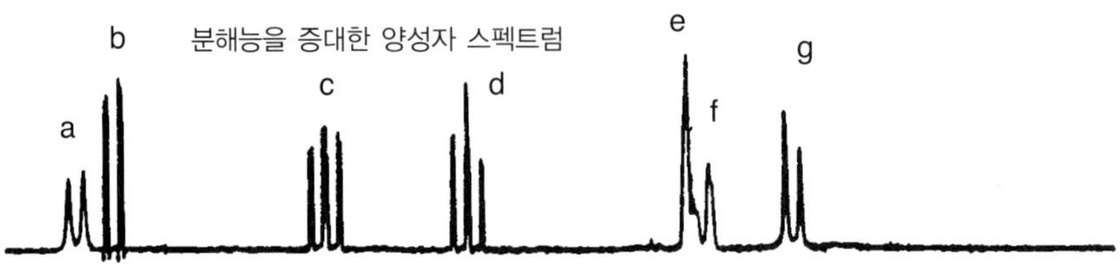

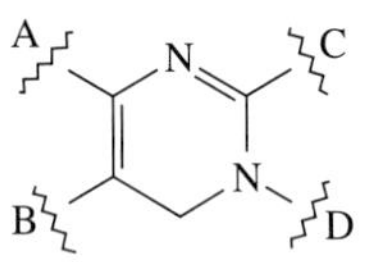

A

(c) 어미 화합물과 유사체 모두 불포화되고 모든 위치에 치환체를 가지는 피리미딘 고리(A)를 포함한다. 이제 유사체 분자 전체를 조립하시오.

(d) 유사체 분자에 대한 다음의 COSY 스페트럼에서의 모든 교차피크를 배정하시오.

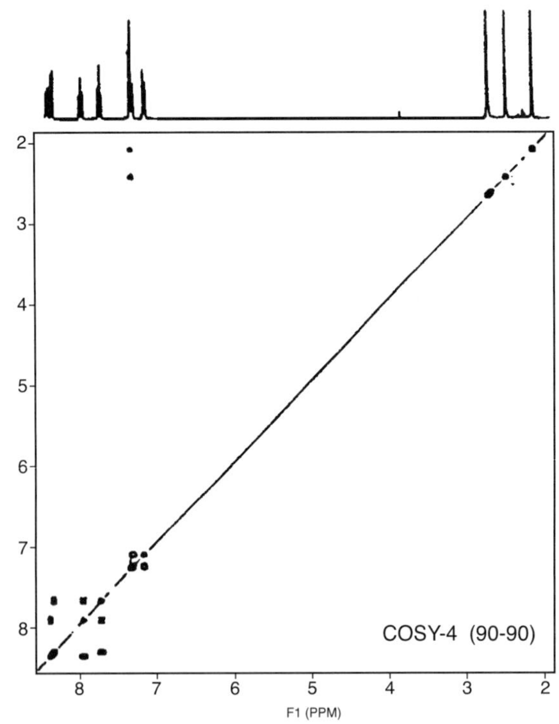

(e) 다음의 NOESY 스펙트럼으로부터 유사체 분자의 구조의 풀지 않았던 구조 모두를 완성하시오.

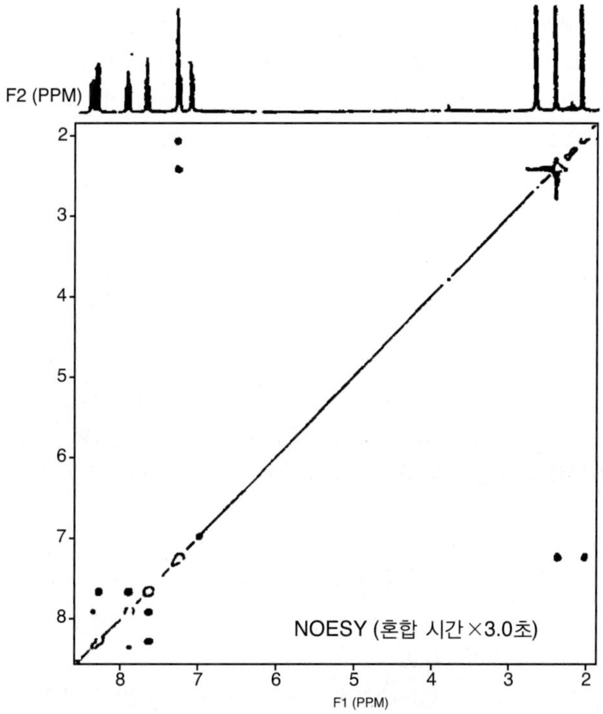

(f) 유사체 분자의 구조와 이전의 스펙트럼 자료로부터 methaqualone의 구조를 유추하시오.

6-11 Upjohn 과학자들이 콜레스테릴 에스터 이동 단백질 U-106305의 강력한 억제제를 분리하였다. 고분해능 질량 스펙트럼은 분자식이 $C_{28}H_{41}NO$을 보여 주고 ^{13}C 스펙트럼은 27개의 개별적인 공명(δ 20.02에서의 한 쌍의 동일한 탄소를 포함하여)을 가진다. DEPT 스펙트럼은 다음 표와 같이 다중성을 보여 준다.

^{13}C 화학 이동과 다중성	^{1}H 화학 이동과 짝지음 상수	^{13}C 화학 이동과 다중성	^{1}H 화학 이동과 짝지음 상수
7.6(T)	0.07, 0.09(dt: 8.43, 4.85)	20.0(D)	1.00(m)
7.6(T)	0.12, 0.16(dt: 8.39, 4.90)	20.02(Q)	0.90(d: 6.8)
8.0(T)	0.08(not first order)	20.7(D)	1.29(m)
11.4(T)	0.32, 0.34(dt: 8.20, 4.77)	21.8(D)	0.68(m)
13.4(T)	0.65(dt: 8.59, 4.87)	22.4(D)	0.94(m)
14.8(T)	0.34, 0.43(dt: 8.33, 4.60)	24.0(D)	1.01(m)
14.8(D)	0.63(m)	28.5(D)	1.77(h: 6.8)
17.9(D)	0.57(dq: 13.27, 4.93)	46.7(T)	3.20(d: 6.8)
18.0(D)	0.58(m)	120.0(D)	5.91(d: 15.2)
18.2(D)	0.49(m)	130.4(D)	4.98(dd: 15.5, 7.2)
18.2(D)	0.51(m)	131.0(D)	4.98(dd: 15.5, 7.7)
18.4(D)	0.53(m)	148.8(D)	6.24(dd: 15.2, 9.8)
18.41(Q)	1.02(d: 6.0)	166.0(S)	
18.8(D)	0.60(m)		

(a) 적외선 스펙트럼은 1630과 1558 cm^{-1}에서의 강한 띠를 보여 준다. 어떠한 작용기를 제안하는가? 어떠한 NMR 피크가 이러한 배정을 확인하는가?

(b) δ 120~150의 ^{13}C 피크로 어떤 구조 조각을 제안하는가?

(c) HETCOR 스펙트럼은 완전한 ^1H 배정을 준다(앞의 표를 참조). δ 120~150 ^{13}C 피크와 상관관계를 가지는 ^1H 공명으로부터 (b)로부터의 구조 조각에 대하여 어떤 다른 것을 말할 수 있는가? *J*의 크기(괄호 안 값), 네 개의 ^1H와 ^{13}C 화학 이동과 양성자 다중성을 사용하시오. 특히 δ 120은 dd가 아니고 d라는 점을 유의하시오.

(d) 자외선-가시광선 스펙트럼은 215 nm에서 강한 띠를 보여 준다. 이미 유추한 작용기들로부터 이 발색단은 무엇인가?

(e) 여섯 개의 낮은 주파수 ^{13}C 삼중선을 검토하시오. 각각은 하나의 아주 낮은 주파수(높은 자장)의 양성자 쌍($\delta < 0.7$)과 상관관계를 가진다. 여섯 번 존재하는 집단은 여기에서 무엇이라고 제안하는가?

(f) 이제 불포화도를 계산하자. 그 불포화도 모두에 대하여 설명하고, 계산하시오.

(g) 다음과 같이 DQF-COSY 스펙트럼이 주어졌다. δ 0.90 (d: 6.8 Hz)에서의 ^1H 공명의 적분은 6으로서 δ 1.77 (칠중선: 6.8 Hz)의 적분 1인 공명과 연결되어 있었다. 후자는 또한 δ 3.20 (d: 6.8 Hz)의 적분 2의 공명과 연결되어 있었다. 이러한 2D 증거로 어떤 구조 조각이 제안되는가?

(h) 이전에 정한 작용기에 어떻게 이러한 구조 조각이 연결되었는가? 화학 이동을 참조하시오.

(i) 이제 거의 모든 구조를 가졌다. 배정하지 않는 남은 ^{13}C 공명은 12개의 이중선과 1개의 사중선이다. 앞의 구조 조각으로부터 이러한 탄소를 찾고(특정 배정 없이), 부착한 양성자들의 화학 이동에 대하여 설명하시오.

(j) 이러한 양성자들은 모두 DQF-COSY 스펙트럼에서 δ 1.29 공명을 제외하고 찾았다. 600 MHz에서조차 심한 겹침이 존재하여 이러한 실험으로부터 유도하여 여기에 연결성을 표시하였다. 전체 구조를 입체화학 없이 쓰시오.

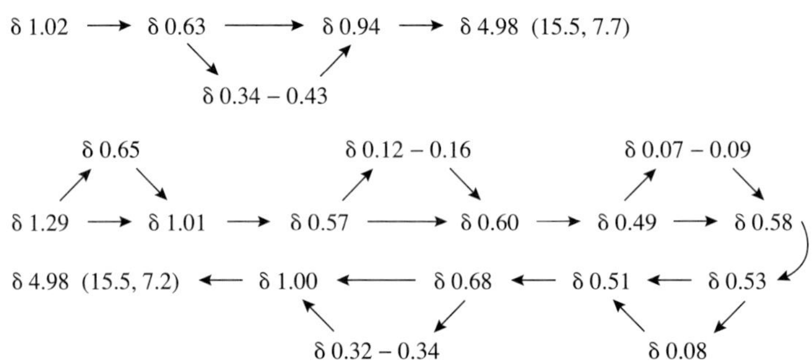

(k) 여섯 개의 높은 주파수 삼중선과 관련된 양성자들에 대한 가능한 다중선과 *J* 값을 찾으시오. 모두가 dt이고 *J*는 ~8.4가 아니면 ~4.8 Hz 중 하나이다. 모든 입체화학을 포함하여 전체 구조식을 쓰시오.

참고 문헌

See also general texts referenced in previous chapters.

General

6.1 A. Bax, *Two-Dimensional Nuclear Magnetic Resonance in Liquids*, Boston: D. Reidel Publishing, 1982.
6.2 R. R. Ernst, G. Bodenhausen, and A. Wokaun, *Principles of Nuclear Magnetic Resonance in One and Two Dimensions*, Oxford, UK: Oxford University Press, 1987.
6.3 G. E. Martin and A. S. Zektzer, *Two-Dimensional NMR Methods for Establishing Molecular Connectivity*, New York: VCH, 1988.
6.4 J. Schraml and J. M. Bellama, *Two-Dimensional NMR Spectroscopy*, New York: Wiley-Interscience, 1988.
6.5 K. Nakanishi, *One-Dimensional and Two-Dimensional NMR Spectra by Modern Pulse Techniques*, Mill Valley, CA: University Science Books, 1990.
6.6 R. R. Croasmun and R. M. K. Carlson (eds.), *Two-Dimensional NMR Spectroscopy*, 2nd ed., New York: VCH, 1994.
6.7 F. J. M. van de Ven, *Multidimensional NMR in Liquids*, New York: VCH, 1995.
6.8 J. N. S. Evans, *Biomolecular NMR Spectroscopy*, Oxford, UK: Oxford University Press, 1995.
6.9 Atta-ur-Rahman and M. I. Choudhary, *Solving Problems with NMR Spectroscopy*, San Diego: Academic Press, 1996.
6.10 H. Friebolin, *Basic One- and Two-Dimensional NMR Spectroscopy*, 4th ed., Weinheim, Germany: Wiley-VCH, 2005.
6.11 J. H. Simpson, *Organic Structure Determination Using 2-D NMR Spectroscopy*, San Diego: Academic Press, 2008.

COSY

6.12 A. Kumar, *Bull. Magn. Reson.*, **10**, 96–118 (1988).

Long-Range HETCOR

6.13 G. E. Martin and A. S. Zektzer, *Magn. Reson. Chem.*, **26**, 631–652 (1990).

HMBC

6.14 G. E. Martin, *Ann. Rev. NMR Spectrosc.*, **46**, 36–100 (2002).

HOESY

6.15 M. Yemloul, S. Bouguet-Bonnet, L. Aï cha Ba, G. Kirsch, and D. Canet, *Magn. Reson. Chem.*, **46**, 939–942 (2008).

EXSY

6.16 K. G. Orrell, V. Ŝik, and D. Stephenson, *Progr. NMR Spectrosc.*, **22**, 141 (1990).
6.17 C. L. Perrin and T. J. Dwyer, *Chem. Rev.*, **90**, 935–967 (1990).

2D INADEQUATE

6.18 J. Buddrus and J. Lambert, *Magn. Reson. Chem.*, **40**, 3–23 (2002).

Multiple Quantum Methods

6.19 T. J. Norwood, *Progr. NMR Spectrosc.*, **24**, 295–375 (1992).

Pulsed Field Gradients

6.20 W. S. Price, *Ann. Rev. NMR Spectrosc.*, **32**, 51–142 (1996).
6.21 T. Parella, *Magn. Reson. Chem.*, **34**, 329–347 (1996).
6.22 K. Stott, J. Keeler, Q.-N. Yan, and A. J. Shaka, *J. Magn. Reson. A*, **125**, 302–324 (1997).

DOSY

6.23 C. S. Johnson, *Progr. NMR Spectrosc.*, **34**, 203–256 (1999).
6.24 Y. Cohen, L. Avram, and L. Frish, *Angew. Chem., Int. Ed. Engl.*, **44**, 520–554 (2005).

PANACEA

6.25 E. Kupĉe and R. Freeman, *J. Am. Chem. Soc.*, **130**, 10788–10792 (2008).

PART II

질량 분석법

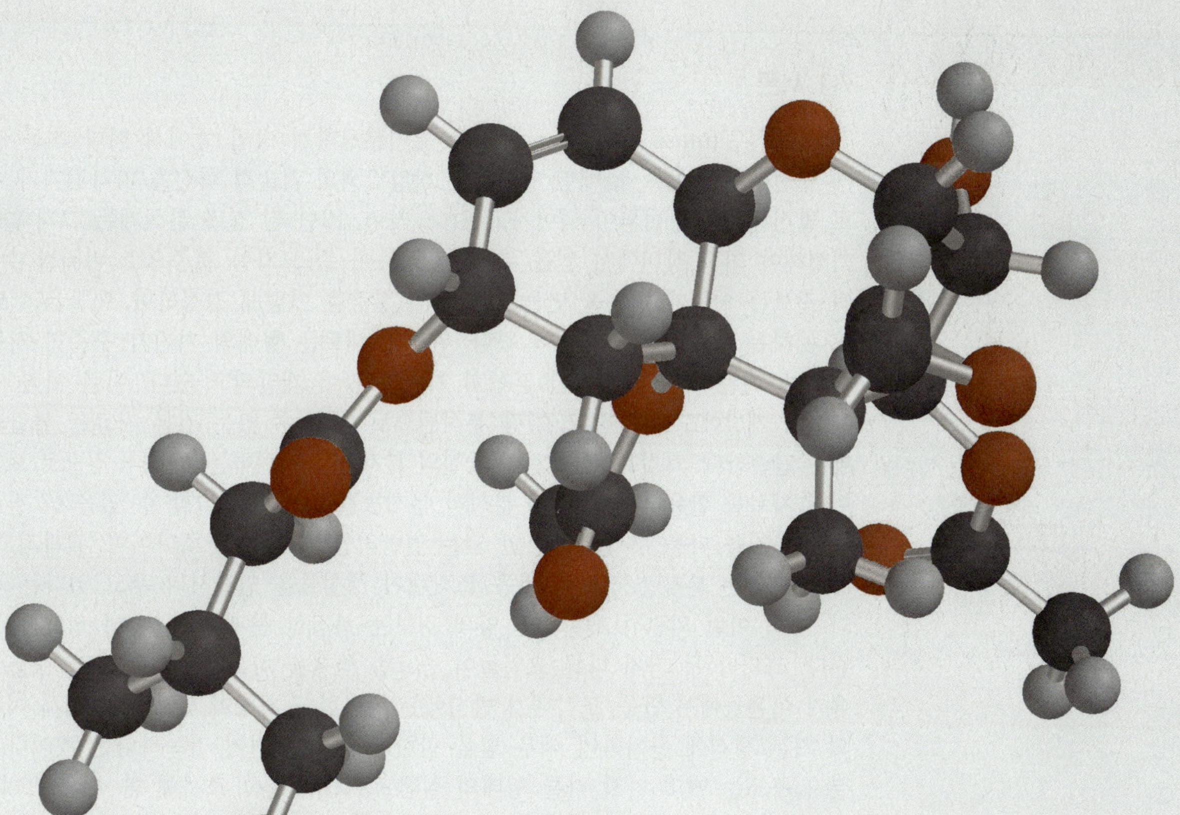

CHAPTER 7

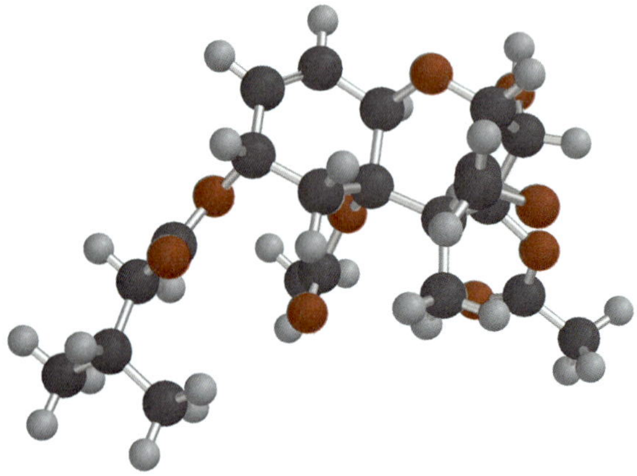

질량 분석법: 기기장치

7-1 서론

질량 분석법(mass spectrometry)은 유기분광학적 방법 중에서 아마 최근에 가장 빠르게 발전하는 분야로서, 매년 일어나는 각양각색의 기술적 혁신을 따라잡기가 어려울 정도로 발전해가는 방법론이 되어가고 있다. 가령, 10년 된 질량 분석계는 그저 쓸모없다거나, 기껏해야 최신 장비에서 얻을 수 있는 성능이 좀 모자란 것쯤으로 비춰질 수 있다. 기술적 진보는 어떻게 이온을 만들고, 이들의 질량을 어떻게 결정하며, 이들을 어떻게 검출하느냐 하는 측면에서 진행되어 왔다. 완전히 새로운 형태의 기기가 꾸준히 시장에 나오고 있으며, 기존 기술과 결합한 혼합형 기기도 많이 개발되고 있다. 이런 여러 가지 변화와 기술적 개발에도 불구하고, 질량 분석법으로 얻을 수 있는 기본 자료는 놀랍게도 여전히 매우 단순하다. 그것은 바로 관심 물질의 분자량을 제시하는 것이다. 겉으로 보기에 단순한 이런 자료를 활용하여, 폭넓은 분석적 문제들을 어떻게 해결할 수 있을까? 질량 분석법은 개별 분자를 다룰 수 있는 몇 안 되는 일반적인 기술 중의 하나이며, 결과적으로 한 분자로부터 얻는 분자량 정보와 반응/조각내기 생성물을 연결시켜 주고 있다는 점에서 그렇다. 아직 이런 외관상 제한적인 양의 정보는 복잡한 문제를 푸는 데 적당하지 않을지 모른다. 그러나 두 가지 다른 요인들이 중요한 역할을 하고 있다. 첫째로, 가장 중요하게는, 유기 이온들에서 반응/조각내기 방식에는 상당한 규칙성이 있으며, 그래서 이온 조각내기의 기본 방식에 근거하여 매우 믿을 만한 구조적 예견이 가능하다는 것이다. 두 번째로, 분자 구조는 여러 가지 다른 형태의 실험으로도 면밀히 조사해 볼 수 있으며, 여러 스펙트럼으로부터 합치되는 정보에 근거하여 구조 규명을 할 수 있다는 것이다. 단백질의 경우에, 그 정체를 알기 위하여 아마 수천 장의 스펙트럼들을 강력한 생물정보학과 연계하여 활용할 수 있을 지도 모른다. 다음 장에서, 우리는 질량 분석법이 최신 유기 및 생유기 화학에서의 다양한 구조적 문제를 풀기 위하여 어떻게 사용될 수 있는지 알아볼 것이다.

어떻게 작동하는가? 질량 분석법은 세 가지 기본 과정으로 구성되어 있다: (1) 분석물질의 이온 생성(이온화); (2) 질량/전하 비율에 근거한 이온들의 분리(질량 분석); (3) 질량에 따라 분류한 이온들의 검출. 첫 번째 단계는 필요 요건이다. 이온들을 질량/전하 비율에 따라 분류하기 위하여 모든 질량 분석기에서 사용되는 전기 및 자기장에서는 오직 이온들만이 다뤄질 수 있기 때문이다. 두 번째 단계에서, 거의 무한대의 복잡성을 지닌 이온들의 집합체를 개별 질량/전하 성분으로 분리하기 위하여 다양한 이온 물리학의 응용성을 활용할 수 있다. 이온들이 진공관 속으로 달리기 하듯이 빨려 들어갈 때, 가장 빠른 것에서부터 가장 느린 것으로 분류할 수 있다. 이온들을 안전한 궤도 속에 잡아두고, 궤도 주기(주파수)의 차이에 따라 분리할 수도 있다. 세 번째, 마지막으로 이들을 검출하려면 그 이온들을 전류 또는 전압으로 바꿀 필요가 있다. 이 과정에서 질량 증폭을 할 수 있으며, 이 과정이 분석법의 감도(sensitivity)의 심장이라 할 수 있다.

어떤 문제들을 풀 수 있는가? 질량 분석법에서 이야기될 수 있는 문제 중에서 가장 눈에 띄는 것은 화학 구조의 입증이다. 분석물질의 분자량을 얻는다면 제안한 구조의 분자식이 타당한가를 확인할 수 있을 것이다. 이런 자료는 새로 합성한 화학종의 구조를 입증하기 위하여 사용하는 통상적인 증거의 일부분이다. 그러나 질량 분석법은 그냥 분자량보다 훨씬 더 많은 구조적 정보를 제공한다. 질량 분석법에서 여러 가지 방법을 활용하여 분석물질의 이온들을 조각낼 수 있다. 과거의 경험에 비추어 보거나 표준물질과 비교하여 물질의 구조가 어떻게 조각났으며, 어떤 형태의 조각이 생겼는지 예견하는 것도 가능하다. 화학종의 분자량에 잘 들어맞는지 알아볼 수도 있을 뿐만 아니라, 그럴 듯한 조각내기 방식은 제안된 구조에 대한 우수한 증거가 될 수 있다. 이런 접근법은 다면적일 수 있으며, 단백질과 같은 매우 복잡한 물질의 구조를 연구하는 데 사용될 수 있다. 구조 결정과 함께, 질량 분석법은 분석물질의 물리적 성질에 관한 정보도 제공할 수 있다. 예를 들면, 질량 분석법으로부터 얻은 자료는 광범위한 영역의 반응성 중간체의 생성열 값을 어림잡아 알아내거나, 결합의 해리 에너지 값을 정확하게 결정하는 데 중요한 정보를 제공하는 등 광범위하게 활용되고 있다. 마지막으로 질량 분석법은 잠재적으로 복잡한 혼합물에서 분석물질의 농도를 정량할 수 있는 정밀한 분석 도구로서 사용될 수도 있다. 다음 몇 개의 장에서 이런 적용성을 살펴볼 것이다.

7-2 이온화

질량 분석법은 오직 전하를 띤 화학종에만 적용될 수 있기 때문에, 모든 질량 분석법 실험은 이온화 과정부터 시작해야 한다. 초기에는, 분석물질을 이온화시키는 성능이 보이지 않는 큰 문제였으며, 질량 분석법에서 분석될 수 있는 물질의 범위를 매우 제한시키는 요인이었다. 지난 수 십 년에 걸쳐 우수한 이온화 방법이 폭넓게 개발되어, 질량 분석법의 활용성이 확대되었으며 질량 분석법으로 어떤 분자 물질의 분석도 거의 가능하게 되었다.

어떤 이온화 방법을 선택하느냐 하는 것은 얻고자 하는 자료의 형태나 분석물질의 성질에 따라 매우 달라진다. 어떤 이온화법을 선택함에 있어서, 실험에 사용된 이온 화학종의 성질이 일부분 관련이 있다. 중성 물질로부터 양이온, 라디칼 양이온, 음이온, 라디칼 음이온을 만드는 기술들이 활용 가능한 방법들이다. 질량 분석법 실험에서 전하 상태(양이온 또는 음이온)와 전자 상태(electronic state)[라디칼, 닫힌 껍질 배열(closed shell configuration)]는 이온들이 조각나는 과정에 결정적인 역할을 하며, 그래서 이들은 실험의 정보량에도 중요한 영향을 준다. 의사 결정 과정에서 또 다른 중요한 요소는 분석물질의 물리적 상태(기체, 액체, 고체)이다. 특수한 기술들이 각 상태의 분석물질을 처리할 수 있도록 개발되어 있다.

분석물질의 이온화 방법에는 네 가지 접근법이 있다. 가장 초기의 것이지만, 아직도 작은 유기 분자에 가장 보편적으로 사용되는 것으로는 과거에 전자충격(electron impact)법으로 알려져 왔던 전자 이온화(electron ionization, EI)법이 있다. 주요 이온화 과정은 분석물질로부터 라디칼 양이온(radical cation)의 생성이다. 화학적 이온화(chemical ionization, CI)법은 EI 법의 부산물이며, 일반적으로 EI에 의해 직·간접적으로 생성된 어떤 이온과 분석물질의 기체 상 반응과 관련이 있다. 시약이온(reagent ion)은 양이온이나 음이온일 수 있으며, 따라서 CI는 양이온 또는 음이온을 만들어 낼 수 있다. 이 두 기술 모두 기체 상태 과정이며, 그래서 적당한 증기압을 가진 분석물질에 제한적으로 사용된다. 탈착(desorption) 방법은 고체를 이온화하려고 개발되었다. 여기에는 전하를 띤

표 7-1 이온화 방법들

형태	예들	분석물질 상태	전형적 이온 형태	조각내기
전자 이온화	EI	기체	$M^{+}\cdot$	폭넓게
화학적 이온화	CI	기체	$(M+H)^{+}$, $(M+H)^{-}$	제한적
탈착 이온화	MALDI, FAB LSIMS	고체	$(M+H)^{+}$, $(M+H)^{-}$, $(M+Cat)^{+}$	제한적
전기분무 이온화	ESI, APCI	용액	$(M+nH)^{n+}$, $(M+nH)^{n-}$, $(M+nCat)^{n+}$	조금

주: Cat^{+} = Na^{+}나 R_4N^{+}와 같은 영구히 하전된 양이온, MALDI = 매트릭스 지원 레이저 지원 탈착 이온화, FAB = 고속 원자 충격, LSIMS = 액체 이차 이온 질량분광법, ESI = 전자분무 이온화, APCI = 대기압 화학적 이온화

물질을 만들기 위하여 여러 가지 메커니즘이 관련되어 있다. 조건에 따라, 분석물질은 양이온, 음이온, 또는 Na^{+}를 가진 복합체로 관측되기도 한다. 마지막으로, 분무(spray) 방법은 액체 용액의 분석물질을 처리하기 위하여 개발되었다. 이 방법에서 분석물질은 보통 용액에서 이미 이온화되어 있거나, 그 용액에서 이미 이온화된 화학종과 복합체를 형성한다. 분무 방법의 특이점은 통상적으로 다중 전하를 가진 화학종을 만드는 능력이 있다는 점이다. 이 방법들은 표 7-1에 요약 정리되어 있다.

이온화 과정의 다른 측면은 생긴 이온들의 내부 에너지이다. 전자 충격법에서, 이온화시키는 전자들은 분석물질을 이온화시키기에 충분한 에너지를 가지고 있으며, 큰 양의 내부(전자적 또는 진동적)에너지를 분석물질에 제공하게 되어, 폭넓게 조각내는 결과에 이르게 할 수 있다. 화학적 이온화의 에너지학은 조각내기(fragmentation)에 영향을 주는 내부 에너지가 매우 크거나 아주 적은 이온을 생성시킬 수 있는 화학반응의 성질에 의존적이다. 탈착과 뿌림 과정들에서, 이온들은 매우 적은 내부 에너지를 갖고 생겨나서, 분석물질은 이온화 과정에서 조각내기가 없거나 제한적이기 때문에, 이 과정들은 자주 가벼운 이온화(soft ionization)방법으로 불린다. 탈착 방법에서, 큰 양의 에너지가 떠받치고 있는 매트릭스에 쌓이나(분석물질은 화학 매트릭스와 혼합된다), 일반적으로 분석물질 그 자체에 에너지가 거의 전달되지 않는다. 그래서 조각내기는 제한적이다. 분무 방법에서, 이온들은 여분의 에너지를 거의 갖지 않고 생긴다.

이와 같은 이온화 방법들은 작은 탄화수소에서부터 생체고분자에 이르기까지 여러 부류의 분석물질의 질량 분석법에서 각자 중요한 역할을 지니고 있다. 각각의 이온화 방법은 다음 절에서 상세히 다룰 것이다.

7-2a 전자 이온화

전자 이온화(*electron ionization. EI*)는 때때로 전자 충격 이온화(electron impact ionization)로 불리지만, 가장 간단한 이온화 방법이며, 작은 유기 화학종의 분석에 널리 사용되어 왔다. 이것의 강점은 적용의 용이성, 높은 재현성, 어미 및 조각 이온 생성 능력 등이다. 이것의 가장 큰 단점은 분석물질이 휘발성이어야 하는 점과 이온화 과정에서 조각내기의 정도를 조절하기가 어렵다는 점이다. 첫째 문제점 때문에 이 방법은 작은 분자에 제한적이며, 두 번째 문제는 분석물질이 이온화 과정에서 살아남지 못하여 오직 조각들만 관측되는 상황에 이를 수 있다는 점이다.

이온화 과정. 일반적으로 전자 이온화를 하면 양이온 화학종이 생기게 된다는 사실은 바로 이해가 되지 않을 것 같다. 분석물질에 전자를 더해 주는데 왜 양이온이 생길까? 답은 전형적인 유기 화학종의 전자 친화도(electron affinity)와 이온화 과정에 사용된 전자의 에너지에서 찾아 볼 수 있다. 전자가 분석물질과 상호작용을 할 때 생기는 가능한 결과를 생각하며 시작해 보자(그림 7-1). 경로(a)가 가장 논리적으로 보인다. 이온화시키는 전자

표 7-2 전형적인 유기 화학종의 전자 친화도

작용기	분석물질의 예	전자 친화도 (eV)
케톤	Acetone	0.0015
나이트릴	Acetonitrile	0.01
알데하이드	Benzaldehyde	0.39
나이트로	Nitromethane	0.50
나이트로	Nitrobenzene	1.00
나이트로	Trinitrobenzene	2.63

출처: webbok.nist.gov.

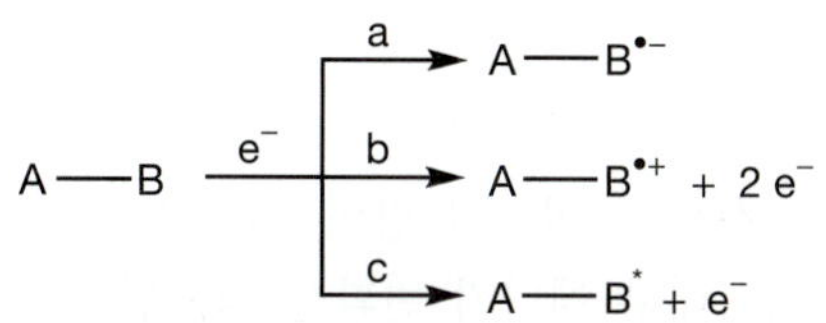

그림 7-1 유기물질 A–B와 빠른 전자와의 상호작용 경로. 기호 *는 중성 분자가 전자적으로 들뜨는 것을 나타낸다. 명시적으로 제시되지는 않았지만, 라디칼 이온은 일반적으로 진동 들뜸 과정에서 만들어진다.

가 분석물질에 트랩되어 라디칼 음이온이 생긴다. 이 경로에서 하나의 문제는 표 7-2에 있는 자료에서 명백하다. 대다수 간단한 유기물들은 상당한 전자 친화도를 갖고 있지 않으며, 심지어 많은 것들은 음의 전자 친화도를 갖기도 한다(만약 라디칼 음이온이 생긴다면, 이들은 전자가 떨어져 나가는 방향으로 열역학적으로 불안정해진다). 나이트로기와 같은 강력한 전자 당김 작용기를 가진 화학종만이 상당한 전자 친화도를 띨 수 있다. 다른 요인은 이온화시키는 전자들은 보통 수십 배의 전자 볼트(electron volt)의 속도 에너지를 가지며(70 eV가 표준이다), 분석물질이 이 여분의 에너지를 가진 전자를 잡아채지만, 그 에너지를 분산시킬 기회를 거의 갖지 못한다는 점이다. 결과적으로, 경로 (a)는 일어날 것 같지 않으며, 대신에 시스템은 경로 (b)나 (c)를 따를 것이다.

경로 (b)에서, 빠르게 움직이는 전자는 분석물질의 전자구름과 상호작용할 것이며, 분석물질의 바깥 전자를 해리 상태로 들뜨게 할 것이다. 간단히 보면, 이온화시키는 전자의 속도 에너지의 일부가 분석물질의 바깥 전자에 전달되는 것이다. 이렇게 공급된 에너지는 그 바깥 전자가 도망가기에 충분하다. 이것이 EI에서 중요한 핵심 경로이다. 이 과정에서, 일반적으로 생성된 라디칼 양이온은 결합 갈라짐(bond cleavage)과 조각내기 생성물을 야기하는 진동 들뜬 상태에 있게 된다(다음 절 참조). 경로 (c)에서, 전자는 분석물질의 전자 구름과 상호작용하지만 잡히지 않으며, 분석물질의 전자를 흩어지게 하여 이온이 생기기에 충분한 전자 들뜸 과정을 제공하지 못한다. 이것은 생산적인 과정이 아니다. EI가 충분한 양의 음이온을 생성시키는 것은 어떻게 가능한가? 유기물질이 70 eV를 직접 잡는 일은 일어날 것 같지 않지만, 경로 (b)에서 보통 상대적으로 낮은 속도 에너지를 가진 이차 전자가 생산된다. 이 전자들이 상당한 전자 친화도를 지닌 유기 분자에게 잡혀서 라디칼 음이온이 생성된다. 이 과정은 음이온 화학적 이온화와도 관련이 있다(7-2b절 참조).

내부 에너지의 쌓임(deposition)과 조각내기. EI의 특징은 이온화 과정에서 나타나는 결합 갈라짐의 결과로 말미암아 조각 이온들이 생긴다는 점이다. 조각내기는 분석물질을 규명하거나 분석물질의 구조적 모양을 알아내기 위하여 활용해 볼 수 있는 가치 있는 자료를 제공한다. 이온화시키는 전자들이 속도 에너지를 갖고 있다면, 이들이 조각내기를 유도할 수 있다는 점은 놀랄만한 일이 아니다. 전형적인 EI 에너지(70 eV)에서 이온화시키는 전자가 잠재적으로 1,500 kcal mol^{-1}의 에너지를 분석물질에 전달할 수 있다. 일반적으로 250 kcal mol^{-1} 이하로도 분석물질을 이온화시킬 수 있기 때문에, 제공되는 큰 양의 에너지는 생긴 라디칼 양이온의 내부 들뜸 과정에 활용될 수 있다. 대부분의 이 에너지는 이온화시키는 전자에 속도 에너지로 보유되나, 이것이 라디칼 양이온에 전달되는 메

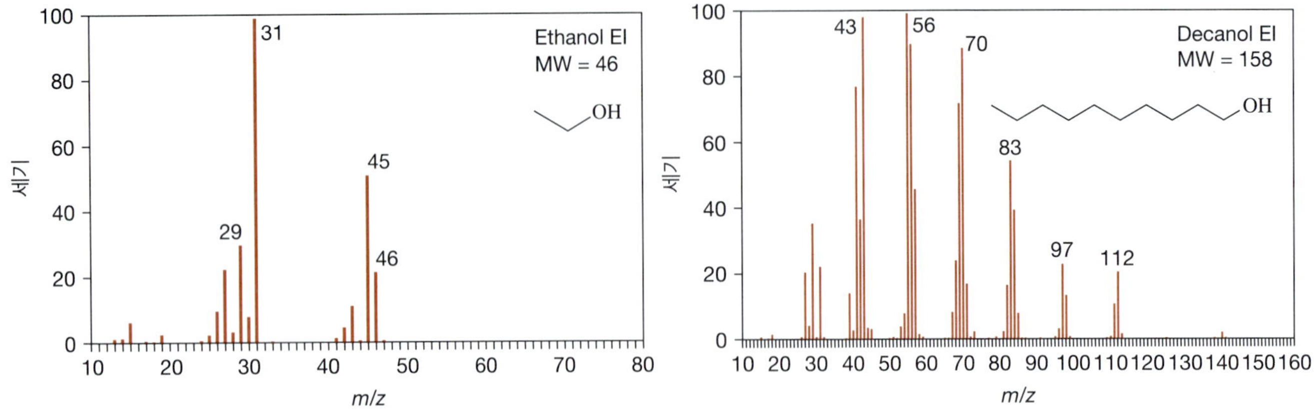

그림 7-2 에탄올과 1-decanol의 EI 스펙트럼(NIST 데이터베이스의 스펙트럼 자료, webbook.nist.gov.)

커니즘에는 두 가지가 있다. 첫째로, 라디칼 양이온은 전자적으로 들뜬 상태에서 직접 생성될 수 있다. 이 들뜬 상태는 내부 에너지 변환을 겪으면서 진동 들뜬 상태로 이완된다. 둘째로, 이온화 과정이 매우 짧은 시간에 일어나기 때문에 라디칼 양이온이 처음 중성의 분석물질 내부에서 생길 수 있다. 이것은 생긴 라디칼 양이온의 높은 진동 상태와 연관성이 높다. 어느 메커니즘에서나 결합 갈라짐 과정을 겪도록 하는 충분한 내부 에너지를 가진 라디칼 양이온이 만들어질 수 있다. 라디칼 양이온이 전형적인 닫힌 껍질(closed-shell) 유기 화학종보다 보통 더 약한 결합을 지니고 있기 때문에 조각내기가 또한 가능하다. 두 가지 예가 그림 7-2에 나와 있다. 에탄올에서 **분자 이온 피크**(*molecular ion peak*)는 에탄올의 라디칼 양이온에 해당하는 m/z 46에서 나타난다. 그러나 m/z 31에 있는 조각은 스펙트럼의 **기준 피크**(*base peak*)로 알려진 가장 큰 피크이다(이것은 100% 상대적 세기로 표준화할 때 사용되는 피크이다). 이 피크는 아마 CH_3기 같은 15 질량 단위 만큼이 줄어들었음을 나타내고 있다. 겉으로는 H^-가 떨어져 나가서 생긴 것처럼 보이는 강한 신호가 m/z 45에 있다. 그러나 이것은 아마 m/z 46에서의 어미 라디칼 양이온으로부터 $H^\bullet$이 떨어져 나간 것일 것이다. 1-decanol의 스펙트럼은 좀 더 많은 조각들을 보여 주고 있다. 수소의 수를 달리하면서 같은 수의 탄소를 가진 뭉치의 조각 피크들을 볼 수 있다(2에서 8개의 탄소). 눈에 띄는 것은 m/z 158에서 기대되는 분자 이온 피크가 없다는 점이다. 조각내기 과정은 8장에서 상세히 토의된다.

전형적인 EI의 공급원. EI의 매력적인 것 중의 하나는 이온화 공급원의 단순성이다. 그래서 일반적으로 재현성이 매우 좋으며 고장 없는 작동이 가능하다. EI 공급원의 심장은 고정 전압으로 분리되어 있는 가열된 필라멘트(filament)와 이온방(ion chamber)이다(그림 7-3).

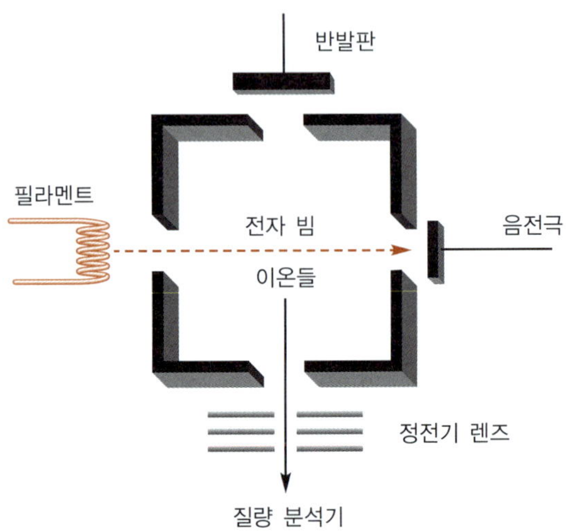

그림 7-3 EI 공급원의 개략도

분석물질은 낮은 압력($\sim10^{-5}$ torr)에서 증기 상태로 공급원에 들어가서 전자 빔과 상호작용한다. 전자를 가속하기 위하여 여러 범위의 전압을 쓸 수 있지만, 70 eV가 표준으로 사용되고 있다. 이에 대한 부분적인 이유는 이것이 믿을 만하게 라디칼 양이온을 생산시키며 재현성 높은 방식으로 조각낸다는 점에 있다. 이온이 만들어지면, 이들은 공급원으로부터 추출되어 전위차에 의해서 시스템의 질량 검출기(detector)로 넘어간다. 해를 거듭하면서, 70 eV EI 스펙트럼의 데이터 베이스가 크게 발전하였으며, 70 eV EI 표준 스펙트럼의 광범위한 라이브러리가 활용 가능하게 되었다[National Institute of Standards and Technology (NIST)는 webbook.nist.gov에서 무료 라이브러리를 제공하고 있다].

7-2b 화학적 이온화

화학적 이온화(*chemical ionization*, CI)는 기체 상태 반응에서 분석물질의 이온 생성물을 만들어낸다. 초기의 연구에서, 기체상 반응은 EI에서 일어나며, CI는 이 과정을 유용하고 일반적인 이온화 방법으로 바꾸는 방향으로 진화하였다고 알려져 있다. CI에서, EI는 일반적으로 시약이온(reagent ion)을 생성하기 위하여 사용되며, 그런 뒤에 이것이 분석물질과 반응하여 질량 분석에 적당한 이온을 만들어준다. CI의 좋은 점은 대다수의 기기에서 다양한 시약이온을 만들 수 있다는 점이다. 그래서 이온화 과정을 분석물질에 맞게 맞출 수 있다. CI에서는 보통 양성자 이동이나 전자 이동 반응을 거쳐서 분석물질 이온이 생성된다. 좀 더 환상적인 과정은 분석물질이 닫힌 껍질 배열 물질이나 라디칼 양이온 및 음이온 등으로 생성될 수 있다는 점이다. CI의 두 번째 이점은 시약이온을 다르게 선택함으로써 이온화 과정의 에너지학을 변화시킬 수 있다는 것이다. 결과적으로, 이온화 과정에서 조각내기의 정도를 좀 더 조절할 수 있게 된다.

이온화 과정. 첫째 단계는 시약기체의 전자 이온화이며, 여기서 시약이온이 생기거나 또는 기체 반응에서 시약이온으로 변환될 수 있는 이온들이 생긴다. 전통적인 EI에서는 공급원에 압력을 낮게($\sim10^{-5}$ torr) 적용하기 때문에 기체 상태 반응이 억제된다. 이와는 달리, CI 공급원은 초기 라디칼 양이온과 중성 시약기체 분자 사이의 반응을 촉진하기 위하여 훨씬 더 높은 시약기체 압력($\sim$0.5 torr)에서 작동된다.

메테인은 가장 보편적으로 사용되는 시약기체이다. 시약이온으로 CH_5^+가 생긴다. 전자 이온화 조건에서, 메테인은 처음에 라디칼 양이온 $CH_4^{+\bullet}$이 생길 수 있을 것으로 기대된다(식 7-1). 이 라디칼 양이온은 메테인을 양성자화시킬 수 있는 강산이다. 그래서 궁극적인 반응 이온인 CH_5^+가 생기며(식 7-2), 이것이 분석물질을 양성자화시킬 수 있다(7-3).

$$CH_4 + e^- \longrightarrow CH_4^{\bullet+} + 2e^- \tag{7-1}$$

$$CH_4^{\bullet+} + CH_4 \longrightarrow CH_5^+ + CH_3^{\bullet} \tag{7-2}$$

$$CH_5^+ + M \longrightarrow (M+H)^+ + CH_4 \tag{7-3}$$

H^+가 분석물질에 들어갔다가 다시 H_2로 없어지는 과정도 가능하다. 이렇게 되면$(M-H)^+$ 이온이 생긴다. 이 과정은 **하이드라이드 잃음 이온**(*hydride loss ion*)으로 불린다. EI와는 달리 분석물질은 라디칼 양이온보다는 닫힌 껍질 구조 물질, 양성자화된 양이온$(M+H)^+$으로 바뀐다. 이 차이가 이온화된 분석물질의 조각내기 과정을 매우 바뀌게 할 수 있다. 물론 분석물질의 분자량보다 질량 단위 1이 높은 어미 이온이 생긴다. 시약기체와 시약이온의 추가 반응도 가능하다. 메테인의 경우에, $C_2H_5^+$와 $C_3H_5^+$와 같은 이온이 생길 수 있다(앞의 것은 $CH_3^+ + CH_4 \rightarrow C_2H_5^+ + H_2$ 반응의 결과이다). 양성자 이동으로 이온화와 함께 시약이온이 분석물질과 부가체를 형성하는 것도 가능하다. 예를 들면, 반응 이온으로 NH_4^+를 사용하는 CI에서$(M+NH_4)^+$와 같은 암모늄 복합체가 종종 생길 수 있

표 7-3 전형적인 양이온 시약기체와 그 시약이온들

시약기체	시약이온(s), RH^+	양성자 친화도(R)[a]	분석물질 이온(s)
H_2	H_3^+	100.9	$(M+H)^+$, $(M-H)^+$
CH_4	CH_5^+, $C_2H_5^+$	129.9, 162.6	$(M+H)^+$, $(M-H)^+$, $(M+C_2H_5)^+$
$(CH_3)_3CH$	$(CH_3)_3C^+$	191.7	$(M+H)^+$, $(M-H)^+$, $(M+C_4H_9)^+$
NH_3	NH_4^+	204.0	$(M+H)^+$, $(M-H)^+$, $(M+NH_4)^+$

[a]양성자 친화도는 과정 $R + H^+ \Rightarrow RH^+$의 $-\Delta H_{rxn}$. 값은 webbook.nist.gov.으로부터 얻은 kcal mol^{-1}

다. 메테인은 분석물질을 양성자화시킬 수 있는 시약이온으로 만들어질 수 있는 많은 기체 중의 하나이다(표 7-3). 이들 사이의 결정적 차이는 생성되는 시약이온의 산성도이다. 이 주제는 다음 절에서 깊게 논의된다.

분석물질을 탈양성자화시킬 수 있는 음시약이온의 생성은 비슷한 경로를 겪는다. 완충기체(시약기체)가 있는 상태에서 전자 이온화로 느린 전자가 생긴다. 이것이 시약기체에 잡혀서 라디칼 음이온이 생기게 되거나, 해리적 부착(dissociative attachment)을 통하여 닫힌 껍질 구조 음이온이 생기게 한다. 위에서 언급한 것처럼(표 7-2 참조), 대다수의 유기물은 낮은 전자 친화도를 띤다. 그래서 이 과정은 특별히 일반적이지 않으며, 상당한 전자 친화도를 지니거나 에너지 측면에서 유리한 닫힌 껍질 구조 음이온으로 해리할 수 있는 시약기체에 제한적으로 일어난다. NF_3의 진행 과정이 식 7-4와 7-5에 나와 있다.

$$NF_3 + e^- \longrightarrow NF_2^{\bullet} + F^- \tag{7-4}$$

$$F^- + M \longrightarrow (M - H)^- + HF \tag{7-5}$$

해리적 전자 포획(dissociative electron capture)으로 플루오린화 이온이 생기며 이는 분석물질을 탈양성자화하여 닫힌 껍질 구조 음이온이 생기게 한다. 음이온은 양이온과는 매우 다른 방식으로 조각내기하는 경향이 있으며[자주 전자 이탈(electron detachment)이 일어난다], 분석물질의 분자량보다 1 단위 적은 질량을 가진 어미 이온이 생긴다. 다양한 시약이온들이 음이온 CI에 사용되고 있다(표 7-4).

마지막으로, CI는 EI에서 전형적으로 생성되는 라디칼 양이온을 만드는 대안적 방법으로도 사용될 수 있다. 여기서, 시약이온은 일전자(one-electron) 산화제로 작용하며, 전자 이동 과정에 의하여 분석물질 이온이 생성된다. 다른 CI에서처럼, 일반적으로 시약이온은 전자 이온화로 생성된다. 이런 관점에서 CI의 장점은 시약이온의 이온화 능력을 변화시킴으로써(일반적으로 시약기체의 이온화 퍼텐셜로 측정된다), 진행 과정의 에너지학을 조절할 수 있다는 점이다. 예를 들면, 식 7-6과 7-7에 예가 나와 있다. EI에서처럼, 특별히 전자 이동 과정이 높은 발열 과정이라면, 조각내기는 중대할 수 있다. 전형적인 시스템이 표 7-5에 목록으로 나와 있다.

$$Ar + e^- \longrightarrow Ar^{\bullet+} + 2e^- \tag{7-6}$$

$$Ar^{\bullet+} + M \longrightarrow M^{\bullet+} + Ar \tag{7-7}$$

표 7-4 전형적인 음이온 시약기체와 그 시약이온들

시약기체	시약이온, R^-	양성자 친화도(R^-)[a]	분석물질 이온
CH_4/N_2O	HO^-	390.3	$(M-H)^-$
CH_4/CH_3ONO	CH_3O^-	382.0	$(M-H)^-$
NF_3	F^-	371.3	$(M-H)^-$

[a]양성자 친화도는 과정 $R + H^+ \Rightarrow RH^+$의 $-\Delta H_{rxn}$. 값은 webbook.nist.gov.으로부터 얻은 kcal mol^{-1}

표 7-5 전하이동 이온화에 사용되는 전형적인 시약기체들

시약기체	시약이온, $R^{+\cdot}$	이온화 퍼텐셜 (R)[a]	분석물질 이온
He	$He^{+\cdot}$	24.6	$M^{+\cdot}$
Ne	$Ne^{+\cdot}$	21.6	$M^{+\cdot}$
Ar	$Ar^{+\cdot}$	15.8	$M^{+\cdot}$
N_2	$N_2^{+\cdot}$	15.6	$M^{+\cdot}$
Xe	$Xe^{+\cdot}$	12.1	$M^{+\cdot}$
C_6H_6	$C_6H_6^{+\cdot}$	29.2	$M^{+\cdot}$
C_6H_5Cl	$C_6H_5Cl^{+\cdot}$	29.1	$M^{+\cdot}$

[a]이온화 퍼텐셜은 eV 값의 출처는 webbook.nist.gov이다.

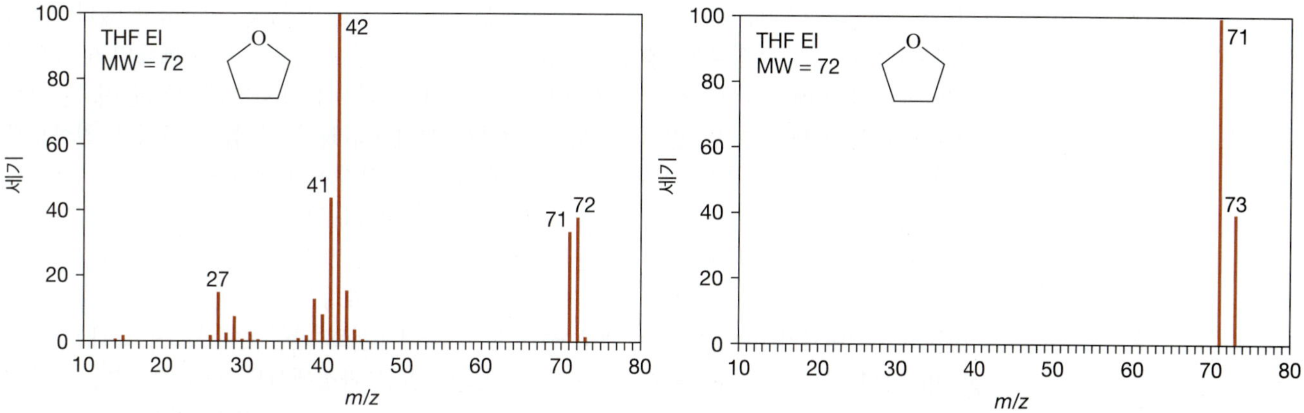

그림 7-4 Tetrahydrofuran의 EI와 CI 스펙트럼 (출처: webbook.nist.gov.)

내부 에너지 쌓임(deposition)과 조각내기. EI와는 달리, CI 과정의 에너지학은 조절할 수 있기 때문에 조각내기는 제한적일 수 있다. Tetrahydrofuran(THF)의 이온화가 그림 7-4에서 예로 나와 있다. 첫 번째 것은 70 eV를 사용한 것이며, 두 번째 것은 CI로 THF 그 자제가 시약기체로 사용되었다(THF가 일차적으로 전자 이온화 이온을 만들며, 이것이 다시 THF와 반응한다). EI 스펙트럼에서는 m/z 42의 기준 피크가 있으며, 조각내기가 지배적이다. 이 기준 피크는 아마 THF로부터 CH_2O가 떨어져 나가서 생긴 식 $C_3H_6^{+\cdot}$의 가진 라디칼 양이온(이온화된 propene)이다. 또한 m/z 41에서 ally 양이온($C_3H_5^+$)일 수 있는 이온 피크도 볼 수 있다. 마지막으로 m/z 71과 72에 피크가 나와 있다. 마지막 것은 분자 이온이다. m/z 71의 이온은 형식적으로 H^-(하이드라이드)가 떨어져 나간 것이다. CI 스펙트럼은 훨씬 간단하다. THF와 직접적으로 연관이 있는 m/z 73에서 양성자화된 것과 m/z 71에서 하이드라이드가 떨어져 나간 것, 단 2개의 피크만 보인다. 이들 모두 **준분자 이온**(*quasi-molecule ion*)들, 즉 분석물질의 분자량을 가리키는 CI 이온들이다. 여기서 m/z 71에서의 이온은 m/z 73의 양성자화하여 생긴 것에서부터 H_2가 떨어져 나간 결과이다.

CI를 조절하기 위한 중요한 요소는 산성도, 염기도, 전자 친화도 등과 같은 시약이온의 이온화 성질이다. 이런 성질들은 양성자화 물질을 만드는 THF의 CI로 설명해 보자. 식 7-8에서부터 7-10에서, 이온화 과정은 시약이온의 성질에 따라 매우 발열적인 것에서부터 흡열적인 것에 이르기까지 변화를 보여 주고 있다.

$$\underset{\substack{PA = \\ 196\ \text{kcal mol}^{-1}}}{CH_5^+ + C_4H_8O} \xrightarrow{\Delta H = -66\ \text{kcal mol}^{-1}} \underset{\substack{PA = \\ 130\ \text{kcal mol}^{-1}}}{CH_4 + C_4H_9O^+} \tag{7-8}$$

$$\underset{}{C_4H_9^+} + \underset{\substack{PA = \\ 196\ \text{kcal mol}^{-1}}}{C_4H_8O} \xrightarrow{\Delta H = -4\ \text{kcal mol}^{-1}} \underset{\substack{PA = \\ 192\ \text{kcal mol}^{-1}}}{C_4H_8} + C_4H_9O^+ \qquad (7\text{-}9)$$

$$\underset{}{NH_4^+} + \underset{\substack{PA = \\ 196\ \text{kcal mol}^{-1}}}{C_4H_8O} \xrightarrow{\Delta H = +8\ \text{kcal mol}^{-1}} \underset{\substack{PA = \\ 204\ \text{kcal mol}^{-1}}}{NH_3} + C_4H_9O^+ \qquad (7\text{-}10)$$

반응의 발열성은 분석물질과 생성물의 양성자 친화도(proton affinity, PA)를 시약이온의 것과 비교함으로써 쉽게 계산할 수 있다(분석물질이 더 높은 양성자 친화도를 가지면 CI 과정은 발열적이다). CH_5^+의 경우에, 양성자 이동은 65 kcal mol^{-1} 넘게 발열적이며, 결과적으로 $C_4H_9O^+$가 생기며, 이 과정은 다량의 진동 들뜸을 포함하고 있다. 물론, 이 모든 에너지가 생성물에 쌓였다고 할 수는 없으며, 일부는 떠나가는 메테인의 속도와 진동 에너지 속에 들어가 있다. *tert*-butyl 양이온($C_4H_9^+$)의 경우에, 시약이온이 덜 산성적이기 때문에 반응은 덜 발열적이다. 즉, CH_4• 보다 C_4H_8이 더 높은 양성자 친화도를 가진다. 이 경우에, 반응은 거의 발열적이지 않으며, 양성자화된 분석물질은 매우 적은 진동 들뜸을 가지고 생성된다. 마지막으로 암모늄 이온(NH_4^+)이 시약이온으로 사용될 때 CI 과정은 발열적이며, THF는 이 환경에서 $(M+1)^+$ 이온으로 이온화되지 않는다. 이 단순한 예가 설명하듯이, 우리는 분석적 필요에 맞게 CI 과정을 조율할 수 있다. 분석물질 이온을 조각내기가 잘 일어나는 매우 높은 발열 과정에서도 만들 수 있으며, 그대로인 어미 이온$(M+1)^+$이 주로 생겨나도록 중간 정도의 발열 과정에서도 만들 수 있다. 선택성의 가능성은 또한 CI 과정에서 존재한다. 예를 들면, $C_4H_9^+$가 THF를 양성자화할 수 있지만, 알케인이나 간단한 탄화수소는 양성자화하지 않는다. 결과적으로, 알케인이나 간단한 탄화수소 속에서 THF를 선택적으로 이온화시킬 수 있다. CI 과정에서 차별성은 시약이온을 조심해서 선택해야 함을 일러주고 있다. 만약 NH_4^+를 시약이온으로 사용한다면 THF를 포함하는 혼합물에서 THF는 양성자화한 이온으로 되지 않을 것이며, 혼합물에서 양성자 친화도가 NH_3의 것보다 높은 것들만이 M+1 이온으로 될 것이다. 반면에, $[C_4H_8O \cdot NH_4^+]$와 같은 형태의 부가물이 생길 수 있을 것이다.

제한된 수의 작용기만이 정도에 맞는 안정한 음이온을 생성할 수 있기 때문에, 음이온 CI에서 차별성은 더 중요해진다. 특히 몇 안 되는 작용기만이 전자 친화도가 높은 유기물질을 이루고 있기 때문에, 전하 이동(charge transfer)의 경우에 더욱 그러하다. 그런 차별성은 질소 기반 폭발성 물질의 음이온 CI의 기본이 되고 있다.

전형적인 CI 공급원. CI 공급원은 EI 장치로부터 변형되었으나, 이온-분자 반응이 일어나게 하기 위하여 더 높은 압력에서 작동한다. 일반적으로 이온 볼륨(ion volume)이라 불리는 작은 방(chamber)은 온화한 압력의 시약기체를 포함하는 전자 이온화 공급원 진공 집합체(manifold)에 장착되어 있다. 전자 빔이 이온 볼륨을 지나 시약이온을 만들어낸다. CI 공급원은 적정 이온화를 얻기 위하여 일반적으로 70 eV를 쓰기 보다는 약 200 eV의 높은 에너지의 전자를 사용한다.

7-2c 탈착 방법: FAB와 MALDI

전자 이온화와 화학적 이온화는 작고 휘발성이 큰 분자를 분석하기 위하여 유기 화학자들 사이에서 널리 쓰인다. 그러나 이 기체상 이온화 기술은 상당한 증기압을 갖지 않은 물질에는 적용할 수 없다. 이런 제한사항이 큰 분자, 염, 매우 극성이 높은 물질 등에는 문제가 된다. 탈착(desorption) 기술은 응축 상태의 분석물질에 작동하므로 증기압과 관련된 제약을 받지 않는다. 수 년 동안에 수많은 방법이 개발되었으나 곧 더 좋은 방법들로 대체되곤 하였다. 이 모든 것들을 다 기술하기보다는 유기물질들에 대해서 현재 가장 보편적인 두 가지 방법, **고속 원자 충격**(*fast-atom bombardment*, FAB)과 **매트릭스 지원 탈착 이온화**(*matrix-assisted desorption ionization*, MALDI)를 제시하고자 한다. 앞의 것은 최근까지도 널리 적용되었으며, FAB 스펙트럼을 연구하는 문헌들은 아직도 보편적이다. 반면에 뒤의 것은 오늘날 가장 널리 쓰이는 탈착 방법이다. 둘 다 다량의 편중된 에너지를 분석물질이 들어 있는 매트릭스에 전달하는 원리에 기초를 두고 있다. 이들 방법으로 크고 휘발성이 없는 분석물질을 이온으로 만들 수 있다. 조각내기는 제한적이며, 단일 전하 양성자화된 물질, 즉 $(M+H)^+$이 만들어지는 경향이 있다.

이온화 과정. FAB에서, 일반적으로 분석물질을 매트릭스로 불리는 비휘발성 액체 물질과 섞거나 또는 현탁액으로 만들어 쓴다. 매트릭스는 분석물질을 지지해줄 뿐 아니라, 이온화 시약으로도 작용한다. 글리세롤은 전형적인 매트릭스 물질이며, 분석물질의 성질에 따라 보통 다른 것들도 사용된다. 이름이 말해주듯이, 이온화는 매트릭스를 치는 높은 에너지의 중성 원자 빔에 의해 일어난다. 이 빔은 전형적으로 제논과 같은 불활성 기체의 이온화와 가속(5-8 kV)에 의해 시작된다. 제논을 선호하는 이유는 원자량이 높다는 것과 관련이 있으며, 그래서 FAB 목표점을 칠 때 더 큰 모멘트 전이가 야기된다. Xe 양이온 빔은 압력이 낮은 불활성 기체가 들어 있는 방으로 유도된다. 빔이 그 방을 지나갈 때 그 기체와 다중 상호작용이 있으며, 고속도의 무거운 원자에 있는 전하가 **전하 전이 과정**(*charge transfer process*)을 거쳐 벗겨질 가능성이 높게 된다. 전하 벗겨짐 과정에 관여된 상호작용이 빔에 있는 원자들의 모멘트를 그렇게 심하게 바꾸지는 않는다. 결과적으로, 이온 빔은 높은 에너지의 무거운 제논 빔으로 효과적으로 바뀐다. 일반적으로, 매트릭스에 고도로 편재된 다량의 에너지를 전달할 수 있는 각도에서 표면을 칠 수 있도록 원래의 빔은 배열된다. 충돌 에너지가 그 표면을 가열하게 되고, 물질(매트릭스와 분석물질) 플륨(plume, 깃털모양의 연기)이 표면으로부터 폭폭거리며 튀게 된다. 매 충돌마다 표면으로부터 약 1000개의 분자가 튀어나가는 것으로 짐작된다. 이온들을 기기의 질량 분석 장치로 유도하기 위하여 한 묶음의 정전기적 렌즈들이 사용된다(그림 7-5).

이온화에는 여러 가지 경로가 있다. 분석물질이 전하를 띠거나 또는 매트릭스와 반응하여 쉽게 전하를 띨 수 있으면 표면에서 폭폭거리며 튀는 이온들이 생겨날 수 있다. 분석물질이 쉽게 전하를 띠지 못하는 경우에 경로는 좀 더 복잡해질 수 있다. 충돌로 인하여 생긴 강력한 열 때문에 플라스마 플륨이 만들어질 수 있으며, 이 속에는 매트릭스 조각들(전하를 띠며 중성이다)뿐만 아니라 느린 전자들이 포함되어 있다. 이 상황은 CI 장치에서 보았던 플라스마와 그렇게 다르지 않다. 분석물질은 전하를 띤 물질 플륨과 기체 상태 반응을 하여 분석물질 이온으로 변한다. 이 과정에서 분자 이온$(M^{+\bullet})$ 및 양성자화된 이온$(M+H)^+$이 만들어지며, 금속이 존재한다면 금속 이온을 가진 덩어리의 이온$(M+금속)^+$도 만들어진다. CI처럼, FAB는 상대적으로 부드러운 이온화 기법이며(대다수의 에

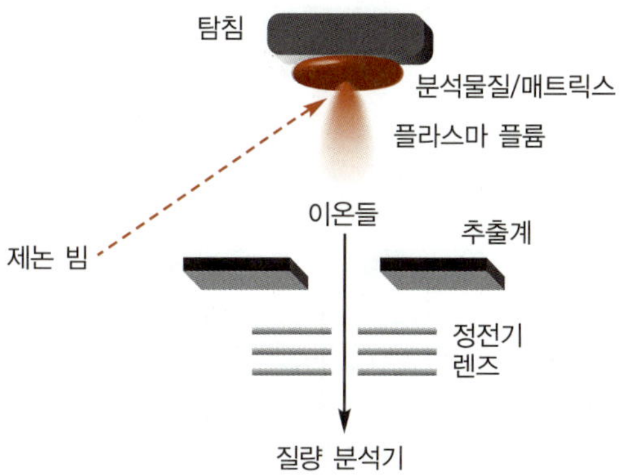

그림 7-5 일반적인 FAB 공급원과 이온화 과정의 도식도

너지가 매트릭스 분자에 전달된다), 결과적으로 조각내기는 상당히 제한적이다. FAB 공급원의 복잡성은 분석물질과 매트릭스로부터 생긴 이온화 생성물이 동시에 관측된다는 점에 있다. 이온화된 매트릭스 분자들과 이들을 포함하는 덩어리에 기인하여, 매트릭스는 저분자 질량 영역에서 수많은 신호를 주는 경향이 있다. 결과적으로, 이 부분의 스펙트럼은 별 가치가 없으며, FAB은 매트릭스의 분자량보다 질량이 매우 큰 분석물질에 잘 적용된다. 종합하면, 매트릭스에 기인한 여러 가지 바탕 이온들 때문에, FAB 스펙트럼은 상대적으로 복잡한 경향을 나타낸다.

비슷한 방법을 적용하여 제논 원자를 세슘 이온으로 바꾼 기법이 있다. 이 기법은 **액체 이차 이온 질량 분석법**(liquid secondary ion mass spectrometry, LSIMS)이라 하며, FAB과 비슷한 정보를 제공하기 때문에 종종 FAB를 대신하여 사용되고 있다.

이온화 과정: MALDI. FAB에서처럼, MALDI는 에너지를 분석물질에 직접 전달하지 않고, 대신에 분석물질을 이온화하기 위하여 사용되는 매트릭스에 에너지가 쌓이게 하는 원리에 기초를 두고 있다. MALDI에서 에너지는 레이저 펄스 과정을 거쳐서 매트릭스 분자의 들뜸에 의하여 제공된다. 전형적으로 질소 레이저(337 nm)가 사용되며, 이 파장에서 충분한 흡수력을 가진 매트릭스 물질이 선택되어 사용된다. 보통 사용되는 예는 2,5-dihydroxybenzoic acid, 3-hydroxypicolinic acid 및 α-cyano-4-hydroxycinnamic acid이다. 매트릭스와 분석물질의 혼합 비율은 일반적으로 1000 : 1이거나 좀 더 높다. 짧고 강력하고 고도로 집중된 레이져 펄스(~0.1 mm)가 분석물질과 매트릭스 혼합물 부위를 가열하거나 들뜨게 하기 위하여 사용된다. 이 에너지는 분석물질과 함께 매트릭스에 증발(evaporation)/박리(ablation)를 야기하게 된다(그림 7-6). 이온화 과정은 복잡하며 여러 가지 경로를 포함하고 있다. 매트릭스 물질은 일반적으로 산성이며, 증발에 앞서 분석물질의 양성자화 과정은 분석물질 이온에 이르는 한 가지 경로이다. 레이저 펄스에 의해 전자적으로 들뜨게 될 때, 바닥 상태에서 산성이 아닌 매트릭스 조차도 강산으로 작용할 수 있다. 알칼리 금속 양이온이 매트릭스에 도입될 수 있으며, 양이온 부착도 이온화 메커니즘으로 기여할 수 있다. 레이저 펄스에 의한 플룸에서 양성자 이동, 전하 이동, 전자 포획과 같은 기체상태 이온화 과정을 야기할 수 있는 플라스마가 생기게 된다. 결국 분석물질이 직접 레이져 펄스에 의해 광이온화(photoionization)가 되는 것이다. 분석물질과 매트릭스에 따라 MALDI는 양성자화된 이온$(M+H)^+$, 분자 이온$(M^{+\bullet})$, 또는 $(M+Cat)^+$를 생산한다. 음이온이 되기 쉬운 분석물질은 탈양성자화된$(M-H)^-$과 분자 음이온$(M^{-\bullet})$을 생산한다. FAB에서처럼, 매트릭스로부터 유도된 이온들이 역시 문제가 된다. 그래서 이 기술은 매트릭스 이온과 겹치지 않을 큰 분자의 분석물질에 가장 잘 적용되고 있다. MALDI 스펙트럼의 예가 그림 7-7에 나와 있다. 이 예는 스타이렌(styrene)의 라디칼 고분자화 반응에서 생긴 혼합물이다. 은(silver)염이 전자 전달체로 매트릭스에 사용되었다. 은은 다중 동위원소를 가지며, 어떤 분자는 탄소-13 동위원소 한 둘을 충분히 포

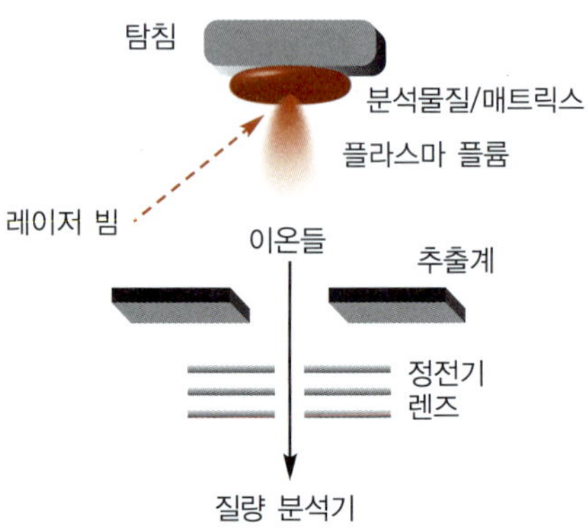

그림 7-6 MALDI에서의 이온화 과정

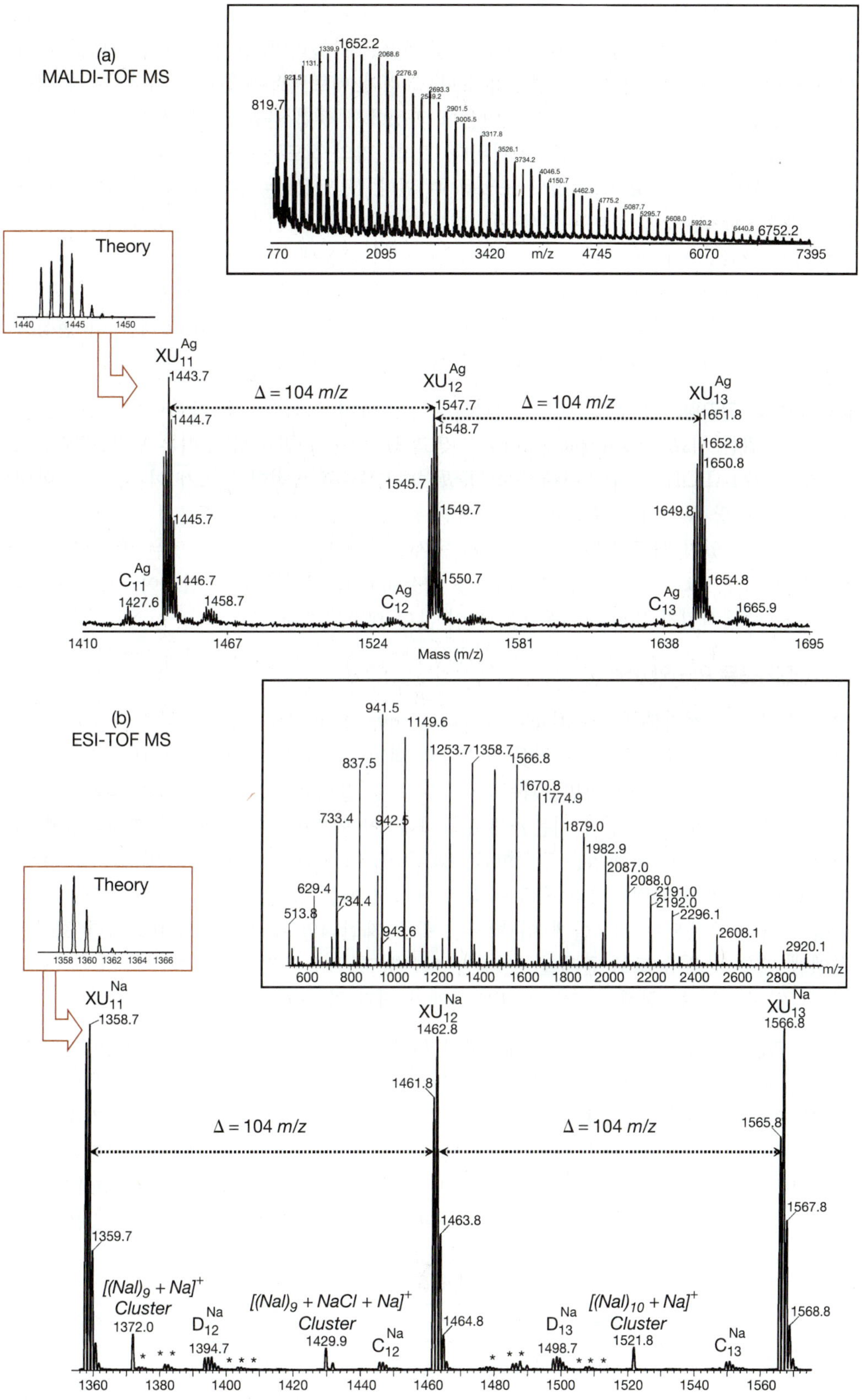

그림 7-7 스타이렌 고분자 혼합물질의 스펙트럼. (a) MALDI 이온화 과정은 부가물로서 silver trofluoroacetate를 포함하는 매트릭스에서 이루어진다. 일련의 XUn 이온들은 전하 전달체로 Ag^+를 가진 여러 가지 크기(n)의 고분자로 이루어져 있다. C와 D 시리즈의 이온들은 라디칼 개시제 성분을 포함하고 있다. (b) 같은 시료가 전기분무로 이온화(ESI) 되었다. 고분자와 Na^+ 복합체의 형성을 위하여 용액에 NaI가 첨가되었다. 즉, 소듐은 전하 전달체로 사용되었다. sodium halide 복합체는 전기분무 이온화(ESI)에서 관찰된다. (출처: C. Ladavière, P. Lacroix-Desmazes, F. Delolme, *Macromolecules*, **42**, 70-84 [2009]. Copyright 2009. American Chemical Society.)

함할 수 있을 정도로 크기 때문에, 각 물질은 피크들의 묶음으로 표현되어 있다(동위원소의 효과는 9장에서 상세히 다루어진다). 낮은 m/z 영역에서 매트릭스 이온에 해당하는 의미 있는 바탕 신호들이 나타나 있다는 점을 유의할 필요가 있다.

에너지 쌓임(deposition)과 조각내기. 매트릭스/탈착 방법의 핵심 특징은 이온화 과정을 유발하기 위하여 사용된 에너지가 먼저 매트릭스 분자에 전달된다는 것이다. 결과적으로, 이 방법은 부드러운 이온화(soft ionization)방법으로 불리며, 분자 이온이 그대로 나타나거나 준분자 이온이 관찰되는 경향이 있다. 그러나 매트릭스에 전달된 에너지가 분석물질에 전달될 수 있으며, 상당한 열이 이온화 과정에서 생긴 플륨에서 발생할 수 있다. 결과적으로, 어느 정도의 조각내기가 관찰된다. 조작나기의 정도는 에너지가 시료에 전달되는 속도(예, 레이저 강도)로 어느 정도 조절될 수 있다. MALDI는 높은 자유도를 가진 큰 분자에 자주 적용되며, 짧은 이온-머무름(비행 시간)질량 분석기[short ion-residence times (예, time-of-flight) mass analyzer]와 관련이 있기 때문에 준안정(metastable)이온들이 조각내기 과정에서 중요한 역할을 할 수 있다. 이 준안정 이온들은 조각내기가 진행될 수 있는 시간 한계 내에서 해리하기에 충분한 에너지를 갖고 있다. MALDI에는 이 현상을 post-source decay (PSD)라 하며, 다음 절에서 다루어진다.

탈착 이온화 공급원. 이 공급원은 상대적으로 단순하며 분석물질과 매트릭스의 혼합물을 도입하기 위한 시료 판(sample plate)을 갖고 있다. 중성 빔(FAB), 이온 빔(LSIMS) 또는 레이저(MALDI)가 시료 판에 직접 공급되며, 일련의 정전기 렌즈가 이온들을 뽑아내고 이들을 질량 분석기로 유도하기 위하여 사용된다. 시료 판은 질량 분석계의 진공 시스템 안에 들어 있기 때문에 단수 판에서 다중 시료를 빠르게 분석할 수 있는 많은 수의 시료 점(96 또는 그 이상)을 가진 트레이를 사용하는 등의 방법을 포함하여 시료 도입의 효율성을 증대시키기 위한 새로운 방법들이 많이 개발되었다.

7-2d 전기분무 이온화(ESI)

탈착 방법처럼, **전기분무 이온화**(*electronspray ionization*)법은 큰 분자를 연구하기 위하여 넓게 사용되어 왔다. 그러나 작은 분자량의 화합물의 이온화에도 적합하다. 이것의 이온화 과정은 앞서 논의한 방법들과는 매우 다르다. 결과적으로, 이것은 앞에서와는 다른 형태의 물질, 특히 다중 전하 이온들에 유용하다. 이 방법에서는 에너지가 분석물질에 거의 전달되지 않아서, 이 방법은 진정한 부드러운 이온화(soft ionization)법이라 할 수 있다. 그러나 이온화 과정에서 사용되는 적은 에너지 때문에, 용액이나 ESI와 연관된 증발 과정 중에서 수행되는 이온들에 이 방법은 종종 제한적일 수 있다. 그러나 이런 제약은 용액에 매우 낮은 농도로 존재할 수 있는 이온성 물질로부터 ESI가 이온을 효과적으로 발생시킬 수 있다는 점에서 그렇게 크게 문제가 되지 않는다.

이온화 과정. ESI는 이온화 과정을 개시하기 위하여 어느 지점에서도 많은 에너지가 시료에 전달되지 않는다는 점이 특징적이다. 일반적으로, ESI는 용액에서의 자동 이온화에 의존하기 때문에, 분석물질이 ESI 과정에서 이온화할 수 있는 최소한의 작용기를 가져야 한다. 이런 요구성 때문에 ESI 분석에 적합한 시료의 범위는 좁아진다. ESI에 적합한 작용기의 일부 목록이 표 7-6에 나와 있다. 용매는 증발하기 쉽도록 휘발성(volatile)이어야 하며, 이온의 생성과 용해성을 높이기 위하여 극성(polar)이어야 하고, 작은 방울이 잘

표 7-6 ESI에 적합한 작용기

작용기	분석물질 이온[a]
아민	$(M+H)^+$, $(M+Cat)^+$
카복실산	$(M-H)^-$
설폰산	$(M-H)^-$
당	$(M+Cat)^+$
케톤, 알데하이드	$(M+H)^+$, $(M+Cat)^+$
에터, 알코올	(전형적으로 약함)

[a] Cat^+은 보통 Na^+와 같은 알칼리 양이온들이다.

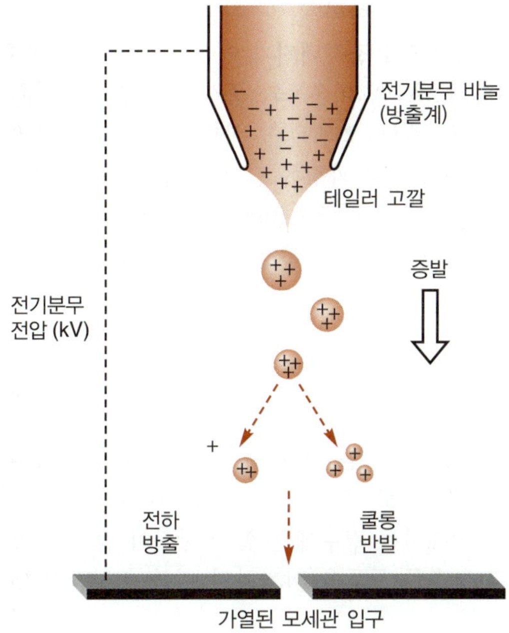

그림 7-8 ESI 과정

생기도록 상대적으로 낮은 표면 장력(surface tension)을 가져야 한다. 이런 점들을 고려하여, 메탄올, 아세토나이트릴과 같은 용매가 좋으며, 자주 물과 섞어 사용한다.

ESI는 전하를 띤 방울(droplet)이 생기는 것에서부터 시작된다. 그림 7-8에 전기분무 과정이 도식적으로 표현되어 있다. 느리게 흐르는 분석물질 용액(일반적으로, 1-5 μL/min)이 들어 있는 바늘에 큰 퍼텐셜(1-5 kV)을 걸어 주면 생겨나는 방울에 편극화가 유도되며, 테일러 고깔(Tayor cone)이라 불리는 것이 형성된다. 그 끝에서 한쪽 극성을 가진 이온의 농도는 다른 쪽의 것보다 상당히 높아진다. 적용된 퍼텐셜의 극성에 따라 어떤 이온(양이온 또는 음이온)이 그 끝에 모일지 정해진다. 테일러 고깔의 끝에 전하를 띤 방울이 생기게 되면 이들은 적용된 퍼텐셜에 의해서 바늘로부터 질량 분석기의 입구로 이끌려가게 된다. 그 과정에서 용매는 방울로부터 증발하고, 방울의 크기는 작아지고, 전하 밀도는 증가한다. 이온화 공급원은 대기압에서 작동한다. 주변의 기체 또는 어떤 경우에는 반대 방향으로 흐르는 기체가 증발 과정에서 발생되는 방울의 냉각을 상쇄시켜 준다.

그 방울들이 가열된 모세관 연결 장치를 통하여 질량 분석기로 들어가며, 이 장치는 전하를 띤 방울의 증발에 도움을 준다. 증발 과정의 어떤 지점에서는 방울의 내부 정전기적 반발이 표면 장력을 이기게 되어 방울은 더 작은 조각으로 나누어진다. ESI 과정에서 기체상 이온들의 실제 생성 메커니즘은 어느 정도 논란의 여지가 있지만, 한 가지 설명으로는, 방울이 임계 크기에 도달될 때 방울로부터 직접 알짜 이온(bare ion)을 방출함으로써 내부 정전기적 반발력이 감소하게 된다는 것이다. 다른 설명은, 방울이 증발과 조각내기 과정을 반복하면서 더 작아져, 결국 전하 한 개(single charge)를 띤 물질 방울들이 만들어지며, 용매가 없는 알짜 이온이 생겨난다는 것이다. 이 방법은 전하 잔류 모델(charge residue model)로 불린다. 어떤 자료들은 분석물질과 용매의 성질에 따라 두 메커니즘이 모두 작동할 수 있다는 점도 제시되고 있다. 어쨌든 전기분무 과정에서 결국은 알짜 이온이 생긴다. 이온화할 수 있는 부위가 한 개 이상 있다면 곧잘 다중 전하를 띤 이온들이 생기기도 한다. 그림 7-7에 그 예가 나와 있다. 여기서, sodium iodide가 용액에 들어가서 분자량이 큰 Na^+ 부가물(adduct)이 된다. MALDI와는 달리, ESI에서는 매트릭스가 사용되지 않기 때문에 낮은 m/z에서 바탕에 거의 피크가 없다. 그러나 스펙트럼의 분석을 어렵게 만드는 NaI 부가물 덩어리의 신호가 보일 수 있다.

에너지 쌓임과 조각내기. 앞서 서술한 바와 같이, 이온들과 그 전구체들은 결코 ESI 과정에서 높은 에너지를 갖고 있지 않아서 **조각내기**가 아주 적거나 거의 일어나지 않는다. 사실, 반대 효과도 종종 관찰된다. ESI에서 이온들과 중성 물질 또는 반대 극성 이온들 사이에 비극성 복합체가 만들어지기도 한다(그래도 그 복합체는 질량 분석기에서 관찰되기 위해서는 알짜 전하를 띠어야 한다). 이런 과정은 단순한 물질에도 풍부한 스펙트럼을 제공할 수 있다. 예를 들어, 메탄올 용액의 벤조산(benzoic acid)의 ESI를 보자. 음이온 방식(negative mode, $M-H)^-$에서 이 카복실산이 이온화되어 기대되는 벤조에이트(benzoate) 이온이 생겨난다. 그러나 벤조에이트는 벤조산과 상당히 강한 기체상 복합체를 만들 수 있다. 벤조산의 농도가 충분히 큰 경우에, 그 복합체$(M_2-H)^-$는 관찰될 수 있다. 소듐 양이온도 용액에 존재한다면, 두 벤조에이트의 소듐 복합체$(M_2-2H+Na)^-$도 관찰될 수 있다. 염의 농도가 높은 용액에서 ESI 스펙트럼에는 여러 가지 양이온과 음이온들을 포함하는 큰 복합체가 주류를 이룰 수 있으며, 매우 복잡한 양상을 나타낼 수 있다. 결과적으로, ESI는 상대적으로 낮은 염 농도 용액(10^{-4} M)에서 최상의 결과를 보여 줄 것이며, 완충 용액이 존재하는 경우에는 힘든 상황이 될 수도 있다. ESI에서 조각들을 얻으려면 이온 형성 후에 충돌 들뜸을 야기하기 위하여 일반적으로 가속 퍼텐셜이 필요하다(8장에서 다룸).

ESI 공급원. ESI 공급원은 단순한 구조를 가지고 있다. 두 가지 주요 요소는 전기분무 바늘[자주 방사체(emitter)라 불림]과 질량 분석계와의 연결 장치로 작용하는 가열된 모세관이다. 전형적인 실험에서 방사체에는 가열된 모세관의 입구보다는 상대적으로 높은 퍼텐셜이 걸린다(1-5 kV). 방사체로 스테인리스 바늘이 사용되거나, 나노분무 장치의 경우에 액체 접촉 또는 금속 코팅에 의하여 전하를 띠는 실리카 모세관이 사용된다. 바늘은 가열된 모세관에 대하여 같은 방향 또는 직각이 되게 배열된다. 공급원의 이 부분은 대기 중에 노출되어 있지만, 어떤 경우에는 공기 대신에 질소 기체가 대기로 사용된다. 분무 기체(nebulizing gas)의 도움 여부와는 관계 없이 전하를 띤 방울은 적용된 퍼텐셜 또는 모세관을 지나는 기체의 흐름에 의해서 가열된 모세관의 입구로 안내된다. 가열된 모세관은 방울들의 증발을 도와주며 모세관 바로 뒤에 있는 약 1 torr의 지역에 붙어 있다. 여기서부터 일반적으로 이온들은 점진적으로 압력이 낮아지는 영역을 지나서 정전기적 렌즈에 의해서 직접 질량 분석계로 안내된다.

7-2e 대기압 화학적 이온화(APCI)

대기압 화학적 이온화(*atmospheric pressure chemical ionization*, APCI)법은 ESI가 변형된 방법이다. 두 방법은 매우 비슷한 공급원 구조를 갖고 있어서 서로 연관성이 있다. 핵심적인 차이는 분석물질의 성질에 있다. ESI에서는 분석물질이 용액에서 충분하게 안정한 이온으로 만들어질 수 있어야 한다. 이것이 대다수 생물학적인 관련 물질을 포함하여 많은 물질들에 응용 가능성이다. 그러나 많은 극성 비휘발성 물질은 ESI 방식에서 자동으로 이온화할 수 없다. 여기서 대안적 방법이 시약이온과 기체상 반응을 통하여 이온화를 유도하는 법, 즉 CI 법이다. 실제로 분석물질은 용액 상태로 가열된 분무기(nebulizer)를 경유하여 공급원 방으로 주입된다. 이때 높은 퍼텐셜의 바늘과 공급원 방 벽 사이에 코로나 방전(corona discharge)이 발생한다. 이 방전으로 용매나 분무 기체가 이온화할 수 있으며, 그 결과로 기체상 반응이 분석물질에서 일어난다. 이온화 과정은 기체와 용매의 성질에 따라 달라진다. 이온들은 ESI에서 사용된 같은 종류의 연결 장치를 경유하여 질량 분석기로 유도된다. 다른 CI 방법에서처럼, 하나의 전하를 띤 물질이 생기는 경향이 크다. ESI에서처럼 광범위하게 쓰이지는 않지만, APCI는 이온화하기 힘든 작용기를 가진 중간 정도 크기의 비휘발성 물질(~500−1500 daltons)의 분석에 중요한 영역을 분담하고 있다. 이 방법은 신약개발이나 대사물질 분석에 특히 유용한 적용성을 지니고 있다.

7-2f 혼합 방법

최근에 탈착 이온화 방식의 ESI 법에서 성공적인 연구가 이루어지고 있다. 전략적 방안은 표면이나 대기 중에서 분석물질로부터 전하를 띈 방울을 생산하기 위하여 ESI 공급원을 사용하는 것이다. 실용적인 예는 Graham Cooks lab에서 개발된 탈착 전기분무 이온화(desorption electrospray ionization, DESI) 법이다. 이 방법에서 빠른 분무 기체를 가진 전기분무 공급원이 분석물질이 들어 있는 절연체 표면에 직접 붙어 있다. 표면과 전자 스프레이의 상호작용으로 분석물질은 전하를 띤 방울로 변하다. 그런 다음 이 방울들은 전통적인 ESI 공급원의 가열된 모세관으로 들어간다. 이 방법의 유리한 점은 절연체 표면의 성질에 상대적으로 큰 제약이 없다는 것이며, 그래서 물체로부터 물질들을 추출하지 않고도 물체에 있는 미량 물질을 직접 분석할 수 있다는 점이다. 이것은 빠르게 성장하는 분야이며 적용성이 증대되고 있다.

7-3 질량 분석

질량 분석계(mass spectrometer)의 심장은 질량 분석기(mass analyzer)이다. 세월이 지나면서 수많은 질량 분석기들이 물리학적 원리에 근거하여 고안되어 왔다. 이들은 이온들이 전기장이나 자기장에 의해서 조절될 수 있다는 사실에 근거하여 각각 나름의 특징들을 지니고 있다. 이온의 경로를 조절할 수 있으므로 이온들을 공간, 시간, 운동 주파수 등에서 차별화할 수 있다. 질량 분석기의 특징들은 질량 범위, 분리능 및 적용 압력 등의 관점에서 크게 달라진다. 분석체의 성질, 물리적 상태(순수하거나 혼합체의 일부), 원하는 정보에 따라 이들을 선택적으로 사용할 수 있다. 많은 경우에 문제를 풀기 위하여 한 개 이상이 사용되고 있으며, 장비의 가용성이 궁극적으로 매우 중요한 요소가 되고 있다. 이 절에서는 혼합형 기기와 함께 6가지 주요 분석기를 다룬다.

7-3a 비행시간 질량 분석기

작동 원리. 상대적으로 단순한 **비행시간**(*time-of-flight*, TOF)의 물리학적 기초는 가속되는 퍼텐셜을 띤 이온들이 같은 속도 에너지에 도달하나 질량에 따라 다른 속도를 가지고 있다는 사실에 근거하고 있다(식 7-11). 이런 상태에서 질량 분석은 초기 가속 후에 장이 없는 영역에서 이온들의 속도를 결정하는 것일 것이다. 이온들이 정해진 거리를 여행하는데 얼마나 걸리느냐, 즉 이온들의 비행시간을 측정함으로써 실현될 수 있다(식 7-11, 7-12, 및 7-13, V는 적용된 전압, d는 비행거리, t는 비행시간이다).

$$\mathrm{E} = \mathrm{V} \cdot z = 1/2\, mv^2 \tag{7-11}$$

$$v = \left(\frac{2\mathrm{V}z}{m}\right)^{1/2} \tag{7-12}$$

$$m/z = 2\mathrm{V}t^2/d^2 \tag{7-13}$$

비유를 하면, 경찰 비행기가 자동차의 속도를 추적할 때, 자동차가 포장도로에서 칠해진 두 선 사이의 거리를 지나는 데 걸리는 시간을 재서 자동차의 속도를 재는 것과 같다.

TOF의 일반적인 도식이 그림 7-9에 나와 있다. 전형적으로, 빠른 가속 전압(10~30 kV)이 사용되며, 이온들은 장치 내에서 100,000 m/s의 속도에 이를 수 있다. 이런 상황에서 비행시간은 매우 짧으며(수십 마이크로초), 그래서 스펙트럼은 매우 빠른 속도로 수집된다. 비슷한 질량들의 도착 시간은 거의 차이가 없기 때문에, 이온 검출 장치에 절대적으로 전자기학적으로 높은 전압이 요구되고 있다. 예를 들면, m/z 1000과 1001을 가진 이온들이 100 μs의 비행속도를 가지고 있다고 보자. 도착 시간의 차이는 약 0.05%, 즉 50 ns이다. 그래서 분리의 정도를 높게(high resolution)하기 위해서는 극단적으로 빠른 검

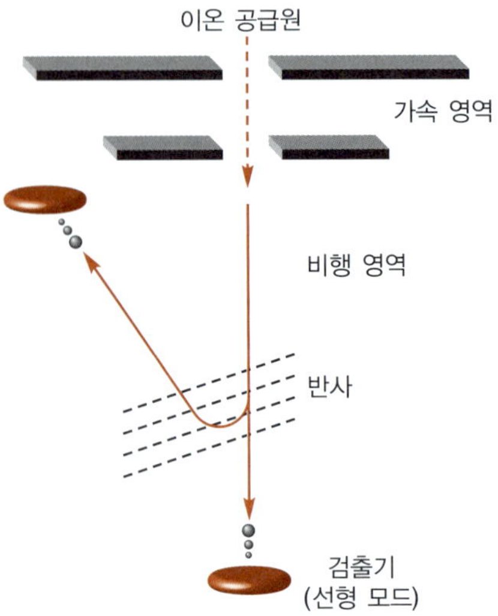

그림 7-9 TOF 질량 분석기의 도식도. 작은 *m*/*z*를 가진 이온들은 더 빨리 이동하고 검출기에 더 빨리 도착한다. 이온들은 직접 검출될 수도 있고 (아래 검출기) 또는 반사되어서 반대로 운동하여 위의 왼쪽 검출기에서 검출될 수 있다.

출 구조가 필요하다.

TOF 장치의 또 다른 요소는 초기 이온 다발(packet)이다. 앞서 기술된 바와 같은 실험에서, 모든 이온들은 같은 장소에 같은 속도로 있어야 하며, 그런 다음 갑자기 그들의 비행속도로 가속되어야 한다는 점이 요구된다. 이런 조건들 때문에, 이온 공급원에서 고밀도의 이온 펄스가 발생되어야 한다. 앞장에서 보았듯이, 이런 요구에 맞는 공급원은 MALDI에서 사용된 것일 것이다. 레이저는 TOF 가속을 위해서 초기 이온에 짧고 강한 펄스를 제공하도록 디자인할 수 있다. 최근의 TOF 기술의 폭발적 발전이 MALDI 공급원의 개발 후에 일어난 것은 우연이 아니다. ESI와 같은 이온 공급원을 TOF 분석기에 적용하는 것에 문제점들이 좀 있지만, TOF를 여러 가지 이온 공급원에 적용할 수 있는 혼합형 장치들도 개발되고 있다.

분석기 디자인. 일반적인 디자인 원리는 오히려 간단하다. 이온 공급원, 비행 튜브, 검출장치 등이 필요하다. 그러나 높은 분리능을 갖기 위해서는 이 단순한 디자인에 많은 정성이 필요하다. 핵심적인 문제는, 공급원이 10 eV 정도의 값에서 변동성이 있는 여러 가지 다른 초기 속도 에너지를 가진 이온들을 만들어야 한다는 점이다. 이 값은 약 0.1%의 가속 퍼텐셜에 해당되며, 그래서 ±0.1%의 피크 벌어짐(많은 실험에서 받아들이기 어려운 정도의 분리능 감소)이 발생한다. 이 점을 해소하기 위하여, 기본 디자인에 여러 가지 변형을 주는 연구가 진행되어 왔다. 하나의 공통적인 접근은 **반사장치**(*reflectron*)의 활용이다. 이런 형의 TOF에서 비행 튜브는 검출기로 가는 이온들의 경로를 반대로 바꾸어 주는 정전기적 거울로 마감되어 있다(그림 7-9 참조). 반사장치의 이점은 그것이 이온들을 모아주어 초기 속도 에너지에서의 차이와 연관된 피크 벌어짐을 잡아주는 장치 역할을 한다는 점이다. 보정의 원리는 단순하다. 평균 속도 에너지보다 높은 값을 가진 이온들은 되돌기 전에 반사장치에 더 깊이 들어간다. 그래서 검출기에 도달하기까지 더 긴 거리를 다니게 된다. 역으로, 작은 에너지를 가진 느린 이온들은 반사장치를 깊이 들어가지 못하고 짧은 거리를 거쳐 되돌아온다. 결과적 효과는 이온들이 m/z 비율에 따라 모여서 좁은 이온 다발이 생기고 피크 너비가 좁아지는 결과가 생기게 된다는 것이다. 두 번째 접근법은 이온들을 가속하기 위하여 전압과 추출 펄스(**지연 추출**, *delayed extraction*)의 시간차를 조절하는 것이다. 그 목적은 가장 빠른 특정 m/z의 이온들이 약간 짧은 가속 기간(거리)를 거치도록 하여 이들이 이온 다발의 평균 속도에 근접하게 되도록 하는 상황을 만드는 것이다. 세 번째 접근법은 이온들의 **직각 가속**(*orthogonal acceleration*)을 이용하는 것이다. 여기서 이온들은 x와 y축에 운동 속도가 거의 없고 z축에 약간의 속도(수십 eV)가 있는 빔으로 좁게 모아진다. 또 가속에 앞서 그 빔은 이온 집적장치에 모아진다. 10에서

30 kV의 가속 펄스가 이온들의 운동축에 직각으로 빠르게 적용되며, 이온 다발은 빔 밖으로 튀어나온다. 빔은 이 방향에 거의 속도가 없기 때문에 이온 다발은 가속축에 매우 좁게 남아 있게 된다. 초기 운동축을 따라서 연속적인 벌어짐이 있지만, 넓은 검출 디자인 덕분에 축 밖으로 뻗어나가는 이온들을 동시에 검출할 수 있다.

앞 문장이 제시하듯이, 여러 가지 TOF 분석계가 개발되고 있고, 분리능이 더 좋고 효율이 높은 분석계를 개발하려는 노력으로 고급 기기들이 출현하고 있지만, 모두 다 같은 기본 원리에 기초를 두고 있다.

성능과 제약성. TOF의 강력한 요소는 거의 제한이 없는 질량 범위이며, 기기는 통상적으로 m/z 100,000 이상의 범위에서 활용되고 있다. 낮은 전하 상태가 높은 m/z 비율을 제공하기 때문에 이것은 특히 MALDI에 매력적인 것이다. TOF 역시 우수한 질량 분리능(1000~10,000)을 제공한다. 질량 분리능(mass-resolving power)은 분석계의 능력, 즉, 약간만 겹치는(~10%) 두 질량 피크의 신호를 분리하는 능력을 말한다. 또 $m_1/(m_1-m_2)$로 정의될 수 있다. 여기서, m_1과 m_2는 분리되는 피크들이다. 예로, 1000의 질량 분리능에서, m/z 1000의 피크는 m/z 1001과 약간 겹치는 정도이다. 덧붙이면, 이 기술은 좋은 질량 정확도(mass, accuracy, 5~50 ppm)를 제공한다고 볼 수 있다. 질량 분석기의 효율성은 분석기의 업무 주기(duty cycle)가 이온 공급원의 역량과 얼마나 잘 들어맞느냐하는 측도일 것이다. 최적 상황에서, 질량 분석기가 이온들이 생기자마자 처리할 수 있다면, 100% 효율을 실현하고 있다고 할 수 있다. 그러나 이 이상적인 상황이 언제나 실현되는 것은 아니다. 간단히 MALDI-TOF 장치를 보면 이온들이 검출기로 가는 도중에 비행 튜브 안에 있을 동안에 이온 공급원은 놀고 있는 셈이 된다. 결과적으로, 질량 분석기가 병목(bottleneck) 과정이 될 것이다. 실험은 이온 공급원보다는 질량 분석기의 업무 주기에 따라 제한될 것이다. TOF에서, 효율성은 장치 디자인에 매우 의존적이다. 이온 집적장치를 가진 TOF 장치는 한 다발의 이온이 비행 튜브에 있는 동안에 다른 다발은 다음 질량 분석을 위해 집적장치에 모아지고 있기 때문에 100% 효율성을 나타낸다고 볼 수 있다. 마지막으로, 질량 분석기에서 이온들을 활성화시키는 실질적인 방법은 없으며, 그래서 조각내기는 질량 분석기에 들어가기 전에 활성화로 인한 결과이다. 이런 제약 조건들의 의미는 8장에서 더 분명해질 것이다.

7-3b 이온 사이클로트론 공명 (ICR) 트랩: FT 질량 분석법

작동 원리. 이온 사이클로트론 공명(*ion cyclotron resonacne*, ICR) 기기도 복잡하지 않은 물리학적 원리에 근거하고 있다. 이온이 자장을 지날 때 그들의 경로는 굴절된다. 이런 굴절되는 원리 때문에 이온들을 자장 안에서 안정적인 원형 궤적을 이루도록 유도할 수 있으며, 이들 이온들을 무한히 그 안에 잡아둘 수 있다. 경로의 반지름 r은 식 7-14에서처럼 이온의 속도 v와 관계가 있다.

$$\mathrm{r} = \frac{mv}{z\mathrm{B}} \tag{7-14}$$

$$\omega = \frac{z\mathrm{B}}{m} \tag{7-15}$$

$$\frac{\Delta f}{\Delta m/z} = \mathrm{B} \tag{7-16}$$

여기서 **B**는 자장의 크기이다. 식 7-14는 각속도 $\omega = 2\pi f$, 자장에서 회전 주파수 $f = v/2\pi r$를 치환하여 속도와 반지름 대신 각속도 ω를 넣어서 자리옮김 할 수 있다. 이렇게 하여, ICR에서의 기본 관계식 7-15를 얻을 수 있다. 여기서 운동의 주파수는 m/z 비와 관련이 있다. 주파수를 측정하는 여러 가지 방법이 있어서 ICR로 질량 측정을 매우 정확하게 할 수 있다. 식 7-15에서 알 수 있듯이, 주파수는 자장의 크기와 관련이 있다. 이 관

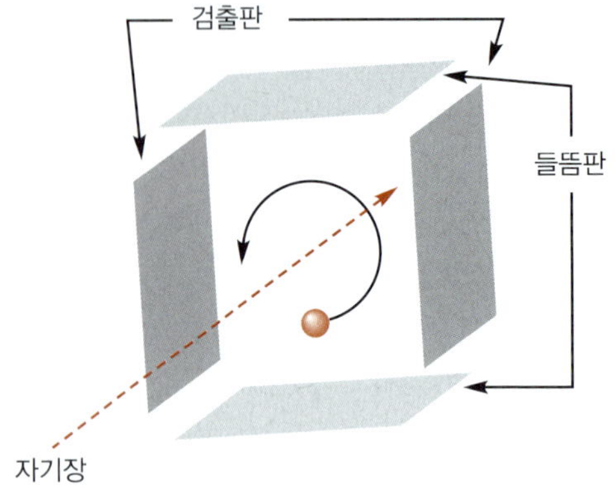

그림 7-10 ICR과 FT 검출의 도식도. 트랩 판은 나타내지 않았다.

계식은 다른 m/z 비를 가진 이온쌍에 대한 주파수의 차이가 직접 자장의 크기에 비례한다는 것을 제시하고 있다(식 7-16). 결과적으로, 자장의 크기를 증가시키면 분리능이 더 높아진다. 즉, 측정량과 주파수에서 더 큰 차이가 나게 된다. 이와 같은 상황은 NMR에서도 나타난다. ICR 기기는 전형적으로 고분리능 NMR 분광기에서 사용하는 것과 같은 초전도 자석(5−12 T)을 사용한다. 이것이 NMR과 ICR 질량 분석법의 유사성이다.

ICR 분광학의 고유한 특징은 이온 검출이 비파과적이라는 점이다. 여기까지 언급한 거의 모든 질량 분석기는 이온 검출이 표면에 있는 이온을 방전시켜서 여러 가지 수단을 이용하여 신호를 증폭하는 것에 근거하고 있다. ICR 실험에서는, 이온들이 원형 경로를 뻗어나감에 따라서 이온들이 트랩 자장에 있는 한 쌍의 판을 향하거나 벗어나서 움직일 때 발생하는 이미지 전류를 측정하는 것이다(그림 7-10). 앞서 언급한 것처럼, 이온들의 각 주파수는 m/z 비와 연관되어 있으며, 발생한 이미지 전류의 진동은 같은 주파수를 갖고 있어서 이온들의 m/z의 측정이 가능하게 된다. 이미지 전류는 트랩된 이온들의 운동이 동조(coherent)될 때만 측정될 수 있다. 이런 특성은 모든 이온을 동조 운동으로 가속해주고, 결과적으로 이미지 전류를 극대화 해주도록 해 주는 광폭의 라디오파(radifrequency, rf) 펄스를 쬐어줌으로써 실현될 수 있다. 이런 맥락에서, 동조 이온 운동(coherent ion motion)은 특정 m/z의 이온들이 다발로 움직이며, 각각의 이미지 전류판에 그룹으로 접근한다(즉, 특정 이온이 그들의 원형 경로에서 같은 주파수와 위상을 갖는다)는 것을 의미한다. 모든 현대식 ICR 장비는 ICR에 트랩된 이온들의 m/z를 분석하기 위하여 푸리에 변환(Fourier transform, FT)법을 사용하고 있다. 이것은 두 번째로 NMR과 유사한 점이며, 이것 때문에 이 방법을 FT-MS라고 한다. 모든 이온들이 동시에 동조 운동으로 들뜨게 된다면 결과적인 이미지 전류는 트랩에 있는 이온들의 모든 사이클로트론 주파수가 합쳐진 것이다. 이미지 전류에서 시간 영역 진동의 FT로부터 주파수를 얻을 수 있으며, 이로부터 트랩에 있는 모든 이온들의 m/z 값을 얻을 수 있다. 단일들뜸/검출/FT 주기를 거쳐서 전 영역의 스펙트럼을 얻을 수 있다. 이온들은 이 과정에서 파괴되지 않기 때문에 이 주기는 반복될 수 있다. 이런 반복성은 ICR 트랩에서 일어나는 반응 과정을 추적하려고 의도한다면 매우 유용할 것이다.

분석기 디자인. 실제 ICR 장치는 차라리 단순해서, 이온들을 동조 운동으로 들뜨게 하기 위한 한 개의 축을 따라 한 쌍의 판과 이미지 전류를 검출하기 위한 다른 한 쌍의 판을 가진 단순한 구조로 되어 있다. 마지막에 세 번째 축의 판들이 트랩하기 위한 퍼텐셜을 제공하기 위하여 사용된다. 즉, 이들은 사이클론 운동의 판에 직각인 축을 따라 이온들이 계속 떠돌아다니게 유지시켜 준다. 이 검출기의 핵심적 요소는 이온들이 경로나 속도에서 조금이라도 벗어나게 되면 장비의 분리능이 감소하게 된다는 점이다. 결과적으로, ICR의 질량 검출 과정에서 충돌은 피해야 하며, 바탕 기체 압력도 성능을 매우 떨어뜨릴 수 있다. 이 문제는 획득시간(acquisition time)을 길게 해야 FT 분석의 분리능이 최대화된다는 점에서 더욱 힘들게 하는 요인이 된다. 그래서 고진공은 FT-MS의 고분리능을 위한 필수 요건이며, 압력은 10^{-10} torr 이하가 검출기에서 바람직하다. 이를 위하여 강력한 진공 시스템이 필요하며, 전형적인 이온화 과정에서 사용되는 상대적으로 높은 압력(예, ESI에서 대기압)에서 이온이 생성되도록 해 주며, 엄청난 압력 차이가 있는 검출기로 전달되도록 해 주는 효율인 이온 안내 시스템이 필요하다. 이 문제는 이온들이 낮아지는 압력 영역으로 들어갈 때, 거기에 맞는 진공 시스템을 제공해 주는 차등 펌프 시스템(differential pumping system)을 설치하면 해결될 수 있다. 이 추가 장치는 FT-MS의 가격을 굉장히 상승시키는 요인이 된다. 초전도 자석의 비용을 합친다면 상당한 유지비와 함께 FT-MS는 매우 비싼 방법이 된다. 물론, 이런 결점은 이 장비가 제공하는 굉장한 고분리 능력을 생각하면 상쇄되는 측면도 있다.

성능과 제약. 고분리 질량 정확도는 ICR의 핵심 기여도이다. 질량 분리 능력은 10^6에 도달하며, 질량 정확도는 수 ppm에 이른다. TOF 검출기처럼 ICR에서 이온들의 생성과 검출이 동시에 이루어질 수는 없다. 단순한 의미에서 ICR의 질량 분석에서 이온 공급원은 생산적이지 않다. 이온들이 계속 생성되고 ICR로 다발로 들어가게 할 수 있는 이온 집적 장치를 가진 혼합형 기기들이 개발되고 있다. 앞서 언급했지만, ICR 실험의 핵심 제약 사항은 고진공과 고자장이다. 앞의 요인 때문에 ICR과 대기압 이온 공급원 사이에 차등 펌프가 도입되었지만, 이것이 조각내기 스펙트럼을 얻기 위하여 이온을 충돌적으로 들뜨게 하는 것을 어렵게 만들고 있다. 고자장은 유지비가 많이 드는 초전도 자석을 필요로 하고 있다.

7-3c 사중극자 이온 트랩 질량 분석기

작동 원리. **사중극자 이온 트랩**(*quadrupole ion trap*, QIT)과 ICR 트랩은 근본적으로 다른 이온 물리학의 원리에 근거하지만 많은 부분을 공유하고 있다. 둘 다 긴 이온 잔류 시간을 가진 트랩 분석기이다. 둘 다 라디오파 펄스(rf pulse)가 적용되며, 원하지 않는 이온들을 제외시키고 트랩된 이온을 조각내기 위하여 라디오파 펄스가 사용된다. 그러나 QIT는 자기장보다는 교차 전기장을 사용한다. 이온 트랩의 물리학이 어느 정도 단순한 ICR과는 달리, 이온 트랩의 사중극자 장과 이온들의 상호작용 때문에 수학적으로 어렵게 되며, 이온 경로들이 실제 적용에서 사용하는 조건에서 명시적으로 정의될 수 없다. 적당한 조건에서 이온들은 이온 트랩 내에서 안정한 궤적을 그리며 긴 시간 머무를 수 있다. Mathieu 식에 따라 안정한 궤적 내에 이르는 조건이 정의된다. 트랩 퍼텐셜은 종종 안장 퍼텐셜(saddle potential)의 중앙에 위치하는 공에 비유될 수 있다(그림 7-11). 안장이 정지 상태라면 공은 즉각 한쪽 아래로 굴러 떨어지기 시작하여 분실될 것이다. 그러나 안장이 90도 회전하면 아래로 기울어진 퍼텐셜은 위로 기울어진 퍼텐셜로 바뀔 것이며, 공은 가운데로 다시 되돌아올 것이다. 안장이 도는 것은 이온 트랩에서의 전기장의 변화에 해당한다. 안장이 적당한 속도로 회전한다면 공은 안장 면의 아래위로 약간 움직이는 정도의 안정한 속도로 고정돼 버릴 것이며, 결코 미끄러져 내려오지 않을 것이다. 같은 방법으로, 교차 전기장이 적용되어 발생되는 사중극자의 장 내에서 이온들은 안정한 궤적 내에 잡혀 있을 것이다. 이온들은 당기는 퍼텐셜이 있는 쪽으로 당겨질 것이지만, 장이 반대로 바뀌면서 반발력이 생기게 되어 이온의 경로는 반대로 변한다. 사중극자 이온 트랩의 흥미로운 면은 같은 장이 음양의 이온들을 잡을 수 있다는 점이다. 이것이 이 장비를 기발하게 활용해 볼 수 있는 점이다. 안장 모델로 되돌아가서, 어떤 질량을 가진 공을 생각해 보자. 공을 잡아둘 수 있는 능력은 안장의 모양과 회전 주파수에 의존적일 것이다. 다른 말로 하면, 주어진 안장의 모양과 회전 속도에서 어떤 특정한 공들만이 잡혀질 수 있다는 것일 것이다. 어떤 것은 너무 무거워서 결국 안장 아래로 미끄러져 내려갈 것이며,

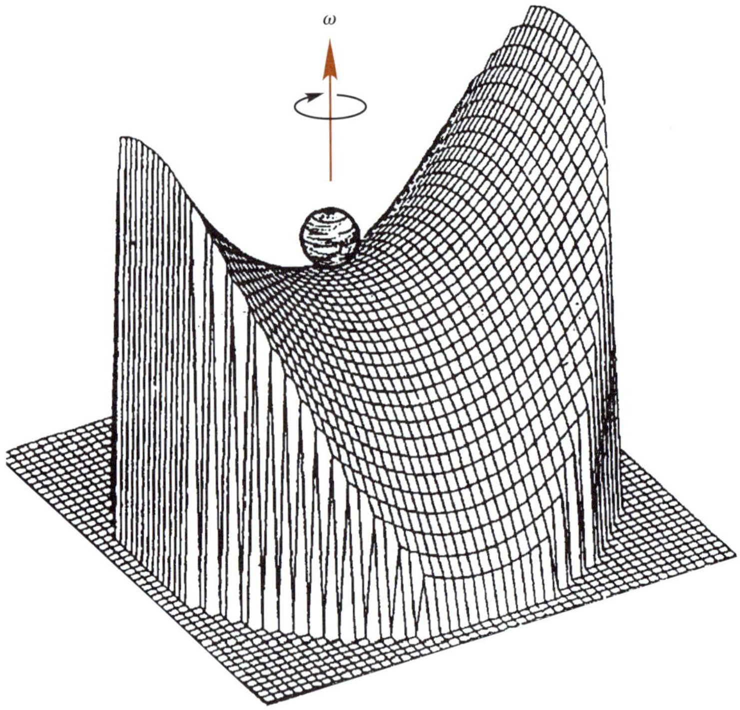

그림 7-11 QIT의 안장 퍼텐셜의 비유. 회전 퍼텐셜 때문에 가운데로부터 멀어지는 어떤 운동에도 반대 균형감이 생긴다 (1989년 Wolfgang Paul의 노벨 강좌에서의 그림을 모델화한 것임).

어떤 것은 너무 가벼워서 너무 많은 속도를 얻어 안장 위로 날아갈 것이다. 같은 원리가 이온 트랩에서도 적용될 수 있다. 오직 상대적으로 좁은 범위의 m/z 값을 가진 것들만이 다음 Mathieu 식으로 정의되는 조건들에 따라 트랩될 수 있다.

$$q_z = -\frac{8zV}{mr_o^2\omega^2} \tag{7-17}$$

상용 장비에서, Mathieu 식에서 변화시킬 수 있는 실험 변수는 q_z이다. 이것은 이온 트랩의 디멘션의 함수이며, 교차 전기장의 주파수와 크기의 함수이다(식 7-17에서 V는 라디오파의 세기이며, r_o는 이온 트랩의 반지름이며, ω는 트랩의 라디오파 주파수이다). q_z는 이온의 m/z 값에 반비례한다. 안정한 궤적은 q_z가 ~0.15와 0.90 사이에 있을 때 가능하다. 가장 낮은 값에서 이온들은 장 밖으로 그냥 벗어나며(안장에서 미끄러져 나가는 것에 해당), 가장 높은 값에서는 이들은 장으로부터 방출될 것이다(안장 위로 날려 나가는 것에 해당). 최댓값이 절대 한계이다. 반면에 더 낮은 값은 이온 트랩하기가 덜 효율적인 그런 점을 말하는 것이다. 이 제한성이 QIT 장치의 트랩 범위(trapping range)가 좁다는 것에 대한 설명이 된다. q_z는 이온의 m/z 값에 반비례하기 때문에 q_z의 높은 한계 값은 트랩할 수 있는 가장 큰 질량 값이 되며, q_z의 낮은 한계 값은 트랩될 수 있는 가장 작은 질량 값을 의미한다. 가장 낮은 질량 값을 m/z 100 (q_z = 0.90)에 맞춘다면 가장 높은 질량 값은 m/z 600이 된다[q_z가 0.15 (100 × 0.9/0.15) 되는 점]. 이 결과는 장치가 m/z 값 600까지로 제한된다는 것을 의미하지는 않는다. 이것은 높은 질량 값의 이온을 트랩하려고 한다면 낮은 질량 값이 더 커져야 한다는 것을 의미한다. 즉, m/z 1200을 얻으려면 낮은 질량 값 m/z 200이 필요하다는 것을 의미한다.

QIT와 다른 보통의 질량 분석기 사이의 핵심적 차이는, 고진공을 얻으려고 하는 대신에 의도적으로 불활성 기체(보통 헬륨, 10^{-3} torr)의 작은 바탕 압력을 활용한다는 점이다. 다른 장비와는 달리, 바탕 기체 압력이 존재하기 때문에, QIT의 분리능이 실제로 증가한다. 기체가 사중극자의 장에 반응하는 이온들의 운동을 적시어 줄게 하며, 이온 구름이 장치의 가운데로 향하도록 해 주는 경향을 나타낸다. 작은 이온 구름에서 피크 폭은 좁게 되며, 모든 이온들은 검출기로부터 방출되어 검출될 때 검출기로부터 거의 같은 거리에 있기 때문이라고 볼 수 있다. QIT에서 질량 스펙트럼을 만드는 여러 가지 방법이 있지만, 보통의 방법은 이온 트랩에 걸리는 교차 퍼텐셜(alternating potential)을 증감(ramp)시키는 것이다. 결과적으로 안정한 한계 위의 q 값이 설정되도록 하여 질량 값을 올릴 수 있다. 기울기 전압(ramping voltage) 또한 이온들의 주파수를 올린다. 라디오파 에너지가 안정 한계에 가까운 점에 해당하는 주파수로 맞추어진다면 이온들은 안정 한계값에 도달하여 이온 트랩을 벗어나기 바로 앞서 이들의 주파수가 라디오파 에너지와 동조될 때, 이온들은 바로 방출되어 검출될 것이다. QIT에서 m/z 값은 이온들이 적용된 라디오파와 동조하도록 해 주는 트랩 전압과 관계되어 있으며, 알려진 값의 이온들을 이용한 보정 값에 근거하여 정해질 수 있다.

분석기 디자인. 전통적으로, QIT에는 고리 전극(ring electrode)과 한 쌍의 엔드캡 전극(end-cap electrode)으로 구성된 3차원 구조로 된 디자인이 채택되어 왔다(그림 7-12). 엔드캡 전극은 쌍곡선 모양을 갖고 있으며, 고리 전극과 엔드캡 전극에 교차 전기장이 적용된다. 장치는 작고, 고리의 반지름은 0.7 cm 정도이다. 대안적으로, 이온들이 인접 막대기에 교차 퍼텐셜을 가진 4개의 막대기 사이에 트랩될 수 있도록, 사중극자 장은 2차원적으로 적용될 수 있다. 이런 배치는 선형 이온 트랩(linear ion trap)이라고 하며, 이온들이 옵셋 퍼텐셜(offset potential)에 의해서 막대기의 축을 따라 트랩되는 것을 제외하고는 사중극자 이온 필터에 가깝다(7-3d절). 이 구조에서의 핵심적 차이는 이온들이 3차원 트랩의 중앙에 모이는 것과는 달리 선형 이온 트랩의 축을 따라 퍼진다는 점이다. 이것의 장점은 이온-이온 상호작용에 의한 사중극자 장의 심각한 찌그러짐을 초래하지 않고 더 많은 이온들을 트랩할 수 있다는 것이다. 이온/이온 상호작용이 상대적으로 넓은 범위의 진공에서 일어나기 때문에 주어진 이온이 느껴는 알짜 장(net field)에 이온-이온 상호작용의 영향이 최소화되도록 이온 밀도는 제한되어야 한다. 그렇지 않으면 공간-전하 효과에 의해서 사중극자 장은 바뀌게 되며, 결과적인 효과는 피크 넓어짐과 뚜렷한 질량 이동(mass shift)이다. 더 많은 이온을 트랩할 수 있는 선형 이온 트랩의 능력이 전통적 3차원 이온 트랩에 비하여 감도 면에서 상당한 이점이 된다. 두 형태의 장치 모두에서 트랩에서 이온들의 수를 잘 조절할 필요가 있다. 이온 트랩에서 최적 이온 밀도를 발생시키기 위하여 자동 증가 조절 시스템(automatic gain control system)이 개발되어 왔다. 이온들이 한번 장치에 트랩되면 엔드캡 전극 구멍(선형 사중극자 막대기에서의 틈새)을 통하여 장(field)의 축 중의 어느 하나를 따라 이온들이 방출되어서 검출될 수 있다. 방출된 이온들은 전형적으로 전자 증폭기로 검출된다. 이온 트랩은 어느 정도 높은 압력에서 작동하기 때문에 쉽게 여러 가지 이온 공급원과 장치될 수 있으며, 대기압 이온 공급원 조차도 방대한 진공 장치를 필요로 하지 않는다.

성능과 제약성. QIT는 질량 분리능이나 질량 정확도에서는 TOF나 ICR에 견줄 수는 없

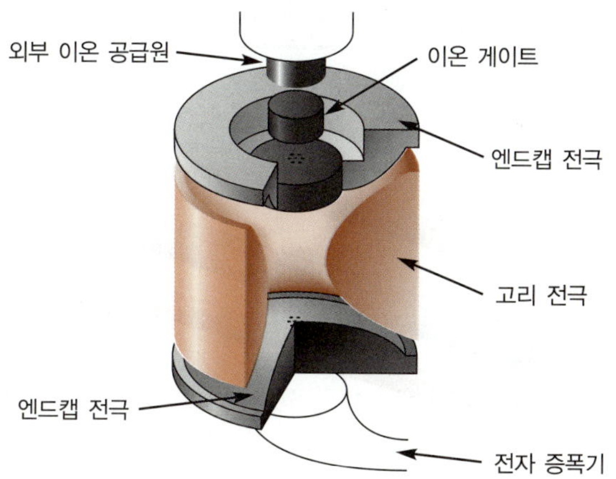

그림 7-12 3차원 QIT의 도식도

다. 전형적인 QIT 기기는 100 ppm 정도의 정확도로 질량 분리능 ~10^4 정도를 나타낸다. 이것은 대부분의 실험에서 사용할 만한 범위이지만 고분리능 스펙트럼은 가능하지 않다. 낮거나 높은 m/z 이온들을 동시에 트랩하는 데 문제점들이 있으며, 특수 모드에서는 연장도 되지만, 전형적으로 2000~4000 범위가 질량 상한선이다. QIT의 장점은 범용성, 저비용, 튼튼함이다. 추가로, QIT에 사용되는 상대적으로 높은 압력 때문에, 여러 가지 이온 공급원을 붙여서 사용할 수 있다.

7-3d 사중극자 질량 필터

작동 원리. 이 장치는 선형 QIT와 같은 일반적인 종류의 전기장을 사용하지만, 다른 이온들이 극자 막대기를 치는 동안에 특정 m/z 범위의 이온들은 안정한 궤적으로 장치를 통과시켜 주는 빔 방식으로 작동된다. 어떤 의미에서, 이온들이 이차원에서는 트랩되지만 삼차원에서는 상당한 속도를 가질 수 있다. 이 장치는 모든 이온을 기기의 한 영역으로부터 다른 영역으로 넘겨 주는 단순히 이온 안내자로서 사용될 수 있으며, 또는 좁은 m/z 범위의 이온들만이 지나가도록 해 주는 질량 선택적 방식에서 사용될 수 있다. 후자의 방식을 사용하면, 사중극자 장의 전압을 변화시켜 필터를 통과하여 검출기를 치는 이온들의 질량을 순차적으로 증가시키거나 감소시킴으로써 질량 스펙트럼을 얻을 수 있기 때문에 이 장치는 바로 질량 분석기가 된다. 각 질량의 분석을 위해 새 이온 다발이 사용되어야 하기 때문에, 이 장치는 연속 이온 공급원으로서 가장 적합하다(특정 m/z 값을 검출하는 동안에, 관심 밖의 모든 이온들은 희생된다).

분석기 디자인. 앞서 말한 것처럼, 사중극자 질량 필터는 빔 장치라는 점만 제외하고 선형 QIT와 거의 같다. 이것은 인접 막대기에 교차하는 퍼텐셜을 가진 4개의 막대기로 구성되어 있다. 공급원으로부터 발생된 이온들은 막대기의 축을 따라 장치에 들어가며, 적당한 조건에서 안정한 궤적을 유지한다. 안정한 범위 밖의 m/z 값의 이온들은 막대기 중의 하나를 쳐서 없어진다. 도식적인 그림이 그림 7-13에 나와 있다.

막대기의 길이, 지름, 간격 등은 질량 분석기의 성질과 원하는 이온의 처리량에 따라 다르다. QIT처럼, 사중극자 질량 필터는 상대적인 높은 압력(~10^{-5} torr)을 견딜 수 있지만, 완충 기체로 압력을 증가시켜도 분리능이나 성능에 큰 이점은 없다. 여러 개의 사중극자 질량 분석기를 함께 연결하면 더 강력한 질량 분광기를 구성할 수 있다. 가장 흔한 기기는 삼중 사중극자이다. 여기서, 첫째 사중극자는 오직 특정 m/z가 두 번째 사중극자를 통과하도록 해 주는 질량 선택 장치(mass selection device)이다. 대다수의 적용 실험에서 두 번째 사중극자는 충돌 방으로 사용되며, 이온들은 이 영역에서 가속된다. 이것은 모든 이온들(조각들과 어미 이온들)이 세 번째 사중극자를 통과하도록 유도하기 위한 안내자로 작용하도록 설계되어 있다. 마지막 사중극자는 질량 분석기로 사용되며 두 번째 사중극자에서 생성된 혼합물의 질량 분석 스펙트럼을 만들기 위해서 사용된다. 매우 넓은 영역의 충돌 에너지로 질량 선택적 조각내기가 가능하기 때문에 삼중 사중극자는 유용한

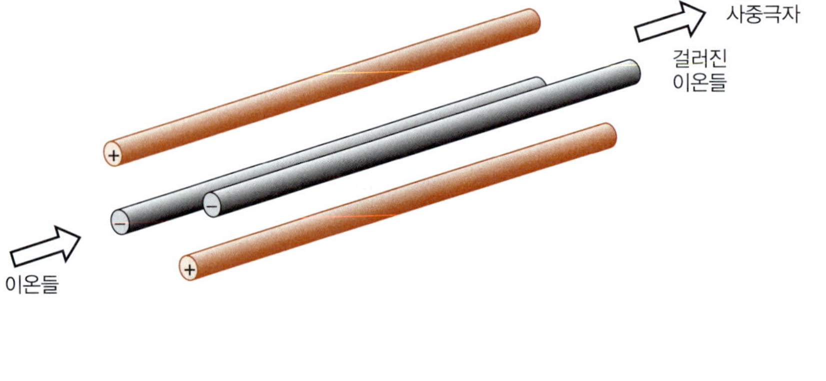

그림 7-13 사중극자 질량 필터의 도식도

기기이다. 조각내기 과정에서 특정 중성 부분을 잃어버린 이온들을 추적하기 위하여 첫 번째와 세 번째 사중극자를 동시에 스캔하는 실험도 가능하다(8장 참조).

성능과 제약성. 성능면에서, 사중극자 질량 필터는 QIT와 많은 부분에서 공통성이 있다. 이들은 중간 정도 질량 분리능($\sim10^4$)과 질량 정확도(100 ppm)를 제공한다. 이온 트랩과 달리, 이들은 넓은 영역의 m/z를 트랩하는 데도 제한성이 없으며, 전 질량 범위를 바로 스캔할 수 있다. 그러나 이 범위는 일반적으로 2000 정도가 상한 값이다. 이 장치의 하나의 장점은 정확히 기록될 수 있는 이온 강도의 범위를 나타내는 **동적 감응**(*dynamic response*) 범위가 매우 넓다는 점이다. 동적 감응 범위 $\sim10^6$을 가진 사중극자 이온 필터라면 매우 높거나 또는 낮은 강도를 가진 이온들을 동시에 정량할 수 있는 정량을 위한 우수한 기기이다. 이 범위는 QIT나 ICR과 같은 트랩 장치보다 10의 몇 제곱 정도 더 큰 범위이다. 그러나 공급원으로부터 특정한 m/z 값을 가진 이온들만이 분석되고 다른 것들은 버려지기 때문에 이것의 효율성은 제한적이다. 마지막으로, 사중극자 질량 필터는 전기장에만 의존하고 있고 고진공 장치를 요구하고 있지 않기 때문에 수수하며 상대적으로 싸다. 다른 여러 가지 이온 공급원들과 쉽게 조합하여 사용할 수 있다.

7-3e 부채꼴 질량 분석기

작동 원리. 수년 동안, **부채꼴 질량 분석계**(*sector mass spectrometer*)는 고성능 질량 분석법의 표준이었다. 아직도 이 장비들이 넓게 사용되고 있지만, TOF, FT-ICR 및 다른 오비트랩(7-3f절 참조) 기기들로 대체되어 가고 있다. 전형적으로, 기기는 두 개의 부채꼴로 구성되어 있다: 1) 이온의 모멘트에 근거하여 이온들을 분리하는 자기 부채꼴(magnetic sector)과, 2) 속도 에너지에 근거하여 이온을 분리하는 정전기 부채꼴(electrostatic sector). 자기 부채꼴만이 질량 분석기를 갖고 있으나, 더 좋은 분리능은 정전기 부채꼴을 사용해야 얻어진다. 자기 부채꼴의 기본 물리학은 ICR의 것과 비슷하다. 이온들의 궤적에 수직인 자기장의 작용으로 이온들의 경로가 휘어진다. ICR에서, 이 효과는 안정한 원형의 경로를 만들기 위하여 사용되었다. 자기 부채꼴에서 이온 경로는 자기장에 의해서 단순히 바뀐다(자기 부채꼴을 지나면서, 이온들은 m/z에 따라 각각 다른 동그라미를 그린다). 알짜 결과는 m/z에 근거한 이온들의 공간적 분리이다. 이 과정은 빛이 프리즘을 지날 때 공간적으로 파장이 분리되는 것과 비슷하다. 정전기장의 역할은 무엇일까? 바깥쪽 벽은 반발 퍼텐셜이 걸려 있고 안쪽 벽은 당기는 퍼텐셜이 걸려 있는 활모양 호(arc)를 이온들이 지나간다. 이 장치에서 이온들의 궤적이 휘어진다. 정전기장은 이온들을 m/z에 따라 직접 분리하기 위하여 사용되는 것은 아니지만, 대신에 이온의 속도 에너지의 분포를 골고루 하기 위해서 적용된다. 자기 부채꼴이 이온의 모멘트에 따라 이온들을 분리하고, 이온들이 오직 같은 속도 에너지를 갖는다면 이온들의 분리는 m/z와 서로 상관되어 질 수 있다는 점을 되새겨 보자. 두 부채꼴을 조합하면 이들이 고도의 이온 빔 집중력을 제공하도록 작동할 수 있기 때문에, 대단한 질량 분리능을 가진 질량 분석계가 될 수 있다.

분석기 디자인. 부채꼴 디자인에서 부채꼴의 기하학적 모양, 자기 및 정전기 부채꼴의 순서(즉, 어떤 부채꼴에 먼저 빔이 들어가는가?)의 측면에서 다양한 시도가 있어 왔다. 모든 부채꼴 장치에서 공통적인 특징은 질량 분석이 바탕 기체와의 충돌에 영향을 받지 않고 기기를 통과하는 이온들에 달려 있기 때문에 고진공이 필요하다는 것이다. 이런 목적으로 부채꼴 기기가 작동하는 여러 가지 방법을 장황하게 설명할 필요는 없다. 그림 7-14에 전형적인 장치가 나와 있다. 공급원으로부터 이온 빔이 몇 kV의 에너지로 가속되어 자기 부채꼴로 들어간다. 여기서 질량 필터가 한 번 일어나고 이온들이 m/z에 따라 분리된다. 그런 다음, 이온들이 일련의 렌즈에 의해서 장이 없는 영역을 지나가며 결국 정전기 부채꼴로 들어간다. 이 부채꼴에서 빔의 속도 에너지의 분포는 좁아진다(높은 초기 속도 에너

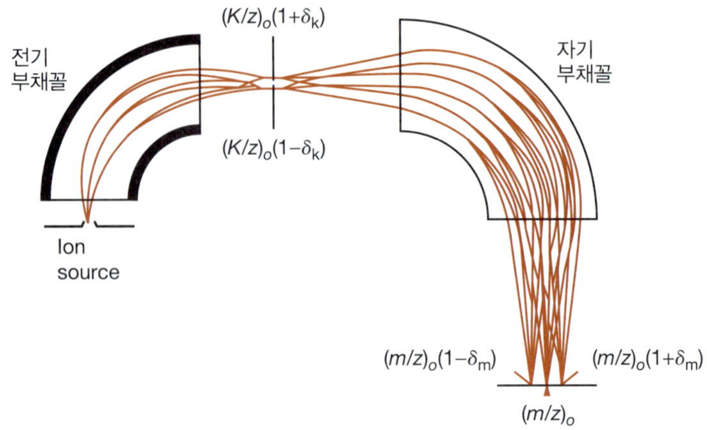

그림 7-14 Nier-Johnson 기하구조의 이중 초점 분광기. 세 가지 다른 질량-전하 비를 가진 이온들이 이온 공급원으로부터 다른 속도에너지를 갖고 여러 범위의 각도로 흩어진다. 각도와 속도 에너지 면에서 다시 모아지지만, *m/z* 비에서는 흩어져 있다. 전기장과 자기장 모두가 이온들이 그들의 모멘트-전하 비 (k/z) 에 따라 흩어지게 한다. (출처: R. G. Cooks et al., Encyclopedia for Applied Physics, vol. 19, New York: VCH publishers, 1997, p. 289.)

지를 가진 이온들은 정전기 부채꼴에서 좀 더 강한 지연력을 느낀다). 덧붙여서, 이 부채꼴은 공급원 빔이 이온 궤적에서 완전한 동직선성을 갖지 않는 점을 약간 보완해 주는 효과를 제공한다. 질량 분석 스펙트럼을 얻기 위하여 자기장의 강도는 슬릿 구멍을 따라 이온들의 궤적 분포를 계속 볼 수 있도록 조정된다. 그런 다음 순차적으로 m/z에 따라 이온들은 슬릿과 정렬되어 검출된다.

성능과 제약성. 부채꼴 기기는 질량 정확도(1~5 ppm) 측면에서 우수한 성능을 보이며, 오늘날 분석 목적으로 가장 많이 사용되고 있다. 그들은 또한 우수한 질량 분리능(10^5까지)과 예외적인 동적 범위(10^8까지)를 나타낸다. 질량 범위는 TOF나 ICR의 것만큼 크지는 않으며, 일반적으로 m/z 약 10,000에 제한적이다. 스캔하는 동안에 오직 슬릿을 통과한 이온들만이 검출되며, 다른 모든 이온들은 버려진다는 점은 이 기기의 효율성의 가장 큰 제한성이다. 이 문제는 효율적이고 빠른 분석이 요구되는 액체 크로마토그래피/질량분석계(LC/MS)나 기체크로마토그래피/질량 분석계(GC/MS)에서 부채꼴 기기의 적용성이 제한된다는 점에서 특히 중요하다. 좀 더 최근의 다른 질량 분석기와 비교하여 고진공의 필요성, 높은 초기 비용, 부채꼴 기기의 크기 등이 이 기기가 덜 매력적이게 만들고 있다.

7-3f 오비트랩 분석기

작동 원리. **오비트랩**(*orbitrap*)은 상대적으로 새로운 형태의 질량 분석기이다. QIT처럼, 이것은 ICR에서 사용하는 자기장보다는 이온을 트랩하기 위하여 전기장을 사용한다. 그러나 ICR처럼 이 기기는 이온 진동 주파수를 감지하기 위해서 이미지 전류를 활용한다. 이런 조합은 고자기장을 유지해야 하는 복잡성을 없애 주면서 이온 주파수의 감도나 FT 분석의 정확도를 제공하는 측면에서 매우 매력적이다. 작동 원리는 차라리 간단해 보인다. 그러나 실제 적용하는 것은 쉽지 않다. 장치는 원통 전극(cylidrical electrode)을 둘러싸고 있는 가락 전극(spindle electrode)으로 구성되어 있다(그림 7-15). 퍼텐셜은 이온들이 가락 전극 쪽으로 당겨지는 방향으로 설치된다(QIT와는 달리, 고정된 rf 퍼텐셜이 사용된다). 안정한 궤적을 얻기 위하여 가락 전극으로 당겨지는 힘은 가락(spindle)주변에서 궤도를 그리며 도는 이온들(orbiting ion)의 원심력과 균형을 이루어야 한다. 이런 배치 때문에 이 장치의 이름이 유래하였다. 장의 성질이 행성의 중력장의 것과는 매우 다르지만, 행성의 운동에 비유해 볼 수 있다. 가락 전극으로 당겨지는 힘 때문에 이온들은 2차원 상에서 트랩되며, 엔드캡 전극에서의 반발력 때문에 이온들이 가락의 축(z축)을 따라 트랩된다. 이런 배열에 있어서 이온들은 세 가지 형태의 운동을 할 수 있다: 1) 가락 전극 주위로 도는 것(cycling), 2) 작거나 큰 궤도(orbit) 사이의 방사상 진동(radial oscillation), 3) 가락 축을 따라 일어나는 진동(oscillation). 마지막 것만이 이온 트랩 과

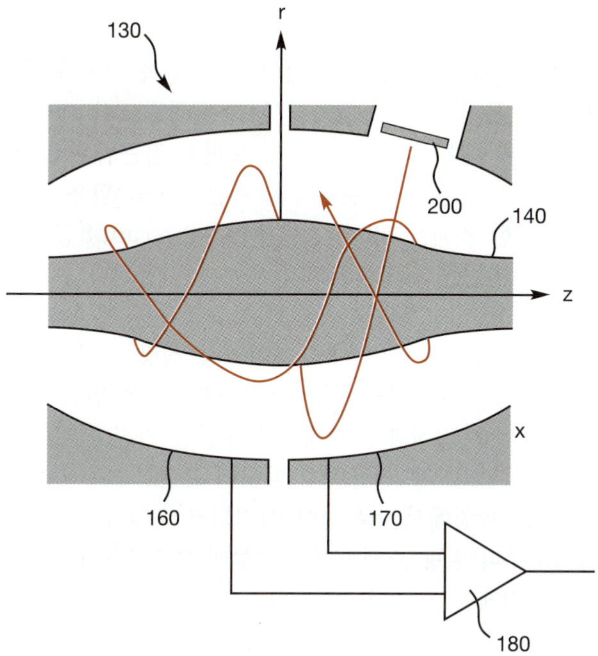

그림 7-15 미국 특허 6995364의 오비트랩 분석기의 도식. 가락(spindle)은 140으로 표시되어 있다. 쪼개진 바깥 전극(split outer electrode)은 160과 170으로 표시되어 있다.

정의 초기 조건과 무관하므로 이것이 이온 검출을 위한 선호되는 운동이다. 가락 축을 따라 일어나는 진동 주파수로 이온들의 m/z 값을 잴 수 있으며, FT 방법이 이 이온 검출을 위해서 활용될 수 있다.

분석기 디자인. 다른 분석기와 같이 오비트랩 분석기의 이온을 트랩하는 능력(trapping capability)은 적용된 자기장이나 rf 장보다는 장치의 물리적 성질과 더 밀접하게 연관되어 있다. 결과적으로, 이 장치의 물리적 설계가 성능에 매우 결정적인 영향을 준다. 덧붙여서, 출발 이온의 궤적이 상당히 좁아야만 트랩 내에서 안정한 궤적이 얻어질 수 있기 때문에 이온들을 오비트랩으로 유도하는 것은 쉽지 않은 일이다. 오비트랩의 상업적 예에서 보면, 장치는 두 가지 선형 이온 트랩에 연결되어 있다. 첫 번째는 이온 집적과 조각내기를 위해서 사용된다(7-3g절 혼합형 참조). 두 번째 것은 반원형(semicircular) 모양이며, 좁은 구멍을 통하여 오비트랩으로 주사하기 위해 이온 다발을 모으는 데 사용된다. 이온들이 오비트랩으로 유도되면 가락 전극의 전압은 장 내에 있는 이온들을 트랩하기 위하여 증가하며, 이온들이 일단 트랩되면 정지된 퍼텐셜(static potential)로 이완된다. 바깥 전극은 나누어지고, 가락축을 따라 일어나는 진동 때문에 두 부분을 가로지르는 이미지 전류가 생긴다. 이 이미지 전류가 검출되고, 시간 영역(time domain)으로부터 주파수 영역(frequency domain)으로 FT에 의해서 바뀐다. 이 주파수로 오비트랩에서 이온들의 m/z 값을 얻을 수 있게 된다.

성능과 제약성. 오비트랩은 성능면에서 FT-ICR과 경쟁하기 위해서 개발되었다. 오비트랩은 1에서 2 ppm 정도의 범위의 높은 질량 정확도와 10^5 범위의 질량 분리능을 보여 준다. 또한 m/z 50,000 정도까지의 고질량 측정 능력을 가지고 있다. 이런 측면에서, 오비트랩은 FT-ICR에 견줄만하다. 그러나 오비트랩은 이온을 조작하는 측면에서 다양성이 덜하고, 반응이나 조각내기를 실행하는 데 유용하지 않다. 언급한 바와 같이, 상용 제품에서 이런 결점들은 오비트랩을 그런 일들을 수행할 수 있는 다른 질량 분석기와 연결함으로써 해결되었다. 결론적으로, 오비트랩은 혼합형이라 볼 수 있으며, 다양한 질량 스펙트럼을 제공하기 위해서 기술들을 조합하여 활용하고 있다. 오비트랩은 고자장을 사용하지 않아 유지 비용은 높지 않으나, 다른 질량 분석기를 연결해야 하고 정밀하게 기술들을 조합해야 하기 때문에 상대적으로 비싼 상업적 기기인 셈이다.

7-3g 혼합형 기기들

최근에는 질량 분석계의 성능이 두 가지 형태의 질량 분석 장치를 묶어서 설계함으로써 확장되고 있는 추세이다. 목적은 두 장치의 성능을 합함으로써 예상을 벗어나는 우수한 성능을 가진 기기를 만들어 내는 것이다. 하나의 보편적 접근법은 QIT를 다른 질량 분석기와 연결하는 것이며, 특히 높은 질량 분리능을 가진 것들을 활용하는 것이다. 이온 트랩은 이온들을 집적하기 위한 것과, 조각 이온들(MS/MS scan, 8장)을 만들기 위하여 충돌적으로 질량 선택적 이온들을 활성화시키기 위하여 사용된다. 이온 트랩은 이런 목적 모두에 잘 들어맞기는 하지만, 고분리능이나 질량 정확도를 제공하지는 않는다. 이런 결점은 이온들을 FT-ICR, 오비트랩 또는 다른 고분리능 질량 분석기로 보냄으로써 보완될 수 있으며, 이런 장치를 사용하여 궁극적인 질량 스펙트럼을 만들어 낼 수 있다. 이렇게 조합하면 빠르고 다양한 이온 집적과 조각내기 특성들을 가진 기기들을 만들 수 있다. 더욱이, 각 질량 분석기가 독립적으로 작용하기 때문에 조합함으로써 효율성이 더 우수해질 수 있다. 예를 들면, 이온 트랩에서 이온들이 집적되고 조각나는 동안에 두 번째의 질량 분석기에서 이온 다발로부터 질량 스펙트럼을 만들어 낼 수 있다. 두 번째의 것을 추가하는 것이 일의 흐름을 느리게 하지는 않는다. 실제로 장치들이 일을 분담함으로써 일들이 더 빨라지는 효과도 있다. 또 다른 인기 있는 조합은 사중극자 필터와 TOF 분석기를 조합하는 것이다. 여기서 사중극자 필터는 질량 선택적 이온을 만드는 것과 그들을 충돌방에서 조각나게 하기 위하여 사용된다. 그런 뒤에 빔은 TOF 분석기로 유도되며 직각으로 비행 튜브로 가속된다. 대다수의 혼합형 기기들에서, 사중극자에서부터 TOF 분석기로 넘어가는 과정에서 이온들을 조종하기 위하여 특수 이온 광학이 사용되며, 이온 빔의 초기 속도와 관련된 문제점들을 교정하고 있다. 현대 기기 산업에서 혼합형의 개발이 보통의 전략이 되고 있으며, 장차 더 많은 것들이 나올 것으로 기대된다.

7-3h 질량 분석기 요약

앞에서 많은 질량 분석기가 언급되었다. 각각은 강점들을 지니고 있어서 특정 연구 문제점들을 해결하는 데 적합하다. 표 7-7에 여러 질량 분석기의 성능이 요약되어 나와 있다. 값들은 보통의 것들이며, 종종 표에 나와 값을 상당히 능가하는 특수 기기들도 있다.

7-4 시료 준비

이온화 방법을 선택하는 핵심적 요소는 시료가 액체, 고체, 휘발성, 비휘발성, 순물질, 혼합물인가 하는 물질의 성질에 있다. 이런 성질은 분석을 위한 시료를 준비하는 데 중요한 역할을 한다. 앞 장에서 이온화 공급원을 논의한 바와 같이, 순수 시료는 이온화의 방법에 따라 도입하면 된다. 반대로 복합물은 시료 분석을 위해서 정제 과정이 좀 필요하다. 크로마토그래피가 일반적 방법이다. 이것은 GC/MS나 LS/MS로 발전하였다.

표 7-7 전형적인 질량 분석기의 성능

분석기	*m/z* 범위	분리능	질량 정확도	동적 범위
TOF	10^6	10^4	5-50 ppm	10^4
ICR	10^5	10^6	<5 ppm	10^4
QIT	10^4	10^4	100 ppm	10^4
사중극자 질량 필터	10^4	10^4	100 ppm	10^6
자기/정전기 부채꼴	10^4	10^5	1~5 ppm	10^8
오비트랩	10^4	10^5	1~2 ppm	10^4

7-4a GC/MS

MS에 앞서, 휘발성 물질에 GC는 가장 효과적인 분리 방법이다. GC는 쉽게 EI나 CI와 조합할 수 있으며, 모세관을 나온 기체가 직접 EI의 입구로 주입될 수 있다. 이렇게 하여 화합물들은 크로마토그래피에서 분리되는대로 순차적으로 이온화된다. 기질이 용출되면서 상대적으로 높은 기질 압력이 일어나며, GC/MS의 감도는 매우 높다. EI는 일반적 이온화 방법이기 때문에 물질이 GC를 통과하기에 충분히 휘발성이라면 분석 전에 물질을 변형해야 할 필요는 일반적으로 없다. 상대적으로 휘발성이 낮다면 유도체화가 보통 필요하다. 유도체화는 전체적으로 물질의 휘발성을 높이기 위해서 작용기를 변형하는 것이다. 보통의 방법으로 알코올을 silyl ether로 바꾸는 것이다. ROH를 [$(CH_3)_3SiCl$]와 같은 시약으로 반응시켜 빠르고 정량적으로 $ROSi(CH_3)_3$를 만들 수 있으며, 이것은 극성이 덜하며, 수소 결합을 할 수 있는 부분을 잃었다. 결과적으로 훨씬 더 휘발성이 높아지게 된다. 예를 들어, 글루코스와 같은 당의 trimethylsilylation은 증기압을 몇 배 정도 높일 것이라고 예측할 수 있다. 이런 방법은 GC/MS로 분석할 다른 화합물에도 확장할 수 있다. 작고 복잡한 유기 화합물의 분석을 위해서 EI나 CI 이온화 공급원을 가진 GC/MS는 선택 방법일 것이다.

7-4b LC/MS

낮은 휘발성을 가진 물질의 경우에, LC는 물질 분리를 위한 좋은 선택이 될 것이다. 이 경우에 분석물질은 LC로부터 액체 용출액의 일부가 되며, 대기압 이온화 공급원이 일반적으로 사용된다. 분석물질이 자연적으로 전하를 띠게 되면, ESI가 사용될 수 있으며, 그렇지 않다면 APCI를 사용할 수 있다. 이 공급원에는 매우 느린 용출 속도(μL/min에서 nL/min)가 요구되므로, 종종 공급원으로 들어가는 용출액의 양을 줄이기 위하여 용출액 분리 장치가 장착되어 사용된다.

7-4c GC/MS나 LC/MS의 자료들

분석물질의 스펙트럼을 얻는 데 질량 분석계에 익숙해지면, 크로마토그래피에 연결된 분광기에서 100~1000장의 스펙트럼을 찍는다고 보면, 이 자료들을 분석하는 데 질량 분석계를 GC나 LC의 검출기로 생각하는 것이 좋다. 총 이온 합(total ion count, TIC)은 종종 GC나 LC에서 생성되는 *y*축으로 간주된다. 자료들이 GC에서 얻은 것들과 다른 것은 이들 자료가 다중 차원적이라는 것이다. 매 시간 점에서 한 개의 세기(intensity)에 제한적이지 않다. 대신에, 질량 분석 스펙트럼의 전 영역에서 신호 세기가 각 피크에 얻어질 수 있다. 결과적으로, 크로마토그램은 스펙트럼의 어느 피크에서도 만들어질 수 있다. 많은 경우에, 이 방법은 크로마토그램의 머무름 시간(retention time, RT)과 어미 질량을 조합하여 시료에서 물질을 규명하는 데 활용될 수 있다. 좀 더 강력한 접근법은 분석법에 다른 차원의 정보를 제공하는데, 이것은 조각들 스펙트럼이다. 크로마토그래피가 진행되면서 스펙트럼이 모아질 때, 질량 분석계가 전체 스펙트럼을 기록하고 전체 스펙트럼에서 규명된 어미 이온의 조각내기 스펙트럼을 기록하도록 프로그램할 수 있다. 이렇게 하면, 세 가지 종류의 자료가 모르는 분석 대상 물질 시료에 얻어 진다; 즉, RT, 어미 질량, 조각들. 이런 수준의 특징들은 분석물질의 규명에 좋은 표준 자료들이 된다.

7-4d 젤 분리법

단백질 대사체 연구에서 단백질을 분리하는 데 젤 분리법(gel chromatography)이 보편화되어 가고 있다. 전형적인 SDS-PAGE(sodium dodecyl sulfate polyacrylamide gel electrophoresis) 젤 분리법은 복잡한 단백질 혼합물을 분리하고 그 복잡성을 줄이는 데 사용할 수 있다. 일차원 또는 이차원 젤로부터의 점 분리를 시행하고, 단백질을 펩타이드로 자르기 위하여 트립신(trypsin)을 처리하는 것과 같은 가공 과정을 거칠 수 있다. 각 점으로부터 얻은 펩타이드 혼합물은 MALDI나 ESI 공급원을 가진 질량 분석계로 분석할 수 있다. 후자의 경우는 LC를 같이 사용할 수 있으며, 질량 분석계 분석에 앞서 좀 더 많은 분리를 할 수 있다. 세포 분해에서 얻은 단백질과 같이 수 천 개의 분석물질이 들어 있을 가능성이 있는 시료에 매우 유용할 수 있다.

예제

다음 4개의 문제는 풀이가 되어 있는 예제이며, 다음 절에 추가문제는 독자가 풀도록 남겨 둔다.

7-1 Benzyl methyl ether의 양성자 친화도는 195.2 kcal/mol이다. (i) 제한된 조각내기를 줄 수 있거나, (ii) 굉장한 조각내기를 줄 수 있는 적당한 양이온 CI 기체들을 제안하시오.

답. 조각내기를 제한적으로 하고 싶다면, 시약이온의 짝염기는 양성자 친화도(PA)를 분석물질보다 약간 작게 가져야 한다. 이 경우에 아이소뷰테인이 좋은 선택이다. 이것으로부터 *t*-뷰틸 양이온이 생길 것이며, 짝염기인 아이소뷰테인의 양성자 친화도는 191.7 kcal/mol (표 7-3)이다. 다음은 관련 반응들이다.

$$(CH_3)_3C^+ + C_6H_5CH_2OCH_3 \rightarrow (CH_3)_2C{=}CH_2 + C_6H_5CH_2O(H)CH_3^+$$

$$\begin{aligned}\Delta H_{\text{reaction}} &= \Delta H_f((CH_3)_2C{=}CH_2) - \Delta H_f((CH_3)_3C^+)\\ &\quad + \Delta H_f(C_6H_5CH_2O(H)CH_3^+) - \Delta H_f(C_6H_5CH_2OCH_3)\end{aligned}$$

$$\text{but by definition PA}((M) = \Delta H_f(MH^+) - \Delta H_f(M)$$

$$\begin{aligned}\therefore \Delta H_{\text{reaction}} &= \text{PA}((CH_3)_2C{=}CH_2) - \text{PA}(C_6H_5CH_2OCH_3)\\ &= 191.7 - 195.2 \text{ kcal mol}^{-1}\\ &= -3.5 \text{ kcal mol}^{-1}\end{aligned}$$

이 반응은 3.5 kcal/mol (195.2~191.7) 정도의 발열 반응이다. 이런 상황에서 조각내기는 거의 일어나지 않을 것이다. 조각내기를 최소화하기 위하여 양성자 이동 반응이 매우 더 발열이어야 할 필요가 있다. 이를 위해서 좀 덜 염기성인 짝염기를 가진 시약이온이 필요하다. 자연적으로 선택은 메테인이다. 여기서 양성자 이동 반응은 65.3 kcal/mol (129.9~195.2) 정도의 발열 반응이다.

$$CH_5^+ + C_6H_5CH_2OCH_3 \rightarrow CH_4 + C_6H_5CH_2O(H)CH_3^+$$

7-2 1,2,3,4-tetrafluorobenzene는 아르곤과 전하 교환하여 이온화한다. 유기 물질의 이온화 에너지가 9.6 eV이고, 아르곤의 것이 15.8 eV이다. 분자 이온의 내부 에너지는 얼마인가?

답.

$$Ar^{+\cdot} + C_6F_4H_2 \rightarrow Ar + C_6F_4H_2^{+\cdot}$$

$$\Delta H_{\text{reaction}} = \Delta H_f(Ar) - \Delta H_f(Ar^{+\cdot}) + \Delta \boldsymbol{H}_f(C_6F_4H_2^{+\cdot}) - \Delta H_f(C_6F_4H_2)$$

$$\text{but by definition IE}(M) = \Delta H_f(M^{+\cdot}) - \Delta H_f(M)$$

$$\begin{aligned}\therefore \Delta H_{\text{reaction}} &= \text{IE}(C_6F_4H_2) - \text{IE}(Ar)\\ &= 9.6 - 15.8 \text{ eV}\\ &= -6.2 \text{ eV}\end{aligned}$$

이 6.2 eV는 $C_6F_4H_2^{+\cdot}$의 내부 에너지로 보인다. 스펙트럼은 상당한 조각내기가 일어났을 것이다. 이 경우에, 기준 피크는 보통의 플루오린 화합물에서 볼 수 있는 CF_2가 없어진 것일 것이며, CHF나 CHF_2가 없어진 것은 강한 피크로 나타난다. 분자 이온의 존재량은 오직 기준 피크의 22%이다.

7-3 실험이 전자부착(e^- 시약)을 조장하는 조건에서 실시된다면 nitrobenzene과 biacetyl(전자 친화도 0.4와 1.1 eV)의 화학적 음이온화의 결과를 예측하시오.

답. 화합물이 양의 전자 친화도를 갖는 경우에 전자부착은 종종 잘 일어난다. 화합물 모두 분자 이온 M^-를 생산해야 한다.

7-4 알케인의 CI(메테인) 질량 스펙트럼에서 분자 이온 영역에서 $(M-H)^+$의 이온이 보인다. 이 현상을 설명하시오.

답. 주요 메테인 시약이온은 CH_5^+이다(표 7-3). 반응 $RH + CH_5^+ \Rightarrow RH_2^+ + CH_4$ ($R{=}CH_3$) 알케인에 대해서 오직 약간만 발열이다. 그래서 $(R-H)^+$는 보통 분자 이온의 조각내기를 야기하지 않는다. 차라리, 다른 이온-분자 반응이 양성자화와 경쟁적일 것이다. 특히 알케인에 대해서 하이드라이드가 빠지는 일이 일어날 것이다.

$$C_2H_5^+ + RH : \ C_2H_6 + R^+$$

문제

7-1 다음 각 화합물에 대해서 아이소뷰테인의 시약이온인 $(CH_3)_3C^+$로부터 양성자 전이의 반응 엔탈피 변화를 계산하시오. 양성자 친화도는 webbook.nist.gov에서 얻을 수 있다.

(a) *t*-butyl methyl ether
(b) isobutylamine
(c) naphthalene
(d) methyl benzoate
(e) bromobenzene

7-2 다음 각 화합물에 대해서 아르곤의 시약이온인 Ar^+로부터 양성자 전이의 반응 엔탈피 변화를 계산하시오. 이온화 퍼텐셜은 webbook.nist.gov에서 얻을 수 있다.

(a) *t*-butyl methyl ether
(b) isobutylamine
(c) naphthalene
(d) methyl benzoate
(e) bromobenzene

7-3 다음 각 화합물에 대해서 NF_3의 시약이온인 F^-로부터 양성자 전이의 반응 엔탈피 변화를 계산하시오. 분석물질의 짝염기의 양성자화 엔탈피는 webbook.nist.gov에서 얻을 수 있다.

(a) acetone
(b) phenylacetylene
(c) chloroform
(d) 4-nitrotoluene
(e) benzyl alcohol

7-4 다음 상황에 대하여 문제점들을 해소할 수 있는 기기(이온화 공급원과 분석계)를 제안하시오. 대다수의 경우에 옳은 답은 한 개 이상이다. 간단히 답을 정당화하시오.

(a) 질량 범위 500~2000 dalton의 수백 개의 펩타이드 혼합물을 분석하고자 한다. 이때 ±1 dalton의 질량 정확도를 얻는다.

(b) 액체의 윗부분의 증기를 분석하고자 한다. 300 dalton 이하의 작은 분자를 찾고 있는 중이다. 농도의 변화가 매우 크다($>10^4$).

(c) 분자량이 큰 고분자(1000~50,000 dalton)를 분석하고자 한다. 이들은 같은 실험에서 나온 것이며, 목적은 분자량의 분포를 알기 위함이다. 물질들은 제한된 극성을 갖고 있으며, 용액에서 쉽게 이온화하지 않은 작용기를 갖고 있다.

참고 문헌

7.1 Chemical ionization: A. G. Harrison, *Chemical Ionization Mass Spectrometry*, 2nd ed., Boca Raton, FL: CRC Press, 1992; M. L. Vestal, *Chem. Rev.*, **101**, 361 (2001).

7.2 Fast-atom bombardment: P. A. Demirev, *Mass Spectrom. Rev.*, **14**, 279 (1995).

7.3 Matrix-assisted laser desorption: F. Hillenkamp and P. Peter-Katalinic, *MALDI MS: A Practical Guide to Instrumentation, Methods and Applications*, Weinheim, Germany: Wiley-VCH, 2007; M. Karas and R. Kruger, *Chem. Rev.*, **103**, 427 (2003); K. Dreisewerd, *Chem. Rev.*, **103**, 395 (2003); R. Knochenmuss and R. Zenobi, *Chem. Rev.*, **103**, 441 (2003); M. Karas, U. Bahr, and U. Giessmann, *Mass Spectrom. Rev.*, **10**, 335 (1991).

7.4 Electrospray ionization: R. B. Cole, *Electrospray Ionization Mass Spectrometry*, New York: Wiley, 1997; J. B. Fenn, M. Mann, C. K. Meng, S. F. Wong, and C. M. Whitehouse, *Mass Spectrom. Rev.*, **9**, 37 (1990); N. B. Cech and C. G. Enke, *Mass Spectrom. Rev.*, **20**, 362 (2001); J. A. Loo, *Mass Spectrom. Rev.*, **16**, 1 (1997).

7.5 Atmospheric pressure chemical ionization: M. L. Vestal, *Chem. Rev.*, **101**, 361 (2001).

7.6 Desorption electrospray ionization: R. G. Cooks, Z. Ouyang, Z. Takats, and J. M. Wiseman, *Science*, **311**, 1566 (2006).

7.7 Time-of-flight: M. Guilhaus, D. Selby, and V. Mlynski, *Mass Spectrom. Rev.*, **19**, 65 (2000); H. Wollnik, *Mass Spectrom. Rev.*, **12**, 89 (1993); N. Mirsaleh-Kohan, W. D. Robertson, and R. N. Compton, *Mass Spectrom. Rev.*, **27**, 237 (2008).

7.8 Ion cyclotron resonance: A. G. Marshall, C. L. Hendrickson, and G. S. Jackson, *Mass Spectrom. Rev.*, **17**, 1 (1998).

7.9 Quadrupole ion traps: R. E. March, *Quadrupole Ion Mass Spectrometry*, Hoboken, NJ: John Wiley, 2005; D. J. Douglas, A. J. Frank, and D. M. Mao, *Mass Spectrom. Rev.*, **24**, 1 (2005); S. A. McLuckey and J. M. Wells, *Chem. Rev.*, **101**, 571 (2001).

7.10 GC/MS: M. McMaster, *GC/MS: A Practical User's Guide*, Hoboken, NJ: John Wiley, 2008; H.-J. Hübschmann, *Handbook of GC/MS: Fundamentals and Applications*, Weinheim, Germany: Wiley-VCH, 2007.

7.11 LC/MS: M. McMaster, *LC/MS: A Practical Users Guide*, Hoboken, NJ: John Wiley, 2005; R. E. Ardrey, *Liquid Chromatography Mass Spectrometry: An Introduction*, Chichester, England: John Wiley, 2003.

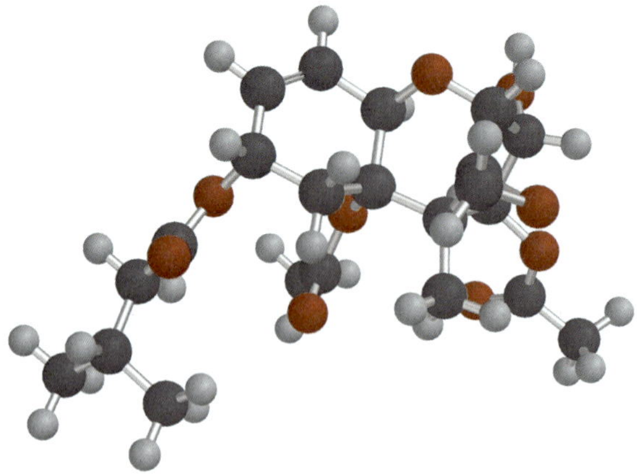

CHAPTER

8

조각내기와 이온 활성화 방법들

8-1 서론

앞 장에서는 특정 분석물질로부터 유도된 종의 질량을 얻기 위해서 필요한 도구에 초점을 맞추어 현대 질량 분석법의 기기 장치를 설명하였다. 만약 질량 분석법의 유일한 목적이 분석물질들의 분자량을 결정하기 위한 것이라면 그 활용 범위는 매우 제한적이고, 방법론은 단지 분석물질의 구조를 확인하기 위해 필요한 증거의 작은 구성 요소를 얻는 데 한정될 것이다. 다행히, 질량 분석법은 분석물질로부터 유도된 이온의 조각내기 방식도 조사할 수 있기 때문에 훨씬 더 많은 정보를 제공할 수 있다. 조각내기는 전자 이온화(eletron ionization; EI) 법으로부터 자연스럽게 얻는 결과이지만, 다른 이온화 방법으로도 일어난다. 한 이온이 그것의 m/z에 따라 일단 선택되어 조각나도록 된다면 그 기술은 **직렬 질량 분석법**(*tandem mass spectrometry*) 또는 *MS/MS*라고 불린다. 여기서 한 번의 질량 분석 주기는 관심 이온을 선택하는 데 사용되고, 두 번째는 조각난 생성물들을 알아내는 데 사용된다. 이러한 접근은 일반적으로 전기분무 이온화(electrospray ionization; ESI) 법이나 매트릭스 보조 레이저 탈착 이온화(matrix-assisted laser desorption ionization; MALDI) 법과 같은 부드러운 이온화 기술을 사용할 때 채택된다. 어떤 경우 등지 단일 이온(single ion)이 십여 개 또는 그 이상의 조각으로 될 수 있고, 조각들 각각은 분석물질에 대한 매우 유용한 구조적 자료를 포함하고 있기 때문에, 조각내기는 질량 분석법에서 얻는 정보량을 훨씬 더 풍족스럽게 해 준다. 이러한 자료들의 가치는 유기 이온들이 일관된 방식으로 조각나는 경향이 있다는 것에서 찾아볼 수 있다. 그래서 조각내기 방식에 기초하여 신뢰할 수 있는 구조 예측을 하는 것이 가능하다. 더욱이 조각내기 방식은 일반적으로 특이하여, 동일한 분자량을 가짐에도 불구하고 이성질체가 구별될 수 있다. 전체적으로, 조각내기 자료들은 어떤 분석물질의 구조를 규명하는 데 필요한 수수께끼의 여러 정보들이나, 다른 적용 예에서 알려진 물질과 분석물질을 그냥 맞추어 볼 수 있는 특징을 제공할 수 있다. 어떤 경우에나, 이것은 구조 규명을 가능하게 해 주는 조각내기 스펙트럼의 전형적인 풍요로움이라고 할 수 있다.

이 장에서는 유기 이온의 조각내기의 일반적인 유형을 살펴볼 것이다. 대부분의 경우, 전에 유기화학을 경험한 독자라면, 이러한 조각내기의 메커니즘은 친숙함에 틀림없을 것이다. 대부분의 과정에서처럼, 그들은 알려진 열역학을 종종 따르거나 에너지가 고려되어 진행된다. 이온 들뜸의 몇 가지 일반적 원리들로부터 시작해 보자. 분자 양이온(즉, 라디칼 양이온)이나 양성자화된 종들과 같이 보통의 작용기의 조각내기를 생각해 보고, 조각내기 방법이 어떻게 현대 질량 분석법에 적용되었는지 알아보자.

8-2 이온의 에너지학

누군가가 왜 조각내기가 질량 분석법의 필수 부분인지 질문할 수도 있을 것이다. 그 대답은 저압 환경에서 이온들의 에너지학으로부터 온다는 것이다. 바탕 기체와 함께 냉각 충돌(cooling collisions)이 없다면, 들뜬 이온은 상대적으로 오랜 기간 동안 활성화 과정으로부터 에너지를 유지할 것이다. 광자(photon)의 방출이나 미량 기체의 충돌은 가능하지만, 조각내기에 이르는 결합 갈라짐(bond cleavage)은 과도한 내부 에너지를 방출하는 지배적인 경로가 될 수 있다. 이온들(특히 라디칼 이온들)은 종종 약한 결합을 가지고 있고 조각내기에 낮은 장벽을 갖고 있기 때문에, 이러한 관찰은 어느 정도 사실이다. 질량 분석 실험에서 조각내기가 활성화 후에 종종 바로 일어나기도 하고, 지연되어 일어나기도 하고, 과정이 느리다면 나중에 일어나기도 한다. 이 기체상 반응은 용매나 매트릭스와의 빠른 상호작용으로 물질의 여분의 에너지가 사라지게 되며, 주변 환경의 온도로 종의 온도가 맞추어지는 액체상 반응과는 완전히 다르다. 여기의 핵심 주제는 질량 분석법에서 많은 양의 에너지가 쉽게 개별 분자에 전달되고 유지된다는 것이다.

실제 거의 모든 조각내기 상황에서 분석물질 이온은 진동적이거나 전자적 과정을 시작하기 위해서 들떠야 한다. EI의 경우에 들뜸은 전자를 떼어내는 과정이다. 70 eV (>1600 kcal mol^{-1})의 높은 에너지가 주어지면, 상당한 전자적 또는 진동적 들뜸이 기대되어 많은 내부 에너지를 가진 이온이 생길 수 있다. 이 에너지는 결합 갈라짐 과정의 연료로 쓰인다. 초기 진동 들뜸의 원인은 부분적으로 EI 과정의 시간 범위와 관련이 있다. 분석물질과 전자의 상호작용은 펨토초(femtosecond) 범위에 있으며, 반면에 진동은 피코초(picosecond) 시간 범위에서 이루어진다. 그 결과, 전자 이온화의 초기 생성물(특히 라디칼 양이온)은 시작 분석물질의 구조(기하학)와 연관된 구조로 생성된다. 다른 말로, **프랭크-콘돈 원리**(*Frank-Condon principle*)가 이온화에 적용된다. 라디칼 양이온은 중성물질보다 상당히 다른 입체적 구조를 따르는 경향이 있기 때문에, 알짜 효과는 진동적으로 들뜬 상태의 라디칼 양이온이 생긴다는 것이다(구조적 일그러짐은 진동 들뜸과 동등하다).

다르게는, 그 에너지는 이온 형성 후에 이온에 전달될 수도 있다. 이러한 경우 가장 보편적인 접근 방법은 분석물질 이온의 속도 에너지를 증가시키고 그 에너지를 헬륨, 아르곤, 질소 같은 비활성 원자 또는 분자와의 충돌을 통하여 진동적 들뜸(또는 아마 전자적 들뜸)으로 바꾸기 위하여 전기장(electric field)을 사용하는 것이다. 이 과정은 **충돌 유도 해리**(*collision–induced dissociation*, CID) 혹은 **충돌 활성화 해리**(*collision–activated dissociation*, CAD)라 불린다. 활성화는 하나(single)의 높은 에너지 충돌이나 여러 개의 낮은 에너지 충돌에 의해서 제공될 수 있다. 이온은 광자에 의해서도 활성화될 수 있고, 조각내기 과정을 경험할 수 있는 들뜬 상태로 가게 할 힘을 가진 적외선(IR), 가시광선 또는 자외선(UV)을 활용하는 방법들이 발달되어 있다. 가장 흔하게 사용되고 있는 것들 중 하나로는 **적외선 다중광자 해리**(*infrared multiphoton dissociation*, IRMPD)이다.

8-2a 경쟁적 경로: 이온 안정성

조각내기가 질량 분석의 특징적인 면으로 보이지만, 그것은 어떤 유기 반응과 같은 원리에 의해 진행되고, 조각내기 경로에서 보이는 규칙적인 방식은 기본적인 반응 메커니즘에 의해 일어난다. 액체 상 화학에서 보듯이, 열역학이 큰 역할을 하고, 지배적인 경로는 에너지적으로 더 좋은, 즉 적어도 흡열적인 것이다. 주된 차이점은 이온에 쌓인 높은 에너지는 높은 흡열 반응과 많은 경쟁적 경로(선택성 없이)를 가능하게 해 준다는 것이다.

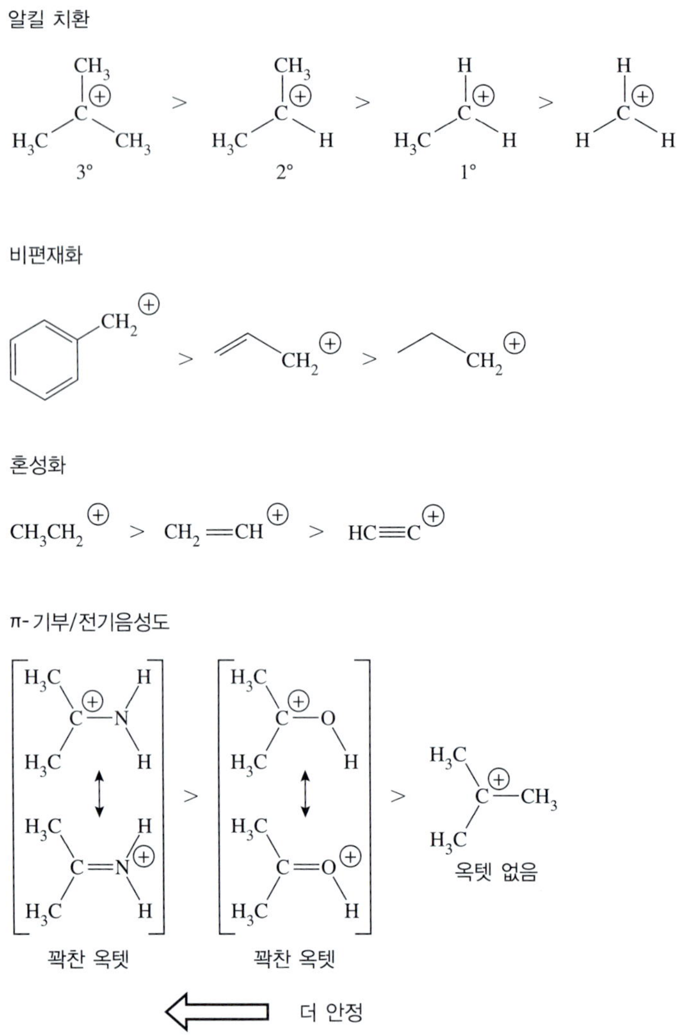

그림 8-1 탄소양이온의 일반적 안정성

누군가는 지배적인 조각내기 경로를 예측하기 위하여 문헌 값이나 컴퓨터 계산 모델에 근거하여 모든 경쟁적 과정에서의 반응 엔탈피를 계산해 낼 수도 있을 것이다. 이러한 접근 방법은 지루할 수 있다. 복잡한 화학종에 대해서는 열역학으로 알려진 더 간단한 화학종의 분석 자료에 근거하여 수많은 가정들의 바탕 위에서 가능할 것이다. 다행히도, 라디칼을 포함하여 중성 화학종보다는 양이온, 특히 탄소양이온의 안정도는 구조적인 효과 및 치환체 효과에 일반적으로 훨씬 더 민감하기 때문에, 이런 상황은 양이온에 대해서는 약간 단순화될 수 있다. 그 결과로, 조각내기 경로에서 가장 안정한 양이온이 생성되는 경로를 알아내는 것은 종종 우선되는 생성물을 예측하는 데 충분하다. 이렇게 함에 있어서, 누군가는 조각내기 경로를 예측하고 논리화하기 위하여 화학적 직관을 활용할 수 있을 것이다. 여기서 유기 양이온의 안정화(그림 8-1) 경향을 정리해 보는 것이 가치 있을 것이다. 정량적 자료는 하이드라이드 이온 친화도(hydride ion affinity, HIA: 낮은 값이 더 안정된 양이온을 나타낸다)의 형태로 표 8-1에 제시되어 있다. 이 정보를 활용하면 이온 조각내기 방식을 간단하게 예측하는 것이 쉽다.

EI에 의한 프로펜(propene)의 이온화를 생각해 보자. 표 8-1로부터 세 가지 잠재적인 조각내기 경로가 식 8-1 ~ 8-3에 주어져 있다. 표 8-1로부터 세 경로에서 얻은 가장 안정된 양이온은 알릴 양이온이다(식 8-3).

표 8-1 탄소양이온의 하이드라이드 이온 친화도

양이온	HIA(kcal mol^{-1})	양이온	HIA(kcal mol^{-1})
CH_3^+	314	$CH_3OCH_2^+$	234
$CH_3CH_2^+$	271	$(CH_3)_2NCH_2^+$	197
$(CH_3)_2CH^+$	250	$CH_3SCH_2^+$	236
$(CH_3)_3C^+$	237	FCH_2^+	291
$CH_2{=}CH{-}CH_2^+$	256	$ClCH_2^+$	282
$Ph{-}CH_2^+$	239	$BrCH_2^+$	266
$CH_2{=}CH^+$	288	HCC^+	391

출처: webbook.nist.gov 또는 D. A. Shea and R. J. J. M. Steenvoorden, *J. Chem. Phys* A, **101**, 9728-9731 (1997).

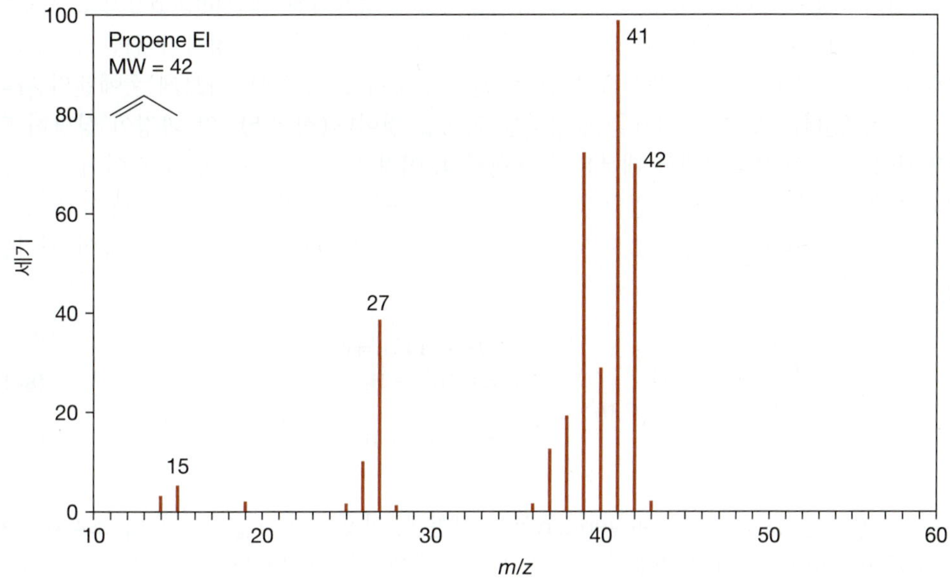

그림 8-2 프로펜의 EI 스펙트럼 (출처: webbook.nist.gov)

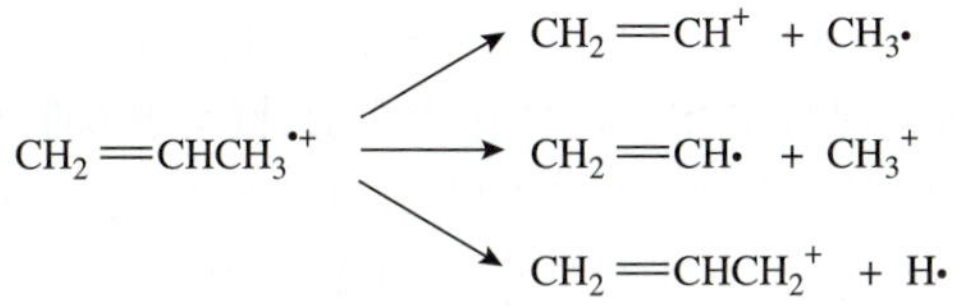

(8-1)
(8-2)
(8-3)

놀랄 것 없이, 조각내기의 우세한 경로는 알릴 양이온(m/z 41)이 생기는 한 개의 수소 원자 잃음(loss)이다. 작은 신호가 바이닐 양이온($CH_2{=}CH^+$, m/z 27)에 보이고, 메틸 양이온(그림 8-2)의 세기는 거의 없다. 두 번째 조각내기 역시 스펙트럼에서 확실히 보인다. 이러한 접근은 오직 대략적이며(중성 생성물의 안정도를 고려하지 않았다), 조각내기의 속도론을 고려하지 않았지만(몇몇 경로는 큰 장벽을 가질지도 모른다), 이것은 잠재적인 경로를 평가하는 아주 빠른 방법이 될 수 있다. 다음 절에서는 가능한 조각내기 경로를 예측하기 위해서 몇 가지 잘 확립된 원칙들을 살펴 볼 것이다.

8-2b 경쟁적 경로: 일반적 원칙들

조각내기의 엔탈피에 근거한 우호 조건들은 수많은 다른 형태로 기술될 수 있으나, 그 모두가 있을 만한 조각내기를 예측하기 위한 지침을 제공할 수 있을 것이다. 그 중 하나는 **홀짝 전자**(*odd*/*even-electron*) 규칙이다. 여기서 짝수 전자 이온은 닫힌 껍질 종(closed shell species), 즉 짝지어지지 않은 전자가 없는 화학종이며, 홀수 전자 이온은 짝짓지 않은 전자를 가진 자유 라디칼을 말한다. EI는 물론 홀수 전자 종인 라디칼 양이온을 처음에 생산한다. 홀수 전자 종이 조각내기할 때 두 가지 결과가 가능하다: (1) 닫힌 껍질 중성 종을 잃고 새로운 라디칼 양이온이 생김 또는 (2) 라디칼 종을 잃고 닫힌 껍질 짝수 전자 양이온이 생김. 후자의 경우가 더 보편적으로 나타나는 경향이 있는데, 그 이유로는 일반적으로 자리옮김이 요구되지 않아서 더 좋은 속도론을 지니고 있다는 점을 들 수 있다. 어느 경우든지 메커니즘은 성질상 라디칼이고 짝짓지 않은 전자의 총 수는 변하지 않는다. CI, ESI, MALDI에서 닫힌 껍질 짝수 전자 종은 초기 이온화 생성물이다(주로 양성자화된 분석물질). 이 경우, 조각내기 메커니즘은 닫힌 껍질 과정이고, 종종 양이온에 대한 산촉매 메커니즘과 관련이 있다. 그 결과 생성물은 거의 언제나 닫힌 껍질 짝수 전자 이온 중성자이다. 일반적인 규칙은 **홀수 전자 화학종이 오직 짝수 전자 이온의 조각내기로부터 생긴다**는 것이다. 규칙 뒤의 원리는 명백히 열역학이다. 짝짓지 않은 전자를 가진 원자를 가진 두 개의 홀수 전자 화학종을 생성하기 위한 짝수 전자 화학종의 조각내기는 에너지학적으로 더 좋지 않다. 에틸 양이온이나 양성자화된 에텐(ethene)으로 간주될 수 있는 $C_2H_5^+$의 조각내기를 생각해 보자. 짝수 전자 화학종을 생성하기 위한 논리적인 중성분자 잃음은 $C_2H_3^+$를 생성하기 위한 H_2의 방출이다(식 8-4). 다르게는 에텐의 라디칼 양이온 $C_2H_4^+$와 수소 원자를 생성하는 과정일 것이다(식 8-5). 앞 과정이 상당히 덜 흡열적이다. 질량 분석법에서 대부분의 규칙처럼, 이것은 오직 지침사항일 뿐이며, 수많은 예외가 있다. 규칙의 원천은 열역학이기 때문에 방향족 고리가 생기는 경우에서처럼, 특별한 안정화 과정이 있을 수 있으면 짝수 전자 이온으로부터 홀수 전자 화학종이 생기는 것이 더 좋은 특별한 경우들이 있을 수 있다.

$$C_2H_5^+ \xrightarrow{\Delta H = +51\ \text{kcal mol}^{-1}} C_2H_3^+ + H_2 \qquad \textbf{(8-4)}$$

$$C_2H_5^+ \xrightarrow[\Delta H = +92\ \text{kcal mol}^{-1}]{} C_2H_4^{\bullet +} + H\bullet \qquad \textbf{(8-5)}$$

두 번째 일반적인 원리는 Stevenson의 규칙인데, 이것은 라디칼 양이온의 조각내기에 다소 특이적이며, 두 가지 경쟁적인 조각내기 경로에서의 에너지학을 직접적으로 비교해 볼 수 있는 논리를 제공한다. 실제로, 이것은 8-2a절에서 나타낸 아이디어가 변화된 것이다. 라디칼 양이온에서 조각내기는 전자 이동 과정만 다른 두 가지 경쟁적 경로가 관련이 있다. 이 규칙은 다음 예들에서 가장 잘 설명되어 있다(식 8-6과 8-7). 2-Methylhexane의 라디칼 양이온은 $C_2—C_3$ 결합에서 조각나서 아이소프로필과 *n*-뷰틸 조각을 주며, 이들 각각은 양이온과 라디칼 화학종의 역할을 수행할 수 있다.

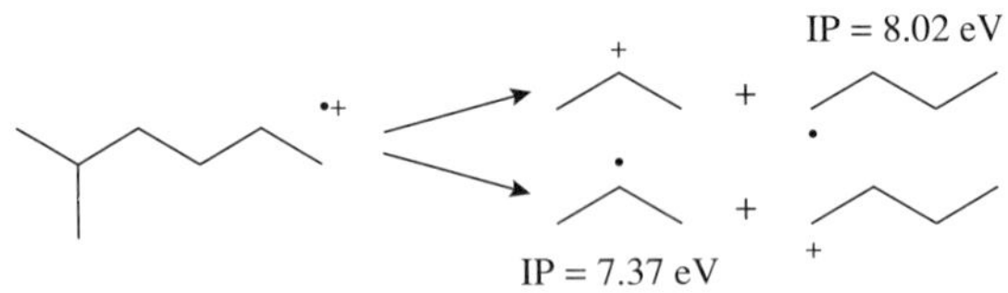

(8-6)

(8-7)

위에 제시된 것처럼, 두 가지 경로는 결합이 갈라지고 나서 조각들이 분리될 때 자주 일어나는 전자 이동 과정에서만 다르다. 그 결과 가장 쉽게 이온화하는 조각은 경쟁 경로에서 양이온을 형성하는 것이다. 사실, 경쟁적 경로에서 엔탈피의 차이는 단순히 두 가지의 가능한 중성 생성물의 이온화 퍼텐셜(ionization potential, IP)의 차이이다. 이 경우에, 아이소프로필기는 그룹은 낮은 IP를 가지고, 대부분 쉽게 이온화된다. 따라서 아이소프로필과 *n*-뷰틸 조각의 IP 차이인 0.65 eV(15 kcal/mol)만큼 덜 흡열적이기 때문에, 식 8-6의 경로가 지배적인 것을 예측할 수 있다. 그림 8-3에 스펙트럼이 제시되어 있다. 아이소프로필 양이온의 신호 m/z 43은 뷰틸 양이온 m/z 57보다 더 강하다(탄소양이온에서 자리옮김이 일어나기 때문에, 이 이온은 결국 *tert*-뷰틸 양이온으로 될 수 있다). 뿐만 아니라, 2-헥실 양이온이 되는 메틸(m/z 85)이 없어져서 생긴 강한 신호를 볼 수도 있

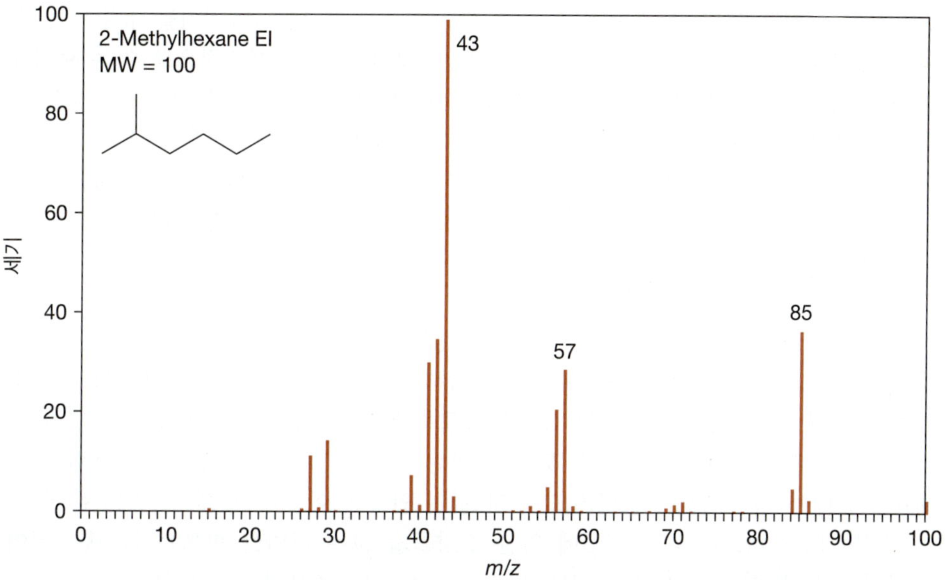

그림 8-3 2-Methylhexane의 EI 스펙트럼 (출처: webbook.nist.gov.)

다. 이런 예측은 8-2a절의 원리를 사용하여 2차 양이온이 1차 양이온보다 더 안정하다는 탄소양이온의 안정성에 근거하여 간단히 이루어질 것이다. 라디칼 양이온이 또 다른 라디칼 양이온과 닫힌 껍질 중성 종이 되는 조각내기는 이러한 규칙을 따른다. Stevenson의 규칙은 다음과 같이 정의될 수 있다: **라디칼 양이온의 조각내기에서 더 높은 IP의 라디칼이 생기는 것이 더 좋으며, 따라서 더 낮은 IP의 라디칼과 연관된 양이온이 생긴다.**

8-2c 경쟁적 경로: 전하 편재화

라디칼 양이온에서 조각내기의 위치에 전하 편재화의 영향을 고려하는 것도 가치 있다. 이온화 과정에서, 전자들은 가장 높은 에너지의 오비탈로부터 없어질 가능성이 높다. 이것들은 π-결합 또는 고립 전자쌍을 가진 작용기에 종종 어느 정도 편재되어 있다. 초기 유기 질량 분석법에서, Djerassi는 전하의 편재화와 라디칼 센터는 조각내기 동안에 결합 갈라짐의 위치를 결정지어 주는 동력원으로서 작용할 수 있다고 제안했다. 이런 관점에서, 어느 결합이 갈라지는가를 정함에 있어서 결정적인 요소는 조각내기 생성물(양이온/라디칼 안정성)의 특성보다 라디칼 양이온(전하의 위치/라디칼 편재화)의 특성과 연관이 있다고 볼 수 있다. 대부분의 경우, 초기 라디칼 양이온과 조각내기의 양이온 생성물에서 전하 위치를 안전화시키는 데 유사한 요소들이 작용하기 때문에, 두 관점으로부터 같은 갈라짐 위치가 제안될 수 있다. 그럼에도 불구하고 더 좋은 조각내기 경로를 파악하는 데 전하 편재화 모델이 더 유익한 정보를 제공해 줄 수 있는 그런 상황들이 있다. 이것은 조각내기가 종종 이온화된 카보닐기에서 일어나는 카보닐기를 가진 화학종에서 특히 잘 맞는다.

8-2d 경쟁 경로: 내부 에너지

액체 상 반응에서, 온도는 경로들 사이의 경쟁을 균형 있게 하는 데 중요한 역할을 한다. 높은 에너지 반응 경로들은 높은 온도에서 더 경쟁적으로 일어나는데, 그 이유는 활성화 에너지에서 차이의 효과가 아레니우스 식(Arrhenius equation)이나 전이 상태 이론에서 $1/T$에 의해 나타나기 때문이다. 같은 이유로, 반응들은 더 낮은 온도에서 더 선택적인 경향이 있다. 저압 환경의 질량 분석계에서, 온도를 배정하는 것은 어렵다(전이, 진동 및 회전 에너지를 평형화시키기에 충돌이 너무 적다). 그래서 기체상 분포는 일반적으로 내부 에너지 분포의 형태로 특징지어지고 같은 원리가 작동한다. 이온 분포가 높은 내부 에너지를 갖고 있을 때, 매우 다른 활성화 에너지를 가지고 있음에도 불구하고 많은 경로가 가능하고 경쟁적이 된다. 이러한 이유로, EI에서처럼 높은 내부 에너지를 유발하는 활성화 과정은 수십 개의 주요한 조각들이 생기게 할 것이다. 이와 대조적으로 이온 트랩에서 다중 충돌적 활성화에서처럼 상대적으로 낮은 내부 에너지에 이르는 활성화 과정은 더 적은 조각들을 줄 것이다. 결과적으로, 조각내기 스펙트럼의 복잡성은 활성화 과정에서 쌓이는 에너지의 규모와 친밀히 연결되어 있다. 이 사실은 다른 활성화 메커니즘이 활용되는 장비로부터 얻은 스펙트럼들을 서로 비교할 때 꼭 고려되어야만 한다.

8-2e 경쟁 경로: 전형적인 조각들

질량 스펙트럼 분석에서 중성 및 전하를 띤 전형적인 조각들의 질량을 아는 것은 매우 도움이 된다. 이렇게 하면 경로들을 빠르게 예측하고, 분석물질의 가능한 구조적인 요소를 제안하는 것이 가능해진다. 예를 들어, 이온으로부터 15 질량 단위가 사라졌다면 즉시 추측할 수 있는 것은 CH_3 기를 잃은 것이다. 이런 것이 관찰되면 분석물질이 메틸기를 포함하며, 그 메틸기는 그것이 없어져도 무리 없이 안정된 이온이 생길 수 있는 위치에 있다는 것을 제안한다. 표 8-2와 8-3에 있는 질량들을 모두 기억할 필요는 없지만, 적어도 보편적인 것들에 대한 지식은 조각내기 스펙트럼을 더 효율적으로 분석하는 데 도움이 된다. 질소를 제외하고 분자량이 짝수인 흔한 원소, 즉 C, H, O, F, Si, P, S, Cl, Br을 포함하는 분석물질이 그러하다. 이러한 분석물질들의 라디칼 양이온은 짝수 m/z 값(적어도 하나의 전하를 띤 종)을 가지며, 닫힌 껍질 조각(짝수 전자)들은 홀수 m/z 값을 가진다. 결과적으로, 스펙트럼에서 두 가능성 사이를 쉽게 구별할 수 있다. 분석물질이 하나의 질

표 8-2 보통의 닫힌 껍질 양이온 조각 이온들의 가능한 식

질량	이온	질량	이온
29	$C_2H_5^+$, HCO^+	55	$C_4H_7^+$
30	$CH_2NH_2^+$	57	$C_4H_9^+$, $C_2H_5CO^+$
31	CH_2OH^+	59	CH_3OCO^+, $C_2H_5OCH_2^+$
39	$C_3H_3^+$	61	$CH_3SCH_2^+$
41	$C_3H_5^+$	69	$C_5H_9^+$, CF_3^+
43	$C_3H_7^+$, CH_3CO^+	71	$C_5H_{11}^+$, $C_3H_7CO^+$
44	$CH_3CHNH_2^+$	77	$C_6H_5^+$(phenyul), $C_2H_5OCO^+$
45	HCO_2^+, $CH_3OCH_2^+$	79	$C_6H_7^+$
46	NO_2^+	85	$C_6H_{13}^+$, $C_4H_9CO^+$
47	CH_2SH^+	91	$C_7H_7^+$(benzyl, tropyl)
51	$C_4H_3^+$	99	$C_7H_{15}^+$, $C_5H_{11}CO^+$
53	$C_4H_5^+$	105	$C_8H_9^+$, $C_6H_5CO^+$

표 8-3 보통의 중성 조각들의 가능한 식

질량	조각[a]	질량	조각[a]
15	$\mathit{CH_3}$	31	$\mathit{CH_3O}$
16	CH_4, $\mathit{NH_2}$	32	CH_3OH, N_2H_4
17	NH_3, OH	33	HS
18	H_2O	35, 37	Cl
26	C_2H_2	36, 38	CHl
27	HCN	42	C_3H_6, CH_2CO
28	C_2H_4, CO, N_2	43	$\mathit{C_3H_7}$
29	$\mathit{C_2H_5}$	44	C_3H_8, CO_2, Ch_3CHO, N_2O
30	C_2H_6, CH_2O, NO	45	$\mathit{NO_2}$, C_2H_6O

[a]홀전자 화학종은 이탤릭체로 표시되어 있다.

소 (또는 그것들의 홀수) 를 포함하면 형태가 역으로 바뀌며, 라디칼 양이온은 홀수 m/z 값을 가지며, 닫힌 껍질 양이온은 짝수 m/z 값을 가진다. 반면에, 분석물질이 짝수 질소 (0, 2, 4, 6 … 개) 를 포함할 때는 정상적인 형태가 관찰된다. 이것은 **질소 규칙** (*nitrogen rule*) 이라고 불린다.

8-3 작용기의 조각내기 방식

작용기에 따라 유기화학 교재가 편리하게 구성되어 있는 것처럼, 같은 방식이 조각내기 방식에 적용된다. 작용기의 특이점은 특정 메커니즘이 작동한다는 것이며, 이 메커니즘은 같은 작용기를 가진 모든 화합물에 합리적으로 적용된다는 것이다. 이런 규칙성은 화학 구조를 조각내기 방식과 연결시키는 주요한 핵심 요소이다. 다음 절에 작용기의 몇몇 일반적인 조각내기 방식이 나타나 있다. EI로부터 유도된 라디칼 양이온이 강조되어 있으며, 양성자화된 종의 조각내기 형태도 고려되어 있다.

8-4 탄화수소

8-4a 알케인과 알켄

알케인으로부터 유도된 라디칼 탄소양이온의 조각내기 방식은 수소 원자 또는 분자 방출과 함께 일반적으로 순차적인 C−C 결합의 갈라짐을 포함한다. 앞서 설명한 바와 같이, 가장 안정한 탄소양이온이 생기는 경향이 있지만, 예외적으로 안정한 조각내기 생성물이 없다면 보통 많은 생성물이 생긴다. 옥테인 (octane) 과 2,2-dimethylhexane의 EI 스펙트럼이 좋은 예이다 (그림 8-4) . 앞의 것은 작은 분자 이온 (m/z 114) 을 보여 주고, 그런 다음 일련의 알킬 양이온들, 즉 6개의 탄소 (m/z 85) , 5개 (m/z 71) , 4개 (m/z 57) , 3개 (m/z 43) , 2개의 탄소 (m/z 29) 가 이어서 나오는 것을 보여 주고 있다. 이 신호들을 해석하는 또 다른 방법은 중성분자의 잃음이다 (표 8-3) . 이 신호들은 각각 29 (에틸) , 43 (프로필) , 57 (뷰틸) , 71 (펜틸) , 85 (헥실) 에 해당된다. m/z 43을 제외한 모든 신호들은 거의 동등한 세기를 갖는다. 덧붙여, m/z 42 및 41과 같이, 수소 원자 또는 분자가 사라진 이온들의 피크들은 볼 수 있다. 또 스펙트럼은 각 탄소수의 이온 뭉치를 포함한다. 2,2-dimethylhexane의 스펙트럼에서 m/z 57, 아마 매우 안정한 *tert*-뷰틸 탄소양이온이 지배적이다. 조각내기가 매우 쉬운 경로가 가능하기 때문에 분자 이온이 없다. 피크 m/z 99는 CH_3 기가 사라져 생긴 3차 탄소양이온, 즉 2-메틸-2-헥실 양이온이다. 탄소 셋의 화학종에 관해서 2-2dimethylhexane은 알릴 탄소양이온의 신호가 m/z 41에서 가장 강하게 나온다. 이 종은 아마 *tert*-뷰틸 양이온의 2차 조각내기의 결과일 것이다. 이 스펙트럼의 또 다른 진단적 측면은 처음에 1차 양이온이 생기도록 하는 결합 갈라짐을 통한 신호

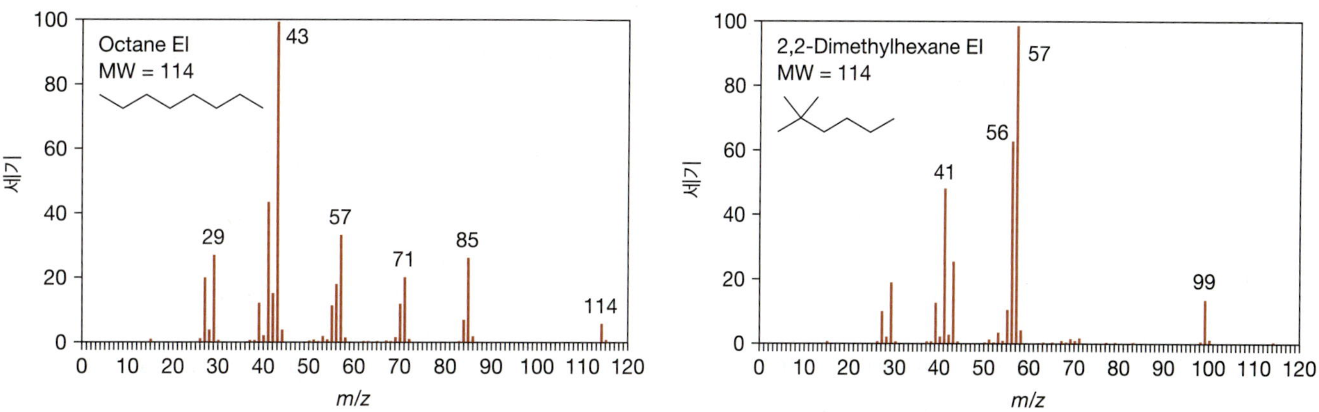

그림 8-4 옥테인과 2,2-dimethylhexane의 EI 스펙트럼 (출처: webbook.nist.gov.)

m/z 71과 85가 스펙트럼에서 없다는 점이다. 여기서 볼 수 있듯이, 조각내기는 주로 열역학적인 측면에 따라 일어나지만, 스펙트럼은 다수의 경로에 의해서 또는 수소 원자 및 분자를 잃고 생기는 2차 조각내기의 가능성 때문에 복잡해진다.

이성질체인 옥테인과 2,2-dimethylhexane의 스펙트럼을 구별하는 것은 쉽지만, EI 질량 스펙트럼에만 전적으로 근거하여 이 화합물들을 규명하는 것이 가능할까? 그림 8-5에 추가적으로 C_8H_{18}의 두 이성질체, 즉 3,3-dimethylhexane과 2,2,3-trimethylpentane이 주어져 있다. 그림 8-4와는 어느 정도 다르지만, 특히 3,3-dimethylhexane 또는 2,2-dimethylhexane를 2,2,3-trimethylpentane와 비교할 때 많은 유사점을 언급할 수 있다. 우리는 이러한 스펙트럼의 어느 하나를 보고 자신 있게 구조를 할당할 수 있을까? 그 질문에 대한 답은 아마도 "아니다"일 것이다. 그림 8-4와 8-5의 왼쪽에 있는 스펙트럼 사이에서의 명백한 차이점은 m/z 99 및 114의 피크들이다. 3,3-dimethylhexane의 스펙트럼을 쉽게 알아볼 수 있을 것이며, 같은 피크를 많이 공유하기 때문에 우연히 그것을 옥테인에 할당할 수도 있다. 그림 8-4와 8-5는 이성질체들의 스펙트럼이 많게, 때로는 미묘하게 차이가 있다는 것을 보여 주고 있다. 결과적으로, 알려지지 않은 스펙트럼을 알려진 화합물의 정보와 맞추어봐서 비교해 보는 방법에 근거하여, 질량 스펙트럼은 스펙트럼을 할당하기 위해서 가끔 활용된다. 이러한 차이들은 종종 미묘하지만, 일반적으로 논리적이다.

예를 들어, 3,3-dimethylhexane (m/z 114)의 분자 이온 피크가 없는 것은 분자가 3차 탄소양이온으로 조각내기를 쉽게 할 수 있다는 것과 관련이 있다. 이 스펙트럼에서 m/z 99에 피크가 있다는 것은 메틸기를 잃고 3차 탄소양이온이 생기기 때문에 일리가 있어 보인다. 2,2,3-Trimethylpentane의 스펙트럼은 m/z 85 피크(에틸기의 잃음)의 존재로

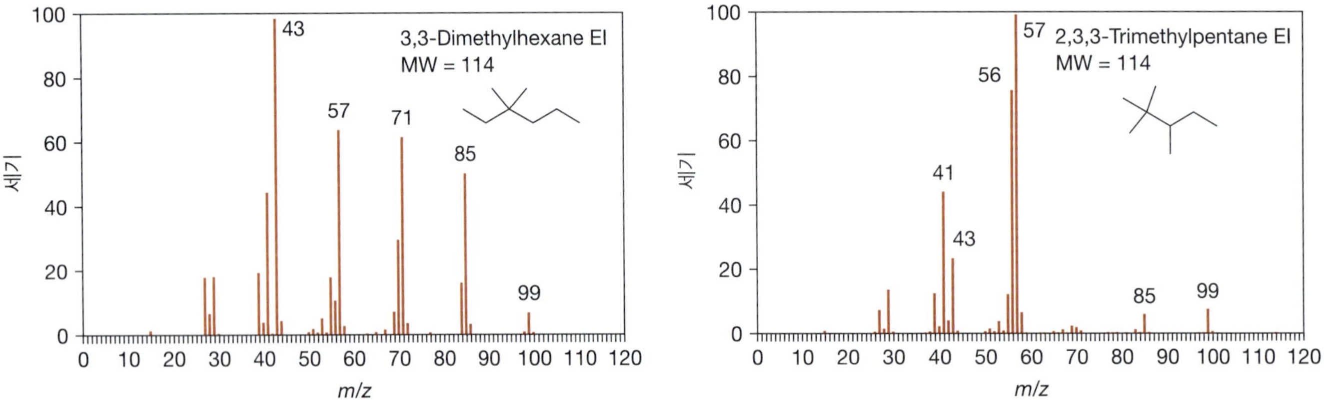

그림 8-5 3,3-Dimethylhexane과 2,2,3-trimethylpentane의 EI 스펙트럼 (출처: webbook.nist.gov.)

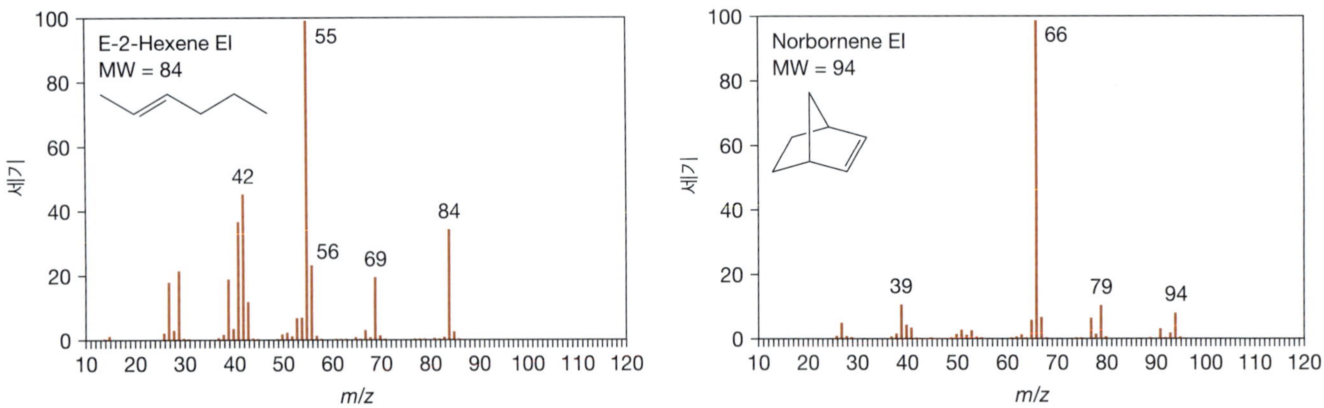

그림 8-6 2-Hexene과 norbornene의 EI 스펙트럼 (출처: webbook.nist.gov.)

인하여 2,2-dimethylhexane과는 다르다. 2,2-Dimethylhexane의 경우와는 달리 2,2,3-trimethylpentane로부터 에틸이 사라지면 안정한 2차 탄소양이온이 생긴다.

알켄은 알킬기를 잃어버리는 경향이 있고, 종종 알릴 양이온이 생긴다. 이것은 2-buten-1-yl 알릴 양이온에서처럼, 에틸(29 질량 단위)을 잃어버려 m/z 55에서 기준 피크를 나타내는 그림 8-6에 있는 E-2-hexene의 스펙트럼에서 볼 수 있다. 그림 8-2에서 프로펜(propene)이 관련된 과정, 즉 수소 원자 잃음을 겪어서 알릴 양이온을 만들어내는 것을 볼 수 있다. 이 과정과 경쟁하는 것은 두 개의 알켄(하나는 이온화된 라디칼 양이온)이 생기는 수소 이동이 동반된 C—C 갈라짐이다. 이러한 과정의 결과로, 질량 단위 1이 차이 나는 쌍의 피크들이 탄소수에 따라 생긴다. 예를 들어, E-2-hexene에서 주요한 피크는 m/z 41과 42뿐만 아니라 m/z 55와 56에서 보인다. 그러나 알켄은 조각내기 동안 과도한 자리옮김이 일어나 분석물질의 구조와 잘 일치하지 않아 보이는 생성물 이온들이 생기는 경향이 있다. 이러한 상황에서 예상할 수 있듯이, 이성질체 알켄은 매우 유사한 스펙트럼을 나타낼 수 있다. 고리형 알켄에서는 적당한 분석물질에서 역-딜스-알더 반응(retro-Diels-Alder reaction)이 우호적으로 일어날 수 있다. 그림 8-6에서 norborene 스펙트럼은 에텐의 잃음이 지배적이어서 결과적으로 m/z 66에 이온화된 사이클로펜타다이엔(cyclopentadiene)이 생긴다. m/z 79에서 작은 피크는 메틸 잃음에 의한 것으로 양성자화된 벤젠을 나타내며, 재배치가 본질적임을 제시하는 것이다.

8-4b 방향족 탄화수소

방향족 탄화수소의 EI 스펙트럼은 일반적으로 알케인보다 간단하다. 결합 세기가 더 강하며, 이것으로 결합 갈라짐이 덜 일어나고, 그래서 조각 이온들의 안정성에 큰 불균형이 있어서 분석물질 이온에 더 적은 경로가 적용된다. 아이소프로필벤젠(isopropylbenzene)의 EI 스펙트럼이 좋은 예이다(그림 8-7). 기준 피크인 m/z 105는 메틸이 없어진 것을 나타내며, 이로써 초기에 안정한 벤질 양이온이 생기며, 결국 더 안정한 tropylium (cycloheptatrienylium) 이온으로 자리옮김된다. 이것은 보통 일어나는 자리옮김이며, 이 교재에서 고리형 $C_7H_7^+$ 종은 벤질/트로필 탄소양이온으로 불린다. 이 이온 말고 중요한 분자 이온이 m/z 120에 있으며, m/z 77~79 및 m/z 50~53 주위에 이온 집합들이 있다. 이들 각각은 벤젠 유도체에서 일반적이다. 첫째, 비교적 높은 안정성의 방향족 분석물질에는 분자 이온이 살아 있다. 둘째, 벤젠 고리 그 자체는 치환체가 다양하게 조각나더라도 그대로 남아 있는 경향이 있다. 그래서 페닐 양이온(m/z 77)과 양성자화된 벤젠

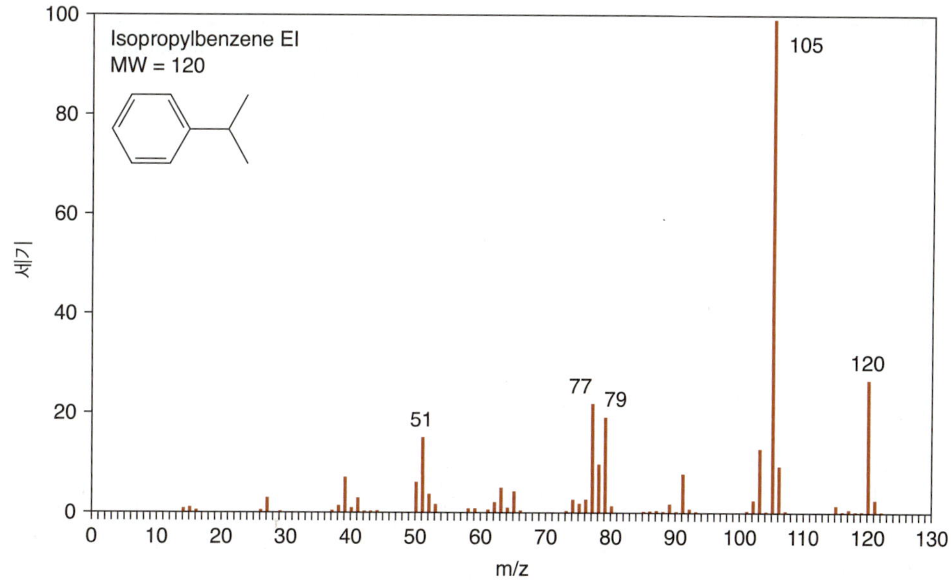

그림 8-7 아이소프로필벤젠의 EI 스펙트럼 (출처: webbook.nist.gov.)

(m/z 79)이 보통의 생성물 이온들이다. 마지막으로, 벤젠 고리가 깨진다면, 보통 이온들이 이 부분의 m/z 범위에서 많이 발견되지 않는 것에 부분적으로 기인하여, 수소가 적은 4개 탄소 고리 열린 생성물(대다수가 $C_4H_3^+$)이 특징적이다. 비슷한 양상이 여러고리형 방향족 탄화수소(polycyclic aromatic hydrocarbon)에서 관찰된다.

탄화수소 요약

1. 알케인은 C—C 갈라짐을 겪으며, 일반적으로 가장 안정한 탄소양이온이 생긴다. 분자 이온 피크는 가끔 매우 약하기도 하다.
2. 방향족 탄화수소도 C—C 갈라짐을 겪으며, 일반적으로 가장 안정한 탄소양이온이 생긴다. 분자 이온 피크는 가끔 매우 강하다. 벤질/트로필과 페닐 양이온은 보통이다.

8-5 아민

앞에서 언급되었듯이, 질소를 포함하는 화학종은 홀수 및 짝수 이온 질량의 형태로 다른 양상을 보인다. 라디칼 양이온은 홀수 m/z 값을 주며, 닫힌 껍질 종은 짝수 m/z 값을 준다. 이 차이를 이해하는 것은 아민의 질량 스펙트럼의 분석에서 중요하다.

8-5a 아민의 라디칼 양이온

앞에서 언급되었듯이, 고립 전자쌍을 가진 원소는 이웃 탄소양이온을 매우 안정화시키는 작용기로 작용할 수 있다. 결과적으로, 아민의 라디칼 양이온은 쉽게 α-갈라짐 과정을 겪는다. 이 과정에서 C—C 결합이 끊어져서 임모늄(immonium) 이온이 생긴다(식 8-8). 이 과정은 Stevenson 규칙에 따라 정해진다. 그러나 임모늄 양이온은 필연적으로 알킬 양이온보다 우선된다. 예를 들면, *N*,*N*-dimethyl-2-phenylamine의 EI 스펙트럼은 매우 간단하며, α-갈라짐 생성물인 m/z 58의 피크가 지배적이다(그림 8-8).

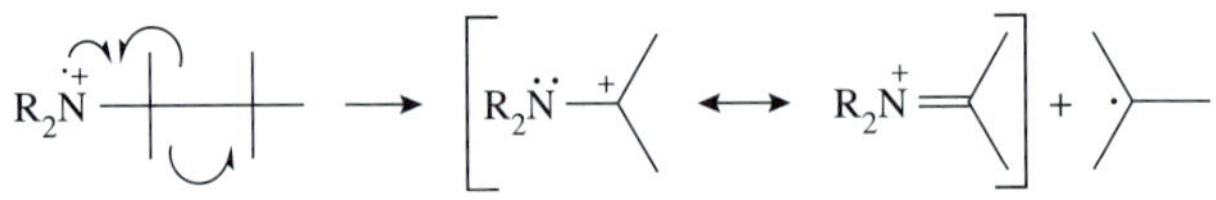

(8-8)

이 생성물은 짝수의 전자를 가진 닫힌 껍질이며, 더욱이 꽉찬 옥텟 전자를 가지고 있다. 이와는 달리, 알케인 조각내기의 짝수 전자 생성물은 오직 6개의 전자를 가지고 있다. 이

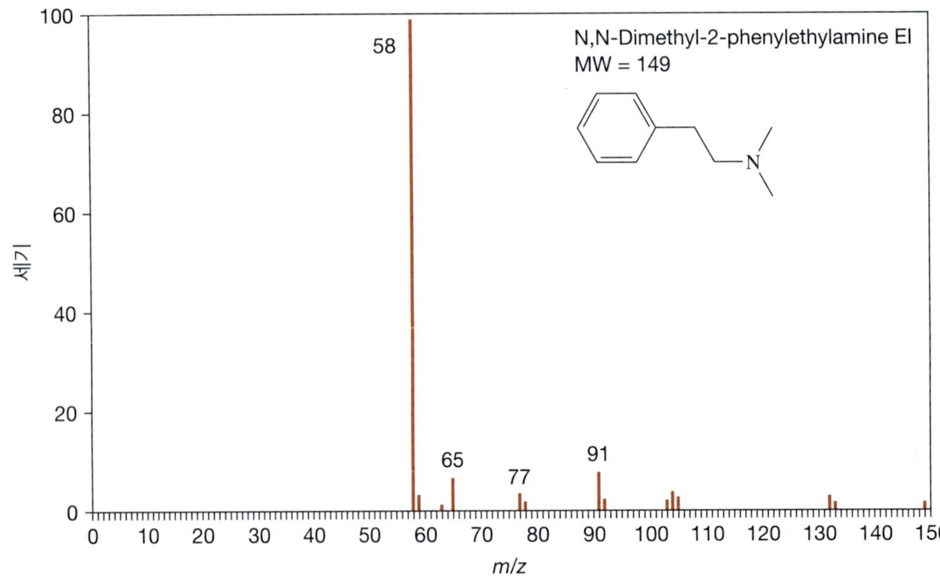

그림 8-8 *N*,*N*-Dimethyl-2-phenylethylamine의 EI 스펙트럼 (출처: webbook.nist.gov.)

갈라짐의 다른 생성물인 m/z 91의 벤질/트로필 양이온은, 이 탄화수소 양이온의 높은 안정성(옥텟을 만족하는 임모늄 양이온이 생기는 이점이 매우 크다)에도 불구하고, 매우 작다는 점에 유의하라. 덧붙여, m/z 77-79의 보통 페닐 조각내기 생성물은 옥텟을 채우지 못하고 α-갈라짐보다 덜 일어난다. 일단 생성되면 α-갈라짐 생성물은 닫힌 껍질 짝수 전자 종이며, 알켄 잃음과 같이 양성자화된 아민 종의 것과 비슷한 이차 조각내기를 겪는다(식 8-9). 이것은 ene 반응의 예이다(수소 이동에 따라 일어나는 C—N 갈라짐을 거치는 단계별 과정도 가능하지만). 결과적으로, 그런 α-갈라짐으로 알켄의 질량만큼 차이, 예를 들어 28, 42, 56만큼의 질량 차이가 나는 일련의 이온들이 생길 수 있다.

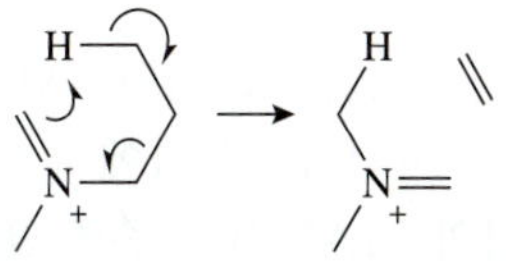

(8-9)

아닐린(Aniline)과 같은 방향족 아민에서 상황은 상당히 비슷하다. 예를 들어, *N,N*-dimethylaniline에서 기준 피크로부터 에텐을 잃고 생긴 m/z 106의 이차 조각내기 이온뿐만 아니라, m/z 134(CH_3 잃음)의 α-갈라짐 생성물이 생긴다(그림 8-9). 벤젠 유도체

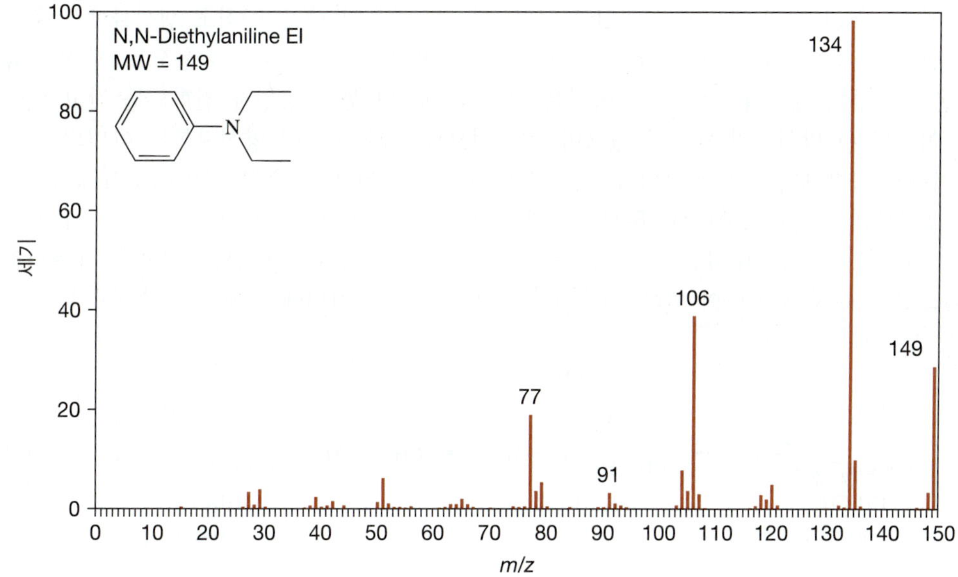

그림 8-9 *N,N*-Dimethylaniline의 EI 스펙트럼 (출처: webbook.nist.gov.)

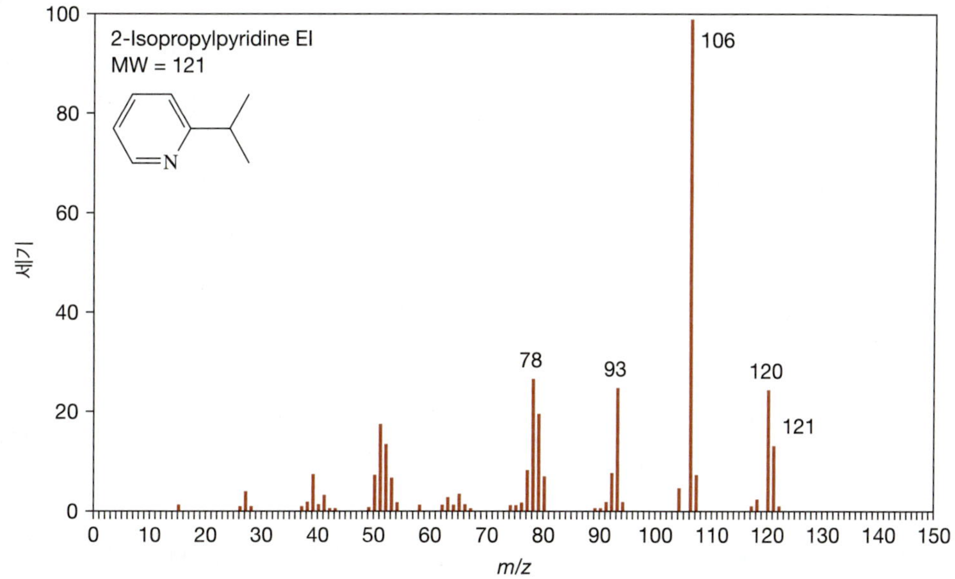

그림 8-10 2-Isopropylpyridine의 EI 스펙트럼 (출처: webbook.nist.gov.)

에 대해서 기대되듯이, 페닐 양이온에 대한 피크 m/z 77이 있다. 피리딘(pyridine) 유도체는 훨씬 더 방향족 탄화수소처럼 행동하며, 그들의 스펙트럼은 안정한 양이온을 주는 갈라짐이 지배적이다. 2-Isopropylpyridine의 스펙트럼이 m/z 121에 분자 이온이 있는 그림 8-10에 나와 있다. 기대했듯이, 수소 원자 잃음(m/z 120)과 메틸 잃음(m/z 106)이 지배적이며, 이것은 벤질형 양이온이 생긴 결과이다. 페닐 같은 양이온(아이소프로필 잃음)에 해당하는 m/z 78의 피크도 있다. m/z 93의 피크는 C_2H_4의 잃음을 겪으며 좀 복잡한 자리옮김 과정의 결과일 것 같다.

8-5b 양성자화된 아민

아민의 좀 높은 염기도를 감안하면, 이들이 CI, ESI, MALDI와 같은 과정에서 양성자화된 종을 생성한다는 것은 놀랄 일이 아니다. 앞 장에서 언급했듯이, 이온화 과정에서 에너지가 거의 쌓이지 않기 때문에 ESI와 MALDI는 종종 조각내기가 없거나 아주 적은 분석체 이온을 생성한다. 구조적 정보를 얻기 위하여, ESI나 MALDI로부터의 이온들이 충돌이나 광분해에 의한 부수적인 에너지에 의해서 조각내기를 겪도록 해야 한다. 이온화후 활성화(postionization activation) 방법은 이 장의 끝에 논의된다. 양성자화된 아민의 조각내기는 상당히 단순하며, C—N 결합이 갈라져서 탄소양이온과 이탈기로 중성 아민이 생기는 S_N1 형의 과정에 지배되고 있다. 이 생성물들이 생기면, 최초 생성물에서 추가적 반응의 가능성이 높다. 특히, 탄소양이온에서 아민으로 양성자의 이동으로 새 암모늄 이온과 알켄이 생긴다. 알켄보다 아민은 일반적으로 더 높은 양성자 친화도를 갖고 있어서 이 과정은 발열적인 경향이 있으며, 결과적으로 알켄 잃음이 양성자화된 아민의 조각내기에서 가장 보편적인 경로이다. 예를 들어, 양성자화된 트라이에틸아민(triethylamine)의 조각내기를 살펴보자(그림 8-11). 스펙트럼에 m/z 102의 피크(분자 이온보다 1이 적다), m/z 74의 피크(C_2H_4의 잃음), m/z 46 피크(두 C_2H_4의 잃음)가 보인다. 메커니즘은 식 8-10과 8-11에 나와 있다. 이러한 조각내기 순서는 아민에서 매우 보편적이다.

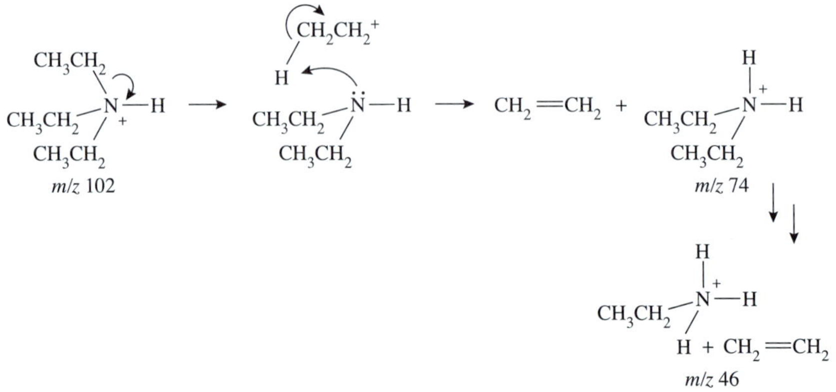

(8-10)

(8-11)

덧붙여, 알케인의 잃음이 가끔 보인다. 가능한 논리적인 메커니즘은 최초의 탄소양이온/아민 조각내기 복합체에서 양성자 이동보다는 하이드라이드 이동(hydride transfer)이다(식 8-12). 이 과정으로 아민의 라디칼 양이온의 조각내기에서 보았던 같은 형의 질소-안정화된 양이온(임모늄)이 생긴다.

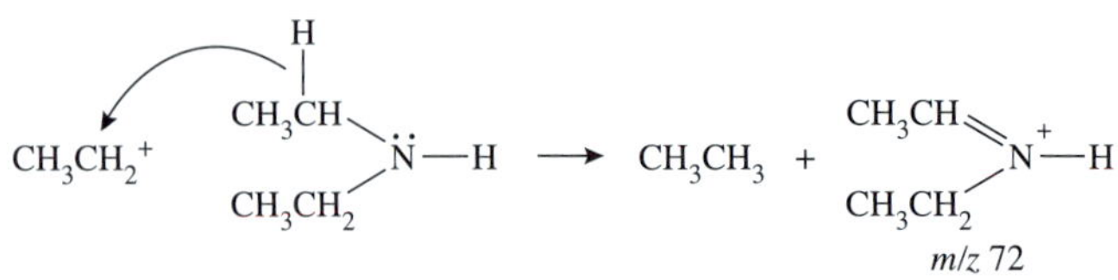

(8-12)

마지막으로, C—N 갈라짐에서 생긴 최초의 양이온이 특별히 안정하다면 이것은 복합

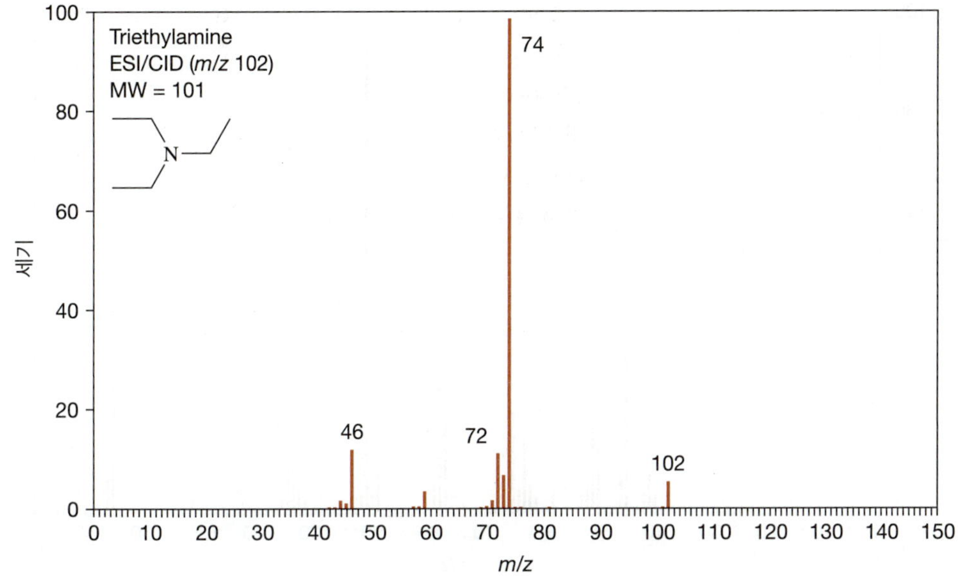

그림 8-11 양성자화된 triethylamine의 CID 스펙트럼. 이온들은 ESI에 의해 생겼으며, *m/z* 102는 사중극자 이온트랩에서 CID를 위해 선택되었다.

체로부터 벗어날 수 있으며, 이 경우에 낮은 안정도 때문에 그렇게 경쟁적이지는 않지만, 양성자화된 트라이에틸아민으로부터 에틸 양이온과 같은 알킬 양이온이 생기는 결과가 될 것이다.

아민 요약

라디칼 양이온들

1. 방향족 아민이 아니면, 분자 이온이 약하다.
2. α-갈라짐으로 임모늄 이온이 생긴다. 일반적으로, 이어서 일어나는 갈라짐으로, 다른 α 결합의 C—C 갈라짐을 거쳐서 알켄 잃음이 일어난다(식 8-9).

양성자화된 아민

1. C—N 갈라짐을 거쳐서 알켄을 잃은 후에 뒤따라 양성자 이동이 일어난다(식 8-10). 이 과정은 알킬 사슬에서 반복적으로 일어날 수 있다(식 8-11).
2. C—N 갈라짐을 거쳐서 알케인을 잃은 후에 이어서 하이드라이드 이동으로 임모늄이 생긴다(식 8-12). 이어서 임모늄 이온에서의 잃음, 즉 α-결합의 C—C 갈라짐에 의한 알켄 잃음이 일어난다.

8-6 알코올, 에터, 페놀

8-6a 알코올, 에터, 페놀의 라디칼 양이온

알코올과 에터에서 헤테로 원자로 안정화된 탄소양이온이 생길 가능성이 있기 때문에 이들의 조각내기 방식은 많은 부분에서 아민과 같은 경로를 공유할 수 있다. 그 결과 식 8-8과 비슷한 α-갈라짐 과정은 이 화학종에서 보편적이다. 그러나 산소의 전기음성도가 좀 더 커서 헤테로-치환된 탄소양이온은 약간 덜 우선되며, 결과적으로 안정화되지 않은 양이온들이 생기는 편이다. 예를 들면, methyl 2-phenylethyl ether(그림 8-12)의 EI 스펙트럼과 *N*,*N*-dimethyl-2-phenylethylamine(그림 8-8)의 EI 스펙트럼을 비교해 보자. 에터에는 4~8개의 탄소를 가진 종에 이르기까지 많은 주요한 조각 이온들이 있다. 이온 중 어느 것도 특별히 안정적인 이온이 없다는 사실 때문에 스펙트럼은 좀 더 복잡하다.

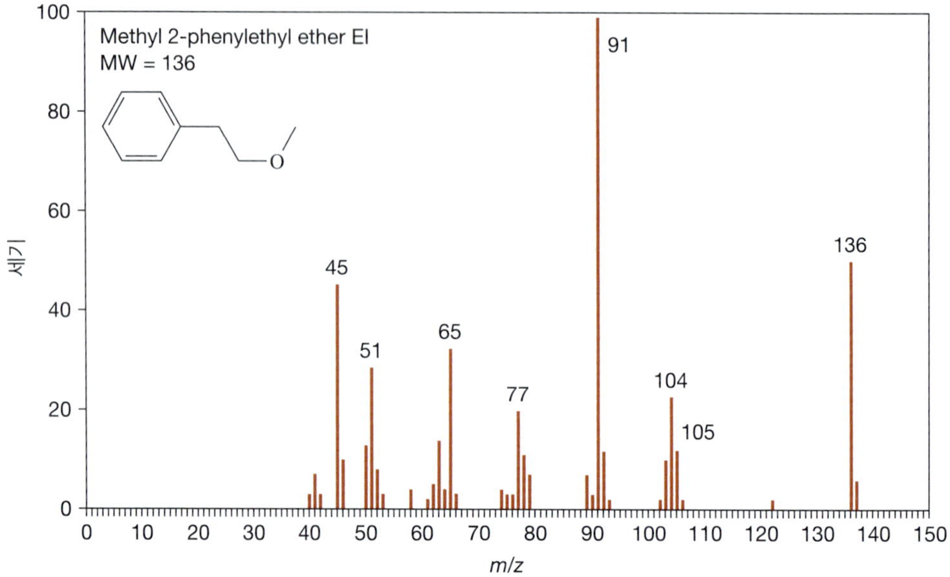

그림 8-12 Methyl 2-phenylethyl ether의 EI 스펙트럼 (출처: webbook.nist.gov.)

이러한 상황은 상대적으로 큰 분자 이온 m/z 136의 피크에서 보이고 있다. 기본 피크는 전하가 탄화수소에 보존된 헤테로-치환 조각인 라디칼(·CH_2OCH_3)이 생기게 되는 α-갈라짐 과정의 결과로 m/z 91에서 벤질/트로필 이온이다. 또한 α-갈라짐으로 산소-안정화 이온($^+CH_2OCH_3$)인 주요한 피크가 m/z 45에 있다. m/z 51, 65, 77에서 전형적인 벤젠 유도체 피크들도 이 스펙트럼에서 보이고 있다. 흥미롭게도, m/z 104의 피크는 CH_3OH을 잃고 생긴 스타이렌(styrene)의 라디칼 양이온 조각 이온이다. 에터는 C—O 결합 갈라짐이 쉬워서 양이온과 알콕시 라디칼이 생성된다. 이 경우에, 뒤따라 수소 원자 이동이 일어나서 메탄올이 생기는데, 이것은 스타이렌이 비교적 안정적으로 라디칼 양이온이 될 수 있기 때문이다(먼저 2-페닐에틸 양이온이 생기는 C—O 갈라짐 과정으로 m/z 105의 피크도 있다)(식 8-13).

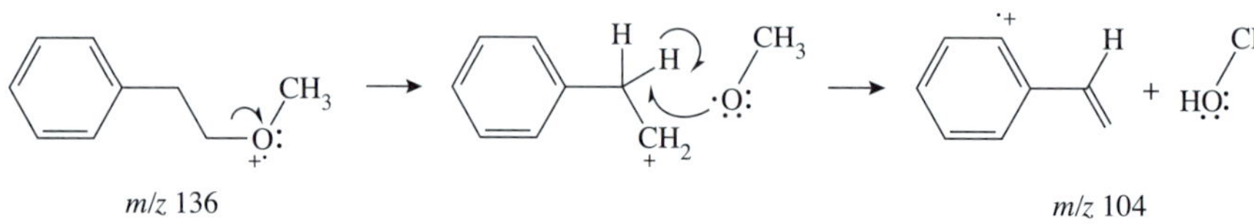

(8-13)

Ethyl *tert*-pentyl ether의 EI 스펙트럼에, 자리옮김과 이차 조각내기 과정이 어떻게 에터의 라디칼 양이온과 함께 큰 역할을 할 수 있는지 제시되어 있다(그림 8-13). 이 경우, m/z 116에서 분자 이온 피크가 없다. 주요한 신호들은 CH_3와 CH_3CH_2를 각각 잃고 생긴 m/z 101과 87에서 볼 수 있다. 이것들은 *tert*-펜틸 조각에서의 α-갈라짐 생성물이며, 산소-안정화 3차 탄소양이온이 생긴 결과이다(식 8-14 및 8-15). 하나는 에터 결합 C—O가 갈라지고 CH_3CH_2 라디칼이 없어진 결과라고 볼 수 있지만, 생긴 양이온은 덜 안정하다.

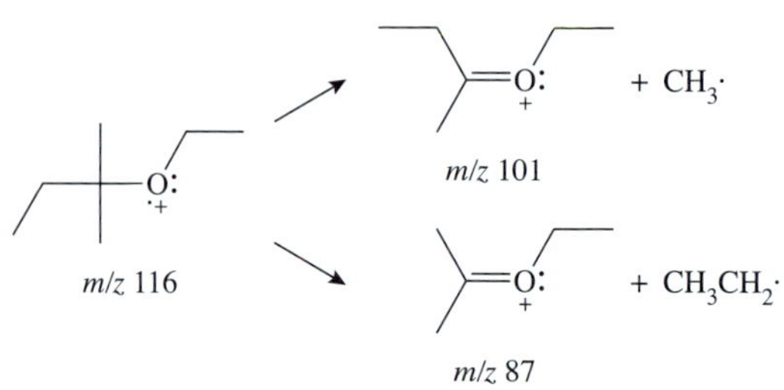

(8-14)

(8-15)

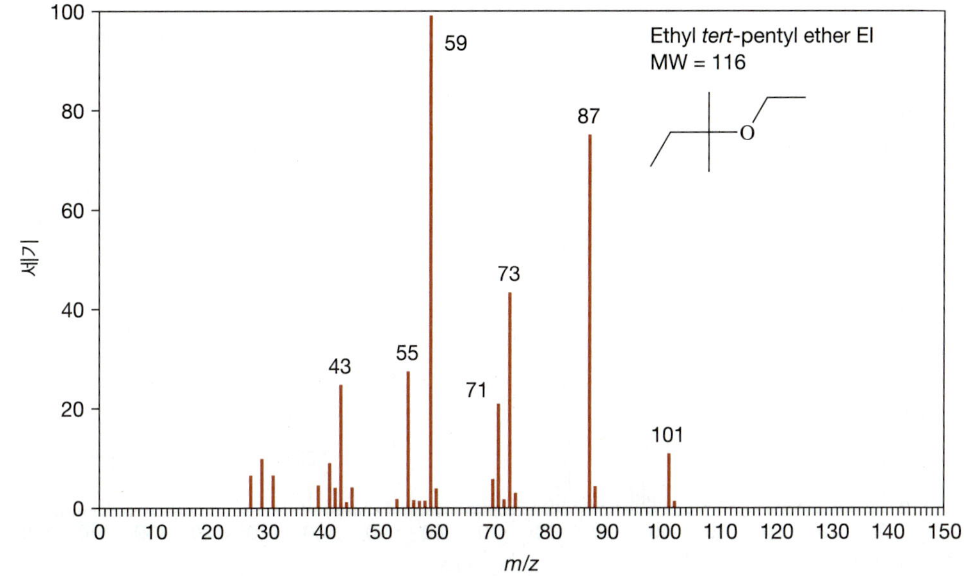

그림 8-13 Ethyl tert-pentyl ether의 EI 스펙트럼 (출처: webbook.nist.gov.)

C—O 갈라짐으로 $CH_3CH_2O\cdot$ (45 질량 단위)가 없어진 안정한 *tert*-펜틸 양이온에 해당하는 피크가 m/z 71에 있다. m/z 73과 59의 이온은 아마도 α-갈라짐 생성물의 2차 조각내기의 결과이며, 모두 아민에서 본 것과 유사한 과정을 통해 $CH_2{=}CH_2$의 잃음이 관여되어 있다(식 8-16).

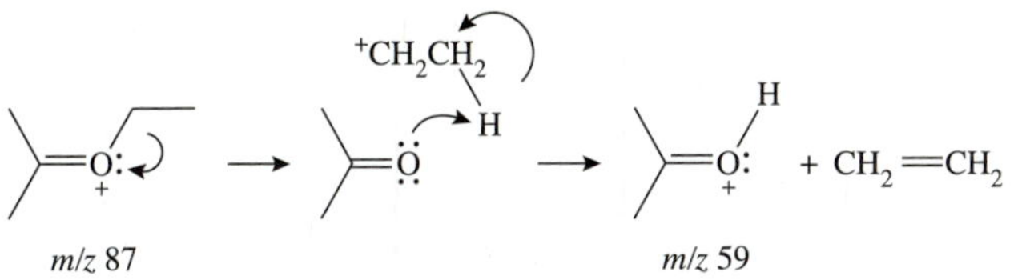

(8-16)

예상되듯이, 알코올의 조각내기 경로는 에터의 것과 많은 점에서 같다. 예를 들면, 3,3-dimethyl-2-butanol의 스펙트럼이 그림 8-14에 나와 있다. 분자 이온은 m/z 102에 있고, α-갈라짐으로 m/z 87(메틸 잃음)과 m/z 245(*tert*-뷰틸 잃음)에 피크들이 생긴다. *tert*-뷰틸 잃음 경로는 m/z 56과 57의 이온들에도 해당된다(식 8-17).

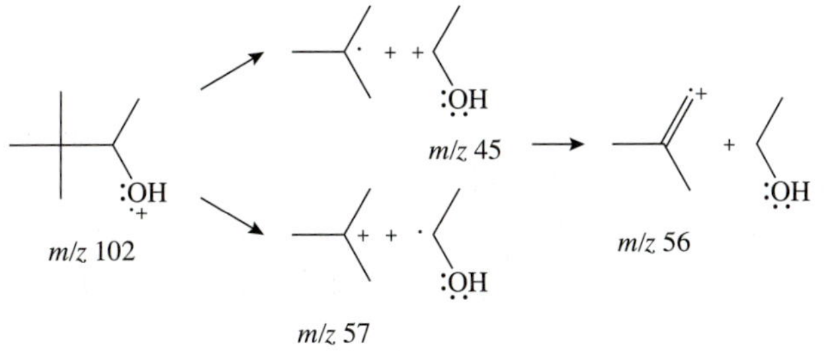

(8-17)

후자는 단순히 *tert*-뷰틸 양이온이고, 이것은 1-하이드록시에틸 라디칼이 *tert*-뷰틸 라디칼보다 IP가 높기 때문에 Stevenson 규칙에 의해 설명될 수 있다. 결과적으로, 알킬 양이온이 이 α-갈라짐에서 산소-안정화 양이온보다 선호된다. m/z 56의 이온, 즉 아이소뷰텐(isobutene) 라디칼 양이온은 α-갈라짐 생성물의 초기 물질 내에서 수소 원자 이동으로 생긴 것으로 정리할 수 있다. 마지막으로, m/z 69의 이온은 m/z 87의 탈수의 결과이며, 자리옮김이 관여되어 있다. 알코올에서 H_2O가 없어지는 것은 보편적으로 일어나며, 잠재적으로 복잡한 자리옮김 과정의 일부분일 수 있다. 그림 8-15는 사이클로헥산올(cyclohexanol)의 스펙트럼을 보여 준다. 작용기가 고리의 일부이거나 고리에 직접 붙어

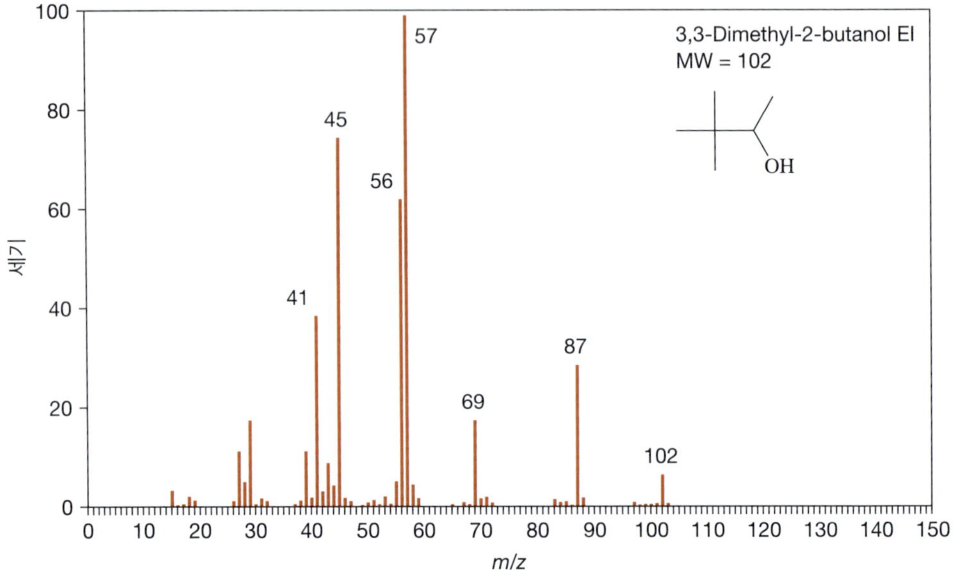

그림 8-14 3,3-Dimethyl-2-butanol의 EI 스펙트럼 (출처: webbook.nist.gov.)

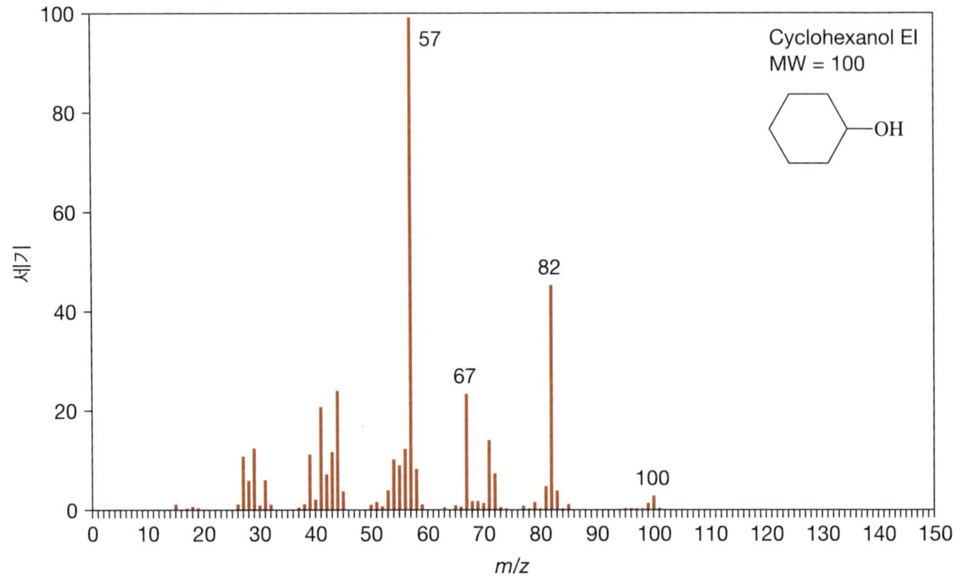

그림 8-15 사이클로헥산올의 EI 스펙트럼 (출처: webbook.nist.gov.)

있는 종에서 조각내기보다는 결합 갈라짐으로 고리 열림이 일어날 수 있기 때문에, 조각내기 스펙트럼을 해석함에 있어서 특별한 문제가 발생한다. 그 결과, 관찰되는 조각 이온들에는 적어도 두 가지 갈라짐 과정이 관여되어 있어서 이들은 분석물질의 구조 분석에 종종 큰 도움이 되지 못한다. 사이클로헥산올의 스펙트럼에는 세 개의 두드러진 피크가 있다. 첫 번째는, m/z 82에서 H_2O를 잃은 탈수 생성물인 사이클로헥센(cyclohexene)의 라디칼 양이온의 것이다. 이 과정은 잠재적으로 안정화된 라디칼기를 포함하는 고리형이나 비고리형 알코올에서 보편적이다. 또 다른 두드러진 피크는 질량 단위 43을 잃은 피크 m/z 57이다. 이 질량은 C_3H_7 또는 C_2H_3O의 잃음을 의미할 수 있다. 언뜻 보아도, 이것들은 사이클로헥산올에서 나온 중성 조각일 것 같지 않다. 자주 접하게 되는 일이지만, 예상치 못한 반응 생성물에 접근하는 가장 좋은 방법은 반응 경로를 생각하여 시작해 보는 것이다. 알코올의 라디칼 양이온의 경우, 우리는 α-갈라짐이 가장 일반적인 경로임을 알고 있다. 사이클로헥산올에서 이 과정은 라디칼과 전하가 다른 원자 위에 편재되어 있는 라디칼 양이온이 생기는 고리 열림 과정이다(식 8-18). 이러한 홀수 전자 라디칼 이온은 질량 분석법에 일반적이어서, **원거리 이온**(*distonic ion*)이라 불린다. 기체 상태나 액체 상태에서 알킬 라디칼은 더 안정적인 라디칼이 생길 수 있을 때 분자 내 수소 원자 이동을 경험하는 것으로 알려져 있다.

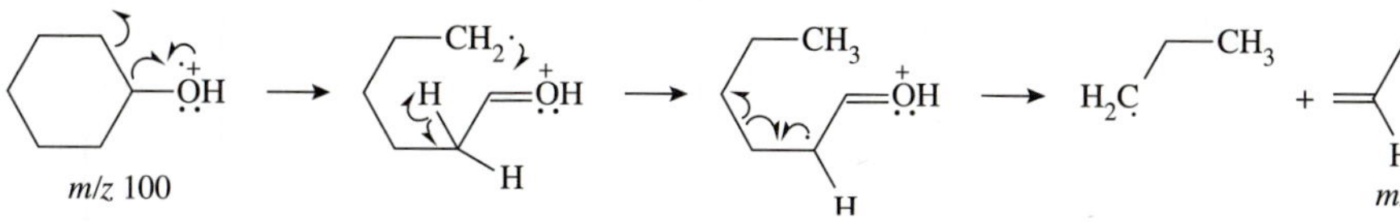

(8-18)

이 경우에, 수소 원자 이동에 의하여 비편재 라디칼이 생성될 수 있으며, 그 과정은 더 잘 일어난다. 마지막으로, 그 알킬 라디칼로부터 알킬 라디칼이 떨어지고 알켄이 생기는 것도 쉽다. 알짜 결과는 m/z 57에 양성자화된 acrolein이 생기는 것이다. 세 번째로 주요한 피크는 어미 이온에서 CH_5O가 떨어져 나가서 생긴 m/z 67이다. 가장 논리적으로 가정해 보는 것은 조각내기에서 CH_3와 H_2O가 떨어지는 것이 관여되어 있거나, CH_4나 OH가 떨어질 가능성도 있다는 것이다. 어느 경우나, 상당량의 자리옮김을 고려하지 않고는 이런 생성물이 어떻게 생길 수 있을까 짐작해 보는 것은 쉽지 않다. 정리하면, 이 스펙트럼은 조각내기 피크가 가끔 구조적 정보를 제공하지 못하기도 한다는 것을 보여 주는 예이다. 여기서 가장 유용한 정보는 분석물질이 아마 알코올이라는 것을 암시하는 H_2O의 잃음이다.

방향성 탄화수소처럼, 페놀이나 아릴 에터는 분자 이온의 피크가 강하고 상대적으로 단순한 조각내기 스펙트럼이 생긴다. 그림 8-16에서, EI 스펙트럼이 4-ethylphenol과 4-ethylanisole에 대하여 주어져 있다. 두 경우에, 큰 분자 이온 신호들이 관찰되며, 메틸 잃음이 가장 중요한 조각내기 경로이다. 이 과정에서 처음에 벤질 양이온이 생긴다. 여기에는 파라 위치에 있는 고리의 산소 기로부터 강한 안정화 현상이 있다. 덧붙여, 전형적인 벤젠형 조각내기가 그 스펙트럼에서 나타나 있다. 아릴 에터가 메틸기보다 더 복잡한 작용기를 가질 때, 알킬기의 조각내기 또한 보편적으로 일어난다. 예를 들면, ethyl phenyl ether는 에텐의 잃음으로 강한 피크가 생긴다(식 8-19). 비슷한 경향이 더 큰 유사체들에서도 관찰된다.

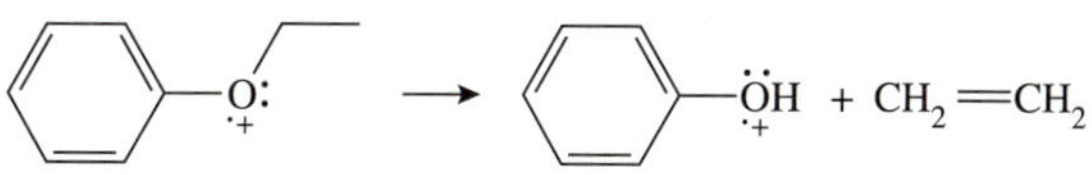

(8-19)

8-6b 양성자화된 알코올과 에터

이들은 염기도가 낮기 때문에 ESI에서 양성자화된 알코올이나 에터가 생기는 것이 어렵지만, MALDI나 CI 과정에서는 쉽게 생긴다. 액체상 화학에서 짐작하듯이, 안정한 탄소

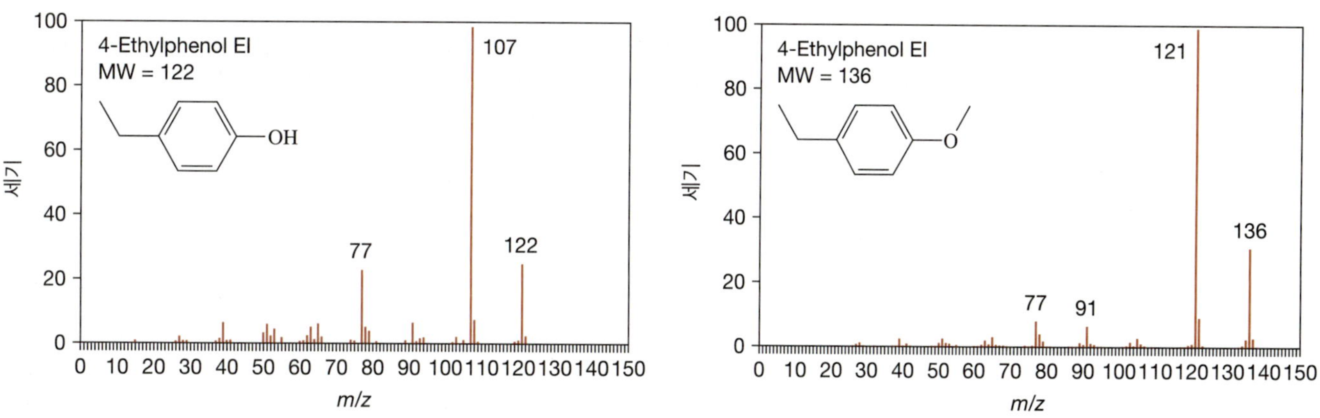

그림 8-16 4-Ethylphenol과 4-ethylanisole의 EI 스펙트럼 (출처: webbook.nist.gov.)

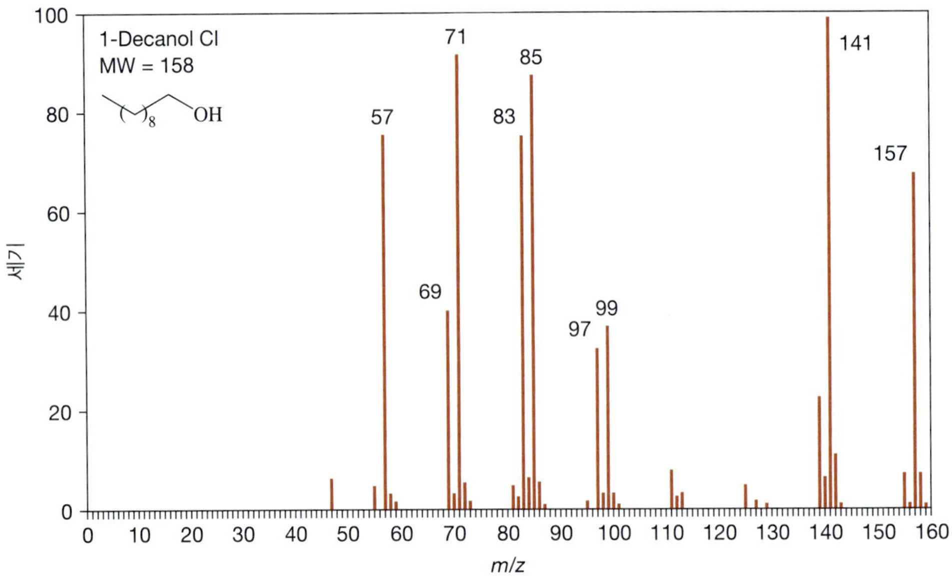

그림 8-17 1-Decanol의 CI 스펙트럼 (출처: M. S. B. Munson and F. H. Field, *J. Am. Chem. Soc.*, **88**, 2621–2630 [1966].)

양이온이 생길 수 있을 때, H_2O나 ROH의 잃음이 보편적인 조각내기 경로이다. 아민에서처럼 양성자화된 알코올이나 에터에서 C—O 갈라짐 후에 양성자 이동이 일어날 수 있다. 이렇게 되면, 중성 알켄이 없어지고 탄소양이온이 생기기보다는 H_3O^+나 ROH_2^+가 생긴다(식 8-20). 마지막으로, 에터는 알코올/알킬 양이온 복합체에서 하이드라이드 이동도 겪을 수 있어서 양성자화된 알데하이드나 케톤 및 알케인이 생길 수 있다(식 8-21). 예를 들어, 1-decanol의 화학적 이온화 스펙트럼을 생각해 보자(그림 8-17). 화학적 이온화 법으로 만들어지기 때문에 실제로 두 종류의 화학종의 조각 이온들이 들어 있다. 양성자화된 종이 m/z 159에서 나타날 수 있으며, 쉽게 H_2O를 잃고 기준 피크인 m/z 141이 생긴다. 이 1-데실 양이온은 전형적인 조각내기를 거쳐 일련의 알킬 양이온들이 m/z 99, 85, 71, 57에서 생긴다. CI에서 처음 생긴 다른 화학종은 m/z 157에 있는 하이드라이드가 사라진 생성물이다. 이것으로부터 H_2O가 없어지고 부가적인 조각내기를 거쳐 m/z 97, 83, 69에서 조각 양이온들이 생긴다. 조각내기 스펙트럼에서 다중 어미 이온들이 존재하는 것은 CI의 보편적인 복잡성이나, 조각내기 전에 이온들을 분리할 수 있는 능력을 가진 기기를 활용할 수도 있다(8-11절). 이 스펙트럼을 1-decanol의 EI 스펙트럼과 비교해 보면 EI와 CI 스펙트럼이 주어진 화합물에 대해서 얼마나 극적으로 달라질 수 있는지 알 수 있다.

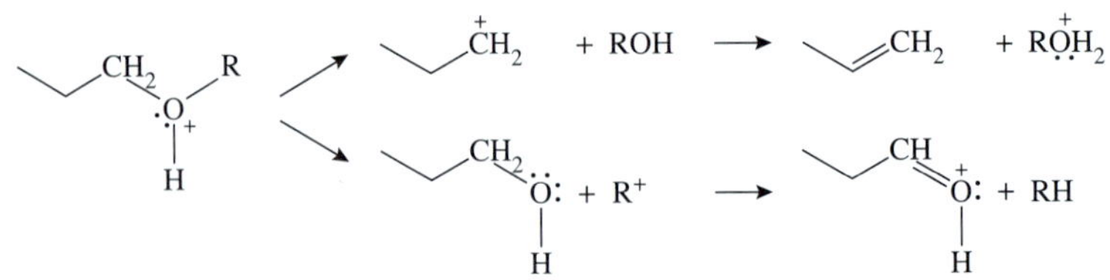

(8-20)

(8-21)

알코올과 에터의 요약

라디칼 양이온

1. 방향족 에터나 페놀이 아니면 약한 분자 이온이 생긴다.
2. α-갈라짐으로 산소-안정화 양이온(옥소늄 이온)이 생긴다. 에터에서, 카보닐/알킬 양이온 쌍에 이르는 차후의 C—O 갈라짐으로 양성자 이동을 통한 알켄의 잃음이 일어난다(식 8-16).
3. 옥소늄 이온은 매우 안정하지는 않기 때문에, 다른 과정이 α-갈라짐의 일부로 일어난다. α-갈라짐에서 다른 부분으로부터 특히 안정한 양이온이 생길 수 있다면, 예를 들어 벤질/트로필과 같이, 중성 α-알콕시 라디칼을 잃고 나서 전하는 이 작용기에 남을 수 있다. α-갈라짐 후에 수소 원자 이동이 일어나서 알켄, 중성 알코올, 에터의 라디칼 양이온이 생길 수 있다(식 8-17).
4. C—O 결합의 갈라짐으로 알콕시 라디칼을 잃어버리고 홀수 양이온이 생기거나, ROH(또는 H_2O)를 잃어버려서 짝수 라디칼 양이온이 생긴다(식 8-13).

양성자화된 알코올과 에터

1. C—O 결합의 갈라짐으로 알킬 양이온이나 알코올 또는 H_2O가 생긴다.
2. C—O 결합의 갈라짐 후에 양성자 이동으로 중성 알켄이 사라진 양성자화된 알코올이 생긴다.
3. C—O 결합의 갈라짐 후에 하이드라이드 이동으로 중성 알케인이 사라진 양성자화된 알데하이드나 케톤이 생긴다.

8-7 알킬과 아릴 할라이드

할로젠은 산소나 질소만큼 이웃한 탄소양이온을 안정화시키는 점에서 효과적이지 못하다(표 8-1 참조). 그래서 알킬 할라이드나 아릴 할라이드의 라디칼 양이온에서 할로젠을 가진 이온을 생성해 주는 α-갈라짐의 역할은 덜 중요하다. 대신에, 전형적으로 할로젠 원자를 잃고 생기는 탄소양이온, 하이드로할로젠을 잃고 생기는 알켄의 라디칼 양이온 또는 α-갈라짐으로 생기는 탄소양이온이 상대적으로 안정하다면 생길 수 있는 할로젠-안정화 라디칼이다. 1-Chloro-3-methyl butane의 스펙트럼은 좋은 예이다(그림 8-18). 분자 이온이 없고 모든 중요한 피크에는 염소가 없다. 명목상의 분자량은 염소에는 상대적으로 높은 함량의 35와 37의 동위원소가 있어서 분자 이온이 두 개의 m/z 값을 나타내기 때문에 106/108로 쓰여 있다. 질량 스펙트럼에서 동위원소의 영향은 다음 장에서 자세히

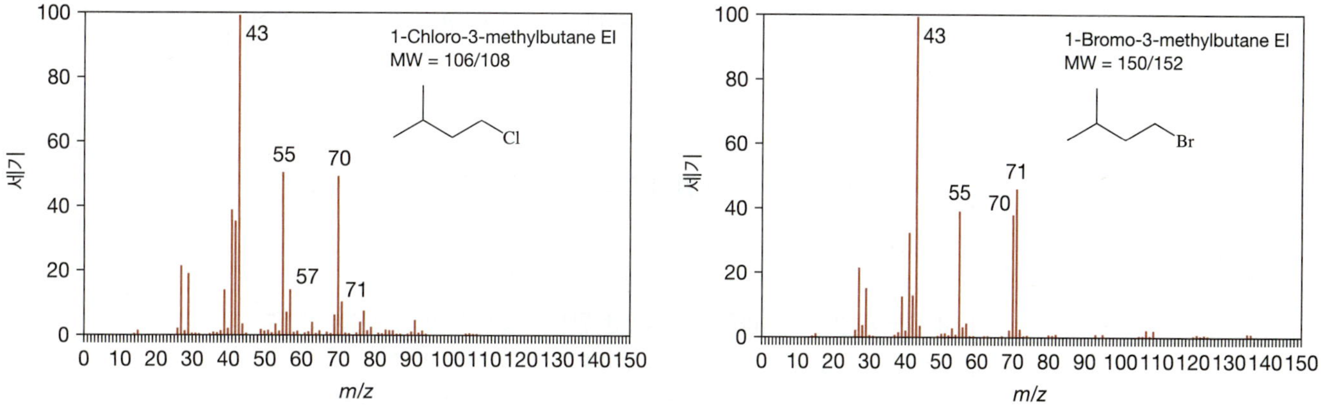

그림 8-18 1-Chloro-3-methylbutane과 1-bromo-3-methylbutane의 EI 스펙트럼(출처: webbook.nist.gov.)

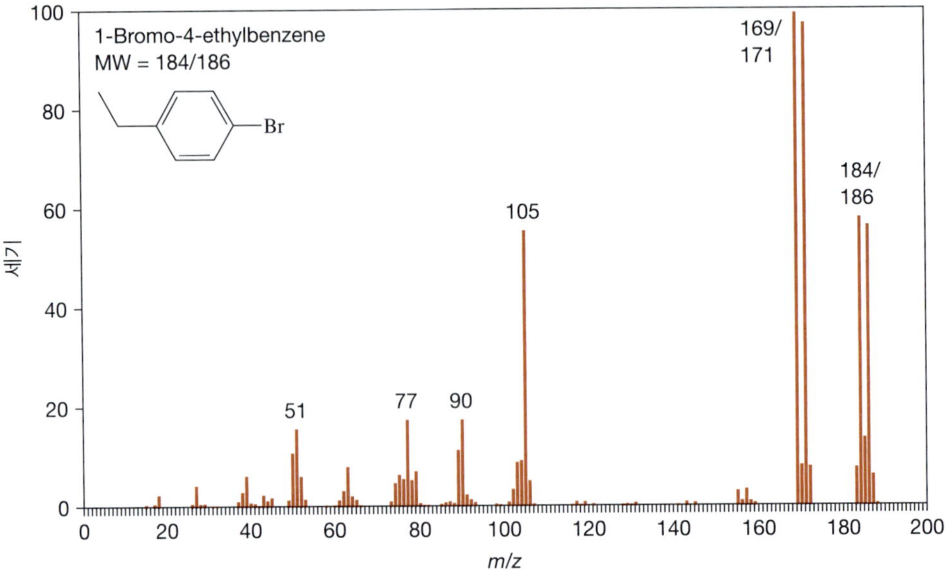

그림 8-19 1-Bromo-4-ethylbenzene의 EI 스펙트럼 (출처: webbook.nist.gov.)

다룰 것이다. 바로 Cl를 잃고 m/z 71에 피크가 보이지만, HCl을 잃은 C_5H_{10}의 라디칼 양이온이 m/z 70에서 더 강한 피크로 보인다. m/z 55의 피크는 $C_5H_{10}^+$의 2차 조각내기 과정을 통하여 메틸을 잃고 생긴 알릴 양이온이다. 기준 피크는 프로필 양이온이며, 분자 이온에서 Cl를 잃고 뒤따라 $CH_2{=}CH_2$를 잃은 결과이다. 이 과정들은 식 8-22와 8-23에 정리되어 있다.

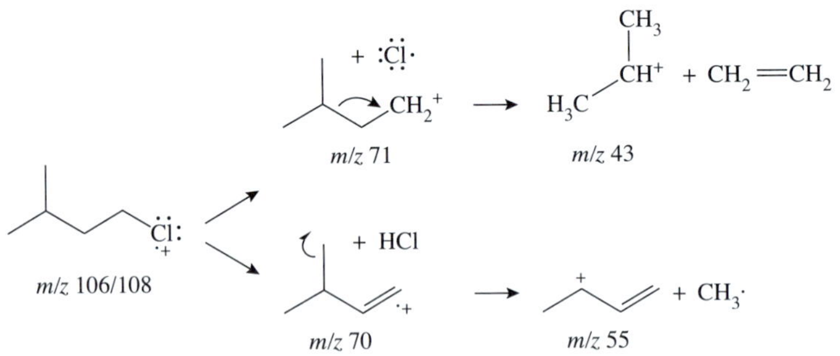

(8-22)

(8-23)

그림 8-18은 유사한 브로민화물의 스펙트럼이다. 염소와 같이 브로민 또한 두 개의 동위원소를 가지고 있어서 분자 이온이 m/z 150과 152에서 나타난다. 스펙트럼은 비슷하지만, 염소와 비교하면 브로민은 HX를 잃어 m/z 70이 생기기보다 X 라디칼을 잃어 m/z 71이 생길 것 같다. 1-Bromo-4-ethylbenzene의 스펙트럼은 아릴 할라이드의 예이다(그림 8-19). 전형적인 방향족 종이기 때문에 분자 이온의 피크는 강하다. 기준 피크는 브로민 원자와 관계없는 갈라짐으로부터 생겨나고, 메틸을 잃고 m/z 169와 m/z 171에 벤질/트로필 양이온이 생긴다. 그림 8-17과 그림 8-18의 두 스펙트럼의 중요한 차이점은 아릴 할라이드는 C—X 갈라짐을 덜 보일 것 같으며, X는 주요 조각 이온에 남는다는 것이다. 그렇지만 C—Br 갈라짐이 관찰되어 피크가 m/z 105에 보인다.

알킬 할라이드 및 아릴 할라이드 요약

라디칼 양이온

1. 방향족 종이 아닌 경우 약한 분자 이온이 생긴다.
2. C—X 결합의 갈라짐으로 할로젠 원자를 잃고 알킬 양이온이 생긴다(식 8-22).
3. H—X를 잃고 알켄의 라디칼 양이온이 생긴다(식 8-23).

8-8 케톤과 알데하이드

분석물질의 카보닐기는 특징적인 몇몇 조각내기 경로를 거친다. 첫째, 아실 양이온 $[R(CO)^{+}]$은 기체상에서 안정하기 때문에 카보닐기의 직접 조각내기가 보편적으로 일어난다. 둘째, 다중 결합 변화를 거치는 조각내기, **맥레퍼티 자리옮김** (*McLafferty rearrangement*)은 모든 카보닐 물질의 가장 특징적인 현상이다.

8-8a 케톤의 라디칼 양이온

케톤의 EI 스펙트럼의 주요한 특징은 (1) 아실 양이온과 알킬 라디칼이 생기는 카보닐의 α-C-C 갈라짐, (2) 단일 또는 이중 맥레퍼티 자리옮김을 통한 원거리(distonic) 라디칼 양이온의 생성이다. 4-Octanone의 스펙트럼은 케톤 라디칼 양이온의 조각내기 경로의 매우 교육적인 예이다. 케톤의 경우에 가끔 보이듯이, 분자 이온(m/z 128)은 스펙트럼에서 주요 피크이다. 예측되는 알킬과 아실 양이온에 해당하는 일련의 홀수 m/z 피크가 있지만, 같은 높이의 두 짝수 m/z 86과 58이 우세하게 보인다. 이들은 라디칼 양이온을 나타내며, 자리옮김 경로로부터 생성되어야 하기 때문에 주목할 만하다(일반적으로 분자 이온 내의 단일결합 갈라짐으로 중성 닫힌 껍질이 만들어지지는 못한다). 이들이 존재한다는 것은 분석물질이 카보닐 화학종일지도 모른다는 즉각적인 암시이다. 먼저 카보닐 탄소의 간단한 갈라짐으로부터 예상되는 피크들을 생각해 보자(식 8-24, 8-25).

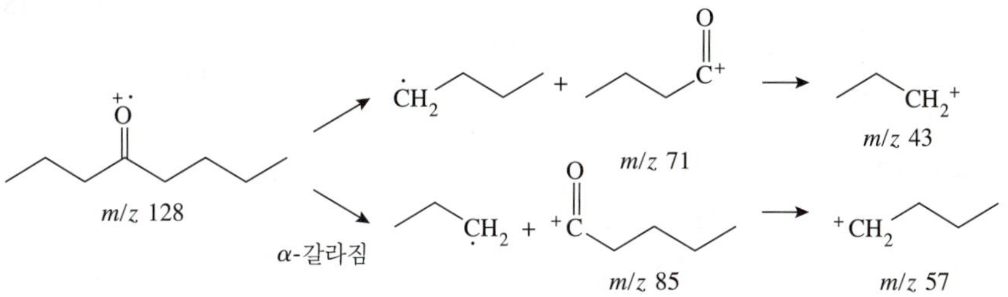

(8-24)

(8-25)

아실 라디칼은 거의 언제나 알킬 라디칼보다 더 낮은 이온화 에너지를 가지고 있기 때문에 전하는 Stevenson 규칙에 의해 아실기에 보통 남아 있게 된다. C_3-C_4 결합의 갈라짐으로 m/z 85에서 아실 양이온이 생기고, 이것이 나아가 조각나서 CO를 잃고 m/z 57의 뷰틸 양이온으로 바뀔 수 있다. 다르게는, C_4-C_5 결합의 갈라짐으로 m/z 71의 아실 양이온이 생기고, 이것은 나아가 조각나서 CO를 잃고 m/z 43의 프로필 양이온으로 바뀔 수 있다. 이 모든 경로는 스펙트럼에서 주된 홀수 m/z 화학종에 대한 설명이 된다. m/z 86과 m/z 58을 설명하려면 맥레퍼티 자리옮김이 필요하다. m/z 86의 이온은 42 질량 단위를 잃은 결과이며, 이는 C_3H_6 또는 $CH_2C{=}O$의 잃음으로 해석될 수도 있다. 앞의 것은 분자 내의 3-탄소 사슬이 분자 안에서 존재하기 때문에 있을 것 같지만 케텐(ketene) 단위는 옥탄온(octanone)의 중심에서부터 잘라내야 될 것 같다. 비록 이것은 생성물을 식 8-25의 경로와 관련지을 수도 있지만(아마도 프로필 라디칼로부터 수소 원자 이동에 의해서), 실제로 케톤의 뷰틸 치환체와 관련된 조각내기의 결과이다. 이온화된 케톤 카보닐은 좋은 수소 원자 뽑개(hydrogen atom abstractor)라서, 알킬 사슬의 γ-탄소로부터 육각형 고리 전이 상태를 거쳐서 매우 쉽게 수소를 뽑아올 수 있다. 이 과정의 결과로 원거리 라디칼 양이온이 생긴다. 여기서 전하는 카보닐기에, 짝짓지 않은 전자는 γ-탄소에 편재되어 있다. 알킬 라디칼은 알켄(이 경우는 프로펜)을 잃어버려, 비편재화된 엔올의 라디칼 양이온이 생긴다(식 8-26).

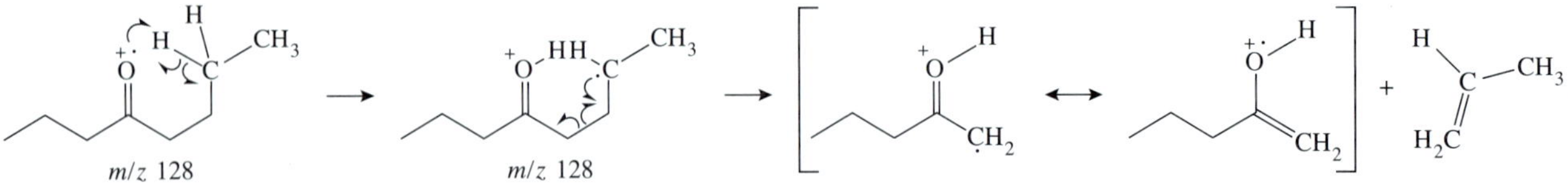

(8-26)

초기 연구에서, 맥레퍼티 자리옮김은 협동화된 과정이며, 처음 두 단계들이 중간의 원거리 이온 없이 동시에 일어나서 직접 이온화된 엔올이 생긴다고 가정하였다. 최근에는 이들이 단계별 반응이라는 증거가 제시되고 있으나, 이 반응들이 일어나는 시간은 스펙트럼을 해석함에 있어서 중요한 문제가 아니며, 한꺼번에 일어나든 단계별로 일어나든 어느 메커니즘에서나 같은 생성물이 생긴다. m/z 86과 58의 이온들의 차이는 $CH_2{=}CH_2$ 또는 CO에 해당하는 28 질량 단위이다. 다시 말하면, 식 8-26에서 m/z 86 이온의 구조는 알켄 잃음으로 생겨난 것이라고 말할 수 있다. 사실, 이 메커니즘은 처음 맥레퍼티 자리옮김과 같다. 라디칼 양이온의 엔올 공명 구조로 시작하여 한 수소 원자가 γ-탄소에서 엔올 산소로 이동하고, 결과적으로 원거리 이온이 생기며, 이어서 $CH_2{=}CH_2$를 밀어냄으로써 다른 원거리 라디칼 이온이 생기는 방식으로 쉽게 설명될 수 있다(식 8-27).

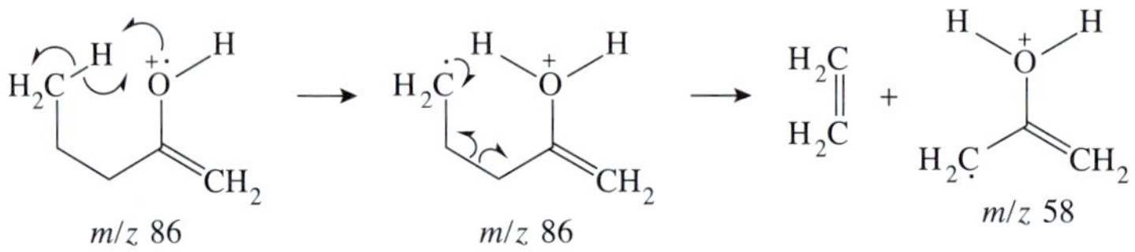

(8-27)

생성 이온은 알릴 라디칼 부분의 비편재화로 안정화된다. 4-Octanone (그림 8-20) 에서 알킬 사슬은 모두 γ-수소를 포함하고 있지만, $CH_2{=}CH_2$를 잃고 m/z 100의 이온이 생길 수 있는 프로필 사슬의 초기 맥레퍼티 자리옮김의 증거는 거의 없다(식 8-29). 중요한 차이점은 식 8-28과 8-29를 비교하여 알 수 있다. 앞에서는 2차 라디칼이 처음 단계에서 생기지만, 반면에 m/z 100 이온 생성은 덜 안정한 1차 라디칼이 초기에 생겨야 된다. 속도 차이가 충분히 커서, 오직 2차 라디칼을 통한 경로만이 주요 경로로 관찰된다. 맥레퍼티 자리옮김은 1차 라디칼을 거쳐 갈 수 있지만(식 8-27), 그것은 케톤의 초기 조각내기 단계에서 덜 우선적이며, 거의 관찰되지 않는다(식 8-27은 두 번째 조각내기이다).

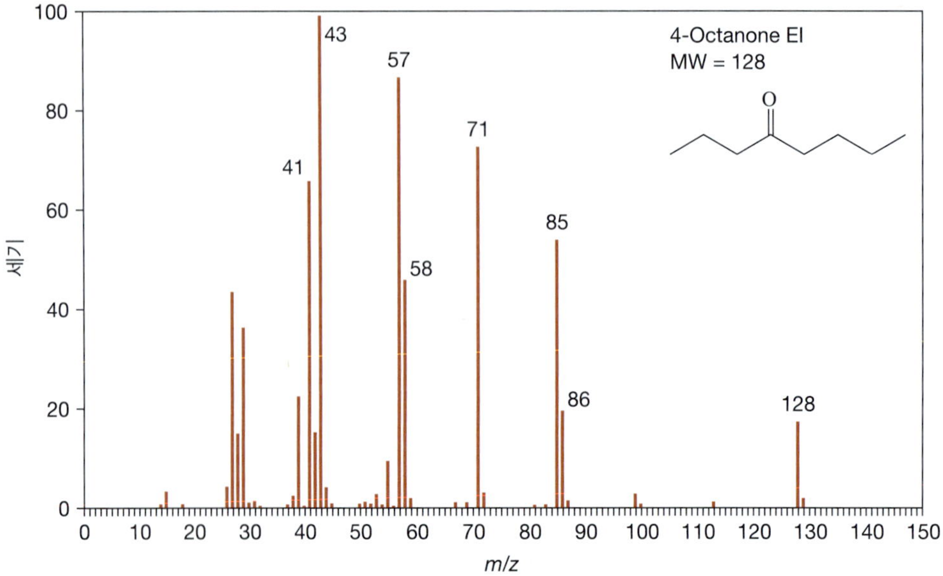

그림 8-20 4-Octanone의 EI 스펙트럼 (출처: webbook.nist.gov.)

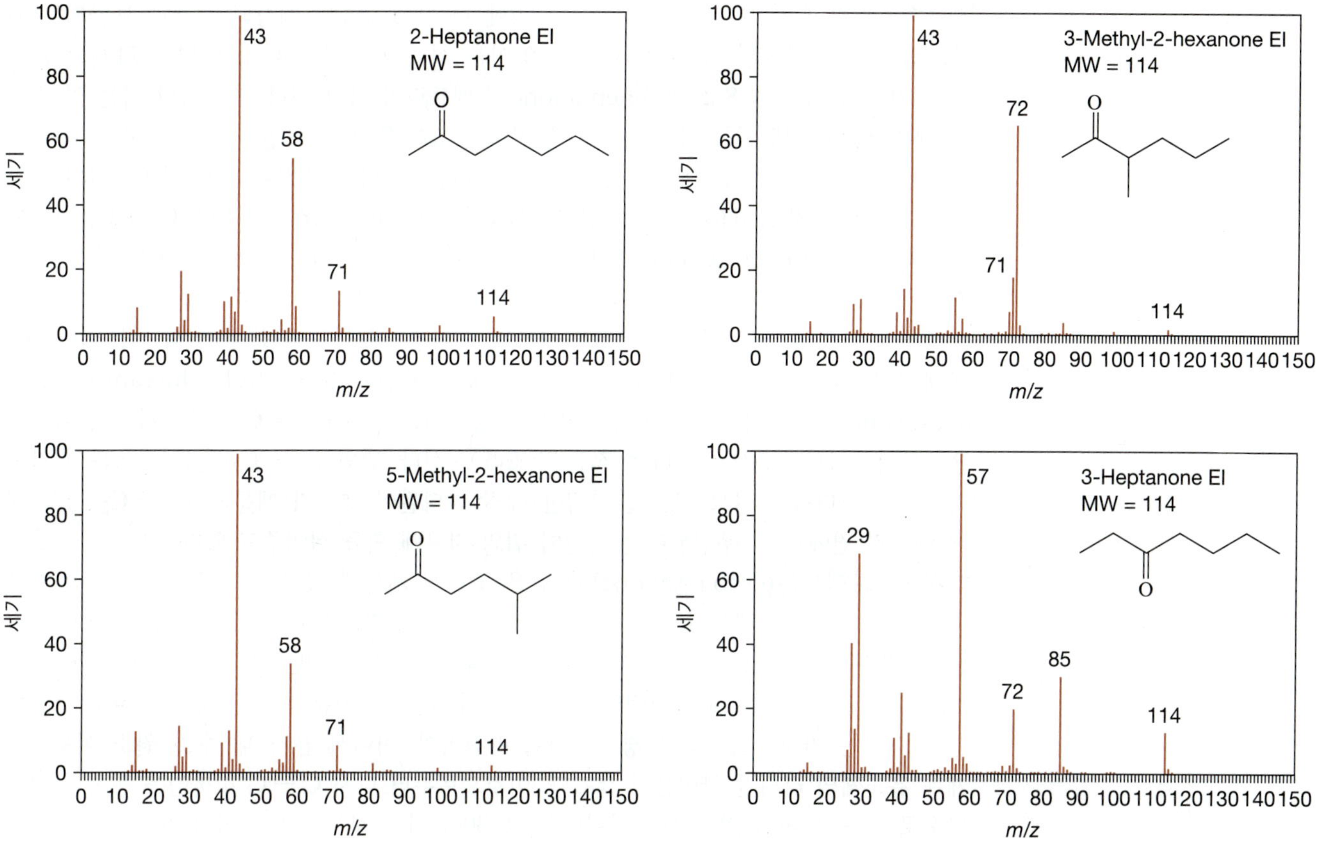

그림 8-21 케톤 이성질체들의 EI 스펙트럼 (출처: webbook.nist.gov.)

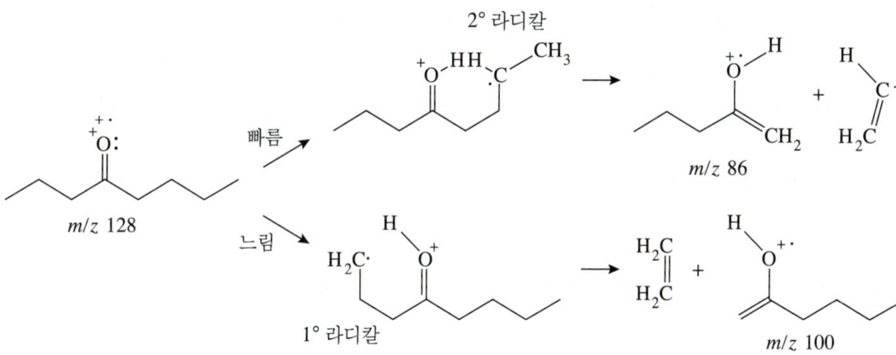

(8-28)

(8-29)

그림 8-21에서, 일련의 식 $C_7H_{14}O$의 케톤 스펙트럼이 제시되어 있으며, α-갈라짐과 맥레퍼티 자리옮김이 화학 구조를 결정하는 데 어떻게 유용한지를 보여 주고 있다. 2-heptanone의 특징적인 맥레퍼티 m/z 58에서의 이온은 더 긴 알킬 사슬의 α-탄소에 치환체가 없는 메틸 케톤을 말한다. 그렇지 않으면, 더 긴 맥레퍼티 이온이 기대될 것이다. m/z 43 (아세틸 양이온)과 71 (펜틸 양이온)에서 서로 보완적인 α-갈라짐 이온들은 이런 결론을 확인시켜 주고 있다. 그러나 이러한 관찰들은 구조를 명확히 규명하기에 충분하지 못하다. 예를 들어, 5-methyl-2-hexanone의 경우에, α-치환체가 없는 메틸 케톤이고 α-갈라짐으로 같은 m/z 이온을 줄 수 있기 때문에 (차이점은 이성질적 펜틸 양이온이 생긴다), 같은 형태의 조각내기가 예상된다. 예측대로, 2-heptanone과 5-methyl-2-hexanone의 스펙트럼은 매우 유사하여 쉽게 구별할 방법을 찾기가 어려울 정도이다. 대비되게 3-methyl-2-hexanone은 매우 다르다. 이것은 케톤의 α-탄소 위치에 치환체를 갖고 있고,

결과적으로 맥레퍼티 이온이 위로 m/z 72에 나온다. 그래도 예상되는 서로 보완되는 α-갈라짐 이온들이 메틸 케톤, 즉 아세틸 양이온 형성을 가리키는 m/z 43과 71에서 보인다. 비교를 위해 그림 8-21에 3-heptanone 스펙트럼이 나와 있다. 맥레퍼티 이온 역시 에틸 케톤이나 α-메틸기를 가진 케톤과 일치하는 m/z 72에서 보인다. 큰 차이점은 α-갈라짐에서 관찰된다. 이 경우에, 세 가지 강한 신호가 이들에서 관찰된다. C_2와 C_3 사이의 갈라짐으로 m/z 85 ($C_4H_9CO^+$) 가 생기고, CO를 잃어 m/z 57이 생긴다. C_3와 C_4 사이의 α-갈라짐으로 m/z 57 ($C_2H_5CO^+$) 가 생기고, CO를 잃어 m/z 29에 피크가 생긴다. 이 경우에, m/z 57은 두 가지 방법의 α-갈라짐을 통하여 생길 수 있다. 그러나 이온들은 화학식에서 다르며, 고분리능 스펙트럼 (9장에서 다룸) 에서 구별될 수 있다. 어느 경우나, 맥레퍼티 이온들의 유사성에도 불구하고, α-갈라짐은 3-methyl-2-hexanone과 3-heptanone을 깔끔하게 구별하는 방법을 제공한다. 메틸 케톤은 C_2와 C_3 사이의 갈라짐으로부터 강한 피크가 생긴다는 점을 강조하고 싶다. 만약 C_1-C_2 결합을 통하여 갈라지면 1차 라디칼 조각보다는 덜 안정한 메틸 라디칼이 생기기 때문에, C_1-C_2 갈라짐이 에너지 면에서 덜 우선된다는 사실이 위의 경로에 힘을 실어주고 있다.

사이클로헥산온 (cycohexanone) 과 같은 고리형 케톤에 있어서, 구조적 제한성이 맥레퍼티 자리옮김을 방해하며, α-갈라짐으로 고리가 열린다. 그리하여 조각들이 생기지는 않는다. 결과적으로, EI 스펙트럼은 어미 이온의 이차 조각내기에 기초를 두고 있다. 그림 8-22에서 고리형 케톤에 보편적인 강한 피크가 있으며, 기준 피크는 m/z 55이다. 이 이온에 이르는 가장 있을 법한 경로는 α-갈라짐이며, 이어서 분자 내 수소 원소 이동으로 케텐 유도체의 라디칼 양이온이 생긴다. 이것으로부터 다시 C—C 갈라짐을 통하여 마지막으로 불포화 아실 양이온이 생긴다 (식 8-30). 이 경로는 일반적이며, m/z 55 이온은 사이클로펜탄온 (cyclopentanone) 이나 사이클로헵탄온 (cycloheptanone) 의 스펙트럼에서도 보여지고 있다. 이들보다 더 큰 동족체들이 고리의 2와 3 위치에 치환체가 있는 고리형 케톤에서 관찰된다. 덧붙여, 그런 스펙트럼은 m/z 70과 42에서 라디칼 양이온 화학종 쌍의 강한 신호를 보여 준다. 이것도 쉽게 설명될 수 있다. 초기의 α-갈라짐으로 원거리 이온이 생기며, 여기서부터 순차적인 $CH_2=CH_2$ 단위가 알킬 라디칼 사슬로부터 떨어져 나갈 수 있다. 이런 과정은 일반적인 원거리 이온들에서 보편적이다.

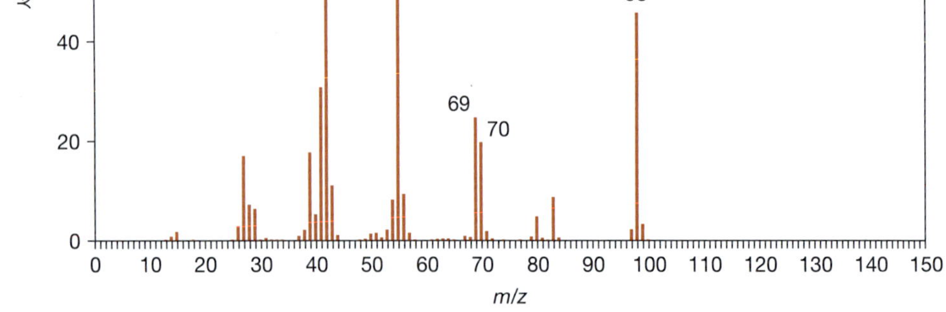

그림 8-22 사이클로헥산온의 EI 스펙트럼 (출처: webbook.nist.gov.)

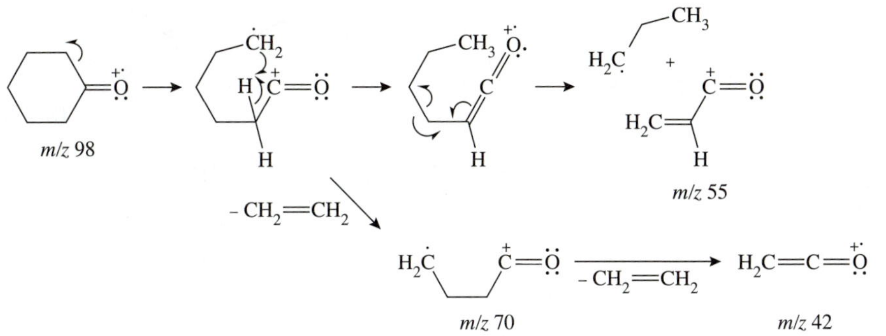

(8-30)

(8-31)

8-8b 알데하이드의 라디칼 양이온

알데하이드는 맥레퍼티 자리옮김이 한번만 일어나는 제한성이 있지만 케톤과 많은 면에서 같은 조각내기 과정을 겪는다. 예로서, 그림 8-23에 보인 대로(케톤 이성질체 4-octanone은 그림 8-20에), octanal의 EI 스펙트럼을 생각해 보자. 언뜻 봐서, 분명히 octanal은 훨씬 약한 분자 이온 신호를 주며, 훨씬 다양한 조각들을 준다. 가장 눈에 띄는 면은, 자리옮김이 일반적인 경로임을 나타내면서 많은 수의 라디칼 양이온들(짝수 m/z)이 스펙트럼에 있다는 점이다. H_2O나 CO의 잃음은 전형적인 알데하이드의 것이며 각각 m/z 110과 100에 피크가 있다. 또, m/z 44에 맥레퍼티 자리옮김의 결과인 두드러진 피크가 있다. 이 이온은 특별히 특징적이며, α-탄소에 치환체가 없는 모든 알데하이드에서 관찰된다. 치환체가 있는 알데하이드에 대해서는, 맥레퍼티 피크는 α-치환체만큼 증가된 값에서 나온다. 케톤의 맥레퍼티 자리옮김으로부터 생기는 엔올 같지 않게, 알데하이드로부터 생기는 것들은 상대적으로 높은 이온화 에너지를 갖는다. 이 에너지는 같이 생겨나는 알켄 조각들의 것보다 더 클 수 있다. Stevenson 규칙에 따라 스펙트럼에서 알켄 조각들의 라디칼 양이온을 예측해 볼 수 있다(식 8-32). 이 경우에 이온화 에너지는 1-hexene과 에탄올에서 비슷하며, 결과적으로 두 라디칼 양이온들이 관찰된다(m/z 84와 44). 다른 이온화된 알켄에서처럼, 1-hexene은 $CH_2{=}CH_2$를 잃고 m/z 56에 피크를 나타낸다.

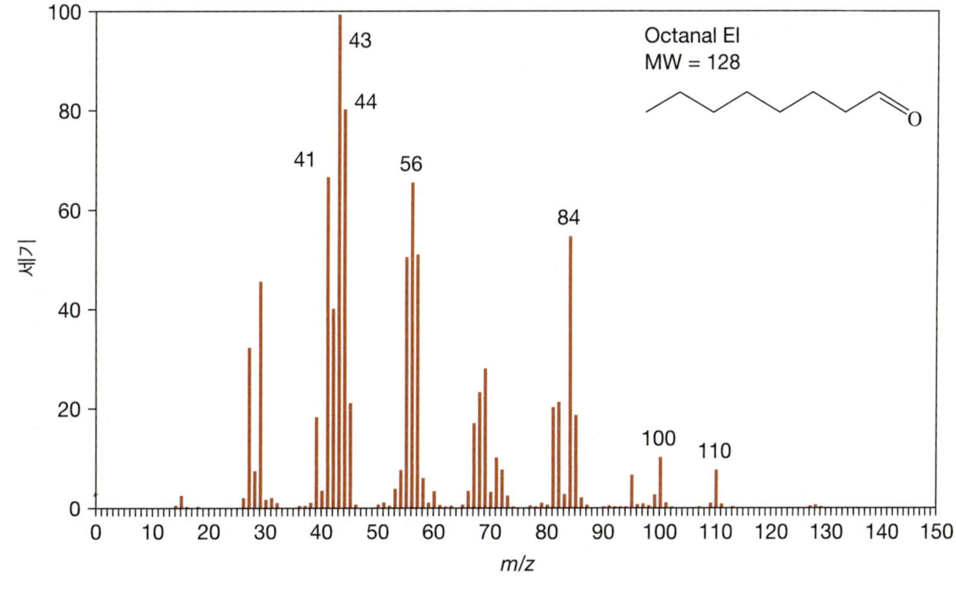

그림 8-23 Octanal의 EI 스펙트럼 (출처: webbook.nist.gov.)

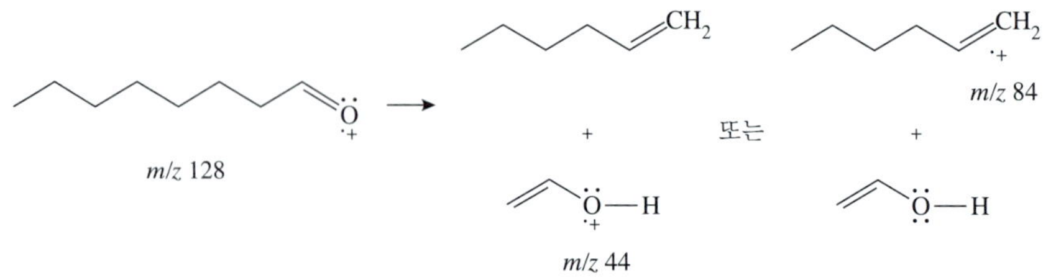

(8-32)

알데하이드와 케톤의 요약

1. 단일 또는 이중 맥레퍼티 자리옮김으로, 알킬 계에서 44, 58, 72, 86에 특징적인 질량을 가진 원거리 이온이 생긴다(식 8-26, 8-27).
2. α-갈라짐으로, 알킬 계에서 43, 57, 71, 85에 특징적인 질량을 가진 아실 양이온이 생긴다. 이들 이온은 종종 이차 조각내기를 거치며, CO를 잃어서 해당하는 알킬 양이온이 생긴다(식 8-24).
3. 알데하이드 α-탄소에 치환체를 가지고 있지 않다면, 맥레퍼티 이온을 *m/z* 44에 나타낸다(식 8-32).
4. 알데하이드에서 α-갈라짐으로 아실 라디칼을 잃고 나서 직접 알킬 양이온이 생긴다.

8-9 카복실산과 그 유도체들

8-9a 카복실산

알킬 카복실산의 가장 특징적인 조각내기 경로는 맥레퍼티 자리옮김이다. 여기서 α-탄소에 치환체가 없는 카복실산이라면, *m/z* 60 이온이 생긴다(식 8-33).

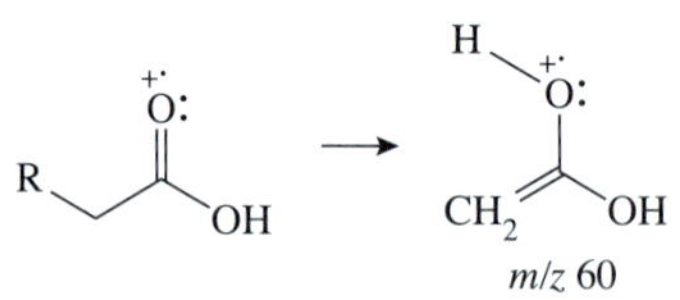

(8-33)

다른 주요 경로는 알킬 라디칼이나, 하이드록실 라디칼 또는 카복실기(HCO_2)의 잃음이다. 마지막 두 개는 아릴 카복실산에서 가장 보편적이다. 두 가지 예가 그림 8-24에 나와 있다. Octanoic acid에서, 기준 피크는 카복실산의 특징적인 맥레퍼티 자리옮김 생성물인 *m/z* 60이다. 함께 알켄 라디칼 양이온(*m/z* 84)이 역시 관찰된다(*m/z* 85의 피크는 아마 수소 원소 이동과 관련이 있을 것이다). 이것은 1-hexene의 IP가 아세트산의 엔

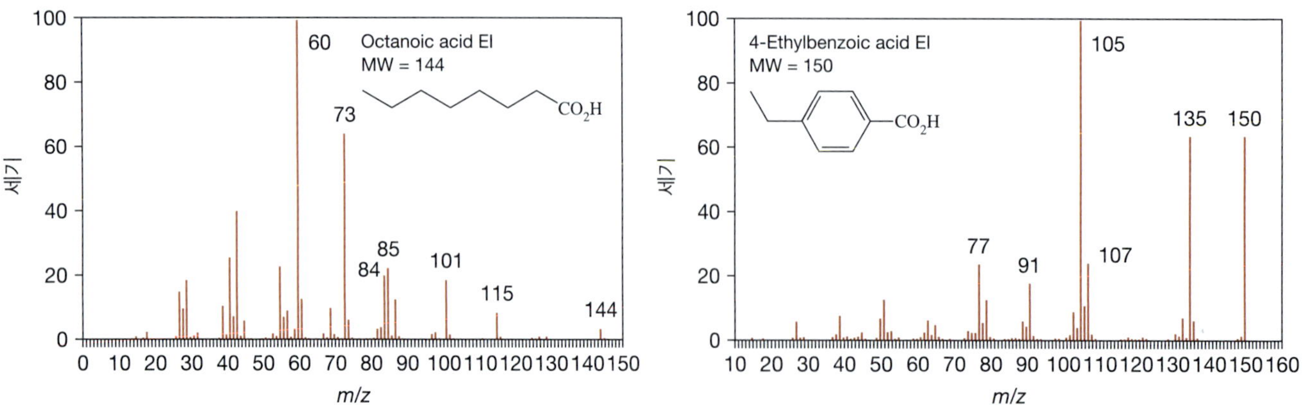

그림 8-24 Octanoic acid와 4-ethylbenzoic acid의 EI 스펙트럼 (출처: webbook.nist.gov.)

올의 것과 비슷함을 암시하는 것이다. 덧붙여, m/z 144에서 작은 분자 이온이 관찰되며, 알킬기를 잃어 생기는 일련의 피크들[에틸(m/z 115), 프로필(m/z 101), 뷰틸(m/z 87), 펜틸(m/z 73)]도 생기는데, 이들 모두 카복실산기를 가지고 있다. 아릴 카복실산에서, m/z 150에서 더 두드러진 피크가 있으며, 기준 피크는 CO_2H의 잃음으로 생기는 m/z 105이다. 벤질/트로필 양이온(m/z 135)이 생기게 하는 메틸 잃음 뿐만 아니라, 스펙트럼에서 다른 잃음들도 전형적인 아릴 화학종의 것이다.

음이온 방식에서, 카복실레이트는 전형적으로 카복실기 이탈을 겪으면서 조각나서 탄소음이온이 생긴다. 이것은 부차적인 조각내기를 겪기도 한다. 그러나 보통의 간단한 탄소음이온들은 매우 낮은 전자 결합 에너지(electron binding energy)를 가지고 있다. 그래서 조각내기 과정에서 전자가 쉽게 사라질 것이며, 중성 조각 생성물만 생길 것이다. 이 경우에, CID와 같은 과정은 어미 이온의 강도를 약하게 만들겠지만, 그러나 조각내기는 잘 관찰되지 않는다. 이런 중화적 작용은 음이온에 특징적이며 상대적으로 보편적이다. 이것은 음으로 하전된 많은 작용기의 전자 결합 에너지가 작은 데 기인한다. 이것이 질량 분석법에서 음이온이 덜 사용되는 이유 중의 하나이다.

8-9b 에스터

에스터는 그 카복실산과 알콕시 성분에 관한 다양한 정보를 주는 점에서 풍요로운 스펙트럼을 나타낸다. 다른 카보닐 화학종처럼, 카복실산의 알킬 사슬이나 알콕시 성분으로부터 맥레퍼티 자리옮김이 특징적인 피크이다. 이중 맥레퍼티 자리옮김도 가능하다. 카복실산처럼, 전형적인 이온 질량은 m/z 60, 74, 88, 102, 116이다. 카복실산의 α-갈라짐뿐만 아니라 알콕시기를 잃고 생기는 아실 양이온의 피크도 볼 수 있을 것이다. 마지막으로, γ-갈라짐은 카복실산 성분에서 관찰된다. 그림 8-25에서 이성질체 에스터의 스펙트럼은 에

그림 8-25 에스터 이성질체의 EI 스펙트럼 (출처: webbook.nist.gov.)

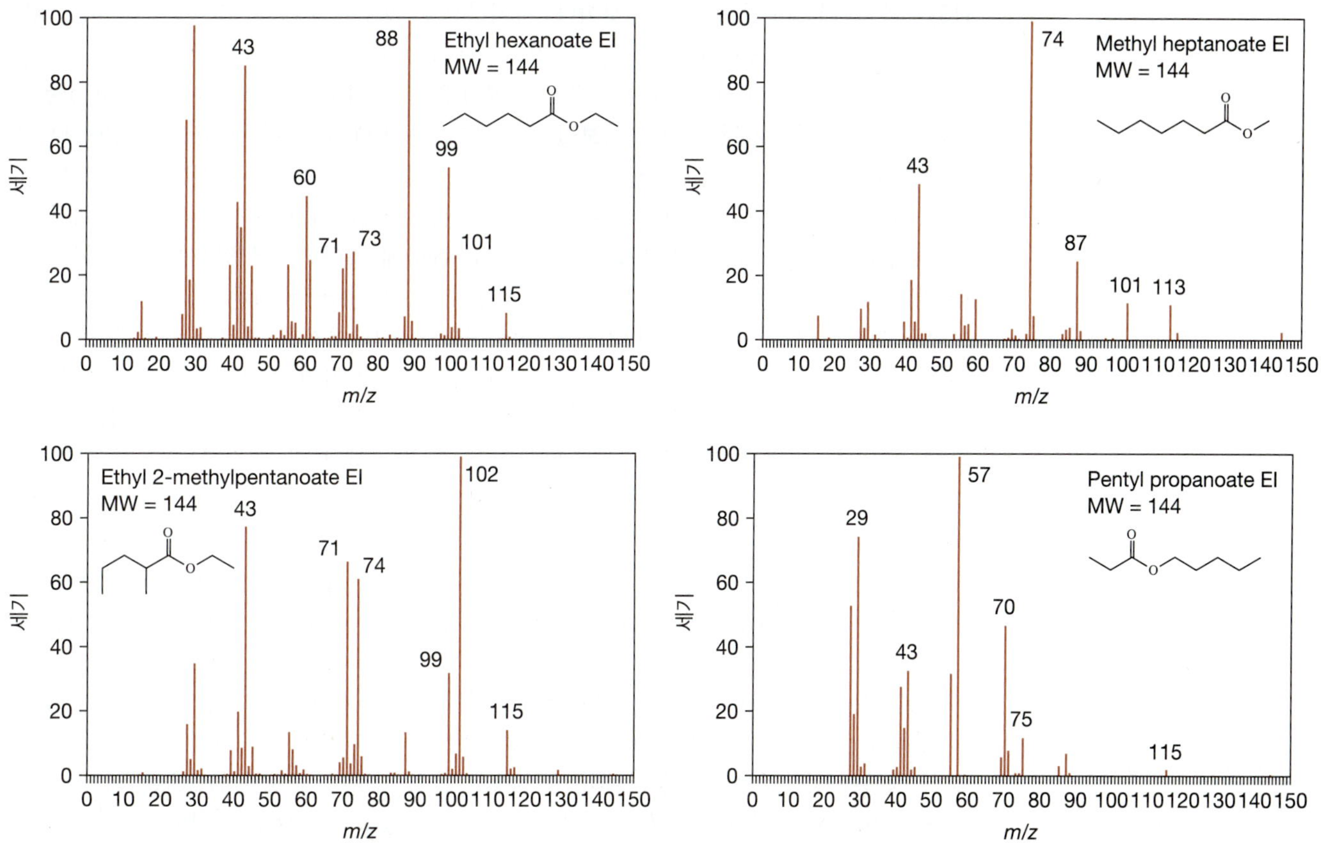

스터의 기본적인 조각내기의 형태를 많이 보여 주고 있다. 위 왼쪽에, ethyl hexanoate는 여러 가지 탄소 수를 가진 화학종 뭉치의 피크를 보여 주는 복잡한 스펙트럼을 나타내고 있다. 강한 피크는 m/z 88과 60의 짝수 이온 피크이며, 앞의 것이 기준 피크이다. 이들 피크는 순차적인 맥레퍼티 자리옮김을 나타내고 있다. 첫 번째는, 카복실산 성분으로부터 뷰텐의 잃음이며, 이어서 알콕시기로부터 에텐을 잃고 친숙한 라디칼 양이온 $H_2CC(OH)_2^{+}$이 생기며, 이것은 카복실산의 맥레퍼티 자리옮김에서 자주 관찰되는 것들이다(식 8-34).

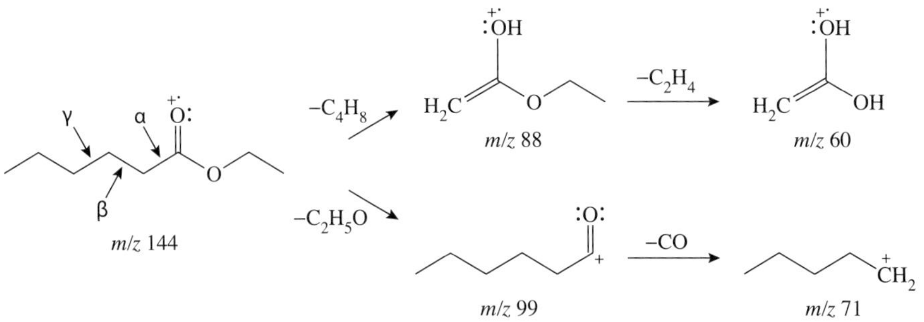

(8-34)

(8-35)

다른 특징적인 피크는 에톡시를 잃고 생긴 m/z 99이다. 이 과정으로 아실 양이온이 생기며, 이것으로부터 CO가 사라지고 m/z 71의 알킬 양이온이 생긴다. 마지막으로, γ-갈라짐으로 프로필 라디칼을 잃고 m/z 101이 생긴다. 그림 8-25에 이성질체 heptanoic acid의 메틸 에스터가 나와 있다. 역시 강한 맥레퍼티 피크가 m/z 74에 보이며, 이것은 펜텐을 잃고 생긴 것이다. 이런 관찰은 맥레퍼티 자리옮김에서 알켄을 잃어버릴 때, 적어도 두 개의 탄소(α 및 카보닐)는 유지되기 때문에, 카복실산 성분이 적어도 7개의 탄소를 포함하고 있다는 것을 바로 제시하고 있는 것이다. 맥레퍼티 자리옮김을 하려면 에틸이나 더 큰 에스터가 필요하기 때문에, 여기서 이 자리옮김은 없다. 메톡시기를 잃고 생기는 m/z 113은 메틸 에스터를 지시하는 것이다. 마지막으로, γ-갈라짐(뷰틸 잃음)으로 m/z 87이 생긴다. 이런 특징들을 이용하여 쉽게 ethyl hexanoate와 methyl heptanoate를 구별할 수 있다. 그림 8-25의 세 번째 이성질체는 에틸 2-methyl-pentanoate이다. 다시 한번 맥레퍼티 자리옮김이 가장 강력한 정보를 제공한다. 첫 번째 조각 이온이 m/z 102에 나타나 있으며, 이는 카복실산 성분으로부터 프로펜이 사라진 것이다. 이 단계에 이어서 알콕시 성분으로부터 에텐을 잃고 m/z 74가 생긴다. 이중 맥레퍼티 피크가 가지 없는 화학종보다 14 단위 크다는 사실, 즉 m/z 60은 바로 α-탄소에 메틸화되어 있음을 암시하는 것이다. 에틸을 잃고 생긴 m/z 99와 이어서 CO를 잃고 생긴 m/z 71은 이 스펙트럼에서 두드러진 피크이다. 이 경로가 ethyl hexanote에서보다 더 우세한 경로라는 것은, 2차 양이온이 생기기 때문에 놀랄 일이 아니다. 이 이온은 또 에스터의 카복실산 성분으로부터 생긴 α-갈라짐 생성물로 볼 수 있다는 점은 유의할 만하다. γ-갈라짐으로 m/z 115가 생긴다(에틸 잃음). 마지막으로, pentyl propanoate를 생각해 보자. 가장 두드러진 짝수 이온 피크는 m/z 70이다. 이것은 에스터나 카복실산에 대한 전형적인 맥레퍼티 이온이 아니다. 이 경우에, 중성 분자 잃음은 맥레퍼티 질량 74이다. 여기서, 에스터의 알콕시 성분에서 일어나는 맥레퍼티 자리옮김으로 펜텐이 사라진 것이며, propanoic acid 라디칼 양이온이 생긴 것이다. Propanoic acid의 이온화 에너지(10.4 eV)는 1-pentene의 것(9.5 eV)보다 크며, Stevenson 규칙에 따라, m/z 70의 펜텐 라디칼 양이온이 우세한 경로이다. 카복실산은 보통 알켄보다 높은 IP를 갖고 있는데, 이 때문에 맥레퍼티 자리옮김이 에스터의 알콕시 성분에서 우선 일어나는 것이 보편적이다. 이 경우에 맥레퍼티 자리옮김은 카복실산 성분에서는 가능하지 않다(최소한 4개의 탄소 사슬이 필요하다). 기준 피크는 m/z 57이며, 이것은 특징적인 알콕시(이 경우에 펜톡시) 잃음 경로로부터 얻어진 아실 양이온

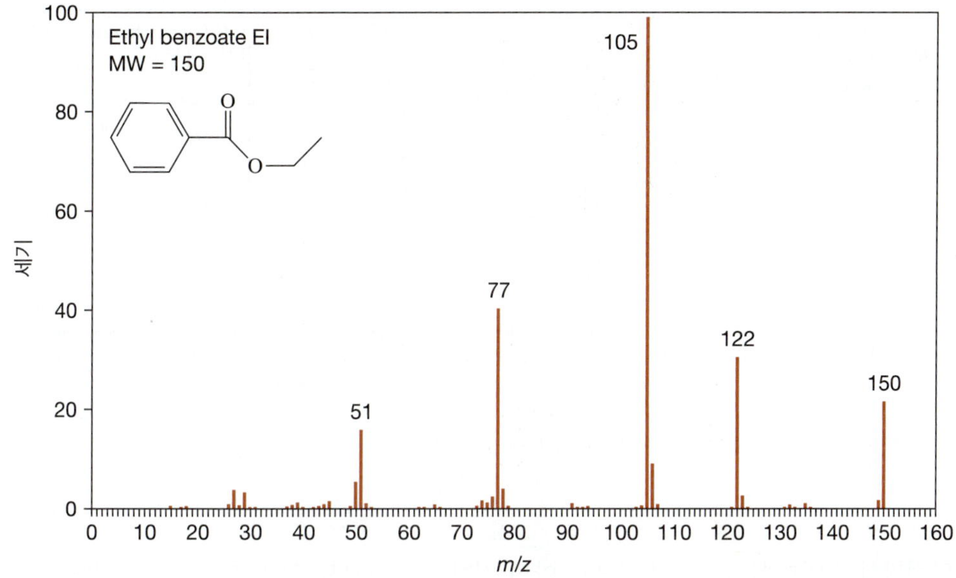

그림 8-26 Ethyl benzoate의 EI 스펙트럼 (출처: webbook.nist.gov.)

이다. m/z 29의 에틸 양이온도 두드러진 피크이며, 이 아실 양이온으로부터 CO를 잃고 생길 수 있다. 이렇게 연습해서 알 수 있듯이, 에스터의 EI 스펙트럼은 유용한 여러 가지 조각들을 제공하며, 관련된 유사한 화학종을 구별하기에 충분한 정보들이 들어 있다.

아릴 에스터는 분자 이온이 크게 나오는 경향이 있으며, 맥레퍼티 자리옮김이 에스터의 알콕시 성분에서만 가능하다. 덧붙여서, 알콕시를 잃고 CO도 잃는 것이 보통이다. Ethyl benzoate (그림 8-26)는 간단한 예이다. 기준 피크는 알콕시가 사라진 아실 양이온 (m/z 105)이며, CO를 잃고 페닐 양이온 (m/z 77)도 생길 수 있다. 에텐이 사라지고 m/z 122에 벤조산의 라디칼 양이온이 생기는 강력한 맥레퍼티 자리옮김이 있다.

CI 과정에서는 양성자화된 에스터가 곧잘 생기며, 특징적인 조각내기를 겪는다. 알콕시를 잃고 알코올이 생기는 것이 보편적이며, 그래서 아실 양이온이 생긴다. 이 경로에서 또 차후에 CO를 잃게 되어 알킬 양이온이 생긴다. 양성자화된 에스터도 알콕시 성분으로부터 알켄을 잃을 수 있으며, 양성자화된 카복실산이 생길 수 있다. 이 과정은 정상적인 맥레퍼티 자리옮김은 아니지만, 중성 질량 잃음은 같다. 이런 형태의 잃음, 즉 β-제거는 에스터의 잘 알려진 열적 과정이며, 기체상에서도 비슷한 메커니즘의 가능성이 있다.

8-9c 아마이드

아마이드의 조각내기 과정은 놀랠 것 없이 에스터의 것과 유사하다. 핵심적인 차이는 질소 원소의 존재이며, 이 때문에 짝수/홀수 질량 규칙이 반대로 바뀐다 (질소가 존재할 때, 홀수 질량은 라디칼 양이온에 해당한다). 이런 차이 말고도, 맥레퍼티 자리옮김, α-갈라짐, γ-갈라짐 등이 혼합되어 일어날 수 있다. 한 쌍의 이성질체 아마이드의 EI 스펙트럼이 그림 8-27에 나와 있다. Octanamide에서, 분자 이온은 홀수 질량 (m/z 143)이며, 기준 피크도 홀수 질량 (m/z 59)이다. 이것들은 질소를 가지고 있는 라디칼 양이온을 의미한다. 이 경우에, 이것은 헥센 (hexene)을 잃고 라디칼 양이온 $CH_2{=}C(OH)NH_2$이 생기는 맥레퍼티 자리옮김의 결과이다. 이것은 전형적인 1차 아마이드의 맥레퍼티 이온이다. 다른 눈에 띄는 것은 m/z 72이며, 이것은 γ-갈라짐 생성물이다. 질소 때문에 이 닫힌 껍질 화학종은 짝수 질량이다. *N,N*-dimethylhexanamide에서, 맥레퍼티 피크는 질소에 붙은 두 메틸기가 추가되어 m/z 87로 움직였다. 다른 특징적인 피크는 m/z 100 (프로필 잃음)의 γ-갈라짐과 m/z 72 (펜틸 잃음)의 α-갈라짐이다. m/z 43에서부터 45의 피크 뭉치들은 다이메틸아미노기와 관련이 있으며, 기준 피크가 들어 있다. 아릴 아마이드는 아릴 에스터와 더욱더 같은 방법으로 조각나며, 아마이드 결합 갈라짐으로 아실 양이온이 보편적

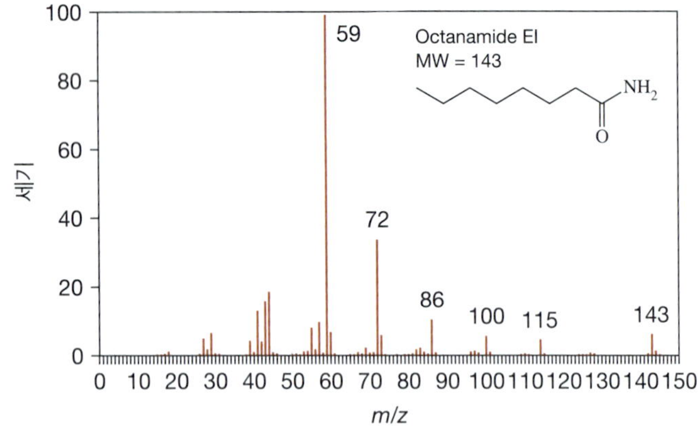

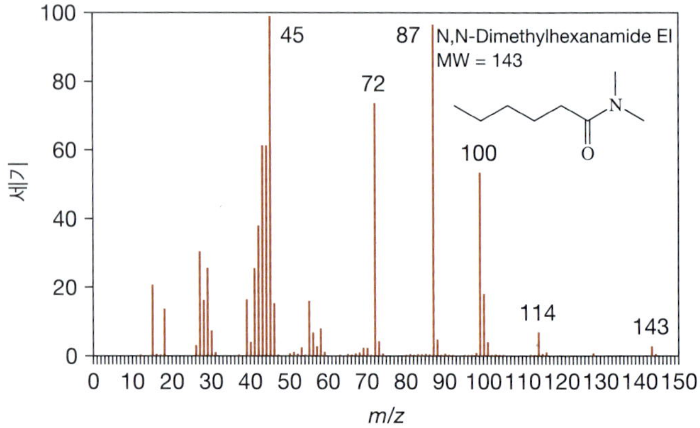

그림 8-27 Octanamide 및 *N*,*N*-dimethylhexanamide의 EI 스펙트럼 (출처: webbook.nist.gov.)

이다.

양성자화된 아마이드는 일반적으로 아민 결합이 갈라져서 강한 피크를 나타내며, 아실 양이온과 중성 아민 또는 양성자화된 아민과 형식적인 케텐(아실 양이온으로부터 아민으로 양성자 이동)이 생긴다. 양성자화된 아마이드의 깨짐은 펩타이드 서열 분석과 연관이 있기 때문에, 질량 분석법에서 잘 연구된 조각내기 중의 하나이다. 이 경우에 작용기가 더 있기 때문에, 그 메커니즘은 좀 더 복잡하다. 펩타이드의 스펙트럼은 9장에서 다룬다.

8-9d 나이트릴

나이트릴의 EI 스펙트럼은 특히 특징적이지 않다. 이들은 맥레퍼티 자리옮김을 겪지도 않으며, 종종 나이트릴에 있는 알킬이나 아릴기의 전형적인 조각내기 형태를 따른다. CN을 잃는 것도 보편적이지 않고, 대신에 보통 HCN의 형태로 사라진다.

카복실산과 유도체들 요약

1. 맥레퍼티 자리옮김으로 특징적인 질량을 가진 원거리 이온이 생기는 것이 보편적이다. α-탄소에 치환체가 없다면, 카복실산은 m/z 60의 피크를 나타낸다. 에스터는 m/z 60, 74, 88, 102 등등의 피크를 나타내 주는 맥레퍼티 자리옮김하는 경향이 있다. 단일 맥레퍼티 자리옮김은 일반적으로 에스터의 카복실산 성분에 가장 쉽게 일어난다. 아마이드는 m/z 59, 73, 87 등에서 일련의 홀수 맥레퍼티 이온을 보여 준다.
2. 모든 유도체들은 카보닐기의 양쪽에서 α-갈라짐이 잘 일어나는 경향이 있다. 에스터는 이런 과정에서 알콕시기를 잃고 아실 양이온이 생기며, 그런 다음 CO를 잃고 형식적으로 에스터의 카복실산 성분에서의 α-갈라짐 생성물이 생긴다.
3. 덧붙여서, γ-갈라짐은 유도체들의 카복실산의 성분에서 보편적이다.

8-10 그 밖의 작용기들

8-10a 나이트로 화합물

나이트로알케인의 EI 스펙트럼은 NO_2를 잃고 생기는 적당히 안정한 라디칼이 보통 지배적이다. 그 결과로 생긴 알킬 양이온은 전형적인 두 번째 조각내기를 겪는다. 나이트로아렌(nitroarene)은 흥미로운 조각내기 방식을 가지고 있고, 아렌의 대안적 경로의 좋은 설명거리이다(그림 8-28). 2- 및 4-nitrotoluene의 EI 스펙트럼은 전형적인 나이트로아렌 조각내기의 예를 제공한다. 파라 이성질체에서 NO_2의 잃음은 보편적이며, m/z 91의

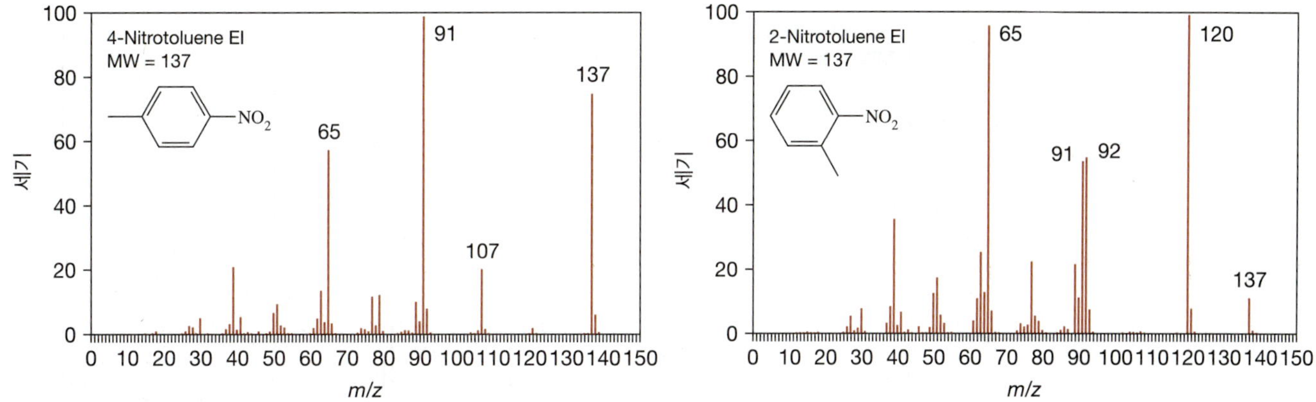

그림 8-28 2-Nitrotoluene 및 4-nitrotoluene의 EI 스펙트럼 (출처: webbook.nist.gov.)

페닐 양이온이 생긴다. 덧붙여, NO를 잃고 생겨야 되는 m/z 107의 매우 흥미로운 피크가 있다. 이 과정은 Smiles-형의 자리옮김의 예이며, 스피로 중간체를 거쳐서 quinone과 같은 생성물(식 8-36)이 생긴다. 보통의 아렌 조각, $C_5H_5^+$ (m/z 65)도 보인다. 오쏘 이성질체에서는 매우 다른 스펙트럼이 관측된다. 주된 차이점은 나이트로기가 오쏘 메틸기와 상호작용할 수 있다는 것이다. 놀랍게도 17(하이드록실)의 잃음은 이 상호작용의 결과이다. 분자 내의 수소 원자가 이동하고 그 다음에 N—OH 갈라짐을 거쳐서 나이트로소 화합물이 생긴다(식 8-37). NO_2를 잃은 피크(m/z 91) 또한 이 스펙트럼에서 보이며, $C_5H_5^+$ (m/z 65)도 함께 보인다. 또한 m/z 92에 강한 피크가 보이고 있다. 이것은 C_2H_4 잃음을 수반한 복잡한 고리열림/자리옮김 과정을 거쳐서 m/z 120으로부터 유도된 것 같다. 스펙트럼은 쉽게 구별되는데, 이것은 오직 오쏘 효과 때문이다. 예를 들면, 메타 이성질체는 파라 이성질체와 매우 유사한 스펙트럼을 보여 준다. 오쏘 효과 또한 다른 작용기와 함께 나타나며, 오쏘-치환 알킬 에스터와 카복실산은 비슷한 과정을 거쳐서 각각 중성 ROH와 H_2O를 잃는 과정을 겪는다.

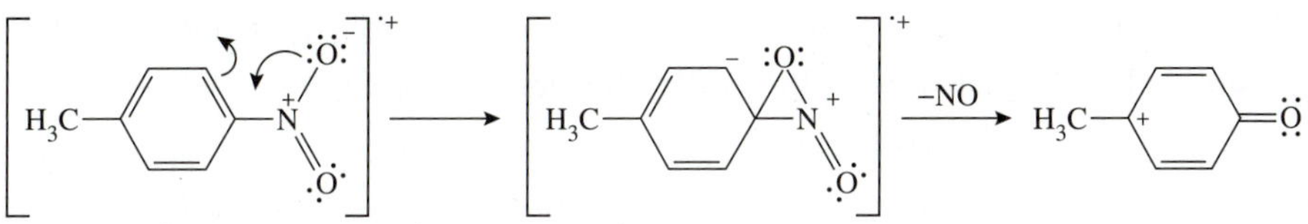

m/z 137 m/z 107 **(8-36)**

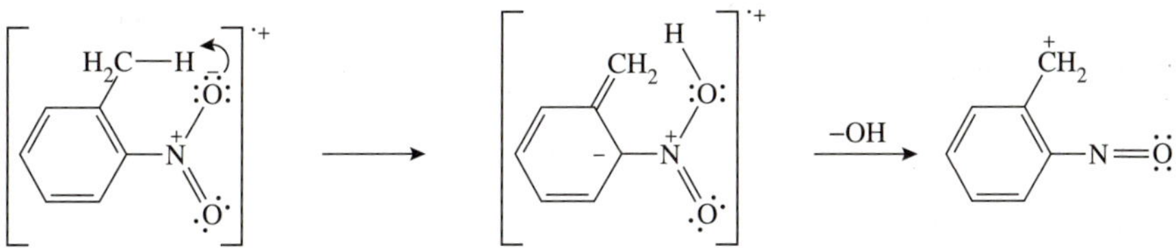

m/z 137 m/z 120 **(8-37)**

8-10b 황을 포함하는 작용기

싸이올과 설파이드는 알코올 및 에스터처럼 행동하는 경향이 있지만, 황은 산소보다 인접한 탄소양이온을 더 안정시킬 수 있다. 그래서 α-갈라짐이 보편적 과정이다. 덧붙여, 싸이올은 H_2S를 잃는 경향이 더 강하여, 알켄의 라디칼 양이온에 해당하는 짝수 이온이 생긴다. 이 이온이 차후의 조각 이온과 함께 스펙트럼에서 지배적일 수 있다. 예를 들어, butanethiol은 H_2S를 잃은 강한 피크를 보여 주며, 뷰텐 라디칼 양이온을 내며, 이것으로부터 이어서 메틸을 잃고 조각나서 알릴 양이온이 생긴다. 다이에틸 설파이드(diethyl

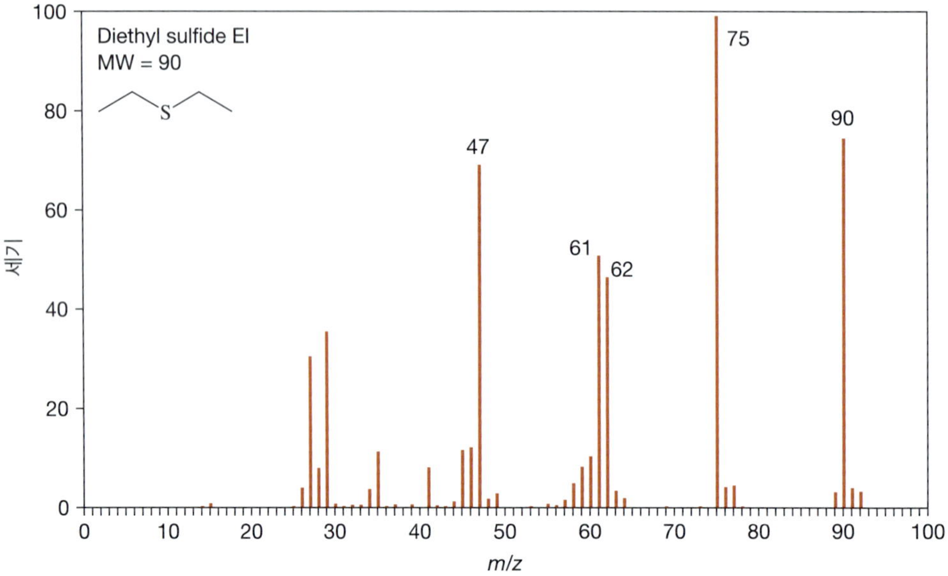

그림 8-29 다이에틸 설파이드의 EI 스펙트럼 (출처: webbook.nist.gov.)

sulfide)의 스펙트럼이 그림 8-29에 주어져 있으며, 설파이드의 일반적인 특성을 보여 주고 있다. 메틸 잃음은 α-갈라짐을 의미하고 있으며, 이로써 m/z 75의 황-안정화 양이온이 생기게 된다. C—S 결합의 갈라짐으로 m/z 61과 62에 피크들이 생긴다. 앞의 것은 에틸을 잃고 생긴 것이다. 뒤의 것은 에텐을 잃고 생긴 것으로 ethanethiol의 라디칼 양이온이며, 이것은 α-갈라짐(메틸 잃음)을 겪고 m/z 46의 $^+CH_2SH$로 바뀐다(C—S 갈라짐 및 이어진 수소 원자 이동).

이황화물 및 설폭사이드는 종종 수소 이동(알킬기의 1,2-제거)과 함께 C—S 갈라짐을 겪으며, 알켄을 잃고 짝수 이온, 즉 RSSH 및 RSOH의 라디칼 양이온이 생긴다. 이 경로는 일반적으로 설폰에서 보편적이지 않으며, 보통 C—S 갈라짐을 거쳐 알킬 양이온을 생성한다. 설포네이트 에스터는 종종 S—O 결합이 갈라져서 알콕시기를 잃는다. 이들은 또 알콕시 성분에서 1,2-제거를 겪어서 설폰산을 잃은 후에 알켄의 라디칼 양이온으로 바뀐다. 알콕시 성분에서 알킬기를 잃는 α-갈라짐도 가능하다. 아릴 설폰산의 고유한 특징은 SO_2의 잃음이다. 이 과정은 다시 식 8-36에서처럼 Smile-형 자리옮김이며, 페놀 화학종이 생긴다. 이 잃음은 아릴 설포네이트의 음이온 조각내기에서도 볼 수 있으며, 이로써 phenolate가 생긴다. 수소가 제거된 설폰산 또한 C—S 결합에서 갈라질 수 있으며, 라디칼 음이온 SO_3^-가 생길 수 있다. 이 과정은 해리하는 동안에 닫힌 껍질 이온이 두 라디칼 조각을 생산하는 드문 예이며, SO_3의 높은 전자 친화도 및 알킬 라디칼의 낮은 전자 친화도에 의해 구동되고 있다.

8-10c 실레인

규소는 양전하를 상당히 잘 보유할 수 있으며, 알킬 실레인의 라디칼 양이온은 일반적으로 C—Si 갈라짐을 겪으면서 조각나서 R_3Si^+ 화학종으로 바뀐다. 트라이메틸실릴(trimethylsilyl) 유도체에서, 이 반응으로 종종 m/z 73, $(CH_3)_3Si^+$의 피크가 생긴다. 실릴(silyl) 양이온에서 그 다음의 조각내기는 일반적으로 Si—H 결합이 생기면서(1,2-제거) 규소로부터 알킬 사슬을 잃는 과정을 수반한다. 트라이메틸실릴 에터(trimethylsilyl ether)의 상황은 좀 더 복잡하며, 여러 가지 경로가 가능하다. 트라이메틸실릴 양이온은 Si—O 갈라짐으로 생길 수 있다. 두 가지의 α-갈라짐이 있을 수 있다. 그 에스터의 알킬 사슬에서의 C—C 갈라짐으로 산소-안정화 탄소양이온이 생길 수 있다. 다르게는, C—Si 갈라짐으로 산소-안정화 실릴 양이온이 생기기도 한다. 이 안정화된 실릴 양이온은 C—O 갈라짐/수소 이동 과정(1,2-제거)을 겪을 수 있으며, 알켄을 잃고 m/z 75에 또 다

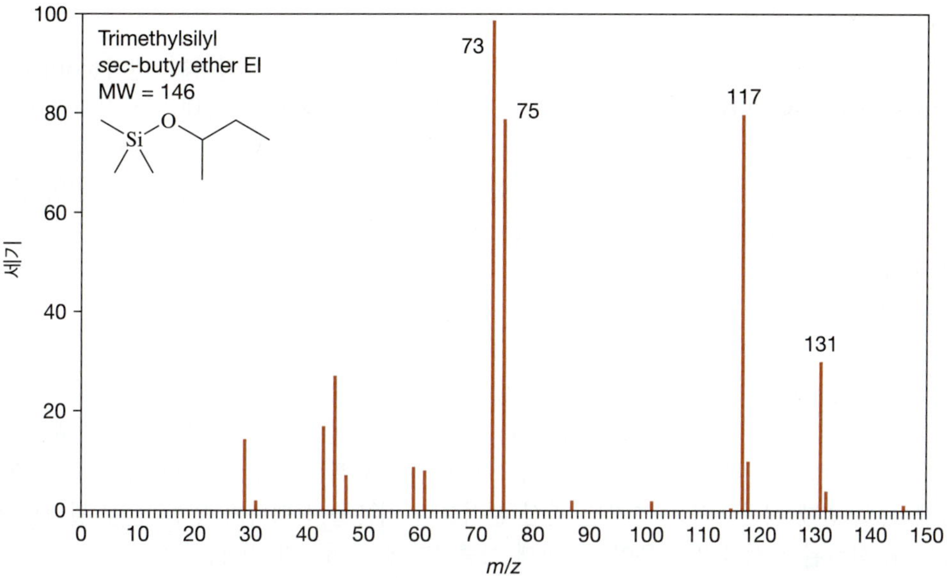

그림 8-30 Trimethylsilyl sec-butyl ether의 EI 스펙트럼 (출처: webbook.nist.gov.) .

른 산소-안정화 규소 양이온, $(CH_3)_2SiOH^+$로 바뀔 수 있다. 그림 8-30의 trimethylsilyl *sec*-butyl ether의 스펙트럼은 좋은 예이다(식 8-38). 강한 피크가 *m*/*z* 73과 75에 특징적인 trimethylsilyl ether 조각들로서 보이고 있다 [각각 $(CH_3)_3Si^+$ 및 $(CH_3)_2SiOH^+$]. 덧붙여, 메틸과 에틸을 잃고(α-갈라짐) 생긴 피크들이 보인다. 앞의 것은 C — C와 C — Si 갈라짐이 혼합된 것이다(*m*/*z* 75가 생기려면 C — Si 갈라짐이 필요하다).

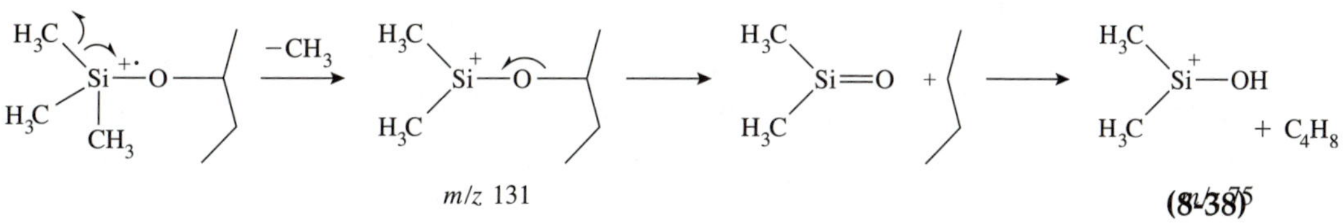

(8-38)

8-11 해리 방법 및 직렬 질량 분석법

앞 절에서, 과도한 내부 에너지를 가진 이온이 생기고 과도한 조각내기가 야기되는 EI 방법에서 얻은 스펙트럼을 많이 강조하여 기술하였다. 다른 이온화 방법에서는 그렇지 않다. CI도 중대한 조각내기를 보여 주지만, 7장에서 기술한 최신 부드러운 이온화 기법, ESI 및 MALDI는 일반적으로 분석물질의 과도한 조각내기를 야기하지 않는다. 이런 방법을 사용하면, 조각내기 스펙트럼에서 얻는 풍부한 구조적 정보들을 포기해야 하는가? 고맙게도 답은 "아니다"이다. 이온화 과정 후에 조각내기를 야기할 수 있는 다양한 방법들이 활용가능하다. 사실, 조각내기를 유도하기 위하여 사용하는 에너지의 양을 조절할 수 있기 때문에, 이런 방법은 좀 더 조율하기 좋은 과정을 제공하기도 한다. 과정에 질량 선택을 적용할 수 있기 때문에, 혼합물에 존재하는 특수 분석물질의 조각내기 과정을 조절할 수 있다. 이런 접근법은 최소한 두 번의 질량 분광 스캔이 관여되어 있어야 하기 때문에, **직렬 질량 분석법**(*tandem mass spectrosmetry*)이라 부른다. 첫 번째 스캔으로 조각 이온들을 분리하고, 두 번째 스캔으로 조각 생성물의 질량 스펙트럼을 얻는다. 이 방법에서 조각들은 특정 이온들과 관련되어 있기 때문에, 혼합 이온들을 다루는 데 있어서 엄청난 이점이 있다. 예를 들면, 혼합물을 직접 EI로 분석하면, 어미 분자 및 조각 이온들의 집합체가 얻어져서, 조각들을 어미 분자와 효과적으로 연결시켜 볼 방법이 없다. 기기 제조사들은 이온화 과정 후에 조각을 유도하기 위하여 활용할 수 있는 방법을 끊임없이 개발하고 있기 때문에, 여기서는 일반적이고 기본적인 것들만 다루고자 한다.

8-11a 충돌 유도 해리

충돌 유도 해리(collision-induced dissociation, CID)는 충돌 활성화 해리(collision-activated dissociation)로도 알려진 것으로, 이온화 과정 후에 조각내기를 유도하는 가장 보편적인 접근법 중의 하나이며, 논리는 간단하다. 이온들이 가속되어 보통 헬륨, 아르곤, 질소와 같은 표적 기체와 충돌하도록 한다. 충돌에서 이온의 속도 에너지는 결합 갈라짐과 조각 이온 생성의 연료가 될 수 있는 내부 진동 에너지로 바뀐다. 충돌 에너지의 크기를 조절하면 조각내기의 정도를 조절할 수 있다. 이 과정은 그림 8-31에 도식적으로 설명되어 있다.

CID를 적용하는 방법이 조각내기 과정의 성질에 가장 큰 영향을 준다. 질량 분석체의 형태에 의해서 적용법은 어느 정도 조절될 수 있다. 삼중 사중극자(triple quadrupole)와 사중극자 이온 트랩(quadrupole ion trap) 질량 분석계에서 CID를 비교해 보면, CID를 적용하는 면에서 두 극단적인 경우에서 대조적 특면이 잘 드러난다. 삼중 사중극자에서 첫 번째 사중극자는 조각낼 관심 분석물질 이온을 선택하기 위한 질량 필터로 사용된다. 선택된 분석물질 이온이 두 번째 사중극자에 들어가기 전에, 조각내기 과정을 유도하기 위하여 전기장이 적용되어 이온들을 가속시킨다. 전형적으로, 이 과정은 수 볼트에서 수십 볼트의 에너지가 적용된다(1 eV는 23.1 kcal/mol의 속도 에너지인데, 이 에너지의 모두가 조각내기에 사용되는 것은 아니다. 아래 참조). 두 번째 사중극자는 이온 안내자로 작용하도록 설정되며(즉, 모든 이온을 통과시킴), 그 과정에서 충돌 방으로 활용된다. 아르곤과 같은 비활성 기체가 존재하여, 이온들이 두 번째 사중극자를 지나갈 때 충돌이 일어난다. 세 번째 사중극자는 질량 분석기로 사용되며 조각 화학종들의 질량 스펙트럼을 만들어 낸다. CID 과정의 핵심적 특징은 두 번째 사중극자에서 몇몇이지만 높은 에너지를 가진 충돌들이 일어날 수 있다는 점이다. 제한적으로 전형적인 작동법은 아니지만, 한 번의 충돌로 조각내기가 일어날 수도 있다. 이온들이 충분한 초기 속도 에너지를 가지고 있다면, 충돌로 여러 가지 조각내기를 야기할 수 있는 충분한 내부 에너지가 생길 수 있어서, 풍부한 스펙트럼이 만들어질 수 있다. 이 경우는 EI 과정에서 일어나는 것과 닮았다. 충돌 후의 높은 에너지를 가진 이온들은 어떤 에너지 장벽도 넘을 수 있는 충분한 에너지를 가지고 있기 때문에, 여러 가지 과정들이 서로 경쟁할 수 있다. 결과적으로 많은 조각들이 생겨날 수 있다.

사중극자 이온 트랩에서, 훨씬 다른 일련의 일들이 CID 과정에서 일어난다. 분석물질 이온이 이온 트랩에서 선택된 후에, 이온의 공명 주파수에 rf 에너지를 적용함으로써 이것은 활성화된다. 이온 트랩에서 목표물은 질량 분석기의 분리능($\sim 10^{-3}$ torr)을 얻기 위해서 사용되는 헬륨 완충 기체이다. 그 이온은 트랩되어 있어야 하므로, 높은 에너지의 rf 펄스는 이온들을 이온 트랩으로부터 튀어나오도록 할 수 있기 때문에 한 번의 충돌에 사용되는 에너지의 양은 제한적이다. 이런 환경에서, 조각내기에 필요한 충분한 내부 에너지를 제공할 수 있는 유일한 방법은 충분한 시간(수십 ms) 동안 rf 주파수를 적용하여, 그 이온이 헬륨 기체와 반복적으로 낮은 에너지(0.5–5 V) 충돌을 하게 하는 것이다. 이렇

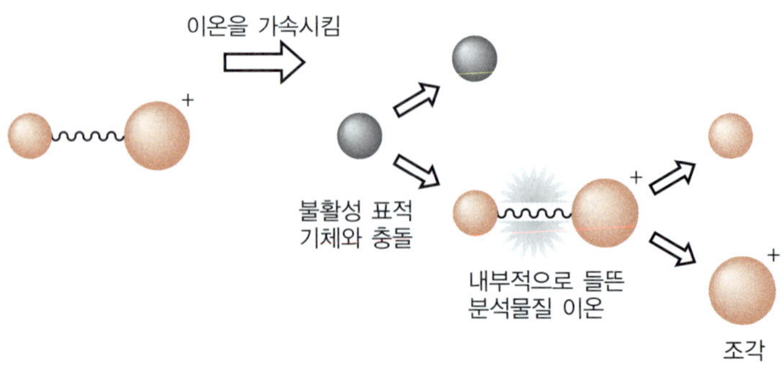

그림 8-31 CID 과정의 도식. 이온이 가속되어 표적 원자와 충돌한다. 결과적인 충돌은 내부적으로 이온들을 들뜨게 하며, 결합 갈라짐으로 조각들이 생긴다.

게 하여, 그 이온의 내부 에너지는 서서히 해리할 수 있는 한계까지 올라갈 수 있다. 이 과정이 그렇게 다르게 보이는 것은, 이온들이 가장 낮은 해리 장벽을 넘어갈 수 있는 충분한 내부 에너지를 얻을 수 있을 때, 조각내기 경로는 활성화되고 충돌을 거쳐 이온 활성화와 경쟁한다는 점이다. 알짜 결과는 이온들이 가장 낮은 에너지 과정에 의해서만 조각난다는 것이다. 이유로는, 이온들이 내부 에너지를 충분히 쌓아서 더 높은 에너지 조각내기 과정에 들어가기 전에, 이온들이 해리하기 때문이다. 이런 이유로, 다충돌 해리 CID 과정은 낮은 에너지 해리 경로에 지배받아서 더 단순한 조각내기 스펙트럼을 생성하는 경향이 있다. 이런 특징은 정보 내용을 어느 정도 제한할 수 있다.

CID에서 에너지 이동을 결정하는 데 있어서 주요한 요인은 어미 이온의 가속 전압이지만, 목표물 원자/분자의 성질도 중요하다. 모멘트가 보존되기 때문에, 충돌에 관여된 모든 속도 에너지는 내부 에너지로 바뀔 수 없으며, 충돌 에너지의 일부분이 생성물의 병진 에너지로 보존된다. 질량중심 충돌 에너지(center-of-mass collision energy), E_{CM}(일정 모멘트의 이동 좌표에서 계산한 에너지)는 내부 들뜸과 조각내기에 적당한 에너지 상한 값을 제공한다(식 8-39, 여기서, m_{ion}은 이온의 질량, m_{target}은 목표물의 질량이며, E_{Lab}는 가속 전압에 기인한 속도 에너지이다).

$$E_{CM} = E_{Lab}\ \frac{m_{target}}{m_{target} + m_{ion}} \tag{8-39}$$

이 식으로부터, 목표물 질량이 클 때(m_{target}이 무한대로 갈 때, E_{CM}은 E_{Lab}에 가까워진다), E_{CM}이 가장 커진다는 것이 분명하다. 이 이유 때문에, 아르곤 같은 무거운 목표물이 CID에서 더 인기가 있다. 그러나 헬륨이 이온 트랩 질량 분석기의 분리능을 증대시키기 위해서 훨씬 더 만족스러운 기체이기 때문에, 이온 트랩에서 일반적으로 헬륨이 사용된다. 결과적으로, 이온 트랩에서 가속 rf(작은 E_{Lab})가 작아야 하고 목표물이 가벼워야 하는 요구성을 맞추기 위하여 E_{CM}은 작아져야 하기 때문에, CID에는 많은 충돌이 요구된다.

다이펩타이드 Gly-Arg에 대한 CID 순서가 그림 8-32에 주어져 있다. 이 경우에 양성자화된 이온은 전기분무에 의해서 형성되며 이온 트랩 질량 분석기에서 분리되며, 그런 뒤에 CID에 의해 두 번째 패널에서 조각내기에 이른다. 어미 이온이 첫째 질량 분석기 스캔에서 분리되고 조각나며, 그런 다음 두 번째 질량 분석법 스캔에서 스펙트럼이 만들어지기 때문에, 이 과정은 MS/MS(또는 MS^2)라 부른다. 세 번째 패널에서 주요 조각 이온은 분리되며, 네 번째 패널에서 두 번째 CID 과정을 겪게 된다. 이 실험은 MS/MS/MS 또는 MS^3 스캔의 예이다. 펩타이드의 조각내기는 9장에서 깊이 다룰 것이다. 그림 8-32의 순서는 CID의 장점을 잘 설명해 주고 있다. MS^n 실험을 수행할 수 있는 기기에서, 일차 조각들을 분리하고 그런 뒤에 그들의 이차 생성물과 있을 법한 삼차 생성물을 규명함으로써, 특정 조각내기 경로는 지도화(mapping)될 수 있다. 이 정보는 큰 화합물의 구조를 규명하는 데 있어서 매우 가치가 크며, 표준 시료와 모르는 물질을 비교할 때 매우 엄격한 제한 요소를 제공하기도 한다.

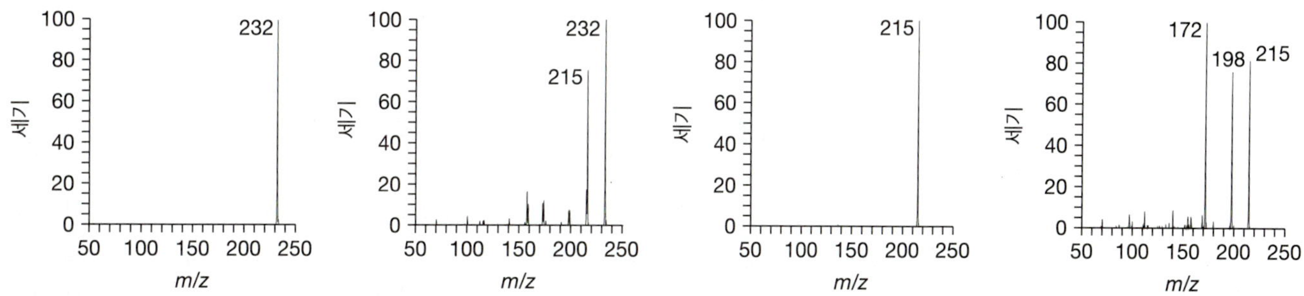

그림 8-32 Gly-Arg의 CID에 의한 조각내기. 왼쪽으로부터 *m/z* 232(양성자화된 어미) 이온이 분리되고, *m/z* 232는 조각나서 NH_3를 잃고 주로 *m/z* 215로 되며, *m/z* 215가 분리되고, *m/z* 215가 조각난다.

예를 들면, 크로마토그래피의 머무름 시간, 어미 질량, 일차 조각 질량들, 이차 조각 질량들이 표준 시료와 잘 들어맞는다면, 매우 높은 확률로 규명이 이루어졌다고 볼 수 있다.

8-11b 적외선 다중 광자 해리

이온의 광활성화(photoactivation)도 가능하다. 목적은 조각내기가 일어나도록 이온에 충분한 내부 에너지를 공급하는 것이다. 가장 보편적인 방법은 CO_2 레이저로 이온을 IR 활성화시키는 것이며, 이는 적외선 다중 광자 해리(infrared multi-photon dissociation, IRMPD)로 불린다. 이온들이 일정한 시간 동안 광자 빔에 노출되어 있어야 하기 때문에, 이온 트랩이나 사이클로트론 질량 분석계와 같이 트랩하는 기기가 일반적으로 필요하다. 단일 IR 광자는 해리를 유도하기에 불충분하며, 그래서 이온들이 결합 갈라짐에 필요한 충분한 에너지를 얻을 때까지 많은 광자가 조각내기 과정에서 흡수되어야 한다는 점에서, IRMPD는 낮은 에너지 CID와 흡사하다. 낮은 에너지 CID에서처럼, 이온들이 충분한 광자를 흡수하여 더 높은 에너지 경로에 접근하기 전에 조각내기가 일어날 수 있기 때문에, 낮은 장벽의 과정이 지배적이다.

8-11c 전자 포획/이동 해리

이러한 두 가지 상대적으로 새로운 방법은 특별하게 ESI로부터 발생된 다중 하전 양이온(multiply charged positive ion)을 목표로 하고 있다. **전자 포획 해리**(*electron capture dissociation*, ECD)에서, 천천히 움직이는 전자 빔은 트랩된 다중 하전 양이온과 상호작용한다. 전자 포획으로 전하가 감소하고, 라디칼 양이온 화학종으로 바뀌고(보통 분석물질 이온은 닫힌 껍질 이온), 잠재적으로 수백 kcal/mol의 전자/전하 재조합 에너지가 발생한다. 라디칼 양이온 형성과 연관된 결합 약해짐과 재조합 에너지가 합해지면 일반적으로 조각내기는 충분히 유도된다. **전자 이동 해리**(*electron transfer dissociation*, ETD)는 비슷하게 관련된 방법이며, 낮은 전자 결합 에너지를 가진 음이온과 다중 하전 양이온의 반응이 관련이 있다(fluoranthene의 라디칼 음이온이 보통 사용된다). 음이온으로부터 전자 이동은 다중 하전 양이온의 전하를 감소시키며 ECD처럼 같은 경로를 개시시킨다. 위 두 과정은 감소 반응이 일어나는 동안에 전자를 잡아두기 위하여 트랩할 수 있는 기기를 필요로 한다.

이들 방법에 대한 필요성은 단백질이나 펩타이드와 같은 큰 분자의 분석과 관련이 있다. CID가 큰 이온에 적용될 때, 에너지는 잠재적으로 수 천의 진동 자유도로 분산될 수 있다. 그런 경우에, 많은 양의 에너지가 특정 결합에 편재할 가능성은 적으며, 그래서 해리도 매우 불충분하다. 내부 에너지를 분산시키기 위하여, 때로는 장치에 현실적으로 필요한 것보다 더 매우 큰 충돌 에너지가 필요하다. ECD와 ETD에서, 에너지는 전자/전하 재조합 위치에 처음에 분포한다. 그 위치는 짝짓지 않은 전자에 의해 약해지는 결합 부분이기도 하다. 결과적으로, 에너지가 모든 진동 방식으로 흩어지기 전에 일어난다면, 그 위치에서의 갈라짐은 매우 효과적일 것이다. 이것은 자주 그렇다. 이 방법은 펩타이드와 단백질의 분석에서 CID 방법을 보완하는 강력한 것일 수 있다.

8-11d 준안정 이온의 해리

EI 스펙트럼의 토의에서, 조각내기가 이온 공급원 내에서 일어나며, 어미와 조각 이온들 모두가 질량 분석기로 넘어간다고 가정하였다. 이것은 언제나 옳은 것은 아니다. 이온들이 조각내기에 충분한 내부 에너지를 갖고 생길 수 있으며, 수십 마이크로초 동안 살아있을 수 있다. 이 수명은 어떤 기기, 특히 부채꼴(sector)이나 TOF 장비에서 이온들이 질량 분석기 내에서 해리하기에 충분히 길다. 이런 이온들을 준안정 이온(metastable ion)이라 부른다. 준안정 이온을 생성시키면, 해리 과정의 에너지학을 연구할 수 있는 다양한 흥미로운 실험들이 가능하다. 이런 점에서, 이들은 MS/MS 같은 스펙트럼을 생성하기 위하여 사용될 수 있다. 준안정 이온 전구체의 질량이 선택된다면, 준안정 이온이 사라지면서 조각 스펙트럼이 생성될 것이다. 오늘날 가장 널리 쓰이는 준안정 이온의 적용법은 MALDI-TOF 기기에 활용되며, 전체 과정은 **후공급원 감쇠** (*post-source decay*, PSD)라 불린다. 기기적으로 약간 복잡하지만, PSD는 CID 스펙트럼처럼 해석될 수 있는 가치 있는 구조적 정보를 제공한다.

예제

이 세 문제는 풀이가 되어 있다. 이어 나오는 절의 추가 문제는 풀도록 남겨둔다.

8-1 3-hexanol의 EI 스펙트럼이 아래에 주어져 있다.

(a) m/z 102의 분자 이온이 왜 작은지 논리적으로 설명하시오.

(b) 모든 피크를 해석하고 설명을 덧붙여 구조를 할당하시오.

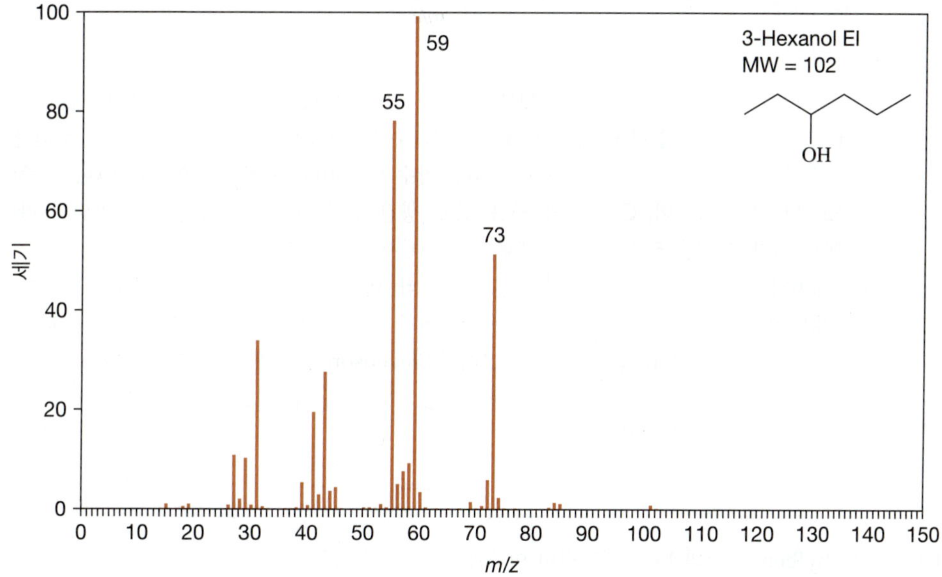

답.

(a) 알코올은 조각내기가 잘되기 때문에 분자 이온은 작다. 특히, 두 가지 α-갈라짐 경로가 가능하다. 하나로부터 산소-안정화 양이온이 생긴다.

(b) 두 가지 경로; C_2H_5 (29 질량 단위) 또는 C_3H_7 (43 질량 단위)을 잃는 것이 가능하다. 이것들이 각각 m/z 73과 59에 대한 설명이 된다. m/z 55의 이온은 아마 m/z 73의 탈수 생성물일 것이다. m/z 59의 유사한 탈수 생성물에 대한 m/z 41의 피크가 있다는 점을 보아 이런 할당은 더 신빙성이 있다. 가장 직접적인 탈수 생성물은 양성자화된 1-butyne (바이닐 양이온)일 것이다. 그러나 복잡한 자리옮김이 H_2O를 잃을 때 보편적으로 일어난다. 그래서 더 안정한 알릴 양이온이 생길 수 있다.

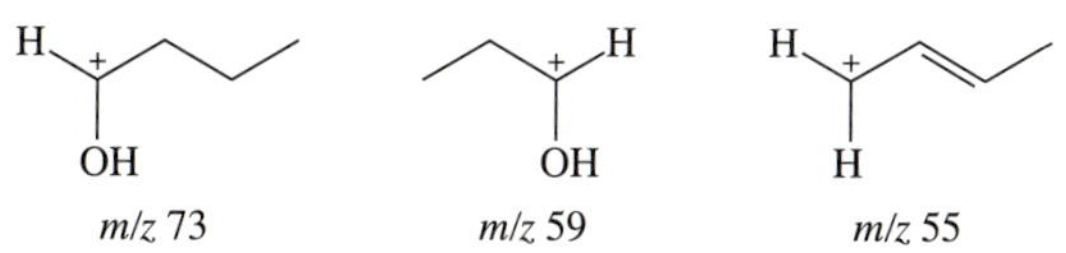

8-2 5-phenyl-2-pentanone의 EI 스펙트럼은 다음에 주어져 있다.

(a) 표시된 모든 피크를 할당하고 이것들의 생성 원리를 설명하시오.

(b) 이 스펙트럼에서 왜 맥레퍼티 자리옮김이 없는지 설명하시오.

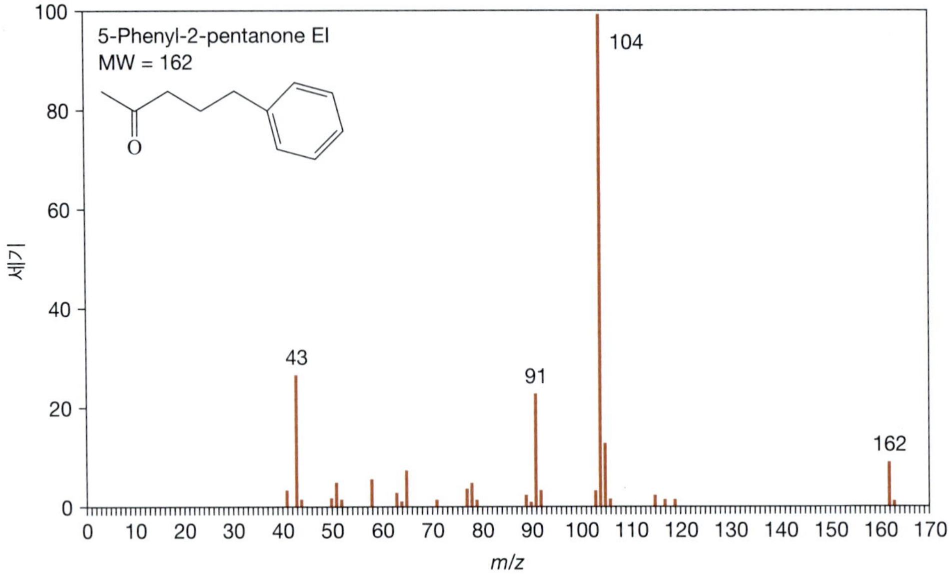

답.

(a) m/z 43의 피크는 α-갈라짐을 나타내며, 아실 양이온이다. m/z 119의 알킬 양이온은 약하다. 그러나 이것은 쉽게 $CH_2=CH_2$를 잃을 수 있어서, 벤질/트로필 양이온이 생긴다. 가장 흥미로운 피크는 m/z 104의 피크이다. 짝수 이온이나, 맥레퍼티 이온은 아니다. 주어진 구조로부터 틀림없이, C_3H_6O의 58을 잃고 생긴 결과이며, 그 이온은 스타이렌의 라디칼 양이온이다. 그것은 58을 잃는 맥레퍼티 과정에서 생긴 것이다.

(b) 맥레퍼티 자리옮김으로 아세톤의 엔올이나 스타이렌이 생긴다. 전형적인 맥레퍼티 과정에서, 아세톤 엔올은 전하를 띨 수 있어서 m/z 58의 피크를 나타낼 수 있다. 여기서 스타이렌은 아세톤보다 더 작은 IP 값을 가지며, 그래서 Stevenson 규칙에 따라 전하를 띠는 것이다.

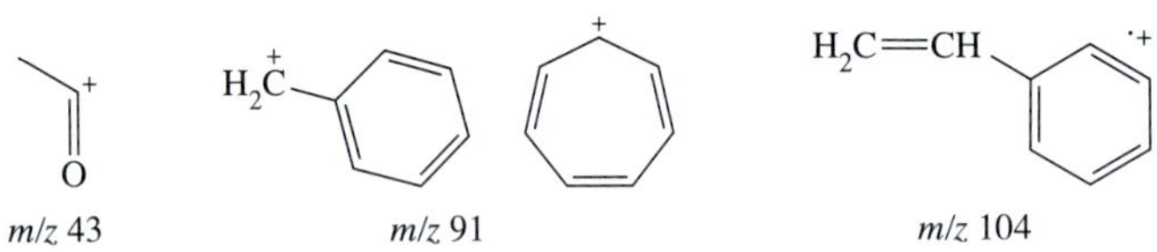

8-3 2-Methylbenzoate의 EI 스펙트럼이 아래에 주어져 있다.

(a) 표시된 모든 피크를 할당하고 이것들의 생성 원리를 설명하시오.

(b) 3-Methylbenzoate의 EI 스펙트럼에는 어느 피크가 없을 것으로 예측되는가?

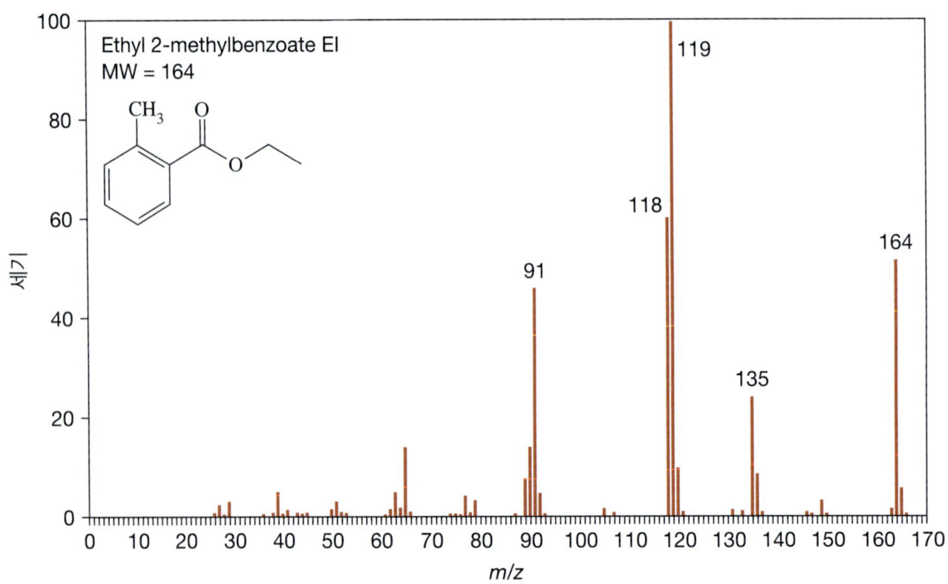

답.

(a) 설명하기 가장 쉬운 피크는 m/z 119와 m/z 91이다. 앞의 것은 에톡시를 잃고 아실 양이온이 된 것이며, 뒤의 것은 이것으로부터 CO를 잃고 생긴 결과이며, 페닐 양이온이다. m/z 135의 피크는 에틸(29 질량 단위)을 잃은 결과이다. 이것은 CO_2 위치에 전하를 띤 카복실 양이온이라고 하고 싶을지도 모르나, 결과적으로 생기는 이온이 안정하지 않기 때문에, 일어날 것 같지 않다. m/z 135의 이온에 이르는 과정은 오쏘 효과 때문에 그럴 것 같다. 분자 이온에서 오쏘 메틸기로부터 카보닐 산소 쪽으로 수소 원자가 이동한 후 에틸을 잃는다. 먼저 벤질 양이온이 생기고 다시 양성자화된 락톤(lactone)으로 변한다. 다르게는, 에톡시 산소로부터 수소 원자 이동으로 원거리 이온이 생기고, 에탄올(46 질량 단위)을 잃고 m/z 118의 라디칼 양이온이 생기게 된다.

(b) m/z 135와 118의 이온들은 오쏘 효과가 필요하며, 메타 이성질체에서는 예상되지 않는다. 이 이성질체에서, m/z 135의 피크는 m/z 136으로 바뀐다. 이 이온은 에틸기로부터 $CH_2{=}CH_2$를 잃은 것에 해당한다. 이 조각은 에스터에서 전형적이며, 에틸기의 β-탄소로부터 카보닐기로의 수소 원자 이동도 관련되어 있다. 오쏘 이성질체의 스펙트럼에서, 오쏘 메틸기로부터 카보닐로의 수소 원자 이동은 더 잘 일어난다.

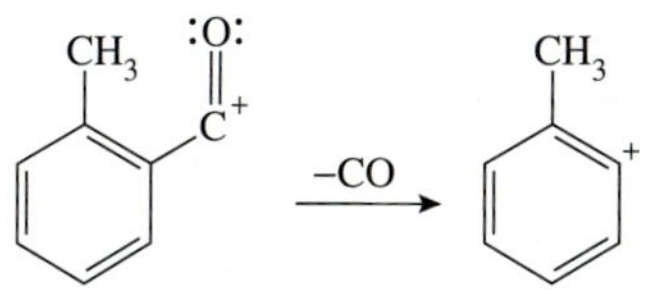

m/z 119　　m/z 91

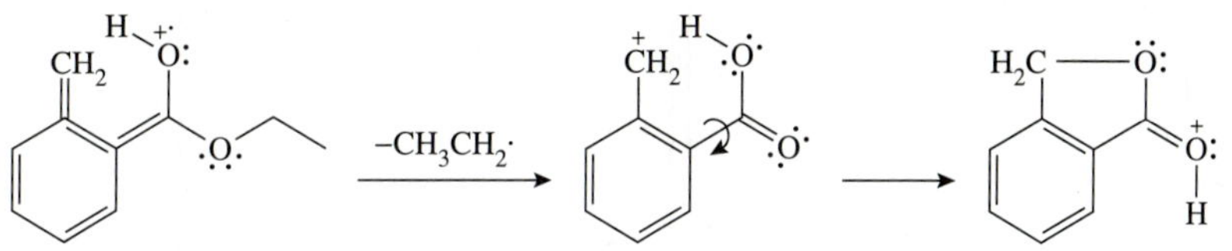

m/z 135

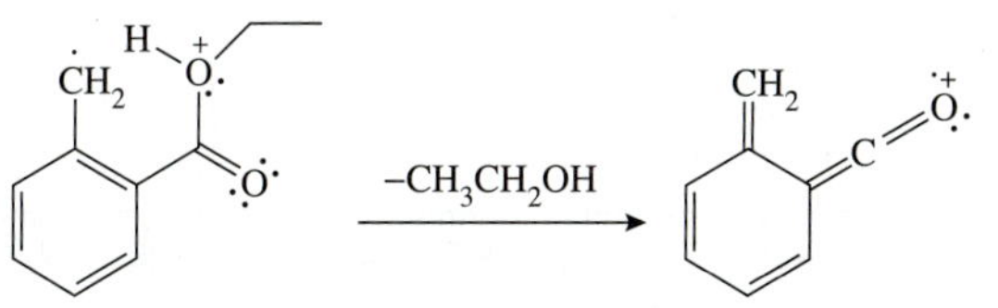

m/z 118

문제

8-1 다음 각 화합물에 대해서, 가능한 단일 또는 이중 맥레퍼티 자리옮김으로 생긴 생성물의 질량을 예측하시오.

(a) 1-phenyl-3-heptanone

(b) ethyl 2-methylpentanoic acid

(c) 2,2-dimethyl-6-phenylhexanoic acid

(d) 4,6-dimethyl-5-decanone

8-2 Hexanal의 EI 스펙트럼에서 거의 같은 세기의 강한 피크가 m/z 44와 56에서 보인다.

(a) 이들 이온의 구조를 보이시오.

(b) 피크 세기가 유사하다는 점은 이들 피크에 해당하는 양이온의 전자 친화도에 관해서 무엇을 말해 주고 있는가?

8-3 다음 각 EI 스펙트럼에서 표시된 모든 피크를 할당하고 이것들의 생성 원리를 설명하시오.

(a)

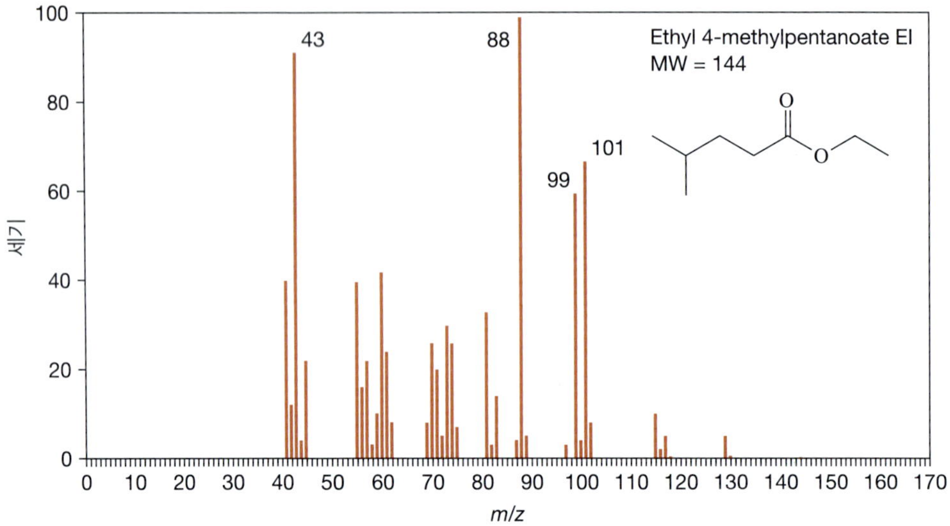

(b)

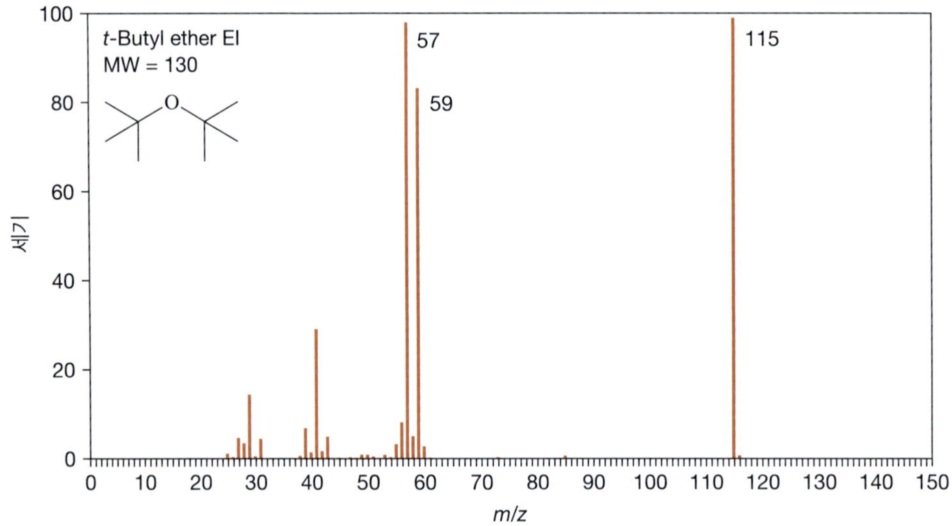

(c)

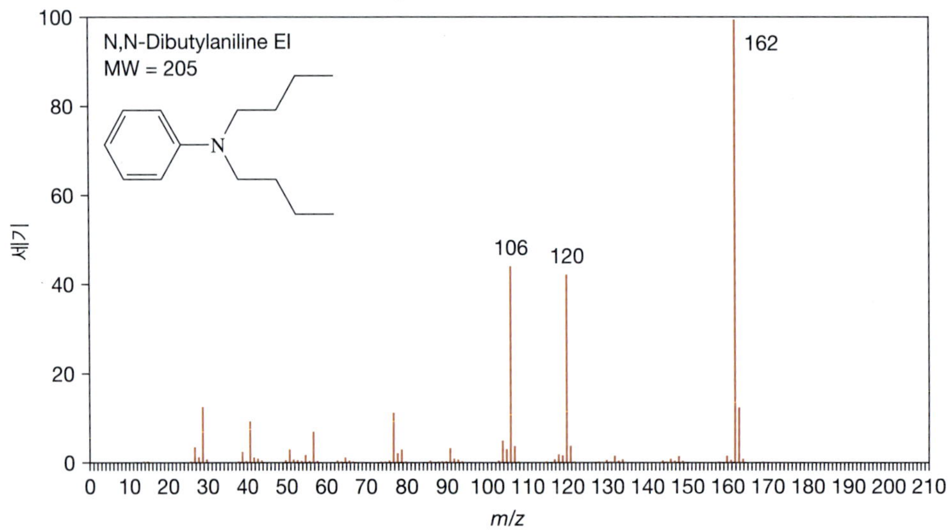

(d)

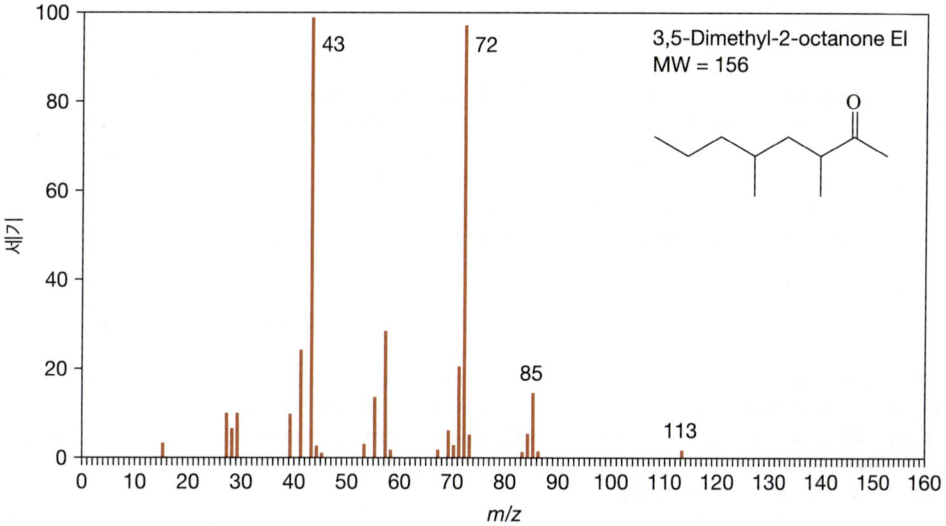

(e)

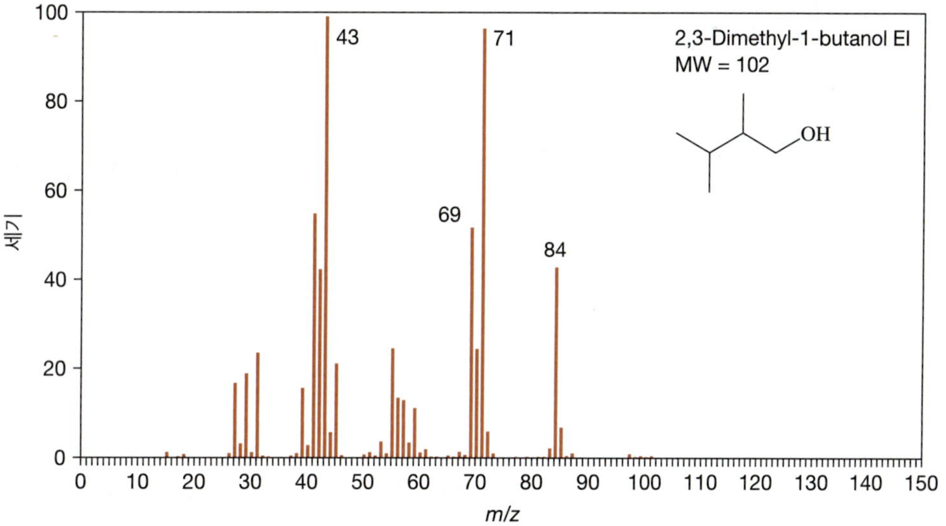

8-4 다음 각 쌍의 이성질체에 대하여, EI 스펙트럼에서 기대되는 최소한 두 개의 주요한 피크를 제시하시오.

(a) 2-hexanone과 3-methyl-2-pentanone

(b) ethyl heptanoate와 propyl hexanoate

(c) ethyl benzoate와 methyl 4-methylbenzoate

(d) *N*-propylbutanamine과 *N*,*N*-dietheylpropanamine

8-5 다음 물질들에서 양성자화된 분석물질과 비교하여 분석물질의 라디칼 양이온의 조각내기에서 기대되는 차이를 열거하시오.

(a) tributylamine

(b) dibutylamine

(c) butyl benzoate

참고 문헌

8.1 F. W. McLafferty and F. Turecek, *Interpretation of Mass Spectra*, 4th ed., Sausalito, CA: University Science Books, 1993.

8.2 J. T. Watson and O. D. Sparkman, *Introduction to Mass Spectrometry: Instrumentation, Applications, and Strategies for Data Interpretation*, 4th ed., Chichester, England: John Wiley & Sons, 2007.

8.3 J. H. Gross, *Mass Spectrometry: A Textbook*, Berlin: Springer-Verlag, 2004.

8.4 A. G. Harrison, *Chemical Ionization Mass Spectrometry*, 2nd ed., Boca Raton, FL: CRC Press, 1992.

8.5 NIST Database of EI Spectra: webbook.nist.gov.

8.6 R. Ekman, J. A. Silberring, Westman-Brinkmalm, and A. Kraj, *Mass Spectrometry: Instrumentation, Interpretation, and Applications,* Hoboken, NJ: Wiley-Interscience, 2009.

8.7 R. M. Smith, *Understanding Mass Spectra. A Basic Approach*, 2nd ed., Hoboken, NJ: Wiley-Interscience, 2004.

8.8 J. L. Holmes, C. Aubry, and P. M. Mayer, *Assigning Structures to Ions in Mass Spectrometry*, Boca Ratan, FL: CRC Press, 2007.

8.9 T. A. Lee, *A Beginner's Guide to Mass Spectral Interpretation*, Chichester, England: John Wiley & Sons, 1998.

8.10 E. De Hoffmann and V. Stroobant, *Mass Spectrometry: Principles and Applications*, Chichester, England: John Wiley & Sons, 2002.

8.11 Peptide fragmentations: B. Paizs and S. Suhai, *Mass Spectrom. Rev.*, **24**, 508 (2005).

8.12 Charge remote fragmentations: C. F. Cheng and M. L. Gross, *Mass Spectrom. Rev.*, **19**, 398 (2000).

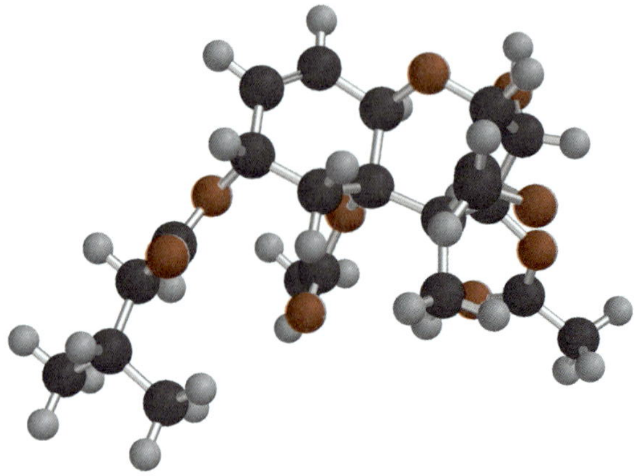

CHAPTER 9

질량 스펙트럼의 해석

9-1 서론

앞선 두 장에서 질량 분석법의 기기장치와 유기 작용기들의 전형적인 조각내기 방식을 기술하였다. 이 장에서는 질량 스펙트럼을 해석하고 비평적 정보를 뽑는 데 있어서 일반적인 요소들에 초점을 맞출 것이다. 물론, 질량 분석법은 여러 가지 목적으로 사용된다. 자료를 분석하는 방법은 특별한 연구 목적에 따라 달라질 것이다. 여기서는 유기화학에서 가장 보편적으로 사용하는 질량 분석법의 적용법에 초점을 맞출 것이다: (1) 합성 및 천연물의 증거를 제공하는 정밀 질량 측정법, (2) 제안된 구조를 지원하는 조각내기 분석, (3) 분석물질의 구조를 예견하기 위한 지침으로서의 조각내기 분석. 이 주제의 각각은 앞 두 장에서 언급된 바 있으나, 여기서의 특별한 목적은 주어진 질량 스펙트럼으로부터 필요한 정보를 얻는 데 실질적인 도구를 제공하는 것이다.

9-2 분석물질의 질량 분석

질량 스펙트럼으로부터 얻는 가장 직접적인 정보는 분석물질의 질량일 것이다. 그러나 이런 종류의 자료는 어떤 경우에는 얻기가 어려울 수 있다. 더욱이 해석하는 방법이 이온화 공급원과 밀접하게 관련되어 있어 어느 정도 질량 분석기의 유형과도 관련이 있다. 첫째 단계는 질량 스펙트럼에서 분석물질의 피크를 알아내는 것이다.

9-2a 분자 이온

분자 이온의 가장 실질적인 정의는 이온화 공급원의 특징에 맞는 방법으로 이온화된 분석물질 원래의 분자를 포함하는 화학종이다. 전형적으로, 보통 이런 종류의 화학종은 전자 이온화(EI) 스펙트럼에서 관찰되기 때문에, 이 용어는 분석물질의 라디칼 양이온과 관련이 있다. 그러나 다른 이온화 공급원, 특히 전기분무 이온화(ESI) 또는 매트릭스 지원 레이저 탈착 이온화(MALDI)와 같은 부드러운 이온화법에서 거의 라디칼 양이온은 생성하지 않는다. 여기서 분석물질은 일반적으로 양성자화되어 양이온을 생성하거나 탈양성자화하여 음이온이 되는 닫힌 껍질 화학종으로 나타난다. 몇몇 경우에, 이들은 관찰된 m/z가 분자량과 직접 맞지는 않지만 분석물질에 필요한 분자량 정보를 주기 때문에 **준분자 이온**(*quasi molecular ion*)으로 불린다. 분자 이온을 질량 스펙트럼에서 어떻게 알아낼 수 있을까? 여기에 답은 그렇게 만족스럽게 할 수 없으며, 불순물이 있는 경우에는 더욱 그렇다. 단순히 이야기하면, 우리가 스펙트럼에서 분자 이온을 알아내는 데는 분석물질의 분자량을 이성적으로 예견해야 한다. 이슈는 다음과 같은 것들이다. 첫째로, 분자 이온은 전자 이온화에서는 스펙트럼에서 매우 작거나 없을 수도 있다. 8장에서, 이온화 과정에서 너무 약하여 살아남지 못하여 모든 분석물질 분자들이 조각나 버리는 분석물질들의 예를 보았다. 이 경우에, 분석물질 이온 본래의 것을 얻기 위하여 이온화 에너지를 줄이거나 다른 방법을 적용해 보는 것도 가능하다. 그러나 우리가 스펙트럼에 분자 이온이 없다는 것을 어떻게 알 수 있을까? 이 문제를 알아내는 데 중요한 방법이 두 가지 있다: (1) 스펙트럼에 있는 피크들이 분석물질에 기대되는 분자량보다 아래에 있거나, (2) 후보 분자 이온 피크는 라디칼 양이온(질소가 없다면, 짝수 m/z)보다는 차라리 닫힌 껍질 종(질소가 없다면, 홀수 m/z)으로 나타난다. 어느 결론에 이르더라도 분석물질의 조성에 대한 지식은 필요하다. 둘째, 가장 큰 m/z가 분자 이온을 나타낸다고 가정할 수는 없다. 어떤 이온화 조건에서는, 특히 화학적 이온화와 전기분무 이온화에서 분석물질과 암모늄 이온이나 소듐 양이온과 같은 전하 이동체 사이에 생길 수 있는 부가체(adduct) 이온이 있을 수 있다. 이런 가능성을 생각하고 있지 않다면, 예를 들면 전하 이동체가 양성자라고 한다면 분자량 지정은 중대한 실수를 내포할 수 있다. 셋째, 시료에 있는 적은 불순물들이 분석물질의 분자 이온으로 착각할 수 있는 이온을 생성할 수 있다는 것이다. 이 가능성은 특별히 EI에서 분자 이온 신호가 보편적으로 약하고 적은 농도의 불순물로부터 구별하기 힘들기 때문에 그럴 수 있다.

분자 이온과 관련한 이런 이슈는 질량 분석기가 분석물질 시료를 분자량 정보로 바로 바꾸는 기계가 아니라는 점을 두드러지게 보여 주는 것이다. 어떤 분석에는 분석물질의 바탕 정보가 함께 필요하다. 이런 이유로, 시료 분석을 의뢰할 때 질량 분석법 기관에서 일반적으로 예상 구조, 예상하는 분자량, 가능한 불순물 등의 정보를 요청하고 있다.

9-2b 정밀 질량과 질량 결손

일반적으로 화학자들은 명목 질량(nominal mass)의 용어로 말하며, 동위원소 무게는 ^{12}C와는 달리 정수 값과는 약간 다르다는 사실을 무시한다. 그 차이는 **질량 결손**(*mass defect*)이라고 불린다. 이 질량 결손은 화학자들이 특정 동위원소의 질량을 말하기보다 평균 원자량을 말하기 때문에 숨겨진 개념이다. 예를 들면, ^{12}C은 정밀하게 12의 원자량을 갖는 것으로 정의되지만, 원자량을 계산할 때 다른 자연존재 동위원소 ^{13}C를 고려해야 하기 때문에 탄소의 평균 원자량은 12.0107이다. 그러나 이 질량 결손은 유기물질의 분석에서 매우 유용한 도구이며, 각종 저널에서 새로운 물질 합성의 증거로서 고분리능 질량 스펙트럼을 요구하는 주된 이유이다. 정밀 질량을 측정하면, 질량 결손을 계산할 수 있으며, 분자량 정보로부터 원소 조성비를 알아낼 수 있다.

질량 분석법의 상대적으로 고유한 특징 중의 하나는 이것이 분자 기술이라는 점이다. 실험에서 얻는 정보는 분자 집합체로부터 얻은 자료의 평균이 아니라 개별 분자들로부터 얻은 자료의 종합이다. 이 두 가지 미묘한 상황의 차이는 다음과 같은 예로 가장 잘 설명된다. 아마 우리가 에타인(ethyne)과 같은 기질에 EI로 탄소 이온(C^+)을 만든다면, 결과적인 스펙트럼은 두 개의 주요한 피크를 보여 줄 것이다. 하나는 정밀하게 m/z 12인 피크를, 다른 하나는 m/z 13.00336인 피크일 것이다. ^{12}C과 ^{13}C 이온은 다른 뚜렷한 피크를 약 100:1의 비율로 관찰될 것이다. 이와는 달리, 우리가 정밀하게 1몰의 탄소의 무게를 잰다면, 이 시료의 단일 원자 질량은 ^{12}C와 ^{13}C 동위원소의 가중 평균 질량인 12.0107이 얻어질 것이다.

질량 결손은 원자량의 단순 계산 함수가 아니며, 결과적으로 각 원소에 고유하기 때문에 정밀 질량(exact mass) 측정의 가치는 분자 연구에서 분명해지고 있다. 이 사실이 동일한 명목 질량을 가지고 있으나 정밀 질량이 다른 화학종을 구분하는 디딤돌이 되고 있다. 2-Naphthylethanol ($C_{12}H_{12}O$)와 이것의 가혹한 산화 조건에서의 잠재적 분해 생성물인 naphthoic acid ($C_{11}H_8O_2$)는 좋은 예이다(도식 **9-1**). 각각은 같은 명목 질량을 갖

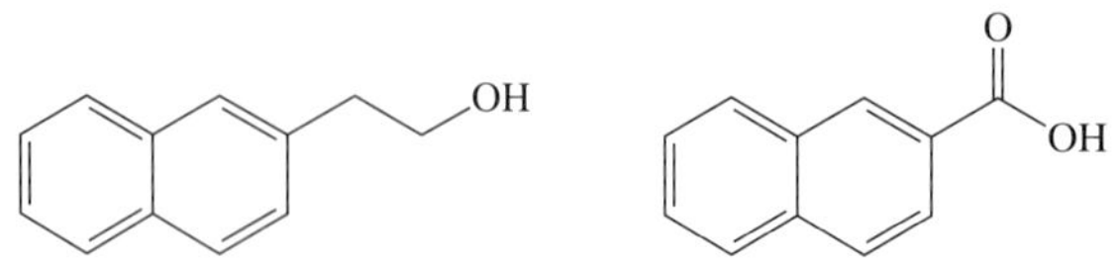

2-(β-naphthyl)ethanol
$C_{12}H_{12}O$
명목 질량 = 172
정밀 질량 = 172.08882

β-naphthoic acid
$C_{11}H_8O_2$
명목 질량 = 172
정밀 질량 = 172.05243

도식 9-1

고 있으며, 저분리능 EI 스펙트럼에서 m/z 172에서 피크가 있을 것으로 짐작된다. 그러나 그들은 조성에서 서로 다르다. 표 9-1의 값을 사용하여 2-naphthylethanol의 지배적인 동위원소 조성에 대한 질량을 계산하면 172.08882이며, naphthoic acid에 대해서는 172.05243이다. 이 값은 약 0.02% (200 ppm)의 차이를 나타내는 것이며, 푸리에 변환 질량 분석기(FT-MS), 부채꼴(sector) 기기 또는 비행시간(time-of-flight) 질량 분석기와 같은 고분리능 질량 분석기에서는 쉽게 구분될 수 있다. 이렇게 하면 하나 또는 두 물질이 시료에 들어 있는지를 검출하는 것은 간단하다. 화학식에 있어서 핵심적 차이는 에탄올(ethnanol)에서 카복실산으로 가면서 CH_4가 O로 바뀐 것이며, 이것은 10개의 양성자

표 9-1 보통 원소의 정밀 질량과 동위원소 존재량

원소	동위원소	질량	% 존재량
수소	^{1}He	1.007825	99.9885
	^{2}H	2.014101	0.0115
리튬	^{6}Li	6.015122	7.59
	^{7}Li	7.016004	92.41
붕소	^{10}B	10.012937	19.9
	^{11}B	11.009305	80.1
탄소	^{12}C	12.	98.93
	^{13}C	13.003354	1.07
질소	^{14}N	14.003074	99.632
	^{15}N	15.000108	0.368
산소	^{16}O	15.994914	99.757
	^{17}O	16.999131	0.038
	^{18}O	17.999160	0.205
플루오린	^{19}F	18.998403	100
소듐	^{23}Na	22.989769	100
알루미늄	^{27}Al	26.981538	100
규소	^{28}Si	27.976926	92.2297
	^{29}Si	28.976494	4.6832
	^{30}Si	29.973770	3.0872
인	^{31}P	30.973761	100
황	^{32}S	31.972070	94.93
	^{33}S	32.971458	0.76
	^{34}S	33.967866	4.29
염소	^{35}Cl	34.968852	75.78
	^{37}Cl	36.965902	24.22
브로민	^{79}Br	78.918338	50.69
	^{81}Br	80.916291	49.31
아이오딘	^{127}I	126.904468	100

출처: physics.nist.gov.

와 6개의 중성자가 8개의 양성자와 8개의 중성자로 교환된 것과 맞먹는 것이다. 이로써 질량 결손이 관찰되는 것이다.

앞의 예에서 제시하였듯이, 정밀 질량 측정은 질량 스펙트럼 자료를 분자식으로 바꾸는 일반적인 방법을 제공해 주며, 명목 질량은 같지만 정밀 질량이 다른 여러 후보들을 구분 지어 줄 수 있다. 물론, 분자량을 결정하는 이 방법은 스펙트럼에서 분자 이온을 정확하게 알아내야만 가능한 것이다.

9-2c 동위원소 패턴

앞서 언급한 대로, 질량 분석법은 개별 분자를 다루는 것이며, 신호 피크는 분석물질의 각 동위원소 조성에 대해서 관찰된다. 거의 모든 원소들이 자연에 하나 이상의 동위원소를 포함하고 있기 때문에, 분석물질 피크는 분석물질에 있는 동위원소의 조합으로 표현되는 신호로 나누어진다는 점을 알아야 한다. 그러나 탄소, 수소, 질소, 산소는 한 개의 지배적인 동위원소를 가지고 있다. 그래서 작은 유기물질은 보통 단순한 동위원소 패턴을 보여 준다. 보통 가장 큰 영향은 상대 존재량이 ^{12}C의 약 1%인 ^{13}C로부터 나타난다. 이 퍼센트는 단일 탄소의 물질에서는 그렇게 중대하지 않다. 그러나 10개 탄소 화학종에서는 분석물질이 하나의 ^{13}C (그리고 9개의 ^{12}C)를 가질 가능성이 10%가 된다. 결과적으로, 분석물질은 두 개의 분자 이온 피크를 보여 주며, 이들은 1 단위 떨어져서 나오며 비율은 10 : 1이다. 이렇게 분석해 보면, 대다수의 유기 분석물질이 한 개의 ^{13}C의 존재로 생기는 M + 1의 신호를 보여 준다는 것은 놀라운 일이 아니다(8장에서 보여 준 여러 예들에서 이것은 명백하다). 탄소의 수가 증가하면 스펙트럼에서 ^{13}C의 효과는 더 중요하게 되며, 화학종의 피크는 2 ~ 3개의 ^{13}C 원자를 가진 피크가 보일 것이다. Buckminsterfullerene, C_{60}의 EI 스펙트럼은 동위원소 ^{13}C 효과를 잘 나타내는 예이다(그림 9-1). 이 경우에 하나의 ^{13}C를 가진 신호는 모두 ^{12}C를 가진 것의 피크와 거의 크기가 비슷하다. 단백질과 같은 큰 고분자 물질에서 이 동위원소 패턴이 얼마나 복잡하게 나타날지를 상상하는 것은 어렵지 않다. 수천 개의 탄소를 가진 물질을 본다면 단일 피크 대신에 동위원소를 가진 피크들이 풍부하게 나타날 것이다. 지배적인 피크는 아마 여러 개의 ^{13}C 원자를 가진 것일 것이다. 사실, 그런 큰 분자에서는 분자 내에 ^{13}C가 분포할 수 있는 조합이 매우 많기 때문에 모두 ^{12}C를 가진 물질 피크는 보이지 않을 정도로 작을 것이다(1000개의 탄소를 가진 물질에서 모두 ^{12}C일 가능성은 약 0.99^{1000}이며, 이것은 4.3×10^{-5}과 같다).

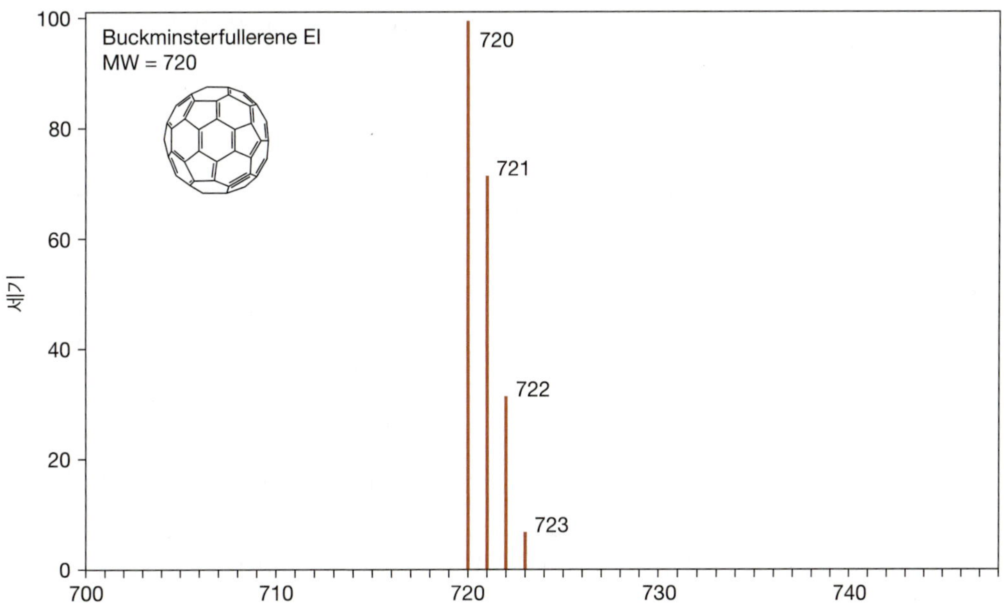

그림 9-1 Buckminsterfullerene의 EI 스펙트럼 (분자 이온 영역) (출처: webbook.nist.gov.)

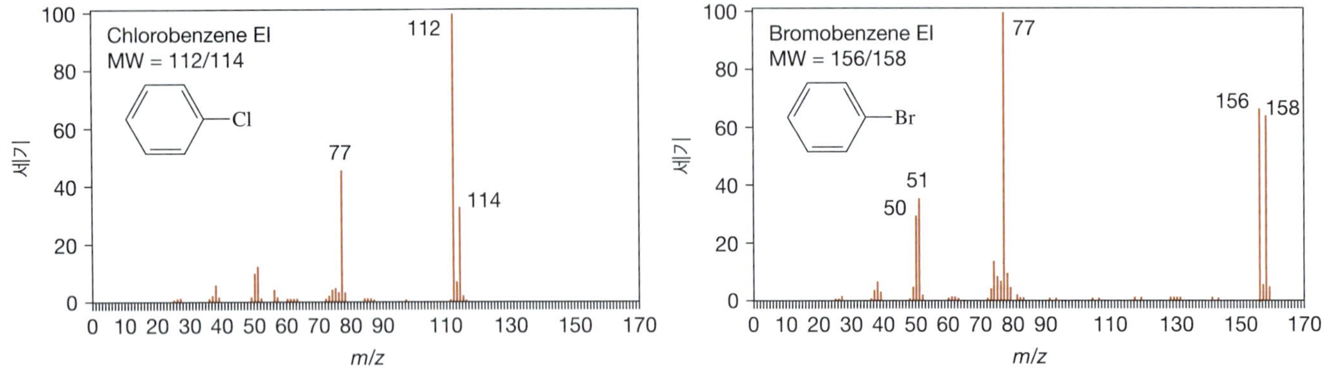

그림 9-2 클로로벤젠과 브로모벤젠의 EI 스펙트럼 (출처: webbook.nist.gov.)

여러 가지 동위원소가 크게 기여하는 원소들도 많다(표 9-1). 유기화학에서 가장 흔한 것은 염소, 브로민, 규소, 황이다. 8장에서 설명하였듯이, 다중 동위원소 효과는 염소 또는 브로민을 포함하는 물질에서 극적이다. 사실, 이 원소들의 동위원소는 이들 원소를 포함하고 있는 화합물을 규명하기 위한 도구로서 사용될 수 있는 진단적 패턴을 보여 준다. 3 : 1 또는 1 : 1의 비율로 질량 단위 2가 차이 나는 피크가 보인다면 즉각적으로 분석물질에 염소 또는 브로민이 존재한다고 의심해 볼 수 있다. 그림 9-2에 클로로벤젠(chlorobenzene)과 브로모벤젠(bromobenzene)의 스펙트럼이 나와 있다.

이 스펙트럼에서 동위원소 패턴은 각각 염소와 브로민의 존재를 분명하게 제시하고 있다. 지배적인 분자 이온보다 1 많은 곳에 ^{13}C의 기여가 조금 나타나 있다. 규소와 황의 영향은 다소 미묘하다. 각 경우에 지배적인 동위원소보다 질량 단위 2가 많은 동위원소가 작지만 상당한 기여(3%~4%)를 한다. 작은 유기 분자에 있어서, ^{13}C의 기여는 M + 2에 중대한 영향을 줄 만큼 크지 않기 때문에 지배적인 피크보다 질량 단위 2가 많은 피크가 있다면 이것은 규소나 황이 있다는 증거이다(또한, 규소를 포함하는 물질은 보통 M + 1에 예상 외로 큰 피크를 나타낸다). 마지막으로, 가끔 4개 또는 그 이상의 동위원소의 기여를 나타낼 수 있는 전이 금속도 매우 풍부한 동위원소 패턴을 보여 준다. Nickelocene, $Ni(C_5H_5)_2$의 EI 스펙트럼은 좋은 예이다(그림 9-3). 동위원소 패턴은 ^{13}C 효과와 함께 5가지 Ni의 동위원소(58, 60, 61, 62, 및 64)에 기인하여 *m*/*z* 188부터 194까지 퍼져 있다. 여기서 지배적인 분자 이온 피크는 *m*/*z* 188 (^{58}Ni)이다. 다음으로 중대한 피크는 ^{60}Ni로부터 나타난 *m*/*z* 190이다. *m*/*z* 186의 피크는 H_2를 잃고 생긴 조각 피크이다. 비슷한 패턴이 C_5H_5를 잃고 생긴 신호가 *m*/*z* 123에 중심을 두고 나와 있다.

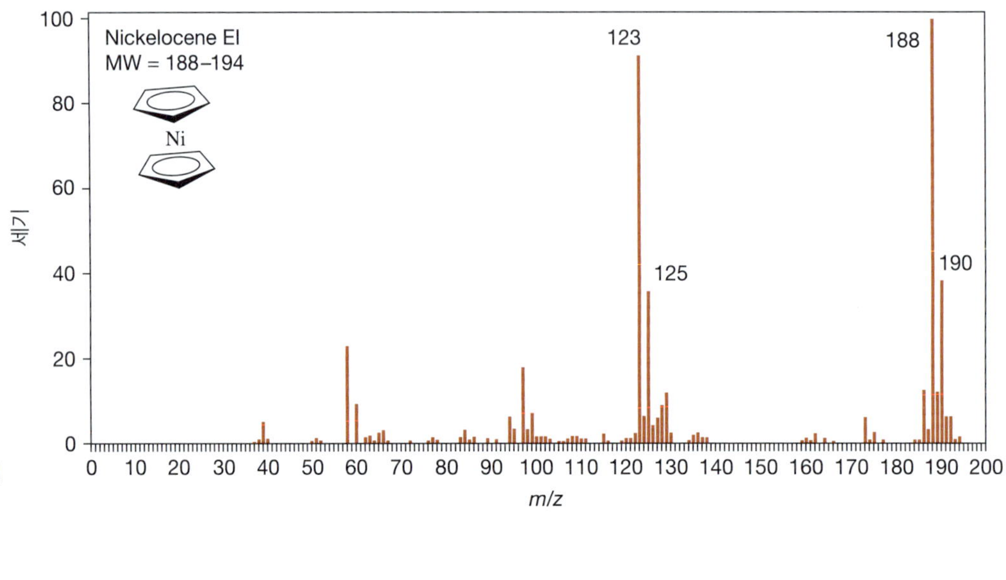

그림 9-3 Nickelocene의 EI 스펙트럼(출처: webbook.nist.gov.)

이들 스펙트럼이 보여 주듯이 동위원소 패턴은 어떤 원소의 존재유무를 판단하는 데 가치 있는 도구가 될 수 있다. 예를 들면, 생성물이 브로민을 포함하는 것으로 생각된다면 원소의 특징적인 한 쌍의 동일한 크기의 피크가 질량 단위 2가 차이 나는 곳에 분자이온으로 나와야 된다. 명백하게 동위원소 패턴은 분석물질의 분자 이온을 알아내는 데 어떤 경우에는 결정적일 수 있다. 간단한 화합물에서 표 9-1의 자료를 활용하면 바로 동위원소 패턴을 짐작할 수 있다. 좀 더 복잡한 화합물은 인터넷을 활용해서 동위원소 계산법을 이용해 볼 수 있다. 마지막으로, 동위원소 패턴을 고려할 때 불순물이 존재할 수 있다는 점과, 이것이 예상되는 패턴을 왜곡할 수도 있다는 점을 염두에 두어야 한다.

9-2d 다중 하전 이온들

여기까지, 모두 단일 하전 이온들을 가진 스펙트럼을 다루었다. 이것들은 EI, CI 또는 MALDI 공급원으로부터 얻은 스펙트럼에서 전형적이다. $z = 1$인 경우에, 분자량은 m/z로부터 직접 얻을 수 있다. 그러나 ESI의 경우에는 이것이 언제나 그렇지는 않다. 분석물질이 매우 크고 이온화할 수 있는 곳이 한 개 이상이면 ESI는 가끔 동시에 다른 하전 상태 +1, +2, +3 등으로 쉽게 다중 하전 이온(multiply charged ion)을 생성한다. 물론, 이런 결과는 분자량을 결정하는 데 잠재적인 문제를 야기한다. 스펙트럼은 m/z 값을 제공하지, 질량을 제공하지 않으므로 z를 알아야만 m을 정할 수 있다. 다행히도, 주어진 이온의 하전 상태를 알아내는 것은 일반적으로 그렇게 어려운 일이 아니다. 기법은 동위원소 분포를 가진 피크들 사이의 알려진 간격을 활용하는 것이다. 모든 동위원소의 명목 질량은 정수이기 때문에 이들의 신호는 질량 단위가 정수만큼 차이가 나야 한다. 유기물질에서 ^{13}C의 존재는 스펙트럼에서 질량 단위가 1만큼 차이가 나야 한다는 것을 확실히 해주고 있다. 그래서 유기 물질에서 동위원소의 패턴에서 질량 간격은 언제나 1, 즉 $\Delta m = 1$이다. 식 9-1에서 $\Delta(m/z)$은 동위원소 패턴에서 이웃 신호 사이의 간격이다.

$$z = 1/\Delta(m/z) \tag{9-1}$$

이것은 간단히 z를 구할 수 있는 식이다. 만약 이웃 신호들 사이의 간격이 0.5라면 $z = 2$이다. 만약 0.33이라면, $z = 3$이다. z를 일단 알면 m/z를 분자량으로 바꾸는 것은 쉽다. 그러나 전하 이동체를 잘 살펴보는 것도 중요하다. 분석물질이 이중으로 양성자화되면 그것의 분자량보다 2 단위가 많은(질량에 두 개의 양성자가 더해져서) 명목 질량이 보일 수 있다. 그 예가 그림 9-4에 이중음이온(dianion)에 대해 나와 있다. 그 이온의 분자량은 402이나 신호는 m/z 201에 있다. 동위원소 패턴은 0.5 단위 떨어져 있어서 이중 하전된

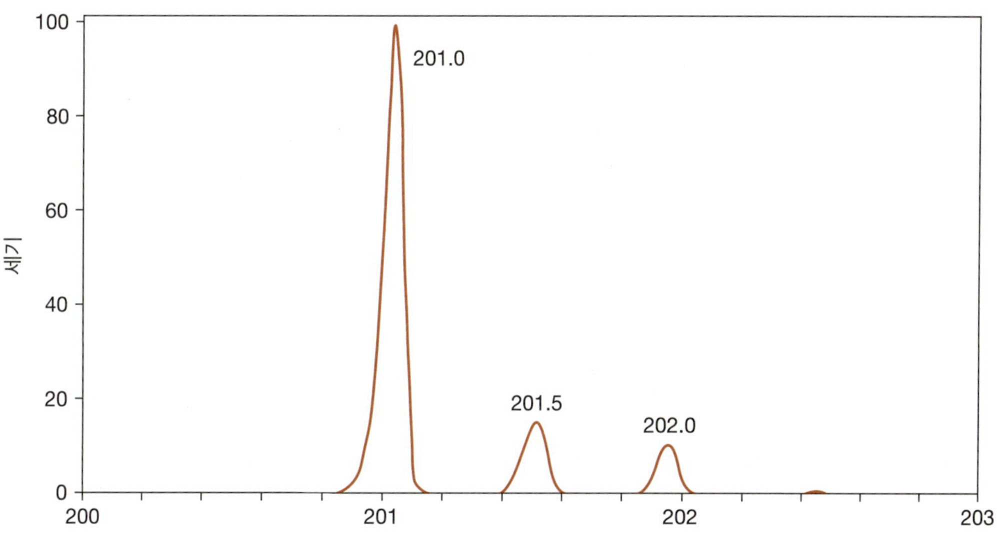

그림 9-4 2,6-Bis(3-sulfatopropoxy)naphthalene의 음이온 방식 ESI 스펙트럼. 두 황 원소가 존재한다는 것이 보통과는 달리 현저히 큰 두 번째 동위원소 피크에 대한 설명이 된다.

이온을 의미한다. 이온의 분자량이 402이지만, 이중음이온이 생길 때 양성자를 두 개 잃어버린 것을 감안하면 분석물질의 분자량은 404이다. 물론 질량 분석기가 동위원소를 충분히 분리할 수 있어야 한다. 작은 분자에 있어서 이것은 큰 문제가 아니다. 그러나 많은 전하를 띨 수 있는 큰 분자에 있어서 이것은 문제가 될 수 있다. 예를 들면, 질량 5000이며 5개의 양전하를 띤 펩타이드의 m/z 1000의 신호를 알아내기 위해서는 0.2 질량 단위가 차이 나게 보여 주는 충분한 분리능이 필요하다. 동위원소 신호 사이에 0.02 단위만큼 적은 간격(즉, 전하 50개)이 필요할 수도 있는 단백질과 같은 매우 큰 분석물질에서는 분리능 상황이 어려워질 수 있다. 이런 문제를 해소하기 위하여 질량 분석기의 분리능이 더 좋은 것을 사용하거나, 다른 전하 상태의 분석물질의 피크들 사이의 간격과 같은 스펙트럼에서의 추가 정보를 활용해 볼 수 있다(ESI 공급원을 사용하면 보통 여러 전하 상태의 다중 하전 이온을 얻을 수 있다는 점을 상기해 보라).

분석물질이 가질 수 있는 가능한 전하의 수는 이온화될 수 있는 위치뿐만 아니라 분자의 크기와도 관련이 있다. 예를 들면, 단백질은 ESI에 의해서 종종 40개만큼 많은 전하를 띨 수 있다. 제한 요소는 전하가 하나 늘어날 때 분자에는 내부 정전기적 반발력이 추가로 생긴다는 점이다. 진공 상태에서, 이것은 중대한 이슈이며, 유전율 상수(dielectric constant) 1을 예로 보면, 작은 정전기적 반발력이 대단한 에너지 감소를 가져올 수 있다. 대략적 지침으로서, 반발력과 거리 사이의 다음 관계식을 사용하여 그 영향을 짐작해 볼 수 있다: 330 kcal/mol/Å. ESI에 의한 다중 전하 형성에 제한 요소는 언제나 ESI 용매로부터 또는 ESI 용매로 양성자 이동이 가능하다는 것이다. 결과적으로, 내부 정전기적 반발력이 너무 커질 때 다중 하전 이온은 ESI 용매와 기체상 양성자 이동 반응을 겪게 되어 전체 전하의 감소가 일어난다. 실제로, 다중 하전 이온을 형성할 수 있는 큰 분자는 분자의 총 크기와 무관하게 m/z 값 500에서 1500의 값을 갖는 경향이 있다. 이런 범위의 값은 대다수 분석물질의 염기도(용매에 상대적인)의 이점과 다중 전하로부터 생기는 내부 정전기적 반발력 사이의 합리적인 타협점으로 보인다. 물론, 전형적인 유기 물질들은 일반적으로 상대적으로 작고 보통 이중 하전 이온으로 한정적이다. 어쨌든, 두 개 또는 그 이상의 이온화 자리가 가능한 200 이상의 분자량을 가진 물질의 ESI 스펙트럼에서는 다중 하전의 가능성을 고려할 필요가 있다.

9-3 스펙트럼으로부터 구조 해석

8장과 9-2절로부터의 정보는 스펙트럼으로부터 구조 규명을 위한 기초를 제공하고 있다. 앞서 언급한 대로, 구조를 규명하기 위해서는 단순히 질량 스펙트럼보다 더 많은 정보가 필요하다. 보통 분석물질이 어떻게 합성되었는지 또는 특정 작용기를 지시하는 화학적 실험 자료가 있다. 다음 예는 상대적으로 쉬운 것이다. 그러나 분석물질의 구조적 특징을 알기 위하여 어떻게 질량 분석 스펙트럼 자료를 활용할 수 있는지를 설명해 주는 좋은 예이다. 더 많은 예가 이 장의 끝에 문제로 제시되어 있다.

모르는 물질의 구조를 분석함에 있어서 다음 논리적인 단계가 유용할 것이다. 이 과정은 분석물질의 제안 구조를 검증하는 데도 적용될 수 있다.

1. 분석물질의 분자량을 결정한다.
2. 정밀 질량을 이용하여 분석물질의 분자식을 결정한다.
3. 중성 조각 이온에 근거하여 구조적 특징을 알아낸다.
4. 특징적인 조각내기를 조사하기 위하여 분석물질의 작용기에 관한 가능한 정보를 이용한다.
5. 제안 구조로부터 중성 분자 잃음에 대한 논리적 설명을 시도해 본다.

9-3a 구조 분석 1

다음 예에서, 시료는 용매 분해 생성물이다. 기대되는 생성물은 확인되었다. 그러나 TLC에서 추가 피크가 확인되었으며, 나중에 분리되었다. 화학 반응과 기대되는 생성물은 식 9-2에 나와 있다.

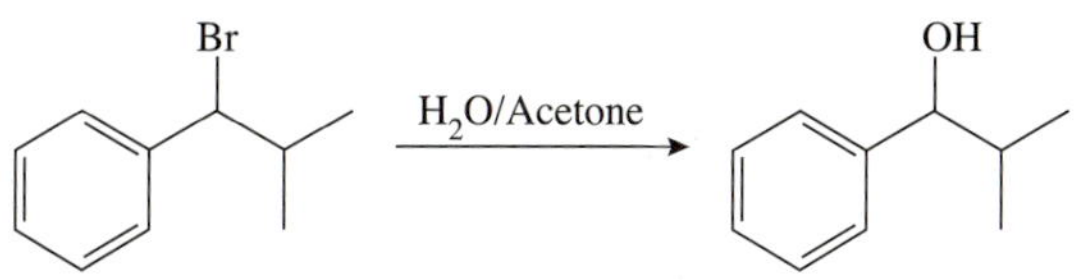

(9-2)

이 반응의 부생성물의 EI 스펙트럼은 그림 9-5에 나와 있다. 이 스펙트럼은 저분리능 질량 분석기로부터 얻은 것으로 명목 질량만을 구할 수 있다. 이 경우에 이 자료는 충분하다. 식 9-2의 반응 조건이 분석물질의 명목 질량으로부터 분자식을 규명하기 위한 충분한 정보를 제공하고 있다. 이 시스템에 질소는 없으며, 짝수 분자 이온이 기대된다. 덧붙여 브로민의 특징적인 동위원소 패턴의 증거도 없다. 이런 관찰로부터 생성물은 탄소, 수소, 산소로 제한된다는 결론에 이른다. 작은 짝수 피크는 m/z 150에서 관찰되며 이것은 분자 이온이다. 오직 탄소, 수소, 산소만을 포함하는 이 질량의 가장 가능한 조합은 $C_{10}H_{14}O$, $C_9H_{10}O_2$, 또는 $C_8H_6O_3$이다. $C_{10}H_{13}Br$로부터 시작하여, 첫째가 가장 가능해 보인다(Br을 OH로 바꾸어서). 그러나 다른 것들은 합리적인 구조를 주기 위해서는 상당한 자리옮김이 요구된다. 사실 기대되는 생성물은 이 식을 갖고 있으며, 그래서 모르는 물질은 이 기대되는 물질의 이성질체일 수 있다.

다음 단계는 조각내기 방식을 고려해 보는 것이다. 피크 m/z 135는 메틸 잃음(질량 단위 15)을 지시하는 것이며, 이것은 자리옮김 생성물이 메틸기를 갖고 있다는 것을 제시한다. 이 피크 말고, 이 스펙트럼에서 핵심 피크는 m/z 59, 91, 92이다. 마지막 두 개가 이 분자에서 벤질 성분을 지시하고 있으며, 특히 m/z 92는 벤질기로 수소 이동에 의해서 생긴 것이다. m/z 59의 이온은 $C_3H_7O^+$일 것 같다(표 8-2 참조). 흥미롭게도 m/z 59와 91은 **상보적인 이온**(*complementary ion*)이다(서로 합하면 분자량이 됨). 이 결과는 벤질기가 상당히 약한 결합으로 C_3H_7O 기에 붙어 있다는 것을 제시한다. 화학식은 페닐-치환 알코올 또는 에터임을 지시하며, 그래서 α-갈라짐은 가능한 조각내기 경로로 보인다. 도식 **9-2**는 구조적 가능성을 개괄적으로 보여 준다. 규명되지 않은 C_3H_7O 성분은 C—O와 CH_3기를 가지고 있어야 한다는 조건을 고려하면 세 가지 선택이 남는다. 그것이 알코

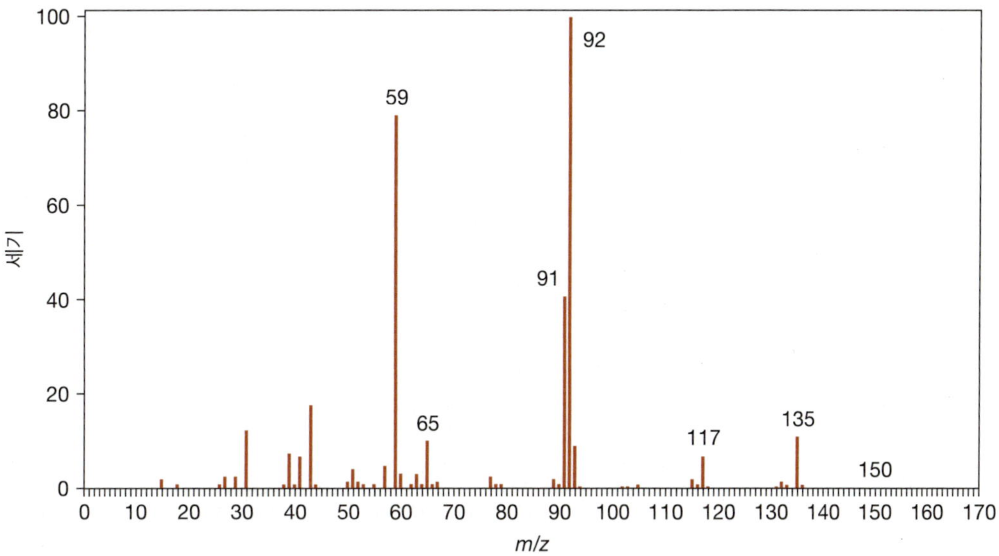

그림 9-5 구조 분석 1의 분석물질의 EI 스펙트럼

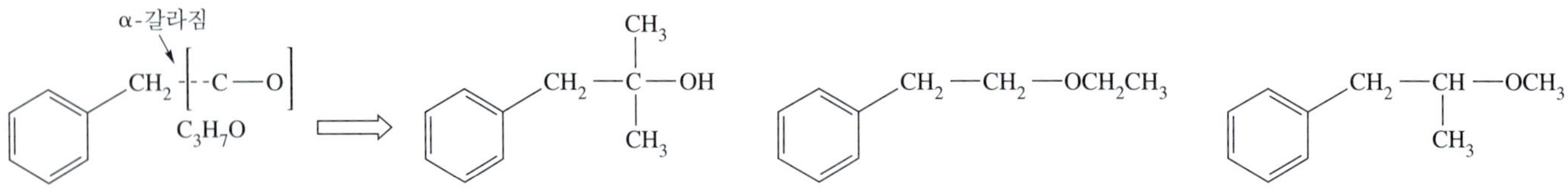

도식 9-2

올이라면, 그것은 2-methyl-1-phenyl-2-propanol이다. 만약 에터라면 2-phenylethanol의 메틸 에터이거나 1-phenyl-2-propanol의 메틸 에터일 수 있다. 이 선택에 대한 다른 가능한 조각내기 경로는 수소 이동을 동반하여 각각 HO (또는 H_2O), CH_3CH_2O (또는 CH_3CH_2OH) 또는 CH_3O (또는 CH_3OH)를 잃게 되는 C—O 결합 갈라짐을 포함할 것이다. 그림 9-5의 스펙트럼에 이들 잃음에 대한 약한 피크들이 보이고 있다. 그 중에서 H_2O를 잃은 m/z 132의 피크가 가장 강하다. 그러나 m/z 117의 피크는 가능성들을 구별함에 있어서 유용하다. 이것은 33을 잃고 생긴 것이며, CH_3과 H_2O를 합하여 잃은 것일 것 같다. 이런 관찰(즉, H_2O의 잃음)을 종합하여 이 물질은 이 스펙트럼의 옳은 구조인 알코올, 즉 2-methyl-1-phenyl-2-propanol인 것으로 제안된다.

9-3b 구조 분석 2

미지의 불포화 탄화수소 물질은 오존 분해/환원 반응으로 그림 9-6과 같은 EI 스펙트럼을 보여 주는 생성물이 된다. 이 정보로부터 우리는 그것이 알데하이드나 케톤이라고 결론지을 수 있다. 분자량은 질소가 없거나 2개임을 제시하는 짝수 이온인 162이다. 질소가 없다면 식은 $C_{11}H_{14}O$일 것 같다. 고분리능 장비에서 분자량은 162.10448로 측정되었다. 이 값은 제안된 식과 일치한다. 알데하이드나 케톤이라면 첫째 단계는 맥레퍼티 이온을 찾아보는 것이 좋은 일일 것이다. 이 경우에 짝수 질량에 그렇게 큰 피크가 없다. 그래서 맥레퍼티 자리옮김이 지배적인 경로는 아니다. 이 결과는 카보닐기의 사슬 길이가 맥레퍼티 자리옮김에 충분히 길지 않음을 제시하는 것이다. 좀 더 자세히는 사슬의 길이가 프로필보다 길지 않다(또는 적당한 수소를 갖고 있지 않다). 다음 단계는 카보닐기에서 갈라진 생성물을 찾는 것이다. 이들을 찾는 핵심은 이들 피크가 이어서 CO를 잃고 생기는 28이 작은 피크를 동반한다는 점이다. 이 스펙트럼에서 m/z 71이 명백한 후보일 것이다. 이

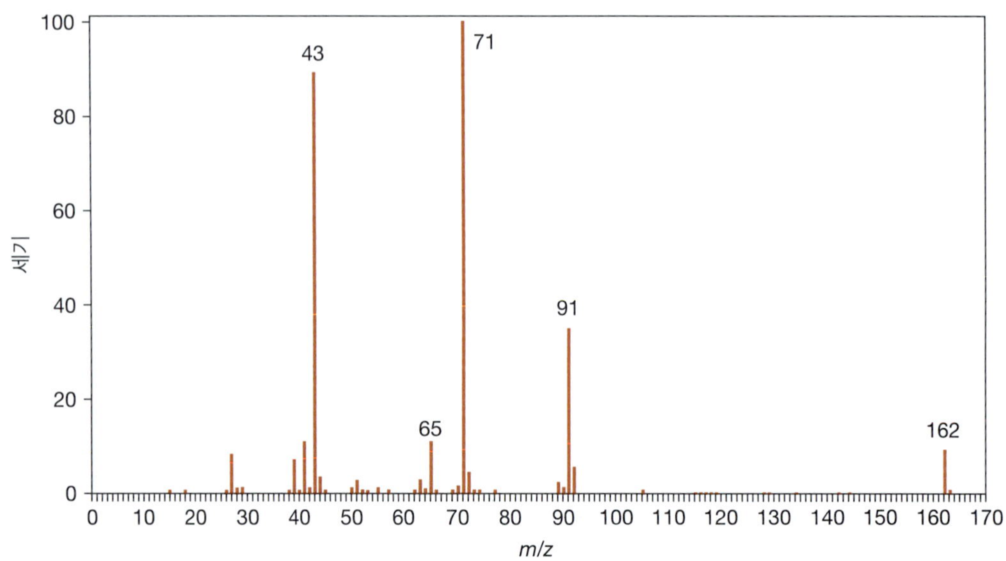

그림 9-6 구조 분석 2의 분석물질의 EI 스펙트럼

것은 알킬 케톤의 전형적인 질량이며, 강한 신호가 CO를 잃고 생긴 m/z 43에도 보이기 때문이다. m/z 91의 피크는 m/z 71과 상보적 관계에 있으며, 벤질기를 제안하는 것이다. 카보닐에서 갈라짐은 전형적으로 아실 양이온이 생기지만, 특별히 안정한 양이온이 가능하다면 알킬 부분이 그 전하를 가질 수 있음을 상기하자. 도식 **9-3**에 구조적 가능성이 제시되어 있다.

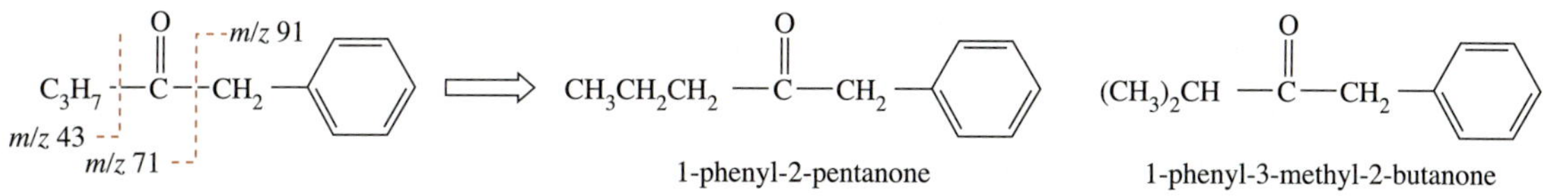

도식 9-3

오직 남은 문제는 C_3H_7O 성분의 구조가 *n*-프로필 또는 아이소프로필이냐 하는 것이다. 둘 다 맥레퍼티 자리옮김이 약하거나 없다는 사실과 일치한다. m/z 43 (아마도 아이소프로필 양이온)의 강한 피크 때문에, 이것은 아이소프로필일 것이라고 결론짓고 싶은 유혹이 생긴다. 그러나 이차 조각내기로서 이것은 안전한 것은 아니다. CH_3를 잃고 생긴 피크 (m/z 147)의 피크가 없다는 것은 *n*-프로필기의 존재에 대한 증거로 받아들일 수 있다. 그러나 카보닐기가 인접한 탄소양이온을 불안정화시킬 수 있기 때문에 카보닐기의 α-탄소로부터 작용기가 갈라지는 것은 보편적이지 않다. 짧게 말하면, 어떤 결론을 짓기에 충분한 정보가 있지 않으며, 이런 가능성들 사이를 구분지어 주기 위해서 다른 접근법이 더 필요하다. 이 스펙트럼은 실제로 1-phenyl-2-pentanone의 것이다.

9-3c 구조 분석 3

그림 9-7의 분석물질의 정체에 대한 더 이상의 정보는 없다. 이런 상황에서 EI 스펙트럼에만 의존해서 구조를 규명하는 것은 거의 가능하지 않다. 그럼에도 스펙트럼으로부터 구조적 정보를 최대한 이끌어 내는 것은 해 볼 만한 일이다. 분자 이온은 m/z 156에 있다 (이 경우에 분석물질로부터 중대한 분자 이온이 생기고 100% 조각내기를 하지 않았다고 가정한다). 짝수 질량은 질소가 없다는 점을 제시하며, 큰 동위원소 피크가 없다는 것으로 염소나 브로민을 제외한다. 이 명목 질량에 대한 여러 가지 분자식은 $C_{12}H_{12}$, $C_{11}H_{24}$, $C_{10}H_{20}O$, $C_{10}H_{17}F$, $C_9H_{16}O_2$가 가능하다. 이 식들은 수많은 구조적 가능성을 지니고 있어서 정확한 질량 측정을 대단히 유용할 것이다. 우선 각 분자식에 예상되는 분자량을 고려해 보자: $C_{12}H_{12}$, 156.093900; $C_{11}H_{24}$, 156.187800; $C_{10}H_{20}O$, 156.151414; $C_{10}H_{17}F$,

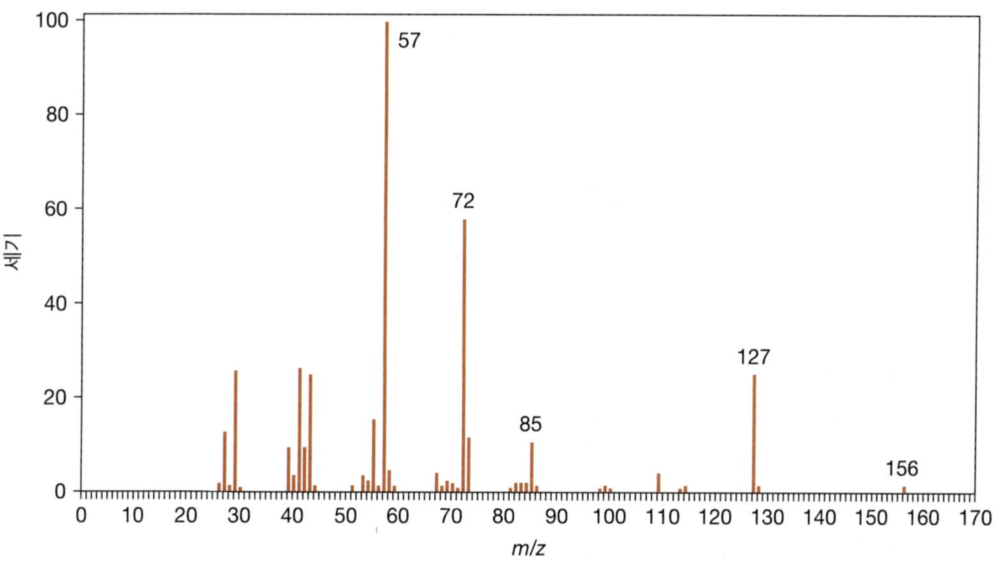

그림 9-7 구조 분석 3의 분석물질의 EI 스펙트럼

156.131428; $C_9H_{16}O_2$, 156.115028. 차이는 상당하고 약 100 ppm의 영역에 있다. 이 경우의 실험 질량 156.15293은 식 $C_{10}H_{20}O$과 일치하며, 불포화 지수 U (식 1-1)가 1이다. 그림 9-7의 조각 잃음을 살펴보자. m/z 127의 피크(29 잃음)는 구조의 에틸기를 가리킨다. m/z 72의 이온은 전형적인 케톤의 맥레퍼티 이온의 질량과 잘 들어맞는다. 고분리능 질량 분석 측정에서 식에 산소의 존재는 케톤과도 일치하며, 단일 불포화도를 설명하고 있다. 그렇다면 m/z 72는 에틸 케톤이나 탄소 3에 메틸기가 추가로 있는 메틸 케톤을 제시한다(즉, 맥레퍼티 이온은 4개 탄소 종이다). 에틸기를 잃은 피크는 앞의 것이 더 있을 법하다는 것을 제안한다. 마지막으로, 카보닐기의 다른 쪽에서 갈라지면 프로피오닐(propionyl) 양이온이 m/z 57에 있을 것으로 기대할 수 있다. 실제로 스펙트럼에서 이것은 강한 피크이며, 분석물질이 에틸 케톤이라는 결론을 확인시켜 주고 있다. 피크 m/z 85는 좀 애매하지만, 실제로 구조에 큰 정보를 주고 있지는 않다. 만약 이것이 도식 9-4의 구조 그림의 오른쪽으로부터 유도되었다면, 이것은 약간 덜 보통인 γ-갈라짐 생성물인 $(CH_2CH_2C(O)CH_2CH_3)^+$이어야 한다. 만약 그것이 왼쪽으로부터 생겼다면, 그것은 곁사슬에 기인한 아마 안정한 탄소양이온 $C_6H_{13}^+$일 것이다. 이 가능성을 구별지어 주는 데 도움이 될 어떤 것도 스펙트럼에 없다. m/z 85의 피크도 이 분석에서 도움이 되지 않는다. 분석물질은 이 경우에 상대적으로 간단하여 3-decanone이며, 도식 **9-4**의 C_6H_{13}의 성분은 n-hexyl이다. C_6H_{13} 단위에서 곁사슬을 고려하여 m/z 85의 피크를 이용하고 싶은 유혹이 느껴지지만, 이것은 사실 선형 사슬이다.

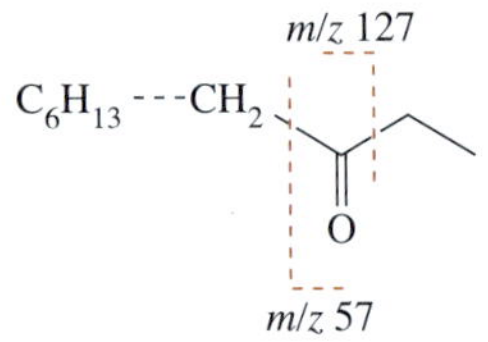

도식 9-4

9-3d 구조 분석 4

그림 9-8의 스펙트럼은 ESI 공급원으로부터 생성된 것이며, 충돌 유도 해리(CID)를 포함하며, 기준 피크로 m/z 144가 있다. 실험이 양이온 방식에서 이루어졌기 때문에 그것은 양성자화된 것이라고 가정하는 것은 이치에 맞다. 소듐이 붙은 다른 양이온도 가능하다. 그러나 추가적인 정보가 없으면 양성자화가 우선적 짐작이다. ESI로, 다중 하전도 가능하다. 그러나 그것은 동위원소 피크 사이의 1단위 질량 차이를 보여 주는 처음의 질량 스펙트럼(제공되지 않음)에서의 동위원소 패턴을 분석함으로써 제외된다. 닫힌 껍질 양성자화된 종에서 분석물질이 질소를 갖지 않고 있다면 홀수 질량이 관여한다. 144의 초기 질량으로 보아 분석물질이 질소를 포함하는 것 같다. 첫째 질량 잃음은 42 (m/z 102)와 44 (m/z 100)이다. 초기 이온이 닫힌 껍질이기 때문에 주요 질량 잃음도 라디칼 종보다는 닫힌 껍질일 것으로 짐작된다. 생성물 이온들이 아직 짝수이기 때문에 이들은 질소를 여전히 포함하고 있다는 것을 알 수 있다. 42의 잃음은 C_3H_6 또는 C_2H_2O [케텐(ketene), 표 8-3 참조]로부터일 것 같다. 케텐 잃음도 선택 사항이지만, 알켄 잃음이 양성자화된 아민에서 보편적인 경로라는 것을 상기해 보면, 프로펜(propene) 잃음이 더 있을 법하다. 알케인 잃음이 양성자화된 아민에서도 보편적이며, 피크 m/z 100은 프로펜 잃음에 기인한 것일 거라는 사실에서, 그런 잃음의 가능성은 더 커진다. 피크 m/z 60은 84를 잃은 것으로부터 기인하거나 이차 조각내기의 결과일 수 있다. 이것은 쉽게 MS^3 실험에서 확인된다. 이 실험에서 m/z 144는 조각나고, m/z 102의 생성물이 분리될 수 있다. 그것의 조각들을 알아보기 위하여 CID 실험을 수행할 수 있을 것이다. 이런 형태의 실험은 트랩하는 기기 또는 삼중-사중극자에서 가능할 것이다. 이 경우에 m/z 60은 m/z 102의 이차

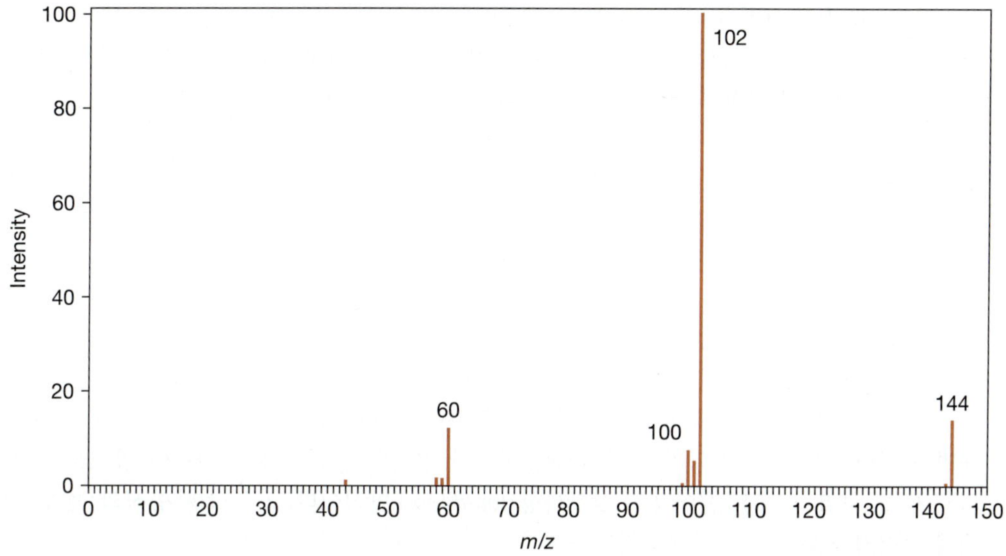

그림 9-8 구조 분석 4의 분석물질의 ESI에 의해 생성된 m/z 144의 CID

조각이다. 그래서 m/z 60은 이차로 42를 잃은 것이 된다. 같은 논리를 적용하여, 그것이 프로펜이라고 결론지을 수 있을 것이다. 이렇게 하여 도식 **9-5**에서와 같은 부분 구조를 그려볼 수 있다.

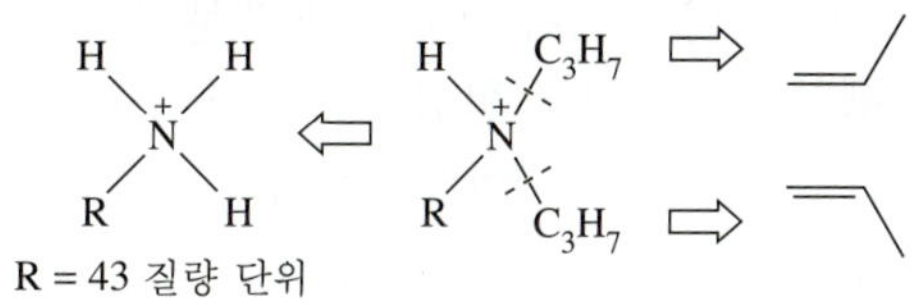

도식 9-5

이 구조는 tripropylamine과 일치한다. 그러나 프로필이 *n*-프로필인지 아이소프로필인지를 알 수 있는 관련 정보가 없다. 그림 9-8의 스펙트럼은 사실 tripropylamine, 즉 *n*-프로필로부터 유도된 것이다.

9-4 생체고분자

고분자 물질의 스펙트럼의 분석은 최신 질량 분석법의 대단한 성공 이야기 중의 하나이다. 특히 단백질이나 폴리뉴클레오타이드와 같이 반복되는 단위를 가진 크고 복잡한 물질을 분석함에 있어서, 이것은 없어서는 안 될 도구가 되고 있다. 상대적으로 작은 유기 분자를 분석할 때처럼, 그 구조를 표현하는 것은 고분자의 조각내기 방식이며, 그 패턴은 고분자가 활성화될 때 예상되는 방법대로 분해되는 방식에 의존적이다. 합성 및 생체고분자 연구는 많이 이루어지고 있으며, 많은 분석법이 개발되었다. 그러나 여기서는 질량 분석법에 의한 펩타이드와 단백질의 분석만을 강조하고자 한다. 이런 종류의 일은 단백체학 연구의 기초가 되며, 질량 분석법 자료가 자료 정보를 활용함과 동시에, 어떻게 대단히 크고 복잡한 분자의 구조를 규명하는 데 사용될 수 있는가를 보여 주는 예가 된다. 같은 일반적인 순서풀이 전략이 폴리뉴클레오타이드나 다당질에도 사용된다. 합성 고분자에서 순서풀이는 일반적으로 일차 목적이 아니며, 질량 분석법은 고분자 물질 생성물의 크기와 혼합물 분포를 분석하는 데 도구로 사용된다.

9-4a 펩타이드와 단백질

펩타이드를 분석할 때 보면, 오직 몇 가지 아미노산들이 겉으로 보기에 수많은 구조적 가능성을 지닌 분석적 문제를 만들어낸다. 예를 들면, 보통의 아미노산으로 이루어진 테트라펩타이드(tetrapeptide)에는 160,000 (20^4) 개의 가능한 서열(sequence)이 있다. 모든 아미노산이 다른 분자량을 가지고 있기 때문에(leucine과 isoleucine은 예외) 질량 분석법으로 분자량을 결정할 수 있다면, 가능성의 수는 줄어든다. 그래도 최소한 24가지의 가능성이 남아 있다(아미노산의 서열에 근거하여 4!). 그러나 아미노산들을 합하면 같은 합한 무게가 될 수 있기 때문에 더 많은 가능성이 있을 수 있다. 중간 크기의 펩타이드에서 수많은 구조적 가능성이 있다는 점을 인정해야 하며, 단백질에는 천문학적 가능성이 있다. 질량 분석법이 어떻게 이런 당황스러운 문제를 푸는 데 통찰력을 줄 수 있을까? 핵심은 펩타이드에서 규칙적인 조각내기 방식이 보인다는 점과, 동시에 질량 분석 자료와 함께 강력한 생물정보학을 도구로 활용하고 있다. 가장 보편적인 접근법은 예상하는 곳을 잘라서 펩타이드를 생성할 수 있는 트립신과 같은 단백질분해효소로 단백질을 분해하는 것이다. 그런 방식은 **하부상향**(*bottom-up*) 방식이라고 하며, 일단 펩타이드의 순서풀이가 끝나고 규명되면 단백질 서열을 알기 위하여 생물정보학 방법을 활용한다. 대안적인 방법은 본래의 단백질 서열을 직접 풀어가는 **상부하향**(*top-down*) 방식이다. 하부상향 방식의 예가 아래에 주어져 있다.

펩타이드에 있어서, 전형적인 이온화 공급원은 양성자화된 펩타이드를 생성하는 MALDI 또는 ESI이다. 유기화학의 기본 원리로 돌아가 보면, 펩타이드 결합(아마이드 결합)의 양성자화는 카보닐기에서 C—N 결합의 갈라짐에 이르는 부가/제거 과정을 촉매화시킨다. 펩타이드에는 많은 친핵성 반응자리가 있다. 이 반응의 구체적인 접근은 이 논의의 범주를 벗어난다. 그러나 핵심 이슈는 이 과정 때문에 펩타이드의 조각내기 방식에 규칙성이 있다는 것이다. 펩타이드는 다른 활성화 조건에서 다른 방식으로 조각내기 때문에 펩타이드의 조각내기에 대하여 Klaus Biemann에 의해서 개발된 일반적인 표준 명명법을 적용하는 것이 유용하다(도식 **9-6**).

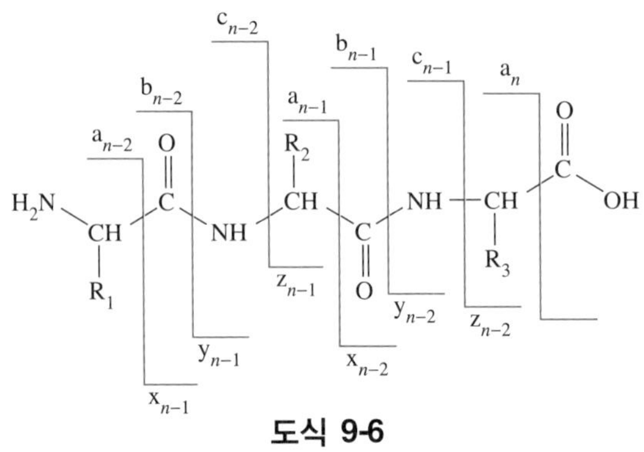

도식 9-6

여기서 소문자는 갈라지는 자리를 정의한다. 카보닐기에서 C—N 갈라짐의 경우에 b와 y 이온들이 생긴다. b 이온들은 *N*-말단부로부터 생긴 조각내기 생성물에 해당된다(왼쪽에 나타냄), y 이온은 C-말단부(오른쪽에 나타냄)로부터 생긴 조각 생성물에 해당된다. 단일 하전 이온은 이 조각들만이 한 개의 전하를 띨 것이나, 다중 하전 이온은 양쪽이 하전되어 검출될 수 있다. 아래 숫자는 조각에서 아미노산 잔기의 서열을 지시한다. 예를 들어, b_5 이온은 펩타이드에서 첫째 다섯 아미노산 잔기를 나타내며, 반면에 y_5는 마지막 다섯을 나타낸다. y 이온은 단순히 잘려진 펩타이드를 나타내지만, b 이온은 부가/제거 과정이 관여되어 자리옮김하며 종종 고리 물질이 된다. 도식 **9-7**에 예가 나와 있다. y_3 이온에서 n은 펩타이드에서 잔기의 총 수이다(y_3에는 마지막 세 개만 있다). b_3 이온에서 한 아마이드의 카보닐은 인접한 아마이드 카보닐을 공격하는 친핵체(nucleophile)로 작용하였다. 그런 oxazolidinone은 b 이온에서 일반적인 구조로 믿어진다. 이 도식에서 단백질의 첫 세 개의 아미노산이 표현되어 있다. 다른 조각내기 자리는 다른 갈라짐 점이 된다. 예를 들어, 전자 포획 해리(electron capture dissociation)를 하면 주로 c와 z 이온이 된다. 조각내기 조건에서 믿을 만하게 잘라지기 때문에 펩타이드 골격에서 어느 결합이 갈라지는가는 중요하지 않다.

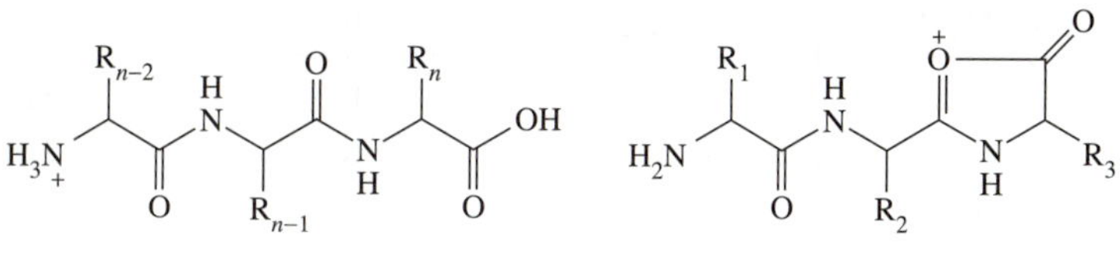

도식 9-7

다음 질문은 이 조각내기 자료를 어떻게 펩타이드 서열에 적용하느냐 하는 것이다. 이상적인 상황에서, 충돌 유도 해리(collision-induced dissociation)로부터의 조각내기는 일련의 연속적인 b 또는 y 이온이 생길 것이다. 연속된 일련의 조각들 사이의 질량의 차이는 아미노산의 하나의 질량일 것이다. 전체적으로, 순차적으로 아미노산 각각의 질량을 결정할 수 있으며, 펩타이드 서열을 얻을 수 있다. 이 과정이 도식 **9-8**에 나와 있다.

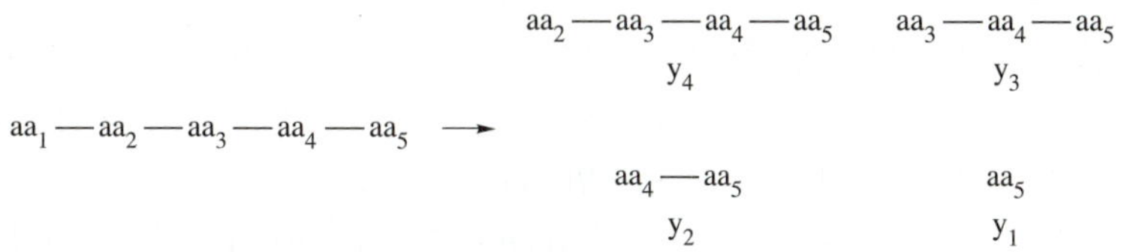

도식 9-8

예를 들어, 전체 펩타이드와 y_4 사이의 질량 차이는 aa_1의 무게이며, y_4 와 y_3 사이의 차이는 aa_2의 무게이다. 이렇게 하는 것은 일반적이며 변하는 반복 단위를 가진 고분자의 순서풀이를 할 수 있는 방법이다. 그러나 이 과정은 여기의 단순한 예에서보다 훨씬 더 복잡하다. 특히, b와 y 이온 모두가 조각내기 동안에 생성된다면 이온이 b로부터인지 또

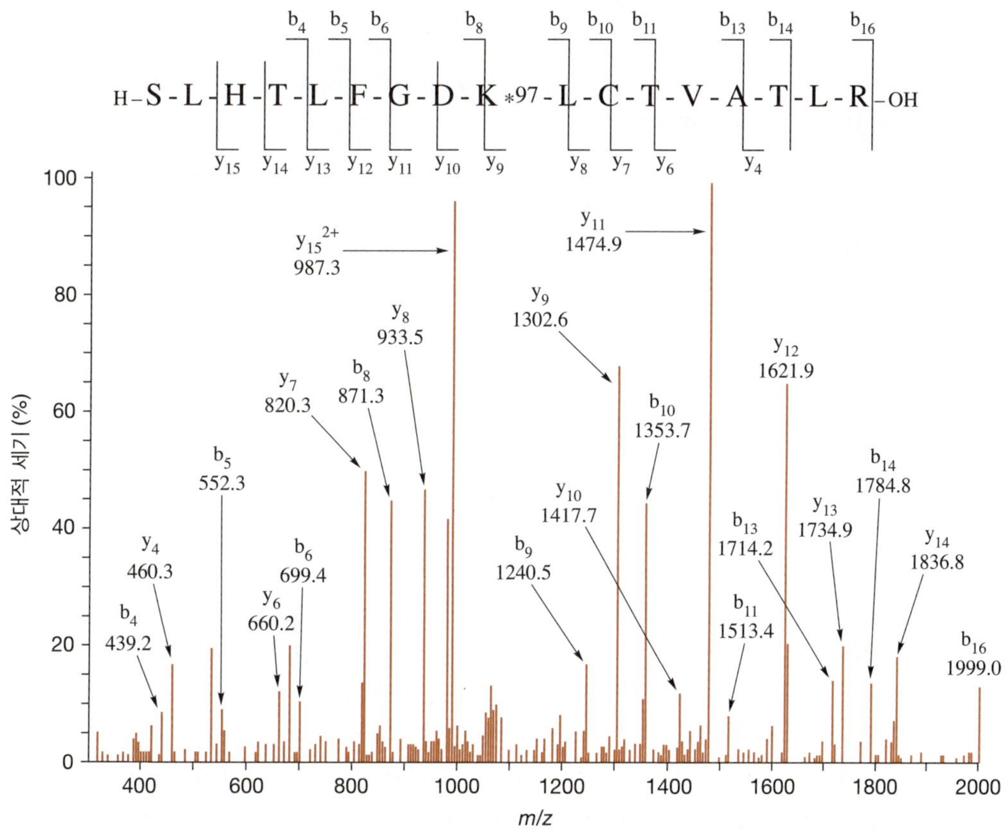

그림 9-9 Serum albumin을 트립신으로 분해하여 얻어진 펩타이드. 한 글자 아미노산 약자가 사용되었다. Lysine 잔기(잔기 97)는 산화로 변형되어 있어 그것의 관례적 무게가 아니다.

표 9-2 아미노산 잔기의 질량[a]

아미노산	한 문자로 된 약어	단일 동위원소 잔기 질량[a]	아미노산	한 문자로 된 약어	단일 동위원소 잔기 질량
Ala	A	71.03711	Leu	L	113.08406
Arg	R	156.10111	Lys	K	128.09496
Asn	N	114.04293	Met	M	131.04049
Asp	D	115.02694	Phe	F	147.06841
Cys	C	103.00919	Pro	P	97.05276
Glu	E	129.04259	Ser	S	87.03203
Gln	Q	128.05858	Thr	T	101.04768
Gly	G	57.02146	Trp	W	186.07931
His	H	137.05891	Tyr	Y	163.06333
lle	I	113.08406	Val	V	99.06841

[a]실제 아미노산 질량은 18.01056만큼 크다. 펩타이드 결합이 형성될 때 H_2O의 질량을 잃어버렸다.

는 y로부터인지 어떻게 그것의 질량을 결정할 수 있는가? 그림 9-9의 스펙트럼이 이 복잡성을 설명해 준다. 스펙트럼에 b와 y가 적당한 수 있지만 구별하기 힘들 정도로 섞여 있다. 물론 표지가 붙여 있어서 보기가 쉽지만, y_{10} (m/z 1417.7)과 y_{11} (m/z 1474.9) 사이의 간격은 잔기 질량 57 단위인 글라이신(glycine)에 해당한다(글라이신의 분자량은 75이나 펩타이드로 되어 아마이드가 될 때 H_2O 성분의 18 단위가 없어졌다). 아미노산 잔기 질량은 표 9-2에 나와 있다.

일반적으로, 피크를 잘 표지하는 것은 정교한 생물정보학 방법 또는 질량 목록에서 겹친 서열을 알아내는 데 활용할 수 있도록 고안된 소프트웨어를 잘 활용하는 데 달려 있다. 첫 번째 접근 방법으로는 시료에 있을 것 같은 모든 펩타이드의 조각내기 스펙트럼을 예상하고, 실험 스펙트럼과 가장 잘 들어맞는 것을 선택하여 표지하는 과정에 사용하는 것이다. 이 방법에서는 관심 펩타이드를 생산하는 분해 과정에 있을 수 있는 모든 단백질의 서열을 알아야 할 필요가 있다. 이것이 매우 극단적인 요구 조건일 것 같을지 모르지만, 다양한 게놈 프로젝트에서 여러 가지 종에 통상적으로 이용 가능한 이런 종류의 자료가 만들어져 왔다. 이것은 아직도 중대한 도전적 컴퓨터 작업이지만 SEQUEST, MASCOT 및 Protein Prospector 같은 강력한 소프트웨어가 개발됨에 따라 이런 일이 통상적으로 가능하게 되었다. 그림 9-9의 스펙트럼은 이렇게 할당되었다. 두 번째 접근법으로는 **신생**(*de novo*) 순서풀기로 알려진 것으로서 펩타이드가 보통의 아미노산으로 구성되어 있다는 것 외에 어떤 가정도 하지 않고 시작한다(어떤 경우에는 모르는 비전형적인 아미노산의 존재 가능성도 열어 둔다). 여기서 소프트웨어는 질량 자료에서 자연적 패턴을 찾으며, 이 정보로부터 서열을 구성한다. 이 방법은 b와 y 이온 같은 조각들의 서열을 맞추는 데 훨씬 더 의존적이며, 데이터베이스 방법보다 더 실패할 가능성이 크다.

9-4b 그 밖의 고분자들

비슷한 방법이 올리고뉴클레오타이드(oligonucleotide)와 올리고삭카라이드(oligosaccharide)의 분석을 위해 개발되었다. 앞의 것은 반복되는 단위가 단순하고 조각내기 방식이 잘 확립되어 있기 때문에 상대적으로 쉽다. 올리고삭카라이드에 대해서 상황은 훨씬 더 복잡해진다. 여기서 반복되는 단위가 종종 같은 질량(입체이성질체)을 갖고 있기 때문에 이들이 조각나는 동안 쉽게 구별하기는 쉽지 않다. 덧붙여, 당(sugar)은 다양한 연결고리 패턴을 보여 줄 수 있으며, 분기점을 포함할 수 있다. 이 모든 요소들 때문에 올리고삭카라이드의 서열 분석은 질량 분석법에 도전적인 일이다. 그러나 기대되는 조각내기 방식을 확립하는 데 진전이 조금 이루어지고 있다.

문제

문제 9-1 파트 (a)의 답은 다음 파트의 안내로서 제공되어 있다.

9-1 상대적으로 단순한 분자식을 가진 화학종조차도 풍부한 동위원소 패턴을 생성할 수 있다. 다음 분자식의 각각에 대해서 (i) 분자 이온의 동위원소 영역의 피크의 명목 질량을 구하고, (ii) 분자 이온의 동위원소 영역에 기여하는 종들의 정밀 질량을 구하고, (iii) 분자 이온의 동위원소 영역의 지배적인 m/z를 예측하시오. (i)과 (ii)를 답할 때 분자 이온 강도의 1%보다 크게 기여하는 조합만 고려하라.

(a) C_3H_7ClS

답.

우선 원소 각각을 생각해 보자. 탄소에 대해서 ^{13}C가 중요하다. 그러나 자연 존재량 1%와 세 탄소에서 분자는 ^{13}C가 없거나 한 개 뿐인 분자들만이 1%보다 큰 수준에서 기여할 것이다. 7개 수소들에 대해서 중수소 효과는 무시해야 된다. 염소에서 ^{35}Cl과 ^{37}Cl은 중대한 신호를 제공한다. 마지막으로, 황은 ^{32}S와 ^{34}S로부터 1% 이상의 기여를 한다.

(i) 이 동위원소에 대해서, 동위원소 영역에서, 가장 낮은 질량은 명목 질량 m/z 110을 가진 $^{12}C_3{}^1H_7{}^{35}Cl^{32}S$이다. 가장 큰 질량은 명목 질량 m/z 115를 가진 $^{12}C_2{}^{13}C^1H_7{}^{37}Cl^{34}S$이지만 두 개의 적은 존재량($^{13}C$ 및 ^{34}S)이 있기 때문에 문제가 제안하는 1% 아래로 내려간다. 그래서 $^{12}C_3{}^1H_7{}^{37}Cl^{34}S$가 m/z 114로 대표적인 가장 큰 질량이다. ^{12}C보다 1 높은 ^{13}C가 있어서 중간 m/z의 피크가 있으며, m/z 110, 111, 112, 113, 114에 피크가 있다.

(ii) $^{12}C_3{}^1H_7{}^{35}Cl^{32}S$: 109.99570; $^{12}C_2{}^{13}C_1H_7{}^{35}Cl^{32}S$: 110.99905; $^{12}C_3{}^1H_7{}^{37}Cl^{32}S$: 111.99275; $^{12}C_3{}^1H_7{}^{35}Cl^{34}S$: 111.99149; $^{12}C_2{}^{13}C^1H_7{}^{37}Cl^{32}S$: 112.99610; $^{12}C_2{}^{13}C^1H_7{}^{37}Cl^{34}S$: 112.99485; $^{12}C_3{}^1H_7{}^{37}Cl^{34}S$: 113.98854. m/z 112와 113에 명목 질량 피크는 서로 다른 질량 결손을 가진 두 성분이 있음에 유의한다.

(iii) 이 경우에 $^{12}C_3{}^1H_7{}^{35}Cl^{32}S$가 가장 흔한 동위원소를 포함하고 있기 때문에 지배적인 피크라는 것을 쉽게 정할 수 있다.

(b) CH_2BrCl

(c) $C_{10}H_{10}Fe$

(d) $C_3H_9O_3$

9-2 아래 스펙트럼은 양이온 조건에서 저분리능 기기로부터 얻은 염기성 분석 물질의 ESI이다. 동위원소 영역은 전기분무 스펙트럼에서 주요 피크를 보여 주고 있다(조각내기가 일어나지 않았다). 이 화학종은 C, H, N을 포함하고 있다고 가정하고 분자식을 구하시오.

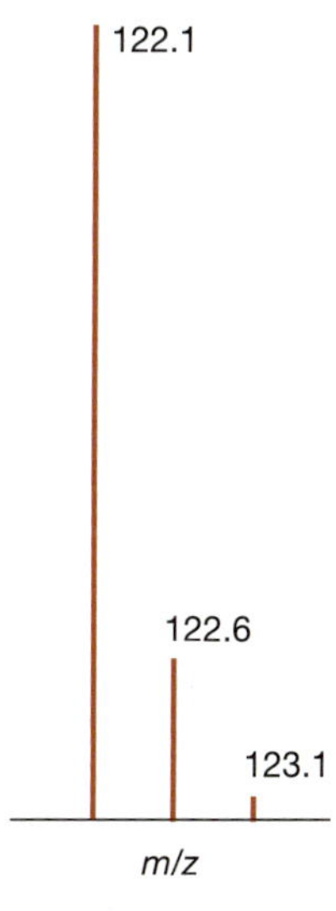

9-3 각 스펙트럼으로부터 가능한 한 많은 구조적 정보를 찾으시오. 이것은 70 eV의 EI 스펙트럼이라고 가정한다.

(a) 1-Pentene의 epoxidation에서, 생성 혼합물은 다음 스펙트럼에 해당하는 소량의 화합물을 포함하고 있다. 정밀 질량 자료가 분자 이온에 주어져 있다.

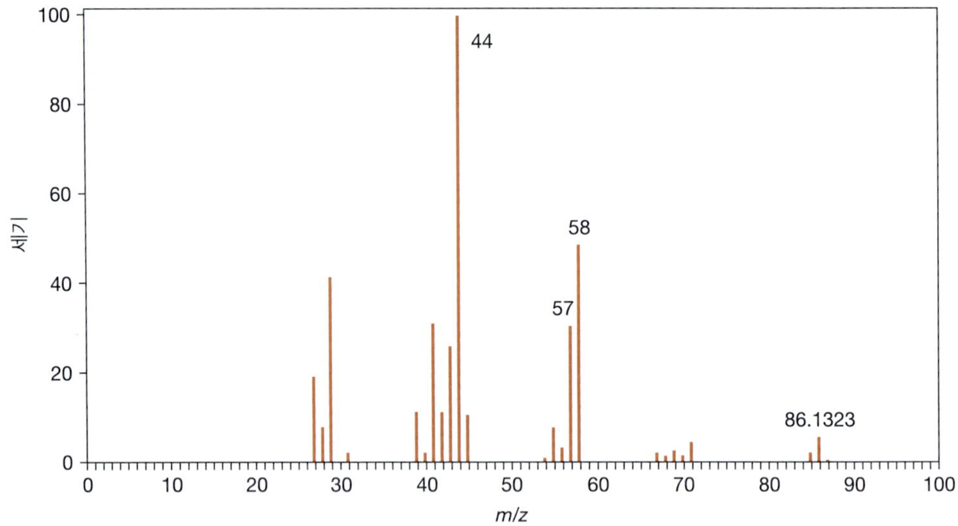

(b) Pentanenitrile의 가수분해에서, 다음 스펙트럼에 해당하는 화합물은 생성 혼합물에서 주요 기여물질이다 (분자 이온의 정밀 질량이 제시되어 있음).

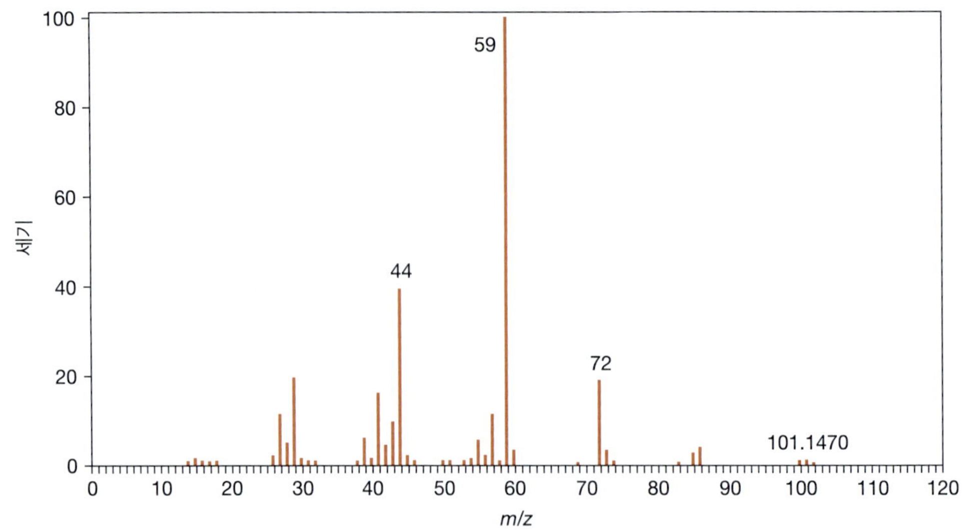

(c) 2-Hexanol의 산하에서, 현저하게 가혹한 조건이 사용되었다. 다음 스펙트럼에 해당하는 화합물은 생성 혼합물에서 주요 기여물질이다 (분자 이온의 정밀 질량이 제시되어 있음).

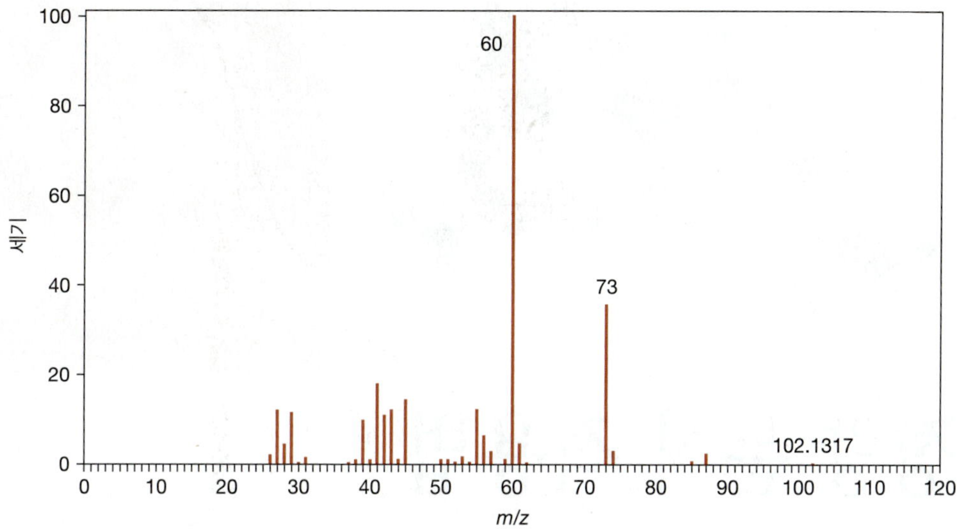

(d) 다음 EI 스펙트럼은 수용액의 윗부분을 분석한 것이다(분자 이온의 정밀 질량이 제시되어 있음). 용액은 상전이 촉매의 분해로부터 생성된 휘발성 물질을 포함하는 것으로 생각된다.

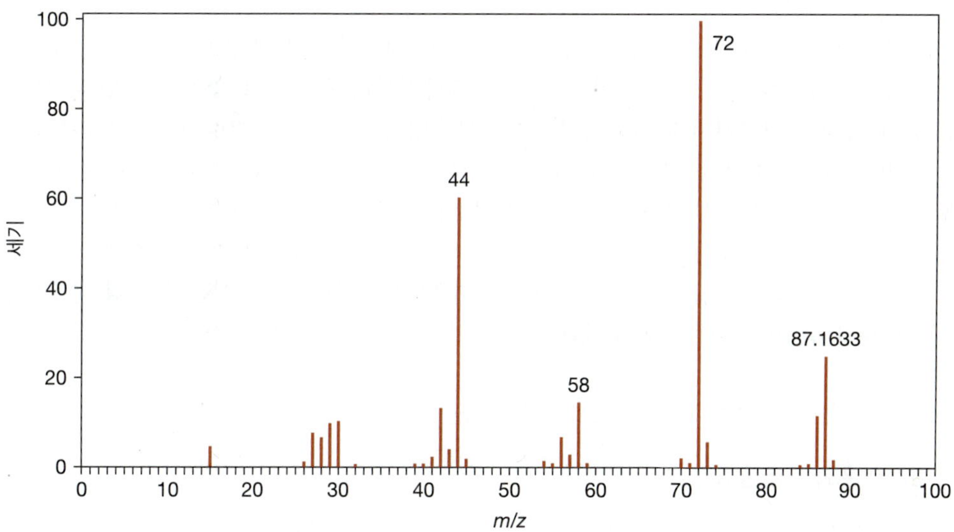

9-4 펩타이드 이온이 양이온 방식에서 ESI로부터 생성되었다. 스펙트럼의 주요 이온은 763.3403의 질량을 보여 주고 있다. 이것은 일련의 y 이온들을 생성한다. 펩타이드의 서열을 결정하시오.

y_1	90.055	y_4	450.2129
y_2	246.1561	y_5	579.2555
y_3	347.2037	y_6	676.3083

참고 문헌

Also see Chapter 8 bibliography.

9.1 C. Dass, *Fundamentals of Contemporary Mass Spectrometry*, Hoboken, NJ: John Wiley & Sons, 2007.

9.2 M. S. Lipton and L. Paýa-Tolic (eds.), *Methods in Molecular Biology*, **492**, 1 (2008).

9.3 M. Kinter and N. E. Sherman, *Protein Sequencing and Identification Using Tandem Mass Spectrometry*, New York: John Wiley & Sons, 2000.

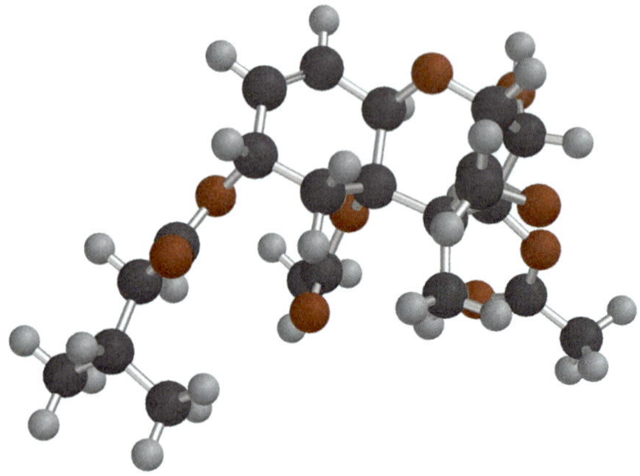

CHAPTER 10

정량 분석 적용법

10-1 서론

질량 분석법은 분석물질의 규명과 함께 여러 가지 정량적 분석에도 사용될 수 있다. 이런 응용성은 분석물질의 농도를 직접 결정하는 것에서부터 산성도나 염기도와 같은 열역학적 양의 측정에 이르기까지 다양하다. 질량 분석법에 의한 어떤 정량적 분석이라도 핵심적 측면은 이온화법과 분석물질의 검출에 관련된 효과이다. 질량 분석법에서 검출 감도 효과는 전통적인 광분광법(또는 ^{1}H NMR)보다 더 복잡하며, 질량, 염기도/산성도, 소수성, 분석물질의 구조적 안정도 등을 포함하는 여러 가지 요인에 의존적이다. 이 장에서는 정량적 질량 분석법의 일반적 특징들을 간단히 다룰 것이며, 기체 이온과 중성 물질의 물리적 성질을 결정하는 데 초점을 맞춘 약간의 특수 적용법을 다룰 것이다.

10-2 질량 분석법의 신호 강도에 영향을 주는 요소들

10-2a 이온화 효율성

이 책에서 서술한 대다수의 분광학적 방법에서 측정은 광자의 흡수와 방출과 같은 잘 정의된 과정에 의존한다. 이 일은 단단한 물리적 근거가 있어서 이론적으로 잘 모형화되어 있으며, 일반적으로 매우 재현성 높게 시작될 수 있다. 이와는 달리, 이온화 방법은 잘 정의되어 일어나지 않으며, 효율성은 이온 공급원의 디자인 특성과도 관련이 있는 전 과정의 요소들에 의존적이다. 이온 공급원 중에서 가장 재현성이 좋은 것은 전자 이온화(electron ionization)이다. 가속 전압, flux, 분석물질 압력이 잘 조절된다면 그 공급원이 일정한 속도로 이온들을 생산하지 않을 이유가 없다. 비록 이 변수들이 바뀐다고 하더라도 공급원으로부터 이온들이 질량 분석기로 이동하여 잠재적으로 분리된 뒤에 예상하는 재현성 높은 방법으로 검출될 수 있을 것이다. 그러나 이런 요구성을 맞추기는 쉽지 않다. 특히 다른 실험 방법과 비교하기 위해서는 쉽지 않다. MALDI나 ESI와 같은 이온화 공급원은 응축상이나 플라스마 또는 이온이 생기기 전의 기체상에서의 반응들의 집합체에 의존적이다. 이 이온화 공급원도 잘 조절하면 높은 재현성을 얻을 수 있으나, 절대 이온 강도로부터 진정한 정량적 측정값을 얻는 것은 어려울 수 있다.

다른 이슈는 이온 감소이다. 모든 이온화 공급원에서 일정 수의 전하가 생성되고, 공급원내에서 분자들이, 예를 들면 전자, 양성자, 염기성 음이온들과 같은 전하 이동체와 경쟁한다. 결과적으로, 특정 분석물질의 강도는 시료 또는 용출액 혼합물 속의 다른 물질들에 따라 달라질 수 있다. 이 문제는 ESI에서 보편적으로 나타난다. 시료에 무기염 농도가 상당히 높다면, 아마 이것들은 전기분무 방울(electronspray droplet)에서 지배적인 전하 이동체로 작용할 수 있으며, 잠재적으로 덜 이온화가 되는 분석물질의 신호를 완전히 감소시킬 것이다. 이런 가능성은 ESI에 한정된 것이 아니다. 시료 혼합물이 이온화할 분석물질과 경쟁할 수 있는 물질을 포함하고 있을 때, 매트릭스 효과는 모든 이온화 공급원에서 나타날 수 있다. 결과적으로, 질량 분석법에서 절대 공급원 강도와 시료 농도를 상관시키는 것은 일반적으로 어렵다. 그래도 조건을 잘 조절하면 절대 이온 강도, 즉 EI에 근거한 유용한 검량 곡선(calibration curve)을 만들 수 있다. 그러나 이 곡선은 정기적으로 업데이트해야 하며, 이런 일은 많은 노동 집약적일 수 있다.

10-2b 검출의 효율성

이온 공급원이 절대적 재현성을 갖고 있고, 분석물질의 농도에 비례하는 강도를 보였다면, 다음 과제는 이온들을 질량 분석기로 이동시키고 이들을 왜곡 없이 검출하는 것이다. 이와 같이 되면, 검출 효율성은 7장에서 상세히 설명했듯이 상당량 질량 분석기의 성질에 근거하고 있다. 정량성에서 핵심 요소는 동적 범위(dynamic range)이다. 이 양은 한 질량 분석기(표 7-7)에서 제시되는(또는 거의 그렇게) 정해질 수 있는 신호 강도의 변화량의 측정이다. 무엇이 질량 분석기의 동적 범위를 제한시킬 수 있는 요인들인가? 사중극자 이온 트랩(trap)을 생각해 보자. 이 기기는 일반적으로 100,000 또는 조금 적은 수의 이온들을 트랩할 수 있다. 이런 환경에서 1000 : 1보다 더 큰 두 물질의 비를 측정하는 것은 어렵다. 이런 경우에 통계를 잡기에 낮은 농도 물질의 이온 수가 너무 낮다. 결과적으로, 사중극자 이온 트랩은 작은 동적 범위를 갖고 있는 경우가 많고, 상대적으로 비슷한 농도의 물질들을 비교하는 데 제한적으로 사용된다. 다른 반대쪽의 예는 사중극자 질량 필터이다. 이 기기는 삼중 · 사중극자(직렬 질량 분석기에 해당)와 함께 큰 동적 범위를 가지고 있다. 이들은 매우 많은 수의 이온들을 이동시킬 수 있고, 그래서 상대적으로 높거나 낮은 농도의 물질들에 대한 좋은 통계 값을 준다. 이런 성질이 삼중 · 사중극자가 정량 분석에서 인기가 있는 이유이다. 부채꼴 기기에서도 좋은 동적 범위가 관찰되며, 조금 떨어지지만 TOF에서도 관찰된다. FT-ICR은 제한된 이온 저장 능력을 가진 트랩 기기이기 때문에, 이것은 동적 범위에서 사중극자 이온 트랩과 같은 문제점을 가지고 있다. 그래서 질량 분석법에서의 정량 분석은 질량 분석기의 성질에 매우 의존적이다.

다른 이슈는 질량 선별력이다. 질량 분석기/검출장치가 넓은 범위의 m/z 범위에서 같은 감도를 제공하는 점에 우수하게 디자인되었더라도, 이런 동일성은 현실적으로 실현이 잘 되지 않는다. 전형적으로 질량 분석기에서 다른 m/z 값을 가진 같은 수의 두 이온들이 같은 높이의 피크를 주지는 않는다. m/z 값이 가까우면 이 효과는 작으나, 넓게 떨어진 피크에서는 중요할 수 있다. 다시 한 번, 이런 문제는 검량 곡선과 내부 표준물질과 연관성이 있는 것들이다.

10-3 내부 표준 물질과 상대적 강도

앞에서 언급한 제한성에도 불구하고, 질량 분석법은 정량적 자료가 필요한 여러 상황에서 효과적으로 사용될 수 있다. 핵심은 공급원 조건의 변동성과 질량 분석기의 동적 범위에 맞는 조건을 선택하는 것이다. 이 문제는 내부 표준물질을 잘 사용하여 절대 신호 강도보다는 상대적인 측정값을 얻으면 쉽게 해소될 수 있다. 분석물질과 표준물질이 동시에 이온화되기 때문에 공급원으로부터 이온 생산의 변동성은 내부 표준물질에 대한 분석물질의 상대적 비율에 큰 영향을 주지 않는다. 덧붙여, 분석을 위해서 필요한 동적 범위에 내

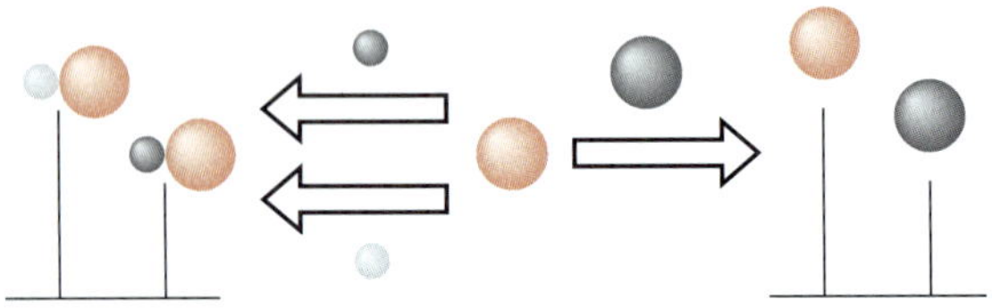

그림 10-1 동위원소 내부 표준물질을 사용하는 전략. 시료는 알려진 양의 동위원소 표지 유사체와 함께 스파이크된다. 다르게는, 두 다른 반응조건(대조 및 변형 조건)의 시료가 동위원소 물질로 표지될 수 있다. 강도의 차이로 분석물질 농도의 변형 조건 효과를 정량할 수 있다. 이런 표지 방법은 두 다른 생물학적 조건으로부터 얻은 시료들에 적용된다.

부 표준물질의 농도를 맞출 수 있다. 분석물질과 내부 표준물질이 상당히 다른 물리적 성질을 띠고 있다면, 매트릭스로부터 이온 감소 수준이 다를 수 있기 때문에 매트릭스 효과는 여전히 중요하다. 이런 이유 때문에, 분석물질의 동위원소 치환물질이 종종 표준물질로 사용된다. 이들은 거의 완벽하게 분석물질의 성질과 잘 맞으며, 질량 차이에 의해서 쉽게 구별될 수 있다. 어쨌든, 실제 분석에서 기대되는 것들과 비슷한 매트릭스 조건으로 검량 곡선을 확립하는 것이 가장 좋다. 검량 곡선에서 분석물질 이온과 내부 표준물질의 검출 효율성이 같아야 할 필요는 없다. 그러나 검출 효율성은 재현성이 좋아야 한다.

표준물질과 관련한 다른 이슈는 크로마토그래피가 질량 분석법 실험에서 연결되어 사용될 때 일어난다. 크로마토그래피를 하는 동안에 내부 표준물질이 분석물질과 분리되고, 이온화되어 다른 시간대에서 검출된다. 그래서 분석은 공급원으로부터 일정한 이온화 속도에 의존적이 된다. 분석물질과 내부 표준물질이 서로 다른 혼합물로부터 이온화하기 때문에 매트릭스 효과 또한 문제가 된다. 내부 표준물질로 동위원소 치환 분석물질을 사용하면 표준물질과 함께 용출될 수 있으며, 이런 문제들을 없앨 수 있다. 그러나 중수소로 표지하는 경우에는 중수소화가 머무름 시간에 약간 영향을 주기 때문에 함께 용출되는 문제는 꼭 그렇게 문제가 되지는 않는다. 그러나 ^{13}C나 ^{15}N로 표지 물질은 머무름 시간에 거의 영향을 주지 못하며, 실제로 분석물질과 함께 용출된다. 어쨌든 내부 분석물질은, 예를 들어 크로마토그래피 분리 후에 용액에 스파이크를 주는 방법과 같이(그림 10-1) 여러 가지 다양한 방법으로 도입될 수 있다. 활용 가능한 정량 분석법을 폭넓게 다루는 것은 이 교재의 범위를 벗어나지만, 일반적으로 거의 모든 분석물질에 적당한 정확한 질량 분석적 정량 분석법이 개발될 수 있다.

식품 제품에서 사용되는 5-nitroimidazole 유도체 항생제의 분석법은 간단하며, 교훈적인 전형적인 예로 들 수 있다. 목표물질은 약품이면서도 그들의 대사물질이며, 도식 10-1에 나와 있다. 여기의 마지막 3개 물질은 대사물질이다. 각 물질들은 LC/MS 분석 가능하며, 여기서는 삼중 · 사중극자 기기를 사용하여 분석하였다. R_1에 CH_3기가 붙어 있는 물질을 위해서 CD_3 화학종을 가진 물질을 만들어서 표준물질로 사용하였다. R_1에 CH_3기가 없는 물질을 위해서는 중수소화된 DMZOH를 표준물질로 사용하였다. 정량 분석의 첫 단계는 분석에 사용될 질량들을 알아내는 것이다. 신뢰도 높게 알아내기 위해서 정량 분석화된 분석물질, 그 자체보다도 MS/MS 스펙트럼으로부터 나온 조각 이온을 사용한다. 이런 실험을 할 때는 동시에 분석물질과 조각 질량을 알아내야 한다. 이렇게 하면, 시료에 있는 다른 종과 우연히 같게 나오는 경우와 같은 문제점들이 훨씬 적을 것이다. 양성자화된 분석물질 두 개의 충돌 유도 해리(collision-induced dissociation, CID) 스펙트럼이 그림 10-2에 나와 있다.

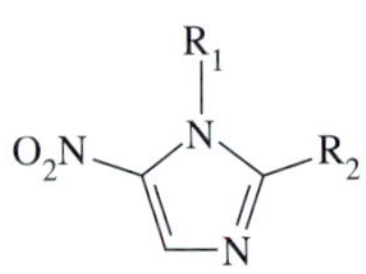

DMZ: R_1 = Me, R_2 = Me
RNZ: R_1 = Me, R_2 = $CH_2OC(O)NH_2$
MNZ: R_1 = CH_2CH_2OH, R_2 = Me
IPZ: R_1 = Me, R_2 = iPr
DMZOH: R_1 = Me, R_2 = CH_2OH
MNZOH: R_1 = CH_2OH, R_2 = CH_2OH
IPZOH: R_1 = Me, R_2 = $COH(CH_3)_2$

도식 10-1

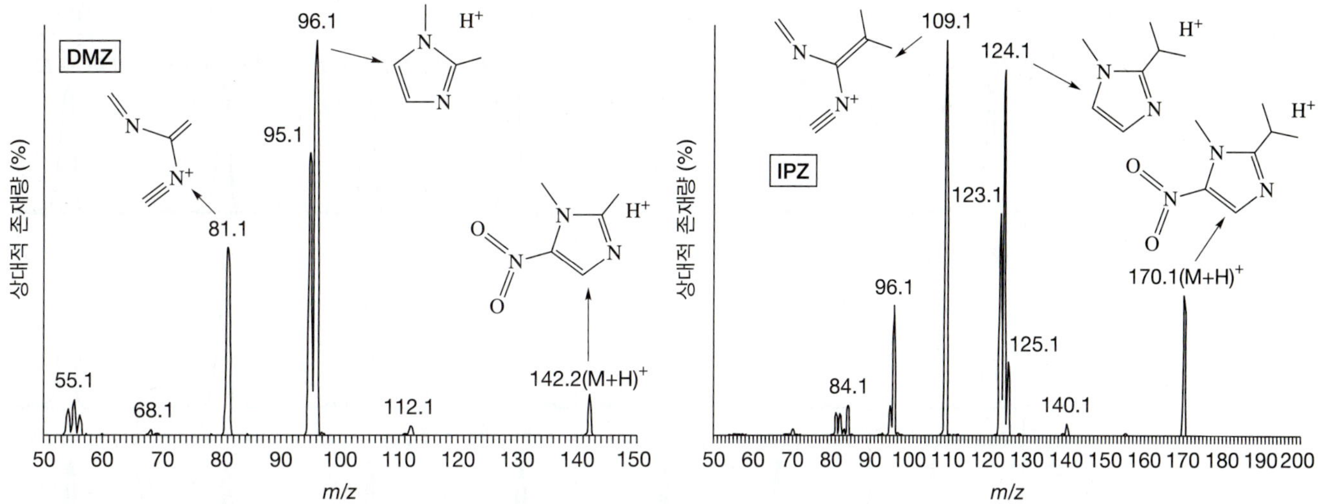

그림 10-2 Nitroimidazole 분석물질의 CID 스펙트럼(출처: P. Mottier, I. Hure, E. Gremand, and P. A. Guy, *J. Agric. Food Chem.*, **54**, 2018[2006]. Copyright 2006 American Chemical Society.)

각각에서 두 개의 생성물 피크를 선택하여 그들의 양을 정량 분석에 사용하였다. 이렇게 하는 법을 **다중 반응 모니터링**(*multiple reaction monitoring*, MRM)이라고 한다. 두 생성물 이온을 사용하여 믿을 만하고, 많은 정량 분석 도식을 얻을 수 있다(그림 10-3).

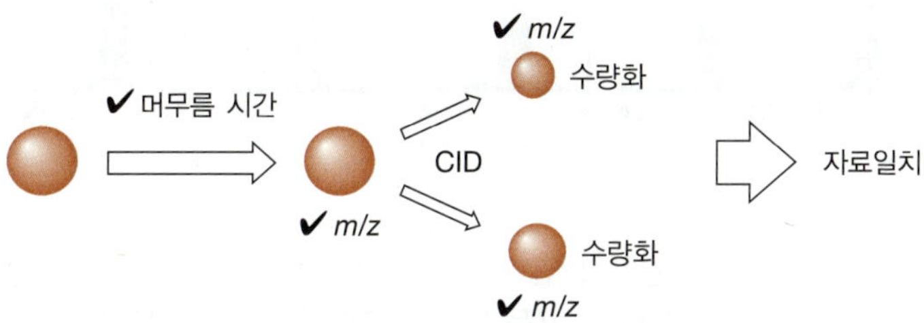

그림 10-3 다중 반응 모니터링 도식. 머무름 시간, 어미의 m/z 및 CID 생성물을 맞추어봄으로써 정량 분석을 위한 이온을 믿을만하게 알 수 있다. 정량 분석을 위한 다중이온은 일관성 있는 분석을 위해서 내부 기준으로 활용될 수 있다.

일단 정량 분석 질량이 선택되면 분석물질과 표준물질을 가진 시료를 스파이크하고, 그런 뒤에 분석물질과 표준물질의 감도를 비교함으로써 검량 곡선을 만들어 낼 수 있다. MRM 크로마토그램을 기록할 수 있고, 여러 가지 분석물질로부터 얻어진 CID 생성물 이온에 대해서 신호를 적분할 수 있다. 이런 경우에 전 영역의 스펙트럼이 기록된다. 양성자화된 분석물질의 신호가 감지될 때 이것의 CID 스펙트럼을 기록한다. 전 영역의 스펙트럼을 더 많이 얻기 위하여 순서를 되돌려 진행하며, 신호가 분석물질 이온의 m/z에서 감지될 때 CID 스캔을 멈춘다. 이런 과정을 **자료 의존 스캔 순서**(*data-dependent scan sequence*)라고 한다(그림 10-4). 일련의 MRM 크로마토그램이 그림 10-5에 나와 있다(MS/MS 정량을 위한 목표 질량은 스펙트럼 위에 주어져 있다). 이 분석법에서 동위원소가 표지된 시료를 사용할 때 측정의 정밀도는 ppm 수준에서 10%보다 좋으나, 유사체가 사용될 때(즉, R_1이 CH_3)가 아닌 DMZOH가 대리 모델로 사용될 때 20%로 올라간다. 이렇게 낮은 농도에서의 이런 수준의 정확도는 유기합성에서 나온 혼합물의 분석에서는 일반적으로 요구되지 않지만, 약품분석에서는 중요하다.

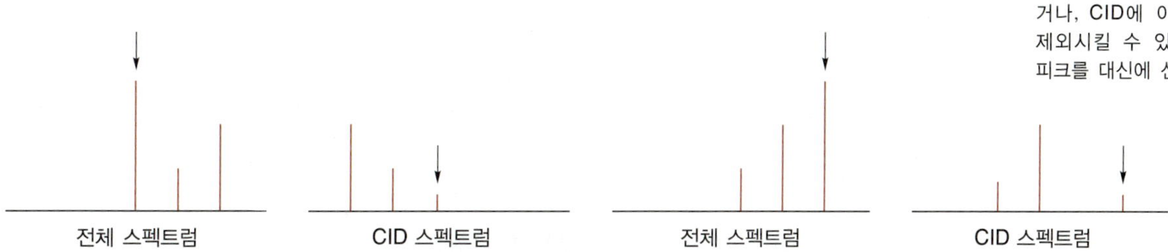

그림 10-4 자료 의존 스캔 순서. 첫째 전체 질량 스펙트럼에서 가장 강한 피크가 선택되었다(화살표로 표시). 이것을 CID에 적용하여 다음 스펙트럼이 얻어진다. 약간 나중 머무름 시간대의 전체 스펙트럼에서, 여기서도 가장 강한 피크를 선택하여 CID 스펙트럼을 얻고 다음 스펙트럼을 얻는다. 많은 변형이 가능하다. CID를 위해 선택되는 피크는 미리 정해진 질량 목록의 것이거나, CID에 이미 적용된 피크를 제외시킬 수 있다(다음으로 강한 피크를 대신에 선택한다).

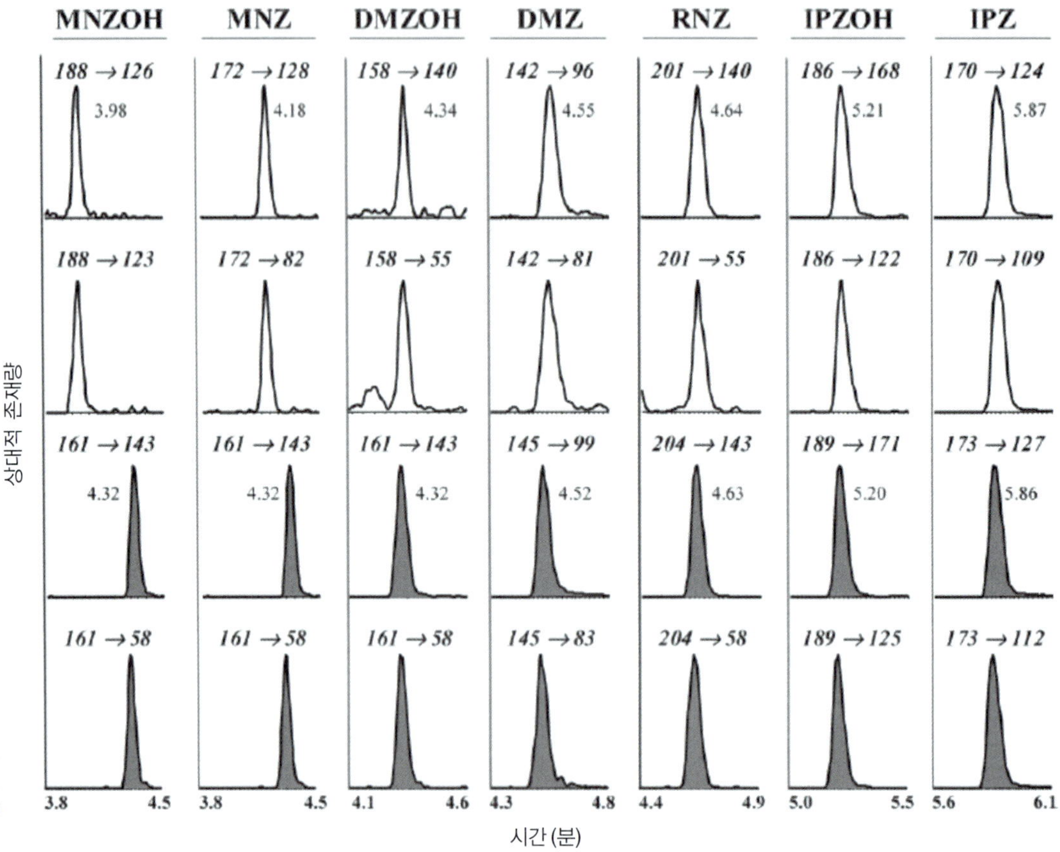

그림 10-5 달걀 추출물의 5-nitroimidazole 분석물질의 MRM 크로마토그램. 그늘진 피크는 내부 표준물질을 나타낸다. 어미와 생성물 이온 질량은 각 피크 위에 표시되어 있다. (출처: P. Mottier, I. Hure, E. Gremand, and P. A. Guy, *J. Agric. Food Chem.*, **54**, 2018[2006]. Copyright 2006 American Chemical Society.)

동위원소로 표지된 내부 표준물질의 인기에 힘입어 의약품 및 이들의 대사물질들, 생화학적 유사물질, 환경 독성물, 간단한 유기물질들을 포함하여 ^{2}H, ^{13}C, ^{15}N 표지된 많은 다양한 보통의 물질들이 상업적으로 생산되고 있다. 펩타이드 같은 좀 더 복잡한 화합물에 대해서는 단백질 분석에 사용될 수 있는 잠재적 펩타이드를 현실적으로 모두 합성하기 어렵기 때문에 대체물질이 고안되어 왔다. 이 경우에 분석물질을 동위원소로 표지된 작용기로 유도체화하는 방법이 활용되었다(그림 10-1). 여기서 대조물질(control sample)과 분석물질은 다른 동위원소로 표지된 시약으로 유도체화할 수 있으며, 정량 분석은 대조물질에 상대적으로 관찰되는 피크 크기의 비율을 활용할 수 있다. 대다수의 정교하고 복잡한 실험에서 같은 수의 다른 동위원소가 다른 곳에 달린 동위원소이성질체가 고안되어 사용되며, 이들은 CID 조건에서 다른 질량의 생성물로 조각난다. 이렇게 하면, 유도체 혼합물(시료와 대조물)은 함께 용출되어 동일한 질량을 가진 어미 이온을 생산할 수 있다. 그러나 분리되고 조각날 때, 이들은 다른 질량을 가진 생성물을 준다. 피크 비율은 상대적 농도의 척도가 된다. 같은 질량뿐만 아니라 분석물질과 대조물질이 같은 크로마토그래프, 이온화, 조각내기 특성을 지니고 있다고 한다면, 이온화와 검출에서의 많은 불확정성이 제거되기 때문에 이 접근법은 매우 정확할 수 있다 (동위원소적 차이는 CID 과정에서만 나타난다).

10-4 질량 분석법으로 열역학적 특성의 측정

일반적으로 질량 분석법이 구조적 정보를 얻는 것으로 생각되지만, 이것은 또한 이온과 중성 물질의 열역학적 특성을 측정하는 데까지 확장될 수 있다. 이런 특성들은 기체상에서의 산성도, 염기도, 이온화 퍼텐셜에서부터 중성 화합물의 결합 해리 에너지에 이른다. 다음 절은 질량 분석법의 열역학적 측정에서의 몇 가지 보통의 적용법을 다룬다. 대다수가 많은 기기를 필요로 하지만, 어떤 경우는 변형없이 상업적 기기를 사용해도 가능하다.

예들은 유기화학에서 폭넓은 질량 분석법의 성능을 보여 줄 것이다.

10-4a 기체상 이온 화학

질량 분석법의 대다수 실험의 목적은 공급원 영역에서의 이온 화학을 제한시켜서 질량 분석기에서 기체상 반응을 피하는 것이다. 이것이 질량 분석기에 중간 또는 고진공이 필요한 이유들 중 하나이다. 그러나 질량 분석기를 화학 반응기로 유용하게 활용하여 기체상 반응성과 열역학을 조사하는 것도 가능하다. 다음 절에서 이런 형태의 몇 가지 주요한 예를 설명한다. 이 절에서는 이온 화학의 몇몇 기본적 지식을 설명하며, 액체상 반응과 중성물질 화학을 대비해 본다.

이온 화학을 용액에서의 과정과 다르게 보는 핵심 요소는 유전상수가 낮고 전하를 조절할 반대 이온이 없다는 점에 있다. 결과적으로, 넓은 범위의 정전기적 상호작용이 반응성에서 중요한 작용을 한다. 출발은 이온/분자 반응에서 기체상 충돌 속도에서부터 해 보는 것이다. 이것은 여러 가지에 의존하지만, 대략 $10^{-9}\,cm^3$ 분자수$^{-1}$ s^{-1}이다. 더 친숙한 단위로 바꾸어보면, $10^{12}\,M^{-1}\,s^{-1}$이며, 상당히 높은 속도 상수이다. 이것은 중성/중성 충돌보다는 십여 배, 액체상에서의 분산 조절 속도보다는 수천 배 빠른 것이다. 기체상 반응 속도를 이렇게 높게 만들어 주는 것은 먼 거리에서 이온의 전하가 중성물질과 상호작용하고(이온/쌍극자 또는 이온/유도 쌍극자를 통하여), 이들 힘에 의해서 충돌 궤도에 있지 않는 반응 상대방이 충돌 궤도 안에 들어온다는 점에 있다. 높은 충돌 속도 때문에 기체상 연구는 낮은 시약 압력(보통 10^{-5} torr)과 짧은 시간 스케일(보통 밀리 초에서 초)에서 이루어질 수 있다. 그 다음 차이는 충돌 복합체의 에너지와 관련이 있다. 액체상에서 반응 상대방들이 만나면 그들은 같은 내부 에너지 분포를 갖고 있으며, 즉 그들은 용액의 온도에서 반응한다. 분리된 반응물에서부터 반응 복합체로 진행하는 과정은 보통 대부분의 용액에서는 물과 같이 강하게 안정화시키는 용매에서의 이온에서와 같이 가끔 흡열이기도 하지만, 열역학적 중성이다. 이와 대비되게 극성이거나 극성화될 수 있는 반응 상대방에 이온이 접근할 때 기체상에서는 강하게 발열적이다. 진공에서 이 에너지는 반응 복합체에 머무르게 되며, 매우 활성화된 물체가 생성된다. 반응 과정의 첫 단계에서 반응 상대방은 이온들을 감싸게 된다. 기체상에서 이온/분자 복합체는 전형적으로 10에서 25 kcal/mol 정도의 여분의 내부 에너지를 갖는다. 이것은 다음 반응의 연료가 된다. 이 상황은 그림 10-6에 설명되어 있으며, 이는 **Brauman의 이중 우물 퍼텐셜**(*Brauman double-well potential*)로 불린다. 그림 10-6의 경우에 전이 상태는 분리된 반응물보다 더 낮으며, 반응 역학 효과 때문에 충돌-조절 한계보다 아래로 반응이 느려질 수 있지만, 매 충돌마다 복합체에 벽을 뛰어 넘을 만한 충분한 에너지가 제공되어 매우 효과적인 반응이 기대된다. 유사한 액체상 반응에서 반응물과 반응 복합체는 거의 비슷한 에너지(그림 10-6의 반응 복합체의 에너지)에 있으며, 전이 상태를 넘기에 상당히 높은 벽에 직면한다. 예를 들면, N과 O와 같은 헤테로원자 사이의 양성자 이동과 같이 벽이 없는 기체상 반응

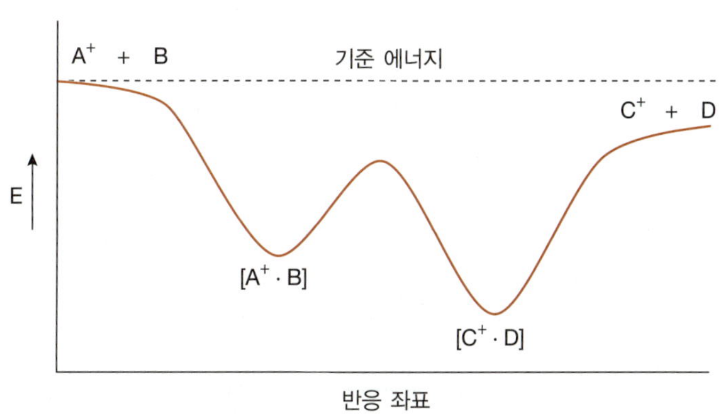

그림 10-6 기체상에서 A^+와 B가 반응하여 C^+와 D가 되는 반응의 퍼텐셜 에너지 표면. 이온/분자 복합체 두 개는 중앙 전이 상태의 옆구리를 차지하고 있다. 전이 상태는 에너지 면에서 분리된 반응물들보다 더 낮다. 이런 배치로 형식적으로 활성화 에너지는 음이 된다.

에서는 그 에너지 표면은 수소 결합 복합체에 해당하는 한 개 우물로 바뀐다. 마지막 차이는 기체상 반응 복합체는 일반적으로 일생 동안 어떤 충돌도 겪지 않는다. 이것은 질량 분석계에 적용되는 낮은 압력과 반응 복합체의 짧은 수명 때문이다. 결과적으로, 복합체는 일반적으로 에너지를 보유하며, 이 과도한 에너지를 풀어버리기 위하여 해리한다(광자의 방출이 다른 가능성이지만, 이것은 작은 물질에서는 특별히 보통이 아니다). 그래서 첨가 반응은 기체상에서 보통 잘 일어나지 않으며, 첨가 생성물은 반응물로 조각나거나 해리 생성물로 진행한다. 예를 들면, 그림 10-6의 이온/분자 복합체는 퍼텐셜 에너지 표면에서 가장 안정한 물질이지만, 보통 반응물의 내부 에너지, 즉 기준 에너지를 가지고 있기 때문에 보통 관찰되지 않는다. 반응물이나 생성물로 해리하는 것은 에너지 측면에서 잘 일어나며, 강하게 엔트로피에 의해서 우선된다.

기체상 화학과 액체상 화학 사이의 차이점에 초점을 맞추어 논의했지만, 비슷한 점도 많이 있다. 일반적으로 기체상의 유기화학은 용액에서 관찰되는 것들과 나란함을 많이 지니고 있다. 다음 절은 열역학적인 것들만 다루지만, 유기반응화학도 질량 분석법에서 연구될 수 있다.

10-4b 기체상의 산성도와 염기도

액체상에서 유기 화합물의 중요한 특징 중 하나는 산/염기 성질이다. 기대하듯이 이 성질들은 용매화(solvation)에 의존적이며, 그래서 기체상 연구는 분석물질의 본질적인 성질을 제공한다. 그러면 질량 분석계가 어떻게 분석물질의 산/염기 특성을 결정하는 데 사용될 수 있을까? 예를 들면, $AH \rightarrow A^- + H^+$와 같은 자동-이온화는 진공과 같이 낮은 유전율의 매개체에서는 가능하지 않지만, 평형 상수를 측정함으로써 상대적인 산성도/염기도는 얻을 수 있다. 이런 접근법은 자동-이온화를 겪기에 너무 약한 산성도나 염기도를 나타내는 물질에서 용액에서 사용하는 방법과 같은 것이다. 평형에 도달하기에는 시간이 필요하며, 따라서 이런 실험은 FT-ICR이나 사중 이온 트랩과 같이 긴 시간 동안 이온을 트랩할 수 있는 기기를 필요로 한다. 실험은 차라리 간단하다. 화합물의 낮은 바탕 압력이 질량 분석기의 진공관에 도입된다. 이 성능은 일반적으로 상업적 질량 분석계의 디자인 특성에서 나오지 않으며, 그런 장치에 변형을 좀 해야 가능하다. 관심 이온의 하나는 이온 공급원에서 생성되고 질량 분석기에서 분리된다. 이 지점에서 기체상 반응이 일어나며, 평형 상태 혼합물이 생긴다. 상대적 기체상 산성도의 측정은 식 10-1에 예로 나와 있다. 평형 상수는 이온, $I(A^-)$와 $I(B^-)$의 세기와 두 분석물질, $p(AH)$와 $p(BH)$의 압력으로 계산할 수 있다(식 10-2).

$$AH + B^- \rightleftharpoons A^- + BH \quad \textbf{(10-1)}$$

$$K = \frac{I(A^-)\,p(BH)}{I(B^-)\,p(AH)} \quad \textbf{(10-2)}$$

질량 분석계 안의 이온 농도는 중성 시약의 압력에 비해서 언제나 매우 작기 때문에 중성 시약의 압력(10^5 또는 그 이상)은 상수, 즉 기기에 도입된 압력으로 취급된다.

기체상에서 자동 이온화 상수는 매우 적은 값을 갖기 때문에 기체상에서 산성도와 염기도는 일반적으로 평형 상수보다는 엔탈피 변화로 정의된다. 즉, pK_a 값으로 표현하는 것은 어색하다. 기체상에서 사용되는 가장 보편적인 양은 자동 이온화의 엔탈피($\Delta H_{\text{산}}$, 식 10-3)와 물질을 양성자화하는 데 방출된 엔탈피인 양성자 친화도(PA, 식 10-4)이다.

$$AH \xrightarrow{\Delta H_{\text{산}}} A^- + H^+ \quad \textbf{(10-3)}$$

$$A + H^+ \xrightarrow{PA\, =\, -\Delta H} AH^+ \quad \textbf{(10-4)}$$

이 식들은 같은 과정-탈양성자화/양성자화를 나타내며, 수적으로 동일하다. $\Delta H_{산}$는 해리에 의해 음이온을 생성하는 중성물질에 사용되며, PA는 중성물질의 양성자화를 특징짓는데 사용된다.

표 10-1에서 몇 가지 전형적인 $\Delta H_{산}$와 PA가 제시되어 있다. 여기서 기체상의 산성도/염기도가 용액에서의 것과 대다수의 경우 나란하지만, 절댓값은 매우 다르다는 것을 알 수 있을 것이다. 예를 들면, H_2O는 390 kcal mol^{-1}의 $\Delta H_{산}$ 값을 가지며, 이것은 280보다 더 큰 pK_a 값에 해당한다. 다른 차이는 비편재화(delocalization)와 분극화성(polarizability)이 기체상에서는 훨씬 더 중요한 역할을 한다는 점이다. 예를 들면, 페놀(phenol)은 거의 아세트산(acetic acid) 만큼 산성이며, 놀랍게도, 톨루엔(toluene)은 물보다도 더 산성이다. 이 차이는 진공의 낮은 유전율에 기인하는 것이며, 물의 경우에 음이온을 안정화시켜 주는 수소 결합이 없는 것에 기인한다. 이와 유사하게 산성도를 DMSO와 같은 비양성자 용매(aprotic solvent)에서 측정할 때도 이런 효과가 나타난다. 염기에서의 효과도 같은 경향이다. 피리딘(pyridine)과 같이 더 크고 더 분극화할 수 있는 물질은 액체상에서와 비교해 볼 때 더 증가된 염기도를 나타낸다.

앞서 언급한 실험에서 기체상 평형이 이루어지려면, 각 시약들이 휘발성이어서 기기의 트랩할 수 있는 시간 안에 평형에 도달하여 측정할 수 있도록 충분한 압력(최소한 10^{-8} -10^{-9} torr)을 제공해야 한다. 대다수의 단순한 물질은 이런 조건을 맞추는 것이 가능하지만, 펩타이드나 유기금속물질과 같은 크고 극성이 매우 높은 물질은 쉽지 않다. 비휘발성 분석물질을 연구하기 위해서 Graham Cooks와 동료들은 기체상 복합체의 해리에 초점을 맞추는 방법을 고안해 냈다. 이것은 ESI에 의해서 생산되며, 분석물질의 휘발성과 관련된 제약이 없다. 이것은 **Cooks 속도론적 방법**(*Cooks kinetic method*)이라고 불리는데, 평형을 이루려고 하기보다는 덩어리 해리(cluster dissociation)의 상대적 속도론을 특징적으로 활용한다. 이 방법은 도식 **10-2**에 양성자 친화도 측정을 위해 설명되어 있다.

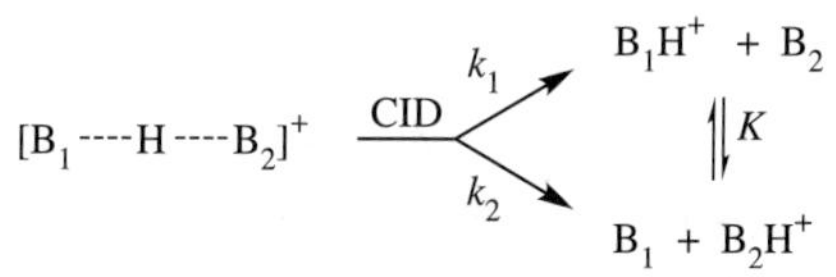

도식 10-2

ESI에 의해서, 두 염기의 양성자 결합 복합체는 양의 순전하를 가지고 생성된다. CID 조건에서 수소 결합이 갈라져서 양성자화된 염기 및 자유 염기가 생성된다. 핵심적인 가정은 두 경로가 갈라지는 비율은 생성물들 사이의 평형 상수 K에 달려 있다는 것이다(식 10-5).

표 10-1 몇 가지 전형적인 $\Delta H_{산}$와 양성자 친화도(PA)

화합물	$\Delta H_{산}$ (kcal mol^{-1})	화합물	PA (kcal mol^{-1})
HCl	333	H_2O	165
CH_3CO_2H	349	$CH_3C(O)CH_3$	194
Ph-OH	350	NH_3	204
$CH_3C(O)CH_3$	369	Ph-NH_2	211
Ph-CH_3	381	CH_3NH_2	215
CH_3OH	382	pyridine	222
H_2O	390	$(CH_3CH_2)_3N$	235
CH_4	417	$(CH_3)_2NCH_2CH_2N(CH_3)_2$ (TMEDA)	242

출처: webbok.nist.gov.

$$\frac{k_2}{k_1} = K \tag{10-5}$$

CID 생성물을 만들어주는 데 영향을 주는 요소들이 그들의 안정성에 매우 의존적이어야 하며, 복합체가 평형에 관련된 양성자 이동 반응에서 핵심 중간체라는 점에서, 이것은 매우 민감한 가정이다. 그러나 k_1, k_2와 관련된 과정에서 내부의 흡열성 말고는 다른 벽이 없어야 한다는 요구성 때문에 식 10-5의 관계는 오직 대략적인 어림셈(approximation)이다. 이 어림셈은 작은 분자에는 잘 들어맞으나 해리 과정에서 다양한 입체적 변화(conformational change)를 겪을 수 있는 큰 분자에는 안전하지 않을 수 있다. 다른 문제는 해리가 활성 복합체에서 일어나고, 그래서 식 10-5와 관련된 온도는 명확히 정의되지 않는다는 점이다(물론 온도는 K를 에너지 용어로 바꾸기 위해서 필요하다). 그러나 해리과정에서 온도를 효과적으로 어림잡을 수 있는 방법론이 개발되었다.

전체적으로, Cooks 속도론적 방법은 기체상 평형 상수를 결정하는 데 중요한 접근법임이 증명되고 있다. 이 접근법의 또 다른 이점은 시약 기체를 도입할 필요가 없어서 CID를 제공하는 어떤 ESI 기기에서도 적용할 수 있다는 점이다. 결과적으로, 이런 종류의 실험은 대다수의 일반적인 질량 분석법에서 실행할 수 있다. 이 접근법은 다음 요구 조건이 충족된다면 전자 이동 반응과 같은 다른 평형 과정에도 적용할 수 있다: (1) 관심 물질 사이에 적당한 복합체가 형성될 수 있다; (2) 그 복합체가 주로 원하는 반응 상대방으로 조각난다; (3) 해리 과정에 흡열성 말고는 다른 벽이 없다. 그림 10-7은 두 피리딘 유도체의 양성자 결합 복합체의 CID를 보여 주고 있다. 3-Chloropyridine의 양성자화된 구조가 더 큰 강도를 보여 주는 것은, 이것이 3-fluoropyridine보다 약간 더 염기성이라는 점을 나타내고 있다.

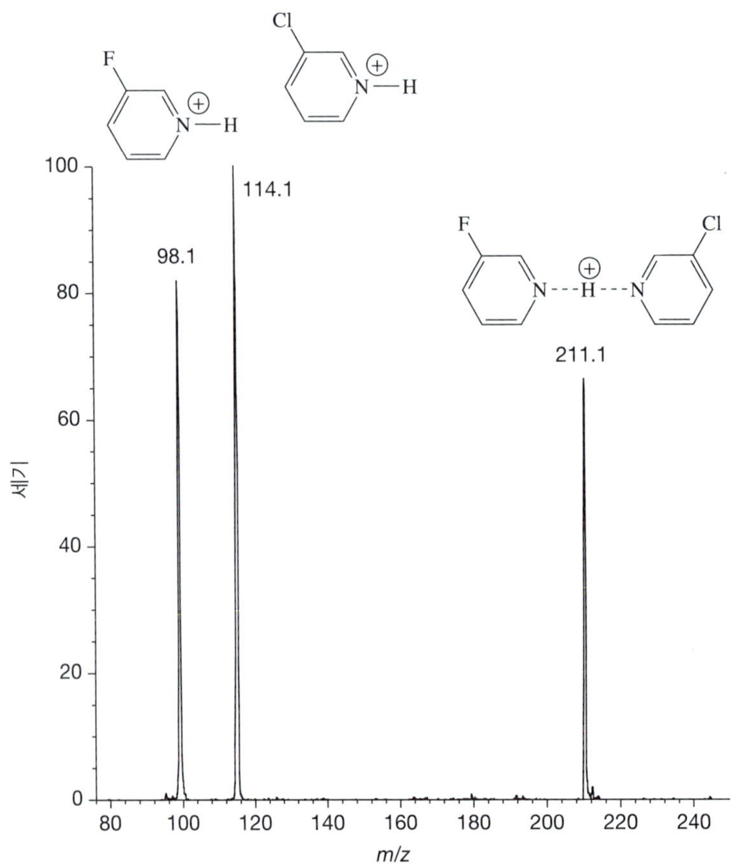

그림 10-7 3-Fluoropyridine와 3-chloropyridine의 양성자 결합 복합체의 CID. *m/z* 98.1과 114.1의 피크들은 각각 양성자 결합 3-fluoropyridine와 3-chloropyridine에 해당된다. 피크 *m/z* 211.1은 복합체의 것이다. 오직 ^{35}Cl을 가진 물질만 분리되어서 조각났다.

10-4c 결합 해리 에너지

중성 분자가 관련된 대다수의 결합 해리 에너지(bond dissociation energy, BDE)의 측정값은 이온을 가진 실험으로부터 얻어진다는 사실은 놀라운 일일 수도 있다. 이 사실이 자기장 또는 전기장에 의해서 조율될 수 있는 물질을 만진다는 본질적인 이점뿐만 아니라 질량 분석법의 다용도성을 돋보이게 하는 점 때문이다. 여기서 BDE는 여러 가지 단계, 즉 비균일 해리 및 라디칼의 생성 단계로 분리하여 볼 수 있다. 핵심적 관계식은 도식 **10-3**에 나와 있다. EA는 라디칼 물질의 전자 친화도이며, IP는 수소 원자의 이온화 퍼텐셜이다.

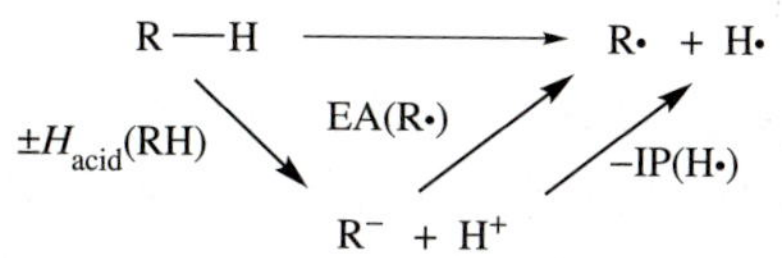

도식 10-3

이 식은 식 10-6으로 편리하게 표현할 수 있다.

$$\mathrm{BDE(R{-}H)} = \Delta H_{\text{산}}\ \mathrm{(RH)} + \mathrm{EA(R\cdot)} - \mathrm{IP(H\cdot)} \qquad \textbf{(10-6)}$$

앞에서 언급했듯이, 적당한 조건에서 $\pm 1\ \mathrm{kcal\ mol^{-1}}$ 수준의 불확정성으로 $\Delta H_{\text{산}}$를 구할 수 있는 좋은 방법이 있었다. 라디칼의 전자 친화도는 음이온 광전자 분광학으로 구할 수 있다. 이런 형의 질량 분석법 실험은 음이온을 만들기 위해서 전형적인 이온 공급원을 사용한다. 원하는 m/z 물질이 분리되고 레이저 펄스로 광 분리되어서 라디칼 물질과 전자가 생긴다. 떨어진 전자의 운동 에너지 분포가 정해지면 음이온의 전자 결합 에너지(해당 라디칼의 EA에 해당)는 레이저 광자의 에너지로부터 계산할 수 있다. 이 결과는 식 10-7에 표현되어 있으며, $h\nu$는 광자 에너지를, $\mathrm{KE_{max}}$는 떨어진 광자의 최대 운동 에너지를 의미한다.

$$\mathrm{EA(R\cdot)} = h\nu - \mathrm{KE_{max}} \qquad \textbf{(10-7)}$$

광자 에너지와 전자 에너지는 매우 높은 정확도로 측정될 수 있어서, 결과적인 EA 값은 불확정성(오차)이 낮다. 물론, 수소 원자의 이온화 퍼텐셜은 훌륭하게 정확하게 알려져 있어야 한다. 일반적으로 도식 10-3의 순환고리를 활용하여 $\pm 1\ \mathrm{kcal\ mol^{-1}}$의 수준의 불확정성 또는 이 이하로 BDE 값을 얻을 수 있다. 이것은 직접 라디칼 물질의 반응성을 연구하는 법(라디칼 속도론)에 기반을 둔 것보다 보통 더 나은 값이다.

기본적인 예로, 벤젠에 대해서 도식 10-4에 나타내었다. 벤젠의 $\Delta H_{\text{산}}$는 수많은 연구자

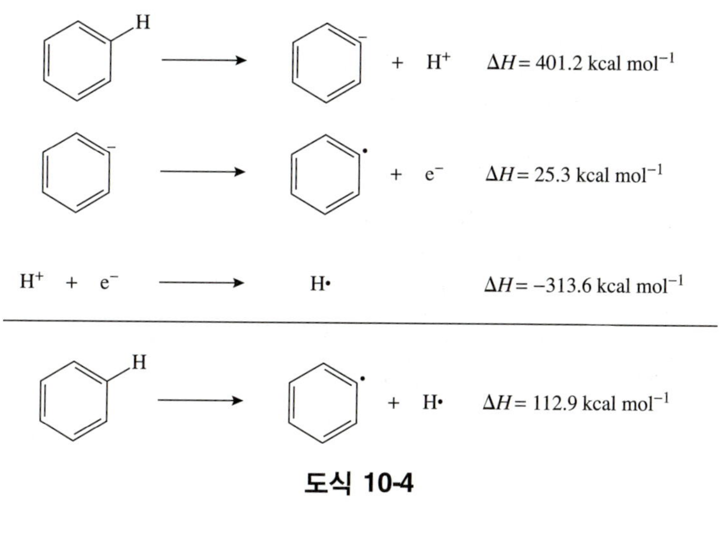

도식 10-4

들에 의해서 측정되어 왔다. 통용되는 값은 401.2 ± 0.4 kcal mol^{-1}이다. 페닐 음이온의 광전자 스펙트럼 연구로 전자 결합 에너지가 25.3 ± 0.1 kcal mol^{-1}이라고 제안되고 있다. 수소 원자의 이온화 퍼텐셜은 313.6 kcal mol^{-1}이다. 이 자료들을 넣어서 보면(도식 10-3 참조), 벤젠의 C–H의 결합 해리 에너지는 오직 0.5 kcal mol^{-1}의 불확정성을 가지는 112.9 kcal mol^{-1}임이 제시되고 있다. 이 값은 중성 화학에 근거한 방법으로 얻은 것보다 훨씬 더 정확한 것이다. 도식 10-3의 순환고리를 활용하여 BDE를 구하는 것은 질량 분석법의 적용성이 매우 일반적임을 보여 주는 설명이 된다.

10-4d 상대적인 액체상 회합 상수

전기분무 이온화에서 이온들을 용액으로부터 직접 추출해 내고 질량 분석계로 도입시킬 수 있다. 7장에서 논의했듯이 그 과정은 복잡하며, 벗겨진 이온에 이르는 물리적 과정에 완전한 합의가 이루어진 것은 아니다. 그럼에도 액체상 이온 물질 분포와 ESI 스펙트럼에서 관찰되는 것 사이의 관계에 상당한 관심이 있어 왔다. ESI가 용액의 이온 물질을 순간적으로 포착할 수 있다면, 용액에서의 회합(association) 반응을 정량적으로 특성화하여 화학과 생화학에서 매우 중요한 결합 과정을 연구할 수 있는 막강한 도구가 될 것이다. 예를 들면, 효소의 수용체와 약물의 상대적인 결합 상수를 측정할 수 있을 것이다. 이렇게 된다면 질량 분석법은 많은 지루한 분석 방법을 대치할 수 있을 것이며, 용액에서 결합 상수 값을 순식간에 제공할 수 있을 것이다. 식 10-8에 이러한 관계식이 주어져 있으며, R(S)는 수용체/기질 복합체의 농도를 나타내며, I $[E(S)]_{ESI}$는 ESI 스펙트럼에서 해당하는 복합체의 세기이다.

$$\frac{R(S_1)_{solution}}{R(S_2)_{solution}} = \frac{I[R(S_1)]_{ESI}}{I[R(S_2)]_{ESI}} \tag{10-8}$$

핵심적인 의문은 식 10-8로 표현된 관계식이 정량적으로 일반적으로 믿을만한가 하는 것이다. 지난 10여 년 동안 이 문제는 많은 논쟁거리였으며, 이견도 많았다. 제안된 관계식의 신뢰성을 확보하는 가장 좋은 방법은 관계식에서 본질적인 가정을 들여다보는 것이다. 이 경우에 요구되는 가정은 다음과 같다. (1) 경쟁적인 수용체/기질 복합체의 상대적 농도가 빠른 용매 증발 과정에서 영향을 받지 않는다. (2) 방울이 이온 형성이 일어날 수 있는 단계에 도달할 때, 경쟁적 복합체 둘 다 같은 이온화 효율성을 가진다. 이 두 가정 모두 어렵다. ESI 증발 과정에서 방울에서 수용체와 기질의 농도 변화가 빠르다고 기대할 수 있다. 이 일은 일부분 기질의 상대적 휘발성과 용해성에 의해 조율될 수 있다. 식 10-8이 유효하다면 ESI 과정에서 빠른 증발과 농도 변화는 수용체와 기질 평형을 틀림없이 흩트릴 것이다. 이것은 평형에 관여된 반응이 ESI 과정보다 상대적으로 느리거나 또는 기질이 매우 비슷한 물리적 성질을 가지고 있을 경우 가능한 이야기이다. 두 번째 가정은 기질이 상대적으로 비슷하고 수용체 물질이 상대적으로 커서 기질의 성질이 복합체를 압도하고 있다면 일리가 있어 보인다. 그러나 이온화는 방울의 표면에서 일어나기 때문에 물질들이 전기분무 방울의 표면에 대해서 다른 분포를 갖고 있다면 한 가지 문제가 아직도 있어 보인다. 이 효과는 중요하며, 어떤 경우에는 기체상과 액체상에서의 결합 선호 위치가 역전되는 결과도 보고되고 있다. 그래도 여러 경우에 이 가정들은 유효하며, 액체상 평형을 모니터하기 위하여 ESI를 사용하는 성공적인 예들이 있다. 질량 분광 분석이 매우 빠르다는 점에서, 이 접근법은 의약품 후보물질 및 잠재적 효소 억제제 등의 고처리량(high throughput) 선별 과정에서 매우 강한 위력을 제공할 수 있을 것이다. 그러나 위 핵심 가정이 실패한 경우들이 많이 있기 때문에 조심스럽게 실험을 검증할 필요가 있다.

문제

10-1 LC/MS를 사용하여, *N*-methylephedrine을 정량적으로 분석하는 방법을 찾는 것이 목표이다. *N*-methylephedrine은 복잡한 생물학적 혼합물의 일부이다. 정확한 정량을 위한 실질적인 내부 표준 방법을 제안하시오.

10-2 Acridine의 기체상 양성자 친화도를 구할 실질적 전략을 기술하시오.

10-3 에타인(ethyne)의 기체상 $\Delta H_{산}$는 378.4 kcal mol^{-1}이며 에타이닐(ethynyl) 라디칼의 EA는 2.969 eV이다. 이 자료를 사용하여 에타인에서 C−H 결합의 BDE를 구하시오.

10-4 그림 10-7의 자료를 사용하여 3-fluoropyridine과 3-chloropyridine 사이의 양성자 친화도의 차이를 어림셈하시오. 이 계산에서 실험의 효율적인 온도는 350 K이며, 식 10-5에 나와 있는 평형 과정에서 $\Delta S = 0$이라고 가정한다.

10-5 다음 실험을 진행하는 데 있어서 잠재적으로 어떤 어려움이 있을까? 암모늄 이온을 목표로 하는 거대분자 수용체와 함께 같은 몰수의 4-methoxyaniline과 ethylamine이 메탄올/물에 녹아 있다. 용액을 ESI를 위해서 적당한 농도로 준비하고, 거대분자 수용체와 양성자화된 4-methoxyaniline과 ethylamine의 복합체의 신호를 얻는다. 양성자화된 4-methoxyaniline과 ethylamine의 상대적 수용체 결합 상수는 그들 복합체의 신호 세기로부터 계산한다.

참고 문헌

10.1 P. Traldi, F. Magno, I. Lavagnini, and R. Seraglia, *Quantitative Applications of Mass Spectrometry*, Chichester, England: John Wiley & Sons, 2006.

10.2 W. L. Buddle, *Analytical Mass Spectrometry: Strategies for Environmental and Related Applications*, New York: Oxford University Press, 2001.

10.3 R. A. Boyd, C. Basic, and R. A. Bethem, *Trace Quantitative Analysis by Mass Spectrometry*, Chichester, England: John Wiley & Sons, 2008.

10.4 Protein and peptide quantitation: J. Lill, *Mass Spectrom. Rev.* **22**, 182 (2003).

10.5 Drug quantitation: G. Hopfgartner, and E. Bourgogne, *Mass Spectrom. Rev.* **22**, 195 (2003).

10.6 Gas-phase acid/base measurements: G. Bouchoux, *Mass Spectrom. Rev.* **26**, 775 (2007).

10.7 Gas-phase ion chemistry: S. Gronert, *Chem. Rev.* **101**, 329 (2001).

10.8 Cooks Kinetic Method: R. G. Cooks, J. S. Patrick, T. Kotiaho, and S. A. McLuckey, *Mass Spectrom. Rev.* **13**, 287 (1994); P. B. Armentrout, *J. Amer. Soc. Mass Spectrom.* **11**, 371 (2000).

10.9 Bond dissociation energies: S. J. Blanksby and G. B. Ellison, *Acct. Chem. Res.* **36**, 255 (2003); J. Berkowitz, G. B. Ellison, and D. Gutman, *J. Phys. Chem.* **98**, 2744 (1994).

PART III

진동 분광법

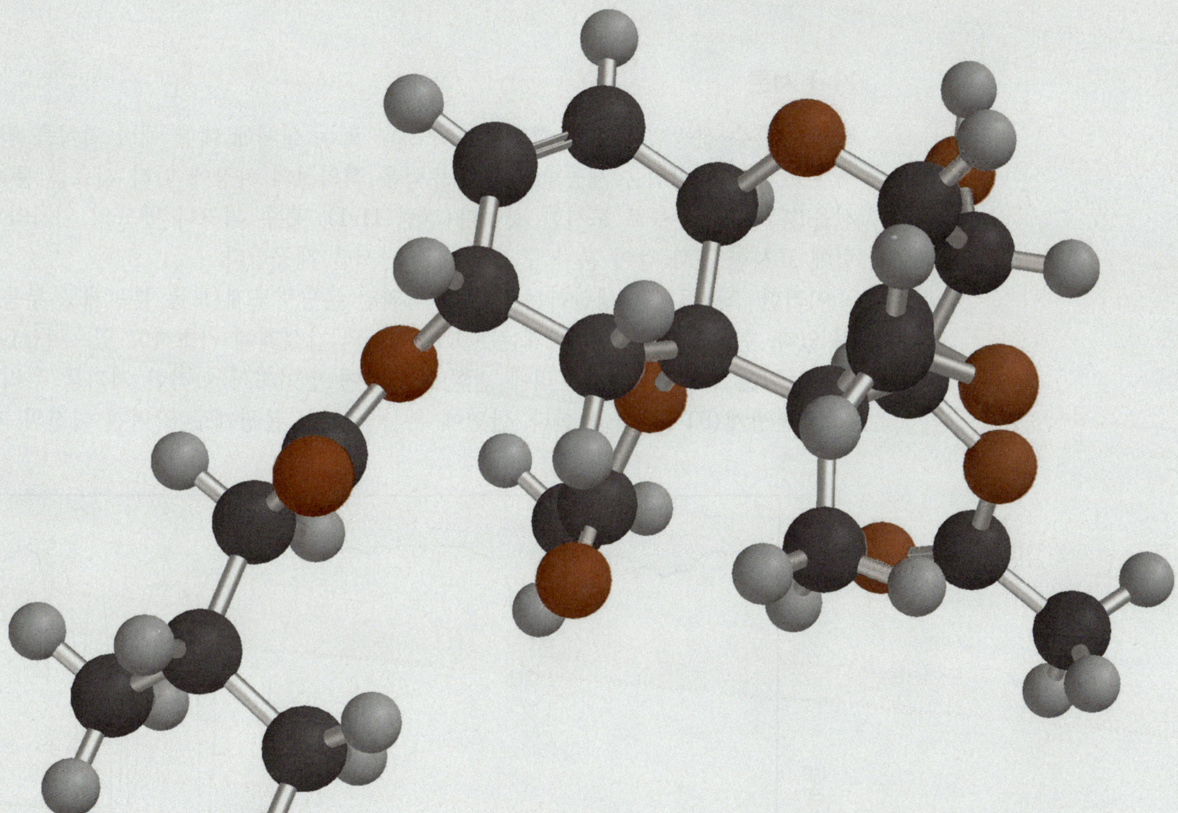

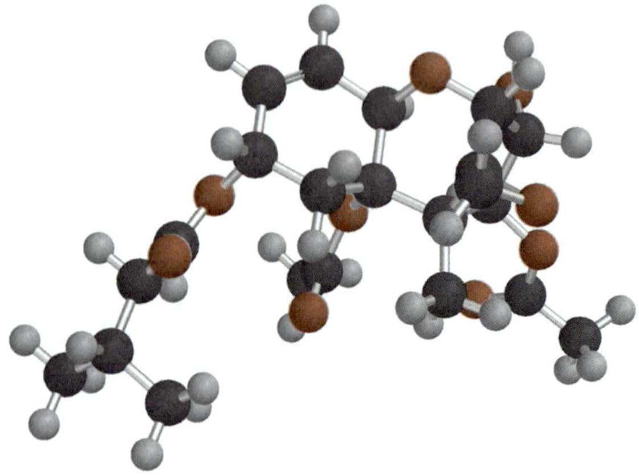

CHAPTER
11

적외선과 라만 분광법

11-1 서론

적외선 흡수 분광법은 유기 화합물의 구조나 또는 실체에 대한 예비 지식을 얻을 수 있는 빠르고 간편한 방법을 제공한다. 스펙트럼은 적외선의 파장에 따라 시료를 통과하는 적외선을(% 투과) 분율로 도시한 것이다(그림 11-1). 흡수 피크나 밴드의 위치와 세기는 그림에 표시한 것과 같이 분자 구조에 대한 단서를 제공한다.

이러한 스펙트럼을 생산하는 기기를 적외선 분광광도계(보통 분광계로 부름)라고 알려져 있다. 현대의 적외선 분광계는 Michelson의 간섭계에 기초하고 있으며(11-5b절) 흡수 스펙트럼은 간섭 그림의 푸리에 변환에 의하여 얻어져서 이러한 기기를 푸리에 변환 적외선 분광계(FT-IR)라고 한다. 반면에 분산 적외선 분광계로 알려진 이전의 기기는 적외

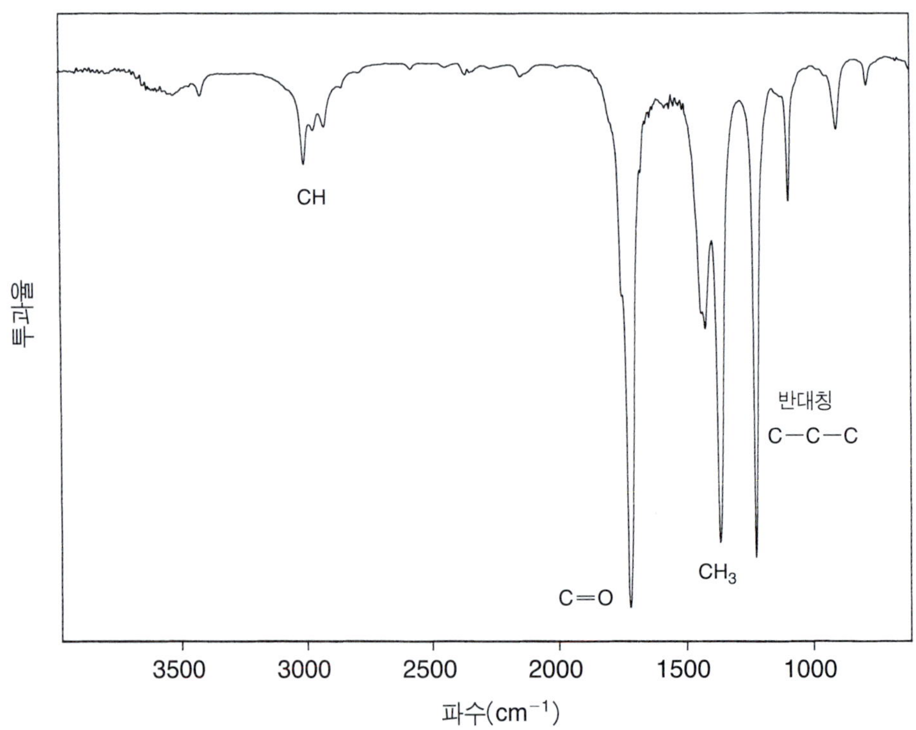

그림 11-1 두 KBr 판 사이에 얇은 아세톤 막의 적외선 스펙트럼

선 근원으로부터 각 성분 파장으로 복사선을 분산시킨 단색화 장치에 기초한다(11-5a절). 이러한 스펙트럼은 파장이 변함에 따라 시료가 흡수한 복사선의 양을 측정하여 얻는다. 현재는 거의 분산 적외선 분광계가 사용되고 있지 않지만 이전의 문헌이나 스펙트럼 모음에는 이러한 기기로 기록한 스펙트럼이 남아있다.

라만 분광법은 적외선 분광법에 대한 보완 자료를 제공한다. 11-3절, 11-7절과 11-8절에서 논의되며 푸리에 변환과 분산에 따른 두 가지 형태가 있다.

분자 구조에 대한 정보는 스펙트럼에서 특정한 작용기를 나타내는 밴드를 자세히 살펴봄으로서 얻어진다. 이러한 밴드를 아세톤 분자에 대한 그림 11-1에 표시하였다. 특정 작용기에 대한 진동수에 대해서는 12장에서 논의한다.

11-2 분자의 진동

적외선과 라만 분광법은 분자의 정상적인 진동 모드의 진동수로 분자 구조에 대한 정보를 제공한다. **진동의 정상 모드**(*normal mode of vibration*)는 각 원자가 자신의 평형 위치에 관한 단순한 조화 진동을 실행하는 것이다. 분자의 중력 중심은 정지상인 반면에 모든 원자들은 위상이 맞은 상태에서 같은 진동수로 움직인다. 분자 모델을 상상하면 원자는 구이고 화학 결합은 스프링으로 표현된다. 진동은 구의 움직임과 함께 신축과 굽힘이 포함된다.

고전역학에 따르면 힘 상수 $k\,(\mathrm{N\,m^{-1}})$인 스프링으로 연결된 두 구의 질량 m(kg)의 진동수 $\nu\,(\mathrm{s^{-1}})$는 식 11-1과 같이 계산될 수 있다.

$$\nu = \frac{1}{\pi}\sqrt{\frac{k}{2m}} \qquad \textbf{(11-1)}$$

힘 상수 k는 스프링의 신축에 대한 저항의 측정이고 질량 m을 거리 x만큼 움직이는 데는 $F = kx$가 필요하다.

N개의 원자를 갖는 분자의 정상 진동 모드는 $3N - 6$개이다. 각 원자는 x, y, z 방향으로 생각할 수 있는 3개의 운동 자유도를 갖고 있다. 따라서 N개의 원자는 $3N$개의 독립 운동을 갖는다. 원자들이 분자에서 함께 연결되면 그러나 운동은 더 이상 독립적이지 않다. 3가지 운동은 분자의 병진 운동이 되고 모든 원자는 동시에 x, y, z 방향으로 움직인다. 또 다른 3가지는 회전 운동으로 x, y, z축에서 상에 맞게 회전한다. 그리고 $3N - 6$ 운동이 남아 있는데 핵간 거리와 결합각이 변하지만 분자의 중력 중심은 움직이지 않는다. 분자가 직선이면 하나가 증가하여 $3N - 5$가 된다.

고전역학 방법은 구와 스프링 모델의 진동에 대한 진동수를 계산할 수 있고 또한 분자에 적용할 수도 있다. 적당한 원자의 질량과 분자의 차원 그리고 힘 상수를 사용해야 하며 양자역학의 규칙을 적용해야만 한다. 이 주제는 12-1절에서 다시 논의될 것이다.

11-3 적외선과 라만 스펙트럼

적외선 스펙트럼은 시료가 적외선으로 알려진 전자기 스펙트럼 영역의 빛을 흡수할 때 얻어진다(1-2절의 그림 1-2 참조). **흡수 밴드**(*absorption band*)라는 표현은 스펙트럼에서 관찰된 특성을 나타낼 때에 사용되면 만약 흡수 밴드가 상대적으로 좁고 날카로울 경우에는 **피크**(*peak*)라는 용어를 사용한다.

적외선 흡수에서 에너지는 조사한 빛으로부터 분자로 전달되며 두 진동 에너지(E_1에서 E_2) 사이에 양자역학 전이가 생긴다. 두 진동 에너지 사이의 에너지 차이는 식 11-2와 같이 전자기파의 진동수에 직접 관련이 있다. 여기서 h는 플랑크 상수(Planck's constant)로 $6.624 \times 10^{-34}\,\mathrm{J{\cdot}s}$ 이다. 분자의 진동 진동수는 흡수한 적외선 복사선의 진동수에 해당한다.

$$\Delta E = E_2 - E_1 = h\nu \quad \textbf{(11-2)}$$

가장 중요한 전이는 바닥 상태 ($\nu_i = 0$) 에서 1차 들뜬 상태 ($\nu_i = 1$) 로의 전이이며 이러한 허용된 전이를 **기본** (*fundamental*) 전이로 부르며 적외선에서 강한 흡수 밴드를 보여준다. 바닥 상태에서 2차 들뜬 상태 ($\nu_i = 2$) 로 전이는 **배진동** (*overtone*) 이라 알려졌다. 서로 다른 두 진동인 i와 j로 전이를 **조합** (*combination*) 이라 부르며 배진동과 조합은 분자 진동의 단순한 조화 진동자 이론에 따르면 금지된 전이이지만, 비조화성을 고려한다면 약하게 허용된다. 연구 대상은 대개 고체나 액체 또는 용액이지만 기체상 스펙트럼도 얻을 수 있다.

라만 스펙트럼은 **산란** (*scattering*) 과정에 따라 만들어진다. 레이저에서 나온 단색 조사선은 시료에 의하여 산란된다. 이전의 분산 장치에서는 산란된 가시광선이 조사된 빛에 90° 방향에서 관측된다. 보다 일반적인 FT 라만 기기에서는 산란된 빛이 조사된 레이저에 180°에서 모아진다.

라만 스펙트럼은 분자와 광자의 비탄성 충돌에 기인한다. 비탄성 충돌에서는 그림 11-2에서 알 수 있듯이 약간의 에너지가 광자에서 분자로 또는 분자에서 광자로 전달된다. 광자에서 분자로 전달되는 경우에는 분자가 더 높은 진동 에너지 상태에 놓이고 [**스톡스 선** (*Stokes line*) 이라 부름] 반대의 경우에는 분자가 들뜬 상태에 있어 에너지를 광자에 주며 낮은 에너지 상태로 돌아온다 [**반-스톡스 선** (*anti-Stokes line*) 이라 부름]. 대개의 분자들

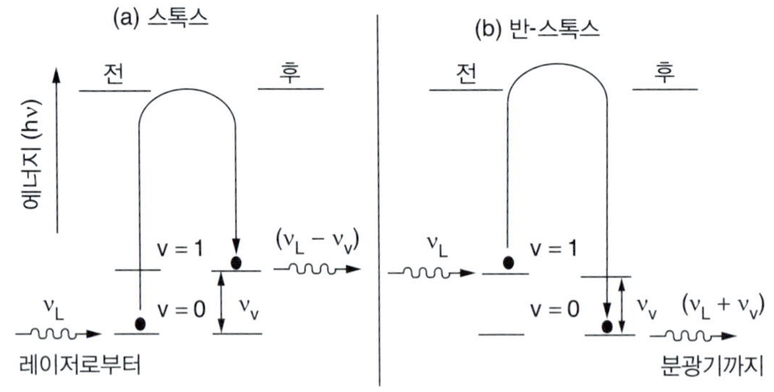

그림 11-2 라만 산란의 메커니즘

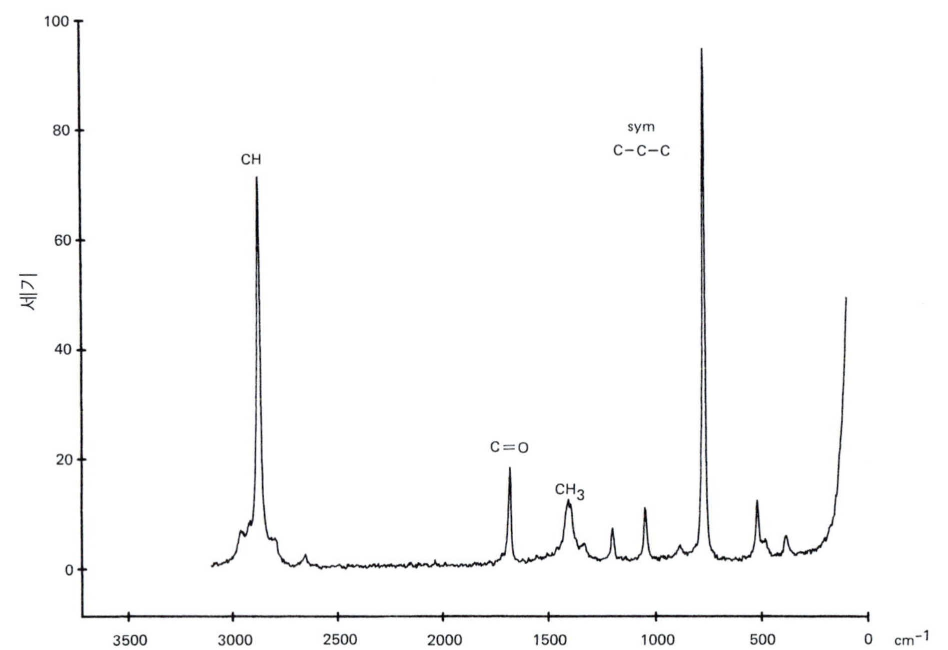

그림 11-3 아세톤의 라만 스펙트럼

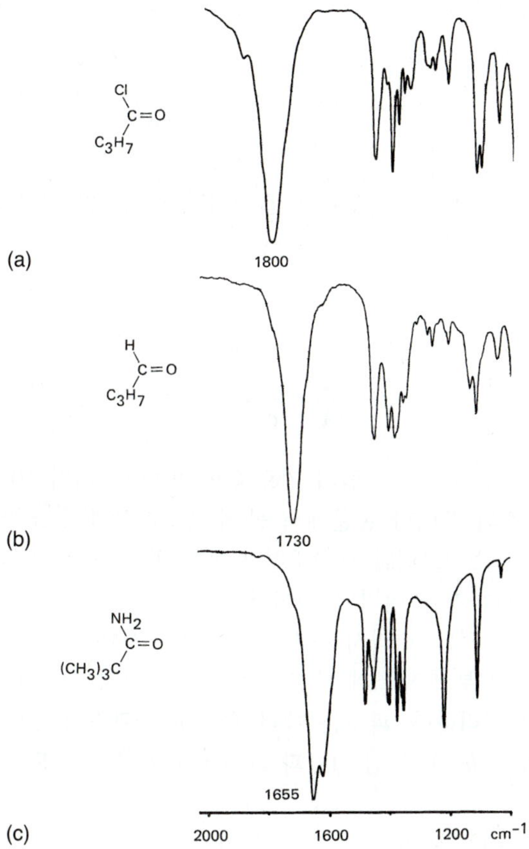

그림 11-4 카보닐 신축 밴드
(a) 염화 뷰틸, (b) 뷰틸알데하이드,
(c) 트라이메틸아세트아마이드

이 정상 온도에서 바닥 진동 상태에 있기 때문에 스톡스 선이 중요하며 이러한 점이 라만 스펙트럼의 주요 관심거리가 된다. 그림 11-3은 아세톤의 전형적인 라만 스펙트럼이다. 가로축의 0은 스펙트럼을 여기 시키는 레이저 선(ν_L)의 진동수에 해당한다. 피크의 위치는 관측된 산란 진동수(ν_{obs})의 차이에 해당한다.

OH, NH, CH_3, C=O와 C_6H_5와 같은 작용기들의 진동은 항상 잘 정의된 진동수의 범위 내에서 IR과 라만 스펙트럼의 밴드를 준다. **작용기 진동수**(*group frequency*)의 범위내의 정확한 위치는 작용기의 주변에 대한 정보를 제공한다. 예를 들면 카보닐기의 신축 밴드는 알데하이드나 케톤은 표준으로 약 1730 cm^{-1}이고 카복실산이나 산 염화물, 에스터는 그림 11-4에서처럼 더 높은 진동수를 갖는 반면 아마이드나 방향성 케톤은 더 낮은 진동수를 갖는다.

적당한 작용기 진동수의 범위 내에서 어떤 밴드가 있다면 이는 하나 이상의 작용기가 있음을 의미한다. 왜냐하면 많은 작용기들의 범위가 겹치기 때문이다. 따라서 특정 작용기에 대한 판단은 스펙트럼의 다른 영역까지 조사하여야 할 것이다. 이에 대한 내용은 12장에 주어져 있다.

11-4 단위와 표시법

그림 11-1과 같이 스펙트럼은 가로축의 진동수에 따른 세로축의 흡수량으로 기록된다. 여러 가지 단위가 세로와 가로축의 축척으로 사용된다. 진동수의 단위(ν)는 s^{-1}(초당 진동)이다. 분자 진동에 대하여 이러한 숫치는 너무 크고($10^{13}\ s^{-1}$) 불편하여 보다 편리한 단위로 $\bar{\nu}$(파수, cm^{-1})이 사용된다. 이는 진동수를 빛의 속도 c로 나눈 값이다(식 11-3).

$$\bar{\nu} = \frac{\nu}{c} \tag{11-3}$$

따라서 $3 \times 10^{13}\,s^{-1}$의 진동수를 갖는 진동은 식 11-4에 따라 계산하면 $1000\,cm^{-1}$가 된다.

$$\frac{3 \times 10^{13}\,s^{-1}}{3 \times 10^{10}\,cm\,s^{-1}} = 10^3\,cm^{-1} \qquad \textbf{(11-4)}$$

파수가 비록 진동수를 빛의 속도로 나눈 값이지만 빛의 속도로 나눈 값을 이해한다면 $1000\,cm^{-1}$을 $1000\,cm^{-1}$의 진동수로 보통 언급한다. cm^{-1}은 센티미터 마이너스 1, 센티미터의 역수, 또는 파수 등 세 가지로 부른다. 파장 (λ) 은 진동수 (ν) 나 파수 ($\bar{\nu}$) 와 식 11-5와 같은 관계를 가진다.

$$\frac{1}{\lambda} = \frac{\nu}{c} = \bar{\nu} \qquad \textbf{(11-5)}$$

적외선 분광학자들은 파장을 스펙트럼의 가로축에 마이크로미터 (10^{-6} m) 로 표시하지만 마이크론의 단위도 예전의 책이나 논문에서 볼 수 있다. 대개의 초기 기기에는 가로축이 진동수 대신에 파장으로 스펙트럼을 보여주지만 현대 IR 기기는 파수로 표시된다.

라만선의 위치는 조사하거나 여기된 레이저로부터 진동수의 변화로 측정되기 때문에 파장의 단위로 표시될 수 없다. 따라서 라만선의 파장은 사용한 레이저에 따라 변한다. IR과 라만 스펙트럼이 함께 분자 구조에 대한 정보를 제공하기 때문에 파수 (cm^{-1}) 를 공통 단위로 사용하는 것이 편리하다. 파수는 에너지에 직접 관련되어 있어 이론적 입장에서 지지를 받는다 ($E = h\nu = hc\bar{\nu}$). 그림 11-1과 11-3에서 아세톤의 IR과 라만 스펙트럼을 비교할 수 있을 것이다.

IR 흡수 피크의 크기에는 여러 가지 단위가 사용된다. 투과도 (T) 와 % 투과도 ($\%T$) 가 가장 일반적이지만 흡수도 (A) 역시 볼 수 있다. 투과도는 식 11-6과 같이 조사한 빛의 세기 (I_0) 에 대한 통과한 빛의 비율이고 % 투과율은 식 11-7과 같이 백분율이다. 흡수도는 식 11-8과 같이 여러 가지로 정의된다.

$$T = \frac{I}{I_0} \qquad \textbf{(11-6)}$$

$$\%T = 100\frac{I}{I_0} \qquad \textbf{(11-7)}$$

$$A = \log_{10}\frac{I_0}{I} = \log_{10}\frac{1}{T} = \log_{10}\frac{100}{\%T} \qquad \textbf{(11-8)}$$

용액 상태의 스펙트럼에서는 흡수의 세기가 베르-람베르트-부게 법칙 (Beer-Lambert-Bouguer Law) 에 따라 (식 11-9) 농도와 셀의 길이에 연관이 있다.

$$A = \epsilon c l \qquad \textbf{(11-9)}$$

여기서 c는 농도 ($mol\,L^{-1}$) 이고 l은 셀의 길이 (cm) 이다. 상수 ϵ은 몰흡수 계수로 단위는 $L\,mol^{-1}cm^{-1}$이다. 따라서 ϵ은 셀의 길이 1.0 cm에 1.0 M의 용액에서의 흡수 값이다. ϵ는 흡광 계수 또는 몰흡광 계수라 부른다.

라만 스펙트럼에서 세기는 피크의 높이가 레이저의 힘과 여기 복사선의 파장, 탐지장치 및 증폭 장치들과 같은 요인에 따라 변하기 때문에 IR 스펙트럼보다 정량적이지 못하다. 따라서 정량적 결과는 내부 표준 물질로 레이저 빛과 산란에 대한 표준화를 한 경우에만 얻을 수 있다.

라만선의 세기는 농도에 직접 비례하는 (*linear*) 반면에, IR 흡수 세기는 농도의 로그함수에 비례한다 (식 11-8). 따라서 용액의 농도를 2배로 하면 동일 기기에서 모든 라만선의 세기는 두 배가 된다. 반면에 IR 피크 높이의 효과는 피크에 따라 다르다. 예를 들면 약한

IR 밴드는 강한 밴드에 비하여 영향을 많이 받는다. 왜냐하면 농도를 두 배로 하면 약한 밴드는 거의 두 배가 되지만 강한 밴드는 10%의 효과밖에 없을 것이다. 따라서 IR과 라만 스펙트럼의 세기를 논의할 때 주의해야 한다. 보통 IR 범위는 4000에서 400 cm^{-1}까지이다. 하지만 일부 IR 분광기는 더 넓은 범위를 볼 수 있어 원적외선 영역(200 cm^{-1})까지 겹치게 된다. IR 분광기에서는 200 cm^{-1} 아래 영역은 얻을 수 없지만 라만에서는 이 영역의 진동 스펙트럼을 얻을 수 있다.

11-5 적외선 분광기: 분산과 푸리에 스펙트럼

적외선 스펙트럼은 분산법이나 간섭측정법에 의하여 얻어진다. 이점에서는 NMR 분광계와 비슷한 점이 있다. I부에서 NMR 스펙트럼을 연속파 방법과 푸리에 방법에 따라 얻을 수 있다는 점을 보았던 것처럼 적외선 스펙트럼에서도 분산 기기로 진동수에 따라 스펙트럼을 기록할 수 있고 또한 간섭측정법에 따라 시간에 따라 기록할 수 있다. 간섭측정법의 결과는 스펙트럼을 얻기 위하여 진동수 영역으로 푸리에 변환시킨 간섭 그림이다.

11-5a 분산 적외선 분광계

분산 적외선 분광계는 더 이상 만들지 않지만 아직도 사용되고 있고 또한 적외선 분광학의 발전에서 역사적 중요성이 있다. 분산 적외선 분광계는 3개의 기본 부분으로 되어 있다. 즉 (1) 연속 적외 복사선 근원(높은 온도로 가열된 전선 코일), (2) 복사선을 스펙트럼으로 분산시키는 단색기, (3) 적외 복사선을 감지할 수 있는 열전기쌍이다. 시료는 일반적으로 전원과 단색기 사이에 놓는다. 단색기는 연속 복사선을 단색 성분의 스펙트럼으로 분산시키는 회전발을 지니고 있다. 역학 주사 장치는 진동수 성분을 순서에 따라 연속적으로 감지기로 통과시킨다. 이러한 방법으로 감지기는 어느 진동수가 시료에 의하여 흡수되었고 또는 어느 진동수가 영향이 없는지 감지한다.

아주 비슷한 진동수에서 일어나는 진동수 사이를 구별하는 것을 **분해**(*resolution*)라 하며 대개의 경우 4 cm^{-1} 정도면 충분하다.

11-5b 푸리에 변환 적외선 스펙트럼

FT-IR 분광계는 Michelson의 간섭측정기에 기초한다. 이 기기(그림 11-5)는 서로 90°로 설치된 두 개의 평평한 거울(M1과 M2)과 부분 반사 빛살 분할기(BS)로 구성된다. 거울 M1은 고정되어 있고 다른 거울 M2는 몇 밀리미터 거리(δ)를 정확하게 반복적으로 움직일 수 있다. 빛살 분할기는 조사된 빛을 하나의 거울에 50% 통과시키고 다른 거울로 50% 반사시킨다. M1에 의하여 반사된 후에 빛의 50%는 빛살 분할기로 되돌아가고 거울 M2에서 돌아온 빛과 합해져서 빛살 분할기에 의하여 반사된다. 빔 사이의 광학 경로 차

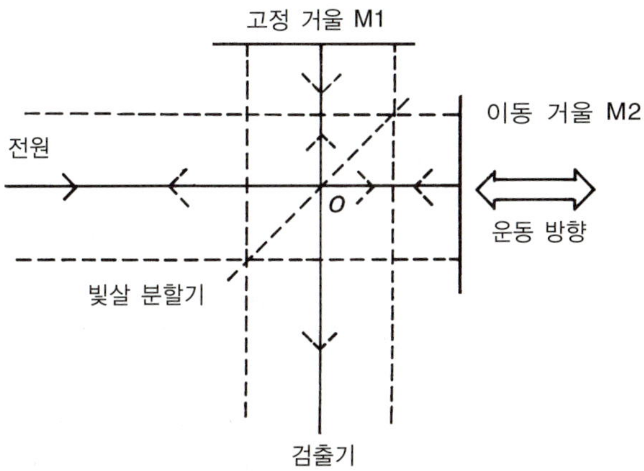

그림 11-5 Michelson 간섭측정기의 개요 도형

이를 지연 $x\,(x = 2\delta)$ 이라 알려졌으며 $x = 0$이 아니면 다시 합쳐진 빔은 서로 간섭한다. 이러한 배치에 따라 빛의 50%는 원래의 빛 전원으로 돌아오고 나머지 50%는 시료를 통과하여 감지기로 향한다. 주사 시간이 매우 짧고 열전기쌍의 반응 시간이 매우 길어 간섭계는 적외선의 근원으로 열전기쌍을 사용할 수 없다. IR 감지기 중에서 열전기쌍의 반응 시간이 충분히 빠른 경우 간섭계로 사용하는 것이 초전기 볼로미터이다. 빛살 분할기로는 광학적으로 평평한 KBr 판에 저마늄이 증착된 매우 얇은 막 (0.4 μm) 을 사용한다.

어떻게 간섭계가 IR 스펙트럼을 측정할 수 있는 가를 이해하기 위해서는 우선 파장이 λ인 단색 빔이 기기를 통과했다고 생각하자. $x = 0$이나 $n\lambda$(n은 정수) 일 때 합쳐진 빔은 정확하게 위상이 맞게 되어 있다. 따라서 감지기의 신호가 최대가 된다. 거울 M2가 이동하면 빔들은 서로 간섭하고 신호는 $x = \lambda/2$일 때 0이 된다. 거울 M2가 계속 이동하여 일정한 속도가 되면, 신호의 세기 $I\,(x)$는 식 11-10과 같이 코사인으로 표시되며 여기서 $I\,(\nu)$ 는 진동수 ν에서 근원의 세기이다. 식 11-10에서 0.5가 있는 이유는 조사한 빛의 반만이 감지기에 도착하기 때문이다. 나머지 반은 근원으로 반사되어 되돌아간다. $I\,(x)$ 와 x를 도표로 표시한 것이 간섭계이다.

$$I(x) = 0.5\ I\,(\nu)\ \cos 2\pi\nu x \tag{11-10}$$

연속 IR 복사선을 사용하면 무한수의 파장이 동시에 간섭계를 통과하기 때문에 $x = 0$일 때만 모든 파장의 위상이 맞게 된다. 거울 M2가 어떤 다른 위치에 있게 되면 매우 복잡한 간섭 형태를 야기하여 그림 11-6a와 같은 간섭그림을 주게 된다. 이러한 간섭그림을 얻기 위해서는 거울 M2를 음의 x로부터 0 위치를 통한 후에 양의 x로 이동하여야 한다. $x = 0$일 때는 모든 파장은 구조 간섭을 하게 되어 매우 강한 중앙 신호를 만든다. 어떤 억제 상태에서 감지기에 도착하는 복사선의 세기 $I\,(x)$는 바로 그 거울 위치에서 모든 간

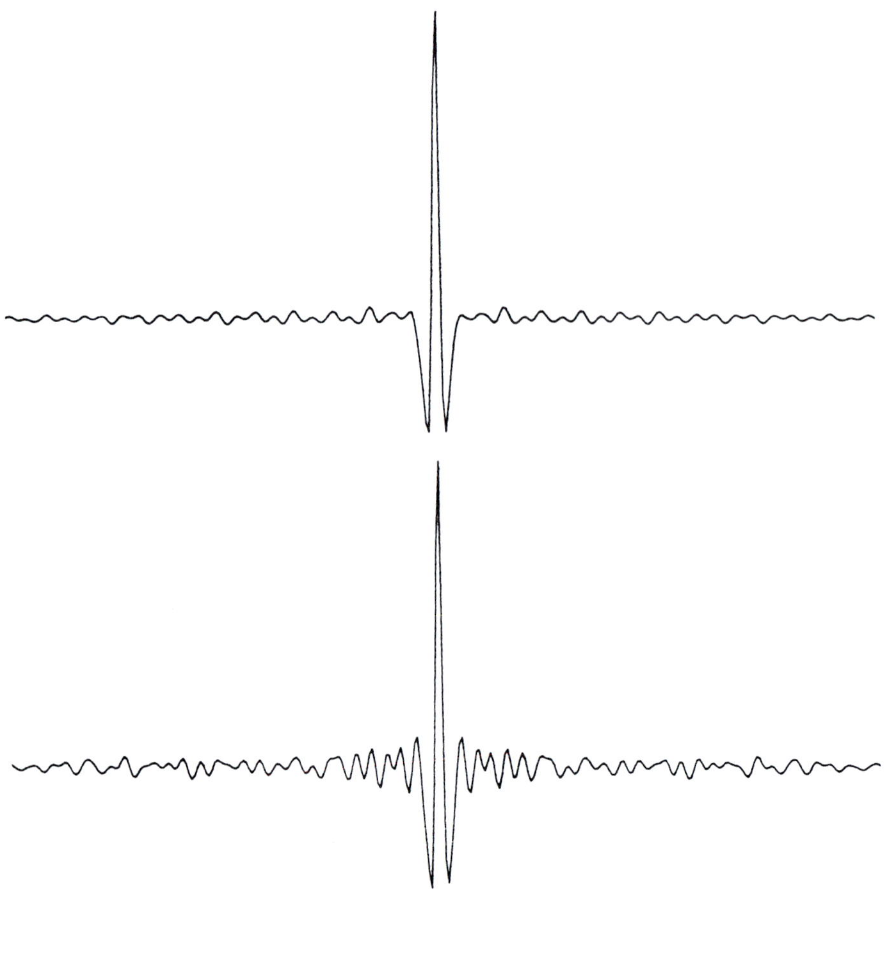

(a)

(b)

그림 11-6 연속선 근원으로 부터의 간섭그림: (a) 시료 없이. (b) 간섭계와 감지기 사이에 0.05 mm 폴리스타이렌 막을 놓았을 때

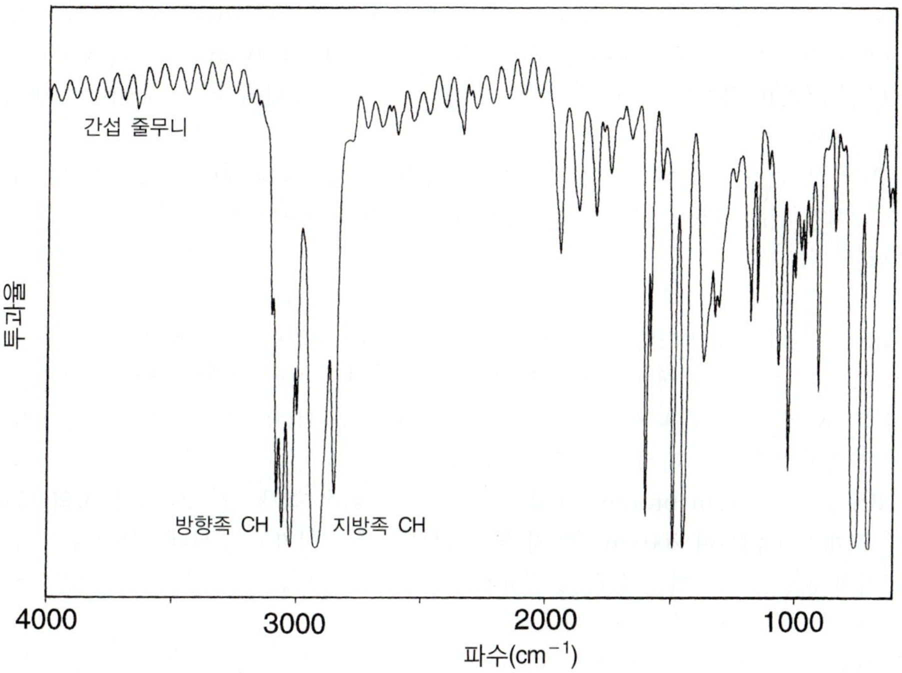

그림 11-7 그림 11-6b에 보여준 간섭 그림으로부터 얻어진 0.05 mm polystyrene 막의 FT-IR 스펙트럼

섭 파장의 합이 된다.

간섭계와 감지기 사이에 놓인 시료는 시료가 흡수하는 어느 진동수에서도 복사선의 세기를 감소시킨다. 따라서 IR 흡수 스펙트럼은 만들어진 간섭계를 포함하게 된다. 그림 11-6b는 간섭계와 감지기 사이에 놓인 0.05 mm 두께의 폴리스타이렌 필름의 흡수에 의하여 만들어진 그림 11-6a의 간섭계를 보여 준다. 그림 11-6a와 11-6b의 간섭그림 사이에는 분명한 차이가 있지만 간섭 그림에서 흡수에 관한 정량적 정보를 얻기 위해서는 $I(\nu)$에 대한 ν의 진동 영역에서의 자료가 필요하다. 이 정보를 얻으려면 FT-NMR과 같이 두 간섭그림에 대한 푸리에 변환을 행하여야 한다. 그림 11-6b의 간섭 그림을 얻기 위해 사용하는 폴리스타이렌 시료의 FT-IR 스펙트럼이 그림 11-7에 있다. IR 분광법에서 분산 분광계에 대하여 간섭계가 갖는 두 가지 주요 장점은 속도와 감도이다.

FT-IR 분광계의 분해 능력은 지연 x의 역수에 따른다. 따라서 4 cm^{-1}의 분해를 위해서는 이동 거울이 0.25 cm이어야 한다. 푸리에 변환은 같은 간격(Δx)의 지연에서 시료 채취한 간섭그림의 수치 값으로부터 계산된다. 스펙트럼의 범위는 시료 간격에 역으로 비례한다. 4000에서 400 cm^{-1}의 범위에서 x는 10^{-4} cm 차수이다. 이러한 시료 추출 지점은 정밀하게 같은 간격으로 분리되어야 한다. 그렇지 않으면 잡음이 스펙트럼에 들어오게 된다. 시료 추출 지점들이 헬륨-네온 레이저를 이용하여 만들어진 간섭 그림의 영 교차에 따라 시작될 때에 이러한 정밀성이 가능하다.

NMR 분광법과 같이 여러 번의 주사를 같이 넣어 주면 잡음에 대한 신호의 비율(S/N)이 향상된다. 모든 간섭 그림이 기록되고 또한 푸리에 변환이 행해지기 전에는 스펙트럼이 도시되지 않는다는 점을 유의해야 한다.

11-6 적외선 투과 스펙트럼의 시료 방법

11-6a 지지 물질

프레스 펠렛 방법(pressed-pellet method)을 제외한 모든 투과 연구에서 적외선이 통과할 수 있는 디스크나 판에는 시료를 지지하여 주어야 한다. 여러 가지 적외선이 통과할 수 있는 물질이 이용되고 있고 대개는 시중에서 광택이 있는 상태나 또는 광택을 내기 좋게 톱으로 잘라진 결정을 구입하여 사용할 수 있다.

NaCl은 가장 많이 사용된다. 초기 연구자들에 의하여 4000–650 cm^{-1}에서 사용되며 가격이 저렴하고 쉽게 광택을 낼 수 있지만 잘 부서지고 650 cm^{-1}까지만 투명하다.

KCl은 NaCl만큼 저렴하고 쉽게 광택을 낼 수 있지만 충격에 쉽게 부서진다. 500 cm^{-1}까지 투명하다.

KBr은 또 다른 전통이 있는 물질이다. NaCl이나 KCl보다 50% 정도 비싸다. 부서지기 쉽지만 쉽게 광택을 낼 수 있다. 400 cm^{-1}까지 투명하다.

CsI은 기계적이나 열에 의한 충격에 잘 부서지지 않지만 물에 잘 녹고 연하며 광택을 내기 어렵다. 가격이 매우 비싸지만(NaCl의 10배) 150 cm^{-1}까지 투명하다.

CaF_2은 물에 아주 약간만 녹아서 수용액이나 D_2O 용액을 사용할 수 있다. 광택을 낸 NaCl에 비하여 5배 정도 비싸고 광택을 내기 어려워 이미 광택이 있는 상태를 구입해야 한다. 일반적으로 다시 광택을 낼 필요가 없지만 1100 cm^{-1}까지만 투명한 약점이 있고 열이 발생하여 기계적 충격에 약하다.

KRS-5는 thallium bromide iodide 혼합물로, 밝은 적색 결정은 물에 거의 녹지 않고 쪼개지지 않으며 200 cm^{-1}까지 투명하다. 가격이 비싸고 분산에 의하 여 투과된 에너지의 손실을 야기하는 높은 굴절률을 보이는 약점이 있다. 또한 독성이 있고 알카리 용액에서 다른 화합물에 의하여 공격을 받을 수 있다.

XnSe(IRTRAN 4로도 알려짐) KRS-5보다 견고하고 물에 녹지 않으며 알칼리의 공격도 받지 않는다. 높은 굴절률을 보이고 매우 독성이 강하며 산에 공격 받으면 불쾌한 H_2Se 기체를 발생시킨다.

PTFE(폴리에틸렌과 폴리테트라플루오로에틸렌)은 가격이 저렴하고 일회용으로 사용할 수 있다. 이 물질로 만들어진 두 개의 디스크가 액체 필름을 사이에 넣을 수 있을 정도로 견고하지 않아 윈도우 물질로는 사용되지 않는다. 폴리에틸렌은 좁은 밴드가 70 cm^{-1}에 있고 넓은 밴드가 380 cm^{-1}에 있지만 50 cm^{-1}까지 투명하여 원적외선에서 사용된다.

11-6b 액체와 용액

아마도 액체 시료의 정성적 IR 스펙트럼을 얻는 가장 쉬운 방법은 액체 한 방울을 NaCl, 이나 KBr에 떨어뜨리고 다른 디스크로 덮은 후에 이를 지지체에 놓으면 된다. 다양한 통로 길이를 주기 위해서 테플론 간격 띄우개를 사용할 수 있다. 고정된 통로 길이와 밀봉된 셀들도 이용할 수 있다. 이러한 것들은 수은 처리된 은이나 납 간격 띄우개를 가지고 있다. 셀은 주사기를 이용하여 전형적인 루어포트를 통하여 채우거나 비운다. 포트를 막기 위해서는 테플론 마개를 사용한다. 원적외선 영역을 위해서는 다양한 통로 길이를 갖

표 11-1 IR 용액 스펙트럼의 유용한 용매

용매	유용한 영역 (cm^{-1})	통로길이 (mm)
CCl_4	850-700을 제외한 모든 영역	0.5
$CHCl_3$	1250-1175과 820 이하를 제외한 모든 영역	0.25
벤젠	3100-3000을 제외하고 750 이상의 모든 영역	0.1
CH_2Cl_2	1300-1200을 제외하고 820 이상의 모든 영역	0.2
아세톤	2800-1850 사이와 1100 이하	0.1
아세토나이트릴	2300-2200과 1600-1300을 제외한 모든 영역	0.1
사이클로헥세인	2600 이하	0.1
N,N-Dimethylformamide	2750-1750 사이와 1050 이하	0.05
다이에틸 에터	3000-2700과 1200-1050을 제외한 모든 영역	0.05
헵테인, 헥세인	3000-2800과 1500-1400을 제외한 모든 영역	0.2
다이메틸 설폭사이드	1100-900을 제외한 모든 영역	0.05

는 폴리에틸렌 셀을 사용하지만 쉽게 오염된다.

상업적으로 구할 수 있는 일회용 IR 카드는 미세공의 폴리에틸렌이나 PTFE 막으로 구성되며 유기 용매에 녹는 액체나 고체의 분석에 사용될 수 있다. 카드는 미세공 물질의 얇은 막을 지니는 원형의 구경을 갖는다. 바탕 스펙트럼을 얻기 위해서는 바탕 카드를 사용한다. 소량($\sim 50\,\mu l$)의 액체를 IR 카드막에 직접 적용한다. 유기 용매에 녹는 고체는 용액 상태로 적용하며 용매가 증발한 다음 FT-IR 분광계의 시료 칸막이에 넣고 스펙트럼을 기록한다. 폴리에틸렌 카드는 4000에서 400 cm^{-1}에서 사용하지만 3000에서 2800 cm^{-1}는 제외된다. PTFE 카드는 4000에서 1300 cm^{-1}까지로 제한되지만 200°C까지 견딜 수 있다.

용액 상태로 화합물의 IR 스펙트럼을 얻는 것이 가장 편리하지만 좋은 용매 중에서 어떤 것은 화합물의 스펙트럼과 중복될 수 있는 강한 IR 흡수를 갖는다. 물을 예로 들면 당이나 아미노산 그리고 생화학적으로 흥미로운 화합물의 조사에 유용하지만 윈도우 물질로 CaF_2나 KRS-5를 사용해야 한다. FT-IR은 통과한 복사선이 매우 강하거나 매우 약한 경우에도 많은 수의 스캔을 하여 신호를 평균하는 능력을 있어 스펙트럼을 얻을 수 있다. FT-IR 분광계는 놀랍게도 0.1%의 투과율로부터도 스펙트럼을 얻을 수 있다.

분산 기기에서 약하거나 중간 정도의 용매 흡수는 용매를 기준 빔에 놓고 용액을 시료 빔에 놓는 이중 셀을 사용하여 제거할 수 있다. 하지만 스펙트럼을 기록하는 동안에 용매가 강하게 흡수하면 기본적으로 에너지기 감지기로 전달되지 못하여 S/N의 비율이 매우 나쁘다. 따라서 용매가 강하게 흡수하지 않는 영역에서만 사용할 수 있고 몇 가지 용매가 전체 스펙트럼을 얻는 데 필요할 수 있다. 표 11-1에 몇 가지 용매와 유용한 영역에 대한 자료가 주어져 있다.

11-6c 고체

고체 시료는 반죽이나 누른 디스크 형태로 처리한다. 반죽을 만들기 위해서는 적은 양의 시료를 마노나 막자사발에 돌려서 간 다음에 무색의 파라핀 오일과 같은 반죽 물질 한 방울을 첨가하고 계속하여 간다. 혼합물은 일정한 얇은 반죽이 되어야 한다. 이를 NaCl이나 KBr과 같은 윈도로 옮겨 두 번째 윈도로 덮은 후에 돌리면서 가볍게 누르면 얇은 막이 형성된다. 사이에 반죽이 있는 두 개의 판을 셀 지지체에 놓고 스펙트럼을 기록한다. 파라핀 오일 때문에 강한 흡수 밴드(2900, 1470, 1370 cm^{-1})와 약한 흡수 밴드(720 cm^{-1})가 나온다. 만약에 이러한 밴드가 시료의 피크보다 강할 경우에는 더 많은 시료와 더 적은 오일을 사용해야 한다. 또한 시료의 피크가 너무 강하면 두 판을 더 세게 누르거나 기름 한 방울을 가하면 된다. 따라서 사용자는 최선의 결과를 얻기 위해 반죽과 많은 실험을 해야 한다.

2900 cm^{-1} 부근이 중요하면 클로로플루오로탄소 오일을 반죽 물질로 사용해야 한다. 이 물질은 1400 cm^{-1} 아래서는 불투명하며 1650 cm^{-1}에 하나의 밴드가 있다. 2900 cm^{-1} 영역에서 사용할 수 있는 다른 반죽 화합물로 헥사클로로뷰타다이엔이 있다. 이 화합물은 1650 cm^{-1} 이상에서 흡수가 없고 1500과 1250 cm^{-1} 사이에 유용한 창이다.

고체의 다른 시료 방법은 압력을 가해 펠렛을 만드는 것이다. 막자사발에 몇 밀리그램의 시료를 적외선에 투명한 매트릭스 물질(100배 정도)과 갈아준다. 매트릭스 물질로는 특수한 경우에 CsI, TlBr이나 폴리에틸렌을 사용할 수 있지만 대개는 KBr을 사용한다. 미세하게 분세한 분말을 직경이 13 mm인 강철 금형에 넣고 진공 펌프로 시료의 공기를 제거한 다음 30 톤/in^2의 압력을 가하여 디스크를 만든다. 작은(7,3,1 mm) KBr 펠렛을 만드는 기기로 손으로 압력을 가하는 것도 있다.

잘 만들어진 KBr 펠렛은 3000 cm^{-1} 아래의 시료가 흡수하지 않는 영역에서 80-90%의 투과율을 보인다. 4000~3000 cm^{-1} 사이는 산란 효과 때문에 투과율이 매우 낮다. 반죽이나 펠렛에 의한 산란의 양은 시료와 매트릭스의 상대적인 반사율이나 높은 파수에서 반사 현상에 따라 변한다. 반사율이 비슷하면 높은 파수에서 입자가 큰 것이 심각한 분산을 야기하지만 낮은 파수에서는 입자의 크기가 영향력을 덜 미친다. 입자의 크기는 좋은 펠렛이 되려면 20 μm 이하이어야 한다. 이러한 입자 크기는 보통 강한 막자사발을 이용하여 손으로 갈 경우에 얻을 수 있다.

CsI도 KBr 대신에 매트릭스 물질로 사용하며 200 cm^{-1} 이하의 스펙트럼이 필요한 경우 유용하지만 물을 쉽게 흡수하는 단점이 있다. CsI 펠렛은 KBr 펠렛보다 약한 압력으로 만들 수 있다. TlBr은 높은 굴절률이 있는 물질에 사용된다. IR 영역에서 굴절률이 2.3이며 230 cm^{-1}까지 투명하다. 물을 흡수하지 않아 높은 습도에서 사용할 수 있지만 독성이 있다. 분말 폴리에틸렌은 80 cm^{-1}에서의 하나의 밴드를 제외하면 400에서 10 cm^{-1} 사이에 흡수가 없어 원적외선 스펙트럼을 얻는 데 유용하다.

위에서 언급된 분산의 문제와 더불어 압력을 가한 디스크 방법에는 갈거나 압력을 가하는 중에 시료의 변화가 일어날 수 있고 또한 매트릭스 물질이나 물과 반응할 수 있는 또 다른 단점이 있다.

11-7 라만 분광법

라만 분광계는 4000~10 cm^{-1} 범위의 진동에 대한 진동수에 관한 정보를 제공한다. 액체나 용액, 분말, 결정 등의 시료를 표준화된 방법으로 처리할 수 있다. 저 진동수 끝 부근에서의 스펙트럼은 여기된 복사선의 레일리 산란(Rayleigh scattering)에 의하여 항상 모호해진다. 레일리 산란은 시료 분자에 의하여 레이저 광자들의 탄성 산란 때문에 발생한다. 에너지의 교환은 없고 산란된 광자는 레이저선의 에너지로서 같은 진동수를 갖는 시료로부터 나온다. 이 과정은 비탄성 산란보다 몇 차수 훨씬 가능성이 있으며 라만 스펙트럼에서 0 cm^{-1}을 중심으로 극도로 강한 밴드를 준다. 레일리 선의 넓이는 고체로부터 순수한 액체, 용액으로 가며 증가한다. 레일리 선의 끝은 그림 11-3과 같이 아세톤의 라만 스펙트럼에서 확실하게 볼 수 있다.

경험이 있는 라만 스펙트럼 사용자는 IR 분광학자와 마찬가지로 구조에 대한 정보를 얻을 수 있다. 하지만 이들은 조금 다른 작용기 진동수를 사용한다. 그 이유는 IR에서 강한 흡수를 보이는 진동이 라만에서는 약한 흡수로 나타날 수 있기 때문이다. 그림 11-1과 11-3에서 볼 수 있는 것처럼 반대의 경우도 있다. 라만 스펙트럼은 IR 스펙트럼을 보충하며 두 기술을 같이 사용하면 유기물의 구조 결정에 대한 독특한 정보를 제공한다.

라만 분광법은 IR에 비하여 장점이 있다. 그중 하나는 라만 스펙트럼이 IR에 비하여 단순하다는 점으로 이는 IR에서 관측되는 배진동이나 복합진동이 없거나 아주 약하게 관측되기 때문이다. 두 번째 장점은 용액 스펙트럼에서 용매의 선택이 넓다. 특히 물을 항상 사용할 수 있고 다른 용매도 IR보다 더 확실한 지역을 갖게 된다. 원적외선에 해당하는 200–50 cm^{-1}의 저 진동수 영역에 관한 정보를 쉽게 얻을 수 있다.

하지만 라만 분광법의 단점도 존재한다. 그중 하나는 액체나 용액 시료에서 작은 부유 물질에서 야기되는 바탕 분산에 의하여 원래 약한 라만 스펙트럼은 가려질 수 있다. 레이저 복사선의 흡수는 액체 시료를 가열하고 고체 시료는 까맣게 태울 수 있다. 만약 연구하고자 하는 화합물이 가시광선에서 형광을 발생하면 라만 스펙트럼은 완전히 모호해진다. 형광은 중대한 문제를 초래하는데 여기에는 물질 자체가 형광을 내지 않아도 소량의 형광성 불순물이 있는 경우에도 라만 스펙트럼을 모호하게 한다. 형광 문제는 근적외선이나 장파장에서 레이저를 여기하여 줄일 수 있다. 고체 시료는 결정이 아니면 좋은 스펙트럼을 얻기 어렵다. 따라서 종종 라만 스펙트럼을 얻을 수 없게 되지만 이 경우에도 IR 스펙트럼은 항상 얻을 수 있다. 라만 분광법의 또 다른 단점은 기기가 고가인 점이다.

공명 라만 분광법(*Resonance Raman Spectroscopy*)을 사용하면 감도가 매우 좋아진다. 이는 조사한 레이저 에너지가 시료의 전자 전이와 같은 에너지에 맞추어져 있기 때문이다(Part IV). 그러한 전이로부터 생기는 진동 모드는 다른 진동에 비하여 10^6 정도로 상당히 강화된 라만 크기를 보인다. **표면 증강 라만 분광법**(*Surface Enhanced Raman Spectroscopy*, SERS)은 10^{10}이나 강화되어 단분자에 대한 스펙트럼도 관찰할 수 있는 감도를 보인다. 표면 증강 공명 라만 분광법(surface-enhanced resonance Raman spectroscopy, SERRS)은 공명 효과와 연계되어 10^{14}까지도 강화할 수 있다. SERS 효과는 표면이 강화된 전기장을 창조하는 능력에 기인한다.

11-8 라만 시료 만드는 법

라만 분광법에서 시료는 IR보다 더 쉽게 만들 수 있다. 원칙상으로는 시료를 단순히 FT-라만 분광기의 경우에는 시료 위치에 놓으면 되고 분산 라만 기기의 경우에는 단색기의 슬릿 입구에 놓으면 레이저 빔이 시료에 직접 닿게 된다. 두 경우 모두 시료는 복사선을 분광기로 전달하는 근원이 된다. 레이저 빔의 초점을 맞추면 라만 세기는 증가하지만 시료를 손상할 수 있다. 따라서 레이저의 힘을 낮추어 시료의 손상을 줄일 수 있다. 액체나 용액 또는 기체의 경우에는 레이저 빔을 거울을 이용하여 수차례 통과시켜 라만 분산이 증가할 수 있다. 시료를 효율적으로 만들기 쉽기 때문에 라만 분광법은 옮길 수 없는 귀중한 예술품과 같은 물질의 조사에 이용될 수 있는 분석법이다.

11-8a 액체와 용액

자외선 흡수에 사용되는 것과 같은 적은 용량의 석영 셀(5 mm × 5 mm × 5 cm)이 라만의 액체 시료 보관기로 사용될 수 있다. 석영은 형광이 아주 낮아 선호하지만 보통 파이렉스 유리로 된 셀도 일반적인 목적에는 만족한다.

라만 분광법은 아주 소량의 시료에 매우 적합하다. 레이저 빔을 매우 좁은 지역에 초점을 맞출 수 있어 녹는점을 측정하는 모세관에 담긴 시료가 많은 시료와 거의 동일한 결과를 보여 준다. 대개 기기 제조사는 FT-라만 분광기에 미세 장비를 부착하여 제공하고 있다.

용액을 취급하는 기술은 순수한 액체와 본질적으로 같다. 용매는 깨끗하고 순수하며 재증류하고 걸려서 사용해야 부유 물질과 형광에 의한 문제를 제거할 수 있다. 11-6a절에서 본 것과 같이 대개의 용매는 적외선 영역에서 넓은 흡수 영역을 갖는다. 라만에서는 다르지만 묽은 용액에서 얻어지는 세기가 긴 파장이라도 증가할 수 없는 약점이 있다. 따라서 무게로 1–5% 정도가 보통 농도의 아래 한계치가 된다.

물론 모든 용매가 라만 스펙트럼을 갖고 보이지만 라만 선은 IR보다 훨씬 좁다. 또한 배진동이나 조합진동이 라만에서는 매우 약하다. 따라서 라만 스펙트럼에서는 모든 보통의 용매에 완전히 투명한 지역이 있다. 라만 연구에서 물은 매우 좋은 용매이다. 이 점은 천연의 환경이 통상 수용액 상태라 생물적 관점에서 특히 중요하다.

11-8b 고체

다중결정 분말은 모세관이나 금속 막대 끝의 구멍으로 넣어 잘 처리할 수 있다. 불규칙적인 고체 조각은 지지막대에 붙이고 레이저 빔을 쪼인다. 분말은 눌러 펠렛으로 만들고 같은 방법으로 조사한다. 높은 배경 분산이 비결정 물질에서 종종 관측된다.

1 또는 2 mm 정도 길이의 결정은 X-선 회절에서 사용하는 방법과 같이 측각기에 결정을 고정시킨다. 단결정은 레이저 빔이 결정의 한 축을 통과하도록 조심스럽게 배치한다. 이 경우 편광 분석기를 이용할 때는(11-9절) 분자의 정상 진동 대칭에 관한 중요한 정보를 얻을 수 있다.

11-9 감극 측정

라만 스펙트럼은 분자가 갖는 대칭 요소에 따라 완전히 대칭이거나 완전히 비대칭이냐에 따라 분자 진동을 분류할 수 있다. 이러한 구분은 편광 분석기를 사용하여 만들 수 있는 감극 측정으로 행해진다. 라만 분산은 편광 레이저 빔에서 나온 복사선과 분자 진동과 연계된 분자의 편극 사이에 상호작용에 따라 만들어진다. 이러한 상호작용의 결과로서 일부 분산된 빛은 더 이상 편광을 갖지 않는다. 따라서 레이저 빔의 편광면($I_{\parallel}$)에 평행하게 배치되어 분석기를 통과한 빛과 수직($I_{\perp}$)으로 배치되어 통과한 빛 사이에 세기의 차이가 있다. $I_{\perp}/I_{\parallel}$ 비율이 **감극율**(*depolarization ratio*, ρ) 부르며 이론적으로 최대 0.75가 된다. 0.75보다 작은 ρ를 갖는 밴드는 편극되었다고 하고 ρ가 정확히 0.75일 경우에 감극되었다고 한다.

어떤 분자 진동은 분자가 갖는 모든 대칭 요소에 관하여 대칭일 수 있다. 이렇게 완전하게 대칭인 진동 모드는 편극된 라만 밴드(ρ가 0과 0.75 사이)를 준다. 다른 진동은 대칭 요소에 대하여 반대칭이다. 이러한 완전한 비대칭인 진동은 감극된 라만 밴드(ρ = 0.75)를 준다. 따라서 감극율은 분자의 완전한 대칭 진동을 구별하는 데 사용된다.

감극 측정을 위해서는 동일한 기기 조건에서 두 번 찍는다. 유일한 차이는 분석기의 방향이다.(평형과 수직). 피크의 높이(I)와 바탕선(I_0)은 각 방향에 대하여 기록되며 감극율은 식 11-11에 따라 계산된다.

$$\rho = \frac{(I - I_0)_{\perp}}{(I - I_0)_{\parallel}} \tag{11-11}$$

분말 형태의 고체는 감극율을 측정할 수 없음을 주목해야 한다.

두 개의 겹치는 밴드는 그 중에 하나가 완전히 대칭 진동일 경우 감극을 측정하여 분리할 수 있다. 완전히 대칭 진동인 밴드의 세기는 평형에서 수직으로 분석기를 돌리면 보통 확연하게 감소한다. 반면에 완전하게 비대칭인 진동 밴드의 세기는 오직 25%만 감소한다. 따라서 완전하게 비대칭인 모드에서 생긴 밴드는 수직 스펙트럼에서 지배적으로 나타난다.

11-10 IR 반사 분광법

빛 한 줄기가 서로 다른 굴절률(n_1과 n_2)을 갖는 두 개의 비흡수 물질 사이의 경계면을 때리면 그 빛은 일부는 통과되고 일부는 반사한다. 이러한 특성을 FT-IR 분광기의 빛살 분할기 제조에 사용된다. 빛이 물질 1로부터 물질 2로 들어가면 n_1이 n_2보다 작은 경우로(예를 들면, 공기에서 유리로), 그 결과는 **외부 반사**(*external reflection*) 된다. 외부 반사인 경우 반사율은 100%가 될 수는 없고 통상 휠씬 적다. n_1이 n_2보다 큰 경우에는 **내부 반사**(*internal reflection*)라 부르며 이 경우에는 입사각이 입계각과 90° 사이일 때의 반사가 전체이다. 내부와 외부 반사 모두 스펙트럼을 얻는 데 사용할 수 있다.

내부 전반사는 물 한 잔에서 관찰할 수 있다. 유리 안쪽을 물 표면을 통하여 보면 완벽하게 불투명하고 은빛으로 보인다. 그러나 손가락으로 유리잔 밖을 건드리면 피부의 자세한 것까지 명확히 보이지만 은빛으로 보이는 효과는 계속 남아 있다. 이러한 결과는 그림 11-8과 같이 파장의 분율에 의하여 빛의 자기장이 더 희박한 매질(n_2가 더 작은 굴절률)로 침투한 결과로 설명된다.

빛이 IR 영역에 있고 더 희박한 매질이 IR 복사선을 흡수하는 화합물이면 침투하는 복사선의 장은 흡수 메커니즘에 따라 작용하여 전체(내부) 반사 감쇠를 만들어 낸다. 이러한 상호작용은 정상적인 흡수 과정에서 시료의 두께에 해당하는 유효 두께의 탓으로 여길 수 있다. 이러한 현상을 일반적으로 **감쇠 전반사**(*attenuated total reflection*, ART)라고 부른다.

내부 반사 분광기의 기법은 반사율에 따른 파장의 기록으로 구성되며 통상 IR 영역을 통하여 시료 화합물과 더 높은 굴절률을 갖지만 IR 복사선에 투명한 물질의 경계면에서 일어난다. 복사선은 더 조밀한 매개 물질을 통하여 경계면에 근접하거나 멀어진다. 가장 간단한 실험 장치에서는 높은 굴절률의 물질은 프리즘의 형태이다.

다중 내부 반사(*Multiple internal reflection*, MIR)는 그림 11-9와 같은 결정 형태를 사용하여 얻을 수 있다. 다중 반사는 약하게 흡수하는 시료의 스펙트럼을 강화시킬 수 있다. 이 방법에서 입사각은 고정하고 다양한 화합물을 조사하려면 한 개 이상의 단이 필요하다. 단이 얇을수록 내부 반사가 더 생긴다. 전형적인 단은 2 mm 두께에 5 cm 길이에 2 cm 높이를 갖고 끝 차단기 45°이다. 이러한 단은 25반사를 준다. 단의 끝은 다양한 각도로 잘릴 수 있으며 통상 30°, 45°, 60°가 가장 많이 사용된다. 50%나 그 이상의 큰 에너지 손실이 시료 빔에서 발생한다.

IR 복사선이 시료에 침투하는 깊이는 파장과 시료의 굴절률 및 결정, 그리고 경계면에서 반사된 빛의 입사각에 의하여 결정된다. 가장 흔하게 이용되는 결정은 KRS-5 (11-6절)이고 저마늄과 IRTRAN-2도 사용된다.

IR 투과 스펙트럼과 비교될 수 있는 좋은 스펙트럼을 만약 입사각과 결정을 잘 선택하면 ART 방법을 이용하여 얻을 수 있다. IR 투과와 ART 스펙트럼 사이에 차이가 관측될 수도 있다. 일반적으로 ART에서는 밴드가 조금 저진동수로 이동되며 고진동수 밴드는 IR 투과 실험에 비하여 약하다. 내부 반사 요소의 굴절률이 시료의 굴절률보다 더 커야 하지만 가장 좋은 스펙트럼은 반사율 차이가 적을 때 얻어진다.

단 반사 다이아몬드 ART 부품이 강한 고체나 분말 또는 단섬유의 분석에 유용하다. 시료는 다이아몬드 ART 부품과 사파이어 모루 사이에서 분쇄한다. 1000 cm^{-1}에서 입사각이 45°인 경우 1.5 굴절률을 갖는 시료에서 2.0 μm 침투율과 4.4 μm 효과 경로를 얻을 수 있다. 이러한 특징으로 인하여 많은 물질로부터 좋은 FT-IR을 충분히 얻을 수 있다.

ART 방법은 일반적으로 필름이나 코팅 또는 표면의 연구에 매우 유용하며 또한 투과법에 너무 강한 흡수를 하는 시료나 또한 너무 두꺼운 시료의 연구에도 유용하다. 많은 경우에 시료를 미리 준비할 필요가 없이 단지 결정 표면에 놓으면 된다.

외부 반사는 다시 두 종류로 나눌 수 있다. 시료에서 반사된 복사선 중 일부는 표면이 완벽하게 평평하다면 맞는 이론 경로로 이동한다. 이러한 부분을 **거울 반사**(*specular reflection*)라 한다. 나머지 반사된 복사선은 모든 방향으로 분산된다. 이러한 부분은 **확산 반사**(*diffusion reflection*)라고 한다. IR 스펙트럼은 두 가지 모두에서 얻을 수 있다. 거울 반사 스펙트럼을 위해서는 제조사에서 간단한 반사 장치를 부속품으로 구할 수 있다.

거친 표면을 갖는 분말이나 고체 시료는 주로 확산 반사하여 반사된 복사선을 넓은 고

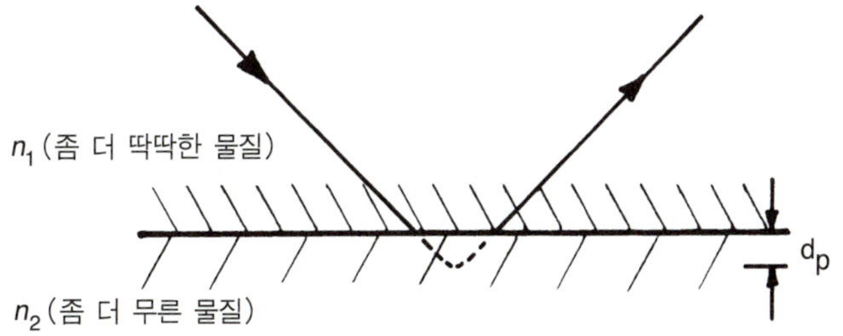

그림 11-8 전체 내부 반사에서 빛 한줄기의 경로. 빛은 반사면을 지나 좀 더 무른 굴절율 n_2를 갖는 매개로 물질 파장의 분율 (d_p) 만큼 침투한다.

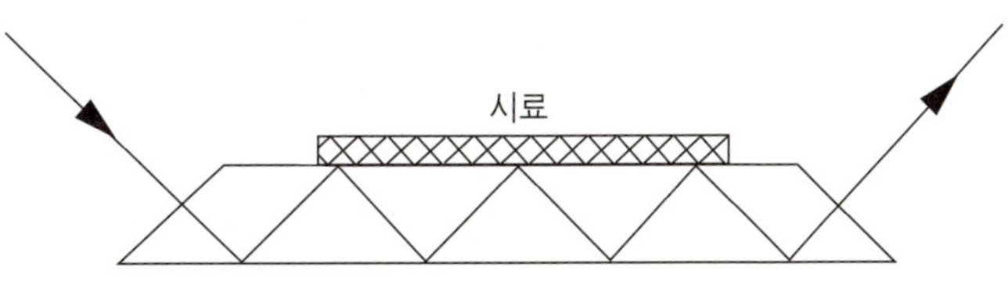

그림 11-9 다중 내부 반사 (MIR)

체 각으로 수집해야 한다. **확산 반사 FT-IR 스펙트럼**(*diffuse reflection FT-IR spectra*, DRIFTS)으로 기록하는 부품은 여러 제조사에서 구할 수 있다.

문제

11-1 구 2개의 질량이 1.66×10^{-27} kg이고 힘 상수가 510 N m^{-1}로 연결된 계의 진동 진동수(s^{-1})를 계산하시오.

11-2 강한 IR 흡수 밴드가 7% *T*에서 최대 피크를 갖는다. 피크의 흡광도는 얼마인가?

11-3 IR 스펙트럼을 CCl_4 용액에서 0.20 M 농도로 경로길이가 0.50 mm인 가변 셀로 기록하였다. 흡수 밴드가 1730 cm^{-1}에서 피크의 흡광도가 1.05 관측되었다. 같은 화합물을 미지의 농도로 CCl_4 용액에서 같은 셀에서 경로길이가 0.15 mm에서 기록하였다. 피크 1730 cm^{-1}에서 흡광도가 0.65이었다면 미지 용액의 농도를 계산하시오.

11-4 1064.8 nm에서 분산된 빛에 대하여 514.5 nm에서 분산된 빛의 상대적 세기를 계산하시오.

11-5 분산 IR 분광법에 비하여 푸리에 변환(FT) 방법의 장점을 열거하시오.

11-6 FT-라만 분광법은 중간 적외선 영역(4000–400 cm^{-1}) 보다는 근적외선 영역(10,000–6000 cm^{-1})에서 스펙트럼을 수행한다. 그 이유를 제시하시오.

참고 문헌

General Infrared Spectroscopy

11.1 J. R. Durig (ed.), *Analytical Applications of FT–IR to Molecular and Biological Systems*, Norwell, MA: Reidel Publishing Co., 1980.
11.2 A. E. Martin, *Infrared Interferometric Spectrometers*, vol. 8 of J. R. Durig (ed.), *Vibrational Spectra and Structure*, Amsterdam: Elsevier Science, 1980.
11.3 P. R. Griffiths and J. A. de Haseth, *Fourier Transform Infrared Spectrometry*, New York: John Wiley & Sons, 1986.
11.4 H. A. Willis, J. H. Van Der Maas, and R. G. J. Miller (eds.), *Laboratory Methods in Vibrational Spectroscopy*, 3rd ed., Chichester, UK: John Wiley & Sons Ltd., 1987.
11.5 J. Workman and C. Weyer, *Practical Guide to Interpretive Near-Infrared Spectroscopy*, Boca Raton, FL: CRC Press, Taylor and Frances Group, 2008.

General Raman Spectroscopy

11.6 D. A. Long, *Raman Spectroscopy*, London: McGraw-Hill Book Co., 1977.
11.7 P. Hendra, C. Jones, and G. Warnes, *Fourier Transform Raman Spectroscopy*, Chichester, UK: Ellis Horwood, 1991.
11.8 D. B. Chase and J. F. Rabolt (eds.), *Fourier Transform Raman Spectroscopy*, New York: Academic Press, 1994.
11.9 J. R. Ferraro and K. Nakamoto, *Introductory Raman Spectroscopy*, New York: Academic Press, 1994.
11.10 E. Smith and G. Dent, *Modern Raman Spectroscopy: A Practical Approach*, Hoboken, NJ: John Wiley & Sons, 2005.
11.11 SERS: C.L. Haynes, C.R. Yonzon, X. Zhang, and R. P. Van Duyne, *J. Raman Spectrosc.*, **36**, 471 (2005).

Reflection Spectroscopy

11.12 N. J. Harrick, *Internal Reflection Spectroscopy*, New York: Interscience, 1967; *Review and Supplement*, Ossining, NY: Harrick Scientific Corp., 1985.
11.13 DRIFTS: *Optical Spectroscopy: Sampling Techniques Manual*, Ossining, NY: Harrick Scientific Corp., 1987.
11.14 M. W. Urban, *Attenuated Total Reflectance Spectroscopy of Polymers*, Washington, DC: American Chemical Society, 1996.

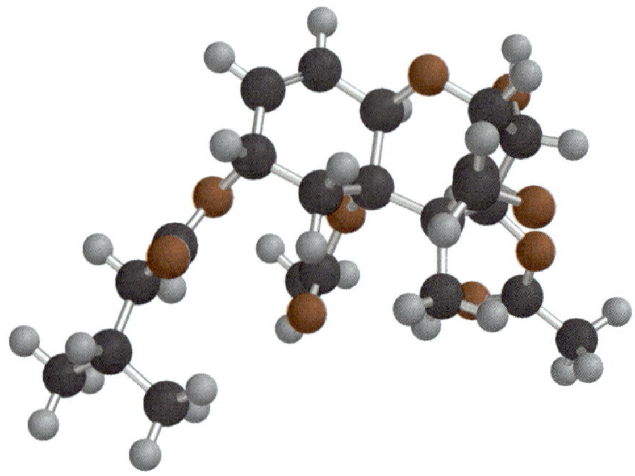

CHAPTER 12

작용기 진동수

12-1 서론

작용기의 진동수는 본질적으로 실험에 기초하지만 확실한 이론적 기초도 갖는다. 카보닐, 아미노, 페닐, 나이트로기와 같은 특정 작용기를 지니는 많은 화합물들의 IR과 라만 스펙트럼은 작용기를 갖는 모든 화합물에 대하여 같은 진동수에서 나타나는 특징을 보인다. 진동수의 유사성은 식 11-1에서 보여 주는 것과 같이 다른 분자에서 신축 힘 상수의 대략적 상수 값에 기인한다. 따라서 만약에 많은 다른 화합물의 연구 자료가 주어진다면 이러한 스펙트럼의 특성을 작용기와 연계시키는 것은 합리적이다. 예를 들면, C ═ O 기를 갖는 어떤 화합물의 IR 스펙트럼에서는 1800과 1650 cm^{-1} 사이에서 강한 흡수를 보이며, —NH_2를 갖는 화합물은 3400과 3300 cm^{-1}에서 두 개의 IR 밴드를 갖는다. 또한 나이트로기는 1550과 1350 cm^{-1}에서 특징적인 IR과 라만 밴드를 보여 준다. 이것은 IR과 라만에서 관측되는 많은 특징적인 작용기들의 진동수 중에서 단지 3가지 예에 해당한다.

분자에서 화학 결합으로 연결된 원자쌍은 이론적으로 이원자 분자로 취급할 수 있다. 이러한 단순한 접근은 두 원자 중에 하나가 다른 원자에 결합되지 않은 가벼운 원자일 경우에 놀라우리만큼 좋은 결과를 준다. 예를 들면, CH_3NH_2에서 C — H와 N — H 또한 $(CH_3)_2CO$에서 C ═ O가 해당한다. 이러한 이원자 기의 cm^{-1}의 신축 진동수는 식 12-1에 따라 계산할 수 있다.

$$\nu(\mathrm{cm}^{-1}) = 130.3\sqrt{\frac{k}{\mu}} \qquad \textbf{(12-1)}$$

여기서 k는 힘 상수($\mathrm{N\,m^{-1}}$)이고, μ는 원자 질량 단위로 표시된 환산 질량, $m_1m_2/(m_1+m_2)$이다. 식에서 상수 $130.3 = 1/2\cdot\pi c(\sqrt{N \times 10^{-1}})$에 해당한다($N$은 Avogadro 수 6.022×10^{23}이고, c는 빛의 속도 $2.998 \times 10^8\ \mathrm{m\,s^{-1}}$). 예전 문헌에는 힘 상수가 mdyne A^{-1} ($10^5\ \mathrm{dyn\,cm^{-1}}$)의 단위이고, c는 $\mathrm{cm\,s^{-1}}$의 단위이며, 이 경우에는 12-1식에서 1303의 상수를 갖는다.

두 개 이상의 동일한 작용기가 한 분자 내에 있으면 IR 스펙트럼에서 각 작용기 별로 비슷한 진동수의 밴드가 나타날 것으로 예상할 수 있다. 그러나 이러한 밴드들은 종종 잘 분해되지 않는다. 만약에 기가 같은 탄소나 이웃한 탄소에 연결되어 있다면 진동수는 강한 상호작용에 따라 몇 백 파수나 벌어질 수 있다. 예를 들면, 에틸렌 분자(C_2H_4)에는 4개의 C — H 기가 있어 3000 cm^{-1} 근처에서 4개의 C — H 신축 진동에 대한 피크를 예상할 수 있다. C—H 기가 같은 탄소와 이웃 탄소에 연결되어 있어 4개의 C—H 신축 진동수 3270, 3105, 3020, 2990 cm^{-1}가 관측된다.

12-2 작용기 진동수에 영향을 주는 요인

12-2a 대칭

유기 화합물의 거의 대다수는 대칭이 아니거나 아주 적게 대칭이다. 그럼에도 불구하고 대칭에 대한 지식은 작용기 진동수의 세기에 영향을 주는 요인을 이해하는 데 상당한 도움을 줄 수 있다.

IR 복사선을 흡수할 수 있는 활성 진동은 진동 전기 쌍극자와 관련되어 있고, 라만에 활성인 진동은 분자 편극의 변화와 관련되어 있다. 이러한 변화는 연차적으로 조사한 레이저 복사선의 전기장과 상호작용에 따라 유도 쌍극자를 만든다. 보통 대칭의 결과로 어떤 진동은 IR이나 라만에 비활성이 된다.

대칭점을 갖는 분자는 영구 쌍극자가 없어 대칭점에 대칭인 진동은 진동 쌍극자를 만들지 못한다. 이러한 진동은 IR에 비활성이다. 하지만 대칭점에 반대칭인 진동은 복사선의 전기장과 작용하여 과도 진동 쌍극자 모멘트를 생산하여 IR에 활성이 된다. 반면에 대칭 모드는 라만 스펙트럼에는 항상 활성이 된다. 왜냐하면 이들은 분자 편극의 변화를 야기하기 때문이다. 하지만 반대칭은 라만에서 비활성이다. 이러한 IR과 라만 활성 사이의 **상호 배제 규칙**(*mutual exclusion rule*)은 그림 12-1과 같이 *trans*-1,2-chloroethene의 스펙트럼에서 알 수 있다. *trans*-1,2-chloroethene의 C═C 신축 진동은 IR에서는 관측되지 않지만 라만에서는 1580 cm^{-1}에서 관측된다. C—Cl 결합은 두 개의 신축 진동 모드를 주는데, 대칭 모드는 라만에서 840 cm^{-1}에서 관측되며, 반대칭 모드는 IR에서 895 cm^{-1}에서 관측된다. 비슷하게 두 개의 CH 굽힘 모드가 1200 cm^{-1} (IR)과 1270 cm^{-1} (라만)에서 관측된다.

C≡C의 신축 모드는 대칭점의 효과에 대한 또 다른 예가 된다. 메틸아세틸렌($CH_3C{\equiv}CH$)에 대해서는 IR과 라만에서 2150 cm^{-1}에 활성인 밴드가 있다. 반면에 대칭점을 갖는 다이메틸아세틸렌($CH_3C{\equiv}CCH_3$)의 경우에는 배제 규칙이 적용된다. 강한 C≡

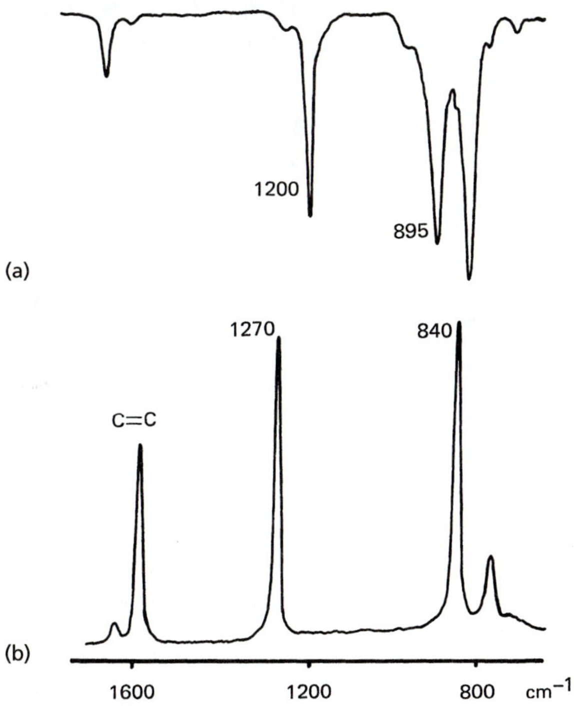

그림 12-1 *trans*-1,2-Dichloroethene의 부분 스펙트럼: (a) IR, (b) 라만

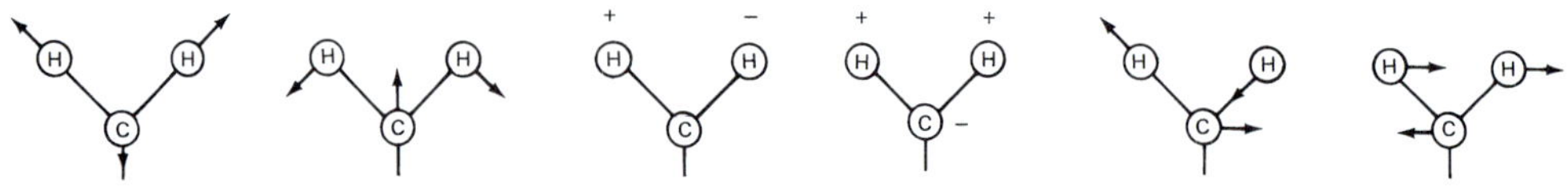

그림 12-2 CH_2기의 진동. 화살표는 CH_2기의 평면에서 원자의 이동 방향을 나타내며, +와 − 표시는 각각 평면의 위와 아래를 표시함

C의 신축 밴드는 2150 cm^{-1}에서 라만 스펙트럼을 보이는 반면에, IR에서는 아무런 진동도 관측되지 않는다.

어떤 분자는 대칭면이나 다른 대칭 요인으로 삼중이나 그 이상의 대칭축을 갖는다. 이러한 분자는 고대칭이라 부르고, 단순한 IR과 라만 스펙트럼을 갖는다. 예를 들어, 벤젠 분자는 고리면에 수직인 6중 대칭축과 많은 다른 대칭 요인을 갖는다. 12개 원자를 갖고 있으며, 따라서 $3N - 6 = 30$개의 진동 정상 모드를 갖는다. 고대칭의 첫 번째 효과는 이러한 진동에서 10개 쌍은 동일 진동수(축퇴된 방식)를 보여 20개의 다른 정상 진동이 남는다. 고대칭의 두 번째 효과는 쌍극자 모멘트의 변화(IR 활성)와 편극의 변화(라만 활성)에 대한 모드 수를 줄여 벤젠의 IR 스펙트럼은 오직 4개의 기본 밴드만을 주며(11-3절에서 정의했음), 라만 스펙트럼은 6개만을 준다.

벤젠 분자는 1,3,5-trichlorobenzene과 같이 치환에 의하여 6중축에서 3중축으로 대칭을 줄일 수 있다. 이 분자는 벤젠보다 IR과 라만에 활성인 모드의 수가 더 많지만 일부는 축퇴된 모드로 되어 스펙트럼이 상대적으로 단순하다. 대칭은 1-chloro-2-bromobenzene에서 더 줄어 이 화합물은 오직 벤젠 고리면에만 대칭이 된다. 따라서 30개 정상 모드가 모두 IR과 라만에서 활성이다. 하지만 벤젠 고리 자체에 대칭이라서 진동 중에서 일부는 매우 약하여 배진동이나 조합진동과 구별하기 어려워진다.

더 크고 복잡한 분자에서는 부분적으로 동핵 이원자기에 대하여 대칭이 존재할 수 있다. 예를 들면, C═C과 S—S가 이에 해당하며, 즉 기의 IR 흡수가 매우 약하거나 없어질 수 있다. 이 경우에는 라만 스펙트럼을 이용하여 작용기의 존재를 확인시켜 줄 수 있다.

메틸렌기(CH_2)의 진동은 부분 대칭으로 묘사할 수 있으며, 2중축과 두 개의 대칭면이 있다. 그림 12-2는 분자 내에 CH_2 기와 관련된 진동을 보여 준다. 고립된 CH_2 기는 3개의 모드를 갖는다: 2중축에 대하여 대칭과 반대칭 신축, 굽힘(가위질) 진동. 기가 분자의 일부일 때는 뒤틀림, 앞뒤흔듦, 좌우흔듦의 3개의 추가 모드로 표현된다. 이 중에서 뒤틀림 모드는 쌍극자 모멘트가 변화하지 않아 IR에서는 관측되지 않지만, 비대칭 분자에서는 매우 약하게 나타난다.

분자에서 메틸기(—CH_3)의 진동 역시 3중축과 3개의 대칭면을 갖는 메틸기 자체의 대칭으로 표현할 수 있다. 고립된 메틸기는 $3N - 6 = 6$개의 정상 모드의 진동을 갖는다. 여기에는 대칭과 축퇴된 신축 쌍과 굽힘 모드가 포함된다. 메틸기가 분자에 붙어 있으면 3개의 새로운 모드가 나타난다: 비틀림 모드와 축퇴된 좌우흔듦 쌍모드. 이러한 움직임은 고립된 기에서는 회전일 것이다. 따라서 우리가 메틸기의 진동을 발견할 수 있는 스펙트럼의 4개 영역이 있다. 이러한 모드는 자유로운 메틸기의 병진에 해당한다.

메틸기가 저대칭 분자의 일부일 때는 축퇴가 제거되어 메틸기 진동이 예상되는 스펙트럼의 일부 지역에서 이중선이 관측된다. 메틸기의 비틀림 모드는 쌍극자 모멘트의 변화가 없어 IR에서 비활성이 예상된다. 그러나 전체 분자의 저대칭 때문에 메틸 비틀림은 가끔 원적외선에서 약한 밴드로 관측된다.

12-2b 진동의 기계적 짝지음

두 개의 완전히 자유로운 동일 이원자 분자는 같은 진동수에서 진동한다. 하지만 두 이원자기가 분자의 일부분일 때는 1기의 진동이 분자에서 다른 원자의 치환을 야기하기 때문에 서로 독립적으로 진동하지 않는다. 이러한 치환은 분자를 통하여 전달되고 두 번째 기와 진동으로 상호작용한다. 그 결과로 두 이원자 진동의 동일상과 상이 맞지 않는 조합 진동으로 나타난다. 기가 분자에서 멀리 떨어져 있으면 짝지음이 매우 적어 두 개의 진동수가 분해되지 않을 수 있다. 아세틸렌(H—C≡C—H)에서 두 개의 C—H 신축 모드는 라만에서는 3375 cm^{-1}(동일면)에서, IR에서는 3280 cm^{-1}(동일면이 아닌)에서 관측된다. 다이아세틸렌(H—C≡C—C≡C—H)에서는 두 개의 가까이 있는 C—H 신축 진동을 3330과 3295 cm^{-1}에서 갖는다.

알렌(allene, CH_2═C═CH_2) 분자에서는 같은 원자를 통하여 두 개의 C═C 기가 기계적 짝지음을 일으킨다. 강한 짝지음이 없으면 IR 스펙트럼에서 C═C 기의 동일면이 아닌 진동(반대칭)으로 1600 cm^{-1} 근처에 밴드를 예상할 수 있으며, 라만 스펙트럼에서는 비슷한 진동수에서 위상이 맞는 진동(대칭)을 예상할 수 있다. 1,3-butadiene 분자(CH_2═CH—CH—CH_2)에서는 이러한 밴드가 실제로 IR에서는 1640 cm^{-1}에서 관측되며, 라만에서는 1600 cm^{-1}에서 관측된다. 하지만 알렌에서는 1960과 1070 cm^{-1}에서 관측된다. 이러한 결과는 두 개의 C═C기 진동의 기계적 짝지음으로 이해할 수 있다. 이러한 짝지음이 발생하면 고진동수 모드는 반대칭 진동이고, 저진동수 모드는 대칭 진동이다.

신축과 굽힘과 같이 서로 다른 모드 사이에도 진동의 진동수가 비슷하고, 작용하는 두 기가 분자에서 가까이 있으면 짝지음이 생길 수 있다. 중요한 예로서 이차의 아마이드에서 이러한 짝지음이 발견된다. 그 이유는 C—N 신축 진동이 NH 굽힘 모드 진동과 비슷한 진동수에서 나타나기 때문이다. 이 두 진동 사이의 상호작용은 스펙트럼에서 두 개의 밴드를 준다. 하나는 짝지음이 없을 때와 비교하여 고진동에서, 하나는 저진동에서 나타난다. 이러한 밴드는 아마이드 II와 아마이드 III 밴드로 알려졌다[**아마이드 I 밴드**(*Amide I band*)는 C═O 신축 모드이다].

단일결합으로 연결된 탄소 원자 사슬은 물론 직선이 아니기 때문에 알렌에서와 같은 단순 모델은 변형해야 한다. 또한 우리는 알렌에서 신축 모드와 짝지음을 할 수 없는 C═C═C 기의 굽힘을 무시했다. 그 이유는 굽힘이 신축 진동에 대하여 정각에서 생기기 때문이다. 기계적 짝지음은 유기 분자에서 C—C 단일결합에서 항상 발생하여 단순한 C—C 기의 신축 진동수는 없다. 우리는 항상 포화 탄소 고리를 갖는 화합물의 IR과 라만 스펙트럼에서 1200~800 cm^{-1} 사이에서 여러 밴드를 예상할 수 있다. *t*-뷰틸기나 아이소프로필기와 같은 가지가 있는 사슬 구조는 C—C 신축 진동을 포함하는 특징적인 기의 진동수를 갖는다. 여기에 대해서는 뒤의 절에서 추후 더 논의될 것이다.

많은 분자에서는 기의 진동에 대한 기계적 짝지음이 매우 널리 나타나서 어느 하나의 진동수도 특정 작용기의 진동으로 할당하기가 어렵다. 이러한 예가 지방족 플루오린 화합물에서 발견되며, 여기서는 CF와 CC 신축 모드가 서로 짝지어지고 FCF와 CCF 굽힘 모드가 서로 짝지어진다. 플루오린의 존재는 1400과 900 cm^{-1} 사이 지역에서 여러 개의 강한 IR 밴드를 보여 준다.

12-2c 페르미 공명

기계적 짝지음의 특별한 경우로 **페르미 공명**(*Fermi resonance*)은 기본 진동과 배진동이나 조합 진동의 짝지음에 기인한다. 이러한 상호작용은 작용기의 진동수를 변화시키고 또한 새로운 밴드를 만들어낸다. 다원자 분자의 경우 오직 하나의 진동 양자수(ν_1)가 1이고 나머지는 0인 $3N-6$개의 에너지 준위가 있다. 이러한 **기본 진동**(*fundamentals*)과 더하여 ν_i가 2, 3이거나(**배진동**) 하나 이상의 ν_i가 0인 아닌 준위(**조합 진동**)가 있다. 따라서 매우 많은 수의 진동 에너지 준위가 존재하며, 배진동이나 조합 진동의 에너지 준위가 기본 진동 에너지에 매우 가까운 경우가 종종 발생한다. 이러한 상황을 **우연성 축퇴**(*accidental degeneracy*)라 부르고, 페르미 공명으로 알려진 상호작용은 준위 대칭이 같다면 이러한 준위 사이에 발생한다. 대개의 유기 화합물은 대칭되지 않아 모든 준위가 동일

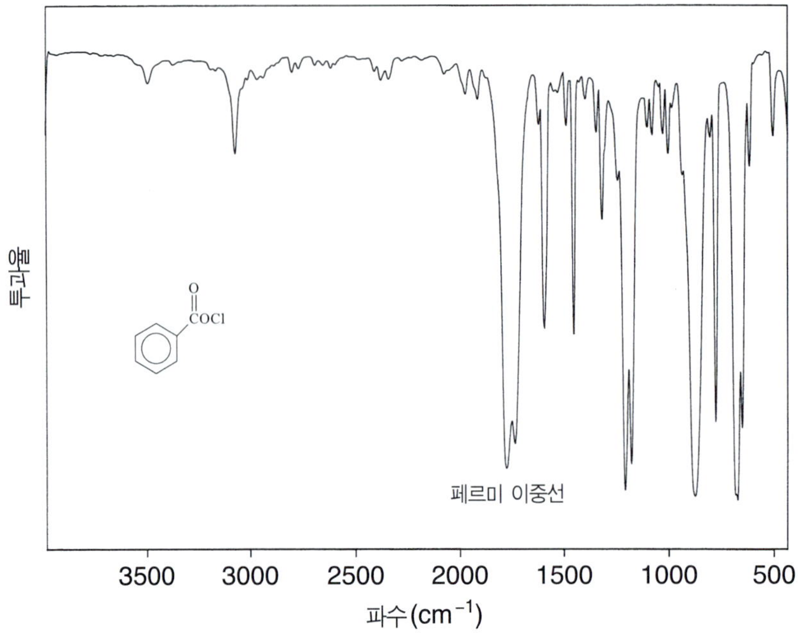

그림 12-3 Benzoyl chloride의 IR 스펙트럼. 1760-1720 cm^{-1}에서 페르미 이중선을 보임

대칭을 가지며 페르미 공명 효과는 진동 스펙트럼에서 자주 발생한다.

정상적으로는 배진동이나 조합 진동은 허락된 전이가 아니라 기본 진동에 비하여 매우 약하다. 그러나 페르미 공명이 발생하면 세기를 공유하여 배진동이 매우 강해진다. 그 결과는 분자에서 두 개의 동일한 기에 의한 만들어진 것과 같다. 그러한 예로서 그림 12-3에 주어진 것처럼 benzoyl chloride의 1760과 1720 cm^{-1}에 두 개의 카보닐 신축 밴드가 관측된다. 이러한 경우에 만약 알려지지 않은 화합물이라면 분자에 두 개의 카보닐기가 있는 것으로 오인될 수 있다. 그러나 저진동수는 C═O의 신축 기본 진동과 865 cm^{-1}의 CH 동일면이 아닌 첫 배진동의 굽힘 모드와의 페르미 공명에 기인한다.

페르미 공명의 많은 특징적인 예가 알려져 있다. 다중 아마이드, 펩타이드, 단백질에 있는 —CO—NH— 기의 N—H 신축 모드는 3300과 3205 cm^{-1}에서 두 개의 밴드를 보인다. 이것은 N—H 기본 신축 진동에 1550 cm^{-1} 근처의 N—H 변형 모드의 배진동과 페르미 공명에 기인한다. 알데하이드에 있는 —CHO 기의 CH 신축 지역은 페르미 공명의 또 다른 예를 제공한다. 12-6f절의 그림 12-12와 같이 알데하이드의 IR 스펙트럼은 2900과 2700 cm^{-1}에서 두 개의 밴드가 관측된다. 이러한 이중은 2×1400 cm^{-1} 부근에서 진동수를 갖는 C—H 변형 모드의 배진동과 페르미 공명이 없을 때 2800 cm^{-1}에서 보이는 C—H 신축 모드와의 페르미 공명에 기인한다.

12-2d 수소 결합

수소 결합(X—H···Y로 쓰임)은 OH나 NH처럼 전기음성도가 큰 원소에 결합된 수소와 보통 산소나 질소와 같은 비공유 전자쌍을 갖는 Y 원자 사이에서 생긴다. IR과 라만에서의 주요 효과는 스펙트럼에서 밴드가 넓어지고 작용기의 진동수가 이동하는 점이다. 수소 결합에 따라 X—H 신축 진동수는 낮아지고, X—H 굽힘 진동수는 높아진다. 수소 결합은 또한 받개 기의 진동수에도 영향을 주지만 진동수의 이동은 X—H 기의 이동보다 적다. 용질과 상호작용하지 않는 CCl_4와 같은 용매는 수소 결합 정도를 낮출 수 있으며, 매우 묽게 하면 수소 결합을 제거할 수도 있다.

수소 결합은 수소 결합이 없는 기와 비교하여 OH와 NH 신축 밴드가 매우 넓고 훨씬 낮은 진동수로 명백해진다. 이러한 밴드의 세기 변화는 수소 결합 정도에 영향을 주는 온도와 농도의 변화로 나타날 수 있다. 순수한 카복실산 스펙트럼에서 3100 cm^{-1}을 중심에 있는 매우 넓은 밴드는 수소 결합된 카복실산 소중합체의 OH 신축에 기인한다. 비수소 결합 용매인 CCl_4 용액에서는 IR 스펙트럼의 카보닐 신축 영역의 밴드로 단량체, 이량체, 소중합체의 존재가 모두 확인된다. 단량체와 이량체의 평형은 페놀, 알코올이나 자체적으로 수소 결합하는 화합종과 같은 많은 분자들에서 연구되어 왔다.

12-2e 고리 긴장

작용기 진동수에서 고리 긴장의 효과는 매우 흥미롭고 또한 자체적으로 유익한 진단 수단이 된다. 사이클로헥산온, 사이클로펜탄온, 사이클로뷰탄온과 같은 지방족 고리 케톤의 예를 보자. 그림 12-4에 IR 스펙트럼이 있다. 카보닐 신축 진동수가 1714, 1746, 1783 cm^{-1}에서 관측된다. $\nu_{C=O}$의 증가는 인접 동일 평면에 있는 C—C 단일결합과 이중결합과 단일결합의 각도가 변하여 바뀌는 기계적 상호작용에 기인한다.

각 긴장이 증가함에 따른 진동수의 증가는 일반적으로 고리 바깥쪽으로 직접 연결된 이중결합에서 관측된다. 고리형 케톤에서 관측된 진동수의 변화는 methylenecyclohexane, methylenecyclopentane과 methylenecyclobutane과 같은 화합물에서도 역시 발견된다. 이 경우에는 C=CH_2 기가 C=O 기를 대신하게 된다. 관측된 C=C 진동수는 각각 1649, 1656, 1677 cm^{-1}이다. 반면에 이중결합이 안쪽으로 연결되면 고리 각의 감소가 C=C 신축 진동수의 **낮춤**(*lowering*)을 초래한다. 사이클로헥센, 사이클로헥센, 사이클로펜텐, 사이클로뷰텐의 진동수는 각각 1650, 1615, 1565 cm^{-1}에서 관측된다.

C=O나 C=C와는 달리 P=O, S=O와 SO_2 기들은 신축 진동수에서 고리 긴장에 거의 영향을 받지 않는다. 그 이유는 이러한 기들의 이중결합은 같이 연결된 두 개의

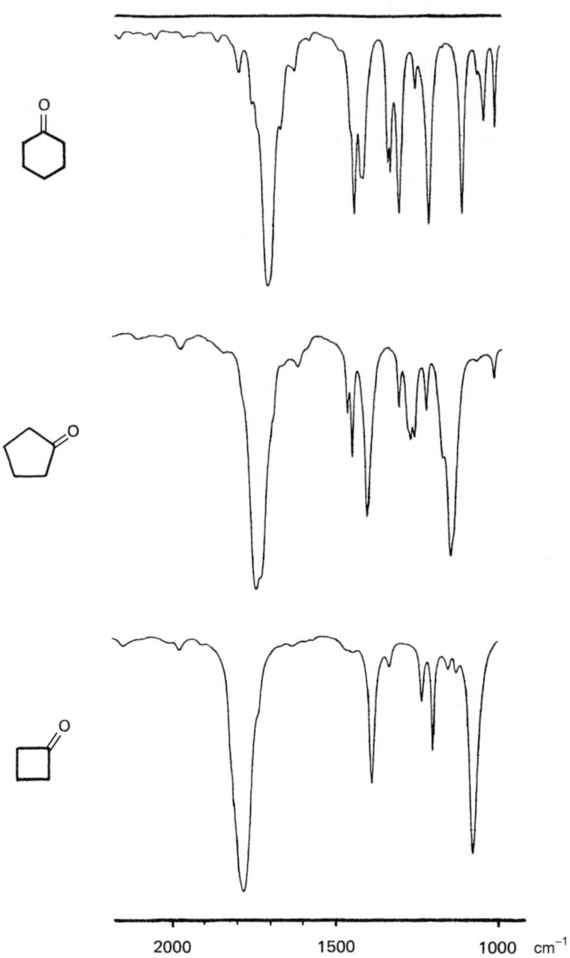

그림 12-4 3개 고리 케톤 화합물의 부분 IR 스펙트럼. C=O 신축 진동수에 대한 고리 긴장이 증가의 효과를 보여 줌.

단일결합이 동일 평면에 있지 않기 때문이다.

12-2f 전자적 효과

분자에서 원자나 기의 치환에 따른 전자 분포 때문에 발생하는 효과는 자주 진동 스펙트럼에서 감지할 수 있다. 여기에는 극성("유도"라고도 함)과 공명 효과와 같이 여러 가지가 있으며, 정량적으로 피크 세기와 위치의 변화에 대한 정량적 설명을 할 수 있다. 이러한 효과는 분자 내 전자 분포를 바꾸어 힘 상수의 변화를 야기함에 따라 작용기의 진동수가 변화하게 된다. 극성과 공명 효과는 C=O 신축 진동수가 아마이드나 산 염화물과 같은 치환에 따라서 이동함을 성공적으로 설명할 수 있다. 높은 C=O 신축 진동수는 극성 효과 때문이고, 낮은 신축 진동수는 비편제화된 구조가 가능할 때 발생한다. 예를 들면, 산 염화물에서 C=O 진동수는 1800 cm^{-1} 부근으로 알데하이드나 케톤의 1730 cm^{-1}에 비하여 높다. 반면에 아마이드에서 카보닐의 진동수는 1650 cm^{-1}으로 낮다. 이러한 예는 일찍이 그림 11-4에서 보여 주었다. 산 염화물에서는 전기음성도가 큰 염소 원자가 카보닐기에 바로 연결되어 이중결합의 전자 밀도를 증가시키고, 이는 C=O 신축 힘 상수를 크게 하며, 결과적으로 진동수의 증가를 초래하게 된다. 반면에 아마이드의 경우에는 비편제화된 전자 구조(**12-1** ↔ **12-2**) 때문에 힘 상수를 약하게 하고, 이는 결국 C=O 신축 진동수의 감소를 초래하게 된다.

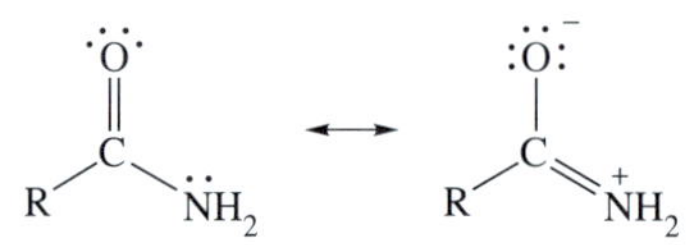

12-1 **12-2**

이중결합이 콘쥬게이션되면 이중결합의 성격을 낮추며, 또한 단일결합의 개입으로 결합 차수를 증가시킨다. 이 결과는 아이소프렌(2-methyl-1,3-butadiene)의 두 개 C=C 신축 진동수가 1637과 1604 cm^{-1}에 나타나는 것으로 알 수 있다. 콘쥬게이션이 되지 않은 1,4-pentadiene의 C=C 신축 진동수가 1644 cm^{-1}에서 나타난다. 카보닐기가 알켄 이중결합과 콘쥬게이션되면 C=O 신축 진동수가 20~30 cm^{-1} 낮아진다.

12-2g 입체이성질체

입체이성질체는 광학 이성질체(거울상이성질체)와 기타(부분입체이성질체)로 구분할 수 있다(그림 1-3 이성질체의 분류 참조). 거울상이성질체는 거울상이 서로 포개지지 않는다. 두 거울상에서 원자의 상호 배치가 같기 때문에 분자 진동 또한 동일하다. 따라서 거울상이성질체의 IR과 라만 스펙트럼은 동일하고, 또한 라세미체와도 같다.

탄소-탄소 이중결합은 회전이 되지 않아 *cis*와 *trans*-1,2-dichloroethene과 같은 입체이성질체가 생긴다. 소위 기하 이성질체라 부르며, 서로 거울상이 아니라 부분입체이성질체에 속한다. 부분입체이성질체에는 회전과 형태 이성질체도 포함한다. 각 이성질체는 완전히 다른 IR과 라만 스펙트럼을 가지며, 따라서 시스와 트랜스 이성질체를 구분하는 데 진동 분광법이 유용하게 사용된다. 12-2a절에서 논의된 것처럼 분자의 IR 복사선 흡수는 진동을 동반하는 쌍극자 모멘트가 변화할 때 생긴다. 시스 이성질체는 정상 진동의 대부

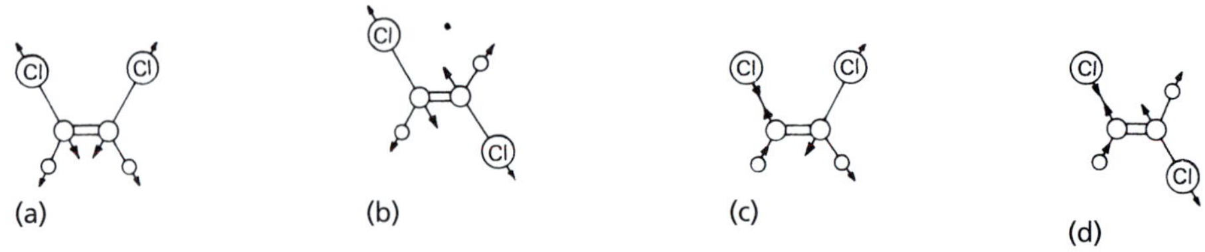

그림 12-5 *cis*와 *trans*-1,2-dichloroethene의 C—Cl 신축 모드: (a) 시스(대칭), 쌍극자 모멘트가 변한다(IR과 라만에서 710 cm^{-1}에서 관측됨; (b) 트랜스(대칭), 쌍극자 모멘트가 변하지 않음(IR에서 관측되지 않지만 라만에서는 840 cm^{-1} 관측됨; 그림 12-1 참조); (c) 시스(비대칭), 쌍극자 모멘트가 변함(IR과 라만에서 840 cm^{-1}에서 관측됨); (d) 트랜스(비대칭), 쌍극자 모멘트는 변하지만 편극성은 변하지 않음(오직 IR에서만 895 cm^{-1}에서 관측됨; 그림 12-1 참조)

분이 쌍극자 모멘트 변화를 초래한다. 하지만 트랜스 이성질체는 더 높은 대칭이 되어 어떤 진동의 쌍극자 모멘트가 0이거나 아주 적게 됨으로써 IR 스펙트럼이 관찰되지 않는다. 이러한 상황이 그림 12-5에 *cis*와 *trans*-1,2-dichloroethene의 C—Cl 신축 진동의 예로서 주어져 있다.

NMR 분광법과 비교하여 IR 분광법은 시간 척도가 충분히 빨라 회전과 형태가 서로 변하는 이성질체에 대한 확실한 밴드를 제공한다. 진동은 이성질체가 상호 변환하는 속도보다 빠르다. 예를 들면, 사이클로헥세인 유도체의 축방향과 적도방향 형태는 NMR 시간 척도보다 빠르게 상호 변화한다. 반면에 α-염소 치환된 사이클로헥사는 고리의 변환이 진동 속도보다 느리기 때문에 확실한 두 개의 카보닐 신축 진동수가 관측된다. 밴드 하나는 적도방향 형태인 **12-3**으로부터 1745 cm^{-1}에서 발견되고, 두 번째 밴드는 축방향 이성질체인 **12-4**로부터 1725 cm^{-1}에서 발견된다. 축방향과 적도방향 형태의 상대적인 비율은 위상, 온도, 용매에 따라 변한다. 그러한 변화를 진동 스펙트럼에서는 충분히 따라갈 수 있다. 사이클로헥산올에서 적도방향 C—OH 신축 진동수는 1050~1030 cm^{-1}인 반면 축방향 형태에서는 진동수가 10~30 cm^{-1} 더 낮다.

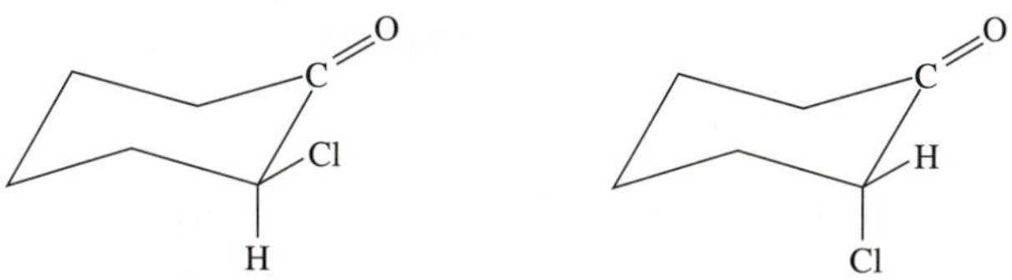

적도방향
ν_{CO} = 1745 cm^{-1}

12-3

축방향
ν_{CO} = 1725 cm^{-1}

12-4

오쏘-할로젠화물 벤조산도 할로젠과 C=O에 대하여 각각 시스와 트랜스로 표현되는 두 개의 이성질체 **12-5**와 **12-6**의 회전 이성질체로부터 두 개의 카보닐 진동수를 보인다. Vinyl ether는 C=C의 신축 모드로 1640~1620 cm^{-1}과 1620~1610 cm^{-1}에서 이중선을 보여 준다. 이 밴드들은 C—O 결합에 대한 회전 이성질체에 해당한다.

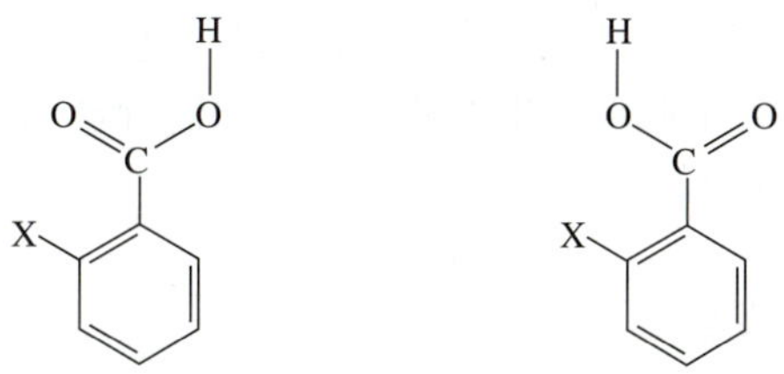

시스

12-5

트랜스

12-6

12-2h 토토머화

토토머화는 구조 이성질체의 특별한 경우로 이성질체 사이에 보통 수소 이동과 같은 조건에서 쉽게 상호 변환한다. IR 분광법은 가능한 토토머 구조를 구별할 수 있는 유용한 수단을 제공한다. 간단한 예로서 β-다이케톤이 있다. 케토 형인 **12-7**은 분리된 신축 진동을 갖는 두 개의 C=O 기를 가지며, 1730 cm^{-1} 근처에서 보통 케톤 카보닐의 이중선을 보인다. 엔올 형인 **12-8**은 반면에 오직 하나의 카보닐기를 갖고 수소 결합과 콘쥬게이션의 결과로 80에서 100 cm^{-1} 정도 낮아진다. 이 구조는 또한 1650과 1600 cm^{-1} 사이에서 알켄성 이중결합에 대한 밴드를 보여 준다. C=O과 C=C 진동은 가깝게 겹쳐진 두 개의 밴드로 나타날 수도 있다. 이러한 토토머화의 예가 그림 12-6에 있다. Ethyl propionylacetate와 같은 특별한 화합물은 케토와 엔올 형을 확실하게 보여 준다.

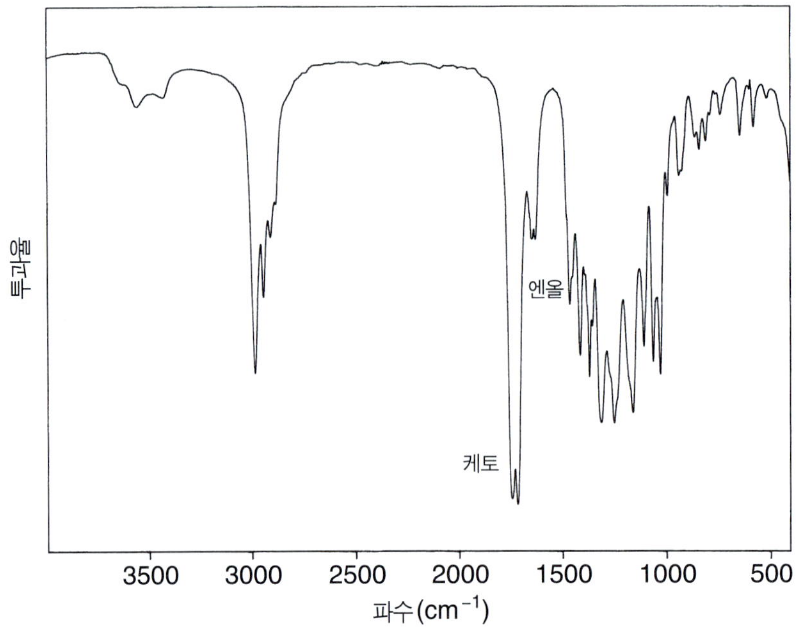

그림 12-6 Ethyl propionylacetate의 IR 스펙트럼

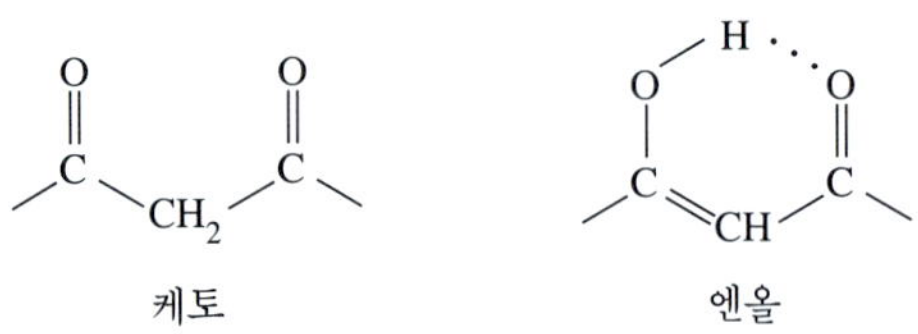

12-7   12-8

12-3 IR 작용기 진동수

작용기의 진동수는 작용기가 어떤 화합물에서 발견되는가에 상관없이 매우 좁은 영역에서 나타난다. 전 절에서 논의한 기계적 짝지음, 대칭이나 다른 효과 때문에 작용기의 진동수를 오해할 수도 있다. 표 12-1에는 알파벳 순서로 작용기 진동수의 범위와 세기가 주어져 있다. 이 표는 포괄적이지 않으며 작용기 진동수를 구조 결정에 사용하기 위해서는 이 장의 끝에 있는 참고 문헌을 참조해야 한다.

12-4 라만의 작용기 진동수

분자의 대칭에 따라서 진동 진동수는 IR 흡수나 라만 분산 또는 둘 모두의 진동 진동수가 생길 수 있다. 두 개 모두 생길 경우에는 라만과 IR에서 같은 파수가 관측되지만 세기는 매우 다를 수 있다. 대개의 경우 라만 스펙트럼에서 얻은 정보는 IR에서 얻은 정보와 중복된다. 하지만 원적외선 스펙트럼을 얻을 수 없는 낮은 진동수 영역에서의 어떤 경우에는 특별히 라만 스펙트럼이 추가 정보를 제공한다.

IR 흡수는 쌍극자 모멘트의 변화에 따르기 때문에 극성 결합이나 극성 작용기는 강한 IR 밴드를 기대할 수 있다. 반면에 라만 분산에는 편극율의 변화가 필요하여 대칭 전하 분포를 갖는 결합이나 작용기는 강한 라만 선을 줄 것으로 기대할 수 있다. 가장 중요한 라만 작용기 진동수는 C═C, N═N, C≡C, S—S에서 발견된다. 표 12-2에는 작용기의 라만 진동수가 주어져 있다.

표 12-1 작용기와 화합물의 종류별 특징적 IR 진동수

작용기 또는 종류	진동수 범위(cm^{-1})와 세기[a]	할당과 설명
산 할로젠화물 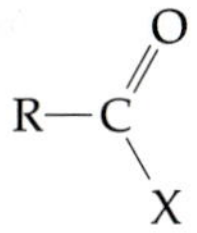		
지방족	1810~1790 (s)	C=O 신축, 플루오린화물은 50 cm^{-1} 더 높음
	965~920 (m)	C=C 신축
	440~420 (s)	Cl—C=O 동일면 변형
방향족	1785~1765 (s)	C=O 신축; 또한 페르미 공명 때문에 더 약한 밴드 (1750~1735 cm^{-1})
	890~850 (s)	C—Cl 신축(Ar—C) 또는 C—Cl 신축
알코올		
일차 —CH_2OH	3640~3630 (s)	OH 신축, 묽은 CCl_4 용액
	1060~1030 (s)	C—OH 신축; 불포화에 의해 낮아짐
이차 —CHROH	3630~3620 (s)	OH 신축, 묽은 CCl_4 용액
	1120~1080 (s)	C—OH 신축; R이 고리나 가지일 때 낮아짐
삼차 —CR_2OH	3620~3610 (s)	OH 신축, 묽은 CCl_4 용액
	1160~1120 (s)	C—OH 신축; R이 가지일 때 낮아짐
일반 —OH	3350~3250 (s)	OH 신축; 순수 고체나 액체에서 넓어짐
	1440~1260 (m-s, br)	C—OH 동일면 굽힘
	695~635 (s)	C—OH 동일면이 아닌 변형
알데하이드 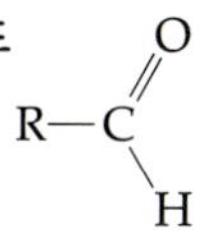	2830~2810 (m) } 2740~2720 (m) }	페르미 이중선; CH의 배진동 굽힘을 갖는 CH 신축
	1725~1695 (vs)	C=O 신축; CCl_4 지방족 알데하이드에서
	1440~1320 (s)	H—C=O 굽힘, 용액 조금 높아짐
	695~635 (s)	C—C—CHO 굽힘
	565~520 (s)	C—C=O 굽힘
알켄		
1치환 —CH=CH_2	—	바이닐 참조
2치환 —CH=CH— 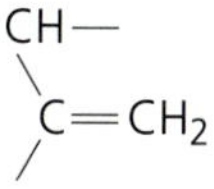	—	바이닐렌과 바이닐리덴 참조
3치환 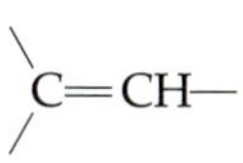	3050~3000 (w)	CH 신축
	1690~1655 (w-m)	C=C 신축
4치환 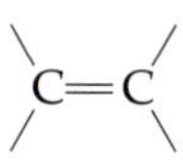	850~790 (m)	CH 동일면이 아닌 굽힘
	1690~1670 (w)	C=C 신축, 대칭 화합물의 경우에는 없을 수 있음
알킬	2980~2850 (m)	CH 신축, 여러 밴드
	1470~1450 (m)	CH_2 변형
	1400~1360 (m)	CH_3 변형
	740~720 (w)	CH_2 좌우흔듦
알카인 RC≡C—H	3300~3250 (m-s)	말단 ≡C—H 신축
	2250~2100 (w-m)	C≡C, 파수는 콘쥬게이션으로 높아짐
	680~580 (s)	C≡CH 굽힘
아마이드		
일차 —$CONH_2$	3540~3520 (m)	NH_2 신축(묽은 용액); 고체는 3360~3340
	3400~3380 (m) }	과 3200~3180으로 이동
	1680~1660 (vs) }	C=O 신축(아마이드 I 밴드)
	1650~1610 (m)	NH_2 변형; 가끔 어깨 밴드로 나타남(아마이드 II 밴드)
	1420~1400 (m-s)	C—N 신축(아마이드 III 밴드)

[a]주: s = 강함; m = 중간; w = 약함; v = 매우; br = 넓음

(계속)

표 12-1 작용기와 화합물의 종류별 특징적 IR 진동수(계속)

작용기 또는 종류	진동수 범위(cm^{-1})와 세기[a]	할당과 설명
이차 —CONHR	3440~3420 (m)	NH 신축(묽은 용액); 순수 액체나 고체에서 3300~3280으로 이동
	1680~1640 (vs)	C=O 신축(아마이드 I 밴드)
	1560~1530 (vs)	NH 굽힘(아마이드 II 밴드)
	1310~1290 (m)	C—N 신축
삼차 —$CONR_2$	1670~1640 (vs)	C=O 신축
일반 —$CONR_2$	630~570 (s)	N—C=O 굽힘
	615~535 (s)	C=O 동일면 아닌 굽힘
	520~430 (m-s)	C—C=O 굽힘
아민		
일차 —NH_2	3460~3280 (m)	NH 신축; 넓은 밴드, 어떤 구조를 보일 수 있음
	2830~2810 (m)	CH 신축
	1650~1590 (s)	NH_2 변형
이차 —NHR	3350~3300 (vw)	NH 신축
	1190~1130 (m)	C—N 신축
	740~700 (m)	NH 변형
	450~400 (w, br)	C—N—C 굽힘
삼차 —NR_2	510~480 (s)	C—N—C 굽힘
아민 할로젠화수소화물 $RNH_3^+X^-$	2800~2300 (m-s)	—NH_3^+ 신축, 여러 피크
$R'\overset{+}{N}H_2R\,X^-$	1600~1500 (m)	NH 변형(1개 또는 2개의 밴드)
아미노산 —C(NH_2)—COOH	3200~3000 (s)	수소 결합한 NH_2와 OH 신축; 고체상에서 넓은 ν 밴드
(또는 —$C\overset{+}{N}H_3COO^-$)	1600~1590 (s)	COO^- 반대칭 신축
	1550~1480 (m-s)	—NH_3^+ 변형
	1425~1390 (w-m)	COO^- 대칭 신축
	560~500 (s)	COO^- 좌우흔듦
암모늄 NH_4^+	3350~3050 (vs)	NH 신축; 넓은 밴드
	1430~1390 (s)	NH_2 변형; 날카로운 밴드
산무수물 —CO—O—CO—	1850~1780 (다양)	반대칭 C=O 신축
	1770~1710 (m-s)	대칭 C=O 신축
	1220~1180 (vs)	C—O—C 신축(고리 무수물에서 더 높음)
방향족 화합물	3100~3000 (m)	CH 신축, 여러 피크
	2000~1660 (w)	배진동과 조합 밴드
	1630~1430 (다양)	방향족 고리 신축(4개 밴드)
	900~650 (s)	동일면이 아닌 CH 변형(치환에 따라 1개 또는 2개 밴드)
	580~420 (m-s)	고리 변형(2개 밴드)
아자이드 —N=$\overset{+}{N}$=N^-	2160~2080 (s)	N=N=N 신축
브로모 —C—Br	650~500 (m)	C—Br 신축
t-뷰틸 $(CH_3)_3C$—	2980~2850 (m)	CH 신축; 여러 밴드
	1400~1370 (m), 1380~1360 (s)	CH_3 변형
카보다이이미드 —N=C=N—	2150~2100 (vs)	N=C=N 반대칭 신축
카보닐 >C=O	1870~1650 (vs, br)	C=O 신축

[a]주: s = 강함; m = 중간; w = 약함; v = 매우; br = 넓음

작용기 또는 종류	진동수 범위 (cm^{-1})와 세기[a]	할당과 설명
카복실산 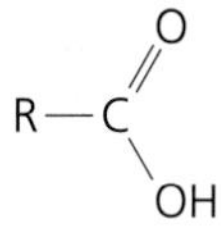	3550~3500 (s)	OH 신축 (단량체, 묽은 용액)
	3300~2400 (s, v br)	수소 결합한 OH 신축 (고체나 액체상)
	1800~1740 (s)	C=O 신축 (단량체, 묽은 용액)
	1710~1680 (vs)	C=O 신축 (이합체, 고체나 액체)
	960~910 (s)	C—OH 변형
	700~590 (s)	O—C=O 굽힘
	550~465 (s)	C—C=O 굽힘
클로로 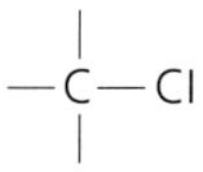	850~550 (m)	C—Cl 신축
사이클로알케인	580~430 (s)	고리 변형
다이아조늄염 $-\overset{+}{N}\equiv N$	2300~2240 (s)	N≡N 신축
에스터 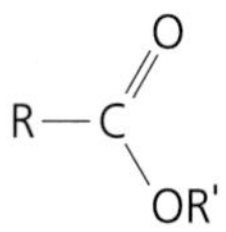	1765~1720 (vs)	C=O 신축
	1290~1180 (vs)	C—O—C 반대칭
	645~575 (s)	O—C—O 굽힘
에터 —C—O—C—	1280~1220 (s)	C—O—C 알킬 아릴 에터의 C—O—C 신축
	1140~1110 (vs)	다이알킬 에터의 C—O—C 신축
	1275~1200 (vs)	에터의 C—O—C 신축
	1250~1170 (s)	고리 에터의 C—O—C 신축
	1050~1000 (s)	알킬 아릴 에터의 R—C—O 신축
플루오린알킬 $-CF_3$, $-CF_2-$, 등	1400~1000 (vs)	C—F 신축
아이소사이안산염 —N=C=O	2280~2260 (vs)	N=C=O 신축
아이소싸이오사이안산 —N=C=S	2140~2040 (vs, br)	C=N=S 반대칭 신축
케톤 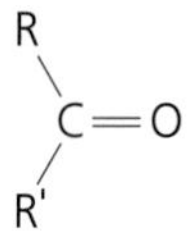	1725~1705 (vs)	포화 지방족 케톤의 C=O 신축
	1700~1650 (vs)	방향족 케톤의 C=O 신축
	1705~1665 (s) 1650~1580 (m)	α,β-불포화 케톤의 C=O와 C=C 신축
락톤 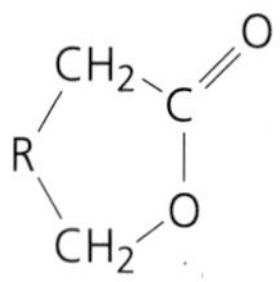	1850~1830 (s)	β-락톤의 C=O 신축
	1780~1770 (s)	γ-락톤의 C=O 신축
	1750~1730 (s)	δ-락톤의 C=O 신축
메틸 $-CH_3$	2970~2850 (s)	$C-CH_3$ 화합물의 CH 신축
	2835~2815 (s)	메틸 에터 $(O-CH_3)$의 CH 신축
	2820~2780 (s)	$N-CH_3$ 화합물의 CH 신축
	1470~1440 (m)	CH_3 반대칭 변형
	1390~1370 (m-s)	CH_3 대칭 변형
메틸렌 $-CH_2-$	2940~2920 (m) 2860~2850 (m)	알케인의 CH 신축
	3090~3070 (m) 3020~2980 (m)	알켄의 CH 신축
	1470~1450 (m)	CH_2 변형
나프탈렌	645~615 (m-s) 545~520 (s)	동일면 고리 굽힘
	490~465 (다양)	동일면이 아닌 고리 굽힘
나이트릴 $-NO_2$	2260~2240 (w)	지방족 나이트릴의 C≡N 신축
	2240~2220 (m)	방향족 나이트릴의 C≡N 신축

[a]주: s = 강함; m = 중간; w = 약함; v = 매우; br = 넓음

(계속)

표 12-1 작용기와 화합물의 종류별 특징적 IR 진동수(계속)

작용기 또는 종류	진동수 범위 (cm^{-1})와 세기[a]	할당과 설명
	580~530 (m-s)	C—C—CN 굽힘
나이트로 —NO_2	1570~1550 (vs)	지방족 나이트로 화합물의
	1380~1360 (vs)	NO_2 신축
	1480~1460 (vs)	방향족 나이트로 화합물의
	1360~1320 (vs)	NO_2 신축
	920~830 (m)	C—N 신축
	650~600 (s)	지방족 나이트로 화합물의 NO_2 굽힘
	580~520 (m)	방향족 나이트로 화합물의 NO_2 굽힘
	530~470 (m-s)	나이트로 좌우흔듦
옥심 =NOH	3600~3590 (vs)	OH 신축 (묽은 용액)
	3260~3240 (vs)	OH 신축 (고체)
	1680~1620 (w)	C=N 신축; 라만에서 강함
페놀 Ar—OH	720~600 (s, br)	O—H 동일면이 아닌 변형
	450~375 (w)	C—OH 변형
페닐 C_6H_5—	3100~3000 (w-m)	CH 신축
	2000~1700 (w)	4개의 약한 밴드; 배진동과 조합
	1625~1430 (m-s)	방향족 C=C 신축 (4개 밴드)
	1250~1025 (m-s)	CH 동일면 굽힘 (5개 밴드)
	770~730 (vs)	CH 동일면이 아닌 굽힘
	710~690 (vs)	고리 변형
	560~420 (m-s)	고리 변형
인산 음이온 $(RO)_3P$=O		
R=알킬	1285~1255 (vs)	P=O 신축
	1050~990 (vs)	P—O—C 신축
R=알킬	1315~1290 (vs)	P=O 신축
	1240~1190 (vs)	P—O—C 신축
포스핀 —PH_2, —PH	2410~2280 (m)	P—H 신축
	1100~1040 (w-m)	P—H 변형
	700~650 (m-s)	P—C 신축
피리딜 —C_5H_4N	3080~3020 (m)	CH 신축
	1620~1580 (vs)	C—C와 C—N 신축
	1590~1560 (vs)	
	840~720 (s)	CH 동일면 아닌 변형 (1개 또는 2개 밴드, 치환에 따름)
	635~605 (m-s)	동일면 고리 굽힘
실레인 —SiH_3	2160~2110 (m)	Si—H 신축
—SiH_2—	950~800 (s)	Si—H 변형
실레인 (전체 치환된)	1280~1250 (m-s)	Si—C 신축
	1110~1050 (vs)	Si—O—C 신축 (지방족)
	840~800 (m)	Si—O—C 변형
황산 음이온 R—O—SO_2—O—R	1140~1350 (s)	S—O 신축 (공유 결합 황산 음이온)
	1230~1150 (s)	
황산염	1260~1210 (vs)	알킬 황산염의 S=O 신축
R—O—$SO_3^-M^+$		
($M=Na^+$, K^+, 등)	810~770 (s)	C—O—S 신축
설파이드 C—S—	710~570 (m)	C—S 신축
설폰 —SO_2—	1360~1290 (vs)	SO_2 반대칭 신축
	1170~1120 (vs)	SO_2 대칭 신축
	610~545 (m-s)	SO_2 가위질 모드

[a]주: s = 강함; m = 중간; w = 약함; v = 매우; br = 넓음

작용기 또는 종류	진동수 범위 (cm^{-1})와 세기[a]	할당과 설명
설폰산 $—SO_2OH—$	1250~1150 (vs, br)	S=O 신축
설폭사이드 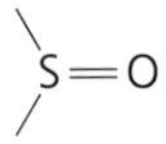	1060~1030 (s, br)	S=O 신축
싸이오사이아안산 $—S—C≡N$	2175~2160 (m)	C≡N 신축
	650~600 (w)	S—CN 신축
	405~400 (s)	S—C≡N 굽힘
싸이올 —S—H	2590~2560 (w)	S—H 신축
	700~550 (w)	C—S 신축
트라이아진 $C_3N_2Y_3$	1600~1500 (vs)	고리 신축
1,3,4,5-trisubst	1380~1350 (vs)	고리 신축
	820~800(s)	CH 동일면이 아닌 변형
바이닐 $—CH=CH_2$	3095~3080 (m)	$=CH_2$ 신축
	3030~2980 (w-m)	=CH 신축
	1850~1800 (w-m)	동일면이 아닌 앞뒤흔듦의 CH_2 배진동
	1645~1615 (m-s)	C=C 신축
	1000~950 (s)	CH 동일면이 아닌 변형
	950~900 (vs)	CH_2 동일면이 아닌 앞뒤흔듦
바이닐렌 —CH=CH—	3040~3010 (m)	$=CH_2$ 신축
	1665~1635 (w-m)	C=C 신축 (시스 이성질체)
	1675~1665 (w-m)	C=C 신축 (트랜스 이성질체)
	980~955 (s)	CH 동일면이 아닌 변형 (시스 이성질체)
	730~665 (s)	CH 동일면이 아닌 변형 (트랜스 이성질체)
바이닐리덴 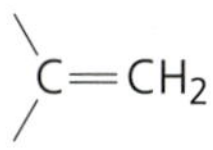	3095~3075 (m)	$=CH_2$ 신축
	1665~1620 (w-m)	C=C 신축
	895~885 (s)	CH_2 동일면이 아닌 앞뒤흔듦

[a]주: s = 강함; m = 중간; w = 약함; v = 매우; br = 넓음

표 12-2 작용기별 특징적 라만 진동수

작용기 또는 종류	진동수 범위 (cm^{-1})와 세기[a]	할당과 설명
아세틸렌 ≡CH	3340~3270 (s)	CH 신축
(알카인) R—C≡C—R	2300~2190 (s)	2 치환된 아세틸렌의 C≡C 신축
		가끔은 2개 밴드 (페르미 이중선)
R—C≡CH	2140~2100 (s)	1 치환 아세틸렌의 C≡C 신축
	650~600 (m)	C—C≡CH 변형
산 염화물 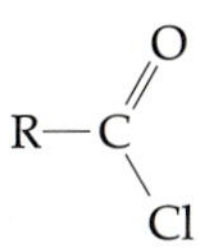	1800~1790 (s)	C=O 신축
알코올 R—OH	3400~3300 (vw)	OH 신축; 넓은 밴드
	1450~1350 (m)	동일면 OH 굽힘
	1150~1050 (m-s)	C—O 반대칭 신축
	970~800 (s)	C—C—O 대칭 신축
알데하이드 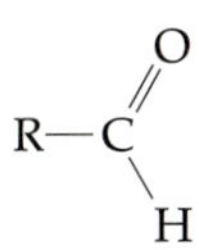	1730~1700 (m)	C=O 신축

[a]주: s = 강함; m = 중간; w = 약함; v = 매우; br = 넓음

(계속)

표 12-2 작용기별 특징적 라만 진동수 (계속)

작용기 또는 종류	진동수 범위 (cm^{-1})와 세기[a]	할당과 설명
***n*-알케인**	2980~2800 (vs)	CH 신축
	1475~1450 (s)	CH_3 반대칭 변형
	1350~1300 (m-s)	CH_2 굽힘
	340~230 (s)	—C—C—C— 굽힘
알켄	3090~3010 (m)	CH 신축
	1675~1600 (m-s)	C=C 신축, IR보다 강함
	1450~1200 (vs)	CH 동일면 변형
시스 알켄 R′CH=CHR	590~570 (m)	
	420~400 (m)	골격 변형
	310~290 (m)	
트랜스 알켄 R′CH=CHR	500~480 (m)	골격 변형
	220~200 (m)	
말단 알켄 $RCH=CH_2$	500~480 (m)	
$RR'C=CH_2$	440~390 (m)	골격 변형
	270~250 (m)	
알렌 C=C=C	2000~1960 (s)	—C=C=C— 반대칭 신축
	1080~1060 (vs)	—C=C=C— 대칭 신축
아마이드		
일차 $-CONH_2$	3450~3520 (w)	NH_2 반대칭 신축 (묽은 용액)
	3400~3380 (w)	NH_2 대칭 신축 (묽은 용액)
	1680~1660 (m)	C=O 신축 (아마이드 I 밴드)
	1420~1400 (s)	C—N 신축 (아마이드 III 밴드)
이차 —CONHR	3440~3420 (s)	NH 신축 (묽은 용액)
	1680~1640 (w)	아마이드 I 밴드
	1310~1280 (s)	아마이드 III 밴드
삼차 $-CONR_2$	1670~1640 (m)	아마이드 I 밴드
아민, 지방족		
일차 $-RNH_2$	3550~3330 (m)	NH_2 반대칭 신축
	3450~3240 (m)	NH_2 대칭 신축
	1090~1070 (m)	C—N 신축
이차 R′NHR	3350~3300 (w)	NH 신축
	1190~1130 (m)	C—N 신축
아민, 방향족	1380~1250 (s)	C—N 신축
아미노산 $-CNH_2COOH$	1600~1590 (w)	OCO 반대칭 신축
또는 $(\overset{+}{C}NH_3COO^-)$	1400~1350 (vs)	OCO 대칭 신축
	900~850 (vs)	C—C—N 대칭 신축
산무수물 —CO O —CO	1850~1780 (w-m)	C=O 반대칭 신축
	1770~1710 (m)	C=O 대칭 신축
방향족 화합물	3070~3020 (s)	CH 신축
	1620~1580 (m-s)	C=C 신축; IR에서는 약할 수 있음
	1045~1015 (m)	CH 동일면 굽힘
	1010~990 (vs)	고리 호흡 (1,2-와 1,4-치환된 화합물에서는 없음)
	900~650 (m)	CH 동일면 아닌 변형 (1개 또는 2개 밴드)
아자이드 $-N=\overset{+}{N}=N^-$	2170~2080 (s)	NNN 반대칭 신축
	1345~1175 (s)	NNN 대칭 신축
아조 —N=N—	1580~1570 (vs)	콘쥬게이션이 안 된 화합물
	1420~1410 (vs)	콘쥬게이션이 된 방향족 고리
	1060~1030 (vs)	방향족 아조 화합물의 —C—N— 신축

[a]주: s = 강함; m = 중간; w = 약함; v = 매우; br = 넓음

작용기 또는 종류	진동수 범위 (cm^{-1})와 세기[a]	할당과 설명
벤젠		
1 치환	630~610 (s)	CH 동일면이 아닌 변형
1,2-이치환과 1,2,4-삼치환	750~700 (s)	CH 동일면이 아닌 변형
1,3-이치환	750~700 (s)	CH 동일면이 아닌 변형
	480~450 (m)	동일면이 아닌 고리 변형
1,2,3-삼치환	655~645 (s)	CH 동일면이 아닌 변형
1,3,5-삼치환	570~550 (s)	CH 동일면이 아닌 변형
브로모 C—Br	650~490 (vs)	C—Br 신축
	310~270 (s)	C—C—Br 굽힘
***t*-뷰틸**	1250~1200 (m-s)	CH_3 변형 (2개 밴드)
	940~920 (s)	CH_3 좌우흔듦
카보닐 C=O	1870~1650 (w-s)	C=O 신축; IR보다 약함
카복실산	1680~1640 (s)	이합체의 C=O 대칭 신축
클로로 C—Cl	850~650 (s)	C—Cl 신축
	340~290 (s)	C—C—Cl 굽힘
사이안아마이드	1150~1140 (vs)	—N=C=N— 대칭 신축
사이클로뷰테인	1000~960 (vs)	고리 호흡
	700~680 (s)	고리 변형
	180~150 (s)	주름잡힌 고리
사이클로헥세인	1460~1440 (s)	CH_2 가위질
	825~815 (s)	고리 진동 (배)
	810~795 (s)	고리 진동 (의자)
사이클로펜테인	1450~1430 (s)	CH_2 가위질
	900~880 (s)	고리 호흡
사이클로프로페인	1210~1180 (s)	고리 호흡
	830~810 (s)	고리 변형
다이설파이드 C—S—S—C	550~430 (vs)	S—S 신축
에폭사이드	1280~1260 (s)	대칭 고리 신축
에스터 R′COOR	1100~1025 (s)	C—O—C 대칭 신축
에스터		
지방족 포화	1140~1110 (m)	C—O—C 신축
지방족 불포화	1275~1200 (m)	C—O—C 반대칭 신축
—C=C—O—C	1075~1020 (s)	C—O—C 대칭 신축
방향족	1310~1210 (m) 1050~1010 (m)	C—O—C 신축
아이소사이안산염 —N=C=O	1440~1400	N=C=O 대칭 신축
아이소프로필 $(CH_3)_2CH$—	1180~1160 (m)	CH_3 좌우흔듦
	835~795 (ms)	C—C 신축
케텐 C=C=O	2060~2040 (vs)	C=C=O 신축
케톤 R(R′)C=O	1725~1705 (m)	포화 화합물에서 C=O 신축
	1700~1650 (m)	방향족 화합물에서 C=O 신축
	1750~1705 (m)	고리 아닌 케톤에서 C=O 신축
락톤 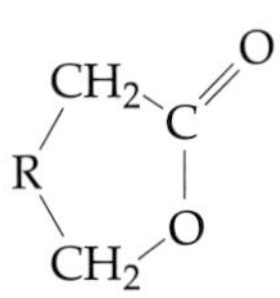	1850~1730 (s)	C=O 신축
머캅탄 C—SH	850~820 (vs)	S—H 동일면 변형
	700~600 (vs)	C—S 신축; IR에서 약함
메틸 —CH_3	2980~2800 (vs)	CH 신축

[a]주: s = 강함; m = 중간; w = 약함; v = 매우; br = 넓음

(계속)

표 12-2 작용기별 특징적 라만 진동수 (계속)

작용기 또는 종류	진동수 범위 (cm^{-1})와 세기[a]	할당과 설명
	1470~1460 (s)	CH_3 변형
메틸렌 $=CH_2$ 또는 $-CH_2-$	3090~3070 (s)	$=CH_2$ 반대칭 신축
	3020~2980 (s)	$=CH_2$ 대칭 신축
	2940~2920 (s)	$-CH_2-$ 반대칭 신축
	2860~2850 (s)	$-CH_2-$ 대칭 신축
	1350~1150 (m-s)	$-CH_2$ 좌우흔듦과 비틀림; IR에서는 약함
나이트릴 $-C-C\equiv N$	2260~2240 (s)	콘쥬게이션이 안 된 $C\equiv N$ 신축
	2230~2220 (s)	콘쥬게이션이 된 $C\equiv N$ 신축
	1080~1025 (s-vs)	$C-C-C$ 신축
	840~800 (s-vs)	$C-C-CN$ 대칭 신축
	380~280 (s-vs)	$C-C\equiv N$ 굽힘
나이트라이트 $-ONO$	1660~1620 (s)	알킬 나이트라이트의 $N=O$ 신축
나이트로 $-NO_2$	1570~1550 (w)	NO_2 반대칭 신축
	1380~1360 (s)	NO_2 대칭 신축
	920~830 (s)	$C-N$ 신축
	650~520 (m)	NO_2 밴드
유기규소 화합물	1300~1200 (s)	$Si-C$ 신축
옥심	1680~1620 (vs)	$C=N$ 신축; IR에서 없을 수 있음
과산화물 $-C-O-O-C-$	900~850 (variable)	$O-O$ 신축; IR에서 약함
포스핀	2350~2240 (m)	$P-H$ 신축
피리딘	1620~1560 (m)	고리 신축
	1020~980 (vs)	고리 호흡
피롤	3450~3350 (s)	NH 신축
	1420~1360 (vs)	고리 신축
설파이드 $C-S$	705~570 (s)	$C-S$ 신축
설폰아마이드 $-SO_2NH_2$	1155~1135 (vs)	SO_2 신축
설폰 $-SO_2-$	1360~1290 (m)	SO_2 반대칭 신축
	1170~1120 (s)	SO_2 대칭 신축
	610~545 (s)	SO_2 가위질
설폭사이드 $\diagdown SO \diagup$	1050~1010 (s)	$S=O$ 신축
설포닐 클로라이드 $R-OSOCl$	1230~1200 (m)	$S=O$ 신축
싸이오사이안산 $-S-C\equiv N$	650~600 (s)	$S-CN$ 신축
싸이올 RSH	2590~2560 (vs)	$S-H$ 신축
	700~550 (vs)	$C-S$ 신축
	340~320 (vs)	$C-S-H$ 동일면 아닌 굽힘
싸이오펜	740~680 (vs)	$C-S-C$ 신축
	570~430 (s)	고리 변형
Xanthates $-O-C(=S)-S-$	670~620 (vs)	$C=S$ 신축; IR에서는 보이지 않음
	480~450 (vs)	$C-S$ 신축

[a]주: s = 강함; m = 중간; w = 약함; v = 매우; br = 넓음

12-5 예비 분석

12-5a 서론

표 12-3에는 중요한 작용기들의 공통 흡수 영역에 대한 목록이 주어져 있다. 스펙트럼의 예비 분석은 이들 13 영역의 밴드의 유무를 결정해야 한다.

어떤 형태의 화합물들은 IR 스펙트럼에서 매우 눈에 띄는 강한 흡수를 준다. 알코올, 페놀과 카복실산의 수소 결합한 OH 신축 밴드는 스펙트럼의 고진동의 끝에서 쉽게 인지된다. 아미노산에 있는 NH_3^+ 기의 신축은 매우 넓고 대칭이 아니며 몇 백 파수까지 확장되어 나타난다. 일차 아민이나 이차 아민의 NH_2와 NH 기의 굽힘과 연관된 넓은 밴드는 스펙트럼의 저진동수의 끝 부근에서 발견된다. 아마이드 역시 이 영역에서 넓은 밴드를 준다. 그림 12-7에 이러한 특징적인 예가 주어져 있다.

다음의 세 개 절에서는 탄화수소나 탄화수소 분자의 일부, 즉 탄소와 수소를 포함하는 화합물과 산소를 포함하는 화합물 및 질소를 포함하는 화합물에 대한 IR 스펙트럼의 예비 분석을 제시하였다. 스펙트럼에 대한 예비 연구를 하면 연구자는 이제 조사하려는 작용기에 대한 감을 갖게 된다. 그런 다음에 스펙트럼을 자세히 조사한다. 다음 절에서는 조사하여 얻어진 자세한 구조적인 정보를 논의할 것이다.

12-5b 탄화수소 또는 탄화수소기

탄화수소나 또는 분자에서 일부 탄화수소의 본질은 3100에서 2800 cm^{-1} 영역을 보아 우선 알아낼 수 있다. 3000과 3100 cm^{-1} 사이에 흡수가 없다면 이 화합물은 방향족 기

표 12-3 예비 분석을 위한 IR 스펙트럼 영역

영역	작용기	가능한 중요한 화합물
3700~3100	—OH	알코올, 알데하이드, 카복실산
	—NH	아마이드, 아민
	≡C—H	알카인
3100~3000	=CH 또는 —CH_2—	방향족 화합물, 알켄, 작은 고리
3000~2800	—CH, —CH_2—, —CH_3	지방족 화합물
2800~2600	—CHO	알데하이드(페르미 이중선)
2700~2400	—SH	머캅탄과 싸이올
	—PH	포스핀
2400~2000	C≡N	나이트릴
	$—N=\overset{+}{N}=\overset{-}{N}$	아자이드
	—C≡C—	알카인[a]
1870~1650	C=O	산 할로젠화물, 알데하이드, 아마이드, 아미노산, 산무수물, 카복실산, 에스터, 케톤, 락탐, 락톤, 퀴논
1650~1550	C=C, C=N, NH	불포화 지방족,[a]방향족, 불포화 헤테로원자 고리 화합물, 아마이드, 아민, 아미노산
1550~1300	NO_2	나이트로 화합물
	CH_3와 CH_2	알케인, 알켄, 아렌 등
1300~1000	C—O—C와 C—OH	에터, 알코올 당
1100~800	S=O, P=O, C—F	황, 인, 플루오린 화합물
1000~650	=C—H	유기규소와 인 화합물
	—NH	지방족 아민
800~400	C—할로젠	할로젠 화합물
	방향족 고리	방향족 화합물

[a] 밴드가 대칭 때문에 없을 수 있음(12-29절 참조).

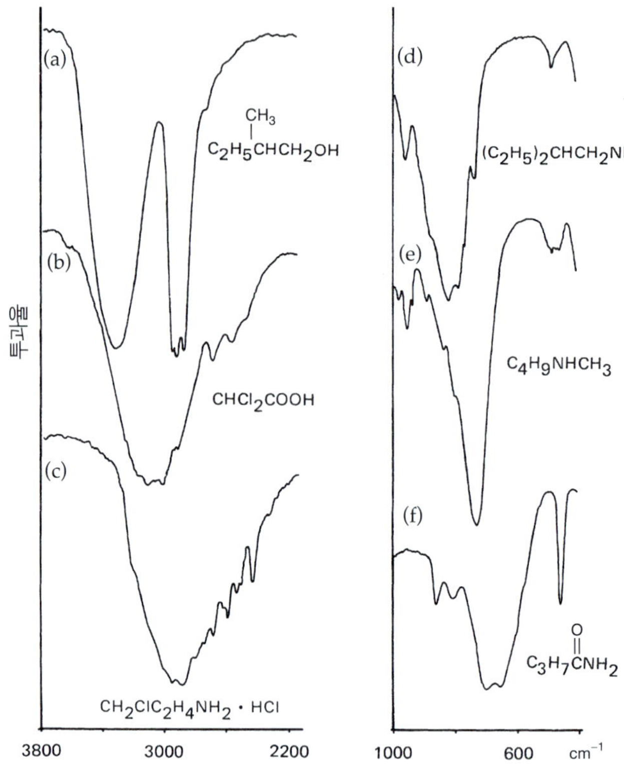

그림 12-7 넓은 특징을 갖는 IR 밴드

나 또는 불포화 지방족 ═CH 기를 갖지 않는다. 3000 cm^{-1} 이상에서 흡수하는 사이클로프로페인은 예외이다. 만약 흡수가 모두 3000 cm^{-1} 이상에서만 있다면 이 화합물은 방향족이거나 ═CH 또는 ═CH_2 기만을 포함한다. 3000 cm^{-1} 이상과 이하에 모두 흡수가 있으면 포화 탄화수소와 불포화 탄화수소 및 고리 탄화수소 부분의 모든 존재를 의미한다(예, 그림 12-8 참조).

이러한 결론을 확인하는 방법으로 1000과 650 cm^{-1} 사이 영역을 조사해야 한다. 이 영역에서 강한 밴드는 알켄이나 방향족 구조를 제시한다. 725 cm^{-1} 부근에서 좁고 강한 밴드는 4개 이상 CH_2 기를 포함하는 선형 사슬 구조를 의미한다. CH_2 기의 존재는 역시 1440 cm^{-1} 부근에서의 IR과 라만 스펙트럼의 강한 밴드로 알 수 있다.

12-5c 산소를 포함하는 화합물

원소 분석이나 질량 분석기로부터 분자에 산소 원자의 존재를 알았다면 산소를 포함하는 작용기로부터 3개 영역의 밴드를 살펴보아야 한다. 3500과 3200 cm^{-1} 사이에서 강하고 넓은 밴드가 있다면 대개는 알코올이나 페놀의 수소 결합된 OH 신축 모드에 기인한다(12-12d절 참조). 물도 이 영역에서 흡수함을 명심해야 한다. 수소 결합이 없으면 OH 신축 밴드는 날카롭고 높은 진동수(3650~3600 cm^{-1})를 보인다. 카복실산은 3200과 2700 cm^{-1} 사이에서 매우 넓은 밴드를 보인다(12-12d절 참조). CH 신축 진동의 영향으로 3000 cm^{-1} 부근에서 많은 날카로운 피크가 보일 수 있다.

다음으로는 카보닐 C═O 신축으로부터 1850과 1650 cm^{-1} 사이의 강한 흡수 밴드를 보아야 한다(12-7절 참조). 세 번째 영역은 1300과 1000 cm^{-1} 사이로 알코올과 카복실산의 C—OH 신축 밴드 또는 에터나 에스터의 C—O—C 신축 밴드가 관측된다(12-12b와 12-12e절). 그림 12-9에 C—O 신축 밴드의 몇 가지 예시가 주어져 있다. OH, C═O 및 C—O 신축 때문에 생기는 밴드가 있거나 없으면 산소를 포함하는 화합물의 형태에 대한 좋은 알림이 된다. 알데하이드와 케톤의 IR 스펙트럼은 오직 C═O 밴드만을 보여 주고, 에터의 스펙트럼은 C—O—C 밴드만 갖는다.

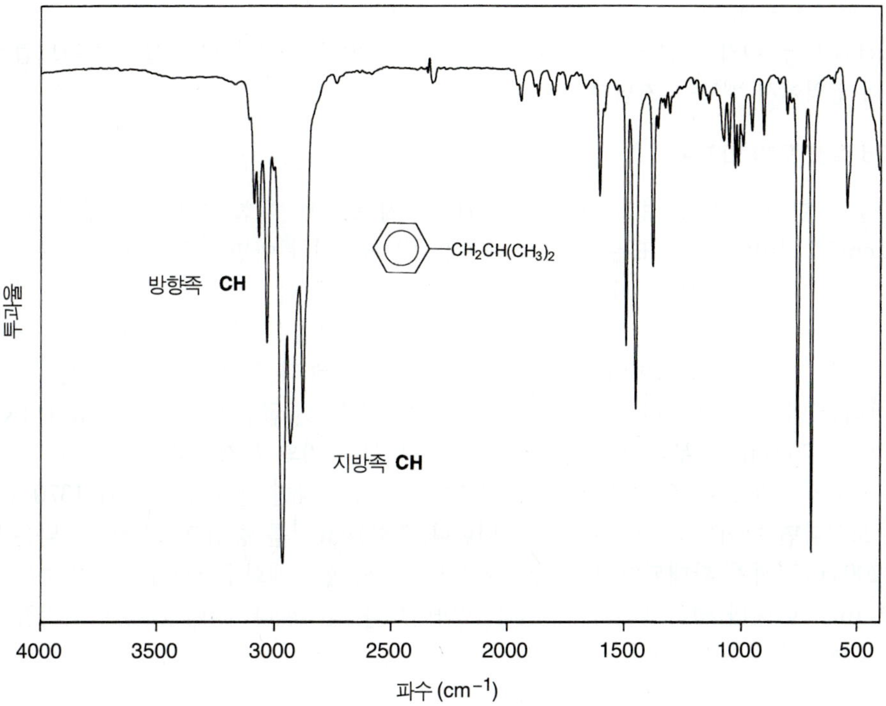

그림 12-8 *sec*-Butylbenzene의 IR 스펙트럼

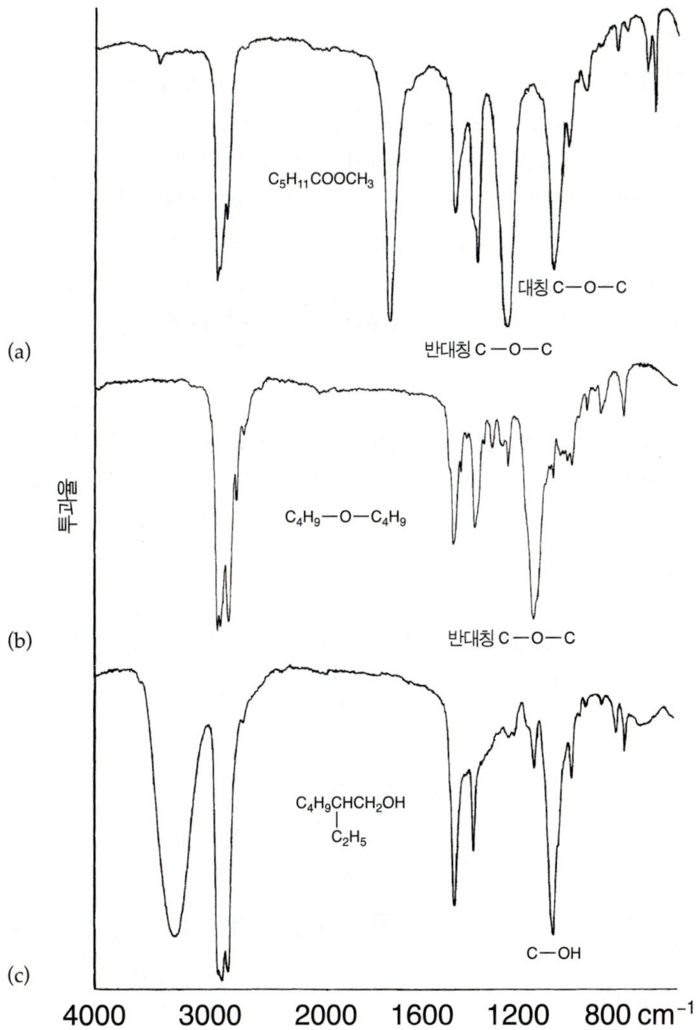

그림 12-9 IR 스펙트럼: (a) 에스터, (b) 에터, (c) 알코올. 1300과 1000 cm^{-1} 사이에서 C—O 신축 밴드를 보여 줌

에스터는 C ═ O와 C ─ O ─ C 기를 갖지만 OH 기의 밴드는 아무것도 없다. 알코올은 OH와 C ─ O기의 밴드를 갖지만 C ═ O 신축 밴드는 없다. 카복실산 스펙트럼은 모든 3개 영역에서 밴드를 지닌다.

12-5d 질소 포함 화합물

질소를 포함한다고 알려진 화합물의 IR 스펙트럼에 대한 예비조사에서 3500과 3300 cm^{-1} 사이에 하나 또는 두 개의 밴드는 일차나 이차 아민 또는 아마이드를 의미한다. 이러한 밴드는 IR에서 OH 신축과 혼동할 수 있지만 라만 스펙트럼에서는 쉽게 구별할 수 있다. 라만에서 OH 신축 밴드는 매우 약하다. 아마이드는 1640 cm^{-1}를 중심으로 강한 이중선을 갖는다. 아마이드의 라만 스펙트럼은 1650과 1400 cm^{-1}에서 밴드를 갖는다. 이러한 밴드들은 아마이드기에서 C ═ O 신축과 NH_2 굽힘과 관련되어 있다. IR이나 라만에서 2200 cm^{-1} 부근의 날카로운 밴드는 나이트릴기의 특징이다.

산소와 질소가 모두 있고 NH 기가 없으며, 두 개의 강한 밴드가 1560과 1370 cm^{-1}에서 보인다면 나이트로기의 존재를 의미한다. 3000 cm^{-1}를 중심으로 극도로 넓은 밴드가 2200 cm^{-1}까지 확대된다면 아미노산이나 아민의 할로젠화수소화물을 의미하는 반면 1000 cm^{-1} 아래의 넓은 밴드는 아민과 아마이드를 암시한다. 그림 12-7에 이러한 넓은 밴드의 예시가 주어져 있다.

12-6 CH 신축 영역 (3340~2700 cm^{-1})

12-6a 서론

다양한 화합물에서 CH 신축 진동수는 우선적으로 조사되어야 한다. 이는 CH 신축 밴드의 위치가 바로 어떤 구조적 특성을 보여 주기 때문이다. 이 범위에서 고진동의 끝 부분에서 밴드가 있으면 아세틸렌의 수소 원자가 있음을 나타내고, 2710 cm^{-1} 부근에 밴드는 보통 분자에 알데하이드기를 의미한다. 고체 IR 스펙트럼을 파라핀 오일 반죽으로 기록하면 반죽에 사용한 물질에서 CH 신축 영역과 혼동되는 강한 밴드가 나오다는 사실을 주목해야 한다. Hexachlorobutadiene과 같은 다른 반죽 물질은 이 영역을 위하여 사용할 수 있고, KBr 디스크로 스펙트럼을 기록할 수도 있다(11-6b절).

12-6b 알카인

3300 cm^{-1} 부근의 날카로운 밴드는 종말 ≡CH기의 존재를 암시한다. 이러한 기는 2100 cm^{-1} 근처에서 C ≡ C에 대한 신축으로 IR의 작고 날카로운 밴드나 혹은 강한 라만 밴드를 통하여 확인할 수 있다(12-11c절 참조). 그림 12-10에 이에 대한 예시가 있다.

12-6c 방향족 화합물

방향족 화합물은 3100과 3000 cm^{-1} 사이에서 하나 이상의 날카로운 밴드가 약하거나 중간 정도의 세기를 보인다. 그러나 이러한 밴드들은 CH_3나 CH_2의 신축 밴드에 대한 어깨 밴드로 보여 무시할 수도 있다.

12-6d 방향성이 아닌 불포화 화합물과 작은 고리 화합물

불포화 화합물과 지방족 작은 고리 화합물은 3100과 3000 cm^{-1} 사이의 영역에 CH 신축에 대한 흡수를 보여 준다. 바이닐리덴기(═CH_2)를 지니는 화합물은 3080 cm^{-1}에서 흡수한다. 이치환, 삼치환된 알켄은 3000 cm^{-1} 근처에서 진동수를 보이며, 강한 CH_3나 CH_2의 흡수와 겹쳐질 수 있다(12-6e절). 사이클로프로페인 유도체는 3100과 3070 cm^{-1} 사이에서 밴드를 가지고 있으며, 에폭사이드(epoxide)는 3060과 3040 cm^{-1}

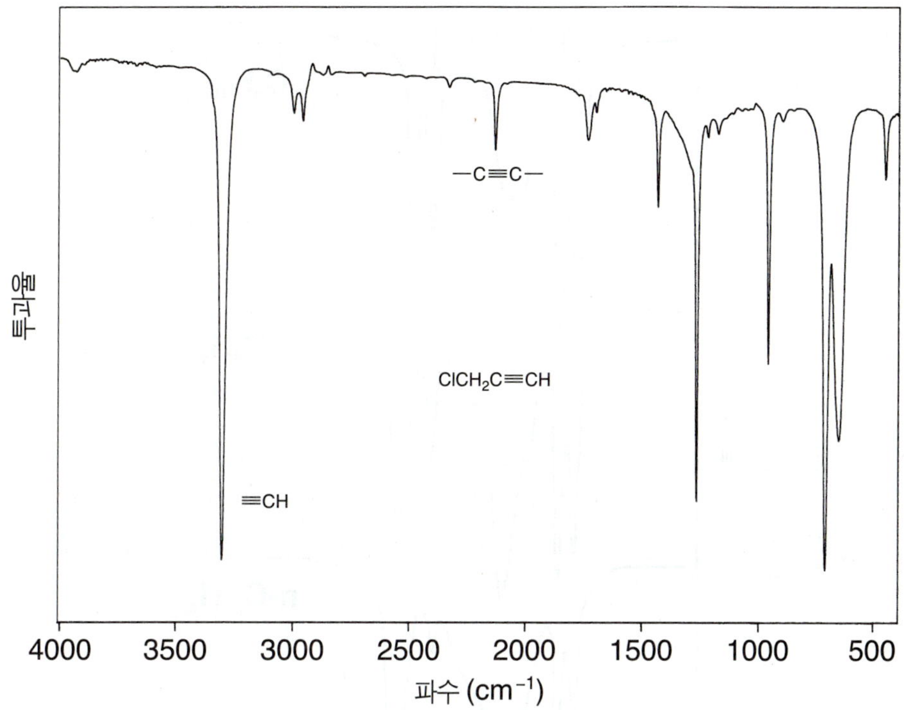

그림 12-10 3-Chloropropyne의 IR 스펙트럼

사이에서 흡수한다.

12-6e 포화 탄화수소

포화 화합물은 메틸, 메틸렌이나 메틴기를 가지고 있으며, 각각 특징적인 CH 신축 진동수를 보인다. 메틸 (CH_3) 기는 2960과 2870 cm^{-1}에서 메틸렌 (CH_2) 는 2930과 2850 cm^{-1}에서 흡수한다. 많은 경우에 CH_3와 CH_2 기가 분자 내에 동시에 존재하면 2870과 2850 cm^{-1}에 나타나는 하나의 밴드만이 분해될 수 있다. 그림 12-11은 3개의 가지가 없는 포화 분자의 CH 신축 영역을 보여 준다. 탄소 사슬이 길어지면 CH_2 밴드가 CH_3 흡수에 비하여 세기가 증가한다. 2960 cm^{-1}의 이중선은 CH_3 신축의 반대칭 모드에 기인한다. 이는 자유롭게 움직이는 CH_3기나 CH_3Cl과 같이 3중축이 유지되는 분자에서 축퇴되어 있다. 포화 분자에서 축퇴는 제거된다. 그 결과 두 개가 개별적으로 반대칭 CH_3 신축 밴드가 관측된다. 메틴 (CH) 신축은 CH_3와 CH_2가 없을 때만 2850 cm^{-1}에서 약하게 보인다. 메톡시 (CH_3O —) 기는 2830 cm^{-1} 부근에서 중간 크기의 특징적인 날카로운 밴드로 다른 CH 신축 밴드와 분리되어 나타난다. 포화 고리 탄화수소기는 IR과 라만 스펙트럼에서 모두 특징적인 CH 신축 밴드를 갖는다. 사이클로프로페인의 진동수는 3100 cm^{-1}에서 나타나며, 사이클로 헥세인이나 더 큰 고리 화합물의 진동수는 2900 cm^{-1}에서 나타난다.

12-6f 알데하이드

알데하이드기의 CH 신축 모드는 페르미 이중선 (12-2c절 참조) 으로 2820과 2710 cm^{-1}에서 나타난다. 이 중에서 2710 cm^{-1} 밴드는 매우 유용한 알데하이드의 특징적 밴드이지만, 2820 cm^{-1} 피크는 2850 cm^{-1}에서 보이는 CH_2 신축 밴드의 어깨로 보일 수도 있다. 방향성 알데하이드의 스펙트럼에서는 다른 CH 신축 밴드와 겹쳐지지 않으며, 이중선은 명확하게 분해된다. 오쏘 치환된 방향족 알데하이드는 이중선의 진동수가 보통보다 40 cm^{-1} 정도 높다 (그림 12-12).

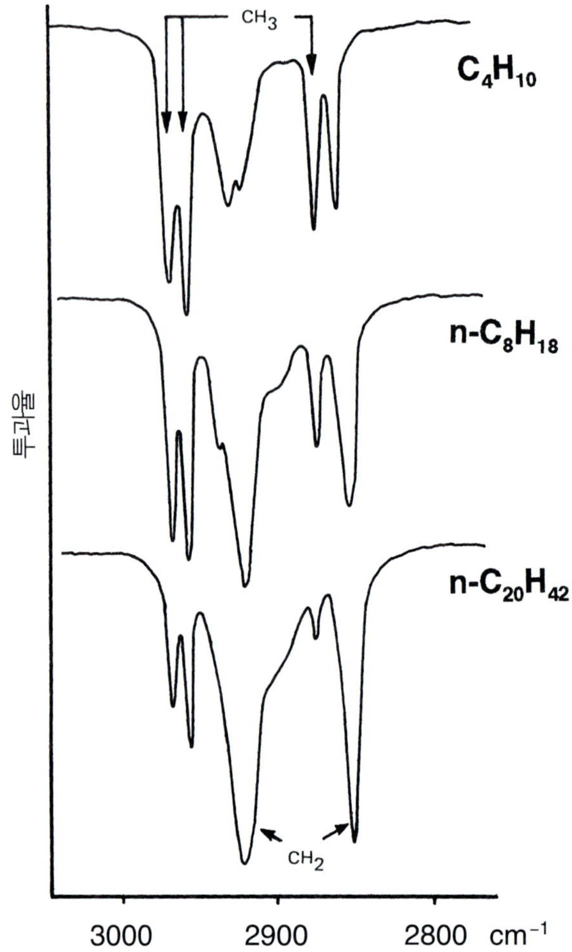

그림 12-11 n-C_4H_{10}, n-C_8H_{18}과 n-$C_{20}H_{42}$의 C—H 신축 영역

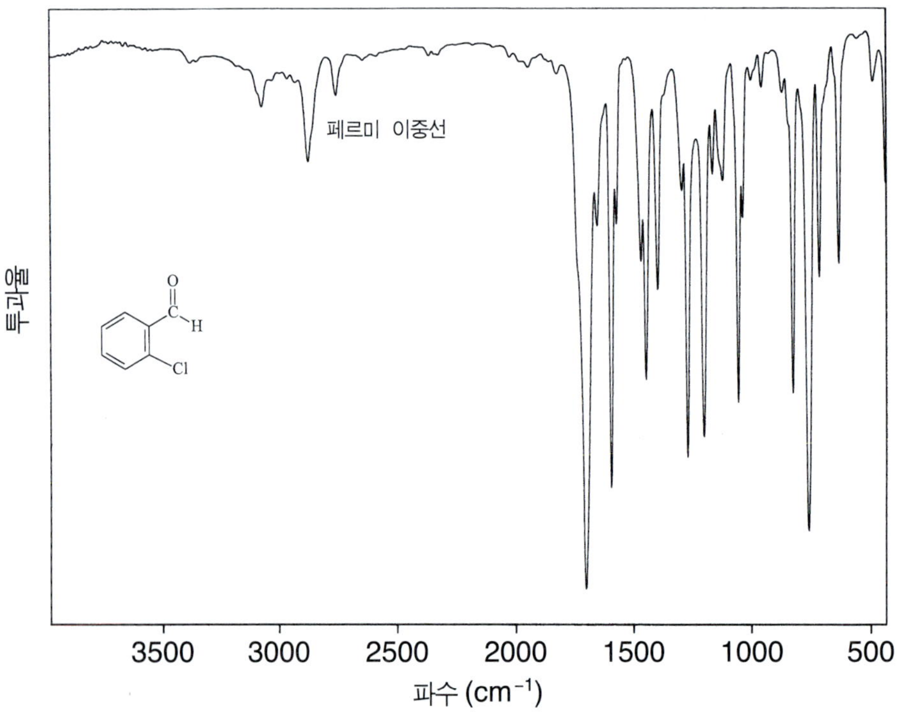

그림 12-12 방향족 알데하이드 (2-chlorobenzaldehyde) 의 IR 스펙트럼. 2750과 2870 cm^{-1}에서 페르미 이중선을 보임

12-7 카보닐 신축 영역 (1850–1650 cm^{-1})

12-7a 서론

카보닐 신축 영역은 구조 분석을 위한 가장 중요한 스펙트럼의 영역 중 하나이다. 만약에 금속 카보닐이나 카복실산의 염까지 포함한다면 C=O 신축 영역은 2200에서 1350 cm^{-1}까지 확대되지만, 대개의 C=O 기를 갖는 유기 화합물은 1850과 1650 cm^{-1} 사이에서 IR의 강한 흡수를 보인다. 이 영역 내에서 피크의 정확한 실제 위치는 화합물의 종류에 대한 특성이 된다. 산무수물(2개 밴드)과 4각형 고리 에스터(β-락톤)가 위쪽 끝에서 발견되고, 고리가 아닌 아마이드와 치환된 요소 기가 범위의 아래쪽 끝에서 흡수한다. 표 12-4에는 하나의 카보닐기를 갖는 화합물이 흡수하는 범위가 요약되어 있다. 두

표 12-4 하나의 카보닐기를 갖는 화합물을 위한 카보닐 신축 진동수

범위 (cm^{-1})와 세기[a]	화합물의 종류	설명
1840~1820 (vs)	β 락톤	사각형 고리
1810~1790 (vs)	산 염화물	포화 지방족 화합물
1800~1750 (vs)	방향족과 불포화 에스터	정상보다 높은 C=C 신축 (1700~1650 cm^{-1})
1800~1740 (s)	단량체 카복실산	묽은 용액에서만 관측됨
1790~1740 (vs)	γ 락톤	오각형 고리
1790~1760 (vs)	방향족 또는 불포화 산 염화물	1740 cm^{-1} 근처에 두 번째 더 약한 조합 밴드(페르미 공명)
1780~1700 (s)	락탐	위치는 고리의 크기에 따름
1770~1745 (vs)	α-할로 에스터	전기음성도가 큰 할로젠 때문에 더 높은 진동수
1750~1740 (vs)	사이클로펜탄온	콘쥬게이션이 안 된 구조
1750~1730 (vs)	에스터와 δ 락톤	지방족 화합물
1750~1700 (s)	우레탄	R—O—(C=O)—NHR 화합물
1745~1730 (vs)	α-할로 케톤	비고리 화합물
1740~1720 (vs)	알데하이드	지방족 화합물
1740~1720 (vs)	α-할로 카복실산	할로젠이 플루오린이면 20 cm^{-1}가 더 높은 진동수
1730~1705 (vs)	아릴과 $\alpha\beta$-불포화 지방족 에스터	콘쥬게이션이 된 카보닐기
1730~1700 (vs)	케톤	지방족과 큰 고리 지방족 고리 화합물
1720~1680 (vs)	방향족 알데하이드	α,β-불포화 지방족 알데하이드
1720~1680 (vs)	이합체 카복실산	더 넓은 밴드
1710~1640 (vs)	싸이올 에스터	정상적인 에스터보다 더 낮음
1700~1680 (vs)	방향족 케톤	위치는 고리의 치환체에 영향 받음
1700~1680 (vs)	방향족 카복실산	이합체 밴드
1700~1670 (s)	일차와 이차 아마이드	묽은 용액에서
1700~1650 (vs)	콘쥬게이션이 된 케톤	C=C 신축 영역을 검토함
1690~1660 (vs)	퀴논	위치는 고리의 치환체에 영향 받음
1680~1630 (vs)	아마이드(고체 상태)	1625 cm^{-1} 근처에 NH 변형에 기인한 두 번째 밴드를 주목
1670~1660 (s)	다이아릴 케톤	위치는 고리의 치환체에 영향 받음
1670~1640 (s)	유레아	1590 cm^{-1} 근처에 NH 변형에 기인한 두 번째 밴드
1670~1630 (vs)	오쏘-OH 또는 NH_2 방향족 케톤	진동수는 오쏘 위치의 배위에 의하여 낮아짐

[a]주: s = 강함; m = 중간; w = 약함; v = 매우

개가 서로 상호작용하는 카보닐기는 대칭과 동일면이 아닌 C═O 신축 진동과 맞는 진동(반대칭과 대칭)이 생길 수 있다(12-2b절 참조). 보통 동일면이 아닌 경우가 맞는 경우보다 더 높은 진동수에서 발견된다.

12-7b 하나의 C═O기를 갖는 화합물

카보닐 작용기의 종류는 주어진 진동수 범위에서 많은 작용기가 흡수하기 때문에 C═O 신축 밴드만 가지고는 알아낼 수 없지만, 표 12-4를 이용하면 가능한 화합물에 대한 일차 분류를 할 수는 있다. 예를 들면, 1750과 1700 cm^{-1} 사이에 하나의 카보닐 피크가 있다면 이는 에스터, 알데하이드, 케톤(고리 케톤 포함), 큰 고리 락톤, 우레탄 유도체, α-할로 케톤, 또는 α-할로 카복실산을 의미한다. 다른 밴드를 더 자세히 조사해야 특정 작용기를 알아낼 수 있다. 할로젠의 존재는 원소 분석을 살펴보아야 하며, 알데하이드는 2700 cm^{-1} 근처의 피크를 살피고(12-6f절 참조), 에스터(특히 매우 넓은 밴드임, 12-12e절 참조)와 락톤은 1200 cm^{-1}에서 강한 밴드를 준다. 우레탄은 3300 cm^{-1} 부근에서 NH 신축 밴드를 갖고 있으며, 수소 결합이 있으면 3300 cm^{-1}에, 수소 결합이 없으면 3400 cm^{-1}에 나타난다.

12-8 방향족 화합물

12-8a 개론

방향족 화합물의 특징적인 밴드는 IR 스펙트럼의 5개 영역에서 나타난다: 3100에서 3000 cm^{-1} (CH 신축), 2000에서 1700 cm^{-1} (조합 및 배진동), 1650에서 1430 cm^{-1} (C═C 신축), 1275에서 1000 cm^{-1} (동일면 CH 변형)과 900에서 690 cm^{-1} (동일면이 아닌 CH 변형). 그림 12-8과 12-12에는 두 개의 방향족 화합물에 대한 예시가 나타나 있다. 이러한 스펙트럼에는 모든 5개 영역에 밴드가 있다. 그림 12-8에서처럼 CH 신축 밴드의 세기는 중간에서 약하게 나타나며, 가끔은 이러한 밴드들이 강한 CH 신축 밴드의 어깨로 보일 수도 있다. 벤젠 유도체는 보통 날카로운 밴드가 1600, 1500과 1430 cm^{-1}에서 보인다. 카보닐 화합물의 경우에는 1600 cm^{-1} 흡수가 강한 C═O 신축 밴드나 아민의 NH 변형 밴드에 숨겨질 수 있다. 또한 1275와 1000 cm^{-1} 사이에 방향족 화합물에서 날카로운 몇 개의 밴드가 나타난다. 900에서 690 cm^{-1} 사이에는 하나 또는 두 개의 강한 밴드가 관측된다. 이러한 밴드와 2000에서 1700 cm^{-1} 사이의 약한 밴드의 모양으로부터 벤젠 고리의 치환 형태에 대한 지식을 얻을 수 있다.

12-8b 치환된 방향족 화합물

단일 치환 형태는 IR 스펙트럼에서 750과 700 cm^{-1} 부근의 두 개의 강한 밴드로 쉽게 알 수 있다. 이는 위상이 맞지 않은 굽힘 진동이다. 그림 12-8에서처럼 단일 치환 벤젠 유도체를 알 수 있다. 그림 11-6에는 폴리스타이렌(polystyrene)의 예가 있다. 추가로 단일 치환은 2000과 1700 cm^{-1} 사이에 4개의 약하지만 확실한 흡수가 있다. 이러한 형태를 그림 12-8에서 확인할 수 있다. 이들 두 영역에서 밴드의 모양은 또한 2치환이나 3치환 벤젠 고리의 치환 위치에 대한 지식을 준다. 이들 영역은 다중 치환일 경우에는 유익성이 떨어진다. 표 12-5에는 단일, 2치환, 3치환 방향족 화합물 특징적인 밴드가 요약되어 있으며, 그림 12-13은 3개의 2치환 형태의 예를 보여 준다.

12-9 메틸기를 포함하는 화합물

12-9a 개론

12-2a절에서 메틸기의 진동을 작용기의 대칭으로 논의하였다. 이러한 진동(신축, 굽힘[변

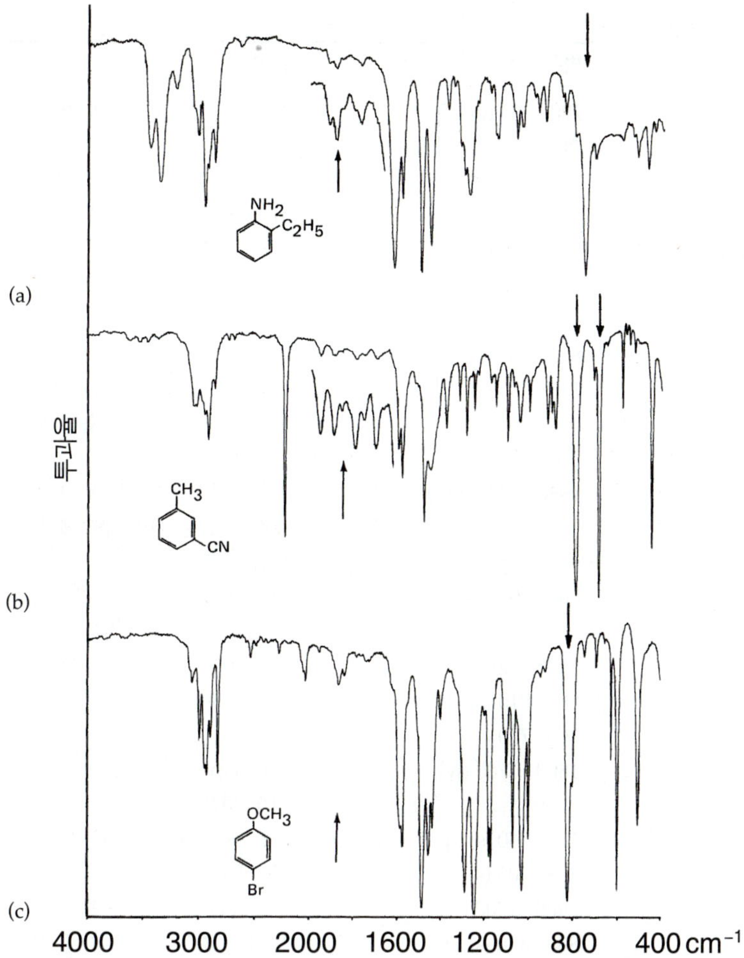

그림 12-13 치환 형태의 특징을 보여 주는 IR 스펙트럼: (a) 오쏘, (b) 메타, (c) 파라 치환된 벤젠

형], 좌우흔듦, 뒤틀림)은 스펙트럼의 4개 다른 지역에서 IR 흡수와 라만 분산을 초래한다. 메틸기의 CH 신축 진동수는 12-6e절에서 논의하였다. CH_3 기의 HCH 내각의 반대칭 변형은 1470과 1440 cm^{-1}에서 강한 IR 흡수와 라만 분산을 생기게 한다. 메틸렌기(CH_2)의 굽힘 역시 같은 영역에서 밴드를 생기게 한다. 대칭형 CH_3 변형은 1380과 1360 cm^{-1} 사이에 강하고 날카로운 IR 밴드를 준다. 이 밴드는 하나 이상의 CH_3 기가 같은 탄소에 연결되어 있을 때 이중선으로 나타나며, 아이소프로필기나 *tert*-뷰틸기의 존재를 의미한다(12-9b절 참조). 메틸기가 탄소가 아닌 원자에 연결되어 있으면 대칭 CH_3 변형 진동수에 상당한 이동이 생긴다: OCH_3 (1460~1430 cm^{-1}), NCH_3 (1440~ 1410 cm^{-1}), SCH_3 (1330~1290 cm^{-1}), PCH_3 (1310~1280 cm^{-1})와 $SiCH_3$ (1280~ 1250 cm^{-1}).

CH_3의 좌우흔듦 진동은 보통 뼈대 모드와 짝지음을 하여 1240과 800 cm^{-1} 사이 어느 곳에나 발견될 수 있으며, 중간에서 강한 IR과 라만 스펙트럼을 주지만 구조 결정에는 별다른 쓸모가 없다. 메틸의 비틀림 진동은 250과 100 cm^{-1} 사이에 진동수를 갖지만 IR 이나 라만 스펙트럼에서 자주 관찰되지 않는다. 비틀림 진동수가 관측되거니 예상되는 경우에는 회전 이성질체에 대한 정보나 형태와 내부 회전 장벽에 관한 정보를 얻을 수 있다.

12-9b 아이소프로필과 *tert*-뷰틸기

아이소프로필과 *tert*-뷰틸기는 IR 스펙트럼의 CH_3 대칭 변형 영역에서 특징적인 이중선을 준다. 아이소프로필기는 1385/1370 cm^{-1}에서 강한 이중선을 주고 *tert*-뷰틸기는 1370 cm^{-1}에서 강한 밴드와 1395 cm^{-1}의 약한 피크를 준다. 그림 12-14에 이러한 이중선의 예를 볼 수 있다.

표 12-5 벤젠 고리에서 치환에 따른 특징적인 흡수 밴드

치환의 종류	범위(cm^{-1})와 세기[a]	설명
단일 치환	770~730 (vs) 710~690 (s)	2개 밴드; 단일 치환의 강한 특징임
	2000~1700 (w)	4개의 약하지만 확실한 밴드; 또한 단일 치환의 특징
1,2-이치환(오쏘)	770~730 (vs)	강한 단일 밴드
	1950~1650 (vw)	여러 밴드, 1900과 1800 cm^{-1} 부근에 2개의 가장 확실한 밴드
1,3-이치환(메타)	810~750 (vs) 725~680 (s)	2개의 밴드가 단일 치환과 유사함, 하지만 단일 치환 벤젠보다 더 높은 진동수 밴드는 50 cm^{-1} 더 높고 낮은 밴드는 위치가 가변적임.
	1930~1740 (vw)	3개의 약하지만 확실한 밴드; 가장 낮은 진동수 밴드는 어떤 구조에서는 더 넓어질 수 있음
1,4-이치환(파라)	860~800 (vs)	하나의 강한 밴드, 1,2-치환과 유사하지만 50 cm^{-1} 더 높은 진동수
	1900~1750 (w)	2개 밴드; 높은 진동수 밴드는 보통 더 강함
1,3,5-삼치환	865~810 (s) 765~730 (s)	단일 또는 1,4-치환보다 두 밴드가 더 넓게 벌어짐
	1800~1700 (w)	1900 cm^{-1} 근처에 있는 밴드보다 약한 하나의 넓은 밴드
1,2,3-삼치환	780~760 (s) 745~705 (s)	2개 밴드, 1,3-치환과 유사하지만 진동수가 가까움
	2000~1700 (w)	단일 치환과 유사하지만 3개 밴드
1,2,4-삼치환	885~870 (s) 825~805 (s)	단일, 1,3-이치환과 다른 삼치환 화합 물보다 더 높은 진동수의 2개 밴드
	1900~1700 (w)	1880과 1740 cm^{-1} 부근의 2개의 확실한 밴드와 그 사이에 약한 1개 밴드

[a]주: s = 강함; m = 중간; w = 약함; v = 매우

12-10 메틸렌기를 포함하는 화합물

12-10a 서론

두 종류의 메틸렌기가 있다: 포화 탄화 사슬에 있는 $—CH_2—$ 와 바이닐, 아릴 및 바이닐리덴 화합물에 있는 종말 $=CH_2$ 기. 그림 12-2에는 CH_2 기의 신축, 굽힘, 앞뒤흔듦, 뒤틀림과 앞뒤흔듦 운동의 도표가 주어져 있다. CH 신축 진동은 12-6e절에서 논의되었고 CH_2 기의 굽힘, 앞뒤흔듦, 뒤틀림 모드는 중요한 작용기 진동수를 생기게 한다.

12-10b CH_2 굽힘(가위질)

포화 $—CH_2—$ 기의 굽힘(또는 가위질) 운동은 1480과 1440 cm^{-1}에서 중간에서 강한 세기의 밴드를 준다. 카보닐기와 나이트로기의 옆에 있는 CH_2 기는 1430과 1420 cm^{-1}으로 낮아진다. 바이닐 $=CH_2$ 기는 1420과 1410 cm^{-1}에서 중간 세기의 밴드를 주며, 이 밴드는 두 개의 수소 원자가 C=C 기와 같은 평면에 있기 때문에 종종 동일면 변형으로 할당되기도 한다.

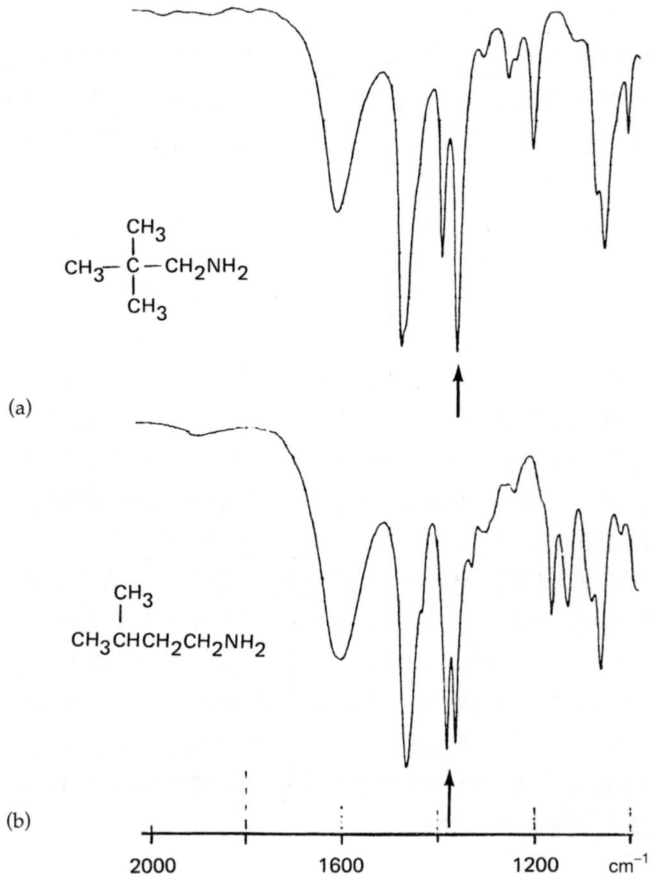

그림 12-14 대칭 CH_3 변형 영역에서 관측되는 이중선의 예 : (a) *tert*-뷰틸기, (b) 아이소프로필기

12-10c CH_2의 앞뒤흔듦과 뒤틀림

포화된 기의 CH_2 앞뒤흔듦과 뒤틀림은 1350과 1150 cm^{-1}에서 관측된다. 할로젠이나 황과 같은 전기음성의 원자가 같은 탄소 원자에 붙어 있지 않으면 IR 밴드는 약하다. CH_2의 뒤틀림 모드는 진동수 범위의 낮은 영역에서 발생하고 매우 약한 IR 흡수를 준다.

12-10d CH_2 좌우흔듦

사슬에 4개 이상의 메틸렌기가 있으면 IR 스펙트럼에서 725 cm^{-1} 부근에 작은 밴드가 관측된다. 사슬 길이가 증가하면 세기가 강해진다. 이러한 밴드를 사슬에 있는 CH_2 기의 좌우흔듦으로 부른다. 하지만 많은 화합물에서 이 영역에 밴드를 가지고 있어 CH_2 좌우흔듦 밴드는 지방족 분자에만 유용하다. 이 밴드는 뉴졸 반죽으로 기록한 스펙트럼에 항상 존재한다.

12-10e 바이닐과 바이닐리덴 화합물에 있는 CH_2 앞뒤흔듦

바이닐과 바이닐리덴 화합물에 있는 $=CH_2$ 앞뒤흔듦 모드는 포화된 기에서보다 더 낮은 진동수에서 발견된다. 바이닐 화합물에서는 910과 900 cm^{-1} 사이에서 강한 IR 밴드가 관측된다. 바이닐리덴 화합물에서는 진동수의 범위가 10 cm^{-1} 더 낮다. CH_2 앞뒤흔듦의 배진동이 자주 중간 세기의 밴드로 바이닐은 1820 cm^{-1} 바이닐리덴은 1780 cm^{-1}에서 명백히 보인다. 이러한 진동수는 탄소 원자에 있는 할로젠이나 다른 작용기들의 정상적인 범위를 넘어선다. 12-11d절에서 바이닐과 바이닐리덴기에 대하여 더 논의된다.

12-10f CH_2와 CH_3 기들의 상대적인 수

분자의 포화된 부분에 있는 H—C—H 변형 밴드에 대하여 한 가지 유용한 관찰을 할 수 있다. CH_3 기보다 $-CH_2-$ 기가 더 많으면 1480~1440 cm^{-1} 밴드가 1380~1360 cm^{-1} 밴드(대칭 CH_3 변형)보다 더 강하다. 이들 두 밴드의 상대적인 세기는 725 cm^{-1} 밴드와 CH 신축 영역에 있는 밴드가 짝지워져 있는(그림 12-11) $-CH_2-$기와 CH_3 기에 대한 상대적인 개수와 포화 탄소 사슬의 길이에 대한 정보를 제공한다.

12-11 불포화 화합물

12-11a C=C 신축 모드

C=C 결합의 신축은 1650 cm^{-1}에서 강한 라만선을 생기게 한다. 여기에 해당하는 IR 밴드는 약하거나 또는 대칭 분자의 경우는 종종 관찰되지 않는다(그림 12-1a와 12-15a). 조합과 배진동에 기인한 약한 흡수가 이 지역에서 생길 수 있고, C=C 신축 모드로 오인할 수 있다. 이러한 경우에 라만 스펙트럼은 C=C 결합의 유무를 확실히 할 수 있다. 왜냐하면 이러한 기는 1690~1560 cm^{-1} 영역에서 항상 강한 라만선을 주기 때문이다(그림 12-1b와 12-15b 참조).

C=C 신축 모드의 정확한 진동수는 이중결합 주위에 관한 부차적인 정보를 준다. 트라이- 또는 테트라알킬- 치환된 기와 트랜스 이치환된 알켄은 1690에서 1660 cm^{-1} 사이의 진동수를 갖는다. 이러한 밴드는 IR에서는 약하거나 없지만 라만에서는 강하다. 시스 알켄과 같이 바이닐과 바이닐리덴 화합물도 1660과 1630 cm^{-1} 사이에서 흡수한다. 할로젠으로 치환되면 C=C 신축 밴드를 정상 범위 밖으로 이동시킬 수 있다. 플루오린으로 치환된 알켄은 매우 높은 C=C 신축 진동수를 갖는다(1800~1730 cm^{-1}). 염소와 다른 중치환체는 보통 진동수를 낮춘다.

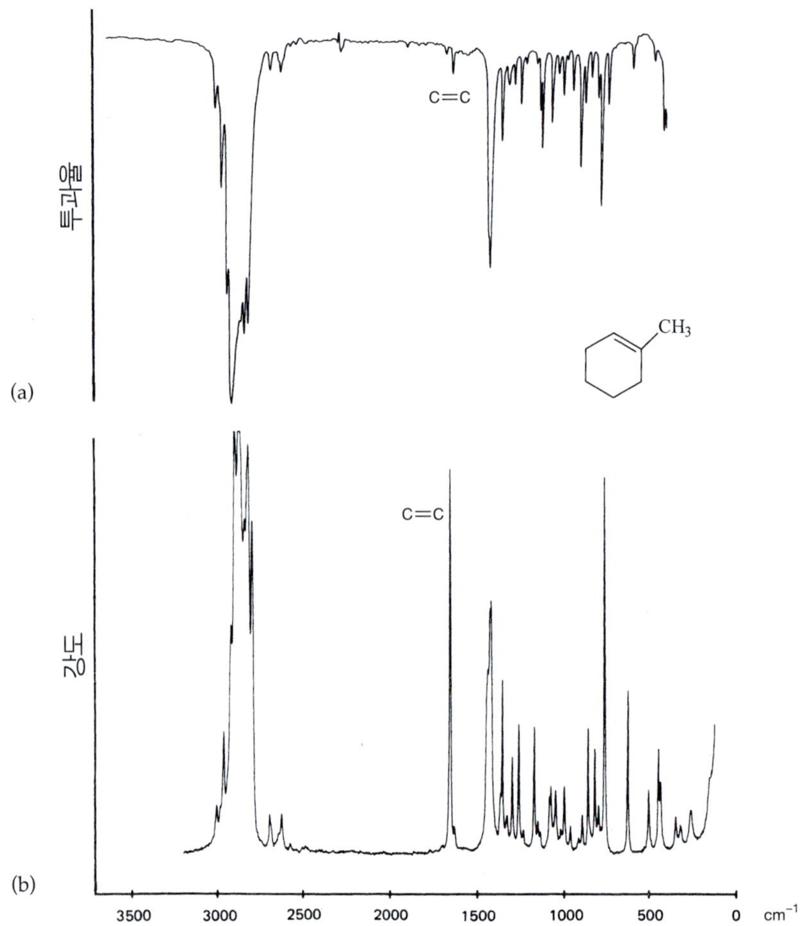

그림 12-15 1-Methylcyclohexene의 (a) IR과 (b) 라만 스펙트럼

12-11b 고리 화합물

고리 불포화 화합물에서 C$=$C 신축 진동수는 고리의 크기와 치환에 달려 있다. 사이클로뷰텐은 C$=$C 신축 모드를 1565 cm^{-1}에서 갖지만 사이클로뷰텐, 사이클로헥센, 사이클로헵텐은 각각 1610, 1645, 1655 cm^{-1}에서 C$=$C 신축 진동수를 갖는다. 이러한 진동수는 치환에 따라 증가한다. 그림 12-15a에서처럼 1-methylcyclohexene은 C$=$C 신축 밴드가 1670 cm^{-1}에서 발견되며, IR에서는 약하고, 라만에서는 강하다.

12-11c C$\equiv$C 신축 모드

C$\equiv$C 신축에 기인한 작고 날카로운 피크가 종말 알카인의 IR 스펙트럼에서 2100 cm^{-1}에서 관측된다(그림 12-10). 치환된 알카인에서 이 밴드는 100~150 cm^{-1} 높은 진동수로 이동된다. 만약 치환이 대칭이면 C$\equiv$C 신축 진동에 쌍극자 모멘트의 변화가 없어 IR에서 이 밴드는 없어진다. 치환 비대칭이라도 IR에서 이 밴드는 매우 약하거나 없어질 수 있다. 이러한 경우에 라만 스펙트럼은 C$\equiv$C 신축 모드에 항상 강한 선을 주기 때문에 매우 가치가 있다.

12-11d CH$=$와 $CH_2$$=$ 굽힘 모드

CH$=$와 $CH_2$$=$ 앞뒤흔듦이나 동일면이 아닌 굽힘 모드는 불포화 화합물의 구조 결정에 매우 중요하며, 1000과 650 cm^{-1} 사이에서 나타난다. 바이닐기의 트랜스 CH 굽힘은 1000과 980 cm^{-1} 사이에서 강한 IR 밴드를 생기게 하는 반면, 트랜스 이치환된 알켄은 980과 950 cm^{-1} 사이에 강한 밴드를 주는 특징이 있다. 전기음성의 기는 이 진동수를 낮추는 경향이 있다. 시스-이치환된 알켄은 중간에서 강하지만 신뢰도가 약한 밴드를 750과 650 cm^{-1} 사이에 준다. 그림 12-16에 시스와 트랜스 이치환된 IR 스펙트럼을 볼 수

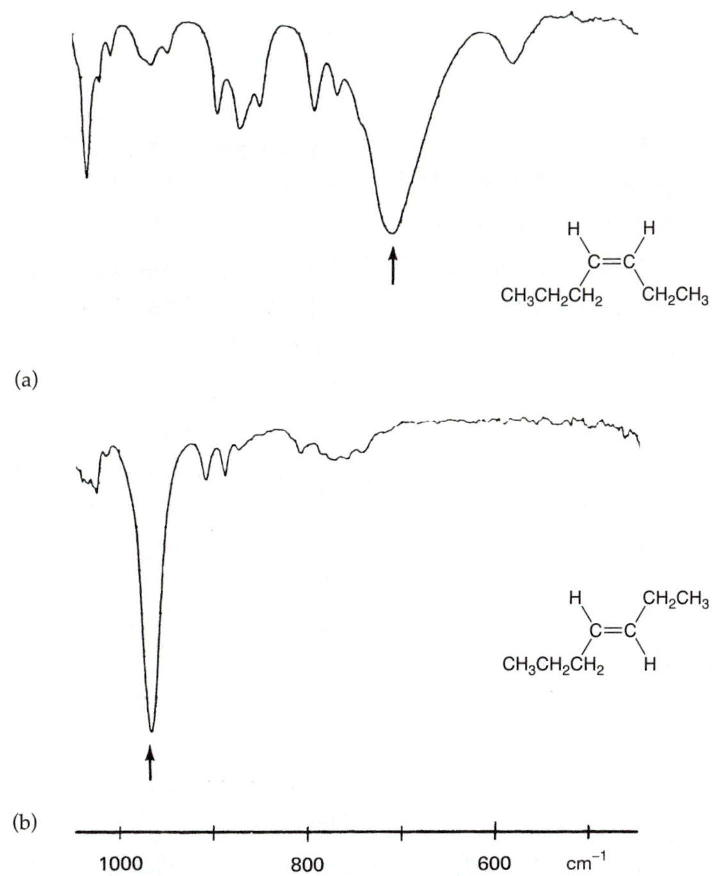

그림 12-16 이치환된 알켄의 IR 스펙트럼의 일부: (a) 시스와 (b) 트랜스. 동일면이 아닌 굽힘 모드를 보여 줌

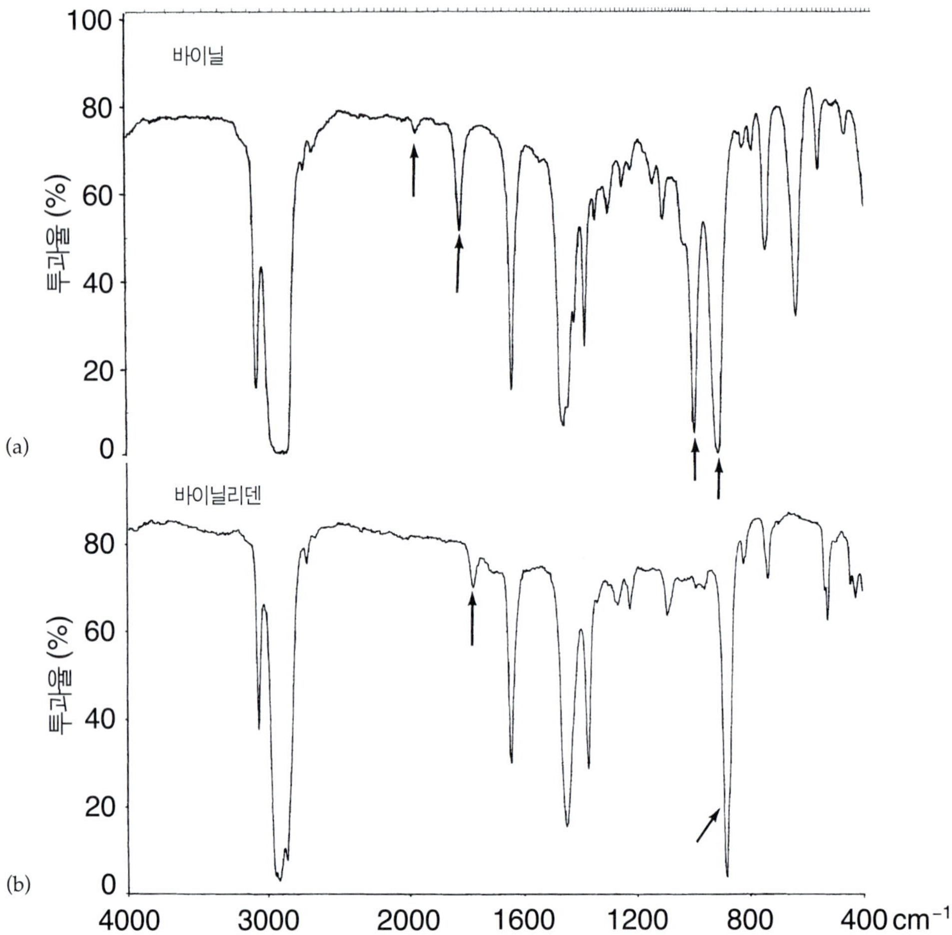

그림 12-17 IR 스펙트럼: (a) 3,4-dimethyl-1-hexene, 바이닐기를 갖는 화합물, (b) 2,3-dimethyl-1-pentene, 바이닐리덴기를 갖는 화합물

있다.

바이닐과 바이닐리덴 화합물의 동일 평면이 아닌 $CH_2=$ 앞뒤흔듦 진동은 910과 890 cm^{-1} 사이에 강한 밴드를 준다. 이 밴드는 트랜스 CH 굽힘 모드와 짝지음하고 있으며, 매우 특징적인 이중선(1000과 900 cm^{-1})을 주며, 바이닐기와 바이닐리덴기(오직 900 cm^{-1})를 구별할 수 있다. 그림 12-17에는 바이닐기와 바이닐리덴 화합물의 IR 스펙트럼이 있다. 동일면이 아닌 CH 굽힘의 배진동과 CH_2 앞뒤흔듦 모드는 약하지만 특징적 밴드를 각각 1950과 1800 cm^{-1}에서 준다. 그림 12-17에서 잘 볼 수 있고, 구조군의 유용한 정보를 제공한다.

고리 알켄은 보통 시스 배치에서 두 개의 CH 기의 동일면이 아닌 굽힘에 기인한 750과 650 cm^{-1} 사이의 강한 밴드를 갖는다. 하지만 수소 중 하나가 메틸기로 치환되면 750과 650 cm^{-1} 사이의 밴드는 없어진다(그림 12-15a). IR 스펙트럼에서 사이클로알킬과 사이클로알케닐 화합물에서는 $-CH_2-$ 좌우흔듦에 기인한 밴드가 1200과 800 cm^{-1} 사이에 여러 개 있다.

12-12 산소를 포함하는 화합물

12-12a 개론

카복실산이나 무수물, 알코올, 페놀과 탄화수소는 1400과 900 cm^{-1} 사이에서 모두 넓고 강한 IR 흡수 밴드를 보인다. 이 밴드는 C—O—C나 C—OH 결합의 신축이나 C—O—H 기의 굽힘과 관련이 있다. 흡수의 위치와 다중선은 스펙트럼의 다른 영역에 있는

표 12-6 C—O—C와 C—O—H 기의 진동

범위 (cm^{-1})와 세기[a]	작용기 또는 종류	설명과 언급
1440~1400 (m)	지방족 카복실산	C—O—H 변형; CH_3와 CH_2 변형 밴드에 의하여 모호해질 수 있음
1430~1280 (m)	알코올	C—O—H 변형; 넓은 밴드
1390~1310 (m-s)	페놀	C—O—H 변형
1340~1160 (vs)	페놀	C—O 신축; 구조적인 넓은 밴드
1310~1250 (vs)	방향족 에스터	C—O—C 반대칭 신축
1300~1200 (s)	방향족 카복실산	C—O 신축
1300~1100 (vs)	지방족 에스터	C—O—C 반대칭 신축
1280~1220 (vs)	알킬 아릴 에터	아릴 C—O 신축; 두 번째 밴드는 1030 cm^{-1} 부근
1270~1200 (s)	바이닐 에터	C—O—C 신축; 1050 cm^{-1} 부근 두 번째 밴드
1265~1245 (vs)	아세테이트 에스터	C—O—C 반대칭 신축
1230~1000 (s)	알코올	C—O 신축; 더 자세한 내용은 아래의 구체적 진동수 범위 참조
1200~1180 (vs)	폼산과 프로판산 에스터	C—O—C 신축
1180~1150 (m)	알킬 치환된 페놀	C—O 신축
1160~1000 (s)	지방족 에스터	C—O—C 신축
1150~1050 (vs)	지방족 에터	C—O—C 신축; 보통 1100 cm^{-1} 부근을 중심으로 함
1150~1130 (s)	삼차 알코올	C—O 신축; 사슬 가지나 인접한 불포화기에 의하여 낮아짐
1110~1090 (s)	이차 알코올	C—O 신축; 사슬 가지에 의하여 10~20 cm^{-1} 낮아짐
1060~1040 (s-vs)	일차 알코올	C—O 신축; 가끔은 아주 넓음
1060~1020 (s)	포화 고리 알코올	C—O 신축; 사이클로프로판올과 사이클로뷰탄올은 아님
1050~1000 (s)	알킬 아릴 에테르	알킬 C—O 신축
960~900 (m-s)	카복실산	이합체의 C—O—H 변형

[a]주: s = 강함; m = 중간; w = 약함; v = 매우

증거와 함께 특정 작용기를 구별하는 데 도움을 준다. 표 12-6에는 다양한 화합물에 있는 이러한 기들의 일반적인 진동수 범위가 주어져 있다.

12-12b 에터

C—O—C 연결을 갖는 가장 간단한 구조가 에터기이다. 지방족 에터는 1100 cm^{-1} 부근에서 흡수하고, 알킬 아릴 에터는 1280과 1220 cm^{-1} 사이에서 매우 강한 밴드와 1050과 1000 cm^{-1} 사이에 또 하나의 강한 밴드를 갖는다. 바이닐 에터는 1200 cm^{-1} 근처에 C—O—C 신축 모드를 보여 준다. 바이닐 에터는 매우 강한 C=C 신축 밴드와 동일면이 아닌 CH 굽힘과 960과 820 cm^{-1}에서 발견되는 CH_2 앞뒤흔듦 밴드로 구별된다. 이러한 진동수는 12-11d절에서 논의한 일반적인 범위의 아래에 속한다. 에터의 이러한 3가지 형태의 예를 그림 12-18에 비교하였다. Tetrahydrofuran과 같은 포화 고리 에터는 1250과 1150 cm^{-1} 범위에서 강한 반대칭의 C—O—C 신축 밴드를 갖는 반면에 불포화 고리 에터는 더 낮은 진동수의 C—O—C 신축 모드를 갖는다.

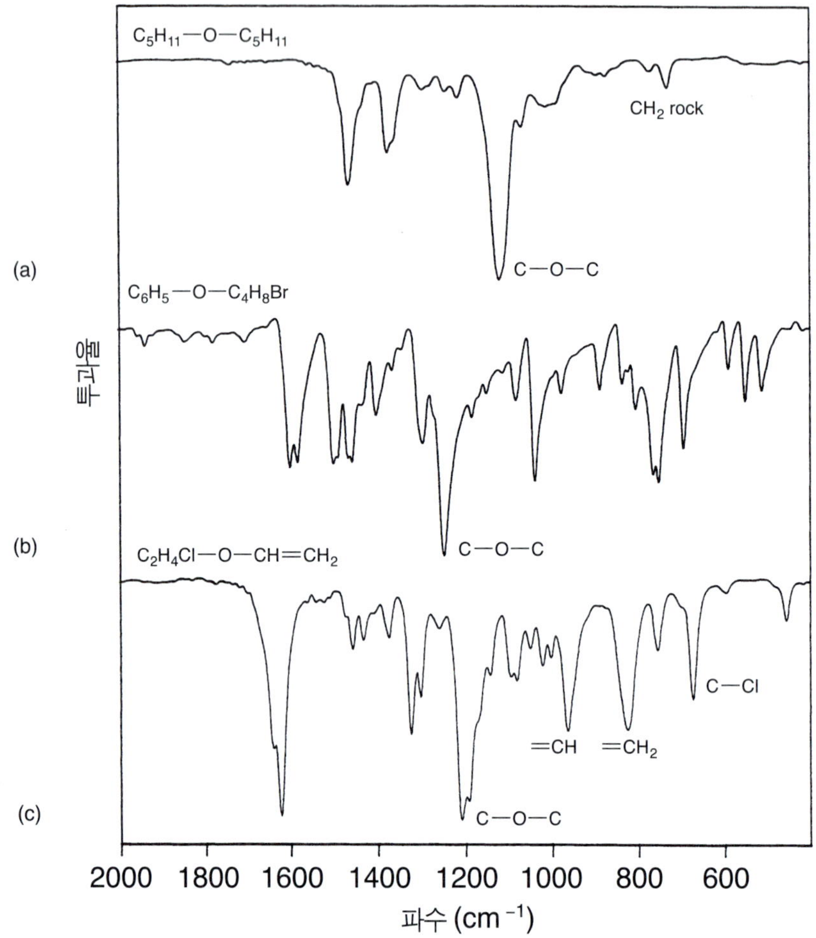

그림 12-18 에테르의 3가지 형태 IR 스펙트럼: (a) 간단한 지방족 에테르, (b) 알킬 아릴 에테르, (c) 바이닐 에터

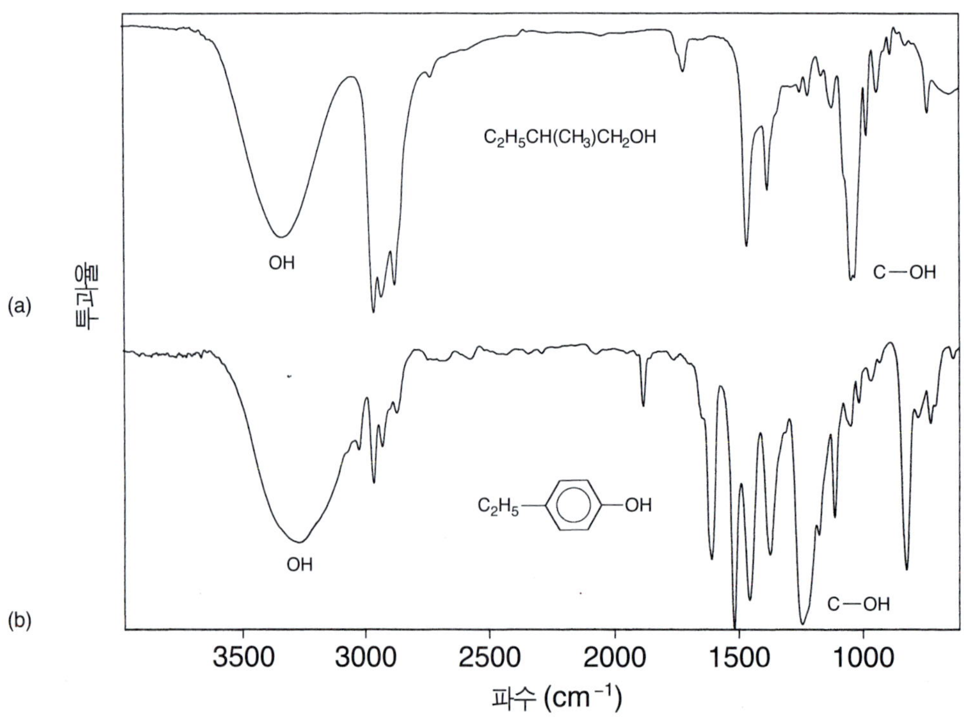

그림 12-19 IR 스펙트럼: (a) 알코올, 2-methyl-1-pentanol과 (b) 페놀, 4-ethylphenol

12-12c 알코올과 페놀

알코올과 페놀은 순수한 액체나 고체 상태일 때 넓은 수소 결합한 OH 신축을 갖는다. 알코올의 경우 이 밴드는 3300 cm^{-1}을 중심으로 하고, 페놀은 진동수의 최대가 50에서 100 cm^{-1} 더 낮다. 페놀은 OH 변형으로부터 1350 cm^{-1}에서 흡수하고 두 번째는 더 넓고 강한 C—OH 신축 밴드를 1200 cm^{-1}에서 보인다. 이 두 번째 밴드는 항상 방향족 CH 동일면 변형 진동을 포함하는 미세 구조를 갖는다. 그림 12-19에는 알코올과 페놀의 IR 스펙트럼을 비교하였다.

간단한 알코올에서는 C—OH 신축 진동수가 C—OH 탄소 원자에 치환이 되면 높아진다(표 12-6). 설탕이나 탄수화물은 3300 cm^{-1}을 중심으로 매우 넓은 흡수 밴드(OH 신축)와 1400 cm^{-1}(OH 변형)과 1000 cm^{-1}(C—OH 신축) 밴드를 보인다.

12-12d 카복실산과 산무수물

카복실산은 보통 묽은 용액을 제외하면 이합체로 존재한다. 이합체의 카보닐 신축 밴드는 1700 cm^{-1} 부근에서 발견되고, 단량체 스펙트럼에서는 더 높은 진동수를 보인다(1800~1740 cm^{-1}). 12-5a절에서 언급한 매우 넓은 OH 신축 밴드와 더불어 다음 세 가지 진동이 카복실산의 C—OH 기와 연관이 있다: 1430 cm^{-1} 부근의 중간 세기 밴드, 930 cm^{-1} 근처의 중간 세기 밴드, 1240 cm^{-1} 근처의 더 강한 밴드. 산무수물의 존재는 C=O 신축 영역에 특이하게 높은 진동수(1840~1800 cm^{-1}) 밴드와 60 cm^{-1} 정도 낮은 두 번째 밴드(1780~1740 cm^{-1})로 특징적 흡수로 알 수 있다. C—O—C 신축은 고리가 아닌 산무수물에서 1150 cm^{-1} 부근에서 넓은 밴드를 생기게 하며, 고리형은 더 높은 진동수를 보인다.

12-12e 에스터

에스터의 C—O—C 반대칭 신축 모드는 1200 cm^{-1} 근처에 매우 강하고 넓은 밴드를 생기게 한다. 이 밴드의 실제 최대 진동수는 benzoate의 1290 cm^{-1}으로부터 지방족 에스터는 1100 cm^{-1}까지 변한다. 이 밴드는 같은 영역에서 흡수하는 CH 변형 진동에 기인한 이 밴드의 구조일 것이다. 이 밴드는 1750 cm^{-1} 부근의 C=O 신축 밴드보다 더 강할 수 있다. 대칭 C—O—C 신축도 지방족 에스터의 경우 1160과 1000 cm^{-1} 사이에 강한 밴드를 보인다.

12-13 질소 포함 화합물

12-13a 개론

일차 또는 이차 아민이나 아마이드의 존재는 3350과 3200 cm^{-1} 사이의 NH_2와 NH 기의 신축 흡수로 감지된다. 이와는 대조적으로 3차 아민과 아마이드는 N—H 기가 없기 때문에 더욱 인지하기 어렵다. 나이트릴과 나이트로 화합물도 역시 2250과 1530 cm^{-1}에서 각각 특징적인 IR 흡수 밴드를 나타낸다. 아이소사이안산과 카보다이이미드는 2260과 2140 cm^{-1}에서 강한 각각 IR 밴드를 보이며, 이 영역에는 거의 다른 기들의 흡수가 일어나지 않는다. 옥심과 이민 및 아조 화합물은 1700과 1600 cm^{-1}에서 —C=N— 또는 —N=N—의 신축 진동의 약한 IR 밴드를 나타낸다.

12-13b 아미노산, 아민, 아민 할로젠화수소화물

질소를 포함하는 세 가지 종류의 화합물(아미노산, 아민, 아민 할로젠화수소화물)은 특징적인 넓은 흡수 밴드를 생기게 한다. 이들 중에서 가장 눈에 띄는 것이 아미노산의 IR 스펙트럼으로 극도로 넓은 밴드가 3000 cm^{-1}을 중심으로 2200 cm^{-1}까지 확장되어 발견된

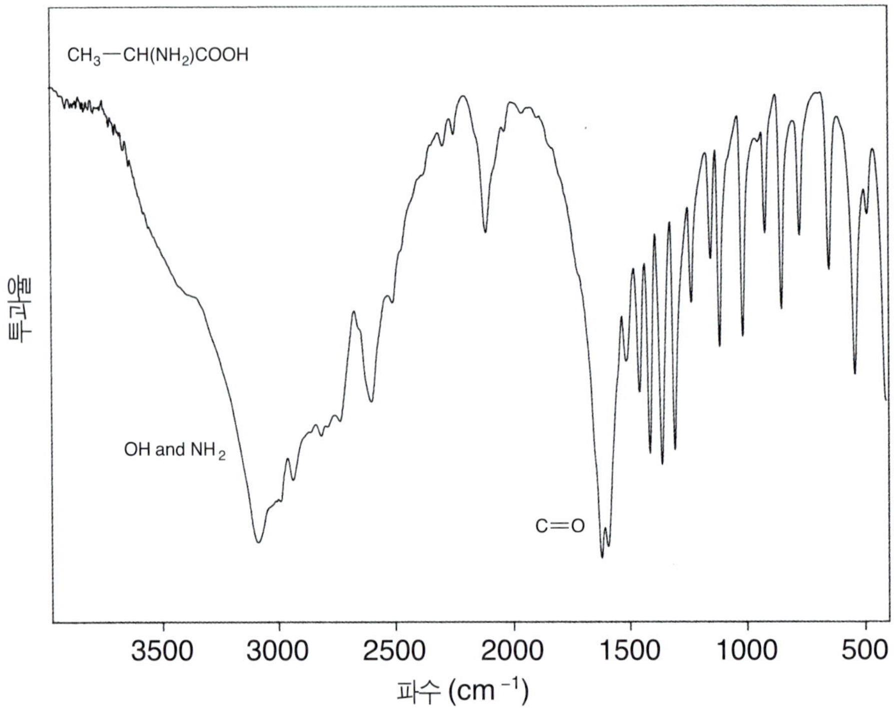

그림 12-20 아미노산 L-alanine의 IR 스펙트럼

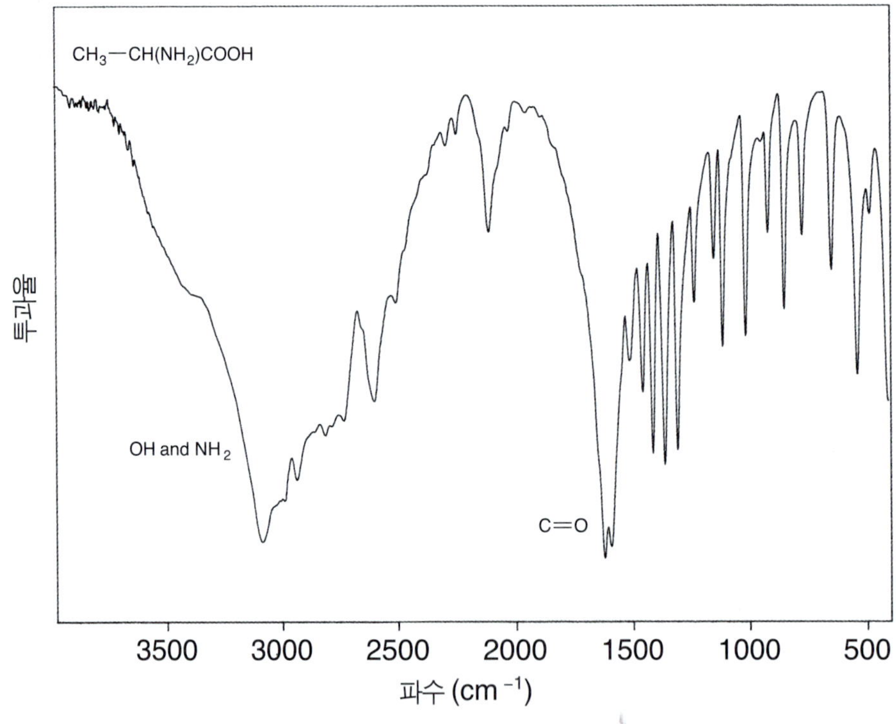

그림 12-21 3차 아민의 할로젠화수소화물 : (2-chloroethyl) dimethylamine hydrochloride

다(그림 12-20). 아민의 할로젠화수소화물도(암모늄 할로젠화물) 유사한 매우 넓은 밴드를 주며, 낮은 진동수 쪽에서 나타난다. 밴드의 중심은 아미노산에서 더 낮은 경향이 있으며, 특히 3차 아민 할로젠화수소화물의 경우에는 밴드의 중심이 2500 cm^{-1}까지 낮아진다. 사실은 이 밴드는 3차 아민의 할로젠화수소화물의 존재를 밝히는 매우 유용한 지표가 된다(그림 12-21).

아미노산과 1차 아민의 할로젠화수소화물은 1600 cm^{-1} 부근에 —NH$_3^+$의 변형과 500 cm^{-1} 부근에 —NH$_3^+$ 비틀림의 조합으로 생각되는 약하지만 특징적 밴드를 2200과 2000 cm^{-1}(그림 12-21) 사이에 갖는다. 일차 아민은 830 cm^{-1} 부근을 중심으로 꽤

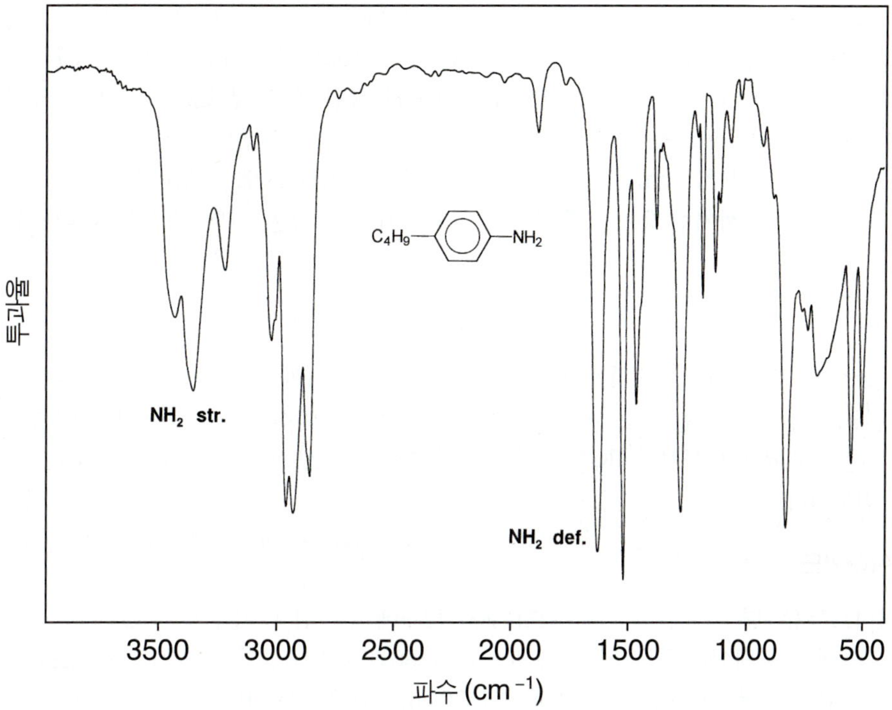

그림 12-22 아닐린 유도체: 4-butylaniline의 IR 스펙트럼

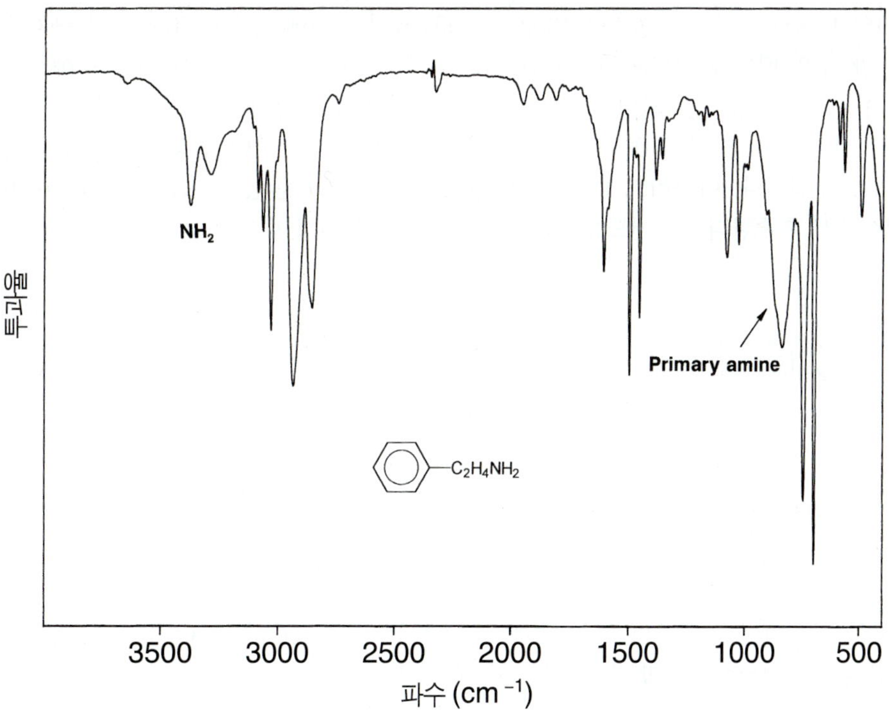

그림 12-23 벤젠 고리에 연결된 지방족 아민 : phenethylamine의 IR 스펙트럼

넓은 IR 스펙트럼 밴드를 갖는 반면에 2차 아민의 진동수는 100 cm^{-1} 정도 낮다(그림 12-7d와 12-7e 참조). 이 밴드는 3차 아민과 아민의 할로젠화수소화물에는 없다.

12-13c 아닐린

아닐린에서는 지방족 아민에 나타나는 830~730 cm^{-1}의 넓은 특징적 밴드가 없어 벤젠의 동일면이 아닌 변형 진동이 관측된다. 이 밴드에 따라 고리의 치환 형태를 결정할 수 있다. 물론 지방족 아민이 벤젠에 탄소 사슬을 통해 연결되면 특징적인 아민 밴드와 CH 변형 형태가 모두 존재한다.

그림 12-22에는 아닐린 유도체의 IR 스펙트럼이 나타나 있고, 그림 12-23에는 벤젠에 연결된 지방족 아민의 스펙트럼이 있다. 벤젠 고리는 3100과 3000 cm^{-1} 사이의 CH 신축 밴드와 850과 700 cm^{-1} 사이의 동일면이 아닌 CH 굽힘 밴드 및 2000과 1700 cm^{-1} 사이의 치환 형태 진단 밴드를 통하여 쉽게 알아낼 수 있다. 동일면이 아닌 굽힘 밴드의 영역은 그림 12-22처럼 825 cm^{-1}의 단일 밴드가 파라-이치환된 벤젠 고리의 존재를 의미하며, 그림 12-23에서처럼 740과 700 cm^{-1} 사이에 이중선은 단일 치환을 나타낸다 (12-8절).

12-13d 나이트릴

포화 나이트릴은 2250 cm^{-1} 근처에서 약하게 IR을 흡수하지만 라만 스펙트럼에서는 강한 밴드를 보인다. 이중결합이 C≡N 기에 연결된(콘쥬게이션이 된) 불포화나 방향족 나이트릴기는 포화된 화합물보다 IR에서 더 강하게 흡수하며, 밴드는 조금 낮은 2230 cm^{-1} 근처에서 진동한다.

12-13f 아마이드

이차 아마이드는(*N*-단일 치환된 아마이드) 구조 12-9에 주어진 것처럼 C=O와 N—H 기가 서로 트랜스 관계이다. 카보닐 신축 모드는 1680과 1640 cm^{-1}(아마이드 I 밴드) 사이에서 강한 IR 밴드를 생기게 한다. 1560과 1530 cm^{-1}(아마이드 II 밴드) 사이에서 생기는 두 번째 강한 밴드는 NH 굽힘과 C—N 신축 진동의 짝지음에 기인한다고 믿어진다. 구조 12-9의 트랜스 아마이드 연결은 1300과 1250 cm^{-1} 사이에 흡수와 700 cm^{-1} 근처를 중심으로 한 넓은 밴드를 생기게 한다(그림 12-7f 참조). 락탐과 같은 고리 화합물에서는 아마이드가 시스 형태로 연결되며, 이러한 경우에 강한 NH 신축 밴드가 3200 cm^{-1} 근처에서 나타나며, 좀 더 약한 3100 cm^{-1} 부근의 조합 밴드는 C=O 신축과 NH 굽힘의 동시 여기를 포함한다. 아마이드 II 밴드는 없지만 시스 NH 굽힘 모드는 1500과 1450 cm^{-1} 사이에서 흡수한다. 이 밴드는 CH_2나 반대칭 CH_3 변형 밴드와 혼동되기도 한다.

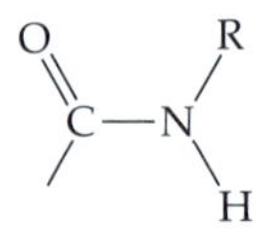

12-9

12-14 인과 황을 포함하는 화합물

12-14a 개론

유기 화합물에서 인이 존재하면 P—H, P—OH, P—O—C, P=O, P=S 기에서 생기는 IR 흡수 밴드로 감지할 수 있다. 방향족 고리에 직접 연결된 인 원자도 역시 잘 특성화되어 있다. 표 12-7에는 다양한 화합물에 있는 일반적인 진동수가 주어져 있다. 이러한 기들은 P=S 기를 제외하면 매우 강하거나 강한 흡수를 보인다. 라만 스펙트럼도 이 기의 감지에 매우 중요하며, 700과 600 cm^{-1} 사이에서 진동수를 갖는다.

SO_2와 SO 기는 1400과 1000 cm^{-1} 사이에서 강한 IR 밴드를 생기게 한다. 황을 포함하는 C—S, S—S와 S—H 결합은 매우 약한 IR 흡수를 보여 이러한 기의 확인에는 라만 스펙트럼이 필요하다. 표 12-7에는 황을 포함하는 기들의 특징적 진동수가 주어져 있다. C=S 기는 표에 없는데, 그 이유는 C=S 신축 진동이 변함없이 분자에서 다른 기의 진동과 짝지음을 하기 때문이다. 1400과 850 cm^{-1} 사이의 진동수가 이 기에 해당되며, 싸이오아마이드는 낮은 쪽의 끝에서 나타난다. 보통 C=S 기를 포함하는 IR 밴드는 약하다.

표 12-7 인과 황을 포함하는 특징적 IR 작용기 진동수

작용기 또는 종류	범위 (cm^{-1})와 세기[a]	할당 및 설명
P—H 기		
인의 산과 에스터	2425~2325 (m)	P—H 신축
포스핀	2320~2270 (m)	P—H 신축, 날카로운 밴드
	1090~1080 (m)	PH_2 변형
	990~910 (m-s)	P—H 앞뒤흔듦
P—OH 기		
인산, 인의 산,	2700~2100 (w)	OH 신축; 하나 또는 두 개의 넓은 밴드
에스터, 인산염	1040~920 (s)	P—OH 신축
P—O—C 기		
지방족 화합물	1050~950 (vs)	반대칭 P—O—C 신축
	830~750 (s)	대칭 P—O—C 신축 (메톡시와 에톡시인 화합물만 해당)
방향족 화합물	1250~1160 (vs)	방향족 C—O 신축
	1050~870 (vs)	P—O 신축
P—C 기		
방향족 화합물	1450~1430 (s)	P가 고리에 직접 연결된 경우; 날카로운 밴드
4차 방향족	1110~1090 (s)	P^+가 고리에 직접 연결된 경우; 날카로운 밴드
P=O 기		
지방족 화합물 RO(P=O)—	1260~1240 (s)	강하고 날카로운 밴드
방향족 화합물 ArO(P=O)—	1350~1300 (s)	낮은 진동수 (1250~1180 cm^{-1}); OH 기가 P 원자에 붙어 있을 때
포스핀 옥사이드	1200~1140 (s)	P=O 신축
S— 기		
싸이올 (머캅탄)	2580~2500 (w)	S—H 신축; 라만에서 강함
C—S 기	720~600 (w)	C—S 신축; 라만에서 강함
S—S 기		
다이설파이드	550~450 (vw or absent)	S—S 신축; 라만에서 강함
S=O 기		
설폭사이드	1060~1020 (vs)	S=O 신축
다이알킬 설파이트	1220~1190 (vs)	S=O 신축
SO_2기		
설폰, 설폰아마이드	1390~1290 (vs)	SO_2 반대칭 신축
설폰산, 설포네이트	1190~1120 (vs)	SO_2 대칭 신축
설폰닐 클로라이드		
S—O—C 기		
다이알킬 설파이트	1050~850 (vs)	S—O—C 신축 (2개 밴드)
황산염	1050~770 (vs)	2개나 그 이상 밴드

[a]주: s = 강함; m = 중간; w = 약함; v = 매우

12-14b 인의 산과 에스터

인의 산은 P—OH 기를 가지며, 2700과 2100 cm^{-1} 사이에서 하나 또는 두 개의 넓은 중간 정도 세기의 밴드를 갖는다. P—OH 기를 갖는 인의 에스터나 산염도 같은 영역에서 흡수한다. PH 기는 작고 날카로운 2400 cm^{-1} 근처의 밴드로 알 수 있다. 인의 에톡시(ethoxy)나 메톡시(methoxy) 화합물은 P—O—C 연결을 갖는 다른 지방족 화합물과 같이 1050과 950 cm^{-1} 사이에서 강하고 매우 넓은 밴드를 보여 준다. P=O 결합은 강한 1250 cm^{-1} 밴드로 알 수 있다.

그림 12-24 지방족 싸이올의 IR 스펙트럼

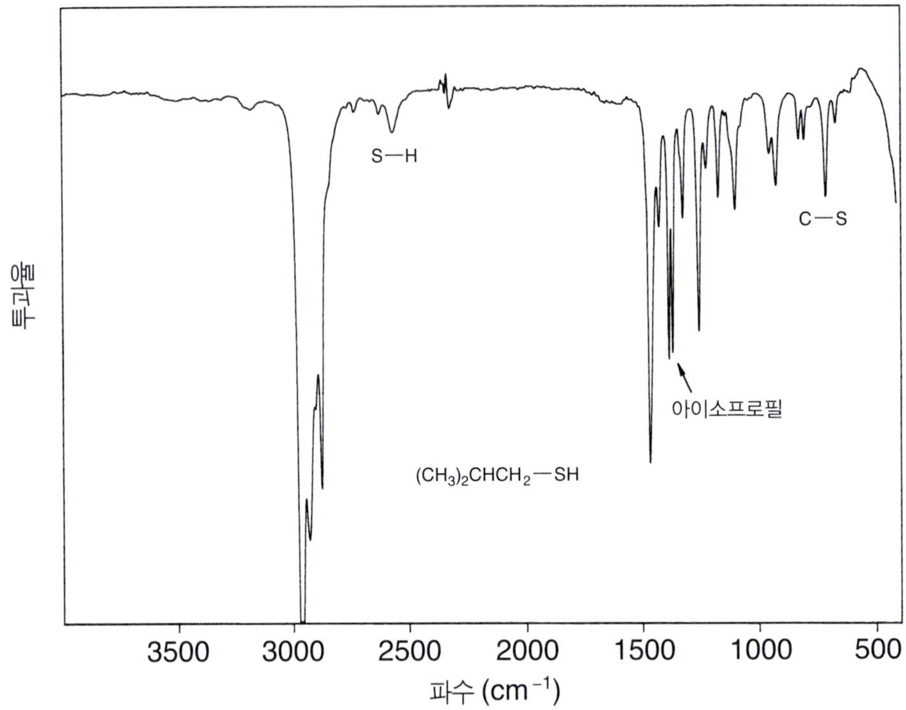

12-14c C—S, S—S, S—H를 포함하는 화합물

C—S와 S—S 결합을 포함하는 화합물의 라만 스펙트럼은 700과 600과 500 cm^{-1} 사이에서 강한 선을 보인다. 특별히 S—S 기의 진동수는 IR에서 없거나 매우 약하다. S—H 신축 밴드는 2500 cm^{-1} 근처에서 보통 매우 약한 IR 흡수를 보이지만 라만 스펙트럼에서는 높은 선을 보인다. 그림 12-24에는 간단한 지방족 싸이올의 스펙트럼이 주어져 있으며 S—H 신축은 2530 cm^{-1}에서 C—S 신축은 700 cm^{-1} 부근에서 볼 수 있다. 아이소프로필기를 갖는 화합물은 1375 cm^{-1}을 중심으로 강한 밴드를 보이며, 이는 두 메틸기의 변형에 기인한다 (12-9b절).

12-14d S═O 기를 포함하는 화합물

설폭사이드에서 S═O 기의 신축 진동은 1050 cm^{-1} 근처에 넓고 강한 IR 흡수를 생기게 한다. 알킬 설파이트의 스펙트럼에서 S═O 신축이 1200 cm^{-1} 부근에서 관측된다. SO_2 기를 갖는 설폰은 매우 강한 두 밴드를 1369~1290 cm^{-1} (반대칭) 와 1170~1120 cm (대칭) 에 생기게 한다.

설포닐 할라이드의 SO_2 신축 진동수는 전기음성도의 할로젠 원자 때문에 설폰보다 50 cm^{-1} 높다. 설폰산의 IR 스펙트럼에서는 OH 신축이 3000과 2000 cm^{-1} 사이에서 관측된다. 대칭과 반대칭 SO_2 신축 모드는 1350 cm^{-1} 부근과 1200과 1100 cm^{-1} 사이에서 알킬과 아릴 설폰산과 설포네이트에서 강한 두 개의 밴드를 갖는다.

12-15 헤테로원자고리 화합물

12-15a 개론

질소와 산소 또는 황을 포함하는 헤테로원자고리 화합물은 세 종류의 작용기 진동수를 보여 줄 수 있다: CH나 NH를 포함하는 진동수, 고리 운동을 포함하는 진동수, 고리의 치환체에 의한 진동수. IR과 라만 스펙트럼으로 헤테로원자고리 화합물을 확인하기는 어려운 일이다. 표 12-8에 헤테로원자고리 화합물의 특징적인 진동수를 수록하였다. 질소를

표 12-8 헤테로원자고리 화합물들의 특징적 IR 진동수

화합물의 종류	범위 (cm^{-1})와 세기[a]	할당 및 설명
Azoles (imidazoles, isoxazoles,	3300~2500 (s, br)	수소 결합한 NH 신축; 카복실산과 유사함
oxazoles, pyrazoles, triazoles,	1650~1380 (m-s)	3개의 고리 신축 밴드
tetrazoles)	1040~980 (s)	고리 호흡
Carbazoels	3490~3470 (vs)	NH 신축 (묽은 용액, 비극성 용매)
1,4-Dioxanes	1460~1440 (vs)	CH_2 변형
	1400~1150 (s)	CH_2 뒤틀림과 앞뒤흔듦
	1130~1000 (m)	고리 모드; 라만에서 강함
	850~830 (w)	라만에서 매우 강함
퓨란	3140~3120 (m)	CH 신축; 대개의 방향족보다 더 높음
	1600~1400 (m-s)	고리 신축 (3개 밴드)
	770~720 (vs)	치환체가 많아지면 밴드가 약해짐
인돌	3470~3450 (vs)	NH 신축
	1600~1500 (m-s)	2개 밴드
	900~600 (vs)	5,6각형 고리에 기인한 치환 형태를 보임
피리딘 (일반)	3080~3020 (w-m)	CH 신축; 여러 밴드
	2080~1670 (w)	조합 밴드
	1615~1565 (s)	고리의 C=C와 C=N 신축에 기인한 2개 밴드
	1030~990 (s)	고리 호흡
2-치환	780~740 (s)	CH 동일면이 아닌 변형
	630~605 (m-s)	동일면 고리 변형
	420~400 (s)	동일면이 아닌 고리 변형
3-치환	820~770 (s)	CH 동일면이 아닌 변형
	730~690 (s)	고리 변형
	635~610 (m-s)	동일면 고리 변형
	420~380 (s)	동일면이 아닌 고리 변형
4-치환	850~790 (s)	CH 동일면이 아닌 변형
이치환	830~810 (s)	CH 동일면이 아닌 변형에 기인한 2개 밴드
	740~720 (s)	
삼치환	730~720 (s)	CH 동일면이 아닌 변형
피리미딘	1590~1370 (m-s)	고리 신축; 4개 밴드
	685~660 (m-vs)	고리 변형
피롤	3480~3430 (vs)	NH 신축; 가끔은 날카로운 밴드
	3130~3120 (w)	CH 신축; 정상보다 높음
	1560~1390 (variable)	고리 신축; 보통 3개 밴드
	770~720 (s, br)	CH 동일면이 아닌 변형
싸이오펜 (Tiophenes)	1590~1350 (m-vs)	고리 신축 모드에 기인한 여러 밴드
	810~680 (vs)	CH 동일면이 아닌 변형; 피롤과 퓨란보다 낮음
트라이아진 (Triazines)	1560~1520 (vs)	고리 신축 모드에 기인한 2개 밴드
	1420~1400 (s)	
	820~740 (s)	CH 동일면이 아닌 변형

[a]주: s = 강함; m = 중간; w = 약함; v = 매우

함유하는 헤테로원자고리 화합물은 보통 —C=N—로부터 생기는 강한 라만 스펙트럼을 갖는다.

12-15b 방향족 헤테로원자고리

피리딘과 같이 방향족 헤테로원자고리 화합물에 있는 탄소 원자에 있는 수소 원자는 3100과 3000 cm^{-1} 사이에서 CH 신축 모드를 생기게 한다. 벤젠 유도체와 유사하게 특

징적인 신축 모드가 1600과 1000 cm^{-1} 사이에서 관측된다. 평면에 있지 않은 변형 CH 진동은 강한 IR 밴드를 1000과 650 cm^{-1} 사이에서 생기게 한다. 어떤 경우에는 이러한 형태가 헤테로원자고리에 있는 치환의 특징적 유형을 볼 수 있다. 이러한 예는 퓨란, 인돌, 피리딘, 피리미딘, 퀴놀린에서 볼 수 있다. 방향족 헤테로원자고리 화합물에서 동일면 굽힘 모드도 역시 여러 개의 밴드를 1300과 1000 cm^{-1} 사이에서 갖는다. 벤젠 유도체에서 CH 진동과 관련된 헤테로원자고리 화합물의 유사한 모드는 서로 연관이 있고, 또한 유용한 구조 결정 정보를 준다.

조합과 배진동 밴드는 IR 스펙트럼의 2000과 1750 cm^{-1}에서 관측된다. 이러한 밴드는 벤젠 유도체에서 관측되는 밴드(표 12-5 참조)와 유사하고 치환 위치에 대한 특징이 있다. 질소를 포함하는 방향족 헤테로원자고리 화합물에서는 짝지은 C=C와 C=N 신축 모드가 여러 개의 특징적인 진동을 생기게 하며, 헤테로원자고리 화합물이 아닌 경우와 유사하고 강한 라만 선을 생기게 한다. 고리-신축 모드는 1600과 1300 cm^{-1} 사이의 영역에서 발견된다. 다른 골격 고리 모드는 1000 cm^{-1} 부근의 고리-숨쉼 모드와 700과 600 cm^{-1} 사이의 동일면 고리 변형과 700과 300 cm^{-1} 사이에서 관측되는 동일면이 아닌 고리 변형 모드를 포함한다.

비방향족 헤테로원자고리 화합물은 보통 하나 이상의 CH_2 기가 있다. 신축과 변형(가위질) 모드는 보통의 영역(12-10절)에서 밴드를 생기게 한다. 앞뒤흔듦, 뒤틀림과 좌우흔듦 모드는 그러나 고리의 골격 모드와 상호작용하여 넓은 영역에서 진동수가 관측된다.

12-15c 피리미딘과 퓨린

피리미딘(12-10)과 퓨린(12-11)은 1640과 1520 cm^{-1} 사이의 IR에서 고리의 C=C와 C=N 신축 때문에 강하게 흡수한다.

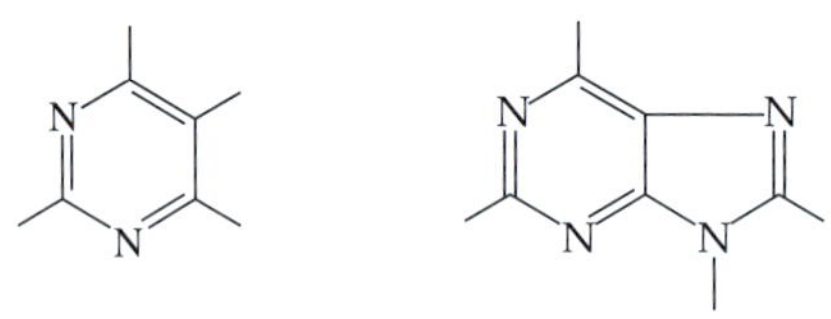

12-10 **12-11**

1630 cm^{-1} 근처의 밴드는 C=N 신축 때문이고, 1580과 1520 cm^{-1} 사이의 두 번째 밴드는 C=C 신축에 기인한다. 보통 C=N 신축은 헤테로원자고리 화합물에서 강한 라만 선을 생기게 한다. 피리미딘과 퓨린은 보통 700과 600 cm^{-1} 사이에서 동일면이 아닌 굽힘 때문에 흡수 밴드를 갖는다. 질소의 헤테로원자고리 화합물은 *N*-oxide를 형성할 수 있으며, 이는 1280 cm^{-1} 근처에서 특징적인 강한 IR 밴드를 갖는다.

12-15d 오각형 고리 화합물

피롤, 퓨란, 싸이오펜은 일반적으로 1580 cm^{-1} 부근에 C=C 신축 때문에 IR 스펙트럼에서 하나의 밴드를 갖는다. 800과 700 cm 사이에서 CH=CH 기의 동일면이 아닌 변형 진동 때문에 시스-이치환 알켄과 유사하게 강한 밴드가 관측된다. 피롤의 스펙트럼에서는 수소 결합한 N—H 신축 모드 때문에 3400과 3000 cm^{-1} 사이에서 넓고 강한 밴드가 관측된다. Furan은 1610~1560 cm^{-1}, 1520~1470 cm^{-1}, 1400~1390 cm^{-1}의 범위에서 중간에서 강한 고리 신축 진동의 IR 밴드를 갖는다. 모든 퓨란은 595 cm^{-1} 부근에서 강한 흡수를 보이며, 이는 고리의 변형 모드에 기인한다.

싸이오펜은 3100과 3000 cm^{-1}(CH 신축) 사이, 1550과 1200 cm^{-1}(고리 신축) 사이, 750과 650 cm^{-1}(동일면이 아닌 C—H 굽힘) 사이에서 IR을 흡수한다. 일반적으로

thiophene의 IR 스펙트럼은 동일면이 아닌 고리 변형 때문에 530과 450 cm^{-1} 사이에서 밴드를 갖는다.

12-15e NH 신축 밴드

헤테로원자고리 질소 화합물의 스펙트럼은 2차나 3차 아민기에 기인한 밴드를 가질 수 있다. 피롤, 인돌, 카바졸은 비극성 용매에서 NH 신축 진동을 3500과 3450 cm^{-1} 사이에서 강한 IR 밴드를 갖는다. 피롤리딘이나 피페리딘과 같은 포화 헤테로원자고리 화합물은 낮은 진동수를 보인다. 아졸(azole)은 수소 결합한 NH 신축 밴드가 매우 넓은 3300과 2500 cm^{-1} 사이에 있으며, 이 밴드는 카복실산의 넓은 OH 신축 밴드와 혼동되기도 한다.

12-16 할로젠을 포함하는 화합물

12-16a 개론

작용기 옆에 할로젠 원자가 있으면 자주 진동수를 상당히 이동시킨다. 플루오린은 이점에서 특히 중요하며, 플루오린이 있다면 특히 IR과 라만 스펙트럼으로부터 결론을 내는 데 매우 신중해야 한다. 탄소-플루오린 신축 밴드는 IR에서 매우 강하며, 보통 1350과 1100 cm^{-1} 사이에서 나타나지만 라만에서는 매우 약한다. 스펙트럼의 이 지역에서 흡수하는 다른 작용기는 CF 신축 밴드에 묻힐 수 있으며, 라만 스펙트럼에서 감지할 수 있다. 대칭인 C—F 신축 모드는 많은 경우 일반적인 1350과 1100 cm^{-1}보다 더 낮다.

12-16b CH_2X 기

CH_2X 기를 포함하는 화합물에 있는 CH_2 앞뒤흔듦 모드는 X에 따라서 진동수가 변하는 강한 밴드를 생기게 한다. X가 염소이면 1350과 1250 cm^{-1}에서, 브로민은 1230 cm^{-1}에서, 아이오딘의 경우에는 1170 cm^{-1} 부근에서 밴드가 관측된다.

12-16c Perhaloalkyl 기

Perhaloalkyl 기에서 하나의 탄소 원자에 할로젠이 하나 이상 존재하면 C—X 신축 진동수를 가능 범위의 높은 끝으로 이동시킨다. —CCl_3 기의 반대칭 신축 진동수는 IR 스펙트럼에서 830과 700 cm^{-1} 범위에 밴드를 생기게 한다.

12-16d 방향족 할로젠 화합물

방향족 고리에 할로젠이 있으면 할로젠 원자의 질량에 민감한 진동을 한다. 벤젠 고리 진동 중에서 하나가 치환 원자의 운동에 기인하며, 1250과 1100 cm^{-1} 사이에 밴드를 생기게 한다. 치환체가 플루오린이면 1250과 1100 cm^{-1}에서, 염소이면 1100과 1040 cm^{-1}에서, 브로민이면 1070과 1020 cm^{-1}에서 나타난다.

12-17 붕소, 규소, 주석, 납, 수은 화합물

붕소-탄소와 규소-탄소 신축 모드는 골격 모드와 짝지음을 하여 일반적으로 잘 감지되지 않는다. 그러나 phenylboron 화합물에서 C—B—C 반대칭 신축 모드는 1280과 1250 cm^{-1} 사이에서 강한 IR 밴드를 주며, 방향족 고리에 연결된 규소 원자는 1430과 1100 cm^{-1} 근처에서 강한 두 개의 밴드를 준다. 표 12-9에는 중요한 자료가 수록되어 있다.

유기붕소 화합물에서 B—O와 B—N 결합은 1430과 1330 cm^{-1}에서 매우 강한 IR 밴드를 준다. Si—O—C 진동은 매우 강한 IR 흡수를 주며, 종종 1100과 1050 cm^{-1} 범위에서 매우 넓다. B—CH_3와 Si—CH_3 대칭 CH_3 변형 모드는 각각 1330과 1280

표 12-9 규소와 붕소 화합물의 일부 IR 작용기 진동수

	작용기	범위(cm^{-1})와 세기[a]	할당 및 설명
붕소	BOH	3300~3200 (s)	수소 결합한 OH 신축 때문에 넓은 밴드
	BH와 —BH_2	2650~2350 (s)	—BH_2 신축의 이중선
		1200~1150 (m-s)	B—H 굽힘의 —BH_2 변형
		980~920 (m)	—BH_2 앞뒤흔듦
		ca. 1430 (m-s)	벤젠 고리 진동
	B—N	1460~1330 (vs)	B—N 신축; borazine과 aminoborane
	B—O	1380~1310 (ws)	B—O 신축; 붕산과 붕산의 음이온
	C—B—C	1280~1250 (vs)	C—B—C 반대칭 신축
규소	—SiOH	3700~3200 (s)	OH 신축, 알코올과 유사함
		900~820 (s)	Si—O 신축
	—SiH, SiH_2,와 —SiH_3	2150~2100 (m)	Si—H 신축
		950~800 (s)	Si—H 변형과 앞뒤흔듦
	Si—Ar	ca. 1430 (m-s)	고리 모드
		ca. 1100 (vs)	고리 모드
	Si—O—C (지방족)	1100~1050 (vvs)	Si—O—C 반대칭 신축
	Si—O—Ar	970~920 (vs)	Si—O 신축
	Si—O—Si	1100~1000 (s)	Si—O—Si 반대칭 신축

[a]주: s = 강함; m = 중간; w = 약함; v = 매우

cm^{-1} 사이와 1280과 1250 cm^{-1} 사이에서 나타난다. 금속−CH_3 기의 CH_3 변형에 의하여 유기수은과 유기주석 화합물은 1210과 1180 cm^{-1} 사이에서, 유기납 화합물은 1170과 1150 cm^{-1} 사이에서 밴드를 생기게 한다.

지방족 유기수은 화합물의 수은-탄소 결합은 550과 500 cm^{-1} 사이에서 매우 강한 라만 선을 주는 특성이 있다. 방향족 수은 화합물은 페닐-수은 신축에 따른 밴드가 250과 200 cm^{-1} 사이에 나타난다. 이들 매우 강한 밴드를 묽은 수용액에서 라만 스펙트럼에서 볼 수 있다.

12-18 동위원소 표지 화합물

12-18a 신축 모드에 ^{2}H와 ^{13}C 동위원소 치환의 효과

12-1절에서 이원자 분자의 진동 진동수는 다음 식에 따라 주어졌다. $\nu(cm^{-1}) = 130.3 (k/\mu)^{1/2}$. 여기서 k는 힘 상수($N\,m^{-1}$)이고, μ는 환산 질량$[m_1m_2/(m_1+m_2)]$이다. 동위원소가 치환되면 힘 상수는 변하지 않아 동위원소로 치환된 기의 진동수는 식 12-2와 같이 주어진다.

$$\nu(\text{동위원소}) = \nu(\text{정상})\sqrt{\mu(\text{정상})/\mu(\text{동위원소})} \tag{12-2}$$

CH 기를 예를 들면 μ(정상) = 0.923 amu이다. CD 기의 환산 질량은 μ(동위원소) = 1.714 amu이다. CH 신축은 3000 cm^{-1}에서 관측되지만 유사한 CD 신축은 $3000 \times (0.923/1.714)^{1/2} = 2200\ cm^{-1}$으로 예상된다. 일반적으로 CD 신축 모드에 기인한 밴드는 2300과 2100 cm^{-1} 범위에서 관측된다. 유사한 계산을 X—D 기의 신축 모드 대하여 할 수 있다. ^{13}C 치환에는 라만과 IR 스펙트럼에서 훨씬 작은 변화(밴드의 이동)가 예상된다.

12-18b 굽힘 모드에 중수소 치환 효과

수소가 중수소로 치환되면 모든 형태의 C — H 굽힘 진동에 대략적으로 $0.7\,(1/2)^{1/2} = 0.495$의 계수로 환산할 수 있다. C — H 굽힘 모드에서 밴드가 사라지면 해당하는 C — D 밴드가 나타나는 것보다 일반적으로 분석에 유용하다. 새로운 CD 기의 진동은 C — C 골격 신축과 짝지음이 있으며, 확인이 잘 안 된다. 가장 중요한 CH 기의 진동은 1470과 1400 cm^{-1} 사이의 메틸렌 굽힘 (가위질) 진동과 1385와 1360 cm^{-1} 사이에서 관측되는 대칭 메틸 변형 모드이다.

예를 들면, cyclopentanone의 α 위치에 선택적으로 중수소를 치환하면 IR 스펙트럼에서 관측할 수 있다. 중수소가 치환되지 않은 cyclopentanone의 IR 스펙트럼에서 CH 굽힘의 밴드가 1455와 1406 cm^{-1}에서 보인다. 중수소가 치환된 cyclopentanone-2,2,5,5-d_4에서는 오직 1455 cm^{-1} 밴드만이 나타난다. 이러한 관찰은 1406 cm^{-1} 밴드가 α-메틸렌에 기인하고 1455 cm^{-1} 밴드는 β-메틸렌 기에 기인함을 알 수 있다.

3-pentanone 〔$CH_3CH_2(CO)CH_2CH_3$〕의 IR 스펙트럼은 1461, 1414, 1379, 1365 cm^{-1}에 밴드를 갖는다. 이 화합물에 선택적으로 중수소를 치환하면 IR 스펙트럼에서 일부 밴드가 사라진다. 메틸기가 중수소로 치환되면〔$CD_3CH_2(CO)CH_2CD_3$〕 1461과 1379 cm^{-1} 밴드가 사라지고, CH_2 기가 중수소로 치환되면〔$CH_3CD_2(CO)CD_2CH_3$〕 1414와 1365 cm^{-1} 밴드가 사라진다. 따라서 1461과 1379 cm^{-1} 밴드는 메틸기의 반대칭과 대칭 변형의 밴드이며, 1414 cm^{-1} 밴드는 CH_2 가위질 진동이고, 1365 cm^{-1} 밴드는 C — CO 신축과 짝지음한 메틸렌 진동이다.

12-19 진동 스펙트럼을 위한 문헌 이용

특정 화합물의 IR과 라만 스펙트럼이 알려진 화합물의 스펙트럼과 정확히 일치한다면 그 화합물을 긍정적으로 확인할 수 있다. 이렇게 확인하려면 문헌에서 스펙트럼이나 참고 자료의 모집이 필요하다. 현재 문헌이나 전집을 통하여 이미 발표된 수백~수천 화합물의 스펙트럼을 이용할 수 있다. 이 절에서는 스펙트럼 전집의 원전과 문헌의 원전 및 스펙트럼의 참고 문헌 목록이 주어져 있다.

1. *Sadtler Standard Infrared Spectra*, Sadtler Research Laboratories, Inc., 3314 Spring Garden Street, Philadelphia, PA 19104.
   주요 전집은 프리즘과 회절발 스펙트럼으로 구성되어 있다. 각 권에는 1000개의 스펙트럼을 포함하는 낱장 형식으로 되어 있다. 초기 스펙트럼의 파장 (2~15 μm) 에 비례하는 형식이며, 전집의 색인은 다음 4가지로 구성되어 있다: 화학 종류 (Chemical Classes), 알파벳 (Alphabetical), 분자식 (Molecular Formula) 과 숫자 (Numerical).
2. *The Aldrich Library of FT – IR Spectra*, C. J. Pouchert (ed.), Aldrich Chemical Co., Inc., P.O. Box 355, Milwaukee, WI 53201.
   이 모음집은 알파벳 순서와 분자식의 색인을 갖는 FT-IR 스펙트럼이다.
3. *Selected Infrared Spectral Data*, American Petroleum Institute (API), research Project 44, Department of Chemistry, Texas A&M University, College Station, TX 77843.
   방대한 이 전집은 계속하여 최신 자료로 갱신한다. 예전 자료는 파장으로 되어 있지만 최신 자료는 파수로 표시되어 있다. 이것은 고순도 탄화수소의 가장 광범위한 스펙트럼의 총서이며, 석유화학에서 발견되는 질소와 황 화합물도 포함한다.
4. *Coblentz Society Spectra*, P.O. Box 9952, Kirkwood, MO 63122.
   이 책에는 10,000개 이상의 스펙트럼이 각 권별로 1000 스펙트럼씩 공책 형식으로 되어 있다. 컴퓨터 데이터베이스로서 9500개 이상이 제시되어 있다. http://www.acdslabs.com/products/spec_lab/exp_spectra/spec_libraries/coblentz.html

5. *The Coblentz Society Desk Book of Infrared Spectra*, 2nd ed. C. D. Craver (ed.), The Coblentz Society Inc., P.O. Box 9952, Kirkwood, MO 63122 (1982).
   872 격자 스펙트럼이 화합물의 종류별로 분류되어 있다.
6. *Sadtler Standard Raman Spectra*, Sadtler Research Laboratories, Inc., 3314 Spring Garden Street, Philadelphia, PA 19104.
   평행과 수직 편광 라만 스펙트럼이 IR과 같이 제시되어 있다.
7. *Selected Raman Spectra Data*, American Petroleum Institute (API), Research Project 44, Department of Chemistry, Texas A&M University, College Station, TX 77843.
   이 모음집은 API IR 스펙트럼 (위의 3번)과 같은 형식으로 되어 있다. 여기에는 500개의 수은 증기 램프로 여기한 스펙트럼과 200개 레이저 여기 스펙트럼이 있다.
8. *Thermodynamic Research Center Data Project*, Department of Chemistry, Texas A&M University, College Station, TX 77843.
   주로 석유화합물과 기업에서 사용하는 화학 물질의 스펙트럼이 강조되어 있다.
9. *Characteristic Raman Frequencies of Organic Compounds*, F. E. Dollish, W. G. Fateley, and F. F. Bentley, New York: Wiley-Interscience, 1973.
   108개 대표적인 라만 스펙트럼을 포함하고 있다.
10. *Introductory Raman Spectroscopy*, J. R. Ferraro and K. Nakamoto, San Diego: Academic Press, 1994.
    이 책은 30개 용매의 라만 스펙트럼을 포함하고 있다.
11. *Analytical Chemistry*, **19**, 700-765 (1974) and **22**, 1074-1114 (1950).
    이 2개의 논문에는 291개 탄화수소와 산소를 지니는 화합물의 라만 스펙트럼 진동수의 대한 표와 세기를 포함한다. 스펙트럼은 수은 증기 램프를 사용하여 여기시켰다.
12. *Ramanspektren*, K. F. Kohlrausch, London: Heyden and Sons Ltd., 1972.
    수은 증기 램프를 사용하여 여기한 라만 스펙트럼을 가지고 있다.
13. ACD/NIST IR Database. http://www.acdlabs.com/products/spec_lab/exp_spectra/spec_libraries/nist_ir.html
    이 데이터베이스에는 5200개의 기체상 스펙트럼이 있다.
14. Fiveash Data Management (FDM) Inc. IR Spectral Databases. http://www.acdslabs.com/products/spec_lab/exp_spectra/spec_libraries/fdm_ir.html.
    6000개 이상의 스펙트럼이 수록되어 있다.
15. S. T. Japan ART/IR and FT-IR Databases. http://www.acdlabs.com/products/spec_lab/exp_spectra/spec_libraries/st_japan.html
    80,000개 이상의 스펙트럼이 60개의 개별 데이터베이스로 나눠져 있다.

전집이나 발표된 문헌의 원문을 찾기 위해서는 참고 문헌이 필요하다. 다음 색인 목록이 이 점에서 유용하다. 최종적 근원은 **화학 초록 색인** (*Chemical Abstract Index*)이다. 이 초록에는 스펙트럼이 발표된 논문에 대한 참고 문헌이 주어져 있다. 찾는 절차가 길고, 일부는 전체 스펙트럼이 주어져 있지 않다.

1. *American Society for Testing and Material* (ASTM), distributed by Sadtler Research Laboratories, Inc., 3314 Spring Garden Street, Philadelphia, PA 19104.
   위에 실려 있는 일반적인 전집의 IR 스펙트럼에 대한 광범위한 색인과 1972년까지 전문적인 논문의 IR 스펙트럼 초록을 갖고 있다. 이름과 발표된 IR 스펙트럼 참고 문헌과 분자식 목록 및 일련번호 목록이 있다. 알파벳 순서로 화합물의 이름과 분자식 및 참고 문헌이 있다.

2. *Atlas of Spectral Data and Physical Constants for Organic Compounds*, 2nd ed., J. G. Grasselli and W. M. Ritchey (eds.), CRC Press, Inc., 2000 Coporated Blvd. NW, Boca Raton, FL 33431, 1975.
이 색인에는 22000 화합물의 코드화된 IR 스펙트럼을 포함한다. IR의 강한 밴드와 라만, UV, NMR과 질량 스펙트럼 자료를 수록하였다.
3. H. M. Hershenson, *Infrared Absorption Spectra* (Indices for 1945-1957 and 1958-1962), New York: Academic Press, 1959 and 1964.
IR 흡수 스펙트럼의 36000 참고 문헌이 수록되어 있다. 알파벳 순서로 색인되어 있고 참고 문헌은 66개 논문과 1개 스펙트럼 전집이 있다.

문제

12-1 12개의 원자를 갖는 분자는 몇 개의 정상 진동 모드를 갖는가? 1,3,5-Trifluorobenzene (12개 원자)의 IR 스펙트럼에서 왜 기본 진동에 기인한 10개의 밴드만 갖는가? 다른 10개의 기본은 어떻게 얻을 수 있는가? 이 분자는 왜 20개의 기본을 갖는가?

12-2 이산화 탄소는 3개의 기본 진동을 갖는다: 2350 cm^{-1} (반대칭 C=O 신축), 1335 cm^{-1} (대칭 C=O 신축), 667 cm^{-1} (축퇴된 O=C=O 굽힘). CO_2 기체의 라만 스펙트럼은 1385와 1285 cm^{-1} 근처에 같은 세기의 두 밴드를 갖고 있는 이유를 제시하시오.

12-3 페놀, 카복실산, 아마이드와 같은 화합물의 IR 스펙트럼에서 수소 결합의 효과를 목록으로 제시하시오.

12-4 유기 화합물에서 정상적인 C=O 신축 진동수는 대략적으로 1730 cm^{-1}이다. 산 염화물과 아마이드의 IR 스펙트럼에서 C=O 신축 밴드는 각각 1800과 1650 cm^{-1}에서 나타나는 이유를 설명하시오.

12-5 분자식이 $C_3H_7O_2N$인 alanine, ethyl carbamate, 1-nitropropane의 구조를 밝히시오. 이들 분자에서 아래 주어진 스펙트럼의 특징을 설명하시오.

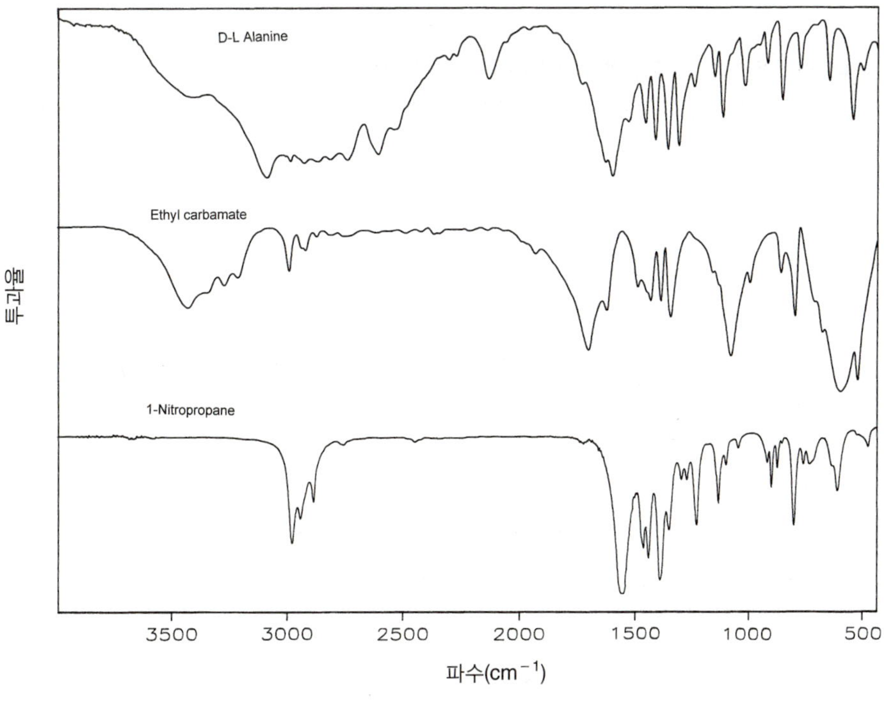

12-6 다음에 주어진 스펙트럼의 화합물은 탄소와 수소만을 갖는다. 화합물의 형태와 가능한 구조를 제시하시오.

(a) 휘발성 액체 탄화수소. 질량 분석기로 결정한 분자량은 84이다.

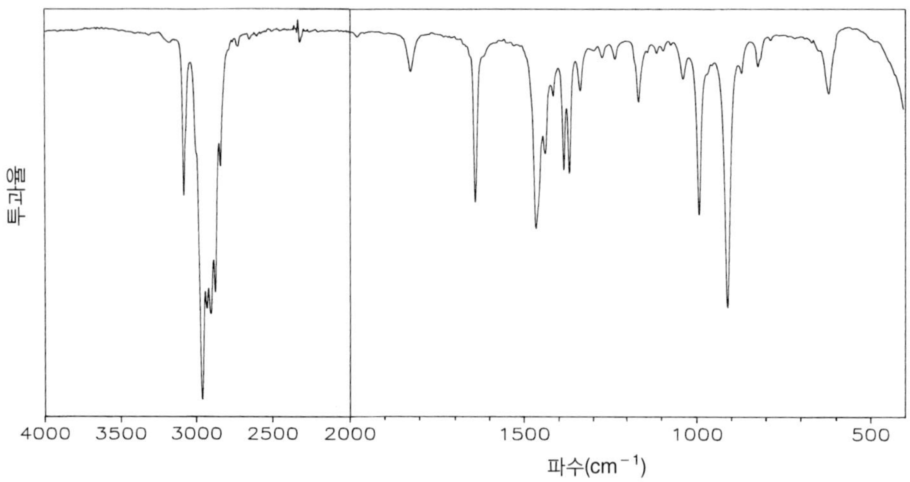

(b) 분자식이 C_7H_{14}인 액체 탄화수소

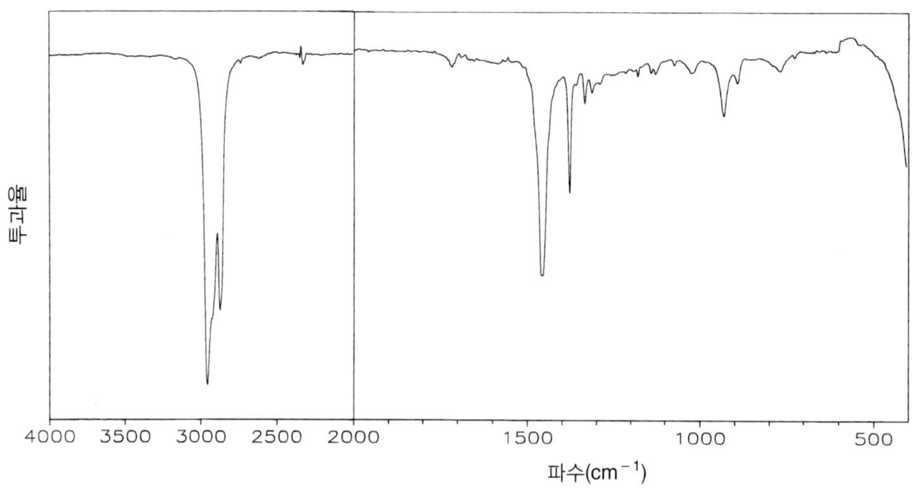

(c) 액체 탄화수소. 끓는점이 159°C이고, 분자량은 120이다.

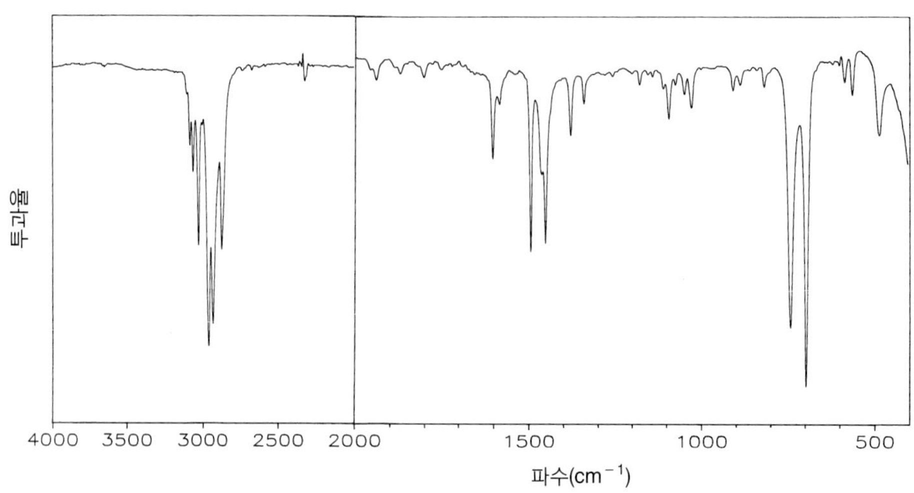

(d) 분자량이 104인 액체 탄화수소

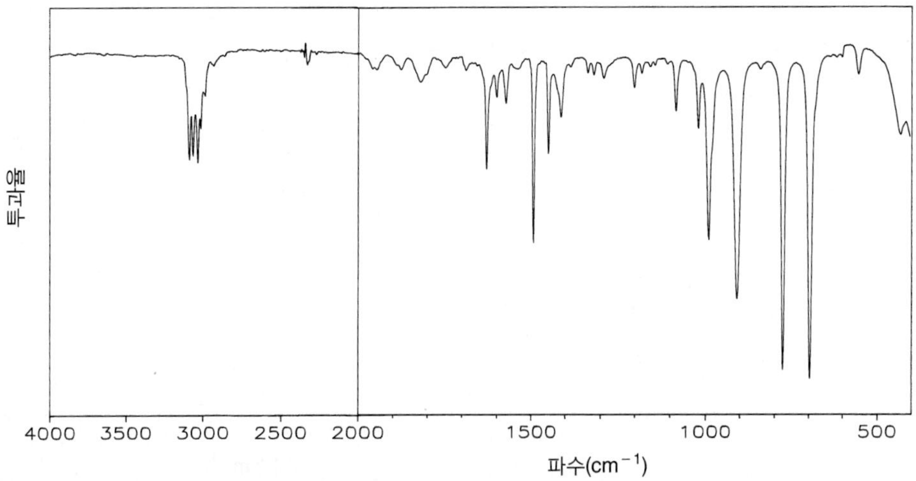

12-7 다음은 C, H, O만 포함하는 화합물의 스펙트럼이다. 각 화합물은 산소를 포함하는 작용기가 하나 있다. 다음 스펙트럼의 구조를 밝히시오.

(a) 분자량이 138이고 높은 끓는점(206°C)을 갖는 액체

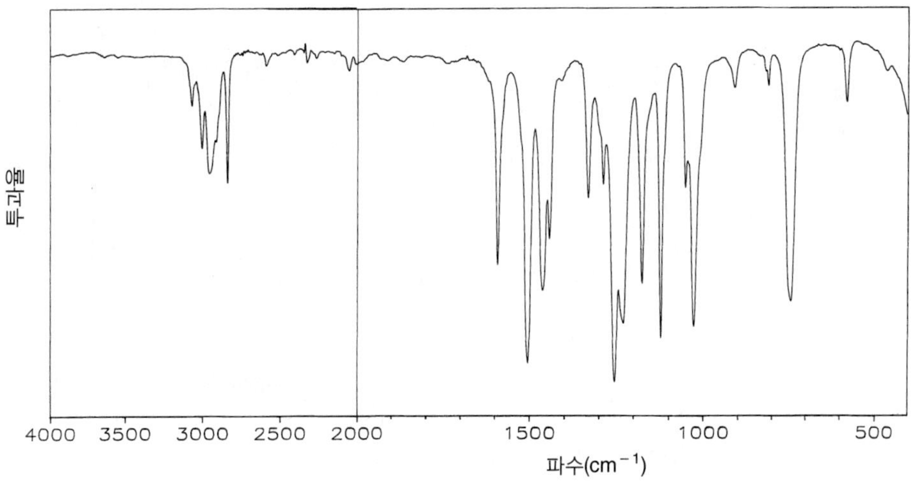

(b) 분자량이 100인 액체 화합물

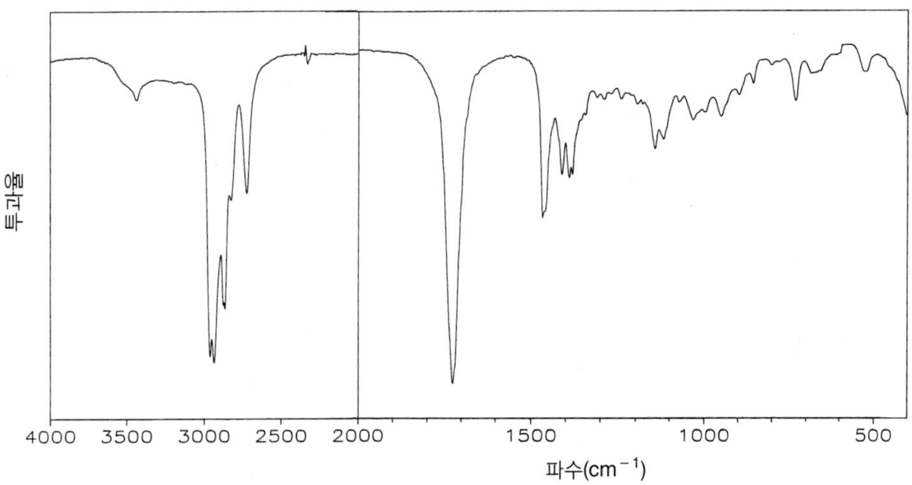

(c) 분자량이 74인 액체 화합물

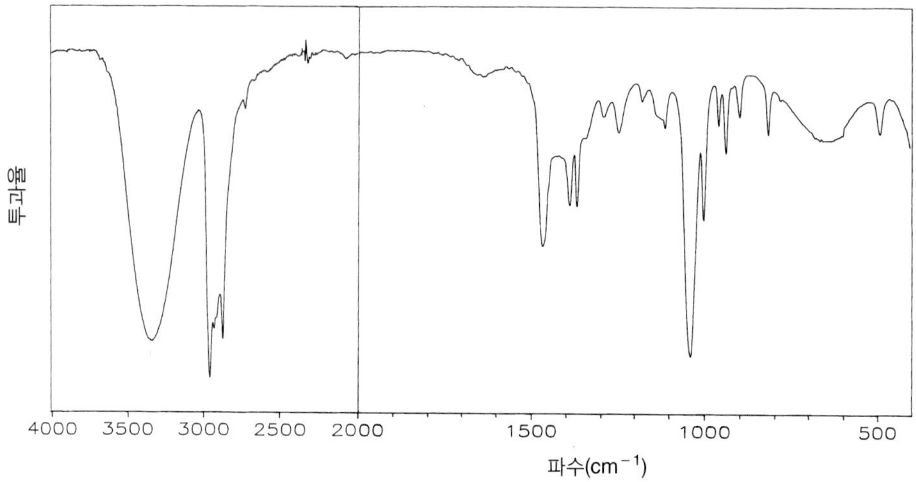

(d) 분자량이 122이고 낮은 녹는점(43°C)을 갖는 고체

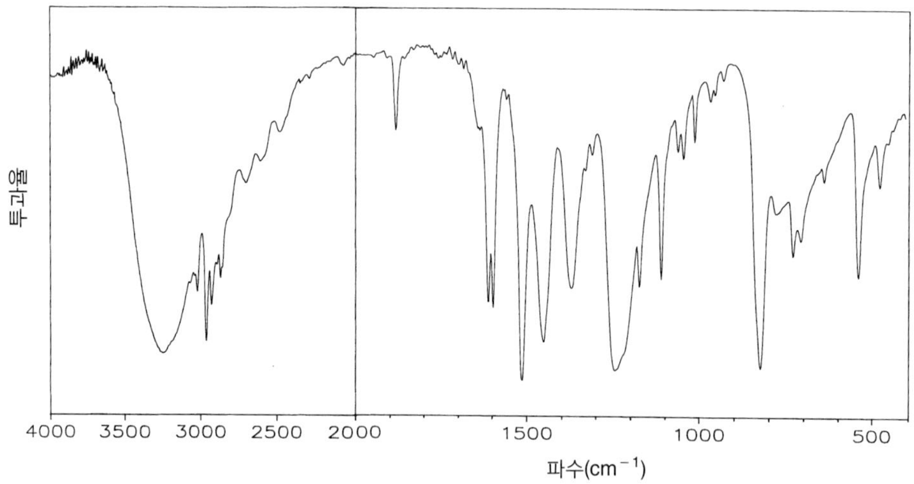

(e) 분자식이 $C_6H_{10}O$이고 끓는점이 155°C인 액체

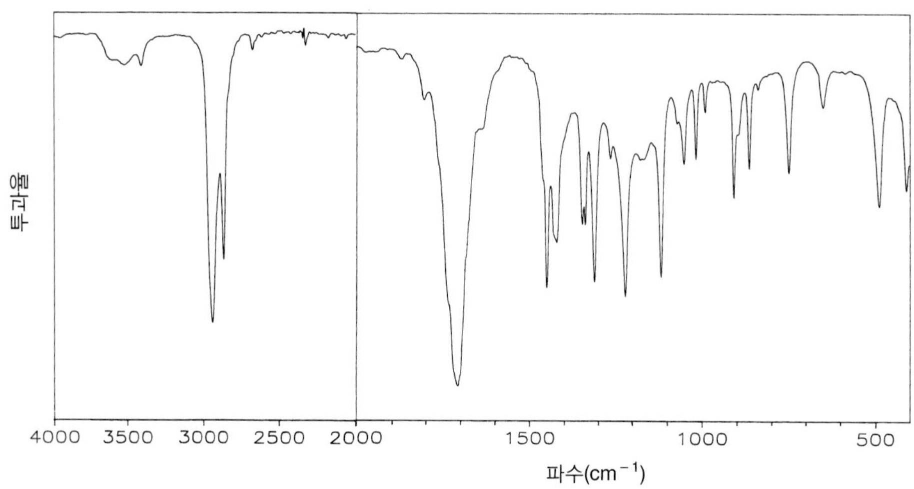

(f) 분자량이 164이고 낮은 녹는점(50~52°C)을 갖는 고체

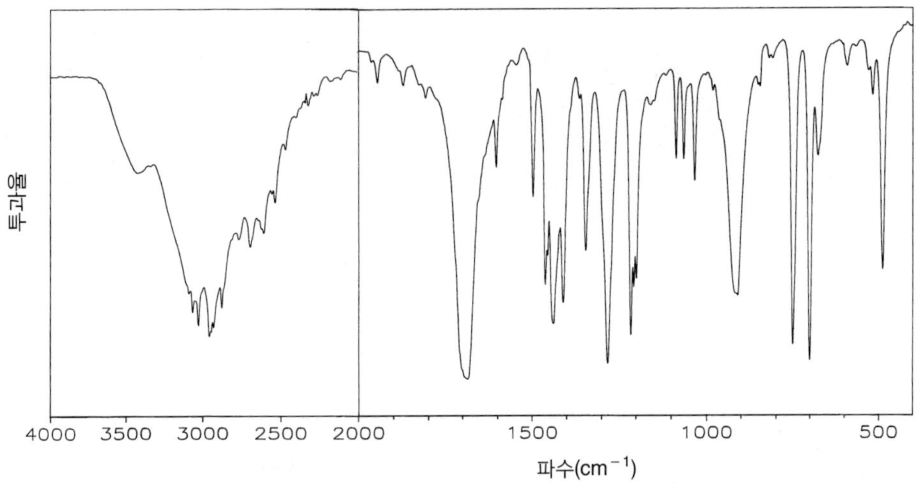

(g) C, H, O만으로 된 방향족 화합물

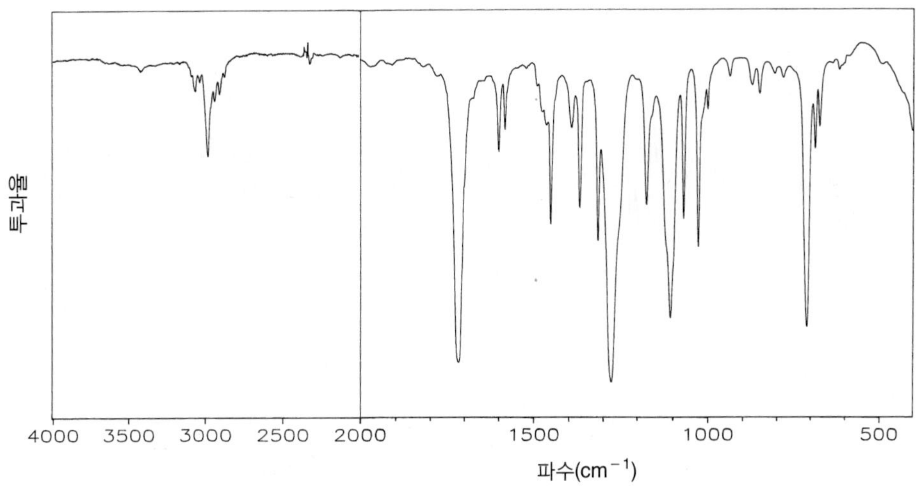

12-8 다음은 C, H, N만 포함하는 화합물의 IR 스펙트럼이다. 각 화합물은 질소를 포함하는 작용기가 하나 있다. 다음 스펙트럼의 구조를 밝히시오.

(a) 분자량이 103인 화합물

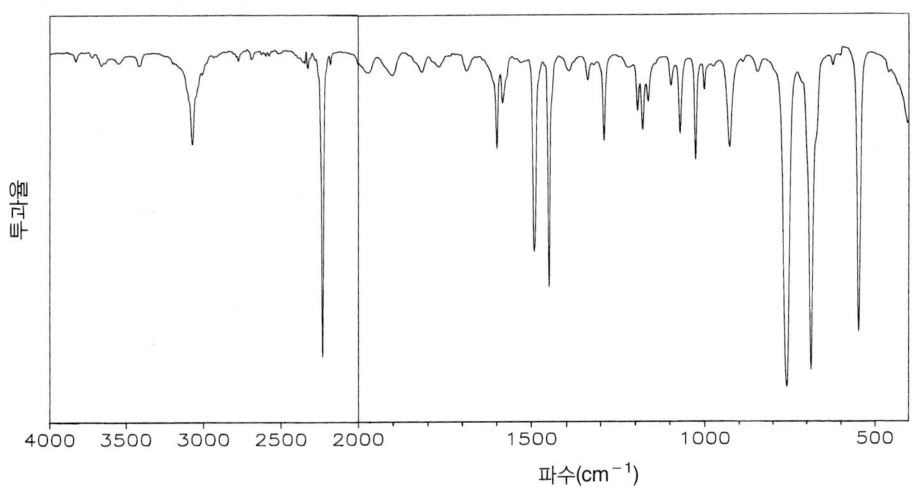

(b) 분자량이 101인 액체 화합물

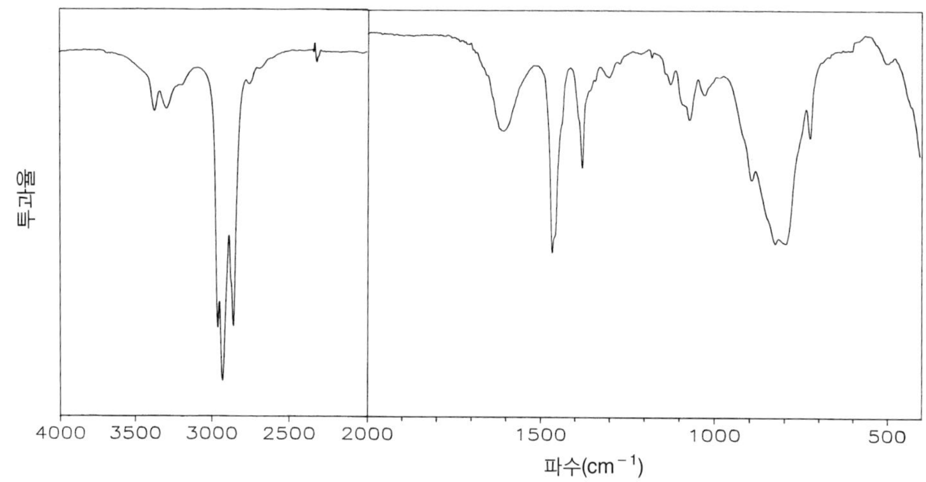

(c) 분자식이 $C_{10}H_{15}N$인 화합물. 우선 존재하는 작용기를 밝히면 도움이 된다.

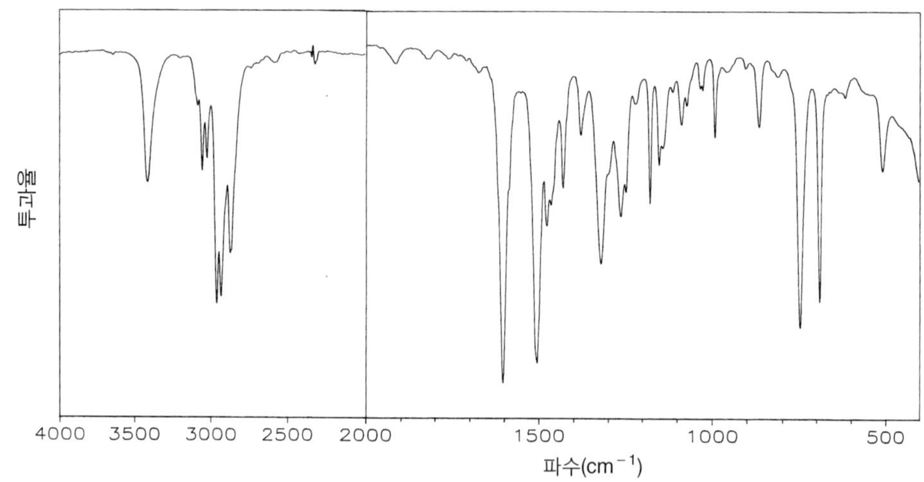

(d) 분자량이 79인 화합물

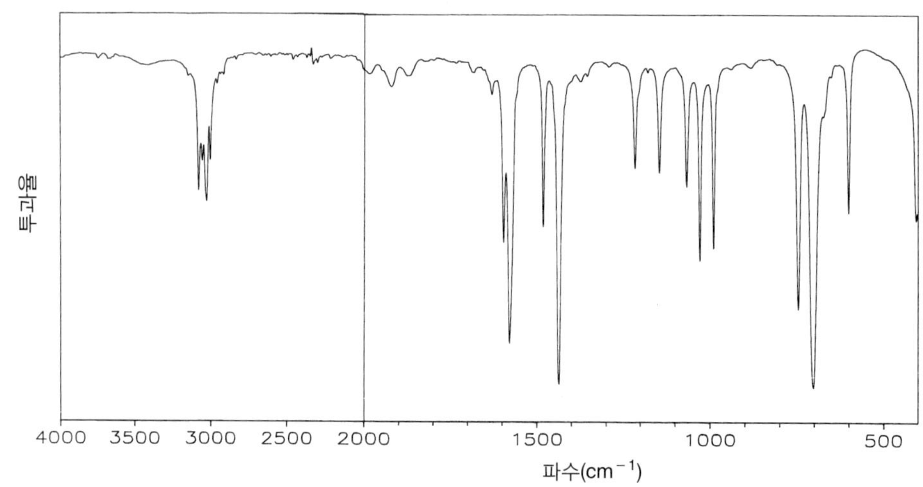

12-9 다음은 탄소, 수소, 산소, 질소를 포함하는 화합물의 스펙트럼이다. 각 화합물의 구조를 밝히시오.

(a) 분자식이 $C_3H_7O_3N$인 화합물의 KBr 펠렛

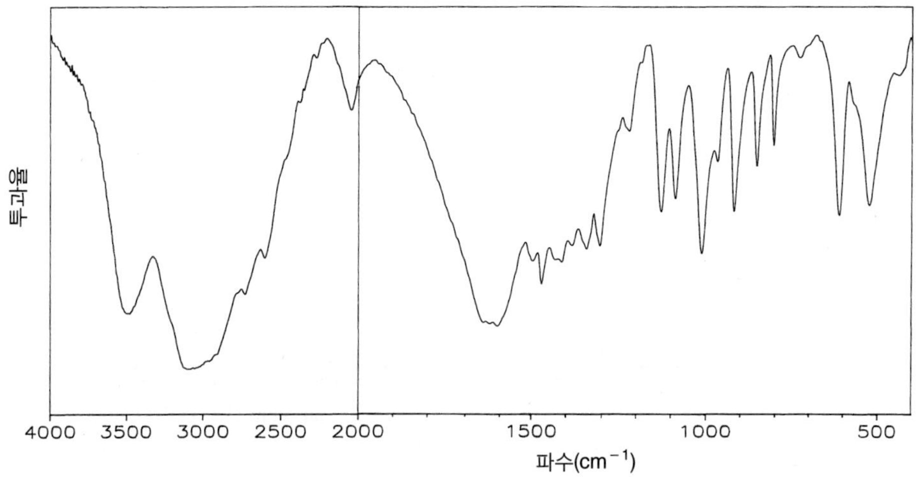

(b) 분자량이 153인 화합물 얇은 막

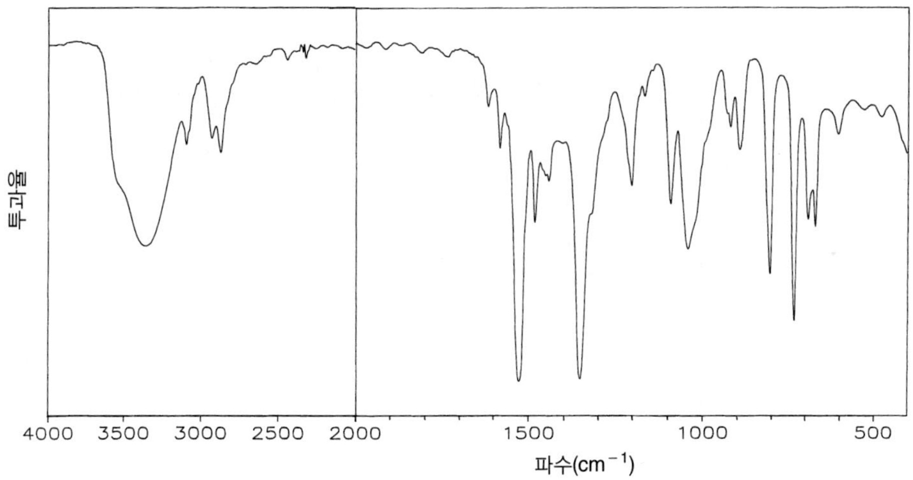

(c) 분자량이 87인 화합물의 뉴졸 반죽

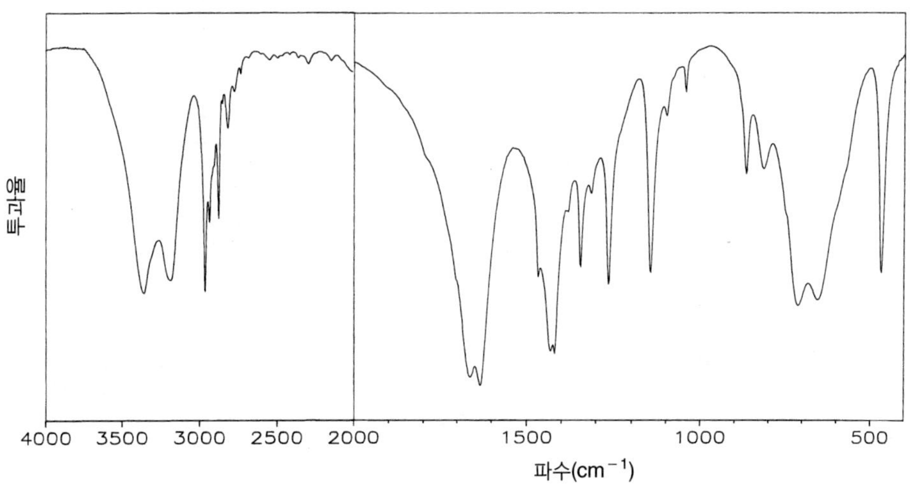

12-10 다음은 탄소, 수소, 산소, 황을 포함하는 화합물의 스펙트럼이다. 화합물은 액체이며, 끓는점이 158~160°C이고, 분자량이 138이다. 가능한 구조를 제시하시오.

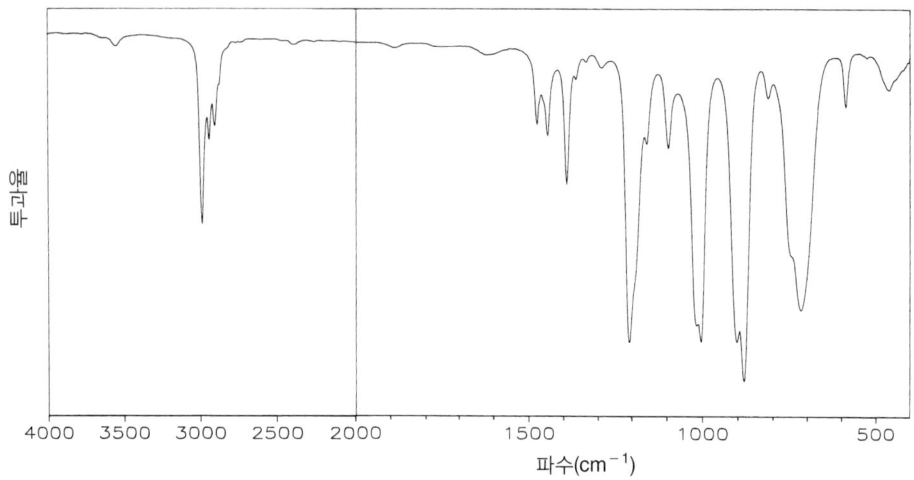

12-11 이 문제에서 구조를 밝히려면 IR과 라만 스펙트럼이 필요하다. 탄소, 수소, 산소, 질소를 포함하는 이 화합물의 분자량은 71이다. IR과 라만(2200 cm^{-1} 강한 선) 스펙트럼을 이용하여 화합물을 밝히시오.

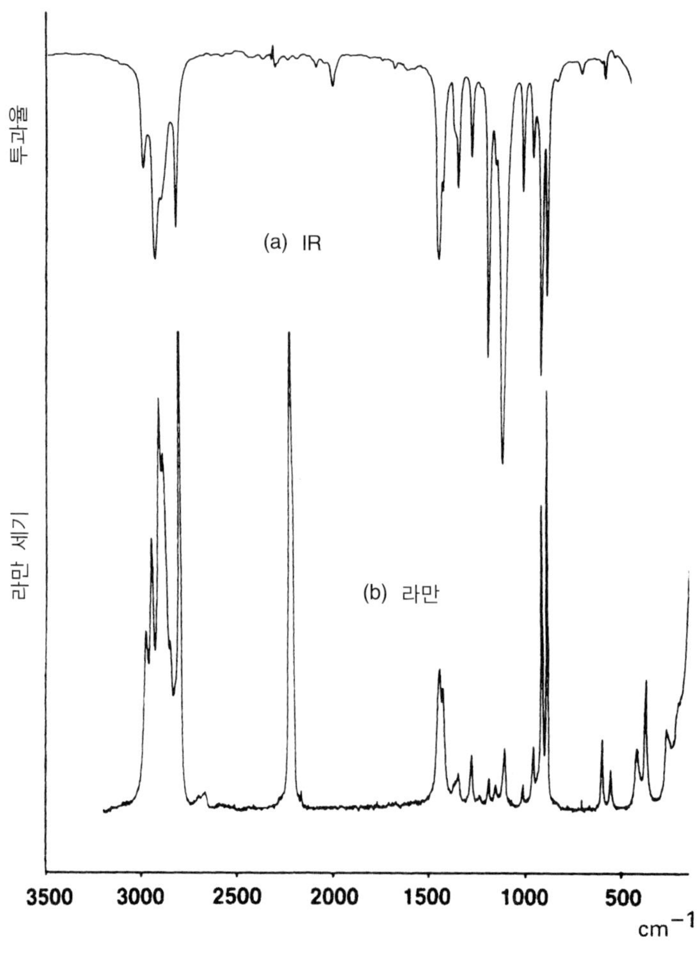

참고 문헌

Infrared and Raman Group Frequencies

12.1 G. Socrates, *Infrared and Raman Characteristic Group Frequencies,* 3rd ed., Chichester, UK: John Wiley & Sons Ltd., 2001.
12.2 L. J. Bellamy, *The Infrared Spectra of Complex Molecules,* 3rd ed., London: Chapman & Hall, 1975.
12.3 N. P. G. Roeges, *A Guide to the Complete Interpretation of Infrared Spectra of Organic Structures,* Chichester, UK: John Wiley & Sons Ltd., 1994.
12.4 L. J. Bellamy, *Advances in Infrared Group Frequencies,* 2nd ed., London: Chapman & Hall, 1980.
12.5 H. A. Szymanski and R. F. Erickson, *Infrared Band Handbook* (2 vols.), New York: IFI/Plenum Press, 1970.
12.6 D. Dolphin and A. Wick, *Tabulation of Infrared Spectra Data,* New York: John Wiley & Sons Ltd., 1977.
12.7 B. H. Stuart, *Infrared Spectroscopy: Fundamentals and Applications,* New York: John Wiley & Sons, 2004.
12.8 F. E. Dollish, W. G. Fateley, and F. F. Bentley, *Characteristic Raman Frequencies of Organic Compounds,* New York: Wiley–Interscience, 1974.
12.9 M. C. Tobin, *Laser Raman Spectroscopy,* New York: Krieger Publishing Co., 1981.
12.10 P. Hendra, C. Jones, and G. Warnes, *Fourier Transform Raman Spectroscopy,* Chichester, UK: Ellis Horwood, 1991.
12.11 J. R. Ferraro and K. Nakamoto, *Introductory Raman Spectroscopy,* 2nd ed., New York: Academic Press, 2002.
12.12 E. Smith and G. Dent, *Modern Raman Spectroscopy: A Modern Approach,* Chichester, UK: John Wiley & Sons, 2005.
12.13 N. B. Colthup, L. H. Daly, and S. E. Wiberly, *Introduction to Infrared and Raman Spectroscopy,* 3rd ed., San Diego: Academic Press, 1990.

Symmetry Effects

12.14 F. A. Cotton, *Chemical Applications of Group Theory,* 3rd ed., New York: Wiley–Interscience, 1990.

Hydrogen Bonding

12.15 G. C. Pimentel and A. L. McClellan, *The Hydrogen Bond,* San Francisco: WH Freeman and Co., 1960.

Interpretation of Spectra

12.16 D. Lin-Vien, N. B. Colthup, W. G. Fateley, and J. G. Grasselli, *The Handbook of Infrared and Raman Characteristic Frequencies of Organic Molecules,* San Diego: Academic Press, 1991.
12.17 R. R. Hill and D. A. E. Rendell, *The Interpretation of Infrared Spectra: A Programmed Introduction,* London: Heyden & Son Ltd., 1975.
12.18 K. Nakamoto, *Infrared Spectra of Inorganic and Coordination Compounds,* 4th ed., New York: John Wiley & Sons, Inc., 1986.
12.19 L. C. Thomas, *Interpretation of Infrared Spectra of Organophosphorus Compounds,* London: Heyden, 1975.

Sources of Interpreted Spectra and Problems

12.20 K. Nakanishi and P. H. Solomon, *Infrared Absorption Spectroscopy,* 2nd ed., San Francisco: Holden Day, 1977. (Contains 100 problems with detailed solutions.)
12.21 H. A. Szymanski, *Interpreted Infrared Spectra,* 3 vols., New York: Plenum Press, 1964, 1966, 1967.
12.22 T. Cairns, *Spectroscopic Problems in Organic Chemistry,* London: Heyden & Son Ltd., 1964.
12.23 A. J. Baker, T. Cairns, G. Eglinton, and F. J. Preston, *More Spectroscopic Problems in Organic Chemistry,* London: Heyden & Son Ltd., 1967.
12.24 D. Steele, *The Interpretation of Vibrational Spectra,* London: Chapman and Hall, 1971. (Contains 26 infrared [and other] spectra of organic molecules with interpretation.)
12.25 R. K. Smalley and B. J. Wakefield, "Infrared Spectroscopic Problems and Answers," in *An Introduction to Spectroscopic Methods for the Identification of Organic Compounds,* vol. 1, *Nuclear Magnetic Resonance and Infrared Spectroscopy,* F. Scheinmann (ed.), Oxford, UK: Pergamon Press, 1970. (The chapter contains 14 problems followed by detailed answers.)
12.26 R. Davis and C. H. J. Wells, *Spectral Problems in Organic Chemistry,* New York: Chapman & Hall, 1984. (Contains 56 problems based on IR, ^{1}H and ^{13}C NMR, and mass spectra, together with either analytical data or a molecular formula. Solutions are given in the form of references to the catalog of The Aldrich Chemical Co., Inc., and other commonly available listings of organic compounds.)

PART

IV

전자 흡수 분광학

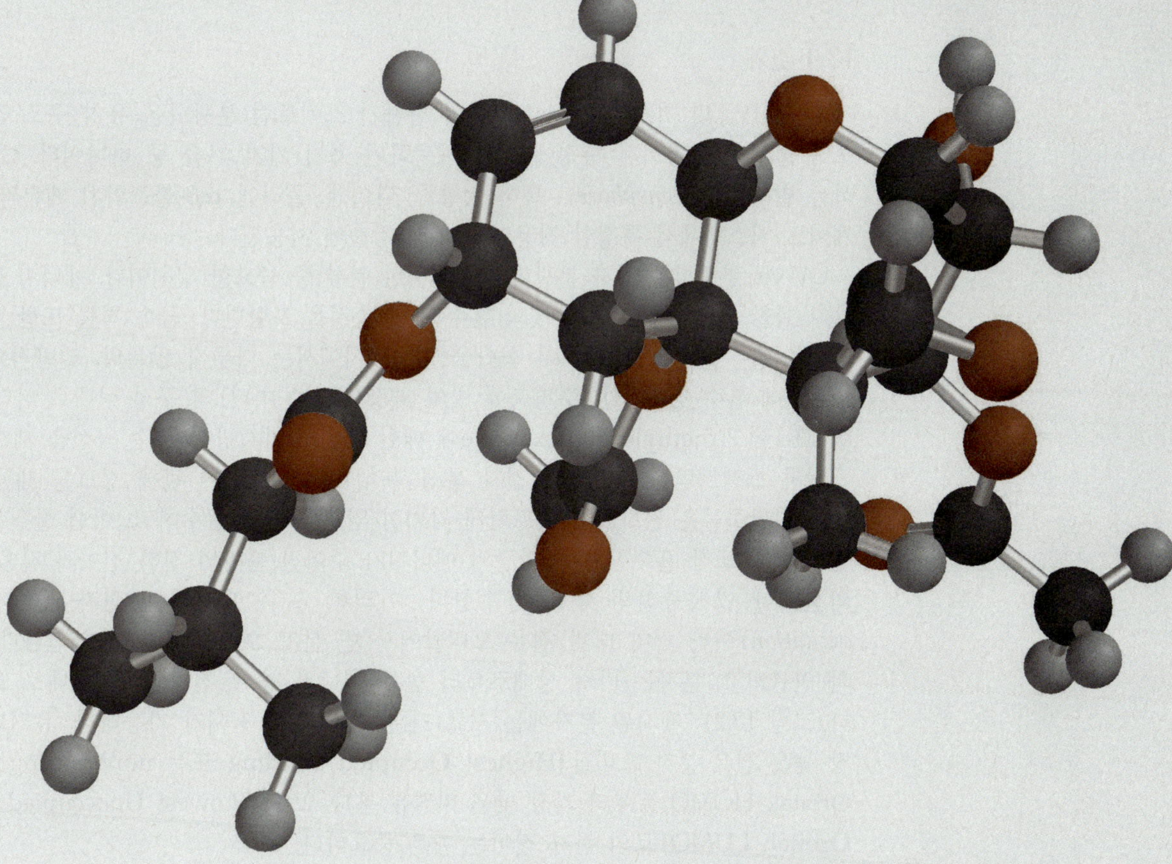

CHAPTER 13

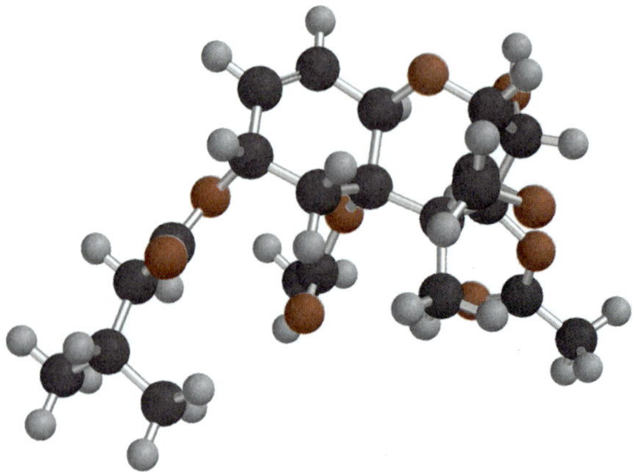

소개 및 실험 방법

13-1 소개

자외선(UV) 및 가시광선(vis) 영역의 전자기 스펙트럼 분광학은 유기 구조 결정에 있어 오직 굴절률과 광회전 측정에 의해 예측하던 초기 기기 기술 중 하나이다. UV-vis 분광학은 **발색단**(*chromophore*), 특히 방향족, 다이엔, 폴리엔, α,β-불포화된 케톤과 같은 콘쥬게이트 시스템에서 특정한 작용기의 존재 검출에 사용된다.

UV-vis 분광학은 전자 분광학의 광범위한 분류 중 중요한 일원이다. 에너지 측정과 어떤 유기 화합물의 보통 수준의 빛의 흡수 강도 측정을 포함한다. 금속 착물 또한 자외선-가시광선을 흡수할 수 있지만, 이 화합물들은 여기에서는 다루지 않는다. 일반적으로 결과는 수직축에 흡수 강도(A), 수평축에 빛의 파장(λ, 나노미터)의 구성 형태로 나타내는데, 그림 13-1에 3-methylcyclohexanone에 대한 자외선-가시광선 흡수 곡선을 제시하였다.

전자 스펙트럼은 분자들의 전자 특성, 특히 콘쥬게이션에 관해 정보를 제공한다. 모든 유기 화합물들은 전자기 스펙트럼의 자외선 영역의 빛을 흡수하고, 어떤 물질은 가시광선 영역의 빛 또한 흡수한다. 입사광의 에너지가 주어진 분자의 전자 전이와 같을 때에만 자외선이나 가시광선의 빛을 흡수한다. 이러한 흡수 에너지는 **전자 들뜸**(*electronic excitation*)이라 하며 대개 점유 오비탈에서 빈 분자 오비탈로 하나의 전자가 이동할 때와 연관되고, 분자는 바닥 상태로부터 높은 에너지 상태, 전자 들뜬 상태로 옮겨가게 된다(그림 13.2). 제시된 분자에는 서로 다른 여러 전자 전이가 가능하다. 유기화학에서 가장 높은 점유 분자 오비탈(**H**ighest **O**ccupied bonding 또는 nonbonding **M**olecular **O**rbital, HOMO)로부터 가장 낮은 비점유 분자 오비탈(**L**owest **U**noccupied **M**olecular **O**rbital, LUMO)로의 전자 전이는 매우 중요하다.

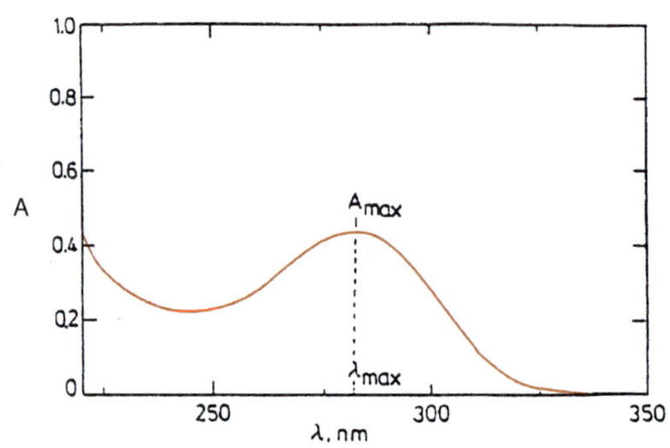

그림 13-1 3-Methylcyclohexanone의 UV-vis 스펙트럼, methanol에서 0.0245 M, 1.0 cm 큐벳에서 (출처: P.M. Sabido에 의한 스펙트럼)

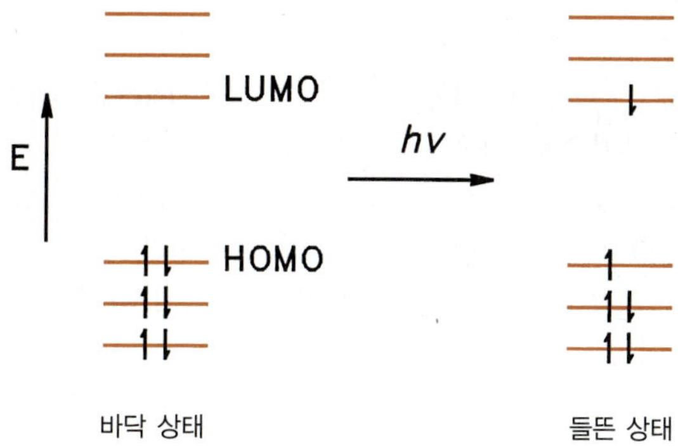

그림 13-2 바닥 상태에서 전자의 점유와 비점유 분자 오비탈 이상적 에너지 표현(왼쪽) 그리고 HOMO로부터 LUMO로 들뜬 전자 상태 전자 배치(오른쪽). 전자들과 그들의 상대적인 스핀 배향은 작은 화살표로 표현한다.

전체 분자의 바닥 상태와 들뜬 상태 사이에서 전자 전이가 일어나기는 하지만 원자가 전자가 발견되는 비결합(n)이나 π 전자들과 같은 분자의 부분적인 곳 [**발색단** (*chromophore*)]에서 UV-vis 흡수 대부분이 일어난다. 유기 분자들, 즉 발색단에서 전자 전이는 전형적으로 카보닐기, 탄소-탄소 이중결합, 방향족성 고리와 같은 작용기들이 있음을 증명한다. 표 13-1에 대표적인 발색단들을 나타냈으며, 빛의 흡수가 최고에 달할 때 파장을 λ_{max}로, 빛의 흡수가 최고에 달할 때 몰흡광 계수를 ϵ_{max}로 나타내었다(그림 13-1). 발색단("색깔을 품은")이 자외선과 가시광선 영역 스펙트럼의 빛을 흡수한 용어를 의미하지만 색(그리스어로 *chroma*) 전달이 필수적인 것은 아니다.

13-2 자외선-가시광선 흡수 측정

UV-vis 스펙트럼은 빛의 흡수와 흡수 세기(흡광도, A, 또는 전이 가능성의 개략적인 측정인 몰흡광 계수, ϵ) 대 에너지(대개 유기화학에서는 $E = hc/\lambda$ 식으로부터 파장을 λ로 표현한다)의 관계를 나타낸다(그림 13-1 참조). 각 전자 전이의 최대 흡수 파장은 λ_{max}로 규정한다.

표 13-1 독립된 발색단 전자 흡수 자료

발색단	예	용매	λ_{max} (nm)[a]	ϵ (L mol^{-1} cm^{-1})
C=C	1-Hexene	Heptane	180	12,500
—C≡C—	1-Butyne	증기	172	4,500
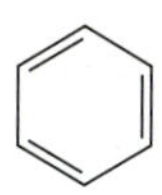	Benzene	물	254	205
			203.5	7,400
	Toluene	물	261	225
			206.5	7,000
C=O	Acetaldehyde	증기	298	12
			182	10,000
	Acetone	Cyclohexane	275	22
			190	1,000
	Camphor	Hexane	295	14
—COOH	Acetic acid	Ethanol	204	41
—COCl	Acetyl chloride	Heptane	240	34
—COOR	Ethyl acetate	물	204	60
$—CONH_2$	Acetamide	Methanol	205	160
$—NO_2$	Nitromethane	Hexane	279	16
			202	4,400
＞C=N—	$C_2H_5CH{=}NC_4H_9$	Isoocatane	238	200

출처: J. B. Lambert, H. F. Shurvell, L. Verbit, R. G. Cooks, and G. H. Stout, *Organic Structural Analysis*, New York; Macmillan Publishing, 1976.
[a]발색단은 가끔 한 개 이상의 흡수띠를 갖는다.

13-2a 파장과 λ_{max}

전자기 복사(1-2절 참조)는 파장 λ, 진동수 $\nu(s^{-1})$, 파수 $\bar{\nu}(cm^{-1})$ $(\lambda\nu = c$, 빛의 속도 $\bar{\nu} = 1/\lambda)$로 규정한다. 일반적으로 자외선과 가시광선 영역에서 파장 단위는 나노미터(nm)와 옹스트롬(Å)을 사용한다. 플랑크 식(Planck's equation)$(\Delta E = h\nu)$에 따르면, 진동수는 직접적으로 에너지에 비례한다. 표 13-2에 λ와 ν의 일반적으로 사용하는 단위를 나타내었고, 표13-3에 사용되는 몇 가지 변환 인자를 식 13-1에 제시하였다.

$$\Delta E = \frac{hc}{\lambda} = \frac{28{,}600}{\lambda}\ \text{kcal mol}^{-1} = \frac{120{,}000}{\lambda}\ \text{kJ mol}^{-1}\ (\text{nm 단위의 } \lambda) \qquad \textbf{(13-1)}$$

식 13-1은 익숙한 단위인 kcal mol^{-1}의 형태로 에너지 계산에 편리하다. 그래서 300 nm 파장의 빛은 95.4 kcal mol^{-1} 또는 399 kJ mol^{-1}과 일치하며, h 단위에 의존한다.

파수는 직접적으로 에너지에 비례하며, 센티미터의 역(cm^{-1})의 범위로 주어지며 전자기 스펙트럼 어디에서나 같은 에너지를 나타낸다. 예를 들어, 스펙트럼에서 어느 쪽으로 700 cm^{-1} 파수 이동이라면 2.00 kcal mol^{-1}과 관계되어 있다. 반면에 파장은 에너지에 반비례하며 선형 관계도 아니다. 예를 들어 200 nm에서 2.00 kcal mol^{-1}의 에너지 변화는 2.7 nm 이동과 일치하지만, 800 nm에서 같은 에너지 변화는 거의 44 nm 이동에 해당된다.

자외선 영역은 400 nm 이하의 가시광선 스펙트럼의 가장 낮은 끝부분이다. 자외선 스펙트럼은 두 영역으로 나누어지는데, 190~400 nm (53,000~25,000cm^{-1})의 근자외선과 190 nm (> 53,000 cm^{-1}) 밑의 원자외선 또는 진공 자외선이다. 이 분류는 대기 중 산소가 190 nm 부근에서 흡수되기 시작하고 유기 분자들에 의한 흡수가 어렵기 때문에 적절하다. 산소는 분광광도계에서 진공 기구를 사용하거나 강력한 질소 정화를 이용해서 반드시 제거되어야만 한다.

13-2b 베르-람베르트-부개 법칙과 ϵ_{max}

베르-람베르트-부개(Beer-Lambert-Bouguer) 법칙(또는 간단히 베르 법칙)은 주어진 파장에서 투명체에 의해 흡수한 빛의 비율을 표현하는데, 입사광의 강도에 영향을 받지 않고, 빛이 지나갈 때 흡수한 분자수에 비례한다. 이 법칙을 식 13-2에 나타내었고,

표 13-2 용어와 식의 정의

물질량	측정 단위	차원
파장(λ)	나노미터(nm)	$1\ nm = 10^{-9}\ m$
	옹스트롬(Å)	$1Å = 10^{-10}\ m$
진동수(ν)	헤르츠(Hz) 또는 s^{-1}	초당 주기(s^{-1})
에너지	h 단위에 의존	6.626×10^{-27} erg s
		6.626×10^{-34} J s
		9.534×10^{-14} kcal $mol^{-1}s^{-1}$
		1.583×10^{-34} cal mol sec^{-1}

표 13-3 유용한 변환 인자

cm^{-1}	Hz	kcal mol^{-1}	kJ mol^{-1}
1	3.00×10^{10}	2.86×10^{-3}	1.20×10^{-2}
3.33×10^{-11}	1	9.53×10^{-14}	3.99×10^{-13}
3.50×10^{2}	1.05×10^{13}	1	4.18

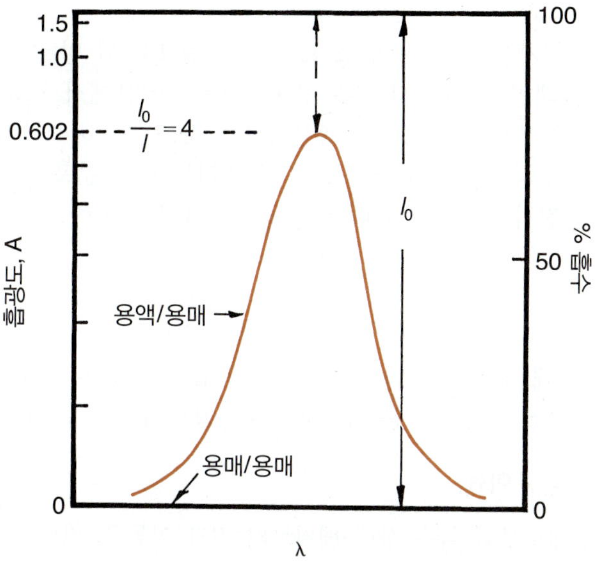

그림 13-3 이중 빔 분광광도계에 의한 용질 흡광도 A 측정

$$I = I_0 e^{-kl} \quad \text{또는} \quad I = I_0 10^{-\epsilon cl} \quad \text{또는} \quad \log(I_0/I) = \epsilon cl \tag{13-2}$$

I_0는 입사광의 세기, I는 투과광의 세기, k는 흡수 계수, l은 경로 길이(cm)이다. 흡수 계수 k는 몰흡광 계수(ϵ)와, 또는 c가 농도 mol L^{-1}일 때 $k \approx 2.303\ \epsilon c$ 식에 의한 몰흡수 계수와 관련이 있다. $\log(I_0/I)$는 흡광도(A)로 정의되고, A는 실제 측정된 양이며, i는 흡수종들이고 식 13-2와 식 13-3에 제시되었다. ϵ의 단위($cm^2 mol^{-1}$ 또는 $L\,mol^{-1} cm^{-1}$)는 대개 생략한다.

$$A = \epsilon l c \quad \text{또는} \quad A = l \sum_i \epsilon_i c_i \tag{13-3}$$

실제 측정된 양은 순수한 용매를 담은 기준 셀과 분석 용액을 담은 동일 셀에 의해 투과된 빛의 상대적 세기를 측정한 것이다. 흡수 결과 얻어진 I_0와 I 각각의 세기는 용해된 용질에 의한다(그림 13-3). 그림 13-3에서 볼 수 있는 ϵ는 다른 파장 λ와 다르며, 제시된 흡수를 위한 λ_{max}에서 ϵ_{max}를 의미한다.

13-2c 흡수 곡선의 형태: 프랭크-콘돈 법칙

자외선-가시광선 흡수는 보통 폭넓은 최대 흡수를 기록하며(그림 13-1), 극히 좁은 에너지 범위의 흡수 표현에서 하나의, 날카로운 선으로 표현되지 않는다. 흡수 곡선은 전자 준위들이 진동 준위를 갖고 그 위로 겹치기 때문에 넓게 퍼진다.

단순히 이원자 분자의 바닥 상태와 들뜬 전자 상태를 보자. 흔히 있는 예로 들뜬 전자 상태에서 결합 세기는 바닥 상태보다 약하고, 평형 원자핵 간 거리는 바닥 상태보다 더 길다. 대표적인 퍼텐셜 에너지 도표는 그림 13-4와 같다.

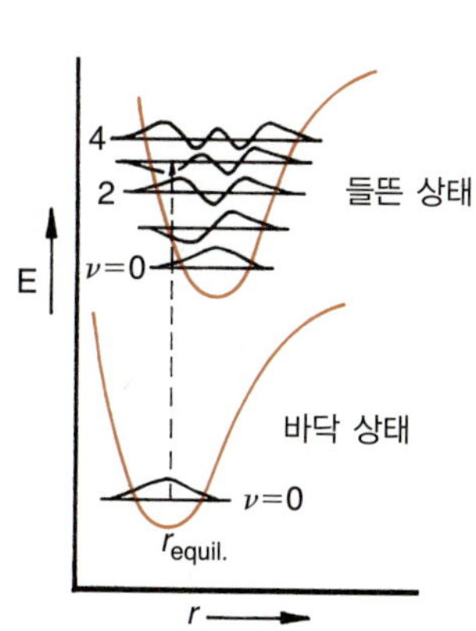

그림 13-4 프랭크-콘돈 들뜸의 예를 보여 주는 이원자 분자의 퍼텐셜 에너지 도표. 평형 분리는 바닥 상태보다 들뜬 상태가 길다.

대부분 분자들은 실온에서 바닥 진동 상태에서 주로 존재한다. 어떤 들뜬 진동 준위로도 들뜰 수 있는데, 흡수는 많은 수의 선으로 구성된 전자 전이에 의한다. 실제로 연속적이고 겹치는 넓은 띠의 선들이 관찰된다. 흡수 띠 모양은 진동 준위 간격과 전체 띠 강도에 겹치는 진동 부준위들의 분포에 의해 측정된다. **전자 들뜬 상태에 요구되는 시간 동안 핵 움직임은 무시할 수 있다**는 **프랭크-콘돈 원리**(*Franck-Condon principle*)에 의해 분포 세기가 측정된다. 고전역학에 기반을 두고 있는 프랭크-콘돈 원리의 또 다른 표현으로, 전자 전이의 가장 유망한 진동 요소는 핵의 위치 변화가 수반되지 않는 **수직 전이**(*vertical transition*)라는 것이다. 그림 13-4의 수직 화살표에 의한 표현에서 최고 가능한 전이 상태는 들뜬 $\nu = 3$ 진동 상태이다. 이 상태는 전이 출발 시점과 관계되는 동일 핵

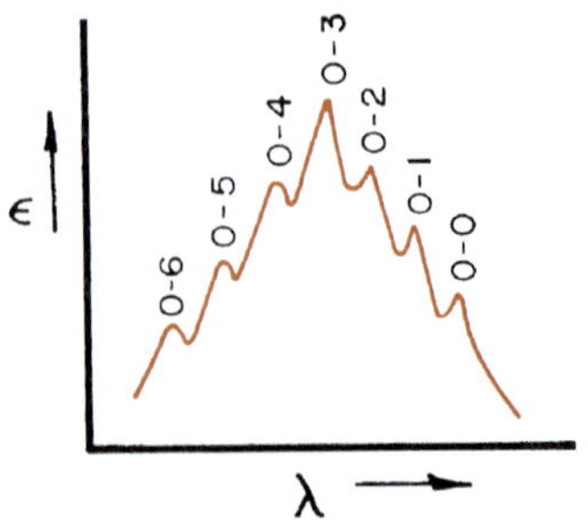

그림 13-5 프랭크-콘돈 원리에 의해 측정된 진동 띠 사이의 세기 분포

간 거리(r)에서 최대이다.

그림 13-5는 진동-전자(진동전자)의 스펙트럼이 그림 13-4와 일치하는 것을 보여 주는데, 0-3 준위(바닥 상태인 $\nu = 0$부터 들뜬 상태인 $\nu = 3$까지)에서 가장 센 강도이다. 0-0 준위를 포함하여 다른 전이도 가능성이 충분하다는 것을 기억하라. 이러한 상황은 비록 바닥 전자 상태(0차 진동 준위) 일지라도, 핵 간 거리는 확률 분포로 기술되기 때문이다(그림 13-4). 따라서 전이는 r값 범위에 기인하고, $\nu = 0$에 기인한 하나 이상의 띠가 관찰될 것이다.

때때로 온도가 상승하면 띠의 진동 구조는 사라진다. 높은 온도에서 많은 진동 상태들은 존재할 수 있으므로, 많은 수의 가능한 진동 전이들은 전자 들뜸이 일어날 수 있다. 그림 13-1과 같은 대개 용액의 스펙트럼에서 특색 없거나 넓은 띠 또한 주위 온도에서 관찰된다. 왜냐하면 용질-용매의 진동 상호작용이 중요해지기 때문이다.

13-2d 용매 효과와 λ_{max} 이동

일반적으로 바닥 상태로부터 들뜬 상태 배치로의 전자 이동은, 바닥 상태보다 더 극성이고 용매 효과에 더 민감한 들뜬 상태로 이끈다. 가장 약한 극성 용매(탄화수소)는 UV-vis 스펙트럼에 가장 약한 영향을 주며, 세부 구조의 진동을 가장 약하게 방해한다(그림 13-5). 대조적으로 극성 용매는 용질과 강하게 상호작용한다. 그들은 흡수 띠에 진동 구조를 부드럽게 하는 경향이 있으며, 스펙트럼의 이동을 야기한다.

극성 용질 분자에서, 들뜬 상태는 보통 강한 극성 구조에서 지배적인 기여를 받는데, 예를 들면 케톤 $R_2C^+—O^-$의 $\pi \rightarrow \pi^*$ 준위에서는 바닥 상태보다 더 극성이다. 정전기 이론과 일치하는, 극성 들뜬 상태는 극성 용매에 의해 안정화되기를 예상하며, 이는 전자적 들뜸을 가능하게 함으로써 흡수 띠가 장파장 쪽으로 이동하게 되는 결과를 가져온다. 만일 바닥 상태가 들뜬 상태보다 더욱 극성의 경우라면 용매의 극성 증가와 함께 단파장 쪽 이동을 예측할 수 있다.

α,β-불포화 케톤인 4-methyl-3-penten-2-one(mesityl oxide)을 예로 들어보자. UV-vis 스펙트럼(그림 13-6)에서는 두 개의 이해하기 쉬운 UV 전이를 보여 준다: (1) 320 nm(ϵ~50) 근처에서 약한 흡수와 함께 비결합(n)의 산소 전자가 반결합 π^* 오비탈(n → π^* 전이)로의 승급, (2) 230 nm(ϵ~12,000) 근처에서 강한 흡수와 함께 결합 π 전자가 반결합 π^* 오비탈($\pi \rightarrow \pi^*$ 전이)로의 승급.

$\pi \rightarrow \pi^*$ 들뜬 상태에서(13-4b절) 쌍극자-쌍극자 상호작용과 용매 분자와 수소 결합은 바닥 상태보다 들뜬 상태의 에너지를 더 낮추는 경향이 있으며, 그 결과 거의 상호작용이 없는 용매인 heptane에서보다 methanol에서 λ_{max}를 **증가**(red shift)시키는 것을 보인다(그림 13-6). n → π^* 들뜬 상태에서(13-4b절)는 용매와의 쌍극자-쌍극자 상호작용과 수소 결합은 바닥 상태와 들뜬 상태의 에너지를 동시에 낮추어 준다. 수소 결합 용매에서, 바닥 상태 n 전자는 들뜬 상태 n 전자보다 용매와 강하게 조화되어 결과적으로 heptane에서보다 methanol에서 λ_{max}를 15 nm **감소**(blue shift)시키는 것을 보인다(그림 13-7). n → π^*와 $\pi \rightarrow \pi^*$ 전이에서 용매 효과는 mesityl oxide의 예를 들어 표 13-4에 요약 정리하였다.

예를 들어 n → π^*와 $\pi \rightarrow \pi^*$ 전이 같은 경우, 용매 효과가 흡광도를 특징짓는 데 역사적으로 이용되어 왔지만, 최근의 컴퓨터적인 방법은 좀 더 편리하고 더욱 유용하다. 시간-의존 밀도 작용 이론(Time-Dependent Density Functional Theory, TDDFT)은 바닥 상태와 들뜬 상태의 에너지 차이와, 시뮬레이션한 스펙트럼으로부터 얻어진 전이 강도를 제공한다. TDDFT에 의해 들뜸을 얻을지라도 대개는 복잡하지만, 여기에서 기술되거나 분류된 단순한 명명, 예를 들어 $\pi \rightarrow \pi^*$도 다시 쓸 수 있다. AM1과 같은 반실험적 방법도 비슷한 방식으로 사용되었다.

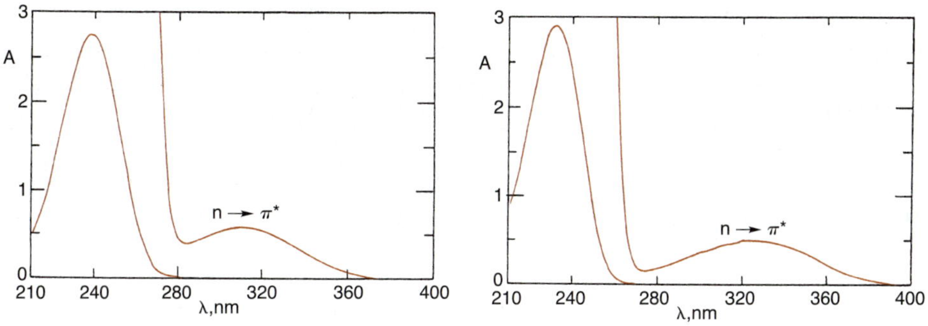

그림 13-6 Methanol (왼쪽) 과 heptane (오른쪽) 에서 4-methyl-3-penten-2-one (mesityl oxide) 의 자외선-가시광선 흡수 스펙트럼. methanol에서의 스펙트럼은 1cm 큐벳으로, 0.0105 M과 2.63×10^{-4} M 농도로, heptane에서는 0.014 M 과 2.8×10^{-4} M 농도에서 얻었다. 수직축은 흡수 단위이다. 약 320 nm에서의 흡수는 n → π* 전이이고, 약 240 nm에서의 흡수는 주로 π → π* 전이이다. (P.M. Sabido에 의한 스펙트럼)

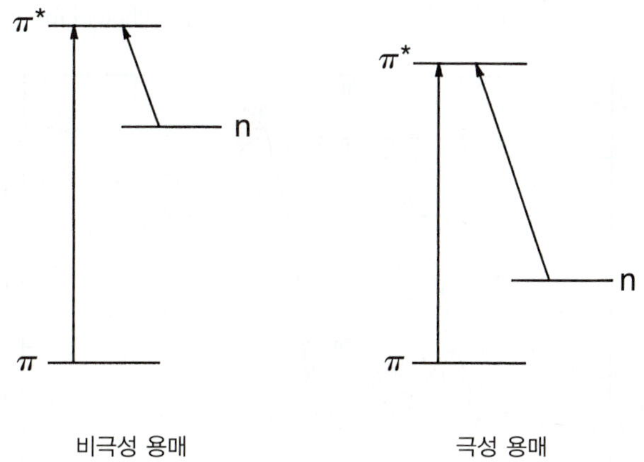

그림 13-7 n → π*와 π → π* 전자 전이를 포함하는 오비탈에 미치는 용매의 영향

13-3 정량 측정

13-2b절에서 설명한 것처럼, 투명체에 의해 흡수되는 빛의 비율은 입사광선 강도에 독립적이지만 빛이 지나갈 때 흡수되는 분자수에 비례한다. 흡수율 상수가 ϵ~10,000처럼 클 때 UV-vis 분광법은 베르 법칙을 사용하여 농도를 측정하기에 이상적이다(식 13-3).

13-3a 차별 분광학

UV-vis 스펙트럼에서 발색단의 색변화와 함께 용매 변화 또는 화학 반응의 검출 및 기록 차별 분광학은 민감한 방법이다. 이 방법은 이중-빔 분광광도계를 사용할 때 표준과 시

표 13-4 4-methyl-3-penten-2-one (mesityl oxide) 의 n → π*와 π → π* 들뜸에서 λ_{max}와 ϵ_{max}에 미치는 용매의 영향

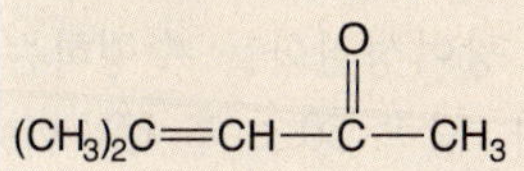

	π → π* 전이		n → π* 전이	
용매	λ_{max} (nm)	ϵ_{max} (L mol^{-1} cm^{-1})	λ_{max} (nm)	ϵ_{max} (L mol^{-1} cm^{-1})
Hexane	229.5	12,600	327	97.5
Diethyl ether	230	12,600	326	96
Ethanol	237	12,600	325	78
Methanol	238	10,700	312	74
물	244.5	10,000	305	60

출처: H. H. Jaffé and M. Orchin, *Theory and Applications of Ultraviolet Spectroscopy*, New York: Wiley & Sons.

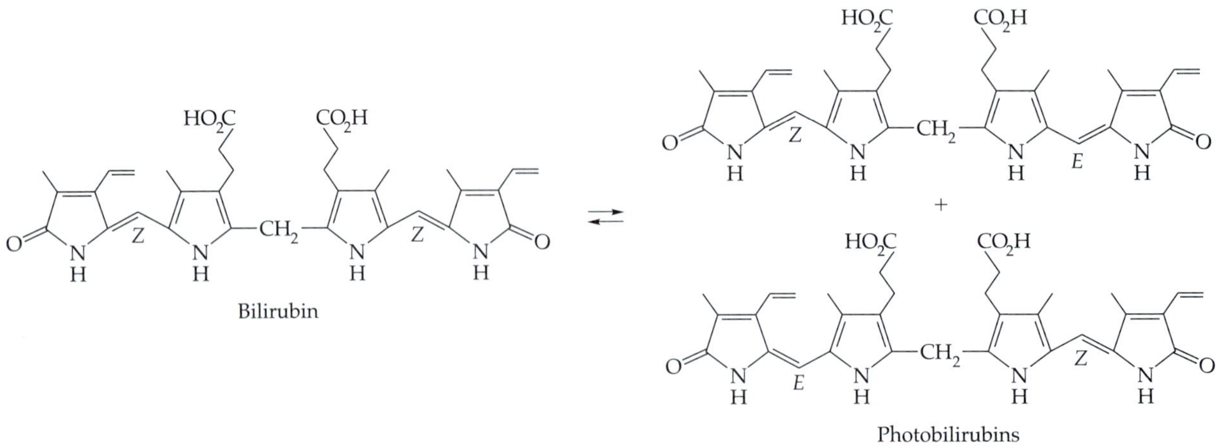

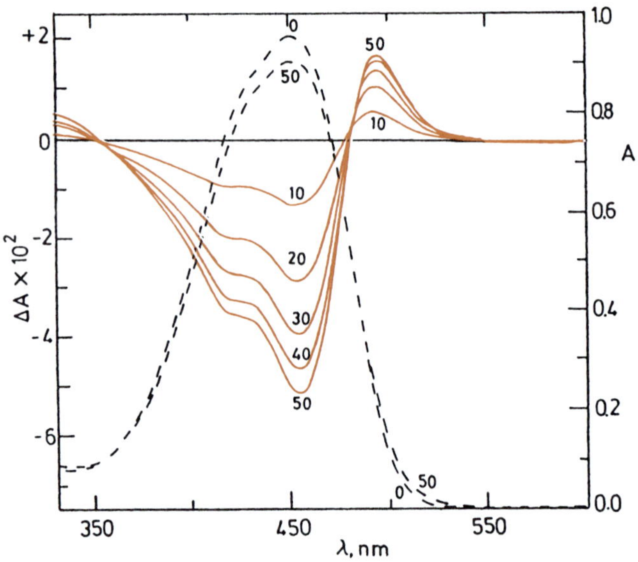

그림 13-8 450 nm (10 nm 통과 대역) 의 $CHCl_3$/1% ehanol/10% triethylamine에서 1.5×10^{-5} M billirubin 용액의 발광으로부터 흡수 차이 스펙트럼 (—). 누적 조사 시간 (s) 을 각 스캔에 표시하였다. 조사 전과 후 시료 용액의 흡수 곡선 (- - -) 은 흡수 차이 스펙트럼에 겹쳐 있다.

료, 동 물질을 같은 농도로 각각 칸에 담는다. 순수한 UV-vis 스펙트럼은 평평한 선이다. 다음, 샘플칸의 물질만 변경할 수 있다 (용매 변화나 또는 시간이 지남에 따라 발생하는 반응에 따라). 그와 같이 차등 스펙트럼이 생겨난다. 대신에, 단일 빔 기구에서는 표준 UV-vis 스펙트럼은 기록되고 자동 저장되며, 샘플의 UV-vis 스펙트럼으로부터 변화가 있으면 뺀다.

예를 들어 담즙 색소 billirubin은 450 nm 근처에서 강한 UV-vis 흡수를 한다 (그림 13-8). billirubin은 두 개의 광빌리루빈의 혼합물을 주기 위해 광이성질화를 수행하는 것으로 알려지는데, UV-vis 스펙트럼은 billirubin과 약간 다르다. 광속 50초 후 UV-vis 스펙트럼의 약한 강하와 약한 폭 넓히기가 관찰된다 (그림 13-8의 점선). 광이성질화와 관련된 스펙트럼의 변화는 중요한 흡광도 차이 분광법에 의해 훨씬 더 쉽게 관찰할 수 있다. 그림 13-8의 실선은 450 nm 부근의 음의 피크가 발생하고 500 nm 부근에서 양의 피크가 발생하는 것을 보여 주는 실험이다. 초반에 가장 빠른 스펙트럼 변화가 일어나며, 시간에 따른 흡수 차이는 광평형에 접근했음을 가리킨다.

13-3b 베르 법칙으로부터 편차

흡광도는 흡수하는 분자의 수에 비례한다는 베르 법칙은 넓은 범위의 농도에 걸쳐 많은 수의 화합물에도 유효하다. 몰흡수 계수 ϵ은 파장에 의존하지만, 베르 법칙은 순수 단색광에서만 정확하다. 흡수하는 분자의 농도가 매우 높을 때 서로 상호작용하기 때문에 참편

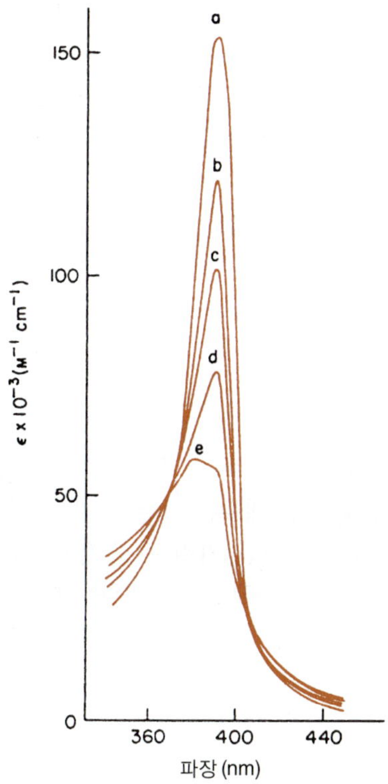

그림 13-9 인산 완충 용액 (pH 6.97) 에서 coproferriheme의 스펙트럼이 보여 주는 응집에 의한 변화
(a) 3.97×10^{-8} M;
(b) 6.36×10^{-6} M;
(c) 2.78×10^{-5} M;
(d) 9.93×10^{-5} M;
(e) 3.18×10^{-4} M

차가 예상될 수 있다. 회합과 분리 같은 효과는 베르-람베르트-부개 법칙으로부터 편차의 가장 일반적인 원인이다. 예를 들어 수성 염료 같은 화합물은 이합체를 형성하는 경향이 있는데, 거의 모든 확장 농도 범위에서 베르 법칙을 따라 하지 않는다. 베르 법칙 테스트는 시료 용액을 묽혀 다른 부피로 만들 수 있고, 희석에 해당하는 바른 흡광도를 보여 준다. 예를 들면, porphyrin은 수용액에서 합쳐지는 것으로 알려져 있다. 그림 13-9에 나타낸 것처럼 pH 6.97의 인산 완충 용액과 일정한 이온 세기에서 coproferriheme 용액은 베르 법칙에서 벗어난다. 넓은 범위의 coproferriheme 용액 농도 3.18×10^{-4}에서 3.97×10^{-8} M까지, 스펙트럼 (ϵ 대 λ)을 나타내었는데, 만일 베르 법칙에 따른 경우라면 동일하므로 일치해야 한다. 그렇지 않다면 용질이 녹아 응집체를 형성하고 있다.

13-3c 등흡광점

등흡광점 (*isobetic point*)은 UV-vis 곡선과 중복되는 계열의 ϵ이 변함없이 남아 있는 교차점을 공유한다. 그림 13-9에 나타낸 대로 전체 스펙트럼에는 같은 ϵ값을 나타내는 두 개의 파장이 있다. 등흡광점은 파장에 부합하며 두 흡수종의 ϵ값은 거의 똑같다. 세 번째 흡수종의 존재는 있을 것 같지 않은데, 왜냐하면 등흡광점에서 똑같은 ϵ값을 필요로 하기 때문이다. 따라서 등흡광점은 두 흡수종의 존재를 진단한다 — 예를 들면 아마도 단량체나 이합체. 등흡광점은 그림 13-8과 14-4에 나타내었다.

13-4 전자 전이

UV-vis 분광학은 바닥 상태로부터 전자적으로 들뜬 상태로의 들뜸 분자 형태의 가능성과 에너지를 측정한다(점유된 분자 오비탈로부터 비점유된 분자 오비탈로의 전자 들뜸). 이 과정은 그림 13-10a에 발색단을 가진 알데하이드나 케톤이 제시되었는데, 몇 가지 가능성 있는 들뜬 상태를 포함하고 있다. 전자적 들뜬 상태는 **형광** (*fluorescence*) 또는 **인광** (*phosphorescence*)의 에너지를 방출함으로써 **광물리적으로** 바닥 상태로 되돌아가서 단분자적으로 소멸된다(13-4a절). 그렇지 않으면 **광화학적으로** 다른 바닥 상태로 소멸될 것이다(그러므로 다른 구조). 분자들로부터 흡수와 방출 모두 측정할 수 있다. 현재 방법으로는 우리는 흡수 과정만 주로 고려한다.

주어진 화합물의 UV-vis 흡수 스펙트럼은 각 띠의 λ_{max}가 특별한 들뜬 상태 형성과 관계되는 에너지와 대략 부합하는 많은 흡수 띠를 보여 준다. 이 상황은 그림 13-1에 단일 띠로, 그림 13-6에 두 개의 띠로 나타나 있는데, λ_{max}는 들뜸 에너지와 관계되고 ϵ_{max} 값은 전자 전이 세기 – 필수 들뜬 에너지와 전자의 승급 가능성 측정 – 와 관계된다.

앞에서 표시한 대로, 전자 들뜸은 전형적으로 분자의 발색단에 의한다. 전체 분자는 들뜬 에너지 상태이긴 하지만, 들뜬 상태 에너지는 주로 발색단 내에서 간단한 전이를 위해 부분적이다.

13-4a 단일 그리고 삼중항

대부분 분자들은 바닥 전자 상태에서 모든 전자 스핀들은 다른 전자의 반대 스핀과 짝을 이루고 있는데, 그림 13-10의 S_0이다. 대부분 들뜬 전자 상태는 또한 모두 전자 스핀쌍을 갖지만, 두 오비탈이 각각 전자를 하나만 가질 수도 있다(그림 13-10b의 S_1과 S_2 상태). 이를 **단일항**(*singlet state*; S)이라 하는데, 스핀 각운동량 없이 한 가지 형태로 존재한다.

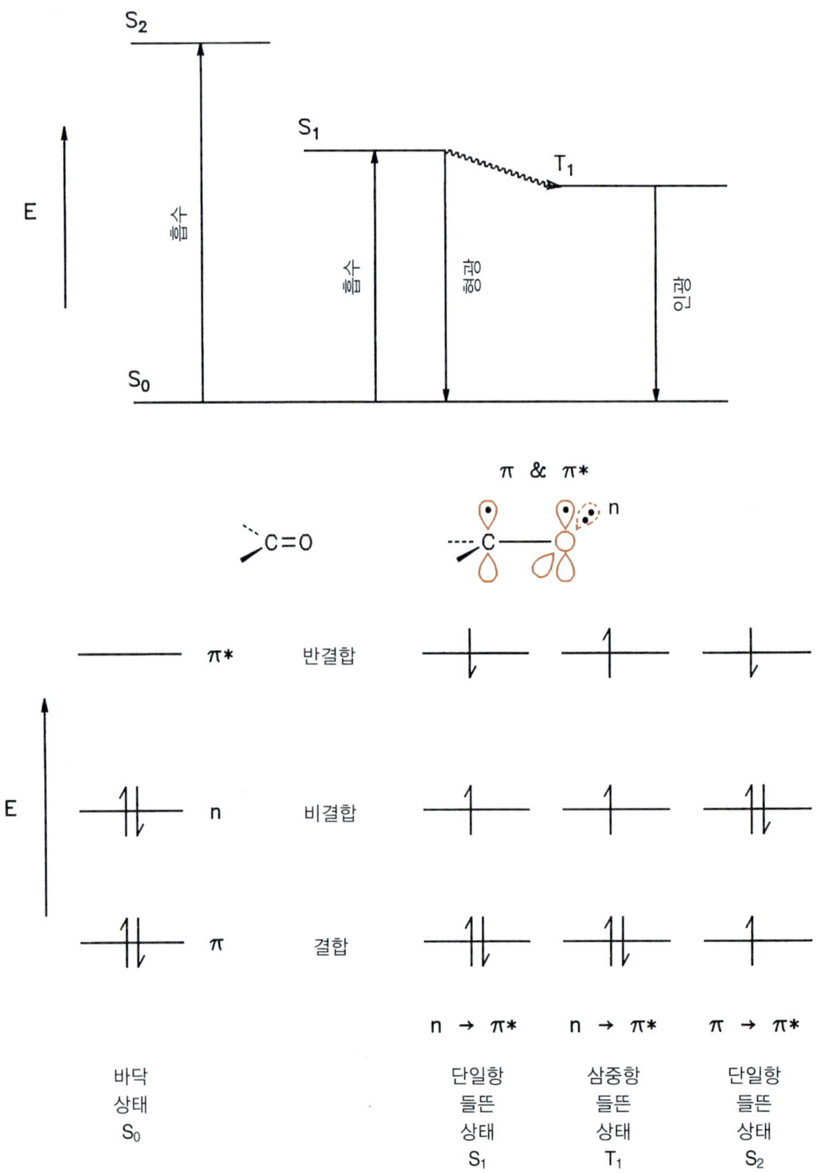

그림 13-10 (a) 카보닐 발색단(케톤)의 전자 들뜸과 소멸 과정의 에너지 도표
(b) 독립된 카보닐 발색단에서 선택된 전자의 분자 오비탈 에너지 도표, 바닥 상태와 들뜬 상태의 배열을 보여줌. 단일항 상태(S)에서는 모든 전자가 쌍을 이룬다. 삼중항 상태(T)에서는 두 스핀이 평행하다. n 오비탈에서는 π 와 π^* 오비탈과 수직인 두 전자를 포함한다. 아래 첨자 0은 바닥 상태, 1은 첫 번째 들뜬 상태, 2는 두 번째 들뜬 상태이다.

분자들은 짝수 전자를 가지고, 바닥 상태에서 단일항 여부에 관계없이, 짝지은 전자들의 스핀은 평행한 상태로 스핀 각운동량을 가지고 있는 들뜬 상태이다. 각 성분은 주어진 배향에 따라 +1, 0 또는 −1배의 각운동량 값을 가질 수 있다. 세 가지 값이 있는데, 전자 배치는 **삼중항**(*triplet state*; T) 상태이다(그림 13-10의 T_1). S→S(그림 13-10a의 $S_0 \rightarrow S_1$) 그리고 T→T 과정은 허용되지만, S→T 또는 T→S는 허용되지 않는다. 왜냐하면 바닥 상태에서는 대개 단일항이면, 대부분 들뜸도 들뜬 단일 상태로 가기 때문이다. 삼중 들뜬 상태에서는 S_0 바닥 상태로부터 바로 들뜨기보다는, 들뜬 단일 상태로부터 대개 계간 교차에 의해 형성된다. 그림 13-10a의 $S_1 \rightarrow T_1$ 계간 교차는 다른 단일항-단일항 과정과 비교해 보면 매우 느리게 일어난다. 단일 바닥 상태에서 삼중 들뜬 상태(그림 13-10a의 $S_0 \rightarrow T_1$)로 바로 들뜨는 것은 전형적으로 소멸하기 위한 ϵ_{max} 값이 매우 작다. 들뜬 단일항 상태로부터 바닥 상태(그림 13-10a의 $S_1 \rightarrow S_0$, 형광)로의 방출은 매우 빠른 과정이고, 들뜬 삼중 상태로부터 바닥 상태($T_1 \rightarrow S_0$, 인광)로는 느리다.

13-4b 전자 전이의 분류

전자 전이의 파장은 바닥 상태와 들뜬 상태의 에너지 차이에 의존한다. 전자에 의해 원래 점유한 분자 오비탈과 들떠서 높은 오비탈을 점유한 에너지 차이를 결정하기 위해 전자 전이 파장을 고려하는 것은 유용한 근사치이다. 포화 탄화수소는 강하게 결합되어 있는 σ 전자를 포함한다. 반결합 σ^* 오비탈($\sigma \rightarrow \sigma^*$) 또는 분자 리드베리(Rydberg) 오비탈(높은 원자가 껍질 오비탈 참여, 3s, 3p, 4s, 그 외)로의 들뜸은 상대적으로 큰 에너지를 요구하며, 원자외선 영역의 흡수와 부합한다. 이러한 전이는 구조 해석에 있어 중요하지 않다. 사이클로프로페인의 경계선 상의 λ_{max}는 190 nm이다. 사이클로알케인과 대조적으로 프로페인의 λ_{max}는 135 nm이다.

전자 전이는 보통 쉽게 접근 가능한 자외선 영역(~190 nm 위)과 가시광선 영역에서 관찰되며, 다음과 같이 주로 분류한다(그림 13-11).

1. **$n \rightarrow \pi^*$ 전이**는 비결합 원자 오비탈에서 전자 들뜸을 수반하고, 산소, 질소, 황 또는 할로젠 원자들 같은 비공유 전자쌍, 반결합 π^* 오비탈 분자의 불포화된 중심과 관련하여 일어난다. 전이는 화합물이 헤테로원자를 포함하는 이중결합이나 삼중결합을 가질 때 일어나며, 예로는 C=O, C=N, C≡N, C=S, N=O 등이다. 보통의 예는 포화 알데하이드나 케톤에서 285~320 nm에서 낮은 강도 흡수, 불포화에서는 강한 흡수가 일어난다(예, 그림 13-1, 13-6).
2. **$\pi \rightarrow \pi^*$ 전이**는 이중이나 삼중결합을 가진 분자 또는 방향족성 고리에서 일어나는데, π 전자는 반결합 π^* 오비탈로 들뜨게 된다. 에틸렌 자체는 185 nm 부근에서 강한 흡수가 일어나지 않지만, 콘쥬게이트된 π 전자 시스템은 일반적으로 낮은 에너지를 갖고, 접근하기 쉬운 스펙트럼 영역에서 흡수한다. 중요한 자외선-가시광선 분광학 응용 프로그램은 존재, 본질, 콘쥬게이션 정도를 정의한다. 콘쥬게이션이 증가할수록 일반적으로 흡수 파장은 길어져서 가시광선 영역에 다다른다. 이 원리는 표

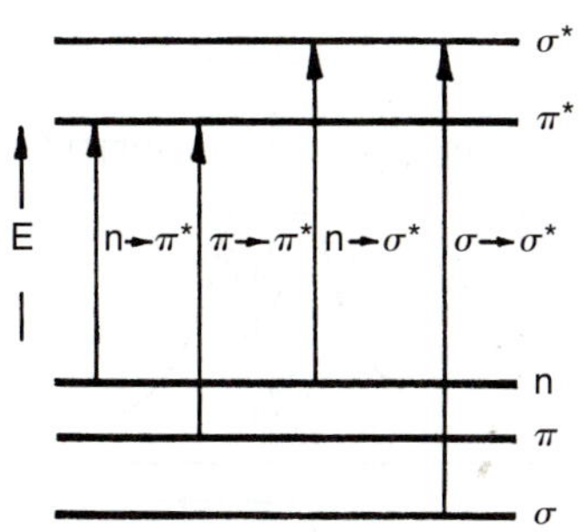

그림 13-11 상대적인 전자 오비탈 에너지와 에너지를 증가시키기 위한 선택된 전이들

표 13-5 알켄의 $\pi \rightarrow \pi^*$ 최대 흡수 위치의 콘쥬게이션 확대 효과

$(CH{=}CH)_nH$에서 n	λ_{max} (nm)	ϵ_{max} ($L\ mol^{-1}\ cm^{-1}$)	색
1	162	10,000	무색
2	217	21,000	무색
3	258	35,000	무색
4	296	52,000	무색
5	335	118,000	연노란색
8	415	210,000	오렌지색
11	470	185,000	빨간색
15	547[a]	150,000	보라색

출처: J. B. Lambert, H. F. Shurvell, L. Verbit, R. G. Cooks, and G. H. Stout, *Organic Structural Analysis*, New York: Macmillan Publishing, 1976.

[a]최댓값이 아님

13-5에 제시하였다.

3. $n \rightarrow \sigma^*$ **전이**는 처음 두 분류보다는 덜 중요하지만, 비결합 오비탈로부터 반결합 σ^* 오비탈로 전자 전이를 포함한다. n 전자는 결합을 형성하지 않기 때문에, 관련된 반결합 오비탈들이 없다. $n \rightarrow \sigma^*$ 전이의 몇 가지 예로 CH_3OH (증기): λ_{max}, 183 nm, ϵ 150; trimethylamine (증기): λ_{max}, 227 nm, ϵ 900; 그리고 CH_3I (hexane): λ_{max}, 258 nm, ϵ 380이다.
4. **리드베리 전이** (*Rydberg transitions*)는 주로 강한 들뜬 상태이다. 대부분 유기 분자들은 파장이 200 nm 아래에서 일어나고, 구조적으로 관심이 없다. 리드베리 전이는 체계적으로 UV 영역의 단파장 쪽으로 간격을 좁히고, 분자의 이온화 가능성을 나타내는 한계를 경계짓는 분자 전자 들뜸의 한 부분이다.

발색단 (*chromophore*) 뿐만 아니라, 몇 개의 관련 용어는 현재의 상황에서 일반적으로 사용된다. **조색단** (*auxochrome*; 색 개선제) 은 비공유 전자쌍 (OH, NH, SH, 할로젠 등)을 가진 치환기에 사용된다. π 전자 발색단에 부착할 때, 조색단은 일반적으로 장파장 (낮은 에너지) 으로 최대 흡수가 이동한다. 이러한 움직임은 **장파장** (*bathochromic*) 또는 **적색 이동** (*red shift*) 이라 한다. **단파장** (*hypsochromic*) 은 **청색 이동** (*blue shift*)을 뜻한다. 콘쥬게이션이 증가하면 대개 흡수 강도가 증가하며, **흡광증가** (*hyperchromism*) 라 한다. 흡수 띠가 감소하면 **흡광감소** (*hypochromism*) 이다. 이러한 용어들을 그림 13-12에 요약하였다.

13-4c 허용 그리고 금지 전이

전자 전이는 ϵ_{max} 값에 의해 대략 측정되어 등급에 따라 강하거나 약한 것으로 분류한다. 이것은 각각 **허용** (*allowed*) 과 **금지** (*forbidden*) 전이에 해당한다. 허용 전이는 (1) 전자 스핀의 배향이 변화 없음, (2) 각운동량이 0 또는 ±1의 변화, (3) 쌍극자 벡터 곱과 두 상태

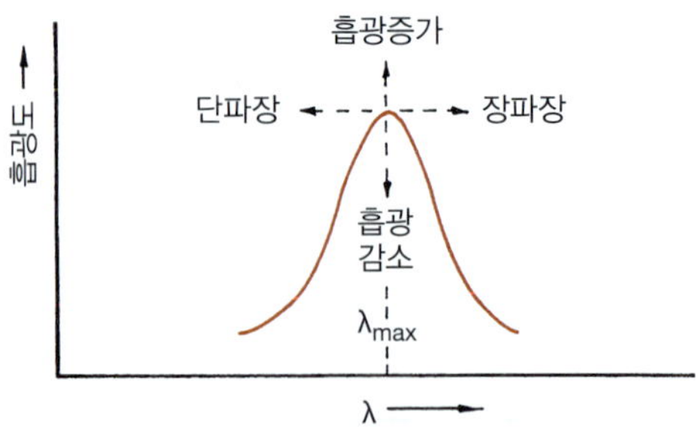

그림 13-12 흡수 띠의 위치 변화 용어

의 군론의 표현은(참고 문헌 13.1) 완전히 대칭이다.

첫 번째 또는 **스핀 선택 규칙**(*spin selection rule*)은 다음과 같이 진술된다. 다른 스핀 다중도(S 그리고 T) 상 사이의 전이는 항상 금지이므로, 전자는 전기적 상을 변화하는 동안 스핀 반전이 일어날 수 없다. 둘째 또는 **각운동량 선택 규칙**(*angular momentum selection rule*)은 제약이 없으므로, 대부분 상에서 서로의 각운동량 한 단위 내에 있다. 마지막 규칙은 **대칭 선택 규칙**(*symmetry selection rule*)이다. 초기와 최종 상태 함수가 속한 군론의 직접적인 곱의 진술(참고 문헌 13.1)이 만일 좌표축에 속한 값과 모두 다르면, 전이의 전이 모멘트는 0이다. 이 규칙의 좋은 예로 포화 알킬 케톤(alkyl ketone) n →π^* 전이는, n 전자가 **수직**(*orthogonal*) π^* 오비탈(전하의 90° 움직임)로 승급한다(그림 13-10). 이러한 전이는 대칭 금지라 한다. 대부분 유기 분자들은 금지 전이는 보통 관찰되지만 강도가 약하다. 잔류 세기는 전자 흡수 띠 세기가 진동 분자의 모든 핵 배향을 통해 전자 전이 순간의 평균에 의존하기 때문에 달라지고 평균은 반드시 0이 아니다. 분자가 대칭일 때 약간의 진동에 의해 주기적으로 변화할 때, 완전히 대칭은 아니고, 전자 파동 함수 대칭 또한 주기적으로 변화하며, 전자는 핵의 움직임에 즉시 적응하게 된다. 이런 이유로 대칭 금지 전이는 부분적으로 허용된다. 전이의 세기는 대칭 금지이지만 진동적 허용이 되는데, 일반적인 허용 전이보다는 작다. 이러한 진동적 분포는 온도에 의존한다.

13-5 실험적인 면

13-5a 용매

대부분 측정은 시료를 적절한 용매를 이용하여 매우 묽은 용액(10^{-2}~10^{-6} M)으로 수행한다. 용매는 용질과 상호작용해서는 안되고 스펙트럼 관심 영역의 빛을 흡수하지 않아야 한다. 이전 자외선-가시광선 분광기는 겹살형 기기였다. 대부분 새로운 자외선-가시광선 기기는 컴퓨터로 제어되며 홑살형이다. 이러한 기기는 측정을 원하는 화합물의 용액을 찍는데, 모든 변수가 동일 값을 유지하기 위해 스펙트럼을 재주사하고, 기준선을 얻기 위해 순수한 용매를 시료 셀에 넣어 사용한다. 몇 가지 유용한 용매와 그들의 단파장 한계점을 표 13-6에 제시하였다. 짧은 경로 길이 셀의 사용에 의해 얻은 중요한 이점은 용매를 덜 사용하는 것이다.

적절한 순도의 용매나 기타 시약을 사용하는 것이 가장 중요하다. "분광 등급" 그리고 "분광학 용"과 같은 명칭으로 상업적으로 이용 가능한 용매는 반드시 순수하지는 않지만 UV-vis 영역에서 흡수 불순물의 부재를 보장할 준비는 되어 있다. 흡수되지 않은 오염물질은 물론 존재할 수 있다.

많이 사용하는 극성 용매의 95%는 에탄올, 물, 메탄올이다. 지방족 탄화수소(헥세인, 헵테인, 사이클로헥세인)는 비극성 용매의 예이고, 좋은 분광 투명도(낮은 λ 한계) (표 13-6)를 갖고 있고 용매 증발이 문제되지 않을 만큼 충분한 높은 끓는점을 가진다. 엄격히 순수해야 하는데 이들 탄화수소는 알켄류 불순물 또는 미량의 방향족 화합물이 담겨 있을 수 있기 때문이다. 알케인에 비해 플루오로알케인(fluoroalkane)이 향상된 투명성을 가진 것을 관찰했고, 비슷한 결과로 플루오르화된 알코올인 2,2,2-trifluoroethanol을 만들었다. Acetonitrile과 propionitrile과 같은 유기 사이안화물은 극성이며, 좋은 분광 투명도를 가진 수산기를 가지지 않은 용매들이다. 다른 광범위하게 사용되는 용매는 1,4-dioxane으로 215 nm 정도로 투명하다.

몇 가지 혼합 용매는 분광학 연구에서 특별히 매우 저온, 대개 액체 질소보다 낮은 약 −190 °C에서 사용된다. 이 용매 시스템은 냉각할 때 결정화되지 않으나 끈적거리고 유리화된다. 저온 혼합 용매는 (1) EPA, 부피비로 5/5/2의 diethyl ether/isopentane/ethanol

표 13-6 다양한 용매의 단파장 한계

용매	한계, λ(nm)[a] 10 mm 셀	한계, λ(nm)[a] 0.1 mm 셀	끓는점 (°C)
Acetonitrile	190	180	81.6
2,2,2-Trifluorethanol	190	170	79
Pentane	190	170	36.1
2-Methylbutane	192	170	28
Hexane	195	173	68.8
Heptane	197	173	98.4
2,2,4-Trimethylpentane(isooctane)	197	180	99.2
Cyclopentane	198	173	49.3
Ethanol(95%)	204	187	78.1
물	205	172	100.0
Cyclohexane	205	180	80.8
2-Propanol	205	187	82.4
Methanol	205	186	64.7
Methylcyclohexane	209	180	100.8
Dibutyl ether	210	195	142
EPA[b]	212	190	—
Diethyl ether	215	197	34.6
1,4-Dioxane	215	205	101.4
Bis(2-methoxyethyl) ether(glyme)	220	199	162
Dichloromethane	232	220	41.6
Chloroform	245	235	62
Carbon tetrachloride	265	255	76.9
N,N-Dimethylformamide	270	258	153
Benzene	280	265	80.1
Toluene	285	268	110.8
Tetrachloroethylene	290	278	121.2
Pyridine	305	292	116
Acetone	330	325	56
Nitromethane	380	360	101.2
Carbon disulfide	380	360	46.5

출처: J. B. Lambert, H. F. Shurvell, L. Verbit, R. G. Cooks, and G. H. Stout, *Organic Structural Analysis*, New York: Macmillan Publishing, 1976.

[a]한계점은 지시된 셀의 흡광도가 약 1인 파장으로 취급한다.

[b]Ethyl ether/isopentane/ethanol의 부피비가 5/5/2인 혼합물

의 혼합물; (2) methanol과 glycerol, 9/1 v/v; (3) tetrahydrofuran과 diglyme, 4/1 v/v; (4) methylcyclohexane과 isopentane, 1/3 v/v이다. 25 °C에서 −190 °C 범위에 걸쳐 이러한 용매의 농도의 정도는 methylcyclohexane/isopentane (1/3) 29.4%, EPA 29%, methanol/ glycerol (9/1) 24.4%, tetrahydrofuran/diglyme (4/1) 26.1%이다.

13-5b 셀 (큐벳) 과 시료 제조

가시광선 영역의 셀은 파이렉스 또는 동급의 유리로 만들어 약 380 nm에서 투과되어야 한다. 자외선 영역에서, 석영 셀이 필요하고, 모두 고순도의 압축된 실리카 (ultrasil, spectrosil, supersil)를 추천한다. 직사각형 큐벳은 흡수 작업에 주기적으로 사용된다. 선호하는 경로 길이는 10 mm, 식 13-3의 l과 동일하다. 짧은 경로 길이 셀은 용매 흡수를 줄이고자 할 때 필수적이다. 0.01부터 2 mm까지의 셀이 원자외선 영역의 작업에 사

용된다.

많은 목적으로 셀은 측정에 사용되는 용매를 이용하여 **최소한 10회** 이상 헹구어 깨끗이 세척해야 한다. 마지막 헹굴 때 셀을 자연 건조시킨다면 메탄올 또는 아세톤이 적합하다. 일반적으로는 오븐 건조를 추천하는데, 특히 짧은 경로 길이 셀일 경우에는 그렇다. 가연성 유기 액체 물질이 남아 있지 않도록 마지막 두 번 헹굼에서는 증류수를 사용해야 한다. 높은 온도로 설정한 오븐 건조는 셀을 손상하지 않지만(그들은 제조시 1000 °C 이상에서 융합됨을 기억하라), 잘 깨지는 석영 셀을 뜨거운 오븐으로부터 가져올 때 골칫거리가 될 수 있다. 신속하고 편리한 건조법은 셀을 가능하다면 약 50 °C로 가열된 진공 건조 용기에 두는 것이다. 이 방법은 셀이 5분 이내에 마를 것이다.

무엇보다도 셀의 창은 손가락으로 절대 만져서는 안된다. 셀을 세척할 때 몇 번 외부도 헹구는 것은 좋은 방법이다. 외부 광학면에 여전히 어떤 물질이 남아 있다면 보푸라기 없는 와이퍼인 **용매에 흠뻑 젖어 있는**(*soaked in solvent*) Kimwipes 등을 이용하여 닦아낸다. 절대 마른 천이나 화장지를 사용하지 마라.

정량적인 분석 기술은 시료 준비에 적용된다. 부피 측정 유리 기구들과 셀은 반드시 세척하고 말려두어야 한다. 고체 시료는 물이나 용매가 달라붙는 것을 제거하기 위해 진공 용기에서 무게가 변하지 않을 때까지 건조한다. 1~10 mm 셀은 0.2~3 mL 용액을 담을 수 있으므로, 적절한 양의 저장 샘플 용액을 준비하도록 한다. 측정은 비파괴적이므로 용매의 증발로 시료를 회수할 수 있다. 시료에 이용할 수 있는 양이 허용된다면, 10~25 mL 용액 준비에 적절한 양이다. 이 정도 부피의 시료의 양이 요구되는 것은 작은 양을 칭량하는 데 오류를 최소화하기에 충분한 양이기 때문이다. 전자 저울은 적어도 0.1 mg을 직접 칭량할 수 있어야 한다. 왜냐하면 아마도 분석자에 의해 이전에 실행한 적이 없는, 작은 분자의 경우 최초 시료 농도를 거의 0.05% (약 0.5 mg mL^{-1}), 폴리펩타이드나 큰 고분자의 경우에는 약 0.005%를 사용하기 위해 대부분 화합물을 측정하고 있기 때문이다. 0.7에서 1.2 흡수 단위의 흡수 피크가 대부분 기기에 적절하고, 좋은 펜 편향을 제공하고 있기 때문에 전자는 보통 이 범위에서 가장 민감하다.

13-5c 오차 가능 원인

오차는 검사할 시료의 특성으로부터, 기기로부터, 분석자로부터 결코 무시하지 못할 정도로 얻어진다. 가장 간단한 오류는 베르 법칙을 따르지 않는 것이다(13-3b절).

떠돌이빛의 문제는 대부분 이중 단색화장치 기기의 높은 시료 흡광도에서 일어난다. 떠돌이빛은 바라는 것과 다른 파장을 갖는다. 그것이 만나는 어떤 표면으로부터 분산된 빛의 흐름으로부터 일어날 수 있다: 렌즈, 프리즘, 슬릿 가장자리 등등, 뿐만 아니라 더러운 셀 창. 흐린 용액은 빛을 분산시키고, 분산은 더 중요한 짧은 파장이 되게 한다. 때때로 먼지 입자는 분산에 책임이 있다. 이러한 용액은 밀리포어(Millipore) 같은 미세 필터를 통과시키거나 원심분리시켜야 한다.

산소는 약 195 nm에서 시작하고 짧은 파장으로 연장되는 일련의 흡수 띠를 갖는다. 그러므로 이 영역에서 작업하려면 공기는 기기에서 제외되어야만 한다. 그렇지 않으면 산소 흡수 때문에 시료와 기준 빔 모두의 빛이 손실된다. 산소는 순수, 건조 질소로 기기의 전체 광 경로에 쏟아 부어 손쉽게 제거할 수 있다. 액체 질소 실린더는 기체 분사 밸브를 가지고 있어서 고순도 질소를 편리하게 공급한다. 최적의 흐름 속도는 산소 흡수 스펙트럼의 소멸 관찰을 통해서 측정할 수 있다.

문제

13-1 그림 13-1의 자료로부터 280 nm와 320 nm에서 3-methylcyclohexanone의 몰소멸 계수를 계산하시오.

13-2 화합물 $C_5H_8O_2$는 메탄올에서 UV λ_{max}가 270 nm ($\epsilon = 32$)이고, 헥세인에서는 290 nm ($\epsilon_{max} = 40$)로 띠 이동이 있다. 어떤 작용기가 존재하는가? 가능한 구조를 그리시오.

13-3 경로 길이가 10 cm인 석영 큐벳을 이용하여 $\lambda = 280$ nm에서 아이소옥테인을 사용한 0.005 M 3-methylcyclohexanone 용액의 흡광도(A)를 계산하시오.

13-4 메탄올에서 경로 길이가 0.5 cm인 석영 큐벳을 이용하여 측정했을 때 0.0002 M인 화합물이 $\lambda_{max} = 235$ nm, 흡광도(A)가 1.05이다. 235 nm에서 ϵ_{max}를 계산하시오.

13-5 에탄올에서 벤조산(몰질량 = 122.1)의 몰흡광도는 약 273 nm에서 약 2000이다. 1.35를 초과하지 않는 흡광도를 원하는 경우, 2.00 cm 셀을 이용할 경우 최대 가능한 농도는 몇 $g\,L^{-1}$인가?

13-6 색을 포함한 성분 X를 가진 시료 250 mg을 용해하고 250 mL까지 묽혔다. 이 용액의 표본 흡광도는 500 nm, 1.00 cm 셀을 사용한 경우 0.900이다. 순수한 X (10.0 mg)를 같은 용매 1 L에 녹였다. 같은 파장에서 0.100 cm 셀을 이용하여 측정한 흡광도는 0.300이다. 첫 번째 시료의 X는 몇 %인가?

13-7 색이 없는 물질 X, Y는 반응하여 색을 가진 화합물 XY를 형성한다. $X + Y \rightleftharpoons XY$.
2.00×10^{-3} mol X를 과량의 Y와 반응시키고 1 L로 묽히면, 용액은 2.00×10^{-3} mol X와 2.00×10^{-3} mol Y를 반응시키고 똑같이 처치하였을 때에 비해 두 배의 흡광도를 갖는다. XY 형성을 위한 평형 상수는 얼마인가?

13-8 다음은 모두 동일한 셀에 A와 B 각각, 그리고 AB 혼합물 세 가지 용액을 측정한 흡광도이다. 혼합물의 A와 B 농도를 계산하시오.

		흡광도	
		475 nm	670 nm
0.001 M	*A*	0.90	0.20
0.01 M	*B*	0.15	0.65
혼합물		1.65	1.65

참고 문헌

13.1 H. H. Jaffé and M. Orchin, *Theory and Applications of Ultraviolet Spectroscopy*, New York: John Wiley & Sons, Inc., 1962.

13.2 R. L. Pecsok, L. D. Shields, T. Cairns, and I. B. McWilliam, *Modern Methods of Chemical Analysis*, 2nd ed., New York: John Wiley & Sons, Inc., 1976.

13.3 H. H. Perkampus, *UV-vis Atlas of Organic Compounds*, 2nd ed., Weinheim, Germany: Wiley-VCH, 1992.

13.4 Solvent properties: O. Korver and J. Bosma, *Anal. Chem.*, **43**, 1119 (1971).

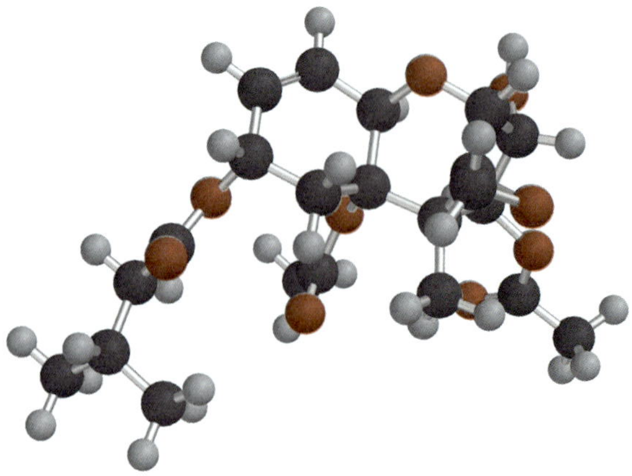

CHAPTER 14

구조 분석

14-1 고립된 발색단

14-1a 카보닐기: 케톤 그리고 알데하이드 흡수

지방족 알데하이드와 케톤의 가장 긴 파장 전이에서 $n \rightarrow \pi^*$ 띠는 어떤 전자 전이보다도 아마 가장 많이 연구되어 왔다(참고 문헌 14.1, 그림 13-10, 그림 14-1). 그것은 약하고($\epsilon \sim$ 10~20) 꽤 완만한 띠로, 270~300 nm의 근처에서 일어난다. 13-2d절에서 논한 것처럼, 그것의 위치는 용매에 매우 민감하다. $n \rightarrow \pi^*$ 전이는 산소의 비결합 오비탈로부터 카보닐기 전체와 관련된 반결합 π^* 오비탈로 전자가 승급되면서 일어난다. 이 전이는 대칭 금지(13-4c절)이다 — 따라서 약한 강도를 띤다(그림 13-1).

두 번째 카보닐 띠인 케톤의 $\pi \rightarrow \pi^*$ 전이는 190 nm 근처에서 일어난다. 이 허용 전이는 $n \rightarrow \pi^*$ 전이보다 상당히 강하다. 이 파장 지역은 대부분 UV 기기의 유용 파장 한계의 근처이며, 종종 띠의 시작에 불과한 소위 **엔드 흡수**(*end absorption*)로 관찰된다. 약 190 nm보다 더 짧은 파장에서의 전이는 카보닐 σ 결합($\sigma_{CO} \rightarrow \pi^*$)과 리드베리(Rydberg) 전이로부터의 들뜸에 의한 것이 가장 많다.

전이에 관계된 n, π, π^* 오비탈의 대칭은 중요하다. 결합 π 오비탈과 반결합 π^* 오비탈은 같은 평면에 놓여 있는 반면, 비결합 n 오비탈은 수직으로 놓여 있다. 비결합 오비

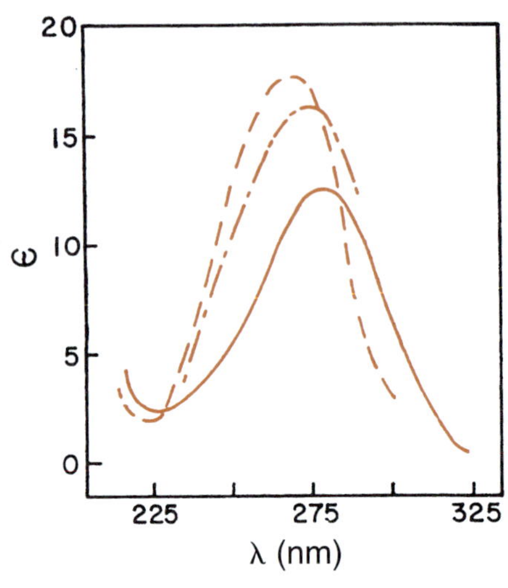

그림 14-1 헥세인(——), 95% 에탄올(-.-), 물(- - -)에서 아세톤 $n \rightarrow \pi^*$ 전이의 용매 효과

탈로부터 전자의 들뜸은 분자 기하구조의 큰 변화 없이는 불가능하다. 약한 $n \rightarrow \pi^*$ 강도는 비대칭적 진동 때문이고, 분자의 미세 변형과 그것의 대칭을 약화시켜 전이의 유한한 가능성을 허용한다.

고리형 케톤은 해당 열린 사슬 유도체보다 더 장파장에서 흡수한다. 게다가 표 14-1에서 제시된 것처럼 비극성 용매에서 고리의 크기는 흡수 띠의 위치에 변화를 준다.

케톤과 알데하이드의 $n \rightarrow \pi^*$ 전이는 비알킬 치환체의 존재에 민감해서, 카보닐기의 α 자리에 위치하면 흡수 띠의 위치 (λ_{max}) 와 세기 (ϵ_{max}) 에 영향을 미친다. 예를 들어, cyclohexanone 계열에서 α 브로민의 존재는 브로민이 축에 위치하면 λ_{max}에 약 23 nm의 장파장 이동을 야기하며, 브로민이 수평에 위치하면 5 nm만 이동한다. 수평에 치환기를 가진 2-chloro-4-*tert*-butylcyclohexanone의 최대 $n \rightarrow \pi^*$ 파장은 모체 케톤에 비해 약간 더 짧고, 축의 염소 이성질체는 상당히 긴 파장에서 더 강한 흡수 띠를 가진다(표 14-1).

일반적으로 $n \rightarrow \pi^*$ 전이는 낮은 세기들, 치환기에 의한 스펙트럼의 이동, 용매 효과에 의한 위치의 민감성 등으로 쉽게 알 수 있다. 증기상에서 용액으로 또는 한 용매에서 다른 것으로 진행하는 동안의 흡수 띠의 위치 이동은 바닥 상태와 들뜬 전자 상태 용질의 용매화 에너지 차이에 의해 주로 발생한다. $n \rightarrow \pi^*$ 흡수 위치에 대한 용매 효과는 중요한 진단 도구로 제공된다(13-2d절). 이 전이에서 비공유 전자쌍의 기본 역할은 산 용액에서 비공유 전자쌍의 들뜸에 의한 $n \rightarrow \pi^*$ 띠의 사라짐으로 설명할 수 있다.

무극성에서 극성 용매로 변경하면 $n \rightarrow \pi^*$ 전이에서는 중요한 단파장 이동이 일어난다. 비교할 만한 유전율 하이드록실기를 가진 용매는 아세토나이트릴 같은 하이드록실기가 없는 극성 용매보다 크게 단파장 이동을 야기한다. 하이드록실기를 가진 용매에 의한 큰 이동은 들뜬 상태에 비해 바닥 상태의 에너지를 낮추어 π^* 전자보다는 카보닐 산소 고립

표 14-1 지방족 알데하이드와 케톤의 흡수 자료

화합물	용매	$\pi \rightarrow \epsilon^*$ 전이 λ_{max} (nm)	$\pi \rightarrow \epsilon^*$ 전이 ϵ_{max} (L mol^{-1} cm^{-1})	$n \rightarrow \pi^*$ 전이 λ_{max} (nm)	$n \rightarrow \pi^*$ 전이 ϵ_{max} (L mol^{-1} cm^{-1})
폼알데하이드	증기	304	18	175	18,000
	아이소펜테인	310	5		
아세트알데하이드	증기	289		182	10,000
아세톤	증기	274	13.6	195	9,000
	사이클로헥세인	275	22	190	1,000
뷰탄올	아이소펜테인	278	17		
2-펜탄온	헥세인	278	15		
4-메틸-2-펜탄온	아이소옥테인	283	20		
사이클로뷰탄온	아이소옥테인	281	20		
사이클로펜탄온	아이소옥테인	300	18		
사이클로헥산온	아이소옥테인	291	15		
사이클로헵탄온	아이소옥테인	292	17		
사이클로옥탄온	아이소옥테인	291	15		
사이클로노난온	아이소옥테인	293	17		
사이클로데칸온	아이소옥테인	288			
2-Chloro-4-*tert*-butyl-cyclohexanone					
수평방향 Cl	아이소옥테인	286	17		
축방향 Cl	아이소옥테인	306	49		

출처: J. B. Lambert, H. F. Shurvell, L. Verbit, R. G. Cooks, and G. H. Stout, *Organic Structural Analysis*, New York: Macmillan Publishing, 1976.

표 14-2 카보닐 n → π* 전이의 헤테로원자 치환기의 영향

$CH_3C(=O)-X$ 의 X	용매	λ_{max} (nm)	ϵ_{max} ($L\ mol^{-1}\ cm^{-1}$)
—H	증기	290	10
$-CH_3$	헥세인	279	15
	95% 에탄올	272.5	19
—OH	95% 에탄올	204	41
—SH	사이클로헥세인	219	2200
$-OCH_3$	아이소옥테인	210	57
$-OC_2H_5$	95% 에탄올	208	58
	아이소옥테인	211	58
$-O-C(=O)-CH_3$	아이소옥테인	225	47
—Cl	헵테인	240	40
—Br	헵테인	250	90
$-NH_2$	메탄올	205	160

출처: J. B. Lambert, H. F. Shurvell, L. Verbit, R. G. Cooks, and G. H. Stout, *Organic Structural Analysis*, New York: Macmillan Publishing, 1976.

전자쌍의 수소 결합이 더 크게 기인한다. 아세톤에서 n → π* 띠에 대한 용매 효과의 예를 그림 14-1에 나타냈고, α,β-불포화 케톤에 대해 표 13-4에 제시하였다.

14-1b 카보닐기: 산, 에스터, 아마이드 흡수

카보닐 발색단 탄소 원자의 헤테로원자에 대한 도입은 n → π* 띠의 큰 단파장 이동을 야기시키지만, 알데하이드나 케톤과 같은 정도의 세기를 유지한다. n → π* 전이에서 이러한 치환기의 영향은 표 14-2에 제시하였다.

카복실산, 에스터, 산 염화물, 아마이드 등에서 카보닐기에 헤테로원자를 도입하면 카보닐 콘쥬게이션에 의해 전자를 제공할 수 있다. 반결합 π* 오비탈 에너지는 치환기의 비공유 전자쌍의 상호작용에 의해 증가되는 반면, 바닥 상태에서 n 전자들에 점유된 p 오비탈은 영향이 없다. 따라서 n → π* 전이 에너지는 증가하고, 흡수는 단파장 쪽으로 이동한다.

지방족 카복실산과 에스터의 UV 스펙트럼에는 식별 가능한 두 개의 띠가 있다. 첫 번째는 210 nm (ϵ = 40~60) 부근에 있는 n → π* 전이이고, 두 번째는 약 165 nm (ϵ = 2500~4000) 에 있는 π → π* 전이이다.

카복실산은 비극성 용매의 액체 상태에서 광범위하게 이합체가 되는데, 심지어 증기상에서도 어느 정도 된다(식 14-1).

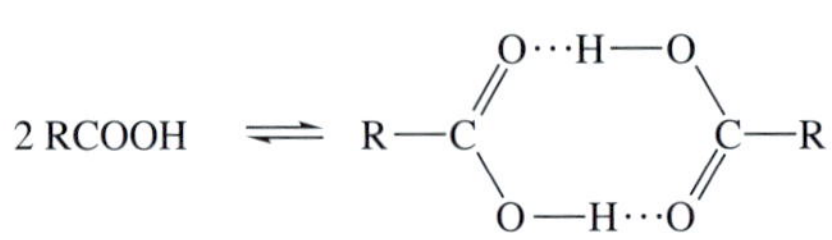

(14-1)

따라서 용매와 농도에 따라, 순수 이합체, 순수 단위체, 또는 둘의 혼합물로 취급된다. 카복실산의 경우, 스펙트럼은 하나 이상의 농도에서 결정하는 것이 좋다. 알코올과 같이 하이드록실기를 가진 용매에서는 단량체 쪽으로 위의 평형이 이동한다. 산을 에스터로 변환하면 식 14-1에 따라 수소 결합 가능성이 제거된다. 카복실산과 메틸 또는 에틸 에스터에서 얻은 스펙트럼은 이합체화가 없거나 스펙트럼으로 중요한 것이 아님을 보여 준다.

아마이드의 UV 스펙트럼은 폴리펩타이드와 단백질의 아마이드 발색단의 중요성 때문

표 14-3 콘쥬게이션되지 않은 알켄의 흡수 자료

화합물	용매	λ_{max} (nm)	ϵ_{max} (L mol^{-1} cm^{-1})
에틸렌	증기	162	10,000
cis-2-Butene	증기	174	—
trans-2-Butene	증기	178	13,000
1-Hexene	증기	177	12,000
	헥세인	179	—
cis-2-Octene[a]	증기	183	13,000
trans-2-Octene[a]	증기	179	15,000
Allyl alcohol	헥세인	189	7,600
사이클로헥센	증기	176	8,000
	아이소옥테인	183.5	6,800
Cholest-4-ene	사이클로헥세인	193	10,000
1,5-Hexadiene	사이클로헥세인	178	26,000

출처: A. E. Hansen and T. D. Bouman, *Adv. Chem. Phys.*, **44**, 545 (1980).
[a]자료 출처: J. R. Platt, H. B. Klevens, and W.C. Price. *J. Chem. Phys.*, **17**, 466 (1949).

에 꽤 주목을 받았다. 아마이드기의 최소한 다섯 개의 전이가 확인되었다(참고 문헌 14.3). 두 개의 낮은 에너지 전이는 비극성 용매에서 220 nm 부근의 약한 $n \rightarrow \pi^*$ 띠(ϵ ~100)가 있고, 비교적 강한 $\pi \rightarrow \pi^*$ 전이가 173~200 nm 위치에 있다(ϵ ~8000). 이 전이들 모두 질소의 2p 오비탈의 콘쥬게이션된 π 시스템에 의해 강하게 동요되는데, 이는 질소, 탄소, 산소 원자까지 확장된다. $n \rightarrow \pi^*$ 아마이드 전이는 용매 효과를 보여 주는데, 비극성으로부터 하이드록실기를 가진 용매로 갈수록 단파장 쪽으로 이동한다.

산소나 질소에 지방족 아마이드가 양성자를 제공하는지의 여부가 UV 분광기에 의해 측정된다. 만일 양성자화가 질소에 일어나면, 질소 원자는 아마이드 시스템에서 제거될 것이고, 간단한 카보닐기의 스펙트럼 특징처럼 $n \rightarrow \pi^*$ 띠의 큰 장파장 이동과 $\pi \rightarrow \pi^*$ 띠의 큰 단파장 이동이 있을 것이다. 195 nm 부근 *N,N*-dimethylacetamide의 $\pi \rightarrow \pi^*$ 흡수의 산성도 의존 연구에 의하면 유효한 이동이 없으며, 산소-양성자화된 아마이드가 묽은 산성 용액에서 우세한 종임을 가리킨다.

14-1c 콘쥬게이션되지 않은 알켄

대부분 콘쥬게이션되지 않은 알켄은 200 nm 부근의 원자외선 영역에서 흡수한다. 이중결합의 치환은 어느 정도 λ_{max}에 영향이 있고, 많이 치환된 이중결합은 상대적으로 덜 치환된 것보다 λ_{max}가 장파장으로 이동한다(표 14-3). 에틸렌 그 자체는 일반적으로 측정 가능 UV 영역 밖에서도 흡수하고, 약 162 nm에서 완만한 최대 흡수를 보인다. 보다 강한 흡수(ϵ ~10,000)는 $\pi \rightarrow \pi^*$ 최대 흡수의 결과이다. 비록 체계적이지 않지만 알켄의 이중 치환된 기하 이성질체는 구별할 수 있다. *trans*-2-butene은 *cis*-2-butene보다 $\pi \rightarrow \pi^*$ 흡수 파장이 더 길고, *trans*-2-octene은 *cis*-2-octene보다 $\pi \rightarrow \pi^*$ 흡수 파장이 더 짧다(표 14-3). 동일 분자에 두 개의 알켄 발색단이 있을 때 포화 탄소에 의해 각각 고립시키면, 표 14-3의 1,5-hexadiene처럼 두 개의 발색단의 합과 스펙트럼이 비슷하다.

콘쥬게이션되지 않은 알켄의 UV 스펙트럼은 측정 가능한 스펙트럼 영역에서 강한 $\pi \rightarrow \pi^*$ 전이 이상을 보여 준다. 다른 띠들이 알킬-치환된 알켄의 증기 상에서 관찰되었다: 고에너지의 리드베리 전이와 200 nm 이상에서 $\pi \rightarrow \sigma^*$ 전이의 약한 띠(참고 문헌 14.5, 14.6, 14.7).

표 14-4 알켄의 흡수 자료

화합물	용매	λ_{max} (nm)	ϵ_{max} (L mol^{-1} cm^{-1})
1-Hexene	증기	177	12,000
	헥세인	179	—
1,3-Hexadiene	헥세인	224	26,400
1,3,5-Hexatriene	아이소옥테인	268	43,000
1,3,5,7-Octatetraene	사이클로헥세인	304	—
1,3,5,7,9-Decapentaene	아이소옥테인	334	121,000
1,3,5,7,9,11-Dodecahexaene	아이소옥테인	364	138,000

출처: A. J. Merer and R. S. Mulliken, Chem. Rev., **63**, 639 (1969).

14-2 콘쥬게이션된 발색단

UV-vis 분광학은 다이엔(diene), 폴리엔(polyene), α,β-불포화 카보닐 화합물, 방향족과 같은 두 개 이상의 발색단이 존재할 때, 콘쥬게이션을 검출하기 위한 구조 진단에 사용되어 왔다.

14-2a 다이엔과 폴리엔

이중결합의 π 전자 시스템의 콘쥬게이션은 극적인 장파장 이동과 강도를 증가시킨다. 표 14-4에 위의 효과에 대한 스펙트럼 자료가 주어져 있다. 이중결합의 콘쥬게이션 증가에 따른 장파장 이동은 휘켈 분자 오비탈 이론(Hückel molecular orbital theory)에서도 제시되었다(좀 더 복잡한 이론으로도 동일한 결과를 이끌지만). 에틸렌, 1,3-butadiene, 그리고 두 개의 더 콘쥬게이션이션된 동족체에서의 분자 오비탈과 상대적 에너지를 그림 14-2에 나타내었다. 콘쥬게이션 증가에 따라 HOMO(가장 높은 점유 분자 오비탈)의 에너지가 증가하는 반면, LUMO(가장 낮은 비점유 분자 오비탈)의 에너지는 감소한다. 관찰된 전이는 HOMO로부터 LUMO로 전자의 승급을 포함한다. 그림 14-2에서는 콘쥬게이션된 π 시스템의 길이가 증가할수록 전이에 필요한 에너지가 줄어드는 것을 보여 준다. 이것이 장파장 이동의 결과이다.

다이엔 발색단의 $\pi \rightarrow \pi^*$ 흡수 띠는 치환에 의해 체계적으로 이동하는데 표 14-5에 나타내었다. 이 경향은 70여 년 전에 우드워드(Woodward)와 피저(Fieser)에 의해 발견되어 우드워드-피저 규칙(Woodward-Fieser rule)(14-10a절)으로 성립되고, 구조 결정에 폭넓게 사용된다.

14-2b α,β-불포화 카보닐기

관심 있는 많은 유기 분자들은 카보닐과 알켄 발색단 모두를 갖는다. 만일 작용기가 두 개 이상의 σ 결합으로 나누어지면, 일반적으로(그러나 중요한 예외가 있지만: 14-8절을

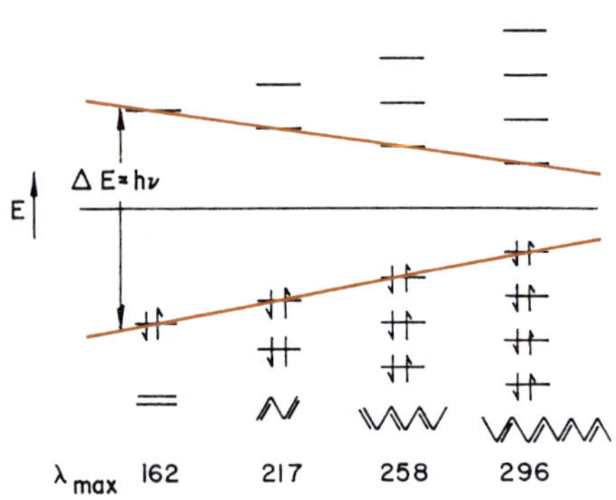

그림 14-2 $\pi \rightarrow \pi^*$ 최대 흡수 콘쥬게이션 효과에 대한 체계적인 휘켈 분자 오비탈 도표

표 14-5 에탄올에서 치환된 다이엔의 흡수 자료

화합물	λ_{max} (nm)	ϵ_{max} (L mol^{-1} cm^{-1})
$CH_2=CH-CH=CH_2$	217.5	22,400
$CH_3CH=CH-CH-CH_2$	223	25,000
$CH_2=C(CH_3)-CH=CH_2$	222.5	22,800
$CH_3CH=CH-CH=CHCH_3$	226	23,800
$CH_2=C(CH_3)-C(CH_3)=CH_2$	226.5	20,300
$CH_3CH=C(CH_3)-C(CH_3)=CH_2$	231.5	19,200

출처: W. F. Forbes, R. Shilton, and A. Balasubramanian, *J. Org. Chem.*, **29**, 3527 (1964).

보라) 전기적 상호작용이 거의 없다. 따라서 관찰된 스펙트럼에서 두 발색단 영향은 필수적으로 둘이 합쳐져 있다. 카보닐기와 콘쥬게이션된 이중결합이 있는 화합물의 스펙트럼은 독립된 발색단보다 알켄의 $\pi\rightarrow\pi^*$와 카보닐 $n\rightarrow\pi^*$를 장파장으로 15~45 nm 이동한 최대 흡수를 보이는데, 각 띠의 이동은 반드시 동일할 필요는 없다. 광이온화 자료는 n 오비탈 에너지가 비교적 일정함을 보여 준다. 따라서 장파장 이동은 π^* 오비탈의 낮아진 에너지 때문일 것이다.

에탄올 용액에서 crotonaldehyde ($CH_3CH=CH-CH=O$)는 220 nm (ϵ = 15,000)에서 강한 띠를 갖고, 322 nm (ϵ = 28)에서 약한 띠를 갖는다. 탄화수소 용매에 비하여 하이드록실기를 가진 용매에서 흡광도를 낮추며 단파장으로 이동한 것은 322 띠가 $n\rightarrow\pi^*$ 전이임을 가리킨다. 포화 카보닐기와 비교하여 장파장 이동은 들뜬 π^* 오비탈이 콘쥬게이션된 카보닐기의 모든 원자에 걸쳐 있음을 말한다. 이 현상은 일반적이고, α,β-불포화 케톤 및 알데하이드, 콘쥬게이트 산, 콘쥬게이트 에스터에서 볼 수 있다(표 14-6).

$\pi\rightarrow\pi^*$ 전이의 용매 효과는 $n\rightarrow\pi^*$ 피크와는 반대이다. $\pi\rightarrow\pi^*$ 흡수는 용매 극성의 증가와 함께 장파장으로 이동한다. Mesityl oxide [$(CH_3)_2C=CH-(CO)-CH_3$]의 $n\rightarrow\pi^*$와 $\pi\rightarrow\pi^*$ 전이의 용매 효과를 표 13-4에 제시하였다.

표 14-6 에탄올에서 α,β-불포화 카보닐 화합물 UV-vis 흡수 띠

	$\pi\rightarrow\pi^*$		$n\rightarrow\pi^*$	
화합물	λ_{max} (nm)	ϵ_{max} (L mol^{-1} cm^{-1})	λ_{max} (nm)	ϵ_{max} (L mol^{-1} cm^{-1})
$CH_2=CH-CHO$	207	11,200	322	28
	203[a]	12,000[a]	345[a]	20[a]
$CH_3CH=CH-CHO$	217	17,900	327	
$CH_2=C(CH_3)CHO$	216	11,000		
$CH_3CH=C(CH_3)CHO$	226	16,100		
$CH_2=CHCOCH_3$	215	3,600		
	203[a]	9,600[a]	331[a]	25[a]
$CH_3CH=CHCOCH_3$	221	12,300		
$CH_2=C(CH_3)COCH_3$	214	7,550		
$CH_3CH=C(CH_3)COCH_3$	223	13,600		
$CH_2=CH-CO_2H$	200	10,000		
$CH_3CH=CHCO_2H$	206	14,000		
$CH_2=C(CH_3)CO_2H$	210			
$CH_3CH=CHCO_2Et$	210	12,600		
$CH_3CH=C(CH_3)CO_2H$	213	12,500		
$CH_3CH=C(CH_3)CONH_2$	214	12,100		

[a]사이클로헥세인에서

카보닐기와 콘쥬게이션된 이중결합의 수가 증가할수록, $\pi \rightarrow \pi^*$ 전이는 장파장으로 이동하고 세기는 증가하며, 더 약한 $n \rightarrow \pi^*$ 흡수는 완만하게 나타나거나 더 강한 $\pi \rightarrow \pi^*$ 띠와 겹쳐져 완전히 사라지게 된다.

알킬 치환은 최대 $\pi \rightarrow \pi^*$와 $n \rightarrow \pi^*$ 반대 방향으로 이동하는데, $\pi \rightarrow \pi^*$가 장파장 쪽으로 옮겨진다. 다이엔에서 $\pi \rightarrow \pi^*$ 전이 위치에 대한 치환 효과는 Woodward에 의해 첫 번째로 공식화되고 Fieser에 의해 수정된 실험적 규칙을 사용하여 예측할 수 있다. 이 규칙은 스테로이드 및 다른 천연 물질의 구조에 적용할 수 있는 중요한 규칙으로서, 14-10절에서 논할 것이다.

표 14-6에서 알데하이드, 케톤, 산, 에스터, 아마이드의 콘쥬게이션 효과를 나타내었다. 이 자료는 $\pi \rightarrow \pi^*$ 전이 위치에서 상당한 유사성을 나타내고 탄소-탄소 이중결합의 치환기에 대해 유사한 민감성을 보인다. 일반적으로 α,β-불포화 카보닐, 알킬-치환 시스템에서 $\pi \rightarrow \pi^*$ 전이는 200~220 nm에 놓여 있으며, $\pi \rightarrow \pi^*$ 전이는 강하게 범위의 끝까지 이동한다. 확장된 콘쥬게이션은 $\pi \rightarrow \pi^*$ 띠가 장파장으로 이동하게 한다.

14-3 방향족 화합물

벤젠 고리는 카보닐기, 알켄과 함께 발색단에 대하여 가장 많이 연구되었다. 180 nm 위 벤젠의 스펙트럼은 $\pi \rightarrow \pi^*$ 전이에 의한 세 개의 잘 나뉜 흡수 띠로 구성된다(그림 14-3). 약 185 nm에서 강하고 완만한 띠가 있는데, 약한 진동 구조와 185 nm 흡수와 겹쳐진 다소 약한 띠(λ_{max}~200 nm)와 함께이다. 전이는 255 nm의 부근 중심의 낮은 강도 시스템으로 특유의 진동 구조이다. 벤젠의 흡수 띠 자료를 설명하는 데 다양한 명명 시스템을 사용한 것이 표 14-7에 주어져 있다.

254와 204에서 벤젠의 흡수는 ^1L_b와 ^1L_a로 Platt의 명명법에서는 나타냈고 둘은 모두 금지이다. 위 첨자 1은 전이가 단일 들뜬 상태임을 나타낸다. ^1L_a 띠는 허용된 ^1B 전이로부터 강도를 빌릴 수 있다. 다른 전이 가능성은 배향의 상호작용에 관련되는데 벤젠에서 가장 높은 점유와 낮은 빈 오비탈의 축퇴 때문이다. 벤젠은 D_{6h} 점군에 속하는데, 대칭 금지 254 nm ^1L_b 전이 세기 또한 0이다. 육각형 대칭으로부터 진동 일그러짐은 결과적으로 작은 총 전이 쌍극자 모멘트와 낮은 세기가 관찰된다. ^1L_b, 또는 벤제노이드(benzenoid)의 흡수 띠는 대개 식별하기 쉽다. 그것은 벤젠과 같은 세기를 갖는 간단한 유도체로 ϵ = 250~300이다. 또한 알기 쉬운 진동 구조와 6개까지의 진동 띠가 벤젠 그 자체와 유사하다. 진동 구조는 극성 용매에서는 덜 분명하고 증기 상 스펙트럼이나 비극성 용매에서는 좀 더 선명하다.

알킬 치환은 벤젠의 흡수를 장파장으로 이동시키고 진동 구조의 양을 감소시키는 경향이 있다. 띠의 세기 증가는 보통 관찰된다. 일반적으로 치환은 벤젠 고리를 극성과 공명

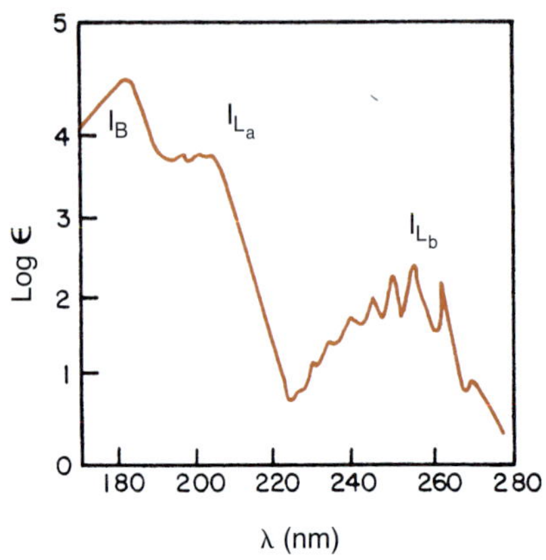

그림 14-3 헥세인에서 벤젠의 UV 스펙트럼

표 14-7 벤젠 흡수 띠의 명명 시스템

헥세인에서 $\lambda_{max}(\epsilon_{max})$			스펙트럼
184 nm(68,000)	204 nm(8800)	254 nm(250)	명명의 기원[a]
^1B	^1L_a	^1L_b	a
β	*p*(para)	α	b
$^1E_{2u}$	$^1B_{1u}$	$^1B_{2u}$	c
Second primary	Primary	Secondary	d
	K(conjugation)	*B*(benaenoid)	e

[a]Note: a = Platt free-electron method notation: J. R. Platt, *J. Chem. Phys.*, **17**, 484 (1949); b = empirical notation of Clar based on behavior of bands with temperature: E. P. Clar, *Aromatische Kohlenwasserstoffe*, Berlin: Springer Verlag, 1952; c = molecular orbital approach based on the group theoretical notation of the transitions; d = empirical notation; L. Doub and J. M. Vandenbelt, *J. Am. Chem. Soc.*, **69**, 2714 (1947), **71**, 2414 (1949); e = early empirical notation: A. Burawoy, J. Chem. Soc., 1177 (1939); 20 (1941).

효과에 의해 동요하게 한다. 메틸 치환기는 가장 큰 흡광 증가 파장 이동을 야기하고 진동 강도를 가장 크게 변화시킨다. 메틸 할로젠 효과 감소는 알킬기에 의해 대체된다. 이 결과는 종종 C—H 하이퍼콘쥬게이션($\sigma \rightarrow \pi$ 전자 상호작용) (참고 문헌 14.1)의 중요한 증거로 인용된다.

표 14-8에 주어진 xylene의 흡수 자료는 알킬 이중치환이 야기한 장파장 이동을 보여 주는데, 대개 파라 > 메타 > 오쏘 순이다. 알킬 치환된 알켄처럼 알킬벤젠(alkylbenzene)은 용매가 달라질 때 눈에 띄는 스펙트럼의 변화가 보통 일어나지 않는다. 반대로 극성 치환기인 $-NH_2$, $-OH$, $-OCH_3$, $-CHO$, $-COOH$, $-NO_2$는 확실한 스펙트럼의 변화가 있다. 이 작용기들은 ^1L_b 띠의 강도를 높인다. 미세 구조는 극성 용매에서 손실되지만, 무극성 용매에서는 약간 관찰할 수 있다. 게다가 ^1L_a 띠는 장파장으로 이동한다. 예를 들면, 아닐린, 싸이오페놀, 벤조산에서는 230 nm 영역에서 일어난다(표 14-8).

카보닐 치환기는 비결합과 π 전자를 갖는다. π 시스템은 방향족 고리의 π 시스템과 콘쥬게이션할 수 있다. π^* 상태의 에너지는 전체 콘쥬게이션 시스템에 걸쳐 비편재화되어 낮아지기 때문에 두 $\pi \rightarrow \pi^*$와 $n \rightarrow \pi^*$ 흡수는 콘쥬게이션되지 않는 발색 치환기에 비해 보다 장파장에서 일어난다. 예를 들면, 아세토페논 [$C_6H_5-(CO)-CH_3$] $n \rightarrow \pi^*$ 흡수는 320 nm에서 보이며 ^1L_b 방향족 전이는 276 nm이다. 두 띠는 장파장으로 이동하고 세기는 상당히 증가하는데, 부분적으로 벤젠의 π 시스템이 카보닐기의 π 시스템과 콘쥬게이션된 결과이다. 벤젠의 $\pi \rightarrow \pi^*$ 전이와 비슷한 효과는 스타이렌에서도 볼 수 있는데, C=C 결합이 벤젠 고리와 콘쥬게이션되어 있기 때문이다.

조색단(발색 없는 작용기, 비공유 전자쌍을 가진 $-Cl$, $-NR_2$, $-OH$), 발색단, 또는 융합 고리들에 의한 벤젠의 치환은 흡수 스펙트럼에 여러 가지 영향이 있다. 이들의 중요성 때문에 이 효과들을 자세히 다룬다.

페놀이 페녹사이드(phenoxide, phenylate) 음이온으로 전환될 때와 아닐리늄(anilinium) 양이온이 아닐린으로 전환될 때 발견되는 스펙트럼 변화는 상당히 흥미롭고 실제 중요하다. 아닐린의 경우, 280 nm 띠는 벤제노이드 ^1L_b 전이 때문인데, 아미노기로부터 고리로 전자가 제공됨에 따라 장파장으로 이동하고 세기가 증가하였다. 분자 내 전하 이동에 따른 공명 구조(식 14-2)는 바닥 전자 상태에 상당히 기여하지만, 주된 기여는 들뜬 상태이다. 일반적으로 이러한 종류의 공명 형태의 치환된 벤젠은 벤젠에 비해 장파장 이동과 흡광증가를 보인다.

표 14-8 벤젠 및 유도체의 흡수 자료

화합물	용매	λ_{max} (nm)	ϵ_{max}	λ_{max} (nm)	ϵ_{max}	λ_{max} (nm)	ϵ_{max}	λ_{max} (nm)	ϵ_{max}
Benzene	헥세인	184	68,000	204	8,800	254	250		
	물	180	55,000	203.5	7,400	254	204		
Toluene	헥세인	189	55,000	208	7,900	262	260		
	물			206	7,000	261	225		
Ethylbenzene	에탄올[b]			208	7,800	260	220		
tert-Butylbenzene	에탄올			207.5	7,800	257	170		
o-xylene	25% 메탄올			210	8,300	262	300		
m-Xylene	25% 메탄올			212	7,300	264	300		
p-Xylene	에탄올			216	7,600	274	620		
1,3,5-Trimethylbenzene	에탄올			215	7,500	265	220		
Fluorobenzene	에탄올			204	6,200	254	900		
Chlorobenzene	에탄올			210	7,500	257	170		
Bromobenzene	에탄올			210	7,500	257	170		
Iodobenzene	에탄올			226	13,000	256	800		
	헥세인			207	7,000	258	610	285 (sh)	180
Phenol	물			211	6,200	270	1,450		
Phenoxide ion	NaOH 수용액			236	9,400	287	2,600		
Aniline	물			230	8,600	280	1,400		
	메탄올			230	7,000	280	1,300		
Anilinium ion	산 수용액			203	7,500	254	160		
N,*N*-Dimethylaniline	에탄올			251	14,000	299	2,100		
Thiophenol	헥세인			236	10,000	269	700		
Anisole	물			217	6,400	269	1,500		
Benzonitrile	물			224	13,000	271	1,000	330 (sh)	140
Benzonic acid	물			230	10,000	270	800	328	55
	에탄올			226	9,800	272	850	328	20
Nitrobenzene	헥세인			252	10,000	280(sh)	1,000	320	40
Benzaldehyde	헥세인			242	14,000	280	1,400	315	55
	에탄올			240	16,000	280	1,700		
Acetophenone	헥세인			238	13,000	276	800		
	에탄올			243	13,000	279	1,200		
Styrnene	헥세인			248	15,000	282	740		
	에탄올			248	14,000	282	760		
Cinnamic acid									
cis-	헥세인	200	31,000	215	17,000	280	25,000		
trans-	헥세인	204	36,000	215	35,000	283	56,000		
	에탄올			215	19,000	268	20,000		
Stilbene									
cis-	에탄올	202	24,000	225	24,000	274	10,000		
trans-	헵테인	202	44,000	228	16,000	294	28,000		
Phenylacetylene	헥세인	198	43,000	248	17,000	숨겨진			
2,2′-Dimethylbiphenyl	헥세인			228 (sh)	6,000	264	800		
Diphenylmethane	에탄올			220	10,000	262	500		

출처: J. B. Lambert, H. F. Shurvell, L. Verbit, R. G. Cooks, and G. H. Stout, *Organic Structural Analysis*, New York: Macmillan Publishing, 1976.

[a]만일 진동 구조가 존재한다면, λ_{max}는 높은 강도의 서브밴드와 관계된다.

[b] "에탄올"은 평균 95% 에탄올을 사용해야 한다.

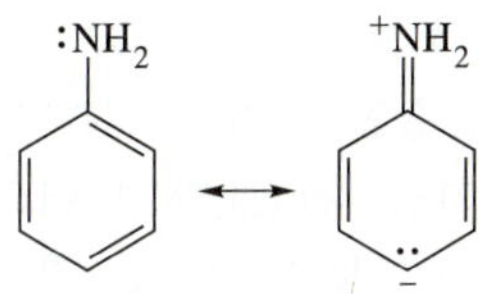

(14-2)

아닐린이 아닐리늄 양이온으로 전환될 때 비결합 전자쌍에 양성자가 첨가되면 고리의 π 전자와의 콘쥬게이션은 사라진다(식 14-3).

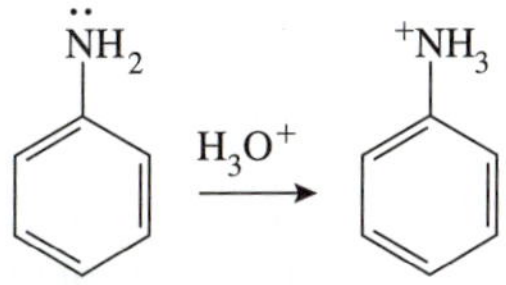

(14-3)

이 이온의 흡수 특성은 벤젠과 매우 유사하다. 아닐린이 아닐리늄 양이온으로 전환될 때 단파장 이동이 관찰되는데 기본 작용기의 양성자첨가에 따른 전형적 스펙트럼 변화이고 구조 설명에 유용한 방법이다.

페놀(phenol)이 페녹사이드(phenoxide) 음이온으로 전환될 때 콘쥬게이션 시스템에 사용 가능한 비결합 전자쌍을 만드는데, 흡수 띠의 파장과 세기 모두 증가한다(표 14-8). 아닐린-아닐리늄 이온 전환으로부터 그 유사체들은, 페놀기의 존재 또는 부재를 화합물의 UV 스펙트럼을 중성과 염기성 용액(pH 13)에서 비교해 봄으로써 알아낼 수 있다.

아닐린-아닐리늄 또는 페놀-페녹사이드 상호 변환은 UV 스펙트럼의 등흡광점의 출현에 의해 평형에서 두 종의 존재를 pH 함수로 표현할 수 있다(13-3c절). 만일 두 물질이 각각 베르 법칙을 따르고, 평형에 놓여 있다면, 총 농도가 동일한 모든 평형 혼합물의 스펙트럼은 두 종의 흡수가 동일한 일정 파장, 등흡광점에서 교차한다. 예를 그림 14-4에 4-methoxy-2-nitrophenol(식 14-4)로 나타내었다.

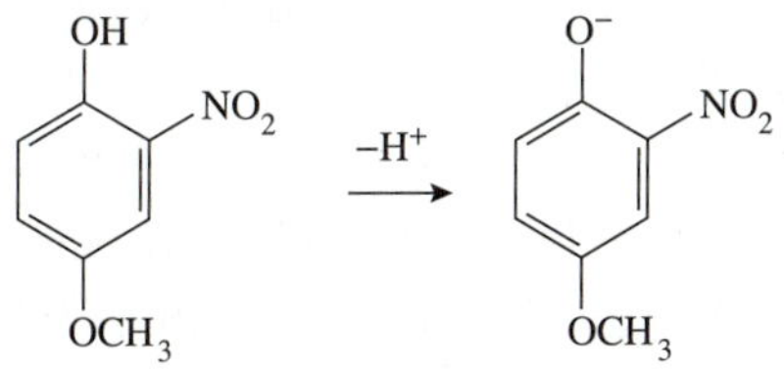

(14-4)

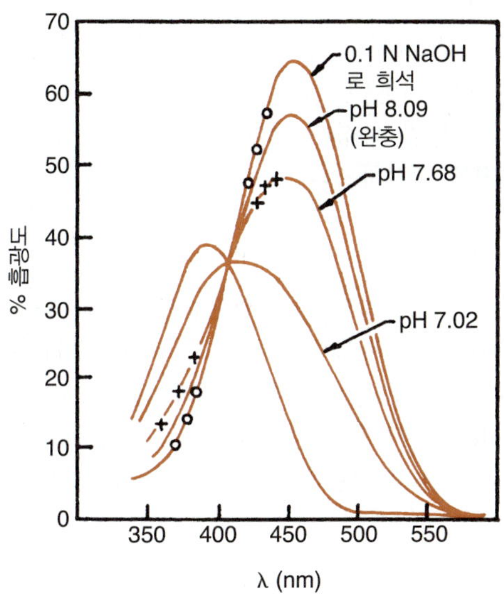

그림 14-4 4-Methoxy-2-nitrophenol의 pH 함수 스펙트럼. Phenol은 phenoxide보다 더 짧은 파장에서 최대 흡수한다. 모든 곡선은 공통된 등흡수점에서 만나며, 이 때 phenol과 phenoxide의 흡수는 동등하다.
(출처: H. H. Jaffé and M. Orchin, *Theory and Applications of Ultraviolet Spectroscopy*, New York: John Wiley & Sons, Inc., 1962, p. 562.)

cis-, *trans*-cinnamic acid ($C_6H_5CH{=}CHCOOH$)의 UV 스펙트럼에서, 약 280 nm의 띠는 ^1L_b 벤제노이드 흡수로서 이중결합과 카복실산의 카보닐기와의 콘쥬게이션에 의해 더 긴 파장으로의 이동 및 강도 증가를 나타낸다. 트랜스 이성질체의 몰흡광 계수는 시스의 두 배 이상이고, 이것은 트랜스 화합물의 발색단 길이가 더 긴 것과 관련이 있는 것으로 생각된다. *cis*-, *trans*-stilbene ($C_6H_5CH{=}CHC_6H_5$)도 이와 유사하다. 많은 시스-트랜스 이성질체 쌍에 일반적으로 적용될 수 있는 규칙은, 트랜스 이성질체가 더 낮은 에너지의 $\pi \rightarrow \pi^*$ 전이가 장파장에서 일어나고, 시스 이성질체보다 흡수가 더 강하다.

Biphenyl ($C_6H_5{-}C_6H_5$)의 스펙트럼 자료에서는 이웃한 벤젠 발색단의 콘쥬게이션 효과를 보여 준다. 185 nm 위의 스펙트럼은 두 개의 완만하고 강한 띠로 202 nm (ϵ 44,000)와 248 nm (ϵ 17,000)이다. 센 강도를 가진 248 nm 띠는 벤젠의 205 nm ^1L_a 띠와 일치하는데, 두 개 고리 사이의 콘쥬게이션에 의해 이동하였음을 보여 준다. ^1L_b 흡수는 강하지만 완만한 ^1L_a 띠 아래 숨겨져 있다. Biphenyl에서 약 23°의 동일평면성 편차는 상당한 콘쥬게이션을 허용한다. 오쏘 치환기는 콘쥬게이션의 손실이 수반되어 동일평면성으로부터 고리의 편차가 커진다. 2,2′-dimethylbiphenyl에서 두 개의 독립된 알킬벤젠 시스템의 합이 더욱 밀접하게 유사한 것을 볼 수 있다.

분자에서 두 개의 발색단 사이에 포화 메틸렌기의 존재는 콘쥬게이션의 전체 손실을 야기할 수 있다. 이 상황은 diphenylmethane ($C_6H_5{-}CH_2{-}C_6H_5$)에서 잘 나타나 있는데, 262 nm ^1L_b 띠는 ϵ가 500으로, 두 개의 고립된 벤젠 고리의 합이다.

14-4 중요한 천연 생성 발색단

14-4a 아미노산, 펩타이드, 단백질

아미노산의 카복시 이온 발색단은 205 nm 부근에서 약한 $n \rightarrow \pi^*$ UV-vis 흡수를 보여주고, 175~190 nm 부근의 원자외선 영역에서는 좀 더 강한 흡수를 한다. 방향족, 설프하이드릴(sulfhydryl), 황화물 또는 이황화물 기가 존재할 때, 아미노산의 UV-vis 흡수는 이 발색단의 곁가지 흡수에 기인한다. 예를 들어, 시스테인 [$HSCH_2CH(NH_3^+)CO_2^-$]에서 235 nm (ϵ_{max} 3200)의 새로운 더 긴 파장에서의 흡수는 —S— 때문이다. 페닐알라닌 [$C_6H_5CH_2CH(NH_3^+)CO_2^-$]는 257 nm ($\epsilon_{max}$ 220) 부근에서 벤제노이드 전이가 있다. 트립토판 [인돌$-CH_2CH(NH_3^+)CO_2^-$]띠는 280 nm (ϵ_{max} 5050)와 219 nm (ϵ_{max} 34,000)에서 존재한다. 페놀 잔유물 [$4\text{-}HOC_6H_4{-}CH_2CH(NH_3^+)CO_2^-$]을 갖는 타이로신은 pH에 민감한 띠를 보여 주는데, pH 6에서 274 nm (ϵ_{max} 1440)와 290 nm (ϵ_{max} 2500)이다.

펩타이드와 단백질은 아미노산의 고분자처럼 고려할 수 있는데, 아마이드 또는 펩타이드 결합에는 반복되는 작용기 —CO—NH—가 있다. 첫 번째 근사치로, 아미노산과 단백질 곁가지의 UV-vis 스펙트럼 특징은 같다. 단백질의 발색단은 자외선에서 유효한 흡수를 하는데, 이를 표 14-9에 제시하였다.

14-4b 핵산과 폴리뉴클레오타이드

DNA의 구성 요소인 핵산은 퓨린(아데닌, 구아닌)과 피리미딘(유라실, 타이민, 사이토신) 헤테로고리를 포함하며, π 전자들이 풍부하고, 245~275 nm 영역에서 $\pi \rightarrow \pi^*$ 띠를 보여 준다. 뉴클레오사이드(설탕 단위뿐만 아니라 헤테로고리에서)와 뉴클레오타이드(nucleoside 5′-phosphate)는 거의 동일한 UV-vis 스펙트럼을 갖는데, 그들 구성 요소 헤테로고리가 매우 유사해서이다. 그들은 또한 폴리뉴클레오타이드 DNA와 RNA의 구성 발색단이다.

표 14-9 중요한 단백질 발색단

잔기	발단색	위치 (nm)	log ϵ_{max}	할당
펩타이드 결합	CONH	162	3.8	$\pi^+ \rightarrow \pi^-$
		188	3.9	$\pi^0 \rightarrow \pi^-$
		225	2.6	$n \rightarrow \pi^-$
Aspartic, glutamic	COOH	175	3.4	$n \rightarrow \pi^*$
		205	1.6	$n \rightarrow \pi^*$ (?)
Aspartate, glutamate	COO^-	200	2	$n \rightarrow \pi^*$
Lysine, arginine	N—H	173	3.4	$\sigma \rightarrow \sigma^*$
		213	2.8	$n \rightarrow \sigma^*$
Phenylalanine	Phenyl	188	4.8	
		206	3.9	$\pi \rightarrow \pi^*$
		261	2.35	
Tyrosine	Phenolic	193	4.7	
		222	3.9	$\pi \rightarrow \pi^*$
		270	3.16	
Tyrosine (ionized)	phenolate ion	200?	5	
		235	3.97	$\pi \rightarrow \pi^*$
		287	3.41	
Tryptophan	Indole	195	4.3	
		220	4.53	$\pi \rightarrow \pi^*$
		280	3.7	
		286	3.3	
Histidine	Imidazole	211	3.78	$\pi \rightarrow \pi^*$ (?)
CysSH	S—H	195	3.3	$n \rightarrow \sigma^*$
CysS—	S—	235	3.5	$n \rightarrow \sigma^*$
Cysine	—S—S—	210	3	$n \rightarrow \sigma^*$
		250	2.5	

Modified from J. Donovan, *Physical Principles and Techniques of Protein Chemistry*, Part A, S. Leach (ed.), New York: Academic Press, 1960.

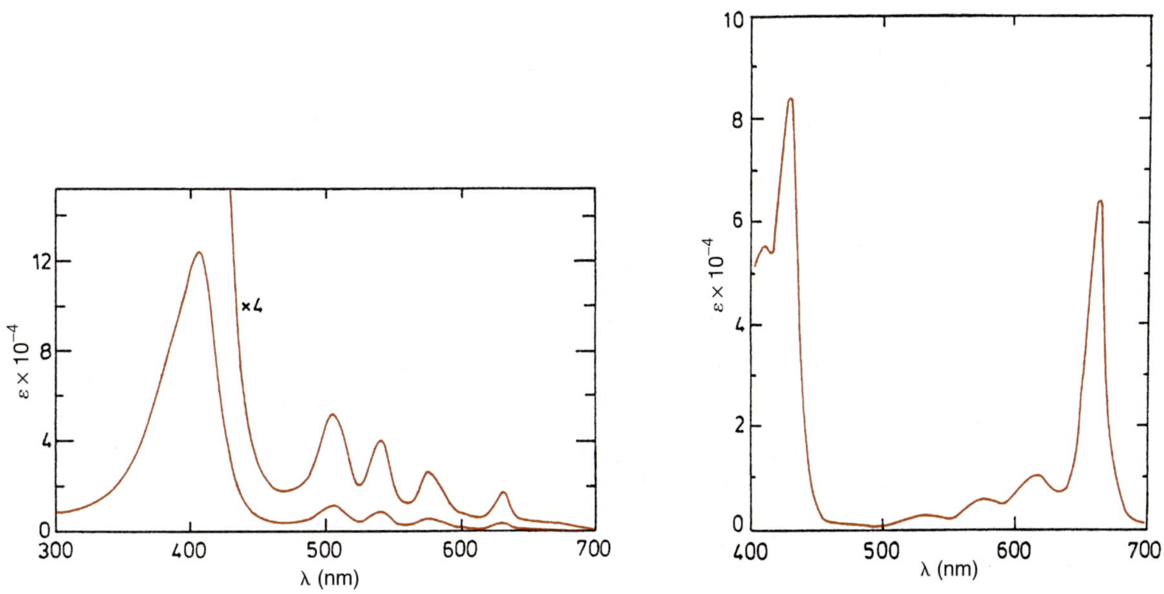

그림 14-5 Dimethylsulfoxide에서 protoporphyrin-IX (14-3) (왼쪽) 과, chloroform에서 chlorophyll-*a* (14-2) (오른쪽) UV-vis 스펙트럼

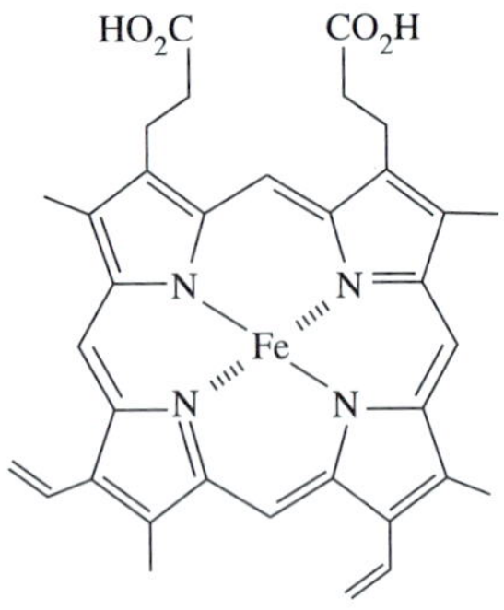

14-1

14-4c Porphyrine과 metalloporphyrin

포피린(porphyrin)은 보통 혈액의 헴과 녹색 잎의 엽록소-*a*(**14-2**)에서 금속 착물로 발견되는 천연 물질이다. 엽록소-*a*는 dihydroporphyrin(chlorin)이지만, 포피린의 대환식 콘쥬게이션은 유지된다. 포피린과 metalloporphyrin의 UV-vis 스펙트럼에서는 400 nm 부근에서 강한 흡수[쏘렛 띠(Soret band)]가 특징적이며, 그림 14-5에 protoporphyrin-Ⅸ(14-3)를 나타내었다. 쏘렛 띠뿐만 아니라, 장파장으로 이동하는 약한 띠도 특징적이다. 이 띠들은 포피린 구조에 따른 변화에 민감하며, 특히 금속 원자와 리간드가 존재할 때 그렇다. protoporphyrin-Ⅸ **14-3**의 UV-vis 스펙트럼과 엽록소-*a*(chlorin) **14-2**를 비교해 볼 수 있다.

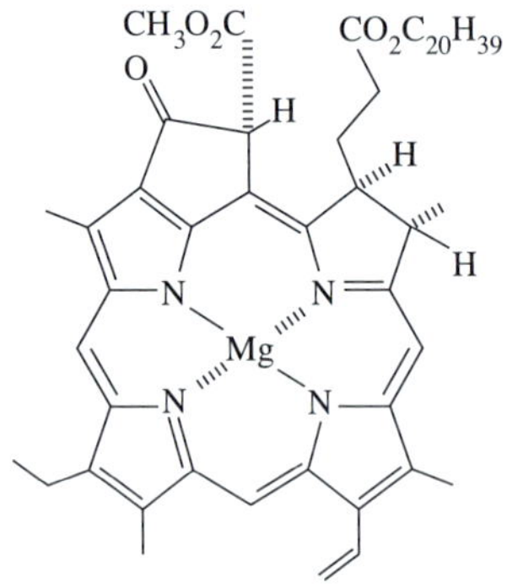

14-2

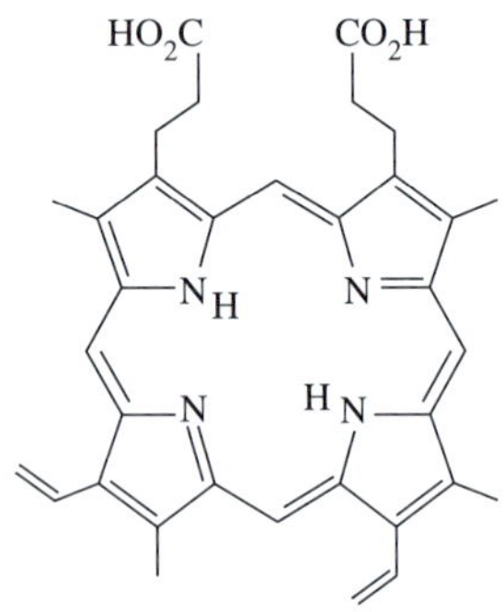

14-3

14-5 입체 효과

Stilbene은 두 개의 입체이성질체, 즉 트랜스(**14-4**)와 시스(**14-5**)로 존재할 수 있다. 단지 트랜스 이성질체만 방향족 고리 π 시스템과 중심 C═C 이중결합 사이에서 최대 동일평면성을 갖기 쉬운 형태로 채택할 수 있다. 따라서 트랜스 이성질체의 장파장 전자 전이에서 더 큰 λ_{max}와 ϵ_{max}를 예상한다.

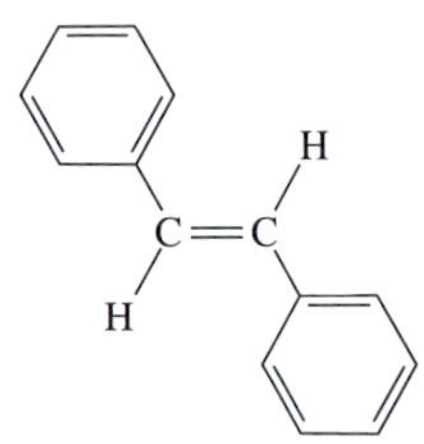

14-4

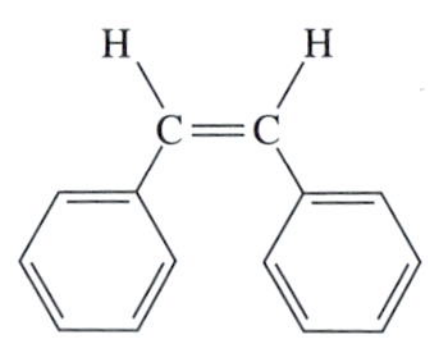

14-5

λ_{max} (nm)	ϵ_{max}	λ_{max} (nm)	ϵ_{max}
296	29,000	280	10,500
228	16,500	224	24,000

초반(14-3절)에 설명한 대로, biphenyl에서 두 벤젠 발색단의 짝지음은 204~248 nm의 허용 벤젠 ^1L_a 전이의 에너지를 낮춘다. 두 개의 biphenyl 고리에서 동일평면성에 의한 최대 π 겹침은 입체적으로 심하게 방해를 받아, biphenyl 유도체들은 두 개의 독립적인 방향족 발색단의 합인 것처럼 거동한다. 벤젠과 biphenyl을 *m*-xylene과 2,2′,6,6′-tetramethylbiphenyl에서 비교해 보라.

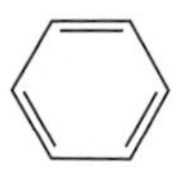

Benzene

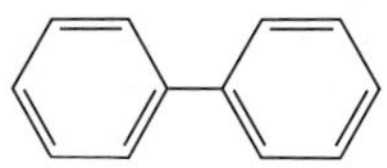

Biphenyl

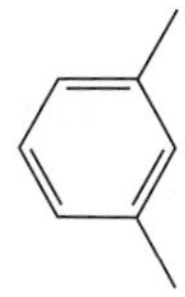

m-Xylene

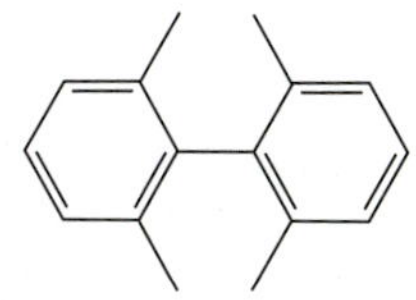

2,2′, 6,6′-Tetramethylbiphenyl

λ_{max} (nm)	ϵ_{max}	λ_{max} (nm)	ϵ_{max}	λ_{max} (nm)	ϵ_{max}	λ_{max} (nm)	ϵ_{max}
254 (^1L_b)	204			264 (^1L_b)	300	269 (^1L_b)	450
204 (^1L_a)	7400	246 (^1L_b)	16,300	212 (^1L_a)	7300	218 (^1L_a)	23,500

콘쥬게이션의 입체 장애의 예는 biphenyl에 한정되지 않는다. 4-Nitroaniline (**14-6**) 은 λ_{max} 375 nm에서 ϵ_{max} 16,000이지만, 2,6-dimethyl 유사체 (**14-7**) 는 λ_{max} 385 nm에서 ϵ_{max} 4800을 보인다. **14-7**의 메틸기는 나이트로기의 π 시스템과 방향족 π 시스템의 동일평면성 (p 오비탈 최대 겹침) 을 방해하는데, ϵ_{max}를 많이 줄이고 흡수를 장파장으로 이끈다 (참고 문헌 14.1). Acetophenone (14-8) 은 199 nm (ϵ_{max} 20,000) 와 278 nm (ϵ_{max} 1000) 의 벤제노이드 띠를 갖는데, 320 nm (ϵ_{max} 45) 에서 n → π^* 콘쥬게이션 카보닐 흡수, 243 nm (ϵ_{max} 12,600, 에탄올) 흡수는 전자 전이 (ET; electron transfer) 띠에 속한다 (참고 문헌 14.8). 오쏘 또는 메타 위치의 메틸기는 ET 띠의 3 nm 장파장쪽 이동을 야기시키고, 파라 메틸은 10 nm 장파장 이동을 야기한다 (ϵ_{max}^{252} 15,100). 그러나 2,4,6-trimethylacetophenone (**14-9**) 에서 ET 띠는 이동하지 않고 (λ_{max} = 242 nm) ϵ_{max}는 감소한다 (3600까지). 두 개의 오쏘 메틸기는 카보닐과 방향족 π 시스템의 동일평면성을 효과적으로 방해한다.

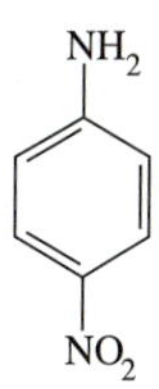

14-6

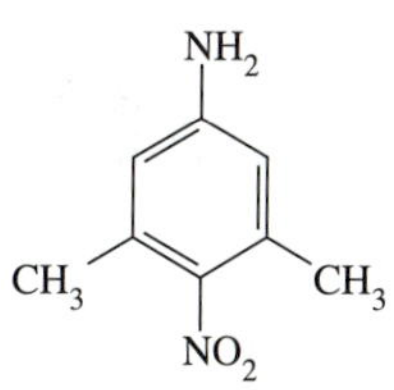

14-7

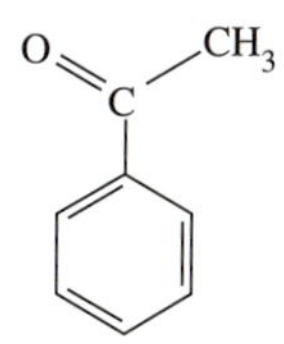

14-8

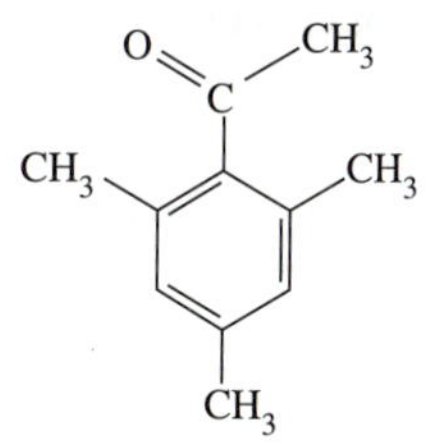

14-9

14-6 용매 효과와 동적 평형

사이클로헥세인 용매에서 cyclohexane-1,3-dione은 약 295 nm (ϵ_{max} ~50) 에서 약한 흡수를 보이지만, 에탄올에서는 λ_{max} 255 nm (ϵ_{max} 12500) 로 변한다. 염기성 에탄올에서는 λ_{max} 280 nm (ϵ_{max} 20000) 로 다시 변한다. 이 다이케톤은 식 14-5에서 보여 준 평형을 거친다.

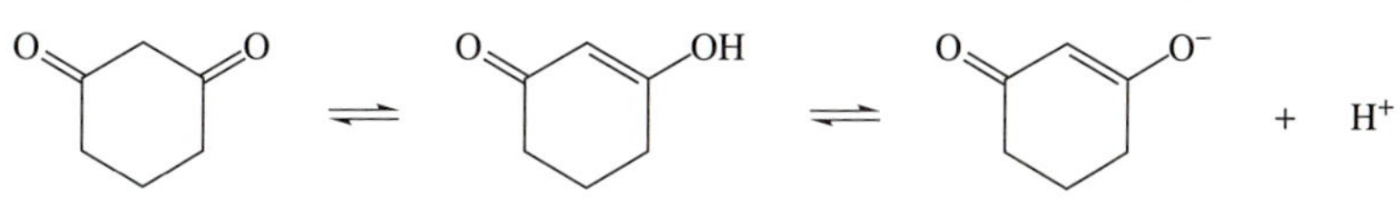

(14-5)

탄화수소 용매에서 평형은 대부분 n → π^* 흡수인 λ_{max} = 295 nm를 보이는 다이케톤 토토머로 존재한다. 극성, 양성자성 용매, 에탄올에서는 β-하이드록시엔온 토토머 형태를 선호하고, 이 형태는 $\pi \rightarrow \pi^*$ 흡수인 λ_{max} 255 nm를 나타낸다. 염기성에서 이 엔올의 수소를 제거하면 엔올 음이온이 되고, 이것은 엔올 형태보다 긴 파장에서 강한 흡수를 보인다.

케톤을 메탄올에 녹이고 염산을 한 방울 가하면 평형은 식 14-6에서처럼 다이메틸 케탈로 전환된다.

$$RR'C{=}O \xrightleftharpoons{CH_3OH/H^+} R{-}\underset{OCH_3}{\overset{OCH_3}{C}}{-}R' + H_2O \qquad \textbf{(14-6)}$$

비슷한 반응으로 알데하이드의 아세탈로의 변환이 있다. 케탈은 산 촉매를 제거한 후에야 분리할 수 있지만, 용액 속에서의 형성은 UV 분광학을 이용하여 쉽게 알 수 있다. 케탈이 형성되면 카보닐기와 상응하는 n→π^* 전이가 사라진다.

14-7 수소 결합 탐구

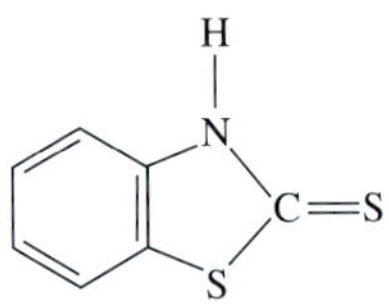

14-10

분자 간의 수소 결합은 비교적 큰 스펙트럼 이동을 일으키는 중요한 요소이다. 스펙트럼 이동은 수소 결합의 세기를 알 수 있는 중요한 정보이다. 실험적으로, 발색단이 수소 결합의 **받개**(*acceptor*)로 작용하면 흡수 띠의 파장이 감소하고, 발색단이 수소 결합의 **주개**(*donor*)로 작용하면 흡수 띠의 파장이 증가한다. 예를 들어, benzthiazoline-2-thione (**14-10**)의 싸이온기는 수소 결합 받개로, NH 기는 수소 결합 주개로 작용한다. 이 화합물은 수소 용매(—O—H···S=C<)에서는 단파장으로 이동하고, 아세톤과 같은 받개 분자(>N—H···O=C<)가 존재하면 장파장으로 이동한다. CCl_4 같은 다른 용매에서는 자체 해리하여 싸이온기는 주개와 받개로 함께 작용하여 흡수 스펙트럼의 이동이 관찰되지 않는다. Benzthiazoline-2-thione의 *N*-메틸 유도체는 수소 결합 주개 역할을 할 수 없어서, 주개 용매에서 단지 단파장으로 이동만을 보여 준다.

분자 내(*intramolecular*) 수소 결합을 하는 화합물의 흡수 스펙트럼은 주개나 받개 용매 속에서 일반적으로 용매에 매우 민감하다. 예를 들어 사이클로헥세인 용액에서 4-nitrophenol (**14-11**)과 2,4- 및 2,6-dinitrophenol (**14-12** 및 **14-13**)을 비교해 보라.

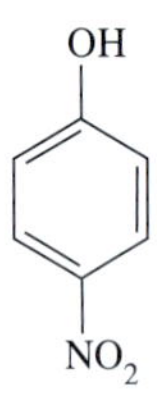

14-11

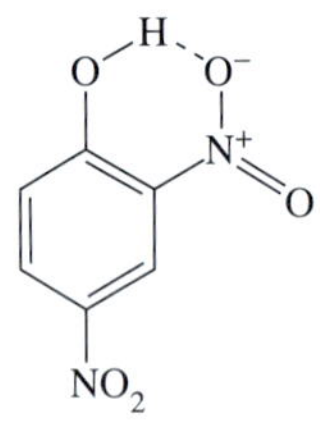

14-12

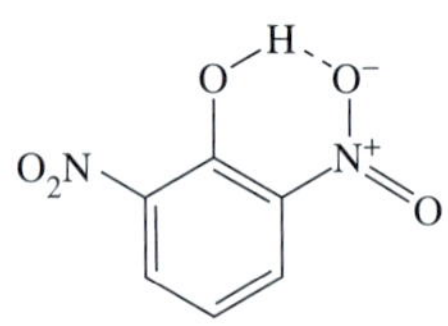

14-13

수소 받개가 존재하면 4-nitrophenol은 장파장으로 이동한다(다이옥세인에서 286~297 nm로, 트라이에틸아민에서 286~307 nm로). 반대로, 2,4- 및 2,6-dinitrophenol은 수소 받개가 첨가되어도 스펙트럼의 이동이 발견되지 않는다. 수소 결합에 관련된 스펙트럼에 관한 방대한 문헌이 존재하며, 몇몇 전공 논문들이 발표되었다(참고 문헌 14.9).

14-8 유사콘쥬게이션

이중결합들 사이에 낀 포화된 중심에 의한 유사콘쥬게이션(homoconjugation)은 적외선-가시광선 스펙트럼에 깊은 영향을 미친다. 예를 들어 1-norbornenone (**14-14**)의 n→π^* 전이는 norbornanone (**14-15**)과 비교하여 장파장으로 이동하고 세기가 커진다. 또

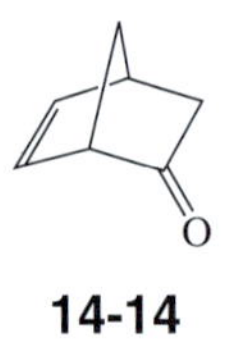

14-14

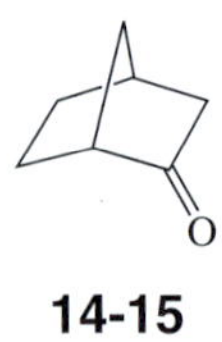

14-15

	14-14		14-15
λ_{max} (nm)	304	215	295
ϵ_{max}	290	2,800	23

한 새로운 중간 세기의 UV-vis 띠가 215 nm 근처에 나타난다. 이 이동은 화합물의 발색단으로부터의 국지적 들뜸의 상호작용이나 짝지음에 기인한다. 이러한 현상은 일반적이다. 그러나 파장 이동의 크기와 세기(ϵ)는 아래 예에서 보듯 두 발색단의 상대적 위치에 크게 영향을 받는다.

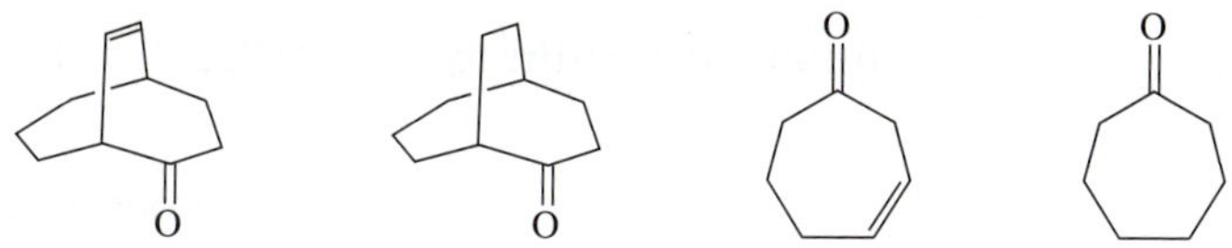

λ_{max} (nm)	307	300	295	274
ϵ_{max}	110	22	450	20

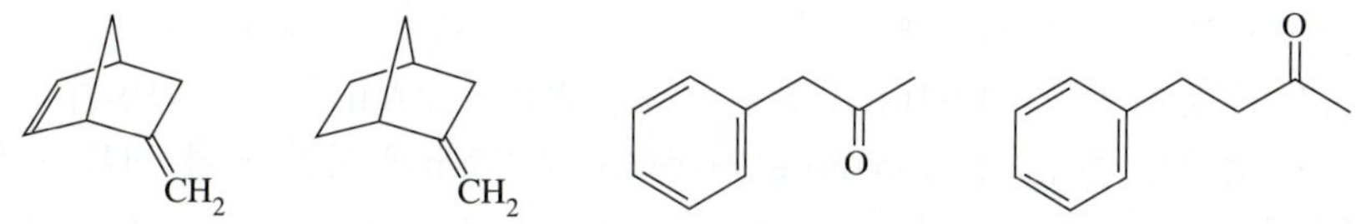

λ_{max} (nm)	207	195	289	281
ϵ_{max}	10,300	10,900	108	32

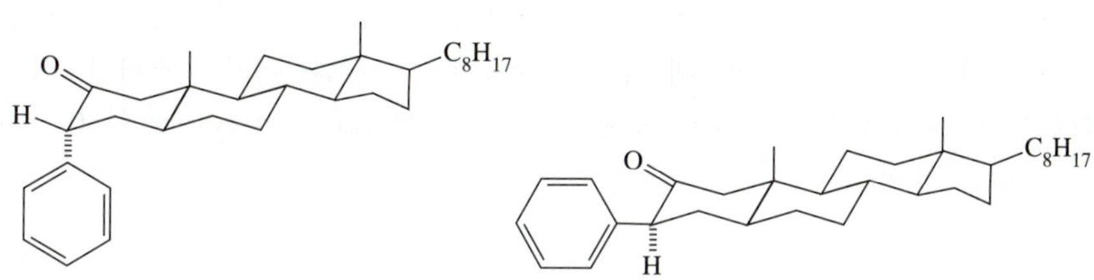

λ_{max} (nm)	299	282
ϵ_{max}	220	60

심지어 좀 더 멀리 떨어진 유사콘쥬게이션도 δ,ϵ-불포화 케톤 *trans*-5-cyclodecenone 215 nm 근처에서 관측된다. 두 발색단 사이의 고리횡단 상호작용은 n → π^* 띠의 단파장으로 이동과 근처에서 새로운(전하 이동) 띠(14-9절)를 만든다. 여기서 다시, 시스 이성질체에서는 고리횡단 상호작용이 없어져 두 발색단의 정렬이 중요하다.

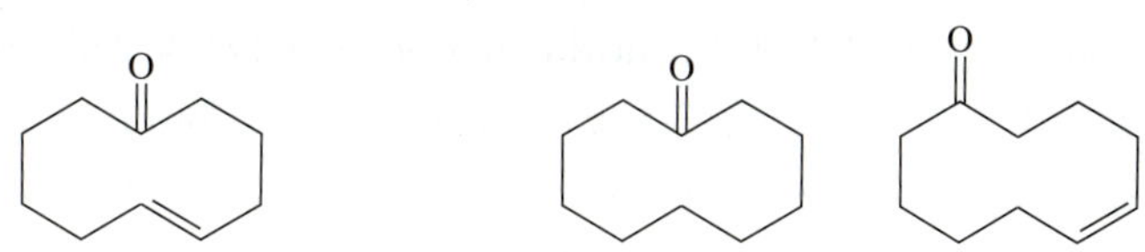

λ_{max} (nm)	279	215	188	290	288
ϵ_{max}	18	2300	8700	15	15

14-9 전하 이동 띠

UV 측정을 위해 시료를 용매에 녹이거나 무관한 용매에 두 성분을 섞으면, 전하 이동(charge transter, CT) 착물(참고 문헌 14.10)이 형성되어 새로운 띠가 형성된다. 예를 들어, 헥세인 속의 아이오딘은 보라색을 띠지만, 벤젠 속에서는 갈색이다. Tetracyanoethylene(TCNE)과 아닐린은 클로로폼 용액에서 각기 무색이지만, 이 둘이 섞이면 진한 청색을 띤다. 아닐린과 벤젠은 TCNE와 아닐린처럼 CT 착물을 형성한다. 관측된 CT 띠는, 아이오딘과 아닐린 같은 차 있는 오비탈을 가진 주개 분자가 벤젠이나 TCNE 같은 약간 높은 에너지의 적절한 대칭을 가진 빈 오비탈을 함유한 받개 분자를 만나 착물을 형성할 때 나타난다. CT 띠는 고립된 주개나 받개 분자에서는 나타나지 않는다. 그러나 CT 착물에서는 일반적으로 새로운 흡수 띠가 나타난다. CT 띠는 일반적으로 상당한 세기로 폭넓게 나타나 착물 형성 평형 상수가 작을 때 종종 중요하다.

거의 모든 형태의 오비탈(n, σ, π 등)은 주개나 받개로 작용할 수 있다. 그러나 가장 일반적인 예는 π 오비탈을 가진 것이다. 몇몇 π 주개는, 주개 능력(염기도) 증가 순으로 benzene < mesitylene < naphthalene < anthracene < *N*,*N*,*N*′,*N*′-tetramethyl-*p*-phenylenediamine 등이다. π 산이라 부르는 π 받개는, 받개 능력(산성도) 순으로 *p*-benzoquinone < 1,3,5-trinitrobenzene < chloranil < tetracyanoethylene 등이다. 주개-받개 착물은 루이스 산과 루이스 염기의 짝과 유사하다. 그러나 CT 착물은 매우 약한 상호작용으로 분류된다.

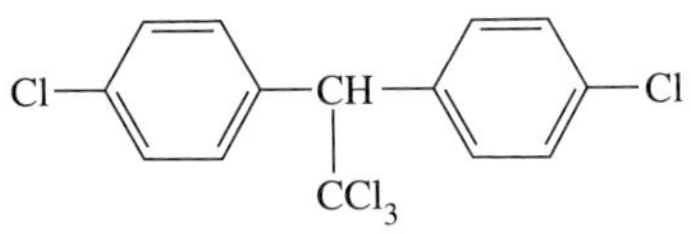

14-16

UV 분광학은 생명체에게 해로운 영향을 주는 염화 탄화수소의 탐구에도 사용된다. 이들 화합물은 중추 신경계를 공격하고 신경막을 통한 이온의 이동을 차단한다고 알려져 있다. 살충제 DDT (**14-16**) 의 흡수 스펙트럼은 240 nm의 띠를 가진다. 이것은 바퀴벌레의 신경계가 존재하면 245 nm로 이동하고 270 nm에 약한 띠를 만든다. DDT는 아마도 CT 받개로, 신경은 주개로 작용한 것 같다. 이 결과물인 CT 착물은 신경 작용을 억제시킨 것과 관련이 있다.

강한 전자-결핍 화합물인 TCNE는 여러 전자-주개 화합물들과 분자간 CT 착물을 형성한다. 전자 주개와 받개의 이러한 결합은 UV-vis에서, 전형적으로 개개의 화합물에서 발견한 것보다 긴 파장에서 새로운 흡수를 만들어 낸다. 이러한 장파장 CT 띠는 무색의 화합물들 사이에서 유색의 착물로 나타난다: TCNE와 *p*-xylene (460 nm) , TCNE와 paracyclophane (521 nm) .

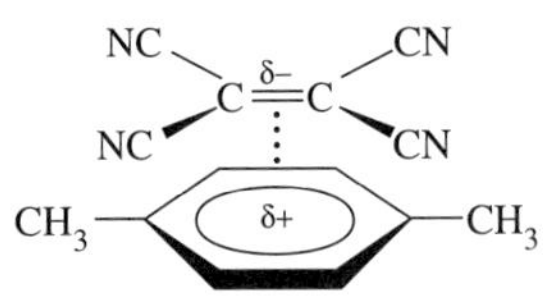

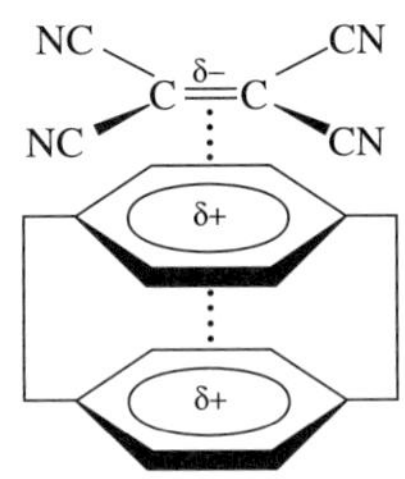

$\lambda_{max}^{CH_2Cl_2}$(nm) 460 521

분자 내 CT는 헵테인에서 7-norbornenone (**14-17**) 의 220 nm 근처의 약한 띠에 영향을 주었다고 생각된다. 2,2,3,3-tetrafluoropropanol에서 n → π* 띠가 226 nm (ϵ_{max} 49)로 이동하고 약한 띠가 형성되었다 (ϵ_{max}^{235} = 58) (참고 문헌 14.11) . n → π* 전이가 7-norbornenone에 비해 20 nm 장파장으로 이동한 포화 유도체인 7-norbornanone (**14-18**) 에서는 이러한 띠가 발견되지 않았다.

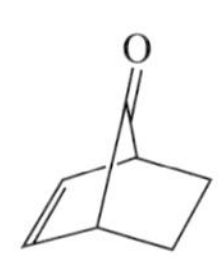

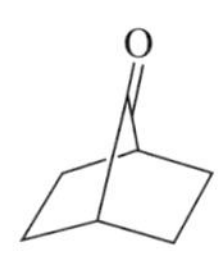

14-17 **14-18**

ϵ_{271}^{max} 35 ϵ_{293}^{max} 18

ϵ_{222}^{infl} 370

14-10 우드워드-피저 규칙

14-10a 콘쥬게이션된 다이엔과 폴리엔

터펜(terpene)과 알칼로이드 같은 알켄에 대한 광범위한 UV 스펙트럼 연구는 1940년대 초 Woodward와 Fieser에 의해 행해졌고, 여러 다이엔과 폴리엔의 $n \rightarrow \pi^*$ 흡수 정점의 파장을 예측하는 실험적 규칙을 고안해냈다. 이 법칙은 유기 구조 문제를 해결하는 데, 특히 천연물들에서 상당히 유용하다. 이 법칙은 모체 발색단의 흡수 정점을 기저-레벨로, 모체 π 전자 시스템에 붙은 여러 치환기들에 따른 특정한 값을 더해 주는 것으로 고안되었다. 다이엔의 흡수에 관한 우드워드-피저 규칙에 사용된 값은 표 14-10에 주어졌다.

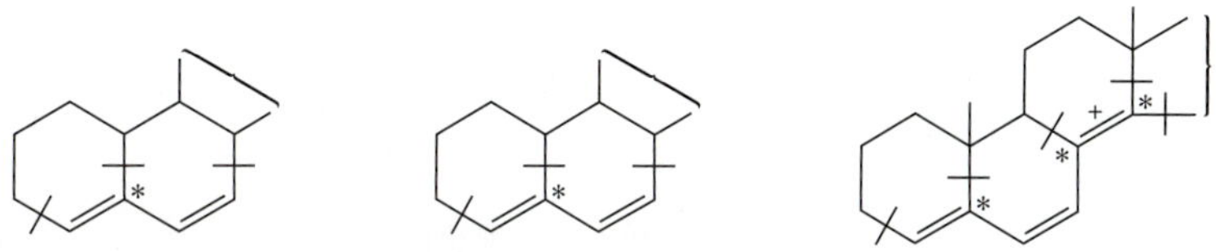

기호				
—+—	알킬 치환체 (5)	×3 = 15	×3 = 15	×5 = 25
*	외향고리 (5)	×1 = 5	×1 = 5	×3 = 15
+	그 밖의 콘쥬게이션 (30)	×0	×0	×1 = 30
°	동일 환 (39)	×0	×1 = 39	×0
	모체	214	214	214
	예측값 λ_{max} (nm)	234	273	284
	관찰값[a] λ_{max} (nm)	235	275	283

자료 출처: A. I. Scott, *Interpretation of the Ultraviolet Spectra of Natural Products*, New York: Pergamon Press, 1964.
[a]스테로이드

표 14-10 다이엔과 폴리엔의 흡수 정점 계산을 위한 우드워드-피저 법칙 (±3 nm)

	λ (nm)
모체 발색단 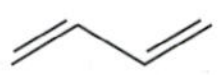	214
모든 위치의 알킬기 하나당 더하기	5
외향고리 이중결합당 더하기 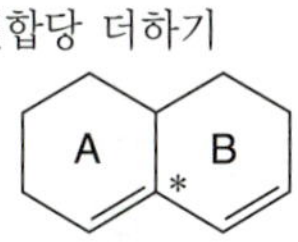 *고리 B에만 외향고리	5
추가 콘쥬게이션된 이중결합당 (한쪽 끝만) 더하기	30
동일 환 다이엔당 더하기  °동일한 (같은 고리)	39
참조: 두 형태의 다이엔 시스템이 있을 때는 파장이 긴 쪽을 모체 발색단으로 한다. 이 효과가 포함되었다면 또 다른 추가는 하지 말 것.	
다음 각 극성기당	
—O— 아실	0
—OR	6
—SR	30
—Cl, —Br	5
—NR_2	60
용매 보정	0

출처: R. B. Woodward, *J. Am. Chem. Soc.*, **63**, 1123 (1941); **64**, 72, 76 (1942); L. F. Fieser and M. Fieser, *Natural Products Related to Phenanthrene*, New York: Reinhold, 1949.

다음 예들은 더 많은 적용을 보여 준다.

1. 자연에서 얻어지는 abietic acid와 levopimaric acid는 둘 다 두 개의 탄소-탄소 이중결합을 갖는다. 이들의 UV-vis 스펙트럼은 각각이 콘쥬게이션된 다이엔임을 확실히 보여 준다. 하나는 λ_{max} 237.5 (ϵ 10,000) 이고 다른 하나는 λ_{max} 272.5 (ϵ7,000) 이다. 이것은 다음 우드워드-피저 계산으로 구별할 수 있다.

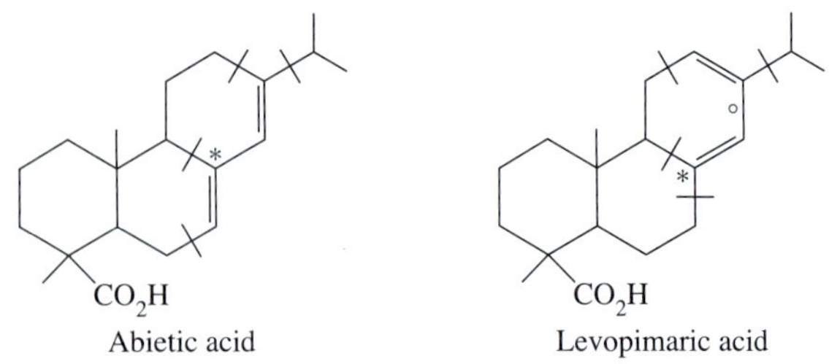

	Abietic acid	Levopimaric acid
알킬 치환체 (5)	×4 = 20	×4 = 20
외향고리 (5)	×1 = 5	×1 = 5
그 밖의 콘쥬게이션 (30)	×0	×0
동일 환 (39)	×0	×1 = 39
모체	214	214
예측값 λ_{max} (nm)	239	278

2. 트라이엔 이성질체들도 우드워드-피저 규칙으로 구별할 수 있다. $\Delta^{2,4,6}$-cholestatriene, $\Delta^{3,5,7}$-cholestatriene, $\Delta^{5,7,9(11)}$-androstan-3β,17β-diol은 각각 324, 306, 315 nm의 UV-vis λ_{max}^{obs}를 갖는다. 계산된 λ_{max}는 아래처럼 얻어졌다.

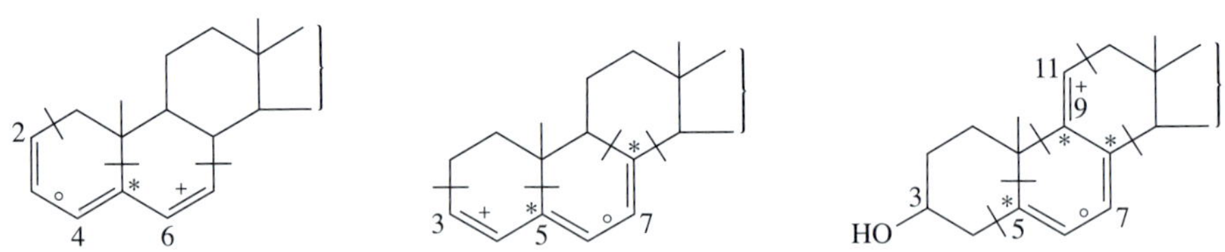

알킬 치환체 (5)	×3 = 15	×4 = 20	×5 = 25
외향고리 (5)	×1 = 5	×2 = 10	×3 = 15
그 밖의 콘쥬게이션 (30)	×1 = 30	×1 = 30	×1 = 30
동일 환 (39)	×1 = 39	×1 = 39	×1 = 39
모체	214	214	214
예측값 λ_{max} (nm)	303	313	323
관찰값[a] λ_{max} (nm)	306	315	324

자료 출처: A. I. Scott, *Interpretation of the Ultraviolet Spectra of Natural Products*, New York: Pergamon Press, 1964.

14-10b 콘쥬게이션된 케톤, 알데하이드, 산, 에스터

다이엔과 폴리엔에서처럼 터펜(terpene)과 스테로이드 엔온(steroid enone)에 대한 폭넓은 연구로 Woodward와 Fieser는 $\pi \rightarrow \pi^*$ 전이의 UV-vis 최대 흡수의 파장(λ_{max})을 예측하는 실험적 규칙(표 14-11)을 이끌어냈다. 이 규칙을 적용하기 위해, 모체 단위의 기준 흡수는 치환기의 위치와 형태 및 확장 콘쥬게이션에 따라 추가되었다. 이 법칙은 에탄올에서의 λ_{max}를 예측한다. 그러나 다른 용매에서의 λ_{max}의 보정도 할 수 있다.

예

	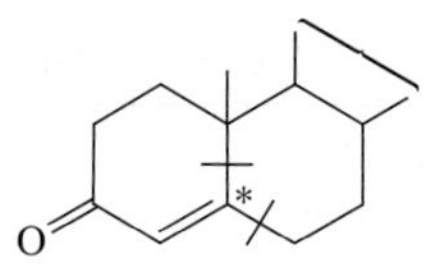	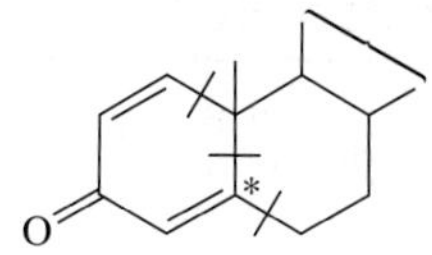	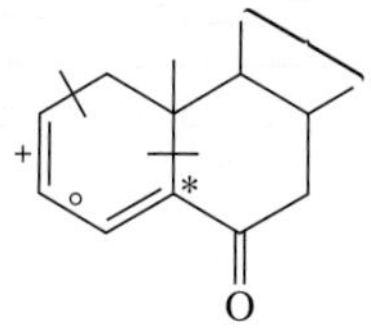	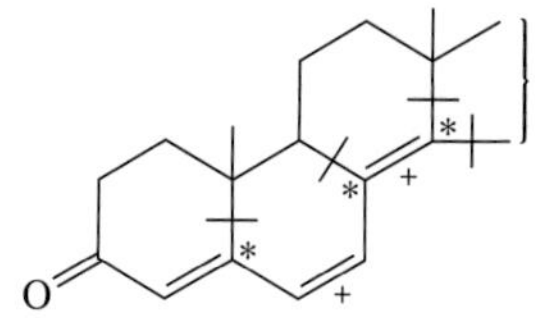
α 알킬 (10)	×0	×0	×1 = 10	×0
β 알킬 (12)	×2[a] = 24	×2[b] = 24	×0[a]	×1[a] = 12
γ, δ, 등 알킬 (18)	×0	×0	×1 = 18	×3 = 54
외향고리 C=C (5)	×1 = 5	×1 = 5	×1 = 5	×3 =15
그 밖의 콘쥬게이션 (30)	×0	×0[b]	×1 = 30	×2 =60
동일 환 (39)	×0	×0	×1 = 39	×0
모체	215	215	215	215
예측값 λ_{max} (nm)	244	244	317	356
관찰값[a] λ_{max} (nm)	241	244	314	348

[a]이중 결합은 치환기로 계산하지 않는다. 이 효과는 이미 반영되어 있다.
[b]교차 콘쥬게이션 시스템에서는 단지 가장 많이 치환된 이중결합만 계산한다.
[c]자료 출처: A. I. Scott, *Interpretation of the Ultraviolet Spectra of Natural Products*, New York; Pergamon Press, 1964.

이 규칙은 단순한 엔온, 동일 환 다이엔온 및 교차-콘쥬게이션된 다이엔온에서는 아주 잘 맞는다. 그러나 트라이엔온의 경우는 약간 미흡하다. 또 다른 예를 살펴보자.

1. 두 이성질체 $\Delta^{3,5}$-cholestan-7-one과 $\Delta^{3,5}$-cholestan-2-one을 UV-vis 분광학으로 구별할 수 있는가?

	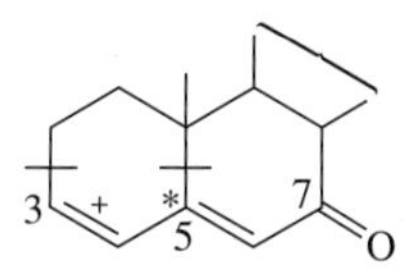	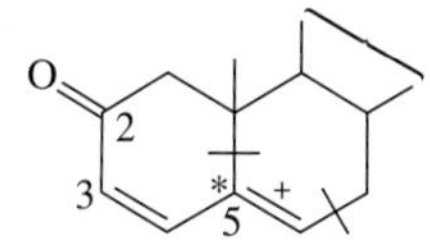
α 알킬 (10)	×0	×0
β 알킬 (12)	×1 = 12	×0
γ, δ, 등 알킬 (18)	×1 = 18	×2 = 36
외향고리 C=C (5)	×1 = 5	×1 = 5
그 밖의 콘쥬게이션 (30)	×1 = 30	×1 = 30
모체	215	215
예측값 λ_{max} (nm)	280	286
관찰값 λ_{max} (nm)	277	290

자료 출처: A. I. Scott, *Interpretation of the Ultraviolet Spectra of Natural Products*, New York; Pergamon Press, 1964.

2. 트라이엔온 스테로이드들의 UV-vis λ_{max}가 348과 388 nm이다. 우드워드-피저 규칙으로 이들을 구별하라.

	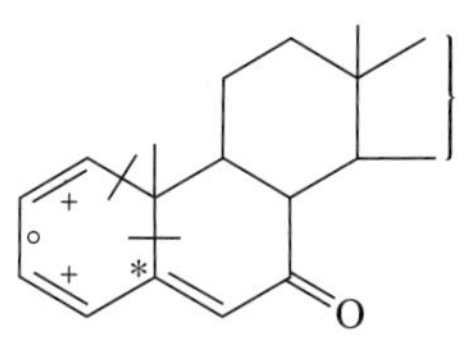	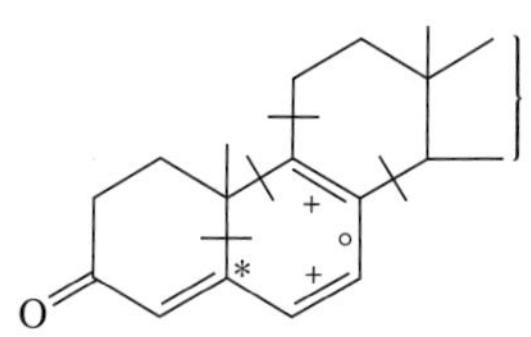
α 알킬 (10)	×0	×0
β 알킬 (12)	×1 = 12	×1 = 12
γ, δ, 등 알킬 (18)	×1 = 18	×3 = 54
외향고리 C=C (5)	×1 = 5	×1 = 5
그 밖의 콘쥬게이션 (30)	×2 = 60	×2 = 60
동일 환 (39)	×1 = 39	×1 = 39
모체	215	215
예측값 λ_{max} (nm)	349	385

표 14-11 불포화 카보닐 화합물들의 $\pi \rightarrow \pi^*$ 흡수 정점 위치 계산의 규칙

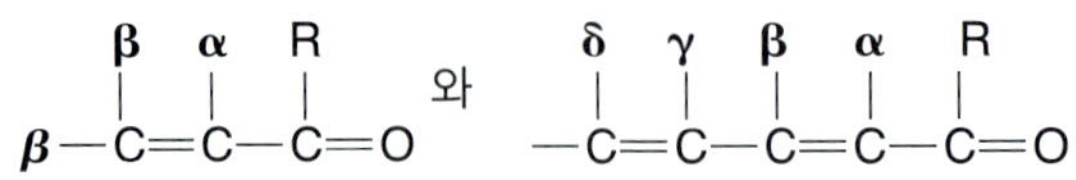

		λ (nm)
모체 α,β-불포화 카보닐 화합물		
비고리형, 육각 이상 고리형 케톤		
R═알킬		215
오각 고리형 케톤		202
알데하이드, R═H		207
산 또는 에스터, R═OH 또는 OR		193
각 치환기당 더하기		
α		10
β		2
또 다른 이중결합이 존재하면, γ, δ 등 알킬기당 더하기		18
각 외향고리 탄소-탄소 이중결합당 더하기		5
그 밖의 콘쥬게이션 당 더하기		30
동일 환 다이엔 당 더하기		39
각 극성 작용기당 더하기		
—OH	α	35
	β	30
	δ	50
—O—Ac	α, β, 또는 δ	6
—OR	α	35
	β	30
	γ	17
	δ	31
—SR	β	85
—Cl	α	15
	β	12
—Br	α	25
	β	30
—NR_2	β	95
용매 보정		
에탄올, 메탄올	0	
클로로폼		1
다이옥세인		5
다이에틸 에터	7	
헥세인, 사이클로헥세인		11
물		−8

출처: R. B. Woodward, *J. Am. Chem. Soc.*, **63**, 1123 (1941); **64**, 72, 76 (1942); L. F. Fieser and M. Fieser, *Natural Products Related to Phenanthrene*, New York: Reinhold, 1949; A. I. Scott, *Interpretation of the UV Spectra of Natural Products*, New York: Pergamon Press, 1964.

14-11 풀어진 문제와 예

문제 14-1

Isooctane에서 azobenzene (C_6H_5—N═N—C_6H_5) 의 아래 자료를 설명하시오.

trans (안티)	λ_{max} = 318 nm	ϵ_{max} = 22,600
cis (신)	λ_{max} = 282 nm	ϵ_{max} = 5,200

답 Stilbene (14-5절) 에서처럼, azobenzene의 신 (syn) 이나 시스 이성질체에서는 입체장애가 존재하여 두 개의 페닐 고리가 동일 평면상에 위치하는 것을 방해한다. 따라서 연결부인 —N=N—는 콘쥬게이션을 제한하고 들뜸 에너지를 높인다 (λ_{max}를 감소시킨다). 시스 이성질체의 ϵ_{max}가 줄어드는 것은 콘쥬게이션된 시스템의 끝 간 거리가 짧아졌기 때문이다. 대체적으로 콘쥬게이션된 발색단의 거리가 길수록 ϵ_{max}가 커진다.

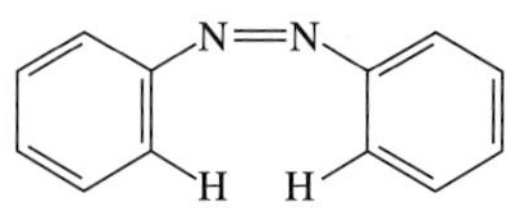

문제 14-2

다음 UV-vis 자료를 설명하시오.

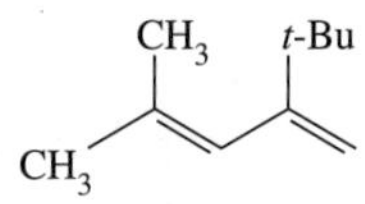

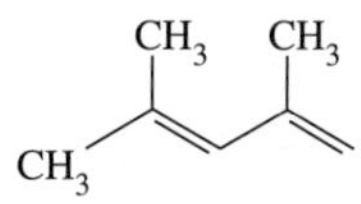

λ_{max}^{EtOH}	225	231
ϵ_{max}^{EtOH}	6400	10,000

답 비결합성 CH_3와 *tert*-뷰틸기 사이의 입체 상호작용은 CH_3/CH_3 상호작용보다 커서 s-트랜스 형태를 불안정화시킨다. *tert*-뷰틸 유도체의 경우, sp^2-sp^2 C—C 단일결합의 회전으로 인해 콘쥬게이션이 방해를 받아 뒤틀린 다이엔을 이끈다.

문제 14-3

다음 UV-vis 자료를 설명하시오.

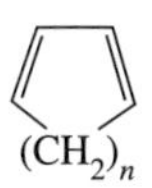

n	λ_{max} (nm)	ϵ_{max}
2	258	10,000
3	248	7,500
4	228	5,600
6	< 215	흡수 종결

답 고리의 크기가 커짐에 따라, 다이엔은 동일평면성에서 벗어나게 된다. 다이엔이 동일평면성에서 뒤틀릴수록 $\pi \rightarrow \pi^*$ 전이 에너지는 커지고 (λ_{max} 감소) 들뜸 (ϵ) 의 확률은 감소한다.

문제 14-4

UV-vis 분광학을 이용하여 다음 짝을 어떻게 구별할 수 있는가?

(a) $CH_3CH=CH-CH=CH-CH_3$

과

$CH_3CH=CH-CH_2-CH=CH_2$

(b) 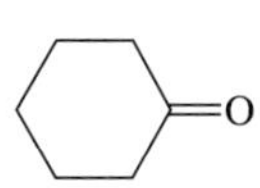

과

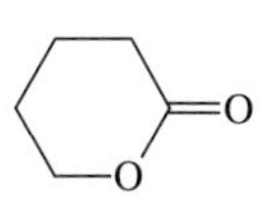

(c) 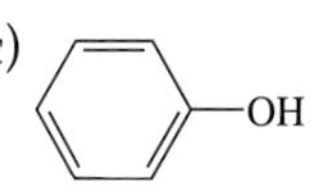

과

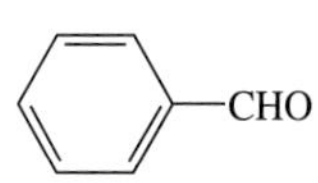

답 (a) 위의 다이엔은 콘쥬게이션되어 있고, 따라서 아래의 다이엔보다 장파장의 빛을 흡수한다. 아래는 아니다 (표 14-4). (b) 케톤의 $n \rightarrow \pi^*$ 흡수는 290 nm (표 14-1) 에서 나타나는데, 에스터 (락톤) 는 210 nm (표 14-2) 에서 나타난다. (c) phenol은 비교적 강한 270

nm 근처의 장파장 흡수를 보인다. 이것은 염기성 조건에서 290 nm로 이동하고 세기도 강해진다. Benzaldehyde는 280 nm 근처의 비교적 강한 흡수를 보이지만 염기성에서의 변화는 없다.

문제 14-5

UV-vis 분광학은 동인디아 망고스틴 나무의 노란 색소인 mangostin의 구조를 밝히는 과정에서 중요한 역할을 한다. mangostin의 UV-vis 스펙트럼(표 14-12)은 xanthone (**14-19**)의 폴리하이드록시 유도체들과 유사하다고 밝혀졌다.

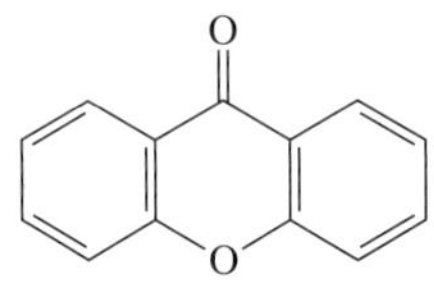

14-19

IR 스펙트럼에서 고도로 콘쥬게이션된 카보닐기가 존재함이 밝혀졌다. mangostin의 분자식은 여섯 개의 산소 원자를 함유한다. Xanthone의 핵은 그들 중 둘을 제안한다. 화학적 시험과 분해 작업은 남아 있는 산소가 세 개의 하이드록실기와 하나의 메틸기에서 왔음을 보여 준다. 산소 함유 작용기의 위치에 관한 정보는 UV 분광학에서 제공되었다. 하나의 동일면 하이드록실기(즉, 카보닐기의 오쏘 위치에 있는)를 가진 xanthone들의 스펙트럼을 두 개의 동일면 하이드록실기를 가진 xanthone들의 스펙트럼(표 14-12)과 비교하면 두 번째 동일면 하이드록실기는 두 개의 장파장 흡수를 적색 이동시키면서 흡수 세기를 약화시키는 반면, 단파장 쪽의 띠들은 청색 이동시킨다. mangostin과 유도체들의 스펙트럼은 이러한 변화를 보이지 않는다. 따라서 mangostin은 하나의 완곡 하이드록실기를 가진 것으로 생각된다. mangostin의 결사슬은 촉매 수소화반응에서 2 mol의 수소를 흡수하므로, 두 개의 이중결합이 존재함을 보인다(삼중결합이 존재할 수도 있다). tetrahydodimethylmangostin의 UV 스펙트럼은 수소 첨가 전의 유도체와 완벽하게 동일하므로, 이중결합들은 xanthone 고리나 자기들끼리의 콘쥬게이션이 불가능하다. 따라서 이중결합들은 서로 떨어져 있다. 곁가지의 수를 조사해 보면, 두 개의 곁가지에 하나씩의 이중결합이 존재함을 알 수 있다. 화학적 분광학적 결과를 조합하면 mangostin의 구조는 **14-20**임을 알려준다.

표 14-12 95% 에탄올에서 Mangostin과 polyhydroxyxanthone의 흡수 자료

화합물	λ_{max} (nm) (log ϵ)			
동일 평면상의 한 개의 하이드록실기				
Mangosin	234 (4.5)	259 (4.4)	318 (4.4)	351 (3.9)
1,6-Dihydroxyxanthone	247 (4.3)	263 (4.0)	305 (4.1)	355 (3.8)
1,3,6-Trihydroxyxanthone	237 (4.6)	251 (4.4)	313 (4.4)	337 (4.1)
1,3,7-Trihydroxy-6-methoxyxanthone	239 (4.3)	256 (4.5)	310 (4.2)	362 (4.0)
동일 평면상의 두 개의 하이드록실기				
1,8-Dihydroxyxanthone	229 (3.8)	252 (3.9)	334 (3.3)	380 (2.9)
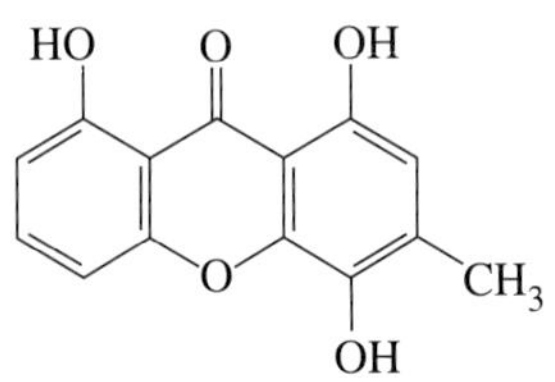	231 (4.0)	263 (4.3)	343 (3.8)	400 (3.2)

출처: P. Yates and G. H. Stout, J. *Am. Chem.* Soc., **80**, 1691 (1958); P. Yates and A. Ault, *Tetrahedron*, **23**, 3307 (1967).

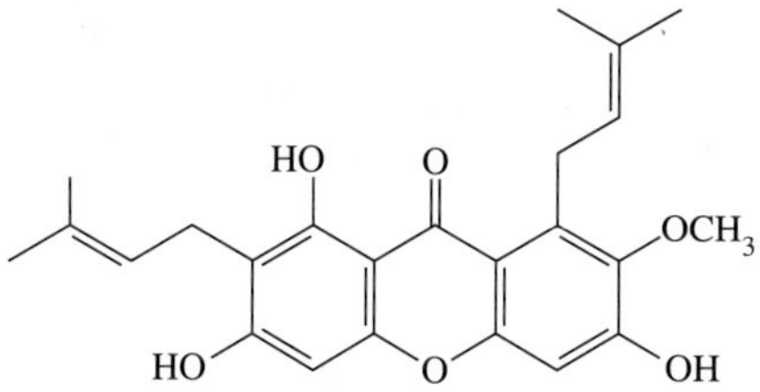

14-20

문제 14-6

다음 다이엔들의 λ_{max}를 계산하시오.

	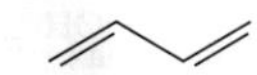	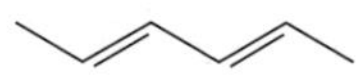	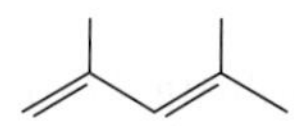
알킬 치환체 (5)	0 × 5 = 0	2 × 5 = 10	3 × 5 = 15
모체	214	214	214
답	214	224	229
예측값 λ_{max}^{EtOH} (nm)	217	226	231
ϵ_{max}^{EtOH}	22,400	23,800	10,000

문제 14-7

아래 화합물들은 UV-vis 흡수에서 λ_{max}가 234, 244, 273 nm이다. 어느 것이 어느 λ_{max}인가?

	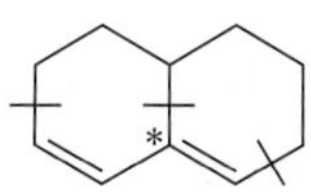	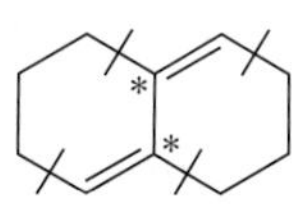	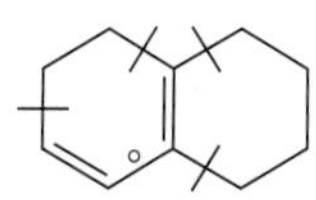
알킬 치환체 (5)	3 × 5 = 15	4 × 5 = 20	4 × 5 = 20
외향고리 (5)	1 × 5 = 5	2 × 5 = 10	0 × 5 = 0
동일 환 (39)	0	0	39
모체	214	214	214
답	234	244	273

문제 14-8

아래의 케톤은 236, 244, 256 nm의 λ_{max}를 갖는다. 어느 것이 어느 λ_{max}인가?

	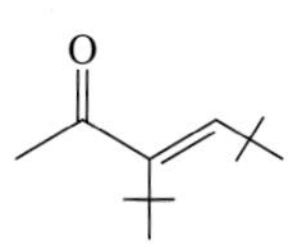	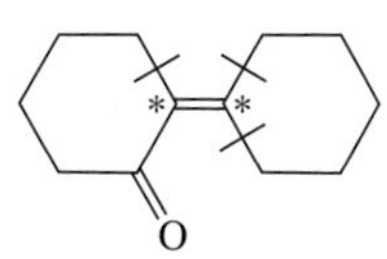	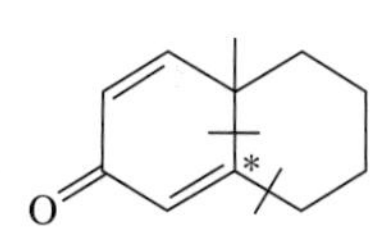
α-치환 (10)	1 × 10 = 10	1 × 10 = 10	0 × 10 = 0
β-치환 (12)	1 × 12 = 12	2 × 12 = 24	2 × 12 = 24
외향고리 (5)	0	2 × 5 = 10	1 × 5 = 5
모체	215	215	215
답	237	259	244
관찰값 λ_{max}	236	256	244

문제 14-9

10-methyl-$\Delta^{1(9)}$-octalin-2-one에서 두 개의 이성질체가 형성된다. UV-vis 분광학으로 이 둘을 구별할 수 있겠는가?

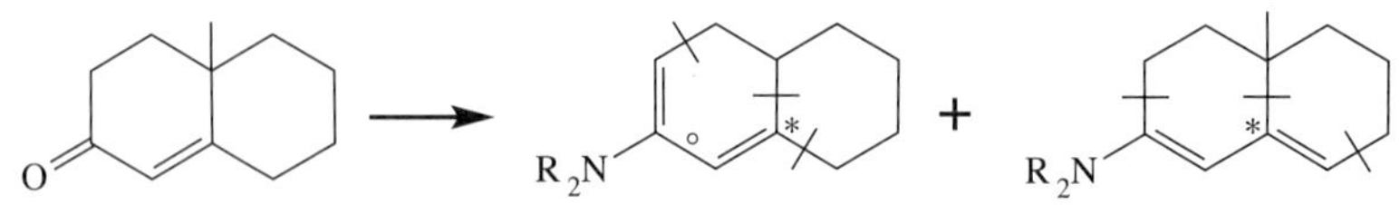

알킬 치환체 (10)	×3 = 15	×3 = 15
외향고리 (5)	×1 = 5	×1 = 5
그 밖의 콘쥬게이션 (30)	×0	×0
동일 환 (39)	×1 = 39	×0
극성기 (60)	×1 = 60	×1 = 60
모체	214	214
답	333	294

문제 14-10

Cholesta-4,6-dien-3-dione (오른쪽) 을 전환하면 λ_{max}^{EtOH} = 302 nm, ϵ_{max}^{EtOH} = 12,600인 엔올 아세테이트가 생성된다. 어느 것이 생성될까?

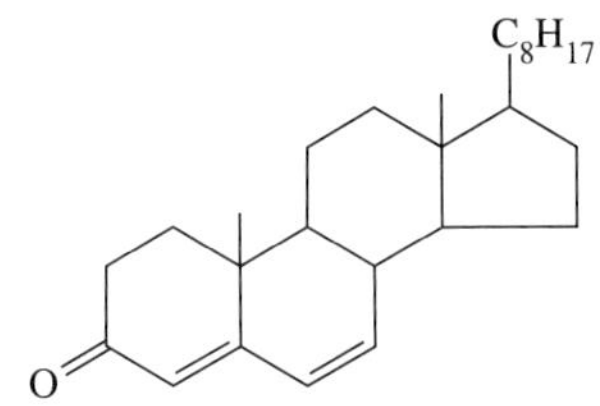

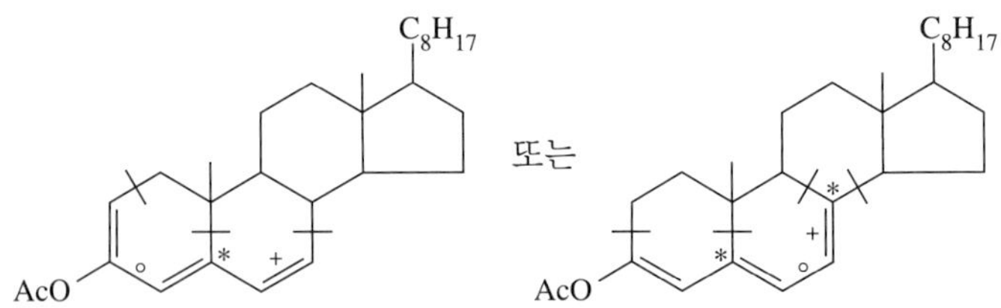

알킬 치환체 (5)	3×5 = 15	4×5 = 20
아세테이트 (0)		
외향고리 (5)	1×5 = 5	2×5 = 10
확장된 콘쥬게이션 (30)	1×30 = 30	1×30 = 30
동일 환 (39)	1×39 = 39	1×39 = 39
모체	214	214
답	303	313
관찰값 λ_{max}	302	316

문제 14-11

주어진 UV-vis 스펙트럼 (λ_{max} 224, ϵ_{max} 7200 그리고 λ_{max} 293, ϵ_{max} 5900) 을 이용하여 hydroxypyridine과 pyridinone의 토토머화 평형의 위치를 결정하시오.

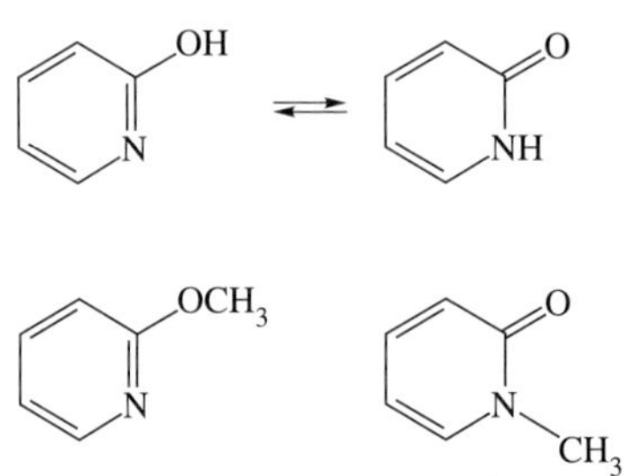

λ_{max} (nm)	269	< 205	297	226
ϵ_{max}	3200	> 5300	5900	6100

답 평형은 거의 pyridinone 쪽으로 놓인다.

문제 14-12

다음 결과를 설명하시오.

	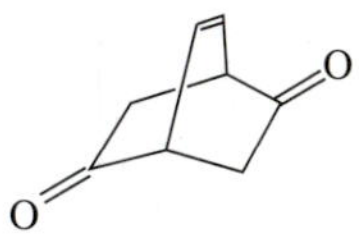	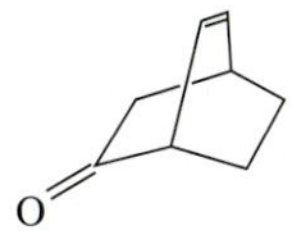	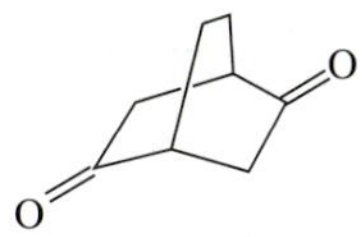
$n \rightarrow \pi^*$	ϵ_{307}^{max} 267	ϵ_{296}^{max} 122	ϵ_{296}^{max} 32
	ϵ_{296}^{max} 267		
$\pi \rightarrow \pi^*$	ϵ_{223}^{max} 2290		ϵ_{203}^{max} 3100

답 엔다이온은 다이온이나 엔온보다 강한 ϵ_{max}를 가진 긴 파장의 λ_{max}를 보이는 것은, C=C 이중결합이 C=O 이중결합과 전기적으로 연결되어 있음을 제안한다. 엔다이온의 ϵ_{max} 값은 엔온의 약 두 배이며, λ_{max}가 장파장 쪽으로 이동되었다는 것은 이것이 독립된 두 엔온 이상의 무엇이라는 것을 제안한다. 223 nm의 띠는 엔다이온의 전하 이동을 제안한다.

문제

14-1 표 14-1의 자료를 이용하여 아세트알데하이드의 $n \rightarrow \pi^*$와 $\pi \rightarrow \pi^*$의 전자 전이 에너지 (kcal mol^{-1})를 계산하시오.

14-2 pH 13에서 어떤 페놀의 흡광도는 1.5 (430 nm)와 0.0 (290 nm)이다. pH 4에서는 같은 농도에서 각각 0.0, 0.5이다. pH 8에서는 0.6, 0.3이다.

(a) 스펙트럼의 변화를 설명하시오.

(b) 페놀의 pK_a를 계산하시오.

(c) 사용한 페놀의 농도가 용매 20 mL에 페놀 10.8 mg을 녹인 것이고, 290 nm에서 1 cm 셀을 사용하여 ϵ = 300 L mol^{-1} cm^{-1}일 때 페놀의 분자량을 구하시오.

(d) 290 nm의 빛을 흡수하는 화합물의 가능한 구조(들)를 그리시오.

14-3 아래 자료를 이용하여 약산의 K_a 값을 예측하시오. 시료 (1 g)는 동일한 양의 여러 완충 용액에 녹였고, 용액은 같은 조건하에 측정하였다. 산의 음이온만이 사용한 파장을 흡수하는 유일한 물질이다.

pH	4	5	6	7	8	9	10	11
A	0.00	0.00	0.06	0.39	0.95	1.13	1.18	1.18

14-4 특정 페놀 용액의 pH 13에서의 흡광도는 400 nm에서 1.5이고, 270 nm에서 0.0이다. pH 4에서 이 용액의 동일 농도의 흡광도는 각각 0.0과 1.0이다. pH 9에서의 값은 0.9, 0.4이다.

(a) 스펙트럼의 변화를 설명하시오.

(b) 페놀의 pK_a를 계산하시오.

(c) 사용한 페놀의 농도가 용매 20 mL에 페놀 18.8 mg을 녹인 것이고, 1 cm 셀을 사용하여 ϵ_{270} = 100 L mol^{-1} cm^{-1}일 때 페놀의 분자량을 구하시오.

(d) 가능한 구조를 그리시오.

14-5 **(a)** 아래 자료를 이용하여 약산의 K_a 값을 예측하시오. 여러 완충 용액에서 시료의 농도는 1 mM이고, 용액은 같은 조건하에 측정하였다. 산의 음이온만이 사용한 파장을 흡수하는 유일한 물질이다.

pH	4	5	6	7	8	9	10	11
A	0.00	0.00	0.10	0.75	1.00	1.25	1.50	1.50

(b) 만일 1 cm의 셀이 사용되었다면 음이온의 몰흡광 계수는 얼마인가?

14-6 다음 결과를 설명하시오.

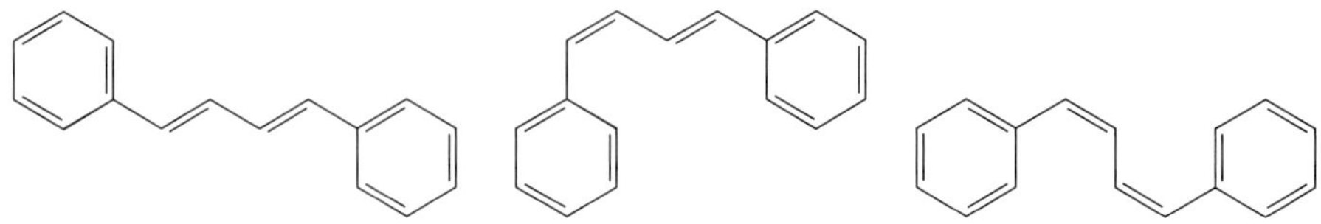

λ_{max} (nm)	328	313	299
ϵ_{max}	56,200	30,600	29,500

14-7 다음 관측 결과를 설명하시오.

(a)

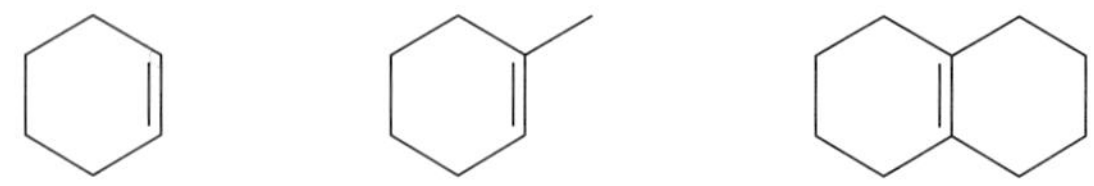

관찰값			
λ_{max} (nm)	183	188	200
ϵ_{max}	7500	7100	8900

(b)

	$CH_2=CH_2$	$CH_2=CH-OCH_3$	$CH_2=CH-SCH_3$
관찰값			
λ_{max} (nm)	162.5	190	228
ϵ_{max}	15,000	10,000	8000

(c)

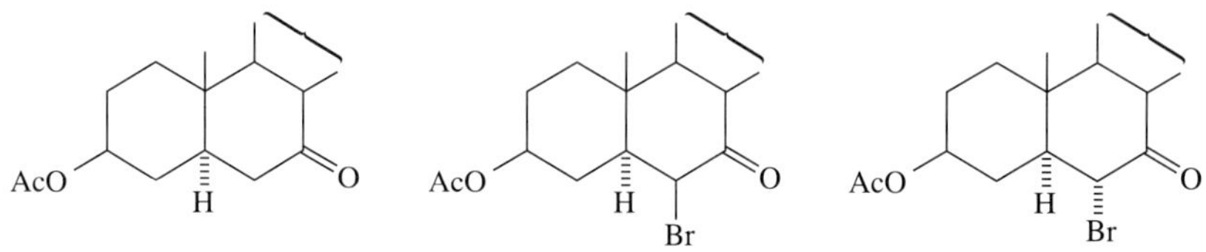

관찰값			
λ_{max} (nm)	287	313	282
ϵ_{max}	40	158	40

(d)

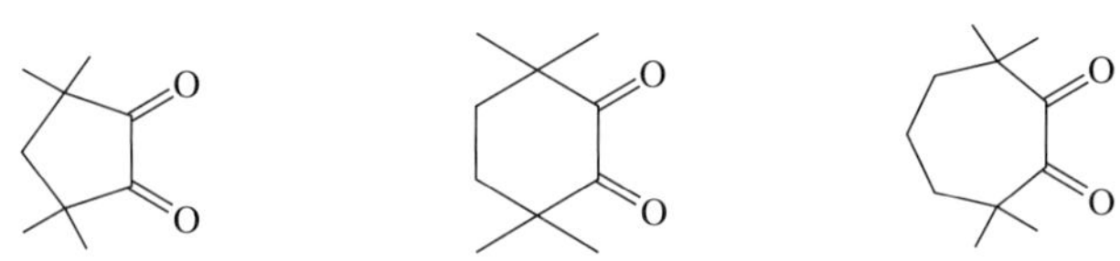

관찰값					
λ_{max} (nm)	466	380	298	337	299
ϵ_{max}	31	11	29	34	34

(e)

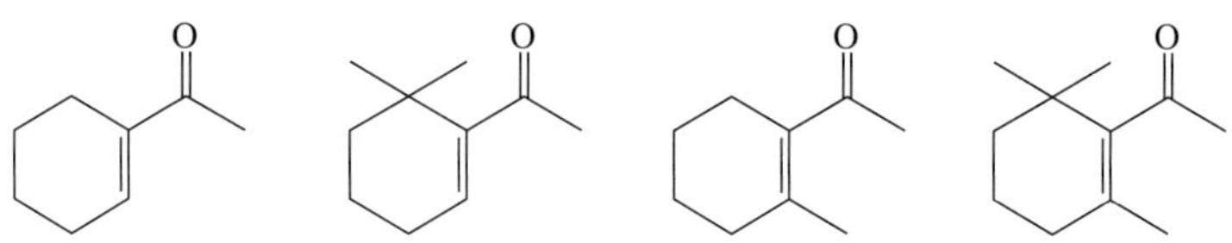

관찰값				
λ_{max} (nm)	232	232	245	243
ϵ_{max}	12,500	12,000	6500	1400

14-8 다음 화합물들의 λ_{max}를 계산하시오.

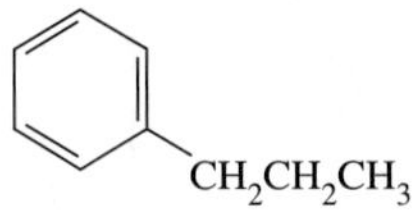
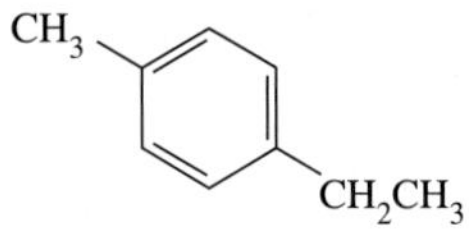
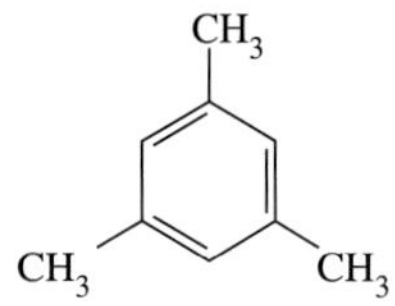
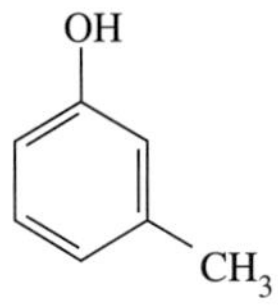
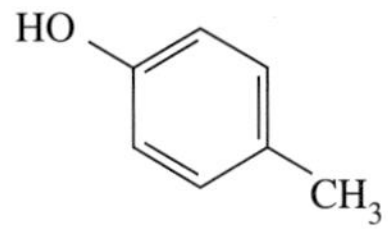
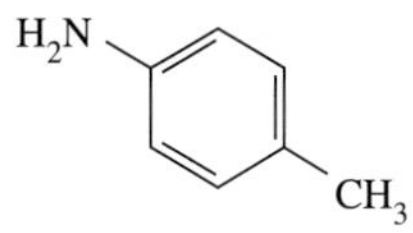

14-9 다음 스테로이드들의 λ_{max}를 계산하시오.[a]

(a)

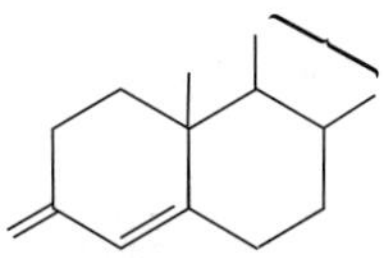
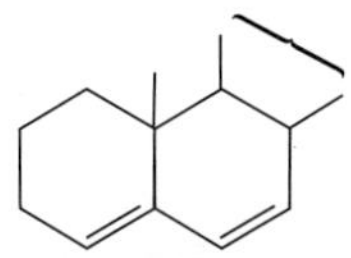
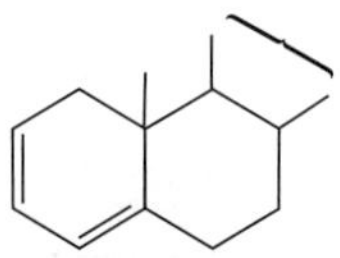

관찰값			
λ_{max} (nm)	239	235	275
ϵ_{max}	17,300	19,000	10,000

(b)

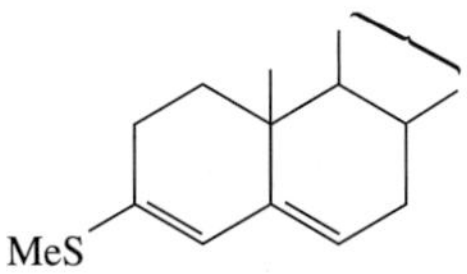
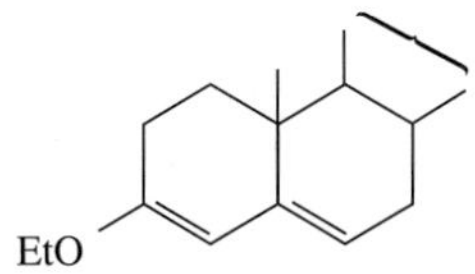
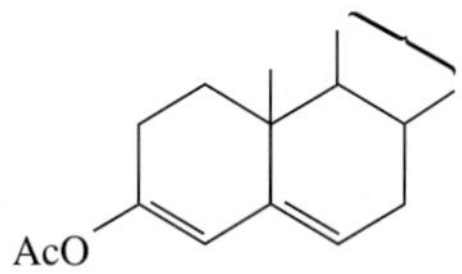

관찰값			
λ_{max} (nm)	268	241	235
ϵ_{max}	22,600	19,000	10,000

(c)

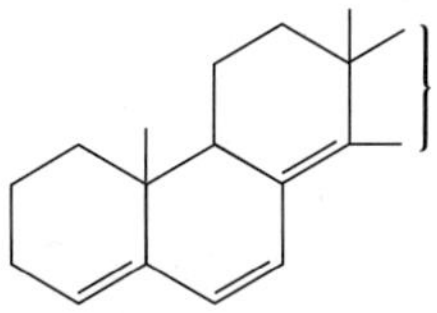
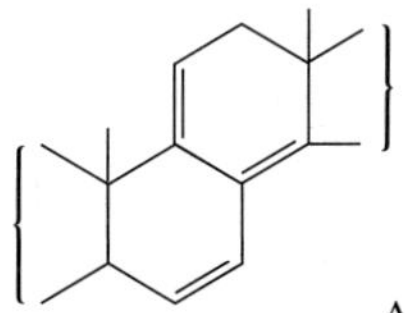
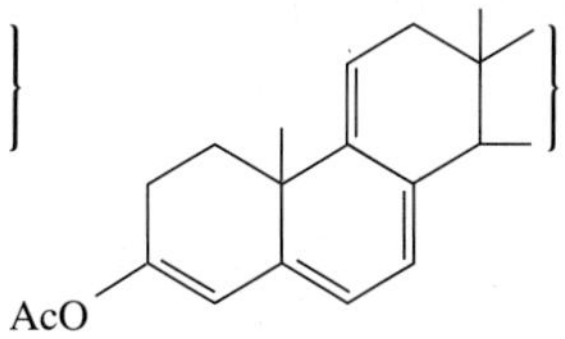

관찰값			
λ_{max} (nm)	283	285	355
ϵ_{max}	33,000	9,100	19,700

(d)

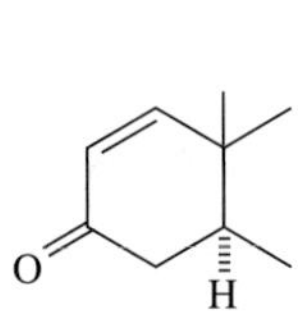
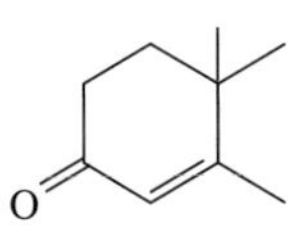
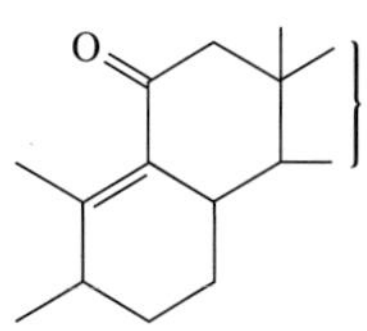

관찰값			
λ_{max} (nm)	230	241	254
ϵ_{max}	10,000	16,600	9100

[a]관찰된 자료 출처: A. I. Scott, *Interpretation of the Ultraviolet Spectra of Natural Products*, New York: Pergamon

(e)

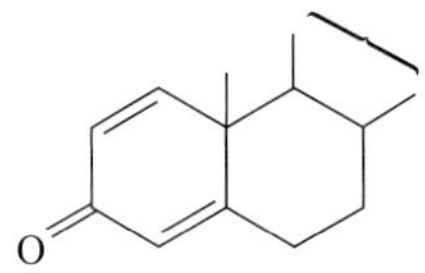 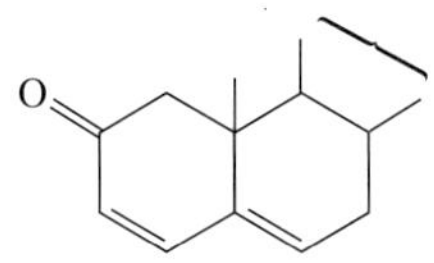 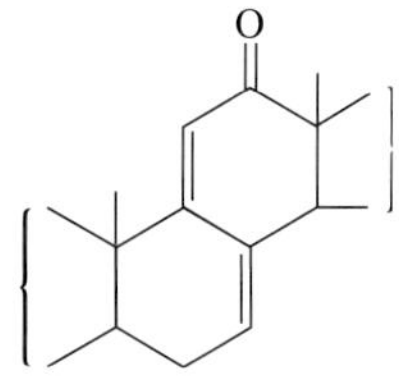

관찰값			
λ_{max} (nm)	244	290	292
ϵ_{max}	15,000	12,600	13,000

(f)

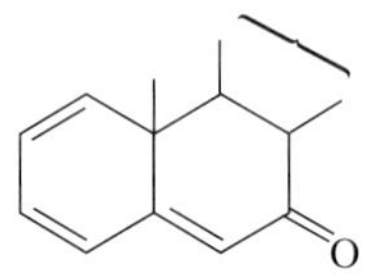 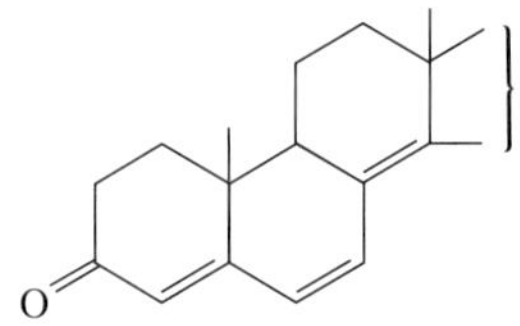 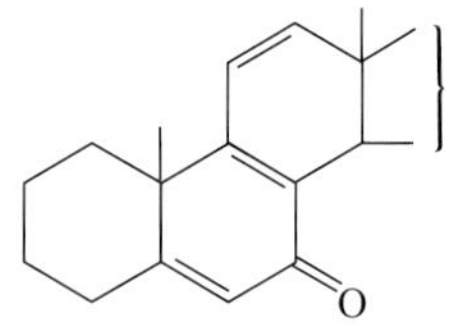

관찰값			
λ_{max} (nm)	348	348	327
ϵ_{max}	11,000	26,500	

14-10 cholesta-4,6-diene-3-one **(a)** 과 이것의 엔올 아세테이트 **(b)** 의 $\pi \rightarrow \pi^*$ 전이의 λ_{max}를 계산하시오.

(a)

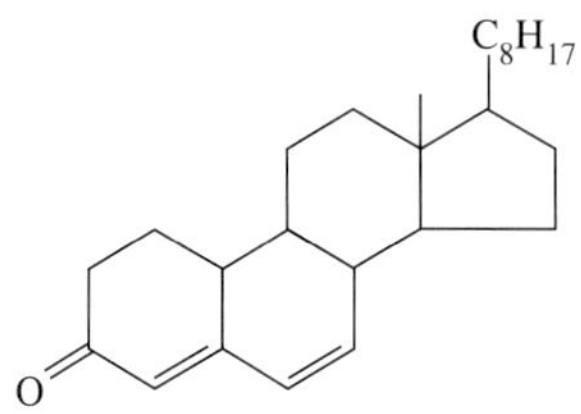

(b)

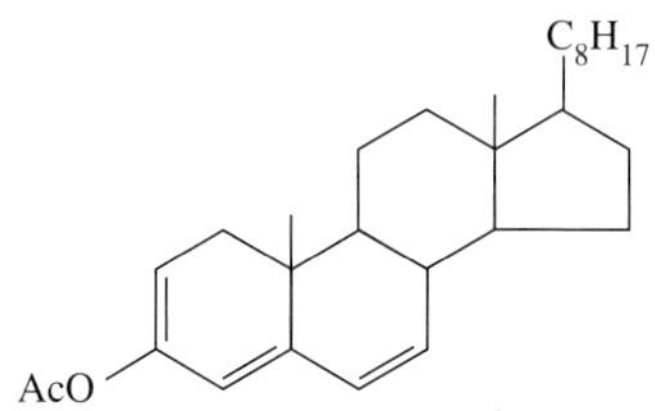

14-11 다음 화합물의 $\pi \rightarrow \pi^*$ 전이의 UV-vis λ_{max}를 예측하시오.

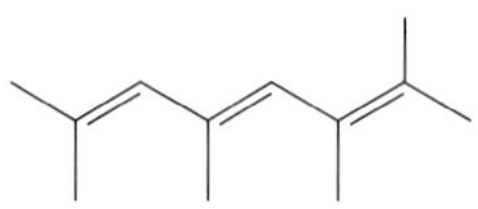 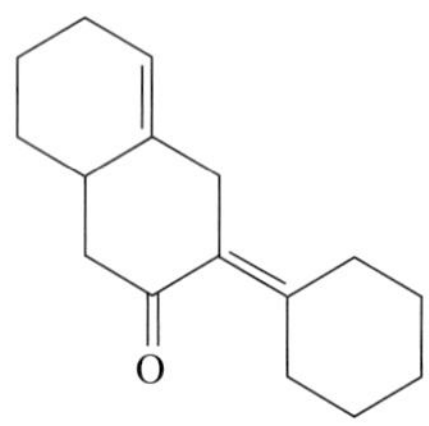 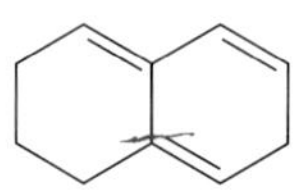

14-12 다음 화합물의 $\pi \rightarrow \pi^*$ 전이의 개략적인 λ_{max}를 계산하시오.

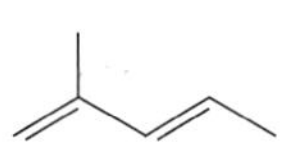 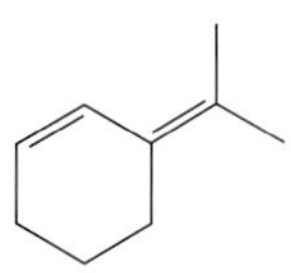 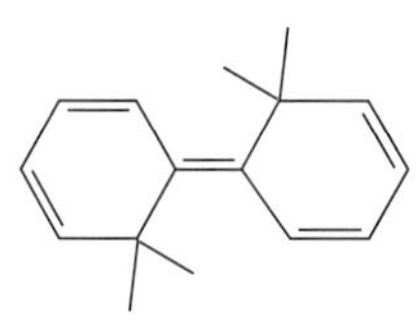

14-13 다음 화합물의 $\pi \rightarrow \pi^*$ 전이의 개략적인 λ_{max}를 계산하시오.

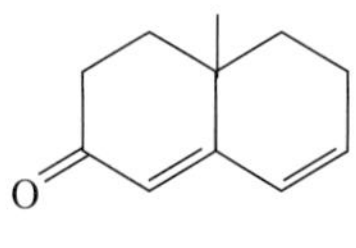 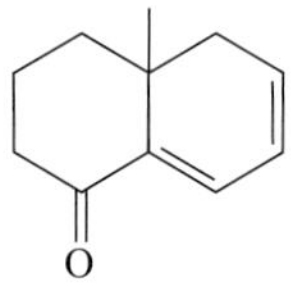 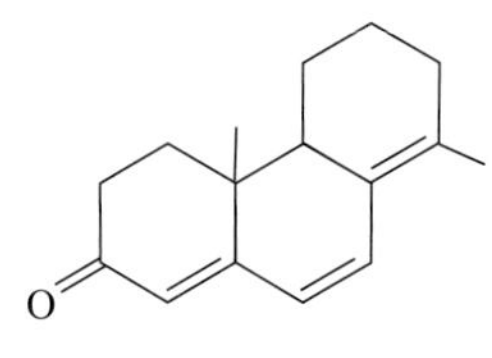

14-14 cholest-4-ene-3-one **(a)** 의 엔올 아세테이트가 만들어졌고, $\lambda_{max} = 238$ nm, $\log \epsilon_{max} = 4.2$ 이다. 이 엔올 아세테이트는 **b**인가, **c**인가?

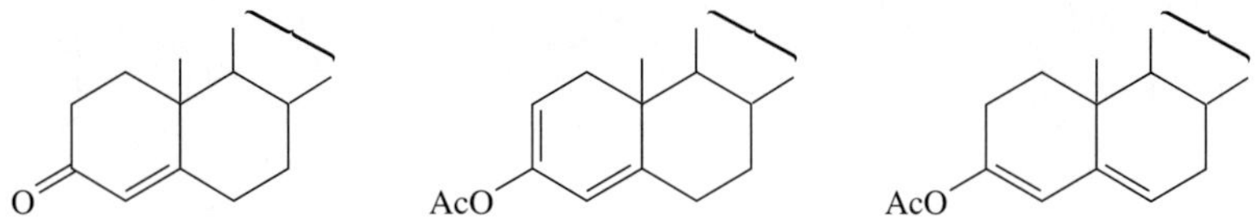

(a) **(b)** **(c)**

14-15 Spironenone **(a)** 와 **(b)** 가 준비되었다. 하나는 λ_{max} 247 nm에서, 다른 하나는 241 nm에서 강한 흡수를 보인다. 구조를 판별하시오.

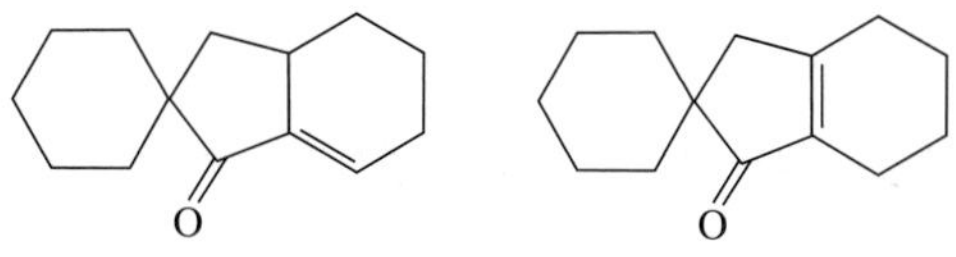

(a) **(b)**

14-16 다음 이성질체의 짝을 구분할 수 있는 UV-vis 분광학을 예측하고 설명하시오.

(a)

(b)

(c)

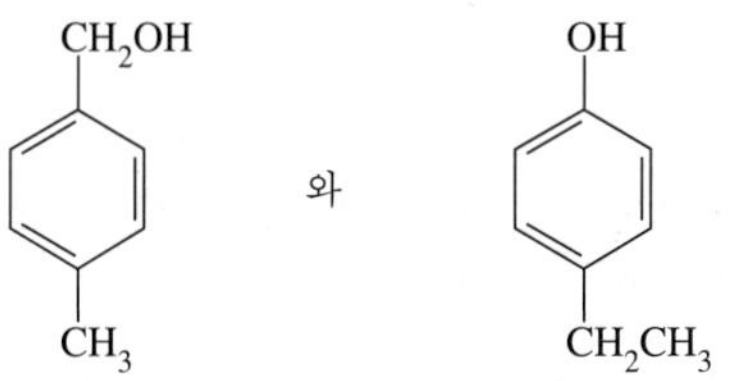

(d)

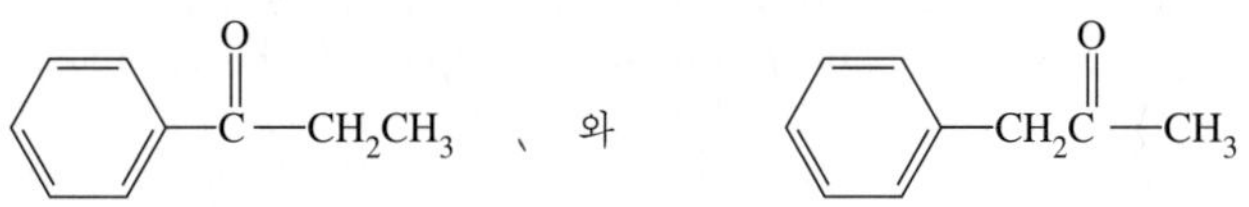

(e) $CH_3CH_2COOCH_3$와 $CH_3COOCH_2CH_3$

(f) $CH_3-CH=CH-CH_2-CH=CH=CH_3$와
$CH_3CH_2-CH=CH-CH=CH-CH_3$

14-17 화합물(A) $C_{11}H_{16}$의 λ_{max}는 288 nm이다. 이것을 Pd/C(고리형 화합물을 자리 이동 없이 완전한 방향족 화합물로 탈수소화시킨다)로 처리하면 아래의 α-methylnaphthalene이 형성된다. 화합물 A의 구조는?

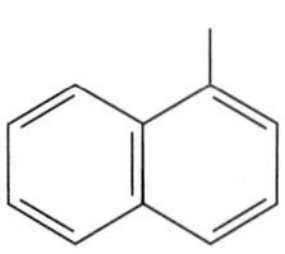

14-18 미지의 단일고리 탄화수소 A, C_8H_{14}는 λ_{max} 234 nm이고, 선택적 오존화에 의해 λ_{max} 239 nm인 B, $C_7H_{12}O$를 만든다. B를 $LiAlH_4$로 환원시키고 물을 제거하면(탈수반응) λ_{max} 267 nm인 C, C_7H_{12}가 형성된다. A, B 및 C의 구조를 밝히시오.

14-19 다음 관찰을 설명하시오.

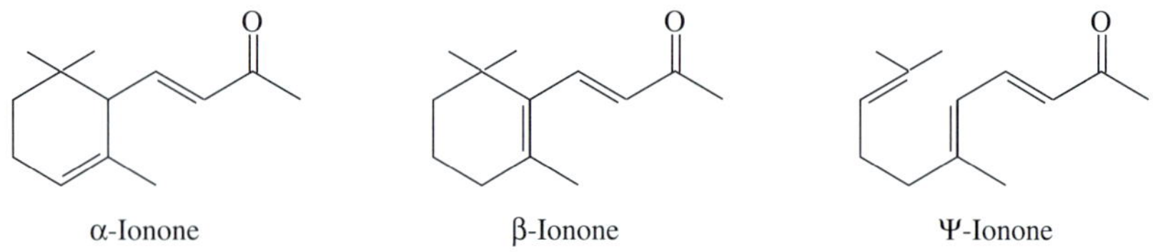

관찰값	α-Ionone	β-Ionone	Ψ-Ionone
λ_{max} (nm)	228	281	291
ϵ_{max}	14,300	9500	21,800

14-20 불포화 케톤, $C_9H_{12}O$는 아래 구조로 생각된다. 이것의 UV 스펙트럼은 λ_{max} 300 nm이고 A = 1.34이다.

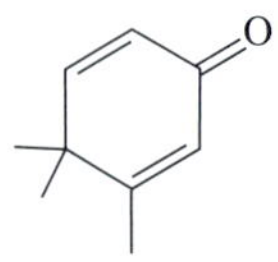

(a) 제안된 구조가 옳은가? 우드워드-피저 규칙을 적용해 보시오.

(b) 주어진 탄소 골격으로 λ_{max}를 만족할 구조를 그리시오.

(c) 1 cm 셀에서 200 mL 용매에 4 mg의 시료를 사용하여 얻은 스펙트럼의 분자 흡광 계수 ϵ를 구하시오.

참고 문헌

14.1 H. H. Jaffé and M. Orchin, *Theory and Applications of Ultraviolet Spectroscopy*, New York: John Wiley & Sons, Inc., 1962.

14.2 J. B. Lambert, H. F. Shurvell, L. Verbit, R. G. Cooks, and G. H. Stout, *Organic Structural Analysis*, New York: Macmillan Publishing, 1976.

14.3 M. B. Robin, F. A. Bovey, and H. Basch, in *The Chemistry of Amides*, J. Zabichy (ed.), New York: Wiley–Interscience, 1970.

14.4 H. Benderly and K. Rosenheck, *Chem. Commun.*, 179 (1972).

14.5 A. J. Merer and R. S. Mulliken, *Chem. Rev.*, **63**, 639 (1969).

14.6 A. E. Hansen and T. D. Bouman, *Adv. Chem. Phys.*, **44**, 545 (1980).

14.7 T. D. Bouman, A. E. Hansen, B. Voigt, and S. Ruttrup, *Int. J. Quantum Chem.*, **23**, 595 (1983).

14.8 J. N. Murrell, *J. Chem. Soc.*, 3779 (1965).

14.9 S. N. Vinogradov and R. H. Linnell, *Hydrogen Bonding*, New York: Van Nostrand Reinhold, 1971.

14.10 See the following examples: R. Foster (ed.), *Molecular Complexes*, London: Elek Science, 1973; N. Mataga and T. Kubota, *Molecular Interactions and Electronic Spectra*, New York: Marcel Dekker, 1970; R. S. Mulliken and W. Person, *Molecular Complexes*, New York: John Wiley & Sons, Inc., 1969; R. Foster, *Organic Charge Transfer Complexes*, New York: Academic Press, 1969.

14.11 D. A. Lightner, J. K. Gawroński, A. E. Hansen, and T. D. Bouman, *J. Am. Chem. Soc.*, **103**, 4291 (1981).

PART

V

통합 문제들

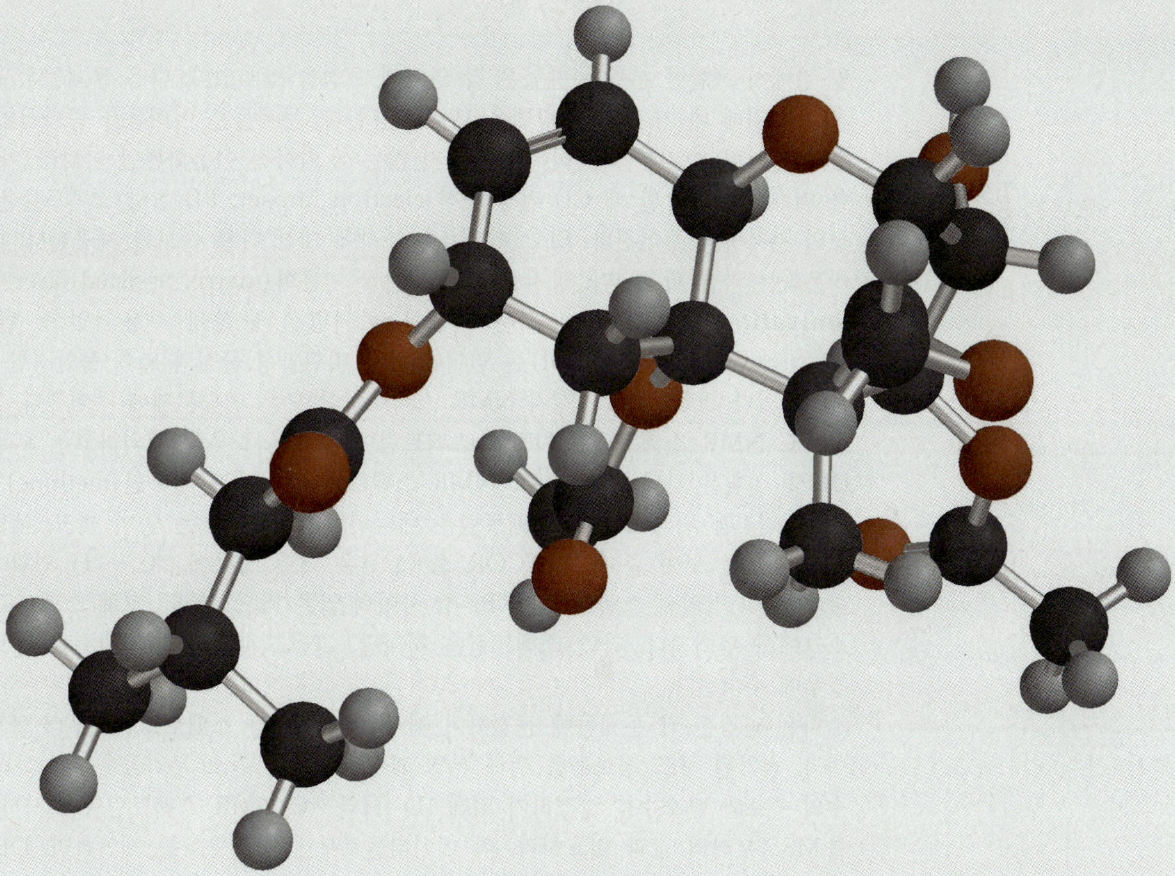

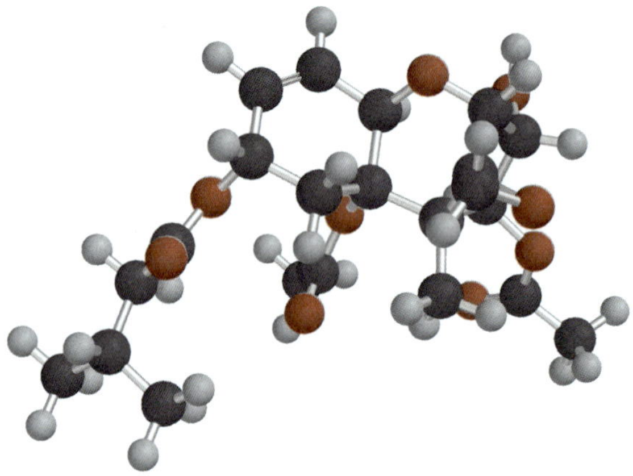

CHAPTER

15

통합 문제들

앞 장에서 포함한 분광 문제들은 각 영역에 초점을 맞추었다. 다음 문제들은 구조들을 추론하기 위해 네 가지 분광 방법을 모두 사용한다. 문제들은 어려움을 증가시키기 위해 대략 배열시켰다. 기본 화학식은 제공되지 않는다. 화학적 이온화뿐만 아니라(아이소뷰테인을 기체시약으로 할 때 CI) 전자 충격(electron impact; EI) 질량 스펙트럼은 대개 명목상의 분자량이 주어진다. EI 스펙트럼은 조각에 대한 다른 정보를 제공한다. 다른 종류의 이온화는 가끔 활용된다. 망지원 레이저 탈착 이온화(matrix assisted laser desorption ionization; MALDI)는 고분자 같은 비휘발성 물질에 사용되었고, 탈착 이온화(desorption ionization; DI)는 염이나 다른 비휘발성 물질과 열에 불안정한 화합물들에 사용되었다. 300 MHz 양성자 NMR 스펙트럼이 모든 연습문제에 주어졌다. 75 MHz 표준 ^{13}C NMR 스펙트럼이 DEPT 스펙트럼이 주어진 경우를 제외하고는 모두 주어졌다. DEPT 실험은 바닥은 전체 ^{13}C NMR 스펙트럼, 중간에는 메타인(methine) 스펙트럼을 포함한다. 맨 위의 DEPT 스펙트럼은 메타인과 메틸 탄소는 양의 피크, 메틸렌 탄소는 음의 피크를 보여 준다. HETCOR 스펙트럼은 어떤 경우에 ^{13}C—^{1}H 연관성을 제공한다. 액체의 적외선 스펙트럼은 KBr 창 사이의 얇은 막으로부터, 고체 스펙트럼은 KBr 디스크에서 얻어진다. 라만 스펙트럼은 하나만, 그리고 자외선-가시광선 스펙트럼은 모든 경우에 주어진다.

다음 과정은 각 문제들에 근접하여 제시되었다. 질량 스펙트럼으로부터 몰질량을 구하여라. 첨가된 구조 정보들을 위해 분열 과정 및 동위 원소 무리들을 분석하라. 상대적인 수의 수소와 탄소수를 결정하기 위해 1D ^{1}H와 ^{13}C NMR 스펙트럼을 조사하고, 이 결과를 MS로부터의 값과 비교하라. 이 데이터들로부터 하부구조를 제안하라. DEPT 스펙트럼이 주어질 때는 메틸, 메틸렌, 메타이닐기로 정리하라. 질량 스펙트럼 검사에 의한 질소, 황, 규소 등 헤테로원자들의 가능성을 고려하라. 분자식을 제안하라. 작용기 존재를 결정하기 위해 적외선 스펙트럼을 이용하고, 발색단의 존재 여부를 결정하기 위해 전자 스펙트럼을 이용하라. 제안된 구조식으로부터 불포화도를 계산하고, 지금까지 확인된 작용기와 비교하라. 수소들 사이의 결합을 알아보기 위한 COSY 실험과 수소와 탄소 사이의 결합을 알아보기 위해 HETCOR 실험을 활용하라.

마지막으로, 가능성 있는 구조들에서 다양하게 제안된 구조 단위들을 함께 가져오고 일치하는 구조들을 결정하기 위하여 모든 자료를 다시 검사하라. 만일 노력 후에 교착 상태에 빠진다면, 분자식 표와 작용기가 문제의 끝에 힌트로 제공되어 있으므로 오직 최후의 수단으로 그것들을 참조하라. 전체 구조식들은 **풀이 안내서** (*solution manual*) 에 주어져 있다. 첫 번째 문제에 대한 해결책은 이곳에 자세히 제시되어 있다.

규칙에 대한 더 발전된 연습을 위해 스펙트럼을 이용하라. ^{1}H와 ^{13}C NMR 스펙트럼의 모든 피크를 구별하고, 화학 이동과 짝지음 상수를 맞추어라. 탄소에 접한 모든 수소를 배치하기 위하여 HETCOR을 이용하고, 모든 교차된 COSY 피크를 확인하라. 모든 작용기의 적외선 흡수를 알아내고 분자 내 탄화수소 성분을 알아내라. 최대 파장의 위치와 전자 스펙트럼의 세기를 합리화하라. 다양한 질량 스펙트럼 (EI, CI, DI) 사이에서 다른 점을 설명하고 중요한 조각화 경로를 식별하라.

문제 15-1

질량 스펙트럼 (CI)

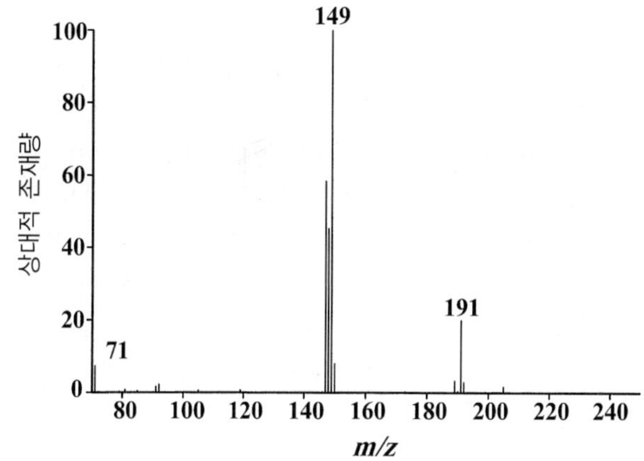

질량 스펙트럼 (EI)

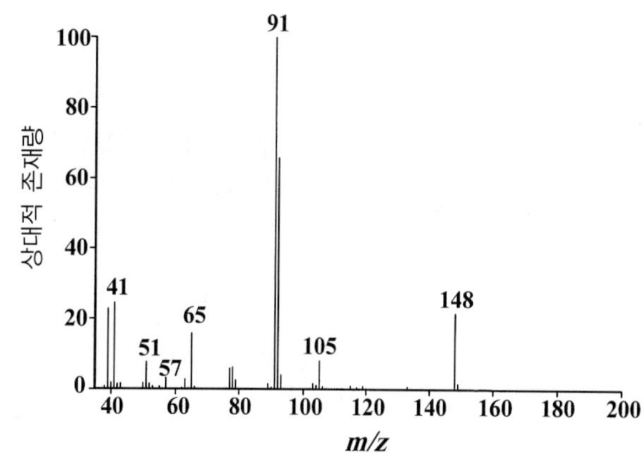

양성자 NMR 스펙트럼 ($CDCl_3$)

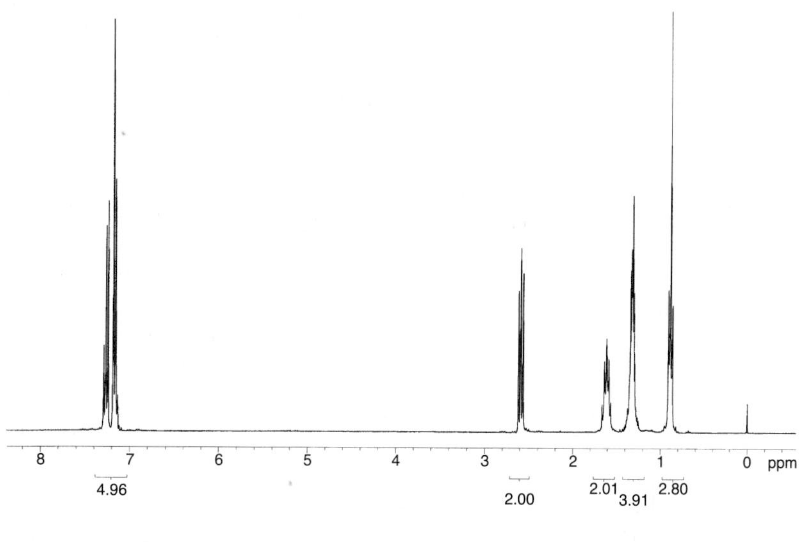

DEPT 스펙트럼

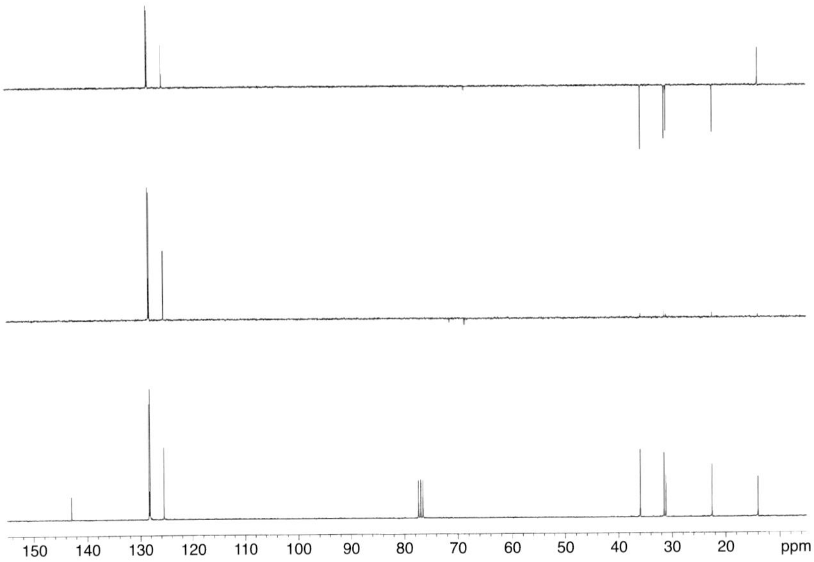

COSY 스펙트럼

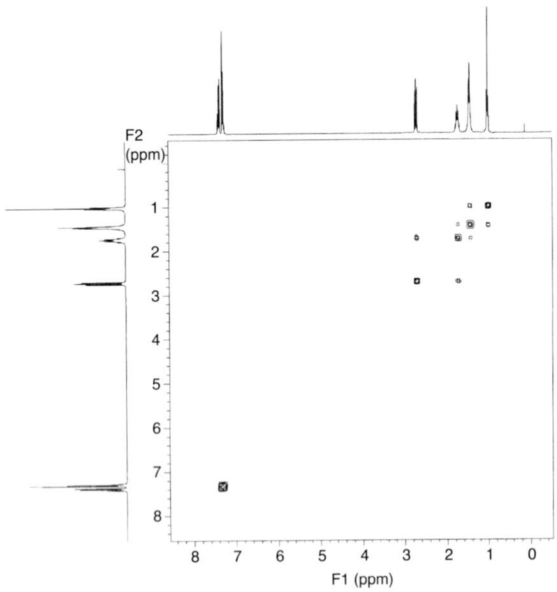

HETCOR 스펙트럼

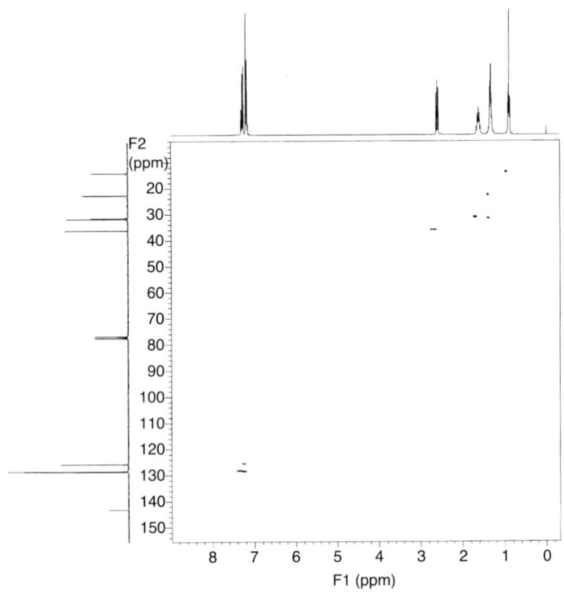

적외선 스펙트럼 (순물질)

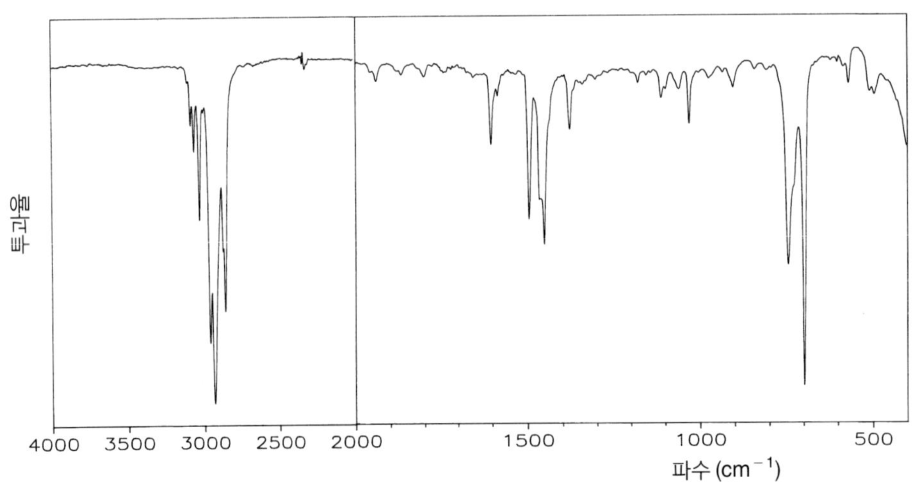

적외선-가시광선 스펙트럼 (EtOH, ϵ[209] 8400, ϵ[243] 76, ϵ[248] 122, ϵ[253] 174, ϵ[262] 216, ϵ[268] 171)

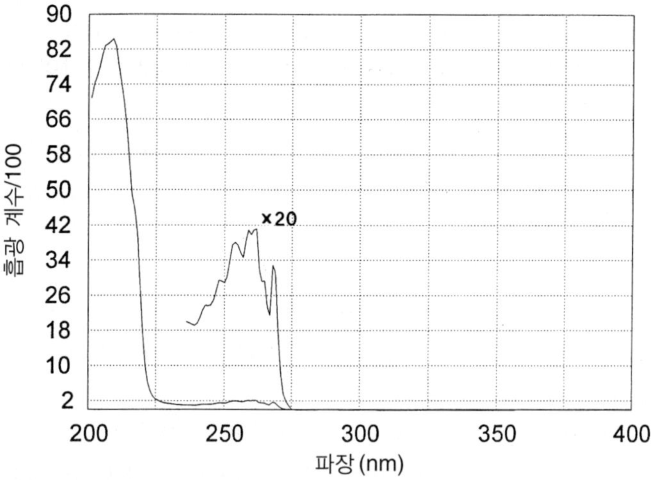

문제 15-1의 해결

질량 스펙트럼

아이소뷰테인 CI 스펙트럼은 *m*/*z* 191과 147부터 149에서 이온들이 존재함을 보여 준다. 분자 이온은 190이 될 것 같다. 아이소뷰테인 CI의 광범위한 분열들은 독특하고 주의 깊은 조사를 필요로 한다: 191 이온은 이온-분자 첨가생성물일 수도 있다. 이 경우, 분자량은 148이 될 것이며 첨가된 이온은 $C_3H_7^+$ 첨가에 해당한다. 아이소뷰테인은 일반적으로 덜 풍부한 $C_3H_7^+$ (43)에 의한 첨가와 더 일반적인 $C_4H_9^+$ (57) 첨가로 첨가 이온들을 생성한다.

조각난 것들의 거동은 일치환 벤젠과 일치하며, 풍부한 벤질/트로필 이온은 91에서 스펙트럼의 특징이 된다. 기대된 다른 조각은 65에서 주어지고(아세틸렌의 손실), 경쟁적인 조각은 77에서 덜 선호하는 페닐 양이온도 관찰되고, 각각 39와 51에서 이 이온들 모두로부터 조각이 있다. 43 Da의 분자 이온 조각의 손실로부터 105에서 형식상 phenomium 이온이 주어진다. 모든 이 조각들은 (아래) NMR 측정에 의해 얻어진 *n*-amylbenzene 구조와 일치한다고 요약된다. 이것은 주목할 만한데 아밀 양이온은 CI 스펙트럼에서는 낮은 함량으로 존재한다. β-조각은 기대된 대로 EI 스펙트럼에서 관찰되며, *m*/*z* 57에서 뷰틸 이온이 낮은 함량으로 존재한다.

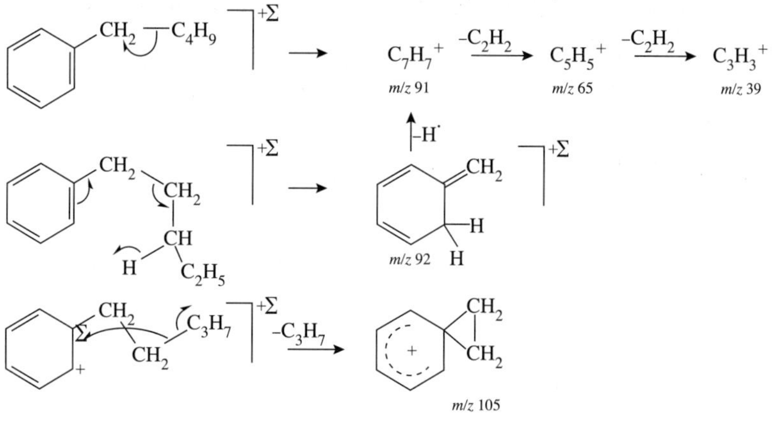

NMR 스펙트럼

^{1}H 스펙트럼에서 방향족 공명은 콘쥬게이션된 치환기에 의해 교란되지 않은 위치에서 발생한다. 일치환된 벤젠과 탄화수소 치환기의 공명 위치를 적분에서 제시한다. 방향족

공명은 너무나 밀접하게 짝지음되어 있어 정밀검사에 의해 해석해야 한다. δ 2.6의 공명은 벤젠 고리의 (α)에 접해 있는 탄소의 수소로부터 얻어진 것이다. 갈라진 패턴은 β 작용기가 CH_2임을 가리킨다. 맨 끝 메틸기로부터의 δ 0.9 공명은 근접한 CH_2에 따라 갈라짐을 보여 준다. δ 1.6 공명은 아마도 β CH_2로부터이며 오중 갈라짐 형태는 α와 γ 작용기 모두 CH_2라는 것을 가리킨다. γ와 δ 형태는 δ 1.3과 일치한다. 따라서 전체 구조는 ^1H 스펙트럼에서부터 추론해보면 $C_6H_5CH_2CH_2CH_2CH_2CH_3$이다.

^{13}C 스펙트럼은 네 개의 방향족과 다섯 개의 지방족 공명을 포함한다. 입소(ipso) 탄소는 곁가지의 α와 β 효과로 감소된 세기에 의해 높은 진동수(낮은장)로 이동하여 δ 143에서 나타난다. DEPT 스펙트럼에서는 볼 수 없는데, 사차 탄소들에서는 검출되지 않는다. 남은 방향족 탄소는 DEPT 스펙트럼 중간에서 CH-로 나타난다. 위의 DEPT 스펙트럼에서는 하나의 CH_3와 네 개의 CH_2기를 가리키며, 고리와 가까운 γ와 δ 탄소들의 진동수는 점차적으로 높게 나타난다.

COSY 스펙트럼은 방향족 수소 수반의 연관성을 보여 주지 않는다. 두 개의 CH_2기의 일치와 단지 세 개의 지방족 연결: α-CH_2와 β-CH_2, β-CH_2와 γ,δ-CH_2, γ,δ-CH_2와 ϵ-CH_3을 보여 준다. HETCOR 스펙트럼은 방향족 수소와 탄소 사이의 연결과 메틸 수소와 탄소의 분명한 연결을 보여 준다. α-CH_2기는 고진동수 수소와 탄소의 공명을 주는 것을 볼 수 있다. γ와 δ 수소의 겹침은 두 탄소 공명에 의한 것이며, β 수소는 세 번째 높은 진동수로부터 탄소 공명과 관계되어 나타난다.

IR 스펙트럼

3000 cm^{-1} 위와 아래에서 관찰되는 날카로운 피크는 양 방향족(또는 불포화 탄화수소)과 지방족 탄화수소 작용기의 존재를 가리킨다. 스펙트럼에서 다른 작용기를 가리키는 것은 없다. 벤젠 고리의 존재는 1600과 1500 cm^{-1} 근처의 날카로운 피크와 일치환체에 의한 740과 695cm^{-1}의 두 개의 강한 띠를 확인할 수 있다.

1375 cm^{-1}의 날카로운 단일 피크는 고립된 메틸기에 의한 대칭 신축에 의해 나타날 수 있다. 아이소프로필 또는 *t*-뷰틸기의 흡수 부재는 지방족 탄소 사슬의 연결이 없음을 나타낸다. 이 결론은 725 cm^{-1} 지역의 흡수에 의하고, 이 스펙트럼에서 740 cm^{-1} 띠의 어깨를 보여 준다.

물질은 일치환된 벤젠 고리로서 치환기는 곧은 사슬이며 포화 탄화수소이다.

자외선-가시광선 스펙트럼

2000 nm 위의 UV 띠의 관찰은 발색단의 존재를 가리킨다. 약한($\epsilon \sim 200$), 260 nm (^1L_b) 근처의 구조화된 띠와 210 nm 근처 (^1L_a) 좀 더 강한($\epsilon \sim 7500$) 띠는 벤젠 발색단의 특징이다. 페놀이나 스타이렌 같은 고립 전자쌍이나 π 전자들을 포함하는 작용기에 의한 흡수는 장파장으로 이동되고($\lambda \sim 270$) 강화되는데($\epsilon \sim 1500$), 강하지 않다. 따라서 물질은 콘쥬게이션된 치환기 없이 방향족 고리를 포함한다.

문제 15-2

질량 스펙트럼 (CI)

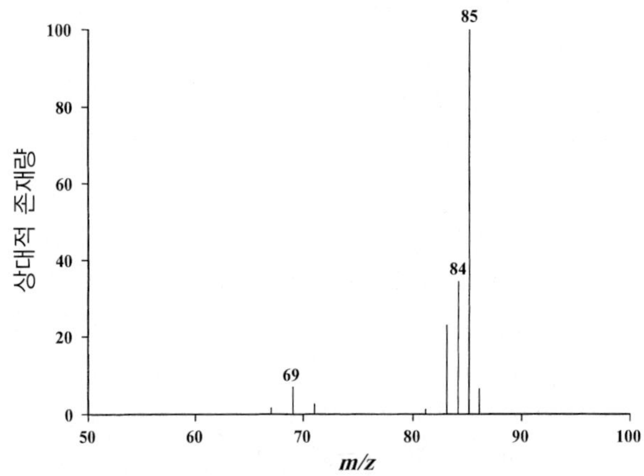

질량 스펙트럼 (EI)

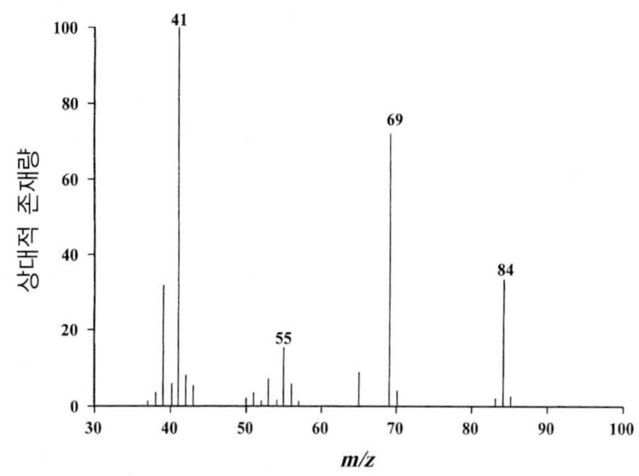

양성자 NMR 스펙트럼 ($CDCl_3$)

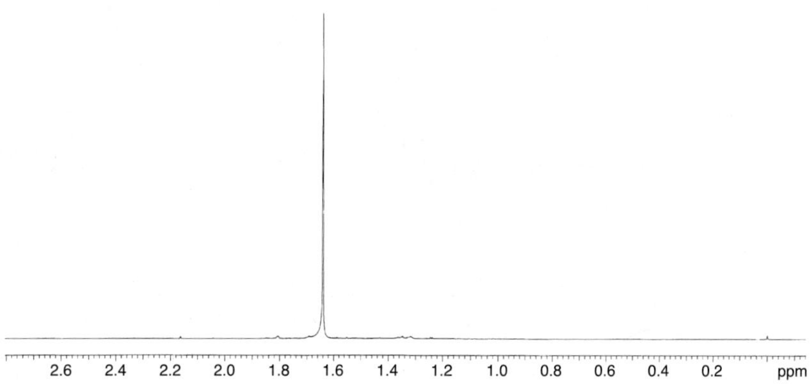

탄소-13 NMR 스펙트럼

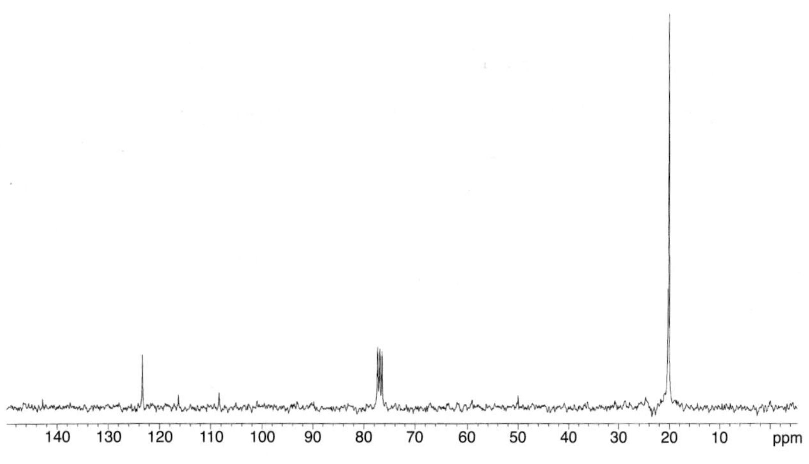

HETCOR 스펙트럼

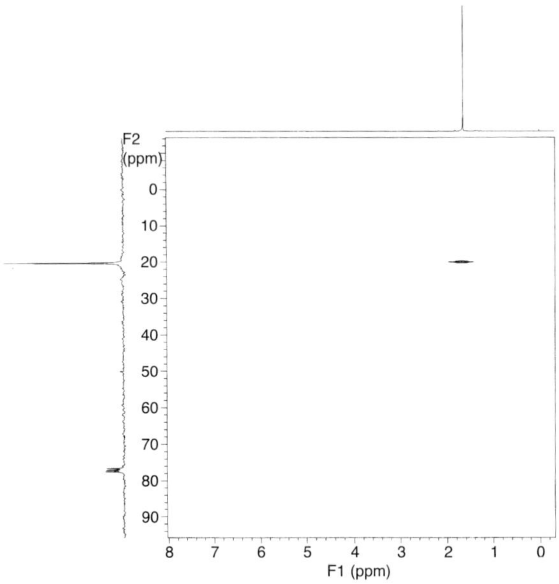

적외선 스펙트럼 (순물질)

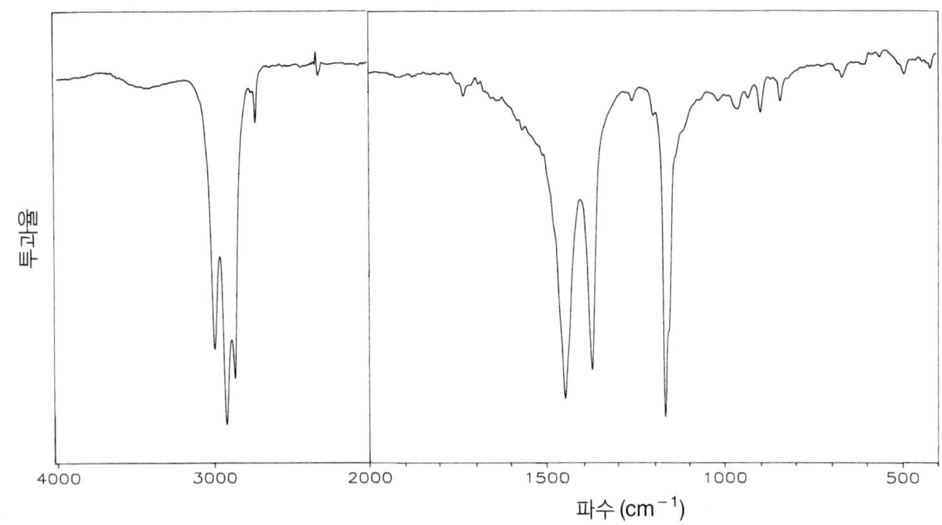

라만 스펙트럼 (순물질)

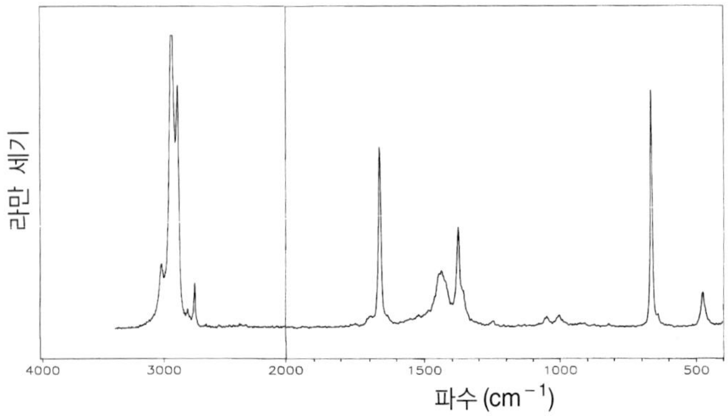

자외선-가시광선 스펙트럼 (EtOH)

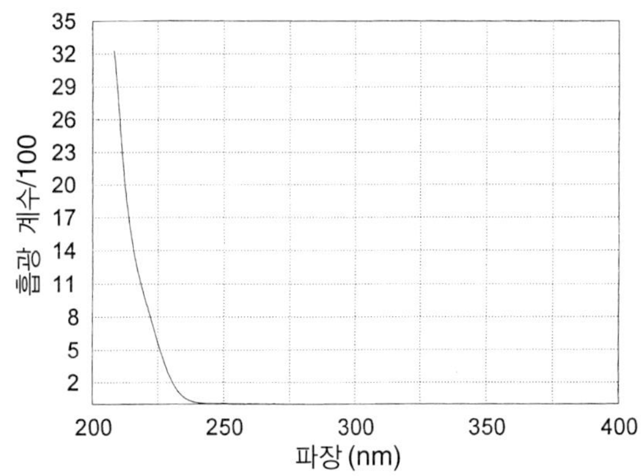

문제 15-3

질량 스펙트럼 (CI)

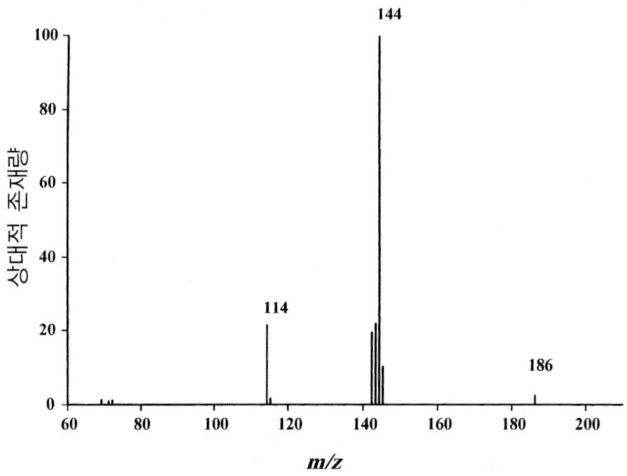

질량 스펙트럼 (EI)

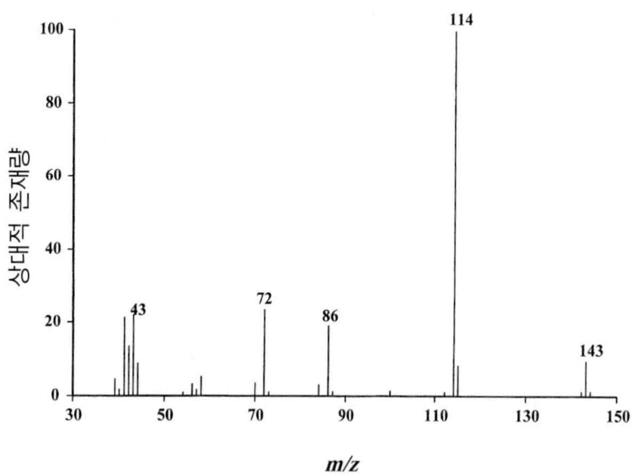

양성자 NMR 스펙트럼 ($CDCl_3$)

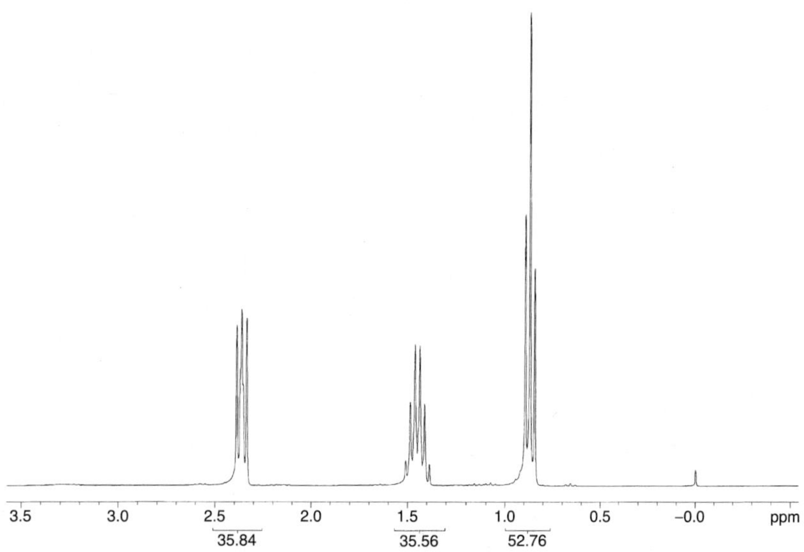

탄소-13 NMR 스펙트럼

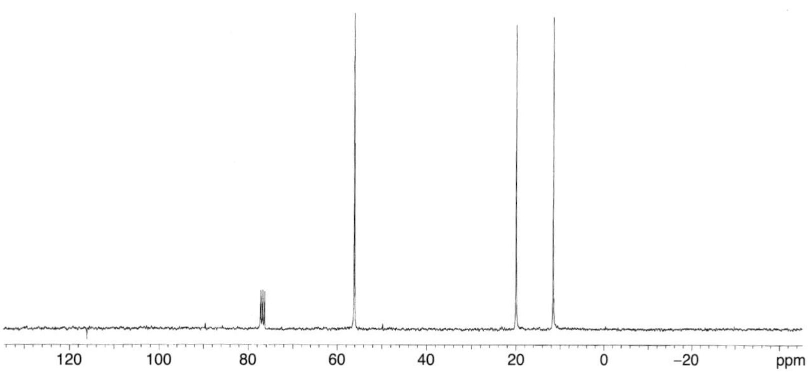

COSY 스펙트럼

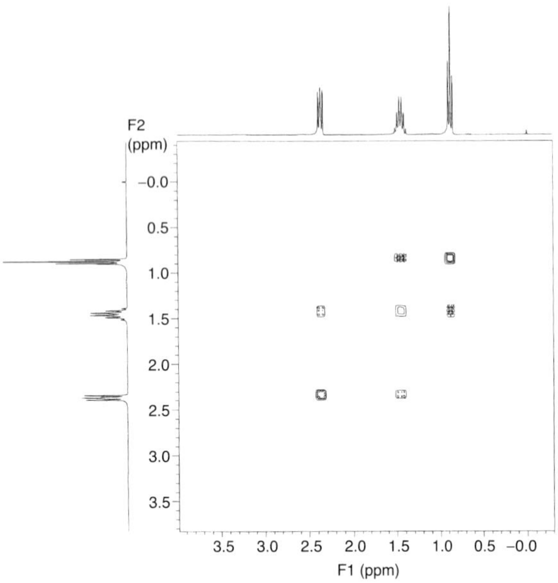

HETCOR 스펙트럼

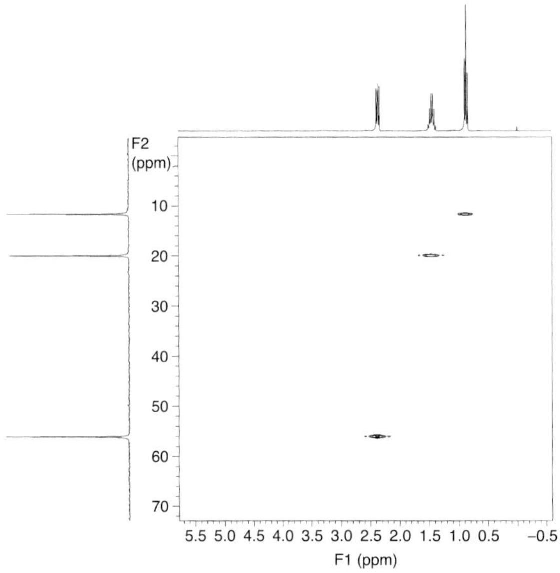

적외선 스펙트럼 (순물질)

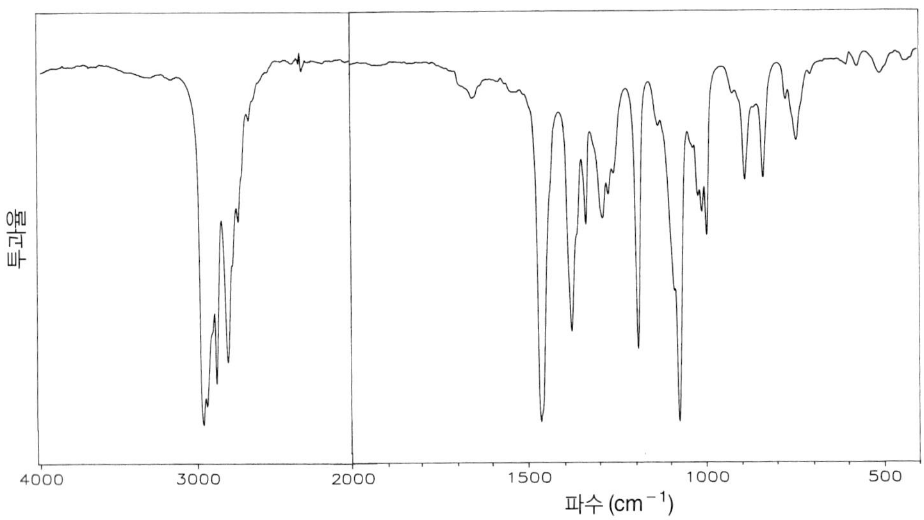

자외선-가시광선 스펙트럼 (EtOH)

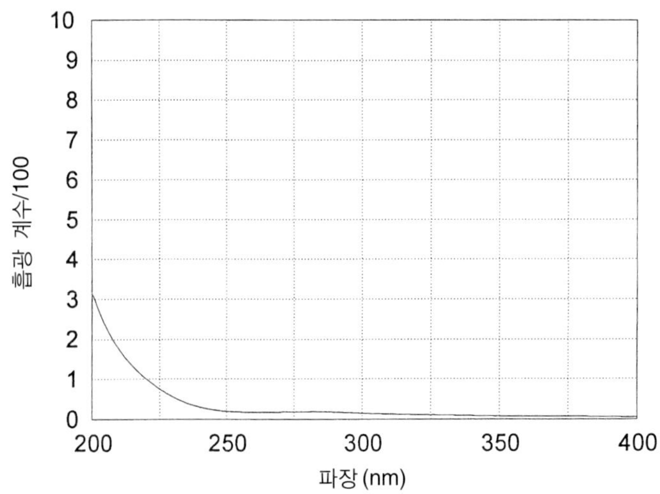

문제 15-4

질량 스펙트럼 (CI)

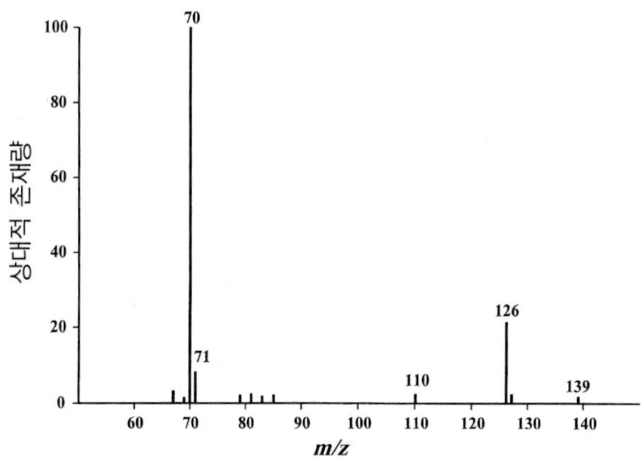

질량 스펙트럼 (EI)

주의: 분자 이온은 없다. EI는 가끔 여러 수소 원자의 손실이 일어나는 이온화하기 어려운 방법이기 때문에, 하나 이상의 H_2 손실에 이어 H 손실이 발생한다.

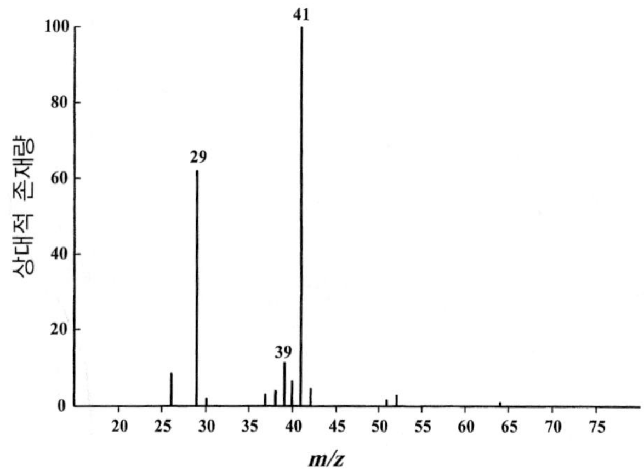

양성자 NMR 스펙트럼 ($CDCl_3$)

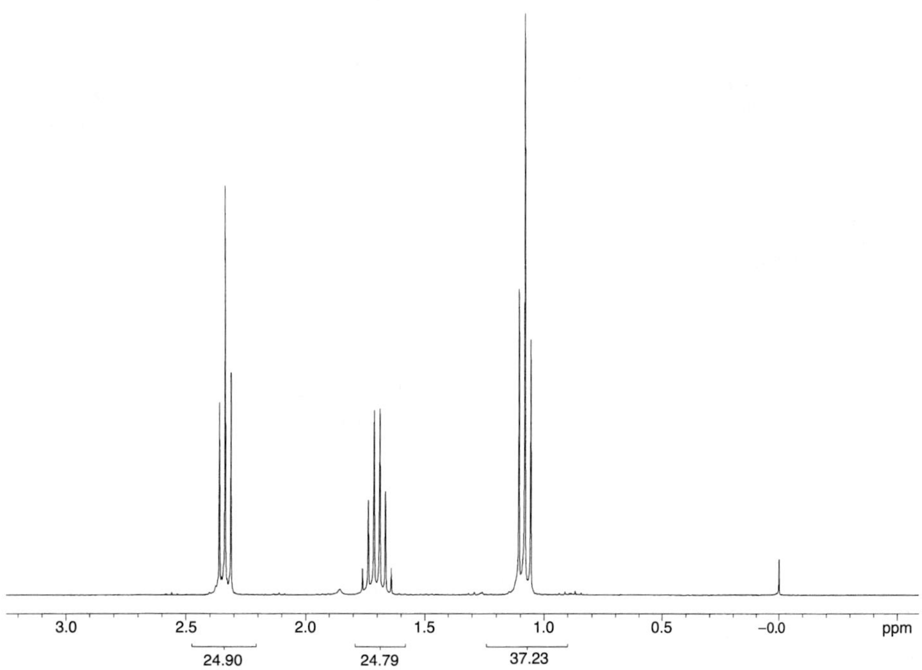

탄소-13 NMR 스펙트럼

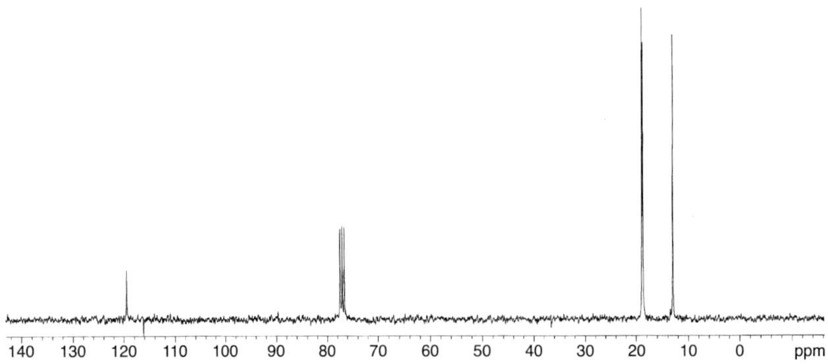

COSY 스펙트럼

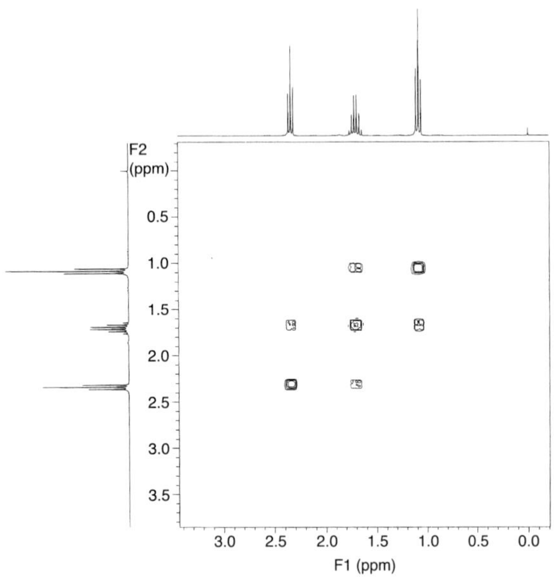

HETCOR 스펙트럼

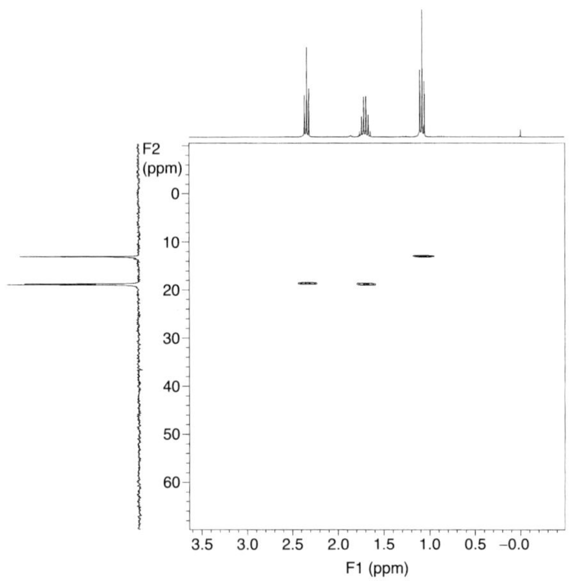

적외선 스펙트럼 (순물질)

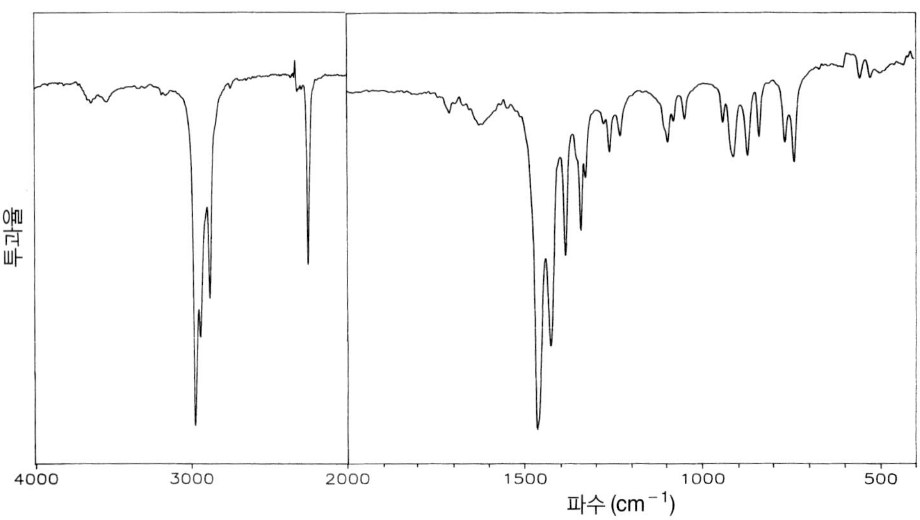

자외선-가시광선 스펙트럼 (EtOH)

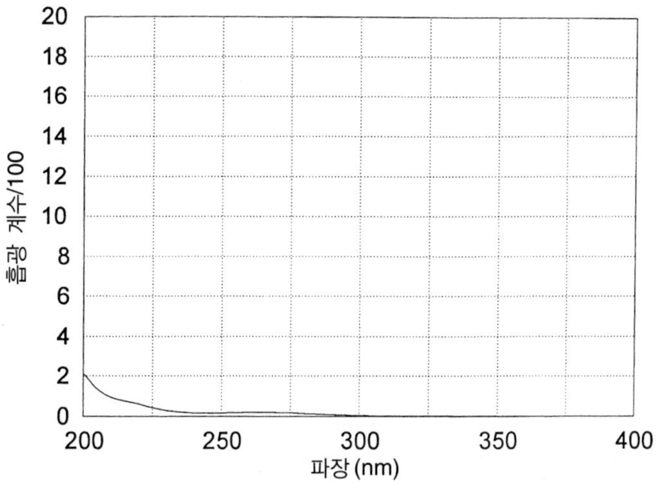

문제 15-5

질량 스펙트럼 (CI)

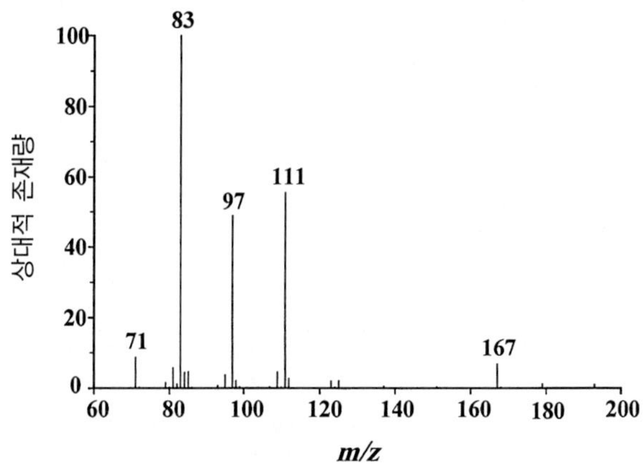

질량 스펙트럼 (EI)

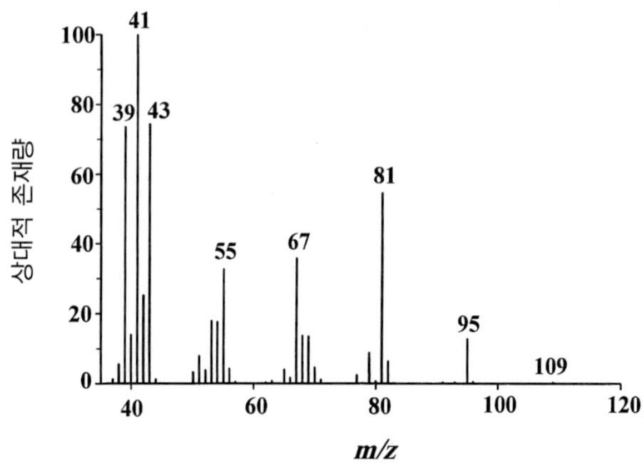

양성자 NMR 스펙트럼 ($CDCl_3$)

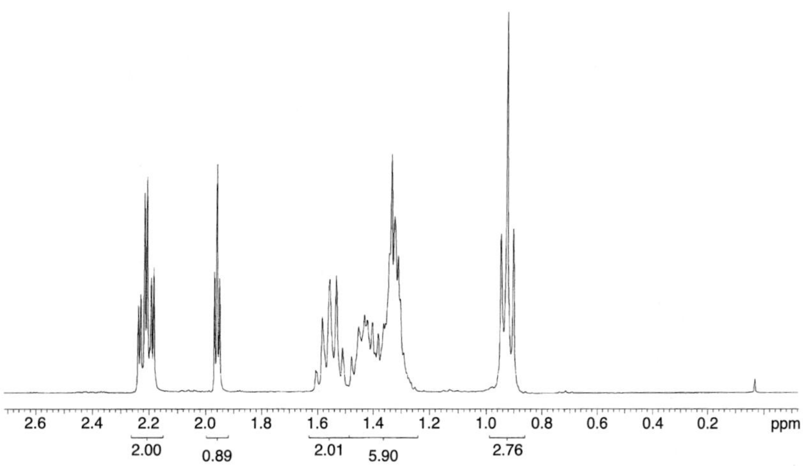

탄소-13 NMR 스펙트럼

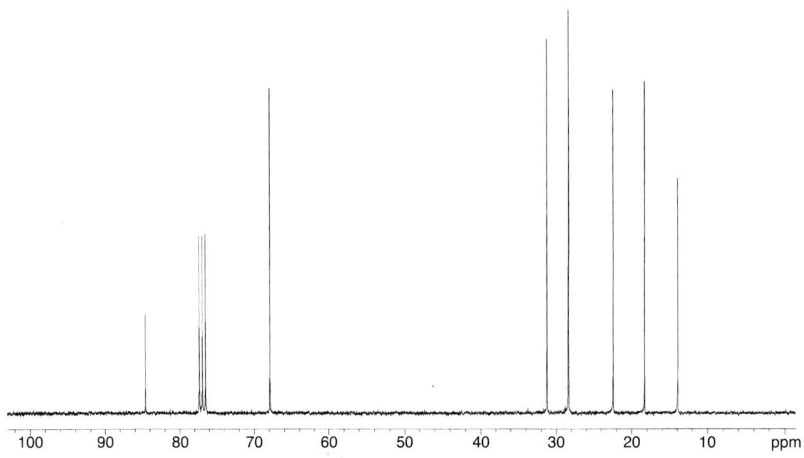

COSY 스펙트럼

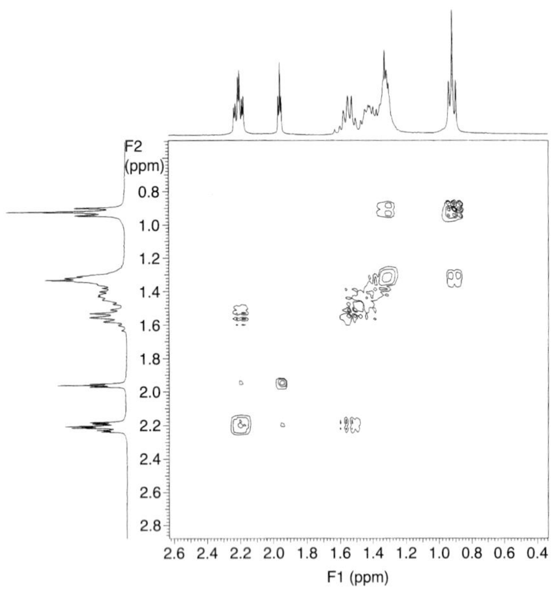

HETCOR 스펙트럼

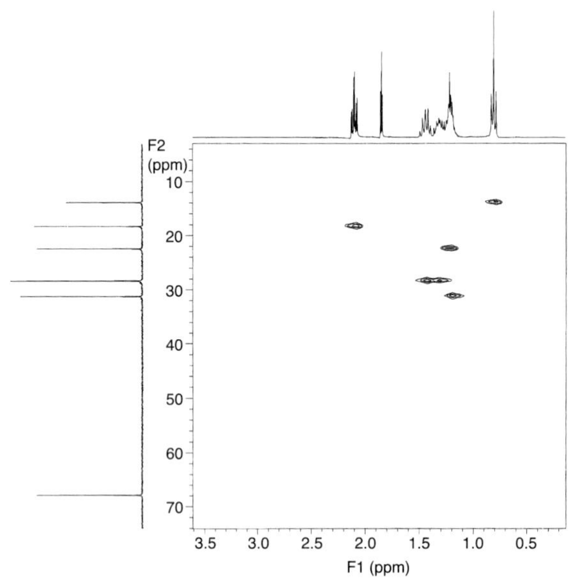

적외선 스펙트럼 (순물질)

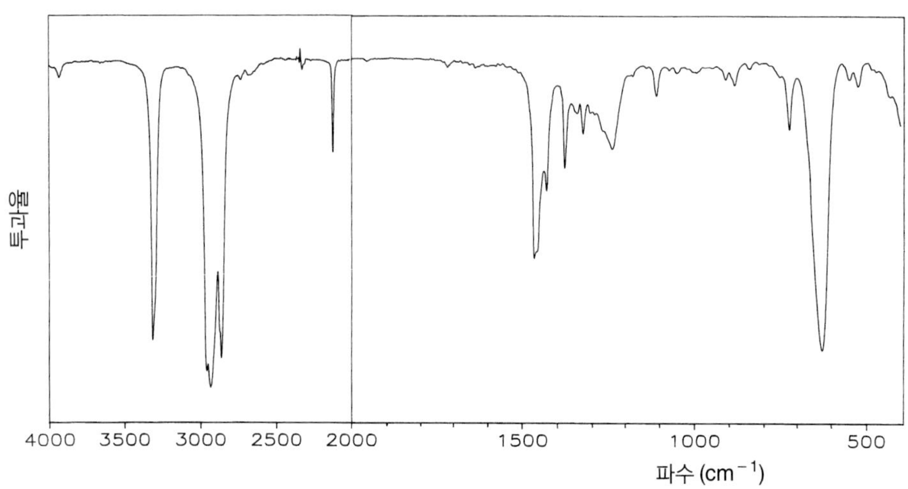

자외선-가시광선 스펙트럼 (EtOH, ϵ[224] 83)

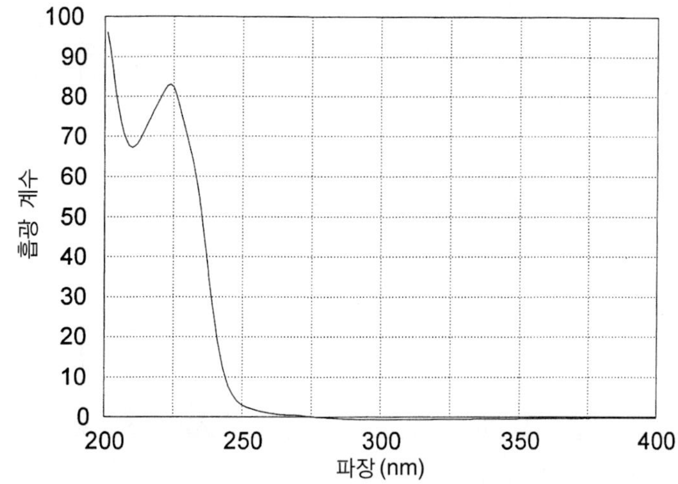

문제 15-6

질량 스펙트럼 (음이온 CI)

주의: 미지 물질은 할로젠을 포함한다. 이러한 화합물은 종종 할로젠을 잃게 되며 분자 이온을 제공하지 않는다. 할로젠 화합물은 양성 이온화보다는 종종 음성 이온화가 잘 연구된다.

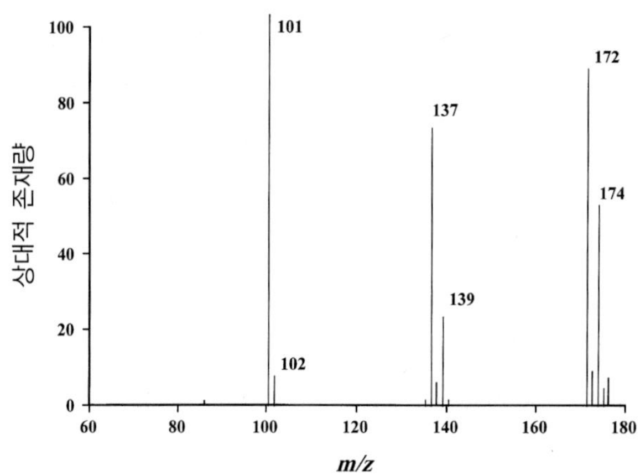

질량 스펙트럼 (EI)

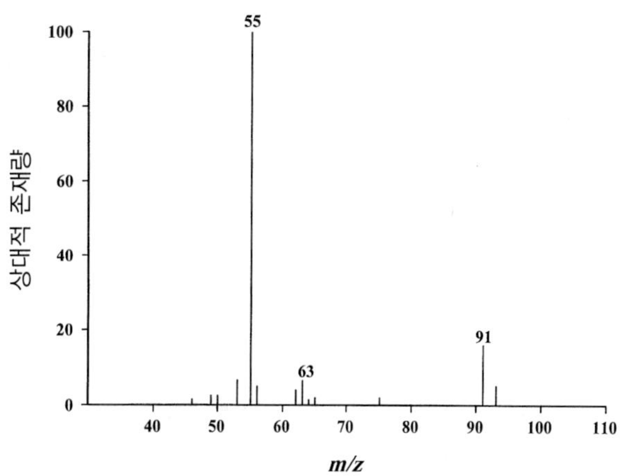

양성자 NMR 스펙트럼 ($CDCl_3$)

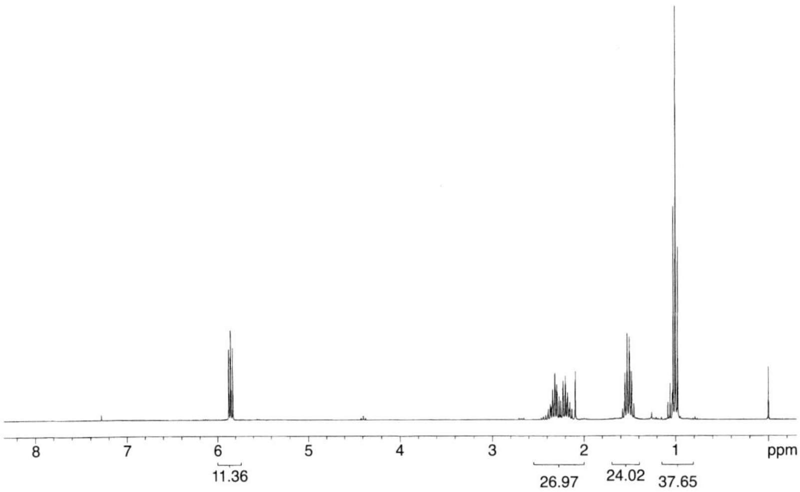

탄소-13 NMR 스펙트럼

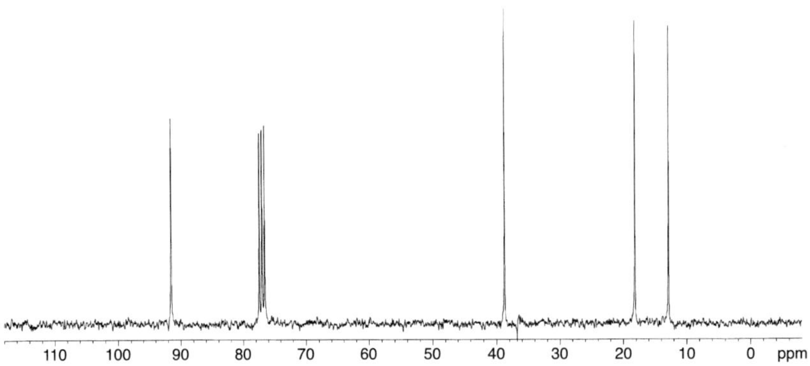

COSY 스펙트럼

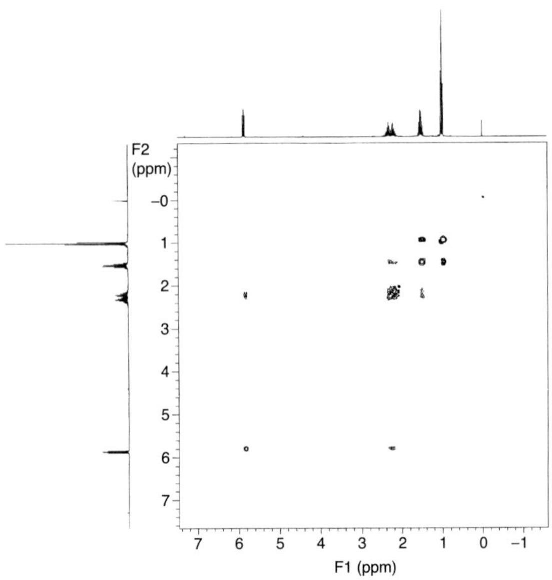

HETCOR 스펙트럼

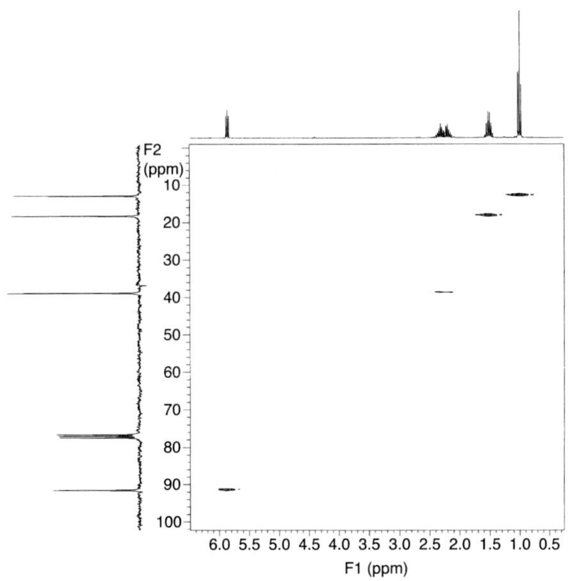

적외선 스펙트럼 (순물질)

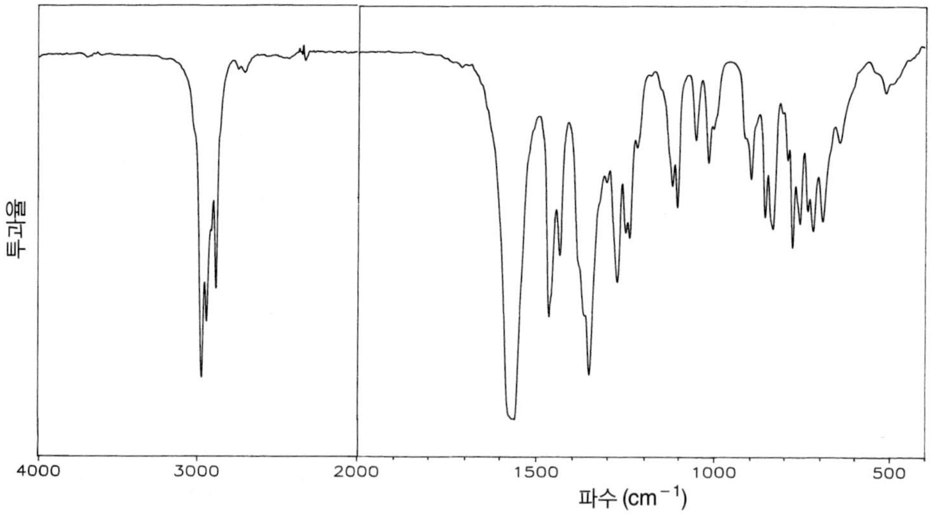

자외선–가시광선 스펙트럼 (EtOH, 280 nm에서 봉우리는 무시)

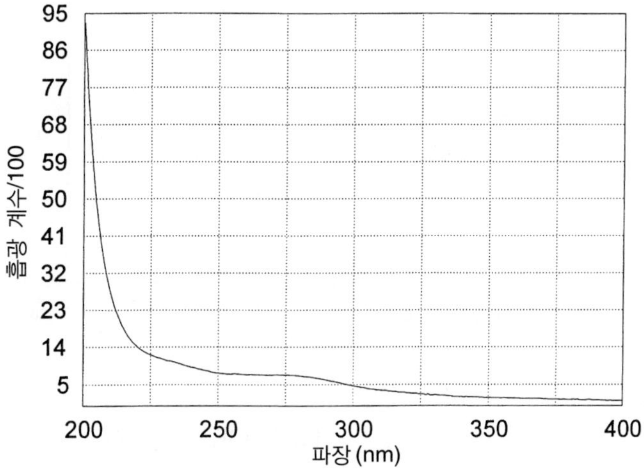

문제 15-7

질량 스펙트럼 (EI)

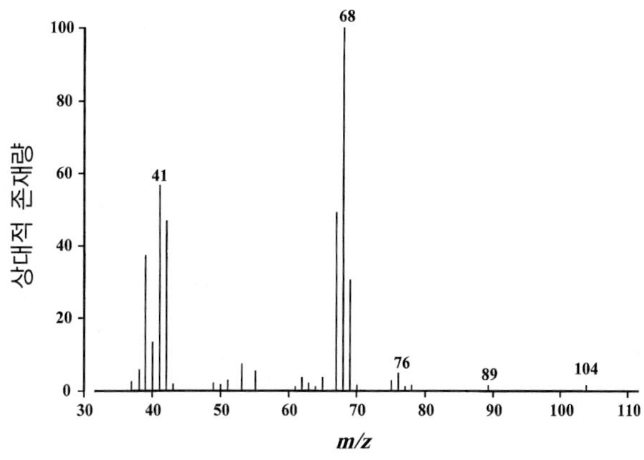

양성자 NMR 스펙트럼 ($CDCl_3$)

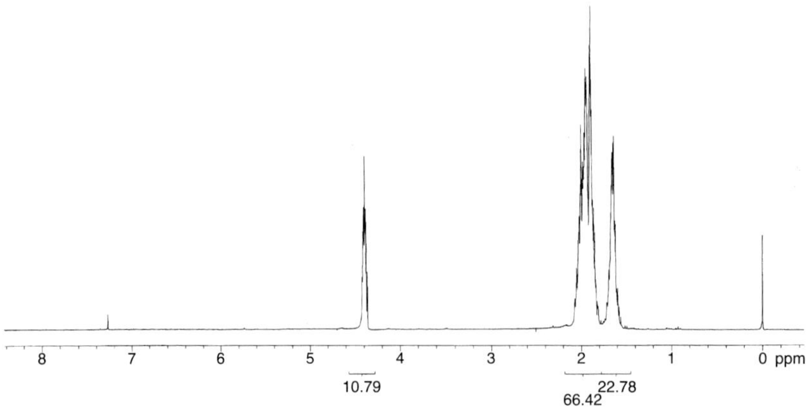

탄소-13 NMR 스펙트럼

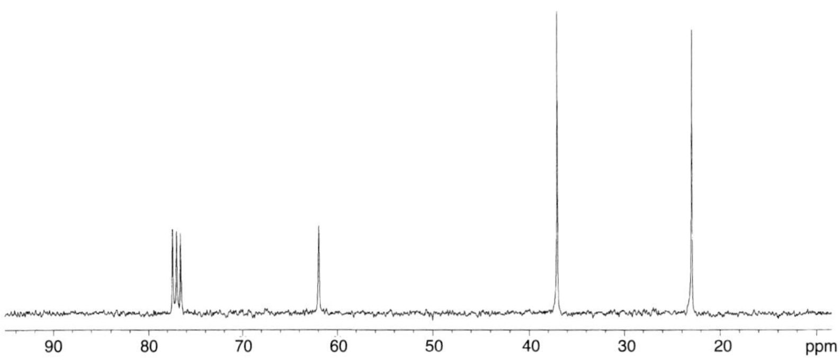

COSY 스펙트럼

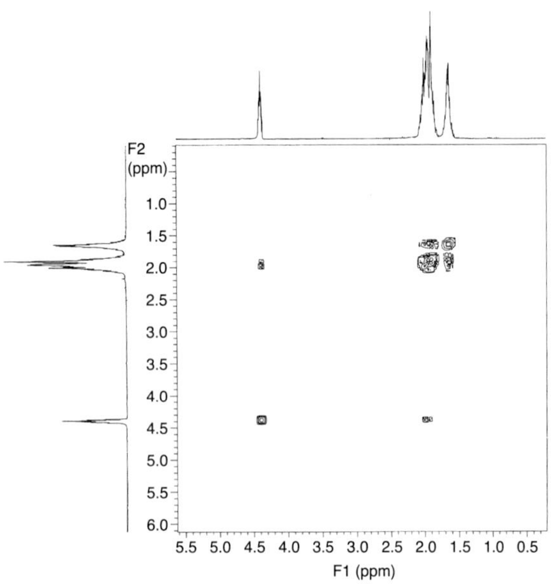

HETCOR 스펙트럼

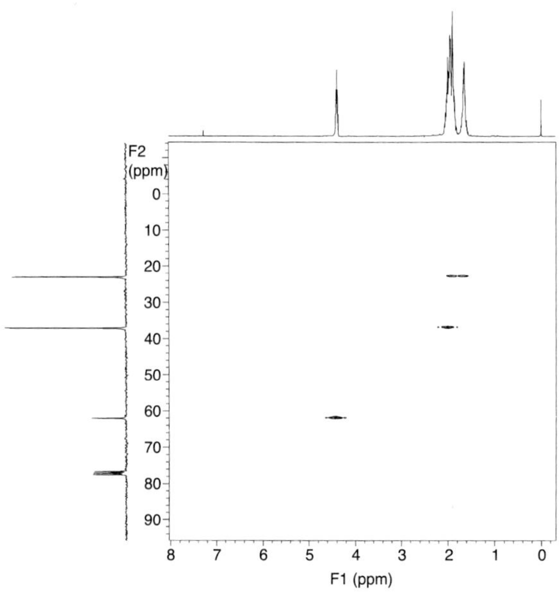

적외선 스펙트럼 (순물질)

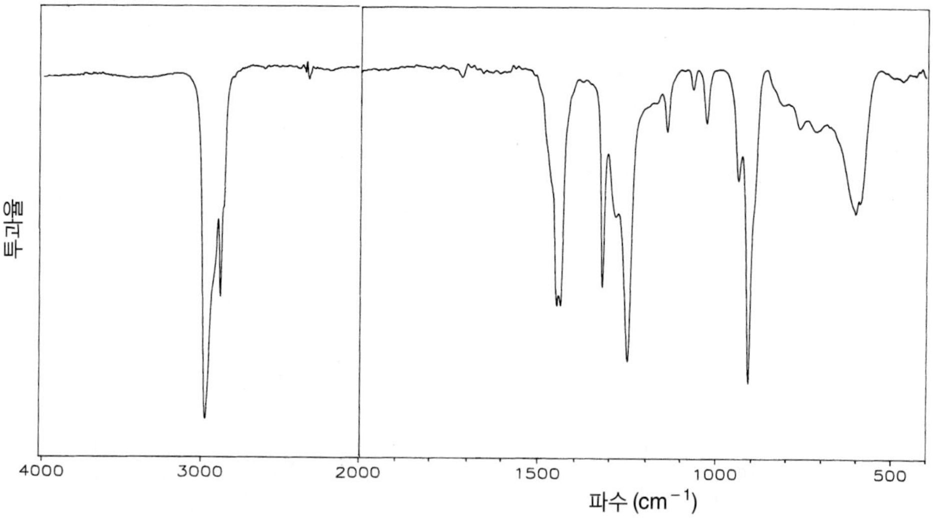

자외선–가시광선 스펙트럼 (EtOH)

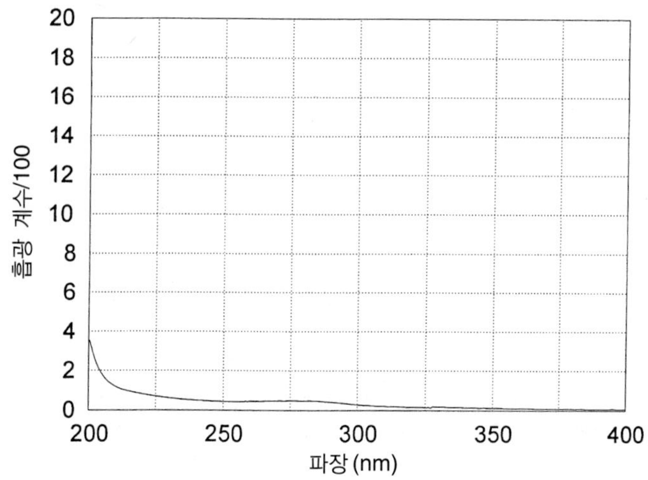

문제 15-8

질량 스펙트럼 (CI)

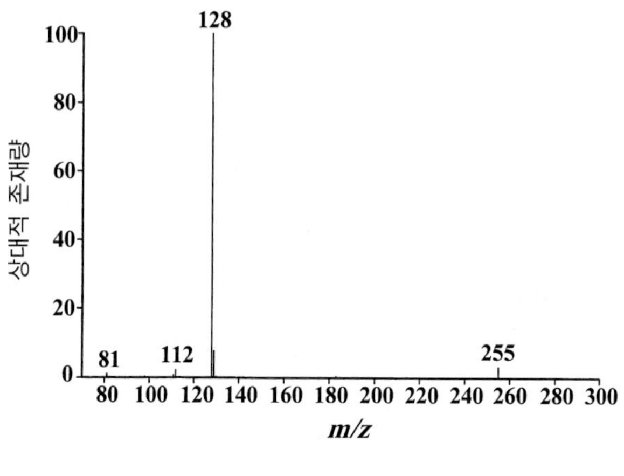

질량 스펙트럼 (EI)

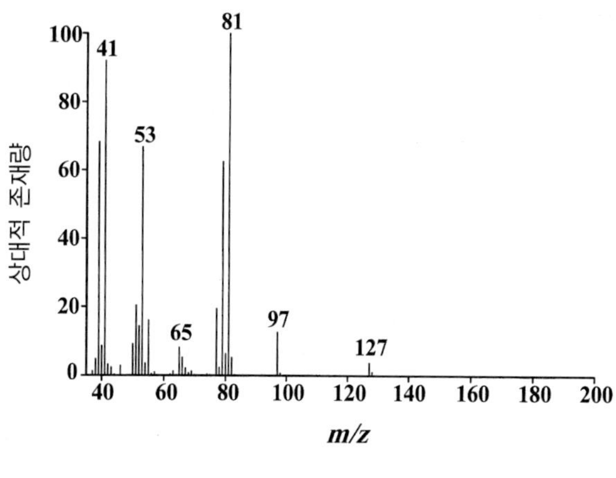

확대된 양성자 NMR 스펙트럼 ($CDCl_3$)

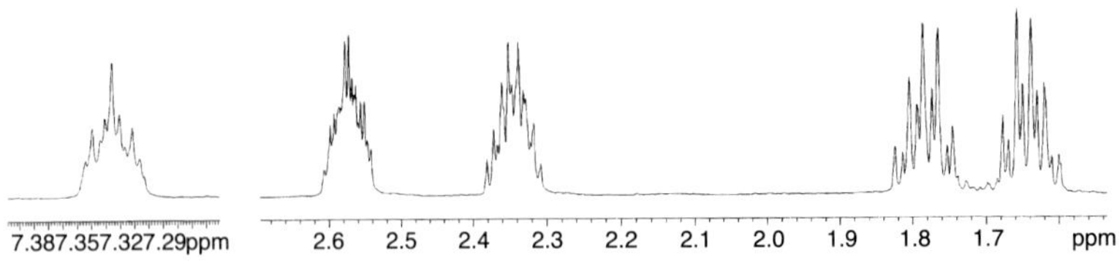

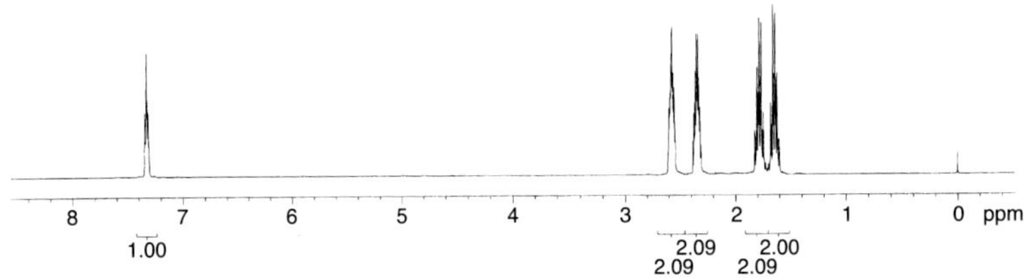

DEPT 스펙트럼

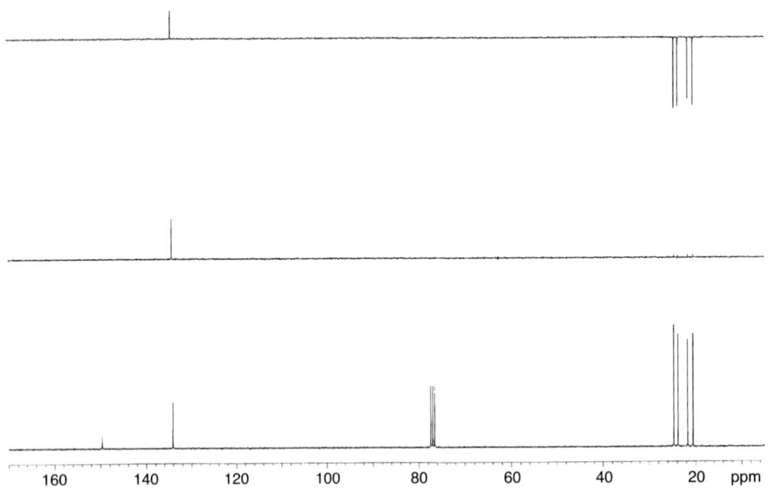

COSY 스펙트럼

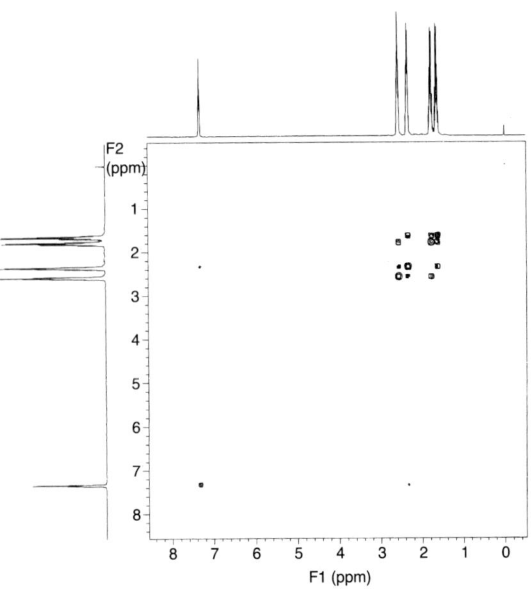

HETCOR 스펙트럼

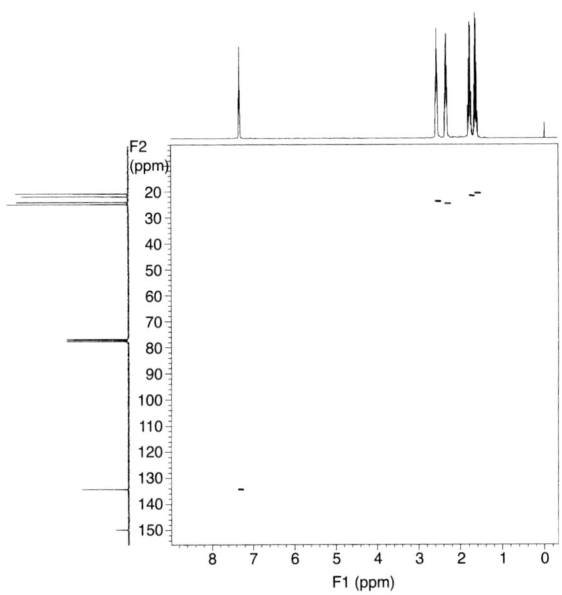

적외선 스펙트럼 (순물질)

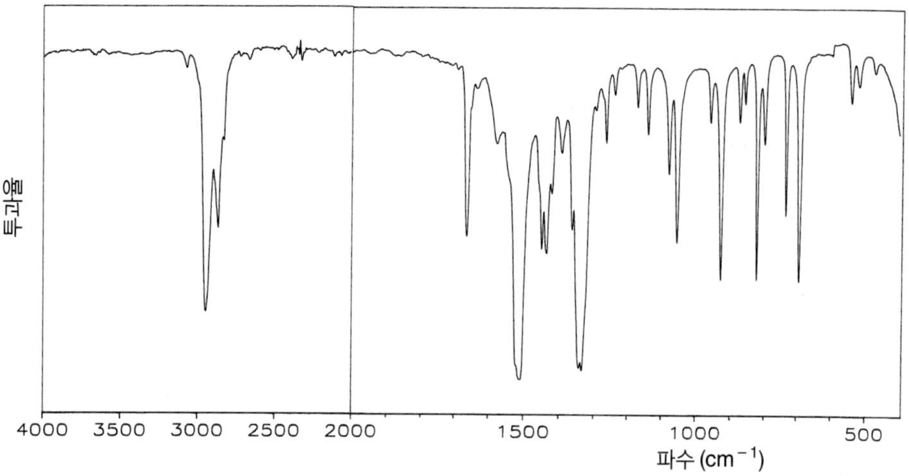

자외선–가시광선 스펙트럼 (EtOH, ϵ[225] 4300, ϵ[255] 5600, ϵ[322] 73)

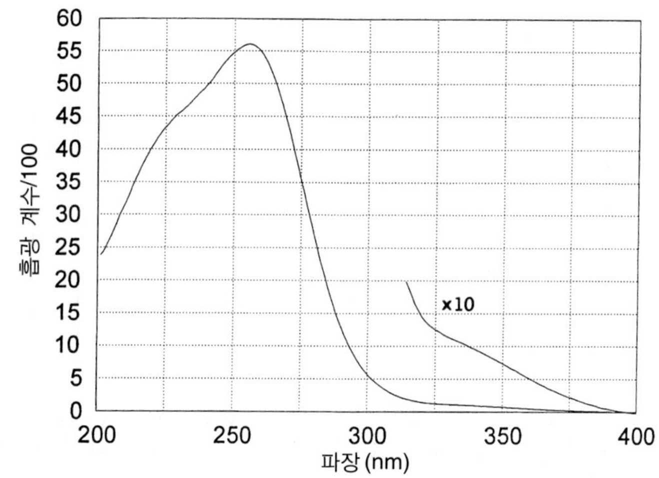

문제 15-9

질량 스펙트럼 (CI)

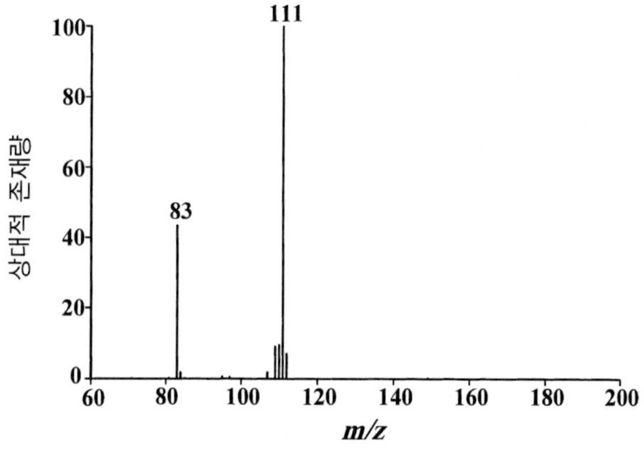

질량 스펙트럼 (EI)

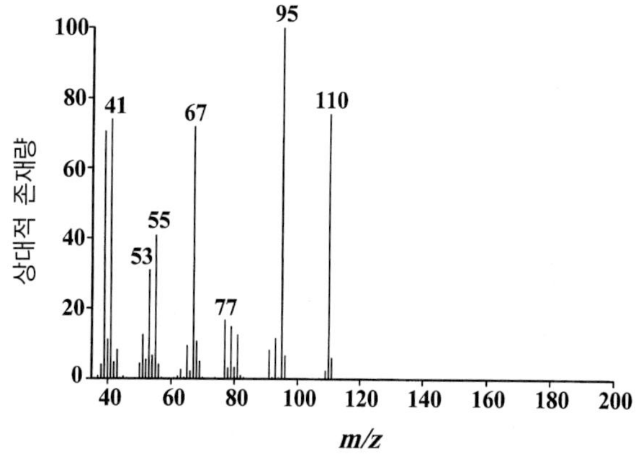

양성자 NMR 스펙트럼 ($CDCl_3$)

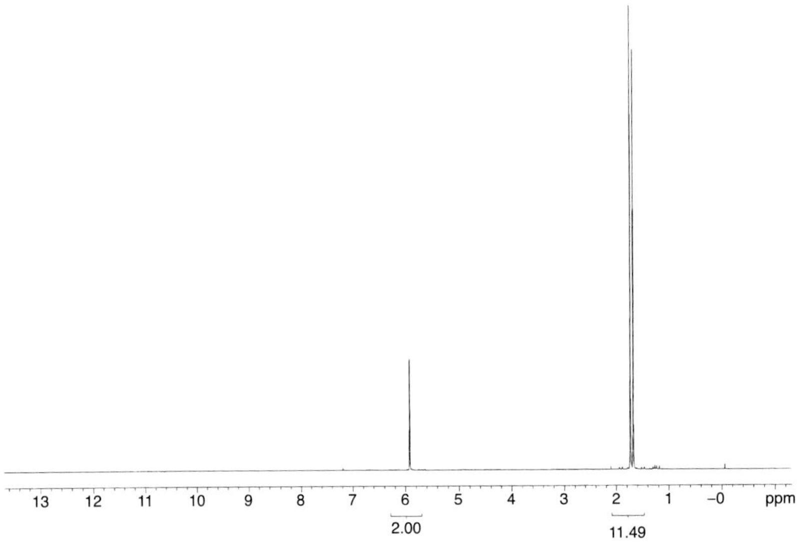

탄소-13 NMR 스펙트럼

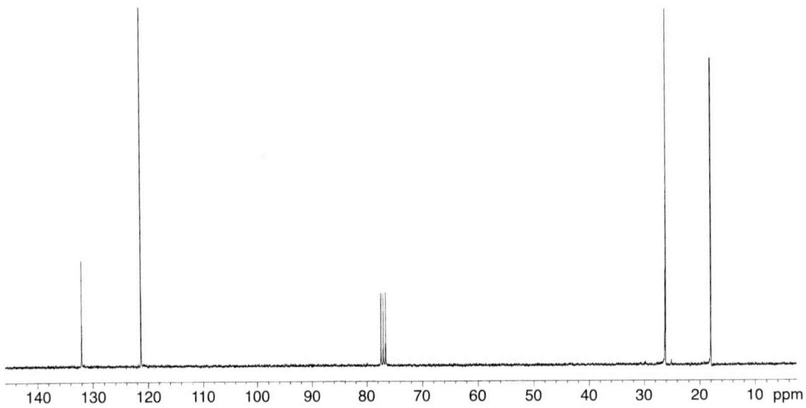

COSY 스펙트럼

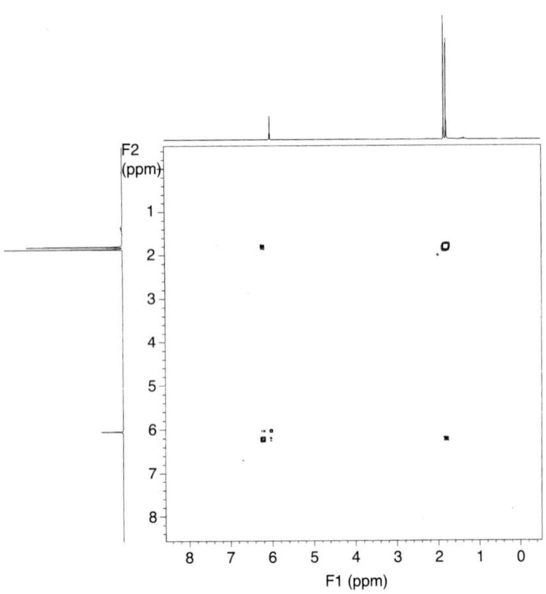

HETCOR 스펙트럼

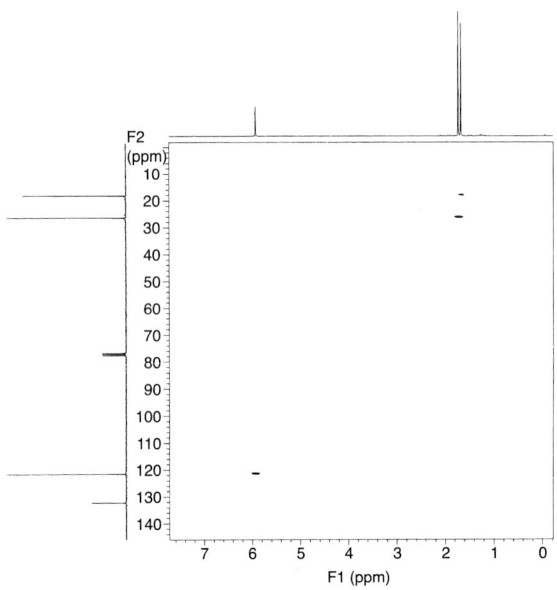

적외선 스펙트럼 (순물질)

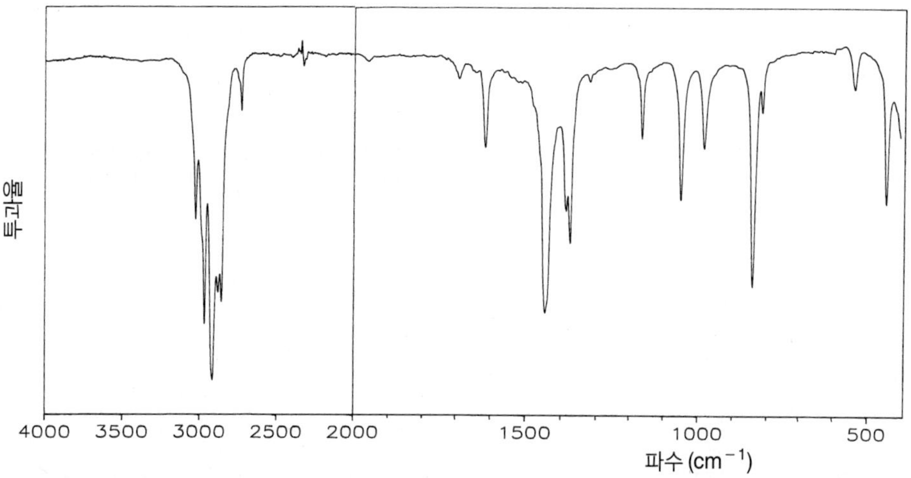

자외선-가시광선 스펙트럼 (EtOH, ϵ[243] 25,370)

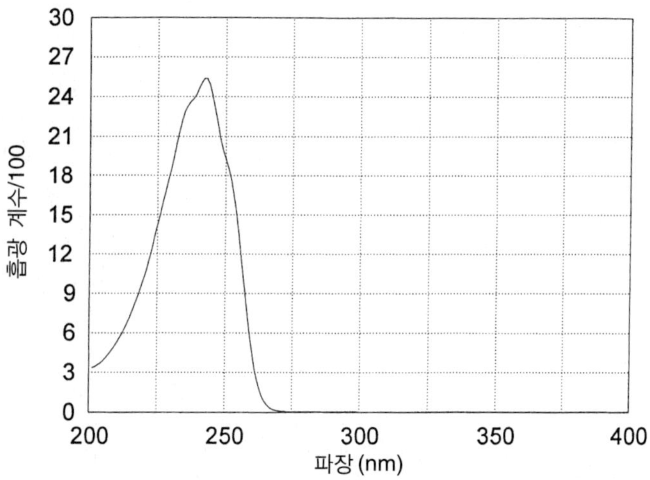

문제 15-10

질량 스펙트럼 (CI)

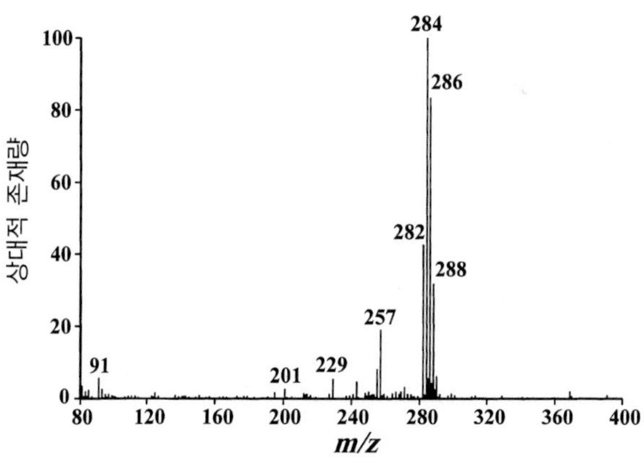

질량 스펙트럼 (EI)

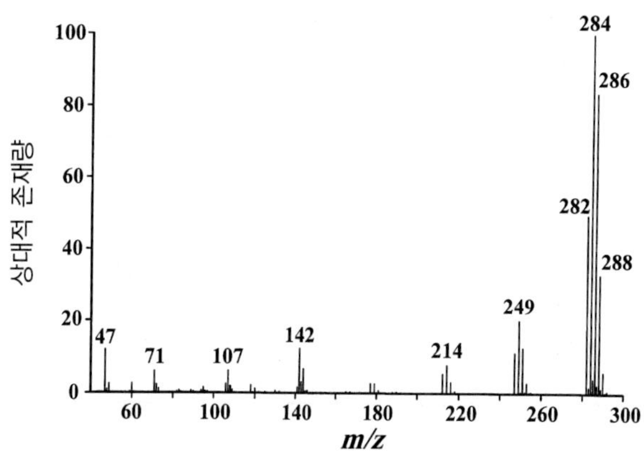

탄소-13 NMR 스펙트럼 (tetrahydrofuran/acetone-d_6)

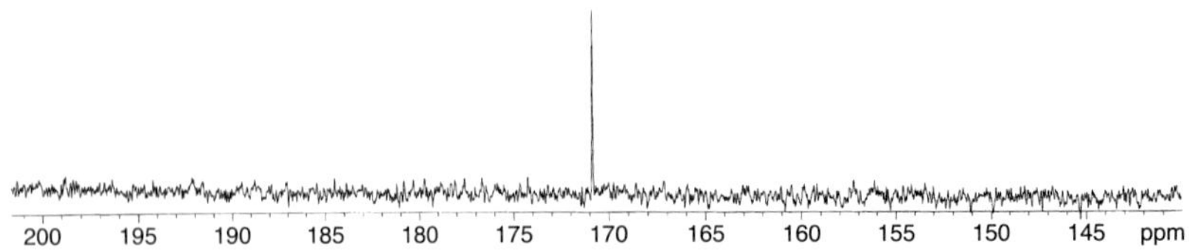

적외선 스펙트럼 (KBr disc)

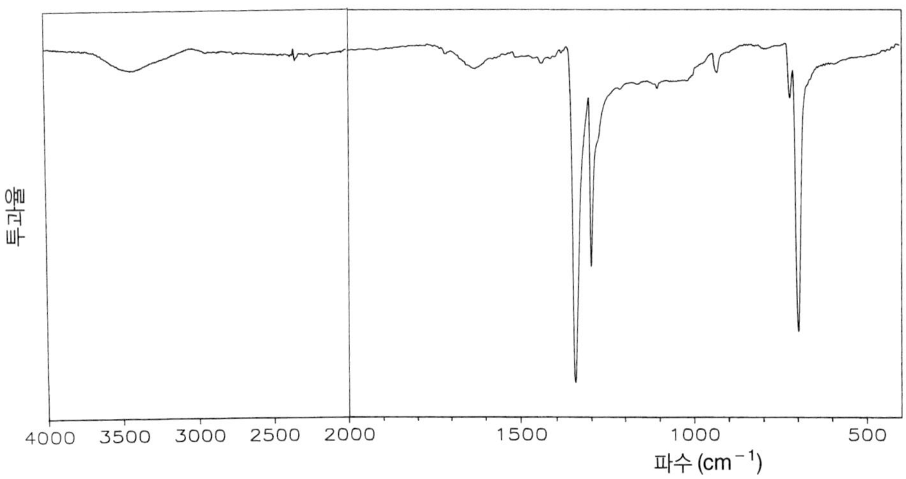

자외선-가시광선 스펙트럼 (EtOH ϵ[217] 75,000, ϵ[232] 15,000, ϵ[240] 7000, ϵ[251] 3200, ϵ[280] 530, ϵ[291] 261, ϵ[301] 211)

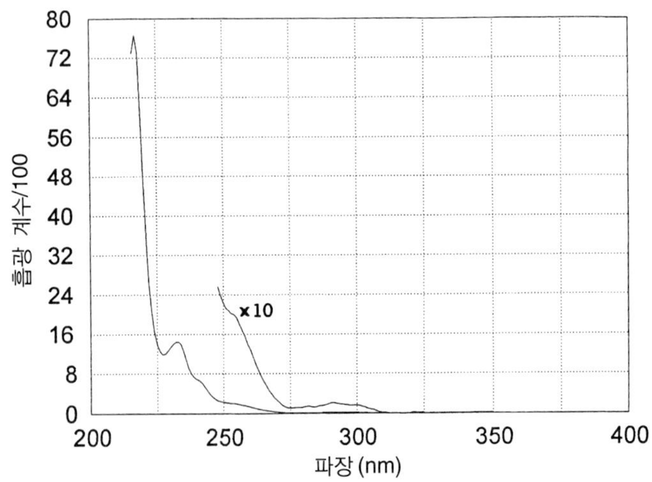

문제 15-11

질량 스펙트럼 (CI)

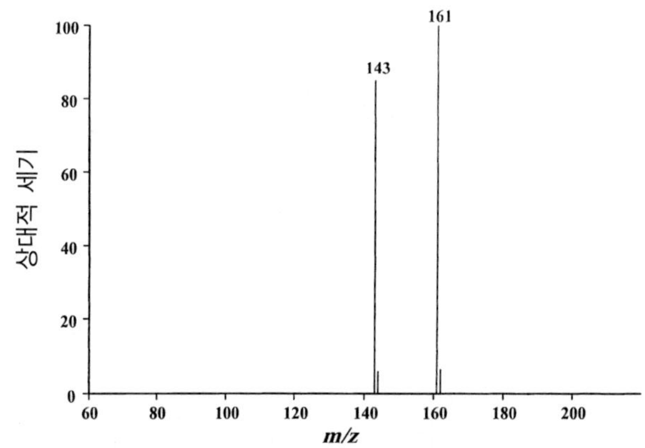

질량 스펙트럼 (EI)

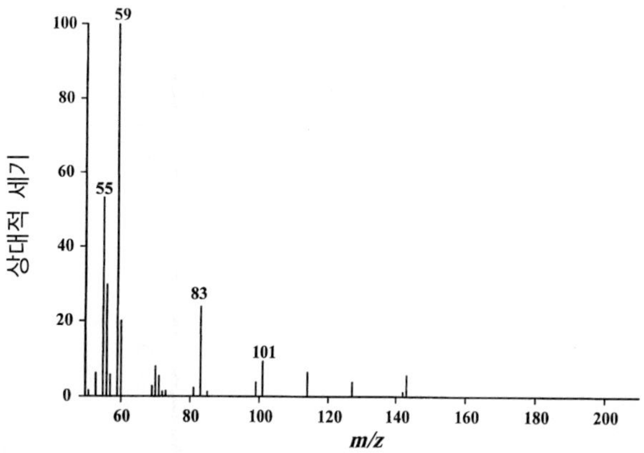

양성자 NMR 스펙트럼 (D_2O)

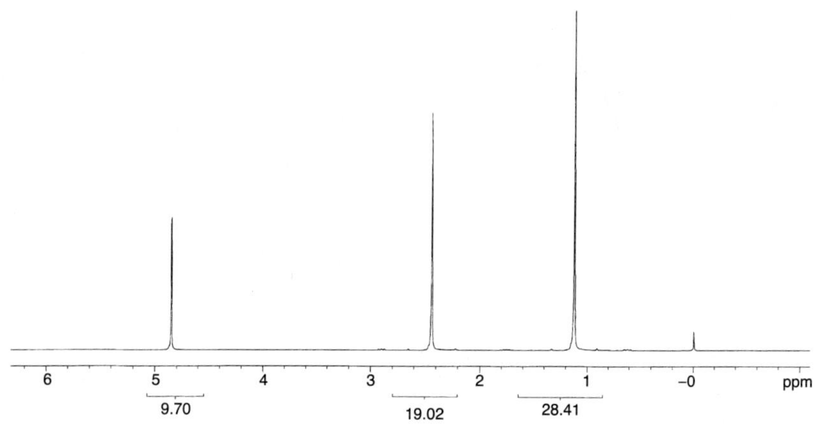

탄소-13 NMR 스펙트럼

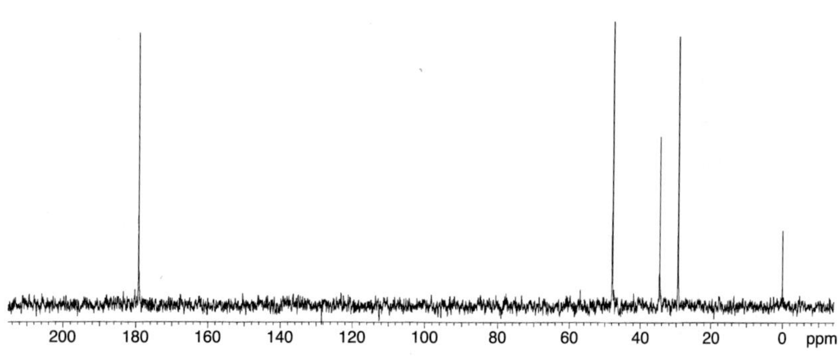

HETCOR 스펙트럼

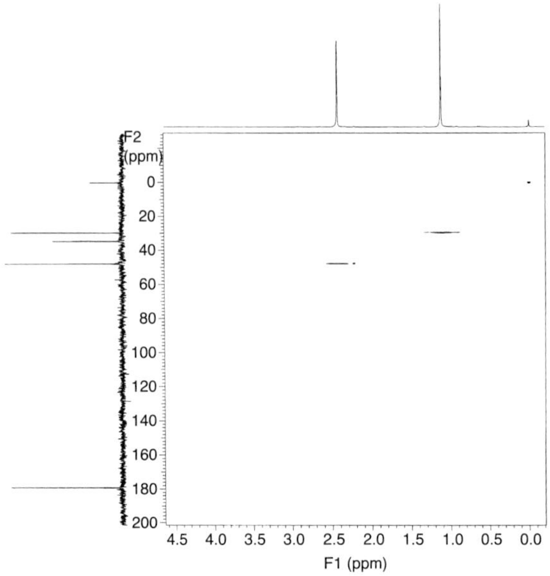

적외선 스펙트럼 (KBr disc)

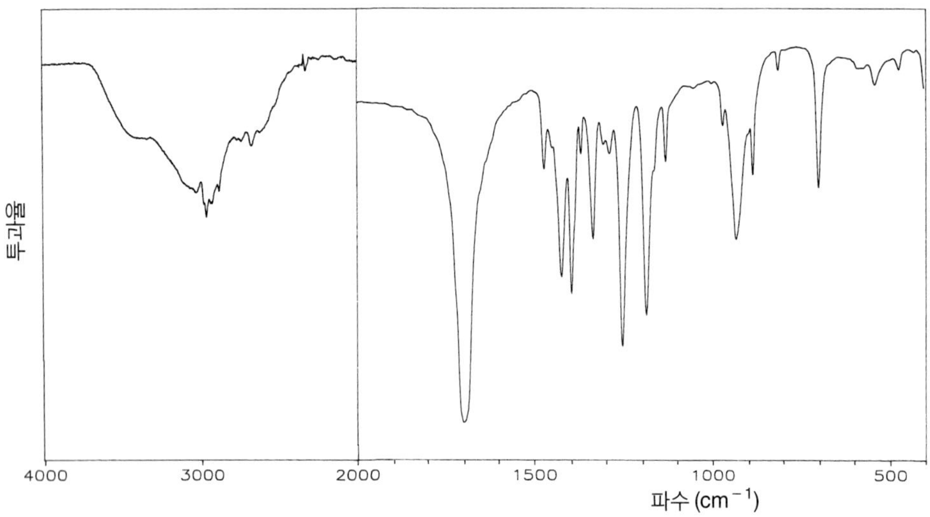

자외선-가시광선 스펙트럼 (EtOH, ϵ[212] 109)

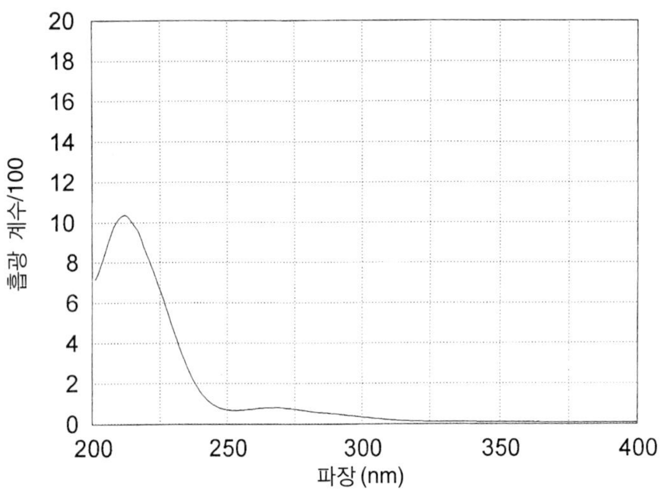

문제 15-12

질량 스펙트럼 (CI)

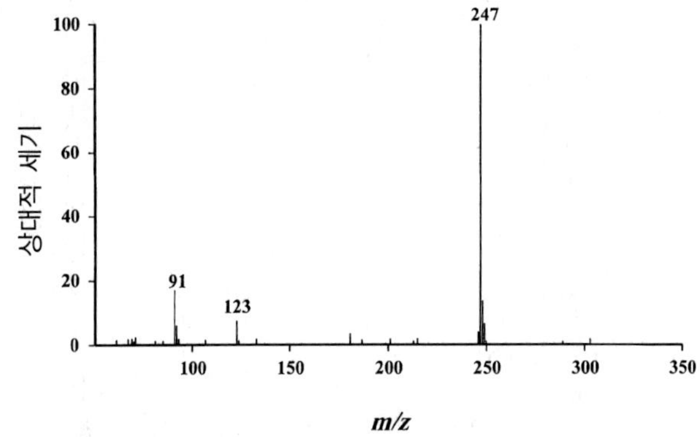

질량 스펙트럼 (EI)

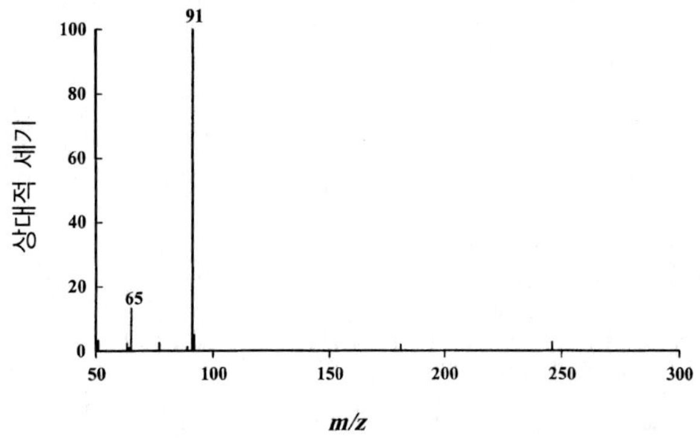

양성자 NMR 스펙트럼 ($CDCl_3$)

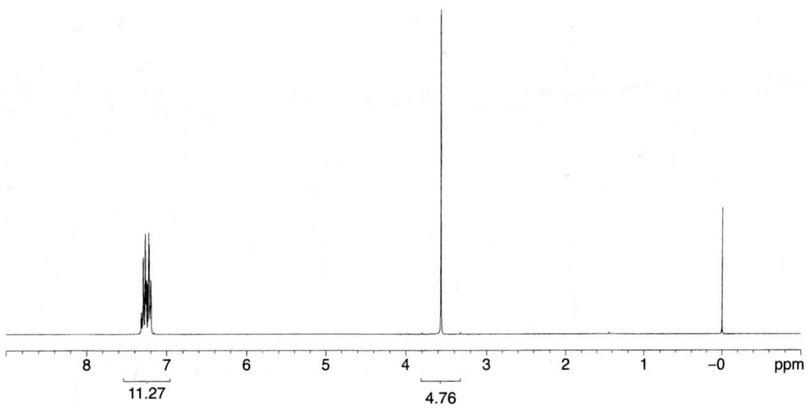

탄소-13 NMR 스펙트럼

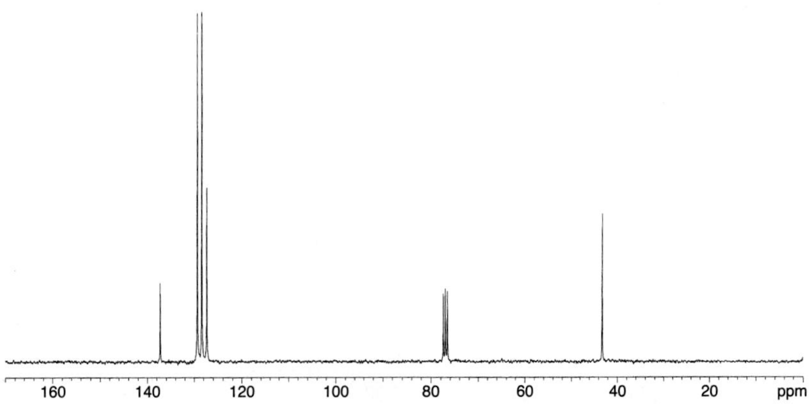

COSY 스펙트럼

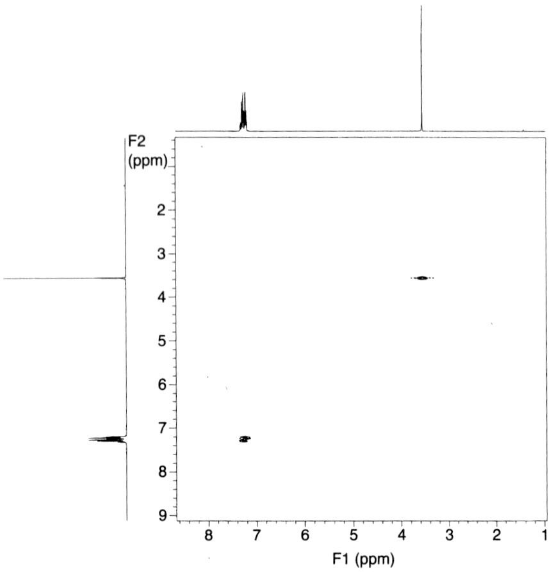

HETCOR 스펙트럼

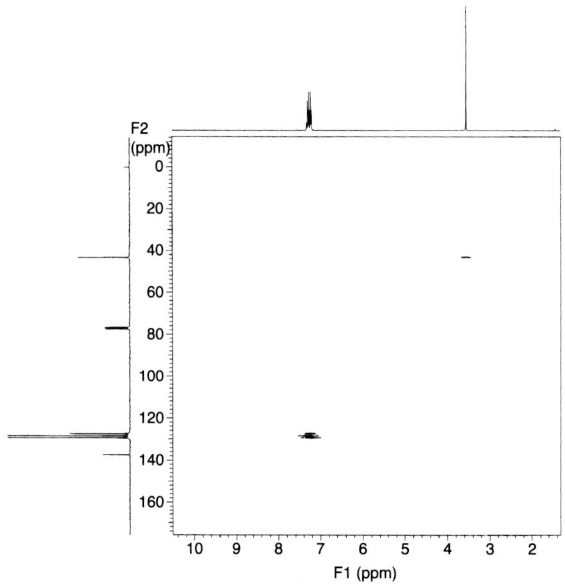

적외선 스펙트럼 (KBr disc)

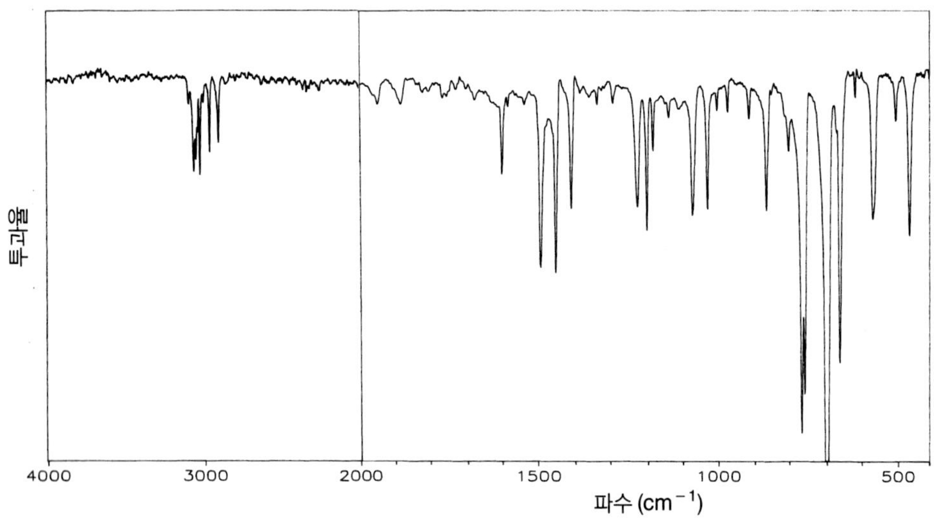

자외선-가시광선 스펙트럼 (EtOH, ϵ[220] 16,299, ϵ[261] 1652, ϵ[267] 1162)

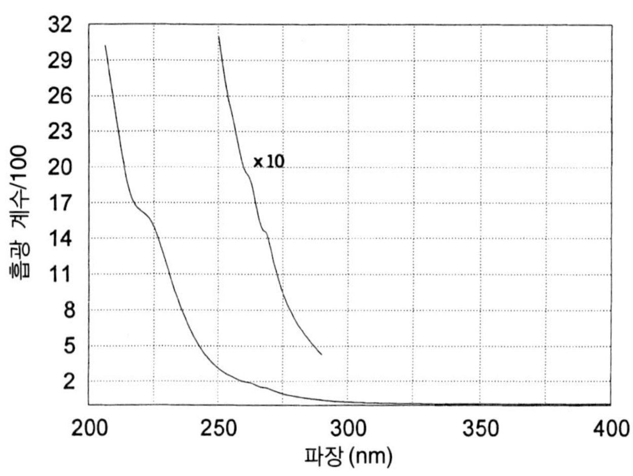

문제 15-13

질량 스펙트럼 (탈착 EI)

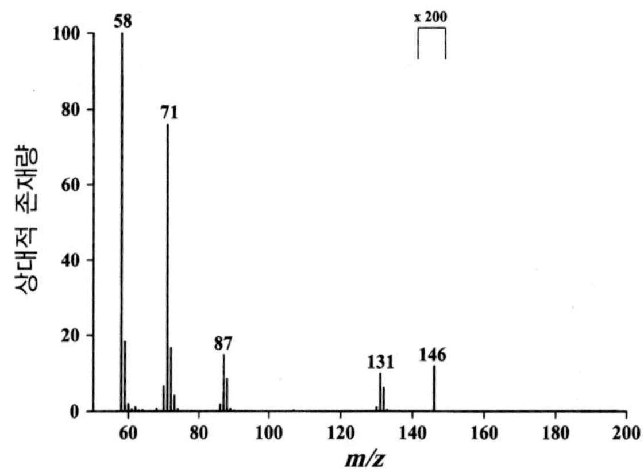

질량 스펙트럼 (CI)

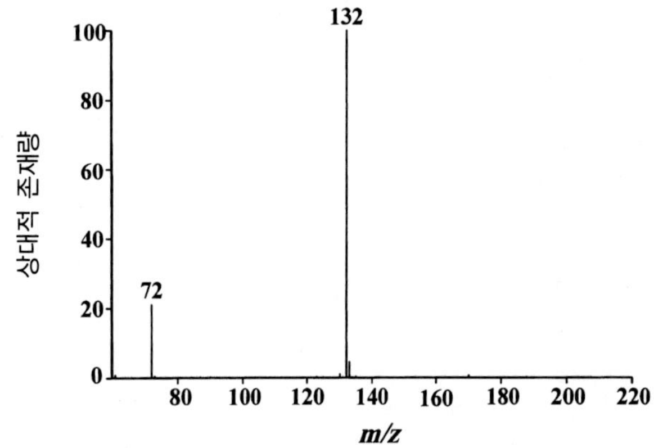

질량 스펙트럼 (EI)

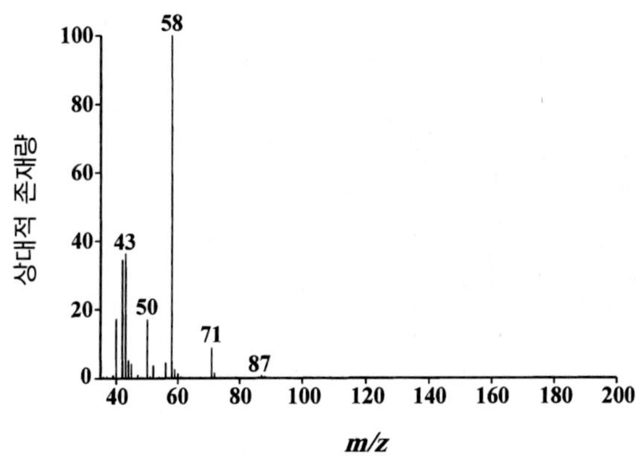

양성자 NMR 스펙트럼 (D_2O)

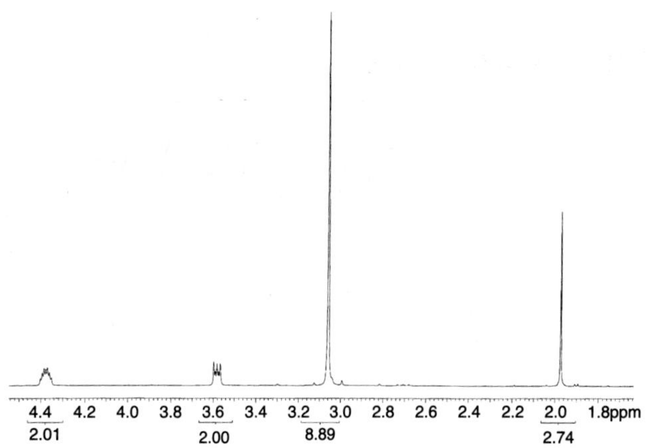

탄소-13 NMR 스펙트럼

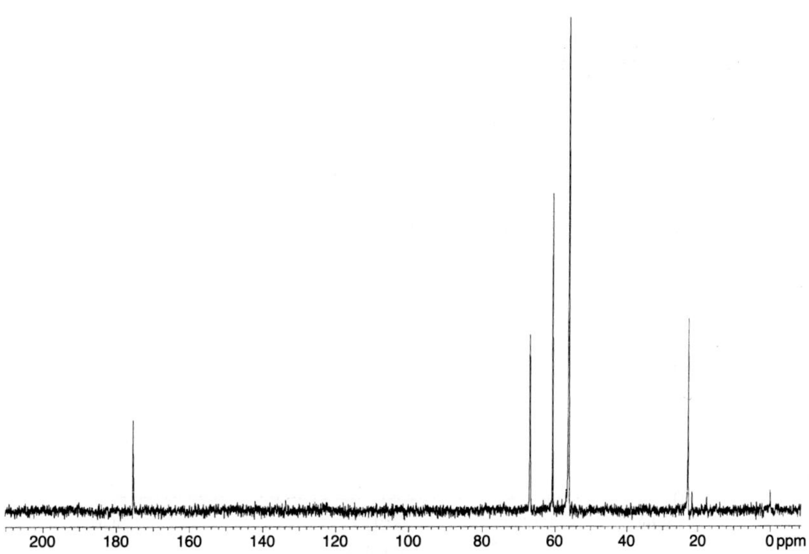

COSY 스펙트럼

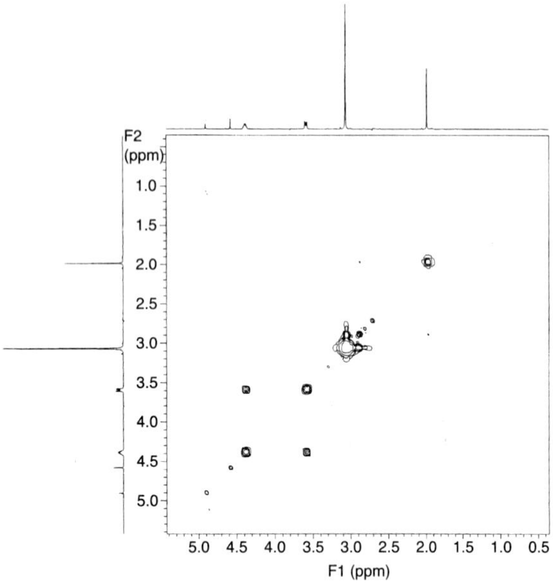

HETCOR 스펙트럼

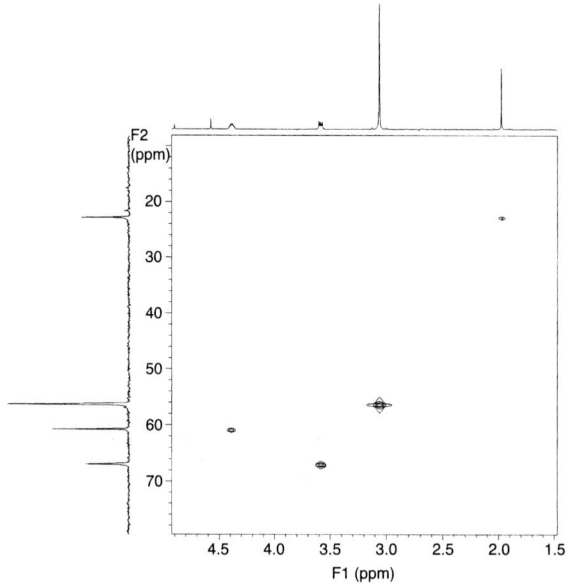

적외선 스펙트럼 (KBr disc)

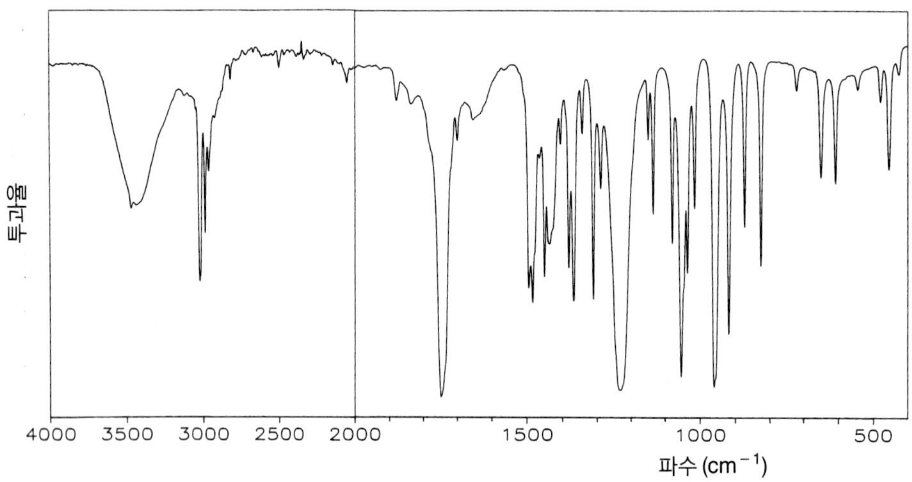

자외선-가시광선 스펙트럼 (EtOH, ϵ[210] 82)

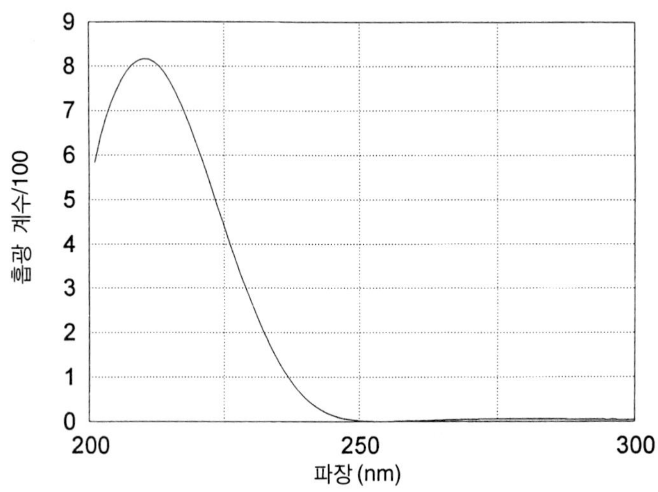

문제 15-14

질량 스펙트럼 (CI)

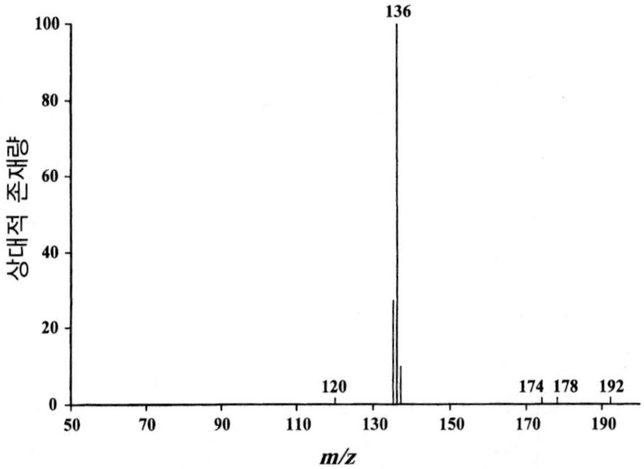

질량 스펙트럼 (EI)

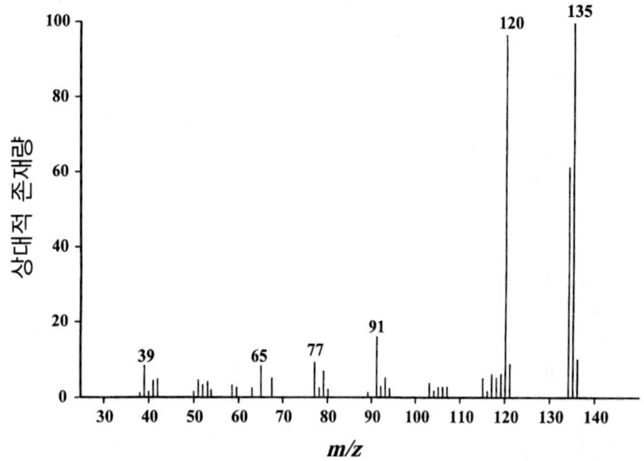

양성자 NMR 스펙트럼 ($CDCl_3$)

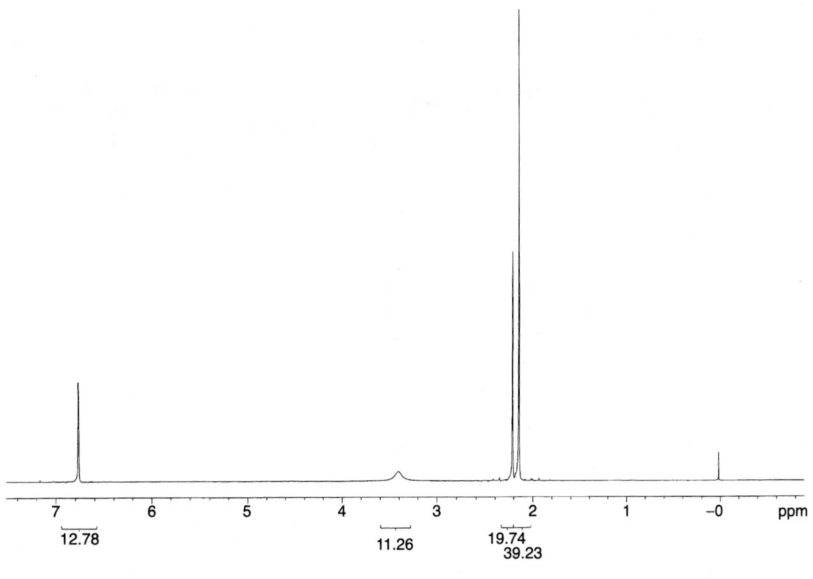

탄소-13 NMR 스펙트럼

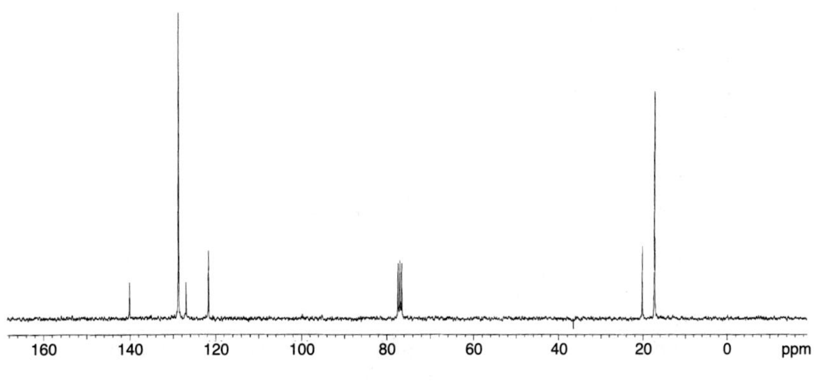

COSY 스펙트럼

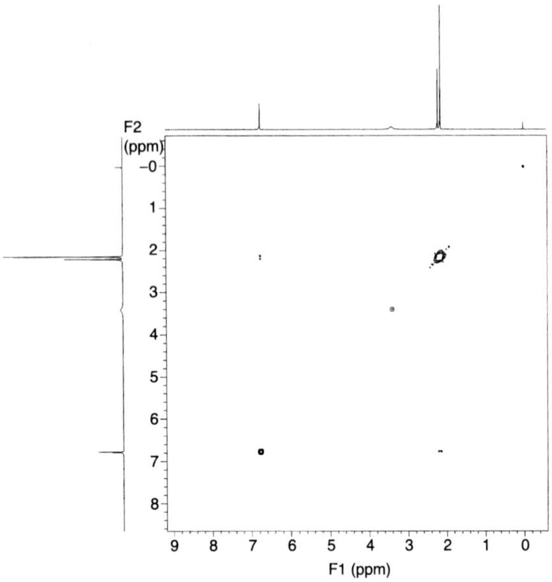

HETCOR 스펙트럼

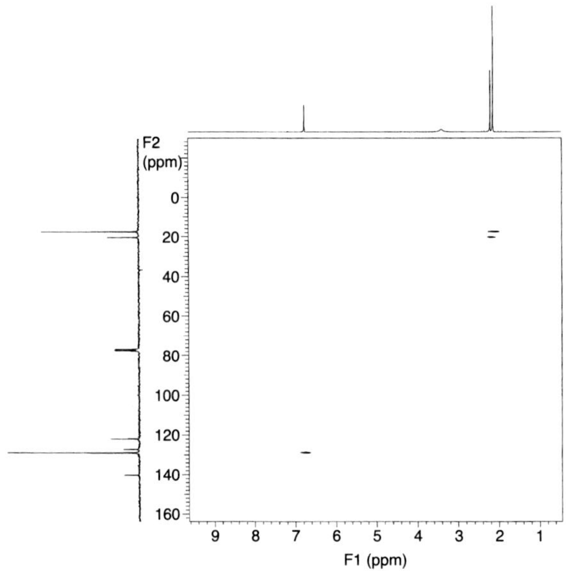

적외선 스펙트럼 (순물질)

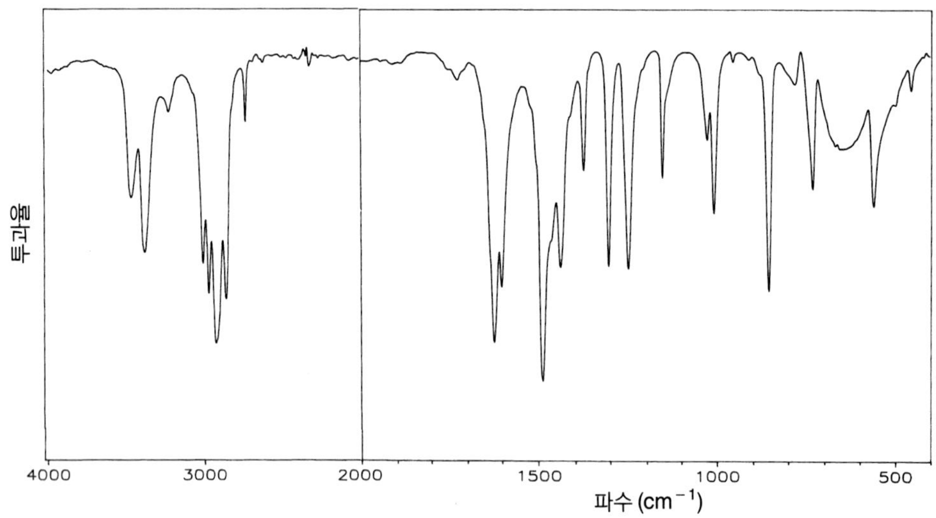

자외선-가시광선 스펙트럼 (EtOH, ϵ[236] 8123, ϵ[289] 2140)

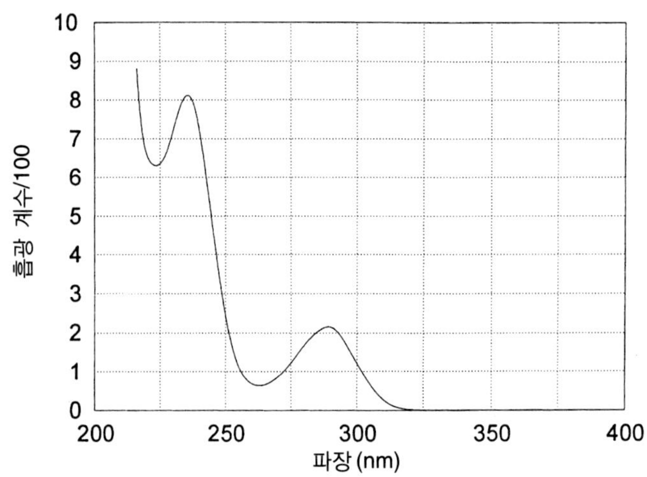

문제 15-15

질량 스펙트럼 (CI)

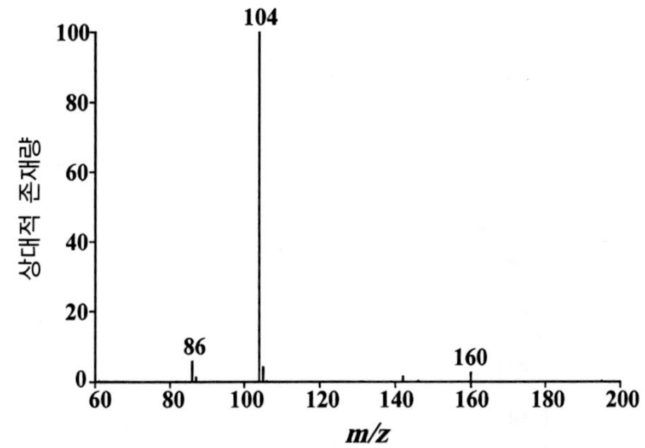

질량 스펙트럼 (EI)

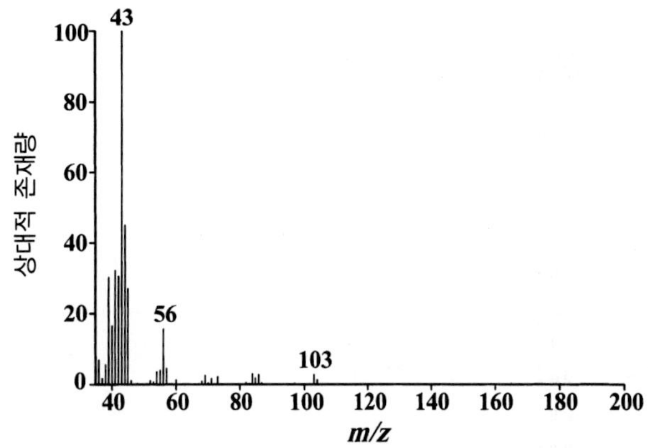

양성자 NMR 스펙트럼 (D_2O)

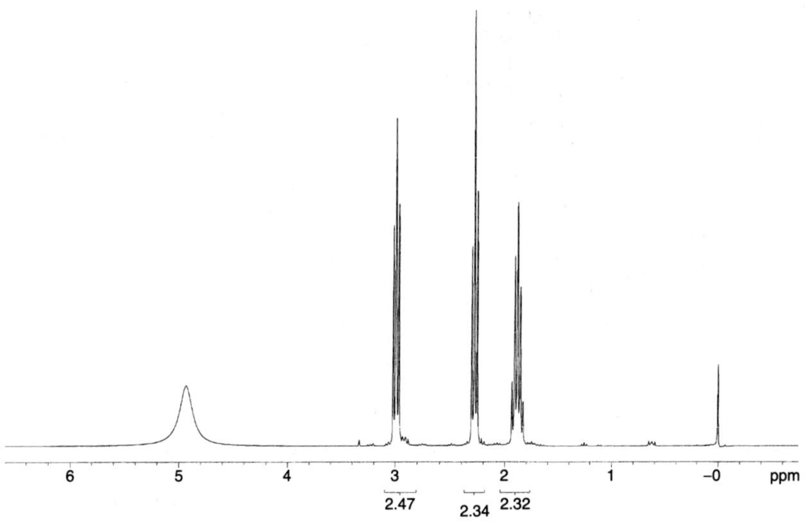

탄소-13 NMR 스펙트럼

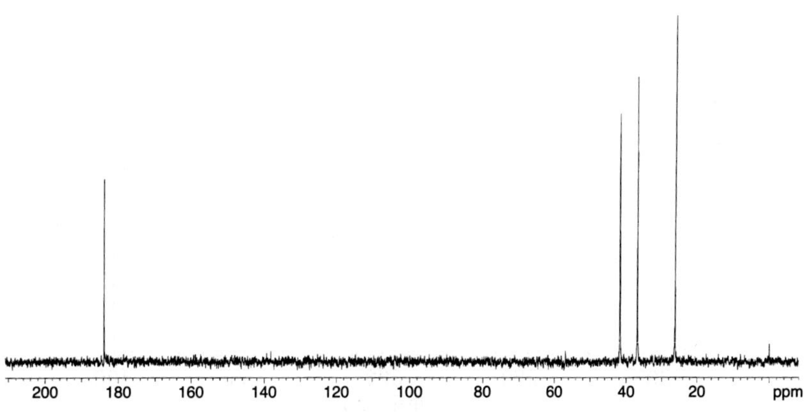

COSY 스펙트럼

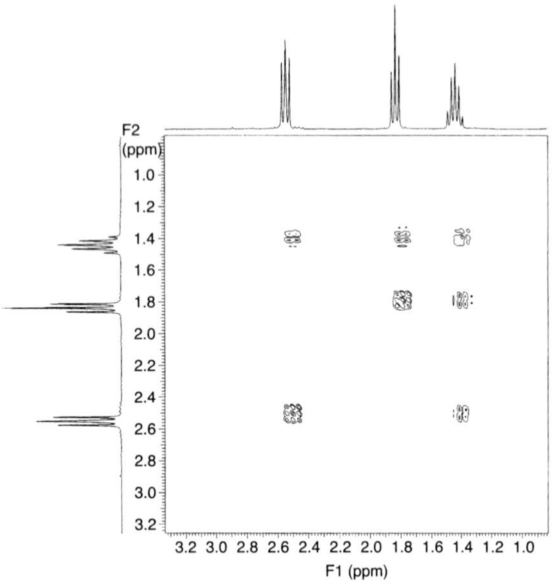

HETCOR 스펙트럼

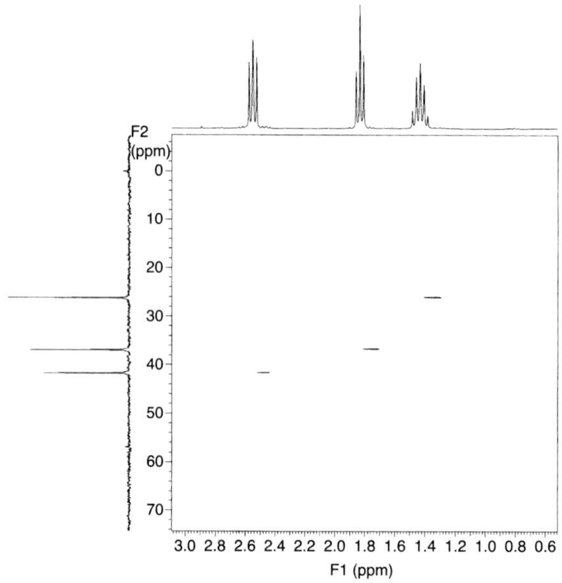

적외선 스펙트럼 (KBr disc)

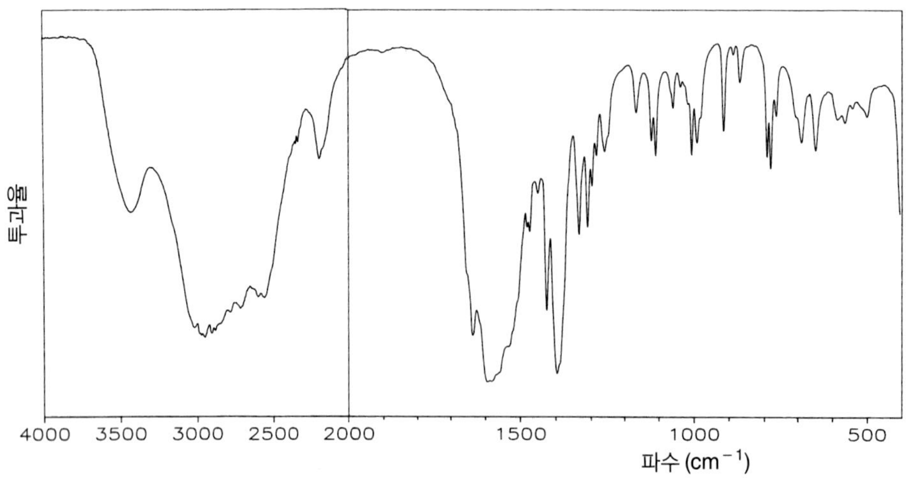

자외선-가시광선 스펙트럼 (EtOH)

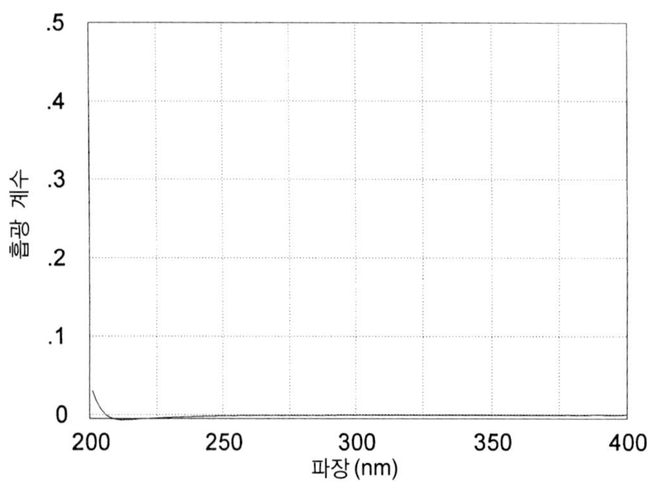

문제 15-16

질량 스펙트럼 (CI)

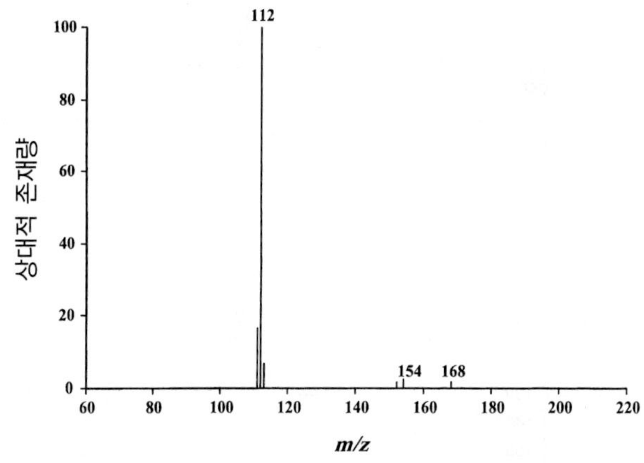

질량 스펙트럼 (EI)

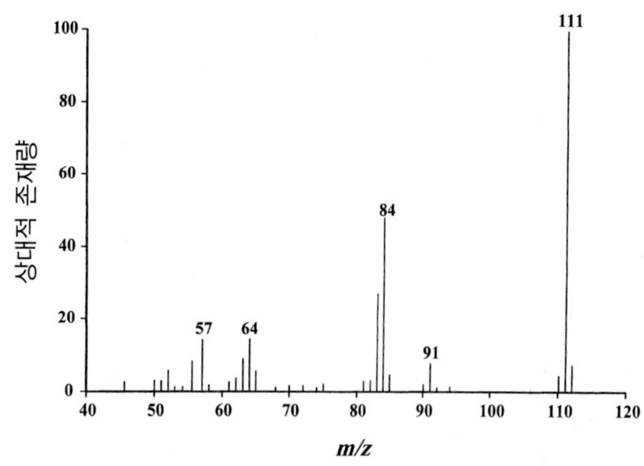

양성자 NMR 스펙트럼 ($CDCl_3$)

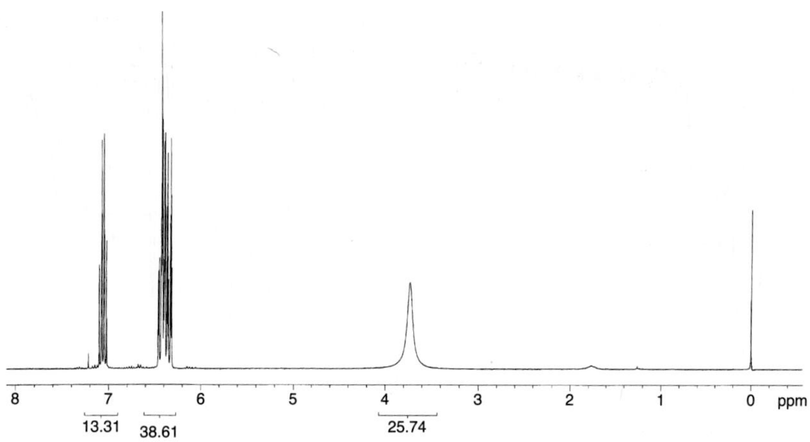

탄소-13 NMR 스펙트럼

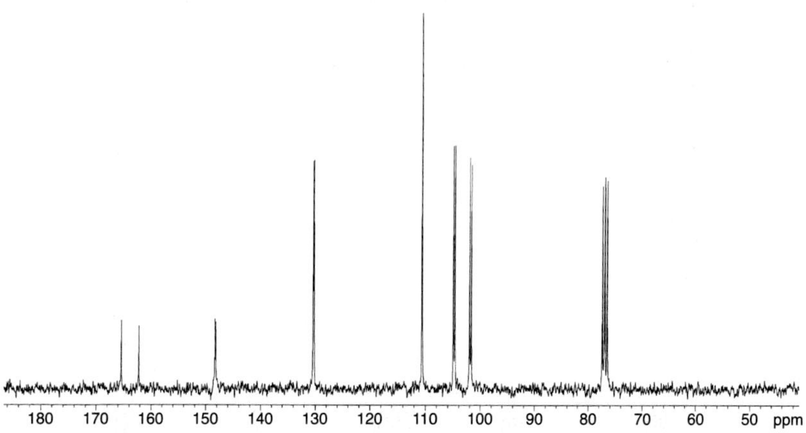

COSY 스펙트럼

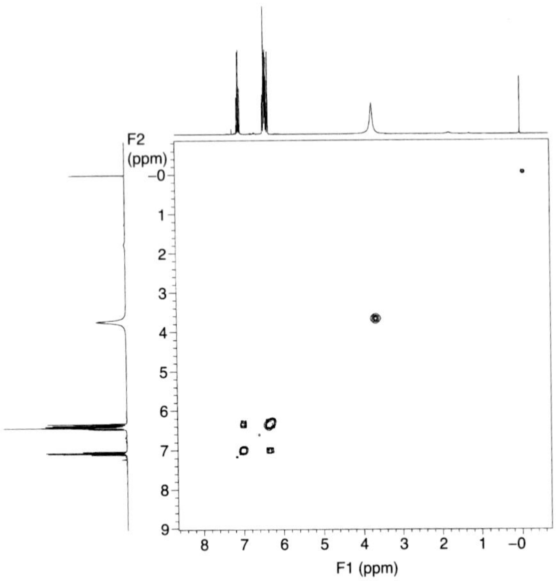

HETCOR 스펙트럼

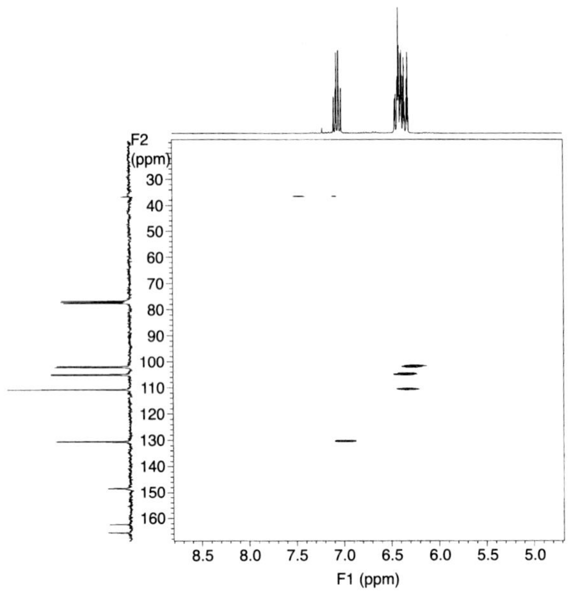

적외선 스펙트럼 (KBr disc)

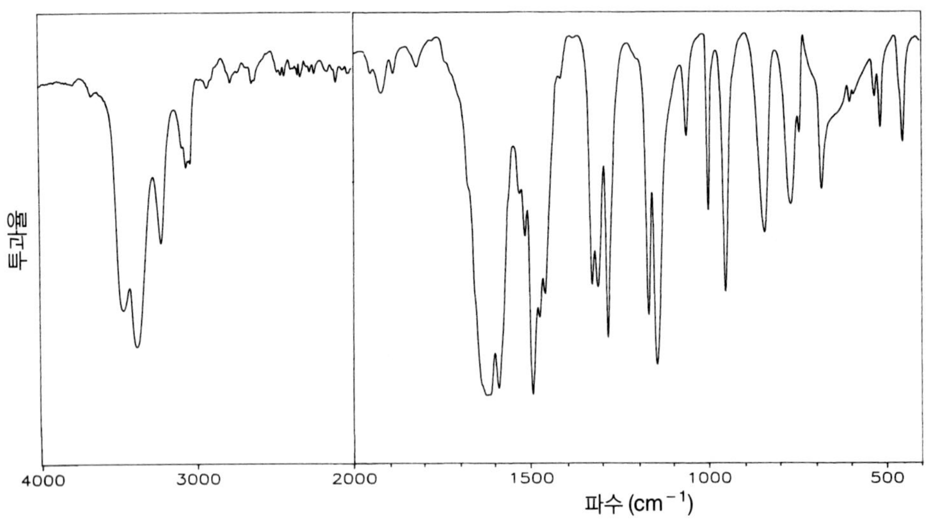

자외선-가시광선 스펙트럼 (EtOH, ϵ[280] 1610)

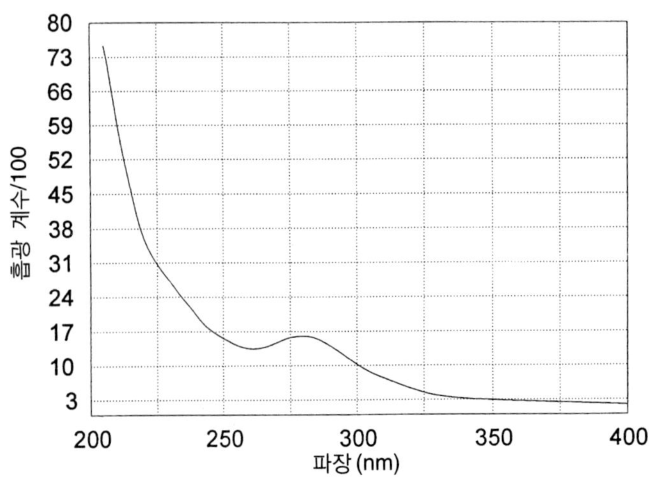

문제 15-17

질량 스펙트럼 (CI)

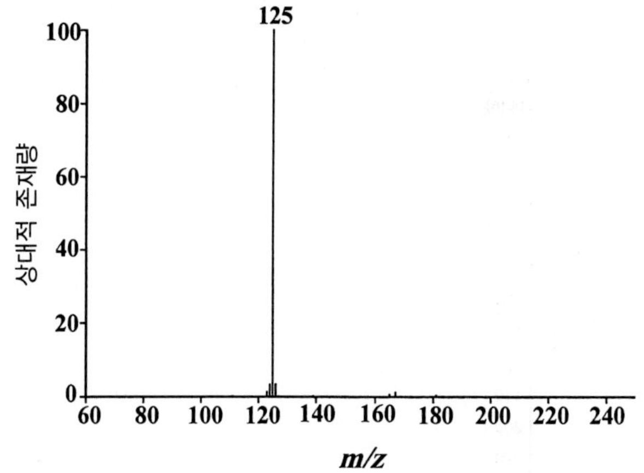

질량 스펙트럼 (EI)

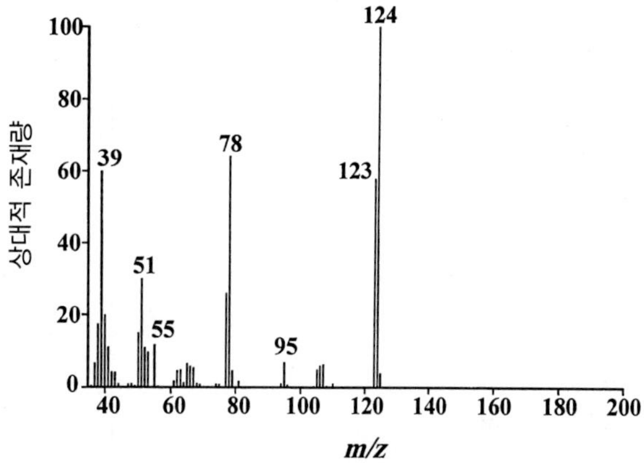

양성자 NMR 스펙트럼 ($CDCl_3$)

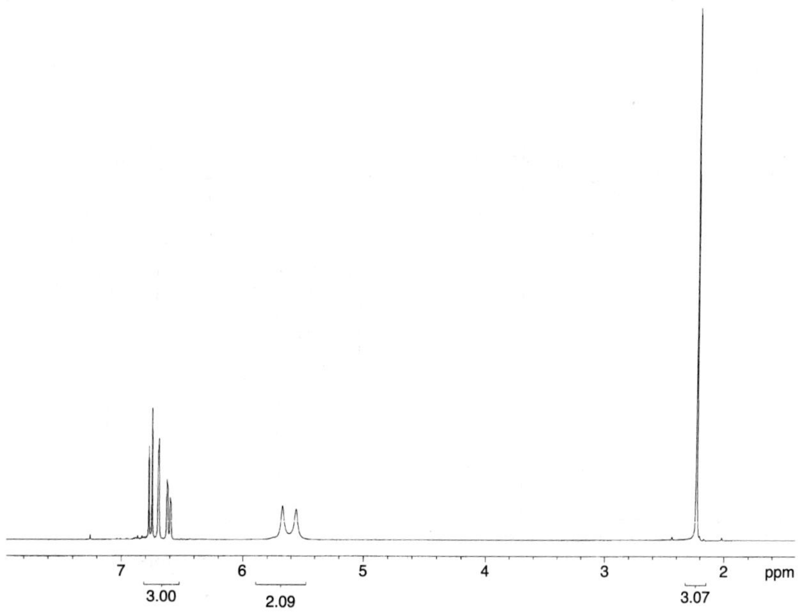

DEPT 스펙트럼

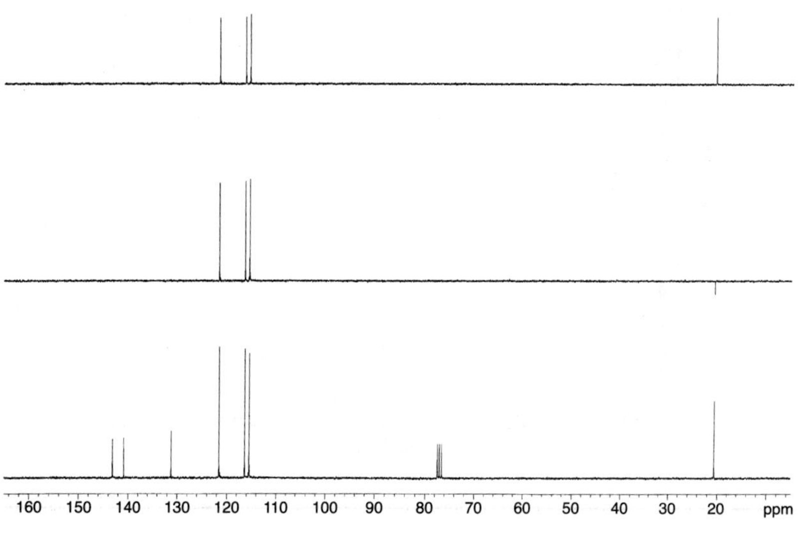

COSY 스펙트럼

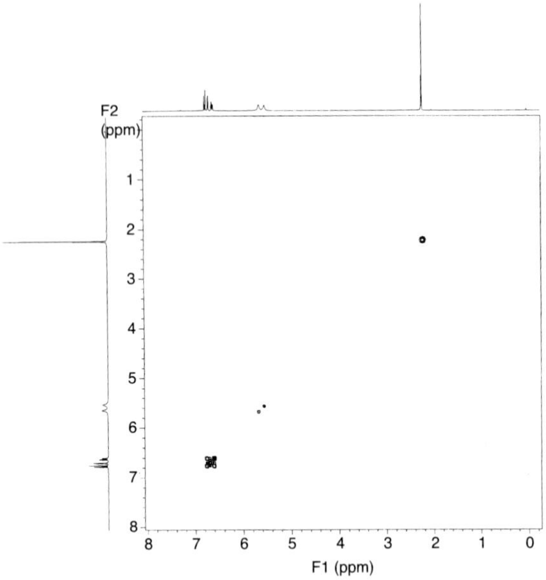

HETCOR 스펙트럼

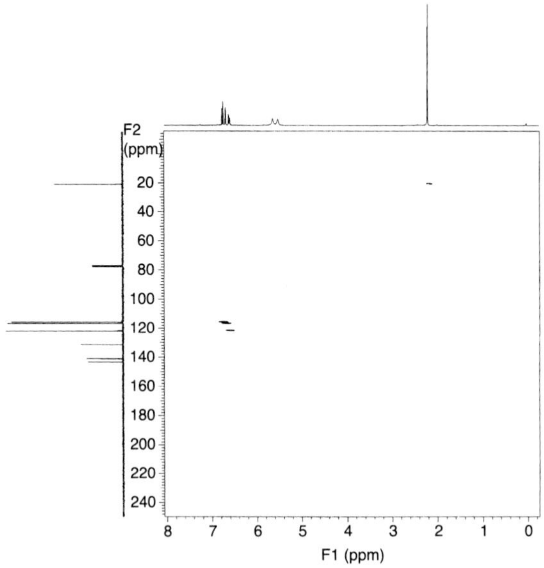

적외선 스펙트럼 (KBr disc)

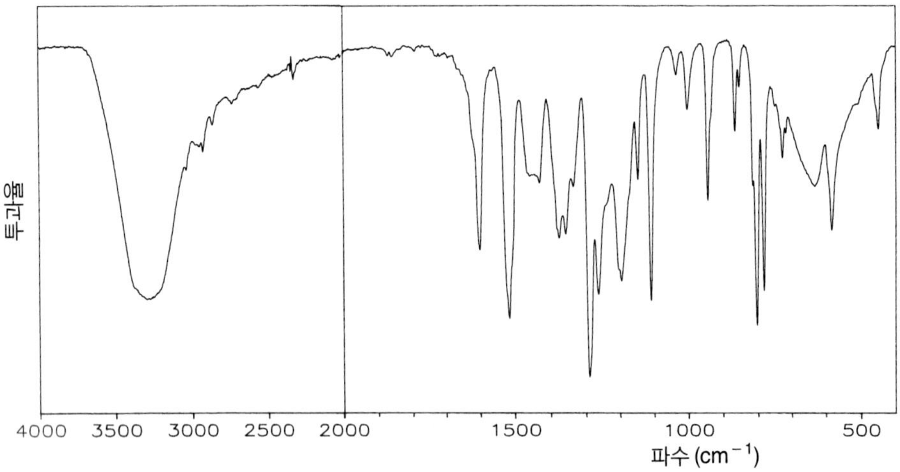

자외선-가시광선 스펙트럼 (EtOH, ϵ[203] 27,760, ϵ[218] 5336, ϵ[282] 2538)

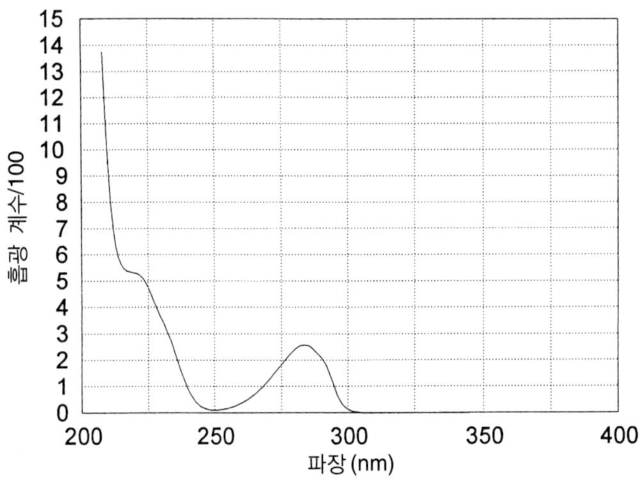

문제 15-18

질량 스펙트럼 (CI)

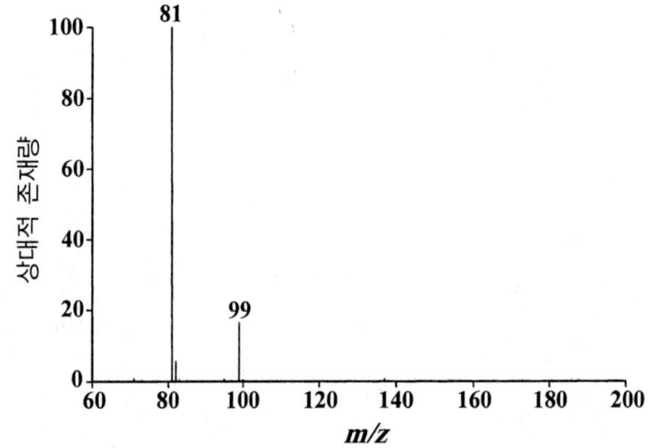

질량 스펙트럼 (EI)

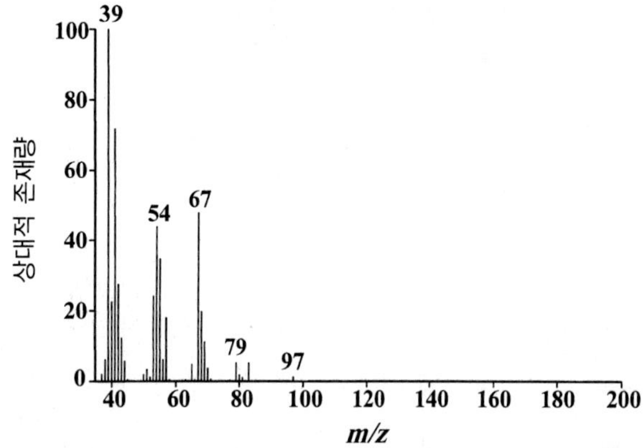

양성자 NMR 스펙트럼 ($CDCl_3$)

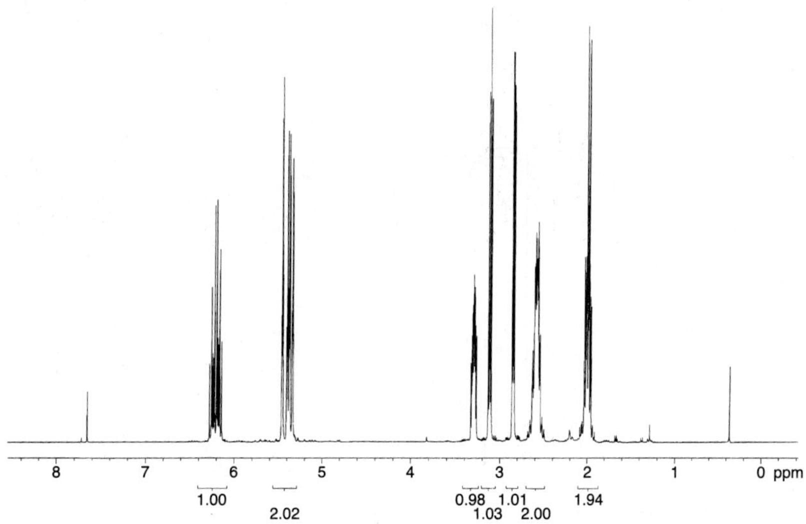

DEPT 스펙트럼

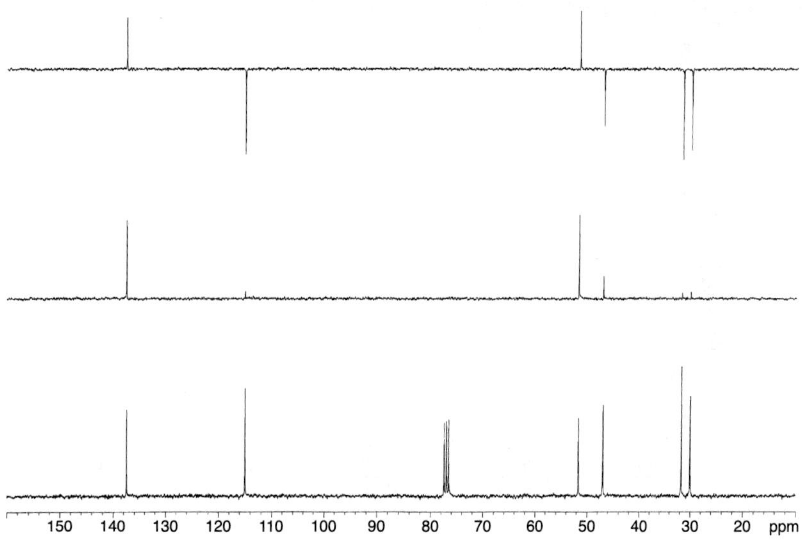

COSY 스펙트럼

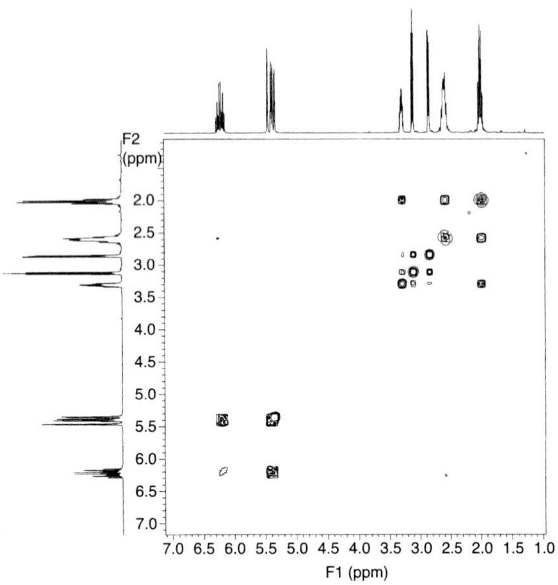

HETCOR 스펙트럼

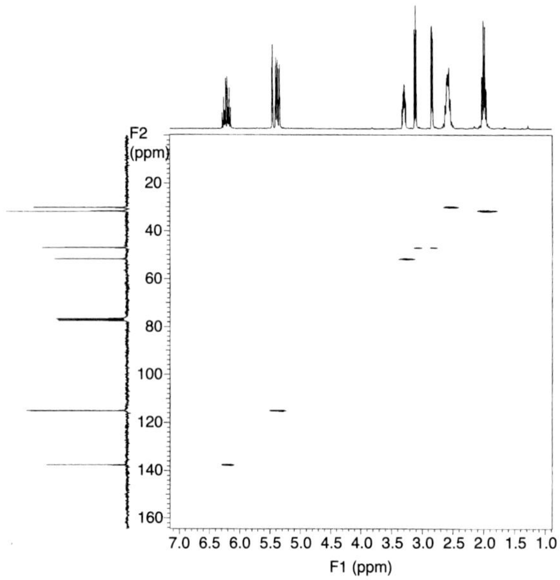

적외선 스펙트럼 (순물질)

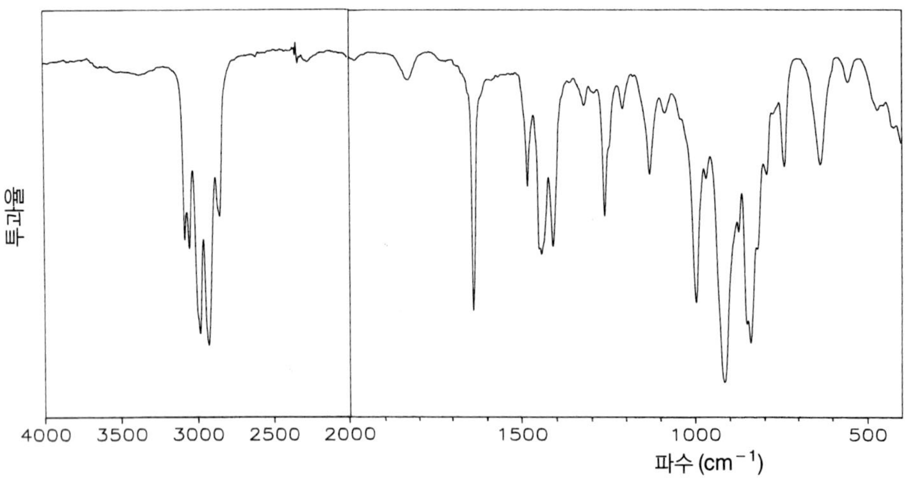

자외선-가시광선 스펙트럼 (EtOH, ϵ[202] 49, ϵ[211] 13, ϵ[271] 14)

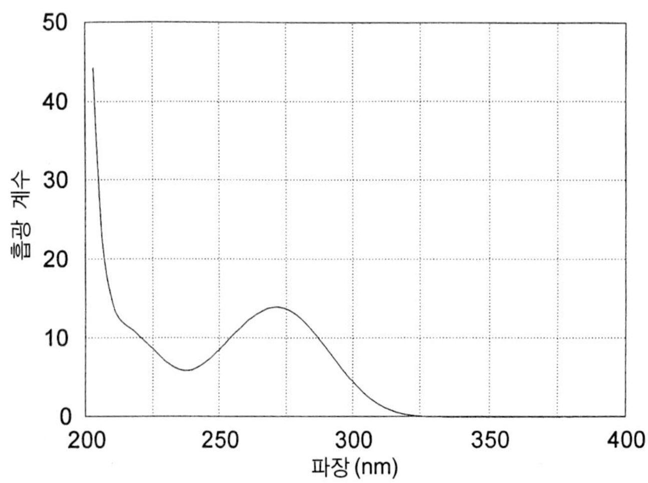

문제 15-19

질량 스펙트럼 (CI)

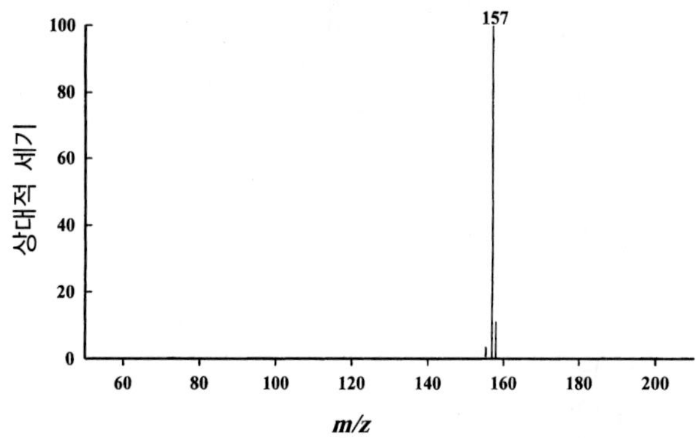

질량 스펙트럼 (EI)

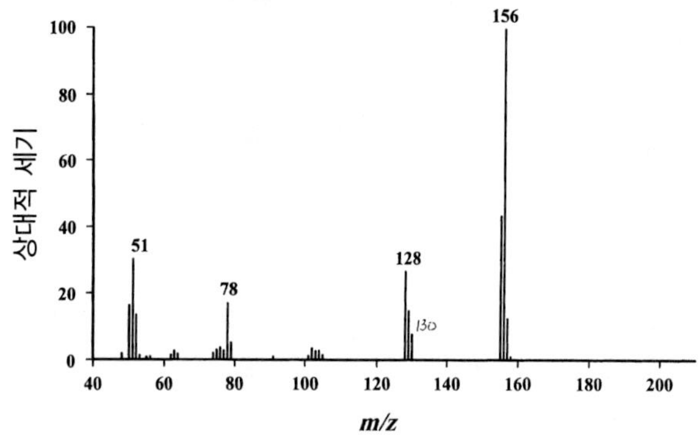

확대된 양성자 NMR 스펙트럼 (CDCl$_3$)

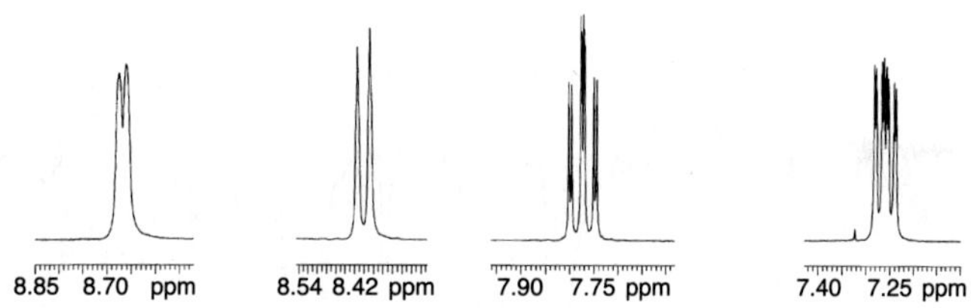

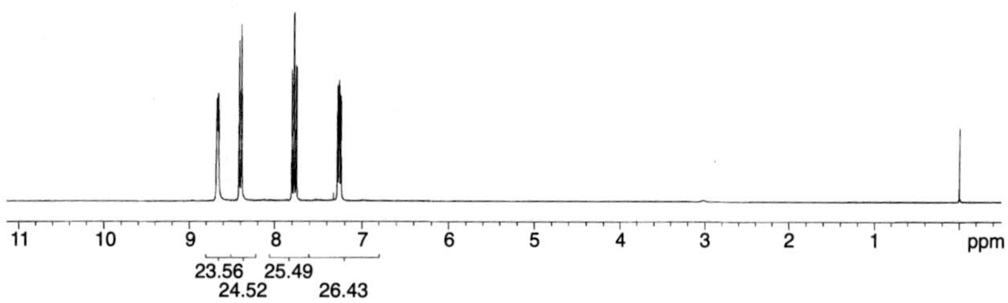

탄소-13 NMR 스펙트럼

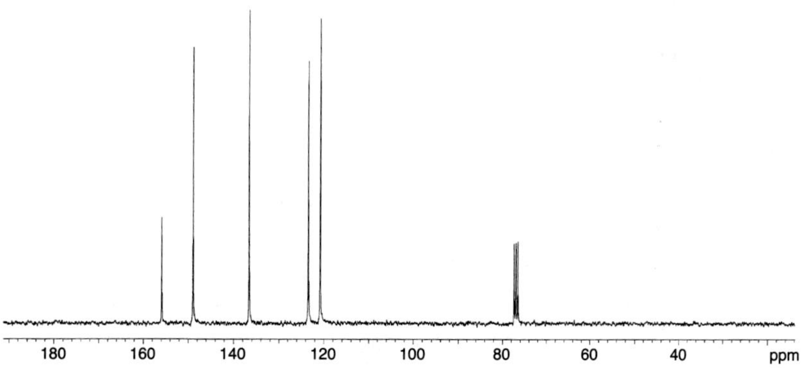

COSY 스펙트럼

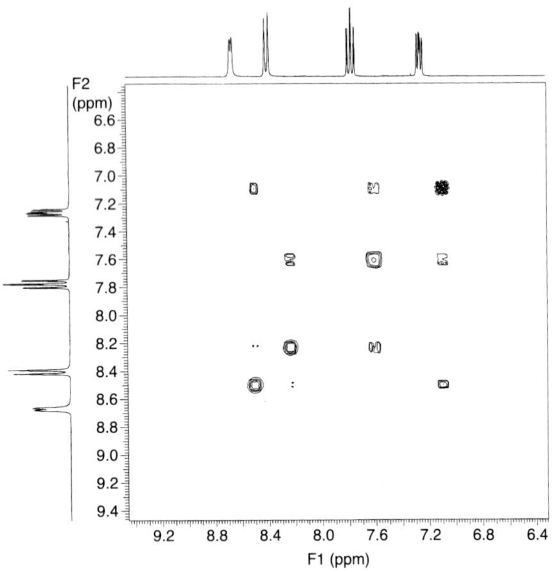

HETCOR 스펙트럼

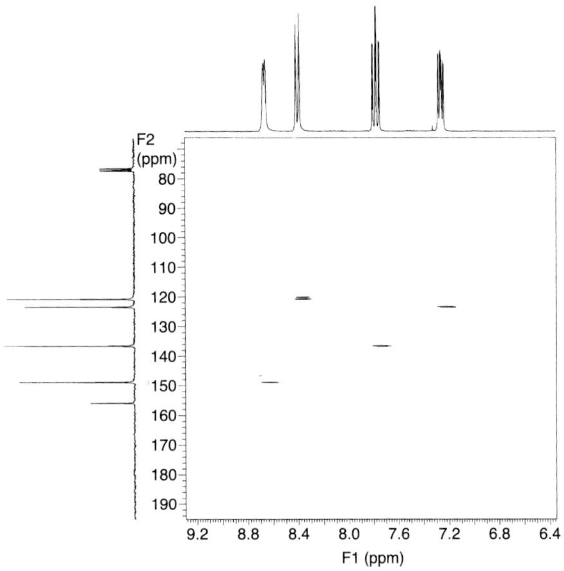

적외선 스펙트럼 (KBr disc)

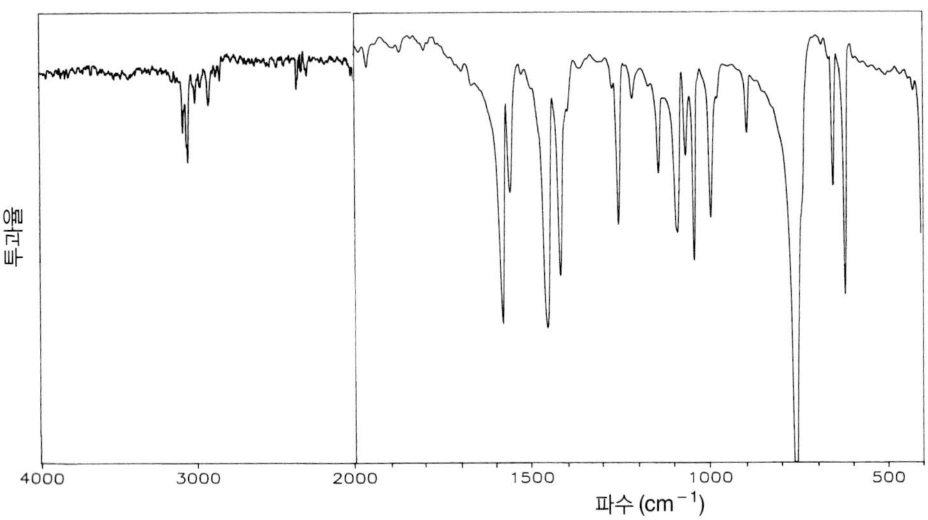

자외선–가시광선 스펙트럼 (EtOH, ϵ[236] 10,245, ϵ[242] 8595, ϵ[282] 13,419)

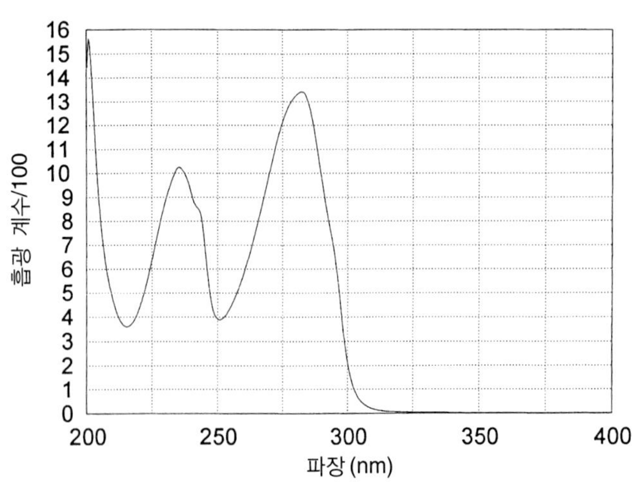

문제 15-20

질량 스펙트럼 (CI)

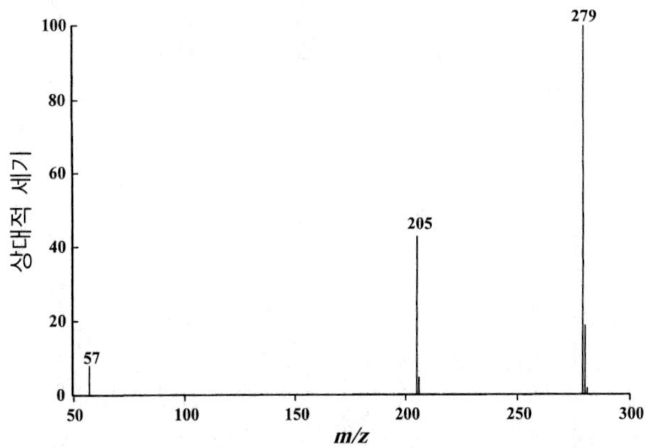

질량 스펙트럼 (EI)

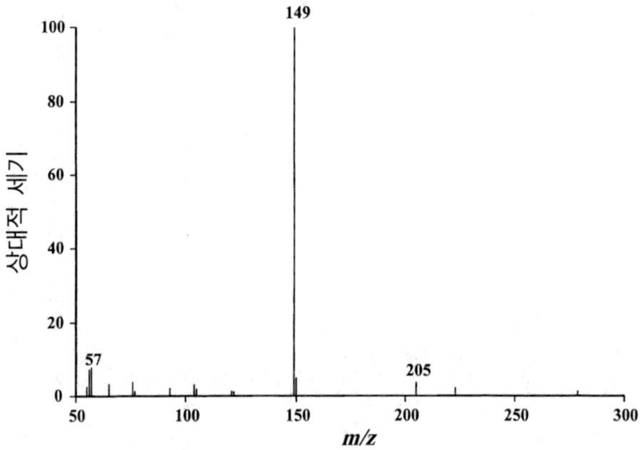

양성자 NMR 스펙트럼 ($CDCl_3$)

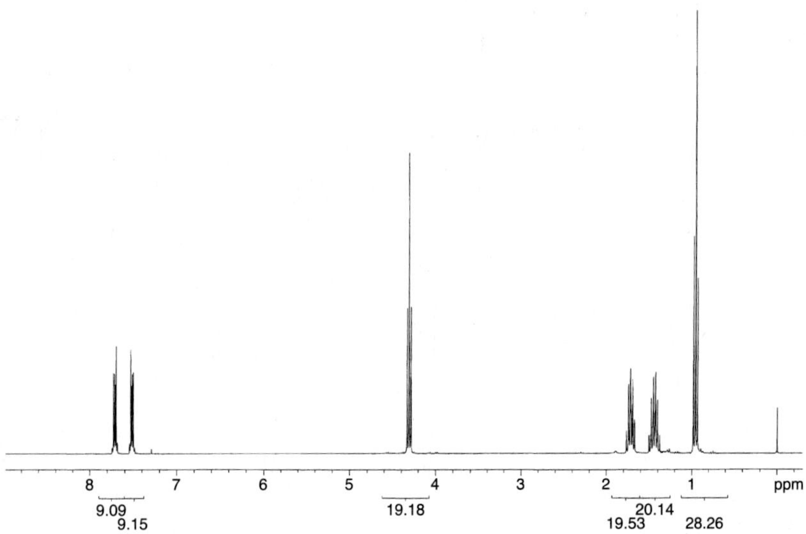

DEPT 스펙트럼

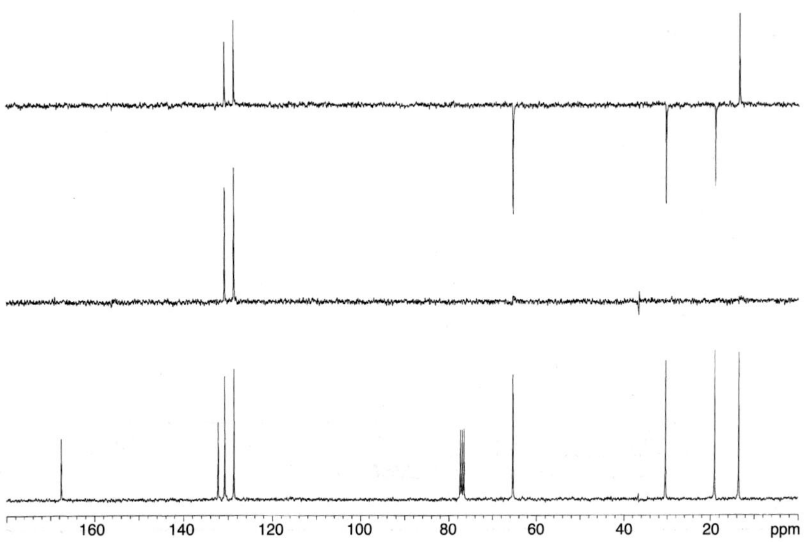

COSY 스펙트럼

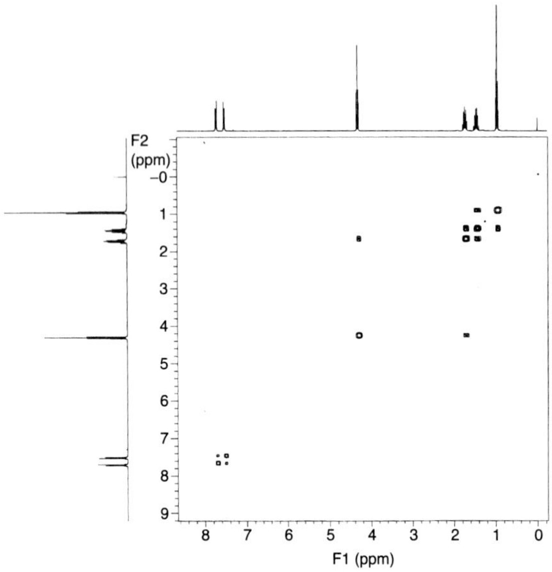

HETCOR 스펙트럼

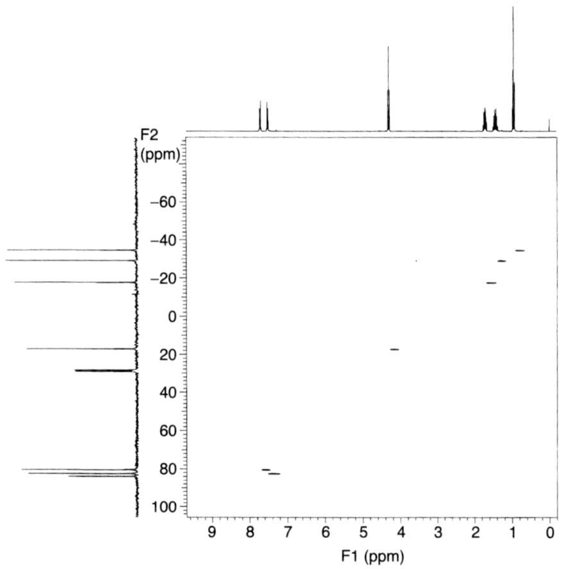

적외선 스펙트럼 (순물질)

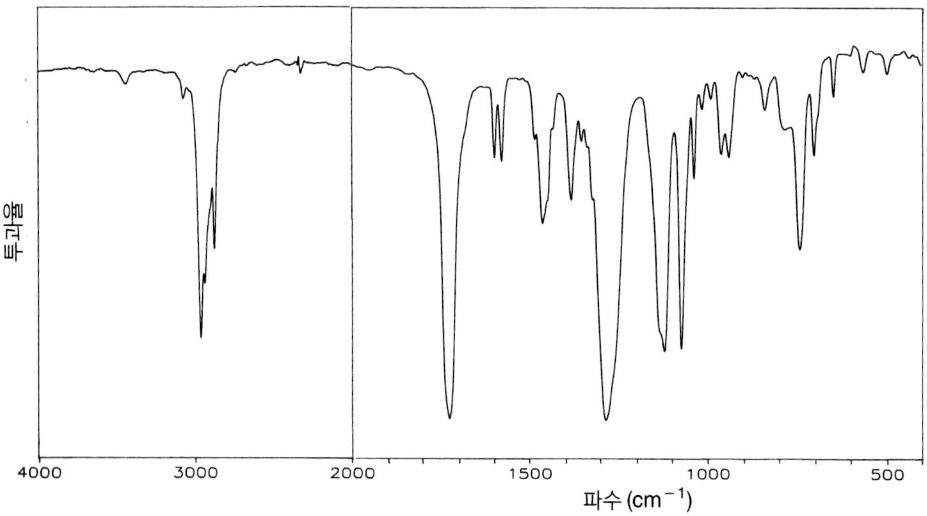

자외선-가시광선 스펙트럼 (EtOH, ϵ[225] 7313, ϵ[275] 1141, ϵ[280] 1037)

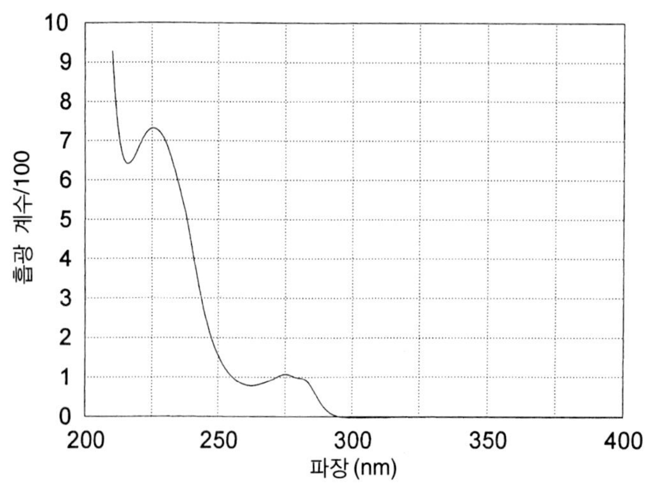

문제 15-21

질량 스펙트럼 (CI)

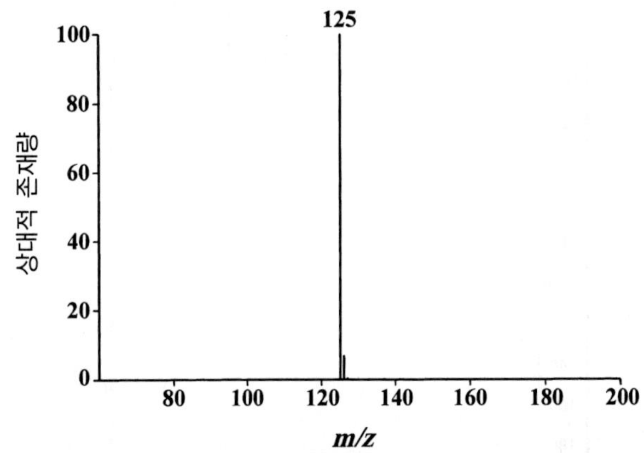

질량 스펙트럼 (EI)

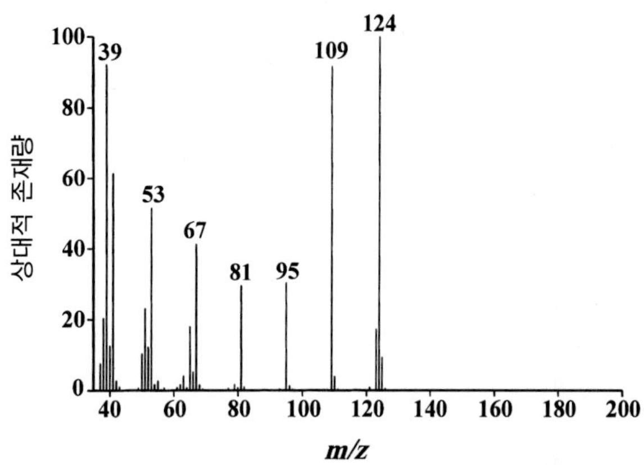

양성자 NMR 스펙트럼 ($CDCl_3$)

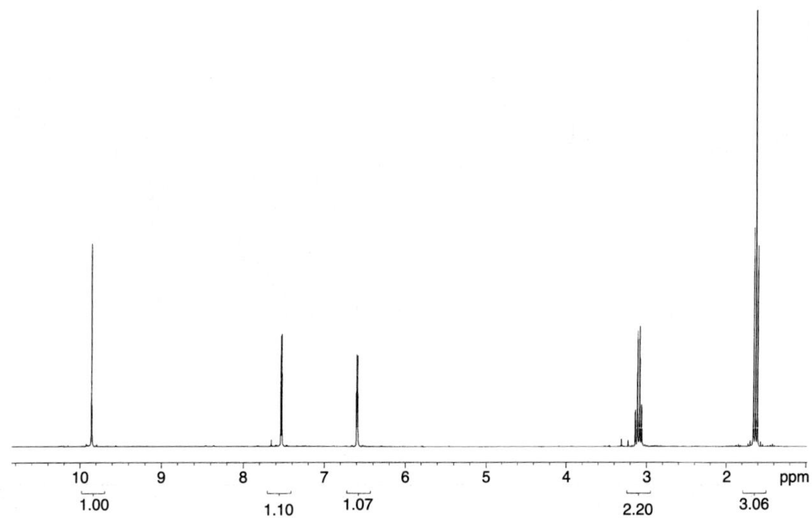

탄소-13 스펙트럼

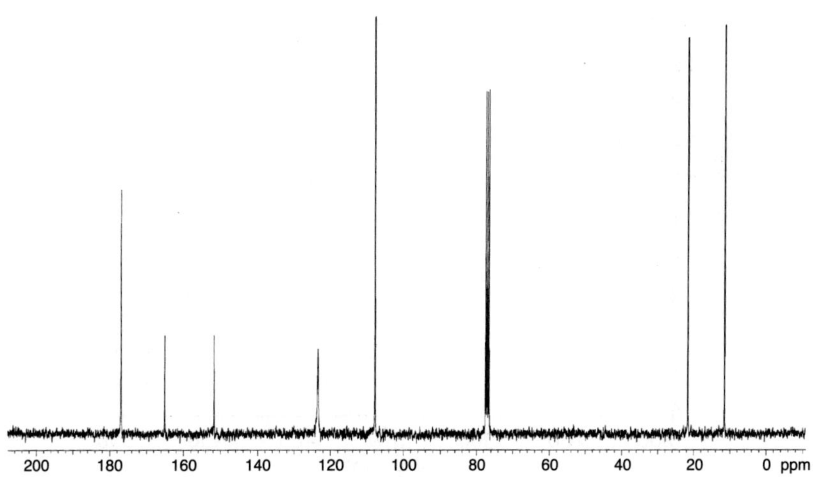

COSY 스펙트럼

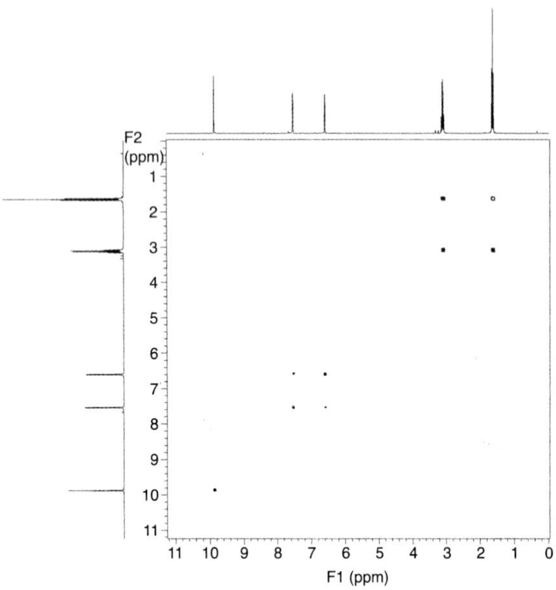

HETCOR 스펙트럼

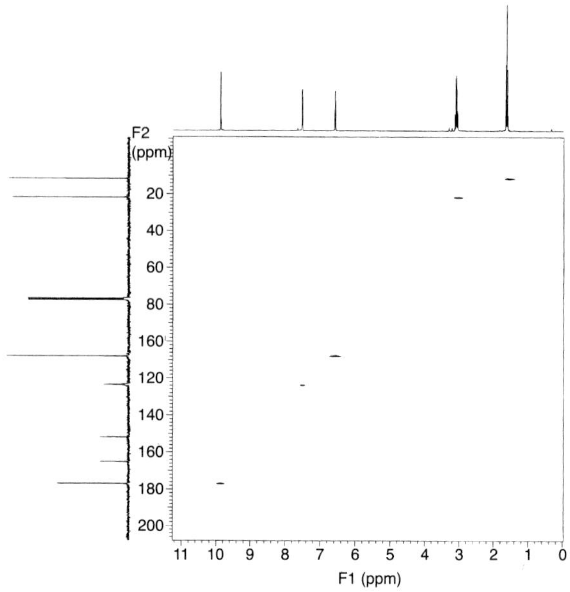

적외선 스펙트럼 (순물질)

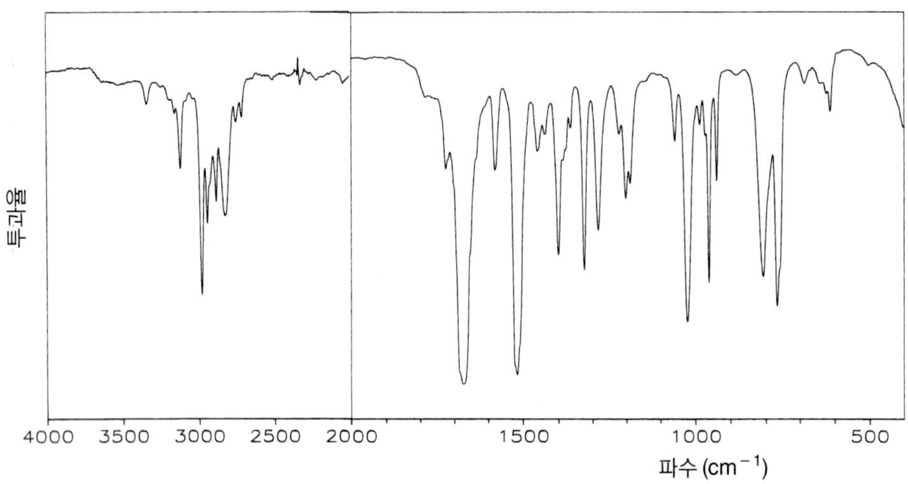

자외선-가시광선 스펙트럼 (EtOH, ϵ[225] 2525, ϵ[285] 16,421, ϵ[373] 39)

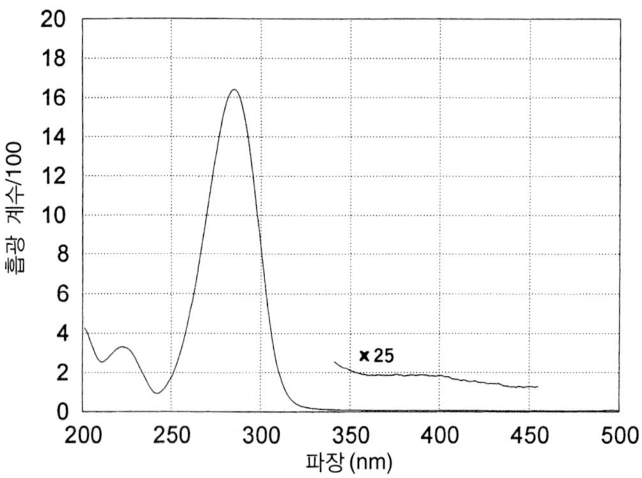

문제 15-22

질량 스펙트럼 (CI)

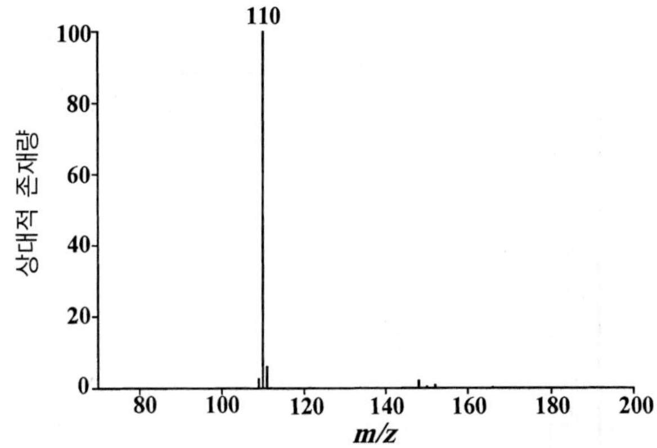

질량 스펙트럼 (EI)

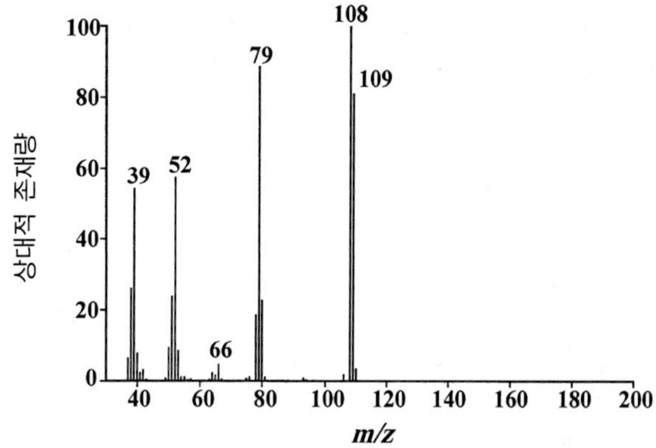

양성자 NMR 스펙트럼 ($CDCl_3$)

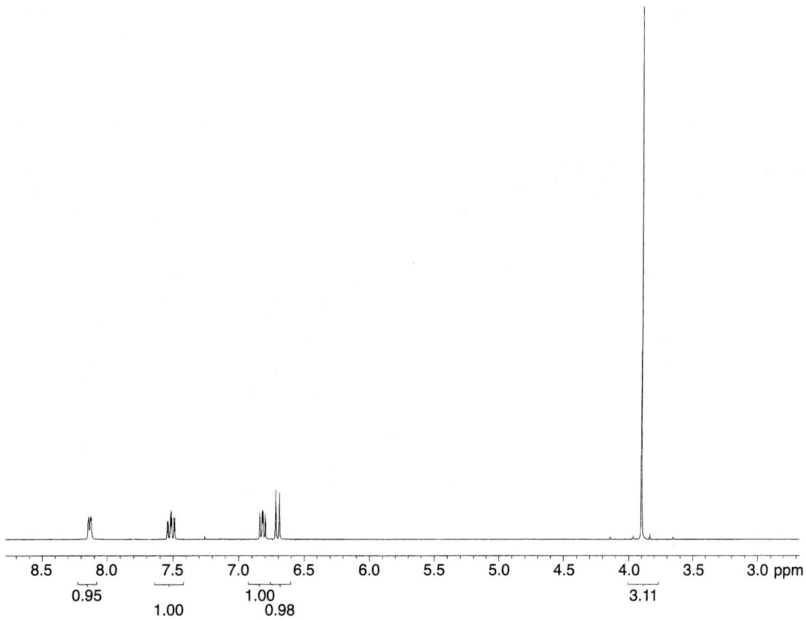

탄소-13 NMR 스펙트럼

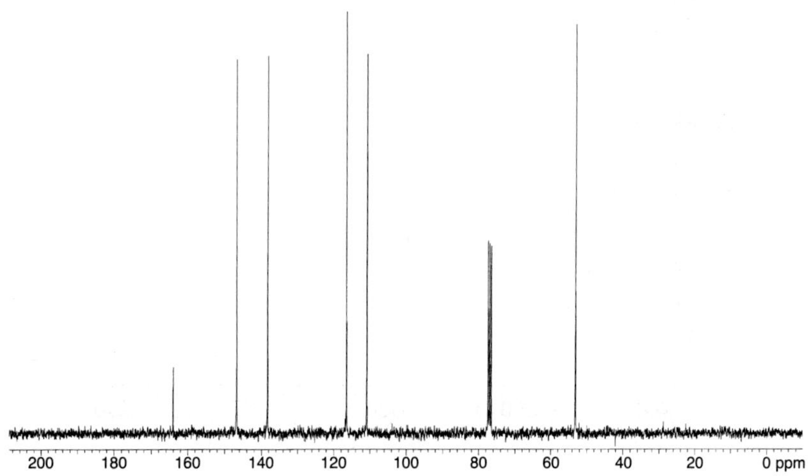

COSY 스펙트럼

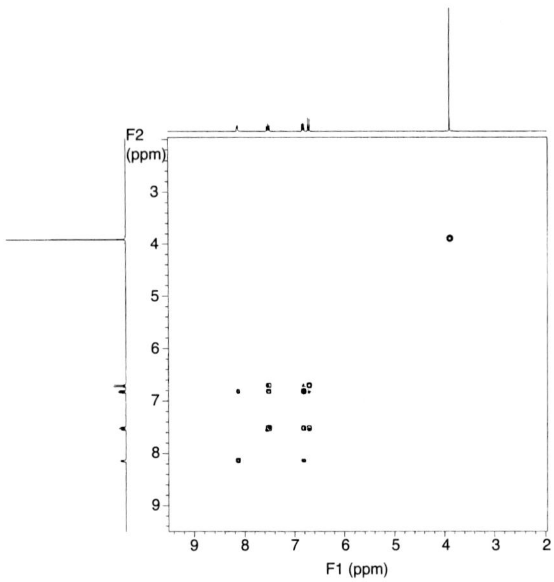

HETCOR 스펙트럼

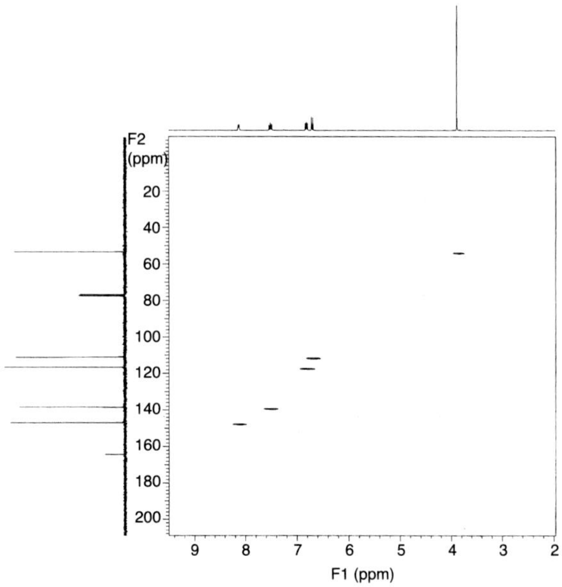

적외선 스펙트럼 (순물질)

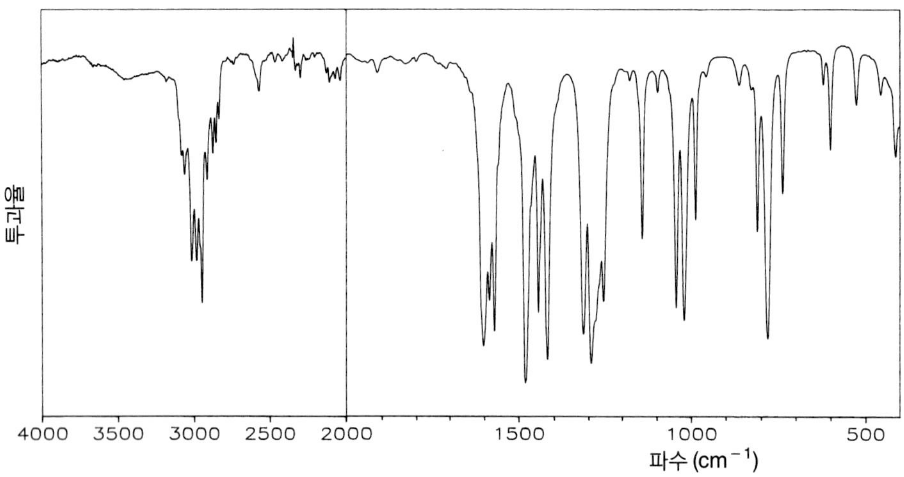

자외선-가시광선 스펙트럼 (EtOH, ϵ[214] 7600, ϵ[272] 4000)

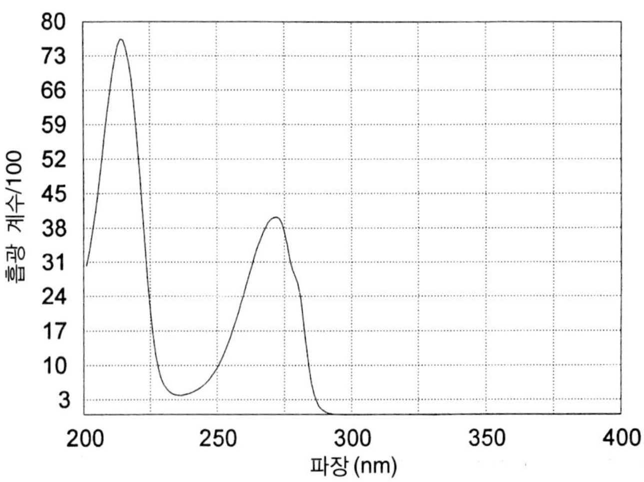

문제 15-23

질량 스펙트럼 (CI)

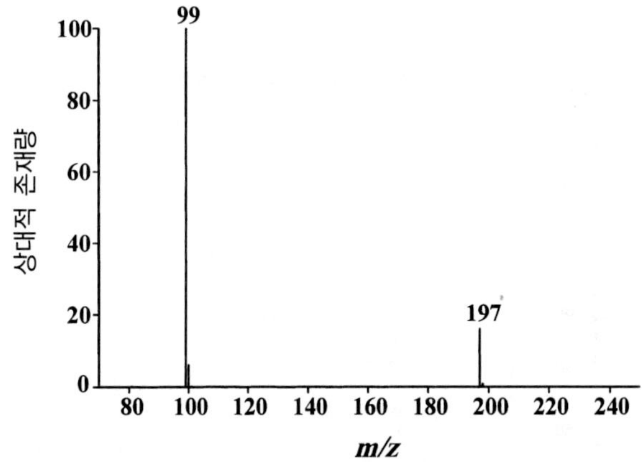

질량 스펙트럼 (EI)

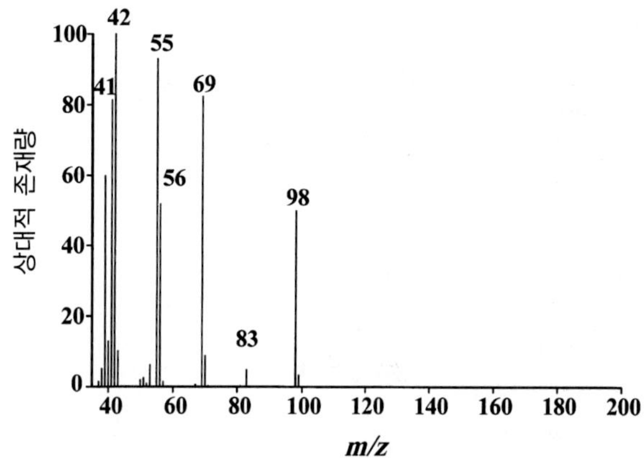

양성자 NMR 스펙트럼 ($CDCl_3$)

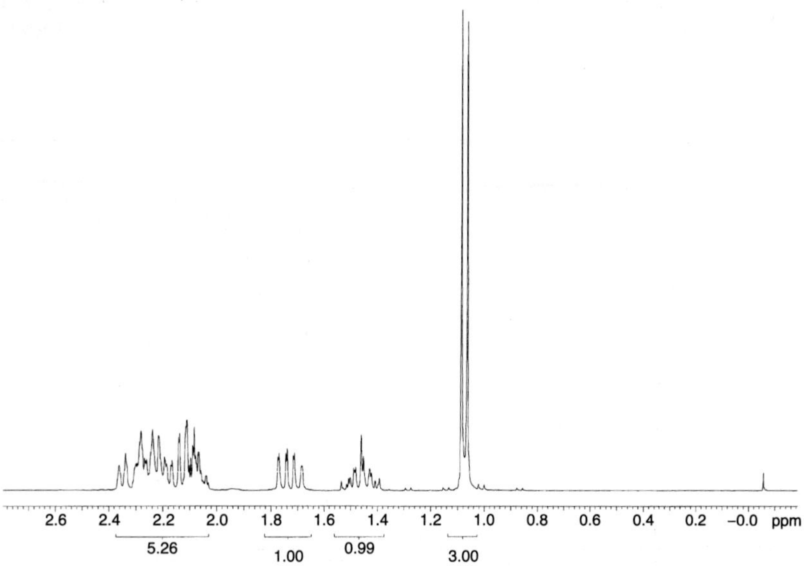

탄소-13 NMR 스펙트럼

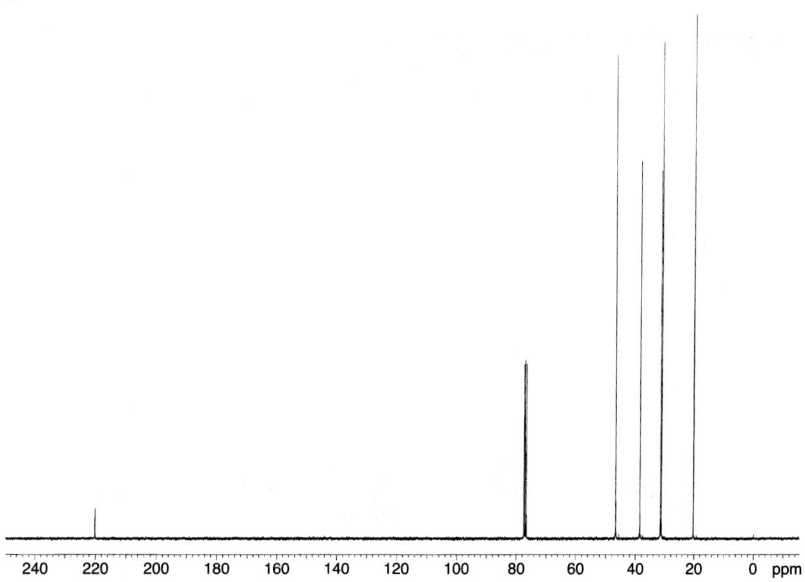

COSY 스펙트럼

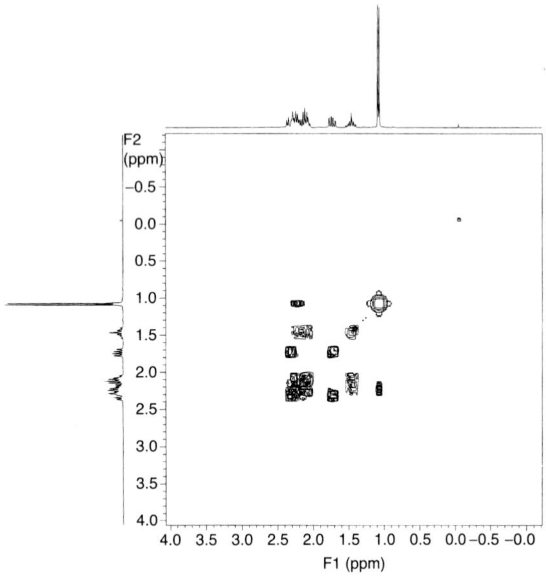

HETCOR 스펙트럼

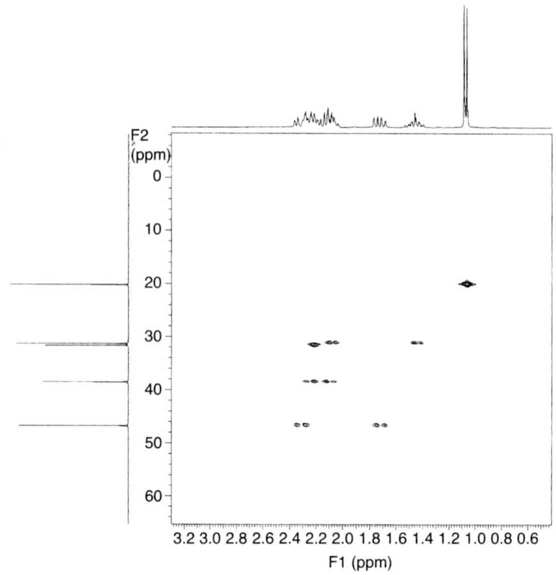

적외선 스펙트럼 (순물질)

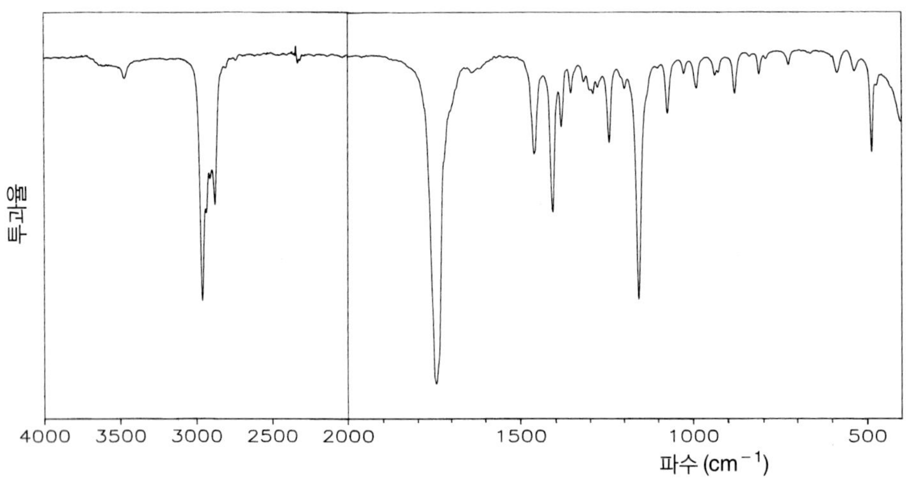

자외선-가시광선 스펙트럼 (EtOH, ϵ[210] 25, ϵ[288] 22)

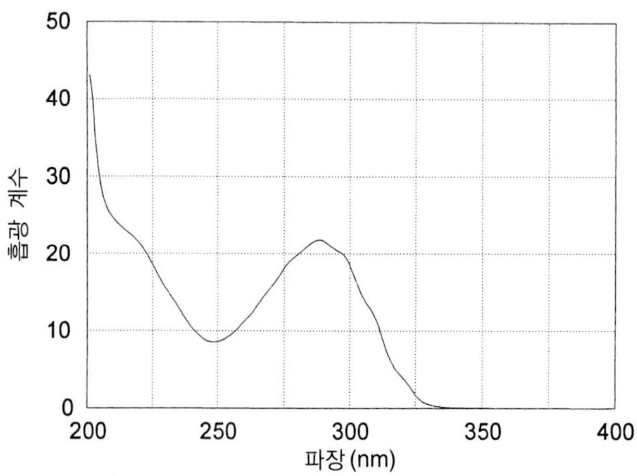

문제 15-24

질량 스펙트럼 (2,5-dihydroxybenzoic acid에서 MALDI)

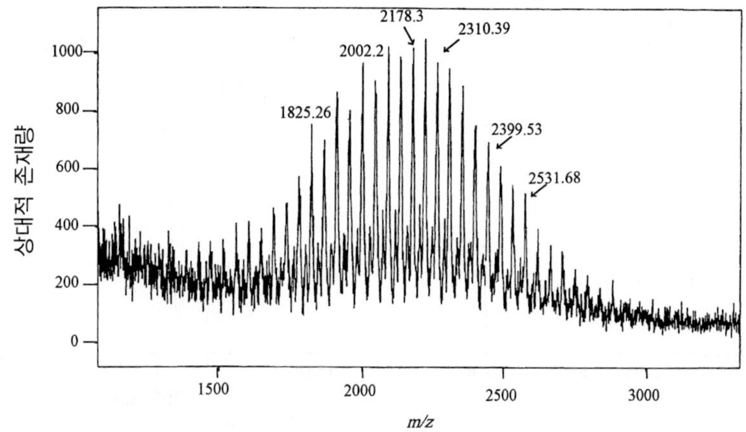

양성자 NMR 스펙트럼 ($CDCl_3$)

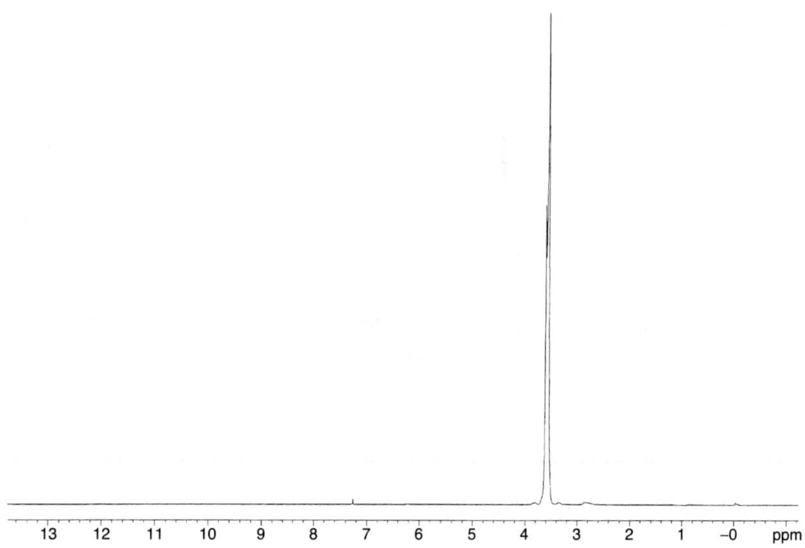

탄소-13 NMR 스펙트럼

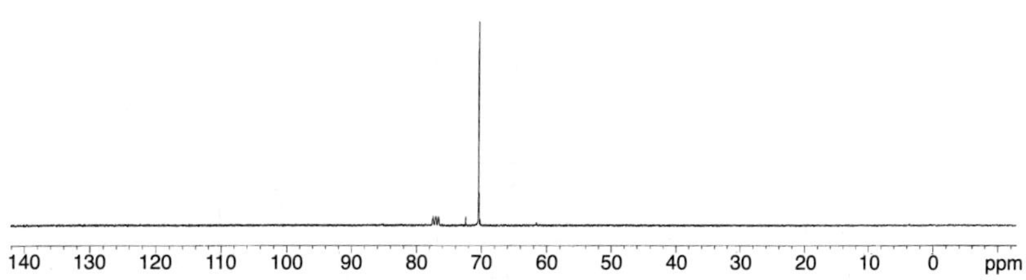

적외선 스펙트럼 (KBr disc)

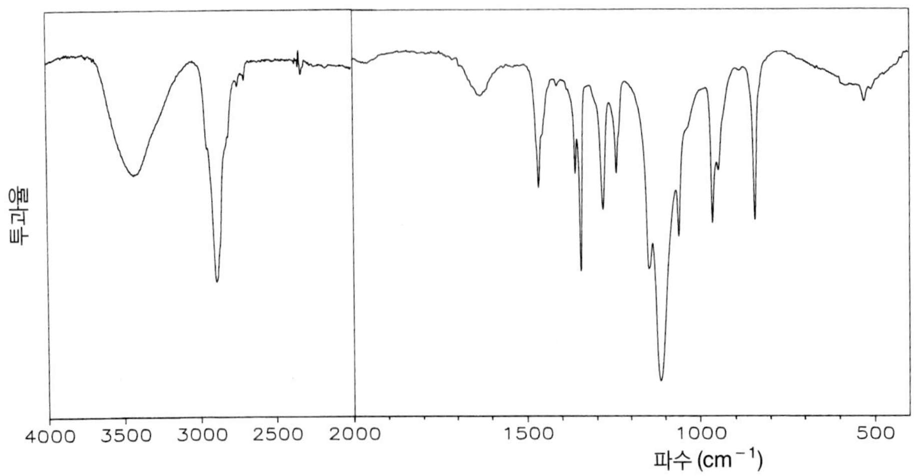

자외선–가시광선 스펙트럼 (EtOH)

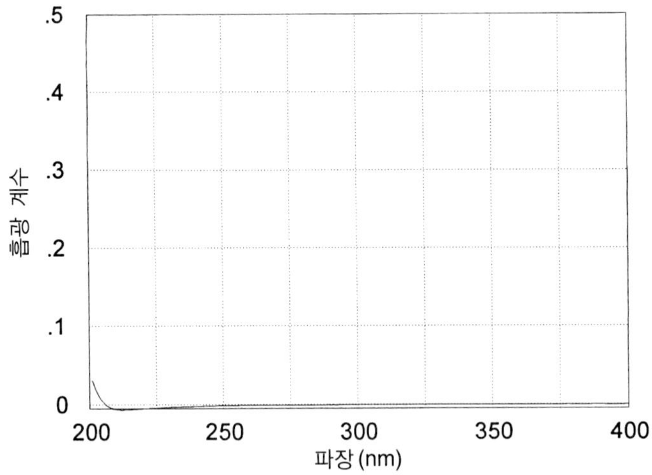

문제 15-25

질량 스펙트럼 (CI)

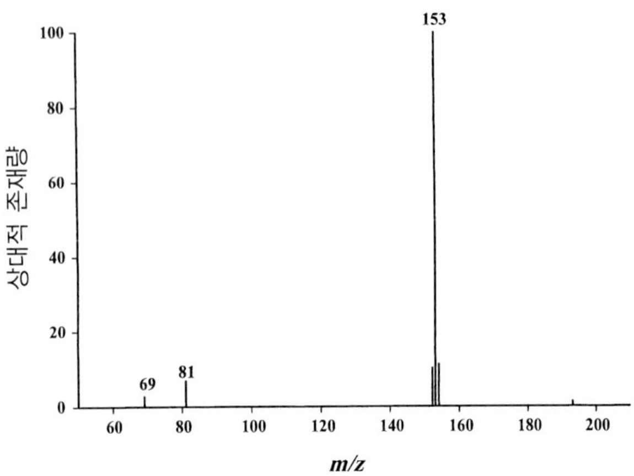

질량 스펙트럼 (EI)

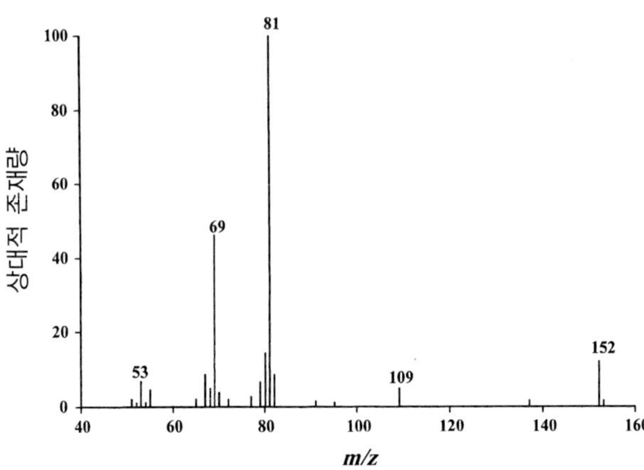

확대된 양성자 NMR 스펙트럼 ($CDCl_3$)

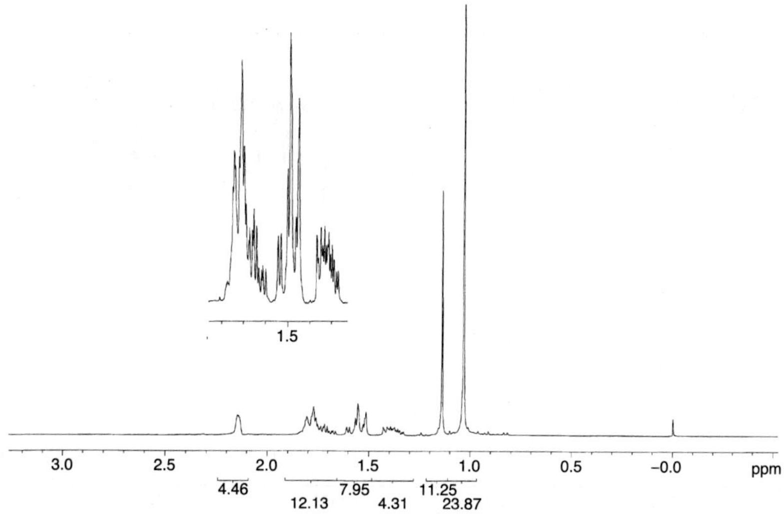

DEPT 스펙트럼

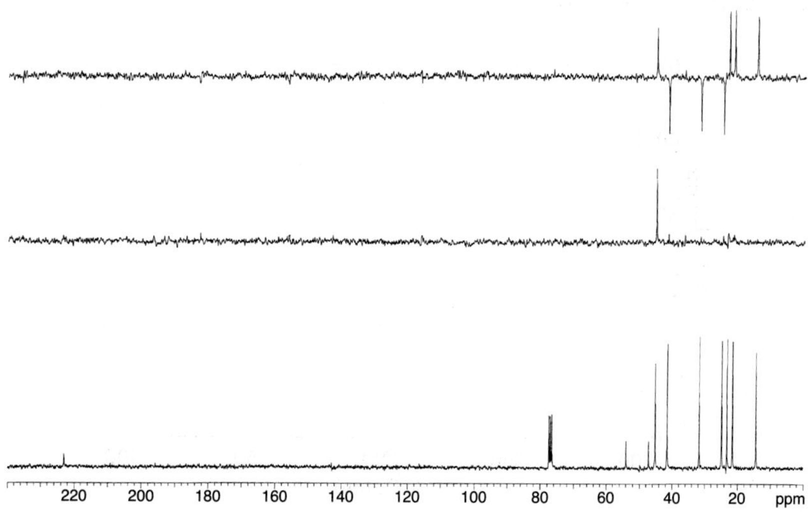

COSY 스펙트럼

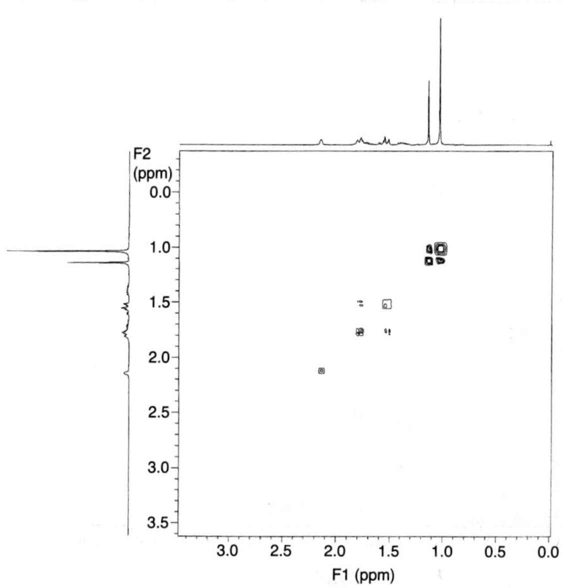

HETCOR 스펙트럼

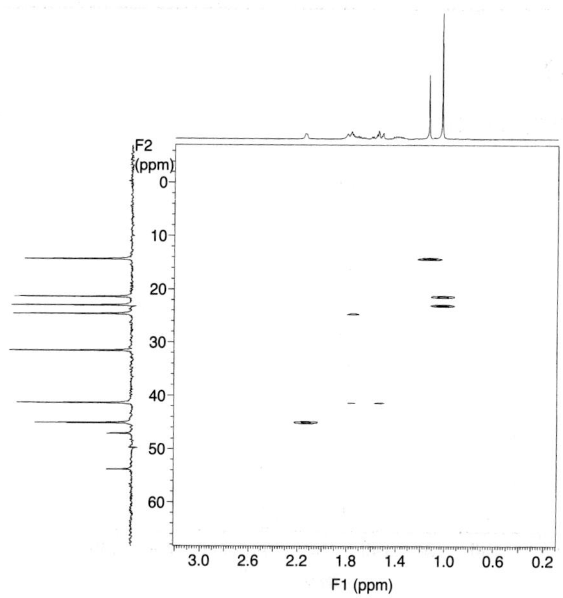

적외선 스펙트럼 (순물질)

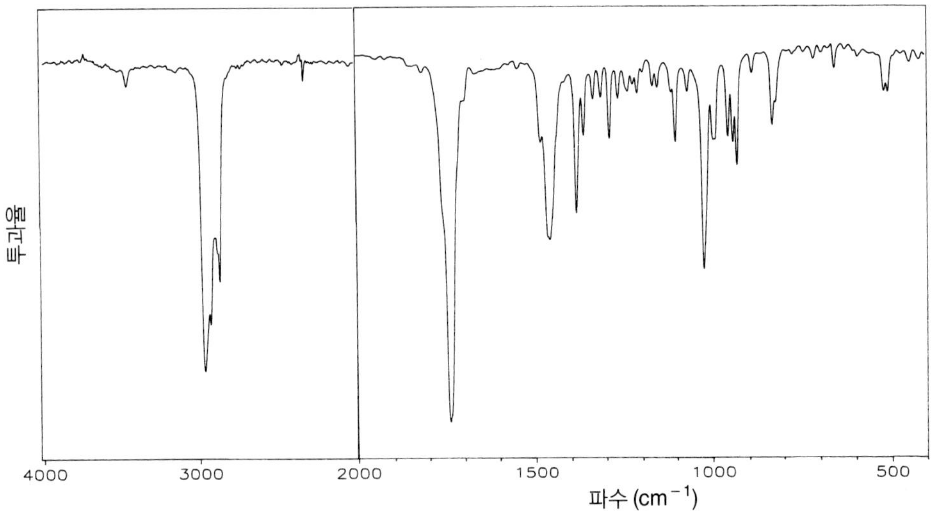

자외선-가시광선 스펙트럼 (EtOH, ϵ[289] 18)

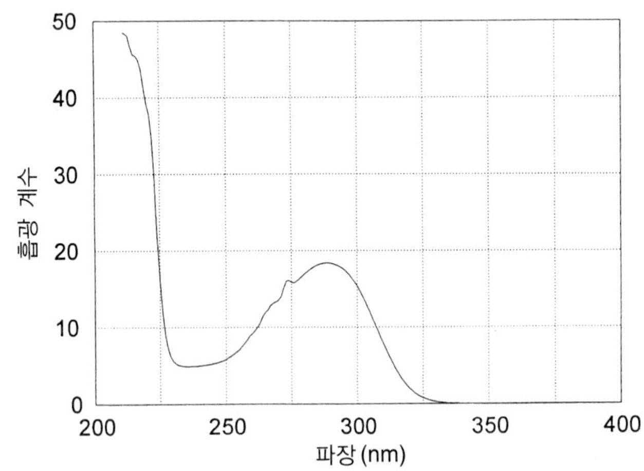

문제 15-26

질량 스펙트럼 (CI)

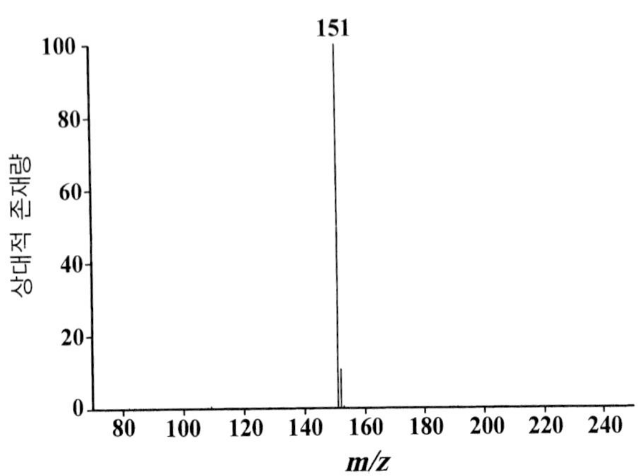

질량 스펙트럼 (EI)

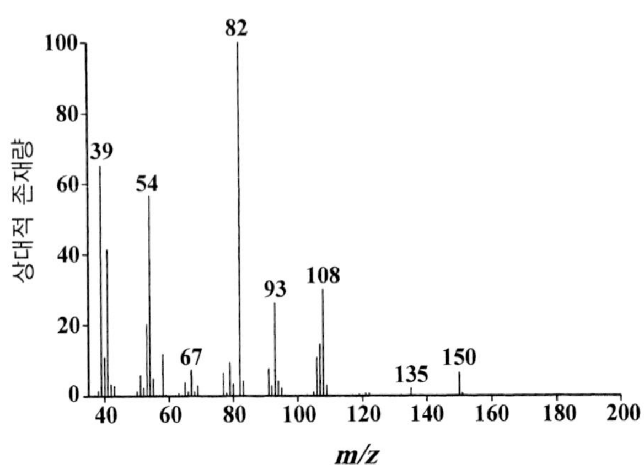

양성자 NMR 스펙트럼 ($CDCl_3$)

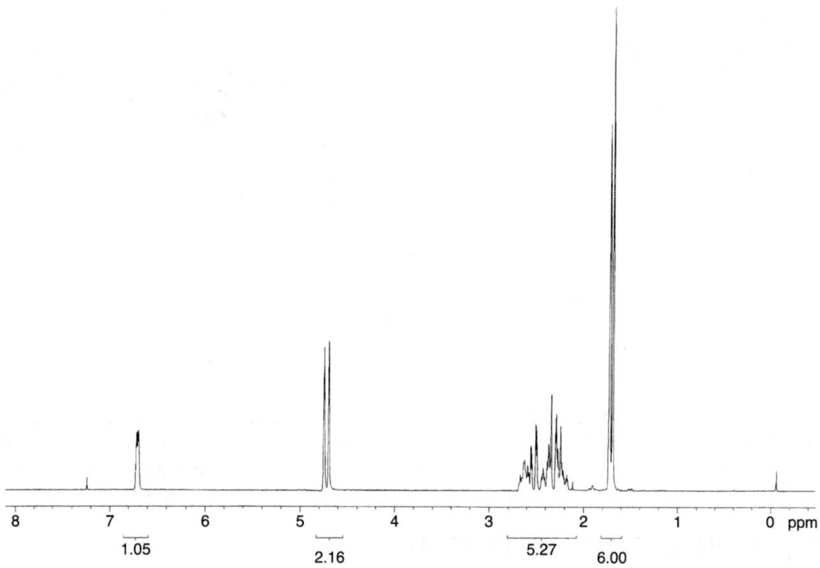

DEPT 스펙트럼

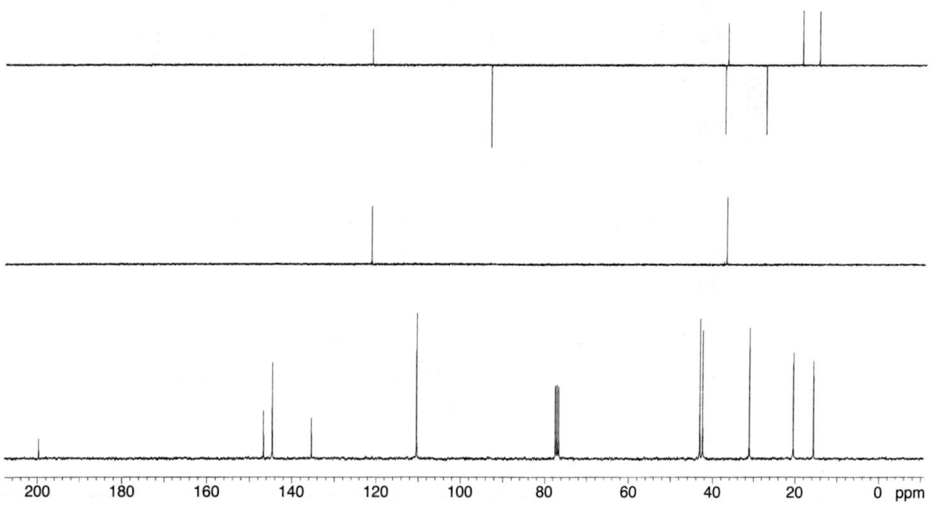

COSY 스펙트럼

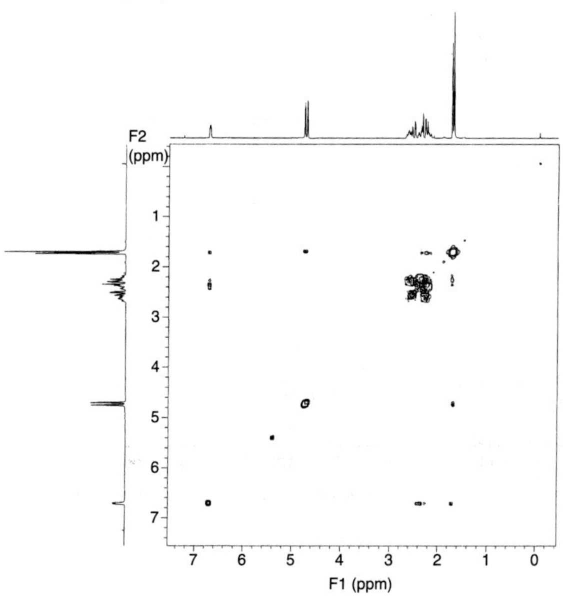

HETCOR 스펙트럼

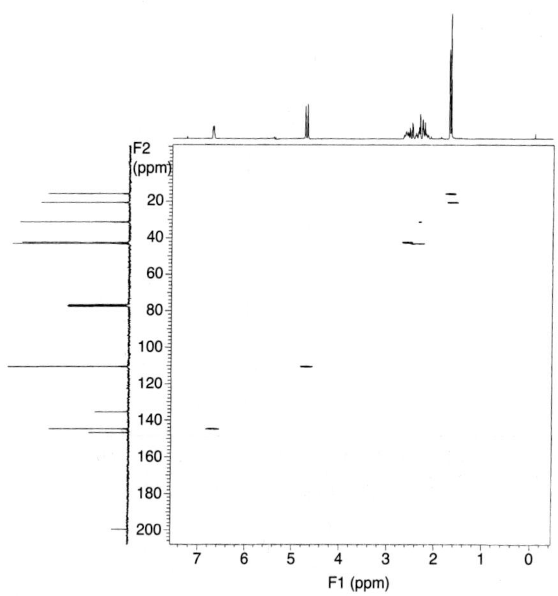

적외선 스펙트럼 (순물질)

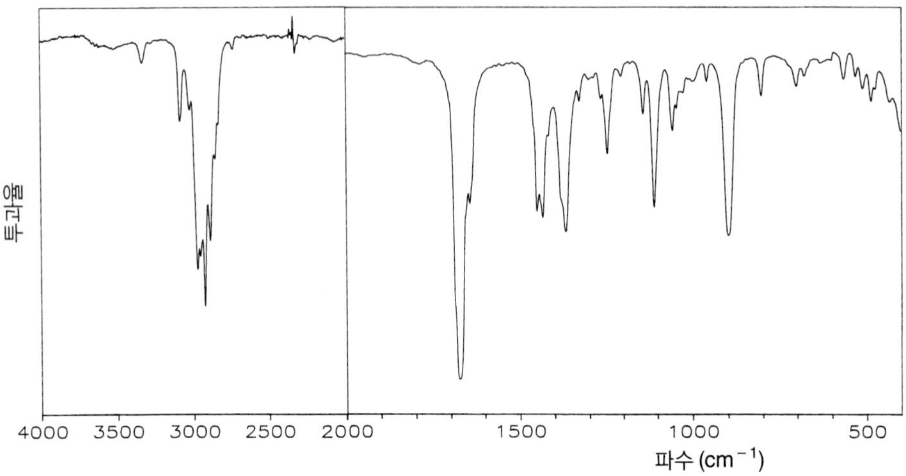

자외선-가시광선 스펙트럼 (EtOH, ϵ[231] 43, ϵ[235] 9144)

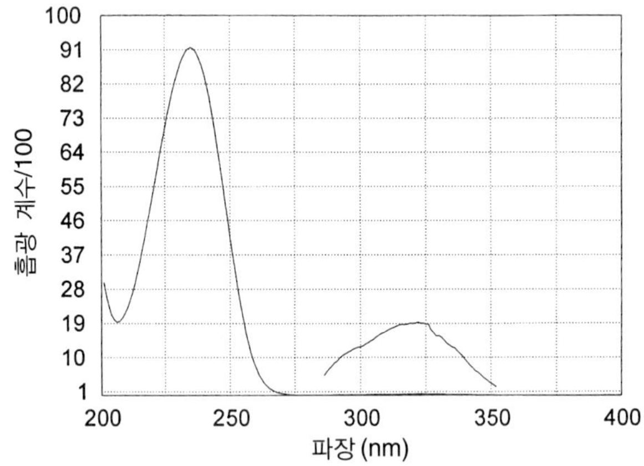

문제 15-27

질량 스펙트럼 (CI)

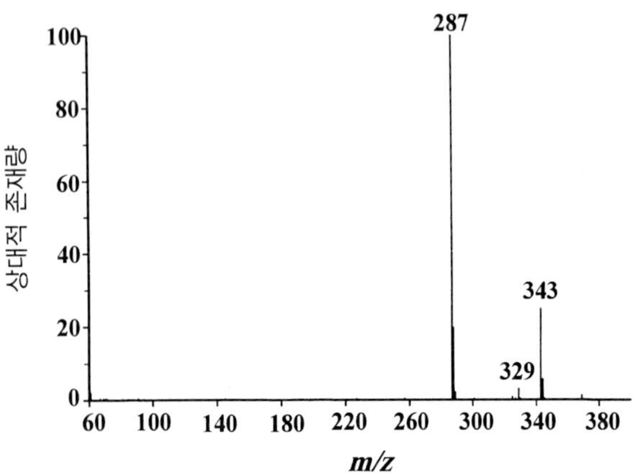

질량 스펙트럼 (EI)

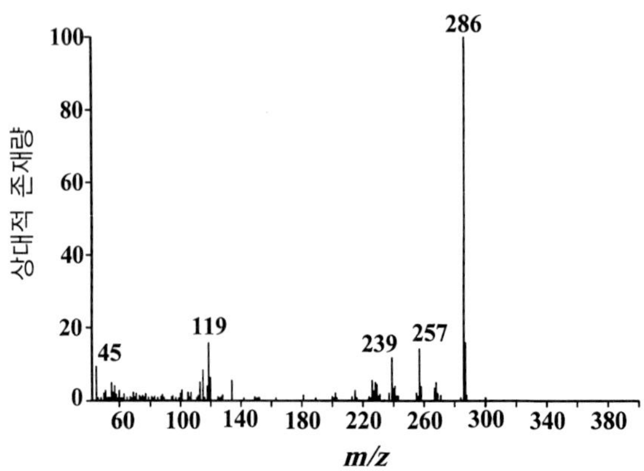

양성자 NMR 스펙트럼 ($CDCl_3$)

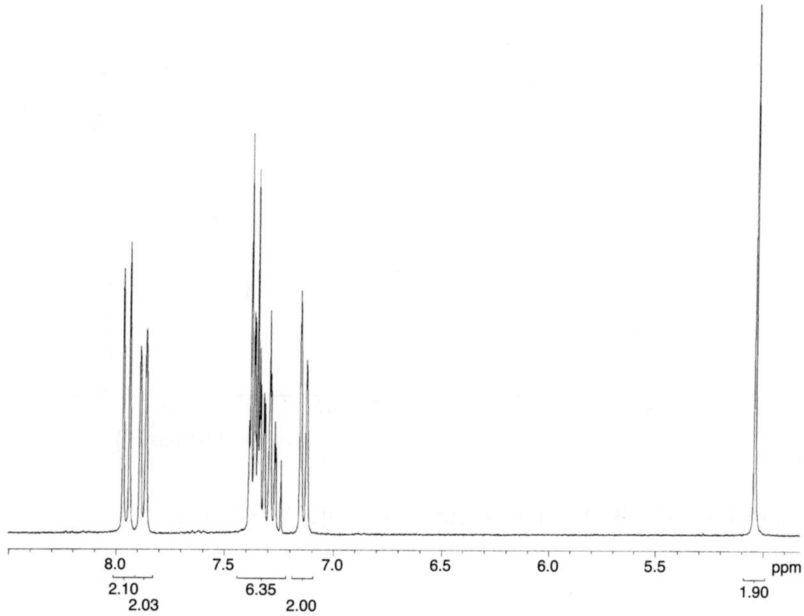

탄소-13 NMR 스펙트럼

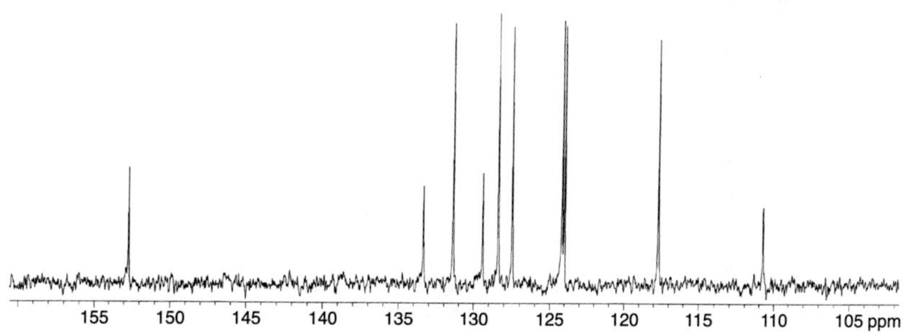

COSY 스펙트럼

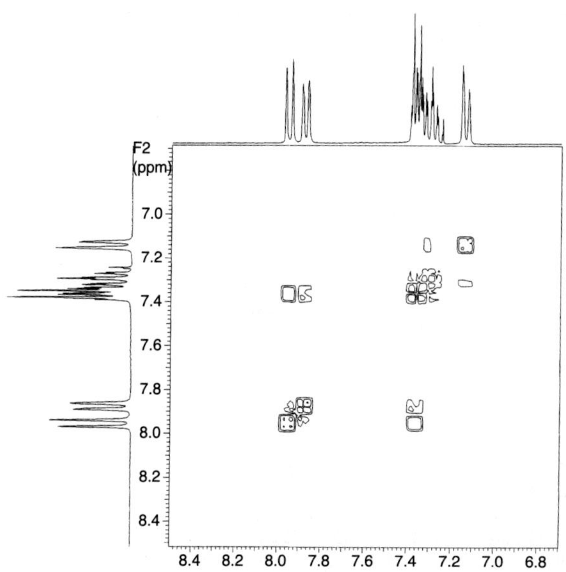

HETCOR 스펙트럼

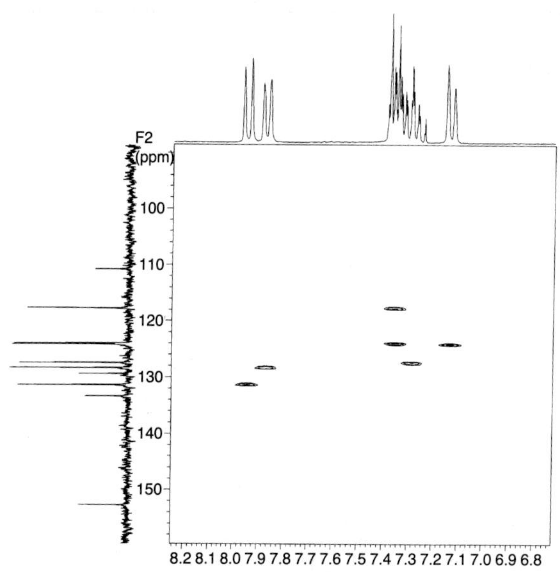

적외선 스펙트럼 (KBr disc)

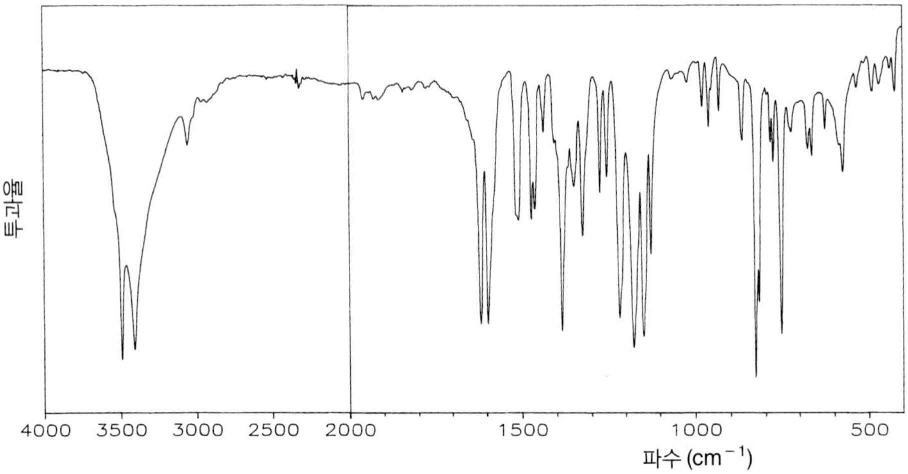

자외선-가시광선 스펙트럼 (EtOH, ϵ[228] 107,190, ϵ[268] 8079, ϵ[278] 9390, ϵ[289] 8262, ϵ[325] 5662, ϵ[336] 7344)

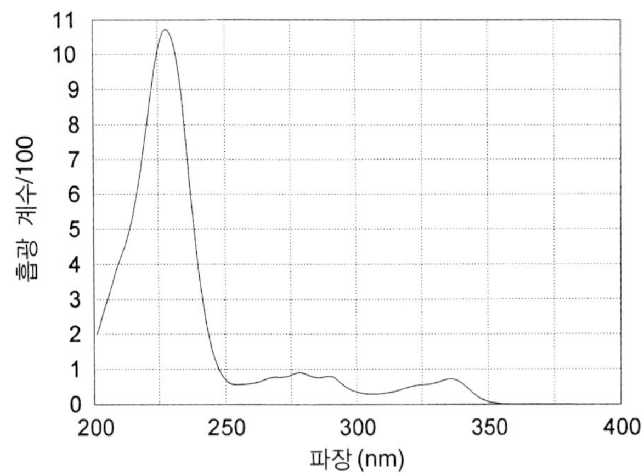

문제 15-28

질량 스펙트럼 (CI)

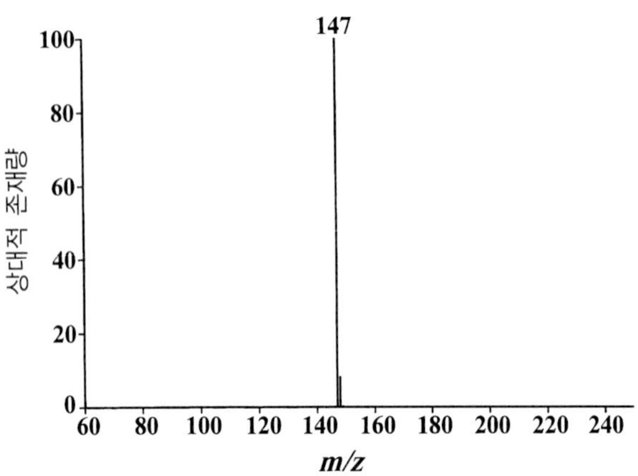

질량 스펙트럼 (EI)

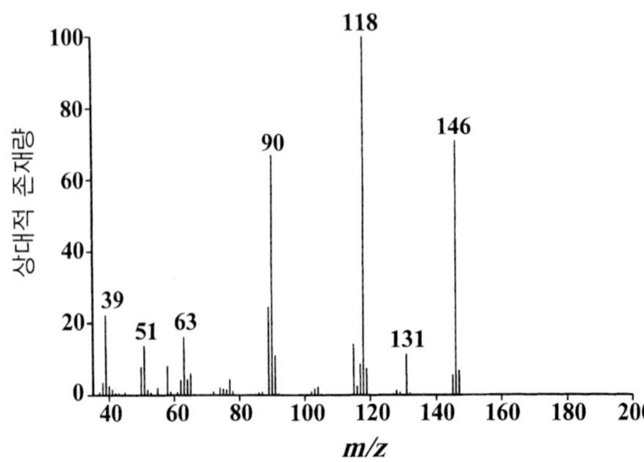

양성자 NMR 스펙트럼 ($CDCl_3$)

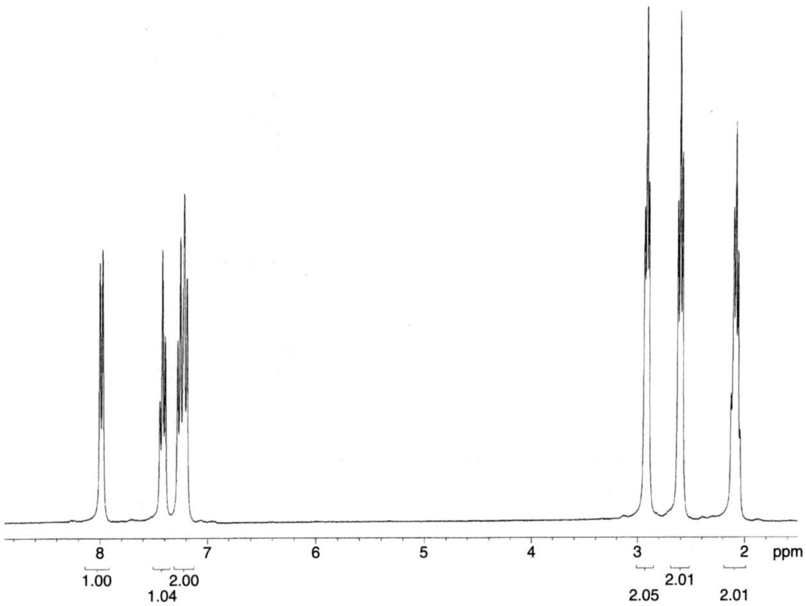

탄소-13 NMR 스펙트럼

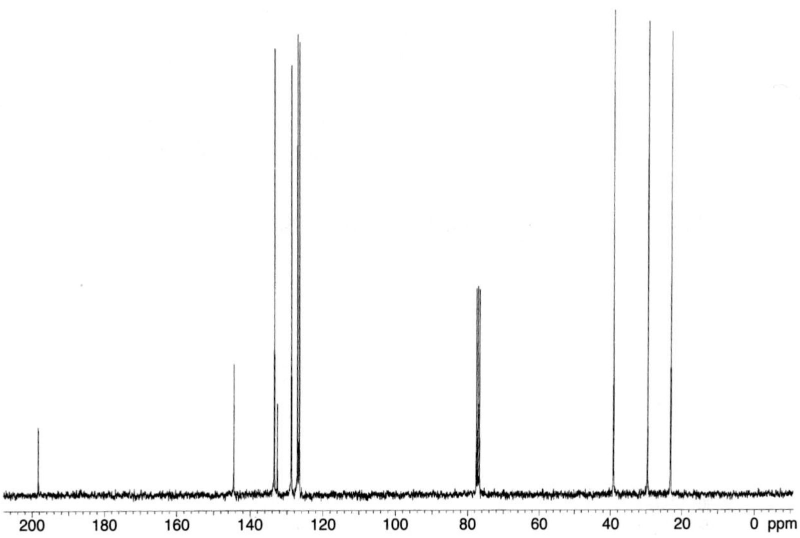

COSY 스펙트럼

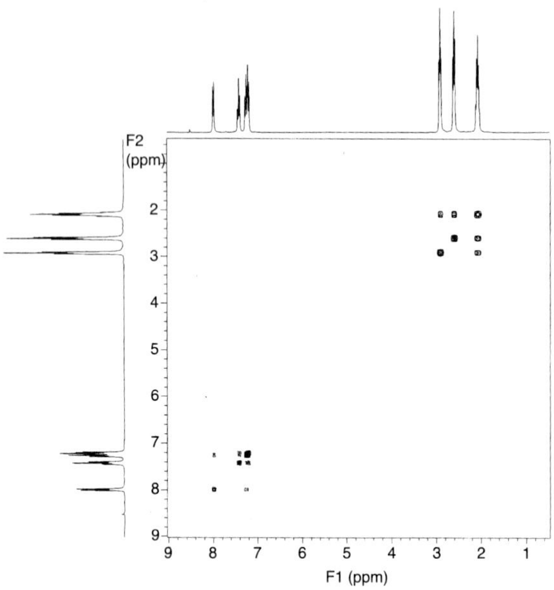

HETCOR 스펙트럼

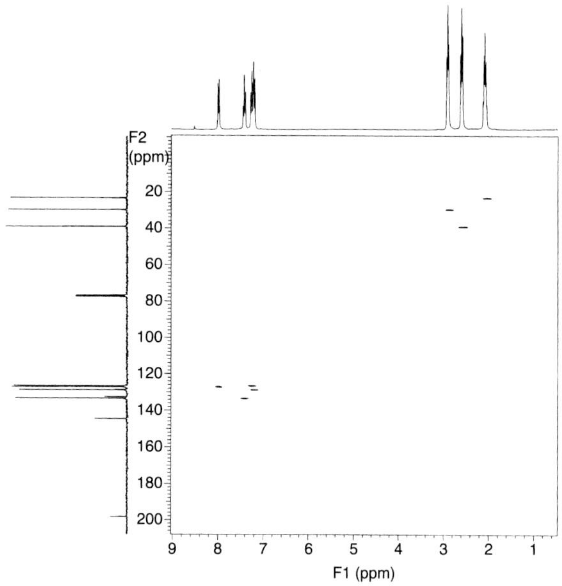

적외선 스펙트럼 (순물질)

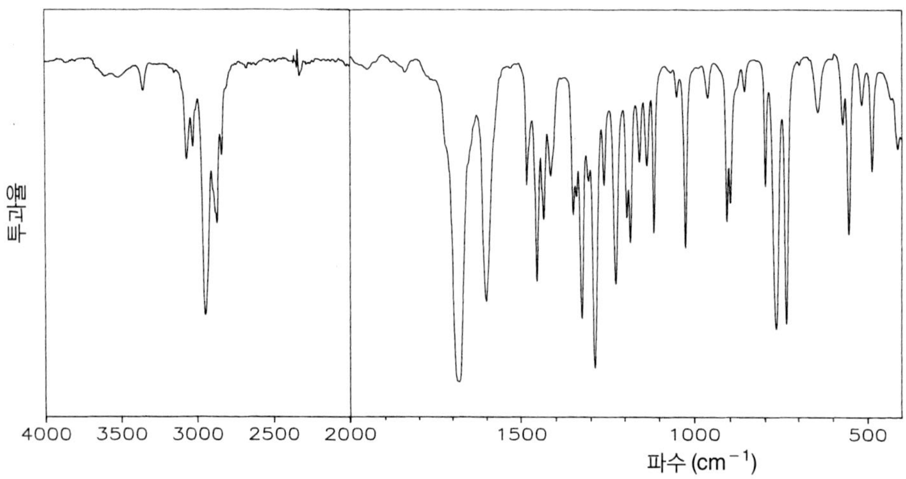

자외선-가시광선 스펙트럼 (EtOH, ϵ[206] 24,500, ϵ[248] 12,200, ϵ[291] 2200)

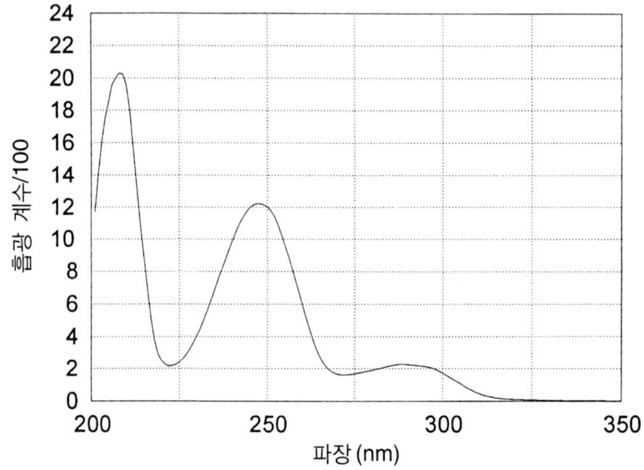

문제 15-29

질량 스펙트럼 (CI)

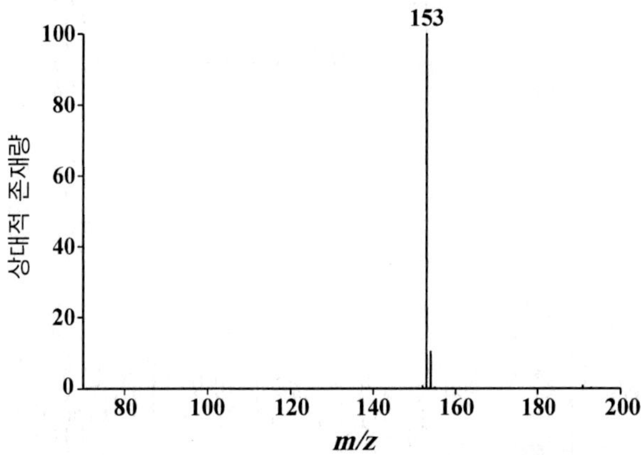

질량 스펙트럼 (EI)

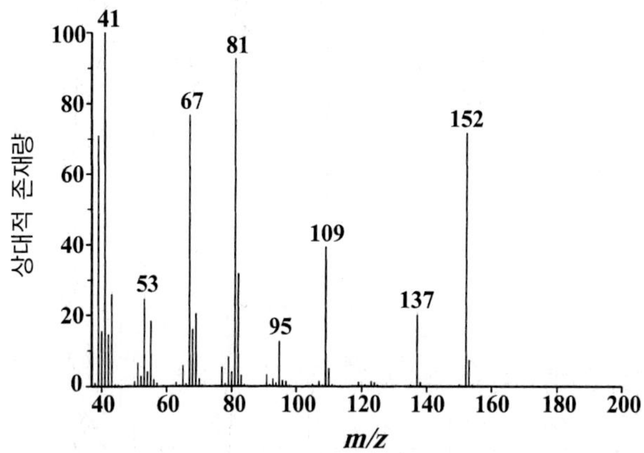

양성자 NMR 스펙트럼 ($CDCl_3$)

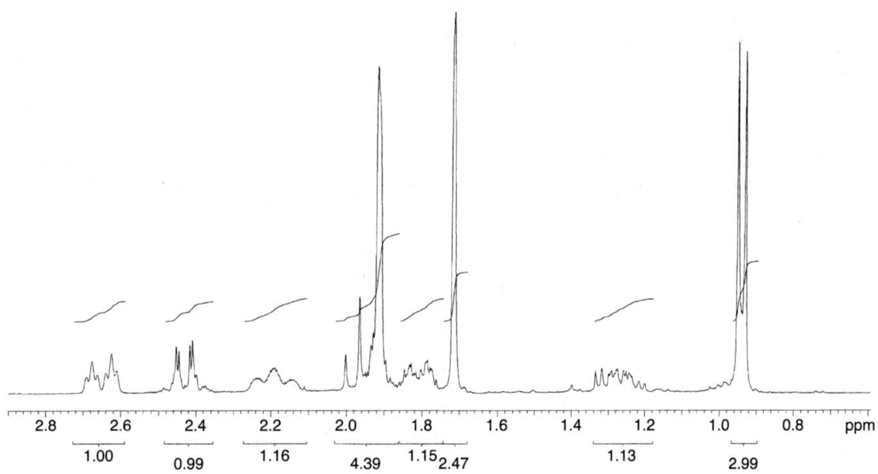

DEPT 스펙트럼

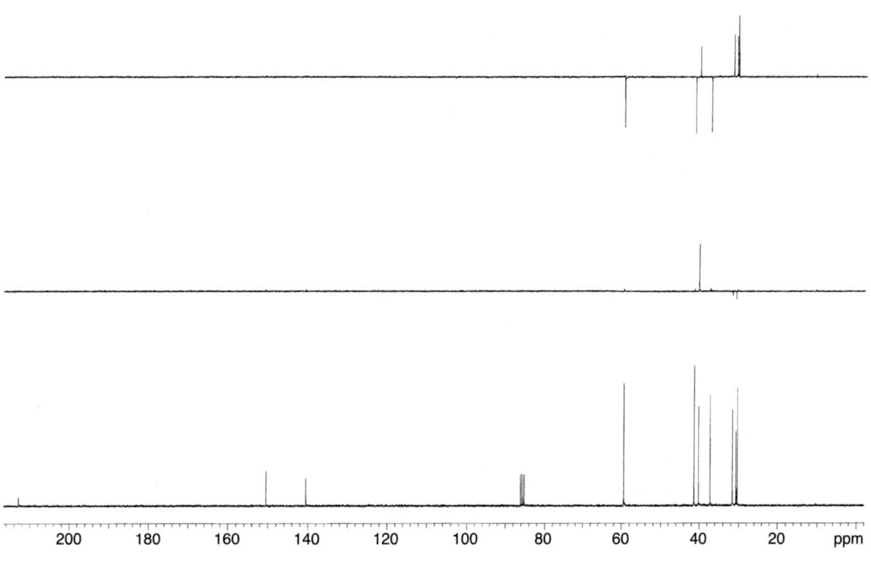

COSY 스펙트럼

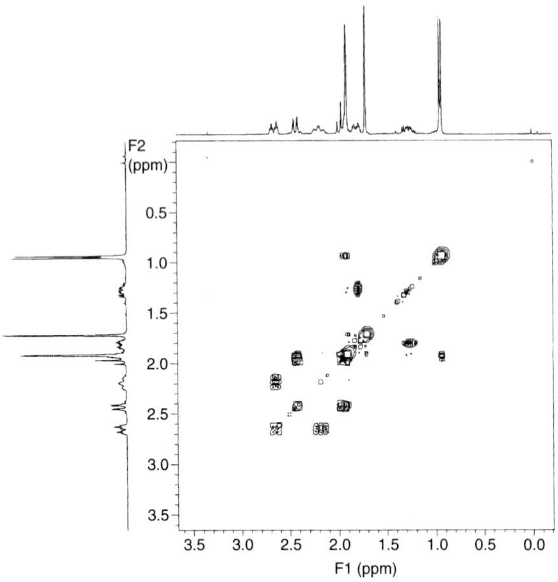

HETCOR 스펙트럼

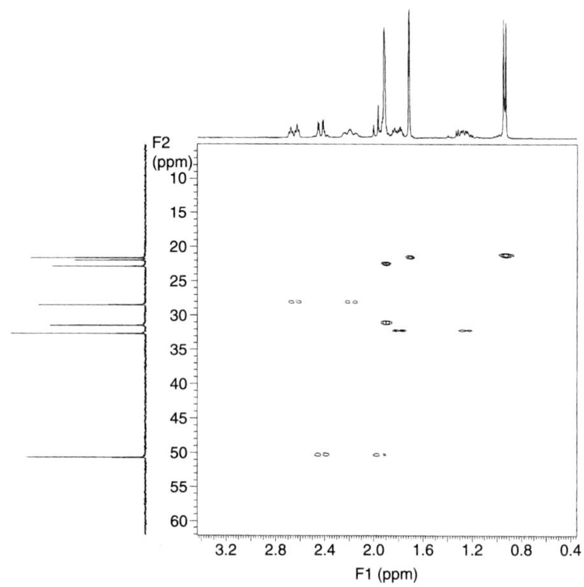

적외선 스펙트럼 (순물질)

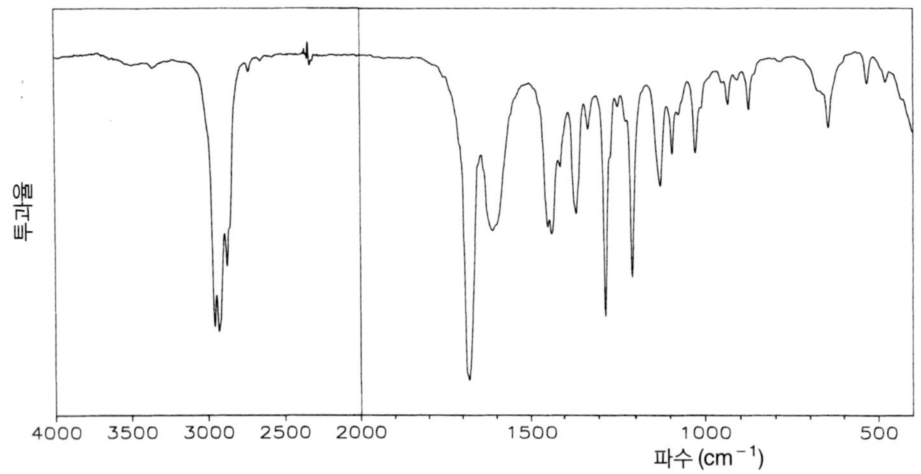

자외선-가시광선 스펙트럼 (EtOH, ϵ[252] 7040, ϵ[311] 72)

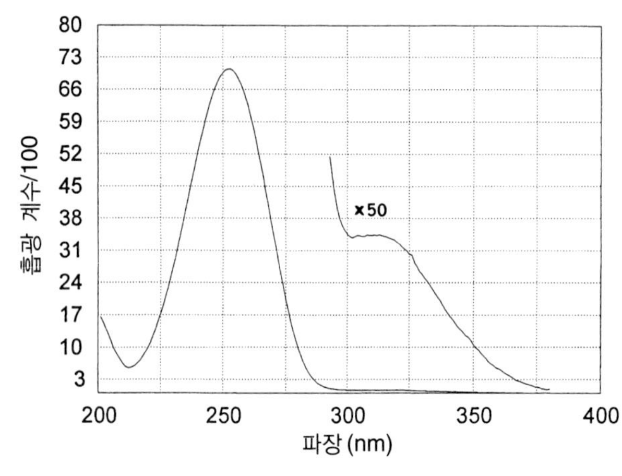

문제 15-30

질량 스펙트럼 (CI)

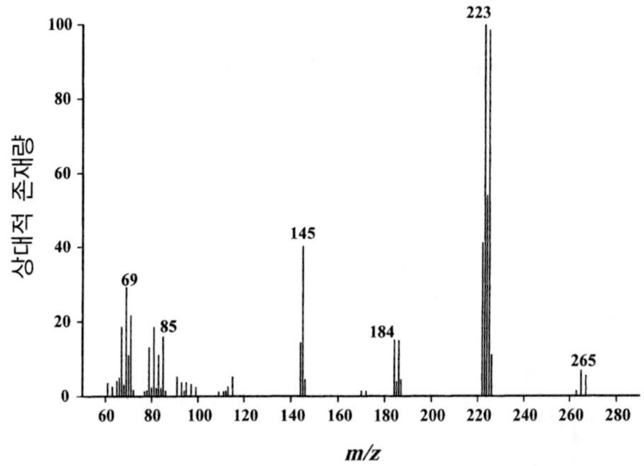

질량 스펙트럼 (EI)

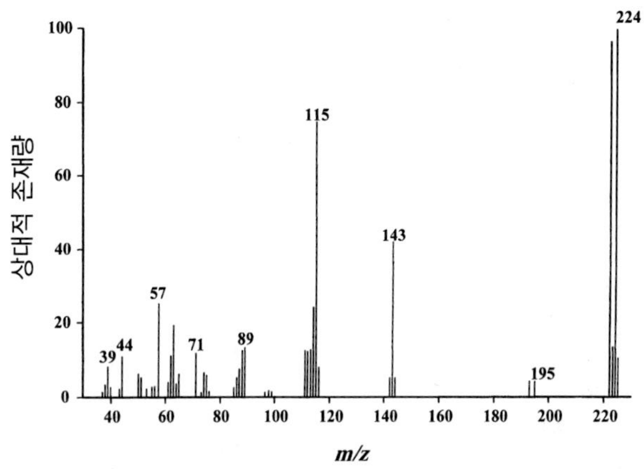

확대된 양성자 NMR 스펙트럼 ($CD_3(SO)CD_3$)

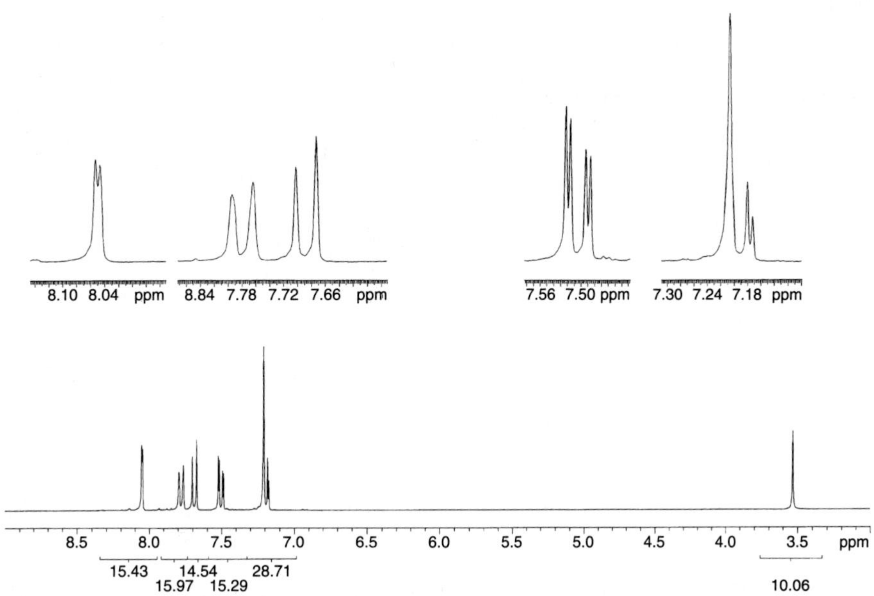

탄소-13 NMR 스펙트럼

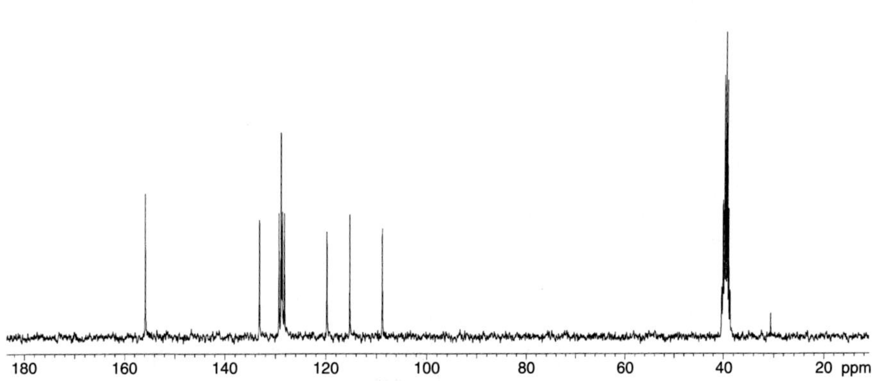

COSY 스펙트럼

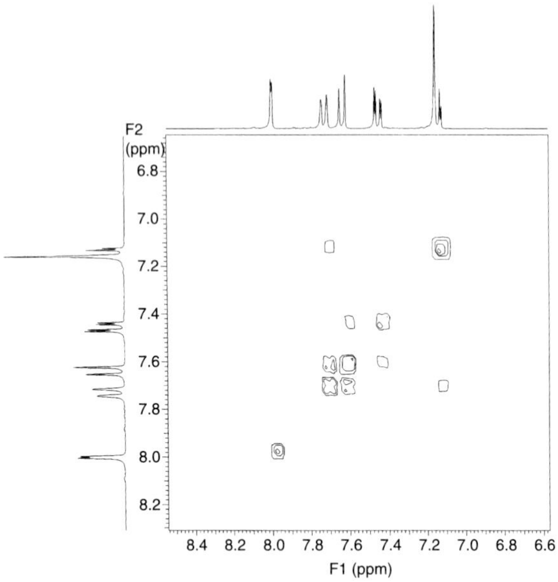

HETCOR 스펙트럼

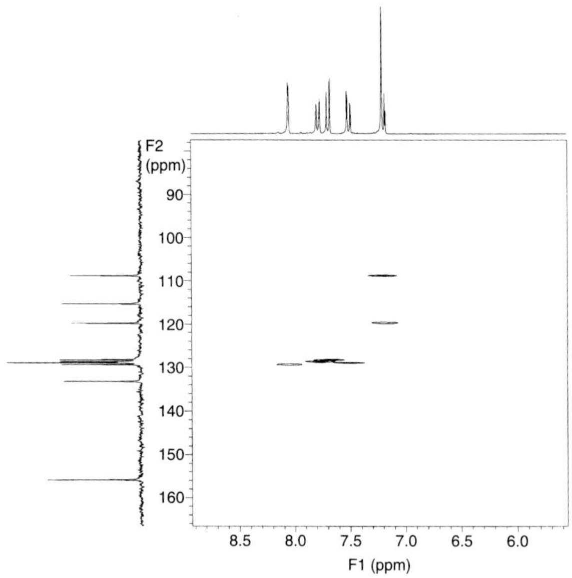

적외선 스펙트럼 (KBr disc)

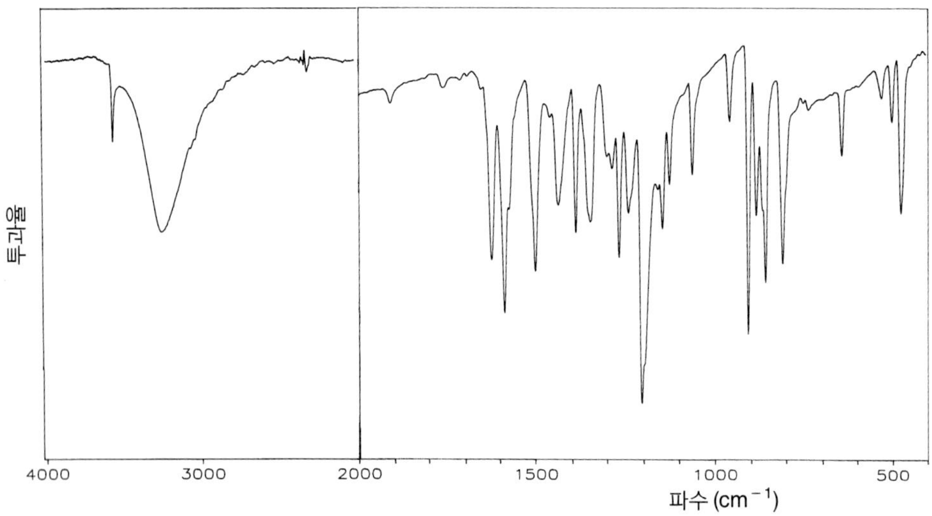

자외선–가시광선 스펙트럼 (EtOH, ϵ[232] 80,627, ϵ[276] 10,880, ϵ[286] 7669, ϵ[328] 1872, ϵ[340] 2056)

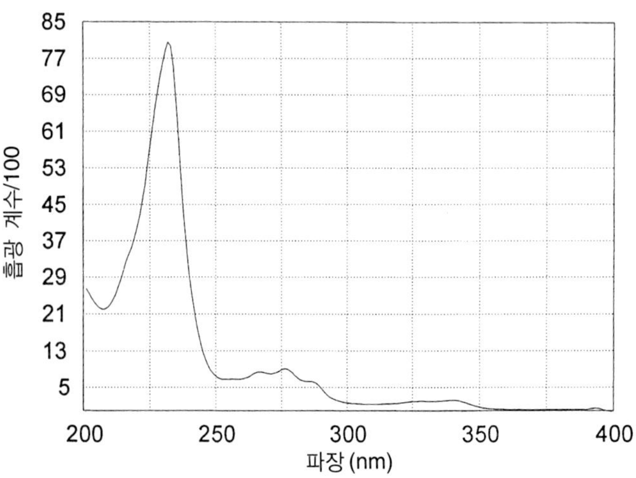

문제 15-31

질량 스펙트럼 (CI)

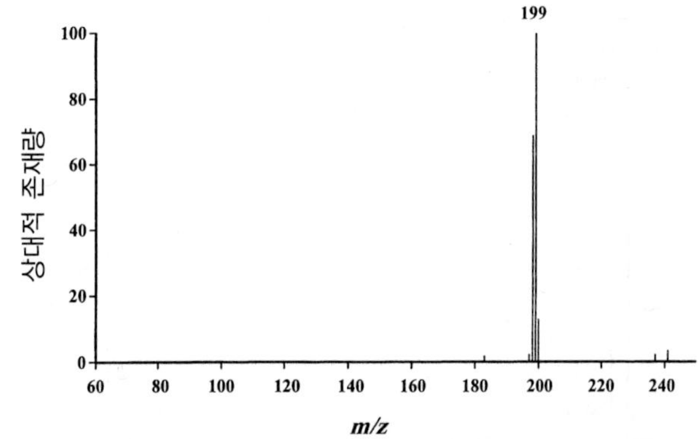

질량 스펙트럼 (EI)

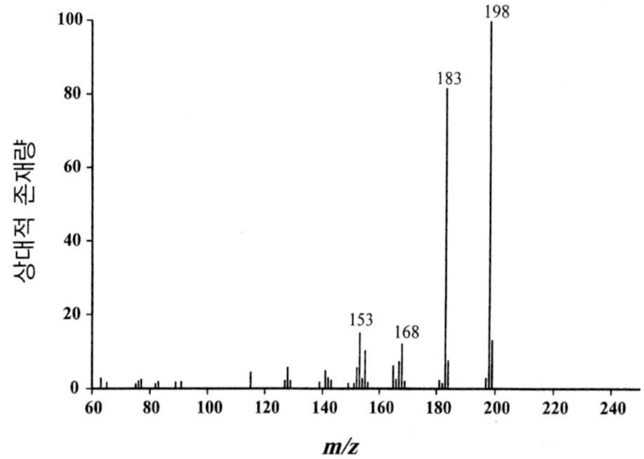

확장된 양성자 NMR 스펙트럼 ($CDCl_3$)

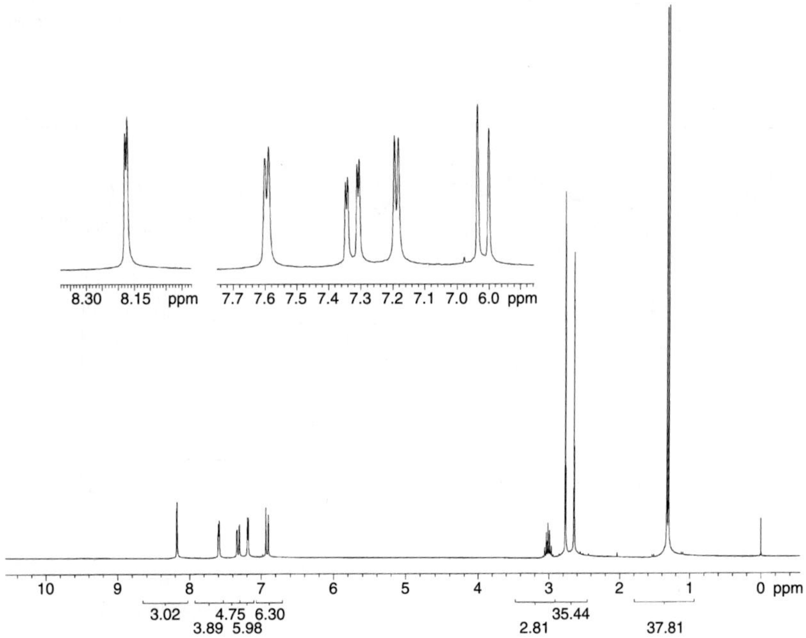

DEPT 스펙트럼

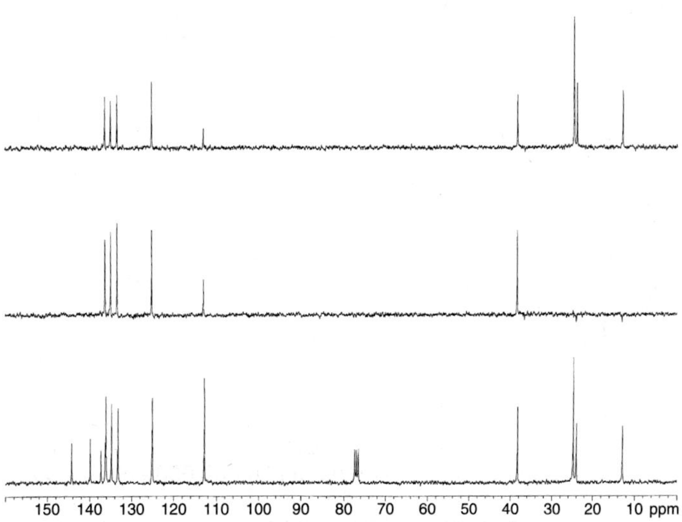

COSY 스펙트럼

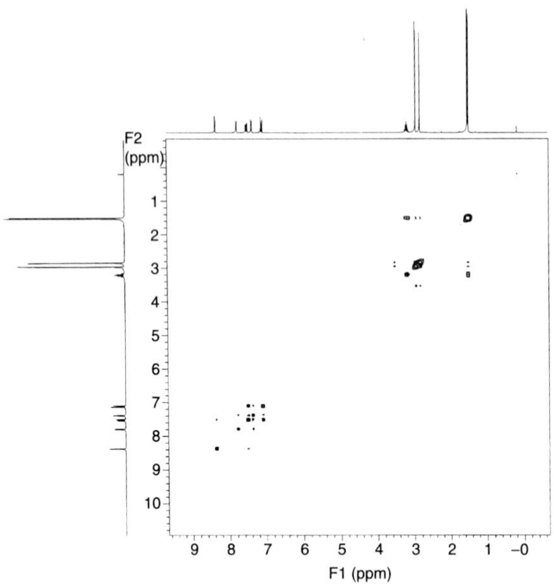

HETCOR 스펙트럼

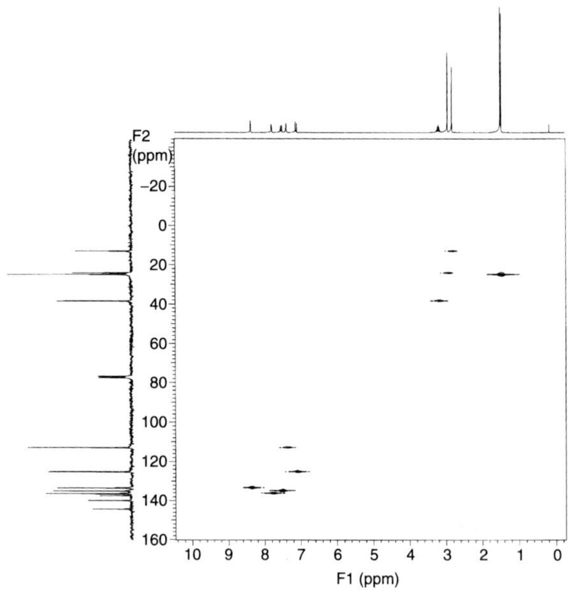

적외선 스펙트럼 (KBr disc)

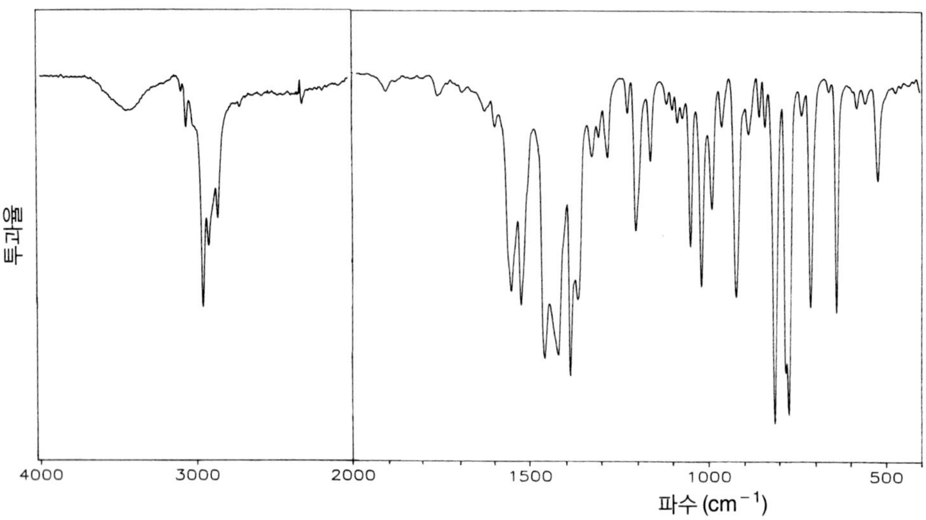

자외선–가시광선 스펙트럼 (EtOH, ϵ[214] 13,069, ϵ[244] 27,837, ϵ[284] 48,370, ϵ[289] 47,400, ϵ[304] 11,848, ϵ[349] 4664, ϵ[366] 3212, ϵ[602] 455, ϵ[649] 378, ϵ[720] 133)

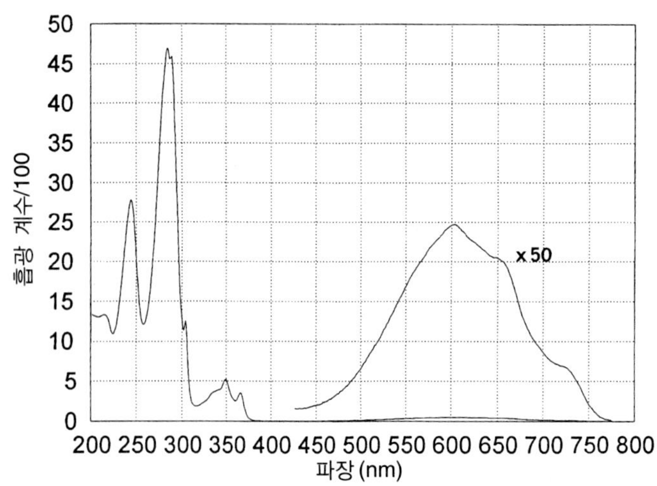

문제 15-32

질량 스펙트럼 (탈착 EI)

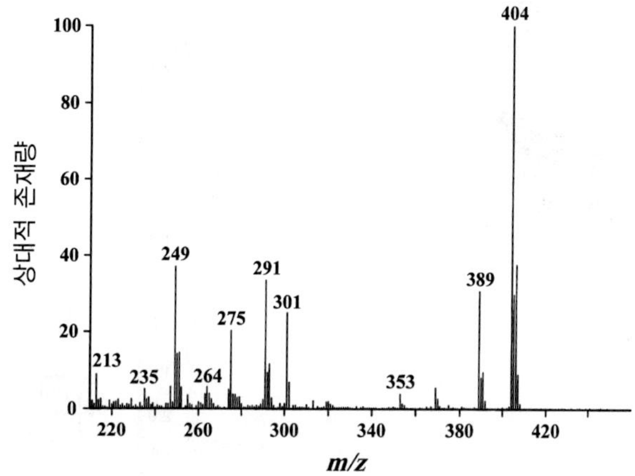

양성자 NMR 스펙트럼 ($CDCl_3$)

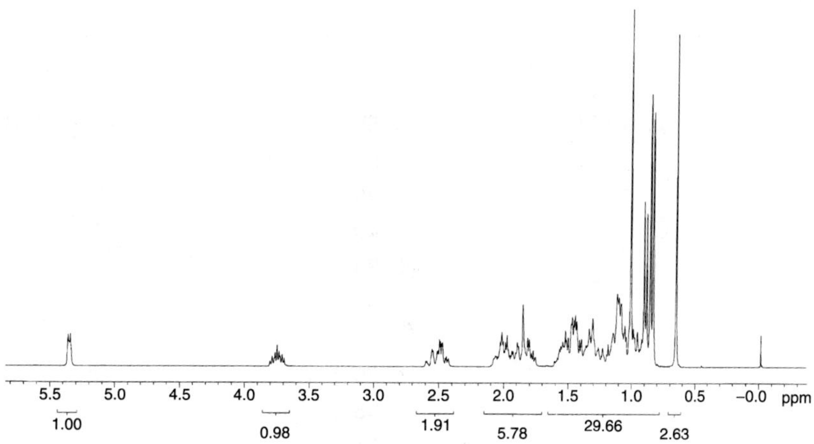

DEPT 스펙트럼

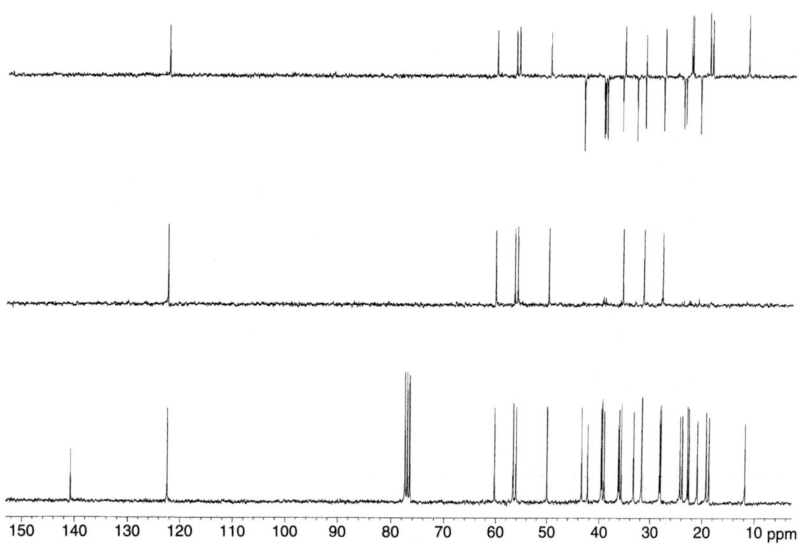

COSY 스펙트럼

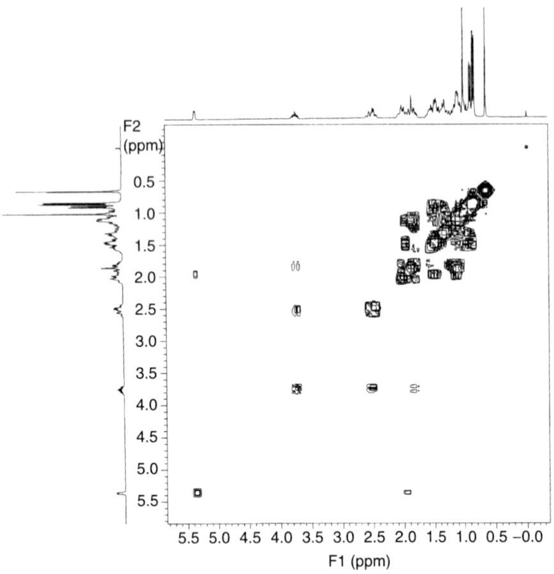

확대된 COSY 스펙트럼

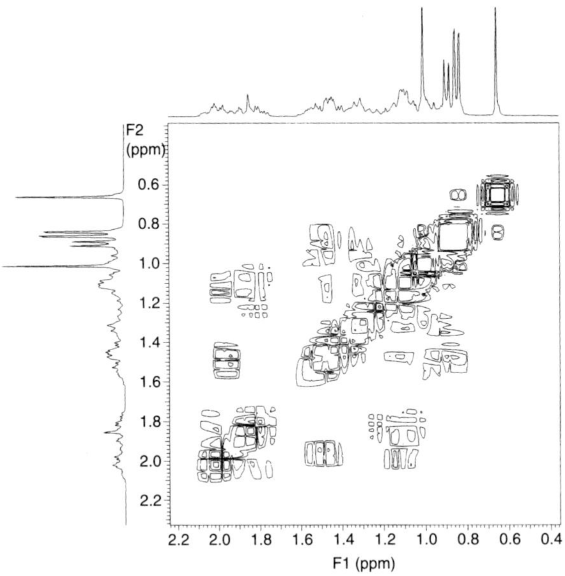

HETCOR 스펙트럼

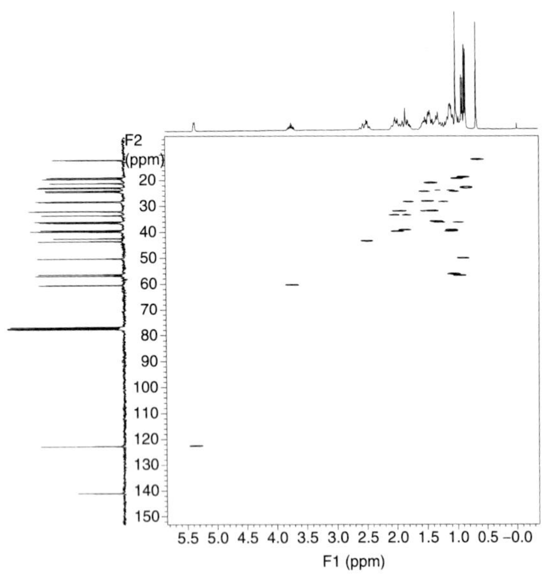

자외선-가시광선 스펙트럼 (EtOH, ϵ[203] 5500)

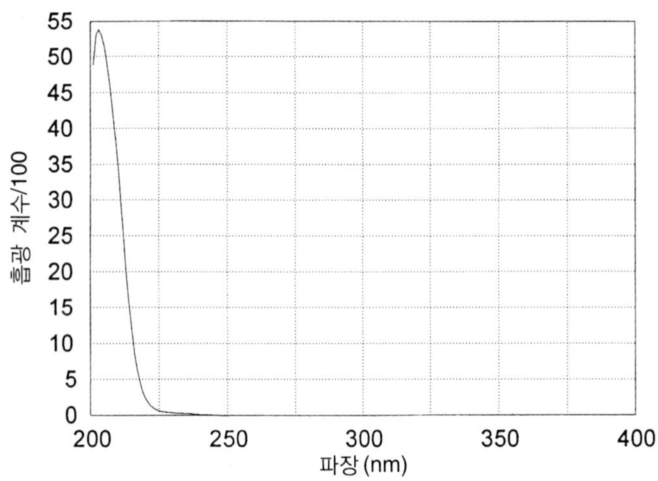

적외선 스펙트럼 (KBr disc)

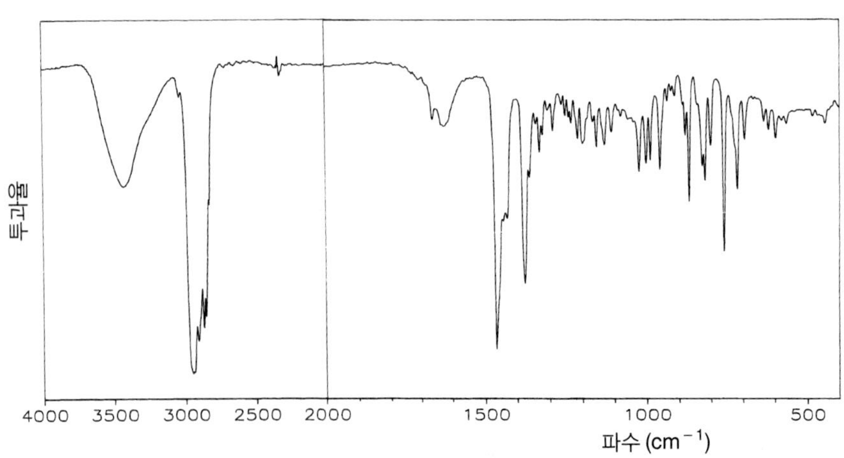

문제 15-33

질량 스펙트럼 (CI)

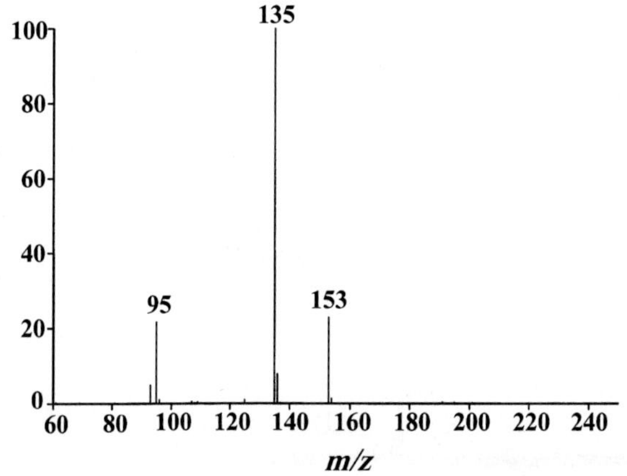

질량 스펙트럼 (EI)

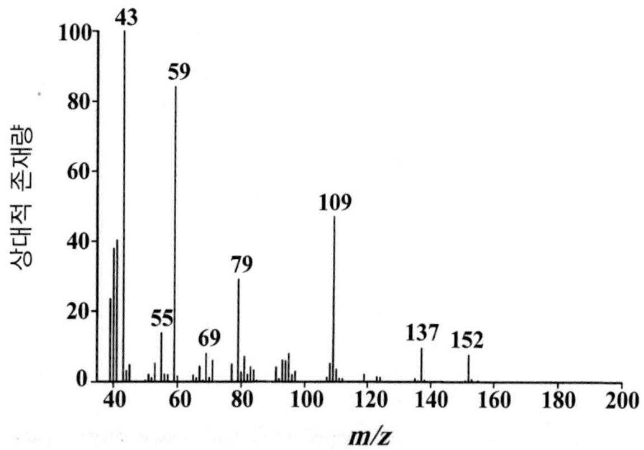

질량 스펙트럼 (탈착 EI)

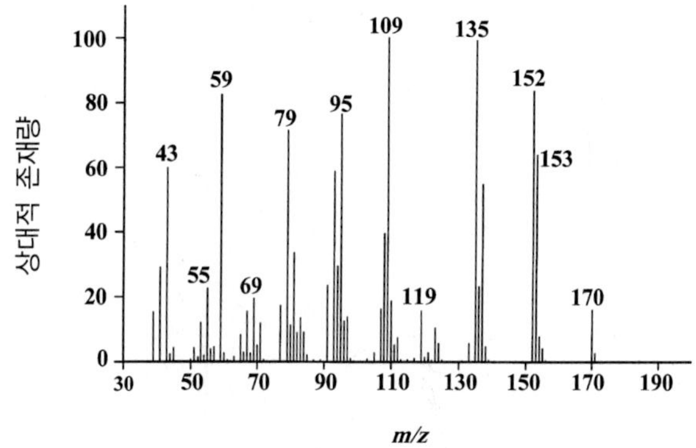

양성자 NMR 스펙트럼 ($CDCl_3$)

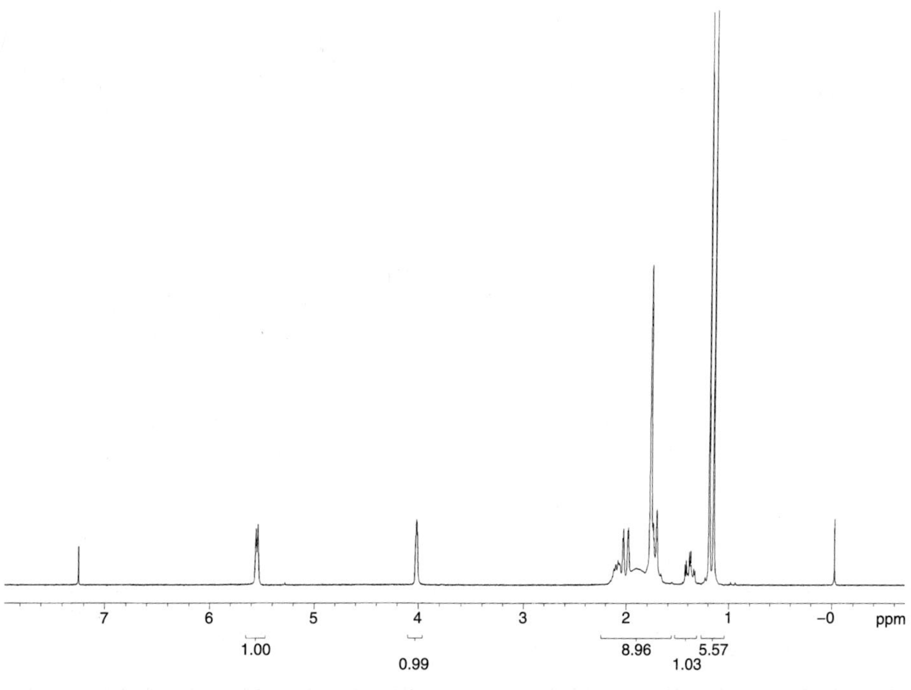

탄소-13 NMR 스펙트럼

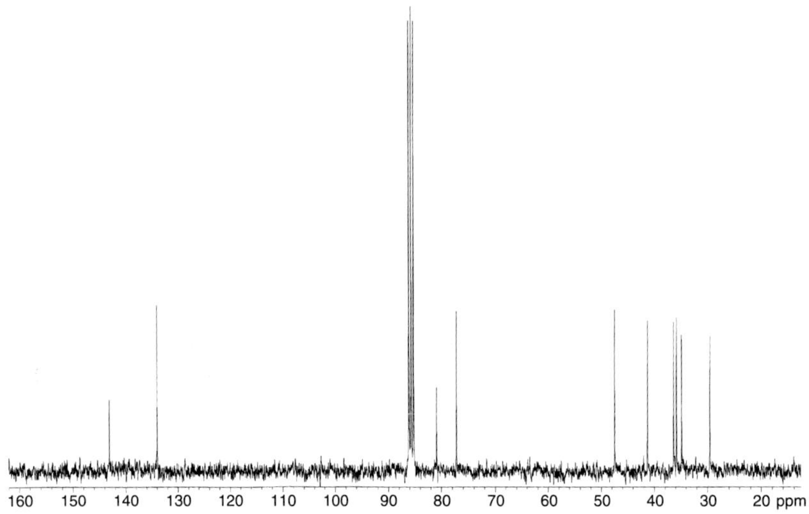

COSY 스펙트럼

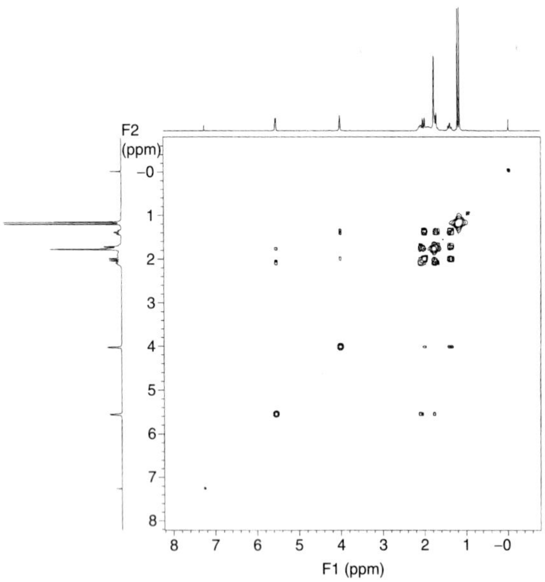

HETCOR 스펙트럼

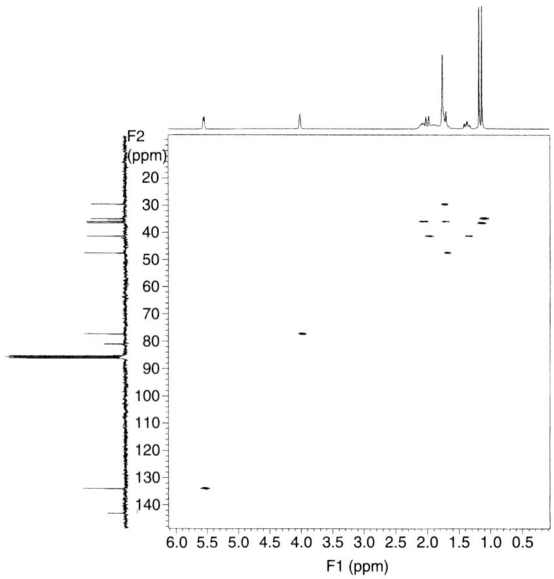

적외선 스펙트럼 (KBr disc)

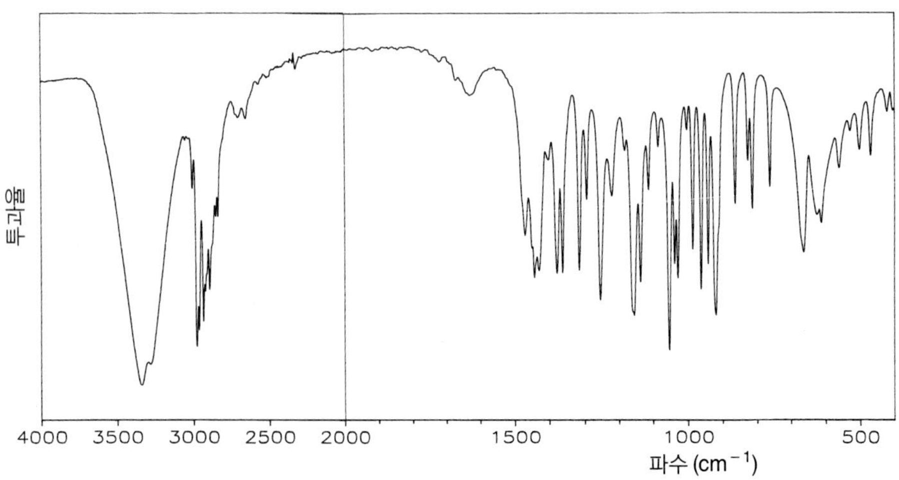

자외선-가시광선 스펙트럼 (EtOH)

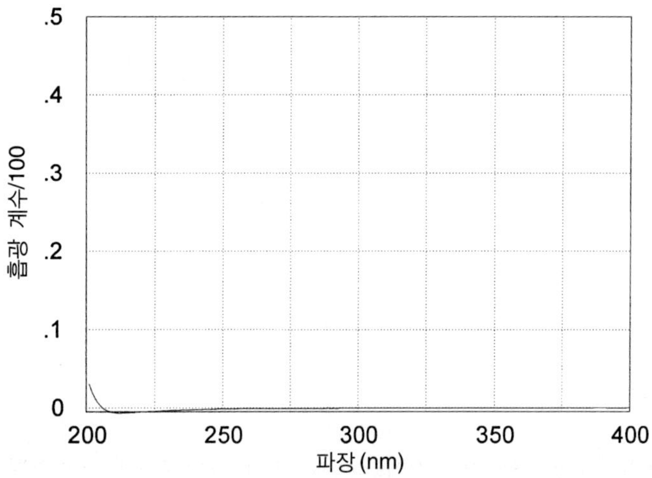

문제 15-34

질량 스펙트럼 (α-cyano-4-hydroxysinapinic acid에서 MALDI)

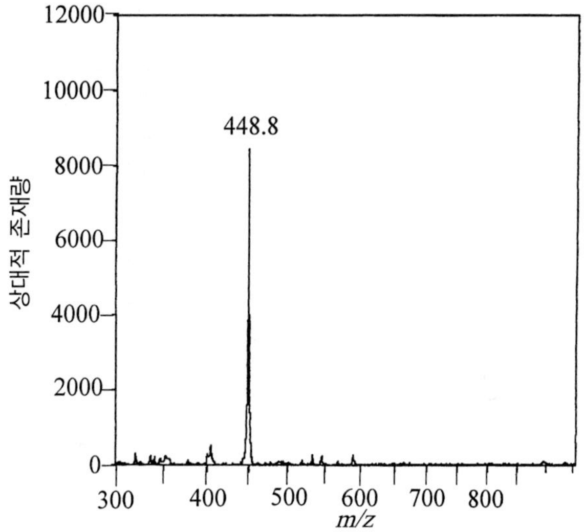

양성자 NMR 스펙트럼 (CF_3CO_2D/$CD_3(CO)CD_3$)

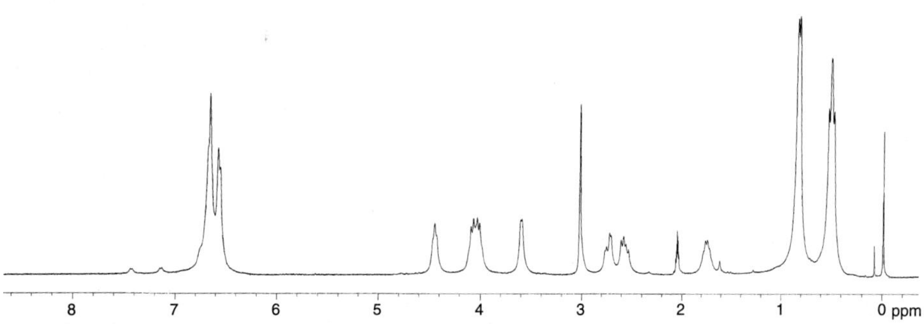

DEPT 스펙트럼

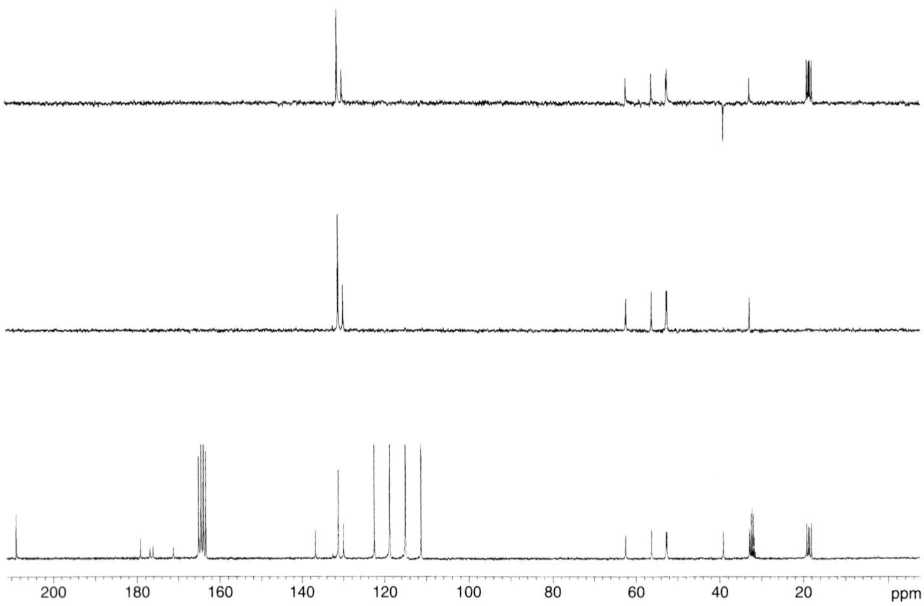

COSY 스펙트럼

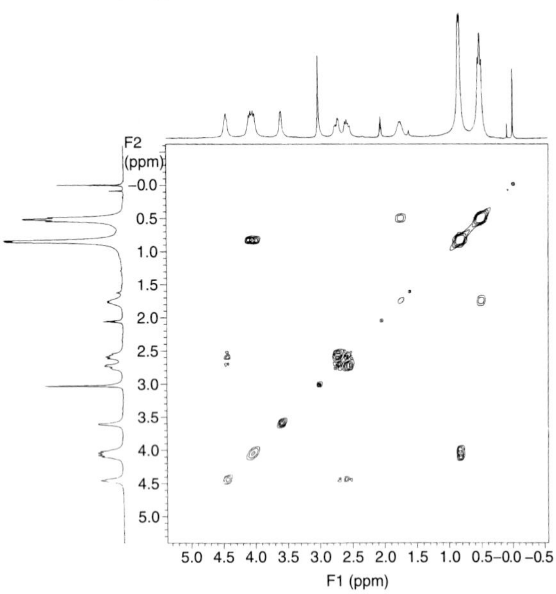

HETCOR 스펙트럼

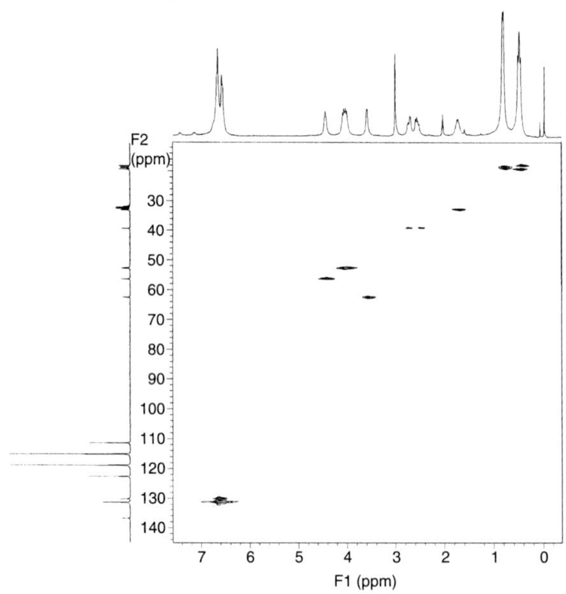

적외선 스펙트럼 (KBr disc)

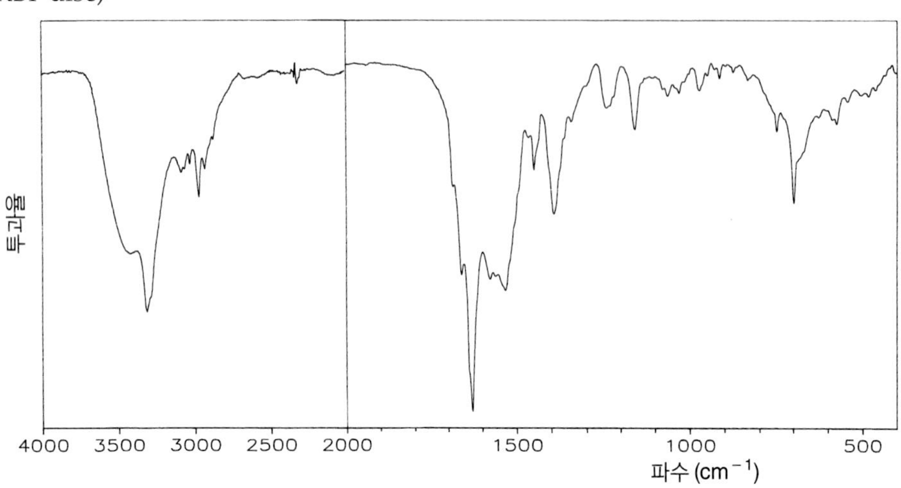

자외선-가시광선 스펙트럼 (H_2O, [pH 7.4 인산염 완충 물질], ϵ[247] 114, ϵ[252] 142, ϵ[258] 166, ϵ[264] 129, ϵ[267] 92, ϵ[301] 28)

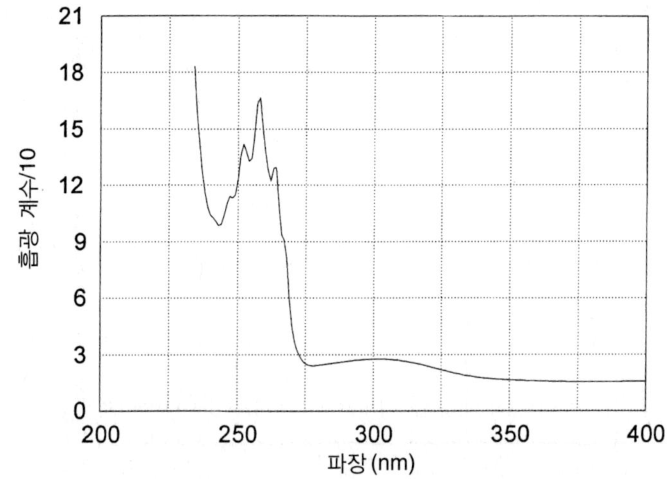

문제 15-35

질량 스펙트럼 (α-cyano-4-hydroxysinapinic acid에서 MALDI)

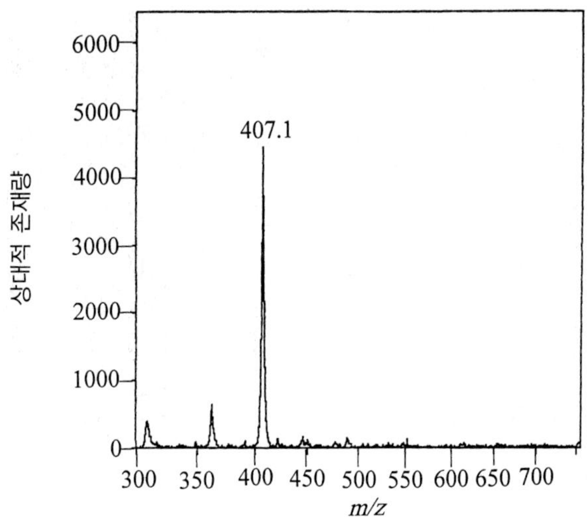

양성자 NMR 스펙트럼 (D_2O)

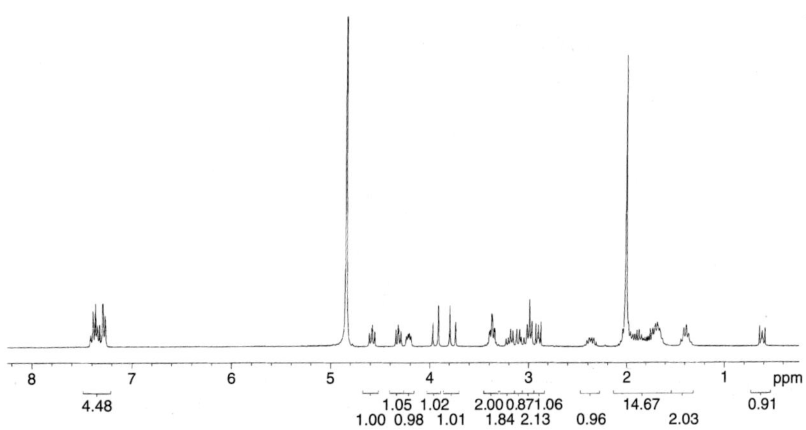

DEPT 스펙트럼

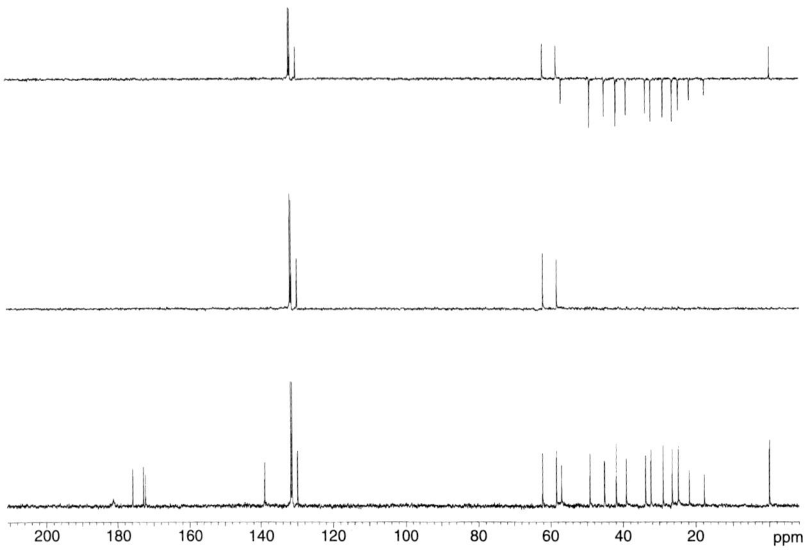

COSY 스펙트럼

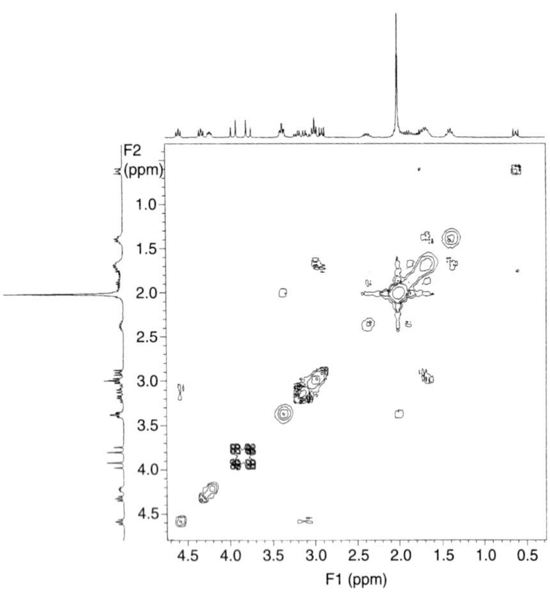

HETCOR 스펙트럼

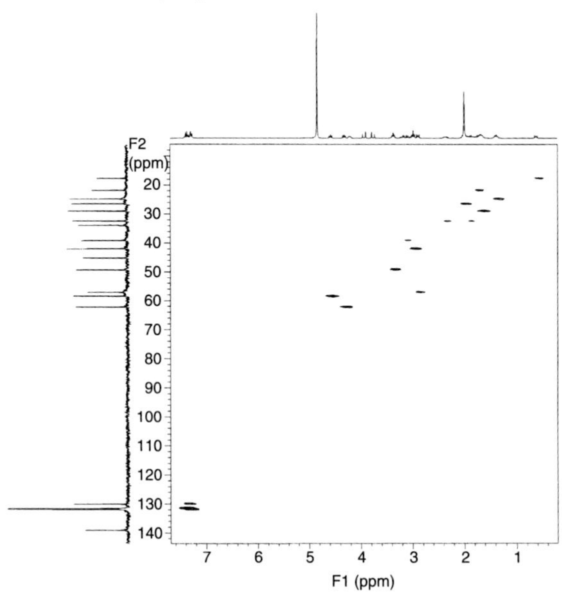

적외선 스펙트럼 (KBr disc)

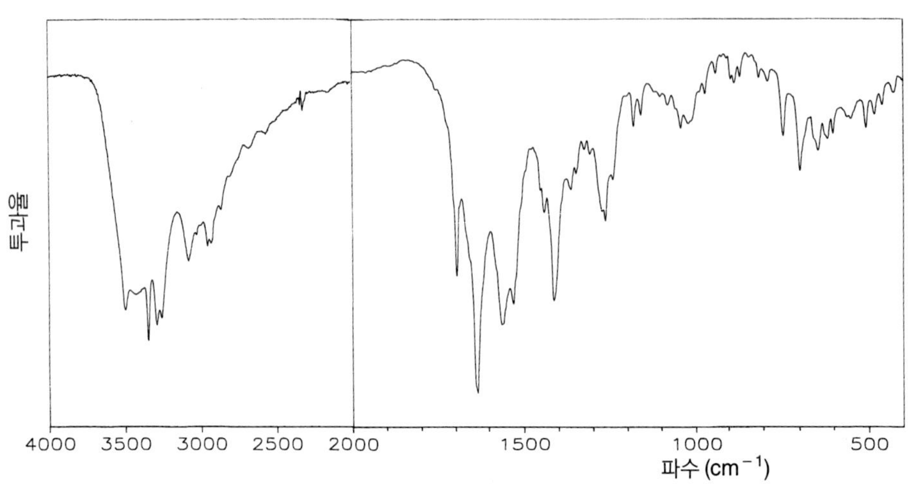

자외선-가시광선 스펙트럼 (H_2O, [pH 7.4 인산염 완충 물질], ϵ[247] 143, ϵ[252] 175, ϵ[258] 206, ϵ[264] 164, ϵ[267] 120, ϵ[312] 94)

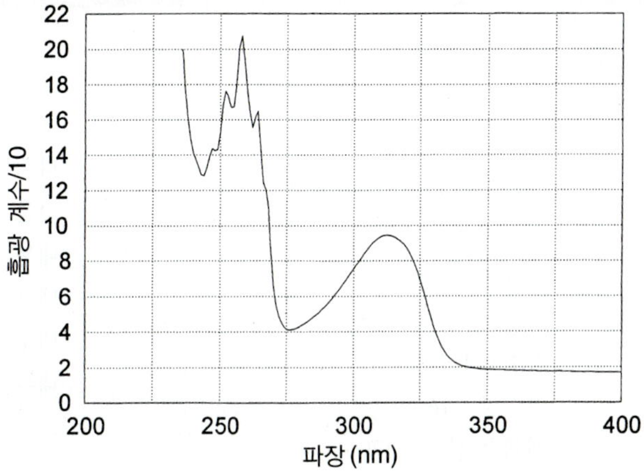

원소 식

1. $C_{11}H_{16}$
2. C_6H_{12}
3. $C_9H_{21}N$
4. C_4H_7N
5. C_8H_{14}
6. $C_4H_8NO_2Cl$
7. C_5H_9Cl
8. $C_6H_9NO_2$
9. C_8H_{14}
10. C_6Cl_6
11. $C_7H_{12}O_4$
12. $C_{14}H_{14}S_2$
13. $C_7H_{16}NO_2Cl$
14. $C_9H_{13}N$
15. $C_4H_9NO_2$
16. C_6H_6NF
17. $C_7H_8O_2$
18. $C_6H_{10}O$
19. $C_{10}H_8N_2$
20. $C_{16}H_{22}O_4$
21. $C_7H_8O_2$
22. C_6H_7NO
23. $C_6H_{10}O$
24. $(C_2H_4O_2)_n$
25. $C_{10}H_{16}O$
26. $C_{10}H_{14}O$
27. $C_{20}H_{14}O_2$
28. $C_{10}C_{10}O$
29. $C_{10}H_{16}O$
30. $C_{10}H_7OBr$
31. $C_{15}H_{18}$
32. $C_{27}H_{45}Cl$
33. $C_{10}H_{18}O_2$
34. $C_{20}H_{30}N_4O_5$
35. $C_{22}H_{33}N_5O_5{\cdot}C_2H_4O_2$

작용기

1. 일치환 벤젠
2. 알켄
3. 아민
4. 나이트릴
5. 알카인
6. 클로로나이트로알케인
7. 클로로사이클로알케인
8. 나이트로알켄
9. 콘쥬게이트 다이엔
10. 염화 방향족
11. 카복실산
12. 방향족 황화물
13. 에스터, quaternary ammonium chloride
14. 방향족 아민
15. 카복실산, 1차 아민
16. Fluorinated aromatic amine
17. 치환된 페놀
18. 알켄, 에폭사이드
19. 일치환 피리딘
20. 방향족 에스터
21. 퓨란, 알데하이드
22. Methoxypyridine
23. 고리 케톤
24. 고분자 에터
25. 두고리 케톤
26. Unconjugated cyclic diene, α,β-불포화 케톤
27. Hydroxynaphthalene
28. 융융 아릴 케톤
29. α,β-불포화 고리 케톤
30. Bromohydroxynaphthalene
31. Nonalternate aromatic
32. 여러고리형 클로로알켄
33. 고리 알켄, dialcohol
34. 방향족, 펩타이드, 아미노산
35. 방향족, 피롤리딘, 펩타이드, 아미노산, 아세테이트

찾아보기

ㄹ

ㅁ

ㅂ

ㅅ

ㅇ

유기구조분광학 제2판

|저　　자 Lambert · Gronert · Shurvell · Lightner
|역　　자 남계춘 · 문석식 · 이상좌 · 이효원
|발 행 인 주정희
|발 행 처 자유아카데미
|주　　소 경기도 파주시 문발동 527-2
파주출판도시
|전　　화 031-955-1321
|팩　　스 031-955-1322
|전자우편 main@freeaca.com(대표)
editor@freeaca.com(편집)
|홈페이지 www.freeaca.com
|등　　록 제406-2003-017호, 1980. 7. 12
|제2판1쇄 2013년 3월 15일 발행
|정　　가 35,000원

역자와의
협의하에
인지생략

Prentice Hall
is an imprint of
PEARSON www.pearsonhighered.com

Printed in Korea
ISBN 978-89-7338-992-6 93430

Authorized Translation from the English language edition, entitled **Organic Structural Spectroscopy**, Second Edition by Joseph B. Lambert, Scott Gronert, Herbert F. Shurvell, David A. Lightner, published by Pearson Education, Inc, publishing as Prentice Hall, Copyright © 2011

Ionization Methods

Type	Examples	Analyte State	Typical Ion Types	Fragmentation
Electron ionization	EI	Gas	$M^{+}\cdot$	Extensive
Chemical ionization	CI	Gas	$(M+H)^{+}$, $(M-H)^{-}$	Limited
Desorption	MALDI, FAB, LSIMS	Solid	$(M+H)^{+}$, $(M-H)^{-}$, $(M+Cat)^{+}$	Limited
Spray	ESI, APCI	Solution	$(M+nH)^{n+}$, $(M-nH)^{n-}$, $(M+nCat)^{n+}$	Little

Note: Cat^{+} = permanently charged cation such Na^{+} or R_4N^{+}, MALDI = matrix-assisted laser desorption ionization, FAB = fast-atom bombardment, LSIMS = liquid secondary ion mass spectrometry, ESI = electrospray ionization, APCI = atmospheric pressure chemical ionization.

Exact Masses and Abundances for Isotopes of Common Elements

Element	Isotope	Mass	% Abundance
Hydrogen	^{1}H	1.007 825	99.9885
	^{2}H	2.014 101	0.0115
Lithium	^{6}Li	6.015 122	7.59
	^{7}Li	7.016 004	92.41
Boron	^{10}B	10.012 937	19.9
	^{11}B	11.009 305	80.1
Carbon	^{12}C	12.	98.93
	^{13}C	13.003 354	1.07
Nitrogen	^{14}N	14.003 074	99.632
	^{15}N	15.000 108	0.368
Oxygen	^{16}O	15.994 914	99.757
	^{17}O	16.999 131	0.038
	^{18}O	17.999 160	0.205
Fluorine	^{19}F	18.998 403	100
Sodium	^{23}Na	22.989 769	100
Aluminum	^{27}Al	26.981 538	100
Silicon	^{28}Si	27.976 926	92.2297
	^{29}Si	28.976 494	4.6832
	^{30}Si	29.973 770	3.0872
Phosphorus	^{31}P	30.973 761	100
Sulfur	^{32}S	31.972 070	94.93
	^{33}S	32.971 458	0.76
	^{34}S	33.967 866	4.29
Chlorine	^{35}Cl	34.968 852	75.78
	^{37}Cl	36.965 902	24.22
Bromine	^{79}Br	78.918 338	50.69
	^{81}Br	80.916 291	49.31
Iodine	^{127}I	126.904 468	100

Data from physics.nist.gov.

Possible Formulas of Common Closed-Shell, Cationic Fragment Ions

Mass	Ion	Mass	Ion
29	$C_2H_5^+$, HCO^+	55	$C_4H_7^+$
30	$CH_2NH_2^+$	57	$C_4H_9^+$, $C_2H_5CO^+$
31	CH_2OH^+	59	CH_3OCO^+, $C_2H_5OCH_2^+$
39	$C_3H_3^+$	61	$CH_3SCH_2^+$
41	$C_3H_5^+$	69	$C_5H_9^+$, CF_3^+
43	$C_3H_7^+$, CH_3CO^+	71	$C_5H_{11}^+$, $C_3H_7CO^+$
44	$CH_3CHNH_2^+$	77	$C_6H_5^+$ (phenyl), $C_2H_5OCO^+$
45	HCO_2^+, $CH_3OCH_2^+$	79	$C_6H_7^+$
46	NO_2^+	85	$C_6H_{13}^+$, $C_4H_9CO^+$
47	CH_2SH^+	91	$C_7H_7^+$ (benzyl, tropyl)
51	$C_4H_3^+$	99	$C_7H_{15}^+$, $C_5H_{11}CO^+$
53	$C_4H_5^+$	105	$C_8H_9^+$, $C_6H_5CO^+$

Possible Formulas of Common Neutral Fragments

Mass	Fragment[a]	Mass	Fragment[a]
15	*CH_3*	31	*CH_3O*
16	CH_4, *NH_2*	32	CH_3OH, N_2H_4
17	NH_3, *OH*	33	*HS*
18	H_2O	35, 37	*Cl*
26	C_2H_2	36, 38	HCl
27	HCN	42	C_3H_6, CH_2CO
28	C_2H_4, CO, N_2	43	*C_3H_7*
29	*C_2H_5*	44	C_3H_8, CO_2, CH_3CHO, N_2O
30	C_2H_6, CH_2O, *NO*	46	*NO_2*, C_2H_6O

[a]Odd-electron species are in italics.

Masses of Amino Acid Residues[a]

Amino Acid	One-Letter Abbreviation	Monoisotopic Residue Mass	Amino Acid	One-Letter Abbreviation	Monoisotopic Residue Mass
Ala	A	71.03711	Leu	L	113.08406
Arg	R	156.10111	Lys	K	128.09496
Asn	N	114.04293	Met	M	131.04049
Asp	D	115.02694	Phe	F	147.06841
Cys	C	103.00919	Pro	P	97.05276
Glu	E	129.04259	Ser	S	87.03203
Gln	Q	128.05858	Thr	T	101.04768
Gly	G	57.02146	Trp	W	186.07931
His	H	137.05891	Tyr	Y	163.06333
Ile	I	113.08406	Val	V	99.06841

[a]The actual amino acid mass is larger by 18.01056, the mass of H_2O lost in forming the peptide bond.